"十三五"国家重点出版物出版规划项目
面向可持续发展的土建类工程教育丛书
普通高等教育"十一五"国家级规划教材
21世纪高等教育建筑环境与能源应用工程系列教材

空调工程

第 3 版

主编　黄　翔
参编　狄育慧　周恒涛
　　　王沣浩　范晓伟
　　　吴志湘　屈　元
　　　孙铁柱　王　怡
　　　郑爱平　赵　蕾
主审　王天富　朱颖心

机械工业出版社

本书是建筑环境与能源应用工程专业的主干专业课程教材。全书共 11 章，以空调的基本原理、空调设备、空调系统及空调应用为主线，紧密围绕空调"工程"的知识内涵，系统介绍了湿空气的焓湿学基础，空调负荷计算与送风量的确定，空气处理及设备，空调系统，空调区的气流组织和空调风管系统，空调水系统，空调系统的运行调节与测试调整，空调系统的节能、检测与监控，空调工程应用实例。

本书在技术上体现一个"新"字，充分反映国内外空调技术领域的新理论、新设备、新系统及新成果，并注重与国家现行的规范、标准、技术措施及全国勘察设计注册设备工程师执业资格考试接轨；在内容上体现一个"用"字，注重对学生基本技能的培训，为学生提供空调工程设计应用方面必备的知识；在形式上体现一个"便"字，深入浅出，图文并茂，每章后均配有思考题与习题、二维码形式客观题（扫描二维码可在线做题，提交后可参看答案）、参考文献，并标明可供选择讲授的章节，便于自学和实践。

本书适合作为建筑环境与能源应用工程专业的教学用书，也可供暖通空调设计、制造、施工安装及运行管理人员参考，还可作为全国勘察设计注册设备工程师执业资格考试（暖通空调专业）的复习参考书和全国制冷空调继续教育的教材、工程师职称考试的参考书。

本书配有丰富的教学资源，如电子课件、习题答案、试题及解答、教学大纲等，供选用本书作为教材的教师参考，需要者请登录机械工业出版社教育服务网（www.cmpedu.com）注册后下载。

图书在版编目（CIP）数据

空调工程/黄翔主编 . —3 版 . —北京：机械工业出版社，2017.11
（2023.12 重印）

"十三五"国家重点出版物出版规划项目 普通高等教育"十一五"国家级规划教材 21 世纪高等教育建筑环境与能源应用工程系列教材
ISBN 978-7-111-58183-3

Ⅰ. ①空⋯ Ⅱ. ①黄⋯ Ⅲ. ①空气调节设备－建筑安装－高等学校－教材 Ⅳ. ①TU831.4

中国版本图书馆 CIP 数据核字（2017）第 245089 号

机械工业出版社（北京市百万庄大街22号 邮政编码100037）
策划编辑：刘　涛　　　　责任编辑：刘　涛　任正一
责任校对：张　征　肖　琳　封面设计：路恩中
责任印制：单爱军
保定市中画美凯印刷有限公司印刷
2023 年 12 月第 3 版第 8 次印刷
184mm×260mm · 29.5 印张 · 1 插页 · 815 千字
标准书号：ISBN 978-7-111-58183-3
定价：79.80 元

电话服务　　　　　　　　　网络服务
客服电话：010-88361066　　机 工 官 网：www.cmpbook.com
　　　　　010-88379833　　机 工 官 博：weibo.com/cmp1952
　　　　　010-68326294　　金 书 网：www.golden-book.com
封底无防伪标均为盗版　　　机工教育服务网：www.cmpedu.com

序 一

建筑环境与设备工程（2012 年更名为建筑环境与能源应用工程）专业是 1998 年教育部新颁布的全国普通高等学校本科专业目录，将原"供热通风与空调工程"专业和"城市燃气供应"专业进行调整、拓宽而组建的新专业。专业的调整不是简单的名称的变化，而是学科科研与技术发展，以及随着经济的发展和人民生活水平的提高，赋予了这个专业新的内涵和新的元素，创造健康、舒适、安全、方便的人居环境是 21 世纪本专业的重要任务。同时，节约能源、保护环境是这个专业及相关产业可持续发展的基本条件，因而它们和建筑环境与设备工程（建筑环境与能源应用工程）专业的学科科研与技术发展总是密切相关，不可忽视。

新专业的组建及其内涵的定位，它首先是由社会需求决定的，也是和社会经济状况及科学技术的发展水平相关的。我国的经济持续高速发展和大规模建设需要大批高素质的本专业人才，专业的发展和重新定位必然导致培养目标的调整和整个课程体系的改革。培养"厚基础、宽口径、富有创新能力"，符合注册公用设备工程师执业资格要求，并能与国际接轨的多规格的专业人才是本专业教学改革的目的。

机械工业出版社本着为教学服务，为国家建设事业培养专业技术人才，特别是为培养工程应用型和技术管理型人才做贡献的思想，积极探索本专业调整和过渡期的教材建设，组织有关院校具有丰富教学经验的教授、副教授编写了这套建筑环境与设备工程（建筑环境与能源应用工程）专业系列教材。

这套系列教材的编写以"概念准确、基础扎实、突出应用、淡化过程"为基本原则，突出特点是既照顾学科体系的完整，保证学生有坚实的数理科学基础，又重视工程教育，加强工程实践的训练环节，培养学生正确判断和解决工程实际问题的能力，同时注重加强学生综合能力和素质的培养，以满足 21 世纪我国建设事业对专业人才的要求。

我深信，这套系列教材的出版，将对我国建筑环境与设备工程（建筑环境与能源应用工程）专业人才的培养产生积极的作用，会为我国建设事业做出一定的贡献。

陈在康

序 二

"空气调节"是建筑环境与设备工程（建筑环境与能源应用工程）专业的一门重要专业课，目前设有该专业的院校多达百余所，所培养的学生数量也急剧增加。但可供选择的专业教材为数甚少，故本教材的出版可为本专业课程教材提供多一种选择。

空气调节技术是20世纪20年代以来，人们为满足生产（工艺）和生活需求（舒适和健康），综合了多种学科理论（如传热学、工程热力学、卫生学、机械和控制技术等）和实践所建立起来的一门应用科学。为此，本教材在解释学科基本原理时紧密地与这些学科相联系，从而有助于学生对专业基础理论课程的灵活运用。

随着21世纪地球环境时代的到来，人们因对人类的生存、可持续发展社会的追求而对地球环境问题空前关注，因而空气调节的职责不能仅停留在对室内空间环境的关注上，必须充分注意空调技术的采用能对地球环境的影响。例如，温室气体CO_2的排放、臭氧层的破坏、城市热岛效应的影响，从而要求我们对能源的有效利用、对资源的节约等意识在学科中应予以重视。本教材在气象参数和围护结构的选用依据、空调负荷的正确计算、末端设备容量的合理确定、系统方式的优化选择、冷热源设备的恰当配置等有关章节中尽量体现了这种观念。尤其是在空气热湿处理设备的内容上，着重关注了这些相关手段（如热回收设备、蒸发冷却设备等）。

本教材结合我国大量工程实践，对集中式空调装置的水系统设计做了全面介绍，这对降低空调装置的输送能耗、提高整体能效有良好的指导作用。

自我国20世纪80年代执行开放政策以来，国外大量的新产品、新系统、新技术涌入我国，通过我国技术人员的大量实践和消化吸收，极大地促进了我国技术的进步。本教材在空调系统的有关章节中对变风量系统、变冷剂流量系统、辐射供冷（热）、低温送风等技术均做了必要的阐述，从另一方面反映了教材的时代特征。

空气调节是一门动态科学，其设计、安装、调节和运行都应随着室外气候、室内负荷、人的生活行为而变动。此外，我国幅员广阔，气候和生活方式以及经济状况均有相当的差别，空调技术的应用应符合因地制宜的原则。本教材在传授空调基本技术时，始终体现了这一思路，编者的用心是值得称道的。

本教材从实践出发，加强了对空调系统的测试调整、运行管理以及节能控制与检测的内容，这在其他教材中尚不多见。此外，还编写了各种类型空调工程的应用实例，在很大程度上可增强学生理论联系实际的能力。

本教材的出版对本专业教材建设是一大贡献，编者为此付出了辛勤的劳动，本人对编者取得的成果表示衷心的祝贺。

暖通专家范存养简介

第3版前言

普通高等教育"十一五"国家级规划教材《空调工程》第2版自2013年出版以来,多次印刷,发行近2万册,已成为国内许多高等学校建筑环境与能源应用工程专业"空气调节"或"空调工程"课程主选教材,同时也成为设计院所、一线中央空调系统运行管理从业人员的工具书。总结几年来高校使用情况和社会各界读者提出的宝贵意见和建议,以及相关规范的更新和技术的进步,对第2版进行了修订。本次修订主要体现在以下几方面:

1. 纠正错误。本书更正了第2版在使用中发现的一些编写和印刷错误,其中一些错误是读者发现并反馈给我们的,在此谨致谢意!

2. 更新内容。本书更新了第2版中的一些落后内容,如用最新颁布的《供暖通风与空气调节术语标准》(GB/T 50155—2015)相关规定替换了第2版中所采用的《采暖通风与空气调节术语标准》(GB 50155—1992)的相关规定。更新后"空气调节"定义在原来"四度"的基础上增加了对"空气压力梯度"的要求。更新的标准、规范条文涉及《公共建筑节能设计标准》(GB 50189—2015)、《蒸气压缩循环冷水(热泵)机组 第2部分:户用及类似用途的冷水(热泵)机组》(GB/T 18430.2—2016)、《水(地)源热泵机组》(GB/T 19409—2013)、《建筑设计防火规范》(GB 50016—2014)等十余部,内容涉及相关术语、过滤器选配、空调系统划分原则、单元式机组能效比规定等。PPT电子课件中的相关内容也相应做了更新。

3. 明确目标。为了便于高校任课教师教学和读者自学,第3版在每章前增加了本章的学习要点,其中含重点和难点,使读者能尽快了解学习内容,明确学习方向。

4. 本次修订还增加了各章课后思考题与习题的参考答案和详细解题步骤以及西安工程大学"空调工程"课程历年本科考试试题和参考答案,增加了章后"二维码形式客观题"(扫描二维码可在线做题,提交后可参看答案),对于读者掌握空调工程基本知识和基本技能的训练有一定帮助。为了扩大学生的知识面,增进学生对暖通空调前辈和专家的了解,本书还增加了暖通空调专家简介,扫描相应的二维码,便可获得暖通空调专家的简介和对本书的评价。

第3版的编写团队仍由第2版的各位老师组成。尤其感谢屈元和孙铁柱两位老师,在本次修订中做了大量工作,为本书付出了辛勤的劳动。感谢西安工程大学城市规划与市政工程学院建筑环境与能源应用工程系褚俊杰博士为本书编写了章后"二维码形式客观题",褚俊杰还整理了对本书编写给予关怀和帮助的部分暖通专家简介,在此一并表示感谢!

本书第4章和第6章中有关蒸发冷却空调技术内容的编写还得到了"十三五"国家重点研发计划项目"藏区、西北及高原地区利用可再生能源采暖空调新技术"(2016YFC0700404)中课题四"蒸发冷却空调关键技术与设备研究"（2016YFC0700404）和课题七"西部炎热干燥地区蒸发冷却与其他空调技术结合研究"（2016YFC0700407）的支撑和帮助，借此机会一并表示感谢！

由于编者的学识和经验有限，本书在修订后仍难免会有差错，敬请读者谅解，并恳请读者批评指正。

编者

2017 年 6 月

暖通专家王天富简介　　　　　　暖通专家朱颖心简介

第2版前言

普通高等教育"十一五"国家级规划教材《空调工程》第1版自2006年4月由机械工业出版社出版发行以来，先后印刷了9次，发行20000余册。7年多来，全国许多高等学校和社会各界读者来信来电，对该教材既给予了充分的肯定，同时也提出了很多修改、完善的宝贵意见和建议。总结7年来第1版的使用情况，并结合读者的反馈意见，以及相关规范的更新和技术的进步，对第1版进行了修订。本次修订主要体现在以下几方面：

1. 精简章节。第1版教材共有14章，篇幅较多，不太适合有些院校现有的教学计划学时。第2版精简为11章：将第1版教材的"第4章 空调基本原理及处理过程"与"第5章 空气热湿处理及净化处理设备"合并为一章"第4章 空气处理及设备"；考虑到第1版"第10章 空调冷热源的选择"的内容在"空调冷热源工程"课程中已有专门讲授，本书不再赘述；将第1版的"第11章 空调系统的运行调节"与"第12章 空调系统的测试调整与运行管理"合并为一章，即"第9章 空调系统的运行调节与测试调整"。

2. 纠正错误。本书更正了第1版教材在使用中发现的一些编写和印刷错误（有不少错误是兄弟院校在使用过程中发现的，在此谨致谢意）。

3. 更新内容。本书更新了第1版教材中的一些落后内容，如用最新颁布的《民用建筑供暖通风与空气调节设计规范》（GB 50736—2012）相关规定替换了第1版教材中所采用的《采暖通风与空气调节设计规范》（GB 50019—2003）的相关规定，重新对空调系统进行了分类；同时还删除了一些不确切和不常用的内容，如"空调区的换气次数""典型空调系统的特征和适应性比较""诱导器空调系统"等；补充了一些新的内容，如"蒸发冷却空调系统""各种空气过滤器的性能""空气净化装置对常见空气污染物的净化效果""常用变风量空调系统末端装置的分类和适用范围""空调水系统的分类""一级泵系统适用范围、设备配置和运行方式"等；并对相关章节的习题也做了适当修订与调整。本书配有新制作的PPT电子课件。

第2版的编写团队仍由第1版的各位老师组成，并在此基础上，增添了西安工程大学屈元、孙铁柱两位老师。同时也感谢西安工程大学颜苏芊老师和中原工学院范晓伟教授为本书部分章节修订所提供的资料。本书现有PPT电子课件，可从机械工业出版社获取。

由于编者的学识和经验有限，本书在修订后仍难免会有差错，敬请读者谅解，并恳请读者批评指正。

编 者

2013 年 6 月

第1版前言

随着我国国民经济的高速增长和综合国力的不断增强，暖通空调事业和其他事业一样，也获得了快速的发展。装备有完善的暖通空调设施的现代工（农）业建筑、现代公共建筑和各类高层民用建筑，像雨后春笋般在祖国大地上拔地而起。特别是10余年来，国内外在暖通空调领域涌现出大量新技术、新设备和新系统，作为全国高校建筑环境与设备工程专业的空气调节课程，理应有一本能较全面反映当前空气调节技术的新教材。同时，也为全国暖通空调界同仁提供一本实用的参考书。

受机械工业出版社"普通高等教育建筑类教学工作委员会"的委托，我们在广泛吸收国内外现有《空气调节》教材精髓的基础上，根据高校建筑环境与设备工程专业指导委员会对本专业开设的专业课提出的基本要求，并结合普通高校建筑环境与设备工程专业的特点，编写了机械工业出版社"21世纪高等教育建筑环境与设备工程系列规划教材"之一——《空调工程》。本书被教育部列为"普通高等教育'十一五'国家级规划教材。"

本书在体系上以空气热湿处理和调节为主体，并加强了空气净化处理的内容。编写的指导思想是：充分体现空调"工程"的知识内涵，以空调的基本原理——→空调设备——→空调系统——→空调应用为主线，力求使本教材具备以下三个特点：

1. 在技术上体现一个"新"字。反映国内外空气调节技术领域广为采用的新理论、新设备、新系统以及科研教学成果，剔除一些过时的内容（如国家现行规范和标准中已明确不提倡的做法等），使其具有一定的前瞻性，并与经过修改后的国家现行设计规范和施工安装规范及设计标准，如《公共建筑节能设计标准》（GB 50189—2005）等法规同步，同时力求与全国勘察设计注册设备工程师执业资格考试接轨。还特别注意采用行业标准术语，更正了一些不规范的表述和用语。引用了中国气象局气象信息中心气象资料室与清华大学建筑技术科学系合作的最新研究成果——《中国建筑热环境分析专用气象数据集》，以及参考正在组织修订中的《实用供热空调设计手册》（修订版）中的有关内容，充分体现了与时俱进的精神。

2. 在内容上体现了一个"用"字。对空气调节的基本知识和理论讲深讲透，做到深入浅出。注重对学生基本技能的培训，有目的地选择了设计、施工安装规范、标准、技术措施以及设计指南等工程设计应用方面的内容，为学生做课程设计和毕业设计提供必要的知识，使学生在学完本书后，借助于设计工具书能够独立完成小型民用或工业建筑空调工程的设计。同时，由于本书是系列教材之一，编写时注意与相关教材内容的衔接，对已在其他教材中详细讲述的内容，本书不再赘述，把篇幅主要放在本书的重点章节上，如将空调系统分为两部分，第6章空调系统（1）主要介绍空调的三大基本系统，而第7章空调系统（2）则介绍一些最新的空调系统。

3. 在形式上体现一个"便"字。在内容的编排顺序上注重层次，重点突出，符合学生的认知规律。凡是空调基本理论中的重要计算，都提供一定数量的例题或系统综合性例题，以帮助学生理解和掌握计算方法。在各章之后，都编有思考题与习题及参考文献，便于学生巩固所学内容。考虑到使用本书的学校在学时的安排上不尽相同，因此，在某些章节上加注※号，表示选学和自学部分，便于任课老师和学生选择。本书的课时安排建议为 60～80 学时，学校可根据实际情况取舍。

与以往的同类书相比，本书的主要更新内容在于：

1. 加强了湿空气的焓湿学基础部分的内容。对湿空气的状态参数进行了系统的归纳，给出了露点温度和湿球温度的多种确定方法。将传统焓湿图与欧美焓湿图进行对比分析，增加了动态焓湿图。

2. 在空调负荷计算与送风量的确定章节中，室内气象参数采用了《室内空气质量标准》（GB/T 18883—2002）和《公共建筑节能设计标准》（GB 50189—2005）；室外气象参数采用了《中国建筑热环境分析专用气象数据集》的有关最新数据。介绍了负荷的简化算法（简约计算法和估算法），给出了空调区计算冷负荷、空调建筑计算冷负荷、空调系统计算冷负荷及空调冷源计算冷负荷的确切定义。新风量的确定也引用了最新颁布实施的《公共建筑节能设计标准》中有关新风量的规定，以及美国采暖制冷空调工程师学会（ASHRAE）关于新风量的最新计算公式。

3. 将空调原理与设备分为不同章节进行介绍。空调原理部分加强了净化处理原理的内容，将净化处理分为除尘式和除气式两种类型加以分析。同时，对各种空气处理过程的焓湿图分析进行了系统综合的介绍。空调设备部分增加了空气蒸发冷却器和空调排风热回收装置等空气热湿处理设备及驻极体静电过滤器、活性炭过滤器、光催化过滤器及空气净化器等空气净化处理设备，并配有大量设备的实物照片。

4. 将空调系统分为两大部分进行介绍。空调系统（1）主要介绍集中式、半集中式和分散式三大基本空调系统。增加了直流式空调系统和蒸发冷却空调系统，并详细介绍了组合式空气处理机组、整体式空气处理机组和单元式空调机等设备。空调系统（2）主要介绍了近年来出现的一些新型空调系统，如变风量空调系统、空气—水辐射板空调系统、变制冷剂流量多联分体式空调系统、户式集中空调系统、热泵空调系统、蓄冷（热）空调系统、低温送风空调系统、净化空调系统及温湿度独立控制空调系统。

5. 空调区的气流组织和空调风管系统章节中，依据美国 ASHRAE 2003 年出版的《下部送风设计指南》一书给出了空调区气流分布的分类方式。更侧重于空调区气流组织及送风系统常用的设计方法、设计参数以及设计中需要注意的问题等方面的介绍。

6. 空调水系统章节中，紧密围绕空调水系统的特点，从工程设计应用的角度，详细分析了冷（热）水系统、冷却水系统和冷凝水系统的设计方法、设计参数以及设计中需要注意的问题，同时注意与采暖水系统做法的区别。

7. 增加了空调工程应用实例。列举了高层建筑、大空间民用建筑、商业建筑、娱乐设施、工业建筑、净化空调等空调工程实例，将原理、设备、系统和工程应用有机地联系起来。

全书共分 14 章。参加本书编写的人员有：西安工程大学黄翔、狄育慧、吴志湘，平顶山工学院周恒涛，西安交通大学王沣浩，中原工学院范晓伟，西安建筑科技大学王怡、赵蕾，长安大学郑爱平。第 1 章由黄翔编写；第 2 章由周恒涛、黄翔编写；第 3 章由王沣浩、黄翔、周恒涛编写；第 4 章由范晓伟、黄翔编写；第 5 章由黄翔编写；第 6 章由黄翔、王怡编写；第 7 章由黄翔编写；第 8 章由黄翔、王怡编写；第 9 章由黄翔、狄育慧编写；第 10 章由郑爱平编写；第 11 章由赵蕾编写；第 12 章由狄育慧编写；第 13 章由范晓伟、王沣浩编写；第 14 章由吴志湘编写。全书由黄翔统稿。

本书由长安大学王天富教授和清华大学朱颖心教授主审。在整个编写过程中，王天富教授对本书的编写体系、框架及具体内容等方面提出了许多宝贵的意见，并对全书进行了详细的审阅。王天富教授严谨的治学态度给编者起到了很好的表率作用，同时，他渊博的学识使编者受益匪浅。王老师对本书的关怀和对编者的悉心指导已远远超出主审的职责范围。朱颖心教授在来去奔波的旅途中挤出时间用心审阅本书，并更正了一些不适之处，提出了许多改进的建议，对编者具有极高的参考价值和指导意义。谨此向两位主审表示衷心的感谢！同济大学范存养教授在百忙中对本书也提出了许多有益的建议，同时为本书作序，对编者们给予了极大的支持与鼓励。本书编写过程中还得到了我国暖通空调界许多著名专家学者——吴元炜教授、彦启森教授、陆耀庆教授级高工、李志浩教授、陈在康教授、张永铨教授、李娥飞设计大师、孙延勋教授级高工、江亿院士、殷平教授、马最良教授、李强民教授、龙惟定教授等的关怀与支持，在此一并表示衷心的感谢！

本书编写过程中参考了许多教材、专著、规范、标准、措施、科技书籍、论文及国内外有关文献，引用了许多相关的资料、图表、例题和习题，同时也汇集了编者多年来教学和科研成果，尤其是及时汲取了正在组织修订的《实用供热空调设计手册》（修订版）中的部分资料。该手册的主编中国建筑西北设计研究院陆耀庆教授级高工、编者南京工业大学李志浩教授、贵州省建筑设计研究院孙延勋教授级高工、同济大学李强民教授、天津大学张永铨教授、长安大学王天富教授、西安建筑科技大学张子慧教授、华东建筑设计研究院有限公司马伟骏教授级高工、叶大法教授级高工和杨国荣教授级高工、山东省建筑设计研究院李向东高工、中国建筑西北设计研究院周敏高工、小天鹅中央空调公司蒋立军高工、宏力空调设备公司葛健民高工等无私地提供了许多有价值的资料，在此，谨向他们及有关文献的作者表示诚挚的谢意！

本书是集体智慧的结晶，特向编写组成员成功的合作表示祝贺，同时向大家表示感谢。特别要感谢西安工程大学供热、供燃气、通风及空调工程学科2003级硕士研究生张伟峰、赵丽宁和范影等同学，他们为本书做了大量的文字处理、绘制图表、整理等工作，使得本书能够如期完成。2005级硕士研究生周彤宇同学协助制作了本书的"电子课件"，为讲授本课程的教师提供了方便。

最后，对所有关心和支持本书编写的人士表示真挚的谢意！尤其是感谢机械工业出版社及本书的责任编辑刘涛同志，为本书的出版付出了辛勤的劳动，对编者给予了极大的支持。

在本书完稿之际，编者的心情既感到欣慰又感到忐忑不安。欣慰的是经过近两年的艰苦努力，该书终于可以和广大读者见面了；忐忑不安的是由于编者的学识和经验有限，加之本课程是本专业的一门主干专业课，涉及的面广且内容较深，教材编写的难度较大。因此，书中难免存在一些错误、疏漏和不妥之处，恳请读者在使用过程中，将发现的问题和建议及时反馈给编者，以便使本书不断地得到改进和完善，编者将不胜感激！

主编联系方式：
地址：西安市金花南路19号，西安工程大学
邮编：710048
邮箱：huangx@xpu.edu.cn

编 者
2005年11月

目 录

序一
序二
第3版前言
第2版前言
第1版前言
第1章 绪论 ··· 1
学习要点 ··· 1
1.1 空气调节技术的发展概况 ············· 1
1.1.1 空气调节技术简史 ··············· 1
1.1.2 空气调节技术的发展趋势 ····· 4
1.2 空气调节的定义及与相关学科的关系 ··· 5
1.2.1 空气调节的定义 ··················· 5
1.2.2 空气调节与相关学科的关系 ··· 6
1.3 空调系统的类型及组成 ··················· 6
1.3.1 空调系统的类型 ··················· 6
1.3.2 空气调节系统的组成 ············· 6
1.4 空气调节的应用 ······························ 7
1.4.1 空气调节技术在工艺性空调方面的应用 ··············· 7
1.4.2 空气调节技术在舒适性空调方面的应用 ··············· 7
1.4.3 空气调节技术在其他方面的应用 ··· 8
思考题与习题 ··· 8
二维码形式客观题 ··································· 8
参考文献 ·· 8
第2章 湿空气的焓湿学基础 ··············· 9
学习要点 ··· 9
2.1 湿空气的组成和状态参数 ··············· 9
2.1.1 湿空气的组成及物理性质 ····· 9
2.1.2 湿空气的状态参数 ············· 10
2.2 湿空气的焓湿图 ··························· 14
2.2.1 焓湿图的构成及绘制原理 ··· 14
2.2.2 露点温度和湿球温度 ········· 17
2.2.3 焓湿图的应用 ····················· 21
2.3 湿空气状态参数的计算方法 ········· 25
2.4 其他类型的焓湿图 ······················· 27
2.4.1 SI 单位制（h-x）焓湿图 ······· 27
2.4.2 动态焓湿图 ························ 30

思考题与习题 ······································ 30
二维码形式客观题 ······························· 31
参考文献 ··· 32
第3章 空调负荷计算与送风量的确定 ··· 33
学习要点 ··· 33
3.1 室内外空气计算参数 ··················· 33
3.1.1 室内空气计算参数 ············· 33
3.1.2 室外空气计算参数 ············· 38
3.2 得热量与冷负荷的关系 ··············· 40
3.3 围护结构负荷计算方法 ··············· 42
3.3.1 稳态计算法 ························ 43
3.3.2 采用积分变换求解围护结构负荷的不稳定计算方法 ······· 43
3.3.3 采用模拟分析软件计算法 ··· 44
3.4 空调区冷负荷的计算 ··················· 44
3.4.1 冷负荷系数法计算冷负荷 ··· 44
3.4.2 谐波反应法计算冷负荷 ····· 56
3.4.3 空调总冷负荷的确定 ········· 59
3.5 空调区热负荷的计算 ··················· 60
3.6 冷（热）负荷的简化算法* ·········· 61
3.6.1 简约计算法 ······················· 61
3.6.2 估算法 ······························· 63
3.7 空调房间送风状态的确定及送风量的计算 ·· 66
3.7.1 空调房间送风状态的变化过程 ··· 66
3.7.2 夏季送风状态的确定及送风量的计算 ··························· 67
3.7.3 冬季送风状态的确定及送风量的计算 ··························· 68
3.8 新风量的确定和风量平衡 ··········· 69
3.8.1 单个房间空调系统最小新风量的确定 ···················· 71
3.8.2 多房间空调系统最小新风量的确定 ···················· 73
3.8.3 全年新风量变化时空调系统风量平衡关系 ················· 74
思考题与习题 ······································ 75

二维码形式客观题 ………………… 76
　　参考文献 …………………………… 76
第4章　空气处理及设备 ……………… 77
　　学习要点 …………………………… 77
　4.1　空气热湿处理原理 ………………… 77
　　4.1.1　直接接触式热湿处理原理 …… 78
　　4.1.2　间接接触式（表面式）热湿处理
　　　　　 原理 ……………………………… 78
　4.2　空气净化处理原理 ………………… 79
　　4.2.1　除尘式净化处理原理 ………… 79
　　4.2.2　除气式净化处理原理 ………… 81
　4.3　空气的热湿处理过程 ……………… 87
　　4.3.1　喷水室的处理过程 …………… 87
　　4.3.2　表面式换热器的处理过程 …… 90
　　4.3.3　空气加湿器的处理过程 ……… 91
　　4.3.4　吸湿剂的处理过程 …………… 92
　　4.3.5　空气蒸发冷却器的处理过程 … 92
　　4.3.6　空气处理的各种途径 ………… 93
　4.4　空气热湿处理设备 ………………… 95
　　4.4.1　空气热湿处理设备的类型 …… 95
　　4.4.2　喷水室 ………………………… 95
　　4.4.3　表面式换热器 ………………… 102
　　4.4.4　空气加湿器 …………………… 106
　　4.4.5　除湿机 ………………………… 114
　　4.4.6　空气蒸发冷却器 ……………… 121
　　4.4.7　空调排风热回收装置 ………… 131
　4.5　空气的净化处理设备 ……………… 136
　　4.5.1　空气净化处理设备的类型 …… 136
　　4.5.2　除尘式空气净化处理设备 …… 136
　　4.5.3　除气式空气净化处理设备* …… 144
　　思考题与习题 ……………………… 147
　　二维码形式客观题 ………………… 149
　　参考文献 …………………………… 149
第5章　空调系统（1） ………………… 150
　　学习要点 …………………………… 150
　5.1　空调系统的分类 …………………… 150
　5.2　全空气系统 ………………………… 152
　　5.2.1　一次回风式系统 ……………… 153
　　5.2.2　二次回风式系统 ……………… 163
　　5.2.3　直流式系统 …………………… 169
　　5.2.4　全空气系统的划分原则和
　　　　　 分区处理 ……………………… 173
　　5.2.5　全空气系统设计中的几个问题 … 176
　　5.2.6　全空气系统的空气处理机组 … 179
　5.3　水—空气系统（风机盘管加新风
　　　 空调系统） ………………………… 192
　5.4　分散式系统 ………………………… 204

　　5.4.1　分散式系统的分类 …………… 204
　　5.4.2　常用的局部空调机组 ………… 205
　　5.4.3　单元式空调机 ………………… 206
　　5.4.4　空调机组的性能和应用 ……… 208
　　思考题与习题 ……………………… 209
　　二维码形式客观题 ………………… 210
　　参考文献 …………………………… 210
第6章　空调系统（2）* ………………… 212
　　学习要点 …………………………… 212
　6.1　变风量（VAV）空调系统 ………… 212
　　6.1.1　VAV系统的分类 ……………… 212
　　6.1.2　VAV末端装置（变风量箱） … 213
　　6.1.3　VAV系统的组成与形式 ……… 215
　　6.1.4　VAV系统的特点 ……………… 219
　　6.1.5　VAV系统设计 ………………… 220
　　6.1.6　VAV系统与其他常用集中冷热源
　　　　　 舒适性空调系统比较 ………… 221
　6.2　水—空气辐射板空调系统 ………… 221
　　6.2.1　辐射板的分类 ………………… 222
　　6.2.2　水—空气辐射板空调系统的组成
　　　　　 与形式 ………………………… 224
　　6.2.3　水—空气辐射板空调系统的
　　　　　 特点 …………………………… 226
　　6.2.4　水—空气辐射板空调系统的
　　　　　 设计 …………………………… 226
　　6.2.5　水—空气辐射板空调系统与常规变
　　　　　 风量系统的能耗和运行费比较 … 227
　6.3　变制冷剂流量多联分体式空调系统 … 227
　　6.3.1　多联机系统的分类 …………… 228
　　6.3.2　多联机系统的特点 …………… 229
　　6.3.3　多联机系统的设计 …………… 229
　　6.3.4　多联机系统与常规系统比较 … 231
　6.4　户式集中空调系统 ………………… 231
　　6.4.1　户式集中空调系统的类型和
　　　　　 特点 …………………………… 231
　　6.4.2　户式集中空调系统常见的形式 … 232
　　6.4.3　户式集中空调系统的设计 …… 236
　　6.4.4　几种常用户式集中空调机组的
　　　　　 比较 …………………………… 237
　6.5　热泵空调系统 ……………………… 238
　　6.5.1　空气源热泵（ASHP）空调系统 … 238
　　6.5.2　水源热泵（WSHP）空调系统 … 240
　6.6　蓄冷（热）空调系统 ……………… 249
　　6.6.1　蓄冷系统的分类 ……………… 249
　　6.6.2　水蓄冷空调系统 ……………… 249
　　6.6.3　冰蓄冷空调系统 ……………… 250
　　6.6.4　蓄热空调系统 ………………… 252

6.7 低温送风空调系统 …………… 252
  6.7.1 低温送风空调系统的分类 ……… 253
  6.7.2 低温送风空调系统的构成 ……… 253
  6.7.3 低温送风空调系统的特点及适用条件 ………………………… 257
  6.7.4 低温送风空调系统的设计 ……… 258
6.8 净化空调系统 …………………… 259
  6.8.1 净化空调系统与一般空调系统的区别 ……………………………… 260
  6.8.2 净化空调系统的分类比较 ……… 260
6.9 温湿度独立控制空调系统 ……… 261
6.10 蒸发冷却空调系统 ……………… 263
  6.10.1 全空气蒸发冷却空调系统 …… 264
  6.10.2 水—空气蒸发冷却空调系统 … 269
思考题与习题 ………………………… 273
二维码形式客观题 …………………… 273
参考文献 ……………………………… 274

第7章 空调区的气流组织和空调风管系统 ………………………………… 275

学习要点 ……………………………… 275
7.1 空调区的气流分布方式 ………… 275
  7.1.1 顶（上）部送风系统 …………… 275
  7.1.2 置换通风系统 …………………… 282
  7.1.3 工位与环境相结合的调节系统 … 284
  7.1.4 地板下送风系统 ………………… 285
7.2 空调送风口、回风口的类型及应用场合 ……………………………… 287
  7.2.1 百叶风口 ………………………… 287
  7.2.2 散流器 …………………………… 288
  7.2.3 喷射式送风口 …………………… 293
  7.2.4 旋流送风口 ……………………… 294
  7.2.5 射流消声风口 …………………… 297
  7.2.6 置换通风器 ……………………… 298
  7.2.7 TAC 送风口 ……………………… 299
  7.2.8 UFAD 送风口 …………………… 299
  7.2.9 回风口 …………………………… 300
7.3 空调区气流组织的计算及气流性能评价 ………………………………… 302
  7.3.1 侧面送风的计算 ………………… 302
  7.3.2 散流器送风的计算 ……………… 305
  7.3.3 喷口送风的计算 ………………… 307
  7.3.4 空调区气流性能的评价 ………… 308
7.4 空调风管系统的设计 …………… 309
  7.4.1 风管的分类 ……………………… 309
  7.4.2 通风管道配件 …………………… 310
  7.4.3 风量调节阀和定风量调节器 …… 314
  7.4.4 风机与风管的连接 ……………… 315
  7.4.5 风管测定孔和检查孔 …………… 316
  7.4.6 空调系统风管内的压力分布 …… 318
  7.4.7 空调系统风管内的空气流速 …… 319
思考题与习题 ………………………… 321
二维码形式客观题 …………………… 322
参考文献 ……………………………… 322

第8章 空调水系统 …………………… 323

学习要点 ……………………………… 323
8.1 空调冷热水系统的形式 ………… 324
  8.1.1 开式循环系统和闭式循环系统 … 324
  8.1.2 两管制、四管制及分区两管制水系统 ……………………………… 325
  8.1.3 同程式与异程式系统 …………… 327
  8.1.4 定流量与变流量系统 …………… 329
  8.1.5 一级泵系统与二级泵系统 ……… 330
8.2 空调水系统的分区及定压 ……… 335
  8.2.1 空调水系统的分区 ……………… 335
  8.2.2 空调水系统的定压 ……………… 337
8.3 空调冷热水系统的设计 ………… 341
  8.3.1 冷热水循环泵的配置 …………… 341
  8.3.2 循环泵的流量、扬程及水泵的选型 ……………………………… 342
  8.3.3 冷水机组与冷水泵之间的连接 … 342
  8.3.4 空调水系统的补水、排气、泄水及除污 …………………………… 343
  8.3.5 空调水管的坡度和伸缩 ………… 344
  8.3.6 空调水系统的附属设备 ………… 344
8.4 空调冷却水系统 ………………… 347
  8.4.1 冷却塔的设置 …………………… 347
  8.4.2 冷却水系统的形式 ……………… 349
  8.4.3 冷却水系统设计中的几个问题 … 351
8.5 空调水系统的水力计算 ………… 352
8.6 空调冷凝水系统 ………………… 355
思考题与习题 ………………………… 356
二维码形式客观题 …………………… 357
参考文献 ……………………………… 357

第9章 空调系统的运行调节与测试调整 ………………………………… 358

学习要点 ……………………………… 358
9.1 室内热湿负荷变化时的运行调节 … 359
  9.1.1 室内余热量变化、余湿量不变时的运行调节 …………………… 359
  9.1.2 室内余热量、余湿量均变化时的运行调节 ……………………… 361
9.2 室外空气状态变化时的运行调节 … 363
  9.2.1 一次回风空调系统的全年运行调节 ……………………………… 363

9.2.2 二次回风空调系统的全年运行调节 369
9.3 风机盘管空调系统的运行调节* 372
  9.3.1 风机盘管机组的调节 372
  9.3.2 风机盘管加新风系统的全年运行调节 373
9.4 空调系统的测试与调整 376
  9.4.1 空调系统的调试程序 376
  9.4.2 风量的测量与调整 379
  9.4.3 空气处理设备的测试 384
  9.4.4 房间内空气参数的测量 385
思考题与习题 387
二维码形式客观题 388
参考文献 388

第10章 空调系统的节能、检测与监控 390
学习要点 390
10.1 空调系统的节能 390
  10.1.1 空调能耗的评价标准 390
  10.1.2 空调系统全年（或季节）能耗的确定 392
  10.1.3 空调设备及系统的节能 396
10.2 空调检测与监控 405
  10.2.1 空调检测与监控的内容、应用原则及分类 405
  10.2.2 空调系统的检测与监控 406
  10.2.3 冷热源及空调水系统的检测与监控 410
  10.2.4 集中空调的集散控制系统* 412
思考题与习题 414
二维码形式客观题 415
参考文献 415

第11章 空调工程应用实例* 416
学习要点 416
11.1 高层建筑的空调工程 416
  11.1.1 高层旅馆建筑空调 416
  11.1.2 高层办公楼空调 419
11.2 大空间民用建筑空调工程 421
  11.2.1 影剧院空调 421
  11.2.2 体育馆空调 423
11.3 商业建筑和娱乐设施的空调工程 425
  11.3.1 商场空调 425
  11.3.2 餐饮设施空调 427
  11.3.3 健身、娱乐设施空调 429
11.4 工业建筑的空调工程 432
  11.4.1 恒温恒湿室空调 432
  11.4.2 计算机房空调 434
11.5 净化空调工程 435
  11.5.1 工业洁净室 435
  11.5.2 医院洁净手术室 436
  11.5.3 净化空调工程实例 437
二维码形式客观题 438
参考文献 438

附录 439
附录1 湿空气的密度、水蒸气压力、含湿量和比焓 439
附录2 湿空气焓湿图 .... （见书后插页）
附录3 欧美式焓湿图 .... （见书后插页）
附录4 设计用室外计算参数 441
附录5 外墙的构造类型 447
附录6 屋顶的构造类型 448
附录7 北京地区气象条件为依据的外墙逐时冷负荷计算温度 t_{wl} 449
附录8 北京地区气象条件为依据的屋顶逐时冷负荷计算温度 t_{wl} 449
附录9 Ⅰ～Ⅳ型构造的地点修正值 t_d 450
附录10 单层窗玻璃的传热系数值 K_w 450
附录11 双层窗玻璃的传热系数值 K_w 451
附录12 玻璃窗的传热系数修正值 C_w 452
附录13 玻璃窗逐时冷负荷计算温度 t_{wl} 452
附录14 不同结构玻璃窗的传热系数值 K_w 452
附录15 玻璃窗的地点修正值 t_d 453
附录16 夏季各纬度带的日射得热因数最大值 $D_{J,max}$ 453
附录17 窗玻璃的遮阳系数值 C_s 454
附录18 窗内遮阳设施的遮阳系数值 C_i 454
附录19 窗的有效面积系数值 C_a 454
附录20 北区（北纬27°30′以北）无内遮阳窗玻璃冷负荷系数 455
附录21 北区有内遮阳窗玻璃冷负荷系数 455
附录22 南区（北纬27°30′以南）无内遮阳窗玻璃冷负荷系数 456
附录23 南区有内遮阳窗玻璃冷负荷系数 456
附录24 有罩设备和用具显热散热冷负荷系数 457
附录25 无罩设备和用具显热散热冷负荷系数 457
附录26 照明散热冷负荷系数 458
附录27 人体显热散热冷负荷系数 458

第 1 章
绪 论

▶学习要点

重点：①空气调节的任务；②空调系统的类型及组成。
难点：①空气调节的任务；②空调系统的类型及组成。

1.1 空气调节技术的发展概况

1.1.1 空气调节技术简史

1901 年，美国的威利斯．开利（Willis H. Carrier）博士在美国建立了世界上第一所空调试验研究室。1902 年，美国纽约市布鲁克林的一家印刷厂在印刷过程中遇到了困难，由于温度和湿度不恒定，裁剪纸张和调色的工作都受到了影响，印刷的画面模糊。1902 年 7 月 17 日开利博士为他们设计了世界公认的第一套科学空调系统。由于开利博士发明的这套科学空调系统实现了对空气湿度的控制，空调行业将这项发明视为空调业诞生的标志。开利博士是这样定义的：一套科学的空调系统必须具备四项功能，即控制温度、控制湿度、控制空气循环与通风和净化空气。空调的发明已经列入 20 世纪全球十大发明之一，它首次向世界证明了人类对环境温度、湿度、通风和空气品质的控制能力。空调系统在接下来的一个多世纪，使整个世界都随之冷静下来。

开利博士并不满足于自己最初发明的空调系统，他确信应该有更好的除湿方法。1902 年的秋天，开利博士在匹兹堡车站等候火车，浓雾笼罩着车站。此时，他的脑中灵光乍现——如果依据雾形成的原理设计一种装置，就可以任意控制空气的湿度！1906 年，开利博士获得了"空气处理装置"的专利权。这是世界上第一台喷淋式空气洗涤器（Spray Type Air Washer），即喷水室，它可以加湿或干燥空气。这一浓雾中获得的灵感使他的空调成为完美之作，改善了温湿度控制的效果，使全年性空调系统能够满意地应用于 200 种以上不同类型的工厂。

1911 年 12 月，开利博士得出了空气干球、湿球和露点温度间的关系，以及空气显热、潜热和比焓值间关系的计算公式，绘制了湿空气焓湿图。他将自己提出的"温湿度基本原理"递交给美国机械工程师协会（American Society of Mechanical Engineer，ASME），得到了工程师们的广泛认可，成为空调行业最基本的理论。这一理论被翻译成多种语言，湿空气焓湿图成为今日所有空调计算之基础，它是空气调节史上的一个重要里程碑。

1922 年，开利博士还发明了世界上第一台离心式冷水机组，如今该压缩机陈列于华盛顿国立博物馆。1937 年，开利博士又发明了空气 - 水系统的诱导器装置，是目前常见的空调末端装置——风机盘管的前身。个人拥有超过 80 项发明专利的开利博士，以其一生在空调科技方面的卓越成就，被誉为"空调之父"，他的名字更被列入美国国家伟大发明家纪念馆，与爱迪生、贝尔、因特异、伊斯曼等杰出发明家齐名，备受世人景仰。由于开利博士对人类文明的突出贡献，他被美国《时代周刊》评为 20 世纪最有影响力的 100 位名人之一。

另外，与开利博士同时期还有一位对空调发展史产生一定影响的人物，他就是美国的多面手工程师克勒谋（Stuart W. Cramer）。创造和发明总是"需要"的产物。19世纪后半叶，随着先进国家纺织工业的发展，空气调节接受了巨大的挑战，其中加湿和清洁处理成为了主要的任务。1904年，身为纺织工程师的克勒谋负责设计和安装美国南部约1/3纺织厂的空调系统。系统中开始采用集中处理空气的喷水室，装置了洁净空气的过滤设备，共包括了60项专利，都达到了能够调节空气的温度、湿度和能够使空气具有的流动速度及洁净程度的要求。为了描述他所做的工作，克勒谋先生于1906年5月在美国棉业协会（American Cotton Manufacturers Association, ACMA）的会议上正式提出了"空气调节"（Air Conditioning）术语，从而为空气调节命名。他对空气调节的定义是：应包括具有蒸发冷却效果的加湿以及净化空气、供热和通风功能。因此，克勒谋先生被誉为"多面手工程师"和"纺织空调先驱"等。

美国舒适空调的发展，远远迟于工业空调。开利博士认为只是在1923年以后，空调才真正成了一件大事！舒适空调才得到发展，并从1930年起迅速增长（此阶段，主要销售了首批房间空调器）。在第二次世界大战期间，舒适空调首先用于电影院、剧场、大型商店等公共场所，其次用于办公室以及深矿井。1930年后，由于小型制冷机的发展以及可靠性的提高，舒适空调才扩大到各类商店、旅馆、餐厅以及交通运输工具，如火车、大客车、轮船等。舒适空调在1945年后才进入住宅。

第一座空调电影院建在芝加哥（1911年），随后两座建在洛杉矶和纽约（1922年）。纽约空调电影院是第一座真正可以调节空气各种性能的电影院。自1925年开始，到1931年，估计美国约有400家电影院和剧场配备了舒适空调。这是空调首次大规模的试验。

大型商店的舒适空调开始于1919年，第一家是布鲁克林Abraham & Straus商店。1927年得克萨斯州的圣安东尼奥有一幢办公大楼全部实现了舒适空调。1930年，费城一幢34层摩天大楼全部配备舒适空调。1938年，华盛顿市府大厦配备了当时最大的空调装置（20930kW）。Hershey巧克力厂内的办公大楼是第一幢无窗办公大楼，建于1935年。

旅馆和餐厅也是空调首批常用客户。早在1920年，就有一座教堂配备了舒适空调。1936年在圣路易斯，1938年在弗吉尼亚，有一些小教堂也配备了舒适空调。

1929年在巴尔的摩—俄亥俄运行线上一辆火车餐车配备了舒适空调。1931年在纽约—华盛顿线路上有一列火车全部实现舒适空调。美国空调列车的数量迅速增长，1946年已增至1.3万辆。从1937年起，美国的公共汽车和大客车也开始采用空调。1946年空调大客车共计有3500辆左右。只是在1945年以后，人们才大规模地实现私人小汽车的空调。另外，从1937年起就采用活动式空调机组使飞机在起飞前降温。

第二次世界大战期间，除美国之外的其他国家，空调技术也得到了迅速发展。第一次世界大战后，深矿井的舒适空调已成为空调史的一章，尤其是南非金矿的舒适空调引起人们的关注。1920年，有一座2000m的深矿井采用一套700马力（1马力=735.499W）的装置进行降温。南非最大的空调装置是在西部腹地金矿区，1975年空调功率为86000kW，在工作面上配有150多台冷却器。在英国，第一座空调旅馆是伦敦的Cumberland旅馆。1900年前，德国已有几套空调装置。1927—1928年，各类工厂尤其是卷烟厂和纺织厂，一些电影制片厂及电影院采用了空调。1938年，慕尼黑美术馆实现了空调。在法国，1927年巴黎附近的一座医院实现了空调，1932年一家电话交换局实现了空调。空调于1930年左右在欧洲开始出现，但大规模地发展还是在第二次世界大战以后。除北美和欧洲之外，日本在当时是关注空调较多的国家，1917年一家私人住宅实现了空调，1920年一家糖果厂实现了空调，1927年一家剧场实现了空调。

在我国，空气调节的发展并不太迟。工业空调和舒适空调几乎是同时起步的。20世纪30年代，曾有过一个高峰时期。1931年，首先在上海的许多纺织厂安装了带喷水室的空调系统，其冷源为深水井。随后，几座高层建筑的大旅馆和几家所谓"首轮"电影院，先后设置了全空气式空调系统。有一家电影院和一家银行，还安装了离心式制冷机。当时，高层建筑装有空调装置，上海是居全亚洲之冠的。但到1937年，我国不幸遭受日本军国主义的侵略，空气调节事业的发展被迫中断。

新中国成立后，我国人民奋起直追。20世纪50年代初，从事空调专业的技术人员极少，一批来自其他专业的技术人员根据需要，转行投身于这方面的工程设计、施工安装，以苏联技术为依托，逐步掌握空调专业技术，解决建设的急需，并开始按照苏联标准制作空调系统设备和配件。1952年，我国高等学校开始创办"供热供煤气及通风"专业［最早设立该专业的学校有哈尔滨工业大学、清华大学、同济大学、西安冶金建筑学院（现西安建筑科技大学）、天津大学、太原工学院（现太原理工大学）、重庆建筑工程学院（现重庆大学）、湖南大学，号称暖通专业老八校］，培养可以从事空调工作的技术人才。中国建筑科学研究院开始设置空调技术研究室（现发展为空气调节研究所），有专门的研究人员从事空调方面的研究开发工作。空调作为一门技术开始形成和向前发展。纵观空调在我国的应用和发展，改革开放前的30年属于基础时期。

改革开放30多年来，我国经济飞速发展。经济建设和社会发展带动了空调的应用和发展，带空调的工程项目显著增多。全国现有大、中、小型设计单位近万个，1/4以上能做空调设计。高等院校中有供热、通风及空调工程专业（现调整成为建筑环境与能源应用工程专业）的学校已从原来的八所发展到2014年的177所。2014年全国开设供热、供燃气、通风及空调工程二级学科的学校有87所，其中有18个博士培养单位、69个硕士培养单位。这些院校所培养的毕业生已成为推动空调事业发展的主要技术力量。研究单位也增加不少，包括大学的、设计院的、工厂或公司的等。中国建筑科学研究院空气调节研究所和合肥通用机械研究所具有专门从事空调方面研究的人员和良好的研究条件。施工安装队伍也有较大发展，体现在技术普及面较广。国外引进的代表先进水平的工程，绝大部分是国内安装单位完成的，可以达到严格的验收要求。国内既有全国性的学术团体（中国制冷学会空调热泵专业委员会、中国建筑学会暖通空调专业委员会、中国电子学会洁净技术学会等），又有行业协会（中国制冷空调工业协会、中国家用电器协会、中国安装协会等）和全国暖通空调技术信息网、冷暖通风设备信息网等，并通过它们组织全国性的专业活动。

在技术发展方面，已掌握的高精度恒温可连续保持静态偏差优于±0.01℃；高精度恒湿优于±2%RH；超高性能洁净室，洁净度达到国标1级标准；已经掌握各种等级的生物洁净整套技术，从而为高新技术发展提供了环境技术保障。为了节省高大厂房空调用能，研究并实施的高大厂房分层空调技术，成功地应用于长江葛洲坝电站厂房空调工程，取得了设计冷负荷比传统全空气空调时减少46%的显著效果。解决旅游饭店空调发展起来的水-空气式空调系统技术，均已在各类建筑中获得了广泛应用。据中国制冷空调工业协会统计，1995年我国风机盘管产量已超过45万台，大大超过了空调大国美国、日本的年销量30万台左右的水平。我国已研究出谐波反应法和冷负荷系数法两种新的空调冷负荷计算方法，大大方便了工程设计计算。自行开发的计算机空调控制技术已产品化生产，为配合调试而研制成功的以计算机技术为核心的空调系统仿真装置在功能及技术性能上达到了国际先进水平。热环境模拟分析技术，特别是地下热环境模拟分析技术已成功地用于北京、上海、广州等城市的地铁设计模拟分析，为工程提供了有力的技术分析手段。完成了全国270个气象台站的建筑热环境分析专用气象数据集的编制工作，整理出暖通空调设计用室外气象参数。开发出具有我国自主知识产权的建筑环境模拟软件——DeST。为建筑节能工作的开展做出了应有的贡献。

在空调设备方面，我国已成为仅次于美、日两国，位居世界第三的制冷空调设备生产国。目前，我国房间空调器产量居世界第一位，海尔等房间空调器已走向世界，成为国际品牌。同时也是世界上最大的冷水机组市场，其中吸收式冷（热）水机组产量居世界第二位，其中352kW以上机组的产量，中国跃居第一位。在我国，风机盘管和空气处理机组的产量仅低于房间空调器，位于其他空调设备产量之上。由于这两种产品与国际同类产品性能和质量相差不远，因此国内绝大多数工程中使用的这两种产品都是国产的。在户式集中空调方面，我国推出水系统-热泵冷热水系统，与日本的制冷剂系统——VRV 及美国的空气系统——风管机形成三足鼎立之势。

我国至今已编制了《民用建筑供暖通风与空气调节设计规范》《工业建筑供暖通风与空气调节设计规范》《公共建筑节能设计标准》等国家标准，以及《供热通风空调制冷设计技术措施》(《HVAC 暖通空调设计指南》)、《民用建筑暖通空调设计技术措施》和《全国民用建筑工程设计技术措施（暖通空调·动力）》等技术措施，用以指导设计和施工。编制了《房间空气调节器》《组合式空调机组》《房间风机盘管空调器》等产品标准，用以规范工业产品质量。建立了"全国制冷标准技术委员会"和"全国暖通空调及净化设备标准化技术委员会"，主持空调设备标准方面的技术审查工作。

国家相关部门建立的"国家空调设备质量监督检验测试中心"和"国家家用电器质量监督检验测试中心"等检测中心，从事房间空调器、组合式空调机组、风机盘管等工业产品的质量检测，以推动空调产品的质量提高。

业内专家相继编写出版了《空气调节设计手册》《实用供热空调设计手册》《实用制冷与空调工程手册》《空调与制冷技术手册》《纺织空调除尘手册》等设计及技术手册，编制了《建筑工程设计软件包暖通空调应用软件》等工程设计软件产品，为普遍提高行业技术水平提供了高水平的参考资料和先进工具。

高等学校编写了《空气调节》《暖通空调》《纺织厂空气调节》等空调类教材，并将该课程列为暖通空调专业的主要专业课程之一，为培养空调方面的专业技术人才奠定了基础。

此外，我国相关企业和工程技术人员已经掌握了转轮式除湿机，包括转轮式、静止板式、热管式、闭路盘管式在内的各种空气—空气热回收设备的生产和设计使用技术。

国家实行了全国勘察设计注册公用设备工程师执业资格制度，并进行了注册公用设备工程师（暖通空调专业）执业资格考试。

1.1.2 空气调节技术的发展趋势

展望 21 世纪空调技术的发展，"节约能源、保护环境和获取趋于自然条件的舒适健康环境"必将是空调技术发展的总目标。节约能源仍将是保护环境、促进空调发展的核心，而空调系统与设备的变革以及运行管理的节能与品质的提高，则是深入发展的方向。从某种意义上来说，现代空调的发展，既是节能技术、空调技术的发展过程，又是一个控制不断加强、精确、深化的过程。现代空调有两个发展方向：一是走可持续发展之路，二是充分利用信息技术和自动控制技术。这两方面并不是孤立的，而是相互促进、相互联系的。空调技术走可持续发展之路要求充分利用信息技术和自动控制技术，充分利用信息技术和自动控制技术为空调技术走可持续发展之路提供了保障。因此，以下四个方面应是今后研究和发展的重点。

1. 能源的合理利用

目前，我国供暖空调所消耗的能源总量已超过一次能源总量的 20%，我国一次能耗总量约占世界总耗量的 11%。尽管目前人均耗量仅为世界人均耗量的 1/2，但若达到世界人均耗量水平，也将对世界能源带来严重的影响。因此，一方面要不断提高空调产品的性能，降低能源消耗；同时，要促进利用余热、自然能源和可再生能源的产品的开发与应用。应优先采用蒸发冷却和溶液除湿空调等自然冷却方式。另一方面，要认真研究制冷空调用的能源结构，特别是民用、商用空调大量使用以来，由于负荷的不均衡性，对电力供应带来的严重影响。这样不但要大力提倡蓄能空调产品的研制与应用，更重要的是要研究天然气在空调工程中的合理利用问题。

热泵具有合理利用高品位能量，综合能源效率高；供暖区无污染，环保效益好；夏季可以供冷，冬季可以供暖，一机两用，设备利用率高以及使用灵活，调节方便等特点。因此，我国热泵空调发展迅速，100kW 以下的中小型空调装置中，热泵占 50% 以上。同时，人们不断深入研究低温热源热泵效率的提高，空气源热泵的除霜，以及各种低品位能源的利用（包括热回收）等问题，并取得良好效果。各种地源热泵空调的研究与应用就是一个实例。鉴于我国在使用热泵对节能与环保方面带来的明显效果，今后应大力发展热泵技术。

2. 室内空气品质的改善

工业的发展，使危害人体健康的各种微粒与气体不断增多，研究人类健康所需的空气净化技术已迫在眉睫。因此，应大力研究和开发捕集效率高、价廉，而且便于自净的技术与设备。加强对纤维过滤技术、静电过滤技术、吸附技术、光催化技术、负离子技术、臭氧技术、低温等离子技术等空气品质处理技术的研究。

随着我国经济的快速发展和人民生活质量的不断提高，改善人居环境水平已成为当今社会关注的问题。人们不但关心室内空气环境的改善，而且关心城市，特别是居住小区空气环境的改善，这些均是对空调行业的发展要求。因此，将室内空气热湿**环境控制**技术、空气洁净控制技术和计算机调控技术三者相结合，促使舒适空调迈向健康空调，应是今后空调发展的方向。

3. 加强信息技术和自动控制技术在空调行业的应用

计算机的发展，全面促进了空调事业的发展，而空调事业的发展也越来越离不开计算机技术或者说信息技术的支撑。计算机辅助设计（CAD）和人工智能技术（包括控制和管理）是研究和应用的重点，从 20 世纪 70 年代末国内就着手此方面的工作，并取得了一定成绩。今后，一方面应十分关注和促进实现包括分析计算、设计、制图为一体化的 CAD 技术体系，服务于工程设计，特别是方案设计和产品制造，以改造传统设计方法；另一方面，促进人工智能技术在空调制冷设备与系统控制和管理方面发挥良好作用，逐步提高和完善制冷空调和设备与系统的集中控制与管理系统、智能园区系统以及城市冷热能量供应与管理系统等，使其在保证人居环境品质、完善防火安全、促进设备自动化以及节能降耗等方面扮演重要角色。

信息技术与现代自动控制技术相结合，已经或正在给空调技术的发展带来新的活力。计算机自动控制技术与变频技术相结合，在空调领域产生了不可忽视的影响；变风量、变水量和变制冷剂流量系统就是在这种情况下取得飞速发展的；模糊控制家用空调器是计算机技术与模糊控制技术相结合的产物；预计不久的将来，将会出现神经网络控制空调器。

4. 加强标准化建设

我国已加入世界贸易组织（WTO），对制冷空调行业来说，在外贸出口的扩大和外商直接投资的进一步增加等方面均将带来积极的影响。应充分认识到，技术法规和标准是提高生产效率、保证产品质量和推进国际贸易必不可少的手段和依据。对于空调行业来说，虽然已经制定了相当数量的产品标准、测试标准和设计及施工验收规范，在标准化工作上取得了很大成绩，但因种种原因，标准水平参差不齐，标准体系有待进一步完善。因此，加强标准化建设也是空调行业的重要任务。我们应积极采用国际标准和国外先进标准。我国制定的标准必须符合国情，同时要有利于提高产品质量和促进国际贸易，以及保护国家利益。

1.2　空气调节的定义及与相关学科的关系

1.2.1　空气调节的定义

开利博士和克勒谋工程师对空气调节的最早定义是："空调的主要功能应该包括：①加热或降温，能够调节空气温度；②加湿或减湿，能够调节空气湿度；③能够使空气具有一定的流动速度；④能够使空气具有一定的洁净程度。"

《供暖通风与空气调节术语标准》（GB 50155—2015）将**空气调节**定义为：使服务空间内的

空气温度、湿度、洁净度、气流速度和空气压力梯度等参数达到给定要求的技术，简称空调。即空气调节的意义在于"使空气达到所需要的状态"或"使空气处于正常状态"。人工调节空气温度、相对湿度、空气流动速度、清洁度及空气压力梯度（简称"**五度**"），以满足人体舒适和生产工艺过程的要求。

现代空调已从控制温湿度环境工程步入了对空间环境的品质全面调节与控制阶段，即所谓的人工环境工程阶段。现代技术发展有时还需要对空气的压力、成分、气味及噪声等进行调节与控制。由此可见，采用技术手段创造并保持满足一定要求的空气环境，乃是空气调节的任务。所谓的技术手段主要是：采用换气的方法保证内部环境的空气新鲜；采用热、湿交换的方法保证内部环境的温湿度，以及采用净化的方法保证空气的洁净度。因此，一定空间的空气调节并非是封闭的空气再造过程，而主要是置换和热质交换过程。

根据可持续发展理论，可以对空调重新定义，即"空调就是要以最少的能耗，创造健康、舒适的室内环境，同时保护我们的地球环境。"

1.2.2 空气调节与相关学科的关系

空气调节是经过一个多世纪的发展，以热力学、传热学和流体力学为主要理论基础，综合建筑、机电等工程学科的发展成果而形成的一个独立学科的分支，专门研究和解决各类建筑内部工作、居住、生产和科学实验所要求的空气环境。

空气调节技术涉及的主要内容包括：内部空气环境各项参数控制指标的确定；影响内部环境空间的各种内外干扰量（通常主要指热、湿负荷）的计算；各种空气处理方法（加热、加湿、冷却、减湿及净化等）和设备的选择；空气调节的方式和方法；内部气流的合理组织；空气的输送和分配及在干扰量变化时的运行调节等。因此，本课程是以"流体力学""泵与风机""建筑环境学""流体输配管网""热质交换原理与设备"等课程为专业支撑；同时，又与"供热工程""暖通空调""通风工程""空调冷热源工程""制冷技术""空气洁净技术""建筑环境测量""建筑节能技术""建筑设备自动化"等课程密切相关。

1.3 空调系统的类型及组成

1.3.1 空调系统的类型

空调系统按空气调节的作用分为舒适性空调和工艺性空调两大类型。

（1）舒适性空调 **舒适性空调**是应用于以人为主的环境的空气调节设备，其作用是维持良好的室内空气状态，为人们提供适宜的工作或生活环境，以利于保证工作质量和提高工作效率，以及维持人们良好的健康水平。

（2）工艺性空调 **工艺性空调**主要应用于工农业生产及科学实验过程，其作用是维持生产工艺过程或科学实验要求的室内空气状态，以保证生产的正常进行和产品的质量。

空调系统按空调设备的集中程度分为集中式空调系统，半集中式空调系统和分散式空调系统。关于空调系统的详细分类参见本教材 5.1 的内容。

1.3.2 空气调节系统的组成

一个典型的空调系统应由空调冷热源、空气处理设备、空调风系统、空调水系统及空调自动控制和调节装置五大部分组成。

（1）空调冷源和热源 **冷源**是为空气处理设备提供冷却送风空气所需的冷量。常用的空调冷源是各类冷水机组，它们提供低温水（例如7℃）给空气冷却设备，以冷却空气；也有用制冷系统的蒸发器来直接冷却空气的。**热源**是用来提供加热空气所需的热量。常用的空调热源有热泵型冷热水机组、各类锅炉、电加热器等。

（2）空气处理设备　其作用是将送风空气处理到规定的状态。**空气处理设备**可以是集中于一处，为整幢建筑物服务；也可以分散设置在建筑物各层面。常用的空气处理设备有空气过滤器、空气冷却器、空气加热器、空气加湿器和喷水室等。

（3）空调风系统　它包括送风系统和排风系统。**送风系统**的作用是将处理过的空气送到空调区，其基本组成部分是风机、风管系统和室内送风口装置。风机是使空气在管内流动的动力设备。**排风系统**的作用是将空气从室内排出，并将排风输送到规定地点。可将排风排放至室外，也可将部分排风送至空气处理设备与新风混合后作为送风。重复使用的这一部分排风称为**回风**。排风系统的基本组成是室内排风口装置、风管系统和风机。在小型空调系统中，有时送排风系统合用一个风机。

（4）空调水系统　其作用是将冷媒水（简称冷水）或热媒水（简称热水）从冷源或热源输送至空气处理设备。空调水系统的基本组成是水泵和水管系统。空调水系统分为冷（热）水系统、冷却水系统和冷凝水系统三大类。

（5）空调自动控制和调节装置　由于各种因素，空调系统的冷热负荷是多变的，这就要求空调系统的工作状况也要有变化。所以，空调系统应装备必要的控制和调节装置，借助它们可以（人工或自动）调节送风参数、送排风量、供水量和供水参数等，以维持所要求的室内空气状态。

1.4　空气调节的应用

1.4.1　空气调节技术在工艺性空调方面的应用

空气调节技术在工艺性空调方面的应用先于舒适性空调，且应用面较广，主要是服务于工业建筑。工艺性空调可分为一般降温性空调、恒温恒湿空调、净化空调等，主要分布在以下三类性质的工业生产及科学实验过程中。

（1）**降温性空调**　对室内空气的温湿度的要求是为了夏季工人操作时手不出汗，不使产品受潮，因此一般只规定温度或湿度的上限，无空调精度要求。如纺织工业、印刷工业、胶片工业、橡胶工业、食品工业、卷烟工业、地下建筑、水下隧道、粮食仓库、农业温室、禽畜养殖场等对室内空气的温湿度有一定的要求。

（2）**恒温恒湿空调**　对室内空气温湿度和空调精度都有严格要求。如电子工业、仪表工业、精密机械工业、合成纤维工业以及有关工业生产过程和有关科学研究过程所需的控制室、计量室、检验室、计算机房等，除对室内空气温湿度有要求外，同时还规定温湿度的允许波动范围，规定气流速度不得大于或小于一定范围，并规定室内含尘浓度不得超过某个数值。

（3）**净化空调**　不仅对室内空气温湿度和空调精度有一定的要求，而且对空气中所含尘粒的大小和数量有严格要求。如制药工业、医院的手术室、烧伤病房、电子工业等，不但要求室内空气具有一定的温湿度，还要求含尘浓度不超过一定的数量，而且还规定了所含细菌数的最大限度。

1.4.2　空气调节技术在舒适性空调方面的应用

空气调节技术在舒适性空调方面的应用主要是服务于民用建筑的空调。舒适性空调虽然较工业空调起步晚，但发展快、起点高且应用范围广。民用建筑又分为公共建筑和居住建筑。公共建筑如办公建筑（包括写字楼、政府部门办公楼等）、商业建筑（如商场、金融建筑等）、旅游建筑（如旅馆饭店、娱乐场所等）、科教文卫建筑（包括文化、教育、科研、医疗、卫生、体育建筑等）、通信建筑（如邮电、通信、广播用房）以及交通运输用房（如机场、车站建筑等）。居住建筑主要指住宅建筑。

1.4.3 空气调节技术在其他方面的应用

除上述工业与民用建筑方面的应用外，空气调节技术还广泛应用于交通运输工具（如汽车、火车、飞机及轮船中）及国防工业。如航天飞行中的座舱，它的外部周围气候环境瞬息万变，但仍需保持舱内温湿度在一定范围，这就需要用空调技术来解决这个问题，说明空气调节与航天事业的发展同样是休戚相关的。另外，空调在工业车间高温环境下工作的工程车、行车、核能设施、地下与水下设施以及军事领域等，也都发挥着重要作用。

思考题与习题

1. 空气调节的任务是什么？
2. 空气调节对工农业生产、科学实验和人民物质及文化生活水平的提高有什么作用？
3. 空气调节可以分为哪两大类？划分这两类的主要标准是什么？
4. 简要叙述空调系统的主要组成部分。
5. 试举出一些应用空调系统的实例，并说明它们是属于哪一类空调系统。

二维码形式客观题

扫描二维码可在线做题，提交后可查看答案。

第1章 客观题

参 考 文 献

[1] 清华大学等四院校. 空气调节 [M]. 2 版. 北京：中国建筑工业出版社，1986.
[2] 赵荣义，范存养，薛殿华，等. 空气调节 [M]. 3 版. 北京：中国建筑工业出版社，1994.
[3] 杨小灿. 中国制冷空调行业实用大全 [M]. 北京：中国商业出版社，1994.
[4] 曹德胜. 中国制冷空调行业实用大全 [M]. 北京：中国商业出版社，1997.
[5] 曹德胜. 中国制冷空调行业实用大全 [M]. 北京：国际文化出版公司，1999.
[6] 中国制冷学会第五专业委员会. 空调技术的应用和发展 [R]. 中国制冷学会面向二十一世纪制冷技术报告会暨中国制冷学会成立二十周年大会专辑. 1997.
[7] 中国制冷空调工业协会. 走向世界的中国制冷空调工业 [R]. 中国制冷空调工业协会十周年纪念专辑. 1999.

暖通专家吴元炜简介

第 2 章
湿空气的焓湿学基础

> **学习要点**
>
> **重点**：①湿空气物理性质的描述和特殊状态参数，如含湿量、相对湿度、焓、湿球温度和露点温度的物理意义；②焓湿图的组成及绘制方法；③空气各种处理过程在焓湿图上的表示。
>
> **难点**：①湿空气特殊状态参数的物理意义和确定方法；②应用焓湿图确定空气状态；③空气的各种处理过程在焓湿图上的表示；④两种状态空气混合过程。

2.1 湿空气的组成和状态参数

2.1.1 湿空气的组成及物理性质

空气是一种围绕地球的无色、无味、无嗅的混合气体，我们把环绕地球的空气层称为大气。由于地球表面大部分是海洋、江河和湖泊，必然有大量水分蒸发成水蒸气进入大气中，所以可以认为大气是由干空气和一定量的水蒸气混合而成的，因此也常把大气称为**湿空气**（简称空气），其组成成分如表 2-1 所示。绝对干燥的空气在自然界中几乎是不存在的（沙漠地区除外）。**干空气**是由氮、氧、氩、二氧化碳、氖、氦和其他一些微量气体组成的混合气体。干空气的多数成分比较稳定，只有少数成分随时间、地理位置、海拔高度等因素有微小变化。干空气中除了二氧化碳的含量有较大的变化外，其他气体的含量很稳定，但二氧化碳的含量非常少，对干空气性质的影响可以忽略不计，因此可以将干空气作为一个稳定的混合气体来看待。为了统一干空气的热工性质，便于热工计算，一般将海平面附近的清洁干空气作为标准干空气。

表 2-1 空气的成分

组成成分名称		质量分数（%）	体积分数（%）
干空气	氮	75.55	78.13
	氧	23.10	20.90
	二氧化碳	0.05	0.03
	稀有气体	1.30	0.94
水蒸气		0.2~2	

湿空气中水蒸气的含量很少，它与干空气的质量比在千分之几到千分之二十几的范围内，并且常随季节、气候等各种条件的变化而变化。由于空气中水蒸气变化对空气的干燥和潮湿程度产生重要的影响，从而对产品质量、人体感觉等都有直接的影响。同时，空气中水蒸气含量的变化又会使湿空气的物理性质随之发生变化。由此可见，空气中如此小的水蒸气含量却对人类活动产生多方面的影响。为了控制空气中适宜的水蒸气含量，也给空调技术带来丰富的内容，因此研究湿空气中水蒸气含量的变化问题，在空气调节中是非常重要的。

在地球表面的空气中,还有悬浮尘埃、烟雾、微生物以及废气、化学排放物等,它们不影响湿空气的物理性质,因而不作为研究对象。

2.1.2 湿空气的状态参数

人们一般用压力、温度、比体积和密度、含湿量、相对湿度、比焓等参数来描述湿空气的状态,通常把这些能够描述湿空气状态特性的物理量称为湿空气的状态参数。

在热力学中,把常温常压下的干空气视为理想气体,同时湿空气中的水蒸气一般处于过热状态,加上水蒸气的数量少,分压力很低,比体积很大,也可近似地作为理想气体。所以由干空气和水蒸气组成的湿空气也具有理想气体特性,可以用理想气体状态方程来表示湿空气的主要状态参数的相互关系

$$p_g V = m_g R_g T \quad 或 \quad p_g v_g = R_g T \tag{2-1}$$

$$p_q V = m_q R_q T \quad 或 \quad p_q v_q = R_q T \tag{2-2}$$

$$v_g = \frac{1}{\rho_g} = \frac{V}{m_g}, \quad v_q = \frac{1}{\rho_q} = \frac{V}{m_q}$$

式中 p_g、p_q——干空气、水蒸气的分压力(Pa);
V——湿空气的总体积(m^3);
m_g、m_q——干空气及水蒸气的质量(kg);
T——湿空气的热力学温度(K);
R_g、R_q——干空气及水蒸气的气体常数[J/(kg·K)];
v_g、v_q——干空气及水蒸气的比体积(m^3/kg);
ρ_g、ρ_q——干空气及水蒸气的密度(kg/m^3)。

根据阿伏伽德罗定律,在温度、压力相同的条件下,不同气体同体积中所含分子数均相同,由此可知:

当 p = 101325Pa,T = 273.15K 时,1kmol 气体分子的体积 V_m 都相等,由实验测得 V_m 为 22.4145m^3/kmol,因此可得摩尔气体常数 R_o

$$R_o = \frac{101325 \times 22.4145}{273.15} \text{ J/(kmol·K)} = 8314.66 \text{ J/(kmol·K)} \tag{2-3}$$

将 R_o 除以任何气体的相对分子质量 M,就得到1kg 该气体的气体常数,那么干空气和水蒸气的气体常数分别为

$$R_g = \frac{8314.66}{28.7} \text{ J/(kg·K)} = 287 \text{ J/(kg·K)}$$

$$R_q = \frac{8314.66}{18.02} \text{ J/(kg·K)} = 461 \text{ J/(kg·K)}$$

1. 大气压力 p_a

地球表面单位面积上所受的空气层的压力称为大气压力,常用 p_a 表示,它的单位以帕(Pa)或千帕(kPa)表示。

大气压力不是一个定值,它随着海拔高度的不同而不同,还随季节、气候的变化而略有不同。大气压力随海拔高度的变化如图 2-1 所示。一般以北纬 45°海平面的全年平均大气压作为一个标准大气压或物理大

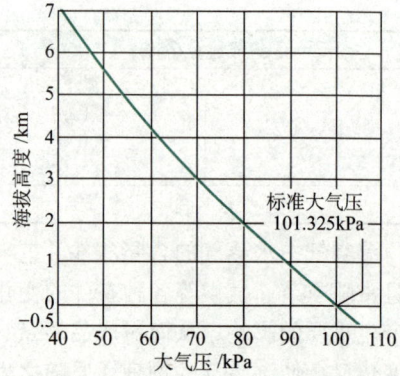

图 2-1 大气压力随海拔高度的变化

气压，其数值为101325Pa，或者760mmHg。由于空气的状态参数随大气压力变化而变化，因此在空调系统设计和运行中，一定要考虑当地的大气压力的大小，及时进行修正调整。

2. 水蒸气分压力 p_q

从微观角度来讲，气体的压力是气体分子对器壁撞击程度的体现。温度越高，分子撞击器壁的机会越多，气体压力越高。湿空气中**水蒸气分压力**是指在某一温度下，水蒸气独占湿空气的体积时所产生的压力。显然，水蒸气分压力的大小反映了空气中水蒸气含量的多少。水蒸气含量越多，其分压力也越大；反之亦然。为了对水蒸气分压力有进一步的理解，下面引进未饱和空气和饱和空气的概念。

未饱和空气中，水蒸气含量和水蒸气分压力都没有达到最大值，还具有吸收水气的能力。一般情况下，我们周围的大气通常属于未饱和空气。然而，在一定温度条件下，一定量的湿空气中能吸纳水蒸气的数量是有限度的。当空气中水蒸气含量超过某一限量时，多余的水气会以水珠形式析出，此时水蒸气处于饱和状态。我们将干空气与饱和水蒸气的混合物称为**饱和（湿）空气**，相应于饱和状态下的水蒸气分压力，称为该温度时的**饱和分压力**。湿空气温度越高，空气中饱和水蒸气分压力也就越大，说明该空气能容纳的水气数量越多；反之亦然。水蒸气分压力是衡量湿空气干燥与潮湿的基本指标，是一个重要的参数。

湿空气是由干空气和水蒸气组成，因此根据道尔顿分压定律，湿空气的压力应等于干空气分压力与水蒸气分压力之和，即

$$p_a = p_g + p_q \tag{2-4}$$

3. 密度 ρ

湿空气是由干空气和水蒸气混合而成，而干空气和水蒸气是均匀混合并占有相同的体积，因此湿空气的密度等于干空气的密度和水蒸气的密度之和，单位为 kg/m³。即

$$\rho = \rho_g + \rho_q = \frac{p_g}{R_g T} + \frac{p_q}{R_q T} = 0.003484 \frac{p_a}{T} - 0.00134 \frac{p_q}{T} \tag{2-5}$$

当有必要精确计算湿空气的密度时，特别是在实验室进行空气参数测量时，也可按下式进行计算

$$\rho_s = \frac{p_a(1+d)}{461(273.15+t)(0.622+d)} \tag{2-6}$$

式中　d——湿空气的含湿量 [kg/kg（干空气）]。

工程上为了简化计算，往往用干空气的密度代替湿空气的密度，所产生的误差也在允许的范围内。

对于干空气，其密度的计算公式变为

$$\rho_o = \frac{0.003484 p_a}{273.15+t} \tag{2-7}$$

在标准大气压下，p_a 值为 101325Pa。代入式（2-7），得到适用于标准大气压的干空气密度计算式为

$$\rho_o = \frac{353}{T} \tag{2-8}$$

式中　T——空气的热力学温度（K）。

在标准状态下，干空气的密度为 1.226kg/m³，而水蒸气的密度取决于 p_q 的大小。由于 p_q 值相对于 p_g 值小，因此，湿空气的密度比干空气的密度小，在实际计算中，可近似取 $\rho = 1.2$ kg/m³。

4. 含湿量 d

含湿量 d 是指对应于 1kg 干空气的湿空气中所含有的水蒸气量，单位是 kg/kg（干空气）。即

$$d = \frac{m_q}{m_g} \tag{2-9}$$

式中　d——湿空气的含湿量 [kg/kg（干空气）]；
　　　m_q——湿空气中水蒸气的质量（kg）；
　　　m_g——湿空气中干空气的质量（kg）。

根据式（2-1）、式（2-2）和式（2-9）可以整理为

$$d = 0.622 \frac{p_q}{p_g} \tag{2-10}$$

或

$$d = 0.622 \frac{p_q}{p_a - p_q} \tag{2-11}$$

由式（2-11）可知，在一定的大气压下，空气的含湿量 d 取决于水蒸气分压力 p_q。水蒸气分压力越大，含湿量也越大，因此，含湿量 d 与水蒸气分压力 p_q 是一对相互关联的参数。在空调工程中，常用含湿量来表示空气被加湿或减湿的程度。

考虑到湿空气中水蒸气含量较少，因此含湿量 d 的单位也可用 g/kg（干空气）表示，这样式（2-11）可写为

$$d = 622 \frac{p_q}{p_a - p_q} \tag{2-12}$$

空气湿度的表示方法除含湿量以外，还可用绝对湿度（湿空气中水蒸气的密度），即 1m³ 空气中所含有的水蒸气量 [kg/m³（湿空气）]来表示。考虑到在近似等压的条件下，湿空气体积随温度变化而改变，而空调过程经常涉及湿空气的温度变化，因此采用绝对湿度作为衡量湿空气含有水蒸气量的参数会给实际计算带来诸多不便，因此，空调中常用含湿量代替绝对湿度来确切表示湿空气中水蒸气的绝对含量。

5. 相对湿度 φ

在一定的温度下，湿空气中的水蒸气达到最大限度蒸汽量的湿空气称为饱和湿空气，此时水蒸气分压力和含湿量称为该温度下的饱和水蒸气分压力 $p_{q,b}$ 和饱和含湿量 d_b，超过此限度，多余的水蒸气就会从湿空气中凝结出来。一般来讲，饱和水蒸气分压力和饱和含湿量随湿空气温度的升高而增大，如表 2-2 所示。它是空气温度的单值函数。

表 2-2　空气温度与饱和水蒸气分压力及饱和含湿量的关系（$p_a = 101325$Pa）

空气温度 t/℃	饱和水蒸气分压力 $p_{q,b}$/Pa	饱和含湿量 d_b/[kg/kg（干空气）]
10	1225	0.0076
20	2331	0.015
30	4232	0.027

由于含湿量只能反映湿空气中所含水蒸气绝对含量的多少，不能反映空气的吸湿能力，因此，引出另一种度量湿空气中水蒸气相对含量的间接指标——相对湿度 φ。

相对湿度就是在某一温度下，湿空气的水蒸气分压力与同温度下饱和湿空气的水蒸气分压力的比值。即

$$\varphi = \frac{p_q}{p_{q,b}} \times 100\% \tag{2-13}$$

式中 φ——湿空气的相对湿度（%）；
p_q——湿空气的水蒸气分压力（Pa）；
$p_{q,b}$——饱和湿空气的水蒸气分压力（Pa）。

由式（2-13）可知，相对湿度反映了在某一温度下，湿空气中水蒸气接近饱和的程度。φ值小，说明湿空气距离饱和状态甚远，空气干燥，吸收水蒸气的能力强；φ值大，说明湿空气接近饱和状态，空气潮湿，吸收水蒸气的能力弱。当 φ 为零，空气为干空气；反之 φ 为100%，空气为饱和状态。

相对湿度和含湿量都是表示湿空气含有水蒸气多少的参数，但两者的意义却不同。相对湿度反映湿空气接近饱和的程度，却不能表示水蒸气的具体含量；含湿量可以表示水蒸气的具体含量，但不能表示湿空气接近饱和的程度。

湿空气的相对湿度和含湿量的关系可由式（2-11）、式（2-13）导出。根据

$$d = 0.622 \frac{\varphi p_{q,b}}{p_a - \varphi p_{q,b}} \tag{2-14}$$

$$d_b = 0.622 \frac{p_{q,b}}{p_a - p_{q,b}}$$

式中 d_b——饱和空气的含湿量，即饱和含湿量[kg/kg（干空气）]。

得

$$\frac{d}{d_b} = \frac{p_q(p_a - p_{q,b})}{p_{q,b}(p_a - p_q)}$$

即

$$\varphi = \frac{d}{d_b} \frac{(p_a - p_q)}{(p_a - p_{q,b})} \times 100\% \tag{2-15}$$

式（2-15）中的 p_a 要比 $p_{q,b}$ 大得多，认为 $p_a - p_q \approx p_a - p_{q,b}$，只会造成1%~3%的误差，因此相对湿度可近似表达为

$$\varphi \approx \frac{d}{d_b} \times 100\% \tag{2-16}$$

6. 湿空气的比焓 h

在空气调节过程中，常需要确定空气状态变化过程中发生的热量交换。湿空气的状态经常发生变化，但压力变化一般很小，近似于等压过程。根据工程热力学知识，在等压过程中，可用焓差来表示热交换量。即

$$q\Delta h = \Delta Q \tag{2-17}$$

湿空气的比焓是以1kg 干空气为计算基础。1kg 干空气的比焓和 d（kg）水蒸气的比焓的总和，称为 $(1+d)$ kg 湿空气的比焓。如取0℃的干空气和0℃的水比焓值为零，则湿空气的比焓（kJ/kg）表达为

$$h = h_g + dh_q \tag{2-18}$$

干空气的比焓 h_g（kJ/kg）为 $h_g = c_{p,g} t$
水蒸气的比焓 h_q（kJ/kg）为 $h_q = c_{p,q} t + 2500$

式中 $c_{p,g}$——干空气的比定压热容，在常温下 $c_{p,g} = 1.005$ kJ/(kg·K)，近似取1kJ/(kg·K) 或 1.01kJ/(kg·K)；

$c_{p,q}$——水蒸气的比定压热容，在常温下 $c_{p,q} = 1.84$ kJ/(kg·K)；

2500——0℃时的水的汽化热（kJ/kg）。

则湿空气的比焓为

$$h = 1.01t + d(2500 + 1.84t) \tag{2-19}$$

或
$$h = (1.01 + 1.84d)t + 2500d \tag{2-20}$$

从式（2-20）可以看出，$(1.01 + 1.84d)t$ 是与温度有关的热量，称为"**显热**"；而 $2500d$ 是 0℃ 时 d（kg）水的汽化热，它仅随含湿量的变化而变化，与温度无关，故称为"**潜热**"。由此可见，湿空气的比焓随温度和含湿量的变化而变化，当温度和含湿量升高时，比焓值增加；反之，比焓值降低。而在温度升高、含湿量减少时，由于 2500 比 1.84 和 1.01 大得多，比焓值不一定会增加。

通过以上讨论可知，无论湿空气状态如何变化，都可以通过状态参数计算公式确定变化过程中热量和湿量变化，具体可以查阅附录 1。

【例 2-1】 已知当地大气压力 $p_a = 101325$Pa，温度 $t = 20$℃，试计算（1）干空气的密度；（2）相对湿度为 70% 的湿空气密度。

【解】（1）已知干空气的气体常数 $R_g = 287$J/(kg·K)，干空气的压力为大气压力 p_a，所以干空气的密度为

$$\rho_g = \frac{p_g}{R_g T} = \frac{101325}{287 \times (273 + 20)} \text{kg/m}^3 = 1.205 \text{kg/m}^3$$

（2）由表 2-2 查得，20℃ 时的饱和水蒸气压力为 $p_{q,b} = 2331$Pa，代入式（2-5）得湿空气的密度为

$$\rho = 0.003484 \frac{p_a}{T} - 0.00134 \frac{p_q}{T} = 0.003484 \frac{p_a}{T} - 0.00134 \frac{\varphi p_{q,b}}{T}$$

$$= 0.003484 \times \frac{101325}{293} \text{kg/m}^3 - 0.00134 \times \frac{0.7 \times 2331}{293} \text{kg/m}^3 = 1.197 \text{kg/m}^3$$

可见，湿空气的密度比完全干燥空气的密度在压力相同时要小一些。

【例 2-2】 试计算在 20℃ 条件下，大气压力 p_a 为 101325Pa，相对湿度为 70% 的湿空气的含湿量和比焓值。

【解】 在 $p_a = 101325$Pa 时，查表 2-2 得，$t = 20$℃ 的饱和水蒸气压力为 2331Pa，按式（2-14）可得含湿量为

$$d = 0.622 \frac{\varphi p_{q,b}}{p_a - \varphi p_{q,b}} = 0.622 \times \frac{0.7 \times 2331}{101325 - 0.7 \times 2331} \text{kg/kg} = 0.010 \text{kg/kg（干空气）}$$

按式（2-19）可得比焓为

$$h = 1.01t + d(2500 + 1.84t)$$

$$= 1.01 \times 20 \text{kJ/kg} + 0.01 \times (2500 + 1.84 \times 20) \text{kJ/kg} = 45.57 \text{kJ/kg}$$

2.2 湿空气的焓湿图

2.2.1 焓湿图的构成及绘制原理

在空气调节工程中，湿空气的状态参数可以用含湿量计算式 [式（2-14）]、比焓计算式 [式（2-19）] 进行计算，当大气压力 p_a 为定值时，公式中包含 t、h、d、φ、p_q、$p_{q,b}$ 等 6 个参数，其中 t、h、d、φ 为独立参数。说明湿空气的状态参数可以用公式计算来确定，也可以查湿空气物理性质表（附录 1）来确定。但是利用焓湿图进行空调过程的设计和空调运行工况的分析，更加直观和方便。

湿空气的焓湿图，是在一定的大气压力下，将湿空气的主要状态参数之间的关系用线图表示出来，图上的每一点不仅代表湿空气的某一种状态，并且具有确定的状态参数；图上的一条线表示湿空气状态的变化过程。为便于实际应用且直观地描述湿空气状态变化过程，常用焓湿图来表示湿空气状态参数之间的变化关系。

焓湿图是对应于某一大气压力 p_a 下，以比焓 h 为纵坐标，含湿量 d 为横坐标绘制而成的，也常称 $h\text{-}d$ 图。对应于不同的大气压力 p_a，可绘制出不同的焓湿图。湿空气在饱和状态下，温度、压力等状态参数存在一一对应的函数关系。空气调节过程，空气的状态变化可以认为是在一定的大气压力下进行的。取 $t=0$ 和 $d=0$ 的干空气状态点为坐标原点，采用斜角坐标系统，两坐标夹角等于 135°。坐标夹角大小不影响湿空气状态参数之间的对应关系，只是改变了图线的形状和位置，目的是使图面展开，避免把图上线条挤在一起，以保持图线清晰。我国使用的焓湿图是参照苏联和德国等国家使用的形式，如图 2-2 所示（详见附录 2）。下面重点介绍这种焓湿图的绘制。

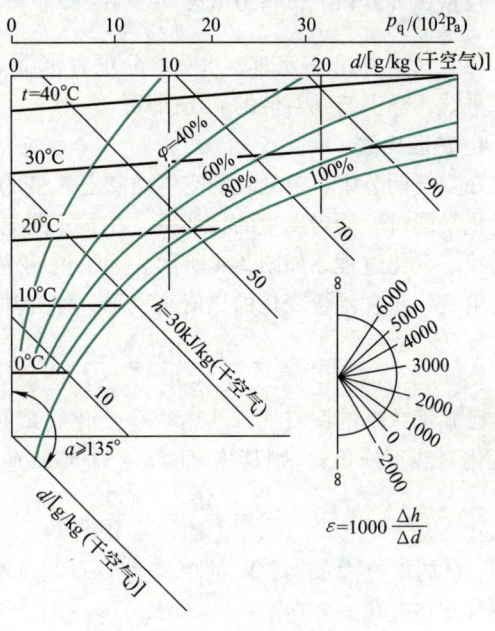

图 2-2 湿空气 $h\text{-}d$ 图

1. 等温线

由 $h=1.01t+d(2500+1.84t)$ 可知，当温度为常数时，h 和 d 呈线性关系，因此只需给定两个值，即可确定一等温线，也就是该直线上的状态点具有相同的温度。给定不同的温度就可得到一系列等温线。

公式中 $1.01t$ 为等温线在纵坐标上的截距，$(2500+1.84t)$ 为等温线的斜率。由于 t 值不同，等温线的斜率也就不同，因此，严格讲等温线不是一组平行的直线。但由于 $1.84t$ 远小于 2500，所以等温线又近似看作是平行的（图 2-3）。

2. 等相对湿度线

根据式 (2-14)，$d=0.622\times\dfrac{\varphi p_{q,b}}{p_a-\varphi p_{q,b}}$ 可以绘制出等相对湿度线。

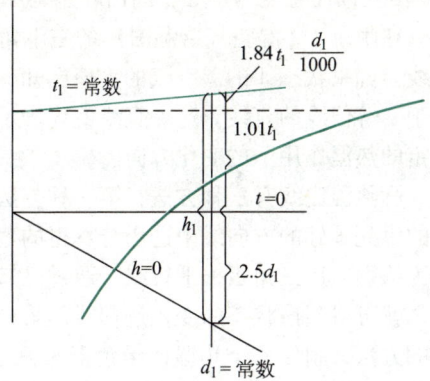

图 2-3 等温线的确定

在一定的大气压力 p_a，湿空气在饱和状态下，也就是 $\varphi=100\%$ 时，温度 t 和饱和压力 $p_{q,b}$ 存在一一对应关系，通过附录 1 或水蒸气性质表可以确定某个温度 t 饱和状态下的含湿量 d，温度 t 和含湿量 d 相交可确定一系列饱和状态点，从而得到 $\varphi=100\%$ 时等相对湿度线。同理，分别令 φ 为 90%、80%、70% 等，可以得到一系列温度 t 和含湿量 d 相交点，从而确定一系列等相对湿度线。

等相对湿度线是一组发散形曲线。显然 $\varphi=0\%$ 的等相对湿度线是纵轴线。

以 $\varphi=100\%$ 线为界，该曲线上方为**湿空气区**（又称**未饱和区**），水蒸气处在过热状态；曲线下方为**过饱和区**，由于过饱和区的状态是不稳定的，常有凝结现象，所以此区又称为"**结雾区**"，在 h-d 图上不表示出来。

3. 水蒸气分压力线

根据式（2-11），$d = 0.622\dfrac{p_\mathrm{q}}{p_\mathrm{a}-p_\mathrm{q}}$，经变换后可得 $p_\mathrm{q}=\dfrac{p_\mathrm{a}d}{0.622+d}$。

当大气压力 p_a 一定时，水蒸气分压力 p_q 是含湿量 d 的单值函数，因此可在 d 轴的上方绘一条水平线，标上与 d 对应的 p_q 值即可。

4. 热湿比线

在空气调节中，被处理的空气由状态 A 变为状态 B，如果认为在整个过程中，湿空气的热、湿变化是同时、均匀发生的，那么，在 h-d 图上连接状态点 A 到状态点 B 的直线就代表了湿空气的状态变化过程，如图 2-4 所示。为了说明湿空气状态变化前后的方向和特征，常用湿空气的比焓变化与含湿量变化的比值来表示，称为**热湿比 ε**（kJ/kg）

$$\varepsilon = \frac{h_\mathrm{B}-h_\mathrm{A}}{d_\mathrm{B}-d_\mathrm{A}}=\frac{\Delta h}{\Delta d} \tag{2-21}$$

已知某状态的湿空气，其热量 Q 变化（或正或负）和湿量 W 变化（或正或负），则其热湿比 ε（kJ/kg）应为

$$\varepsilon = \frac{\Delta h}{\Delta d}=\frac{\pm Q}{\pm W} \tag{2-22}$$

式中，Q 的单位为 kJ/s，W 的单位为 kg/s。热湿比的正负代表湿空气状态变化的方向。

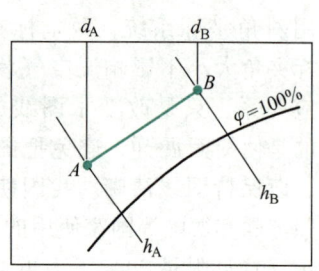

图 2-4 在 h-d 图上湿空气状态变化

热湿比 ε 值反映了空气从状态 A 变化为状态 B 的过程线斜率，即该过程线与水平线的倾斜角度，故又称**角系数**。在 h-d 图上任何一条直线所代表的空气状态变化过程，都有一定的角系数值与它相对应。对于湿空气的各种变化过程，不论其初状态如何，只要它们的热湿比（角系数）值相同，则其过程线就会相互平行。根据这个特性，可在 h-d 图上以任意点为中心，画出一系列不同值的角系数线。

在附录 2（湿空气焓湿图）的右下角示出不同 ε 值的等值线。如果状态 A 的湿空气的 ε 值已知，则可以过 A 点作平行于 ε 等值线的直线，这一直线就代表了状态 A 的湿空气在一定的热湿作用下的变化方向。

画热湿比线有三种方法：第一种方法，可以从图 2-5 所示的事先画好的方向线中选出与算得的值相同的方向线，以它为依据，用三角板推平行线，通过已知初状态点 A 作平行线，就可得到该状态的变化过程线。第二种方法，借鉴量角器的方法，制作一个热湿比量角器来画 ε 线。第三种方法，按照已知的热湿比值，用计算的方法直接画出空气状态变化过程 ε 线。

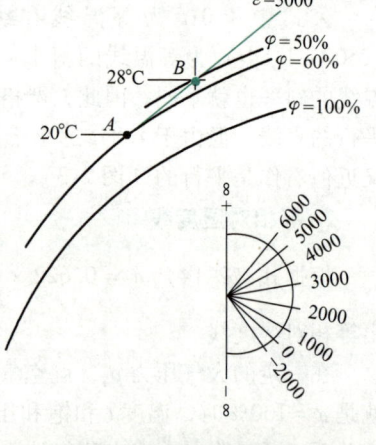

图 2-5 例 2-3 示意图

【例 2-3】 已知大气压力 $p_\mathrm{a}=101325\mathrm{Pa}$，湿空气初参数为 $t_\mathrm{A}=20\mathrm{℃}$，$\varphi_\mathrm{A}=60\%$，当该状态的空气吸收 20kJ/s 的热量和 4g/s 的湿量后，相对湿度为 $\varphi_\mathrm{B}=50\%$，试确定湿空气的终状态。

【解】 在 101325Pa 大气压力的 h-d 图上，根据 $t_\mathrm{A}=20\mathrm{℃}$ 和 $\varphi_\mathrm{A}=60\%$，可以确定初始状态点 A（图 2-5）。求热湿比

$$\varepsilon = \frac{\pm Q}{\pm W} = \frac{20}{0.004} \text{kJ/kg} = 5000 \text{kJ/kg}$$

过 A 点作与等值线 $\varepsilon = 5000$ kJ/kg 的平行线,即为状态 A 变化的过程线,该线与 $\varphi = 50\%$ 等相对湿度线交点即为湿空气的终状态 B,由图查得 B 点的状态参数为

$$t_B = 28℃, d_B = 0.012 \text{kg/kg}(干空气), h_B = 59 \text{kJ/kg}。$$

5. 大气压力变化对 h-d 图的影响

根据公式 $d = 0.622 \dfrac{\varphi p_{q,b}}{p_a - \varphi p_{q,b}}$ 可知,当 φ 为常数,p_a 增大,d 则减少,反之 d 则增大,因此绘制出的等 φ 线也不同,如图 2-6 所示。所以,对于不同的大气压力应采用与之相对应的 h-d 图,否则,所得的参数将会有误差。

但一般大气压力变化不大(p_a 变化小于 10^3 Pa 时),所得结果误差不大,因此在工程中允许采用同一张 h-d 图来确定参数。

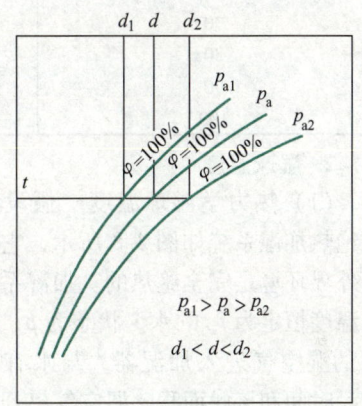

图 2-6 相对湿度随大气压力变化

2.2.2 露点温度和湿球温度

1. 露点温度

湿空气的**露点温度**是在含湿量不变的条件下,湿空气达到饱和时的温度。将未饱和的空气冷却,并且保持其含湿量不变,随着空气温度的降低,所对应的饱和含湿量也降低,而实际含湿量未变化,因此空气的相对湿度增大,温度降低至 t_L 时,空气的相对湿度达到 100%,此时,空气的含湿量达到饱和,如再继续冷却,则会有凝结水出现。把 t_L 称为该状态空气的露点温度,即空气开始结露时的临界温度。

如果将某表面的温度降低到周围空气的露点温度以下,则该空气将从未饱和变为饱和,进而达到过饱和状态,于是空气中的一部分水气立即在冷表面上凝结成水珠,这就是结露现象。判断是否结露,主要看表面温度是低于还是高于空气的露点温度。在空调技术中,有时要利用结露的规律,例如利用露点温度来判断保温材料是否选择得合适,检验冬季围护结构的内表面是否结露,夏季送风管道和制冷设备保温材料外表面是否结露。对空气进行热湿处理时利用低于空气露点温度的水去喷淋热湿空气,或者让热湿空气流过其表面温度低于露点温度的空气冷却器,从而使该空气达到冷却减湿处理的目的。

确定空气露点温度有三种方法:第一种方法是查表法,查附录 1 中湿空气的密度、水蒸气压力、含湿量和比焓的关系表,将湿空气的水蒸气分压力视为饱和空气的水蒸气分压力,饱和空气的水蒸气分压力所对应的空气温度就是该状态下湿空气的露点温度。第二种方法是查图法,即利用 h-d 图,由 A 沿等 d 线向下与 $\varphi = 100\%$ 线交点的温度即为露点温度,如图 2-7 所示。第三种方法是计算法,空气的露点温度 t_L 间接反映空气湿度的状态参数,可用下述公式近似计算

$$t_L = A\varphi + Bt$$

式中 φ——空气的相对湿度(%);
t——空气的温度(干球温度)(℃);

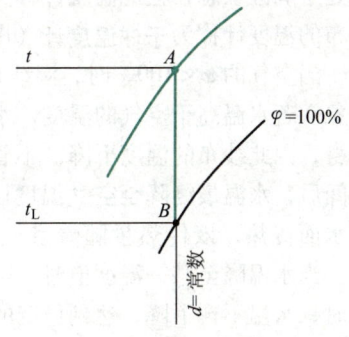

图 2-7 露点温度

A、B——计算系数,见表2-3。

表2-3　露点温度计算系数值

$\varphi(\%)$	$A/℃$	$B/(℃/℃)$
30	-14.501922	0.842345
40	-11.195327	0.876491
50	-8.539849	0.904096
60	-6.345999	0.927906
70	-4.461370	0.948767
80	-2.809702	0.967488
90	-1.329306	0.984380
100	0.000000	1.000000

2. 湿球温度

（1）热力学湿球温度　假设有一理想绝热加湿系统如图2-8所示,它的器壁与外界环境是完全绝热的。加湿系统内装有温度恒定为 t_w 的水,状态为 p、t_1、d_1、h_1 的湿空气进入加湿器,与水有充分的

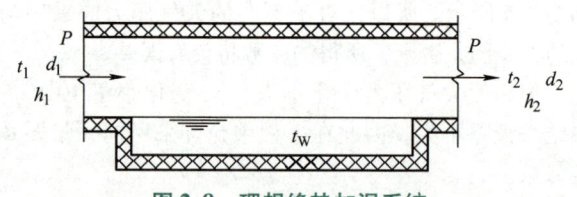

图2-8　理想绝热加湿系统

接触时间和接触面积,湿空气离开加湿系统已经达到饱和状态,湿空气的温度等于水温。通常把在等压绝热条件下,空气与水直接接触达到稳定热湿平衡时的绝热饱和温度称为**热力学湿球温度**。

在这个绝热加湿过程中,其稳定流动能量方程式为

$$h_1 + (d_2 - d_1)h_w = h_2$$

式中　h_w——液态水的比焓, $h_w = 4.19t_w$。

可得

$$h_2 - h_1 = (d_2 - d_1) \times 4.19t_w$$

虽然空气因提供水分蒸发所需的热量而温度下降,但它的比焓值却因为得到了水蒸气的汽化热和液体热而增加,比焓值的增量等于蒸发的水分所具有的比焓。

（2）湿球温度　在实际应用中,一般用干、湿球温度计测量出的湿球温度,近似代替热力学湿球温度。干、湿球温度计是由两支温度计或其他感温元件组成,通常使用普通温度计。一只温度计的感温包裹上纱布,纱布的下端浸入盛有蒸馏水的容器中,在纱布纤维的毛细作用下,使纱布始终长期处于润湿状态,把此温度计称为**湿球温度计**。另一只未包纱布的温度计称为**干球温度计**（图2-9）。

当空气的 $\varphi < 100\%$ 时,湿纱布中的水分必然存在着蒸发现象。若水温高于空气的温度,水蒸发的热量首先取自水分本身,因此纱布的温度下降。不管原来水温多高,经过一段时间后,水温最终降至空气温度以下,这时,出现了空气要向水面传热,该传热量随着空气与水之间温差的加大而增

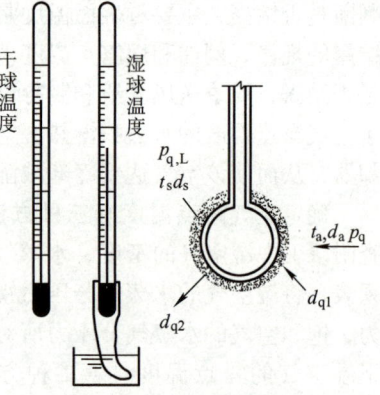

图2-9　干、湿球温度计

多。当水温降至某一温度值时,空气向水面的传热量（显热）刚好补充水分蒸发所需的汽化热,此时,水温不再下降,达到稳定的状态。在这一稳定状态下,湿球温度计所读出的数就是湿球温度。若水温低于空气湿球温度时,空气向水面的温差传热一方面供给水分蒸发所需的汽化热,另一方面供水温的升高。随着水温的升高,传热量减少,最终达到温差传热（显热）与蒸发所

需汽化热的平衡，水温稳定并等于空气的湿球温度。

湿球温度的定义是指某一状态的空气，同湿球温度计的湿润温包接触，发生绝热热湿交换，使其达到饱和状态时的温度。其涵义是用温包上裹着湿纱布的温度计，在流速大于 2.5m/s 且不受直接辐射的空气中，所测得的纱布表面水的温度，以此作为空气接近饱和程度的一种度量。

在相对湿度不变的情况下，湿球温度计纱布上的水分蒸发可以认为是稳定的，从而蒸发所需的热量也是一定的。当空气的相对湿度较小时，纱布上的水分蒸发快，所需的热量多，湿球水温下降得越多，因而干、湿球温差大。反之，干、湿球温差小。当 $\varphi = 100\%$ 时，纱布上的水分就不再蒸发，干、湿球温度计读数就相等。周围空气的饱和差越大，湿球温度计上发生的蒸发越强，而其湿度也就越低。由此可见，在一定的空气状态下，干、湿球温差值反映了该状态空气的相对湿度的大小。

如果忽略湿球与周围物体表面之辐射换热的影响，同时保持湿球表面周围的空气不滞留，热湿交换充分，则分析湿球表面的热湿交换情况可以看出：

湿球周围空气向湿球表面的温差传热量为

$$d_{q1} = \alpha(t - t'_s)df \tag{2-23}$$

式中 α——空气与湿球表面的换热系数，$[W/(m^2 \cdot ℃)]$；

t——空气的干球温度（℃）；

t'_s——湿球表面水的温度（℃）；

df——湿球表面的面积（m^2）。

与温差传热同时进行的水的蒸发量为

$$dw = \beta(p'_{q,b} - p_q)df\frac{p_{a0}}{p_a} \tag{2-24}$$

式中 β——湿交换系数 $[kg/(m^2 \cdot s \cdot Pa)]$；

$p'_{q,b}$——湿球表面水温下的饱和水蒸气分压力（Pa）；

p_q——周围空气的水蒸气分压力（Pa）；

p_{a0}、p_a——标准大气压和当地实际大气压（Pa）。

水分蒸发所需的汽化热量

$$d_{q2} = dwr \tag{2-25}$$

式中 r——汽化热（kJ/kg）。

当湿球与周围空气间的热湿交换达到稳定状态时，则湿球温度计的指示值将是定值，同时也说明空气传给湿球的热量必定等于湿球水分蒸发所需的热量。即

$$d_{q1} = d_{q2}$$

$$\alpha(t - t'_s)df = \beta(p'_{q,b} - p_q)df\frac{p_{a0}}{p_a}r \tag{2-26}$$

在式（2-26）中的 t'_s 即为湿空气的湿球温度 t_s，湿球表面的 $p'_{q,b}$ 即为对应于 t_s 下的饱和空气层的水蒸气分压力，记为 $p^*_{q,b}$。整理式（2-26）得

$$p_q = p^*_{q,b} - A(t - t_s)p_a \tag{2-27}$$

式中，$A = \alpha/(r\beta 101325)$，由于 α、β 均与空气流过湿球表面的风速有关，因此 A 值应由实验确定或采用经验公式计算

$$A = \left(65 + \frac{6.75}{v}\right) \times 10^{-5} \tag{2-28}$$

式中 v——空气流速（m/s），一般取 $v \geq 2.5$m/s。

根据式（2-27），可以用干、湿球温度差（$t-t_s$）计算湿空气中水蒸气的分压力p_q。干、湿球温度差值越大，水蒸气分压力越小，当（$t-t_s$）=0时，$p_q=p_{q,b}^*$，空气达到饱和。由干球温度t，查附录1或有关图表可得空气的饱和水蒸气分压力$p_{q,b}$，再根据$\varphi=\dfrac{p_q}{p_{q,b}}$计算出空气的相对湿度。应该注意的是此处的$p_{q,b}$与$p_{q,b}^*$有区别。由此可见，干、湿球温度计读数差的大小，间接地反映了湿空气相对湿度的状况。另外，根据式（2-27）可知，只要知道了空气的t、t_s和p_q（或d）三个参数中任意两个，就可以求第三个，然后再利用其他公式，可求出其余参数。因此，湿球温度t_s可以看成是确定空气状态的又一独立参数。只有当$t_s=0$℃时，湿球温度成为非独立参数。在空气调节中，由于这个参数比较容易量测，所以是测定工作中必须使用的参数。除此之外，可以利用湿球温度来衡量使用喷水室、空气蒸发冷却器、冷却塔、蒸发式冷凝器等设备的冷却和散热效果，并判断它们的使用范围。

需要注意的是，水与空气的热湿交换与湿球周围的空气流速有很大的关系。即使在相同的空气条件下，空气流速不同，所测得的湿球温度也会出现差异。空气流速越小，空气与水的热湿交换越不充分，所测得的误差就越大；空气流速越大，空气与水的热湿交换越充分，所测得的湿球温度越准确。实验证明，当空气流速大于2.5m/s时，空气流速对水与空气的热湿交换影响不大，湿球温度趋于稳定。因此，要用干、湿球温度计准确地反映湿空气的相对湿度，应使流经湿球的空气流速大于2.5m/s。在实际测量中，要求湿球周围的空气流速保持在2.5~4.0m/s。

（3）湿球温度在h-d图上的表示　当空气流经湿球时，湿球表面的水与空气存在热湿交换。该热湿交换过程根据热湿比的定义可以导出

$$\varepsilon=\dfrac{h_2-h_1}{d_2-d_1}=4.19t_s$$

在h-d图上，从各等温线与$\varphi=100\%$饱和线的交点出发，作$\varepsilon=4.19t_s$的热湿比线，则可得到等湿球温度线。当$t_s=0$℃时，$\varepsilon=0$，即等湿球温度线与等焓线完全重合；而当$t_s>0$℃时，$\varepsilon>0$；$t_s<0$℃时，$\varepsilon<0$。所以，严格来说，等湿球温度线与等焓线并不重合。但在空气调节工程中，一般$t_s\leq 30$℃，$\varepsilon=4.19t_s$的等湿球温度线与等焓线非常接近，可以近似认为等焓线即为等湿球温度线。

若已知某湿空气状态点A（图2-10），过A点作$\varepsilon=4.19t_s$的热湿比线，与$\varphi=100\%$的交点S为A点的准确的湿球温度。若由A沿$h=$常数（$\varepsilon=0$）线找到与$\varphi=100\%$的交点B，B点的温度t_B即为A点的湿球温度（近似）。同样，如果已知某湿空气的干温度t_A和湿球温度t_B，则由t_B与$\varphi=100\%$线交点B沿等焓线找到与$t_A=$常数线的交点A即为该湿空气的状态点。

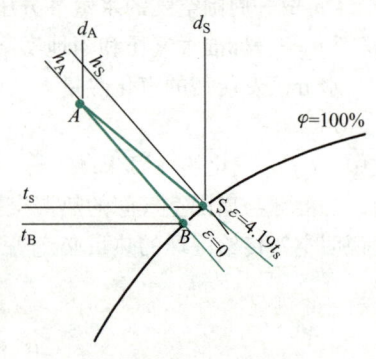

图2-10　等湿球温度线

确定湿球温度的方法有三种。第一种方法是根据式（2-27）直接计算。第二种方法是查图法，即利用h-d图，由A沿等焓线向下与$\varphi=100\%$线交点的温度即为湿球温度，如图2-10所示。第三种方法即为简化计算法，空气的湿球温度t_s是间接反映空气湿度的状态参数，可用下述公式近似计算

$$t_s=C\varphi+Dt$$

式中 φ——空气的相对湿度(%);

t——空气的温度(干球温度)(℃);

C、D——计算系数,见表2-4。

表 2-4 湿球温度计算系数值

$\varphi(\%)$	$C/℃$	$D/(℃/℃)$
30	-5.082366	0.750256
40	-4.740581	0.811202
50	-4.131947	0.858568
60	-3.342766	0.896106
70	-2.536432	0.928161
80	-1.666897	0.955048
90	-0.824302	0.978813
100	0.000000	1.000000

2.2.3 焓湿图的应用

1. 确定湿空气状态参数

空气调节过程实际上就是湿空气状态变化的过程,如何确定湿空气状态,是经常遇到的问题。

一般空气状态参数包括 p_a、t、h、d、φ、p_q、$p_{q,b}$ 等参数。在大气压力 p_a 一定的情况下,已知 t、h、d、φ 中任何两个参数就可以在 h-d 图上确定湿空气状态点,从而可以查取其他参数。需要注意的是 d、p_q 不是相互独立的参数,已知 d、p_q 并不能在 h-d 图上确定湿空气状态点。虽然热湿比 ε 不是状态参数,但是可以帮助确定湿空气状态点的位置。

同时也可以利用式(2-19)等公式,在已知 t、d 等参数条件下计算得出其他参数。空气的干球温度 t 是可以用各类温度计测量的,空气的含湿量 d 不能用仪器直接测量出来,再说也没有直接测量 d 的仪器。所以,空气参数的测量,主要是测定所在地区的大气压力 p_a、空调区的干球温度 t 和湿球温度 t_s,然后通过计算求得其余参数,例如 d、h 和 φ 等。

2. 表示湿空气的状态变化过程

(1) 湿空气的加热过程 空气调节中常用空气加热器或电加热器来处理空气,当空气通过加热器时,获得了热量,提高了温度,但含湿量没有变化,又称为干式加热过程或等湿加热过程。因此,空气状态变化是等湿、增焓、升温过程。在 h-d 图上这一过程可表示为 $A \rightarrow B$ 的变化过程(图2-11)。

它的热湿比为

$$\varepsilon = \frac{\Delta h}{\Delta d} = \frac{h_B - h_A}{d_B - d_A} = \frac{h_B - h_A}{0} = \infty$$

(2) 湿空气的冷却过程 利用冷水或其他冷媒通过空气冷却器对湿空气冷却。根据冷却器表面的温度高低,可分为干式冷却过程和减湿冷却过程两类。

1) 干式冷却过程。用表面温度低于空气温度却又高于空气露点温度的空气冷却器来处理空气所实现的过程。此时,空气的温度降低,比焓值减少。空气状态变化是等湿、减焓、降温过程。在 h-d 图上这一过程表示为 $A \rightarrow C$ 的变化过程。它的热湿比为

$$\varepsilon = \frac{-\Delta h}{\Delta d} = \frac{h_C - h_A}{d_C - d_A} = \frac{h_C - h_A}{0} = -\infty$$

2) 减湿冷却过程。减湿冷却过程是指用温度低于空气露点温度的空气冷却器来处理空气所实现的过程。空气中的水蒸气将凝结为水,从而使空气减湿,空气的状态变化是减湿冷却或冷

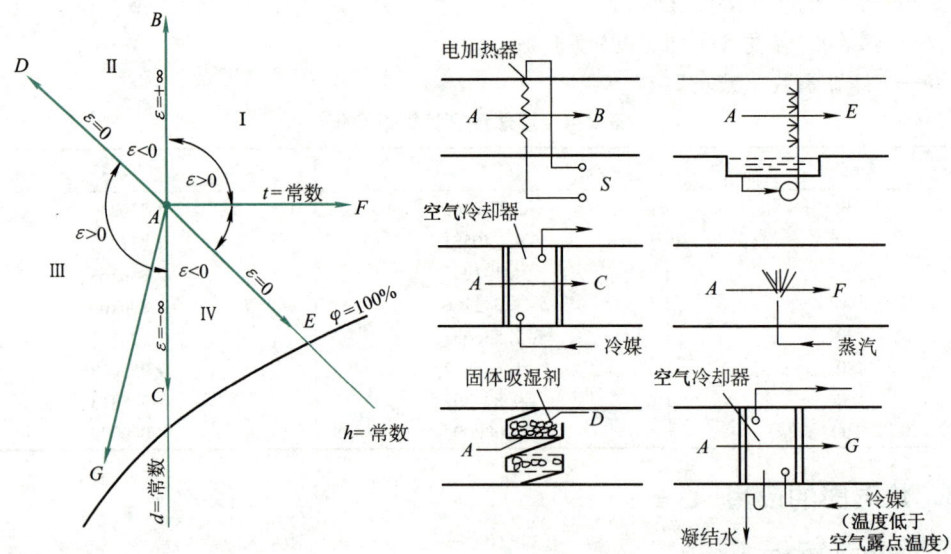

图 2-11　几种典型湿空气的状态变化过程

却干燥过程。在 $h\text{-}d$ 图上这一过程可表示为 $A \rightarrow G$ 的变化过程。它的热湿比为

$$\varepsilon = \frac{\Delta h}{\Delta d} = \frac{h_G - h_A}{d_G - d_A} > 0$$

（3）等焓减湿过程　利用固体吸湿剂干燥空气时，水蒸气被吸湿剂吸附，空气的含湿量降低，而水蒸气凝结时放出的汽化热使空气的温度升高，空气的比焓值基本不变，只是略减少了水带走的液体热，其过程近似于等焓减湿过程，在 $h\text{-}d$ 图上这一过程可表示为 $A \rightarrow D$ 的变化过程。它的热湿比为

$$\varepsilon = \frac{\Delta h}{\Delta d} = \frac{h_D - h_A}{d_D - d_A} = \frac{0}{d_D - d_A} = 0$$

（4）等焓加湿过程　利用喷水室喷循环水处理空气时，水将吸收空气的热量蒸发形成水蒸气进入空气，使空气在失去部分显热的同时，增加了含湿量，增加了潜热量，从而补偿了失去的显热量，使得空气的比焓值基本不变，只是略增加了水带入的液体热，近似于等焓过程，因此称为等焓加湿过程。在 $h\text{-}d$ 图上这一过程可表示为 $A \rightarrow E$ 的变化过程。它的热湿比为

$$\varepsilon = \frac{\Delta h}{\Delta d} = \frac{h_E - h_A}{d_E - d_A} = 4.19 t_s = 0$$

（5）等温加湿过程　该过程是通过向空气中喷蒸汽来实现的。空气中增加水蒸气后，比焓值和含湿量将增加，比焓的增量（kJ/kg）为加入的水蒸气的全热量。即

$$\Delta h = \Delta d (2500 + 1.84 t_q)$$

式中　Δd——每千克干空气增加的含湿量 [kg/kg（干空气）]；

t_q——蒸汽的温度（℃）。

这一过程的热湿比为

$$\varepsilon = \frac{\Delta h}{\Delta d} = \frac{\Delta d(2500 + 1.84t_q)}{\Delta d} = 2500 + 1.84t_q$$

当蒸汽的温度为 100℃ 时，则 $\varepsilon = 2684$ 的过程线近似于等温线，该过程线与等温线之间形成的偏角大约只有 3°~4°，因此，喷蒸汽可使湿空气实现等温加湿过程，在 $h\text{-}d$ 图上这一过程可表示为 $A \rightarrow F$ 的变化过程。但从严格意义上来讲，由于干饱和蒸汽的温度总高于空气温度，所以蒸汽喷入之后也同时将显热带给空气，从而使加湿后的空气温度略有升高，但从工程角度来说，这种误差是微乎其微的。

以上介绍了空气调节中常用的几种典型空气状态变化过程，从图 2-11 可以看出代表空气状态变化的 4 个典型过程的 $\varepsilon = \pm \infty$ 和 $\varepsilon = 0$ 的两条线，以任意湿空气状态 A 为原点将 $h\text{-}d$ 图分为 4 个象限，不同象限内湿空气状态变化的特征如表 2-5 所示。

表 2-5 $h\text{-}d$ 图上各象限内湿空气状态变化的特征

象限	热湿比 ε	状态参数变化趋势			过程特征
		h	d	T	
Ⅰ	$\varepsilon > 0$	+	+	±	增焓增湿 喷蒸汽可近似实现等温过程
Ⅱ	$\varepsilon < 0$	+	−	+	增焓、减湿、升温
Ⅲ	$\varepsilon > 0$	−	−	±	减焓、减湿
Ⅳ	$\varepsilon < 0$	−	+	−	减焓、增湿、降温

3. 确定两种不同状态空气混合态参数

在空气调节中，确定两种不同状态的湿空气混合后的状态，可以采用计算和图解两种办法（图 2-12）。

在大气压力已知的前提下，已知状态为 h_A、d_A 的空气 q_A（kg/s）与状态为 h_B、d_B 的空气 q_B（kg/s）相混合，混合后的空气状态为 h_C、d_C，流量为 q_C（kg/s），根据质量和能量守恒原理有

$$q_A h_A + q_B h_B = (q_A + q_B)h_C = q_C h_C \quad (2\text{-}29)$$

$$q_A d_A + q_B d_B = (q_A + q_B)d_C = q_C d_C \quad (2\text{-}30)$$

由上式，求得
混合点的比焓

$$h_C = \frac{q_A h_A + q_B h_B}{q_A + q_B} = \frac{q_A h_A + q_B h_B}{q_C} \quad (2\text{-}31)$$

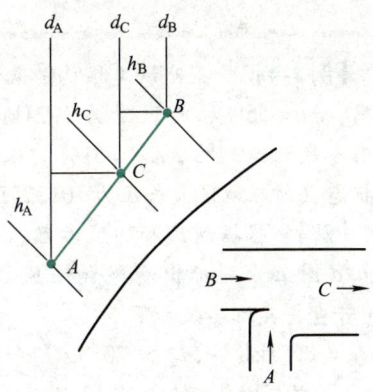

图 2-12 两种状态湿空气混合

混合点的含湿量

$$d_C = \frac{q_A d_A + q_B d_B}{q_A + q_B} = \frac{q_A d_A + q_B d_B}{q_C} \quad (2\text{-}32)$$

由式（2-29）推出

$$\frac{q_A}{q_B} = \frac{h_B - h_C}{h_C - h_A}$$

同理，由式（2-30）推出

$$\frac{q_A}{q_B} = \frac{d_B - d_C}{d_C - d_A}$$

即
$$\frac{q_A}{q_B} = \frac{h_B - h_C}{h_C - h_A} = \frac{d_B - d_C}{d_C - d_A} \tag{2-33}$$

$\frac{h_B - h_C}{d_B - d_C} = \frac{h_C - h_A}{d_C - d_A}$ 表示线段 $\overline{BC}$ 与线段 $\overline{CA}$ 的斜率相等，说明 A、C、B 在同一条直线上

$$\frac{\overline{CB}}{\overline{AC}} = \frac{h_B - h_C}{h_C - h_A} = \frac{d_B - d_C}{d_C - d_A} = \frac{q_A}{q_B}$$

$$\overline{CB} = \overline{AB} - \overline{AC}, \frac{\overline{AB} - \overline{AC}}{\overline{AC}} = \frac{q_A}{q_B}, \frac{\overline{AB}}{\overline{AC}} - 1 = \frac{q_A}{q_B}$$

$$\frac{\overline{AB}}{\overline{AC}} = \frac{q_A}{q_B} + 1 = \frac{q_A + q_B}{q_B} = \frac{q_C}{q_B}$$

则有
$$\overline{AC} = \frac{q_B}{q_C} \times \overline{AB} \quad \text{或者} \quad \overline{CB} = \frac{q_A}{q_C} \times \overline{AB}$$

说明，混合点 C 将线段 $\overline{AB}$ 分成两段，两段的长度之比与参与混合的两种空气的质量成反比，混合点 C 靠近质量大的空气状态一端。C 点在 h-d 图上确定后，可以查取混合后状态参数。

若混合点 C 处于"结雾区"，此时空气的状态是饱和空气加水雾，这是一种不稳定的状态。状态变化过程如图 2-13 所示。由于空气中的蒸汽凝结后，带走了水的液体热，使得空气的比焓值略有降低。混合点的比焓值为

$$h_C = h_D + 4.19 t_D \Delta d \tag{2-34}$$

在式（2-34）中，由于 h_D、t_D、Δd 是 3 个相互关联的未知数，且 h_C 已知，可以通过试算的方法来确定 D 的状态。

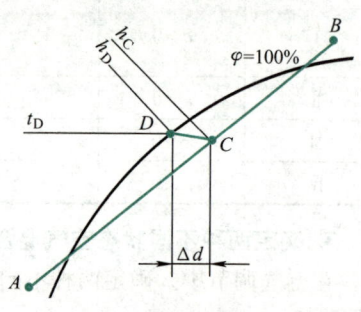

图 2-13 结雾区空气状态

【例 2-4】 某空调工程总送风量为 5.30kg/s。其中回风量为 4.09kg/s，回风状态参数 $t_N = 20℃$，$\varphi_N = 55\%$，新风量为 1.21kg/s，新风状态参数 $t_W = 34℃$，$\varphi_W = 61\%$。求混合空气的状态（所在地区大气压力 101325Pa）。

【解】 根据新风和回风参数，在图 2-14 的 h-d 图上分别标出新风和回风状态点 W、N，并查得其他参数如下

$h_W = 86.3$ kJ/kg，$d_W = 20.3$ g/kg(干空气)
$h_N = 40.5$ kJ/kg，$d_N = 8.0$ g/kg(干空气)

1) 计算法。根据式（2-31）和式（2-32）分别求出混合空气的比焓值和含湿量

$$h_C = \frac{q_W h_W + q_N h_N}{q_W + q_N}$$

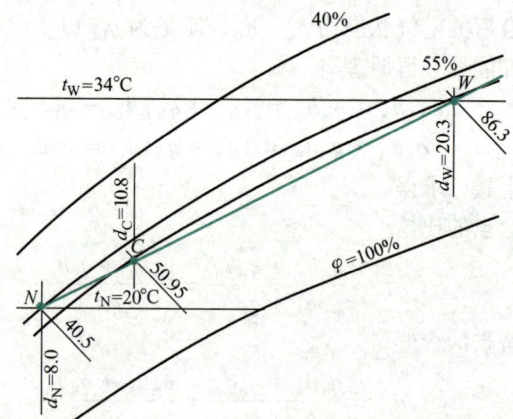

图 2-14 在 h-d 图上求混合空气参数示例

$$= \frac{1.21 \times 86.3 + 4.09 \times 40.5}{1.21 + 4.09} \text{kJ/kg} = 50.95 \text{kJ/kg}$$

$$d_C = \frac{q_W d_W + q_N d_N}{q_W + q_N} = \frac{1.21 \times 20.3 + 4.09 \times 8.0}{1.21 + 4.09} \text{g/kg(干空气)}$$

$$= 10.80 \text{g/kg(干空气)} = 0.0108 \text{kg/kg(干空气)}$$

2）图解法。见图 2-14，在 h-d 图上分别标出新风和回风状态点 W、N，并连成直线，然后用尺子量取 $\overline{NW}$ 线段的长度为 64mm。从而可求出混合点 C 至新风状态 W 点的距离为

$$\overline{CW} = \frac{q_N}{q_C}\overline{NW} = \frac{4.09}{5.3} \times 64\text{mm} = 49\text{mm}$$

或者求出混合点 C 至回风状态 N 点的距离为

$$\overline{NC} = \frac{q_W}{q_C}\overline{NW} = \frac{1.21}{5.3} \times 64\text{mm} = 15\text{mm}$$

自 W 点截取 $\overline{CW} = 49\text{mm}$，从而定出混合空气状态点 C，并查得空气混合状态参数如下：$h_C = 51\text{kJ/kg}$，$d_C = 10.80\text{g/kg}$（干空气）。

由本例可知，用图解法求得的结果与计算法基本上是吻合的，说明在工程计算中用图解法可满足要求。

2.3 湿空气状态参数的计算方法

虽然利用 h-d 图可以方便地查取湿空气的状态参数和直观地表示湿空气状态变化过程，在暖通空调设计的一些方面是有用的，但是随着计算机技术发展以及空调设计程序的应用，利用计算机程序来确定湿空气参数使得某些步骤更容易实现。计算机程序带来的另一个方便之处是可对单位制和任意压力（大气压力）进行选择。因此，需要借助于计算机通过大量的数值模拟计算来确定状态参数和绘制各种条件下的动态 h-d 图。

一般可以利用干湿球温度计测得干球温度 t（℃）和湿球温度 t_s（℃），用气压计测得所在地区的大气压力 p_a（Pa）。湿空气的状态参数计算如下。

1. 温度（K）

$$T = 273.15 + t$$
$$T_s = 273.15 + t_s$$

2. 水蒸气分压力（Pa）

$$p_q = p_{q,b}^* - A(t - t_s)p_a$$

式中 $p_{q,b}^*$——饱和空气层的水蒸气分压力（Pa）；

p_a——大气压力（Pa）。

1）其中干湿球温度计常数 $A = \left(65 + \frac{6.75}{v}\right)10^{-5}$，当 $v > 3\text{m/s}$ 时，$A = 0.000667$。

2）已知湿球温度 t_s 条件下，饱和空气层的水蒸气分压力 $p_{q,b}^*$（mbar 或 hPa），按国际气象组织推荐的 Goff 方程进行计算。

$$\lg p_{q,b}^* = C_1\left(1 - \frac{T_o}{T_s}\right) + C_2\lg\left(\frac{T_s}{T_o}\right) + C_3\left[1 - 10^{C_4\left(\frac{T_s}{T_o}-1\right)}\right] + C_5\left[10^{C_6\left(1-\frac{T_o}{T_s}\right)} - 1\right] + C_7$$

式中 $C_1 = 10.79574$；$C_2 = -5.02800$；$C_3 = 1.50475 \times 10^{-4}$；$C_4 = -8.2969$；

$C_5 = 0.42873 \times 10^{-3}$；$C_6 = 4.76955$；$C_7 = 0.78614$；

T_o——水的三相点热力学温度，为 273.15K；

T_s——空气的湿球温度，为 $(273.15 + t_s)$ K。

3）已知干球温度 t 条件下，饱和空气层的水蒸气分压力 $p_{q,b}^*$，按 Goff 方程进行计算，只需将式中 T_s 用 $T = 273.15 + t$ 代入即可。

3. 含湿量 [kg/kg（干空气）]

$$d = 0.622 \frac{p_q}{p_a - p_q}$$

4. 湿空气的比焓（kJ/kg）

$$h = 1.01t + d(2500 + 1.84t)$$

5. 相对湿度

$$\varphi = \frac{p_q}{p_{q,b}} \times 100\%$$

6. 密度和比体积（kg/m³）

$$\rho = 0.003484 \frac{p_a}{T} - 0.00134 \frac{p_q}{T}$$

$$v = \frac{1}{\rho}$$

描述湿空气物理性质的状态参数较多，为了方便学生学习和掌握，现将它归纳为普通气体所具有的通用性状态参数（如温度、压力、密度等）和反映空气一些特殊性质的特殊性状态参数（如表示空气中水蒸气含量多少的湿度）。空气的通用性状态参数见表 2-6。空气的特殊性状态参数见表 2-7。

表 2-6　空气的通用性状态参数

状态参数	符号	单位	定　义	表达式
温度	t	℃	表示空气冷热程度的参数，其数值大小用温标来衡量	$T = 273.15 + t$
压力	p_a	Pa	地球表面的空气层在地面单位面积上所形成的压力	$p_a = p_g + p_q$
密度	ρ	kg/m³	单位容积的空气所具有的质量	$\rho = 0.003484 \frac{p_a}{T} - 0.00134 \frac{p_q}{T}$

表 2-7　空气的特殊性状态参数

分类		序号	指标名称	符号	单位	定　义	定义式
基本指标		1	水蒸气分压力（水气分压）	p_q	Pa	湿空气中，水蒸气单独占有湿空气的容积，并具有与湿空气相同的湿度时，所产生的压力	$p_a = p_g + p_q$
直接指标	绝对量	2	绝对湿度（水蒸气浓度，水蒸气密度）	ρ_q	kg/m³	每 1m³ 湿空气中所含水蒸气的质量	$\rho_q = \frac{m_q}{V}$
		3	含湿量	d	kg/kg（干空气）	内含 1kg 干空气的湿空气中所含水蒸气的质量	$d = \frac{m_q}{m_g}$
		4	组成成分（组分份额）	ρ'_q		湿空气中水蒸气的密度与湿空气总密度的比值	$\rho'_q = \frac{\rho_q}{\rho_q + \rho_g} \times 100\%$

(续)

分类	序号	指标名称	符号	单位	定 义	定义式
直接指标 相对量	5	吸湿能力	$\Delta\rho$	kg/m³	空气的绝对湿度 ρ_q 和同温度饱和状态下的绝对湿度 $\rho_{q,b}$ 之差的绝对值	$\Delta\rho = |\rho_q - \rho_{q,b}|$
	6	相对湿度	φ	%	空气的水蒸气分压力与同温度下饱和湿空气的水蒸气分压力的比值	$\varphi = \dfrac{p_q}{p_{q,b}} \times 100\%$
间接指标	7	露点温度	t_L	℃	未饱和空气在水蒸气分压力不变情况下,冷却至饱和空气时的温度。或湿空气在含湿量不变的情况下,冷却到饱和状态时所对应的温度	$t_L = f(d)$
	8	湿球温度	t_s	℃	在干湿球温度计上的湿球温度计的读数下降至某一位置上稳定下来。这时所测得的温度为湿球温度	$\varphi = \dfrac{p_{q,b}^* - A(t-t_s)p_a}{p_{q,b}} \times 100\%$ $t_s = f(h)$

2.4 其他类型的焓湿图

2.4.1 SI 单位制 (h-x) 焓湿图

SI 单位制焓湿图（以下简称 h-x 图）是用图示的方法反映湿空气状态参数之间的关系。如果采用其他湿空气状态参数来绘制,就会形成不同于以上形式的焓湿图。下面介绍在美国、西欧等国家使用的另外一种 h-x 图,如图 2-15 所示（详见附录 3）。这种图的用法与 h-d 图基本一样,只是在图的左边所表示的显热比是指显热/全热之比,与 h-d 图中热湿比概念不一样。

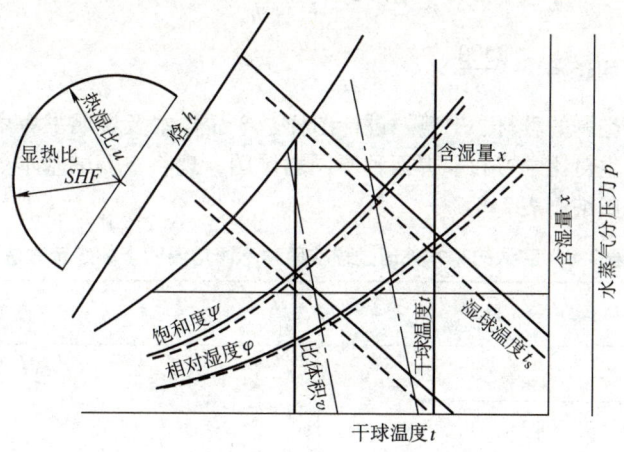

图 2-15 SI 单位制 (h-x) 的焓湿图

该图包括以下特征曲线:

1. 等饱和度线 ψ

等饱和度是指湿空气在某温度条件下,空气的含湿量（该处用 x 表示）与该温度饱和状态

含湿量的比值

$$\Psi = \frac{d}{d_b} \times 100\% \tag{2-35}$$

根据式（2-15）可得 $\Psi = \frac{d}{d_b} = \frac{(p_a - p_{q,b})}{(p_a - p_q)}\varphi$

因为 $\frac{p_a - p_{q,b}}{p_a - p_q} \approx 1$，在常温下 Ψ 和 φ 相差不大。

2. 比体积线 v 和等湿球温度线 t_s

在此焓湿图可以查取湿空气的湿球温度和比体积，也可以已知湿球温度和比体积来确定湿空气的状态点。

3. 显热比 SHF

显热比是指湿空气状态变化过程中显热变化和全热变化的比值。显热比同样可以用来确定湿空气状态变化方向

$$\text{SHF} = \frac{c_p(t_B - t_A)}{h_B - h_A} \tag{2-36}$$

式中 c_p——湿空气的比定压热容 [kJ/(kg·K)]，$c_p = 1.01 + 1.84d$。

显热比与前述热湿比之间存在以下关系

$$\varepsilon = \frac{2500}{1 - \text{SHF}} \quad \text{或} \quad \text{SHF} = 1 - \frac{2500}{\varepsilon}$$

上面的关系可根据

$$\varepsilon = \frac{h_B - h_A}{d_B - d_A}$$

$$h = c_p t + 2500d$$

$$\text{SHF} = \frac{c_p(t_B - t_A)}{h_B - h_A}$$

得 $\varepsilon = \frac{2500}{1 - \text{SHF}}$ 或 $\text{SHF} = 1 - \frac{2500}{\varepsilon}$

目前，国外许多空调的教材、书籍、设计图样、产品样本及说明书等资料采用 $h\text{-}x$ 形式的焓湿图。为了便于学生对比学习和掌握两种不同焓湿图，现将空调的基本处理过程在两种不同焓湿图上的表示方法归纳于表 2-8。

表 2-8 空调的基本处理过程在两种不同焓湿图上的表示方法

基本处理过程	$h\text{-}d$ 图（苏联）	$h\text{-}x$ 图（欧美）
加热过程		

（续）

基本处理过程	h-d 图（苏联）	h-x 图（欧美）
干式冷却过程		
减湿冷却过程		
等焓减湿过程		
等焓加湿过程		
等温加湿过程		

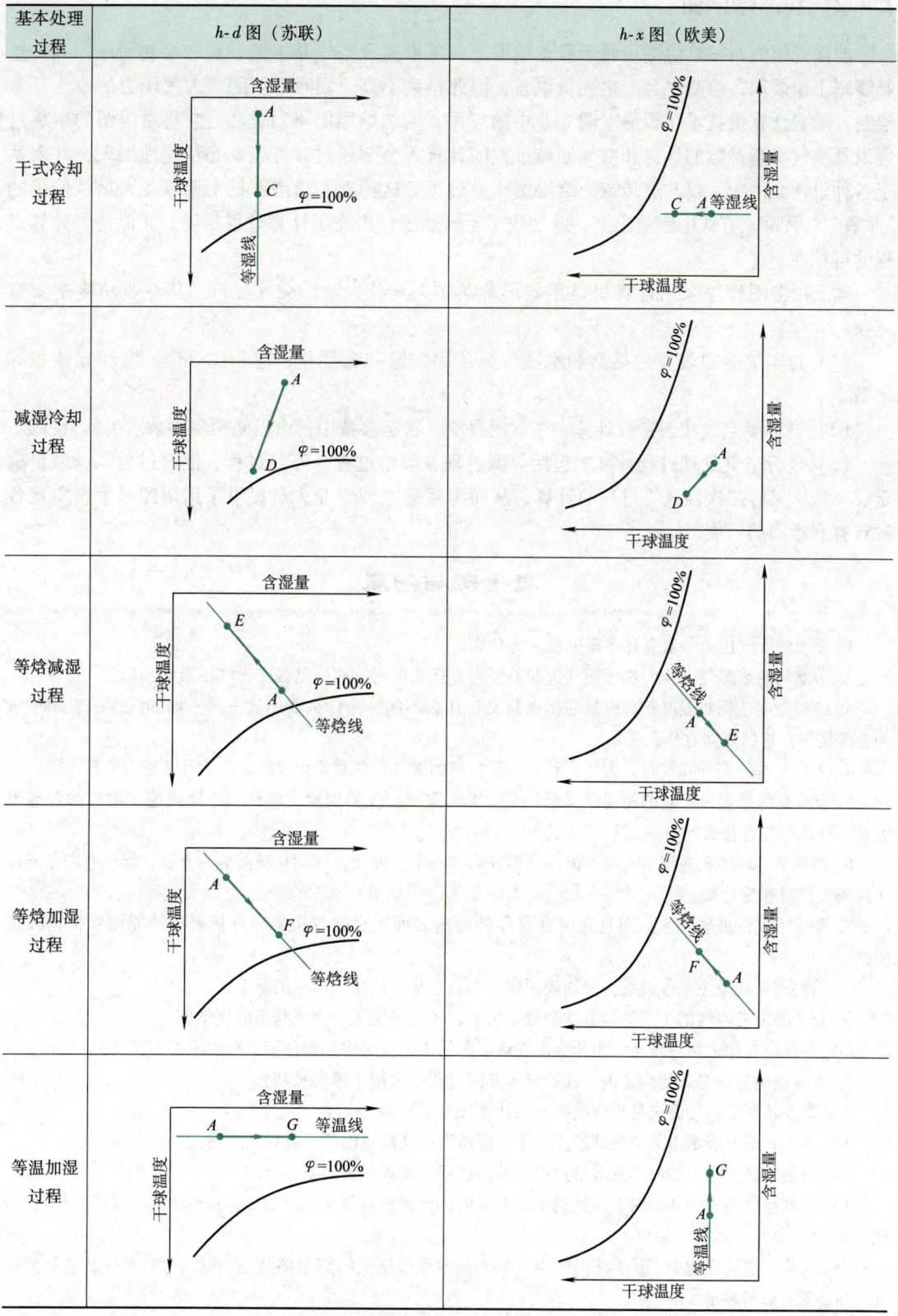

2.4.2 动态焓湿图

前面介绍的两种焓湿图均属于静态焓湿图，需根据湿空气基本关系预先绘制而成。人工绘制线图工作烦琐，绘制中会产生大量误差，因此精度不高，同时不能随着大气压力的改变任意绘制。随着计算机技术在暖通空调专业中的应用，动态焓湿图研制成功，它将焓湿图的生成过程以及空气状态参数的计算和空气处理过程的计算等全部通过计算机动态快速地展现，并表达于各种设计文件中，以改进传统的焓湿图作业过程。这种动态焓湿图把空调专业人员从传统的"手算""手画"方式中解放出来，既加快了运算速度，提高了计算过程精度，又保持了计算过程的可视性。

动态焓湿图程序采用计算机显示器屏幕菜单，充分提示，交互运行。其专业功能主要有三项：

(1) 打印焓湿图表　包括饱和水蒸气分压力、饱和含湿量、饱和比焓值、饱和比体积等参数。

(2) 进行湿空气状态参数计算　在常用湿空气状态参数中，由已知两项参数求出其余参数。

(3) 进行空气处理过程计算　包括等湿过程、等焓过程、等温过程、混合过程、送风量确定、一次回风、二次回风等过程的计算，从而为暖通空调专业人员提供了运用图形手段实现各种计算和绘图的可能。

思考题与习题

1. 夏季的大气压力一般总比冬季的低，为什么？
2. 湿空气的水蒸气分压力和水蒸气饱和分压力有什么区别？它们是否受大气压影响？
3. 绝对湿度、相对湿度和含湿量的物理意义有什么不同？为什么要用这三种不同的湿度来表示空气的含湿情况？它们之间有什么关系？
4. 人在冬季的室外呼气时，为什么看见的是白色的雾气？冬季室内供暖时，为什么感到空气干燥？
5. 什么是湿球温度？它的物理意义是什么？影响湿球温度的因素有哪些？不同风速下测得的湿球温度是一样的吗？为什么？
6. 两种空气环境相对湿度一样，但一个温度高，一个温度低，试问从吸湿能力上看，能说它们是同样干燥吗？试解释为什么。
7. 冬季不仅窗玻璃凝水，而且在有些房屋外墙内表面上也出现凝水，分析凝水的原因和提出改进方法。
8. 焓湿图有几条主要参数线？分别表示哪一个物理量？试绘出简单的焓湿图。
9. 是否必须把空气的干、湿球温度都测定出来，才能确定某一空气状态的比焓值？
10. 热湿比有什么物理意义？为什么说在焓湿图的工程应用中热湿比起到至关重要的作用？
11. $h\text{-}d$ 图的坐标是如何确定的？在绘制 $h\text{-}d$ 图过程中采用了哪些技巧？
12. 在 $h\text{-}d$ 图上，等温线是平行线吗？为什么？
13. 在 $h\text{-}d$ 图上表示出某空气状态点的干、湿球温度及露点温度，并说明三者之间有何规律。
14. 分别简述工程上如何实现等焓过程、等温过程和等湿过程的空气处理。
15. 空气经过空气冷却器时，空气的温度要降低，但并没有凝水现象出现，这样的处理过程如何在 $h\text{-}d$ 图上表示？
16. 在某一空气环境中，让 1kg 温度为 $t(\text{℃})$ 的水吸收空气的热全部蒸发，试问这时空气状态如何变化？$h\text{-}d$ 图上如何表示？

17. 不用事先画好 ε 线，直接作出当起始状态为 $t=18℃$、$\varphi=45\%$ 时，热湿比 ε 为 7500 和 -500 的变化过程线。

18. 某空气经过加热后，温度上升，这过程在 h-d 图上如何表示？经过冷却器后，温度下降，但是没有凝结水析出，该过程在 h-d 图上如何表示？如果不但温度下降，而且还有凝结水析出，该过程在 h-d 图上如何表示？

19. 对起始状态为 $t=16℃$、$d=0.009\text{kg/kg}$（干空气）的空气加入总热量 $Q=5815\text{W}$、湿量 $W=2.5\text{kg/h}$，试画空气变化过程线。如果从空气中去除 5815W 的热量和 2.5kg/h 的湿量，这时变化过程线如何表示？

20. 空气温度是 20℃，大气压力为 101325Pa，相对湿度 $\varphi=50\%$，如果空气经过处理后，温度下降到 15℃，相对湿度增加到 $\varphi=90\%$。试问空气的 h 变化了多少？

21. 当地大气压力为 101325Pa，某一空气的干球温度是 20℃，湿球温度是 15℃，试求出该空气其余的状态参数（φ, d, h）。

22. 已知 $p_a=101325\text{Pa}$，空气干球温度 $t=25℃$，$d=0.016\text{kg/kg}$（干空气），求空气的湿球温度、露点温度和相对湿度。

23. 将干球温度为 25℃，相对湿度为 40%，压力为 101325Pa 的空气用蒸汽加湿，此蒸汽温度为 100℃，含 20% 的水，它们全部汽化，当空气相对湿度增加到 65% 时，求被加湿空气的干球温度和含湿量。

24. 表面温度为 18℃ 的壁面，在室温为 20℃，$\varphi=70\%$ 的室内会结露吗？在室温为 40℃，$\varphi=30\%$ 的室内会结露吗？

25. 用电加热器和压力为 101325Pa 绝对大气压的饱和水蒸气处理干球温度为 -5℃，相对湿度为 85% 的空气，要求空气终状态的干球温度为 30℃，相对湿度为 60%，试问：（1）空气应先加热到几度？（2）每千克空气终应喷入多少千克水蒸气？

26. 原有空气 $t_1=25℃$、$d_1=0.01\text{kg/kg}$（干空气），如果空气的温度增加 5℃，含湿量减少 0.002kg/kg（干空气），室温空气的比焓有无变化？

27. 已知空调系统新风量（$q_{m,W}=200\text{kg/h}$，$t_W=31℃$，$\varphi_W=80\%$），回风量（$q_{m,N}=1400\text{kg/h}$，$t_N=22℃$，$\varphi_N=60\%$），求新风、回风混合后的空气状态参数 t_C、h_C 和 d_C（分别用解析法和作图法）。

28. 欲将 $t_1=24℃$、$\varphi_1=55\%$，与 $t_2=14℃$、$\varphi_2=95\%$ 的两种空气混合至状态点 3，$t_3=20℃$，总风量为 11000kg/h，求两种空气量各为多少。

29. 某空调房间的长、宽、高为 5m×3.3m×3m，经实测室内空气温度为 20℃，压力为 101325Pa，水蒸气分压力为 1400Pa，试求：①室内空气的含湿量 d；②室内空气的比焓 h；③室内空气的相对湿度 φ；④室内干空气质量；⑤室内水蒸气质量；⑥如果室内空气沿等温线加湿至饱和状态，问变化的角系数是多少？加入的水蒸气量是多少？

30. $t_1=25℃$、$\varphi_1=70\%$ 的空气冷却到 $t_2=15℃$、$\varphi_2=100\%$。问：①每千克干空气失去水分是多少克？②每千克干空气失去的显热是多少千焦？③水凝结时放出的潜热是多少千焦？④空气状态变化时失去的总热量是多少千焦？

二维码形式客观题

扫描二维码可在线做题，提交后可查看答案。

第2章 客观题

参 考 文 献

[1] 陈沛霖,岳孝方. 空调制冷技术手册 [M]. 2版. 上海:同济大学出版社,1999.
[2] 清华大学暖通教研组. 空气调节基础 [M]. 北京:中国建筑工业出版社,1979.
[3] 赵荣义,范存养,薛殿华,等. 空气调节 [M]. 3版. 北京:中国建筑工业出版社,1994.
[4] 韩宝琦,李树林. 制冷空调原理及应用 [M]. 2版. 北京:机械工业出版社,2002.
[5] 尉迟斌. 实用制冷与空调工程手册 [M]. 北京:机械工业出版社,2002.
[6] 马仁民. 空气调节 [M]. 北京:科学出版社,1980.
[7] 赵荣义. 简明空调设计手册 [M]. 北京:中国建筑工业出版社,1998.
[8] 黄翔. 纺织空调除尘手册 [M]. 北京:中国纺织出版社,2003.

暖通专家陈沛霖简介

第 3 章
空调负荷计算与送风量的确定

> **学习要点**
>
> **重点**：①室内各种热湿负荷的计算方法与原理；②不透明围护结构得热量和冷负荷计算，通过透明围护结构进入热量和其他室内发热冷负荷的计算，室内各种冷（热）湿负荷的计算；③空调房间送风量的确定原则和方法；④热湿比的物理意义，确定送风状态点及送风量的原则和计算方法；⑤新风量的确定方法和空气量的平衡计算。
>
> **难点**：①室内各种热湿负荷的计算方法；②空调房间送风量的确定原则和方法，新风量的确定方法和空气量的平衡计算。

空调系统的作用是平衡室内外干扰因素的影响，使室内温度、湿度维持在设定的数值。在空调技术中将这些干扰因素对室内的影响称为负荷。空调负荷计算的目的在于确定空调系统的送风量并作为选择空调设备（例如空气处理机组中的冷却器、加热器、加湿器等）容量的基本依据。

空调的负荷可分为冷负荷、热负荷和湿负荷三种。**冷负荷**是指为了维持室内设定的温度，在某一时刻必须由空调系统从房间带走的热量，或者某一时刻需要向房间供应的冷量；**热负荷**是指为补偿房间失热在单位时间内需要向房间供应的热量；**湿负荷**是指湿源向室内的散湿量，即为维持室内的含湿量恒定需要从房间除去的湿量。

3.1 室内外空气计算参数

空调的实质就是通过一定的技术手段对特定空间内空气的品质进行调节，维持室内空气具有一定的状态参数，人们根据这些状态参数对空调设备进行运行管理。对筹建中的空调系统进行设计时，也要按规定的室内空气状态进行计算，这一规定的状态下的参数称为**室内空气计算参数**或设计参数。

室外空气参数对空调设备的工作也有影响。例如，在最炎热的季节，空调的供冷系统要满负荷工作，而在不太热的季节，或许供冷系统只要部分负荷工作就能满足要求。在进行空调系统设计时，要按照规定的室外空气状态进行计算，这一规定的状态下的参数称为**室外空气计算参数**或设计参数。

3.1.1 室内空气计算参数

空调房间室内温度、湿度通常用两组指标来规定，即温度、湿度基数及其允许波动范围。**室内温湿度基数**是指在空调区域内所需保持的空气基准温度与基准相对湿度；温湿度允许波动范围，简称空调精度。**空调精度**是指在空调区域内，在工件旁一个或数个测温（测相对湿度）

点水银温度计(或相对湿度计)在要求的持续时间内,所示的空气温度(或相对湿度)偏离室内温(湿)度基数的最大差值。例如 t_n = (20±0.5)℃和 φ_n = 50% ±5%,这样两组指标便完整地表达了室内温湿度参数的要求。

根据空调的目的和空调系统所服务的对象不同,可分为舒适性空调和工艺性空调。前者主要从人体舒适感出发确定室内温湿度设计标准,一般不提空调精度要求;后者主要满足工艺过程对室内温湿度基数和空调精度的特殊要求,同时兼顾人体的卫生要求。

1. 舒适性空调的室内空气计算参数

舒适性空调的室内空气计算参数是基于人体对周围环境温度、相对湿度和风速的舒适性要求,并结合我国经济情况和人们的生活习惯及衣着情况等因素,参照国家现行标准《室内空气质量标准》(GB/J 18883—2002)等资料制定的。从生理上讲,所谓舒适性,就是人体能维持正常的散热量和散湿量。通常反映舒适性的首先是冷热感觉,人感觉过冷或过热都是不舒适的。这就要求保持室内空气一定要具有合适的温度。温度过低,人体散热过多,会产生"冷"感;反之,温度过高,人体热量散发不出去,会产生"热"感。其次,室内空气的湿度对人的感觉也有重大影响。即使空气的温度是合适的,但是空气的湿度过高或过低,人也会觉得不舒服。湿度过高,身上出的汗不易蒸发,人会觉得闷,这时即使气温不高,人也会觉得热。另外,冬季在气温不是很低的南方地区,由于湿度较高,使人感到"湿冷"。湿度过低,则皮肤表面汗分蒸发过快,人体会缺水,甚至导致嘴唇开裂。因此,在规定室内温度的同时,还必须规定合适的室内空气的湿度(通常规定适宜的相对湿度)。另外,空气流动速度也影响人的舒适感。在静止的或流速非常小的空气环境中,人体产生的热量和湿量都得不到正常的散发,结果也会使人觉得"闷";流速过大,则会促使人体散热散湿过多,从而产生"冷风"即"冷飕飕"的冷感。因此,室内空气的流速也应作为室内空气设计参数予以规定。

除了上述空气的温度、湿度、流速外,空气的新鲜程度、衣着情况、室内各表面(墙面、家具表面等)的温度等对人的感觉也有影响。为了保持室内空气新鲜,空调系统一定要向室内输送一定量的室外空气。一般采用的室内空气计算参数都是对正常衣着而言,对非正常衣着,则要根据情况调整有关参数。室内各表面温度影响它们与人体间的辐射热交换,这些温度过高(或过低)使人体不易散热(或散热过多),因此要维持较低(或较高)的室内空气温度,以维持适宜的人体热平衡。

空调系统的能耗与许多因素有关,所以空气调节能耗的许多环节都有节能的潜力。假设空气调节室外空气计算参数为定值时,夏季空气调节室内空气计算温度和湿度越低,空调区的计算冷负荷就越大,系统耗能也越大。因此,宜执行国家现行标准《中等热环境 PMV 和 PPD 指数的测定及热舒适条件的规定》(GB/T 18049—2000),该标准等同于国际标准 ISO7730;该标准给出的 PMV—PPD 指标,在不降低室内舒适度标准的前提下,通过合理组合室内空气计算参数,可以收到明显的节能效果。

近年来,在工程设计中有一种倾向:建筑物的档次越高,室内设计温度在冬季就应该越高,在夏季就应该越低。目前,业主、设计人员往往在取用室内设计参数时选用过高的标准。要知道,室内温湿度取值的高低,与能耗有密切关系,在加热工况下,室内计算温度每降低1℃,能耗可减少 5%~10%;在冷却工况下,室内计算温度每升高1℃,能耗可减少 8%~10%。为了节省能源,应避免冬季采用过高的室内温度,夏季采用过低的室内温度。2005 年 7 月 6 日,国务院发布了关于做好建设节约型社会近期重点工作的通知,通知中指出:在全社会倡导夏季用电高峰期间室内空调温度提高 1~2℃,夏季空调温度不低于 26℃。因此在取用室内设计计算参数时,既要满足室内热舒适环境的需要,又应符合节能的原则。

在舒适性空调中，涉及热舒适标准与卫生要求的室内设计计算参数有 6 项：温度、湿度、新风量、风速、噪声声级、室内空气含尘浓度。上述 6 项参数设计标准的高低，不但从使用功能上体现了该工程的等级，而且也是空调区冷热负荷计算和空调设备选择的根据，是估算全年能耗、考核与评价建筑物能量管理的基础，同时又是空调管理人员进行节能运行和设备维修的依据。因此，需要科学合理的统一标准。

根据我国国家标准《室内空气质量标准》（GB/T 18883—2002）的规定，室内空气设计计算参数可按表 3-1 所示的数值选用。

表 3-1 室内空气质量标准

序号	参数类别	参数	单位	标准值	备注
1	物理性	温度	℃	22 ~ 28	夏季空调
				16 ~ 24	冬季采暖
2		相对湿度(%)		40 ~ 80	夏季空调
				30 ~ 60	冬季采暖
3		空气流速	m/s	0.3	夏季空调
				0.2	冬季采暖
4		新风量	m³/(h·人)	30[①]	
5	化学性	二氧化硫(SO_2)	mg/m³	0.50	1h 均值
6		二氧化氮(NO_2)	mg/m³	0.24	1h 均值
7		一氧化碳(CO)	mg/m³	10	1h 均值
8		二氧化碳(CO_2)	%	0.10	日平均值
9		氨(NH_3)	mg/m³	0.20	1h 均值
10		臭氧(O_3)	mg/m³	0.16	1h 均值
11		甲醛(HCHO)	mg/m³	0.10	1h 均值
12		苯(C_6H_6)	mg/m³	0.11	1h 均值
13	化学性	甲苯(C_7H_8)	mg/m³	0.20	1h 均值
14		二甲苯(C_8H_{10})	mg/m³	0.20	1h 均值
15		苯并[a]芘 B(a)P	ng/m³	1.0	日平均值
16		可吸入颗粒 PM10	mg/m³	0.15	日平均值
17		总挥发性有机物(TVOC)	mg/m³	0.60	8h 均值
18	生物性	菌落总数	cfu/m³	2500	依据仪器定
19	放射性	氡(^{222}Rn)	Bq/m³	400	年平均值(行动水平[②])

① 新风量要求不小于标准值，除温度、相对湿度外的其他参数要求不大于标准值。
② 行动水平即达到此水平建议采取干预行动以降低室内氡浓度。

根据我国国家标准《民用建筑供暖通风与空气调节设计规范》（GB 50736—2012）3.0.2 的规定，对于舒适性空调，人员长期逗留区域空调室内计算参数可按表 3-2 所示的数值选用。

表 3-2 人员长期逗留区域空调室内计算参数

类别	热舒适度等级	温度/℃	相对湿度(%)	风速/(m/s)
供热工况	Ⅰ级	22 ~ 24	≥30	≤0.2
	Ⅱ级	18 ~ 22	—	≤0.2
供冷工况	Ⅰ级	24 ~ 26	40 ~ 60	≤0.25
	Ⅱ级	26 ~ 28	≤70	≤0.3

注：1. Ⅰ级热舒适度较高，Ⅱ级热舒适度一般。
    2. 热舒适度等级划分按该规范第 3.0.4 条确定。

根据我国国家标准《公共建筑节能设计标准》(GB 50189—2015) 的规定，对于公共建筑空调系统室内计算参数可按表 3-3 所示的数值选用。

表 3-3 公共建筑空调系统室内计算参数

参数		冬季	夏季
温度/℃	一般房间	20	25
	大堂、过厅	18	室内外温差≤10
风速 v/(m/s)		$0.10 \leq v \leq 0.20$	$0.15 \leq v \leq 0.30$
相对湿度（%）		30~60	40~65

2. 工艺性空调的室内空气计算参数

对于设置工艺性空气调节的工业建筑，其室内参数应根据工艺要求，并考虑必要的卫生条件确定。在可能的条件下，应尽量提高夏季室内温度基数，以节省建设投资和运行费用。另外，室温基数过低（如 20℃），由于夏季室内外温差太大，工作人员普遍感到不舒适，室温基数提高一些，对改善室内工作人员的卫生条件也是有好处的。

《工业建筑供暖通风与空气调节设计规范》(GB 50019—2015) 4.1.3 规定：工艺性空气调节室内温湿度基数及其允许波动范围，应根据工艺需要及卫生要求确定。活动区的风速，冬季不宜大于 0.3m/s，夏季宜采用 0.2~0.5m/s；当室内温度高于 30℃时，可大于 0.5m/s。

由于工艺生产过程的不断改进，生产的产品质量日益提高，品种不断增加，相应地在空气环境参数的控制要求方面也有所提高或有所降低。因此，室内设计计算参数需要与工艺人员慎重研究后确定。某些生产工艺过程所需的室内空气计算参数见表 3-4。

表 3-4 某些生产工艺过程所需的室内空气计算参数

工艺过程	夏季		冬季		备注
	温度/℃	相对湿度（%）	温度/℃	相对湿度（%）	
机械加工：					
一级坐标镗床	20±1	40~65	20±1	40~65	
二级坐标镗床	23±1	40~65	17±1	40~65	
高精度刻线机（机械法）	20±0.1~0.2	40~65	20±0.1~0.2	40~65	
各种计量：					
标准热电偶	20±1~2	<70	20±1~2	<70	
检定一、二等标准电池	20±2	<70	20±2	<70	
检定直流高、低阻电位计	20±1	<70	20±1	<70	
检定精密电桥	20±1	<70	20±1	<70	
检定一等量块	20±0.2	50~60	20±0.2	50~60	
检定三等量块	20±1	50~60	20±1	50~60	
光学仪器加工：					
抛光、细磨、镀膜	24±2	<65	22±2	<65	有较高的空气净化要求
光学系统装配：					
精密刻划	20±0.1~0.5	<65	20±0.1~0.5	<65	

（续）

工艺过程	夏季		冬季		备注
	温度/℃	相对湿度（%）	温度/℃	相对湿度（%）	
电子器件：					
电容器	26~28	40~60	16~18	40~60	
精缩、制板、光刻	22±1	50~60	22±1	50~60	高的空气净化要求
扩散、蒸发、纯化外延	23±5	60~70	23±5	60~70	
显像管涂屏	25±1	60~70	25±1	60~70	有洁净要求
阴极、热丝涂敷	24±2	50~60	22±1	50~60	
纺织：					
（棉）梳棉	29~31	55~60	22~25	55~60	
细纱	30~32	55~60	24~26	55~60	
织布	28~30	70~75	23~26	70~75	
（混纺）梳棉	28~30	55~60	22~25	55~60	
细纱	30~32	55~60	24~27	55~60	
织布	28~30	70~75	23~26	70~75	
（锦纶）卷绕	22.5±0.5	71±1	22.5±0.5	71±1	
纺丝	30~32	50~60	30~32	50~60	
牵伸、倍拈、络筒	25±1	65±2	23±1	65±2	
实验室	23±1	65±2	23±1	65±2	
（涤纶）卷线	27±1	70±5	27±1	70±5	
纺丝	<35	—	<32	—	
牵伸	25±1.5	70±10	23±1.5	70±10	
实验室	21±0.5	65±2	21±0.5	65±2	
（腈纶）纺丝、聚合	<33	—	>18	—	
毛条	28±1	65±5	22±1	65±5	
实验室	20±1	65±2	20±1	65±2	
（羊毛）前纺	28~30	65~75	26~28	65~75	
精纺	30~32	65~80	26~30	65~80	
织布	28~30	75~85	26~28	75~85	
制药：					
（片剂）制片	26±2	50±5	22±2	50±5	
片剂干燥	26~28	50±5	24~26	50±5	有一定的空气净化要求
（针剂）混合	28±2	<60	28±2	<60	
粉剂充装	26±1	10~25	26±1	10~25	有较高的空气净化要求
造纸：					
薄型纸完成（分切）	25±1	65±5	20±1	65±5	
高级纸完成	26±2	65±5	26±2	65±5	
实验室	20±(0.5~2)	60~65±(2~3)	20±(0.5~2)	60~65±(2~3)	
印刷：					
电子制版	(20~23)±1.5	55±5		55±5	冬季可取20℃
照相凹版制版	(20~23)±1	(55~60)±2.5		(55~60)±2.5	冬季可取20℃
胶版印刷	(24~27)±4	(46~48)±2		(46~48)±2	冬季可取24℃
照相凹版印刷	(24~27)±4	(46~48)±2		(46~48)±2	冬季可取24℃
凸版印刷	(24~27)±4	(40~50)±5		(40~50)±5	冬季可取24℃
胶片：					
底片贮存	21~25	55~65		55~65	冬季可取21℃
胶卷生产	22~25	50~60		50~60	冬季可取22℃
卷烟：					
原料加工	27	60~80	20	60~80	
烟丝贮存	26	50~70	20	50~70	

(续)

工艺过程	夏季 温度/℃	夏季 相对湿度（%）	冬季 温度/℃	冬季 相对湿度（%）	备注
橡胶：					
钢丝锭子室	25 ± 1	<40	25 ± 1	<40	
高压胶管钢丝编织	23 ± 2	62.5 ± 2.5	23 ± 2	62.5 ± 2.5	
实验室	20 ± 1	~60	20 ± 1	~60	

注：本表数据摘自《空气调节设计手册》——原电子工业部第十设计研究院编，部分参考井上宇市著《空气调节手册》。

3.1.2 室外空气计算参数

室外空气计算参数对空调设计而言，主要从两个方面影响系统的设计容量：一是由于室内外存在温差，通过建筑围护结构的传热量；二是空调系统采用的新鲜空气量在其状态不同于室内空气状态时，需要花费一定的能量将其处理到室内空气状态。因此，确定室外空气的设计计算参数时，既不应选择多年不遇的极端值，也不应任意降低空调系统对服务对象的保证率。

我国《民用建筑供暖通风与空气调节设计规范》（GB 50736—2012）中规定选择下列统计值作为室外空气设计参数：

1）应采用历年平均不保证1天的日平均温度作为**冬季空调室外空气计算温度**。用该参数计算冬季新风和围护结构的传热量。由于这个参数对整个空调系统的建设投资和经常运行费用影响不大，因此，没有必要将新风和围护结构传热的计算温度分开。

2）应采用累年最冷月平均相对湿度作为**冬季空调室外计算相对湿度**。规定本条的目的是为了在不影响空调系统经济性的前提下，尽量简化参数的统计方法，同时，采用这一参数计算冬季的热湿负荷也是比较安全的。

3）应采用历年平均不保证50h的干球温度作为**夏季空调室外计算干球温度**。即每年中存在一个干球温度，超出这一温度的时间有50h，然后取近若干年中每年的这一温度值的平均值。另外注意，统计干球温度时，宜采用当地气象台站每天4次的定时温度记录，并以每次记录值代表6h的温度值核算。

4）应采用历年平均不保证50h的湿球温度作为**夏季空调室外计算湿球温度**。实践证明，在室外干、湿球温度不保证50h的综合作用下，室内不保证时间不会超过50h。统计湿球温度时，同样宜采用当地气象台站每天4次的定时温度记录，并以每次记录值代表6h的温度值核算。

5）应采用历年平均不保证5天的日平均温度作为**夏季空调室外计算日平均温度**。取不保证5天的日平均温度，大致与室外计算湿球温度不保证50h是相对应的。夏季计算经围护结构传入室内的热量时，应按不稳定传热过程计算，因此必须已知设计日的室外日平均温度和逐时温度。

6）夏季计算日空调室外计算逐时温度是为适应关于按不稳定传热计算空气调节冷负荷的需要，可按式（3-1）确定

$$t_{sh} = t_{wp} + \beta \Delta t_\tau \tag{3-1}$$

式中 t_{sh}——室外计算逐时温度（℃）；

t_{wp}——夏季空气调节室外计算日平均温度（℃），按《民用建筑供暖通风与空气调节设计规范》第4.1.10条采用；

β——室外温度逐时变化系数，按表3-5采用；

Δt_τ——夏季室外计算平均日差,应按下式计算

$$\Delta t_\tau = \frac{t_{wg} - t_{wp}}{0.52} \tag{3-2}$$

式中 t_{wg}——夏季空气调节室外计算干球温度(℃),按《民用建筑供暖通风与空气调节设计规范》第4.1.6条采用。

表3-5 室外温度逐时变化系数

时刻	1	2	3	4	5	6
β	-0.35	-0.38	-0.42	-0.45	-0.47	-0.41
时刻	7	8	9	10	11	12
β	-0.28	-0.12	0.03	0.16	0.29	0.40
时刻	13	14	15	16	17	18
β	0.48	0.52	0.51	0.43	0.39	0.28
时刻	19	20	21	22	23	24
β	0.14	0.00	-0.10	-0.17	-0.23	-0.26

关于室外空气计算参数还需进一步说明的问题是:

1)所谓"不保证",是针对室外温度状况而言的;所谓"历年不保证",是针对累年不保证总天数(或小时数)的历年平均值而言的,以免造成概念上的混淆和因理解上的不同而导致统计方法的错误。

2)关于冬季空调系统加热加湿所需费用小于夏季冷却减湿的费用,为了便于计算,冬季围护结构传热量可按稳定传热方法计算,不考虑室外气温的波动。因而可以只给定一个冬季空调室外计算温度作为计算新风负荷和计算围护结构传热之用。另外,由于冬季室外空气含湿量远较夏季小,且其变化也很小,因而不给出湿球温度,只给出室外计算相对湿度值。

3)按《民用建筑供暖通风与空气调节设计规范》(GB 50736—2012)上述条文确定的室外计算参数设计的空调系统,运行时会出现个别时间达不到室内温湿度要求的现象,但其保证率却是相当高的。为了在特殊情况下保证全年达到预定的室内温湿度参数(这种情况是很少的),完全确保技术上的要求,必须另行确定适宜的室外计算参数,甚至采用累年极端最高或极端最低干、湿球温度等,但它对空调系统的初投资影响极大,必须采取极为谨慎的态度。仅在部分时间(如夜间)工作的空调系统,如仍按常规参数设计,将会使设备富裕能力过大,造成浪费,因此设计时可不遵守上述有关规定,应根据具体情况另行确定适宜的室外计算参数。

随着《民用建筑供暖通风与空气调节设计规范》(GB 50736—2012)《公共建筑节能设计标准》(GB 50189—2015)的推出以及我国各地方建筑节能设计标准的编写和实施,明确一套切实反映我国气象环境特点和规律的建筑热环境分析专用的气象资料已经成为规范和标准实施的必要条件。为了解决逐时气象数据的问题,中国气象局气象信息中心与清华大学建筑技术科学系合作,以全国气象台站实测气象数据为基础,建立了一整套全国主要地面气象站的全年逐时气象资料。挑选了遍布全国各个气候区的具有代表性的270个台站,收集了这270个地面气象台站1970~2003年的实测气象数据。这些实测数据当中,既有逐日的实时观测数据、日总量数据和日极值数据,也有具备逐时观测条件的台站的逐时观测数据。对于部分设有逐小时观测的台站资料,清华大学开发了一套计算逐小时数据的方法。与前人的工作条件相比,该研究的实测数据不仅更为丰富,而且具有中国气象资料的权威性。在此基础上,该研究成果在我国建立了包括全国270个站点的建筑环境分析专用气象数据集。该数据集包括根据观测资料整理出的设计用室外气象参数,以及由实测数据生成的动态模型分析用逐时气象参数。《中国建筑热环境分析专用气象数据集》一书的附录除了给出所存270个台站的信息以外,还给出了270个台站的

设计用室外气象参数的数值,本教材摘录了其中的部分主要城市的室外计算参数,见附录4,以方便查询。该书还附有数据光盘。

3.2 得热量与冷负荷的关系

房间**得热量**是指通过围护结构进入房间的以及房间内部散出的各种热量。它由两部分组成:一是由于太阳辐射进入房间的热量和室内外空气温差经围护结构传入房间的热量;另一部分是人体、照明、各种工艺设备和电气设备散入房间的热量。根据性质的不同,房间得热量可分为潜热和显热两类,显热又包括对流热和辐射热两种成分。为了节省投资和运行费用,在计算得热量时,只计算**空气调节区**(在房间或封闭空间中,保持空气参数在给定范围之内的区域)得到的热量(包括空气调节区自身的得热量和由空气调节区外传入的得热量,例如分层空气调节中的对流热转移和辐射热转移等),处于空气调节区域外的得热量不应计算。按照现行的《民用建筑供暖通风与空气调节设计规范》(GB 50736—2012)7.2.2 的规定,应根据下列各项,计算空调区的夏季得热量:

1) 通过围护结构传入的热量。
2) 通过透明围护结构进入的太阳辐射热量。
3) 人体散热量。
4) 照明散热量。
5) 设备、器具、管道及其他内部热源的散热量。
6) 食品或物料的散热量。
7) 渗透空气带入的热量。
8) 伴随各种散湿过程产生的潜热量。

围护结构热工特性及得热量的类型决定了得热量和冷负荷的关系。在瞬时得热中的潜热得热及显热得热中的对流成分是直接放散到房间空气中的热量,它们立即构成瞬时冷负荷。而显热得热中的辐射成分则不能立即成为瞬时冷负荷。因为辐射热透过空气传递到各围护结构内表面和家具的表面,提高这些表面的温度。一旦其表面温度高于室内空气温度时,它们又以对流方式将贮存的热量再散发给空气。这种室内各表面的长波辐射过程是一个无穷次反复作用的过程,一直要达到各表面温度完全一致才会停止。当然,如果考虑到围护结构内装修和家具的吸湿和蓄湿作用,潜热得热也会存在延迟。

确定空调区冷、热负荷的大小,需要掌握各种得热的对流和辐射的比例。但是对流散热量与辐射量的比例又与热源的温度和室内空气温度有关,各表面之间的长波辐射量也与各内表面的角系数有关,因此准确计算其分配比例是非常复杂的工作。表 3-6 给出了各种瞬时得热中的热量成分。其中照明和机械设备的对流和辐射的比例分配与其表面温度有关,人体的显热和潜热比例分配也与人体所处的状况有关,该表仅是为了计算方便针对一般情况得出的参考结论。

表 3-6 各种瞬时得热中所含热量成分

得热类型	辐射热(%)	对流热(%)	潜热(%)	得热类型	辐射热(%)	对流热(%)	潜热(%)
太阳辐射(无内遮阳)	100	0	0	白炽灯	80	20	0
太阳辐射(有内遮阳)	58	42	0	传导热	60	40	0
传导热	60	40	0	人 体	40	20	40
荧光灯	50	50	0	机械或设备	20~80	80~20	0

从上述分析可知，在多数情况下冷负荷与得热量有关，但并不等于得热量。如果采用送风空调，则冷负荷就是得热量中的纯对流部分。如果热源只有对流散热，各围护结构内表面和各室内设施表面的温差很小，则冷负荷基本就等于得热量，否则冷负荷与得热量是不同的。如果有显著的长波辐射部分存在，由于各围护结构内表面和家具的蓄热作用，冷负荷与得热量之间就存在着相位差和幅度差，冷负荷对得热的响应一般都有延迟，幅度也有所衰减。因此，冷负荷与得热量之间的关系取决于房间的构造、围护结构的热工特性和热源的特性。热负荷同样也存在这种特性。

图3-1所示是太阳辐射得热量与冷负荷之间的关系示意图。由该图可知，实际冷负荷的峰值大致比太阳辐射得热量的峰值少40%，而且出现的时间也迟于太阳辐射热得热量峰值出现的时间。图中左侧阴影部分表示蓄存于围护结构中的热量。由于保持室温不变，两部分阴影面积是相等的。

图3-2所示是照明得热和实际冷负荷之间的关系示意图。由于灯光照明散热比较稳定，灯具开启后，大部分的热量被蓄存起来，随着时间的延续，蓄存的热量逐渐减小。图3-2中上部曲线表示荧光灯的瞬时得热，下部曲线表示使空调房间保持温度恒定时，由荧光灯引起的实际冷负荷。图中两块阴影部分分别表示蓄热量和需从结构中除去的蓄热量。

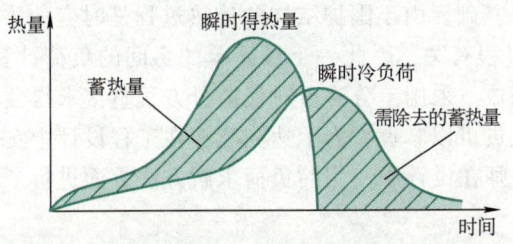

图3-1 太阳辐射得热量与冷负荷之间的关系

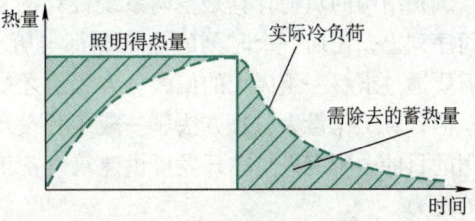

图3-2 照明得热和实际冷负荷之间的关系

另外，空调系统在间歇使用时，室温存在一定的波动，从而引起围护结构额外的蓄热和放热，结果使得空调设备要自房间多取走一些热量。这种在非稳定工况下空调设备自房间带走的热量称为**除热量**。

图3-3表达了上述几个概念之间的关系。

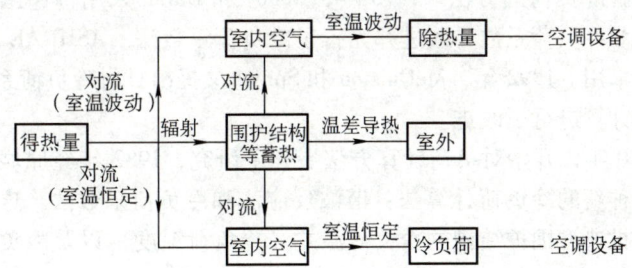

图3-3 得热量、冷负荷与除热量之间的关系

图3-4给出了建筑物内空调区的计算冷负荷和空调系统计算冷负荷的形成过程及组成。

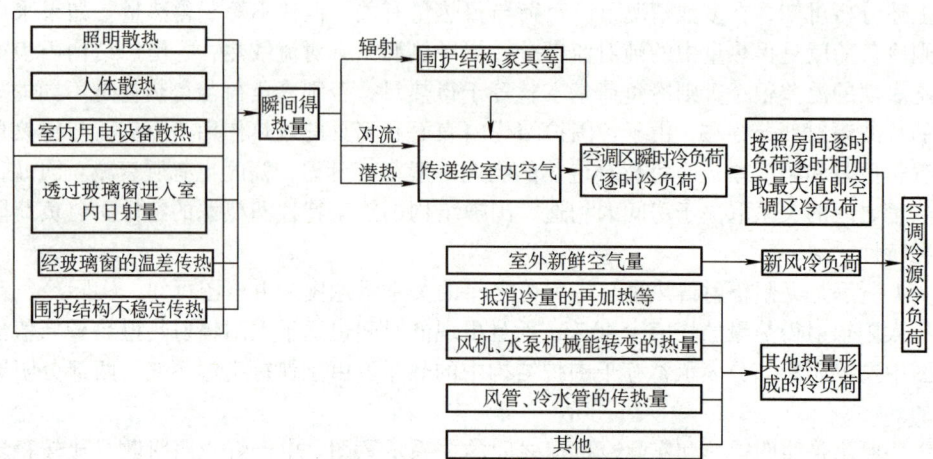

图 3-4　建筑物内空调系统计算冷负荷组成框图

3.3　围护结构负荷计算方法

围护结构的负荷计算是空调系统设计的重要基础。由于围护结构的传热过程是时变的，在时间序列上，任何一个时刻的热状况都与历史过程有关，因此一个最简单的房间的负荷计算，也需要通过求解一组庞大的偏微分方程组才能完成。采用差分法可对偏微分方程直接求得数值解，但计算工作量大，且方法非一般工程设计人员可以掌握。为了达到能够在工程设计中实际应用的目的，研究人员在开发可供建筑设备工程师在设计中使用的负荷求解方法方面进行了不懈的努力。

1946 年，美国人 C. O. Marckey 和 L. T. Weight 提出了当量温差法。苏联 А. Т. Щколовер 等人在 20 世纪 50 年代初提出用谐波分解法来计算围护结构的冷负荷。这两种方法的共同缺点是不区分得热量和冷负荷，所以计算出的空调冷负荷往往偏大。1967 年，加拿大人 D. G. Stephenson 和 G. P. Mitalas 提出反应系数法后，推动了负荷计算研究的革新，其基本特点是把得热量和冷负荷的区别在计算方法中体现出来。1971 年，Stephenson 和 Mitalas 又用 Z 传递函数改进了反应系数法，并提出了适合手工计算的冷负荷系数（Weighting Factor）法，即可以不需要迭代就可以从得热量一步直接求解冷负荷的方法。1975 年，Rudoy 和 Duran 采用传递函数法求得了一批典型建筑的冷负荷温差和冷负荷系数，改进并完善了冷负荷系数法。ASHRAE 1977 年的手册对冷负荷系数法正式予以采用。1992 年，McQuiston 和 Spitler 又提出日射冷负荷系数的概念，对透过玻璃窗的日射冷负荷计算进行了改进。

我国从 20 世纪 70 年代开始对负荷计算方法展开了研究，1982 年经原城乡建设环境保护部主持，评议通过了两种新的冷负荷计算法：谐波反应法和冷负荷系数法。这些方法针对我国的建筑物特点推出了一批典型围护结构的冷负荷温差（冷负荷温度）以及冷负荷系数（冷负荷强度系数），为我国的暖通空调设计人员提供了实用的设计工具。另外，随着计算机应用的普及，使用计算机模拟软件进行辅助设计或对整个建筑物的全年能耗和负荷状况进行分析，已经成为暖通空调领域的一个研究热点。

目前，国内外常用的负荷求解的方法主要包括：①稳态计算法；②采用积分变换求解围护结构负荷的不稳定计算方法；③采用模拟分析软件计算法。

3.3.1 稳态计算法

稳态计算法的特点是不考虑建筑物历史时刻传热过程的影响,仅采用室内外瞬时或平均温差与围护结构传热系数、传热面积的积来求取负荷值。该方法在计算过程中由于不考虑建筑的蓄热性能,所求得的冷、热负荷往往偏大。该计算误差会随围护结构的蓄热性能的变好而加大,因而容易造成设备投资的浪费。但稳态计算法可以用于计算蓄热性能不强的轻型、简易围护结构的负荷近似计算中,计算过程也因此变得非常简单直观,甚至可以直接手工计算。此外,如果室内外温差的平均值远远大于室内外温差的波动值时,采用平均温差的稳态计算带来的误差也比较小,在工程设计中是可以接受的。例如,在我国北方的冬季,室外温度的波动幅度远小于室内外的温差(图3-5),因此,目前在做空调热负荷计算时,采用的就是基于日平均温差的稳态计算法。即

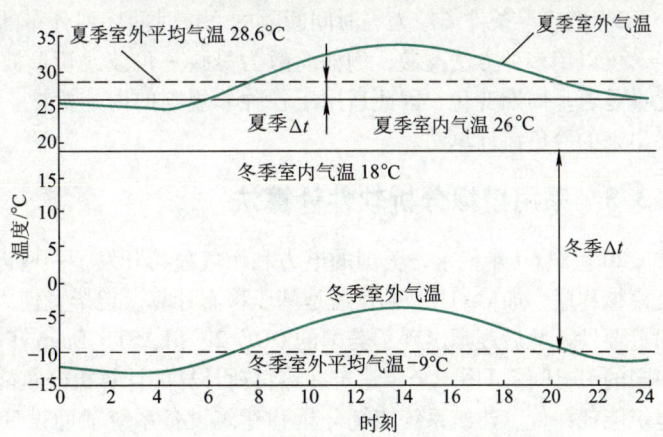

图3-5 冬夏季室外气温变化与室内外温差比较

$$HL = \alpha F K (t_{N_d} - t_{W_d}) \tag{3-3}$$

式中 HL——围护结构的基本耗热量形成的热负荷(W);
  α——围护结构的温差修正系数;
  F——围护结构的面积(m²);
  K——围护结构的传热系数[W/(m²·℃)];
  t_{N_d}——冬季空调室内的计算温度(℃);
  t_{W_d}——冬季空调室外的计算温度(℃)。

但计算夏季冷负荷是不能采用日平均温差的稳态算法的,否则可能导致完全错误的结果。因为尽管夏季日间瞬时室外温度可能比室内温度高很多,但夜间却有可能低于室内温度,因此与冬季相比,室内外平均温差并不大,但波动的幅度却相对比较大,如果采用日平均温差的稳态算法,则导致冷负荷计算结果偏小。另一方面,如果采用逐时室内外温差,忽略围护结构的衰减延迟作用,则会导致冷负荷计算结果偏大。

3.3.2 采用积分变换求解围护结构负荷的不稳定计算方法

积分变换法的原理是对于常系数的线性偏微分方程,采用积分变换如傅里叶变换或拉普拉斯变换。积分变换的概念是把函数从一个域中移到另一个域中,在这个新的域中,函数呈现较简单的形式,因此可以求出解析解。然后再对求得的变换后的方程解进行逆变换,获得最终的解。采用哪一种积分变换,取决于方程与定解条件的特点。对于板壁围护结构的不稳定传热问题的求解,可采用拉普拉斯变换。通过拉普拉斯变换,可以把复杂函数变为简单函数,把偏微分方程变换为常微分方程,把常微分方程变换为代数方程,使求取解析解成为可能。采用积分变换法求解围护结构的不稳定传热过程,需要经历3个步骤:①边界条件的离散或分解;②求对单元扰量的响应;③对单元扰量的响应进行叠加。

根据对输入边界条件的处理不同，求解围护结构传热的方法也不同。目前对边界条件处理的主要方法有：

1）把边界条件进行傅里叶级数展开。例如把室外空气综合温度看成是在一段时期内以 T 为周期的不规则周期函数，利用傅里叶级数展开，就可以将其分解为一组以 $2\pi/T$ 为基频的简谐波函数。谐波反应法是基于傅里叶级数分解的冷负荷计算法。

2）把边界条件离散为等时间间隔的、按时间序列分布的单元扰量。对于一条给定的扰量曲线，可以用多种方法离散，例如离散为等腰三角波或矩形波等。由于这种离散方式不需要考虑扰量是否呈周期变化，因此适用于各种非规则的内外扰量。传递函数法是基于时间序列离散发展出来的冷负荷计算法。

3.3.3　采用模拟分析软件计算法

20 世纪 60 年代末，美国的电力和燃气公司开发了一些以小时为步长的模拟建筑负荷的计算机模拟程序，如 GATE。尽管还是基于稳态计算，但毕竟使人们看到大型建筑全年能耗模拟分析的重要性。此后逐渐出现了美国的 DOE-2、BLAST、EnergyPlus，英国的 ESP-r，日本的 HASP 和中国的 DeST 等可用于全年建筑冷热负荷计算的计算机建筑能耗模拟软件。这些软件已经被用于建筑能耗评价、建筑系统能耗分析和建筑设备系统辅助设计。采用模拟法，建筑物和系统的数学模拟必须体现围护结构的热性能、空调系统的热性能和设备的热性能。每一个模拟都可以根据输入量来计算输出量。建筑物的描述、气象参数以及室内散热量作为建筑模拟的输入项，计算室内温度和显热负荷，结果用于作为辅助系统模拟的输入项。辅助系统模拟利用这些信息计算需要基本系统提供的冷水、热水以及蒸汽负荷。最后基本系统模拟根据这些负荷来预测每小时的用电量、用气量或者其他形式能量的消耗。

（1）DOE-2　DOE-2 是由美国能源部主持，美国劳伦斯伯克利国家实验室开发，于 1979 年首次发布的建筑全年逐时能耗模拟软件，是目前国际上应用最普遍的建筑热模拟商用软件。其中冷热负荷模拟部分采用的是反应系数法，采用室外空气综合温度，外表面的传热系数和内表面的传热系数，并假定室内温度恒定，不考虑不同房间之间的相互影响。

（2）ESP-r　ESP-r 是由英国 Strathclyde 大学于 1977—1984 年开发的建筑与设备系统能耗动态模拟软件。负荷计算采用有限差分法，可模拟具有非线性部件的建筑的热过程。该软件实现了建筑物与空调系统的同步仿真，有效地解决了系统模拟的结果可能和空调区负荷不匹配的问题。这种情况在有时是不可避免的（比如冷板和热板温度复位），通常是由操作者的失误而引起的。

（3）EnergyPlus　EnergyPlus 是美国劳伦斯伯克利国家实验室于 20 世纪 90 年代开发的商用、教学研究用的建筑热模拟软件。其负荷计算采用的是传递函数法（反应系数法）。

（4）DeST　DeST 是清华大学建筑技术科学系建筑环境与设备研究所近 20 年研究开发的建筑热环境模拟软件。该软件基于状态空间法，建立起在室外气象条件、室内发热量等各个因素影响下的室温变化的数学模型，并考虑墙面之间的长波辐射，由此建立起各个房间的关联。

3.4　空调区冷负荷的计算

3.4.1　冷负荷系数法计算冷负荷

冷负荷系数法是在传递函数法的基础上为便于在工程中进行手算而建立起来的一种简化计

算法。与谐波反应法不同，传递函数法计算得热量和冷负荷不考虑外扰是否呈周期性变化，也不用傅里叶级数表示，而是把边界条件按照 z 变换离散成按时间序列分布的单位扰量，即为 z^{-1} 的多项式。该多项式的系数等于该连续函数在相应次幂的采样时刻上的函数值。为了简化计算，对日射得热所形成的冷负荷，冷负荷系数法利用传递函数法的基本方程和相应的房间传递函数形成了空调冷负荷系数。对经围护结构传入热所形成的冷负荷，冷负荷系数法利用相应传递函数形成了冷负荷温度。这样，当计算某建筑物空调冷负荷时，可按照相应条件查出冷负荷系数与冷负荷温度，用一维稳定热传导公式即可计算出日射得热形成的冷负荷和经围护结构传入热所形成的冷负荷。具体计算方法如下。

1. 围护结构瞬变传热形成冷负荷的计算方法

（1）外墙和屋顶瞬变传热引起的冷负荷　在日射和室外气温综合作用下，外墙和屋顶瞬变传热引起的逐时冷负荷可按下式计算

$$CL = KF(t'_{wl} - t_{N_x}) \tag{3-4}$$

$$t'_{wl} = (t_{wl} + t_d)k_\alpha k_\rho \tag{3-5}$$

式中　CL——外墙或屋顶瞬变传热形成的逐时冷负荷（W）；

K——外墙和屋顶的传热系数 [W/(m²·℃)]，可根据外墙和屋顶的不同构造，由附录 5 和附录 6 中查取；

F——外墙和屋顶的传热面积（m²）；

t'_{wl}——外墙和屋顶冷负荷计算温度的逐时值（℃）；

t_{N_x}——夏季空气调节室内计算温度（℃）；

t_{wl}——以北京地区的气象条件为依据计算出的外墙和屋顶冷负荷计算温度的逐时值（℃），根据外墙和屋顶的不同类型分别在附录 7 和附录 8 中查取。

t_d——不同类型构造外墙和屋顶的地点修正值（℃），根据不同的设计地点在附录 9 中查取；

k_α——外表面换热系数修正值，在表 3-7 中查取；

k_ρ——外表面吸收系数修正值，在表 3-8 中查取，考虑到城市大气污染和中、浅颜色的耐久性差，建议吸收系数一律采用 $\rho = 0.90$，即 $k_\rho = 1.0$。但如确有把握能经久保持建筑围护结构表面的中、浅色时，则可乘以表 3-8 所示的吸收系数修正值。

表 3-7　外表面换热系数修正值 k_α

α_w/[W/(m²·℃)] [kcal/(m²·℃)]	14.2 (12)	16.3 (14)	18.6 (16)	20.9 (18)	23.3 (20)	25.6 (22)	27.9 (24)	30.2 (26)
k_α	1.06	1.03	1.0	0.98	0.97	0.95	0.94	0.93

表 3-8　外表面吸收系数修正值 k_ρ

类别 颜色	外墙	屋面
浅色	0.94	0.88
中色	0.97	0.94

对于室温允许波动范围大于或等于 ±1.0℃ 的空调区，其非轻型外墙传热形成的冷负荷，根据《民用建筑供暖通风与空气调节设计规范》（GB 50736—2012）7.2.5 的规定可以近似按照稳态传热计算。即

$$CL = KF(t_{zp} - t_{N_x}) \tag{3-6}$$

$$t_{zp} = t_{wp} + \frac{\rho J_p}{\alpha_w} \tag{3-7}$$

式中 CL、K、F、t_{N_x}——同式（3-4）；

t_{zp}——夏季空气调节室外计算日平均综合温度（℃）；

t_{wp}——夏季空气调节室外计算日平均温度（℃）；

ρ——围护结构外表面对于太阳辐射热的吸收系数；

J_p——围护结构所在朝向太阳总辐射照度的日平均值（W/m²）；

α_w——围护结构外表面换热系数 [W/（m²·℃）]。

（2）内围护结构冷负荷　当邻室为通风良好的非空调房间时，通过内墙和楼板的温差传热而产生的冷负荷可按式（3-4）计算。当邻室与空调区的夏季温差大于3℃时，宜按式（3-8）计算通过空调房间隔墙、楼板、内窗、内门等内围护结构的温差传热而产生的冷负荷

$$CL = KF(t_{ls} - t_{N_x}) \tag{3-8}$$

$$t_{ls} = t_{wp} + \Delta t_{ls} \tag{3-9}$$

式中 CL、K、F、t_{N_x}——同式（3-4）；

t_{ls}——邻室计算平均温度（℃）；

Δt_{ls}——邻室计算平均温度与夏季空气调节室外计算日平均温度的差值（℃），可按表3-9选取。

表3-9　温度的差值

邻室散热量/（W/m²）	Δt_{ls}/℃	邻室散热量/（W/m²）	Δt_{ls}/℃
很少（如办公室、走廊）<23	0~2	23~116	5
	3		

（3）外玻璃窗瞬变传热引起的冷负荷　在室内外温差作用下，通过外玻璃窗瞬变传热引起的冷负荷可按下式计算

$$CL = C_w K_w F_w (t_{wl} + t_d - t_{N_x}) \tag{3-10}$$

式中 CL、t_{N_x}——同式（3-4）；

K_w——外玻璃窗传热系数 [W/(m²·℃)]，单层窗可查附录10，双层窗可查附录11，不同结构材料的玻璃可查附录14；

F_w——窗口面积（m²）；

t_{wl}——外玻璃窗冷负荷计算温度的逐时值（℃），可由附录13中查得；

C_w——玻璃窗的传热系数的修正值，根据窗框类型可从附录12中查得；

t_d——玻璃窗的地点修正值，可从附录15中查得。

值得说明的是，在高层和超高层建筑中，窗墙比较大，甚至采用玻璃幕墙，墙体材料也多采用轻质材料，再加上高处风大，外表面换热系数也大，以至于外围护结构的传热衰减比较小，延迟时间也比较短，因此可用稳定传热方法计算外围护结构的传热负荷。由于不透明外墙在外围护结构中所占面积比例较小，因此在计算高层或超高层建筑围护结构形成的空调负荷时，可以忽略不透明外墙的传热负荷，只计算玻璃窗形成的负荷。

另外《民用建筑供暖通风与空气调节设计规范》（GB 50736—2012）7.2.6规定，可以忽略舒适性空调区的地面传热形成的冷负荷，而对于工艺性空调区，需要计算距离外墙2m范围内的地面传热形成的冷负荷。

2. 透过玻璃窗的日射得热形成冷负荷的计算方法

透过玻璃窗进入室内的日射得热分为两部分，一部分是透过玻璃窗直接进入室内的太阳辐射热 q_t，另一部分是玻璃窗吸收太阳辐射后传入室内的热量 q_a。由于窗户的类型、遮阳设施、太阳入射角及太阳辐射强度等因素的各种组合太多，人们无法建立太阳辐射得热与太阳辐射强度之间的函数关系，于是提出了日射得热因数的概念。

采用 3mm 厚的普通平板玻璃作为"标准玻璃"，在玻璃内表面换热系数为 $8.7W/(m^2 \cdot ℃)$ 和玻璃外表面换热系数为 $18.6W/(m^2 \cdot ℃)$ 条件下，得出夏季（以 7 月份为代表）通过这一"标准玻璃"的日射得热量 q_t 和 q_a 以及 D_j 值，即

$$D_j = q_t + q_a \tag{3-11}$$

称 D_j 为日射得热因数。

经过大量统计计算工作，得出我国 40 个城市夏季九个不同朝向的逐时日射得热因数值 D_j 及其最大值 $D_{j,max}$，经过相似分析，得出了适用于各地区［不同纬度带（每一带宽为 ±2°30′纬度）］的 $D_{j,max}$，由附录 16 查得。

考虑到在非标准玻璃情况下，以及不同窗类型和遮阳设施对得热的影响，可对日射得热因数加以修正，通常乘以窗玻璃的综合遮挡系数 $C_{c,s}$

$$C_{c,s} = C_s C_i \tag{3-12}$$

式中　C_s——窗玻璃的遮阳系数，定义为 $C_s = \dfrac{实际玻璃的日射得热}{标准玻璃的日射得热}$，由附录 17 查得；

　　　C_i——窗内遮阳设施的遮阳系数，由附录 18 查得。

有外遮阳的算法基本相同，但更为烦琐，此处不作介绍。

因此，透过玻璃窗进入室内的日射得热形成的逐时冷负荷 CL，可按下式计算

$$CL = C_a C_s C_i F_w D_{j,max} C_{LQ} \tag{3-13}$$

式中　F_w——窗口面积（m^2）；

　　　C_a——有效面积系数，由附录 19 查得；

　　　C_{LQ}——窗玻璃冷负荷系数，量纲为一的量，由附录 20 至附录 23 查得。

必须指出，C_{LQ} 值按南北区的划分而不同。南北区划分的标准为：建筑地点在北纬 27°30′以南的地区为南区，以北的地区为北区。

3. 室内热源造成的冷负荷

室内热源散热主要指室内工艺设备及办公等设备散热、照明散热、人体散热和食物散热等部分。室内热源散热包括显热和潜热两部分。潜热散热作为瞬时冷负荷，显热散热中以对流形式散出的热量成为瞬时冷负荷，而以辐射形式散出的热量则先被围护结构表面所吸收，然后再缓慢地逐渐散出，形成滞后冷负荷。《民用建筑供暖通风与空气调节设计规范》（GB 50736—2012）7.2.5 规定人员密集空调区的人体散热量和全天使用的设备、照明灯具散热器等可按稳态方法计算其形成的夏季冷负荷。7.2.4 规定人体散热量和非全天使用的设备、照明灯具散热量等应按非稳态方法计算其形成的夏季冷负荷。因此，必须采用相应的冷负荷系数。

（1）室内热源显热冷负荷

1）设备显热冷负荷。设备和用具显热形成的冷负荷按下式计算

$$CL = Q_s C_{LQ} \tag{3-14}$$

式中　CL——设备和用具显热形成的冷负荷（W）；

　　　Q_s——设备和用具的实际显热散热量（W）；

　　　C_{LQ}——设备和用具显热散热冷负荷系数，可由附录 24 和附录 25 中查得。如果空调系统不连续运行，则 $C_{LQ} = 1.0$。

实际显热散热量 Q_s 的计算可以根据设备和用具的不同分别按照下式计算:

a. 电动设备。电动设备是指电动机及其所带动的工艺设备。电动机在带动工艺设备进行生产的过程中向室内空气散发的热量主要有两部分：一是电动机本体由于温度升高而散入室内的热量；二是电动机所带动的设备散出的热量。

当工艺设备及其电动机都放在室内时

$$Q_s = 1000 n_1 n_2 n_3 P / \eta \qquad (3-15)$$

当工艺设备在室内，而电动机不在室内时

$$Q_s = 1000 n_1 n_2 n_3 P \qquad (3-16)$$

当工艺设备不在室内，而电动机在室内时

$$Q_s = 1000 n_1 n_2 n_3 \frac{1-\eta}{\eta} P \qquad (3-17)$$

式中 P——电动设备的安装功率（kW）；

η——电动机效率，可从产品样本查得，或见表3-10；

n_1——同时使用系数，即房间内电动机同时使用的安装功率与总安装功率之比，根据工艺过程的设备使用情况而定，一般为 0.5～1.0；

n_2——利用系数（安装系数），是电动机最大实耗功率与安装功率之比，一般可取 0.7～0.9，可用以反映安装功率的利用程度；

n_3——电动机负荷系数，每小时的平均实耗功率与设计最大实耗功率之比，它反映了平均负荷达到最大负荷的程度，一般可取 0.4～0.5，精密机床取 0.15～0.4。

表 3-10 电动机效率系数

电动机类型	功率/kW	满负荷效率	电动机类型	功率/kW	满负荷效率
罩极电动机	0.04	0.35	三相电动机	1.5	0.79
	0.06	0.35		2.2	0.81
	0.09	0.35		3.0	0.82
	0.12	0.35		4.0	0.84
分相电动机	0.18	0.54		5.5	0.85
	0.25	0.56		7.5	0.86
	0.37	0.60		11.0	0.87
三相电动机	0.55	0.72		15.0	0.88
	0.75	0.75		18.5	0.89
	1.1	0.77		22.0	0.89

上述各系数的确切数据，应根据设备的实际工作情况确定。

b. 电热设备的散热量。对于无保温密闭罩的电热设备，按下式计算

$$Q_s = 1000 n_1 n_2 n_3 n_4 P \qquad (3-18)$$

式中 n_4——通风保温系数，见表3-11；

其他符号意义同前。

表 3-11 通风保温系数

保温情况	有局部排风时	无局部排风时
设备有保温	0.3～0.4	0.6～0.7
设备无保温	0.4～0.6	0.8～1.0

c. 电子设备散热量。计算公式同式（3-15），其中系数 n_3 的值根据使用情况确定，对于计

算机可取 1.0，一般仪表取 0.5~0.9。

d. 办公设备散热量。空调区办公设备的散热量 q_s（W）可按下式计算

$$q_s = \sum_{i=1}^{p} s_i q_{a,i} \tag{3-19}$$

式中　p——设备的种类数；
　　　s_i——第 i 类设备的台数；
　　　$q_{a,i}$——第 i 类设备的单台散热量（W），见表 3-12。

表 3-12　办公设备散热量

<table>
<tr><th rowspan="2" colspan="2">名称及类别</th><th colspan="2">单台散热量/W</th><th rowspan="2" colspan="2">名称及类别</th><th colspan="3">单台散热量/W</th></tr>
<tr><th>连续工作</th><th>省能模式</th><th>连续工作</th><th>每分钟输出1页</th><th>待机状态</th></tr>
<tr><td rowspan="3">计算机</td><td>平均值</td><td>55</td><td>20</td><td rowspan="3">打印机</td><td>小型台式</td><td>130</td><td>75</td><td>10</td></tr>
<tr><td>安全值</td><td>65</td><td>25</td><td>台式</td><td>215</td><td>100</td><td>35</td></tr>
<tr><td>高安全值</td><td>75</td><td>30</td><td>小型办公</td><td>320</td><td>160</td><td>70</td></tr>
<tr><td rowspan="3">显示器</td><td>小屏幕（330~380mm）</td><td>55</td><td>0</td><td rowspan="3">复印机</td><td>大型办公</td><td>550</td><td>275</td><td>125</td></tr>
<tr><td>中屏幕（400~460mm）</td><td>70</td><td>0</td><td>台式</td><td>400</td><td>85</td><td>20</td></tr>
<tr><td>大屏幕（480~510mm）</td><td>80</td><td>0</td><td>办公</td><td>1100</td><td>400</td><td>300</td></tr>
</table>

当办公设备的类型和数量无法确定时，可按表 3-13 给出的单位面积散热指标估算空调区的办公设备散热量。

表 3-13　办公设备单位面积平均散热指标

办公散热强度等级	一套办公设备的平均占地面积/m²	单位面积的平均散热指标/（W/m²）	负荷系数	说明
低	16	5	主机、显示器、传真机：0.67 打印机：0.33	
中	12	11	主机、显示器、传真机：0.75 打印机：0.50	所谓"一套办公设备"，指的是：主机、显示器、打印机、传真机各一台，并包括配套的办公家具
中高	9	16	主机、显示器：0.75 打印机、传真机：0.50	
高	8	22	主机、显示器：1.00 打印机、传真机：0.50	

此时空调区办公设备的散热量 q_s（W）可按下式计算

$$q_s = F q_f \tag{3-20}$$

式中　F——空调区面积（m²）；
　　　q_f——办公设备单位面积平均散热指标（W/m²），见表 3-13。

2）照明设备冷负荷。当电压一定时，室内照明散热量是不随时间变化的稳定散热量，但是照明散热方式仍以对流与辐射两种方式进行散热，因此，照明散热形式的冷负荷计算仍采用相应的冷负荷系数。

根据照明灯具的类型和安装方式不同，其冷负荷计算式分别为

白炽灯：
$$CL = 1000PC_{LQ} \qquad (3-21)$$
荧光灯：
$$CL = 1000n_1n_2PC_{LQ} \qquad (3-22)$$

式中　CL——照明设备散热形成的冷负荷（W）；

P——照明设备所需功率（kW）；

n_1——镇流器消耗功率系数，当明装荧光灯的镇流器装在空调房间内时，取$n_1 = 1.2$；当暗装荧光灯镇流器装设在顶棚内时，可取$n_1 = 1.0$；

n_2——灯罩隔热系数，当荧光灯罩上部穿有小孔（下部为玻璃板），可利用自然通风散热于顶棚内时，取$n_2 = 0.5 \sim 0.6$；而荧光灯罩无通风孔者取$n_2 = 0.6 \sim 0.8$；

C_{LQ}——照明散热冷负荷系数，可由附录26查得。

3）人体显热冷负荷。人体散热和散湿有时会形成主要的空调负荷，会场、剧院和电影院的观众厅都属这一情况。人体向室内空气散发的热量有显热和潜热两种形式。前者通过对流、传导或辐射等方式散发出来，后者是指人体散发的水蒸气所包含的汽化热。人体散发的潜热量和显热量中的对流热部分直接形成瞬时冷负荷，而辐射散发的热量将会形成滞后冷负荷。因此，应采用相应的冷负荷系数进行计算。

人体散热与性别、年龄、衣着、劳动强度及周围环境条件（温湿度等）等多种因素有关。为了实际计算方便，以成年男子散热量为计算基础。对于不同功能的建筑物中的各类人员（成年男子、女子、儿童等）不同的组成进行修正，为此，引入人员"**群集系数**"φ，它是根据人员的年龄构成、性别构成以及密集程度等情况的不同而设置的折减系数。年龄不同和性别不同，人员的小时散热量就不同。例如成年女子的散热量约为成年男子散热量的85%，儿童散热量相当于成年男子散热量的75%。表3-14给出一些数据，可作参考。

表3-14　某些空调建筑物内的人员群集系数 φ

工作场所	影剧院	百货商店(售货)	旅店	体育馆	图书阅览室	工厂轻劳动	银行	工厂重劳动
群集系数 φ	0.89	0.89	0.93	0.92	0.96	0.90	1.0	1.0

人体显热散热引起的冷负荷计算式为
$$CL_s = n\varphi q_s C_{LQ} \qquad (3-23)$$

式中　CL_s——人体显热散热形成的冷负荷（W）；

n——室内全部人数；

φ——群集系数；

q_s——不同室温和劳动性质成年男子显热散热量（W），见表3-15；

C_{LQ}——人体显热散热冷负荷系数，由附录27查得。对于人员密集的场所（如电影院、剧院、会堂等），由于人体对围护结构和室内物品的辐射换热量相应减少，故取$C_{LQ} = 1.0$。

4）食物显热冷负荷。进行餐厅冷负荷计算时，需要考虑食物的散热量。食物的显热散热形成的冷负荷，可按每位就餐客人9W考虑。

（2）室内热源潜热冷负荷　空调区的夏季计算散湿量，应根据下列各项确定：①人体散湿量；②渗透空气带入的湿量；③化学反应过程的散湿量；④各种潮湿表面、液面或液流的散湿量；⑤食品或其他物料的散湿量；⑥设备散湿量。

大多数情况下，空调区的湿负荷来自人体散湿和敞开水槽表面的散湿量。

1）人体散湿形成的潜热冷负荷。计算时刻人体散湿形成的潜热冷负荷Q_τ（W），可按下式

计算

$$Q_\tau = \varphi n_\tau q_2 \tag{3-24}$$

式中 n_τ——计算时刻空调区内的总人数;

q_2——1名成年男子小时潜热散热量(W),见表3-15。

计算时刻的人体散湿量 D_τ(kg/h),可按下式计算

$$D_\tau = 0.001\varphi n_\tau g \tag{3-25}$$

式中 φ——群集系数;

n_τ——计算时刻空调区内的总人数;

g——1名成年男子每小时散湿量(g/h),见表3-15。

式(3-25)中的 φ 是指集中在空气调节区内的各类人员的年龄构成、性别构成和密集程度等情况的不同而使人均小时散湿量发生变化的折减系数。例如,儿童和成年女子的散湿量约为成年男子相应散湿量的75%和85%。考虑人员群集的实际情况,将会把以往计算偏大的湿负荷减低下来。

2)敞开水面蒸发形成的潜热冷负荷。计算时刻敞开水面蒸发形成的潜热冷负荷 Q_τ(W),可按下式计算

表3-15 不同室温和劳动性质成年男子散热量和散湿量

体力活动性质		散热量/W 散湿量/(g/h)	室内温度/℃									
			20	21	22	23	24	25	26	27	28	29	30
静坐	影剧院 会堂 阅览室	显热	84	81	78	74	71	67	63	58	53	48	43
		潜热	26	27	30	34	37	41	45	50	55	60	65
		全热	110	108	108	108	108	108	108	108	108	108	108
		湿量	38	40	45	45	56	61	68	75	82	90	97
极轻劳动	旅馆 体育馆 手表装配 电子元件	显热	90	85	79	75	70	65	60.5	57	51	45	41
		潜热	47	51	56	59	64	69	73.3	77	83	89	93
		全热	137	135	135	134	134	134	134	134	134	134	134
		湿量	69	76	83	89	96	109	109	115	132	132	139
轻度劳动	百货商店 化学实验室 电子计算 机房	显热	93	87	81	76	70	64	58	51	47	40	35
		潜热	90	94	80	106	112	117	123	130	135	142	147
		全热	183	181	181	182	182	181	181	181	182	182	182
		湿量	134	140	150	158	167	175	184	194	203	212	220
中等劳动	纺织车间 印刷车间 机加工车间	显热	117	112	104	97	88	83	74	67	61	52	45
		潜热	118	123	131	138	147	152	161	168	174	183	190
		全热	235	235	235	235	235	235	235	235	235	235	235
		湿量	175	184	196	207	219	227	240	250	260	273	283
重度劳动	炼钢车间 铸造车间 排练厅 室内运动场	显热	169	163	157	151	145	140	134	128	122	116	110
		潜热	238	244	250	256	262	267	273	279	285	291	297
		全热	407	407	407	407	407	407	407	407	407	407	407
		湿量	356	365	373	382	391	400	408	417	425	434	443

$$Q_\tau = 0.28 r D_\tau \tag{3-26}$$

式中 r——冷凝热(kJ/kg),见表3-16;

D_τ——计算时刻敞开水面的蒸发散湿量 D_τ(kg/h)。

表3-16　表面单位面积蒸发量 ω　　　　　　　　　[单位：kg/(m² · h)]

室温/℃	室内相对湿度(%)	下列水温(℃)时敞开水表面的单位蒸发量								
		20	30	40	50	60	70	80	90	100
20	40	0.24	0.59	1.27	2.33	3.52	5.39	9.75	19.93	42.17
	45	0.21	0.57	1.24	2.30	3.48	5.36	9.71	19.88	42.11
	50	0.19	0.55	1.21	2.27	3.45	5.32	9.67	19.84	42.06
	55	0.16	0.52	1.18	2.23	3.41	5.28	9.63	19.79	42.00
	60	0.14	0.50	1.16	2.20	3.38	5.25	9.59	19.74	41.95
	65	0.11	0.47	1.13	2.17	3.35	5.21	9.56	19.70	41.89
	70	0.09	0.45	1.10	2.14	3.31	5.17	9.52	19.65	41.84
22	40	0.21	0.57	1.24	2.30	3.48	5.36	9.71	19.88	42.11
	45	0.18	0.54	1.21	2.26	3.44	5.31	9.67	19.83	42.05
	50	0.16	0.51	1.18	2.22	3.40	5.27	9.62	19.78	41.98
	55	0.13	0.49	1.14	2.19	3.36	5.23	9.58	19.72	41.92
	60	0.10	0.46	1.11	2.15	3.33	5.19	9.53	19.67	41.86
	65	0.07	0.43	1.08	2.12	3.29	5.15	9.49	19.62	41.80
	70	0.04	0.40	1.05	2.08	3.25	5.11	9.44	19.57	41.74
24	40	0.18	0.54	1.21	2.26	3.44	5.31	9.67	19.83	42.04
	45	0.15	0.51	1.17	2.22	3.40	5.27	9.61	19.77	41.97
	50	0.12	0.48	1.13	2.18	3.35	5.22	9.56	19.71	41.90
	55	0.09	0.45	1.10	2.14	3.31	5.17	9.51	19.65	41.84
	60	0.06	0.42	1.06	2.10	3.27	5.13	9.46	19.59	41.77
	65	0.03	0.38	1.03	2.06	3.22	5.08	9.41	19.53	41.70
	70	-0.01	0.35	0.99	2.02	3.18	5.03	9.36	19.47	41.63
26	40	0.15	0.51	1.17	2.22	3.40	5.27	9.61	19.77	41.97
	45	0.12	0.47	1.13	2.17	3.35	5.21	9.56	19.70	41.90
	50	0.08	0.44	1.09	2.13	3.30	5.16	9.50	19.63	41.82
	55	0.05	0.40	1.05	2.08	3.25	5.11	9.44	19.57	41.74
	60	0.01	0.37	1.01	2.04	3.20	5.06	9.39	19.50	41.66
	65	-0.03	0.33	0.97	1.99	3.15	5.00	9.33	19.43	41.58
	70	-0.06	0.30	0.93	1.95	3.10	4.95	9.27	19.37	41.50
28	40	0.12	0.47	1.13	2.17	3.35	5.21	9.56	19.70	41.90
	45	0.08	0.43	1.09	2.12	3.29	5.15	9.49	19.63	41.81
	50	0.04	0.40	1.04	2.07	3.24	5.09	9.43	19.55	41.72
	55	0	0.36	1.00	2.02	3.18	5.04	9.37	19.48	41.63
	60	-0.04	0.32	0.95	1.97	3.13	4.98	9.30	19.40	41.54
	65	-0.08	0.28	0.91	1.92	3.07	4.92	9.24	19.33	41.45
	70	-0.12	0.24	0.86	1.87	3.02	4.86	9.18	19.25	41.36
冷凝热 r/(kJ/kg)		2510	2528	2544	2559	2570	2582	2602	2626	2653

注：制表条件为：水面风速 $v=0.3$m/s；$p_a=101325$Pa。当工程所在地点大气压力为 b 时，表中所列数据应乘以修正系数 B/b。

室内敞开水槽表面散湿量可按下式计算

$$ML = \beta(p_{q,b} - p_q) F \frac{p_{a0}}{p_a} \tag{3-27}$$

式中　ML——室内敞开水槽表面散湿量（kg/s）；

$p_{q,b}$——相应于水槽表面温度下饱和空气的水蒸气分压力（Pa）；

p_q——空气的水蒸气分压力（Pa）；

p_{a0}——标准大气压力，$p_{a0} = 101325\text{Pa}$;

p_a——当地大气压力（Pa）；

F——室内敞开水槽表面积（m²）；

β——蒸发系数 [kg/(N·s)]。

β 按下式计算

$$\beta = (\alpha + 0.00363v) \times 10^{-5} \qquad (3\text{-}28)$$

式中 α——不同水温下的扩散系数 [kg/(N·s)]，见表3-17；

v——水面上周围空气的流速（m/s）。

另外，敞开水表面散湿量还可根据表3-16查出单位水面蒸发量，然后按下式计算

表3-17 不同水温下的扩散系数

水温/℃	<30	40	50	60	70	80	90	100
α/[kg/(N·s)]	0.0046	0.0058	0.0069	0.0077	0.0088	0.0096	0.0106	0.0125

$$D_\tau = F_\tau g \qquad (3\text{-}29)$$

式中 D_τ——同式（3-26）；

F_τ——计算时刻的蒸发表面积（m²）；

g——水面的单位蒸发量 [kg/(m²·h)]，见表3-16。

4. 计算实例

【例3-1】 试计算北京某宾馆某客房夏季的空调计算负荷。客房平面尺寸如图3-6所示，层高为3500mm。屋顶、外墙的构造分别如图3-7和图3-8所示。其他条件如下：

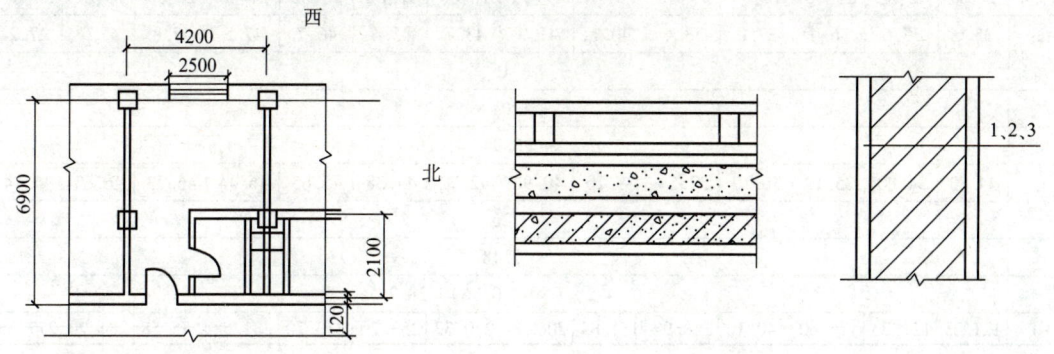

图3-6 北京某宾馆客房平面图　　图3-7 屋顶构造图　　图3-8 外墙构造图

(1) 屋顶属于Ⅱ型，传热系数 $K = 0.48\text{W}/(\text{m}^2 \cdot \text{K})$，由上至下分别为：

1) 预制细石混凝土板25mm，表面喷白色水泥浆。
2) 通风层≥200mm。
3) 卷材防水层。
4) 水泥砂浆找平层20mm。
5) 保温层，沥青膨胀珍珠岩125mm。
6) 隔气层。
7) 现浇钢筋混凝土板70mm。
8) 内粉刷。

(2) 外墙属于Ⅱ型，传热系数 $K = 1.50\text{W}/(\text{m}^2 \cdot \text{K})$，由外至内分别为：

1) 水泥砂浆。
2) 砖墙，370mm 厚。
3) 白灰粉刷。

(3) 外窗高为 2000mm，为双层窗结构；玻璃采用 3mm 厚的普通玻璃；窗框为金属，玻璃比例为 80%；窗帘为白色（浅色）。

(4) 邻室包括走廊，均与客房温度相同，不考虑内墙传热。

(5) 每间客房 2 人，在客房内的总小时数为 16h(16:00 至第二天的 8:00)。

(6) 室内压力稍高于室外大气压力。

(7) 室内照明采用 200W 明装荧光灯，开灯时间为 16:00~24:00。

(8) 空调设计运行时间 24h。

(9) 北京市纬度为北纬 39°48′，经度为东经 116°28′，海拔为 31.2m；大气压力为夏季 998.6kPa，冬季 102.04kPa；夏季空调室外计算干球温度为 33.2℃；夏季空调室外计算湿球温度为 26.4℃。

(10) 客房夏季室内计算干球温度为 26℃；室内空气相对湿度 ≤65%。

【解】 按本题条件，分项计算如下：

(1) 屋顶冷负荷

由附录 8 查得北京地区屋顶的冷负荷计算温度逐时值 t_{wl}，即可按式 (3-4) 和式 (3-5) 算出屋顶逐时冷负荷，计算结果列于表 3-18。

表 3-18 屋顶冷负荷 （单位：W）

时间	11:00	12:00	13:00	14:00	15:00	16:00	17:00	18:00	19:00	20:00	21:00	22:00	23:00	24:00
t_{wl}	35.6	35.6	36.0	37.0	38.4	40.1	41.9	43.7	45.4	46.7	47.5	47.8	47.7	47.2
t_d	0													
k_α	1.04①													
k_ρ	0.94													
t'_{wl}	34.80	34.80	35.19	36.17	37.54	39.20	40.96	42.72	44.38	45.65	46.44	46.73	46.63	46.14
t_{Nx}	26													
K	0.48													
F	$4.2 \times (6.9 - 0.06) = 28.7$													
CL	121.23	121.23	126.60	140.10	158.98	181.84	206.09	230.33	253.20	270.70	281.58	285.58	284.20	277.45

① $\alpha_o = 3.5 + 5.6v = (3.5 + 5.6 \times 2.2)\text{W}/(\text{m}^2 \cdot \text{K}) = 15.82\text{W}/(\text{m}^2 \cdot \text{K})(v = 2.2\text{m/s})$。

(2) 西外墙冷负荷

由附录 7 查得Ⅱ型外墙冷负荷计算温度逐时值 t_{wl}，将其计算结果列入表 3-19。计算公式同上。

表 3-19 西外墙冷负荷 （单位：W）

时间	11:00	12:00	13:00	14:00	15:00	16:00	17:00	18:00	19:00	20:00	21:00	22:00	23:00	24:00
t_{wl}	36.3	35.9	35.5	35.2	34.9	34.8	34.8	34.9	35.3	35.8	36.5	37.3	38.0	38.5
t_d	0													
k_α	1.04													
k_ρ	0.94													
t'_{wl}	35.49	35.10	34.70	34.41	34.12	34.02	34.02	34.12	34.51	35.00	35.68	36.46	37.15	37.64

（续）

时间	11:00	12:00	13:00	14:00	15:00	16:00	17:00	18:00	19:00	20:00	21:00	22:00	23:00	24:00
t_{wl}	36.3	35.9	35.5	35.2	34.9	34.8	34.8	34.9	35.3	35.8	36.5	37.3	38.0	38.5
t_{N_x}	26													
Δt	9.49	9.10	8.70	8.41	8.12	8.02	8.02	8.12	8.51	9.00	9.68	10.46	11.15	11.64
K	1.5													
F	$4.2 \times 3.5 - 2.5 \times 2 = 9.7$													
CL	138.08	132.41	126.59	122.37	118.15	116.69	116.69	118.15	123.82	130.95	140.84	152.19	162.23	169.36

（3）西外窗瞬时传热冷负荷

根据 $\alpha_i = 8.7 \text{W}/(\text{m}^2 \cdot \text{K})$，$\alpha_o = 15.82 \text{W}/(\text{m}^2 \cdot \text{K})$，由附录 11 查得 $K_w = 2.93 \text{W}/(\text{m}^2 \cdot \text{K})$。再由附录 12 查得玻璃窗传热系数的修正值，金属框双层窗应乘 1.2 的修正系数。由附录 13 查出玻璃窗冷负荷计算温度的逐时值 t_{wl}，根据式 (3-10) 计算，计算结果列入表 3-20。

表 3-20 西外窗瞬时传热冷负荷 （单位：W）

时间	11:00	12:00	13:00	14:00	15:00	16:00	17:00	18:00	19:00	20:00	21:00	22:00	23:00	24:00
t_{wl}	29.9	30.8	31.5	31.9	32.2	32.2	32.0	31.6	30.8	29.9	29.1	28.4	27.8	27.2
t_d	0													
$t_{wl} + t_d$	29.9	30.8	31.5	31.9	32.2	32.2	32.0	31.6	30.8	29.9	29.1	28.4	27.8	27.2
t_{N_x}	26													
Δt	3.9	4.8	5.5	5.9	6.2	6.2	6.0	5.6	4.8	3.9	3.0	2.4	1.8	1.2
$C_w K_w$	$2.93 \times 1.2 = 3.516$													
F_w	$2.5 \times 2 = 5$													
CL	68.56	84.38	96.69	103.72	109.00	109.00	105.48	98.45	84.38	68.56	54.50	42.19	31.64	21.10

（4）透过玻璃窗进入日射得热引起冷负荷

由附录 19 中查得双层钢窗有效面积系数 $C_a = 0.75$，故窗的有效面积 $F'_w = 5\text{m}^2 \times 0.75 = 3.75\text{m}^2$。由附录 17 中查得窗玻璃的遮阳系数 $C_s = 0.86$，由附录 18 中查得窗内遮阳设施的遮阳系数 $C_i = 0.5$，于是综合遮挡系数 $C_{cs} = C_s C_i = 0.86 \times 0.5 = 0.43$。再由附录 16 中查得纬度 40°时（北京市北纬 39°48′），西向日射得热因数最大值 $D_{j,\max} = 599 \text{W}/\text{m}^2$。因北京地区处在北纬 37°30′以北，属于北区，故由附录 21 查得北区有内遮阳的玻璃窗冷负荷系数逐时值 C_{LQ}。用式 (3-13) 计算逐时进入玻璃窗日射得热引起的冷负荷，列入表 3-21。

表 3-21 西窗日射得热引起的冷负荷 （单位：W）

时间	11:00	12:00	13:00	14:00	15:00	16:00	17:00	18:00	19:00	20:00	21:00	22:00	23:00	24:00
C_{LQ}	0.19	0.20	0.34	0.56	0.72	0.83	0.77	0.53	0.11	0.10	0.09	0.09	0.08	0.08
$D_{j,\max}$	599													
C_{cs}	0.43													
F_w	$2.5 \times 2 \times 0.75 = 3.75$													
CL	183.52	193.18	328.40	540.90	695.44	801.69	743.73	511.92	106.25	96.59	86.93	86.93	77.27	77.27

（5）照明散热形成的冷负荷

由于明装荧光灯，镇流器装设在客房内，故镇流器消耗功率系数 n_1 取 1.2。灯罩隔热系数 n_2 取 1.0。根据室内照明开灯时间为 16:00 ~ 24:00，开灯时数为 8h，由附录 26 查得照明散热冷负荷系数，按式 (3-22) 计算，其计算结果列入表 3-22。

（6）人体散热引起冷负荷

宾馆属极轻劳动。查表 3-15，当室温为 26℃时，成年男子每人散发的显热和潜热量为 60.5W 和 73.3W，由表 3-14 查取群集系数 $\varphi = 0.93$。根据每间客房 2 人，在客房内的总小时数为 16h，（16:00 至第二天的 8:00），由附录 27 查得人体显热散热冷负荷系数逐时值。按式 (3-23) 计算人体显热散热逐时冷负荷，按式 (3-24) 计算人体潜热散热引起的冷负荷，然后将其计算结果列入表 3-23。

表 3-22　照明散热形成的冷负荷　　　　　　　　　　　　　　　（单位：W）

时间	11:00	12:00	13:00	14:00	15:00	16:00	17:00	18:00	19:00	20:00	21:00	22:00	23:00	24:00
C_{LQ}	0.10	0.09	0.08	0.07	0.06	0.37	0.67	0.71	0.74	0.76	0.79	0.81	0.83	0.84
n_1							1.2							
n_2							1.0							
N							200							
CL	24.00	21.60	19.20	16.80	14.40	88.80	160.80	170.40	177.60	182.40	189.60	194.40	199.20	201.60

表 3-23　人体散热形成的冷负荷　　　　　　　　　　　　　　　（单位：W）

时间	11:00	12:00	13:00	14:00	15:00	16:00	17:00	18:00	19:00	20:00	21:00	22:00	23:00	24:00
C_{LQ}	0.33	0.28	0.24	0.20	0.18	0.16	0.62	0.70	0.75	0.79	0.82	0.85	0.87	0.88
q_s							60.5							
n							2							
φ							0.93							
CL_s	37.13	31.51	27.01	22.51	20.26	18.00	69.77	78.77	84.40	88.90	92.27	95.65	97.90	99.03
q_l							73.3							
CL_l	136.34	136.34	136.34	136.34	136.34	136.34	136.34	136.34	136.34	136.34	136.34	136.34	136.34	136.34
合计	173.47	167.85	163.35	158.85	156.60	154.35	206.11	215.11	220.74	225.24	228.61	231.99	234.24	235.37

（7）各分项逐时冷负荷汇总

由于室内压力略高于室外大气压力，因此不用考虑由室外空气渗透所引起的冷负荷。现将上述各分项逐时冷负荷计算结果列入表 3-24，并逐时相加，以便求得客房内的冷负荷值。

表 3-24　各分项逐时冷负荷汇总表　　　　　　　　　　　　　　（单位：W）

时间	11:00	12:00	13:00	14:00	15:00	16:00	17:00	18:00	19:00	20:00	21:00	22:00	23:00	24:00
屋顶负荷	121.23	121.23	126.60	140.10	158.98	181.84	206.09	230.33	253.20	270.70	281.58	285.58	284.20	277.45
外墙负荷	138.08	132.41	126.59	122.37	118.19	116.69	116.69	118.15	123.82	130.95	140.84	152.19	162.23	169.36
窗传热负荷	68.56	84.38	96.69	103.72	109.09	109.00	105.48	98.45	84.38	68.56	54.50	42.19	31.64	21.10
窗日射负荷	183.52	193.18	328.40	540.90	695.44	801.69	743.73	511.92	106.25	96.59	86.93	86.93	77.27	77.27
人员负荷	173.47	167.85	163.35	158.85	156.60	154.35	206.11	215.11	220.74	225.24	228.61	231.99	234.24	235.37
灯光负荷	24.00	21.60	19.20	16.80	14.40	88.80	160.80	170.40	177.60	182.40	189.60	194.40	199.20	201.60
总计	708.86	720.65	860.83	1082.74	1252.57	1452.37	1538.90	1344.36	965.99	974.44	982.06	993.28	988.78	982.15

由表 3-24 可以看出，此客房最大冷负荷值出现在 17:00 时，其值为 1538.90W。

3.4.2　谐波反应法计算冷负荷

由于围护结构外表面同时受太阳辐射和室外空气温度的热作用，为了方便起见，在计算建筑物外表面单位面积上得到的热量时往往采用综合温度的概念，即在原室外气温的基础上增加一个太阳辐射的等效温度。显然，综合温度只是所得到的一个相当的室外温度，并非实际的空气温度。

前面已经介绍谐波反应法对边界条件的处理是基于傅里叶级数分解进行的。利用傅里叶级数展开，就可以将室外空气综合温度分解为一组以 $2\pi/T$ 为基频的简谐波函数，如式（3-30）和图 3-9 所示

$$t_z(\tau) = A_0 + \sum_{n=1}^{\infty} A_n \sin\left(\frac{2\pi n}{T}\tau + \varphi_n\right) \tag{3-30}$$

由于边界条件已经被分解为单元正弦（或余弦）波之和，因此线性系统对单元正弦波的频率响应也是正弦波。以室外空气综合温度作为输入扰量，同样可认为呈周期性波动，这就使得围护结构从外表面逐层地跟着波动。这种波动是由外向内逐渐衰减和延

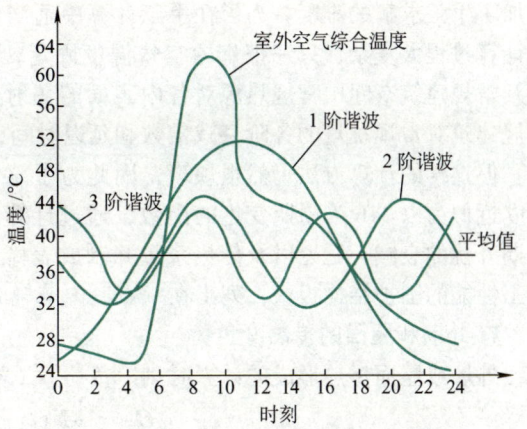

图 3-9 24 小时室外空气综合温度的傅里叶级数分解

迟的。这是围护结构对周期性外扰的两个重要特性。对简谐波形的外扰而言，围护结构对各时刻外扰的衰减度为定值。但是对于不规则的周期外扰而言，围护结构对各时刻外扰的衰减度则不是定值。以室外空气综合温度 $t_z(\tau)$ 作为输入扰量，围护结构内表面温度 $t_{in}(\tau)$ 作为输出响应为例，如果用 A_n 表示第 n 阶输入扰量单元正弦波的振幅，B_n 表示响应单元正弦波的振幅，围护结构对该频率下扰量的衰减倍数 ν_n 可定义为

$$\nu_n = \frac{A_n}{B_n} \tag{3-31}$$

定义板壁对该频率下单元正弦波扰量的延迟时间为 ψ_n，则围护结构内表面温度对第 n 阶单元正弦波扰量的响应 $t_{in,n}(\tau)$ 可表示为

$$t_{in,n}(\tau) = \frac{A_n}{\nu_n}\sin\left(\frac{2\pi n}{T}\tau + \varphi_n - \psi_n\right) \tag{3-32}$$

把各阶单元外扰的响应叠加，就可以求得围护结构内表面的温度响应。通过围护结构内表面的温度，就可以算出外扰通过围护结构形成的负荷。因此，该方法的关键是确定系统的衰减倍数 ν_n 和延迟时间 ψ_n。

值得说明的是，在利用谐波反应法计算辐射得热中稳定部分形成的冷负荷时，要充分考虑邻室的传热，这与邻室的内外扰量情况有关。另外，在谐波阶数的选择方面，应该看到随着谐波阶数的增加衰减倍数也在增加，而且增加量很大，因此利用谐波反应法计算通过墙体的得热量时，只需取 3~4 阶谐波即可达到很高的计算精度。

事实上，系统的衰减倍数和延迟时间均可通过系统的传递函数来求得。传递函数具有这样的特点，即当输入的原函数是指数函数时，不必通过拉普拉斯变换，直接把原函数作为输入量，输出的就是解的原函数，因此求解非常方便。而扰量分解出来的正弦或余弦波就是指数函数的虚部，因此通过传递矩阵中的元素就可以求出衰减倍数和延迟时间。

当然，系统对不同形式的扰量衰减和延迟的程度也是不同的，而得热量与冷负荷之间的偏离是由于内表面长波辐射和各种热源辐射造成的，因此需要区分对流和辐射等不同得热类型的比例。准确的计算需要知道热源的温度、不同波长辐射量的比例以及各室内表面间的角系数，但对于一般的手工计算来说，这是很难确定的。另外，虽然房间热平衡方程允许室内空气设计温度波动，但波动的室内空气温度使各建筑围护结构内表面的热过程相互影响，需要联立求解，

增加了手工求解的难度。为了在手工计算中适当反映得热量与冷负荷之间的偏离,又不能使手工计算过程太复杂,只好把室内空气温度固定,并给出常规室内热源的对流和辐射热的比例,以及常规建筑空间中常规热源对各内表面的辐射热量的分配比例。根据这些数据,就可以给出常规建筑对常规扰量的各阶衰减倍数和延迟时间,供工程设计人员计算负荷用。

但这样的计算方法仍然很烦琐,因此为了简化计算方法,把室外空气综合温度或室外空气温度近似为以 24h 为周期变化的函数,通过计算给出典型材料和构造的外围护结构板壁对 24h 周期外扰的衰减、延迟以及传热系数并制成表格形式,又针对不同衰减、延迟以及传热系数等热工性能的围护结构板壁,列出在一定室内空气温度下的当量冷负荷温差。

1. 外墙和屋面的传热冷负荷

外墙或屋面传热形成的计算时刻冷负荷 Q_τ(W) 可按下式计算

$$Q_\tau = KF(t_{\tau-\xi} + \Delta - t_{N_x}) \tag{3-33}$$

式中 K——传热系数 [W/(m²·℃)];
F——计算面积 (m²);
τ——计算时刻 (h);
$\tau-\xi$——温度波的作用时刻,即温度波作用于外墙或屋面外侧的时刻 (h);
$t_{\tau-\xi}$——作用时刻下,通过外墙或屋面的冷负荷计算温度,简称负荷温度 (℃);
Δ——负荷温度的地点修正值 (℃);
t_{N_x}——室内计算温度 (℃)。

2. 外窗的温差传热冷负荷

玻璃窗的对流传热可以不考虑太阳辐射,因此其冷负荷温差主要取决于室内外空气温差,而不是室外空气综合温度。这样就可以通过室外空气温度直接求得各时刻外扰通过外围护结构形成的冷负荷,而不必求取围护结构内表面温度响应或得热量。即

$$Q_\tau = \alpha KF(t_\tau + \delta - t_{N_x}) \tag{3-34}$$

式中 t_τ——计算时刻下的负荷温度 (℃);
δ——地点修正系数 (℃);
K——窗玻璃的传热系数 [W/(m²·℃)];
α——窗框修正系数。

作为外扰的室外空气温度和室外空气综合温度均可在一定期间内看作是周期变化的非规则函数,但室内热源、人员等内扰是随机变化的、可能是非连续变化的量,对其进行傅里叶级数分解从理论上来说要求的阶数为无穷,计算更加复杂,难以实现。因此,这种冷负荷的工程简化求解方法是采用"冷负荷强度系数"进行计算的,即将得热量乘以冷负荷强度系数就得出了当时的冷负荷。

3. 外窗的太阳辐射冷负荷

透过外窗的太阳辐射形成的计算时刻冷负荷 Q_τ(W),应根据不同情况分别进行计算。

(1) 外窗无任何遮阳设施的辐射负荷

$$Q_\tau = FX_g X_d J_{w\tau} \tag{3-35}$$

式中 X_g——窗的构造修正系数;
X_d——地点修正系数;
$J_{w\tau}$——计算时刻下,透过无遮阳设施外窗的太阳辐射负荷强度 (W/m²)。

(2) 外窗只有内遮阳设施的辐射负荷

$$Q_\tau = FX_g X_d X_z J_{n\tau} \tag{3-36}$$

式中 X_z——内遮阳系数；

$J_{n\tau}$——计算时刻下，透过有内遮阳设施外窗的太阳辐射负荷强度（W/m²）。

(3) 外窗只有外遮阳板的辐射负荷

$$Q_\tau = [F_1 J_{w\tau} + (F - F_1) J_{w\tau}^0] X_g X_d \tag{3-37}$$

式中 F_1——窗口受到太阳照射时的直射面积（m²）；

$J_{w\tau}^0$——计算时刻下，透过无遮阳设施外窗太阳散射辐射的负荷强度（W/m²）。

(4) 外窗既有内遮阳设施又有外遮阳板的辐射负荷

$$Q_\tau = [F_1 J_{n\tau} + (F - F_1) J_{n\tau}^0] X_g X_d X_z \tag{3-38}$$

式中 $J_{n\tau}^0$——计算时刻下，透过有内遮阳设施外窗太阳散射辐射的负荷强度（W/m²）。

上述公式中有关参数具体数值取值及有关谐波反应法的内容详见《实用供热空调设计手册》（修订版）。

3.4.3 空调总冷负荷的确定

以上介绍的是空调区冷负荷的计算方法。空调区冷负荷是确定房间空调送风处理过程和空调设备容量的依据之一，也是计算各个环节冷负荷的基础。各个环节计算冷负荷中包括：空调区的计算冷负荷、空调建筑的计算冷负荷、空调系统的计算冷负荷和空调冷源的计算冷负荷。

空调区计算冷负荷的确定方法是：将此空调区的各分项冷负荷按各计算时刻累加，得出空调区总冷负荷逐时值的时间序列，之后找出序列中的最大值，即作为该空调区的计算冷负荷。

空调建筑的计算冷负荷应按不同情况分别确定。当空调系统末端装置不能随负荷变化而自动控制时，该空调建筑的计算冷负荷应采用同时使用的所有空调区计算冷负荷的累加值；当空调系统末端装置能随负荷变化而自动控制时，应将此空调建筑同时使用的各个空调区的总冷负荷按各计算时刻累加，得出该空调建筑总冷负荷逐时值的时间序列，之后找出序列中的最大值（综合最大值），即作为该空调建筑的计算冷负荷。显而易见，因为各空调房间的朝向、工作时间不一致，它们出现最大冷负荷的时刻也不会一致，无室温控制的空调系统简单地将各房间最大冷负荷叠加将会导致制冷系统装机冷量以及运行费用过大。因此，在空调系统中增加室温控制环节，对减少系统初投资和降低系统运行成本均具有重要的意义。这里所谓的"空调建筑"，指的是一个集中空调系统所服务的建筑区域，它可能是一整幢建筑物，也可能是建筑物的一部分。

集中空调系统的计算冷负荷，应根据所服务的空调建筑中各分区的同时使用情况、空调系统类型及控制方式等，综合考虑下列各分项负荷，经过焓湿图分析和计算确定。

1) 系统所服务区域的空调建筑的计算冷负荷。

2) 该空调建筑的新风计算冷负荷。对空调方式为风机盘管加新风的空调系统来说，新风并不负担室内负荷，因此空调设备还要能补偿新风引起的冷负荷。新风冷负荷可由下式计算

$$CL_W = q_{m,W}(h_{W_x} - h_{N_x}) \tag{3-39}$$

式中 CL_W——新风冷负荷（kW）；

$q_{m,W}$——新风量（kg/s）；

h_{W_x}——室外新风比焓值（kJ/kg）；

h_{N_x}——室内空气比焓值（kJ/kg）。

3) 风系统由于风机、风管产生温升以及系统漏风等引起的附加冷负荷。

4）水系统由于水泵、水管、水箱产生温升以及系统补水引起的附加冷负荷。

5）当空气处理过程产生冷、热抵消现象时，尚应考虑由此引起的附加冷负荷。例如，某些空调系统因在夏季采用再热空气处理过程，导致冷、热量的抵消，因此这部分被抵消的冷量应该得到补偿；采用顶棚回风时，部分灯光热量可能被回风带入系统而产生附加冷负荷。

由此可知，集中空调系统的计算冷负荷应为上述 5 部分负荷的累加。

空调冷源的计算冷负荷，应根据所服务的空调系统的同时使用情况，并考虑输送系统和换热设备的冷量损失，经计算确定。

3.5 空调区热负荷的计算

空调区的热负荷应根据建筑物的散失和获得的热量确定。空调区热负荷的计算方法与供暖热负荷的计算方法基本相同，不同之处主要有两点：①考虑到空调区内热环境条件要求较高，区内温度的不保证时间应少于一般供暖房间，因此在选取室外计算温度时，规定采用平均每年不保证一天的温度值，即应采用冬季空气调节室外计算温度；②当空调区有足够的正压时，不必计算经由门窗缝隙渗入室内冷空气的耗热量。对于民用建筑，空调区冬季热负荷主要为由围护结构传热所形成的耗热量。对于生产车间还应包括由室外运入的冷物料及运输工具的耗热量、水分蒸发的耗热量，并应考虑车间内设备散热量、热物料散热量等。

根据《民用建筑供暖通风与空气调节设计规范》(GB 50736—2012) 5.2.3 规定，围护结构的耗热量包括基本耗热量和附加耗热量。

1. 围护结构的基本耗热量

前文已介绍，由于冬季室外温度的波动幅度远小于室内外的温差，因此在围护结构的基本耗热量计算中，采用的是基于日平均温差的稳态计算法，见式 (3-3)。其中围护结构的温差修正系数 α 可由表 3-25 选取。

表 3-25　围护结构的温差修正系数 α

围 护 结 构 特 征	α	围 护 结 构 特 征	α
外墙、屋顶、地面以及与室外相通的楼板等	1.00	非供暖地下室上面的楼板，外墙上无窗且位于室外地坪以下时	0.40
闷顶和与室外空气相通的非供暖地下室上面的楼板等	0.90	与有外门窗的不供暖楼梯间相邻的隔墙（1~6 层建筑）	0.60
与有外门窗的不供暖楼梯间相邻的隔墙（7~30 层建筑）	0.50	非供暖地下室上面的楼板，外墙上有窗时	0.75
非供暖地下室上面的楼板，外墙上无窗且位于室外地坪以上时	0.60	与无外门窗的非供暖房间相邻的隔墙	0.40
与有外门窗的非供暖房间相邻的隔墙	0.70	伸缩缝墙、沉降缝墙	0.30
防震缝墙	0.70		

《民用建筑供暖通风与空气调节设计规范》(GB 50736—2012) 规定：如果空调区与邻室的温差大于或等于 5℃，或通过隔墙和楼板等的传热量大于该房间热负荷的 10% 时，应计算通过隔墙或楼板等的传热量。

2. 围护结构的附加耗热量

围护结构的附加耗热量应按其占基本耗热量的百分率确定。各项附加百分率，宜按照下列规定选用：

(1) 朝向修正率 不同朝向的围护结构，受太阳辐射热量不同；同时，不同的朝向，风的速度和频率也不同。因此，《民用建筑供暖通风与空气调节设计规范》(GB 50736—2012) 5.2.6 规定，对不同的垂直外围护结构进行修正。其修正率为

北、东北、西北朝向：0~10%；

东、西朝向：-5%；

东南、西南朝向：-10%~-15%；

南向：-15%~-30%。

选用修正率时应考虑当地冬季日照率及辐射强度的大小。冬季日照率小于35%的地区，东南、西南和南向的修正率宜采用-10%~0%，其他朝向可不修正。

(2) 风力附加率 在《民用建筑供暖通风与空气调节设计规范》(GB 50736—2012) 5.2.6 规定：设在不避风的高地、河边、海岸、旷野上的建筑物，以及城镇明显高出周围其他建筑物的建筑物，其垂直外围护结构宜附加5%~10%。

(3) 外门附加率 为加热开启外门时侵入的冷空气，对于短时间开启无热风幕的外门，可以用外门的基本耗热量乘上按表3-26所示查出的相应的附加率。阳台门不应考虑外门附加。

表 3-26 外门开启附加率　　　　　　　　　　　　　　　　(%)

建筑物性质	附加率	建筑物性质	附加率
公共建筑或生产厂房	500	无门斗的单层外门	65n
有门斗的两道门	80n	有双门斗的三道门	60n

注：表中的 n 为楼层数。

3. 围护结构的高度附加率

由于室内温度梯度的影响，往往使房间上部的传热量加大。因此《民用建筑供暖通风与空气调节设计规范》(GB 50736—2012) 5.2.7 规定：当房间高度超过4m时，每高出1m应附加2%，但总附加率不应大于15%。应注意高度附加率应加在基本耗热量和其他附加耗热量（进行风力、朝向、外门修正之后的耗热量）的总和上。

3.6 冷（热）负荷的简化算法*

空调区的冷（热）负荷应严格按照本书 3.4 和 3.5 介绍的方法计算。当计算条件不具备时（例如在建筑设计尚未定局，没有详尽的建筑结构和房间用途资料作参考），或者为了预先估计空调工程的设备费用，但时间上又不允许做详细的负荷计算时，可以采用冷（热）负荷的简化算法。《民用建筑供暖通风与空气调节设计规范》(GB 50736—2012) 7.2.1 规定：除方案设计或初步设计阶段可使用冷负荷指标进行必要的估算之外，应对空调区进行逐项逐时的冷负荷计算。也就是说，简化计算法仅限于做方案设计或初步设计时应用，在做施工图设计时必须进行逐项逐时的冷负荷计算。否则，负荷估算偏大，必然导致装机容量偏大，水泵配置偏大，末端设备偏大，管道直径偏大的"四大"现象。结果是工程的初投资增高，运行费用和能源消耗量增大。

冷（热）负荷的简化算法又分两种。一种是把整个建筑物看成一个大空间，进行简约计算。另一种是根据在实际工作中积累的空调负荷概算指标做粗略估算。所谓空调负荷概算指标，是指折算到建筑物中每 $1m^2$ 空调面积上设备所需提供的负荷值。

3.6.1 简约计算法

1. 冷负荷的简约计算

建筑物总冷负荷的简约计算以外围护结构和室内人员两部分为基础，把整个建筑物看成一

个大空间，按各朝向计算冷负荷，再加上人员的人体散热（按 116W 计算），然后将计算结果乘以新风负荷系数 1.5，如下式所示

$$CL = (\Sigma CL_w + 116n) \times 1.5 \tag{3-40}$$

$$\Sigma CL_w = \Sigma F_i K_i [(t_{wl} + t_d) - t_{N_x}] \tag{3-41}$$

式中　CL——建筑物空调系统总冷负荷（W）；

ΣCL_w——建筑物围护结构（包括外墙和屋顶）引起的总冷负荷（W）；

n——建筑物内总人数；

F_i——该建筑物外墙或屋顶的传热面积（m²）；

K_i——外墙和屋顶的传热系数 [W/(m²·℃)]，可根据外墙和屋顶的构造，由附录 5 和附录 6 中查取；

t_{wl}——以北京地区的气象条件为依据计算出的外墙和屋顶冷负荷计算温度的逐时值（℃），根据外墙和屋顶的不同类型分别在附录 7 和附录 8 中查取；

t_d——地点修正值（℃）；根据不同的设计地点在附录 9 中查取；

t_{N_x}——夏季空气调节室内计算温度（℃）。

【例 3-2】 某医院住院部空调主楼位于广州地区，该楼南向外墙和北向外墙面积均为 (33×12) m²，东、西两面外墙面积各为 (15×12) m²。墙厚一砖半，内表面采用 20mm 厚白灰粉刷，屋顶为预制细石混凝土板，壁厚 $\delta = 70$mm，水泥膨胀珍珠岩保温层厚度 $l = 100$mm。室内空气设计温度均为 26℃，病人和医护人员总数为 352 人。试计算该住院部空调主楼的总冷负荷，计算时刻为设计日下午 3 时。

【解】 由附录 5 查得空调主楼外墙传热系数 $K_1 = 1.55$W/(m²·℃)。由附录 6 查得屋顶传热系数 $K_2 = 0.63$W/(m²·℃)。由附录 7 和附录 8 中分别查得下午 3 时各朝向外墙及屋顶的冷负荷系数 t_{wl} 及修正值 t_d 如表 3-27 所示。

表 3-27　外墙及屋顶的冷负荷负数及修正值

项目	东墙	西墙	南墙	北墙	屋顶
t_{wl}/℃	36.1	34.9	32.9	31.2	38.4
t_d/℃	0.0	0.0	-1.9	1.7	-0.5

将表中数据代入式 (3-41) 和式 (3-40) 得

$\Sigma CL_w = \Sigma F_i K_i [(t_{wl} + t_d) - t_{N_x}]$

$= \{1.55 \times 15 \times 12 \times [(36.1 + 0.0) - 26] + 1.55 \times 15 \times 12 \times [(34.9 + 0.0) - 26] + 1.55 \times 33 \times 12 \times [(32.9 - 1.9) - 26] + 1.55 \times 33 \times 12 \times [(31.2 + 1.7) - 26] + 0.63 \times 33 \times 15 \times [(38.4 - 0.5) - 26]\}$W

$= 16316.2$W

$CL = (\Sigma CL_w + 116n) \times 1.5$

$= [(16316.2 + 116 \times 352) \times 1.5]$W

$= 85722.3$W $= 85.722$kW

故该医院住院部空调主楼下午 3 时的总冷负荷值为 85.722kW。

同理，可以计算出这幢主楼每一个时刻的总冷负荷，然后选择其中最大值作为该建筑物夏季的总冷负荷值。

2. 热负荷的简约计算（窗墙比法）

当已知外墙面积、窗墙比及建筑面积时，民用建筑空调系统冬季热负荷指标可按下式估算

$$q = 1.163\alpha \frac{(6\beta + 1.5)A}{F}(t_{N_d} - t_{W_d}) \qquad (3\text{-}42)$$

式中 q——建筑物空调热负荷指标（W/m²）；

α——新风系数，$\alpha = 1.3 \sim 1.5$；

β——外窗面积与外墙面积（包括窗在内）之比；

A——外墙总面积（包括窗）（m²）；

F——总建筑面积（m²）；

t_{N_d}——冬季空调室内的计算温度（℃）；

t_{W_d}——冬季空调室外计算温度（℃）。

3.6.2 估算法

20世纪70年代到80年代，空调负荷计算方法一直是国内外空调界研究的热点。从差分法、谐波法、反应系数法和传递函数法等计算机理的理论研究和实验验证，到各地气象参数和各种负荷模拟软件的研制开发，为工程应用奠定了坚实的基础。然而，在有些条件下负荷计算条件并不完全具备。例如，在方案设计阶段，建筑设计尚未定局，详细的空调负荷设计计算根本不可能进行，此时应采用一些简化的空调负荷计算法或者负荷指标估算法。

空调系统负荷简化计算法是以外围护结构和室内人员两部分为基础，把建筑物看成是一个整体大空间，根据朝向、外墙面积、窗墙比及建筑面积进行计算，并将计算结果乘以新风负荷系数即为建筑物的总负荷。

如果需要预先估计空调工程的设备费用，但时间上又不允许按照简化计算法计算空调建筑的总负荷，则可根据在实际工作中积累的空调负荷概算指标粗略估算。所谓空调负荷概算指标，是指折算到建筑物中每1m² 空调面积所需提供的冷负荷值。

部分公共建筑的空调负荷概算指标如表 3-28 所示。

表 3-28 部分公共建筑的空调负荷概算指标 （单位：W/m²）

建筑类型	冷负荷	热负荷	建筑类型	冷负荷	热负荷
办公楼、学校	95 ~ 115	60 ~ 80	商店	210 ~ 240	65 ~ 90
图书馆	40 ~ 50	50 ~ 80	医院	105 ~ 130	65 ~ 80
旅馆	70 ~ 95	60 ~ 70	剧场（观众厅）	230 ~ 350	95 ~ 115
餐厅	290 ~ 350	115 ~ 140	体育馆（比赛馆）	240 ~ 280	110 ~ 160

由于上述指标的上、下限差别过大，合理选取负荷指标只能依赖于设计人员的经验。中国建筑科学研究院空调研究所针对这一缺陷，对旅馆、商场、办公楼、影剧院等四类建筑的设计冷负荷计算进行了研究，提出了较为详细的设计冷负荷概算表，见参考文献 [9]。

国外部分建筑空调设计指标概算值如表 3-29 ~ 表 3-31 所示。

表 3-29 日本公布的部分建筑空调最大冷热负荷概算值

房间种类		冷热负荷 /(W/m²),[kcal/(m²·h)]		室内冷热负荷条件			
		供冷	采暖	照明（包括 OA）/(W/m²)	在室人员 /(人/m²)	新风量/[m³/(m²·h)]	渗透风 /(次/h)
银行	营业室	242(208)	220(189)	50	0.3	6	1.5
	接待室	179(154)	184(158)	30	0.2	4	0.5
	女更衣室	137(118)	159(136)	15	0.4	8	0.5

(续)

房间种类		冷热负荷 /(W/m²),[kcal/(m²·h)]		室内冷热负荷条件			
		供冷	采暖	照明(包括OA) /(W/m²)	在室人员 /(人/m²)	新风量/[m³/ (m²·h)]	渗透风 /(次/h)
百货商店	一层商场	355(305)	246(212)	80	0.8	8	2.0
	专卖店	307(264)	161(138)	60	1.0	10	0.5
	商场	217(186)	137(118)	60	0.4	8	0.5
超级市场	食品	212(183)	195(167)	60	0.6	6	0.5
	服装	215(185)	167(144)	60	0.3	6	0.5
旅馆	宴会厅	449(386)	312(269)	80	1.0	20	0
	客房 南向	127(109)	207(178)	20	0.12	6	0.5
	客房 西向	131(113)	207(178)	20	0.12	6	0.5
	客房 北向	125(107)	207(178)	20	0.12	6	0.5
	客房 东向	130(112)	207(178)	20	0.12	6	0.5
饮食店	餐厅	286(246)	228(196)	40	0.6	12	0.5
公民会馆	研修室	233(200)	228(196)	20	0.5	10	0.5
图书馆	阅览室	143(123)	125(107)	30	0.2	4	0.5
医院 病室 6床	南向	91(78)	112(96)	15	0.2	4	0.5
	西向	110(95)	112(96)	15	0.2	4	0.5
	北向	79(68)	112(96)	15	0.2	4	0.5
	东向	96(83)	112(96)	15	0.2	4	0.5
剧场	观众厅	512(440)	506(435)	25	1.5	30	0
	大厅	237(204)	219(188)	30	0.3	6	0.5

表3-30 英国空调冷负荷概算值

建筑类型		冷负荷指标/(W/m²)	送风量指标/[m³/(m²·h)]
办公室:	外区Ⅰ	97.84	18~32
	外区Ⅱ	133.64	18~32
	外区Ⅲ	151.21	18~32
	内区	84.41	15~18
会议室		151~190	
计算机房		190~380	36~72
旅馆:	单人卧室	每间1759W	每间85~120
	双人卧室	每间2462W	每间120~200
	公用室	112.5~190	27~45
	餐厅	151~264	45~63
	小酒店	151~190	45~63
百货大楼(二层或以上)		95~134	27~36
商店		151	27~36
银行大厅		134~169	36
剧院、会堂		176W/人	34m³/人
超级市场		95~134	
公寓和套间		77.4~95	
保龄球馆		每条球道3520~5280	

表 3-31　美国空调冷负荷概算值

应用场所		冷负荷/(W/m²)		每人占地面积/(m²/人)	照明负荷/(W/m²)	送风量/[m³/(h·m²)]
		显冷负荷	总冷负荷			
办公室	中部区	63	94	10	60	18
	周边	110	158	10	60	22
	个人办公室	158	236	15	60	31
	会议室	173	267	3	60	33
学校	教室	126	190	2.5	40	33
	图书馆	126	190	6	30	33
	自助餐厅	142	252	1.5	30	38
公寓	高层:南向	110	158	10	20	37
	高层:北向	79	126	10	20	32
	戏院、大会堂、	110	252	1	20	46
	试验室、	142	221	10	50	37
	图书室、博物馆	94	142	10	40	31
医院	手术室	110	378	6	20	31
	公共场所	48	142	10	30	31
	卫生所、诊所	126	190	10	40	37
	理发室、美容院	110	190	4	50	37
百货公司	地下	94	142	3	40	32
	中间层	110	158	2.5	60	37
	上层	79	126	5	40	22
	药店	110	205	3	30	37
	零售店	110	158	2.5	40	37
	精品店	110	158	5	30	37
	酒吧	126	315	2	15	37
	餐厅	158		2	17	46
饭店	房间	79	126	10	15	27
	公共场所	110	158	10	15	31
工厂	装配室	142	252	3.5	45	32
	轻工业车间	158	252	15	30	37
室内比赛场	会客室	158	236	6	20	31
	一般比赛	110	211	5	40	46
	公开比赛	110	236	3	80	46

采用估算法的时候，应注意以下两个问题：①针对暖通空调工程设计过程中，单位冷负荷指标选用不当，造成总负荷偏大，从而导致主机偏大、管道输送系统偏大及末端设备偏大的现象，《民用建筑供暖通风与空气调节设计规范》（GB 50736—2012）7.2.1 强调：除方案设计或初步设计阶段可使用冷负荷指标进行必要的估算之外，施工图设计阶段应对空气调节区进行逐项逐时的冷负荷计算；②在采用空调负荷概算指标时，千万不能将其概算值绝对化，切忌"生搬硬套"，应该结合所在地区的室外气象条件、建筑物的结构特点和使用功能以及室内计算参数的要求等因素，综合分析，合理选择，最终还要通过实际计算才能确定。

3.7 空调房间送风状态的确定及送风量的计算

在已知空调区冷（热）、湿负荷的基础上，确定消除室内余热、余湿，维持室内所要求的空气参数所需的送风状态及送风量，是选择空气处理设备的重要依据。

3.7.1 空调房间送风状态的变化过程

在空调设计中，经常采用空气质量平衡和能量守恒定律进行空调系统的能量问题分析。

图 3-10 所示为一个空调房间的热湿平衡示意图，房间余热量（即房间冷负荷）为 Q(kW)，房间余湿量（即房间湿负荷）为 W(kg/s)，送入风量为 q_m(kg/s) 的空气，吸收室内余热、余湿后，其状态由 $O(h_O, d_O)$ 变为室内空气状态 $N(h_N, d_N)$，然后排出室外。

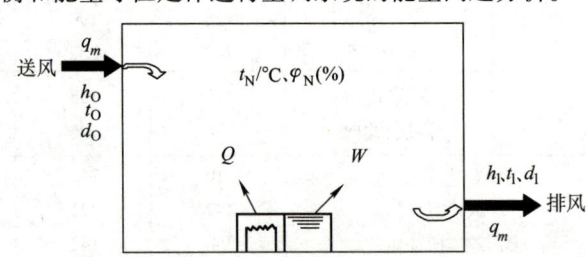

图 3-10 空调房间的热湿平衡

当系统达到平衡后，总热量、总湿量均达到平衡。即

总热量平衡

$$\left. \begin{array}{l} q_m h_O + Q = q_m h_N \\ q_m = \dfrac{Q}{h_N - h_O} \end{array} \right\} \quad (3\text{-}43)$$

湿量平衡

$$\left. \begin{array}{l} q_m d_O + W = q_m d_N \\ q_m = \dfrac{W}{d_N - d_O} \end{array} \right\} \quad (3\text{-}44)$$

式中　q_m——送入房间的风量（kg/s）；

　　　Q——余热量（kW）；

　　　W——余湿量（kg/s）；

　　　h_O、d_O——送风状态空气的比焓值（kJ/kg）和含湿量（kg/kg）；

　　　h_N、d_N——室内空气的比焓值（kJ/kg）和含湿量（kg/kg）。

同理，也可利用空调区的显热冷负荷和送风温差确定送风量

$$q_m = \frac{Q_{显}}{c_p(t_N - t_O)} \quad (3\text{-}45)$$

式中　$Q_{显}$——显热冷负荷（kW）；

　　　c_p——空气的比定压热容 [1.01kJ/(kg·K)]。

上述公式均可用于确定消除室内负荷应送入室内的风量，即送风量的计算。图 3-11 所示为送入室内的空气（送风）吸收热、湿负荷的状态变化过程在 $h\text{-}d$ 图上的表示。图中 N 为室内状态点，O 为送风状态点。热湿比或变化过程的角系数为

$$\varepsilon = \frac{Q}{W} = \frac{h_N - h_O}{d_N - d_O} \quad (3\text{-}46)$$

由上可得，送风状态 O 在余热 Q、余湿 W 作用下，在 $h\text{-}d$ 图上沿着 $\varepsilon = Q/W$ 的过程线变化到 N 点。

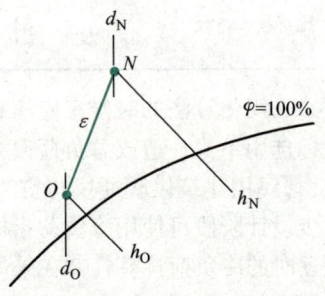

图 3-11 送风状态的变化过程

3.7.2 夏季送风状态的确定及送风量的计算

在系统设计时，室内状态点是已知的，冷负荷、湿负荷及室内过程的角系数 ε 也是已知的，待确定量是 q_m 和 O_x 的状态参数。从图 3-12 上可以看到，送风状态点在通过室内点 N_x、角系数为 ε_x 的线段上。如果预先选定送风温度，则送风状态点的其他参数就可以确定，继而可根据式 (3-43) 或式 (3-44) 确定送风量。

工程上常根据送风温差 $\Delta t_O = t_{N_x} - t_{O_x}$ 来确定 O_x 点。送风温差对室内温湿度效果有一定影响，是决定空调系统经济性的主要因素之一。在保证既定的技术要求的前提下，加大送风温差有突出的经济意义。送风温差加大一倍，系统送风量可减少一半，系统的材料消耗和投资（不包括制冷系统）约减少 40%，而动力消耗则可减少 50%；送风温差为 4~8℃，每增加 1℃，风量可减少 10%~15%。所以在空调设计中，正确地确定送风温差是一个相当重要的问题。但送风温度过低，送风量过小，会使室内空气温度和湿度分布的均匀性和稳定性受到影响。因此，对于室内温湿度控制严格的场合，送风温差应小些。对于舒适性空调和室内温湿度控制要求不严格的工艺性空调，可以选用较大的送风温差。送风温差的大小与送风方式关系很大，对于不同送风方式的送风温差不能规定一个数值。所以确定空调系统的送风温差时，必须和送风方式联系起来考虑。对混合式通风可加大送风温差，但对置换通风方式，送风温差不受限制。目前，对于舒适性空调或夏季以降温为主的工艺性空调，工程设计中经常采用"露点"送风（最大送风温差），即取空气冷却设备可能把空气冷却到的终状态点，一般为相对湿度 90%~95% 的"机器露点" L_x（详见本教材 5.2 节关于机器露点的定义及图 5-3）。根据《公共建筑节能设计标准》(GB 50189—2015) 和《民用建筑供暖通风与空气调节设计规范》(GB 50736—2012) 的规定，舒适性空调的送风温差宜按表 3-32 确定。工艺性空调的送风温差和换气次数宜按表 3-33 确定。

表 3-32 舒适性空调的送风温差

送风口高度/m	送风温差/℃
≤5.0	5~10
>5.0	10~15

表 3-33 工艺性空调的送风温差和换气次数

室温允许波动范围/℃	送风温差/℃	换气次数/(次/h)	备注
>±1.0	≤15	—	—
±1.0	6~9	5	高大空间除外
±0.5	3~6	8	
±0.1~0.2	2~3	12	工作时间不送风的除外

选定送风温差之后，即可按以下步骤确定夏季送风状态和送风量（图 3-12）：

1) 在 h-d 图上找出室内空气状态点 N_x。

2) 根据算出的余热 Q 和余湿 W 求出热湿比 $\dfrac{Q}{W}$，并过 N_x 点画过程线 ε_x。

3) 根据所选定的送风温差 Δt_O，求出送风温度 t_{O_x}，过 t_{O_x} 的等温线和过程线 ε_x 的交点 O_x 即为夏季送风状态点。

4) 按式 (3-43) 或式 (3-44) 计算送风量。

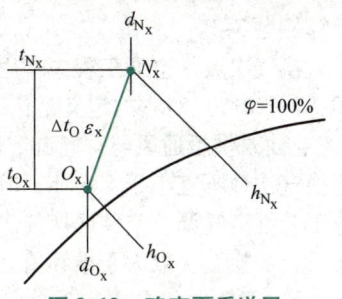

图 3-12 确定夏季送风状态的 h-d 图

【例 3-3】 某空调区夏季总余热量 $Q = 3906W$，总余湿量 $W = 0.310 \times 10^{-3} kg/s$，要求室内全年保持空气状态为：$t_{N_x} = (22 \pm 1)℃$，$\varphi_{N_x} = 55\% \pm 5\%$，当地大气压力为 101325Pa，求送风状态和送风量。

【解】

（1）求热湿比

$$\varepsilon_x = \frac{Q}{W} = \frac{3.906}{0.310 \times 10^{-3}} kJ/kg = 12600 kJ/kg$$

（2）在 h-d 图上（图 3-13）确定室内状态点 N_x，通过该点画出 $\varepsilon_x = 12600$ 的过程线。取送风温差 $\Delta t_0 = 8℃$，则送风温度 $t_{O_x} = 22℃ - 8℃ = 14℃$，得送风状态点 O_x。

在 h-d 图上查得：

$h_{O_x} = 35.6 kJ/kg$；$d_{O_x} = 8.5 g/kg$；$h_{N_x} = 45.7 kJ/kg$；$d_{N_x} = 9.3 g/kg$

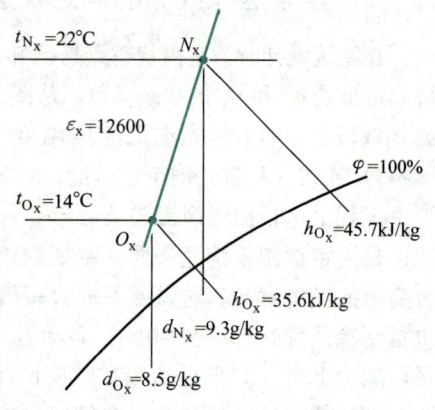

图 3-13 例 3-3 h-d 图

（3）计算送风量

按消除余热即式（3-43）计算

$$q_m = \frac{Q}{h_{N_x} - h_{O_x}} = \frac{3.906}{45.7 - 35.6} kg/s = 0.387 kg/s$$

按消除余湿即式（3-44）计算

$$q_m = \frac{W}{d_{N_x} - d_{O_x}} = \frac{0.310 \times 10^{-3}}{\frac{9.3 - 8.5}{1000}} kg/s = 0.387 kg/s$$

按消除余热和余湿所求送风量相同，说明计算无误。

送风温度确定后，不用查 h-d 图，通过联解以下三个方程式也可以求出 q_m、h_{O_x}、d_{O_x} 三个未知数，而且用计算法确定送风状态的参数和送风量更准确。联立方程式如下：

$$\begin{cases} q_m = \dfrac{Q}{h_{N_x} - h_{O_x}} \\ q_m = \dfrac{1000W}{d_{N_x} - d_{O_x}} \\ h_{O_x} = 1.01 t_{O_x} + (2500 + 1.84 t_{O_x}) \dfrac{d_{O_x}}{1000} \end{cases} \quad (3-47)$$

上式的已知参数为 Q、W、h_{N_x}、d_{N_x}、t_{N_x}，未知参数为 q_m、h_{O_x}、d_{O_x}。读者可利用该方程式重新计算例题 3-3。

换气次数是空调工程中常用的衡量送风量的指标，《供暖通风与空气调节术语标准》（GB 50155—2015）对它的定义是：单位时间内室内空气的更换次数，即通风量与房间容积的比值。《工业建筑供暖通风与空气调节设计规范》（GB 50019—2015）8.4.10 推荐舒适性空气调节空调区换气次数不宜小于 5 次/h，但高大空间的换气次数应按其冷负荷通过计算确定。规范同时推荐工艺性空气调节空调区换气次数不宜小于表 3-33 所规定的数值。如用送风温差计算所得空气量折合的换气次数大于推荐值，则符合要求。

3.7.3 冬季送风状态的确定及送风量的计算

在冬季，通过围护结构的温差传热往往是由室内向室外传递，只有室内热源向室内散热。因此，冬季室内余热量往往比夏季少得多，常常为负值，而余湿量则冬夏一般情况下相同。这样冬季房间的热湿比值一般小于夏季，甚至出现负值，所以冬季空调送风温度 t_{O_d} 大都高于室温 t_{N_d}。

由于送热风时送风温差值可比送冷风时的送风温差值大，所以冬季送风量可以比夏季小，故空调送风量一般是先确定夏季送风量，冬季既可采取与夏季相同风量，也可少于夏季风量。这时只需要确定冬季的送风状态点。由于冬夏室内散湿量基本相同，所以当冬季室内状态点与夏季室内空气状态点相同时，冬季送风含湿量取值应与夏季相同，即 $d_{O_d} = d_{O_x}$。因此，过 d_{O_d} 的等湿线和 ε_d 的交点 O_d 即为冬季送风状态点。全年采取固定送风量的空调系统称为定风量系统。定风量系统调节比较方便，但不够节能。若冬季采用提高送风温度、加大送风温差的方法，可以减少送风量，节约电能，尤其对较大的空调系统减少送风量的经济意义更突出。但送风温度不宜过高，一般以不超过45℃为宜，送风量也不宜过小，必须满足最少换气次数的要求。

【例3-4】 仍按上题基本条件，如冬季余热量 $Q = -1298.9$ W，余湿量 $W = 0.310 \times 10^{-3}$ kg/s，试确定冬季送风状态及送风量。

【解】

（1）求冬季热湿比 ε_d

$$\varepsilon_d = \frac{Q}{W} = \frac{-1.2989}{0.310 \times 10^{-3}} = -4190 \text{ kJ/kg}$$

（2）全年送风量不变，计算送风参数 由于冬夏室内散湿量基本相同，所以冬季送风含湿量取值与夏季相同。即 $d_{O_d} = 8.5$ g/kg。

在 h-d 图上过 N_d 点作 $\varepsilon_d = -4190$ kJ/kg 的过程线（图3-14），该线与 $d_{O_d} = 8.5$ g/kg 的等含湿量线的交点 O_d 即为冬季送风状态点。由 h-d 图查得：$h_{O_d} = 49$ kJ/kg，$t_{O_d} = 27.1$ ℃。

另一种解法是，全年送风量不变，则送风量为已知，送风状态参数可由计算求得。即

$$h_{O_d} = h_{N_d} + \frac{Q}{q_m} = \left[45.7 + \frac{1.2989}{0.387}\right] \text{kJ/kg} = 49 \text{ kJ/kg}$$

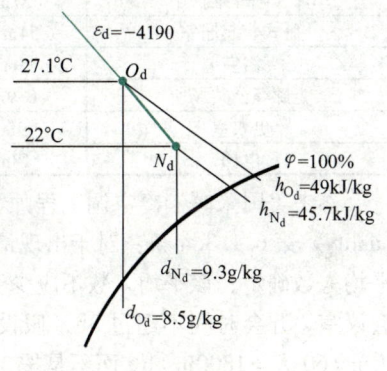

图3-14 例3-4 h-d 图

此时，在 h-d 图上作 $h_{O_d} = 49$ kJ/kg 的等焓线与 $d_{O_d} = 8.5$ g/kg 的等含湿量线，两线的交点即为冬季送风状态点 O_d。或者将 $h_{O_d} = 49$ kJ/kg 和 $d_{O_d} = 8.5$ g/kg 代入比焓的定义式 $h_{O_d} = 1.01 t_{O_d} + (2500 + 1.84 t_{O_d}) d_{O_d}$，即可求出 $t_{O_d} = 27.1$ ℃。

3.8 新风量的确定和风量平衡

新风量的多少是影响空调负荷的重要因素之一。新风量少了，会使室内卫生条件恶化，甚至成为"病态建筑"；新风量多了，会使空调负荷加大，造成能量浪费。

长期以来，普遍认为"人"是室内仅有的污染源。因此，新风量的确定一直沿用每人每小时所需最小新风量这个概念。

近年来，人们发现建筑物内还有其他污染源。因为，随着化学工业的飞速发展，越来越多的新型化学建材、装潢材料、家具等进入了建筑物内，并在室内散发大量的污染物。因此，确

定新风量的观念应该有所改变，即再也不能单一地只考虑人造成的污染，而必须同时考虑室内其他污染源带来的污染。也就是说，室内所需新风量，应该是稀释人员污染和建筑物污染的两部分之和。

美国采暖制冷空调工程师学会 ASHRAE 标准在 1996 年 8 月提出了将人员污染和稀释建筑物污染两个因素同时考虑的新的新风量计算公式，也就是说，最小新风量 $q_{m,W,min}$（m^3/h）可由下式计算确定

$$q_{m,W,min} = q_{m,W,p}n + q_{m,W,b}F \tag{3-48}$$

式中 $q_{m,W,p}$——每人每小时所需最小新风量 [$m^3/(人·h)$]；

n——室内人员数；

$q_{m,W,b}$——单位建筑面积每小时所需的最小新风量 [$m^3/(m^2·h)$]，见表 3-34；

F——通风房间建筑面积（m^2）。

《公共建筑节能设计标准》（GB 50189—2015）条文说明中指出：空调系统所需的新风主要有两个用途：一是稀释室内有害物质的浓度，满足人员的卫生要求；二是补充室内排风和保持室内正压。前者指的有害物质是 CO_2，使其日平均值保持在 0.1% 以内；后者通常根据风量平衡计算确定。

表 3-34 单位建筑面积每小时所需的新风量

场所	新风量	场所	新风量
车库，修理维护中心	27$m^3/(m^2·h)$	地下商场（0.3 人/m^2）	5.4$m^3/(m^2·h)$
卧式、起居室	54$m^3/(room·h)$	二楼商店（0.2 人/m^2）	3.6$m^3/(m^2·h)$
浴室	65$m^3/(room·h)$	溜冰，游泳池	9$m^3/(m^2·h)$
走廊等公共场所	0.9$m^3/(m^2·h)$	学校衣帽间	9$m^3/(m^2·h)$
更衣室	9$m^3/(m^2·h)$	学校走廊	1.8$m^3/(m^2·h)$
电梯	18$m^3/(m^2·h)$	验尸房	9$m^3/(m^2·h)$

参考美国采暖制冷空调工程师学会标准 ASHRAE 62-2001《Ventilation for acceptable indoor air quality》第 6.1.3.4 条：对于出现最多人数的持续时间少于 3h 的房间，所需新风量可按室内的平均人数确定，该平均人数不应少于最多人数的 1/2。例如，一个设计最多容纳人数为 100 人的会议室，开会时间不超过 3h，假设平均人数为 60 人，则该会议室的新风量可取：30$m^3/(h·人)$×60 人 =1800m^3/h，而不是按 30$m^3/(h·人)$×100 人 =3000m^3/h 计算。另外假设平均人数为 40 人，则该会议室的新风量可取：30$m^3/(h·人)$×50 人 =1500m^3/h。

《公共建筑节能设计标准》（GB 50189—2015）给出的公共建筑主要空间的设计新风量如表 3-35 所示。汇总了国内现行有关规范和标准的数据，并综合考虑了众多因素，一般不应随意增加或减少。

表 3-35 公共建筑主要空间的设计新风量

建筑类型与房间名称			新风量/[$m^3/(h·人)$]
旅游旅馆	客房	5 星级	50
		4 星级	40
		3 星级	30
	餐厅、宴会厅、多功能厅	5 星级	30
		4 星级	25
		3 星级	20
		2 星级	15
	大堂、四季厅	4~5 星级	10
	商业、服务	4~5 星级	20
		2~3 星级	10
	美容、理发、康乐设施		30

(续)

建筑类型与房间名称			新风量/[m³/(h·人)]
旅店	客房	一~三级	30
		四级	20
文化娱乐	影剧院、音乐厅、录像厅		20
	游艺厅、舞厅（包括卡拉OK歌厅）		30
	酒吧、茶座、咖啡厅		10
	体育馆		20
	商场（店）、书店		20
	饭馆（餐厅）		20
	办公		30
学校	教室	小学	11
		初中	14
		高中	17

3.8.1 单个房间空调系统最小新风量的确定

一个完善的空调系统，除了满足对室内温湿度控制以外，还必须给房间提供足够的室外新鲜空气（简称新风），因此一般情况下，送风空气由新风和回风组成。从改善室内空气品质角度，新风量越多越好；由于空调系统中新风的热、湿处理消耗的能量很多，所以使用的新风量越少，就越经济。但是不能无限制地减少新风量，因而在系统设计时，必须确定最小新风量，通常应满足以下三个要求：

（1）稀释人群本身和活动所产生的污染物，保证人群对空气品质的要求 在人员长期停留的空调房间，由于人们呼出CO_2气体量的增加，会逐渐破坏室内空气的正常成分，给人体健康带来不良影响。因此在空调系统的送风量中，必须掺入含CO_2量少的室外新风来稀释室内空气中CO_2的含量，使之合乎卫生标准的要求。《工业建筑供暖通风与空气调节设计规范》（GB 50019—2015）4.1.9规定：工业建筑应保证每人不小于30m³/h的新风量。《民用建筑供暖通风与空气调节设计规范》（GB 50736—2012）3.0.6指出设计最小新风量应符合下列规定：

1）公共建筑主要房间每人所需最小新风量应符合表3-36规定。

表3-36　公共建筑主要房间每人所需最小新风量　[单位：m³/(h·人)]

建筑房间类型	新风量	建筑房间类型	新风量	建筑房间类型	新风量
办公室	30	客房	30	大堂、四季厅	10

2）设置新风系统的居住建筑和医院建筑，所需最小新风量宜按换气次数法确定。居住建筑换气次数宜符合表3-37所示规定，医院建筑换气次数宜符合表3-38所示规定。

表3-37　居住建筑设计最小换气次数

人均居住面积F_P	每小时换气次数
$F_P \leq 10m^2$	0.70
$10m^2 < F_P \leq 20m^2$	0.60
$20m^2 < F_P \leq 50m^2$	0.50
$F_P > 50m^2$	0.45

表3-38　医院建筑设计最小换气次数

功能房间	每小时换气次数
门诊室	2
急诊室	2
配药室	5
放射室	2
病房	2

3) 高密人群建筑每人所需最小新风量应按人员密度确定，且应符合表3-39所示规定。

表3-39　高密人群建筑每人所需最小新风量　　[单位：$m^3/(h·人)$]

建筑类型	人员密度 $P_F/(人/m^2)$		
	$P_F \leq 0.4$	$0.4 < P_F \leq 1.0$	$P_F > 1.0$
影剧院、音乐厅、大会厅、多功能厅、会议室	14	12	11
商场、超市	19	16	15
博物馆、展览厅	19	16	15
公共交通等候室	19	16	15
歌厅	23	20	19
酒吧、咖啡厅、宴会厅、餐厅	30	25	23
游艺厅、保龄球房	30	25	23
体育馆	19	16	15
健身房	40	38	37
教室	28	24	22
图书馆	20	17	16
幼儿园	30	25	23

(2) 按照补充室内燃烧所耗的空气或补偿排风（包括局部排风和全面排风）量要求　如果建筑物内有燃烧设备时，系统必须给空调区补充新风，以弥补燃烧所耗的空气。燃烧所需的空气量可从燃烧设备的产品样本中获得，也可根据相关公式计算而得，本书不再详述。

如果空调房间有排风设备，为了不使房间产生负压，至少应补充与局部排风量相等的室外新风。

(3) 按照保证房间的正压要求　为了防止外界未经处理的空气渗入空调房间，有利于保证房间清洁度和室内参数少受外界干扰，需要使空调区保持一定正压值，即用增加一部分新风量的办法，使室内空气压力高于外界压力，然后再让这部分多余的空气从房间门窗缝隙等不严密处渗透出去。舒适性空调室内正压值不宜过小，也不宜过大，一般采用5~10Pa的正压值就可满足要求。当室内正压值为10Pa时，保持室内正压所需的风量，每小时约为1.0~1.5次换气，舒适性空调的新风量一般都能满足此要求。室内正压值超过30Pa时会使人感到不舒适，而且需加大新风量，增加能耗，同时开门也较困难。因此规定不应大于30Pa。对于工艺性空调，因与其相通房间的压力差有特殊要求，其压差值应按工艺要求确定。《工业建筑供暖通风与空气调节设计规范》(GB 50019—2015) 8.1.5还规定：当工艺无要求时，有外围护结构的空气调节区宜维持5~10Pa的正压；不同的空气调节区之间有压差要求时，其压差值宜取5~10Pa。

《民用建筑供暖通风与空气调节设计规范》(GB 50736—2012) 7.3.19规定空调区的新风量，应按不小于人员所需新风量，补偿排风和保持空调区空气压力所需之和以及新风除湿所需新风量中的最大值确定。《工业建筑供暖通风与空气调节设计规范》(GB 50019—2015) 8.3.18规定空气调节系统的最小新风量应取：人员所需的新风量与补偿排风和保持室内正压所需风量之和两项中的较大值。

在全空气系统中，通常按照上述要求确定新风量中的最大值作为系统的最小新风量。若最大值仍不足系统送风量的10%，则新风量应按总送风量的10%计算，以确保卫生和安全。但温湿度波动范围要求很小或净化程度要求很高，房间换气次数特别大的系统不在此列。这是因为通常温湿度波动范围要求很小或洁净度要求很高的空调区送风量一般都很大，如果要求最小新风量达到送风量的10%，新风量也很大，不仅不节能，大量室外空气还影响了室内温湿度的稳定，增加了过滤器的负担；一般舒适性空调系统，按人员和正压要求确定的新风量达不到10%时，由于人员较少，室内CO_2含量也较低（O_2含量相对较高），也没必要加大新风量。

综上所述，新风量的确定可按图3-15所示的框图来选定。

值得指出的是，对舒适性空气调节和条件允许的工艺性空气调节，当可用室外新风作冷源时，应最大限度地使用新风，以提高空调区的空气品质。另外，有下列情况存在时，应采用全新风空调系统：

1) 夏季空调系统的回风比焓值高于室外空气比焓值。

2) 系统各空调区排风量大于按负荷计算出的送风量。

3) 室内散发有害物质，以及防火防爆等要求不允许空气循环使用。

4) 采用风机盘管或循环风空气处理机组的空调区，应设有集中处理新风的系统。

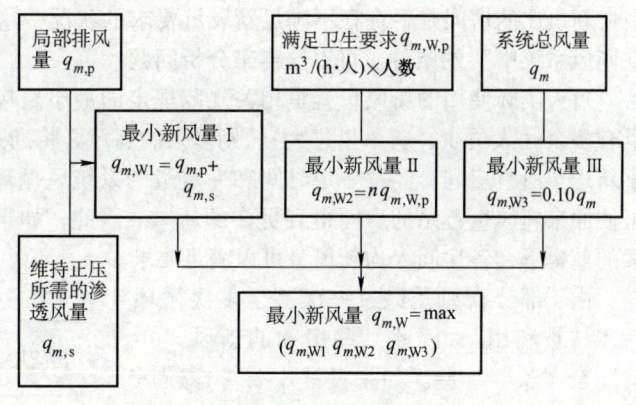

图 3-15　新风量确定的顺序

3.8.2　多房间空调系统最小新风量的确定

以上讨论的空调房间最小新风量的确定原则都是按照空调系统是单个房间的情况考虑的。当一个集中式空调系统包括多个房间时，由于同一个集中空气处理系统中所有空调房间的新风比都相同，各个空调房间按比例实际分配得到的新风量就不一定符合以上讨论的最小新风量的确定原则。因此，对于一个空调系统为多个房间服务的场合，为了较合理地确定空调系统的最小新风量，做到保证人体健康的卫生要求，又尽可能地减少空调系统的能耗，需根据空调房间和系统的风量平衡来确定空调系统的最小新风量。

当一个空气调节风系统负担多个使用空间时，系统的新风比应按下列公式计算确定

$$Y = X/(1 + X - Z) \tag{3-49}$$

$$Y = \sum q'_{m,W} / \sum q_m \tag{3-50}$$

$$X = \sum q_{m,W} / \sum q_m \tag{3-51}$$

$$Z = q_{m,W,\max} / q_{m,\max} \tag{3-52}$$

式中　Y——修正后的系统新风量在送风量中的比例；

$\sum q'_{m,W}$——修正后的总新风量（m³/h）；

$\sum q_m$——总送风量，即系统中所有房间送风量之和（m³/h）；

X——未修正的系统新风量在送风量中的比例；

$\sum q_{m,W}$——系统中所有房间的新风量之和（m³/h）；

Z——需求最大的房间的新风比；

$q_{m,W,\max}$——需求最大的房间的新风量（m³/h）；

$q_{m,\max}$——需求最大的房间的送风量（m³/h）。

在全空气系统的设计中，在不降低人员卫生条件的前提下，应根据实际情况尽量减少系统的设计新风比以利于节能。在一个空调风系统负担多个空调房间时，由于每个房间人员数量与负荷条件的不同，新风比会有很大的差别。为了保证每个房间都能获得足够的新风，有些设计人员会将各个房间新风比值中的最大值作为整个空调系统的新风比取值，从原理上看，对于系统内其他新风比要求小的房间，这样的做法会导致其新风量过大，因而造成能源浪费。如果采用上述计算公式计算，将使得各房间在满足要求的新风量的前提下，系统的新风比最小，因此可以减少空调风系统的能耗。

新风量越小节能效果越好是显而易见的。但按上述方法设计时，会不会存在这样的问题：

最大新风比的房间是否存在不满足新风量要求的状况？这里要注意以上设计方法是"在同一个空调风系统中"的条件。可以这样来分析问题：

每人实际使用的新风量就是相关规范规定的最小新风量，如果某个房间在送风过程中新风量有多余（人员少，新风量过大），则多余的新风必将通过回风重新回到系统中，再通过空调机重新送至所有房间。经过一定时间和一定量的系统风循环之后，新风量将重新趋于均匀，由此可使原来新风量不足的房间得到更多的新风。因此，如果按照以上要求来计算，在考虑上述因素的前提下，各房间人均新风量可以满足要求。

由于部分新风是经过一次甚至多次循环后才"被利用"，因此某些房间的新风"年龄"会"长"一些。如果设计中要考虑新风"年龄"问题，就需要针对系统的实际情况进行更为详细的计算。

《公共建筑节能设计标准》(GB 50189—2015) 4.3.12 中有以下举例说明：

假定一个全空气空调系统为表 3-40 中的几个房间送风。

表 3-40

房间用途	在室人员	新风量 /(m³/h)	总风量 /(m³/h)	新风比 (%)
办公室	20	680	3400	20
办公室	4	136	1940	7
会议室	50	1700	5100	33
接待室	6	156	3120	5
合计	80	2672	13560	20

如果为了满足新风量需求最大的会议室，则须按该会议室的新风比设计空调风系统。其需要的总新风量变成：$13560(\text{m}^3/\text{h}) \times 33\% = 4475(\text{m}^3/\text{h})$，比实际需要的新风量（$2672\text{m}^3/\text{h}$）增加了 67%。

现用式 (3-50) 计算，在上面的例子中，$\sum q'_{m,W}$ 未知；$\sum q_m = 13560\text{m}^3/\text{h}$，$\sum q_{m,W} = 2672\text{m}^3/\text{h}$，$q_{m,W,\max} = 1700\text{m}^3/\text{h}$，$q_{m,\max} = 5100\text{m}^3/\text{h}$。因此可以计算得到

$$Y = \sum q'_{m,W} / \sum q_m = \sum q'_{m,W}/13560$$
$$X = \sum q_{m,W} / \sum q_m = 2672/13560 = 19.7\%$$
$$Z = q_{m,W,\max} / q_{m,\max} = 1700/5100 = 33.3\%$$

代入方程 $Y = \dfrac{X}{1+X-Z}$ 中，得到

$$\sum q'_{m,W}/13560 = 0.197/(1 + 0.197 - 0.333) = 0.228$$

可以得出 $\sum q'_{m,W} = 3092\text{m}^3/\text{h}$。

在实际工程中，如果按以上方法确定的空调系统的新风量不到总风量的 10% 时，新风量则应按总风量的 10% 计算（洁净室除外），同时排出一部分空调系统的回风量。

按以上方法确定的新风量是最小新风量。对于全年允许变新风量的系统，在过渡季节，可增大新风量，利用新风冷量节约运行费用，同时也可得到较好的卫生条件。

在全年变风量的空调系统，为了在过渡季节多用新风量，应当设置可调风量的排风系统，以保证室内的正压恒定。如果不设置排风系统，室内正压将随新风量的变化波动，甚至会造成回风排不掉，新风抽不进的情况。系统排风量的大小等于各空调房间的回风量与空气处理室的回风量的差值。

3.8.3 全年新风量变化时空调系统风量平衡关系

众所周知，空调设计的新风量是指在冬夏设计工况下，应向空调房间提供的室外新鲜空气量，是出于经济和节约能源考虑所采用的最小新风量。在春秋过渡季节可以提高新风比例，甚至可以全新风运行，以便最大限度地利用自然冷源，进行免费供冷。因此，无论在空调设计时，还是在空调系统运行时，都应十分注意空调系统风量平衡问题。例如，风管设计时，要考虑各

种情况下的风量平衡,按其风量最大时考虑风管的断面尺寸,并要设置必要的调节阀,以便能在各种工况下实现各种风量平衡的可能性。

为此,应该进一步了解全年新风量变化时空调系统风量平衡关系。

对于全年新风量可变的空调系统,其空气平衡关系如图3-16所示。设房间从回风口吸走的风量为$q_{m,x}$,门窗渗透排风量为$q_{m,s}$,进入空气处理机的回风量为$q_{m,N}$,新风量为$q_{m,W}$,则应注意下列问题:

对于房间来说,送风量

$$q_m = q_{m,x} + q_{m,s} \quad (3-53)$$

对于空气处理机来说,送风量

$$q_m = q_{m,N} + q_{m,W} \quad (3-54)$$

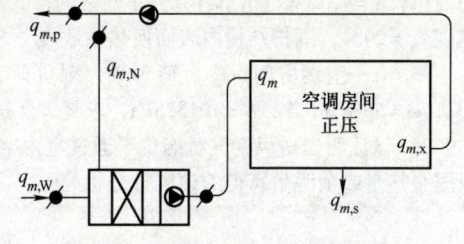

图 3-16 空调系统风量平衡关系式

当$q_{m,W} > q_{m,s}$时,其排风量为$q_{m,P} = q_{m,x} - q_{m,N}$;当过渡季节加大新风量并减少回风量时,$q_{m,s}$保持不变,其排风量为$q_{m,P} = q_{m,x} - q_{m,N}$也不断增大。当全部采用室外新风时,则有

$$q_{m,N} = 0, q_{m,W} = q_m = q_{m,x} + q_{m,s}$$
$$q_{m,P} = q_{m,x} = q_m - q_{m,s}$$

思考题与习题

1. 影响人体舒适感的因素有哪些?
2. 在确定室内计算参数时,应注意什么?
3. 为了保持人的舒适感,在以下条件发生变化时,空气干球温度应怎样变化?
①人的活动量增加;②空气流速下降;③穿的衣服加厚;④周围物体表面温度下降;⑤空气相对湿度φ下降。
4. 每天的气温为什么呈现周期性变化?
5. 夏季空调室外计算湿球温度是如何确定的?夏季空调室外计算干球温度是如何确定的?理论依据是什么?它们有什么不同?
6. 冬季空调室外计算参数是否与夏季相同?为什么?
7. 计算经围护结构传入的热量,为什么要采用空调室外计算日平均温度和空调室外计算干球温度两个数值?
8. 试计算西安市各时刻的室外计算温度。
9. 什么是空调区、空调基数和空调精度?
10. 工艺性空调和舒适性空调有什么区别和联系?
11. 什么是得热量?什么是冷负荷?什么是除热量?简述得热量与冷负荷的区别。
12. 冷负荷计算主要包括哪些内容?
13. 什么是空调区负荷?什么是系统负荷?空调区负荷包括哪些内容?系统负荷包括哪些内容?
14. 夏季送风状态点如何确定?为什么对送风温差有限制?如果夏季允许送风温差可以很大,试分析是否有其他因素限制送风状态取得过低?
15. 冬、夏季空调房间送风状态点和送风量的确定方法是否相同?为什么?
16. 怎样确定室内送风量?怎样确定工艺性空调和舒适性空调的送风量?
17. 为什么在送风温差没有限制的情况下,可利用室内的局部加湿来减少送风量?
18. 确定房间最小新风量的依据是什么?多个房间的最小新风量如何确定?
19. 在集中式空调系统中,如果有一个房间所需新风量比其他房间大得多,问系统新风比是否可取这个最大值?说明理由并提出可行措施。
20. 为什么根据送风温差确定了送风量之后,要根据空调精度校核换气次数?
21. 已知某空调房间内余热量$Q = 116482W$,无余湿量,室内空气设计参数为$t = 22$℃,$\varphi = 55\%$,允

许送风温差 $\Delta t_0 = 7$℃。试确定送风状态参数和送风量。

22. 试计算武汉地区某空调房间围护结构的瞬时冷负荷值，计算时间为 8：00 ~ 20：00，已知条件为：①屋顶 $F = 100\text{m}^2$，$K = 1.07\text{W}/(\text{m}^2 \cdot \text{℃})$，V 形结构，屋面吸收系数 $\rho = 0.9$；②南外墙 $F = 10\text{m}^2$，外表面为浅色，$K = 1.13\text{W}/(\text{m}^2 \cdot \text{℃})$，Ⅱ型结构；③南窗为双层玻璃钢窗，$F = 2.7\text{m}^2$，内挂浅色窗帘；④室内温度 $t_N = 20$℃，围护结构内表面换热系数 $\alpha_N = 8\text{W}/(\text{m}^2 \cdot \text{℃})$。

23. 有一空调房间，冷负荷 3kW，湿负荷 3kg/h 全年不变，热负荷 2kW，室内全年保持 $t_N = 20$℃ ± 1℃，$\varphi = 55\% \pm 5\%$，$B = 101325\text{Pa}$，求夏、冬送风状态点和送风量（设全年风量不变）。

24. 试证明当送风空气状态位于通过室内空气状态点的热湿比线（按室内余热和余湿确定）上时，根据余热量或余湿量算得的送风量是相等的。

二维码形式客观题

扫描二维码可在线做题，提交后可查看答案。

第3章 客观题

参 考 文 献

[1] 中国气象局气象信息中心气象资料室，清华大学建筑技术科学系. 中国建筑热环境分析专用气象数据集 [M]. 北京：中国建筑工业出版社，2005.
[2] 陈沛霖，岳孝方. 空调制冷技术手册 [M]. 2 版. 上海：同济大学出版社. 1999.
[3] 本书编委会. 公共建筑节能设计标准宣贯辅导教材 [M]. 北京：中国建筑工业出版社，2005.
[4] 赵荣义. 简明空调设计手册 [M]. 北京：中国建筑工业出版社，1998.
[5] 赵荣义，范存养，薛殿华，等. 空气调节 [M]. 2 版. 北京：中国建筑工业出版社，1994.
[6] 陆亚俊，马最良，邹平华. 暖通空调 [M]. 北京：中国建筑工业出版社，2002.
[7] 郑爱平. 空气调节工程 [M]. 北京：科学出版社，2002.
[8] 薛殿华. 空气调节 [M]. 北京：清华大学出版社，1991.
[9] 刘向东. 四类民用建筑冷负荷概算的研究 [D]. 哈尔滨：哈尔滨建筑大学，1996.
[10] 马最良，姚杨. 民用建筑空调设计 [M]. 北京：化学工业出版社，2003.
[11] 金招芬，朱颖心. 建筑环境学 [M]. 北京：中国建筑工业出版社，2001.
[12] 黄晨. 建筑环境学 [M]. 2 版. 北京：机械工业出版社，2016.
[13] 编制组. 民用建筑供暖通风与空气调节设计规范宣贯辅导教材 [M]. 北京：中国建筑工业出版社，2012.

暖通专家陆耀庆简介

第 4 章
空气处理及设备

➡ 学习要点

重点：①空气热湿交换原理；②喷水室处理空气的方式、特点和系统组成及处理过程在焓湿图上的表达；③表面式换热器处理空气的方式、特点及处理过程在焓湿图上的表达；④空气的其他热湿处理方法、特点，各种加热、冷却、加湿、减湿处理过程相关设备在实际工程中的应用。

难点：①空气与水直接接触时的热湿交换原理；②喷水室处理空气的方式、特点和系统组成及处理过程在焓湿图上的表达；③表面式换热器处理空气的方式、特点及处理过程在焓湿图上的表达；④空气其他热湿处理方法和特点。

如前所述，空调是利用不同的送风和排风状态来消除室内余热、余湿，以维持空气调节所要求的空气参数。在确定了送风状态和送风量之后，进一步的问题是如何实现所要求的送风状态。空气调节的核心任务就是将空气处理成所要求的送风状态，然后送入空调区以满足人体舒适标准或室内热湿标准要求及工艺对室内温度、湿度、洁净度等的要求。空气处理主要是通过加热、冷却、加湿、减湿、净化以及灭菌、除臭和离子化等方式，处理成最终所需要的送风状态。实现这些处理过程的设备称为空气热湿处理设备。空气热湿处理设备大多是使空气与水（热水、冷水等）、水蒸气、冰、各种盐类及其水溶液（氯化锂）、制冷剂和其他介质（硅胶、分子筛等）进行热湿交换的设备。

因此，需要了解各种处理方法如何使空气发生变化，这些变化如何在 $h\text{-}d$ 图上表示出来，这些变化使用什么设备得以实现，这对于确定把空气处理成送风状态需要采用哪些处理方案十分重要。本章主要讲述空气热湿处理和空气净化的机理、处理过程及处理方案。

4.1 空气热湿处理原理

一般来讲，对空气的热湿处理的基本过程包括加热、冷却、加湿、减湿以及空气的混合等。按照空气与进行热湿处理的冷、热媒流体间是否直接接触，可以将空气的热湿处理分成两大类，即直接接触式和间接接触式。所谓**直接接触式**，是指被处理的空气与进行热湿交换的冷、热媒流体彼此接触进行热湿交换。具体做法是让空气流过冷、热媒流体的表面或将冷、热媒流体直接喷淋到空气中。**间接接触式**则要求与空气进行热湿交换的冷、热媒流体并不与空气接触，而是通过设备的金属固体表面来进行热湿交换。

与空气进行热湿交换时最常用的冷、热媒流体是水，掌握和理解水与空气间进行热湿交换的过程和机理，对于设计和合理选择设备具有重要意义。下面分别对空气与水直接接触式的热湿交换原理和间接接触式的热湿交换原理进行分析。

4.1.1 直接接触式热湿处理原理

空气与水直接接触的热湿交换可以像大自然中空气和江、河、湖、海水表面所进行的热湿交换那样进行,也可以通过将水喷淋雾化形成细小的水滴后与空气进行热湿交换。

从质量传递的角度看,由于分子做不规则运动的结果,当空气与水直接接触时,在紧靠水表面附近或水滴周围将形成一个温度等于水温的饱和空气边界层,如图 4-1 所示。此时,边界层内水蒸气分子的浓度或水蒸气分压力仅取决于边界层的饱和空气温度。在边界层的两侧,一侧是待处理的空气,为区别边界层中的空气把这部分空气称为主体空

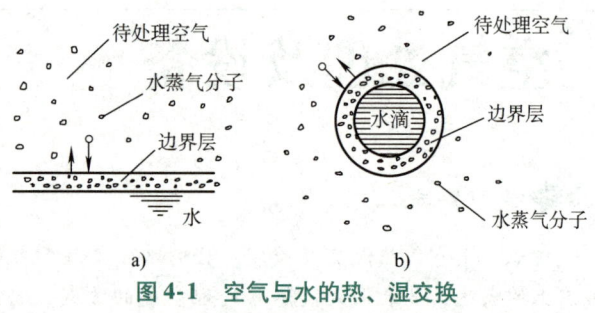

图 4-1 空气与水的热、湿交换
a) 敞开的水面 b) 飞溅的水滴

气;另一侧是水。由于水蒸气分子所做的不规则运动,在边界层外的主体空气侧经常有一部分水分子进入边界层,同时也必然有一部分水蒸气分子离开边界层回到水中。如果边界层内水蒸气分子浓度大于主体空气侧的水蒸气分子浓度(即边界层内的水蒸气分压力大于主体空气的水蒸气分压力),则由边界层进入主体空气中的水蒸气分子数多于由主体空气进入边界层的水蒸气分子数,结果主体空气中的水蒸气分子数将增加,实现加湿的目的;反之,主体空气中的水蒸气分子数则将减少,主体空气的含湿量降低,达到减湿的目的。通常所说的"蒸发"与"凝结"现象,就是这种水蒸气分子迁移作用的结果。在蒸发过程中,边界层中减少的水蒸气分子由水面跃出的水分子补充;在凝结过程中,边界层中过多的水蒸气分子将回到水面。

空气与水之间的热量传递是显热交换和潜热交换的综合结果。温差是显热交换的推动力,水蒸气分压力差是潜热交换的推动力;而总热交换的推动力是焓差。一方面,空气的温度与水的温度不同,既然有温差的存在,两者之间必然通过导热、对流和辐射等传热方式进行热量传递,这就是所谓的显热交换;另一方面,空气与水相接触时所发生的质量传递必然伴随有空气中水蒸气的凝结或蒸发,从而放出或吸收汽化热。当边界层内空气的温度(近似等于水温)高于主体空气的温度,则由边界层向主体空气传热;反之,则由主体空气向边界层内空气传热。根据水温的不同,可能仅发生显热交换;也可能既有显热交换,又有湿交换(质交换),进行湿交换的同时将发生潜热交换。总热交换量(全热交换量)是显热交换量与潜热交换量的代数和。当总热交换量大于零时,空气得到加热,比焓将增加;而总的热交换量小于零时,空气被冷却,比焓将减少。

4.1.2 间接接触式(表面式)热湿处理原理

与直接接触式热湿处理有所不同,间接接触式(表面式或间壁式)热湿处理依靠的是空气与金属固体表面相接触,在金属固体表面处进行热湿交换,热湿交换的结果取决于金属固体表面的温度。实际上,由于空气侧的表面传热系数总是远低于冷、热媒流体侧的表面传热系数,一般情况下,金属固体表面的温度更接近于冷、热媒流体的温度。当金属固体表面的温度高于空气的温度时,空气以对流换热方式为主与金属固体表面间进行显热交换,此时并不会发生质量交换,也就是说,空气的含湿量不发生变化;当金属固体表面的温度低于空气的温度而高于空气的露点温度时,空气与金属固体表面间同样以对流换热方式为主进行换热,与加热情况所不同的是空气将因失热而温度不断降低,空气的含湿量同样也没有发生任何变化;当金属固体

表面的温度低于空气的露点温度时的情况就比较复杂：空气中的部分水蒸气将开始在金属固体表面上凝结，随着凝结液的不断增多，在金属固体表面形成一层流动的水膜，与空气相邻的水膜一侧，将形成饱和空气边界层，参见图4-2，可以近似认为边界层的温度与金属固体表面的水膜温度相等。此时，空气与金属固体表面的热交换是由于空气与凝结水膜之间的温差产生的，质交换则是由于空气与水膜相邻的饱和空气边界层中的水蒸气的分压力差引起的。而湿空气气流与紧靠水膜饱和空气的焓差是热、质交换的推动力。这个过程将会导致空气的温度和含湿量降低，从而实现降温减湿的目的。

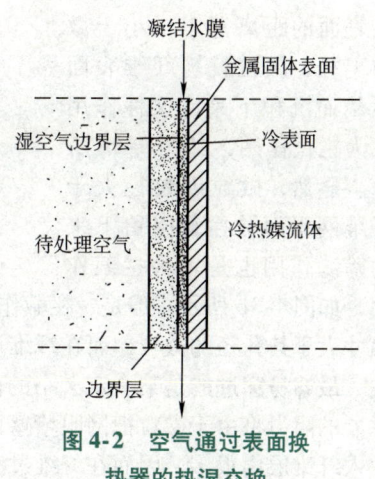

图 4-2 空气通过表面换热器的热湿交换

4.2 空气净化处理原理

空气中含有许多尘埃和有害气体，虽然含量甚微，但会危害人体的健康，会影响生产工艺过程和产品质量。空调系统中，被处理的空气主要来自新风和回风，新风中有大气尘，回风中因室内人员活动和工艺过程的污染也带有微粒和其他污染物质。因此，一些空调房间或生产工艺过程，除对空气的温、湿度有一定要求外，还对空气的洁净程度有要求。空气净化指的是去除空气中的污染物质，控制房间或空间内空气达到洁净要求的技术。按污染物的存在状态可将室内空气污染物分为悬浮颗粒物和气态污染物两大类。空气中的**悬浮颗粒物**包括无机和有机的颗粒物、空气微生物及生物等；**气态污染物**指的是以分子状态存在的污染物，包括无机化合物、有机化合物和放射性物质等。空气的净化处理按被控制污染物分为**除尘式**（处理悬浮颗粒物）和**除气式**（处理气态污染物）。除尘式按其净化机理可分为机械式和静电式两类。除气式按其净化机理可分为物理吸附法、光催化分解法、离子化法、臭氧法及湿式除气法等。

4.2.1 除尘式净化处理原理

1. 机械式净化处理

机械式空气净化处理是用多孔型过滤材料把粉尘过滤收集下来。所谓粉尘，是指由自然力或机械力产生的，能够悬浮于空气中的固态微小颗粒。国际上将粒径小于 $75\mu m$ 的固体悬浮物定义为粉尘。在通风除尘技术中，一般将 $1\sim200\mu m$ 乃至更大粒径的固体悬浮物均视为粉尘。含有粉尘的空气通过滤料时，粉尘就会与细孔四周的物质相碰撞，或者扩散到四周壁上被孔壁吸附而从空气中分离出来，使空气净化。对空调系统而言，空气中的微粒相对于工业除尘来说浓度低，尺寸小，对末级过滤效果要求高。因此，在空气调节中，主要采用带有阻隔性质的过滤分离的方法除去空气的微粒，即通过空气过滤器过滤的方法。下面结合空调系统常见的纤维过滤和黏性填料过滤等过程的介绍滤尘机理。

（1）纤维过滤器的滤尘机理　**纤维过滤器**的滤料有玻璃纤维、合成纤维、石棉纤维和无纺布制成的滤纸或滤布等。这类滤料或滤布由细微的纤维层紧密地错综排列，形成一个具有无数网眼的稠密的过滤层，纤维上没有任何黏性物质。根据目前已经得出的结论，其滤尘机理至少有以下五种：

1）**拦截（或称接触、钩住）作用机理**。对于粒径在亚微米范围内的微粒，可以认为没有惯性，微粒随着气流流线运动。当某一尺寸的微粒刚好运动到纤维表面附近，假使从流线到纤维表面的距离等于或小于微粒半径,微粒就被纤维表面拦截而沉积下来,这种作用称为拦截作用,如图4-3a所示。显然,微粒因粒径大于纤维网眼而被拦截阻留下来的筛滤作用也是一种拦截作用用,如图4-3b所示。但是,拦截作用或筛滤作用并不是过滤器的主要作用,筛滤作用只能筛去尺寸大于其孔径的微粒,而在纤维过滤器中,并不是所有小于纤维网格网眼的微粒都能穿透过去,最容易穿过的是某一定大小的微粒。微粒也并不都是在纤维层表面沉积,如果是这样,过滤器的阻力将由于微粒把网眼堵塞而迅速上升。但事实并非如此。在纤维过滤器内微粒一般都深入纤维层内很多,因而在纤维过滤器的滤尘机理中拦截作用较小。

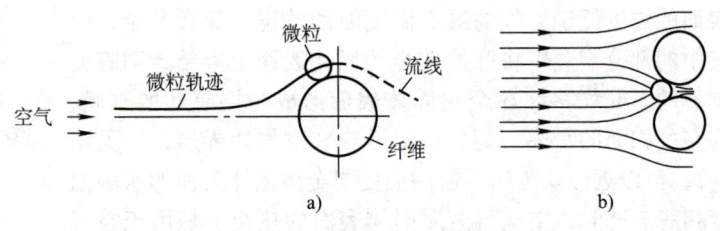

图4-3 拦截作用机理

2) **惯性作用机理**。由于纤维错综排列,气流在纤维层内穿过时,其流线必然要多次转弯。当微粒质量较大或速度(可以看成等于气流速度)较大时,微粒将受惯性力作用,不能随气流转弯绕过纤维,而仍保持其原有的运动方向,碰撞在纤维上沉积下来,见图4-4。惯性作用随尘粒质量和过滤风速的增加而增大。

3) **扩散效应机理**。图4-5所示为扩散效应的机理。由于气体分子的热运动将碰撞空气中的微粒而产生微粒布朗运动,微粒越小布朗运动就越显著。例如,常温下$0.1\mu m$的微粒每秒钟的扩散距离达$17\mu m$,比纤维间的距离大几倍至几十倍,这就使得微粒有更大的可能与纤维接触,并附着在纤维上;而大于$0.3\mu m$的尘粒,其布朗运动减弱,一般不足以靠布朗运动使其离开流线碰撞到纤维上。

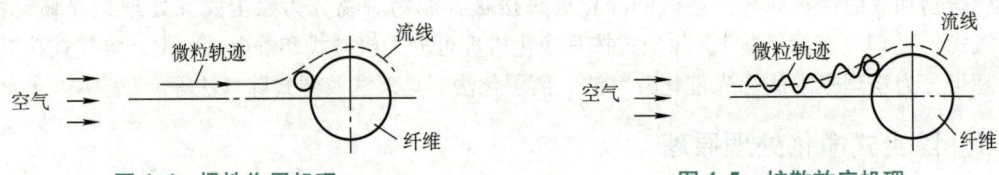

图4-4 惯性作用机理　　　　　　图4-5 扩散效应机理

4) **重力作用机理**。当气流通过纤维层时,在重力作用下,气流中的微粒产生脱离流线的位移而沉积在纤维表面上,这种作用只有在微粒较大($>5\mu m$)时才存在,小微粒的重力作用小,当它还没有沉降到纤维上时,就已随气流通过了纤维过滤器(图4-6)。因此,纤维过滤器对小于$0.5\mu m$的微粒的过滤,完全可以忽略重力效应。

5) **静电作用机理**。如图4-7所示,含尘气流通过纤维滤料时,由于种种原因,如气流摩擦,使纤维和微粒都可能带上电荷,从而增加了纤维吸附微粒的能力,但是,因这种电荷既不能长时间存在,所形成的电场强度又很弱,故产生的吸附力很小,所以一般可以忽略。

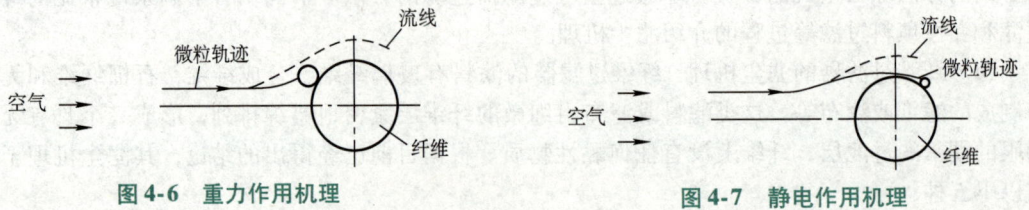

图4-6 重力作用机理　　　　　　图4-7 静电作用机理

在纤维过滤器内,微粒的被捕集,可能是由于一种或某几种机理的共同作用,这要根据微粒的尺寸、密度、纤维粗细、纤维层的填充率以及气流速度等条件决定。最基本的三个过滤机理是惯性作用、扩散效应和静电作用机理。

（2）黏性填料（滤料）过滤器的滤尘机理　黏性填料过滤器的填料有金属网格、玻璃丝（直径约为 20μm）、金属丝等。填料上浸涂黏性油。当含悬浮微粒的空气流经填料时，沿填料的空隙通道进行多次曲折运动，微粒在惯性力作用下，偏离气流方向，并碰到黏性油被黏住，即被捕获。

应注意的是，黏性填料过滤器的过滤机理主要是尘粒的惯性和黏住效应的作用结果，筛滤作用是很小的。

2. 静电式净化处理

这里着重介绍空调净化工程中使用的静电过滤器。通常采用双区式电场结构，把电离极和集尘极分开，第一区为电离区（使微粒荷电），第二区为集尘区（使微粒沉积）。相对于单区式，双区式可以将电离极的电压降到 10～12kV，又可以采用多块集尘极板，增大了集尘面积，缩小极板间距离，因而集尘极可以用几千伏的电压，这样设备更安全。静电过滤器的工作原理及结构如图 4-8 所示。

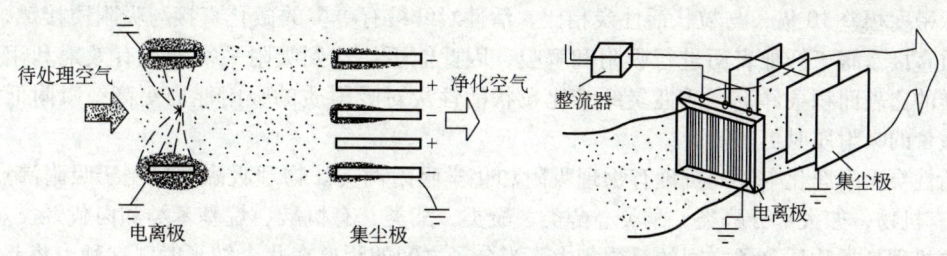

图 4-8　静电过滤器的工作原理及结构

1）电离区。在一组等距离平行安装的金属板（也有管柱状的）接地电极之间，布有金属放电线（如 0.2mm 钨丝，也称电晕极或电离极），并在其上加有足够高的直流正电压，放电线与接地电极之间形成不均匀电场，致使金属放电线周围产生电晕放电现象（一圈淡蓝色的光环），含尘空气经过电离极时，空气被电离，使放电线周围充满正离子和电子，电子移向放电线，并在其上中和，而正离子在遇有中性尘粒时就附着在上面，使中性尘粒带上正电荷，然后随气流流入集尘区。

2）集尘区。由一组接地金属极板（集尘极）和正电位的金属极板（加有 5000V 直流电压）按平行于气流的方向交替排列而成，金属极板常用薄铝板，在各对电极之间形成一个均匀电场。当来自电离区的带有正电荷的尘粒进入均匀电场后，在强大的电场作用下，尘粒便沉积在负极性的接地极板上。

静电过滤器的过滤效率随着电场强度的增加和过滤风量的减少而提高。需要指出的是，空调净化作用的静电除尘设备和工业上用的电除尘设备的不同之处，主要一点是空调净化作用的静电除尘设备采用正电晕放电，而不是负电晕放电，即用的是正极性放电电极。正电晕由于容易从电晕放电向火花放电转移，只能加以较低的荷电电压。

4.2.2　除气式净化处理原理

1. 物理吸附法

物理吸附法作为空气净化的一种有效方法被广泛采用。通常采用多孔性、表面积大的活性炭、硅胶、氧化铝和分子筛等作为有害气体吸附剂，其中活性炭是空调系统中常用的一种吸附剂。活性炭是许多具有吸附性能的碳基物质的总称，它的原料包括几乎所有的含碳物质，如煤、木材、骨头、果核、坚硬的果壳等，将这些含碳物质在低于878K的温度下进行炭化，然后再用活化剂进行活化处理。常用的活化剂为水蒸气或热空气，也可以用氯化锌、氯化镁、氯化钙、磷酸作活化剂。活性炭经过活化处理，其内部有许多细小的空隙，因此大大地增加了与空气接触的表面积，1g（约$2cm^3$）活性炭的有效接触面积可达$1000m^2$左右，它具有优异和广泛的吸附能力。

普通活性炭分为粒状活性炭（简称粒炭）和粉状活性炭（简称粉炭）。粒炭的阻力小，多用于吸附气体；粉炭多用于液体的脱色处理。近年来又出现了活性炭纤维（Activated Carbon Fiber，ACF），它是一种新型的高性能活性炭吸附材料。活性炭纤维是利用超细纤维如粘胶丝、酚醛纤维或腈纶纤维等制成毡状、绳状、布状等，经高温（1200K以上）炭化再用水蒸气活化后制成。活性炭纤维的比表面积比粒状活性炭大。由于基材、浸渍处理及活化条件的不同，活性炭纤维的孔结构参数也不同。因为活性炭纤维的比表面积大，同时具有大量微孔结构的特征，使得吸附质在活性炭纤维内扩散阻力小，吸附速度快。另外，活性炭纤维的外表面积比粒状活性炭大。有关资料报道，活性炭纤维的外表面积比粒状活性炭的外表面积大100倍以上，两者的体积密度相差10倍，与粒状活性炭相比，活性炭纤维有更多的微孔直接与吸附质接触，而且吸附质直接暴露于纤维表面进行吸附和解吸，因此能更快达到吸附平衡和更有效地利用微孔。在同样的比表面积条件下，活性炭纤维比粒状活性炭对吸附质的吸附能力更高；吸附低浓度，甚至微量的吸附质时更有效。

活性炭吸附净化空气的机理有物理吸附和化学吸附两类。物理吸附主要用于吸附沸点高于0℃的有机物，如大部分醛类、酮类、醇类、醚类、酯类、有机酸、烷基苯类和卤代烃类。物理吸附的机理是靠物质分子之间的范德华力，当分子之间的距离在几个纳米时，这种力将起作用。在同相态物质中，分子间的吸引力是平衡的，而在两相物质的交界处，原子、离子或分子处于非平衡力作用下，这种非平衡力（表面力）使得边界表面上的分子、原子、离子的数目与所接触相内部对应的微粒数目不同，这种非平衡力导致了物质微粒在表面上聚集程度的改变。其主要特征是：吸附质和吸附剂之间不发生化学反应，对吸附气体没有选择性，吸附过程快，吸附的各相间往往在瞬间就达到平衡，吸附过程放出热量并近似等于气体的液化热。活性炭物理吸附的方法可以除去的污染物包括苯、甲苯、二甲苯、醋酸乙酯、乙醚、丙酮、煤油、汽油、光气、苯乙烯、氯乙烯、恶臭物质、HCHO、C_2H_5OH、H_2S、Cl_2、CO、SO_2、NO_x、CS_2、CCl_4、$CHCl_3$、CH_2Cl_2等。

化学吸附的机理需要借助化学反应，通过吸附质和吸附剂之间的化学键力而引起。通过对活性炭材料进行化学处理，均匀地掺入特定的试剂，以增强它们对特定污染物的清除能力。对于沸点低于0℃的气体甲醛、乙烯，如果按物理吸附方法吸附到活性炭上时较易逃逸，而采用溴浸渍活性炭，就可以除去乙烯和丙烯；采用硫化钠溴浸渍活性炭，则可以除去甲醛。显然化学吸附具有很强的选择性。浸渍活性炭化学吸附可以除去的污染物主要有烯烃、胺、酸雾、碱雾、硫醇、HF、HCHO、Hg、NH_3、H_2S、Cl_2、CO、SO_2和HCl等。

在室内空气净化方面，当前用于空气净化的活性炭吸附剂主要是粒状活性炭和活性炭纤维。活性炭纤维不仅能广泛用于有机物的吸附与清除，而且能够有效地去除异味。

2. 光催化分解法

光催化（光触媒）技术是基于光催化剂在紫外线照射下具有的氧化还原能力而除去空气中的污染物。光催化是以光为能量激活催化剂，光催化氧化反应在常温下就能进行。光触媒是一种催化剂，催化剂多为N型半导体材料，如TiO_2、ZnO_2、CdS、WO_3、SnO_2、Fe_3O_4等，其中TiO_2是最受重视的一种光催化剂，它的活性高，稳定性好，对人体无害。光催化剂几乎对所有的污染物都具有治理能力，能有效地分解室内空气中的有机污染物，氧化去除空气中的氮氧化物、硫化物以及各类臭气，而且还能够灭菌消毒，在室内空气净化方面有着广阔的应用前景。

作为催化剂的半导体材料，其粒子中含有能带结构，通常情况下是由一个充满电子的低能价带和一个空的高能导带构成，彼此之间被禁带分开。如果用能量等于或大于禁带宽度的光照射半导体，其价带上的电子将被激发，越过禁带进入导带，同时在价带上产生相应的空穴。与金属导体不同，半导体的能带间缺少连续区域，受光激发产生的导带电子和价带空穴（也称光致电子和光致空穴）在复合之前有足够的寿命。光致空穴具有很强的得电子能力，可夺取粒子表面的有机物或体系中的电子，使原本不吸收光的物质被活化而氧化；而光致电子具有强还原性，可使半导体表面的电子受体被还原。光致电子和空穴一旦分离，并迁移到粒子表面的不同位置，就有可能参与氧化还原反应，氧化或还原吸附在粒子表面的物质，实现对一些污染物的降解处理。

以 TiO_2 为例，当其受到波长为 300~400nm 的紫外线照射时，受紫外线能量的激发，产生超强还原能力的光致电子和超强氧化能力的光致空穴，方程式如下

$$TiO_2 + h\nu \rightarrow e^- + h^+$$

这种光致电子和空穴与周围的水蒸气反应后生成活性氧和氢氧自由基，具有极强氧化能力的活性氧和氢氧自由基活性物质能将空气中的甲醛、苯、氨气、硫化氢等有害物质氧化分解成 CO_2 和 H_2O。

$$h^+ + H_2O \rightarrow -OH + H^+$$

$$e^- + O_2 \rightarrow O_2^-$$

在光催化反应中，用紫外光为光源，激发产生的活性自由基与污染物反应，将空气中的微量有害气体及人和宠物散发的异味气体彻底分解为无臭、无害产物，从根本上消除室内空气污染物对人体健康的危害。

空调环境中经常存在各种病菌。室内空气中的病菌主要来源于室内人员的生活和活动，空调管道内和空气处理系统中也可能存在有害细菌。这些细菌在适宜的条件下可以引发各类疾病。传统的无机抗菌剂主要通过金属离子（如银、铜、锌等）负载在各类载体（如沸石、磷酸锆、易熔玻璃、硅胶、活性炭等）上实现抗菌作用，但细菌被杀死后，释放出的有毒复合物如内毒素仍可引起伤寒、霍乱等疾病。TiO_2 光催化杀菌克服了无机抗菌剂的缺陷。TiO_2 光催化反应发生的活性羟基的反应能高于有机物中各类化学键能，能迅速有效地分解构成细菌的有机物杀灭细菌。细菌的生长与繁殖需要有机营养物质，TiO_2 光催化产生的活性羟基能分解这些有机营养物，抑制细菌发育；TiO_2 还能降解细菌死亡后释放出的有毒复合物，杀菌彻底。值得一提的是，虽然光催化净化过程中使用的紫外光本身能够控制微生物的繁殖，并且在生活中广泛使用，但是，光催化灭菌消毒不仅仅是单独的紫外光作用，而是紫外光和催化共同作用的结果。无论从降低微生物数目的效率，还是从杀灭微生物的彻底性，光催化杀菌的效果都是单独采用紫外光技术无法比拟的。

近年来，研究出一种新的更高效的光催化技术——纯纳米光为媒，纯纳米光为媒主要由 UVLED 紫外杀菌光和钠钛网组成。UVLED 紫外杀菌光与一般的紫外线光不同，通过特别的技术使其始终如新，寿命也长达 10 万小时。钠钛网呈蜂窝状，与空气的接触面积高达 $850m^2/g$（而纳米光触媒只有 $140m^2/g$），采用纳米技术材料制成，纳米材料中 TiO_2 的含量达 98%。这种新技术对空气进行杀菌消毒的效果比一般的光催化技术高许多倍。

3. 离子化法

（1）负离子 新鲜空气之所以有利于人体健康，原因之一是其中含有大量的负离子。负离子对人体有良好的生理作用，主要表现在以下几个方面：

1）对神经系统的作用。空气负离子能改善大脑皮层的功能，振奋精神，消除疲劳，提高工作效率，改善睡眠，增加食欲，并有兴奋副交感神经系统等作用。例如，在海滨、瀑布和喷泉附近，负离子浓度高，使人觉得头脑清醒、心情爽快舒畅。

2）对心血管系统的作用。空气负离子有降低血压的治疗作用。吸入负离子后，可使周围毛细血管扩张，从而使皮肤温度上升，改善心功能和心肌营养不良状况。

3）对血液的作用。负离子有一定的刺激造血功能的作用。动物实验表明，贫血动物吸入负离子后，血液中的幼稚型红细胞、白细胞数均增加。用空气负离子治疗单纯性白细胞减少和放射治疗所致的白细胞减少，取得了一定疗效。

4）对呼吸系统的作用。空气中的负离子主要通过呼吸道吸入，它对呼吸系统的生理功能也有明显影响。在电离空气过程中，氧原子容易得到电子而产生大量的负氧离子。负氧离子能改善肺的通气功能和换气功能。

5）对物质代谢的作用。空气离子对机体的碳水化合物、蛋白质、脂肪代谢及水、电解质代谢都有一定的影响，如吸入负离子可降低血糖及胆固醇含量，增加尿量中氮、肌酐等的排出量。空气负离子能影响酶系统，激活体内多种酶，从而促进机体新陈代谢。

空气在经过加热、冷却和过滤等处理过程，所含的负离子数量会减少，致使空调房间内的负离子密度比室外约减少一半。为了改善室内的卫生条件，需要通过人工方法在室内发放负离子。

发生负离子的方法有高压电晕放电法和放射源法等。国内已生产有以高压电晕放电为原理的负离子发生器。众所周知，空气是一种混合物，在正常状态下，气体分子呈中性，但在外界作用下，这些中性分子会失去一部分围绕原子核旋转的电子，剩下的是带正电子的空气正离子，而被分离出来的自由电子又会与空气中其他中性分子结合，形成带负电的空气负离子。

空气负离子一般分为大、中、小三种，对人体有益的是小离子，也称为轻离子。它是具有相当一个电子的带电微粒，尽管空气是混合物，但其主要成分是氮和氧，氮的电子亲和力大大低于氧，因此空气电离所产生的自由电子大部分被氧分子获取，形成了负氧离子。在放射性物质、宇宙射线和紫外线等的作用下空气中能够产生负离子；另外，水滴在剪切等作用下也能使空气离子化。

空气负离子净化空气的原理：空气负离子能附着在固相或液相污染物微粒上形成大离子，大离子借助凝结和吸附作用沉降下来。通过该过程，空气负离子降低了空气中污染物的浓度，起到了净化空气的作用。在大离子借助凝结和吸附后，空气中负离子数目将大大降低，在污染物浓度高的环境里，若清除污染物损失的负离子得不到及时补偿，则会出现正负离子浓度不平衡状态。正离子对人体的影响与负离子相反，能够引起人体不适，因此在此类环境中，以人造负离子来补偿不断被污染物消耗掉的负离子，一方面能维持正负离子的平衡，另一方面还可以不断地清除污染物。

必须指出的是，单纯依靠发生器产生的负离子净化空气是片面的。因为空气中的负离子极易与空气中的尘埃结合，成为具有一定极性的污染粒子，即"重离子"。而悬浮的重离子在降落过程中，依然被附着在室内家具、电视机屏幕等物品上，人一活动又会使其再次飞扬到空气中，所以负离子发生器只是附着灰尘，并不能清除空气污染物，或将其排至室外。其次，当室内负离子浓度过高时，还会对人体产生不良影响，如引起头晕、心慌、恶心等。其三，长久使用高浓度负离子还会导致墙壁、顶棚等蒙上一层污垢。为避免出现这种情况，考虑将负离子技术与空调领域常用的其他净化技术结合，开发既能调节室内负离子浓度，清新空气，又能清除或分解污染物，使室内空气得到真正净化的技术是非常必要的。

(2) 低温等离子　等离子体被称为除固体、液体和气体之外的第四态物质，是由电子、离子、自由基和中性粒子组成的导电性流体，整体保持电中性。根据粒子温度的差异，等离子体可分为热等离子体（Thermal plasma）或热平衡等离子体（Thermal equilibrium plasma）和低温等离子体（Cold plasma）或非平衡等离子体（Non-equilibrium plasma）。在热等离子体中，电子与其他粒子的温度相等，一般在 5000K 以上。在低温等离子体中，电子温度一般要高达数万度，而其他粒子的温度只有 300～500K。在空气净化过程中使用的等离子体技术大多是低温等离子体技术。

低温等离子体对空气的净化包括三个方面，即荷电除尘、有害气体的催化净化和负离子净化等。它不仅可以分解气态污染物，还可从气流中分离出颗粒物质，如有毒的化学物质和病菌悬浮颗粒物等。

低温等离子体的荷电除尘原理：当利用极不均匀电场形成电晕放电产生等离子体时，其中包含的大量电子和正负离子在电场梯度的作用下，与空气中的微粒发生非弹性碰撞而附着在上面，使之成为荷电粒子。在外加电场力作用下，荷电粒子向集尘极迁移，最终因沉积在集尘极上而被清除。

等离子体的催化作用原理包括两个方面：一是在产生等离子体的过程中，高频放电所产生的瞬间高能量，能够打开某些有害气体分子的化学键，使之分解为单质原子或无害分子；二是等离子体中包含大量的高能电子、离子、激发态粒子和具有强氧化性的自由基，这些活性粒子的平均能量高于气体分子的键能，它们和有害气体分子之间发生的频繁碰撞，能够打开气体分子的化学键，同时还会产生大量的·OH、·HO$_2$、·O 等自由基和氧化性极强的 O_3，它们能与有害气体分子发生化学反应，最后生成无害的产物，这就是低温等离子体的催化净化原理。

在产生等离子体的过程中，同时也产生大量的负离子，若将这些负离子释放到室内空间，一方面能调节空气离子平衡，另一方面还能有效地清除空气中的污染物。高浓度的负离子同空气中的有毒化学物质和病菌悬浮颗粒物相碰撞使其带负电。这些带负电的颗粒物会因吸引其周围带正电的颗粒物（包括空气中的细菌、病毒、孢子等）而积聚长大，最后脱离空气沉降到固体表面，这就是低温等离子体的负离子净化原理。

近年来，利用低温等离子体净化空气中挥发性有机化合物和杀灭细菌已成为研究热点。研究表明，在低温等离子体的辅助下，低浓度的气态有机污染物（VOC）的催化分解效果更加理想，此时低温等离子发生过程所生成的副产品（臭氧）将转化为无害的 CO_2。低温等离子体－臭氧消毒对空气中微生物的杀灭作用远优于单纯采用臭氧消毒：对金色葡萄球菌作用 1min，即可杀灭 99.99%，作用 10min，可全部杀灭金色葡萄球菌；对白色念珠菌的杀灭作用近似于细菌繁殖体，作用 6min 的杀灭率可达 100%；枯草杆菌黑色变种芽孢的抵抗力较强，但作用 15min，杀灭率就达到消毒标准，作用 300min，杀灭率达 100%，这是 O_3 消毒所不及的。

4. 臭氧法

臭氧（O_3）为淡蓝色气体，1840 年由德国人发现并命名。它是一种强氧化剂，其氧化还原电位仅次于氟，在一定浓度下能与细菌、病毒等微生物产生生物化学氧化反应，具有很强的灭菌能力。由于臭氧有较高的能量，在常温、常压下分子结构很容易变化，分解成氧（O_2）和单个氧原子（O）。氧原子具有很强的活性，能够氧化分解细菌内部氧化葡萄糖所需的酶而将细菌杀死。多余的氧原子则自行重新结合成为普通氧分子（O_2），不存在任何有毒残留物，故称为无污染消毒剂。

臭氧能够氧化有机物，因而也能和构成人体的有机物发生反应，因此如果使用不当，臭氧也能危害人体健康。无论是健康的人，还是有呼吸道疾病的人，暴露在含臭氧的空气中，都会出现呼吸问题。低浓度的臭氧可导致健康人胸痛、咳嗽、气喘和咽喉发炎，也可以加重慢性呼吸道疾病，如哮喘等病症。短时间低浓度的臭氧所造成的轻度的人体伤害或许可以消除，但长期暴露于高浓度的臭氧环境中所遭受健康重度伤害则不易恢复。由于臭氧对人体健康有危害作用，因此，必须是在封闭空间无人条件下进行臭氧消毒，消毒后须待停机30min后，即臭氧还原为氧气后方可进入。

影响臭氧消毒的因素主要有空气湿度、臭氧浓度以及空气型臭氧发生器所处的位置等，其中湿度影响较为明显。臭氧的灭菌效果在湿度为50%~80%条件下最为理想，这主要是因为病毒、细菌在高湿条件下细胞壁较疏松，易被臭氧穿透杀灭。试验结果表明，在室温25℃、相对湿度为40%和70%条件下，同样开机2h，对大肠杆菌和金黄色葡萄球菌的杀灭率分别从90.5%和92.4%提高到100%；对白色念珠菌的杀灭率从86.0%提高到99.93%。在相对湿度为40%时，开机消毒6h不能破坏HBs Ag抗原性；相对湿度提高到70%，同样开机消毒6h，HBs Ag抗原性可完全被破坏。因此，使用臭氧进行物品表面消毒，特别是无菌室消毒时要特别注意这一点，尽量加大空气中的湿度。臭氧浓度对净化效果也有重要影响，不同的用途应由不同的臭氧浓度和消毒时间来配合。一般的除味、除臭、吸臭、氧化空气以及保健等，臭氧浓度一般不超过$98\mu g/m^3$；如果利用臭氧进行室内灭菌消毒，则一般将臭氧浓度控制在$0.196~1.96mg/m^3$范围；如果用于食品保鲜或物体表面消毒，则一般控制在$1.96~9.8mg/m^3$的浓度。

臭氧广泛存在于自然界中，伴随着科学技术的进步，人为的臭氧发生技术已具备相当高的水平。臭氧发生技术有以下几种：

①光化学法；②电化学法；③电晕放电法；④高频陶瓷沿面放电法。

臭氧在室内空气中的应用是借助将臭氧直接与室内空气混合或将臭氧直接释放到室内空气中，利用臭氧极强的氧化作用，达到灭菌消毒的目的。由于将臭氧直接释放到空气中，整个室内空间及该空间的所有物品周围，都充满了臭氧气体，因而消毒灭菌范围广，其工作量也比消毒水喷洒和擦洗消毒小得多，应用非常方便，常用于医院、公共场所和家庭的灭菌消毒。

5. 湿式除气法（喷水室）

空调系统中采用湿式除气法净化空气主要是利用喷水室。喷水室主要功能是对空气进行热湿处理，但同时它还有净化空气的功能，可以除去空气中的有害颗粒物和有害气体，因此也称空气洗涤器。

当粒径较小时（$1~5\mu m$），微粒主要利用惯性碰撞、接触阻留；微粒与液滴、液膜的接触使微粒吸湿、增重、凝聚性增强，从而使微粒脱离气流落入水中。对于$1\mu m$以下的微粒，主要通过扩散与液滴、液膜接触，进而脱离气流。向空气中喷淋水对粒径大于$5\mu m$的颗粒的去除效率达到95%。虽然许多微生物非常小，但大部分微生物会凝聚起来形成大的颗粒，其尺寸大于单个分散的微生物。这些微生物能被空气洗涤器有效地从被污染的空气中清洗下来。

空气洗涤器还可以利用水的吸附和吸收的机理净化空气中的有害气体，即利用气体污染物中不同组分在水中具有不同溶解度的性质来分离分子状态污染物，气体能否被水吸收，关键在于气相中吸收质分压力和液相中吸收质的平衡分压力。只要气相中吸收质分压力大于平衡分压力，吸收就可以进行。目前，国内外已成功将空气洗涤器用于空调的净化工程中。如日本在某集成电路车间的风量为10万m^3/h的常规双排空气洗涤器中，做了对新风中去除水溶性无机物质的试验，NH_4^+、SO_4^{2-}、NO_3^-的净化效率分别可达48%、80%、48%。同时利用纯水及自来

水对 SO_2 气体的喷水处理进行比较研究,认为自来水比纯水的净化率更高。中国台湾已将空气洗涤器应用到工程中对新风进行净化处理,并取得了令人满意的效果,NO_3^-、SO_4^{2-}、NH_4^+ 的去除率最高分别达到 78.35%、92.75%、92.2%。

6. 组合空气净化技术

(1) 光催化与吸附技术的组合 活性炭能够吸附臭味、细菌、VOC 等物质,利用活性炭分离低浓度的气体污染物质和细菌。但是,活性炭虽有很强的吸附能力,却很容易饱和,随着污染物沉积量逐渐增多,净化效果会明显下降。吸附剂作用期限短,需定期更换。如果将光催化与吸附技术组合,可以组成更好的净化方法。以挥发性有机物为例,利用活性炭的吸附能力使 VOC 浓集到某一特定浓度环境,这就提高了光催化氧化反应速率,而且活性炭还可以吸附中间副产物使其进一步被光催化氧化,达到完全净化。另一方面,由于被吸附的污染物在光催化剂的作用下参与氧化反应,活性炭的吸附表面因污染物的去除而得以再生,活性炭本身的使用周期也得以延长。有关活性炭与光催化剂的组合方式以及吸附光催化机理还不是十分清楚。如活性炭与 TiO_2 或将 TiO_2 与活性炭混合后成型的方法,也有研究者用 TiO_2 的前驱体与活性炭的前驱体相混合,再一起炭化、活化的方法制备复合体。不过,现有复合体制备方法都不同程度地使 TiO_2 的光催化活性下降。

(2) 光催化与臭氧技术的组合 光催化氧化与臭氧技术组合是使臭氧装置产生的臭氧进入光催化反应装置,臭氧作为一种强氧化剂与紫外光激发的光催化氧化协同作用,分解有机污染物、灭菌和除臭等高效率的净化作用。臭氧-光催化的联合作用可以减少臭氧用量,增加羟基自由基的产生量,从而提高光催化效率;还可以去除一些在单独一种方法无法分解的有机物。此技术还有很多未明之处,并且由于臭氧本身也是一种污染物,它会产生臭味,会腐蚀所接触的物体,过高的浓度还会给人体健康带来危害,因此臭氧投加量的控制对该组合技术的实施也有重要影响。

(3) 光催化与化学催化技术的组合 研究发现,TiO_2 的光催化作用能够提高 CaO 对 NO_2 和 HNO_3 的吸收率,而 NO_2 和 HNO_3 都是 NO 光催化反应的产物,该研究结果说明光催化技术与常规的气体污染物吸收方法的结合能够产生更好的空气净化效果。

4.3 空气的热湿处理过程

用喷水室、空气加热器、空气冷却器、空气加湿器、除湿机、空气蒸发冷却器等处理空气可实现多种热湿处理过程。下面介绍一些常用的处理方法及在 $h\text{-}d$ 图上相应的空气处理过程。

4.3.1 喷水室的处理过程

在喷水室内,当空气流经水面或水滴周围时,会把边界层中的饱和空气带走一部分,进而补充新的空气继续达到饱和,因而饱和空气层将不断与流过的未饱和空气相混合,使整个空气状态发生变化。因此,可将空气与水的热湿交换过程看作饱和的与未饱和的两种状态空气的混合过程。根据空气的混合规律,在 $h\text{-}d$ 图上,混合后的状态点应该位于连接空气初状态和该水温下饱和状态点的直线上。显然,达到饱和的空气越多,空气的终状态点越接近饱和状态点。如果和空气接触的水量无限大,接触时间又无限长,即在所谓的假想条件下,全部空气均能达到饱和状态,也就是说,空气的终状态将位于 $h\text{-}d$ 图的饱和曲线上,并且空气的终温将等于水的温度。所以,在上述假想条件下,根据水温不同,可以得到图 4-9 所示的 7 种典型的空气状态变化过程。表 4-1 列出了这些过程中空气状态的有关参数的变化情况。

设空气的初状态点为 A（图4-9）。过 A 点向 $\varphi = 100\%$ 的饱和曲线作两条切线，分别交于点1和点7。在近似曲边三角形 $A17$ 的范围内，都可以用喷水方法来处理空气。自 A 点画等含湿量线 (A-2)、等焓线 (A-4) 和等温线 (A-6)。饱和曲线上的点1、2、3、4、5、6和点7分别表示不同水滴温度下的饱和空气层的状态点，而直线 A-1、A-2、A-3、A-4、A-5、A-6 和 A-7 则表示空气状态变化过程。

图中 A-2 线用来划分空气是加湿还是减湿的分界线；A-4 线是划分空气是增焓还是减焓的分界线；A-6 线是划分空气是升温还是降温的分界线。

对空气与水直接接触时各种过程特点具体分析如下：

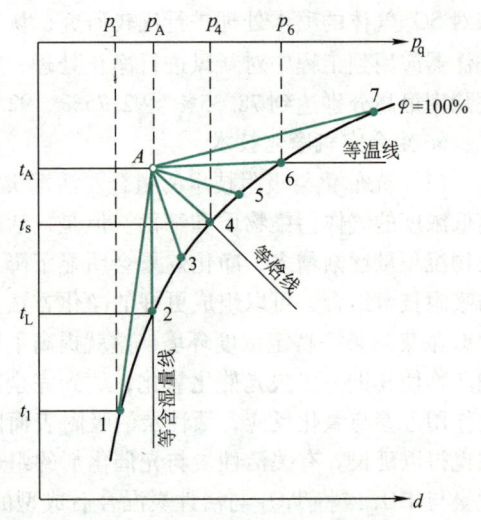

图4-9 喷水室处理空气的过程

1）$t_w < t_L$ 过程线为 A-1，喷水温度低于空气的露点温度，空气在该过程中受到冷却，由于空气中水蒸气的分压力高于饱和空气边界层中水蒸气的分压力 ($p_A > p_1$)，空气中的部分水蒸气将凝结进入水中，相对其他6个过程而言，该过程中的空气温度和比焓降低幅度最大，而且空气含湿量将减少。该过程称为**冷却减湿**或**冷却干燥过程**，这是夏季最常用的一种空气处理方法。

2）$t_w = t_L$ 过程线为 A-2，此时，水的温度等于露点温度，由于空气温度高于水温，空气失去显热而冷却，同时空气中的水蒸气分压力与水滴表面附近饱和空气边界层中的水蒸气分压力相等 ($p_A = p_2$)，所以空气与水间没有湿交换，空气状态的变化将沿等湿线进行，空气的温度和比焓均将下降。该过程称为**等湿冷却过程**。

3）$t_L < t_w < t_s$ 过程线为 A-3，水的温度介于空气的湿球温度和露点温度之间，在此变化过程中，水滴表面附近空气边界层内的饱和空气中水蒸气分压力大于空气中的水蒸气分压力，空气的干球温度高于水滴的温度，所以水滴得到从空气中传来的显热后，使部分水变成水蒸气而蒸发到空气中，空气就加湿，含湿量增加，而空气与水之间的总的换热结果是空气失热，所以空气的温度和比焓值均将降低。该过程称为**加湿冷却过程**。

4）$t_w = t_s$ 过程线为 A-4，该过程中水温恰好等于空气的湿球温度但低于空气的干球温度。空气由于有显热传递给水滴而使本身温度下降，同时水滴周围边界层中的饱和空气中水蒸气分压力大于空气中的水蒸气分压力 ($p_4 > p_A$)，水滴从空气中得到显热后，使部分水变成水蒸气蒸发进入空气中，空气被加湿，含湿量增加；在这一过程中，由于水蒸发所需的汽化热来自空气，并由水蒸气带到空气中，空气的比焓基本不变。需要指出的是，严格讲，在这一过程中，空气的比焓有微小的增加，其值等于水从水滴表面汽化前，水本身具有的热量，但由于此值甚小，一般可忽略不计。空气的状态变化虽然沿等焓线进行，但是空气温度将下降。其原因是空气温度高于水温，必然有热量自空气传递给水，空气失去显热而引起本身温度的下降，但由于水滴表面饱和空气层中饱和水蒸气分压力大于空气中水蒸气分压力，因此不断有大量水蒸气蒸发到空气中，空气被加湿并得到相应的潜热量。在此过程中，空气潜热量的增加基本等于显热量的减少，所以比焓值不变，温度反而下降。该过程称为**绝热加湿**或**蒸发冷却过程**，这是冬季应用较多的一种空气处理方法。

5）$t_s < t_w < t$ 水温介于空气的干球温度和湿球温度之间，空气状态的变化过程线 A-5 介于等

温线与等焓线之间，空气的比焓和含湿量均将增加，而温度下降。在这一过程中，由于空气温度高于水温，有热量自空气传递给水，空气失去显热引起本身温度的下降，但由于水滴表面饱和空气层中饱和水蒸气分压力大于空气中的水蒸气分压力，因此不断有大量水蒸气蒸发到空气中，空气被加湿并得到相应的潜热量。在此过程中，空气潜热量的增加大于显热量的减少，因而总的说来，空气的比焓量还是增加了，而温度下降。该过程称为**增焓加湿过程**。

6) $t_w = t$ 为一等温过程。过程线为 A-6，在此过程中，由于空气的干球温度等于水的温度，所以空气的显热量并不发生变化。但是，水滴表面饱和空气层中饱和水蒸气分压力大于空气中的水蒸气分压力（$p_6 > p_A$），因此将不断会有水蒸气蒸发到空气中，空气被加湿并得到相应的潜热量。空气的潜热量将增加，空气的含湿量、比焓均将增加，而温度保持不变。该过程称为**等温加湿过程**。

7) $t_w > t$ 水温高于空气的干球温度，过程线为 A-7，空气状态的过程线偏向等温线的上方，在此过程线上，空气的温度、比焓和含湿量均增加，其原因与 A-6 过程相近，空气温度的增加是空气得到由水传递来的热量，其显热增加。该过程称为**升温加湿过程**。

将以上 7 种过程的特点汇总成表，见表 4-1。

表 4-1　空气与水直接接触时各种过程的特点

过程线	水温特点	t 或 Q_x	d 或 Q_q	h 或 Q	过程名称
A-1	$t_w < t_L$	减	减	减	减湿冷却
A-2	$t_w = t_L$	减	不变	减	等湿冷却
A-3	$t_L < t_w < t_s$	减	增	减	减焓加湿
A-4	$t_w = t_s$	减	增	不变	等焓加湿
A-5	$t_s < t_w < t$	减	增	增	增焓加湿
A-6	$t_w = t$	不变	增	增	等温加湿
A-7	$t_w > t$	增	增	增	增温加湿

注：表中 t、t_s、t_L 为空气的干球温度、湿球温度和露点温度，t_w 为水温。

在实际的喷淋过程中，喷水量总是有限的，空气与水的接触时间也不可能无限长，所以空气状态和水温都是不断变化的，空气的终状态也很难达到饱和。此外，在 $h\text{-}d$ 图上，实际的空气状态变化过程并不是一条直线，而是曲线。同时该曲线的弯曲形状又和空气与水滴的相对运动方向有关系。

假设水滴与空气的运动方向相同（顺流），因为空气总是先与具有初温 t_{w1} 的水相接触，有小部分达到饱和，如图 4-10a 所示，且温度等于 t_{w1}，这部分空气与其余的空气混合得到状态点 1，此时，水温已升至 t'_w。然后，具有状态 1 的空气与温度为 t'_w 的水滴相接触，又有一小部分达到饱和，其温度等于 t'_w。这部分空气再与其余空气混合得到状态 2，此时水温已升至 t''_w。如此继续下去，最后可得到一条表示空气状态变化过程的折线，点取得多时，便成了曲线。在逆流的情况下，按同样的分析方法，可以看到曲线将向另一方向弯曲，如图 4-10b 所示。

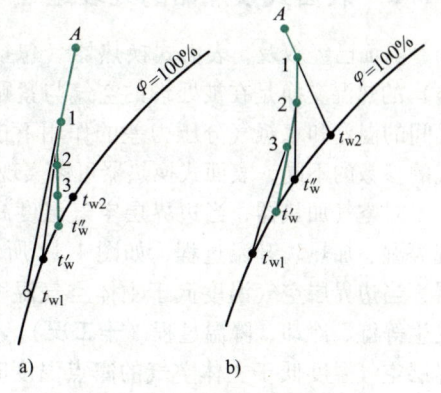

图 4-10　空气与水的实际处理过程
a）顺流　b）逆流

可见无论是在顺流还是在逆流的情况下，喷水室中的空气状态变化过程都不是直线，而是曲线。如果接触时间充分，在顺流时空气终状态等于水终温；在逆流时，空气终状态等于水初温。不过在实际的喷水室中，无论是逆流还是顺流，水滴与空气的运动方向都不可能是纯粹的逆流或顺流,而是比较复杂的交叉流动。所以空气的终状态既不等于水终温,也不等于水初温,对喷时也不等于水的平均温度。此外,由于空气与水的接触时间不够充分,所以空气的终状态也往往达不到饱和。经验表明,对于单级喷水室,空气的终相对湿度一般能达到95%,用双级喷水室处理空气,空气的终相对湿度能达到100%。习惯上,称喷水室处理后的这种空气状态为"**机器露点**"(见本书5.2节)。尽管在实际的喷水室中,空气的状态变化过程不是直线,但是因为在实际工作中,人们所关心的只是处理后的空气终状态,而不是状态变化的轨迹,所以还是用连接空气初、终状态点的直线来表示空气状态的变化过程,如图4-11所示。

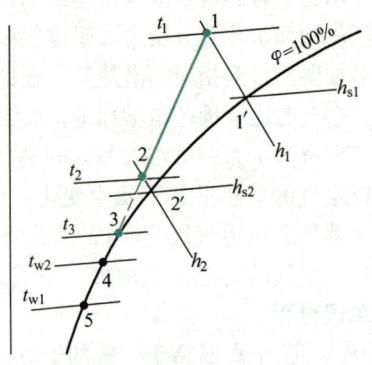

图 4-11 冷却干燥过程中空气与水的状态变化

影响喷水室热质交换效果的主要因素见表4-2。

表 4-2 影响喷水室热质交换效果的主要因素

物理量	符号	影响状况
空气质量流速	ρv	ρv 升高,热质交换效果好,减少喷水室断面尺寸;但 ρv 过大将使喷水室阻力加大。一般 ρv 在 $2.5 \sim 3.5 \text{kg/(m}^2 \cdot \text{s)}$
喷水系数	μ	在一定的范围内加大喷水系数将改善热质交换效果
空气与水的初参数		空气与水的初参数决定了热质交换的推动力的大小和方向
喷嘴排数		单排喷嘴的热质交换效果小于双排喷嘴情况,三排喷嘴和双排喷嘴效果相当
喷嘴密度	N	喷嘴密度过大,水苗相互叠加,不能充分发挥作用;喷嘴密度过小,水苗不能覆盖整个喷水室断面,引起交换效果降低。一般喷嘴密度取 $13 \sim 24$ 个$/(\text{m}^2 $ 排$)$ 为宜
喷嘴孔径	D	孔径小,则喷出水滴细,增加与空气的接触面积,热质交换效果好
喷水方向		逆喷好于顺喷,对喷好于两排均逆喷,三排时采用一顺两逆
排管间距		对于不同的喷嘴,排管间距有对应的最佳距离

注:ρ 为空气密度,v 为空气流速。

关于喷水室的热工计算参见本系列教材《热质交换原理与设备》(见参考文献[11])。

4.3.2 表面式换热器的处理过程

前面已经叙及,表面式换热器(包括空气加热器和空气冷却器两类)的热湿交换是在被处理的空气与紧贴换热器外表面的边界层空气之间的温差和水蒸气分压力差的作用下进行的。根据空气与边界层空气的参数的不同,表面式换热器可以实现三种空气处理过程。

对空气加热器,当边界层空气温度高于主体空气温度时,可以实现等湿、加热、升温过程,如图4-12所示 $A \to B$ 过程线。对空气冷却器,当边界层空气温度低于主体空气温度,但高于其露点温度时,将发生等湿、冷却、降温过程(**干工况**),如图4-12所示的 $A \to C$;当边界层空气温度低于主体空气的露点温度时,将发生减湿、冷却、降温过程(**湿工况**),如图4-12所示的 $A \to D$。

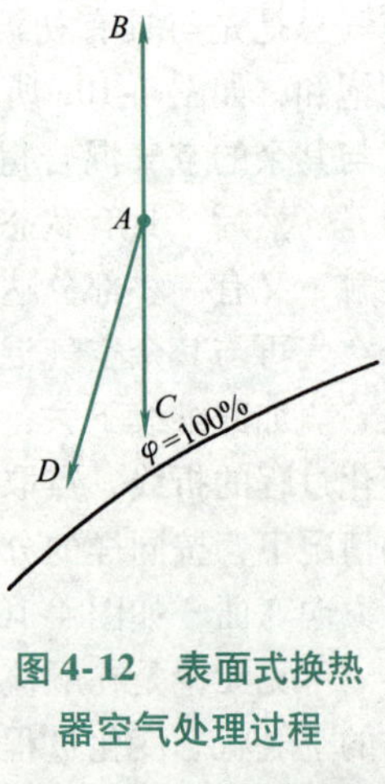

图 4-12 表面式换热器空气处理过程

由于在等湿加热和冷却过程中,主体空气和边界层空气之间只有温差,并无水蒸气分压力差,所以只有显热交换,而在减湿冷却过程中,由于边界层空气与主体空气之间不但存在温差,也存在水蒸气分压力差,所以通过换热器表面不但有显热交换,也有伴随湿交换的潜热交换。由此可知,湿工况下的空气冷却器比干工况下有更大的热交换能力,或者说对同一台空气冷却器而言,在被处理空气干球温度和水温保持不变时,空气湿球温度越高,空气冷却器的冷却减湿能力越大。

空气冷却器不同于喷水室,它不能实现加湿过程,因此在冬季使用空气冷却器的空调系统中必须加装空气加湿器。

影响空气冷却器热质交换效果的因素见表 4-3。

表 4-3 影响空气冷却器热质交换效果的因素

物理量	符号	影响状况
空气质量流速或迎面风速	$\rho v/v_y$	$\rho v/v_y$ 升高,空气的表面传热系数高,热交换效果好;但 ρv 过大将使阻力加大。$\rho v/v_y$ 过低将使得空气冷却器的尺寸和初投资增加。一般 v_y 在 2~3m/s
水的流速	w	w 升高,水侧的表面传热系数高,热交换效果将有所提高;但过大的 w 将使阻力加大
空气冷却器的表面积	A	表面积大则换热量增加,但初投资也将增加
空气与水的温度与温差		空气与水的温差越大,其间的换热量也将增大,表面析湿特性主要取决于水温

关于空气冷却器的热工计算参见本系列教材《热质交换原理与设备》(见参考文献 [11])。

4.3.3 空气加湿器的处理过程

空气的加湿方法很多,从本质上讲可分为两大类。一类是用外界热源产生水蒸气,然后再将水蒸气混到空气中进行加湿,这类方法在 h-d 图上近似表现为等温过程,称为**等温加湿**,见图 4-13 中 A-B;另一类是水吸收空气中的显热蒸发加湿,这类方法在 h-d 图上表现为等焓过程,称为**等焓加湿**,见图 4-13 中 A-C。等温加湿方法加湿效率高,但饱和蒸汽遇冷易凝结成液态水滴。等焓加湿方法对某些场所在夏季可以实现既加湿又降温过程,但水滴颗粒较粗,加湿效率较低,且不适用于温度需要恒定的场所的加湿过程。

将水蒸气直接与空气混合是比较简便的等温加湿方法。从图 4-14 可以看出,如果需要将 q_m (kg/h) 状态 1 的空气加湿到状态 2,则需要的加湿量为

$$W = q_m(d_2 - d_1)$$

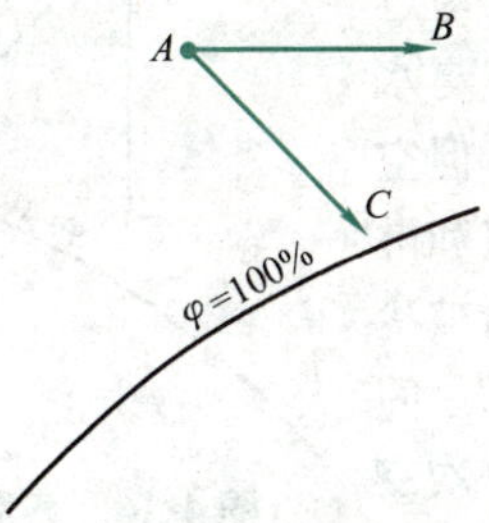

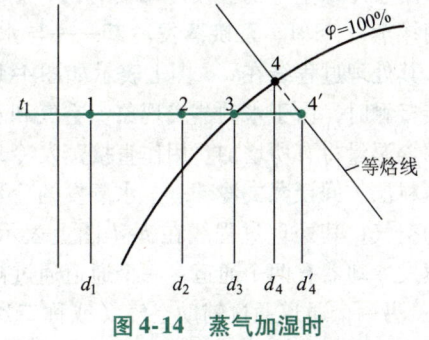

图 4-13 空气加湿器空气处理过程

图 4-14 蒸气加湿时空气状态的变化

如果将空气加湿到饱和状态点 3 之后还继续加入蒸汽,则多余的蒸汽将凝结成水,放出来的汽化热又使饱和空气的温度继续提高,即空气状态将沿饱和线上升到状态点 4。点 4 的具体位置可按热平衡的原则或作图法得到。使用作图法时,先按加湿量大小在等温线的延长线上找到点 4′,过点 4′的等焓线与饱和线的交点就是状态点 4。

4.3.4 吸湿剂的处理过程

用吸湿剂的处理过程是空气和吸湿剂接触时利用吸湿剂吸收水气的能力来达到空气减湿的过程。吸湿剂有两大类，一是液体吸湿剂，二是固体吸湿剂。

在空调工程中，使用的**液体吸湿剂**有氯化钙、氯化锂和三甘醇等。氯化钙溶液对金属有较强的腐蚀作用，其价格便宜；氯化锂溶液虽对金属也有一定的腐蚀作用，但由于其吸湿性能好，在国内外使用较多；三甘醇的主要优点是没有腐蚀性，而且其吸湿能力较强，具有很好的发展前途。液体吸湿剂减湿方法的主要优点是：空气减湿幅度大，能达到很低的含湿量；可以用单一的减湿处理过程得到需要的送风状态。缺点是需要有一套盐水溶液的再生设备，系统比较复杂，初投资高，其使用场合主要是含湿量要求很低的生产车间。其处理过程在 h-d 上表示为降温减湿过程 A-3，见图 4-15。此过程和图 4-12 中空气冷却器的 A-D 过程相仿，不同之处在于用液体吸湿剂时降温不是主要的，减湿效果比较显著，因此 A-3 比 A-D 更向左偏。液体吸湿剂可根据盐水溶液的浓度和温度不同，分别实现等焓（加热）减湿过程 A-1 和等温减湿过程 A-2，见图 4-15。

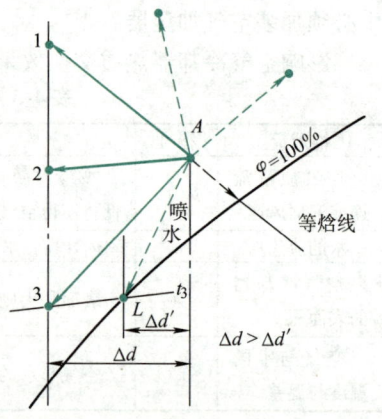

图 4-15　吸湿剂的空气处理过程

在空调工程中，最常用的**固体吸湿剂**是硅胶和氯化钙。使用固体吸湿剂的空气处理过程是等焓升温过程，当潮湿空气采用固体吸湿材料吸湿，空气中的水蒸气被吸附，同时放出汽化热又加热了空气，空气减湿前后的比焓值保持不变，温度上升。固体吸湿设备比较简单，投资和运行费用较低。缺点是减湿性能不稳定，并随时间的延长而下降，吸湿材料需要再生。固体吸湿剂适用于除湿量较小的场所。其处理过程在 h-d 上表示为等焓（加热）减湿过程 A-1，见图 4-15。

4.3.5 空气蒸发冷却器的处理过程

用于冷却空气的蒸发冷却器有两种基本形式——直接蒸发冷却和间接蒸发冷却。**直接蒸发冷却**——与水直接接触的等焓冷却过程，其处理过程线在 h-d 图上表示如图 4-16 所示 A-B。当空气与水直接接触时，由于水的蒸发现象，空气和水的温度都会降低，但空气的含湿量将有所增加。用作直接蒸发冷却器的设备有喷水室和淋水填料层。**间接蒸发冷却**——水蒸发的冷量通过传热壁面传给被冷却的空气，其处理过程线在 h-d 图上表示如图 4-16 所示 A-C。间接蒸发冷却器有两个通道：一个通道通过被冷却空气（称为**一次空气**）；另一个通道通过辅助空气（或称**二次空气**）及喷淋水，在该通道中水蒸发吸热，二次空气把水冷却到接近其湿球温度，然后，水通过间壁把另一侧的一次空气冷却下来。如果二次空气的湿球温度低于一次空气的露点温度，就有可能对一次空气降温的同时又除湿。从理论上分析，借直接蒸发冷却过程可获得的一次空气的最低温度趋近于它的湿球温度，而借间接蒸发冷却过程可获得的一次空气的最低温度则趋近于它的露点温度。间接蒸发冷却器主要有板式、管式和热管式三种类型。

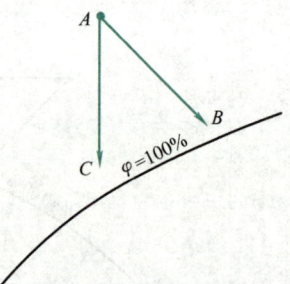

图 4-16　蒸发冷却器的空气处理过程

4.3.6 空气处理的各种途径

在空调系统中，为了得到同一送风状态点，可能有不同的处理方案与途径。下面以完全使用室外新风的直流式空调系统为例，予以说明。

一般夏季室外空气的温度和湿度高于室内的设定参数，为此，需要对室外空气进行冷却、减湿处理，然后送入室内；冬季室外温度和湿度低，需要对室外空气进行加热、加湿处理。假定夏季、冬季室外空气的状态点分别为 W_x、W_d，如图 4-17 所示的 h-d 图，要把空气处理到某个相同的送风状态点 O，则可能有八种空气处理方案，各种方案中至少有一种甚至多种不同处理途径。

空气处理方案一：$W_x \rightarrow L \rightarrow O$，夏季室外空气经喷水室喷冷水（或用空气冷却器）冷却减湿，然后经过加热器再热。

空气处理方案二：$W_x \rightarrow 1 \rightarrow O$，夏季室外空气流经固体吸湿剂减湿后，再用空气冷却器等湿冷却。

空气处理方案三：$W_x \rightarrow O$，直接对夏季室外空气进行液体吸湿剂减湿冷却处理。

空气处理方案四：$W_d \rightarrow 2 \rightarrow L \rightarrow O$，冬季室外空气先经过加热器预热，然后喷蒸汽加湿，最后经加热器再热。

空气处理方案五：$W_d \rightarrow 3 \rightarrow L \rightarrow O$，冬季的室外空气经加热器预热后，进入喷水室绝热加湿，然后经加热器再热。

空气处理方案六：$W_d \rightarrow 4 \rightarrow O$，经加热器预热后的冬季室外空气再进行喷蒸汽加湿。

空气处理方案七：$W_d \rightarrow L \rightarrow O$，冬季室外空气先经过喷水室喷热水加热、加湿，然后通过加热器再热。

空气处理方案八：$W_d \rightarrow 5 \rightarrow L' \rightarrow O$，冬季室外空气经加热器预热后，一部分进入喷水室绝热加湿，然后与另一部分未进入喷水室加湿的空气混合。

通过以上方案可以看出，空气经过不同的处理途径，完全可以得到同一种送风状态。用 h-d 图很容易确定处理方案，同时各种处理设备处理前后的空气状态参数在图上也就确定了。这些参数对于选择和设计各种设备是必要的已知条件。这些都说明了 h-d 图对于空气调节设计是极为重要的。

很显然，空气处理方案多种多样，这就产生了一个问题，到底采用哪种方案比较好呢？

以冬季为例，喷蒸汽的方案六只要两种设备，比方案四和方案五少一种设备，因此从经济上来看投资最少。但是用一般阀门手动调节来控制喷蒸汽量是不容易实现的，因此要把状态 4 不多不少地处理成送风状态 O 就不那么容易。蒸汽量偏大或偏小，所得的终状态就会偏离 O。所以从技术上看，当房间相对湿度的控制精度要求不高时，可采用手动调节喷蒸汽量。当房间相对湿度的控制精度要求较高时，应采用湿度计作为湿度敏感元件，通过自动控制装置调节蒸汽加湿器的喷蒸汽量（即加湿量），控制 O 点的相对湿度。

方案七从表面上来看也只要两种处理设备，似乎比方案四和方案五省了设备，但是如果喷热水还需装一个加热水的装置，事实上设备并不少。当然，尽管设备数量一样，但是设备不同还有进一步进行经济比较的问题。从另一方面也要看到，在一些地区，冬季可以利用相对于室外空气状态温度较高的自来水（一般稳定在 14~18℃）喷淋，或工厂中有方便的热水可用，无

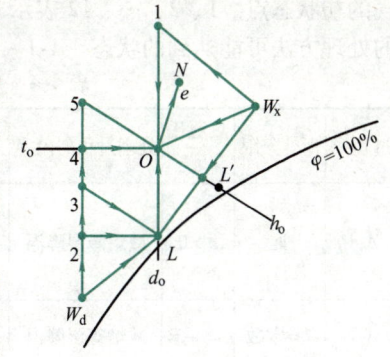

图 4-17 空气处理的各种途径

需水加热装置，因此无论是经济上还是技术上，方案七可能是比较好的方案。

方案五和方案四相比较，都需要三种处理过程。从热能消耗来看，前者要把室外空气从 t_{wd} 预热到 t_3，后者只需预热到 t_2，因此空气加热的容量可以较小；不过在进一步处理方面，前者是利用喷淋循环水实现绝热加湿过程，不再需要加热，而后者需进一步消耗热量的喷蒸汽过程。两个方案需要的热量都是 $(h_L - h_{wd})$，但是考虑到冬、夏季方案相结合，方案五冬、夏季可合用一个喷水室，方案四就需要另装一个喷蒸汽的装置。喷蒸汽量偏大时，有含湿量增大或再汽化加湿的问题。所以，当房间相对湿度的控制精度要求较高时，可采用方案四同时配有自动控制加蒸汽量装置；否则采用方案五。

从消耗热量来看，从状态 W_d 到状态 O，每 kg 共需要 $(h_o - h_{wd})$ kJ 的热量。从 h_L 到 h_o 所需要的 $(h_o - h_L)$ kJ/kg 的热量，几个方案都是一样的；而从 h_{wd} 到 h_L 所需要的 $(h_L - h_{wd})$ kJ/kg 空气的热量，几个方案都需要用来自热源的热水或蒸汽，只有用温度较高的自来水喷淋的方案七是利用天然的热量，不需要消耗来自热源的热量，因此从消耗热能上看方案七最省。严格地说，各个方案还应该比较水循环的水泵所需的电能。

综上所述，确定方案不是仅能满足要求就可以了，而是要本着节能的原则，根据生产工艺和舒适性要求，结合冷源、热源、材料、设备等具体情况，从使用效果、管理、投资和能量消耗等方面进行技术经济比较，最终确定最佳方案。在进行比较时，还需要具体情况具体分析。

空气的各种处理过程如图 4-18 所示。图中 t_L 是空气的露点温度，t_s 是空气的湿球温度，A 点表示空气的初状态点。1、2、…、12 表示 A 点的空气用不同的处理方法可能达到的状态。A-1~A-12 各种处理过程的内容和一般采用的处理方法见表 4-4。

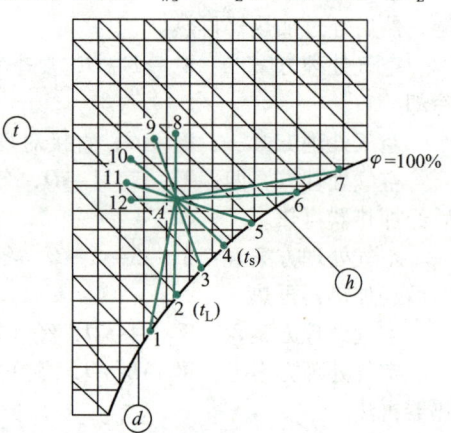

图 4-18　各种处理过程

（注：图中交点为 A 点）

表 4-4　各种空气处理过程的内容和处理方法

过程线	所处象限	热湿比 ε	处理过程的内容	处理方法
A-1	Ⅲ	$\varepsilon > 0$	减焓降湿降温	用水温低于 t_L 的水喷淋
				用肋管外表面温度低于 t_L 的空气冷却器冷却
				用蒸发温度 t_0 低于 t_L 的制冷剂直接膨胀式空气冷却器冷却
A-2	$d =$ 常数	$\varepsilon = -\infty$	减焓等湿降温	用水的平均温度稍低于 t_L 的水喷淋或空气冷却器干式冷却
				t_0 稍低于 t_L 的制冷剂直接膨胀式空气冷却器干式冷却
A-3	Ⅳ	$\varepsilon < 0$	减焓加湿降温	用水喷淋，$t_L < t'$（水温）$< t_s$
A-4	$h =$ 常数	$\varepsilon = 0$	等焓加湿降温	用水循环喷淋，绝热加湿
A-5	Ⅰ	$\varepsilon > 0$	增焓加湿降温	用水喷淋，$t_s < t'$（水温）$< t_A$（t_A 为 A 点的空气温度）
A-6	Ⅰ（$t =$ 常数）	$\varepsilon > 0$	增焓加湿等温	用水喷淋，$t' = t_A$；喷低压蒸汽等温加湿
A-7	Ⅰ	$\varepsilon > 0$	增焓加湿升温	用水喷淋 $t' > t_A$；喷过热蒸汽
A-8	$d =$ 常数	$\varepsilon = +\infty$	增焓等湿升温	加热器（蒸汽、热水、电）干式加热
A-9	Ⅲ	$\varepsilon < 0$	增焓降湿升温	冷冻机除湿（热泵）
A-10	$h =$ 常数	$\varepsilon = 0$	等焓降湿升温	固体吸湿剂吸湿
A-11	Ⅲ	$\varepsilon > 0$	减焓降湿升温	用温度稍高于 t_A 的液体除湿剂喷淋
A-12	Ⅲ（$t =$ 常数）	$\varepsilon > 0$	减焓降湿等温	用与 t_A 等温的液体除湿剂喷淋

4.4 空气热湿处理设备

4.4.1 空气热湿处理设备的类型

根据各种热湿交换设备的特点不同,空气热湿处理设备可分为直接接触式和间接接触式(表面式或间壁式)两类。

直接接触式热湿交换设备包括喷水室、蒸汽加湿器、局部补充加湿装置以及使用液体吸湿剂的装置等。其特点是与空气进行热湿交换的介质直接与空气接触,例如用不同温度的水喷淋空气;使被处理的空气流过热湿交换介质表面,通过含有热湿交换介质的填料层;或者向空气中喷入低压水蒸气;或者用液体吸湿剂喷淋空气时,形成具有各种分散度液滴的空间,使液滴与流过的空气直接接触。

表面式(间壁式) 热湿交换设备包括光管式、翅片管式和肋管式空气加热器及空气冷却器等。其特点是与空气进行热湿交换的介质不与空气接触,换热介质(热水、水蒸气、冷水和制冷剂)在间壁式换热管内流动,被处理空气在管外流(掠)过,两者通过固体壁面进行热交换或热湿交换。根据热湿交换介质的温度不同,壁面的空气侧可能产生水膜(湿表面)。

有的空气热湿处理设备如喷水室或空气冷却器兼有直接接触式和表面式两类设备的特点。在所有的热湿交换设备中,喷水室和表面式换热器(包括空气加热器和空气冷却器)的应用最广。

4.4.2 喷水室

喷水室是空调之父开利(Willis H. Carrier)博士受大自然降雨现象启发发明的人工微气候空调设备,是一种典型的空气与水直接接触式空气热湿处理设备。**喷水室**中将不同温度的水喷成雾滴与空气直接接触,或将水淋到填料层上,使空气与填料层表面形成的水膜直接接触,进行热湿交换,可实现多种空气热、湿处理过程,同时对空气还具有一定的净化能力,洗涤吸附空气中的尘埃和可溶性有害气体。并且在结构上易于实现工厂化制作和现场安装,金属耗量少,在以调节湿度为主的纺织厂、烟草厂及以去除有害气体为主要目的的净化车间等得到广泛的应用。但它有对水质卫生要求高、占地面积较大、水系统复杂、水泵耗能多、运行费用较高等缺点。

《民用建筑供暖通风与空气调节设计规范》(GB 50736—2012) 7.5.3 规定,采用循环水蒸发冷却或天然冷源时,宜采用直接蒸发式冷却装置、间接蒸发式冷却装置和空气冷却器。喷水室就是直接蒸发冷却装置的一种。

喷水室有多种分类方法。按被处理空气在喷水室内的流速分为低速(2~3m/s)和高速(3.5~6.5m/s)两类,目前多数采用低速喷水室;按喷水室内空气流动方向分为卧式(空气流动为水平方向,水以顺喷或逆喷方向喷出)和立式(空气流动由下向上或由上向下,水由上向下喷出)两类,目前多数使用卧式喷水室;按制造喷水室外壳所用的材料分为金属外壳和非金属外壳(如玻璃钢、砖砌或钢筋混凝土)两类。

1. 普通单级低速喷水室

普通单级卧式低速喷水室的构造如图 4-19a 所示。喷水室是由外壳、底池、喷嘴与排管、前后挡水板和其他管道及其配件组成。普通单级立式低速喷水室的构造如图 4-19b 所示。

(1) 挡水板 挡水板分为前挡水板和后挡水板两种。前挡水板兼有挡住飞溅出来的水滴和使进风均匀流入的双重作用,故又称为均风板。后挡水板的作用是分离空气中携带的水滴,以减少被处理空气带走的水量(又称为**过水量**)。挡水板一般采用镀锌钢板、玻璃钢或塑料制成,目前塑料板用得较多。常用挡水板的形状如图4-20所示。前挡水板一般设置2~3折，后挡水板宜设置4~6折。挡水板的过水量大小与挡水板的材料、形式、折角、折数、间距、喷水室截面的空气流速以及喷嘴压力等有关。

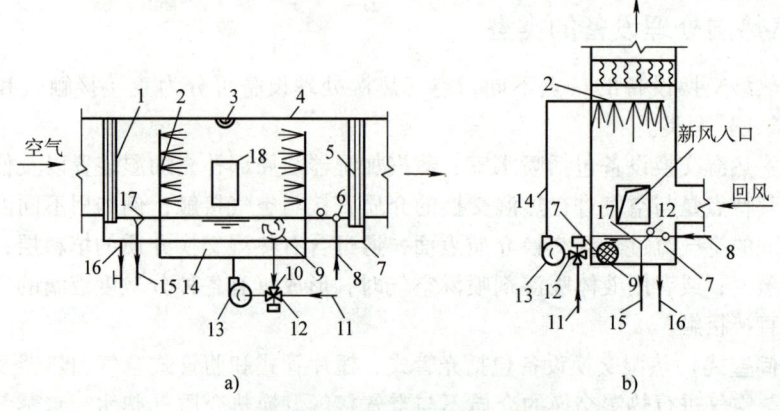

图4-19 喷水室的构造示意图
a) 卧式喷水室　b) 立式喷水室

1—前挡水板　2—喷嘴与排管　3—防水灯　4—外壳　5—后挡水板　6—浮球阀　7—底池　8—补水管　9—滤水器　10—循环水管　11—冷水管　12—三通调节阀　13—水泵　14—供水管　15—溢水管　16—泄水管　17—溢水器　18—检查门

（2）喷嘴　喷嘴是喷水室的核心配件。其作用是使喷出的水雾化，增加水与空气的接触面积。喷嘴一般由铸钢、铸铜、铸铝、不锈钢、塑料（ABS）及尼龙等材料制成。

我国于20世纪50年代广泛采用Y-1（苏联）和3/8in喷嘴。20世纪60~70年代采用青岛大喷嘴和BTL-1型（西德）喷嘴。20世纪80年代后采用Luwa型（瑞士）、LTG型（德国）、NTL型和FL

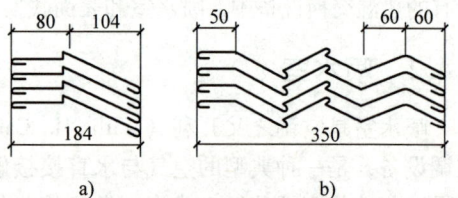

图4-20 挡水板的断面形状
a) 前挡水板　b) 后挡水板

型喷嘴。20世纪90年代又开发了PX-1型、PY-1型和FD型三种大孔径离心式喷嘴。其中PX-1型喷嘴是由西安工程大学（原西北纺织工学院）等单位开发研制的大雾化角强旋流离心式喷嘴。

PX-1型喷嘴的主要特点是通过喷嘴结构设计，产生强旋流，从而提高雾滴的细度，增大雾化角，防止喷嘴堵塞，使喷水室达到较为理想的热湿交换效果；水的雾化压力较低，一般在水压为0.06MPa时即可成雾，而当水压增加到0.20MPa时，雾化角可达120°以上，既有良好的雾化效果，又有显著的节能特点；在具有较大雾化角的同时，又有较高的喷水量，可大大减少喷水室喷嘴的排列密度，达到高效节能的目的；另外，还可减少喷嘴堵塞，降低维护工作量。目前，PX-1型喷嘴已在纺织厂推广应用，用户反映良好。PX-1型喷嘴的性能参数见表4-5。

表4-5　PX-1型喷嘴性能参数

喷嘴规格	性能参数	喷水压力/MPa											
		0.02	0.04	0.06	0.08	0.10	0.12	0.14	0.16	0.18	0.20	0.22	0.24
进水孔径8mm，出水孔径8mm	喷水量/(kg/h)	254	365	420	488	550	581	655	690	761	783	820	915
	雾化角(°)	114	115	116	118	118	120	125	125	126	128	128	128
	射程/m	0.85	1.10	1.40	1.70	1.85	2.00	2.10	2.25	2.35	2.45	2.50	2.55

（续）

喷嘴规格	性能参数	喷水压力/MPa										
		0.02	0.04	0.06	0.08	0.10	0.12	0.14	0.16	0.18	0.20	0.22	0.24
进水孔径7mm,出水孔径8mm	喷水量/(kg/h) 雾化角/(°) 射程/m	237 111 0.80	278 112 1.05	411 115 1.38	426 117 1.65	452 121 1.82	470 123 1.95	487 123 2.06	624 125 2.20	634 125 2.31	684 127 2.40	694 128 2.47	727 128 2.52
进水孔径6mm,出水孔径8mm	喷水量/(kg/h) 雾化角/(°) 射程/m	221 110 0.70	254 112 0.92	392 114 1.25	404 115 1.50	421 118 1.68	432 119 1.87	451 121 1.96	587 121 2.05	603 123 2.12	627 126 2.24	642 126 2.35	665 128 2.45
进水孔径6mm,出水孔径6mm	喷水量/(kg/h) 雾化角/(°) 射程/m	185 114 0.78	224 115 0.82	246 116 1.00	304 118 1.24	325 118 1.40	350 120 1.60	384 121 1.75	399 123 1.80	431 125 2.05	456 125 2.10	471 127 2.15	492 127 2.20
进水孔径5mm,出水孔径6mm	喷水量/(kg/h) 雾化角/(°) 射程/m	174 113 0.70	216 115 0.75	227 115 0.95	300 116 1.20	323 116 1.35	346 119 1.45	373 120 1.70	394 122 1.75	411 123 2.00	422 125 2.05	455 126 2.10	482 127 2.15

目前，在空调工程中常采用的几种喷嘴的结构如图 4-21 所示。

为了彻底解决现有喷水室喷嘴易堵塞、维护工作量大、能耗较高、系统较复杂及调节不够灵活等实际问题，西安工程大学等单位在广泛吸收国内外先进技术的基础上，开发研制了新型流体动力式喷水室。该喷水室的核心配件是撞击流式喷嘴，如图 4-22 所示。撞击流式喷嘴有对喷式和靶式两种。对喷式撞击流喷嘴为一对直流短管，水流通过两个喷嘴相向喷射，两股水流相遇后从两喷嘴之间的缝隙中挤压出一圆形水膜。来自喷水室的迎面气流与水膜剧烈摩擦，将其撕碎，从而达到使水雾化的目的。图 4-23 所示为某纺织厂采用 PX-1 型喷嘴的喷水室照片，图 4-24 所示为靶式喷嘴照片。

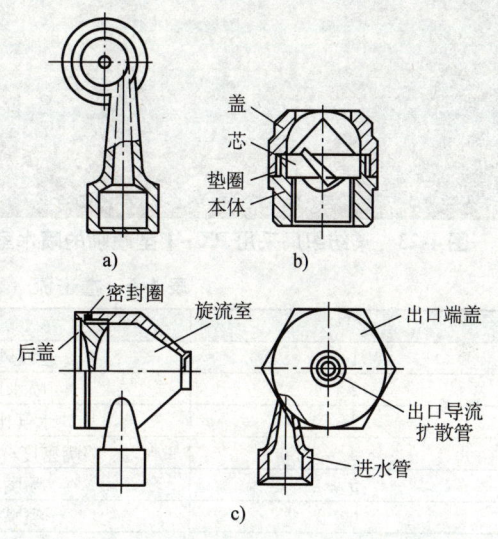

图 4-21 空调工程中常用的几种喷嘴结构
a) Luwa（LTG）型　b) BTL-1 型　c) PX-1 型

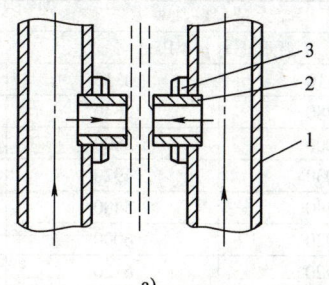
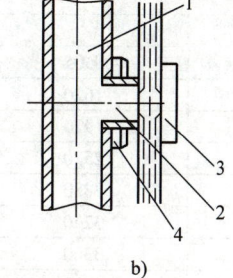

图 4-22 撞击流式喷嘴结构
a) 对喷式撞击流喷嘴　b) 靶式撞击流喷嘴
1—供水立管　2—喷嘴　3—靶板　4—紧箍螺母

流体动力式喷水室是撞击流理论与技术在空调工程中的应用。撞击流喷嘴的特点是防止堵塞；水膜雾化角可达180°，覆盖面更宽且分散度均匀，在喷嘴密度较小的条件下，达到较高的热湿交换效率；水流在直短管喷嘴中阻力小，与离心式喷嘴相比，所需的雾化水压低，喷水量较少，降低风机和水泵的能耗，调节灵活，通过调节喷嘴间的距离，便可改变水膜的厚度，从而满足粗喷和细喷的不同处理过程要求。靶式喷嘴比对喷式喷嘴便于加工和安装，精度要求低，可避免对喷式喷嘴由于加工和安装精度不够，使两短管不在同一轴线上，从而影响雾化效果的不足。目前纺织厂空调喷水室已开始推广应用流体动力式喷水室。撞击流（对喷式）喷嘴的性能参数见表4-6，喷水量见表4-7。撞击流（靶式）喷嘴的性能参数见表4-8，喷水量见表4-9。

图 4-23 某纺织厂采用 PX–1 型喷嘴的喷水室照片　　图 4-24 靶式喷嘴照片

表 4-6 撞击流（对喷式）喷嘴性能参数

序号	参数单位	数值范围
1	迎面风速/(m/s)	0~3
2	喷水压力/MPa	0.15~0.2
3	水气比/(kg/kg)	0.35~0.5
4	喷嘴密度/[对/(m^2·排)]	2~3
5	喷嘴间距/mm	3~5
6	喷嘴孔径/mm	4~6
7	热湿交换效率(%)	90~95

表 4-7 撞击流（对喷式）喷嘴喷水量

间距 δ/mm	喷水量/(kg/h)			
	喷水压力 p/MPa			
	0.05	0.10	0.15	0.20
0.5	1620	2280	2640	3000
1	1920	3000	2600	3920
2	2520	4030	4920	5880
3	2880	4440	5400	6480
4	3240	4920	6000	7200
5	3300	4920	6120	7040
6	3240	5040	6000	7040
7	3300	4860	6000	7100

表 4-8 撞击流（靶式）喷嘴性能参数

序号	参数单位	数值范围
1	迎面风速/(m/s)	1.5~3
2	喷水压力/MPa	0.15~0.25
3	水气比/(kg/kg)	0.5~0.7
4	喷嘴密度/[个/(m²·排)]	3~5
5	喷嘴间距/mm	3~5
6	喷嘴孔径/mm	4~6
7	热湿交换效率(%)	80~90

表 4-9 撞击流（靶式）喷嘴喷水量　　　　（单位：kg/h）

间距/mm	3			4			5		
孔径/mm	喷水压力/MPa								
	0.15	0.20	0.25	0.15	0.20	0.25	0.15	0.20	0.25
4	870	980	1080	970	1020	1170	1030	1070	1250
5	950	1100	1180	1070	1120	1230	1100	1170	1270
6	1170	1200	1330	1180	1270	1480	1230	1370	1500

喷嘴的性能优劣主要体现在同样喷水压力下的喷水量和雾化效果。同一类型的喷嘴，孔径越小，喷嘴前压力越高，雾化效果越好。孔径相同时，压力越高，喷水量越大，雾化程度越好，但喷水所消耗水泵的功率越大。理想的喷嘴应能在较低喷水压力下，保证喷水室所需要的雾化效果的喷水量，且使用过程中不易被堵塞。

喷嘴在喷水室断面上的布置，应能使水滴均匀地布满整个断面，其密度一般为 13~24 个/m²，在横断面上通常呈梅花形排列。

(3) 喷水排管　喷水室内喷嘴可布置成一排、二排或三排。喷水方向可选择顺喷（与气流方向一致）或逆喷（与气流方向相反）。仅作为加湿用的喷水室可采用一排喷嘴，顺喷或逆喷。采用二排喷嘴时为对喷，即一排顺喷，一排逆喷。采用三排喷嘴时，第一排顺喷，第二、三排逆喷。

喷水排管距前挡水板和后挡水板的距离一般为 200~300mm。喷水排管之间的距离，对于喷嘴孔径小于 5.5mm，风量在 10 万 m³/h 以下时，可采用 600mm，对于大风量的喷水室，采用 1000~1200mm。喷水排管按供水干管所处的位置不

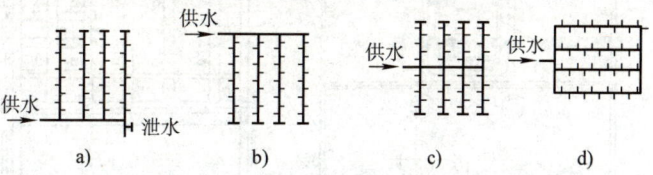

图 4-25 喷水排管的连接方式
a) 上分式　b) 下分式　c) 中分式　d) 环式

同分为上分式、下分式、中分式和环式四种形式，如图 4-25 所示。通常喷水室断面较大时需采用中分式或环式。但是不论采用何种连接方式，均应在水管最低点设泄水阀或泄水丝堵，以便冬季不用时泄掉存水。

(4) 喷水室外壳　喷水室一般为矩形断面，断面面积由被处理风量和推荐风速确定。

目前制造厂提供的喷水室定型产品，金属外壳一般采用双层钢板制成，内夹离心玻璃棉、聚苯乙烯或聚氨酯保温材料层，并应有角钢或弯曲钢板加固。有防腐蚀要求时，宜采用玻璃钢外壳，内加保温层。也可采用 80~100mm 的钢筋混凝土现场浇制。

为了能进入喷水室检修，喷水室的外壳上应有不小于 400mm×600mm 的密封检查门。检查门上应开设玻璃观察孔，以方便运行管理人员观察喷水情况。小室内设有防水照明灯。

(5) 附属装置　喷水室的附属装置包括底池和底池内设有的回水管、溢水管、补水管及泄

水管等管道。

1）底池。定型产品中称为水槽（箱），它的容积一般是按能容纳 2～3min 的总喷水量确定，池深一般为 400～600mm。

2）回水管。回水管是将喷淋时落入底池的水抽回去再循环使用，也称为循环水管。在夏季，可用一部分回水与给水（机械制冷冷水机组制取的冷水或天然的深井水等）相混合，通过三通调节阀来调节喷水温度。在冬季，全部用循环水来喷淋空气。为了防止回水中的杂物堵塞喷嘴，通常在回水管的吸水口处装有滤水器（网）。

3）溢水管。通常在溢水管的上部装设带水封罩的蘑菇形溢水器。其作用是使底池（或水槽、水箱）的水面保持一定高度，使空气流过喷水室时保持一定的迎风面积。当水位升至溢水器时，多余的水就经溢水管溢流出去。如果用深井水喷淋，溢水管与排水管接通；如用冷水喷淋，则流回制冷装置。

4）补水管。在冬季一般采用喷淋循环水加湿空气，由于水分蒸发和挡水板带水等影响，底池（或水槽、水箱）的水量将逐渐减少。为维持最低水位，防止水泵断水，一般采用浮球阀自动补水装置。对于工厂生产的喷水室定型产品，除补水管外，还设有快速充水管，用于更换水槽（箱）内的水和清洗水槽（箱）。水槽（箱）内的水要定期排放和更换，以保持水质的清洁卫生。更换水槽（箱）内的水，也可由补水管来承担，不另设快速充水管，但必须适当加大补水管的管径。

5）泄水管。在清扫底池（或水槽、水箱）时排污用，泄水口设在最低点，底池（或水槽，水箱）的底面要有一定的坡度，坡向泄水口。

（6）喷水室定型产品　目前厂家可提供的单级喷水室有双排（一顺、一逆）和三排（一顺、二逆）两种类型，各有 10 种规格与空气处理机组相配套。图 4-26 所示为双排喷水室总图，其他的参见产品样本说明书。

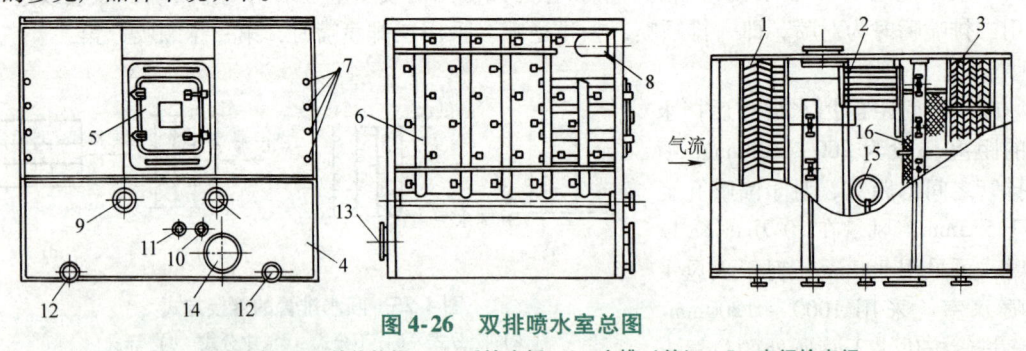

图 4-26　双排喷水室总图

1—前挡水板　2—检修格栅　3—后挡水板　4—水槽（箱）　5—密闭检查门　6—喷淋装置　7—测试孔　8—防水灯　9—进水管　10—快速充水管　11—补水管　12—排水管　13—溢水管　14—回水管　15—浮球阀　16—滤水器

2. 双级低速喷水室

前面介绍的普通喷水室属于单级喷水室，被处理空气与喷淋水只进行一次热湿交换，常用于人工冷源的空调系统中。当喷水室采用地下水、深井回灌水、山涧水等天然冷源时，为节约用水，增强冷却效果，应使被处理空气与不同温度的水接触两次，进行两次热湿交换后，再将水排入下水道，这种喷水室称为**双级喷水室**。

双级喷水室如图 4-27 所示。按空气流动方向，最先接触被处理空气的喷水级为第一级，后面的为第二级。两个喷水级之间一般可以不设中间挡水板，但底池（或水槽、水箱）应该是分开的。温度较低的地下水先用水泵送到第二级喷淋空气，然后再用另一台水泵，把第二级底池

（或水槽、水箱）内已升温的回水送到第一级作为供水。每级喷水室的附属设备与单级的基本相同。这种使用同一水源的两级喷水室，实际上是两个单级喷水室在风路及水路两方面串联起来使用的，而且喷淋水与被处理空气呈逆流流动（相当于一个逆流式换热器），因此，具有热湿交换效率高，被处理

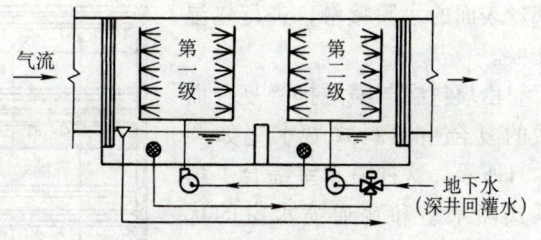

图 4-27 双级喷水室

空气的温降和比焓降较大，大大节约天然冷源用水量，且空气的终状态一般可达饱和等特点。

工厂生产的双级喷水室有定型产品可供选用，详见有关产品样本说明书。

3. 单级高速喷水室

一般低速喷水室内空气流速为 2~3m/s，高速喷水室的断面风速比低速喷水室约高 1 倍左右，如瑞士某公司的高速喷水室的风速范围为 3.5~6.5m/s；美国某公司的圆形断面高速喷水室的空气流速高达 8~10m/s。高速喷水室与低速喷水室相比，其最突出的优点是，对于同样的被处理风量，前者的横断面面积可减少到后者的一半，从而大大节省占地空间。但是，提高风速的同时，必须解决好如何降低空气阻力，减少挡水板过水量的问题。

瑞士某公司生产的高速喷水室如图 4-28 所示，已在我国纺织厂的空调工程中得到广泛应用（目前国内也有类似的产品问世）。该喷水室的结构与低

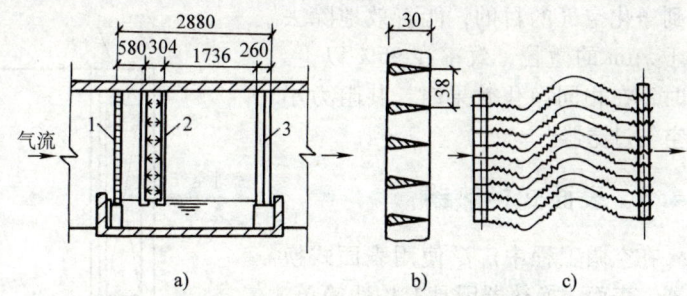

图 4-28 瑞士某公司的高速喷水室
a) 高速喷水室 b) 导流格栅 c) 双波纹挡水板
1—导流格栅 2—喷嘴及喷排 3—双波纹挡水板

速喷水室相似，只是前挡水板为导流格栅，断面呈机翼形，使进入喷水室的气流均匀、稳定；后挡水板为双波纹型，不仅挡水效果好，而且阻力小。美国某公司的圆形断面高速喷水室如图 4-29 所示。

高速喷水室采用的离心式小孔径（φ3、φ4）喷嘴，与 PY-1 型喷嘴相比，具有雾化效果好，扩散角大，喷水量小的显著特点。因此，喷水室的喷嘴密度较大 [38~41 个/(m²·排)]，要求喷水压力较低，可减少水泵的电能消耗。

为了保证空气与水滴有相当充分的接触时间，

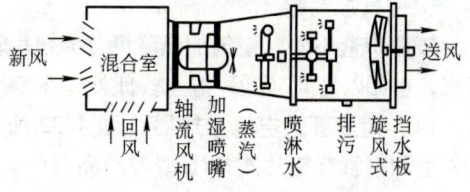

图 4-29 美国某公司的高速喷水室

高速喷水室末排喷嘴到后挡水板的间距要更长。喷水室总长度大于普通低速喷水室。

4. 填料式喷水室

填料式喷水室是将水穿过分层布置的堆满玻璃、金属或玻璃纤维网组成的蜂窝结构填料层来获得水与空气的密切接触。在填料层的后部设有叶片型或玻璃纤维板型挡水板。另外，还配有风机、电动机、泵及附属的喷嘴。这类喷水室有些具有保温结构，也可不设保温。

填料式喷水室不需要喷水的雾化作用，但蜂窝结构填料层表面使水具有良好的分布是必要的。填料式喷水室是有效的空气净化器，对空气有良好的净化作用。

由分层布置的玻璃丝盒所组成的填料式喷水室如图 4-30 所示。空气穿过玻璃丝层时与各玻

璃丝表面的水膜接触，进行热湿交换。

由填料层与喷淋排管复合而成的复合型填料式喷水室如图4-31所示。这种喷水室综合了填料式喷水室和普通喷水室的优点。由于采用了金属铝箔填料并做成蜂窝状结构，其比表面积大，增加了水和空气的接触面积；采用了靶式撞击流喷嘴，具有防堵、高效等特点，热湿交换效率高达95%以上。除了可对空气实现多种热湿处理过程外，还可以达到净化空气的目的，能有效地除去大于5μm的微粒，效率在95%以上。同时，在相同净化效果时，其阻力小于空气过滤器。

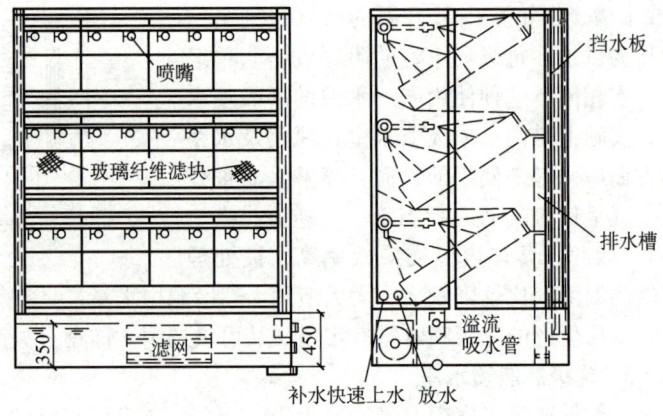

图4-30 玻璃丝盒填料式喷水室

4.4.3 表面式换热器

在空调工程中广泛使用表面式换热器。表面式换热器因具有构造简单、占地少、水质要求不高、水系统阻力小等优点，已成为常用的空气处理设备。表面式换热器包括**空气加热器**和**空气冷却器**两类。前者用热水或蒸汽作为**热媒**，后者以冷水或制冷剂作为**冷媒**。因此，空气冷却器又可分为水冷式和直接膨胀式两类。

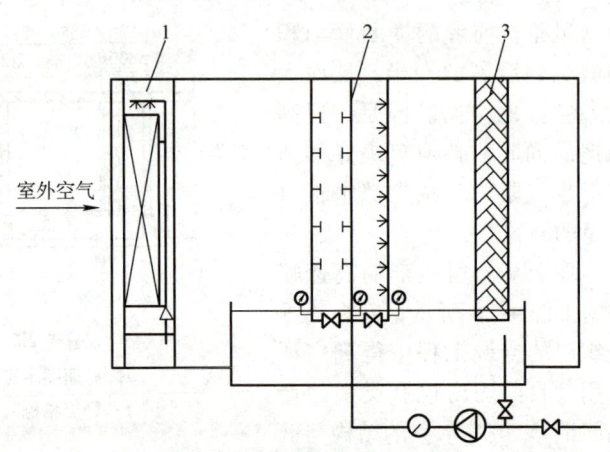

图4-31 复合型填料式喷水室
1—填料层 2—喷淋排管 3—挡水板

1. 空气加热器

按照构造不同，空气加热器可分为翅片管式和光管式两类。所采用的热媒可以是高（低）压蒸汽，也可以是高（低）温水。此外，在工艺性空调工程中，有时也采用电加热器。

（1）**翅片管式空气加热器** 图4-32所示为翅片管式空气加热器。常用的有钢管绕钢片式SRZ型和钢管绕铝片式SRL型等产品。

空气加热器应安装在集中式空调系统的空气处理机内，也可安装在进入空调房间前的送风风管内，作为局部补充加热用，以调节房间的温度。

空气加热器可以垂直安装或水平安装，蒸汽为热媒的空气加热器水平安装时，应具有不小于0.01的倾斜度，以便顺利排除凝结水。

空气加热器的组合方式是沿空气流动方向，通过被处理空气量多时采用并联，被加热空气温升大时采用串联。实际应用中常采用串联、并联结合的方式。一般情况下根据空气加热量的大小决定。

在空气处理机内的空气加热器，应配置旁通风阀（门），以便对加热空气量和空气被加热的温度进行有效的调节和控制；这样做也有利于降低非供暖季节里空气侧的压力损失。

空气加热器与热媒管路的连接，热媒为热水时，热水管路与加热器可并联，也可串联（图4-33）。管路串联可以增加水流速度，有利于水力工况稳定性和提高加热器的传热系数，但水侧的阻力有所增加。另外，空气加热器的供回水管路上应安装调节阀和温度计，加热器的最高点设放空气阀，最低点设泄水、排污阀。

热媒为蒸汽时，蒸汽管路与加热器只能用并联，因为蒸汽加热器主要利用蒸汽的汽化热来加热空气，而热水加热器则利用热水温度降低时放出的显热。蒸汽管路与空气加热器的连接如图4-34所示。在配管时应注意以下事项：空气加热器的入口管道上，应安装压力表和调节阀，在凝结水管路上应安装疏水器，它的前后需安装截止阀，并设旁通管路。疏水器前应安装过滤器或冲洗管，疏水器后应设检查管。若检查管排出的不是凝结水而是蒸汽，说明该疏水器已失灵，需要更换。

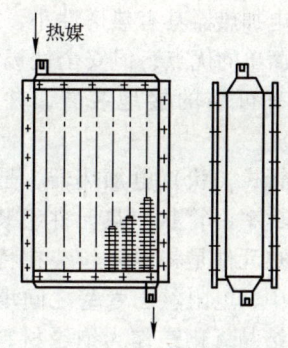

图4-32 翅片管式空气加热器

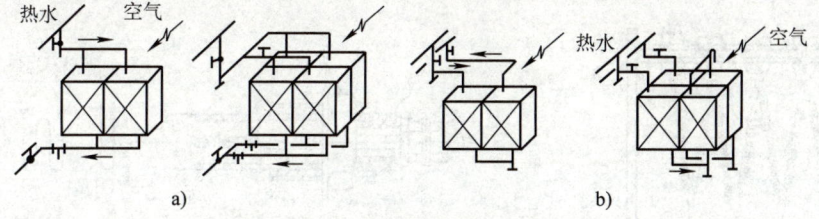

图4-33 热水管路与空气加热器连接
a）并联连接 b）串联连接

管道与加热器应分别支承，不应将管道的荷载作用于加热器上；加热器的供汽支管，应从蒸汽干管的上部接出，以避免干管中的沿途凝结水随蒸汽流入加热器；在供汽干管的末端应有疏水装置；空气加热器的进出口接头，应采用法兰接口；加热器的出口，应配置集水管（沉污袋），它至疏水器的接管应从集水管中部引出。空气加热器出口与疏水器的安装高差，不应小于300mm。数台空气加热器并联安装时，宜各台分别装置疏水器。

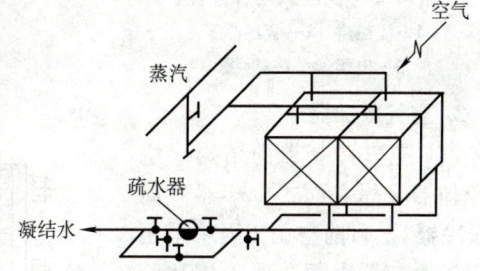

图4-34 蒸汽管路与空气加热器连接

空气加热器的热媒流向，应与空气流向相平行，即让热媒的进口处于进风侧，热媒的出口处于出风侧。

(2) **光管式空气加热器** 图4-35所示为光管式空气加热器，它是用无缝钢管焊制而成。与翅片管式空气加热器相比，虽然它的传热系数小些，但由于表面光滑无棱，易做清洁维护，且结构简单，制作方便，空气阻力小，因此，特别适合于纺织厂冬季对含有纤维性尘杂空气的加热，可避免尘杂堵塞加热器。有关热媒管路与光管式空气加热器的安装与翅片管式空气加热器相同。

(3) **电加热器** 电加热器是电流通过电阻丝或电热管，对空气进行加热的设备。电加热器的主要优点是加热均匀，加热量稳定，设备结构紧凑并且加热量易于调节控制。缺点是有效能消耗量大，费用高。因此，电加热器一般用于小型空调系统，或用在对恒温精度要求高的大型空调系统的送风支管上作为局部加热器或末级精加热器，起微调节的作用。

电加热器按其结构形式可分为裸线式和管式两种。裸线式电加热器的构造如图4-36所示。

这种电加热器具有热惰性小,加热迅速,结构简单的优点,但安全性极差。因此,必须有可靠的接地装置,并应与风机连锁。

管式(状)电加热器,是根据所需加热功率由管状电热元件组装而成。这种电热元件是将电阻丝装在特制的金属套管中,电阻丝与管壁之间填充导热性好的结晶氧化镁作为绝缘材料。其结构如图4-37所示。管式电加热器的主要

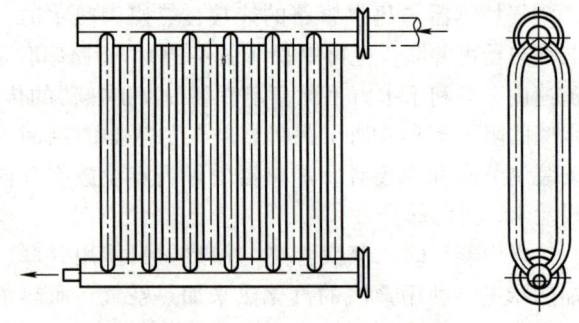

图4-35 光管式空气加热器

优点是加热均匀,安全性好,加热量稳定。缺点是热惰性大。目前空调系统中常采用这种电加热器。

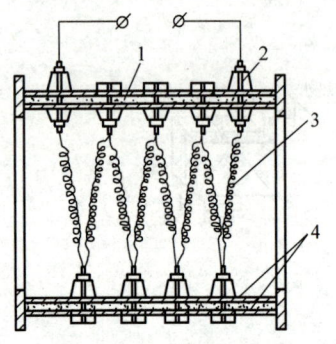

图4-36 裸线式电加热器
1—隔热层 2—瓷绝缘子
3—电阻丝 4—钢板

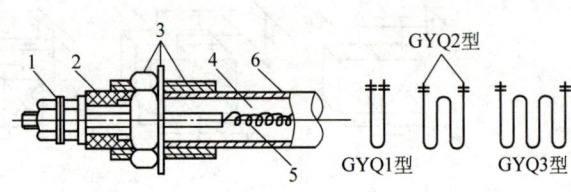

图4-37 管式电加热器
1—接线端子 2—瓷绝缘子 3—紧固装置
4—绝缘材料 5—电阻丝 6—金属套管

2. 空气冷却器

(1) 空气冷却器的结构 空气冷却器又称表面式冷却器(简称**表冷器**)。目前空调工程中采用的空气冷却器大部分属于翅片管式,其构造如图4-38所示。翅片与管子的连接方式有缠绕式、嵌片式和串片胀套式等(图4-39)。

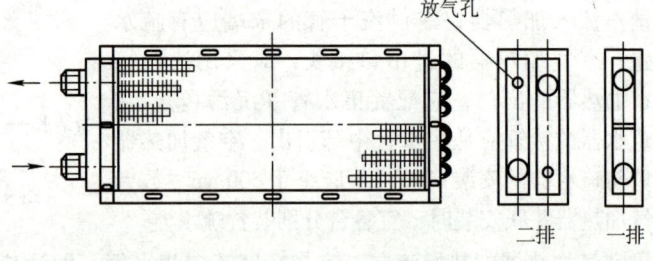

图4-38 空气冷却器的构造

为减少翅片与管子间的接触热阻,使空气冷却器换热性能稳定,应力求管子与翅片间接触紧密,并保证长久使用后仍不会松动,目前多采用二次翻边片胀套式。除了翅片管外,还有用轧片机在光滑铜管或铝管外表面上直接轧出肋片管。由于肋片管的肋片与管子是一个整体,无接触热阻,传热性能好,强度高,但制造成本高,对低肋片比较合适。

翅(肋)片管的排列方式常用"叉排",它比"顺排"有较好的传热效果。

目前国产空气冷却器型号主要有:钢管绕铝片的JW型、纯铜管绕皱褶铜片的UⅡ型、钢管绕皱褶钢片的GLⅡ型、钢管镶铝片的SXL-B型、铝管轧铝管的KL型、铜管套铝片的YG型以及铜管串铝片的BB-16A型和TLS型(无缝纯铜管及高纯度铝质或铜质波纹形翅片)等。大多数型号的空气冷却器若采用热水作为热媒,也可当作空气加热器用,但所采用的热媒是温度为65℃以下的热

水。这种夏季当作空气冷却器,冬季当作空气加热器的装置称为**冷热交换器**(或称**空气换热器**)。

(2) 空气冷却器的安装 空气冷却器的安装位置根据其用途而定。对于集中式全空气空调系统,空气冷却器应装在空气处理机内,对于半集中式(水—空气)空调系统,空气冷却器应装在风机盘管机组或柜式空调机组内。

1) 空气冷却器可以垂直安装,也可以水平安装或倾斜安装。安装时要使空气冷却器的翅(肋)片处于垂直位置,使冷凝水顺翅(肋)片流下,以免冷凝水积存而增加空气阻力。由于空气冷却器工作时,表面上有冷凝水产生,所以在它们的下部应装滴水盘和排水管(包括存水弯)。对于迎风断面面积较大的空气冷却器应在垂直方向分层设置滴水盘,滴水盘应有一定的深度,以防迎面风速过大时将水盘内冷凝水带走,如图4-40所示。

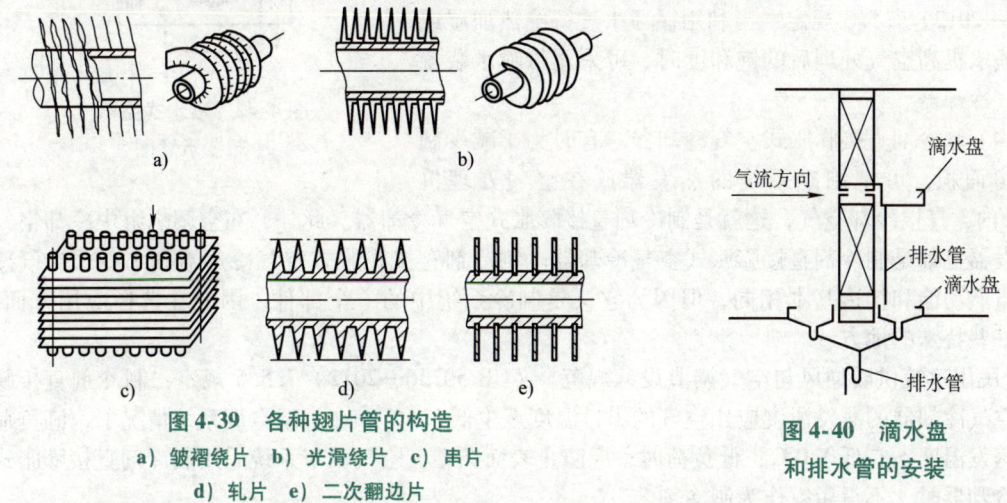

图4-39 各种翅片管的构造
a) 皱褶绕片 b) 光滑绕片 c) 串片
d) 轧片 e) 二次翻边片

图4-40 滴水盘和排水管的安装

2) 空气冷却器可以单台或多台组合使用,以满足冷量的要求。对于空气流动方向来说,空气冷却器(或空气换热器)可以并联,也可以串联或者既有并联又有串联。至于采用何种组合方式,应按通过空气量的多少和需要冷量(热量)的大小来决定。一般是通过空气量多时采用并联,需要空气温降(或温升)大时采用串联。

3) 空气冷却器(或空气换热器)与冷媒(或热媒)管路的连接也有并联与串联之分。通常的做法是,相对于空气来说并联的空气冷却器(或空气换热器),其冷媒(或热媒)管路也应并联;串联的空气冷却器(或空气换热器),其冷媒(或热媒)管路也应串联,如图4-41所示。

4) 为了使冷媒(或热媒)与被处理空气之间有较大的传热温差,最好让空气与冷媒(或热媒)之间按逆交叉流型流动,即进水管路与空气出口应位于同一侧(图4-41)。

5) 空气冷却器(或空气换热器)的冷(热)媒管路上应设阀门、压力表和温度计,以方便使用与维修。为保证其正常工作,在最高点应设排气阀,在最低点应设泄水和排污阀。

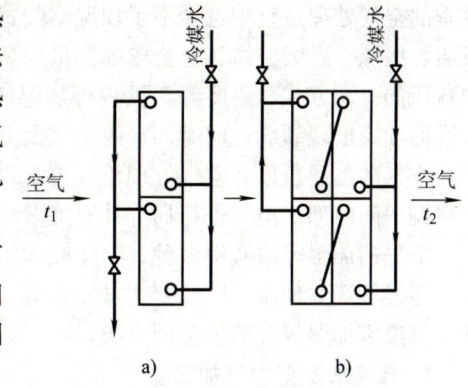

图4-41 空气冷却器与冷媒管路的连接
a) 相对于空气流向,2台并联 b) 相对于空气流向,2台并联,2排串联

冬季热水温度取65℃以下为宜,以免因管内壁积水垢而影响换热器的出力。

(3) 喷水式空气冷却器　为了克服空气冷却器不能对空气相对湿度进行调节，冬季无法对空气进行加湿处理的缺点，同时也为了提高空气冷却器的传热能力，喷水式空气冷却器应运而生。这种喷水式空气冷却器如图 4-42 所示，它是带喷水装置的空气冷却器。即在空气冷却器前设置一排喷水管，向其外表面喷淋循环水。

实验证明，在其他条件相同的情况下，喷水式空气冷却器比不喷水的空气冷却器的热交换能力要大许多，从而扩大了空气冷却器处理空气的范围。喷水式空气冷却器通常设置在空气处理机内。

《民用建筑供暖通风与空气调节设计规范》（GB 50736—2012）7.5.3 规定：当利用循环水进行绝热加湿或利用喷水提高空气处理后的饱和度时，可采用带喷水装置的空气冷却器。

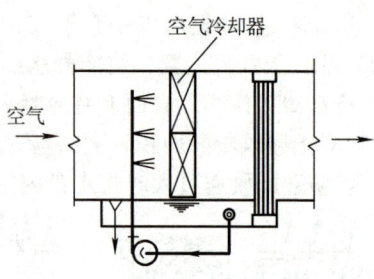

图 4-42　喷水式空气冷却器示意图

(4) 制冷剂直接膨胀式空气冷却器　有时为了减少制冷机房面积，可把制冷系统的蒸发器放在空气处理机（室）内，直接冷却空气，这就是制冷剂直接膨胀式空气冷却器。此外，在空调机组中冷却空气的蒸发器也都是制冷剂直接膨胀式空气冷却器。制冷剂直接膨胀式空气冷却器和水冷式空气冷却器虽然功能和构造基本相同，但因为它又是制冷系统中的一个部件，因此在选择应用方面，也有一些特殊的地方。

《民用建筑供暖通风与空气调节设计规范》（GB 50736—2012）7.5.5 规定：制冷剂直接膨胀式空气冷却器的蒸发温度应比空气的出口温度至少低 3.5℃，在常温空调系统情况下，满负荷时，蒸发温度不宜低于 0℃；低负荷时，应防止表面结霜。空气调节系统采用制冷剂直接膨胀式空气冷却器时，不得用氨作为制冷剂。

4.4.4　空气加湿器

在空调工程中，有时要对空气进行加湿处理，以增加空气的含湿量和相对湿度，用来满足某些生产工艺过程（如纺织车间、烟草车间及印刷车间等）的特殊要求。对某些恒温恒湿室，冬季的空气处理过程中也少不了加湿空气这个环节。北方干燥地区高级民用建筑（如高级宾馆饭店、医院、高级公寓、办公楼等）的空调系统，在冬季应有加湿措施。特别是采用风机盘管加新风的空调方式，需要对新风进行加湿。否则，室内相对湿度太低，容易产生静电，导致家具表面油漆出现裂缝；同时，室内空气太干燥也容易使人患上呼吸道感染。

空气的加湿可以在空气处理机（或送风风管）内，对送入房间的空气进行集中加湿；也可在空调房间内部对空气进行局部补充加湿。

空气的加湿方法有很多种，除了喷水室加湿外，还有干蒸汽加湿器、电热式加湿器和电极式加湿器等等温加湿，以及超声波加湿器、离心式加湿器、高压喷雾加湿器、湿膜加湿器、压缩空气喷雾加湿等等焓加湿两大类。

1. 等温加湿型空气加湿器

(1) 干蒸汽加湿器　**干蒸汽加湿器**是由干蒸汽喷管、分离室、干燥室和电动或气动调节阀等组成，其结构如图 4-43a 所示。为避免蒸汽喷管在喷出蒸汽中夹带凝结水滴而影响等温加湿效果，在喷管外设有外套。蒸汽先进入喷管外套，对喷管内的蒸汽进行加热，以保证喷出的蒸汽不夹带水滴。然后外套内的凝结水随蒸汽一起进入分离室。经过分离室凝结水后的蒸汽，由分离器顶部的调节阀孔减压后，再进入干燥室，残存在蒸汽中的水滴在干燥室内再汽化，最后由蒸汽喷管喷出的是干蒸汽。图 4-43b 所示为其实物照片。

喷蒸汽加湿既可以在空气处理机（室）内进行，也可以在风机压出段的送风风管内进行，通常优先考虑的是前者。加湿器应与通风机连锁。干蒸汽加湿器的喷管组件一般水平安装在空气处理机（室）内二次加热器（再热器）与送风机之间，自动调节阀及分离室、干燥室置于空气处理机（室）之外。这种先加热、后加湿的布置方式，可确保喷蒸汽加湿效果。因为待加湿的空气经过加热后温度升高，它所能容纳的水气量增大，遇到冷表面时不容易被凝结、析出。

当干蒸汽加湿器的喷管组件必须布置在风管内时，应设置于消声器之前，并处于风管断面的中心部位，这样有助于降低喷蒸汽过程中产生的噪声。喷管出口与前面障碍物（如风管弯头、三通等）之间，应保持 1000~1500mm 的距离。喷管组件在风管内宜水平安装，必要时允许垂直安装。

接至加湿器的蒸汽管，宜采用镀锌钢管，且必须从供汽干管的顶部引出支管。支管的长度应尽可能短，以确保蒸汽的干度。当供汽压力大于 0.2MPa 时，供汽支管上应装减压阀，在阀的前后均需安装压力表。

凡供汽管、凝结水管和喷管组件均应进行保温处理。

干蒸汽加湿器的优点是加湿性能好、噪声较低，缺点是结构和制作工艺复杂，有色金属耗量大，造价较高。当有可靠的蒸汽供应时，宜优先选用干蒸汽加湿器。

（2）电热式加湿器 **电热式加湿器**是把 U 形、蛇形或螺旋形管状电热元件放在水槽或水箱内，通电后将水加热至沸腾产生蒸汽的加湿设备。该加湿器分为开式和闭式两种。

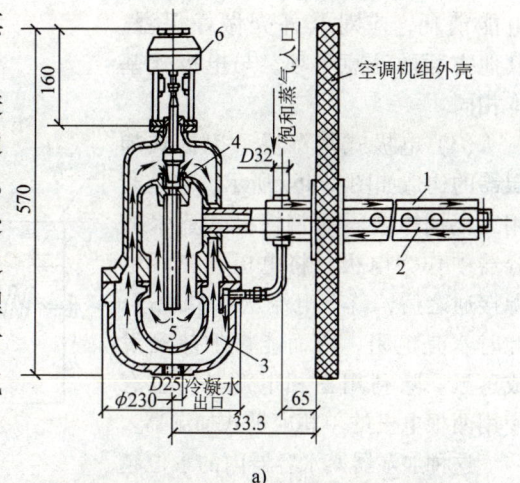
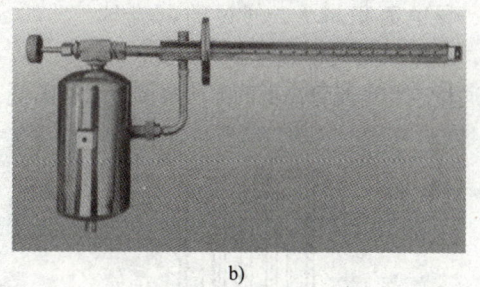

图 4-43 干蒸汽加湿器
a) 结构示意 b) 实物照片
1—外套 2—蒸汽喷管 3—分离室 4—调节阀孔
5—干燥室 6—电动或气动执行机构

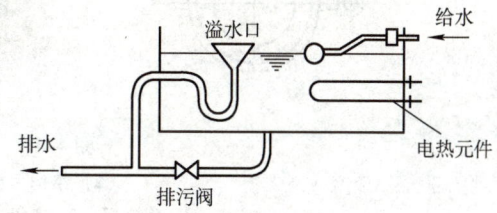

图 4-44 开式电热加湿器

开式电热加湿器如图 4-44 所示，水槽不是密闭的，产生的蒸汽压力与大气压力相同，由于水槽内带有一定体积的存水，从开始通电到产生蒸汽需要较长时间，因而热惯性较大，存在时间滞后的问题。

闭式电热加湿器结构如图 4-45a 所示，装有管状电热元件的水箱不与大气直接相通，所产生的蒸汽压力经常高于大气压力，加湿器内充满压力为 0.01~0.03MPa 的低压蒸汽。需要加湿时，只要打开蒸汽管道上的调节阀即可。这样就减少了加湿器的热惯性和时间滞后，提高了湿度调节的精度。图 4-45b 所示为其实物照片。

电热式加湿器主要设在集中空调系统的空气处理机（室）内，为减少加湿器的热量消耗和电能消耗,应对其外壳做好保温。其他方面的注意事项,与电极式基本相同。

(3) 电极式加湿器 **电极式加湿器**的构造如图4-46a所示。它是利用三根铜棒或不锈钢棒插入盛水的容器中作为电极,将电极与三相电源接通之后,就有电流从水中通过。此时水是电阻,因而能被加热蒸发成蒸汽。除利用三相电源外,也有使用两根电极的单相电极式加湿器。

这种加湿器盛水容器内的水位越高,导电面积越大,通过的电流越强,产生的蒸汽量就越多。因此,可

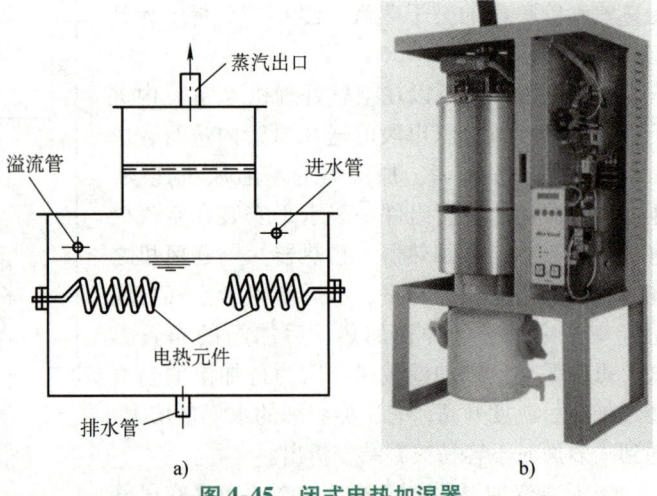

图4-45 闭式电热加湿器
a) 结构示意 b) 实物照片

以通过改变溢流管高低的办法来调节水位高低,从而调节加湿量。图4-46b所示为其实物照片。

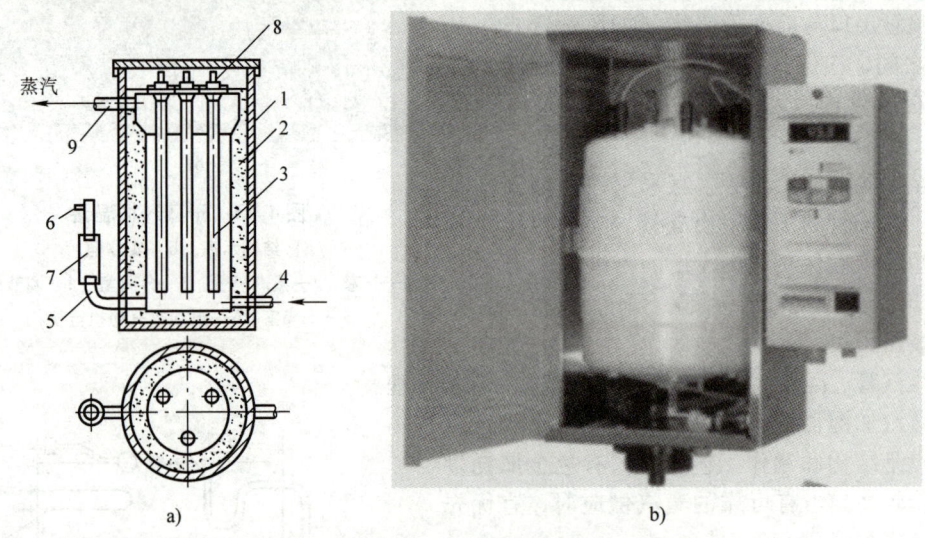

图4-46 电极式加湿器
a) 结构示意 b) 实物照片
1—外壳 2—保温层 3—电极 4—进水管 5—溢水管 6—溢水嘴
7—橡胶管 8—接线柱 9—蒸汽出口

通常当没有蒸汽源可利用时,宜选用电极式加湿器。这种加湿器的主要优点是比较安全,容器中无水,电流就不能通过,不必考虑防止断水空烧措施;另外,其结构紧凑,加湿效率较高,且加湿量容易控制。缺点是耗电量大,加湿成本高,且电极上易积水垢和腐蚀。目前主要用于小型的恒温恒湿空调器中,也可将它设在集中空调系统的空气处理机(室)内,成为电加湿段。

电极式加湿器在安装和使用中应注意下列问题:加湿器的供电电源上应装设电流表,以便调整水位和防止电流过载;加湿器宜设置专用的供水管,在该管上应装设电磁阀和手动调节阀,并在上述两阀之间增装一个DN15的冲洗用水龙头;加湿器底部应设置排污管(管上装设阀门),并定时(一般为每天一次)进行排污;加湿器必须使用软化水,有条件时宜采用蒸馏水;

加湿器的电源采用380V三相四线，为安全起见，应有可靠的接地，并按产品样本要求进行安装操作；加湿器的电极和容器内壁，应定期进行清洗（一般为2~3个月清洗一次），除去水垢和杂质，以保证喷出蒸汽的质量。

（4）PTC蒸汽加湿器　PTC蒸汽加湿器也是一种电热式加湿器，它不用管状电热元件，而是将PTC热电变阻器（氧化陶瓷半导体）发热元件直接放入水中，通电后将水加热而产生蒸汽。

PTC蒸汽加湿器由PTC发热元件、不锈钢水槽、供水和排水装置、防尘罩及控制系统组成。加湿器本体设在空调器的内部，操作盘设在外部。其控制分为双位及比例调节两种，可根据使用要求选用。

PTC氧化陶瓷半导体，在一定电压下，其电阻随温度的升高而变大。加湿器运行初期，由于水温较低，启动电流为额定电流的3倍，水温上升很快，5s后即可达到额定电流，产生蒸汽。PTC蒸汽加湿器具有运行平稳安全、加湿迅速、不结露、高绝缘电阻、使用寿命长、维修工作量少等优点，可用于温湿度控制要求严格的中、小型空调系统。

（5）红外线加湿器　红外线加湿器是利用红外线灯作为热源，形成辐射热（其温度可达到2200℃左右），使水表面蒸发产生水蒸气，直接对空气进行加湿。

红外线加湿器主要由红外灯管、反射器、水箱、水盘及水位自动控制阀等部件组成。它的优点是运行控制简单、动作灵敏、加湿迅速、产生的蒸汽中不夹带污染微粒。加湿器所用的水可不做处理，能定期自动清洗、排污。缺点是耗电量较大、价格较高。因此，适用于对温湿度控制要求严格，加湿量较小的中、小型空调系统及净化空调系统。

2. 等焓加湿型空气加湿器

（1）超声波加湿器　超声波加湿器（图4-47）是利用压电换能片（雾化振子头或振动子），将高频（1.7MHz）电能转化成超声波机械能，在水中产生170万次的超声波，造成剧烈的水滴撕裂作用，使水箱表面的水直接雾化成直径为1~2μm的细微水滴。这些水滴随气流扩散到周围空气中，吸收空气的显热蒸发成水蒸气，从而对空气进行加湿。在使水雾化的过程中也伴随着产生负氧离子，每个压电换能片每小时可将0.2~0.4kg的水雾化。

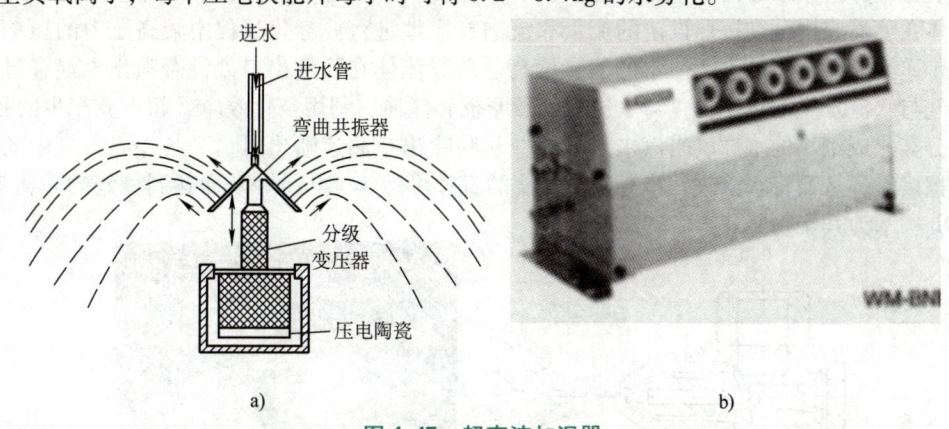

图4-47　超声波加湿器
a）结构示意　b）实物照片

超声波加湿器的优点是雾化效果好、水滴微细均匀、耗电较低、反应灵敏、整机结构紧凑、运行平稳安静、噪声低，即使在低温下也能对空气进行加湿。缺点是加湿器价格较高，振动子的寿命较短。另外，该加湿器对供水水质要求较高，必须用洁净的软化水或去离子水。当采用普通的自来水时，必须除去水中的Ca^+、Mg^+阳离子等杂质，进行软化和净化处理。否则，雾化后的细微水滴的水分蒸发后，会形成白色粉末附着于周围环境表面，产生"白粉"现象。

超声波加湿器可直接安装在需要加湿的室内,也可安装在空调器、组合式空气处理机组内,还可直接安装在送风风管内。

(2) 离心式加湿器　离心式加湿器是靠离心力作用将水雾化成细微水滴,在空气中蒸发进行加湿的。图4-48a所示为离心式加湿器结构示意图,它是由圆筒形外壳、旋转圆盘(带固定式破碎梳)、电动机、水泵管、贮水器和供水系统组成。封闭电机驱动旋转盘和水泵管高速旋转。水泵管抽吸贮水器内的水并送至旋转圆盘上面形成水膜,在离心力作用下,水膜被甩向破碎梳并形成细微水滴。待加湿空气从圆盘下部进入,吸收雾化了的小水滴,由于水滴吸热蒸发而被加湿。供水通过浮球阀进入贮水器,并维持一定的水位。图4-48b所示为其实物照片。

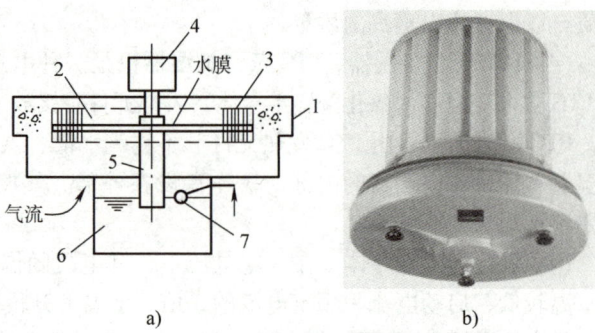

图4-48　离心式加湿器
a) 结构示意　b) 实物照片
1—圆筒形外壳　2—旋转圆盘　3—固定式破碎梳　4—封闭电动机
5—水泵管　6—贮水器　7—浮球阀

离心式加湿器具有节省电能、安装维修方便、体积小、使用寿命较长等优点,可用于较大型空调系统。但由于水滴颗粒较大,不可能完全蒸发,总有少量水滴落下,因此放置加湿器的地方需要排水。加湿用的水最好用软化水或纯净水。

(3) 汽水混合式加湿器　汽水混合式加湿器的主要组成为喷嘴,自动控水装置及集水器等,其结构如图4-49a所示。该加湿器的加湿过程可分为引射和雾化两大部分。具有一定压力(0.1~1.0MPa)的压缩空气通过特别的喷嘴,对气流进行三级合理配置和导流,在喷嘴口形成一个负压区,由于负压作用,集水器中的水连续不断地被引射到喷嘴腔内。被引射的水通过自动控水装置集存于集水器内,为高压空气引射喷雾提供了无压水源。引射压缩空气与被引射水两股流体在喷嘴腔内分别按照设定的流量和流向有序地进行。雾化过程中较高压力的压缩空气将能量传递给较低压力的水,使水的能量增高。两股流体在喷嘴出口处混合喷出,混合过程中高压空气与水流发生动量交换,与水进行剧烈摩擦和碰撞,利用空化效应(超声波产生的效应)将水充分雾化成细小的水珠。当汽水混合流体从喷嘴出口高速喷出时,又与外界大气中的空气进行摩擦接触,从而将水滴进一步撕碎,水滴的直径可达5~10μm,从而达到良好的雾化效果。图4-49b所示为其实物照片。

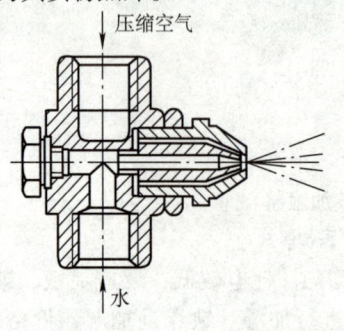 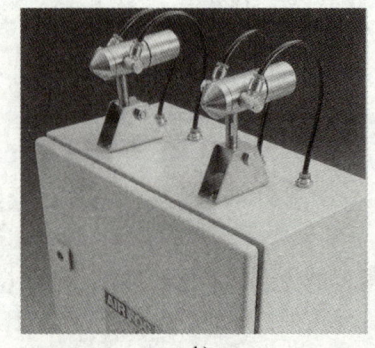

图4-49　汽水混合式加湿器
a) 结构示意　b) 实物照片

由于这种加湿器加湿效率高，雾化效果好，因此一般直接用于室内加湿。

（4）高压喷雾式加湿器　**高压喷雾式加湿器**是通过将经过高压泵加压的高压水从喷嘴小孔向空气中喷出，形成粒径细小的水雾，并与周围空气进行热湿交换进行蒸发加湿。高压喷雾式加湿器如图4-50所示。它是由主机和装有若干个喷嘴的集管两部分组成。集管设在空气处理机内部，主机安装在它的外侧。集管与主机之间用软铜管连接。

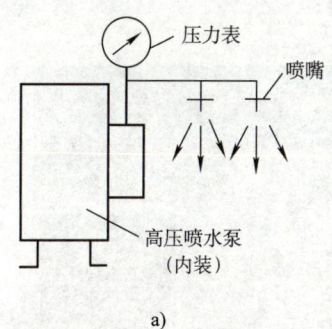 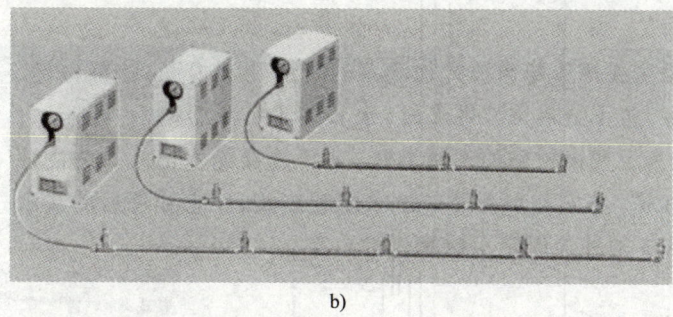

图 4-50　高压喷雾式加湿器
a）结构示意　b）实物照片

高压喷雾式加湿器的主机是由加压泵、电动机、电磁阀、压力表、开关或压力开关、给水滤网等部件组成。上述部件有全部放在机箱内的，也有不用机箱而组装在一起的。集管采用不锈钢管材，喷嘴采用耐用性持久的陶瓷材质，其耐磨强度大大高于不锈钢。所需喷嘴的个数由喷雾加湿量来决定。

该加湿器在向主机供水时，加压泵起动后电磁阀打开；反之，电磁阀随之关闭。当停止供水时，装在主机上的压力开关使加压泵自动停止运转，以防止空转时损伤泵，起到保护作用。这种加湿器使用的水质应清洁、无异味，最好用软化水。

高压喷雾式加湿器体积小、质量轻、耗电量少、加湿量大，给水压力一般为 0.1~0.5MPa。在被处理空气温度较低时，喷出水雾蒸发困难，加湿效率相当低。因此，该加湿器一般安装在空气处理机（室）内的加湿段。当喷雾方向与气流方向相对（逆喷）时，需要安装挡水板，并有排水措施。

目前，有一种新型超高压微雾加湿器。它采用高压陶瓷柱塞泵将净化处理过的水加压至7MPa，再通过高压水管传送到特殊结构的高压微雾喷嘴，每秒能产生50亿粒雾滴，雾滴直径为3~15μm。雾化1L水仅需消耗6W的功率，是离心式或汽水混合式加湿器的1/10。可直接用于室内加湿。图4-51a和图4-51b所示为高压微雾喷嘴实物照片和高压陶瓷柱塞泵及控制箱实物照片。

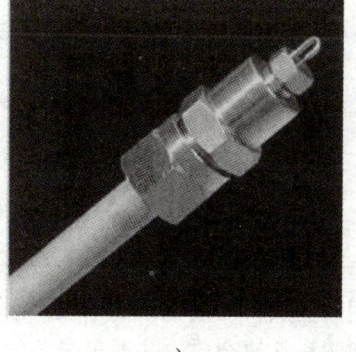 

图 4-51　超高压微雾加湿器
a）高压微雾喷嘴　b）高压陶瓷柱塞泵及控制箱

（5）湿膜加湿器　**湿膜加湿器**是利用水蒸发吸热的原理，将水淋洒在用吸水材料制成的填料上，被处理空气流经填料时，水吸收空气的显热而蒸发成水蒸气进入空气，使空气加湿的同时，也使空气降温，其工作原理如图4-52a所示，它是由填料模块、布水器组件、输水管、水泵、水箱、进水管、排水管等组成。其实物照片见图4-52b。

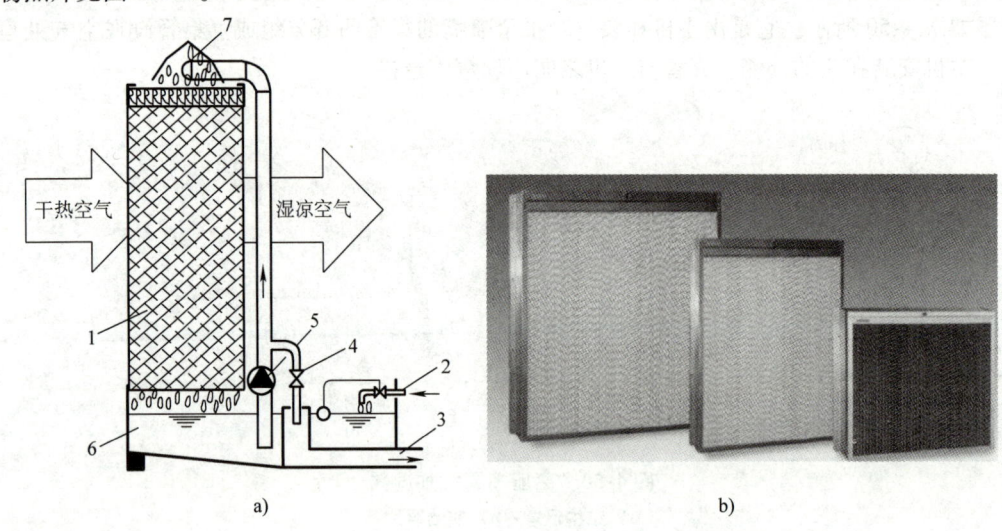

图 4-52　湿膜加湿器
a) 结构示意　b) 实物照片
1—填料　2—进水管　3—排水管　4—排放阀　5—水泵　6—水箱　7—布水器

湿膜加湿器的填料，应具有很强的吸水性、阻燃、耐腐蚀，能阻止或减少藻类在表面滋生。目前常用的填料分为有机填料、无机填料和金属填料三类。有机填料如国外某公司的CELdek，它是由加入了特殊化学原料的植物纤维纸浆制成。$1m^3$ 的 CELdek 填料可提供 $440\sim660m^2$ 的接触面积。无机填料如 GLASdek，它是以玻璃纤维为基材，经特殊成分树脂浸泡，再经烧结处理的高分子复合材料。GLASdek填料具有较强的吸水性，$1m^3$ 的 GLASdek 可吸水 100kg。金属材料主要有铝合金填料和不锈钢填料两种。国家空调设备质量监督检验中心对三种主要填料的检验结果见表4-10。

从填料的热工性能来看，三种填料中 GLASdek 最好。但考虑到填料的防腐耐久性、防火性能、除尘性能及经济性等，金属填料综合性能最好，目前在工程中应用最广。

表 4-10　国家空调设备检验中心对三种填料的检验结果

填料类型	填料前			填料后		测试结果		
	干球温度/℃	湿球温度/℃	迎面风速/(m/s)	干球温度/℃	湿球温度/℃	填料前后温差/℃	加湿量/(g/kg)	风侧阻力/Pa
有机	40.02	24.99	2.59	32.66	25.48	7.36	4.06	36.8
无机	40.06	23.54	2.45	29.58	23.74	10.48	9.70	26.7
金属	40.01	23.50	2.61	37.10	25.01	2.91	3.63	38.4

湿膜加湿器就是利用这些填料在表面形成水膜。水膜具有除尘、脱臭的辅助作用，能捕集空气中的灰尘、臭氧、细菌和其他杂质，并通过未蒸发掉的水分排出。同时，填料表面不断有经过游离氯杀菌处理的自来水清洗，可实现洁净加湿。

该加湿器的供水方式有直接供水和循环供水两种。直接供水方式不设水泵，它要求供水管路能提供足够的流量和压头，并设定流量阀，可使水流量保持相对稳定的水平，以便确保水能均匀分配到加湿模块上。没有蒸发的水流回水箱，通过排水管直接放掉，不再循环使用。直接供水式加湿器的供水可通过电磁阀进行"开/关"控制。

循环供水方式设水泵,进入循环水箱的自来水通过浮球阀控制水位。加湿器工作时,由水泵将水输送到分水器,经输水管至布水器,供给各个加湿模块。未能蒸发的水流回水箱循环使用。该供水系统设有定量排放控制阀和定量排放管,将一部分循环水放掉,同时增加新鲜水供应量,以平衡水中的离子浓度,并将它维持在恒定的较低水平。

湿膜加湿器的主要优点是加湿效率较高,可实现洁净加湿,不需要水处理,维护简单,使用周期长,节省占地面积。

各种空气加湿器的性能特点,如表 4-11 所示。

表 4-11 各种空气加湿器的性能特点

加湿方法	蒸汽式加湿器					水喷雾式加湿器				汽化式加湿器	
加湿器种类	干蒸汽加湿器	间接式蒸汽加湿器	电热式加湿器	电极式加湿器	红外线加湿器	超声波加湿器	离心式加湿器	汽水混合式加湿器	高压喷雾加湿器	湿膜加湿器	板面蒸发加湿器
空气状态变化过程	等温加湿	等温加湿	等温加湿	等温加湿	等温加湿	等焓加湿	等焓加湿	等焓加湿	等焓加湿	等焓加湿	等焓加湿
加湿能力/(kg/h)	100~300	10~200	容量大小可设定	4~20	2~20	1.2~20	2~5	0~400	6~250	容量大小可设定	容量小
耗电量/[W/(kg·h)]		0		780		20	50		890	耗电低	耗电低
优点	加湿迅速、均匀、稳定,不带水滴,不带细菌,运行费低,布置方便,使用寿命长	加湿迅速、均匀、稳定,不带水滴,不带细菌,节省电能,运行费低,控制性能好	加湿迅速、均匀、稳定,控制方便、灵活,不带水滴,不带细菌,装置简单,无需汽源,无噪声	加湿迅速,不带水滴,不带细菌,使用灵活,控制性能好,装置较简单	体积小,加湿强度大,加湿迅速,耗电量少,使用灵活,无需汽源,控制性能好,雾粒小而均匀,加湿效率高	节省电能,安装方便,使用寿命长	对水质无要求,雾粒细,加湿量可任意组合,主控箱与可分离可安装,尤其适合高湿冷库环境及纺织厂车间直接加湿	加湿量大,雾粒细,效率高,运行可靠,耗电量低	构造简单,运行可靠,具有一定的加湿速度,初投资和运行费用都低	加湿效果较好,运行可靠,费用低,板面垫层兼有过滤作用
缺点	必须有汽源并伴有输气管道,设备结构较复杂	必须有汽源并伴有输气管道、加热盘管	耗电量大,运行费用高,不使用软化水或蒸馏水时,内部易结垢,清洗较困难	耗电量大,运行费用高,使用寿命不长,价格高	可能带菌,单价较高,使用寿命短,加湿后尚需升温	水滴颗粒较大,不能完全蒸发,还需排水	需要气泵,耗气量大	可能带细菌,水未经有效过滤时,喷嘴易堵塞,必须进行水处理	易产生微生物污染,必须进行水处理	易产生微生物污染,必须进行水处理

4.4.5 除湿机

降低空气含湿量的处理过程称为减湿（降湿、除湿）处理。在某些生产工艺和产品贮存要求空气干燥的场合，在地下工程（人工洞、洞库、国防工事、坑道等）的通风中，在南方某些气候比较潮湿或环境比较潮湿的地区，都会遇到空气减湿问题。

空气的减湿方法有多种，除前面介绍过的喷水室和空气冷却器可实现对空气的降焓降温减湿处理外，空调工程中常用的空气除湿机有：冷冻除湿机、转轮除湿机、热管除湿机和溶液除湿机等。

1. 冷冻除湿机

（1）普通冷冻除湿机　普通冷冻除湿机的工作原理如图 4-53 所示。它是用制冷机作为冷源，以直接膨胀式空气冷却器作为冷却设备的除湿装置。一般由压缩机、蒸发器（或称直接膨胀式空气冷却器）、风冷式冷凝器、膨胀阀（此处为毛细管）、空气过滤器、凝结水盘和凝结水箱，以及通风机等组成。待除湿的潮湿空气，先经空气过滤器过滤除去尘埃，然后与直接膨胀式空气冷却器接触，空气中的部分水蒸气被冷凝而析出，经冷凝水盘收集后流入冷凝水箱。空气被减湿的同时，空气温度也已降低，其相对湿度有所提高。这种干燥低温相对湿度较高的空气，继续通过风冷式冷凝器空气被加热、温度升高、相对湿度降低（空气的含湿量不变）。通风机将这种空气送入要求除湿的房间内。如此不断地工作，室内空气中的水分被除去，流入冷凝水箱。

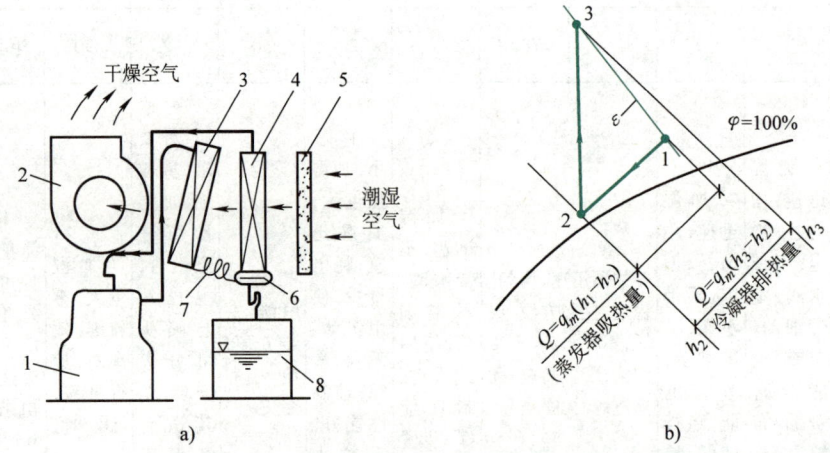

图 4-53　普通冷冻除湿机工作原理图
a）冷冻除湿机工作原理　b）冷冻除湿机内空气的状态变化
1—压缩机　2—离心式通风机　3—风冷式冷凝器　4—蒸发器
5—空气过滤器　6—冷凝水盘　7—毛细管　8—冷凝水箱

图 4-54a 为 KQF-6 型空气除湿机的结构原理图。其空气的处理过程为升温除湿。这对于室内散湿量大且又有余热的房间，好比是"火上浇油"，是不宜使用的。对于既需要除湿，又需要降温的场合，可以采用具有调温能力的冷冻除湿机。图 4-54b 所示为 KQF-6 型空气除湿机的实物照片。

（2）调温冷冻除湿机　该除湿机具有升温除湿，降温除湿和调温除湿的功能。CT-20 型调温除湿机的结构如图 4-55a 所示，它是由压缩机、水冷式冷凝器、风冷式冷凝器、贮液器、膨胀阀、干燥过滤器、电磁阀、蒸发器和有关仪表等组成，采取立柜式结构。离心式风机由用户自行配备，风量为 5500~7000m³/h。图4-55b 所示为调温冷冻除湿机实物照片。

CT-20 型调温除湿机的流程如图 4-56 所示。若按升温除湿过程（A-B）运行时，水冷式冷凝器停用（即停止向冷凝器供给冷却水），关闭直通截止阀 13，打开直通截止阀 6 和 7。若按降温除湿过程（A-D）运行时，停用风冷式冷凝器，关闭直通截止阀 6 和 7，打开直通截止阀 13，让水冷式冷凝器投入工作。若按调温除湿过程（A-C）运行时，则让高温高压的氟利昂蒸气部分由水冷式冷凝器进行冷凝，部分由风冷式冷凝器进行冷凝。也就是说，进入风冷冷凝器的只是一部分氟利昂蒸气，所以它放给空气的只是一部分冷凝热，空气升温不大，借以达到调节除湿机出口的空气温度。

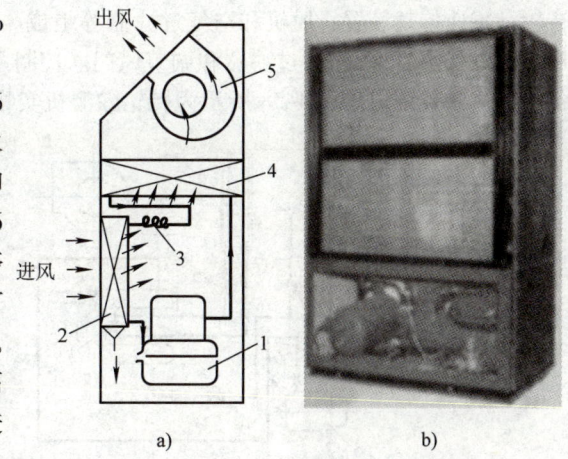

图 4-54　KQF-6 型空气除湿机
a）结构原理　b）实物照片
1—全封闭式压缩机　2—蒸发器　3—毛细管
4—风冷式冷凝器　5—离心式通风机

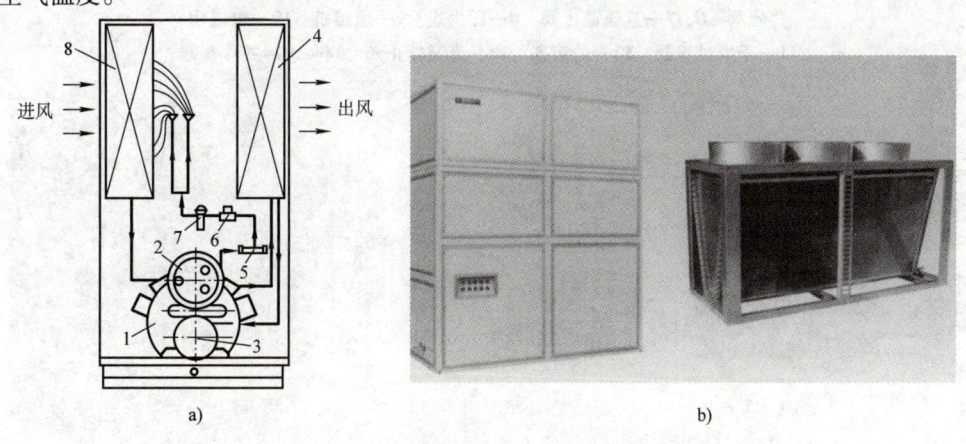

图 4-55　CT-20 型调温除湿机结构原理图
a）结构原理　b）实物照片
1—压缩机　2—水冷式冷凝器　3—贮液器　4—风冷式冷凝器
5—干燥过滤器　6—电磁阀　7—热力式膨胀阀　8—蒸发器

冷冻除湿机的性能稳定，工作可靠，能连续工作。但设备费用和运行费用较高，并有噪声产生，适用于空气的露点温度高于 4℃ 的场合。

2. 转轮除湿机

为了使固体吸附剂除湿设备能够连续工作，可以采用转轮除湿机。转轮除湿机的工作原理如图 4-57 所示，它的主体结构和吸湿部件是不断转动着的蜂窝状干燥转轮。该转轮是由特殊复合耐热材料制成的波纹状介质构成，波纹状介质中载有吸附干燥剂。按照干燥剂的种类不同，干燥转轮有氯化锂转轮、高效硅胶转轮和分子筛转轮等三种，其中以氯化锂转轮和硅胶转轮使用最多。每种转轮均能提供巨大的吸湿表面积（每立方米体积大约有 300m²），所以除湿能力强。就强度而言，氯化锂转轮不如硅胶转轮。

转轮除湿机主要由除湿系统、再生系统和控制系统三部分组成。除湿系统由干燥（吸湿）

转轮、减速传动装置、风机和空气过滤器等组成。再生系统除转轮箱体外,还有加热器(蒸汽加热或电加热)、风机、过滤器和调节风门。控制系统由电气设备、再生温度控制装置和电热设备的保护装置组成。图 4-58 所示为转轮除湿机实物照片。

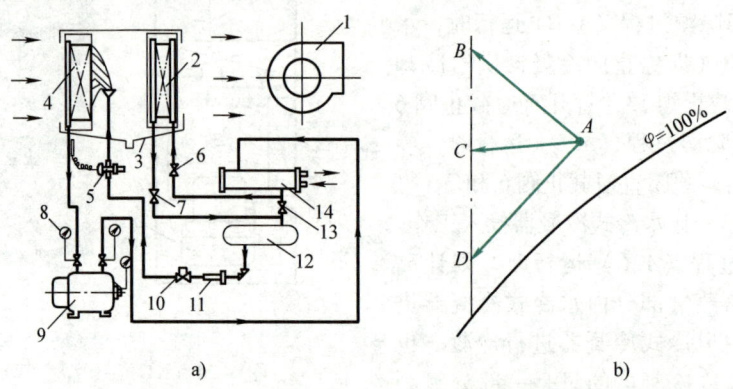

图 4-56 CT−20 型调温除湿机流程图
a) 调温除湿机流程 b) 调温除湿机内空气的状态变化
1—离心式通风机 2—风冷式冷凝器 3—集水盘 4—蒸发器 5—热力式膨胀阀 6、7—直通截止阀 8—压力表 9—压缩机 10—电磁阀 11—干燥过滤器 12—贮液器 13—直通截止阀 14—水冷式冷凝器

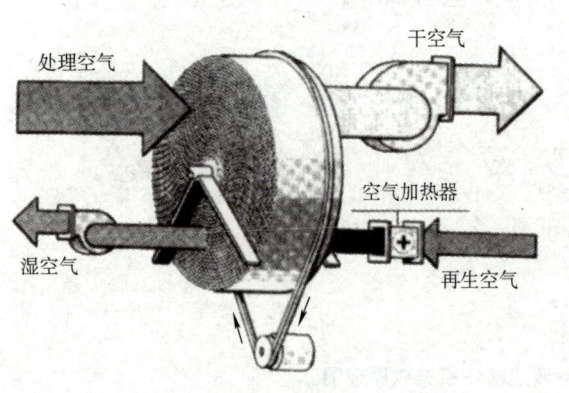

图 4-57 转轮除湿机的工作原理

图 4-58 转轮除湿机实物照片

含有高度密封填料的固定隔板,将干燥转轮分为两个区:一个是处理空气用 270°扇形区域,占总面积的 3/4;另一个是再生空气通过的 90°扇形区域,占总面积的 1/4。干燥转轮以 8~10r/h 的速度缓慢地转动着。

当处理空气进入转轮 270°扇形区域时,空气中的水分被嵌固在转轮内的吸湿剂所吸附,干燥后的空气则由风机送至待除湿的房间或空间。与此同时,另一部分再生空气(一般为室外空气)经过加热器加热到一定温度后进入 90°扇形区域,将原先吸附的水分带走,湿空气则由再生风机排至室外。转轮不断地旋转,吸湿和再生过程连续进行。

转轮除湿机既可用于潮湿房间单纯除湿,也可与其他空气处理设备(如空气冷却器等)组装在一起使用。按照使用功能的不同,转轮除湿机可分为单纯除湿用的基本型,有温湿度要求的恒温低湿型,恒温低湿净化型和某些特殊干燥工艺用的大湿差型(采用多级组合式除湿机),以及在再生系统上增加空气—空气热回收装置的节能型等。除基本型外,其余的均要由空调工程设计人员按需要进行组配，方能满足对不同送风参数的要求。

就转轮除湿机的基本型而言，按照被处理风量和除湿量大小，对主要组成部件采取不同的配置方式，就形成了整体型、立式组合型和卧式组合型等。

整体型是将风机、干燥转轮、再生用空气加热器等部件，安装在钢板制作的箱体内。箱体的顶板和两侧的面板是可以拆卸的，可方便地对机组内部组件进行检修。整体型转轮除湿机的结构及流程分别如图4-59a和图4-59b所示。

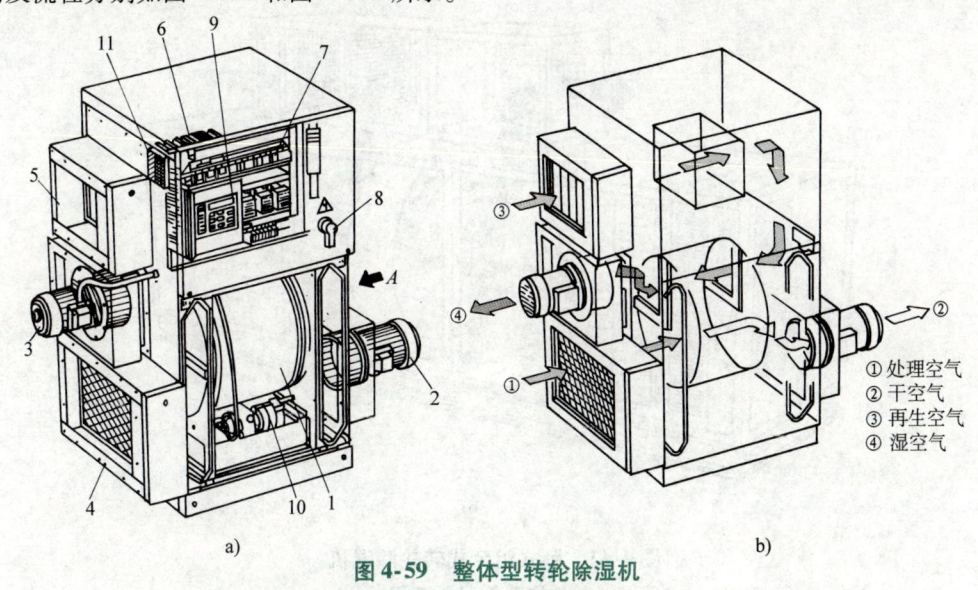

图4-59 整体型转轮除湿机
a) 结构　b) 流程
1—干燥转轮　2—处理风机及电动机　3—再生风机及电动机　4—处理空气过滤器
5—再生空气过滤器　6—再生空气加热器　7—电气控制盘　8—主电源关断开关
9—键盘及数字显示板　10—转轮驱动电动机　11—散热风扇

立式组合型转轮除湿机的结构如图4-60所示。

卧式组合式转轮除湿机结构如图4-61a所示，它是在转轮除湿段前面设过滤段和空气冷却段，在除湿段后设空气冷却段和风机段。前空气冷却段可起辅助的冷却减湿作用，后空气冷却段对干燥空气起降温作用。这样，送出的空气可以满足空调房间的温湿度要求。图4-61b所示为卧式组合式转轮除湿机流程。

转轮除湿机的除湿量可以从以下两方面进行调节：一是控制处理风量的大小；二是控制再生温度的高低。对于前者，当要求除湿量大

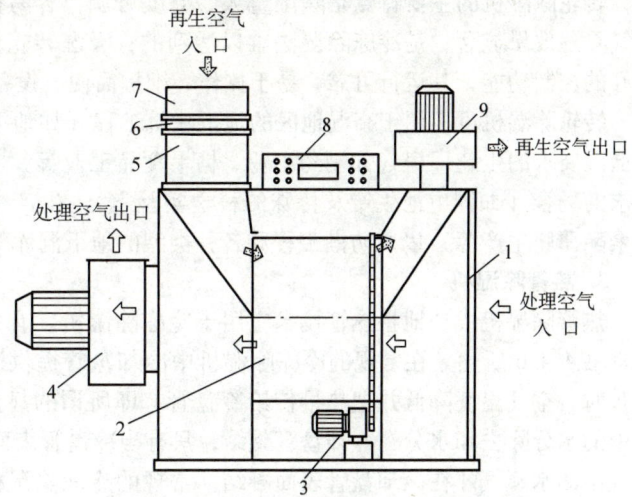

图4-60 立式组合型转轮除湿机的结构图
1—处理空气过滤器　2—除湿转轮　3—转轮减速传动装置
4—处理空气风机　5—再生加热器　6—再生风量调节阀
7—再生空气过滤器　8—控制箱　9—再生风机

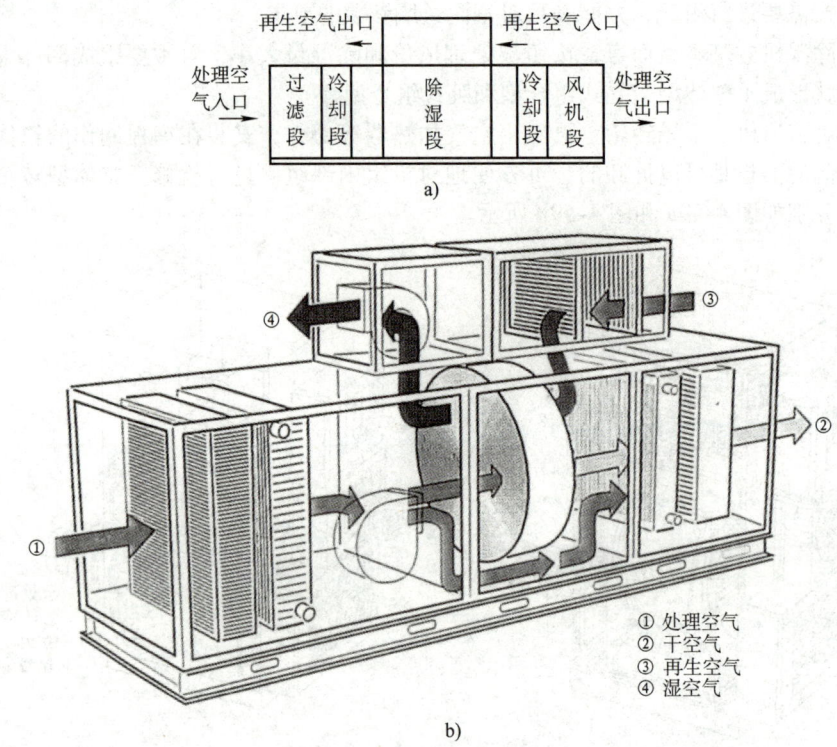

图 4-61 卧式组合式转轮除湿机
a) 结构示意 b) 流程

时,则让全部处理空气通过干燥(吸湿)转轮;若要求除湿量减少时,则让部分处理空气从旁通风管流过。对于后者,若要减少除湿量则应降低再生空气的温度,使再生区的载体内仍有少量水分未能排出,待转到吸湿区时,吸湿能力降低,除湿量减少。

转轮除湿机的主要特点是除湿量大,湿度可调,容易控制处理后空气的湿度,对低温低湿空气除湿效果显著,是冷冻除湿法难以达到的;吸湿转轮性能稳定,使用年限长;除湿机具有良好的控制功能,其运行可靠、易于操作、维护简便、设备体积小、安装简便。

转轮除湿机可应用于高湿地区的地下建筑工程(如地下冷加工车间、城市地下工程),有低温低湿要求的生产厂房(如制药工业、糖果食品工业等)和仓库,产品对环境空气有超低露点要求的场合(如锂电池生产及特殊的科学实验室),生产中干燥工艺系统(如感光材料,化纤或聚酯薄膜生产等)以及防潮工程和各种类型的地下洞库等。

3. 热管除湿机

热管除湿机成功地将热管技术应用于冷冻除湿机。有关热管及热管换热器的原理和结构详见本书 4.4.6 所述。在常规的冷冻除湿机中冷却盘管提供潜热和显热两部分。当空气通过冷却盘管时,空气温度降低并把热量传给冷盘管,即所谓的显热负荷。潜热或除湿取决于是否将空气中的水分除去和水分在冷却盘管凝结,只有当冷盘管表面的温度低于流过空气的露点温度时,空气中的水蒸气才在冷却盘管表面凝结。常规的冷冻除湿机需要大量的冷却能力将空气冷却到露点温度而剩下较少的冷量用于除潜热负荷。热管能够大大地增加系统的除湿能力并降低能耗。将热管用于冷冻除湿机中,当维持显热负荷不变时会增加潜热的负荷量。整个预冷和预热过程由于热管的被动特性不需能量就可完成,这种结果使空调系统当由再热空气到健康空气时具有比过去多除 50%~100% 水分的能力。

热管除湿机有升温型、调温型和降温型三种。调温型热管除湿机和降温型热管除湿机又有水冷和风冷两种冷却方式，可满足用户各种场合的需要。调温型热管除湿机具有升温、调温、降温三种除湿功能。风冷调温型和风冷降温型热管除湿机的风冷冷凝器可直接放在楼顶或露台上，节省机房面积，免去冷却塔、冷却水泵等设备及工程投资。

4. 溶液除湿空调装置

比较冷却除湿方式、转轮和盐溶液除湿方式，可以看到冷凝除湿过程的传热传质可以大致接近逆流，空气向冷表面既传热又传湿，传热传质推动力在整个热湿交换表面还比较均匀。而转轮及溶液式的除湿和再生过程都是潜热与显热的转换，空气与吸湿介质之间传质的同时产生或吸收相变热，湿空气和吸湿介质的温度同时发生变化，而这一变化恰恰抑制和降低了传质推动力，从而不可能实现传热传质推动力在接触面上的均匀。由此导致很大的不可逆损失，这是这类方式能源利用效率低的本质。

从以上分析出发，改善吸湿式空气处理方式的关键就是变等焓过程为等温过程，吸收或补充空气与吸湿介质间传质产生的相变潜热，从而减少这一过程的不可逆损失。采用转轮方式的固体吸湿，需要在转轮内部接入能够吸收热量或提供热量的换热装置。由于转轮是运动部件，因此这种方法实现起来在工艺上有很大困难。采用溶液吸湿可以使空气—溶液接触表面同时作为换热表面。在表面的另一侧接入冷水或热水，实现吸收或补充相变热的目的，从而实现接近等温的吸湿和再生过程。还可以采用带有中间换热器的溶液—空气热湿交换单元，见图4-62。由溶液泵作为动力使溶液循环喷洒在塔板上与空气进行湿交换，同时溶液的循环回路中还串联一个中间换热器，吸收湿交换过程中产生的热量或冷量。通过控制调节中间换热器另一侧的水温水量，就可使空

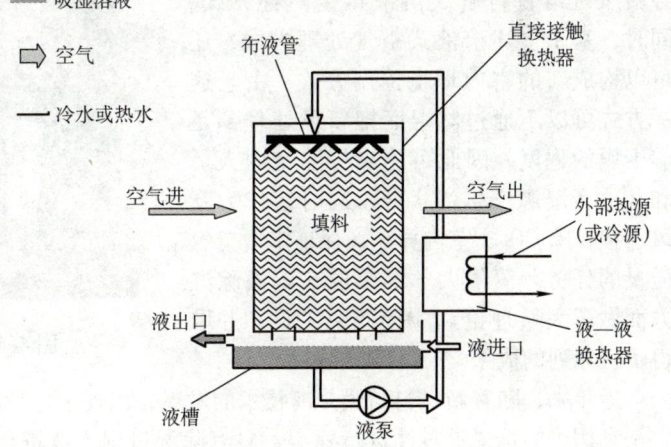

图 4-62 带有板式换热器的溶液—空气热湿交换单元

气在接近等温状态下减湿或加湿。溶液和水之间是交叉流，不可能实现真正的逆流，但如果单元内溶液的循环量足够大，空气通过这样一个单元的湿度变化量又较小时，其不可逆损失可大大减小。

对应于空气处理所要求的除湿量，可串联多个上述的基本单元，如图 4-63 所示。每个单元

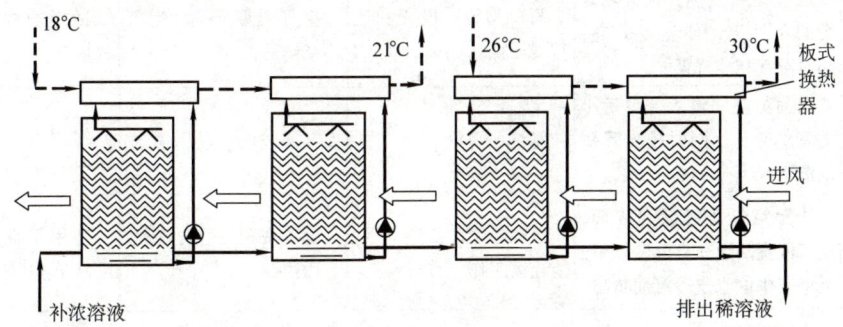

图 4-63 四级串联的空气处理单元

溶液浓度不同,浓溶液从空气出口的最后一个单元补充到系统中,吸湿后浓度降低,再与空气流向逆流地进入前一单元,最后从第一个单元导出稀溶液。横跨各单元的溶液流量远小于各单元内部溶液的循环流量,这样就可以使各单元内的溶液循环量满足单元内传热传质要求,单元间的溶液流量则满足各单元空气含湿量逐级降低时的溶液浓度的要求。由此溶液与空气间可基本上实现接近等温的逆流传质,从而使不可逆损失大大减小。再生器也可以由同样的单元模块组成,通过类似的过程实现接近等温的逆流传质。图4-64所示为四级串联的空气处理单元在 h-d 图上的处理过程。图4-65所示为溶液除湿装置实物照片。

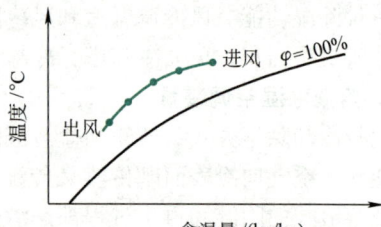

图4-64 四级串联的空气处理单元在 h-d 图上的处理过程

上述基本的溶液式空气处理单元,可以构成各种新风处理方案。可以分为由再生器统一制备并向新风机组提供浓溶液和各新风机组自行解决溶液再生两种方式。同时,基于上述溶液式空气处理方式,还可以构成新的室内环境控制方式。由于这一方式可以不通过降温而把新风处理到足够干燥的程度,因此可用来排除室内人员和其他产湿源产生的水分,同时还作为新风承担排除 CO_2、室内异味,保证室内空气质量的任务。清华大学等单位在溶液除湿方面做了大量理论和应用研究工作,并取得了一系列的成果。

图4-65 溶液除湿装置实物照片

近年来,随着新材料与膜分离技术的发展,出现了一种比较新颖的除湿方法,即膜法除湿。它是利用膜的选择透过性进行除湿,具有除湿过程连续进行、无腐蚀问题、无需阀门切换、无运动部件、系统可靠性高、易维护、能耗小等优点,使得空气除湿方法有了重大发展。目前采用膜材料的除湿装置已经问世,膜法除湿具有广阔的应用前景。

各种典型除湿方法的比较见表4-12。

表4-12 典型除湿方法的比较

方法	机理	优点	缺点	备注
升温除湿	通过显热换热,在 d = 常数的条件下,使温度升高,相对湿度相应降低	简单易行,投资和运行费用低	空气温度升高,空气不新鲜	适用于对室温无要求的场合
通风除湿	向潮湿空间输入含湿量小的室外空气,同时排出等量潮湿空气	经济、简单	保证率较低	适用于室外空气较干燥的地区
冷冻除湿	让湿空气流经低温表面,空气温度降至露点温度以下,湿空气中的水气冷凝而析出	性能稳定,工作可靠,能连续工作	设备费和运行费较高,有噪声	适用于空气的露点温度高于4℃的场合

(续)

方法	机理	优点	缺点	备注
液体除湿	空气通过与蒸汽分压力低、不易结晶、黏性小、无毒、无臭的溶液接触,依靠水气的分压差吸收空气中的水分	除湿效果好,能连续工作,兼有清洁空气的功能	设备复杂,初投资高;需要有高温热源;冷水耗量大	适用于室内显热比小于60%,空气出口露点温度低于5℃且除湿量较大的系统
固体除湿	利用某些固体物质表面的毛细管作用,或相变的蒸汽分压力差,吸附或吸收空气中的水分	设备较简单,投资与运行费用较低	减湿性能不太稳定,并随使用时间的加长而下降;需再生	适用于除湿量小、要求露点温度低于4℃的场合
干式除湿	湿空气通过含吸湿剂的纤维纸制的蜂窝状体(如转轮)在水蒸气分压力差的作用下,水分被吸湿剂吸收或吸附	湿度可调,且能连续除湿,单位除湿量大,可以自动工作	设备较复杂,且需加热再生	特别适用于低温低湿状态
混合除湿	综合以上所列方法中的某几种组成			

4.4.6 空气蒸发冷却器

蒸发冷却是利用水蒸发吸热,具有冷却功能这一众所周知的物理现象。水在空气中具有蒸发能力,在没有别的热源条件下,水与空气间的热湿交换过程是空气将显热传递给水,使空气的温度下降。由于水的蒸发,不但空气的含湿量要增加,且进入空气的水蒸气还带回一些汽化热。当这两种热量相等时,水温达到空气的湿球温度。只要空气不是饱和的,利用循环水直接(或通过填料层)喷淋空气就可获得降温的效果。在允许条件下可以利用该空气作为送风以降低室温,这种处理空气的方法称为蒸发冷却。

近代蒸发冷却技术是一种环保、高效且经济的冷却方式。它具有较低的冷却设备成本,能大幅度降低用电量和用电高峰期对电能功率的要求,能减少温室气体和CFC_S的排放量,因此广泛应用于居住建筑和公共建筑中的舒适性冷却,并可在传统的工业领域如纺织厂、面粉厂、铸造车间、动力发电厂以及其他热操作等工业建筑中提高工人的舒适性。蒸发冷却降低了干球温度,能给居住者及农场动物提供一个较舒适的环境。蒸发冷却也可通过控制干球温度和相对湿度水平来改善农作物生长及满足生产工艺要求。

1. 空气蒸发冷却器的分类

空气蒸发冷却器可分为**直接蒸发冷却器(Direct Evaporative Cooler,DEC)、间接蒸发冷却器(Indirect Evaporative Cooler,IEC)**和复合蒸发冷却器三种形式。

直接蒸发冷却器是通过空气与水的直接接触来冷却空气,或者通过空气与一个展开的湿表面材料接触来冷却空气。这种直接蒸发冷却方式,在降低空气温度的同时,使空气的含湿量和相对湿度有所增加,实现了加湿,所以这种用空气的显热换得潜热的处理过程,既可称为空气的直接蒸发冷却,又可称为空气的绝热降温加湿,故适用于低湿度地区,如我国海拉尔—锡林浩特—呼和浩特—西宁—兰州—甘孜一线以西地区(如甘肃、新疆、内蒙古、宁夏等省和自治区)。

但是,在某些情况下,当对处理空气有进一步的要求,如果要求较低含湿量或比焓时,就不得不采用间接蒸发冷却技术。间接蒸发冷却技术是利用一股辅助气流先经喷淋水(循环水)直接蒸发冷却,温度降低后,再通过空气—空气换热器来冷却待处理空气(即准备进入室内的空气），并使之降低温度。由此可见，待处理空气通过间接蒸发冷却所实现的不再是等焓加湿降温过程，而是减焓等湿降温过程，从而避免由于加湿把过多的湿量带入室内。这种间接蒸发冷却器，除了适用于低湿度地区外，在中等湿度地区，如我国哈尔滨—太原—宝鸡—西昌—昆明一线以西地区，也有应用的可能性。

复合蒸发冷却器则是将直接蒸发冷却和间接蒸发冷却组合起来应用的多级蒸发冷却器。

（1）直接蒸发冷却器　目前，直接蒸发冷却器主要有两种类型：一类是将直接蒸发冷却装置与风机组合在一起，成为单元式空气蒸发冷却器，称为**蒸发式冷气机**；另一类是将该装置设在组合式空气处理机组内作为直接蒸发冷却段。

1）蒸发式冷气机。蒸发式冷气机通常是由离心（或轴流）风机、水泵、集水箱、喷水管路及喷嘴、填料层、自动水位控制器和箱体组成，其结构如图4-66a所示。室外热空气通过填料，在蒸发冷却的作用下，热空气被冷却。水泵将水从底部的集水箱送到顶部的布水系统，由布水系统均匀地淋在填料上，水在重力作用下，回到集水盘。被冷却的空气可通过送风格栅直接送到房间或输送到风管系统，由送风系统输送到各个房间。图4-66b所示为蒸发式冷气机实物照片。

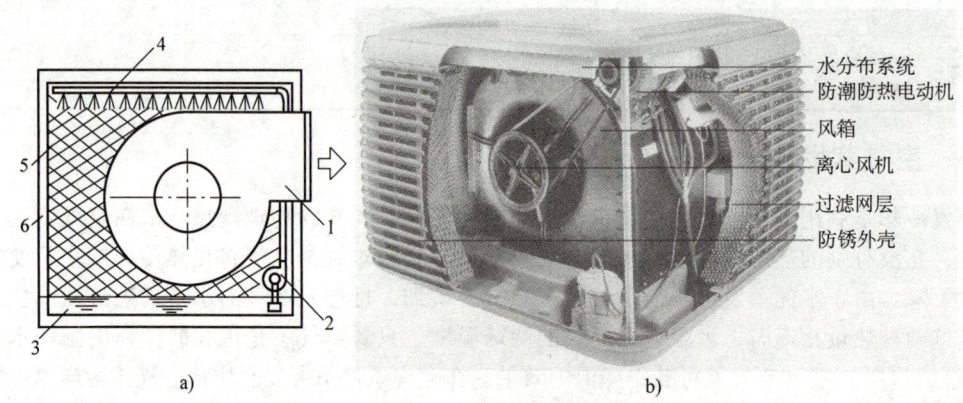

图 4-66　蒸发式冷气机
a）结构示意　b）实物照片
1—离心风机　2—水泵　3—集水箱　4—喷水管路　5—填料层　6—箱体

蒸发式冷气机的填料层可以设置在箱体的一个表面、两个表面或三个表面上。其出风口位置可以有下出风、侧出风和上出风三种形式（图4-67）。

图4-68所示为另一种结构形式的蒸发式冷气机。它由轴流风机、水泵、喷水管

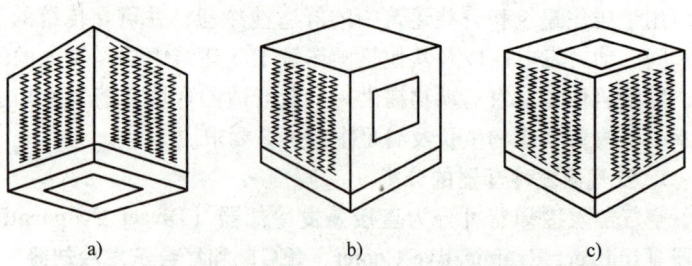

图 4-67　蒸发式冷气机的出风口位置
a）下出风　b）侧出风　c）上出风

路（含水过滤器）、填料层、自排式水盘和电控制装置组成，具有加湿和蒸发降温的双重功能。

2）组合式空气处理机组的蒸发冷却段。组合式空气处理机组的蒸发冷却段如图4-69所示。它由填料层、挡水板、水泵、集水箱、喷水管、泵吸入管、溢流管、自动补水管、快速充水管及排水管等组成。

组合式空气处理机组的蒸发冷却段与喷淋段相比，具有更高的冷却效率，由于不需消耗喷嘴前压力（约0.2MPa左右），所需的水压很低，用水量也少，因此较喷淋段节能10倍左右。同

时,也不会因水质不好而导致喷嘴堵塞现象发生。并且体积比喷淋段小得多,对灰尘的净化效果比喷淋段好。

组合式空气处理机组的蒸发冷却段还兼有加湿段的功能,即前面空气加湿器中提到的湿膜加湿器,达到对空气的加湿处理作用。

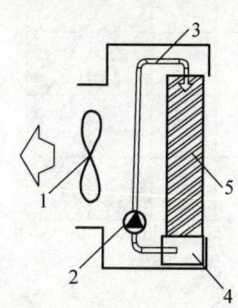

图4-68 另一种结构形式的蒸发式冷却机
1—轴流风机 2—水泵
3—喷水管路 4—水盘 5—填料层

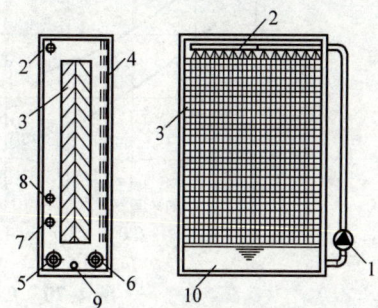

图4-69 组合式空气处理机组的蒸发冷却段
1—水泵 2—喷水管 3—填料层 4—挡水板
5—泵吸入管 6—溢流管 7—自动补水管
8—快速充水管 9—排水管 10—集水箱

3) 直接蒸发冷却器填料性能。填料或介质是直接蒸发冷却器的核心部件。一种理想的填料应具有以下特征:①气流阻力最小;②有最大的空气—水接触面积;③气流阻力、空气—水接触面积及水流等的均匀分布;④能阻止化学或生物的分解退化;⑤具有自我清洁空气中尘埃的能力;⑥经久耐用,使用周期内性能保持稳定;⑦投资少。

实际上,所有的填料均达不到理想的性能状态,因此只能选取其中的一些优点。目前,主要有白杨树纤维或其他相似类型的木丝填料、刚性填料和合成填料三种类型。每种填料都有其优点和缺点。

虽然木丝填料(白杨树纤维)具有冷却性能好且投资少的优点,但这种填料在性能和耐用性上有着严重的不足:在潮湿的环境下会迅速降解退化;在应用中受力的作用木丝束会松弛;如果填料没有及时和正确地干燥,冷却后的空气中会产生一股难闻的异味,且会残留矿物质沉淀物,当机组重新启动时,使通过的气流量减少和阻塞填料;还有一个问题就是木丝填料(白杨树纤维)对安装的要求较高,因此这种填料目前很少采用。

刚性填料是由一种特殊树脂浸渍纸或称玻璃纤维材料制成的蜂窝状结构。它由条状瓦楞纸构成,条状瓦楞纸代替上上下下的斜坡,用胶带把瓦楞纸接触的地方连在一起。这种安排解决了木丝填料(白杨树纤维)的主要问题,它具有如下优点:①精心维护,可以稳定工作3~7年;②较强的自我清洁功能(如自清洗灰尘等);③填料的材料不会生物降解;④比较稳定的饱和效率,大约为75%~90%;⑤气流压降低。

刚性填料的缺点是价格较贵[约为木丝填料(白杨树纤维)价格的3倍],体积较大。但是,由于它的性能优于木丝填料(白杨树纤维),因此,刚性填料所占有的市场份额在不断增长。目前,国内市场上常见的刚性填料有国外某公司生产的CELdek(植物纤维)填料和GLASdek(玻璃纤维)填料及国产的金属(不锈钢或铝箔)刺孔轧制的斜波纹填料等。几种刚性填料的热工性能参见表4-10。CELdek(植物纤维)填料的性能曲线如图4-70所示,GLASdek(玻璃纤维)填料的性能曲线如图4-71所示。不锈钢金属填料的性能曲线如图4-72所示,铝箔金属填料的性能曲线如图4-73所示。

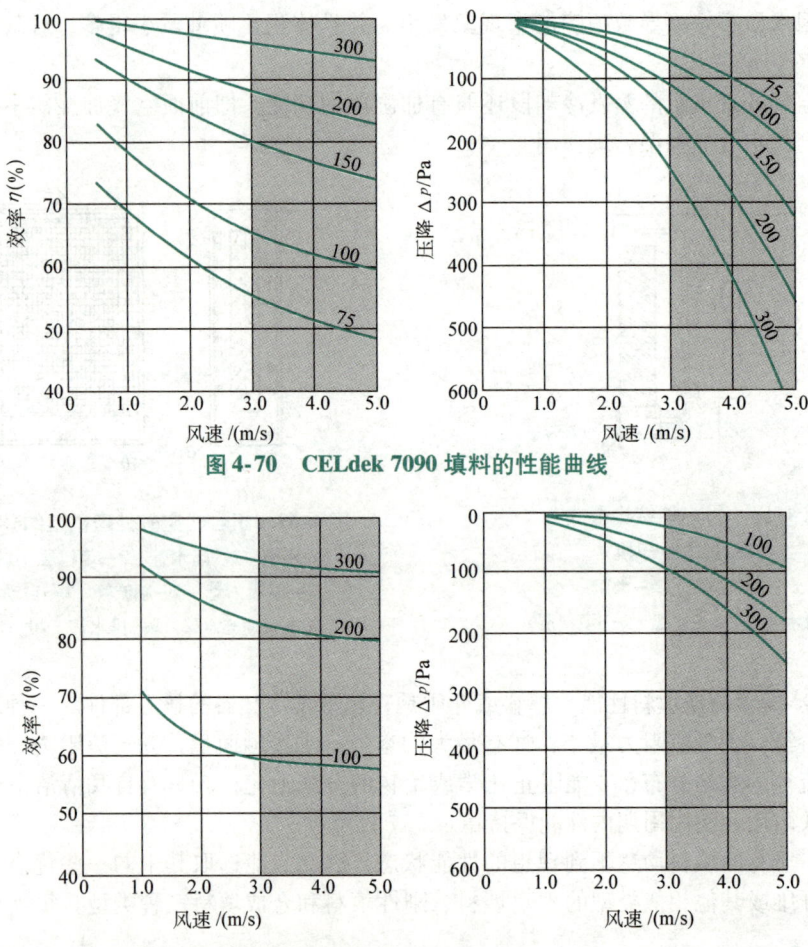

图 4-70 CELdek 7090 填料的性能曲线

图 4-71 GLASdek 7060 填料的性能曲线

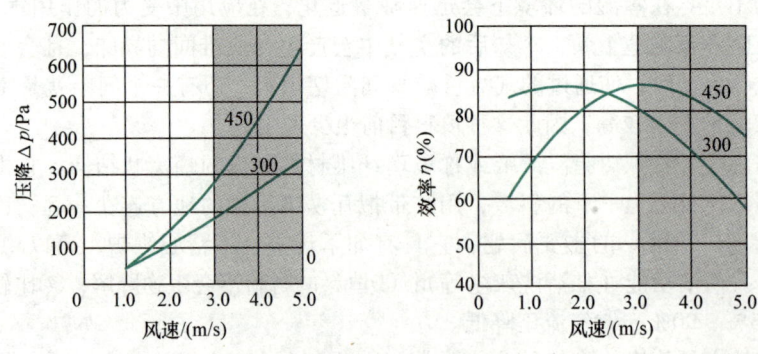

图 4-72 不锈钢金属填料的性能曲线

(2) 间接蒸发冷却器　间接蒸发冷却器的核心部件是空气—空气换热器。空气通过空气—空气换热器被冷却，之所以称其为间接蒸发冷却器，是因为它不增加空气的湿度。相反，当空气通过换热器的一侧时，用水蒸发冷却换热器的另一侧，则温度降低。通常称被冷却的干侧空气为一次空气，蒸发冷却发生的湿侧空气称为二次空气。目前，这类间接蒸发冷却器主要有板翅式、管式和热管式三种。不论哪种换热器都具有两个互不连通的空气通道。让循环水和二次

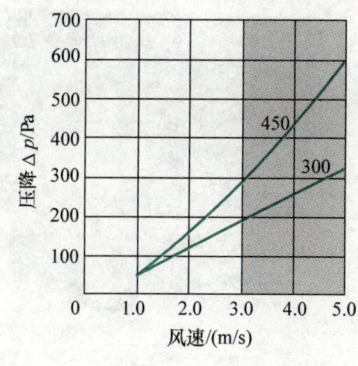 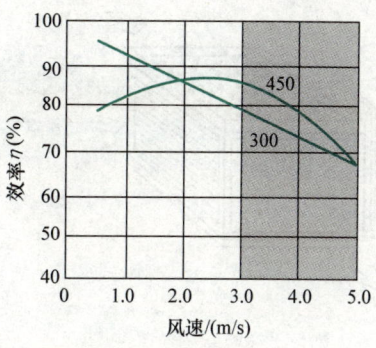

图 4-73 铝箔金属填料的性能曲线
（当风速曲线在阴影范围内时须加装挡水板）

空气相接触产生蒸发冷却效果的是湿通道（湿侧），让一次空气通过的是干通道（干侧）。借助两个通道的间壁，使一次空气得到冷却。另外，还有转轮式和露点式间接蒸发冷却器。

1）板翅式间接蒸发冷却器。板翅式间接蒸发冷却器是目前应用最多的间接蒸发冷却形式。它的核心是板翅式换热器，其结构如图 4-74a 所示。换热器采用的材料为金属薄板（铝箔）和高分子材料（塑料等）。图 4-74b 所示为板翅式间接蒸发冷却器实物照片。

板翅式间接蒸发冷却器中的二次空气可以来自室外新风、房间排风或部分一次空气。一、二次空气侧均需要设置排风机。一、二次空气的比例对板翅式间接蒸发冷却器的冷却效率影响较大。

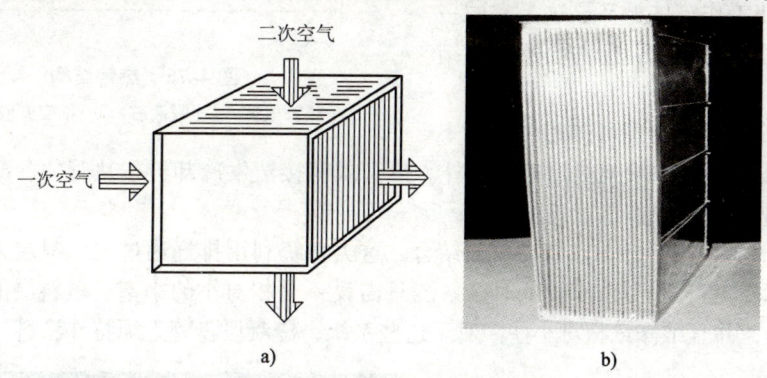

图 4-74 板翅式间接蒸发冷却器
a）结构示意 b）实物照片

2）管式间接蒸发冷却器。图 4-75a 所示为管式间接蒸发冷却器的结构，实物照片见图 4-75b。目前，常用的管式间接蒸发冷却器的管子断面形状有圆形和椭圆形（异形管）两种。所采用的材料有聚氯乙烯等高分子材料和铝箔等金属材料。管外包覆有吸水性纤维材料，使管外侧保持一定的水分，以增强蒸发冷却的效果。这层吸水性纤维套对管式间接蒸发冷却器的冷却效率影响很大。喷淋在蒸发冷却管束外表面的循环水，是通过上部多孔板淋水盘来实现的。

3）热管式间接蒸发冷却器。热管是依靠自身内部工作液体相变来实现传热的元件。热管由于热传递速度快、传热温降小、结构简单和易控制等特点，广泛应用于空调系统的热回收和热控制。

典型的热管由管壳、吸液芯和端盖组成，在抽成真空的管子里充以适当的工作液作为工质，靠近管子内壁贴装吸液芯，再将其两端封死即成热管。热管既是蒸发器又是冷凝器，其结构如

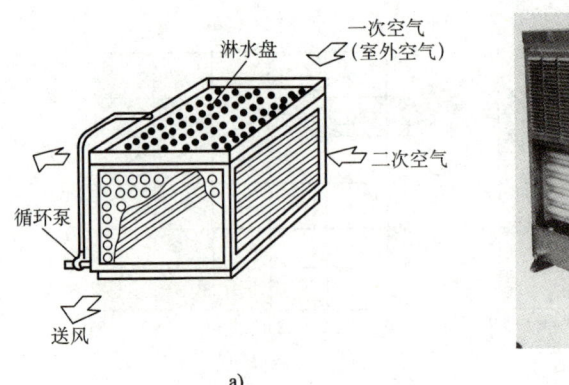

图 4-75 管式间接蒸发冷却器
a) 结构示意　b) 实物照片

图 4-76 所示。从热流吸热的一端为蒸发段，工质吸收潜热后蒸发汽化，流动至冷流体一端即冷凝段放热液化，并依靠毛细力作用流回蒸发段，自动完成循环。热管换热器是由这些单根热管集装在一起，中间用隔板将蒸发段与冷凝段分开的装置。热管换热器无须外部动力来促使工作流体循环，这是它的一个主要优点。图 4-77 所示为热管换热器结构及实物照片。

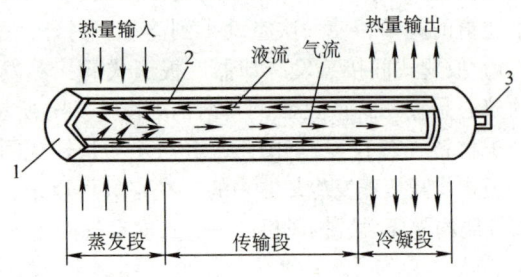

图 4-76 热管结构
1—热管气体　2—吸液芯　3—抽空充液封口管

间接蒸发冷却器的原理可应用于各种不同形式的换热器系统，热管换热器也不例外。热管式间接蒸发冷却器按热管的冷凝段与蒸发冷却的结合形式的不同主要有以下三种形式：

a. 填料层直接蒸发冷却与热管冷凝段结合，这类系统利用排气通过湿填料层来实现蒸发冷却。当热管冷凝段盘管表面风速较低时，系统只需设一个相对小的小室。填料层的平均寿命一般可持续 10 年，并且维修量相对小些。对于这些系统，冷凝段盘管无须特殊涂料。

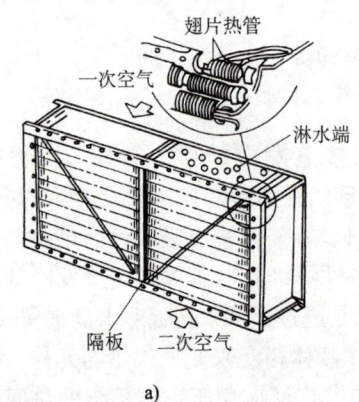

图 4-77 热管换热器
a) 结构示意　b) 实物照片

b. 冷凝段盘管直接喷淋，排气与直接喷淋到冷凝段盘管上的雾化水直接接触得到处理。一些水直接蒸发到空气中冷却排气。通过转移一些空气传播的污染物使空气和盘管表面得到一定程度的净化。当盘管表面风速较低时，水从盘管滴到排水盘和集水箱内。这类热管式间接蒸发冷却器的性能比填料层的好，所需空间小，因此得到广泛的应用。

c. 喷水室直接蒸发冷却与热管冷凝段结合，这类系统利用排气通过喷水室来实现蒸发冷却。部分水蒸发，冷却排气，空气也被净化。在喷水室后设有挡水板，去除排气中的小水滴。此系统的压降与以上两个系统相比是最小的，并可在很大设计条件范围内工作。

4) 转轮式间接蒸发冷却器。转轮式间接蒸发冷却器如图4-78所示，室外新风经过新风口进入转轮式间接蒸发冷却器，对空气进行等湿降温处理，再经过直接蒸发冷却器等焓加湿降温处理后直接由送风机抽出送入房间。室内排风先经过直接蒸发冷却器等焓加湿降温处理后，再经过转轮式间接蒸发冷却器将热量排出室外。

图4-78 转轮式间接蒸发冷却器

5) 露点式间接蒸发冷却器。叉流式露点蒸发冷却器的工作原理如图4-79所示，工作空气首先进入工作空气干通道得到预冷，然后经过穿孔进入工作空气湿通道，也就是说，工作空气沿板长度方向依次通过穿孔，从干通道进入湿通道，之后工作空气通过板的湿表面水分蒸发来冷却干侧的空气。产出空气通过板与湿通道的工作空气换热，同时也与干通道的工作空气换热。利用多个流道不同状态的气流，进行能量的梯级利用，获得湿球温度不断降低的工作空气，使干通道的产出空气温度逼近露点温度。

露点间接蒸发冷却器与板翅式、管式、热管式间接蒸发冷却器的最大不同之处就是，干通道的空气经预冷后一部分可以通过干通道的穿孔进入湿通道，然后作为工作空气与水进行热湿交换。

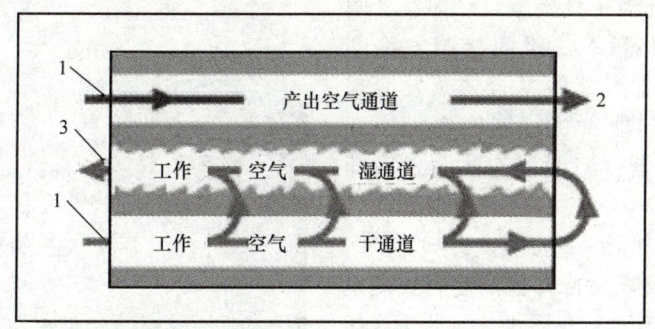

图4-79 叉流式露点蒸发冷却器原理图
1——次空气 2—处理后的一次空气（产出空气） 3—二次空气（工作空气）

间接蒸发冷却技术依靠的是产出空气的干球温度和工作空气的湿球温度实现传热传质过程，其中以露点间接蒸发冷却器的温降最大。因此，露点间接蒸发冷却器的送风温度可达到"亚湿球温度"，换热效率在理论上高于传统间接蒸发冷却器。叉流式露点蒸发冷却器的空气处理焓湿图见图4-80。

叉流式露点间接蒸发冷却空调机组如图 4-81 所示。

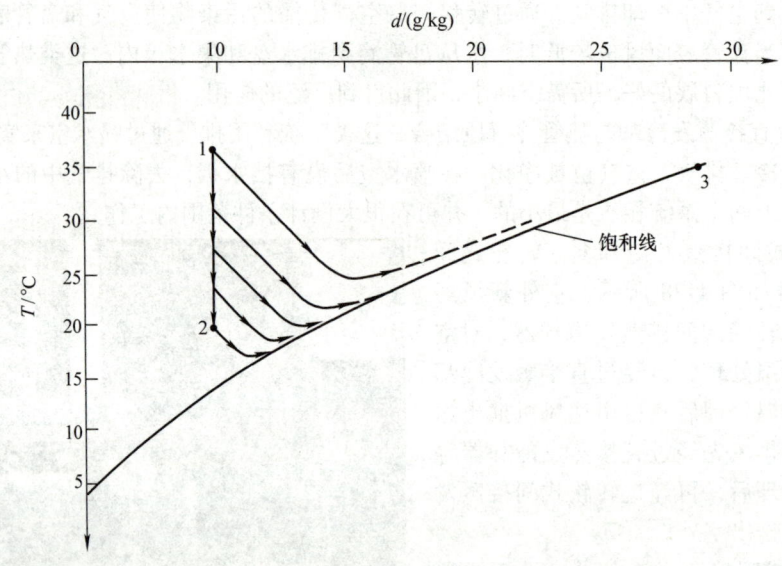

图 4-80　叉流式露点蒸发冷却器空气处理焓湿图

（3）复合式蒸发冷却器　直接蒸发冷却器和间接蒸发冷却器各有利弊，若两者单独使用，空气的温降幅度是很有限的。对于湿球温度较高的高湿度地区，使用相对简单的直接蒸发冷却器不能获得足够低的室内温度，而且相对湿度高。因而需将直接蒸发冷却器与间接蒸发冷却器加以结合，构成复合式蒸发冷却器（多级蒸发冷却器），即第一级采用间接蒸发冷却器，第二级采用直接蒸发冷却器的两级蒸发冷却器，结果是从复合式蒸发冷却器出来的最终的空气温度，通常比仅采用直接蒸发冷却空调器所获得的温度低 3.5℃ 左右。这相当于把蒸发冷却空调的应用扩大到湿球温度较高的地区。

复合式蒸发冷却器常见的复合形式有以下三种：间接蒸发冷却器 + 直接蒸发冷却器（两级复合式蒸发冷却器）；二级间接蒸发冷却器 + 直接蒸发冷却器（三级复合式蒸发冷却器）；间接蒸发冷却器 + 机械制冷空气冷却器 + 直接蒸发冷却器（三级联合式蒸发冷却器）。

1）间接蒸发冷却器 + 直接蒸发冷却器。间接蒸发冷却器 + 直接蒸发冷却器的复合式蒸发冷却器通常有两种不同复合形式，一种是冷却塔供冷型间接蒸发冷却器与直接蒸发冷却器的结合，也称为外冷型复合式蒸发冷却器，如图 4-82 所示。另一种是其他形式的间接蒸发冷却器（板翅式、管式、热管式、转轮式、露点式等）与直接蒸发冷却器的结合，也称为内冷型复合式蒸发冷却器，如图 4-83a 所示，图 4-83b 所示为板翅式间接蒸发冷却器与直接蒸发冷却器的结合机组的实物照片，图 4-83c 所示为管式间

图 4-81　叉流式露点间接蒸发冷却空调机组

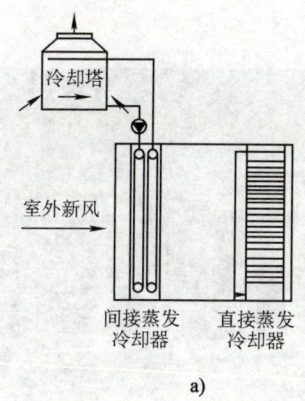
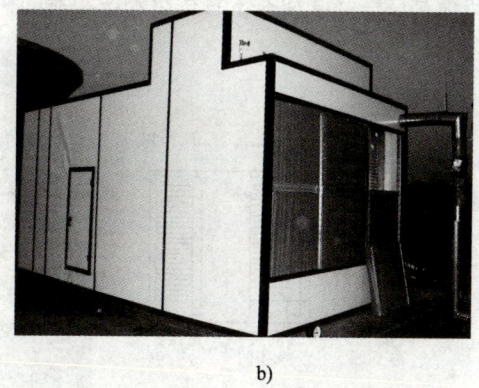

图 4-82 外冷型复合式蒸发冷却器
a) 结构示意 b) 实物照片

接蒸发冷却器与直接蒸发冷却器的结合机组的实物照片，图 4-83d 所示为热管式间接蒸发冷却器与直接蒸发冷却器的结合机组的实物照片，图 4-83e 所示为露点式间接蒸发冷却器与直接蒸发冷却器的结合机组的实物照片。

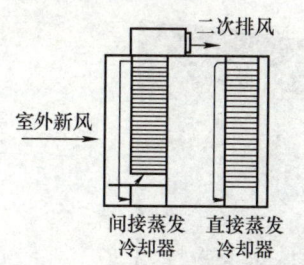

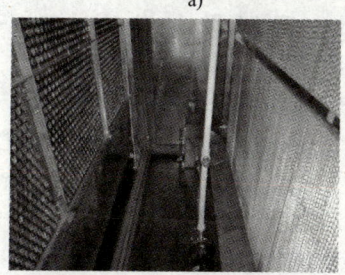

2) 二级间接蒸发冷却器 + 直接蒸发冷却器。二级间接蒸发冷却器 + 直接蒸发冷却器通常有两种不同复合形式，一种是外冷式间接蒸发冷却器 + 内冷式间接蒸发冷却器 + 直接蒸发冷却器，如图 4-84 所示。另一种是二级内冷式间接蒸发冷却器与直接蒸发冷却器的结合，如图 4-85 所示。

3) 间接蒸发冷却器 + 机械制冷空气冷却器 + 直接蒸发冷却器。这是另外一种三级蒸发冷却器的复合形式，如图 4-86 所示。第三级的机械制冷空气冷却器盘管放置在直接蒸发冷却器的后部。在这种布置中，由于需要一个较低的盘管表面温度来冷凝由直接蒸发冷却器所吸入的水蒸气，所以常规的空调设备运行

图 4-83 内冷型复合式蒸发冷却器
a) 结构示意 b)、c)、d)、e) 实物照片

效率较低。若将第三级的空气冷却器盘管放置于直接蒸发冷却器之前，则提高了空调设备的运行效率。但由于盘管表面易干，因此要求盘管大一些，图 4-87 所示为某通信机房采用间接蒸发

冷却器+机械制冷空气冷却器+直接蒸发冷却器的实物图。

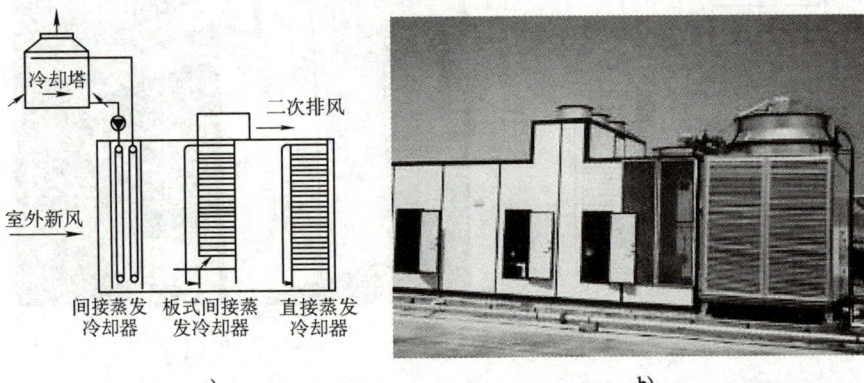

图4-84 （外冷式+内冷式）间接+直接三级复合式蒸发冷却器
a）结构示意 b）实物照片

图4-85 二级内冷式间接+直接三级复合式蒸发冷却器

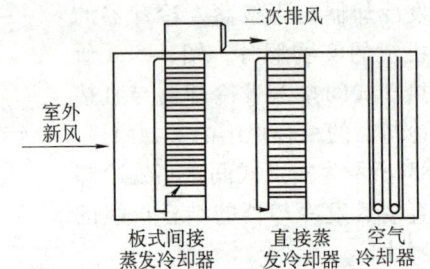

图4-86 间接、直接与机械制冷复合的三级蒸发冷却器

2. 空气蒸发冷却器的性能评价

（1）直接蒸发冷却器的性能评价 直接蒸发冷却器是空气直接通过与湿表面接触使水分蒸发而达到冷却的目的，其主要特点是空气在降温的同时湿度增加，而比焓值不变，其理论最低温度可达到被冷却空气的湿球温度。被冷却空气在整个过程的焓湿变化如图4-88所示，温度由 t_{g1} 沿等焓线降到 t_{g2}，其热湿交换效率（饱和效率）为

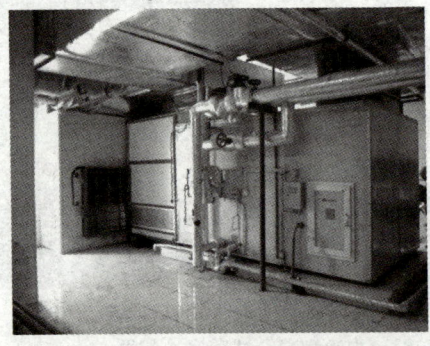

图4-87 某通信机房间接蒸发冷却器+机械制冷空气冷却器+直接蒸发冷却器

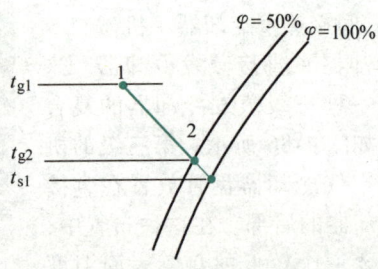

图4-88 直接蒸发冷却过程焓湿图

$$\eta_{DEC} = (t_{g1} - t_{g2})/(t_{g1} - t_{s1}) \tag{4-1}$$

式中 t_{g1}——进风干球温度（℃）；
t_{g2}——出风干球温度（℃）；
t_{s1}——进风湿球温度（℃）。

直接蒸发冷却空调的经济性能评价指标，即 EER_{DEC}，可表述为

$$EER_{DEC} = EER \frac{\Delta t_{des}}{\Delta t_{avr}} \qquad (4-2)$$

式中 EER——按常规制冷模式计算的直接蒸发冷却空调的**能效比**；
Δt_{avr}——供冷期平均干湿球温度差（℃）；
Δt_{des}——当地设计干湿球温度差（℃）。

（2）间接蒸发冷却器的性能评价　间接蒸发冷却器是通过换热器使被冷却空气（一次气流）不与水接触，利用另一股气流（二次气流）与水接触使水分蒸发吸收周围环境的热量而降低空气和其他介质的温度。一次气流的冷却和水的蒸发分别在两个通道内完成，因此间接蒸发冷却的主要特点是降低了温度并保持了一次气流的湿度不变，其理论最低温度可降至二次气流的湿球温度。一次气流在整个过程的焓湿变化如图4-89所示，温度由 t_{g1} 沿等湿线降到 t_{g2}，其热湿交换效率为

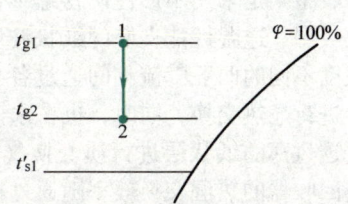

图4-89　间接蒸发冷却过程焓湿图

$$\eta_{IEC} = (t_{g1} - t_{g2})/(t_{g1} - t'_{s1}) \qquad (4-3)$$

式中 t_{g1}——一次气流进风干球温度（℃）；
t_{g2}——一次气流出风干球温度（℃）；
t'_{s1}——二次气流进风湿球温度（℃）。

4.4.7　空调排风热回收装置

在空调技术中，由于新风冷（热）负荷在建筑物空调总负荷中所占比例较大，各种空气热能回收器就成为应用最多的**热回收设备**。利用这类设备可对空调排风中的热能进行回收，从而降低新风冷（热）负荷。《公共建筑节能设计标准》（GB 50189—2015）规定建筑物内设有集中排风系统且符合下列条件之一时，宜设置排风热回收装置。排风热回收装置（全热和显热）的额定热回收效率不应低于60%。

1）送风量大于或等于3000m³/h的直流式空气调节系统，且新风与排风的温度差大于或等于8℃。

2）设计新风量大于或等于4000m³/h的空气调节系统，且新风与排风的温度差大于或等于8℃。

3）设有独立新风和排风的系统。

1. 空调排风热回收装置的类型

国内外研制开发的空气—空气热回收产品种类很多。空气—空气热回收器根据其应用效果，可分为**显热回收型**和**全热回收**型两类。后者不仅可回收排气中的显热，还可回收其中的潜热。根据其构造不同可分为回转型和静止型两类。回转型热回收器又称为转轮型热回收器；静止型热回收器形式多样，板翅式热回收器是应用较广的一种。

（1）板式热回收器　板式或板翅式热回收器无运动部件，是应用板式换热器原理工作的空气—空气换热器，属于静止式热回收器。其结构及工作原理如图4-90所示。这类热回收器由换热元件和外壳组成。换热元件由难燃或不燃的传热和传质性能较好的薄材料做成平板状或经加

工做成波纹皱褶状，交叉叠置形成垂直相交的两股流道。外壳一般由薄钢板制成，其上有四个风管接口，可分别与新风管、送风管、回风管和排风管连接。为了便于换热元件的定位安装和取出、清洁或更换，在壳体的内侧壁上设有定位导轨，并衬有密封填料以防止两股气流的短路混合造成交叉污染。

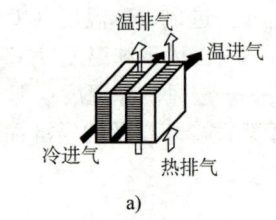

这类热回收器分显热回收型和全热回收型。显热回收型一般用铝箔做成平板状，平板间距 4～8mm，阻力为 200～300Pa，热回收效率为 40%～60%。全热回收型则是采用不燃性矿物纤维作为基材，经加工制成吸湿、透湿性能良好的纸状波形皱褶状。当温度和湿度不同的两股气流相间通过各自的流道时，通过传导进行显热交换，同时，也在水蒸气分压力差的作用下透过薄的纸状层进行质交换（湿交换）。板翅式全热回收器的热湿交换效率随通过换热元件的风量增大而减小，随风量比的增大而增大。一般显热回收效率可达 75%，潜热回收效率为 60% 左右。在推荐的迎面风速下的阻力为 200～300Pa。

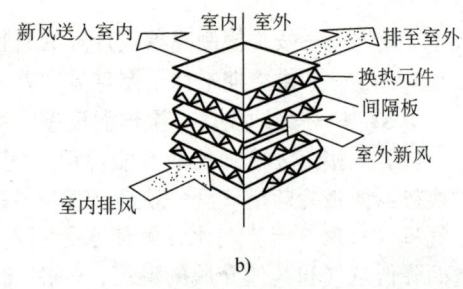

图 4-90 板式和板翅式热回收器结构和工作原理
a) 板式显热回收器 b) 板翅式全热回收器

目前，这类热回收器在空调工程中应用最多的是全热回收型通风换气机。它是由相应容量的换热单元，配置必要的排风机和新风机组成的一个整体式通风换气机组，具有热回收功能。可吊挂或落地安装在空调房间内外，能以较小的能耗实现密闭空调房间充分的通风换气。

(2) 转轮式热回收器 转轮式热回收器是一种外形似圆盘，内部装填一定数量的蜂巢状芯材的转动式空气—空气换热器。它可处理的风量范围很大，小至 1000m³/h，大至 140000m³/h。转轮式热回收器主要由转轮、驱动电动机、机壳和控制部分组成，其结构如图 4-91a 所示，圆形截面的转轮被均分成排风侧 A 和新风侧 B 两部分，分别连接排风管和新风管。转轮在小型电动机的驱动下，以 0.01～10r/min 的速度缓慢地转动，排风和新风气流以 2.5～3.5m/s 的速度逆向先、后流过热回收器，由于转轮材料与空气之间的温差和水蒸气分压力差而进行热湿交换。为了防止排风中的臭味、烟味、汗液或细菌等进入新风气流造成新风污染，大多数产品都在转轮上分隔出一小块扇形自净区 C，自净区的一侧连接在新风管的正压端，另一侧与排风管下游的负压端相连。在设备运行时，即可使转轮芯材在与排风直接接触后，不立即与新风相接触，而是经过一小股新风气流的吹洗之后再进入新风区。图 4-91b 所示为转轮式热回收器实物照片。

根据所用芯材的不同，转轮式热回收器可做成显热回收型和全热回收型。如果是全热回收型，其芯材由不燃性吸湿材料或带吸湿性涂层的材料制成。当夏季温度和湿度较低的室内排风通过相应部分的芯材时，芯材一方面受到冷却，另一方面由于水蒸气分压力差，放出其中所含的部分水分，至下一瞬间，刚与排风相接触，被冷却去湿后的芯材便轮转到新风区，与进入的新鲜空气相接触。于是高温高湿的新鲜空气便得以降温去湿，即在进行其他热湿处理之前先进行预冷却和预去湿。如果是显热回收型，则芯材是由铝合金之类的金属薄片层层紧密盘卷堆砌而成，芯材不具有吸湿能力，所以它与排风气流或新风气流之间只有显热交换而无湿传递。

实验表明，对于一定材质和结构形式的转轮式热回收器，其热湿交换效率与通过转芯的空气流速及转轮的转速有关，当迎面风速一定时，转轮的转速存在着极限值，当转速低于 4r/min 时，热湿交换效率明显下降。当转速增大到 10r/min 时，热湿交换效率几乎不再变化，且此时 η_t、η_d、η_h 相等。当实际转速低于极限转速时，$\eta_d < \eta_t$，其相差的程度随转速的减小而增加。

第4章 空气处理及设备 133

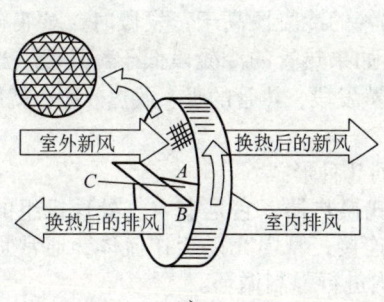
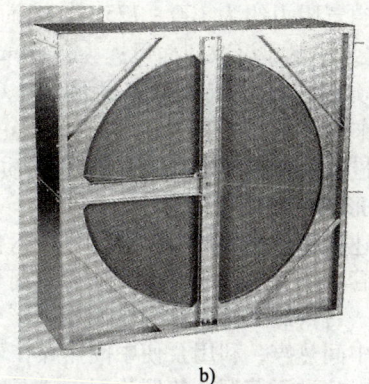

图 4-91 转轮式热回收器
a) 结构示意 b) 实物照片

空气流过转轮时的迎面风速也影响效率，迎面风速越大，热湿交换效率越低，反之则越高，一般认为技术经济的风速为 2~4m/s。通常，将转轮单位体积的换热表面积称为比表面积。比表面积越大，回收效率越高。此外，通过转轮的进、排风量的比值对热湿交换效率也有一定的影响。从进风侧效率考虑，当排风量小于进风量时，热湿交换效率提高。图 4-92 给出不同风量比对热湿交换效率影响程度的一个实例。对于大多数转轮装置，在进、排风量相等时，其全热交换效率大约在 70%~80%。

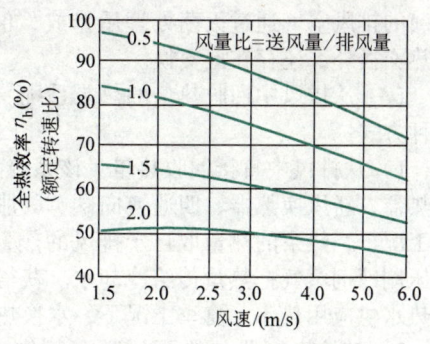

图 4-92 风量比与热湿交换效率的关系

空气通过转轮的压力降与转芯的结构、比表面积和迎面风速等因素有关。随着比表面积的增加，空气流经转轮时的压力损失也增大。一般认为技术经济的比表面积为 2800~3000m²/m³。对于各种材质，当迎面风速在 2.5m/s 时，其压力降大约在 100~175Pa。

可见，转轮式换热器具有热回收效率高的特点，η 可达 70%~80%，可节约空调负荷 10%~20%，用比例调节转轮的旋转速度可以调节转轮的效率以适应空气参数的变化。因转轮交替逆向进风，故有自净作用，不易被尘埃等所堵塞。

（3）热管式热回收器　热管式热回收器也是一种显热式空气—空气热回收器，其换热元件由一系列热管组成，其热管及热管换热器结构参见本书 4.4.6。

热管式热回收器的热交换效率与迎面风速、换热面积及两侧气流的流量比等因素有关。图 4-93 给出有代表性的热管式热回收器的热交换效率与其迎面风速、排数的关系曲线。该图的试验条件是两股气流为逆流且流量相等，肋片间距为 1.8mm。由图可见，当排数增加时，效率也增加，但增长率趋于缓慢。当迎面风速为 3m/s，排数为 6 排时，换热效率为 61%，而当排数增加到 12 排时，换热效率提高到 75%。此外，其他条件相同时，迎面风速增加将会使效率降低。目前，在工程上应用的热管式热回收器，当换热效率为 69% 时，迎面风速为

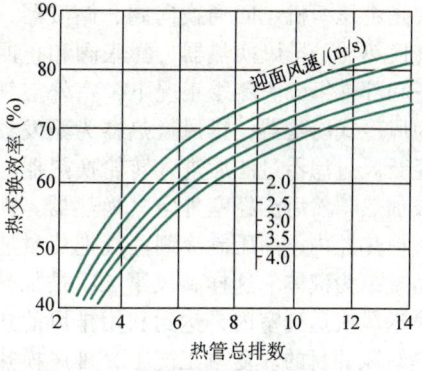

图 4-93 热管式热回收器的热交换效率与迎面风速、排数的关系曲线

2.0m/s，其空气阻力约为100~175Pa，迎面风速增大到4.1m/s时，空气阻力将增加到375~500Pa。因此，一般建议取迎面风速为2~4m/s。

热管的倾斜度对传热特性也有很大影响。当热管的冷凝段高于蒸发段时，对液态工质的汇流产生有利的作用，因此热管的吸、放热效应正常。如果热管的冷凝段低于蒸发段，当低到某种程度时，吸液芯的毛细压作用就难以使液态工质返回蒸发段，热管的吸、放热效应也就停止了。

2. 其他形式的热回收装置

除了上述几种形式的热回收装置外，还有下列几种形式：

（1）盘管环路式热回收器　又称为中间热媒式换热器，它是在空气处理机组的新风侧和排风侧各设置一台换热盘管，盘管之间用环形管路连接，管内充以工作流体，通常是水或乙二醇水溶液作为中间热媒，利用泵使中间热媒在环路内进行强制循环。

（2）填料喷淋灭菌型全热回收器　它是由两只各自独立的溶液喷淋处理箱构成，为了杀灭排风和新风中可能携带的活菌，循环喷淋液通常采用中性氯化钙水溶液。由于盐溶液略具腐蚀性，因此喷淋箱及所有管件均采用耐腐蚀的塑料或带防腐涂层的金属材料制成。在采用这种热回收器时，排风气流和新风气流间相互不接触，排风中的有害污染物不可能被传递给新风气流。带菌的排风空气通过灭菌处理后排放，也可以防治大气污染。另外，排风、新风和溶液之间除了热交换外，还存在湿交换。

（3）从排风中回收热量的热泵系统　工程上，从排风中回收热量的热泵系统大体上有以下两种方式：

1）从排风中直接回收热量。该系统由压缩机、水换热器、储液器、排风换热器、室外空气换热器、新风换热器、四通换向阀、膨胀阀、止回阀、恒压阀和电磁阀等设备和部件组成。冬季工况下，热泵的热量取自于排风的热量和室外空气的热量，而水换热器成为冷凝器，在那里高压制冷剂蒸气把热量传给冷却水。获得热量的冷却水就是热泵系统向建筑物提供的供暖热水或热水供应用热水；夏季工况下，水换热器成为蒸发器，为空调系统提供冷水。

2）转轮换热器与热泵的联合工作。该系统是将转轮换热器及其配套的设备（例如送风机和排风机、新风过滤器和排风过滤器）与热泵系统有机地结合在一起。就热泵系统而言，它是由压缩机、四通换向阀、储液器、室外空气换热器、排风换热器、膨胀阀和止回阀等设备和部件组成。冬季工况下，室外空气换热器为风冷式冷凝器，排风换热器为蒸发器，新风经新风过滤器过滤后进入转轮换热器时第一次被加热，然后流经室外空气换热器。在室外空气换热器内，高压制冷剂蒸气把热量放给新风后凝结为液体，这样新风第二次被加热，最后由送风机送到室内，达到利用排风的热量来加热新风的目的。夏季工况下，排风换热器为风冷式冷凝器，室外空气换热器为蒸发器，新风经转轮换热器时第一次被冷却，经室外空气换热器时第二次被冷却，最后由送风机送至室内，达到利用排风的冷量来冷却新风的目的。

（4）带有热回收器的新风换气机　如图4-94所示，它是设在空调房间内的一种通风换

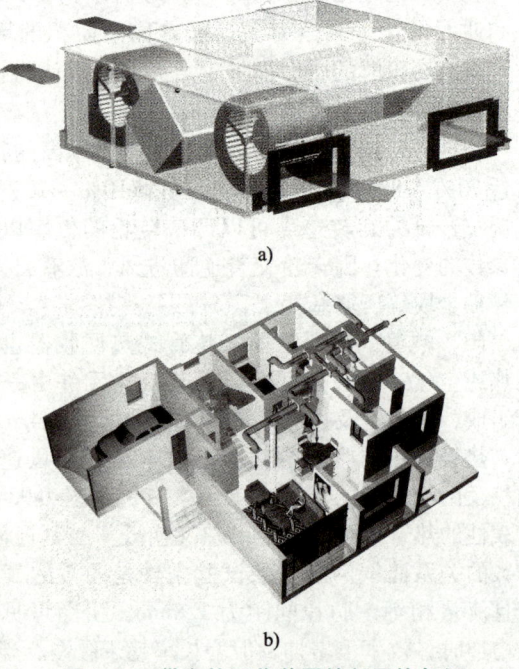

图4-94　带有热回收装置的新风换气机
a）新风换气机结构　b）新风换气系统

气设备，其核心是带有热回收装置，包括显热和全热两种方式。它在排走房间内污浊空气的同时，向室内送入清洁的新鲜空气，并利用排风的热量（或冷量）来预热（或冷却）新风。

如本章 4.4.5 所述，目前国内外已将膜技术应用到全热换热器产品，开发出采用膜材料的新型板式全热换热器，如国内湖南大学研制成功的采用纳米气体分离复合膜的新型板式全热换热器。

评价能量回收装置的一项重要指标是能量回收效率，它分显热回收效率、潜热回收效率及全热回收效率，其换热机理及回收效率计算公式，见图 4-95 和表 4-13。

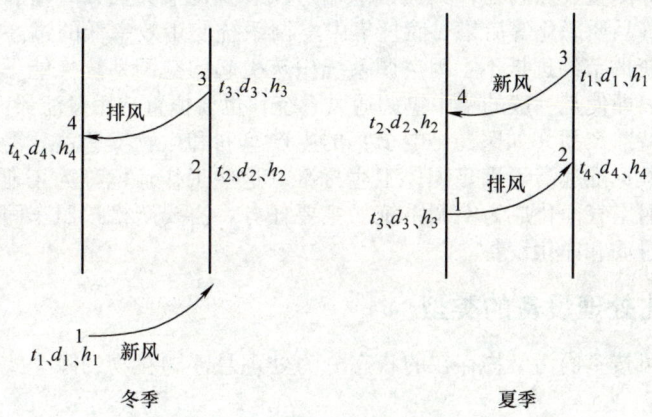

图 4-95　热回收装置的换热机理

表 4-13　热回收装置的效率

季节	冬季	夏季
显热效率 η_t	$\dfrac{t_2 - t_1}{t_3 - t_1} \times 100\%$	$\dfrac{t_1 - t_2}{t_1 - t_3} \times 100\%$
潜热效率 η_d	$\dfrac{d_2 - d_1}{d_3 - d_1} \times 100\%$	$\dfrac{d_1 - d_2}{d_1 - d_3} \times 100\%$
全热效率 η_h	$\dfrac{h_2 - h_1}{h_3 - h_1} \times 100\%$	$\dfrac{h_1 - h_2}{h_1 - h_3} \times 100\%$

注：t_1、d_1、h_1 为室外新风的初始温度、含湿量及比焓；t_2、d_2、h_2 为新风经热回收装置后的温度、含湿量及比焓；t_3、d_3、h_3 为排风进入热回收装置之前的温度、含湿量及比焓；t_4、d_4、h_4 为排风经热回收装置后的温度、含湿量及比焓。

常用的空气能量回收装置性能和适用对象参见表 4-14。

表 4-14　常用空气能量回收装置性能和适用对象

项目	能量回收装置形式					
	转轮式	液体循环式	板式	热管式	板翅式	溶液吸收式
能量回收形式	显热或全热	显热	显热	显热	全热	全热
能量回收效率	50%~85%	55%~65%	50%~80%	45%~65%	50%~70%	50%~85%
排风泄漏量	0.5%~10%	0	0~5%	0~1%	0~5%	0
适用对象	风量较大且允许排风与新风间有适量渗透的系统	新风与排风热回收点较多且比较分散的系统	仅需回收显热的系统	含有轻微灰尘或温度较高的通风系统	需要回收全热且空气较清洁的系统	需要回收全热且对空气有过滤的系统

4.5 空气的净化处理设备

在集中式空调、通风系统中，为保持建筑物内空气的洁净度标准，对新风和回风的过滤和净化处理是非常重要的。通过净化处理去除脏空气中的悬浮尘埃，有时甚至要对空气进行杀菌、去除异味和化学气体、增添负离子，进一步改善室内空气品质，确保人体所需的卫生条件。事实证明，空调系统使用低效率的过滤器会导致风管堵塞、风机结垢、风量减少、换热器效率降低，温湿度、流量等测量及控制元件失灵，末端送风装置调节失灵，管道和设备表面微生物滋生、繁衍，室内空气品质恶化等后果。而且集中空调系统使用效率低的过滤器（传统的粗效过滤器）带来的初投资的节约远抵不上因空调系统积灰引起的空调系统性能下降带来的损失和维护、清扫费用，所以即使是一般的集中空调通风系统，也要慎重选用过滤器。

此外，在某些特殊产品（如医药、电子）的生产车间和生物实验室，需要高洁净度和无菌无尘的工作环境，其标准远高于满足人体卫生标准，这些工作环境称为工业洁净室、超净车间和生物洁净室，此时空气净化成为空调系统的主要任务，需要严格按照车间或洁净室的洁净度要求，配置合理的过滤和净化设备。

4.5.1 空气净化处理设备的类型

空气净化设备可按室内污染物存在的状态分为处理悬浮颗粒物的除尘式和处理气态污染物的除气式两类。

在**除尘式空气净化**处理设备中，以纤维过滤器为核心，另外还有驻极体静电过滤器（纤维—静电过滤器）以及 CosaTron（使带电微粒中性化）装置等。其主要特点是利用纤维过滤技术或静电过滤技术等处理悬浮颗粒物。

在**除气式空气处理**设备中，主要有活性炭过滤器、光催化过滤器和空气净化器等。其主要特点是利用吸附技术、光催化技术及离子化技术等处理气态污染物。

4.5.2 除尘式空气净化处理设备

1. 纤维过滤器

（1）过滤器的分类　国家标准《空气过滤器》（GB/T 14295—2008）把空气过滤器分为粗效、中效、高中效和亚高效四类，其中粗效过滤器按效率高低分为四类，中效过滤器按效率高低分为三类，见表 4-15。国家标准《高效空气过滤器》（GB/T 13554—2008）把高效过滤器按过滤效率分为高效 A、高效 B、高效 C、超高效 D、超高效 E 和超高效 F 六种类型（表 4-16）。过滤器的滤料、结构形式都与过滤器的效率有关。

表 4-15　空气过滤器性能

性能指标 性能类别	迎面风速 m/s	额定风量下的效率（E） %		额定风量下的初阻力（ΔP_i） Pa	额定风量下的终阻力（ΔP_f） Pa
亚高效	1.0		99.9 > E > 95	≤120	240
高中效	1.5		95 > E ≥ 70	≤100	200
中效 1	2.0	粒径≥0.5μm	70 > E ≥ 60	≤80	160
中效 2			60 > E ≥ 40		
中效 3			40 > E ≥ 20		
粗效 1	2.5	粒径≥2.9μm	E ≥ 50	≤50	100
粗效 2			50 > E ≥ 20		
粗效 3		标准人工尘 计重效率	E ≥ 50		
粗效 4			50 > E ≥ 10		

表 4-16 空气过滤器的分类

性能指标类别	额定风量下的效率	额定风量下初阻力/Pa	通常提法	备注
粗效 1	粒径≥5μm，η≥50%	≤50		
粗效 2	粒径≥5μm，50%>η≥20%	≤50		
粗效 3	粒径≥5μm，η≥50%	≤50		
粗效 4	粒径≥5μm，50%>η≥10%	≤50		除粗效 3 和粗效 4 为标准人工尘计重效率外，其他均为计数效率
中效 1	粒径≥0.5μm，70%>η≥60%	≤80		
中效 2	粒径≥0.5μm，60%>η≥40%	≤80		
中效 3	粒径≥0.5μm，40%>η≥20%	≤80		
高中效	粒径≥0.5μm，95%>η≥70%	≤100		
亚高效	粒径≥0.5μm，99.9%>η≥95%	≤120		
高效 A	η≥99.9%	≤190	高效过滤器	
高效 B	η≥99.99%	≤220	高效过滤器	A、B、C 效率为钠焰法效率；
高效 C	η≥99.999%	≤250	高效过滤器	D、E、F 效率为计数效率；C、D、
超高效 D	粒径≥0.1μm，η≥99.999%	≤250	超高效过滤器	E、F 出厂要检漏
超高效 E	粒径≥0.1μm，η≥99.9999%	≤250	超高效过滤器	
超高效 F	粒径≥0.1μm，η≥99.99999%	≤250	超高效过滤器	

注：超高效过滤器其效率以过滤 0.12μm 为准。

(2) 过滤器的特性指标　表征空气过滤器特性的主要指标为迎面风速、过滤效率、过滤器阻力和容尘量。

1) **过滤效率**。过滤器所捕集的粒子质量或数量与过滤前空气中含有的粒子质量或数量之比，用百分率表示。即

$$\eta = (N_1 - N_2)/N_1 \times 100\% = (1 - N_2/N_1) \times 100\% \tag{4-4}$$

N_1、N_2 为过滤器前后的空气含尘浓度。当含尘浓度以质量浓度表示时，为计重效率；当含尘浓度以大于等于某一粒径的颗粒数表示时，为计数效率；以某一粒径范围内的颗粒数表示时，为分组计数效率。

过滤器串联时，总效率由下式求得

$$\eta_z = 1 - (1 - \eta_1)(1 - \eta_2)\cdots(1 - \eta_n) \tag{4-5}$$

式中　η_1、η_2、…、η_n——各级过滤器的效率。

2) **过滤器阻力**。过滤器的阻力包括滤料阻力（与滤速有关）和结构阻力（与框架结构形式和迎面风速有关）。过滤器的阻力分为初阻力和终阻力，初阻力是指额定风量下，过滤器没有积尘时的阻力，终阻力是指额定风量下，过滤器的容尘量达到足够大需要清洗或更换滤料时的阻力。

《公共建筑节能设计标准》(GB 50189—2015) 规定选配空气过滤器时，应符合下列要求：①粗效过滤器的初阻力小于或等于 50Pa（粒径大于或等于 2.0μm，效率不大于 50% 且不小于 20%），终阻力小于或等于 100Pa；②中效过滤器的初阻力小于或等于 80Pa（粒径大于或等于 0.5μm，效率小于 70% 且不小于 20%），终阻力小于或等于 160Pa；③由于全空气空调系统要考虑空调过渡季全新风运行的节能要求，因此其过滤器应能满足全新风运行的需要。

3) **过滤器的容尘量**。在额定风量下，过滤器的阻力达到终阻力时，其所容纳的粉尘量称为该过滤器的容尘量。容尘量是和使用期限有直接关系的指标，一般规定，当阻力为初阻力的 2~4 倍时的积尘量为容尘量。

(3) 过滤器的滤料　应选用效率高、阻力低和容尘量大的材料作为过滤器的滤料。各种常用的过滤器滤料、形式及性能见表 4-17。

表 4-17 常用过滤器的形式、滤料及性能

分类	形式	滤料	滤速/(m/s)	处理对象粒径/μm	效率范围(%)	初阻力/Pa	备注
粗效	平板形 稀褶式(25~100mm) 卷绕式	锦纶尼龙编织,玻璃纤维,无纺布	1~2	>5 的尘粒作为预过滤器	50~90 (计重效率)	≤50	预过滤器保护中效
中效	扁袋组合式	玻璃纤维 无纺布	0.2~0.5	>1.0 的尘粒	35~70 ≥1μm尘粒的 (计数效率) 35~75 (比色效率)	30~50	保护末级过滤器
高中效	扁袋组合式 平板V形组合式	无纺布 (涤纶); 丙纶	0.05~0.1	>1.0 的尘粒	约95(计数效率) 75~92 (比色效率)	90~95	一般洁净要求的末级过滤器
亚高效	密褶形(有隔板) 多管形	聚丙烯	0.02~0.03	>0.5	90~99 (钠焰法效率) 75~92 (比色效率) ≥80(≥1μm 大气尘计数)	≤90	>10万级的洁净室的过滤器
高效	密褶形 有隔板 无隔板	超细玻璃纤维	0.02~0.03	>0.5	>99.97 (0.3μm 的 粒子效率)	200~250	普通100级洁净室的末级过滤器
超高效	密褶形(无夹板)	超细玻璃纤维 PTF	0.01~0.015	>0.1	>99.9999 (0.1μm 的粒子效率)	150~200	0.1μm10级或1级洁净室的末级过滤器

(4)过滤器的标准和效率检测方法 国内外各种空气过滤器标准和效率的比较见表 4-18。空气过滤器过滤效率的检测方法见表 4-19。

表 4-18 国内外各种空气过滤器标准和效率的比较

我国标准	欧商标准 EUROVENT 4/9	ASHRAE 标准 计重法效率 (%)	ASHRAE 标准 比色法效率 (%)	美国 DOP 法 (0.3μm) 效率(%)	欧洲标准 EN 779—1993	德国标准 DIN24185
粗效过滤器	EU1	<65			G1	A
粗效过滤器	EU2	65~80			G2	B1
粗效过滤器	EU3	80~90			G3	B2
中效过滤器	EU4	≥90			G4	B2
中效过滤器	EU5		40~60		F5	C1
高中效过滤器	EU6		60~80	20~25	F6	C1/C2
高中效过滤器	EU7		80~90	55~60	F7	C2
高中效过滤器	EU8		90~95	65~70	F8	C3
高中效过滤器	EU9		≥95	75~80	F9	—
亚高效过滤器	EU10			>85	H10	Q
亚高效过滤器	EU11			>98	H11	R
高效过滤器 A	EU12			>99.9	H12	R/S
高效过滤器 A	EU13			>99.97	H13	S
高效过滤器 B	EU14			>99.997	H14	S/T
高效过滤器 C	EU15			>99.9997	U15	T
高效过滤器 D	EU16			>99.99997	U16	U
高效过滤器 D	EU17			>99.999997	U17	V

表 4-19 空气过滤器过滤效率的检测方法

名称	方法概要	适用性	相关标准
计重效率法 (Arestance)	采用高浓度的人工尘,粒径大于大气尘,其成分有尘土、炭黑和短纤维,按一定比例构成,在过滤器前、后测出其含尘质量后计算效率	粗效过滤器	美国 ANSI/ASHRAE52.1—1992 欧洲 CEN779 中国 GB 12218—1989
比色法 (Dust spot)	一般大气尘做试验,按试件前后采用滤纸上积尘后的透光率(光通量),转化为电量以计算效率	一般通风过滤器	美国 ANSI/ASHRAE52.1—1992 欧洲 CEN779 (我国不用此方法)
粒径计数法 (Particle Efficiency)	测量光源为低浓度、多分散相标准人工尘,仪器为激光粒子计数器,测量试件前后空气中微粒的粒径及数量	一般通风过滤器及高效过滤器	欧洲 EUROVENT T419—1993 美国 ASHRAE52.2P—1996 (表决稿)
大气尘径限计数法	自然大气尘,以光学粒子计数器测量试件前后空气中,大于某粒径限度全部粒子的个数	一般通风过滤器及高效过滤器	中国 GB/T 14295—2008
钠焰法 (Sodum Flame)	尘源为单分散相氯化钠粒子(约 0.44μm),按粒子在 H_2 中的燃烧生成,光焰 $5.89×10^{-7}$m 的强度转化为电量以计算效率	高效过滤器	美国 BS3928 中国 GB/T 6165—2008
DOP 法	尘源为 DOP(邻苯二甲酸二辛酯)粒子(0.3μm),根据试件前后采样空气的浓度(DOP 粒子浓度)计算效率,仪器为浊度计	高效过滤器	美国军用标准 MIL—STD—282
油雾法	尘源为油雾(粒径为 0.3~0.5μm 的石蜡油雾),根据试件前后采用空气计算效率,仪器为浊度计	高效过滤器	德国 DIN 24184—1990 中国 GB/T 6165—2008

(5) 常用空气过滤器

1) 粗效过滤器。**粗效过滤器**的过滤对象是 10~100μm 的大颗粒尘埃,用于空调系统的初级过滤,保护中效过滤器。过滤材料可以是金属丝网、铁屑、瓷环、玻璃纤维(直径 20μm 左右)、粗孔和中孔聚氨酯泡沫塑料以及各种人造纤维。结构形式可以是平板式、袋式和自动卷绕式。平板式过滤器结构简单,价格便宜,过滤面积小,容尘量小。袋式过滤器过滤面积大,容尘量大,强度高,使用无纺布滤料,不掉毛,可以清洗。自动卷绕式结构稍显复杂,占用空间大,更换滤料不太方便,在集中空调系统中一般不用。

图 4-96 所示为尼龙网粗效过滤器的外形,它可以重复清洗使用,经济性高。图 4-97 所示为板式粗效过滤器的外形,它的过滤材料分别为针刺无纺布和化纤织物,具有阻力小、风量大、寿命长的优点。

2) 中效过滤器。**中效过滤器**的过滤对象是 1~10μm 的尘埃,用于空调系统的中级过滤,保护末级过滤器。过滤材料可以是无纺布、玻璃纤维、中细孔聚氨酯泡沫塑料等。结构形式可以是平板式、袋式、分隔板式。

图 4-98 所示为中效过滤器的外形,过滤材料为玻璃纤维,可用于温度高达 80℃、湿度高达 80% 的场合,它的优点是风量大、阻力小、结构牢固,特别适合于空调系统的中级过滤。图 4-99 所示为袋式中效过滤器的外形,滤料为进口阻燃形化学纤维,可以清洗,阻力小、容尘量大,效率为 F5~F8。图 4-100 所示为密褶式中高效过滤器的外形,滤料为聚丙烯纤维或玻璃纤

维，由于密褶可以增大其有效过滤面积，所以其占用空间小、阻力小、容尘量大。

图 4-96　尼龙网粗效过滤器的外形

图 4-97　板式粗效过滤器的外形

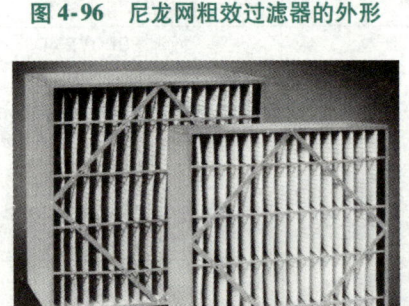

图 4-98　中效过滤器的外形

图 4-99　袋式中效过滤器的外形

3）亚高效空气过滤器。**亚高效空气过滤器**的过滤对象是 $1\sim 5\mu m$ 的尘埃，用于大于 10 万级的洁净室送风的末级过滤或高洁净度要求场合的中间级过滤器。过滤材料可以是玻璃纤维（直径小于 $1\mu m$）、超细聚丙烯纤维等。结构形式可以是薄板式、有隔板密褶式，如前所述，密褶式过滤器也有亚高效产品。

图 4-101 所示为板式亚高效过滤器的外形，过滤材料为玻璃纤维，阻力低，但在使用时应避开加湿器和空气冷却器等散湿设备。若在这些散湿设备后使用过滤器，应在中间加挡水板，以免过滤器沾水后引起过滤效率的不稳定。亚高效空气过滤器属于多皱褶的有隔板空气过滤器，它用玻璃纤维作为滤纸，胶版纸作为分隔板，可作为空气净化系统的中间级过滤器。

图 4-100　密褶式中高效过滤器的外形

图 4-101　亚高效过滤器的外形

4）高效空气过滤器。**高效空气过滤器**的过滤对象是粒径小于 $1\mu m$ 的尘粒，用于普通 100 级以上洁净室送风的末级过滤。过滤材料可以是超细玻璃纤维纸、超细石棉纤维纸、超细聚丙烯纤维纸等。结构形式可以是有隔板式、无隔板式，还有特殊环境下使用的耐高温或高湿的高效空气过滤器。有隔板的过滤器是一种传统的高效过滤器，它占用空间大、笨重，但其强度高，所以耐高温、高湿的过滤器都是有隔板的，在某些要求抗冲击、抗振动的场合，也应选用有隔板的高效过滤器。无隔板高效过滤器制作简单、效率高，厚度很小，质量轻，许多场合替代了有隔板的过滤器。

图 4-102 所示为有隔板高效过滤器的外形，过滤材料为超细玻璃纤维，分隔板为胶版纸或铝膜，使用最高温度为 80℃，最高湿度为 80%，它阻力低、容尘量大、风速均匀性好。图 4-103 所示为无隔板高效空气过滤器的外形，它采用铝合金外框，超细玻璃纤维作为滤纸，热熔胶作为分隔物，聚氨酯胶作为密封胶，结构紧凑、质量轻、强度高。

图 4-102　有隔板高效过滤器的外形　　　　图 4-103　无隔板高效空气过滤器的外形

图 4-104 所示为耐高温高效过滤器的外形，它采用超细玻璃纤维纸作为滤料，铝箔为分隔板，不锈钢框架，进口密封胶，可以在 350℃ 的环境中长期使用，阻力低，容尘量大。图 4-105 所示为耐高湿高效过滤器的外形，它采用特殊防潮超细玻璃纤维纸作为滤料，特制胶版纸为分隔板，铝合金外框，可以在相对湿度为 100% 的环境中长期使用，阻力低，容尘量大。

图 4-104　耐高温高效过滤器的外形　　　　图 4-105　耐高湿高效过滤器的外形

2. 驻极体静电过滤器（纤维—静电过滤器）

驻极体是指具有长期储存电荷功能的电介质材料。驻极体又称永电体，是永久保持极体的电介质。鉴于驻极体空气过滤器具有低流阻，高效率及长寿命，高集尘能力及节能等优点，使得这种过滤器的发展十分迅速。尤其是近年来，高分子化学纤维生产技术的发展使得用驻极体纤维能生产出高效过滤器（HEPA）和超高效过滤器（ULPA）。目前，日本松下和中国海尔等公司生产的集中空调和家用空调设备中已较广泛地采用驻极体空气过滤器作为基本的空气净化系统。

驻极体静电过滤器的滤尘机理是利用滤料纤维本身带电，通过荷电纤维（驻极体）的库仑力实现对灰尘的捕获。在驻极体静电过滤器中极化的纤维通常带有几百甚至上千伏电压，纤维间隙的电场可达每米几十兆伏甚至更高，由于静电的排斥作用使纤维扩散成网状孔洞，间隙尺寸远大于粉尘的尺寸，形成了纤维间距比粉尘尺寸大得多的开式结构。当灰尘经过过滤器时，静电力不仅能有效地吸引带电粉尘，而且以静电感应效应捕获感应极化的中性粒子。与传统的机械型空气过滤器相比，在相同的功效时，其流阻仅仅是机械型过滤器的 1/9 左右，比传统空气过滤器约低一个数量级。由于极化的驻极体纤维上通常带有几百至上千伏电压，而纤维间的间隙仅微米数量级，从而形成了无数个无源集尘电极。纤维间隙间电场达几十 MV/m，甚至更高，等效面的面电荷密度高达 $90nC/cm^2$。因此，当气流通过这类过滤器时，静电的库仑力不仅能有效地吸引气流中的带电粉尘，而且未带电的中性微粒也能被强电场极化（或电荷重心的分离），最终被过滤纤维捕获。

粉尘通常作为病菌（毒）的载体。细菌和病毒在正常生理条件下都带负电，经过驻极体空气过滤材料后的空气，不仅粉尘浓度大大降低，而且细菌和病毒的浓度也明显减弱。临床试验指出，驻极体空气过滤器滤除细菌的效率高达 95%（如大肠杆菌、绿脓杆菌、金葡、白葡、芽胞和霉菌等），并能杀死 90% 的细菌。其灭菌的主要机理是：由驻极体的强静电场和微电流刺激细菌使蛋白质和核酸变异，损伤细菌的细胞质及细胞膜，破坏了细菌的表面结构，导致细菌死亡。与此同时，驻极体形成的强电场还对其他种类细菌具有明显的抑制其繁殖的功能。

3. CosaTron（使带电微粒中性化）**装置**

CosaTron（Control of Secondary Air Electronically）是使带电微粒物中性化的装置。CosaTron 本身不是集尘设备，也不是用其自身来吸附尘埃，而是通过加倍提高空调设备的中、高效过滤器的集尘效率进行除尘工作。用通常滤网无法捕捉到的 1nm 以下的微粒物质，在 CosaTron 电极造成的合成激励电场中，不断互相撞击和吸附而逐渐体积变大，最终这些变大了的微粒物在正、负电荷的作用下变成中性物质。变成中性的微粒物质因此也就不再附着在送风管、风机、盘管的金属表面，而是随着风机送出的气流顺利进入室内，不断地撞击和吸附室内产生的以及从外部侵入的有害气体污染物。经过这样的变化，在室内变大的粒子会增大到 1nm 以上，除一部分被排放至户外，大部分被安置于 CosaTron 正前方的中、高效过滤器吸附和去除。如此，室内的 IAQ 得到了极大改善和提高，空气中的 CO_2 含量降低，新风量减少至原来的 20%，从而很大程度地减少了新风的补给量以及处理新风所耗费的能量，达到节能的效果。

CosaTron 装置的工作原理如图 4-106 所示，设有三个具有污染物激励概念的空间。第一个装有 CosaTron 电极网的风管箱段位于滤网和盘管之间，第二个是空气调节的空间，第三个是混气箱空间。

带有 1nm 以下微粒物和其他污染物质的空气离开滤网，经过可产生合成激励电场的 CosaTron 电极网。这些微粒物和其他污染物质受到 CosaTron 电场影响，会加速运动，改变方向并碰撞，黏附形成较大微粒物。

由于这些微粒物会结成大的微粒物，使 1nm 微粒物数量急剧减少，改变了空气中各种微粒物的构成。

这些大颗粒进入第二个空间——即空气调节空间，它们又像雪球滚下山那样运动，清扫 1nm 以下微粒物，不断吸附房间内的气体微粒而变得越来越大，这时即将被气流带到回风或排气系统。

这些微粒物接着进入第三个空间——即混合箱空间，这时雪球效应持续产生。较大的微粒物与室外空气中的污染物质相撞，继续与其他各种微粒物进行吸附与被吸附的过程。通过滤网时，这些大微粒物和它们所吸附的气体颗粒被阻拦在滤网上。上述过程接着又开始进行。

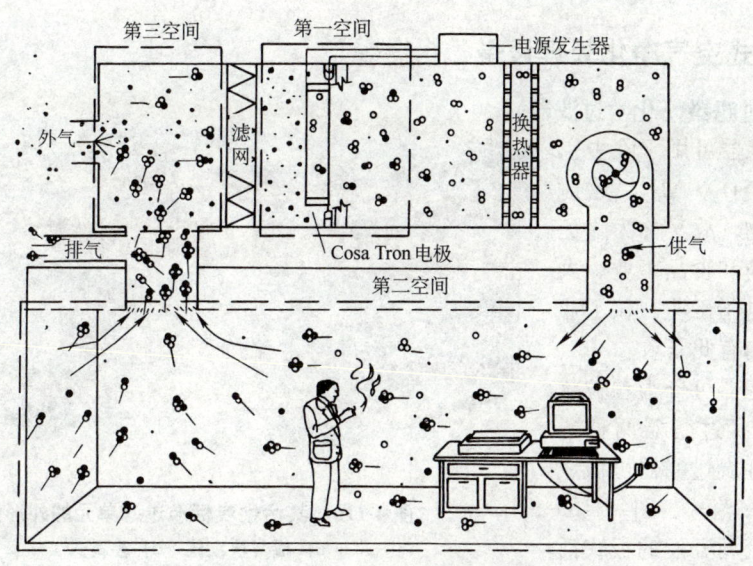

图 4-106 污染物质的激励概念

4. 惯性过滤器

惯性过滤器是由注塑成型的独立单元体、外壳、进风筒、出风筒组成。进风筒的进风端口带有螺旋叶片，出风筒为锥状与圆柱状组成，进、出风筒套叠成环状区域。当气流以一定速度进入进风筒时，气流经螺旋叶片产生高速旋转运动，尘埃颗粒将产生离心力，沿进风筒内壁运动到环状区域（进、出风筒套叠段），尘埃颗粒将因离心力的作用沿出风筒锥状体抛出，由扫尘气流将尘埃颗粒经排尘风道排入积尘箱。当气流经螺旋叶片产生高速旋转运动，尘埃颗粒产生离心力沿进风筒内壁运动的同时，气流旋转的中心区相对是清洁的，这部分气流经出风筒管腔进入空气调节系统。如图 4-107~图 4-109 所示。

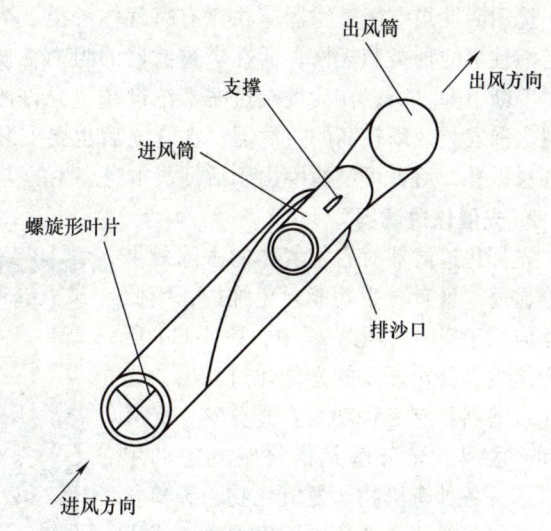

图 4-107 进风筒、出风筒示意图

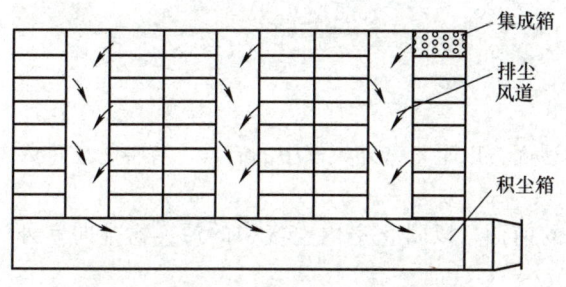

图 4-108 惯性过滤器排尘气流

图 4-109 惯性过滤器实物照片

4.5.3 除气式空气净化处理设备*

1. 活性炭过滤器（化学过滤器）

活性炭过滤器可用于除去空气中的异味和 SO_2、NH_3、放射性气体等污染物，故又称为除臭过滤器，在医药和食品工业、大型公共建筑、电子工业、核工业等类型建筑，均有此需求。

活性炭过滤器可分为颗粒状过滤器和纤维状过滤器两种形式。颗粒状活性炭过滤器可做成板（块）式和多筒式，图 4-110a 所示为德国某公司开发的板式活

图 4-110 某活性炭标准过滤单元的外形图
a) 板（块）式 b) 多筒式

性炭过滤器，图 4-110b 为烟台某公司开发的多筒式活性炭过滤器。纤维活性炭过滤器可做成与多摺型过滤器相同的形式。

选用活性炭空气过滤器应注意有害气体种类、浓度和吸附后的允许浓度、处理风量，以便确定活性炭的种类和规格；活性炭过滤器的阻力在使用过程中变化很大，质量不断增加，吸附能力不断下降，所以在活性炭过滤器浓度超过允许浓度后，要更换过滤器；不仅要在活性炭过滤器之前安装效率较高的过滤器，在它之后也要安装效率较高的过滤器，前者可防止灰尘堵塞活性炭微孔，后者可过滤掉由于活性炭本身产生的尘粒。

2. 光催化过滤器

光催化过滤器对有害气体的去除效果十分显著，且有再生功能，免维护，因此广泛应用于空气净化工程中，图 4-111 所示为国内某公司开发的光催化过滤器。光催化过滤器具有三种功效：光分解、光灭菌和光脱臭。光分解是指将空气中的甲醛、苯等各种有机物、氮氧化物、硫氧化物以及氨等氧化、还原成无害物质；光灭菌可破坏细菌的细胞膜和固化病毒的蛋白质，具有很强的灭菌作用；光脱臭可将硫化氢、三甲胺、人体臭及烟味除去。光催化的脱臭效果是活性炭的 150 倍。

图 4-111 光催化过滤器

光催化过滤器有两种应用方式：

（1）和新风换气机配合使用

1）安放在新风换气机新风进风口过滤器的后面，以阻止室外大气中的有毒、有害物质进入室内。

2）安放在新风换气机污风排风口过滤器的前面，以阻止室内空气中的污染物排向室外大气。

(2) 单独使用　单独使用时，一般可采用吊顶方式。可将光催化过滤器放在吊顶上，在吊顶上装设出风口和进风口与光催化过滤器相连接，这样形成室内空气的自循环，以达到净化的目的。

3. 空气净化器

空气净化器是将纤维过滤技术、静电过滤技术、活性炭过滤技术、负离子技术、臭氧技术集成为一体的空气净化设备。通常空气净化器的工作原理是：由高速旋转的离心风机在机器内产生负压，受到污染的空气被吸入机内，依次通过具有杀菌功能的粗过滤网、装填有高效空气过滤材料的过滤层和具有高效催化作用的活性炭过滤层，这样三重过滤净化后由送风口送出洁净的空气。理论研究和科学实践均表明：使用空气净化器可以有效地清除室内细菌和病毒，对于防止疾病传播，特别是对防止流感等流行性疾病传播，减少患病概率很有效。目前空气净化器可有效杀灭空气中自然菌的99%以上，对可吸入颗粒物的净化效率达99%以上，催化活性炭可有效地吸附、分解香烟烟雾、氨气等有害气体。如果空气净化器装有负离子发生器和香料盒，可使输出的空气含有一定量的负氧离子和宜人的香味，使人心旷神怡。经过空气净化的洁净手术室和洁净病房可以使伤病员手术后的感染率下降到原来的1/10以下，这就说明了空气净化器去除病菌、病毒的重要作用。第一代空气净化器是采用过滤和静电等技术的纯物理型的产品；第二代空气净化器在第一代的基础上增加了活性炭吸附、负离子和臭氧等技术的物理化学型产品；第三代空气净化器是采用了TiO_2纳米光催化的化学型产品。TiO_2纳米光催化技术是近年来在国际上兴起的一种空气净化新方法，由于光催化技术不仅可以完全净化空气中的有机污染物，同时还具有很强的广谱杀菌性能，并具有效率高、成本低、对环境和人体无害的特点，目前已经应用于小环境的净化，如家用空调、家用空气净化机等，并成功应用在集中式空调系统。

(1) 光催化空气净化器　光催化空气净化器与传统空气净化产品的主要功能及优缺点对比见表4-20。光催化与其他净化技术优缺点的对比见表4-21。

表4-20　光催化空气净化器与传统空气净化产品对比

	光催化空气净化器	传统产品	
		第一代空气净化器	第二代空气净化器
主要技术	静电除尘技术、活性氧光催化耦合技术、负离子空气清新技术	利用过滤、吸附、磁化处理杂质，静电凝聚消除尘埃等以物理为主的技术	在物理性能的基础上，使用负离子发生器与臭氧发生器相结合
主要功能	消烟、除尘、除臭、灭菌，光催化能有效分解甲醛、苯、氯乙烯等有机污染物和二氧化硫、氮氧化物等无机污染物；负离子技术可以清新空气，对人体有良好的生理作用（详见产品净化功能图）	主要是以活性炭吸附的方法，物理吸附空气中的有毒物质	具有消烟、除尘、消毒、杀菌、除臭去味、去颜料色素、消除一氧化碳等有害气体的功能
优点	性能稳定、功能齐全，能全方位彻底净化空气，使用方便	有一定的净化空气作用	在一定时间内有清新空气、抑制病菌、辅助治疗的作用
缺点	当灯管工作累计达10000h以上，必须更换灯管	易饱和失效，治标不治本，对异臭味、病原菌、病毒、微生物等造成的污染无法消除	作用时间短，并且不能分解有机污染物（目前，国家公布的有机污染物有36种）

表 4-21 光催化与其他净化技术对比

净化技术	优 点	缺 点
活性炭吸附	除尘，物理吸附空气中的某些有害物质，在短时间内有一定的净化效果	不能滤除可吸入颗粒物（即飘尘、PM10）和可入肺颗粒（PM2.5）；易饱和，需定期更换活性炭，使用成本高
负离子	①能清新空气、消除人体疲劳、降低血压、抑制哮喘，被称为"空气中的维生素"；②可以吸附空气中带正电的微粒，使之形成颗粒自然下落	存在时间较短，无其他功能
臭氧	具有消毒、杀菌、除臭去味和去颜料色素等功能	仍然不能分解有机污染物
光催化	①利用光源来驱动催化剂，有效分解有机污染物，有除臭杀菌等功能；②光催化剂在使用中并不消耗，没有饱和条件，有光即发生作用；③净化效果是活性炭吸附效果的 300 倍以上	当光衰老时（如灯管工作累计达 10000h 以上），必须更换灯管

图 4-112a 所示为国外某公司的纳米光催化空气清新机。国外某公司将纳米光催化空气杀菌器应用于风机盘管、家用及商用集中式空调系统，如图 4-112b 所示。经广州微生物研究中心检测，结果表明，杀菌率在 6h 之后高达 95%。图 4-112c 所示为国外某公司将蒸发冷却技术与纳米光催化相结合的家用空调器。图 4-112d 所示为国内某公司生产的纳米光催化空气净化器。国内某公司已经开发出集中式空调系统用的纳米光催化空气净化器和明装光催化净化出风口、回风口。

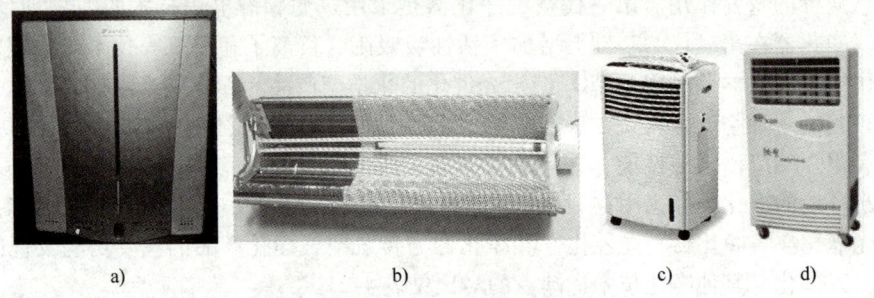

图 4-112 纳米光催化空气净化器
a) 纳米光催化空气清新机 b) 采用纳米光催化空气杀菌器的风机盘管 c) 将蒸发冷却与纳米光催化相结合的家用空调器 d) 纳米光催化空气净化器

（2）组合技术空气净化器　除了上述单一净化技术产品外，国内外一些生产厂家推出由上述净化技术结合的各种空气净化器，如空气洁净器（空气滤清器）、空气净化机、健康空调器等产品。

1) 空气洁净器是由粗效过滤器、二段式静电过滤器、活性炭过滤器和通风机组成，有台式、壁挂式和立柜式，配有自动人体感知装置，具有自动显示、风量转换及定时功能。

2) 多效空气净化机，柜内装粗、中效或亚高效袋式空气过滤器和低阻高效吸附剂、负离子发生器以及低噪声风机，对有毒气体、异味、香烟尘雾有较好的净化功能。有的还装有紫外线灭菌灯，对循环空气进行杀菌。

3) 健康空调器，就是在分体式空调器的室内机中装有带静电纤维质滤纸和光触媒材料制成的过滤层和负离子发生器。它能释放轻负离子，除尘杀菌，清新空气，增强人体抗菌能力，并能高效清除各种有害气体和异味，改善室内空气品质，具有一定的保健作用。

国外某公司开发的三级纳米光催化空气净化器，由粗效过滤器、电离子装置和两级光催化系统组成，如图 4-113a 所示，预过滤器 1 去除空气中大颗粒粉尘并净化空气；在离子过滤器卷 3 之前设置电离装置 2 以使有害颗粒物带正电。此过滤器由两层组成，即静电过滤层和二氧化钛过滤层。静电区可捕获带正电的有害颗粒物和微生物。由光催化专用灯 5 催化光催化层后，该层即和二氧化钛产生反应进而与有害气体及细菌和微生物发出的难闻气体发生氧化反应。国内某公司开发的四级纳米光催化空气净化器由粗效过滤器、高效过滤器、光催化和负离子发生器组成，见图 4-113b。目前，国内某公司在采用上述三级过滤装置的同时，又加入了分子络合锁定技术用于净化空气中的甲醛和氨。分子络合锁定技术是利用氨和甲醛的溶水特性,通过国内某公司专有的甲醛捕捉剂和水组成的络合分解体系,分别将氨等气态短分子链物质迅速络合转化为不可逆的长分子链固态物质,并分解生成氨盐,从而实现去除甲醛和氨的目的。

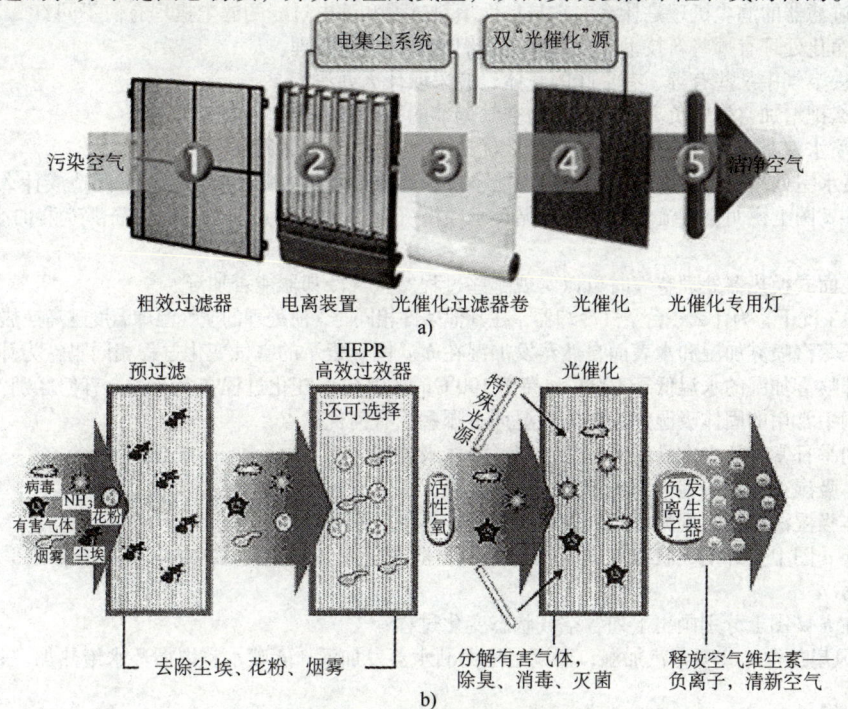

图 4-113 光催化空气净化器

a) 三级纳米光催化空气净化器 b) 四级纳米光催化空气净化器

各种空气净化装置对常见空气污染物的净化效果见表 4-22。

表 4-22 空气净化装置对常见空气污染物净化效果

分类	悬浮颗粒	有害气体	微生物	
种类	悬浮飞尘等[1]	甲醛、苯、氨等	细菌	病菌
微粒直径	$0.2 \sim 90 \mu m$	$0.0001 \sim 0.001 \mu m$	$0.4 \sim 1 \mu m$	$0.02 \sim 0.3 \mu m$
静电式	有效	不明显	部分有效	无效
光催化式	不明显	有效	有效	有效
活性炭吸附式	有效	高效	部分有效	无效
紫外线灭菌式	对霉菌孢子有效	无效	高效	高效
静电式 + 光催化式	有效	有效	有效	有效
静电式 + 粗效过滤	有效	不明显	部分有效	无效
光催化 + 活性炭吸附式	有效	高效	有效	有效
普通滤芯 + HEPA[2] 滤芯 + 活性炭式	高效	高效	高效	无效
普通滤芯 + HEPA 滤芯 + 活性炭式 + 紫外线灭菌式[2]	高效	高效	高效	高效

[1] 悬浮飞尘、宠物皮屑、花粉、霉菌孢子、尘螨、唾液飞沫、香烟烟雾、油烟等。
[2] HEPA 为高效空气过滤器。

思考题与习题

1. 直接接触式热湿交换原理和间接接触式热湿交换原理有什么不同?
2. 什么是显热交换?什么是潜热交换?什么是全热交换?它们之间有什么关系?

3. 显热交换、潜热交换、全热交换的推动力分别是什么？空气与水直接接触进行热、湿交换时，什么条件下仅发生显热交换？什么条件下仅发生潜热交换？什么条件下发生全热交换？
4. 喷水室处理空气的七个变化过程是什么？其相应的热湿比有什么特点？
5. 纤维过滤器的滤尘机理是什么？它与黏性填料过滤和静电过滤的滤尘机理有何不同？
6. 空气净化处理有哪些新技术？分别阐述它们的空气净化机理。
7. 要除去空气中某些有毒、有臭味的气体，应采取什么办法？
8. 为什么把增加空气中负离子含量作为空气调节的一个新内容？
9. 采用喷水室对空气进行热湿处理有什么优缺点？适用于什么场合？
10. 用喷水室处理空气，如果后挡水板性能不好，造成过水量太多，会给空调房间造成什么影响？
11. 在 $h\text{-}d$ 图上说明空气流经喷水室经循环水喷淋（水量足够大）加湿过程和局部喷淋加湿过程（水分全部蒸发）。
12. 用表面式换热器处理空气时可以实现哪些过程？空气冷却器能否加湿？
13. 在湿工况下，为什么一台空气冷却器，在其他条件相同时，所处理的空气湿球温度越高换热能力越大？
14. 低压蒸汽喷雾加湿和水表面自然蒸发加湿在 $h\text{-}d$ 图上表示的空气变化过程相同吗？为什么？
15. 局部喷雾加湿的水温低于 100℃ 和高于 100℃ 时，其空气变化过程在 $h\text{-}d$ 图上有何区别？
16. 空调中常用的固体吸湿剂、液体吸湿剂有哪些？有何优缺点？
17. 请列举日常生活中常见的固体吸湿剂、液体吸湿剂。
18. 液体吸湿剂吸湿的基本原理是什么？此减湿方法主要优点是什么？
19. 液体吸湿法可以实现哪些空气处理过程？应具备什么条件？
20. 在 $h\text{-}d$ 图上室外空气状态点 W 是变化的点，把 W 点处理到固定送风状态点 O 有哪些手段？在 $h\text{-}d$ 图上如何表示？
21. 试在 $h\text{-}d$ 图上分别画出下列各空气状态变化过程：
①喷雾风扇加湿；②喷蒸汽加湿；③潮湿地面洒水蒸发加湿；④喷水室内循环水绝热加湿；⑤电极式加湿器加湿。
22. 已知室外状态为 $t=21℃$，$d=0.009\text{kg/kg}$（干空气），送风状态要求 $t=20℃$，$d=0.01\text{kg/kg}$（干空气）。试在图上确定空气处理方案。如果不进行处理就送入室内有何问题（在同样的余热、余湿情况下）？
23. 喷水室有哪些主要类型？双级喷水室有何意义？
24. 组成喷水室的主要部件有哪些？它们的作用是什么？
25. 表面式换热器在什么情况下可以串联使用？什么情况下可以并联使用？为什么？
26. 怎样连接空气冷却器的管路才便于进行冷量调节？
27. 空气冷却器的下部，为什么要装滴水盘和排水管？在设计工况下，空气冷却器在干工况下工作是否可以不装滴水盘和排水管？
28. 如果空气加热器已经选定，试问可采用什么方法来提高加热器的供热量？
29. 说明水冷式空气冷却器在以下情况下，其传热性能是否会发生变化？如何变化？①改变迎风面速度；②改变水流速度；③改变进水温度；④空气初状态发生变化。
30. 如何调节空气冷却器的冷量？管路连接方式对此有无影响？
31. 等温加湿和等焓加湿空气加湿器有哪些？分别适用于什么场所？
32. 常用的除湿机有哪几种？分别适用于什么场合？
33. 转轮除湿机有何优点？
34. 与普通冷冻除湿机相比，调温型除湿机在功能上有何改进？
35. 简述空气蒸发冷却器的分类，各适用于什么场所？
36. 直接蒸发冷却器在实际工程应用中有何局限性？如何改进？
37. 空气蒸发冷却器性能评价指标有哪些？
38. 为什么在评价空气蒸发冷却器性能时常用 EER 而不用 COP？
39. 空调排风热回收装置有哪些类型？各自的优缺点是什么？
40. 什么是"显热换热器"？什么是"全热换热器"？它们的主要差别是什么？
41. 空气过滤器有哪些主要类型？各自有什么特点？分别适用于什么场合？
42. 表征空气过滤器性能的主要指标有哪些？

43. 影响过滤器过滤效果的因素有哪些？
44. 什么是过滤器效率？
45. 在空调工程中，选择空气过滤器要注意哪些问题？
46. 过滤器效率的检测方法有几种？适用于什么场合？
47. 试列出空调工程中常用的过滤器。

二维码形式客观题

扫描二维码可在线做题，提交后可查看答案。

第4章 客观题

参 考 文 献

[1] B. H. 巴格斯罗夫斯基，等. 空气调节与供冷 [M]. 娄长彧译. 北京：中国建筑科学研究院建筑科技资料交流部内部发行，1991.
[2] 赵荣义，范存养，薛殿华，等. 空气调节 [M]. 3版. 北京：中国建筑工业出版社，1994.
[3] 薛殿华. 空气调节 [M]. 北京：清华大学出版社，1991.
[4] 连之伟. 热质交换原理与设备 [M]. 北京：中国建筑工业出版社，2001.
[5] 许为全. 热质交换过程与设备 [M]. 北京：清华大学出版社，1999.
[6] 清华大学暖通教研组. 空气调节基础 [M]. 北京：中国建筑工业出版社，1979.
[7] 韩宝琦，李树林. 制冷空调原理及应用 [M]. 2版. 北京：机械工业出版社. 2002.
[8] （日）木村建一. 空气调节的科学基础 [M]. 单寄平译. 北京：中国建筑工业出版社，1981.
[9] 许钟麟. 空气洁净技术原理 [M]. 3版. 北京：科学出版社，2003.
[10] 陆耀庆. HVAC 暖通空调设计指南 [M]. 北京：中国建筑工业出版社，1996.
[11] 闫全英，刘迎云. 热质交换原理与设备 [M]. 北京：机械工业出版社，2006.
[12] 陆耀庆. 实用供热空调设计手册 [M]. 北京：中国建筑工业出版社，1993.
[13] 尉迟斌. 实用制冷与空调工程手册 [M]. 北京：机械工业出版社. 2002.
[14] 王天富，买宏金. 空调设备 [M]. 北京：科学出版社，2003.
[15] 赵荣义. 简明空调设计手册 [M]. 北京：中国建筑工业出版社，1998.
[16] 俞炳丰. 集中空调新技术及其应用 [M]. 北京：化学工业出版社，2005.
[17] 全国勘察设计注册工程师公用设备专业管理委员会秘书处. 全国勘察设计注册公用设备工程师暖通空调专业考试复习教材 [M]. 北京：中国建筑工业出版社，2004.
[18] 张吉光，等. 净化空调 [M]. 北京：国防工业出版社，2003.
[19] 薛志峰，等. 超低能耗建筑技术及应用 [M]. 北京：中国建筑工业出版社，2005.
[20] 编制组. 民用建筑供暖通风与空气调节设计规范宣贯辅导材料 [M]. 北京：中国建筑工业出版社，2012.

暖通专家王如竹简介

第 5 章 空调系统（1）

➡️ **学习要点**

重点：①空调系统的分类方法；②普通集中式空调系统（一次、二次回风空调系统）的组成、特点，系统方案的确定、计算及在焓湿图上的表达方法；③风机盘管空调系统的组成和特点，该系统新风供给方式、几种处理过程在焓湿图上的表示方法及计算方法。

难点：①普通集中式空调系统（一次、二次回风空调系统）空调方案的确定、计算及在焓湿图上的表达方法；②风机盘管空调系统几种处理过程在焓湿图上的表示方法及计算方法。

5.1 空调系统的分类

常用空调系统多按下列原则进行分类，如图 5-1 所示。

```
          ┌ 集中式系统──全空气系统（一般为单风道式）┌ 定风量系统
          │                                        └ 多风量系统 ┌ 常温送风系统
空调系统 ┤                                                      └ 低温送风系统
          │ 半集中式系统 ┌ 水—空气系统
          │              └ 多联机空调系统
          └ 分散式系统──窗式、分体式、框式空调器
```

图 5-1 空调系统分类图

1. 按空气处理设备的集中程度分类

（1）**集中式系统** 集中式系统是指所有空气处理设备和风机等集中设在空调机房内，通过送回风管道与被调节的各房间相连，对空气进行集中处理和集中分配。这类系统的空气处理设备能实现对空气的各种处理过程，可以满足各种调节范围和空调精度及洁净度的要求，也便于集中管理和维护，是工业建筑中工艺性空调与民用建筑中舒适性空调所采用的最基本的空调方式。

（2）**半集中式系统** 半集中式系统兼顾集中式与分级式系统的特点，多联机空调系统就属于这类系统。水—空气系统是指把一次空气处理设备和风机、冷水机组等设在集中的空调机房内，把二次空气处理设备设在空气调节区内。这类系统与全空气系统相比较，省去了回风管道，送风管道断面面积也大为减小，节省建筑空间，是目前各类建筑尤其是高层建筑应用最广且发展较快的一种空调系统。

（3）**分散式系统** 也称**局部式**或**冷剂式空调系统**。分散式系统即分散设于各空气调节区的空气调节器就地处理空气，就地使用。**空气调节器**是将空气处理设备、风机和冷热源设备等组装在一起的机组。每一台机组即为一个局部式空调系统。这类系统一般不需要单独的机房，使用灵活，移动方便，可满足不同的空气调节区不同的送风要求，是家用空调及车辆用空调的主要形式。

2. 按负担室内热湿负荷所用的介质分类

(1) **全空气系统** 空气调节区的室内负荷全部由经过加热或冷却处理的空气来负担的空调系统称为全空气系统。单风管系统、双风管系统、全空气诱导系统及变风量系统属于这类系统。

(2) **水—空气系统** 空气调节区的室内负荷由经过处理的水和空气共同负担的空调系统称为水—空气系统。独立新风加风机盘管系统、置换通风加冷辐射板系统及再热系统加诱导器系统属于这类系统。

(3) **全水式系统** 空气调节区的室内负荷全部由经过加热或冷却处理的水负担的空调系统称为全水式系统。无新风的风机盘管系统和冷辐射板系统属于这类系统。

(4) **冷剂式系统** 以制冷剂的"直接膨胀"作为吸收空气调节区室内负荷的介质的空调系统称为冷剂式系统。商用单元式空调器和家用房间空调器属于这类系统。

3. 按系统风量调节方式分类

(1) **定风量系统** 通常的全空气系统,风机的送风量保持一定,通过改变送风温度来适应空气调节区的负荷变化,以调节室内的温湿度,这种系统称为定风量系统。

(2) **变风量系统** 通过改变送风量来保持一定的送风温度,适应空气调节区的负荷变化,达到调节所需要的室内温湿度,这类系统称为变风量系统。

4. 按系统风管内风速分类

(1) **低速系统** 主风管风速民用建筑低于10m/s,工业建筑低于15m/s。

(2) **高速系统** 主风管风速民用建筑高于12m/s,工业建筑高于15m/s。通常采用20~35m/s。这样可减小管道断面面积,少占空间,但耗能大,噪声大,需降低噪声。高速系统往往与诱导式系统一同采用。

5. 按热量传递(移动)的原理分类

(1) **对流式系统** 空气调节区热量传递(移动)的形式是以对流方式。集中式系统、半集中式系统及局部式(全分散)冷剂系统都属于对流方式系统。

(2) **辐射式系统** 空气调节区热量传递(移动)的形式是以辐射方式。冷辐射板加新风系统属于辐射方式系统。

6. 就全空气系统而言,按被处理空气的来源分类

(1) **封闭式系统** 全部利用空气调节区回风循环使用,不补充新风,这种系统称为封闭式空调系统,又称再循环空调系统。这类系统可以节能,但不符合卫生要求,主要用于工艺设备内部的空调和很少有人员出入但对温度、湿度有要求的物资仓库等。

(2) **直流式系统** 全部使用新风,不使用回风系统,这种系统称为直流式系统,又称为全新风系统。这种系统能量损失很大,只在有特殊要求的放射性实验室、散发大量有害(毒)物的车间及无菌手术室等场合应用。

(3) **混合式系统** 从上述两种系统可见,封闭式系统不能满足卫生要求,直流式系统经济上不合理,所以两者都只在特定情况下使用,对于绝大多数场合,往往需要综合这两者的利弊,部分利用回风,部分利用新风,这类系统称为混合式空调系统。常用的有一次回风系统和一、二次回风系统。

7. 全空气系统按向空气调节区送风参数的数量分类

(1) **单风管系统** 机房内空气处理机组只处理出一种送风参数(温湿度)的空气,供一个房间或多个区域应用。这种系统之所以称为单风管系统,应理解为送出一种空气参数的系统,而不是只有一条送风管的系统。

(2) **双风管系统** 机房内由空气处理机组处理出两种不同参数(温湿度)的空气,供多个区域或房间应用。这种系统称双风管系统,它由一条冷风管和一条热风管分别送出两种不同参数的空气,在按一定比例混合后送入室内。

《民用建筑供暖通风与空气调节设计规范》(GB 50736—2012) 7.3.5 中规定:"全空气空调系统宜采用单风管式系统"。在"条文说明"中指出:"一般情况下,在全空气空调系统(包括定风量和变风量系统)中,不应采用分别送冷热风的双风管系统,因该系统易存在冷热量互相抵消现象,不符合节能原则;同时,系统造价较高,不经济。"

5.2 全空气系统

全空气系统是工程中最常用、最基本的系统。它广泛应用于舒适性或工艺性的各类空调工程中。按照被处理空气的来源不同,主要有混合式和直流式系统。工程上常见的混合式系统有一次回风式系统和二次回风式系统两种类型。在喷水室或空气冷却器前(即冷却或减湿等处理之前)同新风进行混合的空调房间回风,叫第一次回风,具有第一次回风的空调系统简称为<u>一次回风式系统</u>;与经过喷水室或空气冷却器处理之后的空气进行混合的空调房间回风,叫第二次回风,具有第一次和第二次回风的空调系统称为一、二次回风系统,简称<u>二次回风式系统</u>,如图 5-2 所示。

对于舒适性空调(夏季以降温为主要特征)和夏季以降温为主的工艺性空调,允许采用较大送风温

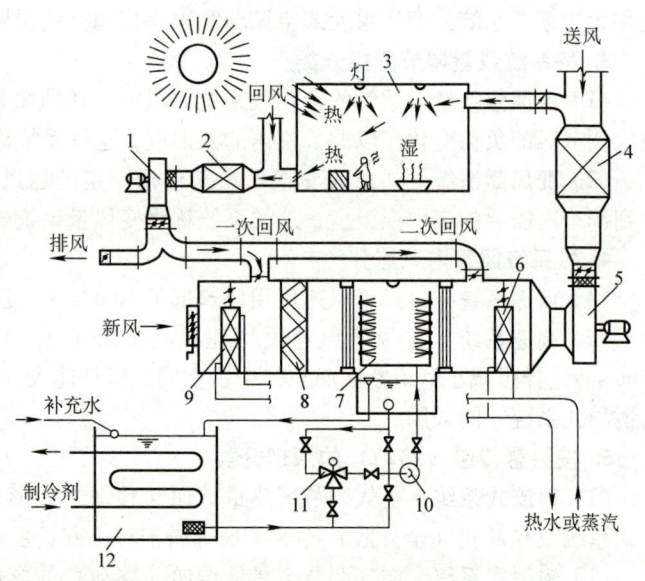

图 5-2 全空气系统
1—回风机 2、4—消声器 3—空调空间 5—送风机
6—再热器 7—喷水室 8—空气过滤器 9—预热器
10—喷水泵 11—电动三通阀 12—蒸发器水箱

差,应采用一次回风式系统。对于有恒温恒湿或洁净要求的工艺性空调,由于允许的送风温差小,为避免采用再热(形成冷热抵消),应采用二次回风式系统,其前提是室内散湿量较小(详见 5.2.2 节)。

采用喷水室或空气冷却器均可对空气进行冷却减湿处理。不论是用喷水室处理空气还是用空气冷却器处理空气,其夏季的空气处理过程在焓湿图上的表示都是一样的,但是冬季就不同了。考虑到除棉、毛纺织工业、化纤工业和烟草工业等对相对湿度有严格要求的场合仍采用喷水室,其他工艺性空调和舒适性空调的热湿处理设备,目前大多采用空气冷却器系统。因此,现以空气冷却器作为热湿处理设备的一次回风式系统为例,说明该系统的夏季的空气处理方案及其在 $h\text{-}d$ 图上的绘制。冬季则分别以喷水室和空气冷却器系统加以说明。

《公共建筑节能设计规范》(GB 50189—2015) 5.3.2 节规定:房间面积或空间较大,人员较多或有必要集中进行温湿度控制的空气调节区,其空气调节风系统宜采用全空气调节系统,不宜采用风机盘管系统。集中式全空气系统存在风管占用空间较大的缺点,但人员较多的空气调节区新风比例较大,与风机盘管加新风等半集中式空气—水式系统相比,多占用空间不明显,

人员较多的大空间空调负荷和风量较大，便于独立设置空调风系统，因而不存在多空气调节区共用集中式全空气定风量系统难以分别控制的问题；集中式全空气定风量系统易于改变新回风比例，必要时可实现全新风送风，能够获得较大的节能效果；且设备集中，便于维修管理。因此，推荐在影剧院、体育馆等人员较多的大空间建筑中采用。集中式全空气定风量系统易于消除噪声、过滤净化和控制空气调节区温湿度，且气流组织稳定，因此，推荐用于要求较高的工艺性空调系统。

5.2.1 一次回风式系统

《民用建筑供暖通风与空气调节设计规范》（GB 50736—2012）7.3.5规定，当空气调节区允许采用较大送风温差或室内散湿量较大时，应采用具有一次回风的全空气定风量空气调节系统。在"条文说明"中提到："目前，空调系统控制送风温度常采用改变冷热水水量方式，而不常采用变动一、二次回风比的复杂控制系统，同时，变动一、二次回风比会影响室内相对湿度的稳定，不适用于散湿量大、温湿度要求严格的空气调节区；因此，在不使用再热的前提下，一般工程推荐系统简单，易于控制的一次回风系统"。

1. 夏季空气处理过程（图5-3）

首先，在$h\text{-}d$图上分别标出夏季室内空气状态点N_x（通常由室内温度、相对湿度来确定）、夏季室外空气状态点W_x（通常由室外计算干、湿球温度来确定），并连成直线。通过N_x点画一条热湿比$\varepsilon_x = \dfrac{\sum Q_x}{\sum W_x}$的过程线。

对于工艺性空调来说，可根据室温允许波动范围及气流组织方式，按本书3.7查得送风温差Δt_0，

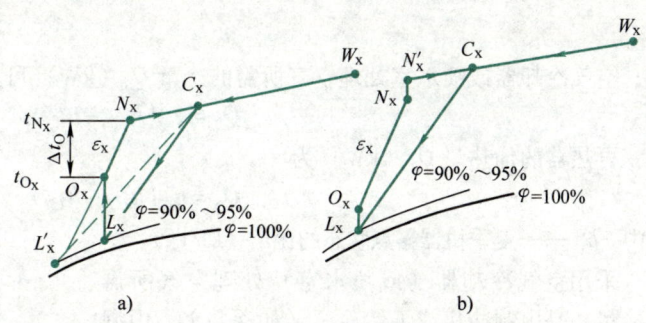

图5-3 一次回风式系统夏季处理过程
a）工艺性空调　b）舒适性空调

画一条$t_{0_x} = t_{N_x} - \Delta t_0$的等温线。该线与热湿比线$\varepsilon_x$的交点，就是夏季送风状态点$O_x$。于是，空调房间的送风量$q_m$（kg/s）为

$$q_m = \frac{\sum Q_x}{h_{N_x} - h_{O_x}} = \frac{\sum W_x}{d_{N_x} - d_{O_x}} \tag{5-1}$$

式中　$\sum Q_x$、$\sum W_x$——室内的余热量（kW）和余湿量（kg/s）；

h_{N_x}、d_{N_x}——夏季室内空气的比焓（kJ/kg）和含湿量［kg/kg（干空气）］；

h_{O_x}、d_{O_x}——夏季送风状态的比焓（kJ/kg）和含湿量［kg/kg（干空气）］。

自送风状态点O_x向下作等含湿量线，并与$\varphi = 90\% \sim 95\%$的曲线交于L_x点，该点即为机器露点。《供暖通风与空气调节术语标准》（GB 50155—2015）中**机器露点**的定义为：空气经喷水室处理后接近饱和状态时的终状态点。经验表明：对于空气冷却器，空气终状态的相对湿度一般取$\varphi = 90\%$；对于喷水室，空气终状态的相对湿度一般取$\varphi = 90\% \sim 95\%$。而对于双级喷水室，相对湿度可接近$\varphi = 100\%$。

由于舒适性空调没有精度要求，为了节能可采用最大送风温差送风（如图5-3a中L'_x点）。

空调房间所需最小新风量的确定方法，参见本书3.8。为计算方便，有时以新风量$q_{m,W}$占总送风量q_m的百分比来表示，称为**新风百分比**。一次回风量$q_{m,N} = q_m - q_{m,W}$。新风和一次回风的

混合状态点 C_x 可按本书 2.2 介绍的方法来确定。

混合空气状态的比焓 h_{C_x} 和含湿量 d_{C_x} 分别为

$$h_{C_x} = \frac{q_{m,W} h_{W_x} + (q_m - q_{m,W}) h_{N_x}}{q_m} \tag{5-2}$$

$$d_{C_x} = \frac{q_{m,W} d_{W_x} + (q_m - q_{m,W}) d_{N_x}}{q_m} \tag{5-3}$$

式中 h_{W_x}、d_{W_x} ——夏季室外空气状态的比焓（kJ/kg）和含湿量 [kg/kg（干空气）]。

求得 h_{C_x} 或 d_{C_x} 值中的任一个，就可在 $\overline{N_x W_x}$ 线上定出 C_x 的位置。也可用图解法，按下式算出室内状态点 N_x 至混合状态点 C_x 的线段长度

$$\overline{N_x C_x} = \frac{q_{m,W}}{q_m} \overline{N_x W_x}$$

将 C_x 与 L_x 连成直线，该线代表混合空气在空气冷却器或喷水室内进行冷却减湿处理的过程线。这样，整个空气处理过程（图 5-3a）可写成

$$\begin{matrix} W_x \\ N_x \end{matrix} \Big\rangle \xrightarrow{\text{混合}} C_x \xrightarrow[\text{空气冷却器（或喷水室）}]{\text{冷却减湿}} L_x \xrightarrow{\text{加热再热器}} O_x \xrightarrow{\varepsilon_x} N_x \longrightarrow \text{排至室外}$$
$$\downarrow \text{回风}$$

空气冷却器或喷水室处理空气所需的冷量 Q_0（kW）可按下式计算

$$Q_0 = q_m (h_{C_x} - h_{L_x}) \tag{5-4}$$

再热器的加热量 Q_2（kW）为

$$Q_2 = q_m (h_{O_x} - h_{L_x}) \tag{5-5}$$

式中 h_{L_x} ——夏季机器露点状态的比焓（kJ/kg）。

采用空气冷却器（或喷水室）处理空气所需的冷量，是由制冷机或天然冷源（如深井水、山涧水）提供的。若采用直接膨胀式空气冷却器，则这个冷量将直接由制冷机的制冷剂来提供。

由空气处理机的热平衡关系（图 5-4）可知：

进入空气处理机的热量有：
1）新风带入热量 $q_{m,W} h_{W_x}$。
2）回风带入热量 $q_{m,N} h_{N_x} = (q_m - q_{m,W}) h_{N_x}$。
3）热媒带入热量（再加热）$Q_2 = q_m (h_{O_x} - h_{L_x})$。

由空气处理机带出热量有：
1）送风带走热量 $q_m h_{O_x}$。
2）冷媒带走热量 Q_0（即空气冷却器或喷水室所需冷量）。

根据质量守恒定律，则有

$$q_m = q_{m,W} + q_{m,N} \tag{5-6}$$

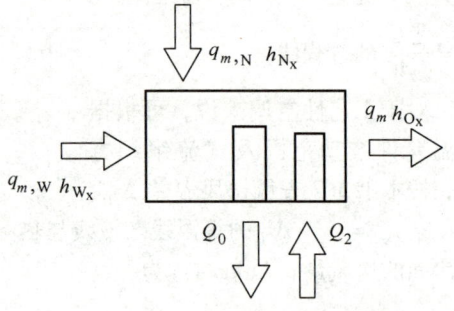

图 5-4 一次回风式空气处理机的热平衡关系图

根据能量守恒定律，则有

$$q_{m,W} h_{W_x} + (q_m - q_{m,W}) h_{N_x} + Q_2 = q_m h_{O_x} + Q_0$$
$$Q_0 = q_m (h_{N_x} - h_{O_x}) + q_{m,W} (h_{W_x} - h_{N_x}) + q_m (h_{O_x} - h_{L_x}) \tag{5-7}$$

从空调系统热平衡的关系来分析一次回风式系统"冷量"的含义。它反映了以下三部分负荷：

1) 室内冷负荷。送风量为 q_m、参数为 O_x 的空气到达室内后，吸收室内的余热和余湿，沿热湿比线 ε_x 变化到室内参数 N_x 后离开房间，其数值为 $q_m(h_{N_x} - h_{O_x})$。

2) **新风冷负荷**。新风 $q_{m,W}$ 进入系统的比焓为 h_{W_x}，排出时的比焓为 h_{N_x}，这部分冷量为 $q_{m,W}(h_{W_x} - h_{N_x})$。

3) **再热负荷**。为保证工艺空调对送风温差的要求，有时不得不将经空气冷却器（或喷水室）处理后的空气进行再次加热，以达到送风状态 O_x。这部分再热量也应由冷源负担，其数值为 $q_m(h_{O_x} - h_{L_x})$。

一次回风式冷量也可由 h-d 图分析证明如下：
根据图 5-3a，按照新风（$q_{m,W}$）与回风（$q_{m,N}$）的混合规律

$$\frac{q_{m,W}}{q_m} = \frac{\overline{C_x N_x}}{\overline{W_x N_x}} = \frac{h_{C_x} - h_{N_x}}{h_{W_x} - h_{N_x}} \tag{5-8}$$

将 $q_{m,W}(h_{W_x} - h_{N_x}) = q_m(h_{C_x} - h_{N_x})$ 代入式（5-7），得

$$\begin{aligned} Q_0 &= q_m(h_{N_x} - h_{O_x}) + q_m(h_{C_x} - h_{N_x}) + q_m(h_{O_x} - h_{L_x}) \\ &= q_m(h_{C_x} - h_{L_x}) \end{aligned} \tag{5-9}$$

式（5-9）说明，一次回风式系统中用空气冷却器（或喷水室）处理空气所需的冷量，代表了空调系统的总冷量，这个结论与从 h-d 图方法分析得出的结果［式(5-4)］是相同的。在 h-d 图上算出的冷量与热平衡关系求出的总冷量是一致的。

舒适性空调对送风温差的要求不像工艺性空调那样严格，宜尽可能加大送风温差，以节省送风量。但是送风温度必须高于室内空气的露点温度，否则会在送风口处出现结露现象，这是不允许的。送风温差 Δt_0 与送风高度 h 和送风口形式有关。有关送风温差 Δt_0 与送风高度 h 的关系见本书 3.7。

必须指出，经空调机组处理后的空气，由送风机、回风机和送、回风风管输送过程中，均会产生温升，这是由于风机的机械能和一些能量损失，转化为热能，以及周围空气向风管内空气传热的缘故。这部分温升不可忽视。一般风机温升与风压大小，以及驱动风机的电动机是处于被处理空气流内还是空气流之外等因素有关，有时风机温升可达 1~2℃。风管温升取决于被输送的空气量、风管长度和保温状况，可按有关资料计算。

考虑了风机和风管的温升之后，可减少再热器的加热量。对舒适性空调，将混合空气处理到机器露点状态 L_x 后，依靠风机和风管温升（$L_x \to O_x$），再送入空调房间内，也可满足使用要求。其空气处理过程参见图 5-3b。

2. 冬季空气处理过程

（1）一次回风喷水室系统　对喷水室系统，冬季喷淋循环水对空气进行等焓加湿（或称绝热加湿）处理。在南方地区，相对于北方地区而言冬季室外空气温度和比焓值较高，如按夏季规定的最小新风量来确定混合状态点 C_d，则该点的比焓将高于或等于机器露点的比焓（即 $h_{C_d} > h_{L_d}$），此时可将混合点仍然定在 h_{L_d} 线上，这样就可以取消预热器，利用改变新风和回风混合比，加大新风量的办法进行调节。这就是不设预热器的一次回风式系统。冬季处理过程在 h-d 图上的表示参见图 5-5。

空气处理过程为

$$\begin{matrix} W_d \\ N_d \end{matrix} \Big\rangle \xrightarrow{\text{混合}} C_d \xrightarrow[\text{喷循环水}]{\text{绝热加湿}} L_d \xrightarrow[\text{再热器}]{\text{加热}} O_d \xrightarrow{\varepsilon_d} N_d \longrightarrow \text{排至室外} \atop \downarrow \text{回风}$$

这种系统的好处是仍然用喷淋循环水来处理空气,加大新风量,有利于改善室内卫生条件。

喷水室的加湿量 W（kg/s）为

$$W = q_m(d_{L_d} - d_{C_d}) \quad (5\text{-}10)$$

式中 d_{L_d}、d_{C_d}——冬季机器露点、混合状态点的含湿量 [kg/kg（干空气）]。

再热器的加热量为

$$Q_2 = q_m(h_{O_d} - h_{L_d}) \quad (5\text{-}11)$$

式中 h_{L_d}——冬季机器露点的比焓（kJ/kg）；
h_{O_d}——冬季送风状态点的比焓（kJ/kg）。

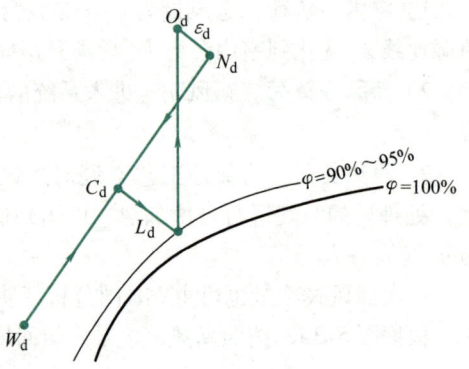

图 5-5 无预热器的一次回风式系统冬季处理过程

在北方地区,当采用绝热加湿的方案时,对于要求新风比较大的工程,或是按最小新风比而室外设计参数很低的场合,都有可能使一次混合点的比焓值 h_{C_d} 低于机器露点的比焓（即 $h_{C_d} < h_{L_d}$）,这种情况下应将**新风预热**（或新风与回风混合后预热）,如图 5-6 所示。使预热后的新风和室内空气混合后混合点 C_d 必须落在从 L_d 引出的等焓线 h_{L_d} 上,这样就可采用绝热加湿的方法。现在的问题变成了如何确定新风预热后的空气状态点 W',根据两种不同状态空气的混合规律,可以写出以下关系式

$$\frac{q_{m,W}}{q_m} = \frac{\overline{C_d N_d}}{\overline{W' N_d}} = \frac{h_{N_d} - h_{L_d}}{h_{N_d} - h_{W'}} \quad (5\text{-}12)$$

新风经过预热后状态点 W' 的比焓为

$$h_{W'} = h_{N_d} - \frac{q_m(h_{N_d} - h_{L_d})}{q_{m,W}} \quad (5\text{-}13)$$

式中 h_{N_d}、h_{L_d}——冬季室内空气状态、机器露点状态的比焓（kJ/kg）。

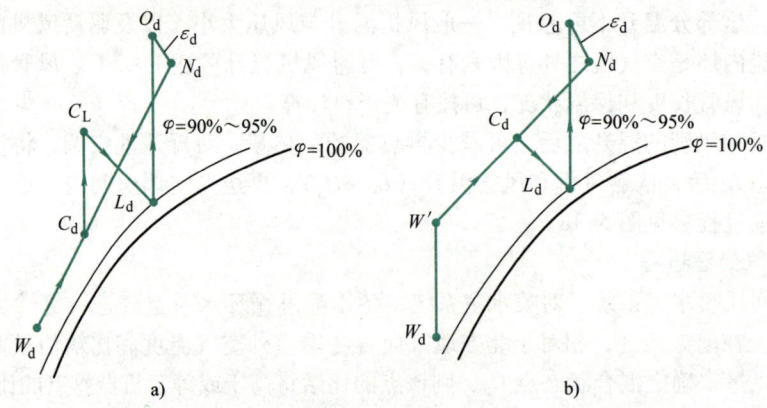

图 5-6 有预热器的一次回风式系统冬季处理过程
a) 先混合后预热 b) 先预热后混合

因此,$h_{W'}$ 就是经预热后既满足规定新风比和仍能采用绝热加湿方法的比焓值。所以根据设计所在地的冬季室外参数就可确定是否用预热器以及所需的预热热量。求出 $h_{W'}$ 后,自新风状态点 W_d 向上作等含湿量线,并与 $h_{W'}$ 线交于 W' 点。将 W' 与 N_d 连成直线,该线与 h_{L_d} 线交于 C_d 点,该点就是混合空气状态点。根据所设计地点的冬季室外参数,可推导出是否设置空气预热器的

判别式，即当 $h_{W'} > h_{W_d}$（或 $h_{C_d} \leq h_{L_d}$）时，需要预热，所以式（5-13）是一次回风式系统冬季是否需要预热器的判别式。

对于北方寒冷地区，设有预热器的一次回风式系统冬季处理过程及其 $h\text{-}d$ 图如图 5-6a 所示。在 $h\text{-}d$ 图上标出冬季室内空气状态点 N_d，室外空气状态点 W_d。按前面讲过的方法确定冬季送风状态点 O_d。自 O_d 点向下作等含湿量线与 $\varphi = 90\% \sim 95\%$ 曲线交于 L_d 点（机器露点）。同样，按夏季采用的新风量确定混合状态点 C_d。从 C_d 点向上作等含湿量线，由 L_d 点画等焓线，这两条线相交于 C_L 点，该点就是混合空气经预热器加热后的状态点。这就是新风与回风先混合后预热的一次回风式系统。

冬季空气处理过程（图 5-6a）可写成

$$\begin{array}{c} W_d \\ N_d \end{array} \xrightarrow{\text{混合}} C_d \xrightarrow[\text{预热器}]{\text{加热}} C_L \xrightarrow[\text{喷循环水}]{\text{绝热加湿}} L_d \xrightarrow[\text{再热器}]{\text{加热}} O_d \xrightarrow{\varepsilon_d} N_d \longrightarrow \text{排至室外}$$
$$\downarrow \text{回风}$$

喷水室的加湿量 W（kg/s）为

$$W = q_m (d_{L_d} - d_{C_d}) \tag{5-14}$$

式中　d_{L_d}、d_{C_d}——冬季机器露点、混合状态点的含湿量 [kg/kg（干空气）]。

预热器、再热器的加热量分别为

$$Q_1 = q_m (h_{C_L} - h_{C_d}) \tag{5-15}$$
$$Q_2 = q_m (h_{O_d} - h_{L_d}) \tag{5-16}$$

式中　h_{C_L}、h_{L_d}——冬季机器露点状态的比焓（kJ/kg）；

　　　h_{C_d}、h_{O_d}——冬季混合状态点、送风状态点的比焓（kJ/kg）。

对于北方严寒地区，设有预热器的一次回风式系统冬季处理过程及其 $h\text{-}d$ 图，如图 5-6b 所示。它与前面不同的是，如果将新风与回风直接混合，其混合点有可能处于过饱和区（雾状区）内，产生结露现象，对空气过滤器的工作极其不利。另外，由于在纺织厂的回风中含有灰尘和短纤维，空气经加热器加热时，短纤维容易烧焦。因此，应将新风先预热后再与回风混合。这就是新风先预热后与回风混合的一次回风系统。

冬季空气处理过程可写成

$$W_d \xrightarrow[\text{预热器}]{\text{加热}} W' \begin{array}{c} \\ N_d \end{array} \xrightarrow{\text{混合}} C_d \xrightarrow[\text{喷循环水}]{\text{绝热加湿}} L_d \xrightarrow[\text{再热器}]{\text{加热}} O_d \xrightarrow{\varepsilon_d} N_d \longrightarrow \text{排至室外}$$
$$\downarrow \text{回风}$$

喷水室的加湿量 W(kg/s) 为

$$W = q_m (d_{L_d} - d_{C_d}) \tag{5-17}$$

式中　d_{L_d}、d_{C_d}——冬季机器露点、混合状态点的含湿量 [kg/kg（干空气）]。

预热器、再热器的加热量分别为

$$Q_1 = q_{m,W}(h_{W'} - h_{W_d}) \tag{5-18}$$
$$Q_2 = q_m(h_{O_d} - h_{L_d}) \tag{5-19}$$

式中　h_{W_d}、$h_{W'}$——冬季室外状态、冬季新风经预热后状态的比焓（kJ/kg）；

　　　h_{L_d}、h_{O_d}——冬季机器露点、送风状态点的比焓（kJ/kg）。

若将先混合后预热和先预热后混合两种处理过程画在同一张 $h\text{-}d$ 图（图 5-7）上，不难看

出，这两种过程正好构成了两个相似三角形。由相似关系可知

$$\frac{\overline{C_d C_L}}{\overline{W_d W'}} = \frac{\overline{C_d N_d}}{\overline{W_d N_d}} = \frac{q_{m,W}}{q_m}$$

$$\frac{h_{C_L} - h_{C_d}}{h_{W'} - h_{W_d}} = \frac{h_{N_d} - h_{C_d}}{h_{N_d} - h_{W_d}} = \frac{q_{m,W}}{q_m}$$

由此得出

$$q_m(h_{C_L} - h_{C_d}) = q_{m,W}(h_{W'} - h_{W_d}) \tag{5-20}$$

这说明新风与回风先混合后预热的加热量，与新风先预热后与回风混合的加热量是相等的。

(2) 一次回风空气冷却器系统 对空气冷却器系统，冬季采用喷干蒸汽对空气进行等温加湿处理。在组合式空气处理机组中，除采用喷水室作为热湿处理设备外，凡是夏季采用空气冷却器，冬季应采用喷蒸汽加湿的处理方案，故应采用先加热后加湿（图 5-7 中 $C_d \to M \to O_d$）。当新风与回风混合之后，存在着两种可能方案：即先加热后加湿和先加湿后加热。理论与实践表明，应采取先加热后加湿为好，因为被加湿空气温度升高后，它所能容纳的水蒸气的数量增大，遇到冷表面不容易凝结出来，以确保加湿效果。对于自带冷热源的局部空调机组，由于电极式加湿器设在机组箱体内，电加热器设在机组外的送风管内，所以它的冬季空气处理过程为先加湿后加热（图 5-8 中 $C_d \to L' \to O_d$）。另外，如果空气冷却器系统冬季采用喷高压水雾加湿（属于等焓加湿），则其空气处理过程与喷水室系统相同。

对于南方地区，具有喷蒸汽加湿和再热器的一次回风式系统冬季处理过程及 h-d 图，如图 5-8 所示。

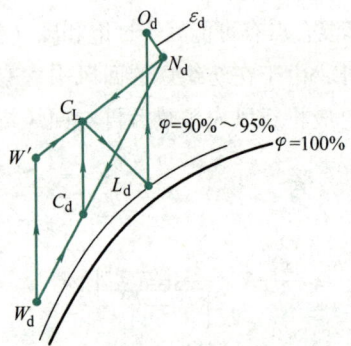

图 5-7 冬季两种预热方案对比

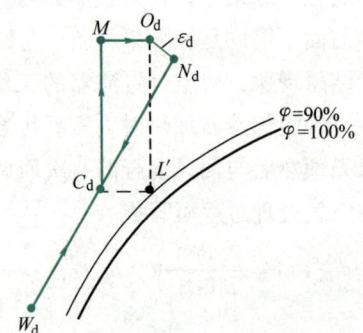

图 5-8 具有喷蒸汽加湿和再热器的一次回风式系统冬季处理过程

"先加热后加湿"空气处理过程为

$$\begin{matrix} W_d \\ N_d \end{matrix} \xrightarrow{\text{混合}} C_d \xrightarrow[\text{再热器}]{\text{加热}} M \xrightarrow[\text{蒸汽加湿器}]{\text{等温加湿}} O_d \xrightarrow{\varepsilon_d} N_d \longrightarrow \text{排至室外} \\ \downarrow \\ \text{回风}$$

空气处理过程在 h-d 图上的绘制如下：将室内外状态点 N_d、W_d 连成直线，按最小新风百分比确定混合点 C_d。按前面讲过的方法确定冬季送风状态点 O_d，自 O_d 点向左作等温线，并从 C_d 点向上作等含湿量线，这两条线相交于 M 点，该点即为混合空气加热后的终状态点。

蒸汽加湿器的加湿量 W（kg/s）为

$$W = q_m(d_{O_d} - d_{C_d}) \tag{5-21}$$

式中　d_{O_d}、d_{C_d}——冬季送风状态点、混合状态点的含湿量 [kg/kg（干空气）]。

再热器的加热量 Q_2（kW）为

$$Q_2 = q_m(h_M - h_{C_d}) \tag{5-22}$$

式中　h_{C_d}、h_M——分别为混合空气加热前后的初、终状态点的比焓（kJ/kg）。

对于北方寒冷（或严寒）地区，凡需要设预热器对新风进行预热的，工程上通常将新风预热到 5℃，然后再与回风进行混合。混合空气经再热器加热到冬季送风温度后，再喷干蒸汽加湿到送风状态点，其空气处理过程的 h-d 图见图 5-9。

需要说明的是，在讨论冬季空气处理过程时，空气经过送风机时存在温升，空气经由送风风管和回风风管进行输送时存在温降，而且温降往往小于温升。考虑到温升在冬季是一个有利因素，可以作为安全储备，就不予考虑了。

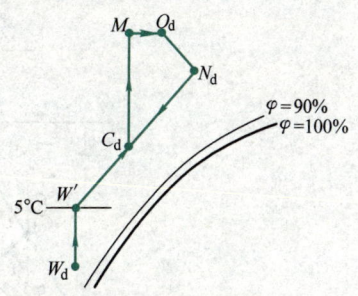

图 5-9　具有预热器、喷蒸汽加湿和再热器的一次回风式系统冬季处理过程

【例 5-1】　某地生产车间需设置空调装置。根据生产工艺要求，室内空气参数 $t_N = 20℃ \pm 1℃$，$\varphi_N = 55\%$。夏季室外计算干球温度 $t_{W_{xg}} = 35.2℃$，计算湿球温度 $t_{W_{xs}} = 26℃$；冬季室外计算干球温度 $t_{W_{dg}} = -8℃$，相对湿度 $\varphi_{W_d} = 67\%$。所在地区大气压力为 97325Pa。按建筑、工艺设备、人员及照明等资料，经计算得室内热、湿负荷如下：夏季余热量 $\Sigma Q_x = 15.2$kW，余湿量 $\Sigma W_x = 0.0013$kg/s（4.7kg/h）；冬季 $\Sigma Q_d = -4.87$kW（缺热量），$\Sigma W_d = 0.0013$kg/s。新风百分比为 15%。采用喷水室作为热湿处理设备。采用一次回风式系统，试确定空调方案并计算设备容量。

【解】　选用大气压力为 97325Pa 的 h-d 图，如图 5-10 所示，在图上标出室内状态点 N [$h_N = 41.5$kJ/kg，$d_N = 8.3$g/kg（干空气）]、夏季室外状态点 W_x [$h_{W_x} = 83$kJ/kg，$\varphi_{W_x} = 50\%$，$d_{W_x} = 18.5$g/kg（干空气）] 和冬季室外状态点 W_d [$h_{W_d} = -4.5$kJ/kg，$h_{W_d} = 1.3$g/kg（干空气）]。

(1) 夏季处理方案

1) 计算夏季室内热湿比并确定送风状态点

$$\varepsilon_x = \frac{\Sigma Q_x}{\Sigma W_x} = \frac{15.2}{0.0013}\text{kJ/kg} = 11692\text{kJ/kg}$$

通过 N 点画 ε_x 线，取送风温差 $\Delta t_0 = 6℃$，则送风温度 $t_{O_x} = t_N - \Delta t_0 = (20-6)℃ = 14℃$。$\varepsilon_x$ 线与 t_{O_x} 线交于 O_x 点，该点即为送风状态（$h_{O_x} = 33$kJ/kg），$d_{O_x} = 7.6$g/kg（干空气）。从 O_x 点作等 d 线，与 $\varphi = 90\% \sim 95\%$ 相交于 L 点，即机器露点（$t_L = 10℃$，$d_L = 7.6$g/kg 干空气，$h_L = 29.1$kJ/kg）。

2) 计算送风量

$$q_m = \frac{\Sigma Q_x}{h_N - h_{O_x}} = \frac{15.2}{41.5 - 33}\text{kg/s} = 1.79\text{kg/s} \quad (6444\text{kg/h})$$

3) 确定新风和一次回风的混合状态

新风量　$q_{m,W} = 0.15 q_m = 0.15 \times 1.79$kg/s $= 0.27$kg/s

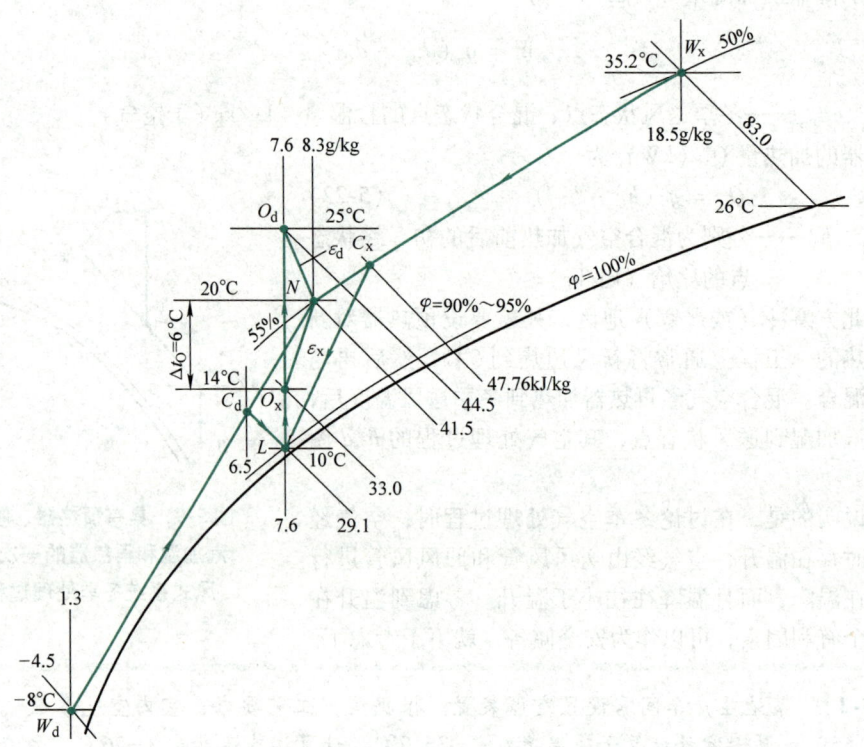

图5-10 工艺空调一次回风式系统夏、冬季空气处理过程

一次回风量 $q_{m,N} = q_m - q_{m,W} = (1.79 - 0.27)\text{kg/s} = 1.52\text{kg/s}$

混合空气的比焓

$$h_{C_x} = \frac{q_{m,W}h_{W_x} + q_{m,N}h_N}{q_m} = \frac{0.27 \times 83 + 1.52 \times 41.5}{1.79}\text{kJ/kg} = 47.76\text{kJ/kg}$$

在线段$\overline{NW_x}$上,找到与$h_{C_x} = 47.76\text{kJ/kg}$的交点$C_x$,即为混合状态点。

同样,也可用图解法确定混合点。量取$\overline{NW_x}$的长度为60mm。$\overline{NC_x} = \frac{q_{m,W}}{q_m}\overline{NW_x} = 0.15 \times 60\text{mm} = 9\text{mm}$。从$N$点量取$\overline{NC_x} = 9\text{mm}$,就可定出$C_x$点。

用上述两种方法,其结果是一样的。

将C_x与L连成直线。

4)空调系统喷水室所需冷量

$$Q_0 = q_m(h_{C_x} - h_L) = 1.79 \times (47.76 - 29.1)\text{kW} = 33.40\text{kW}$$

5)再热器的加热量

$$Q_2 = q_m(h_{O_x} - h_L) = 1.79 \times (33.0 - 29.1)\text{kW} = 6.98\text{kW}$$

(2)冬季处理方案

1)计算冬季室内热湿比并确定送风状态

$$\varepsilon_d = \frac{\sum Q_d}{\sum W_d} = \frac{-4.87}{0.0013}\text{kJ/kg} = -3746\text{kJ/kg}$$

取冬、夏两季的送风量相等。因冬季的余湿量与夏季相同,故冬季的送风含湿量与夏季相同,即$d_{O_d} = d_{O_x} = 7.6\text{g/kg}$(干空气)。

通过 N 点画 $\varepsilon_d = -3746$ 的过程线，该线与 $d_{O_d} = 7.6g/kg$（干空气）的线相交于 O_d 点，即为冬季送风状态点（$t_{O_d} = 25℃$，$h_{O_d} = 44.5kJ/kg$）。冬季的机器露点与夏季相同。

2）确定冬季新风、一次回风的混合状态

$$h_{C_d} = \frac{q_{m,W}h_{W_d} + q_{m,N}h_N}{q_m} = \left[\frac{0.27 \times (-4.5) + 1.52 \times 41.5}{1.79}\right]kJ/kg = 34.5kJ/kg$$

因为 $h_{C_d} > h_L$，说明按夏季采用的新风百分比进行混合，喷水室喷淋循环水无法使混合空气处理到机器露点，只有喷冷水才能满足要求。显然，这种方案既不经济又不合理。因此，可加大新风百分比，使混合状态点仍落在 $h_L = 29.1kJ/kg$ 线上。此时，$\overline{W_dN}$ 线与 h_L 线的交点，即冬季混合状态点 C_d [$h_{C_d} = 29.1kJ/kg$，$d_{C_d} = 6.5g/kg$（干空气）]。增大后的新风百分比可按下式求出

$$\frac{q_{m,W}}{q_m} = \frac{\overline{C_dN}}{\overline{W_dN}} = \frac{h_N - h_L}{h_N - h_{W_d}} = \frac{41.5 - 29.1}{41.5 - (-4.5)} = 27\%$$

3）冬季再热器的加热量

$$Q_2 = q_m(h_{O_d} - h_L) = 1.79 \times (44.5 - 29.1)kW = 27.57kW$$

4）喷水室喷循环水时的蒸发水量

$$W = q_m(d_L - d_{C_d}) = 1.79 \times (0.0076 - 0.0065)kg/s = 1.97 \times 10^{-3}kg/s$$

需要指出，若是洁净空调，为了不增加粗、中、高效过滤器的费用，通常全年的新风量是固定不变的，因此不能增大新风百分比。对此，读者应给予注意。

【例 5-2】 某市兴建一座体育馆，建筑面积 $2772m^2$，可容纳观众 3000 人。要求夏季室内温度 $t_{N_x} = 27℃$，冬季 $t_{N_d} = 16℃$。室内相对湿度 $\varphi_{N_x} = 60\%$。夏季室外计算干球温度 $t_{W_{xg}} = 31.2℃$，计算湿球温度 $t_{W_{xs}} = 23.4℃$；冬季室外计算干球温度 $t_{W_d} = -15℃$，相对湿度 $\varphi_{W_d} = 51\%$。当地大气压力为 93326Pa。按建筑、人员和照明等资料，经计算得室内热湿负荷如下：夏季 $\sum Q_x = 554.91kW$，$\sum W_x = 0.0882kg/s$（317.4kg/h）；冬季 $\sum Q_d = -389.84kW$，$\sum W_d = 0.0531kg/s$（191kg/h）。每人最小新风量为 $8m^3/h$。采用空气冷却器处理空气。

求：试确定空调方案并计算各设备容量。

【解】 该工程属舒适性空调，夏季送风温差不宜大于 10℃。

（1）夏季处理方案（h-d 图如图 5-11 所示）

在 h-d 图上分别标出 N_x（$h_{N_x} = 64.5kJ/kg$，$d_{N_x} = 14.6g/kg$（干空气）和 W_x [$h_{W_x} = 74kJ/kg$，$d_{W_x} = 16.6g/kg$（干空气）]。

夏季室内热湿比

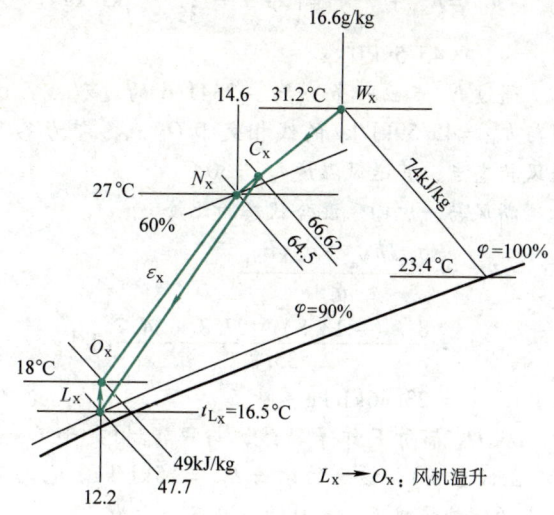

图 5-11 某体育馆一次回风式系统夏季空气处理过程

$$\varepsilon_x = \frac{\sum Q_x}{\sum W_x} = \frac{554.91}{0.0882} \text{kJ/kg} = 6291 \text{kJ/kg}$$

通过 N_x 点画 $\varepsilon_x = 6291$ 的过程线,并取风机、风管温升为 1.5℃,定出送风状态点 O_x ($h_{O_x} = 49 \text{kJ/kg}$,$d_{O_x} = 12.2 \text{g/kg}$(干空气),$t_{O_x} = 18$℃),机器露点状态 L_x ($h_{L_x} = 47.7 \text{kJ/kg}$,$d_{L_x} = 12.2 \text{g/kg}$(干空气),$t_{L_x} = 16.5$℃)。

空调系统送风量

$$q_m = \frac{\sum Q_x}{h_{N_x} - h_{O_x}} = \frac{554.91}{64.5 - 49} \text{kg/s} = 35.8 \text{kg/s} \quad (128880 \text{kg/h})$$

新风量 $\quad q_{m,W} = 3000 \times 8 \times 1.2 \text{kg/h} = 28800 \text{kg/h} = 8 \text{kg/s}$

一次回风量 $\quad q_{m,N} = q_m - q_{m,W} = (35.8 - 8) \text{kg/s} = 27.8 \text{kg/s}$

混合空气的比焓

$$h_{C_x} = \frac{q_{m,W} h_{W_x} + q_{m,N} h_{N_x}}{q_m} = \frac{8 \times 74 + 27.8 \times 64.5}{35.8} \text{kJ/kg} = 66.62 \text{kJ/kg}$$

空气冷却器所需冷量

$$Q_0 = q_m (h_{C_x} - h_{L_x}) = 35.8 \times (66.62 - 47.7) \text{kW} = 677.34 \text{kW}$$

(2) 冬季处理方案 (h-d 图如图 5-12 所示)

标出室内状态点 N_d [$h_{N_d} = 34.7 \text{kJ/kg}$,$d_{N_d} = 7.4 \text{g/kg}$(干空气)] 和室外状态点 W_d [$h_{W_d} = -13.8 \text{kJ/kg}$,$d_{W_d} = 0.6 \text{g/kg}$(干空气)]。

冬季室内的热湿比

$$\varepsilon_d = \frac{\sum Q_d}{\sum W_d} = \frac{-389.84}{0.0531} \text{kJ/kg} = -7341 \text{kJ/kg}$$

取冬季的送风量与夏季相同。为补偿缺热量,送风的比焓按下式计算

$$h_{O_d} = h_{N_d} + \frac{\sum Q_d}{q_m} = \left(34.7 + \frac{389.84}{35.8}\right) \text{kJ/kg}$$
$$= 45.59 \text{kJ/kg}$$

通过 N_d 点画一条 $\varepsilon_d = -7341.6$ 的过程线,该线与 $h_{O_d} = 45.59 \text{kJ/kg}$ 的线相交于 O_d 点,即为冬季送风状态点,其送风温度 $t_{O_d} = 30$℃。

新风与一次回风混合状态的比焓

$$h_{C_d} = \frac{q_{m,W} h_{W_d} + q_{m,N} h_{N_d}}{q_m}$$
$$= \frac{8 \times (-13.8) + 27.8 \times 34.7}{35.8} \text{kJ/kg}$$
$$= 23.86 \text{kJ/kg}$$

从 O_d 点向下作等 d 线,与 $\overline{W_d N_d}$ 相交于 C_d 点(混合状态点),该点的比焓 $h_{C_d} = 25 \text{kJ/kg}$。它与混合点的比焓较接近。此时的新风百分比为

$$\frac{q_{m,W}}{q_m} = \frac{\overline{C_d N_d}}{\overline{W_d N_d}} = \frac{h_{N_d} - h_{C_d}}{h_{N_d} - h_{W_d}}$$
$$= \frac{34.7 - 25}{34.7 - (-13.8)} = 20\%$$

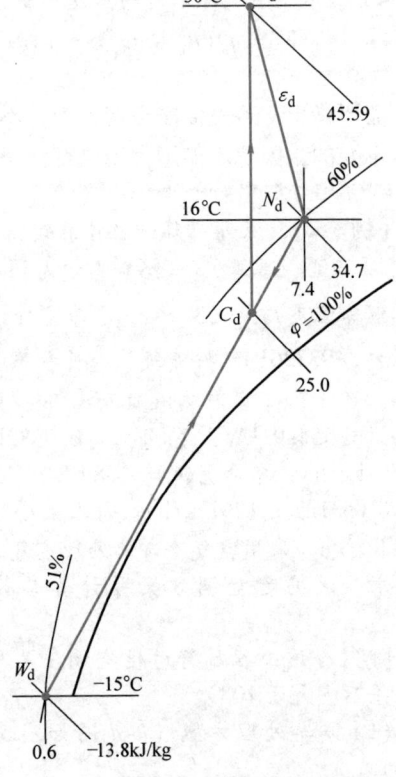

图 5-12 某体育馆一次回风式系统冬季空气处理过程

此新风已满足卫生要求。冬季新风量为

$$q_{m,w} = 0.2 q_m = 0.2 \times 35.8 \text{kg/s} = 7.16 \text{kg/s}$$

若混合状态点的含湿量与送风状态的含湿量相差较大，则可采取从混合点沿等含湿量线加热到送风温度线，再用喷蒸汽加湿到送风状态点。

再热器的加热量

$$Q_2 = q_m(h_{O_d} - h_{C_d}) = 35.8 \times (45.59 - 25) \text{kW} = 737.12 \text{kW}$$

5.2.2 二次回风式系统

以恒温恒湿的工艺性空调为例，当室内散湿量较小时，若采用一次回风式系统，用再热器来解决送风温差受限，就存在"一冷一热"冷热抵消的问题，这无疑是一种能量浪费，不符合节能原则。由此引出采用在喷水室或空气冷却器后与回风再混合一次的二次回风式系统来代替和取消再热器以节约热量和冷量。对于恒温恒湿空调风系统，采用下送风方式的空调风系统以及洁净室的空调风系统（按洁净要求确定的风量，往往大于以负荷和允许送风温差计算出的风量），其允许送风温差都较小，风量较大，特别是室内散湿量较小（热湿比 ε_x 大）时，为了避免再热量的损失，应采用二次回风式系统。

1. 夏季空气处理过程

典型的二次回风式系统的夏季空气处理过程及其 $h\text{-}d$ 图如图 5-13 所示（图中画出了在相同新风比时与一次回风式系统处理过程的区别），为分析方便，在介绍空气处理过程时，暂且忽略风机、风管温升等因素，并同一次回风式系统做些比较。

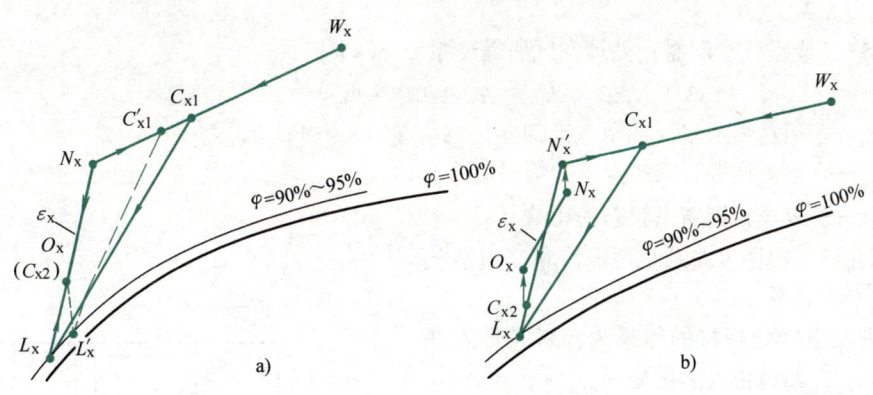

图 5-13 二次回风式系统的夏季空气处理过程
a) 不考虑温升　b) 考虑温升

首先，在 $h\text{-}d$ 图上确定室内外空气状态点 N_x 和 W_x，并连成直线。通过 N_x 点画一条夏季热湿比 $\varepsilon_x = \dfrac{\sum Q_x}{\sum W_x}$ 的过程线，该线与 $\varphi = 90\% \sim 95\%$ 曲线相交于 L_x 点，该点就是空气经喷水室（或空气冷却器）处理后的机器露点。按照规定的送风温差，在 ε_x 线上定出送风状态 O_x，该点也是第二次回风与经喷水室（或空气冷却器）处理后空气进行混合的状态点 C_{x2}（第二次混合点）。

如前所述，空调房间的送风量为

$$q_m = \frac{\sum Q_x}{h_{N_x} - h_{O_x}} = \frac{\sum W_x}{d_{N_x} - d_{O_x}} \tag{5-23}$$

显然，送入空调房间的风量 q_m，是由通过喷水室（或空气冷却器）的风量 $q_{m,L}$ 和第二次回风量 $q_{m,N2}$ 所组成；而 $q_{m,L}$ 是由新风量 $q_{m,W}$ 和第一次回风量 $q_{m,N1}$ 混合而成，即 $q_m = q_{m,L} + q_{m,N2} = (q_{m,W} + q_{m,N1}) + q_{m,N2}$。

于是，通过喷水室的风量

$$q_{m,L} = \frac{\overline{N_x O_x}}{\overline{N_x L_x}} q_m = \frac{(h_{N_x} - h_{O_x})}{(h_{N_x} - h_{L_x})} q_m$$

第二次回风量 $q_{m,N2} = q_m - q_{m,L}$

或者

$$q_{m,N2} = \frac{\overline{O_x L_x}}{\overline{N_x L_x}} q_m = \frac{(h_{O_x} - h_{L_x})}{(h_{N_x} - h_{L_x})} q_m$$

已知夏季的最小新风量 $q_{m,W}$，则第一次回风量 $q_{m,N1} = q_{m,L} - q_{m,W}$。按照混合规律，采用下列方法之一很容易确定第一次混合点 C_{x1} 的位置

$$h_{C_{x1}} = \frac{q_{m,W} h_{W_x} + (q_{m,L} - q_{m,W}) h_{N_x}}{q_{m,L}}$$

或

$$\overline{N_x C_{x1}} = \frac{q_{m,W}}{q_{m,L}} \overline{N_x W_x} = \frac{q_{m,W}}{q_{m,L}} (h_{W_x} - h_{N_x})$$

将 C_{x1} 与 L_x 连成直线。这样，二次回风式的夏季空气处理过程（图5-12a）可表述为

$$\begin{matrix}W_x \\ N_x\end{matrix} \Big\rangle \xrightarrow{\text{第一次混合}} C_{x1} \xrightarrow[\text{喷水室}]{\text{冷却减湿}} L_x \xrightarrow{\text{第二次混合}} O_x \text{ 或 } C_{x2} \xrightarrow{\varepsilon_x} N_x \rightarrow \text{排至室外}$$
（空气冷却器） ↓ 回风

喷水室（或空气冷却器）处理空气所需冷量 Q_0（kW）为

$$Q_0 = q_{m,L}(h_{C_{x1}} - h_{L_x}) \tag{5-24}$$

式中 $q_{m,L}$——通过喷水室（或空气冷却器）的风量（kg/s）；

$h_{C_{x1}}$——第一次混合状态点的比焓（kJ/kg）；

h_{L_x}——夏季机器露点状态的比焓（kJ/kg）。

下面介绍二次回风式系统所需冷量。由空气处理机热平衡关系（图5-14）可得：

1) 进入空气处理机的热量为：新风带入热量为 $q_{m,W} h_{W_x}$；回风带入热量为 $(q_{m,N1} + q_{m,N2}) h_{N_x}$。

2) 由空气处理机带出热量为：总送风量带走的热量为 $q_m h_{O_x} = (q_{m,W} + q_{m,N1} + q_{m,N2}) h_{O_x}$；喷水室或空气冷却器冷媒带走的热量，即二次回风式系统耗冷量为 Q_0。

根据质量守恒定律，则有

$$q_m = q_{m,W} + q_{m,N1} + q_{m,N2} \tag{5-25}$$

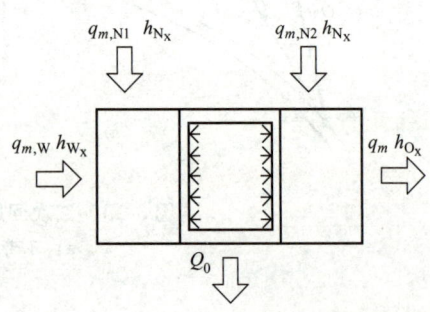

图5-14 二次回风式空气处理机热平衡关系图

根据能量守恒定律，带入热量等于带出热量，即

$$q_{m,W} h_{W_x} + (q_m - q_{m,W}) h_{N_x} = q_m h_{O_x} + Q_0$$

所以

$$Q_0 = q_m(h_{N_x} - h_{O_x}) + q_{m,W}(h_{W_x} - h_{N_x}) \tag{5-26}$$

从空调系统热平衡的关系来分析二次回风式系统"冷量"的含义，与一次回风式系统相比，省去了再热负荷。

二次回风式冷量也可由 h-d 图上分析证明如下：

根据图 5-13a，按照新风（$q_{m,W}$）与第一次回风（$q_{m,N1}$）的混合规律

$$\frac{q_{m,W}}{q_{m,L}} = \frac{\overline{C_{x1}N_x}}{\overline{W_x N_x}} = \frac{h_{C_{x1}} - h_{N_x}}{h_{W_x} - h_{N_x}}$$

$$q_{m,W}(h_{W_x} - h_{N_x}) = q_{m,L}(h_{C_{x1}} - h_{N_x}) \tag{5-27}$$

按照 $q_{m,L}$ 与第二次回风（$q_{m,N2}$）的混合规律

$$\frac{q_{m,L}}{q_m} = \frac{\overline{O_x N_x}}{\overline{L_x N_x}} = \frac{h_{N_x} - h_{O_x}}{h_{N_x} - h_{L_x}}$$

$$q_{m,L}(h_{N_x} - h_{L_x}) = q_m(h_{N_x} - h_{O_x}) \tag{5-28}$$

将式（5-27）和式（5-28）代入式（5-26）

$$\begin{aligned} Q_0 &= q_m(h_{N_x} - h_{O_x}) + q_{m,W}(h_{W_x} - h_{N_x}) \\ &= q_{m,L}(h_{N_x} - h_{L_x}) + q_{m,L}(h_{C_{x1}} - h_{N_x}) \\ &= q_{m,L}(h_{C_{x1}} - h_{L_x}) \end{aligned} \tag{5-29}$$

式（5-29）说明，二次回风式系统中用喷水室（或空气冷却器）处理空气所需的冷量，代表了空调系统的总冷量，这个结论与从 h-d 图方法分析得出的结果（式5-24）是相同的。在 h-d 图上算出的冷量和热平衡关系求出的总冷量是一致的。

将二次回风式系统与一次回风式系统的夏季空气处理过程（图 5-13a 中的虚线部分）加以比较，得出以下结论：

1）二次回风式节省了再热器的加热量，同时通过喷水室（或空气冷却器）处理的空气量是 $q_{m,L}$ 不是 q_m，因此它比一次回风式节省冷量（即再热冷负荷，数值等于再热器的加热量），并可缩小喷水室（或空气冷却器）的断面尺寸。

2）二次回风式的机器露点 L_x 要比一次回风式的 L'_x 低一些，第一次混合点 C_{x1} 要比 C'_{x1} 更远离回风状态，即第一次混合点的比焓要高于一次回风式混合点的比焓。机器露点低，说明要求喷水室（或空气冷却器）的冷水温度要低，这样可能影响天然冷源的使用。若用人工冷源，则制冷机的蒸发温度降低，影响它的制冷能力。

3）当室内散湿量大时，热湿比 $\varepsilon_x = \dfrac{\sum Q_x}{\sum W_x}$ 就小，二次回风式的机器露点 L_x 会更低。因此，仍应采用一次回风式系统（此时夏季采用再热就不可避免了，这是不得已而为之）。对散湿量很小的房间（热湿比接近于∞）采用二次回风式，其优点发挥得更加充分。当然会增加系统运行管理的复杂性。

考虑风机、风管温升的因素，实际工程中二次回风夏季空气处理过程如图 5-13b 所示。图中 $N_x \to N'_x$ 表示回风机和回风风管的温升（N'_x 为进入组合式空气处理机组前的回风状态），$C_{x2} \to O_x$ 表示送风机和送风风管的温升，$O_x \to N_x$ 为夏季室内热湿比线，其余各点与图5-13a 相同。

考虑温升因素的空气处理过程的绘制步骤如下：通过 N_x 点向上作等 d 线，截取回风机和回风风管温升值，确定回风状态点 N'_x。从 N_x 点画一条室内热湿比 ε_x 的过程线，按规定送风温差确定送风状态点 O_x。自 O_x 点向下作等 d 线，并截取送风机、送风风管的温升值，确定第二次混

合点 C_{x2}。将 N'_x 与 C_{x2} 连成直线，该直线与 $\varphi = 90\% \sim 95\%$ 曲线相交于 L_x（机器露点）。连接 N'_x 与 W_x 成直线，按前面介绍的方法确定第一次混合点 C_{x1}，连接 C_{x1} 与 L_x。

2. 冬季空气处理过程

（1）二次回风喷水室系统（h-d 图如图 5-15 所示） 对于定风量空调系统，冬季送风量与夏季相同，新风量 $q_{m,W}$、一次回风量 $q_{m,N1}$、二次回风量 $q_{m,N2}$ 的分配也与夏季相同。或者使冬、夏两季的机器露点位置固定不变。

在寒冷地区，冬季按最小新风量与一次回风量混合后的比焓，仍低于机器露点的比焓，并且不出现结露情况时，应采用先混合后预热的空气处理方案（图 5-15a）。整个处理过程表述如下：

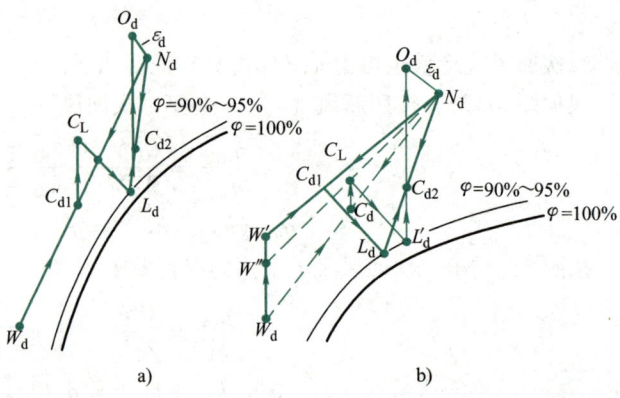

图 5-15　二次回风式系统中喷水室系统的冬季空气处理过程
a）先混合后预热　b）先预热后混合

$$W_d \atop N_d \Big\} \xrightarrow{\text{第一次混合}} C_{d1} \xrightarrow[\text{预热器}]{\text{加热}} C_L \xrightarrow[\text{喷循环水}]{\text{绝热加湿}} L_d \atop N_d \Big\} \xrightarrow{\text{第二次混合}} C_{d2} \xrightarrow[\text{再热器}]{\text{加热}} O_d \xrightarrow{\varepsilon_d} N_d \to \text{排至室外} \atop \text{回风}$$

在 h-d 图上绘制空气处理过程的步骤是：先按前面介绍的方法，确定送风状态点 O_d，因为 O_d 和 C_{d2} 同处在一条垂直线上（再热器加热过程），所以 $d_{O_d} = d_{C_{d2}}$。按照两种空气的混合规律可写成

$$\frac{q_{m,N2}}{q_{m,L}} = \frac{\overline{C_{d2}L_d}}{\overline{N_dC_{d2}}} = \frac{d_{O_d} - d_{L_d}}{d_{N_d} - d_{O_d}} \tag{5-30}$$

由式（5-30）求得机器露点状态 L_d 的含湿量为

$$d_{L_d} = d_{O_d} - \frac{q_{m,N2}}{q_{m,L}}(d_{N_d} - d_{O_d}) \tag{5-31}$$

在图上画一条 d_{L_d} 线，该线与 $\varphi = 90\% \sim 95\%$ 曲线交于 L_d 点，该点即为冬季机器露点状态。连接 N_d 与 L_d 成直线，该线与从 O_d 引出的等含湿量线相交于 C_{d2}，这点就是第二次混合状态点。按照最小新风量 $q_{m,W}$ 与一次回风量 $q_{m,N1}$，确定第一次混合状态点 C_{d1}。再从 L_d 点作等焓线，从 C_{d1} 点向上作等含湿量线，两条直线相交于 C_L 点，该点便是混合空气量 $q_{m,L}$ 经预热器加热后的终状态点，也是进入喷水室的空气初状态点。

预热器的加热量

$$Q_1 = (q_{m,W} + q_{m,N1})(h_{L_d} - h_{C_{d1}}) \tag{5-32}$$

再热器的加热量

$$Q_2 = q_m(h_{O_d} - h_{C_{d2}}) \tag{5-33}$$

在严寒地区，像一次回风式那样，应采取先预热后混合的空气处理方案（图 5-15b 画出了在相同新风比时与一次回风式系统的处理过程的区别，其中虚线表示的是一次回风式系统的处理过程）。空气处理过程为

$$W_d \xrightarrow[\text{预热器}]{\text{加热}} W' \atop N_d \Big\} \xrightarrow{\text{第一次混合}} C_{d1} \xrightarrow[\text{喷循环水}]{\text{绝热加湿}} L_d \atop N_d \Big\} \xrightarrow{\text{第二次混合}} C_{d2} \xrightarrow[\text{再热器}]{\text{加热}} O_d \xrightarrow{\varepsilon_d} N_d \to \text{排至室外} \atop \text{回风}$$

(2) 二次回风空气冷却器系统 具有空气加热器和喷蒸汽加湿的二次回风式系统冬季空气处理过程及 h-d 图见图 5-16。对二次回风式系统来说，新风与第一次回风的混合风，先经过喷蒸汽加湿后，再与第二次回风相混合，最后加热到冬季送风状态点。

先混合后预热的空气处理过程为

$$W_d \atop N_d \Big\} \xrightarrow{\text{第一次混合}} C_{d1} \xrightarrow{\text{加热预热器}} M \xrightarrow{\text{等温加湿蒸汽加湿器}} L_d \atop N_d \Big\} \xrightarrow{\text{第二次混合}} C_{d2} \xrightarrow{\text{加热再热器}} O_d \xrightarrow{\varepsilon_d} N_d \rightarrow \text{排至室外} \atop \downarrow \atop \text{回风}$$

先预热后混合的空气处理过程为

$$W_d \xrightarrow{\text{加热预热器}} W' \atop N_d \Big\} \xrightarrow{\text{第一次混合}} C_{d1} \xrightarrow{\text{等温加湿蒸汽加湿器}} L_d \atop N_d \Big\} \xrightarrow{\text{第二次混合}} C_{d2} \xrightarrow{\text{加热再热器}} O_d \xrightarrow{\varepsilon_d} N_d \rightarrow \text{排至室外} \atop \downarrow \atop \text{回风}$$

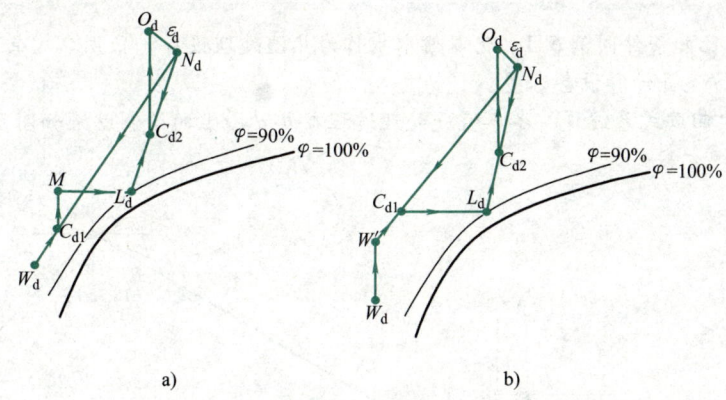

图 5-16 二次回风式系统中空气冷却器系统的冬季空气处理过程
a）先混合后预热 b）先预热后混合

将二次回风式系统与一次回风式系统的冬季空气处理过程加以比较，得出以下结论：

1）和一次回风式系统一样，二次回风式系统冬季要不要预热器也可以事先判别，不过推导判别式的方法和一次回风式系统不完全相同。

根据第一次混合知

$$\frac{q_{m,\text{W}}}{q_{m,\text{W}} + q_{m,\text{N1}}} = \frac{h_{N_d} - h_{C_{d1}}}{h_{N_d} - h_{W'}}$$

所以

$$h_{W'} = h_{N_d} - \frac{(q_{m,\text{W}} + q_{m,\text{N1}})(h_{N_d} - h_{C_{d1}})}{q_{m,\text{W}}}$$

而从第二次混合（图 5-16b）知

$$\frac{q_{m,\text{W}} + q_{m,\text{N1}}}{q_m} = \frac{h_{N_d} - h_{C_{d2}}}{h_{N_d} - h_{L_d}}$$

即

$$q_m(h_{N_d} - h_{C_{d2}}) = (q_{m,\text{W}} + q_{m,\text{N1}})(h_{N_d} - h_{L_d})$$

由此可知

$$h_{W'} = h_{N_d} - \frac{q_m(h_{N_d} - h_{C_{d2}})}{q_{m,W}} \tag{5-34}$$

这是二次回风式系统要不要预热器的判别式。如果 $h_{W'} > h_{W_d}$，说明需要预热。由式 (5-34) 可知，对于送风温差小和新风比大的二次回风式系统往往更需要预热。

2) 在冬季设计条件下，二次回风式系统所需的再热量虽然低于一次回风式系统的再热量，但可以证明二次回风式系统的总加热量和一次回风式系统相等（见参考文献 [12]）。

3) 在工程中有时为了运行管理调节方便，在冬季工况中将二次回风式系统可按一次回风式系统运行。

需要指出，上面讨论的是冬季与夏季余湿量相同的情况。如果两者不同，也可以采取与夏季相同的风量和机器露点，但冬季送风状态的含湿量 d_{O_d} 却要按冬季余湿量计算。不同的是此时二次回风混合点 C_{d2} 不应是夏季送风状态的含湿量 d_{O_x} 所对应的状态点，它的位置应该是 $\overline{N_d L_d}$ 与 d_{O_d} 线的交点，而 $q_{m,N2}$ 却要由关系式 $\frac{q_{m,N2}}{q_m} = \frac{h_{C_{d2}} - h_{L_d}}{h_{N_d} - h_{L_d}}$ 算出，最后再求 $q_{m,W} + q_{m,N1}$ 及 $q_{m,N1}$。

【例 5-3】 已知条件同例 5-1。仍以喷水室作为热湿处理设备。采用二次回风式系统。试确定空调方案并计算设备容量。

【解】 二次回风式系统夏、冬季空气处理过程在 h-d 图上的绘制结果如图 5-17 所示。

(1) 夏季处理方案

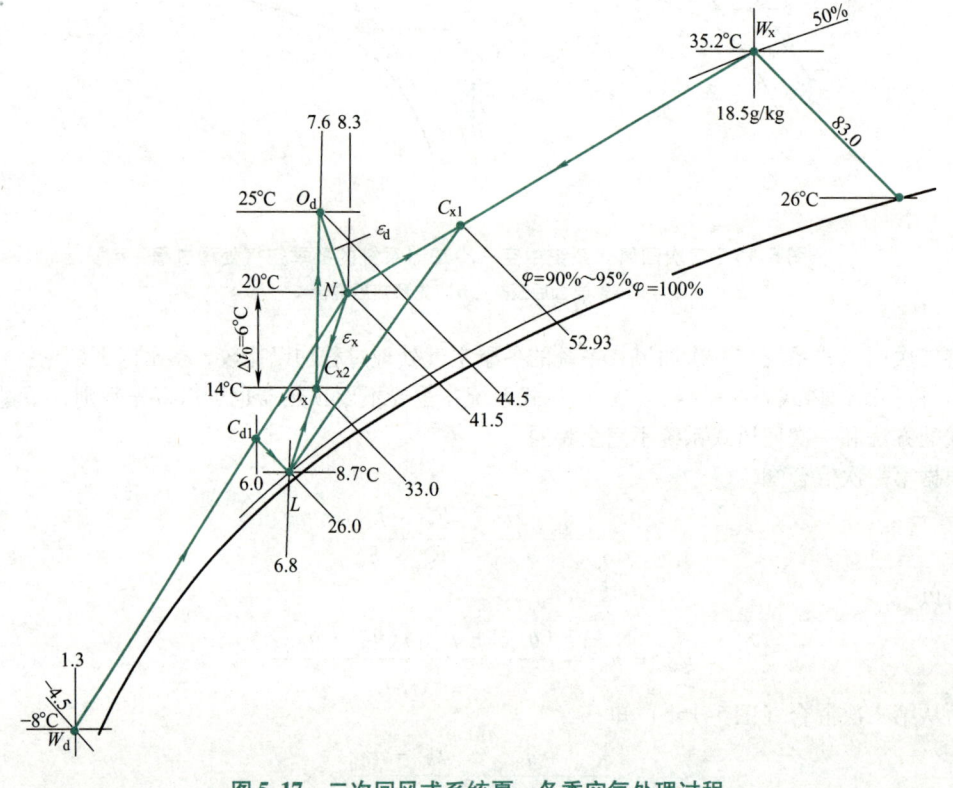

图 5-17 二次回风式系统夏、冬季空气处理过程

1) 确定空气处理过程各状态参数

通过 N 点画夏季室内热湿比 $\varepsilon_x = 11692$ 的过程线，该线与 $t_{O_x} = 14℃$ 相交于 O_x 点，该点为送风状态点 [$h_{O_x} = 33.0$ kJ/kg，$d_{O_x} = 7.6$ g/kg（干空气）]。也是第二次混合点 C_{x2}。ε_x 线与 $\varphi =$

90%~95%的曲线相交于 L 点，该点即机器露点 L [$h_L = 26.0$ kJ/kg, $d_L = 6.8$ g/kg（干空气），$t_L = 8.7$ ℃]。

2）计算总送风量、通过喷水室的风量和二次回风量

$$q_m = \frac{\sum Q_x}{h_N - h_{O_x}} = \frac{15.2}{41.5 - 33} \text{kg/s} = 1.79 \text{kg/s} \quad (6444 \text{kg/h})$$

$$q_{m,L} = \frac{\overline{O_x N}}{\overline{LN}} q_m = \frac{(h_N - h_{O_x})}{(h_N - h_L)} q_m = \frac{(41.5 - 33.0)}{(41.5 - 26)} \times 1.79 \text{kg/s} = 0.98 \text{kg/s}$$

$$q_{m,N2} = q_m - q_{m,L} = (1.79 - 0.98) \text{kg/s} = 0.81 \text{kg/s}$$

或者

$$q_{m,N2} = \frac{\overline{LO_x}}{\overline{LN}} q_m = \frac{(h_{O_x} - h_L)}{(h_N - h_L)} q_m = \frac{(33.0 - 26.0)}{(41.5 - 26.0)} \times 1.79 \text{kg/s} = 0.81 \text{kg/s}$$

3）确定新风和一次回风的混合状态

新风量 $\quad q_{m,W} = 0.15 q_m = 0.15 \times 1.79 \text{kg/s} = 0.27 \text{kg/s}$

一次回风量 $\quad q_{m,N1} = q_{m,L} - q_{m,W} = (0.98 - 0.27) \text{kg/s} = 0.71 \text{kg/s}$

混合空气的比焓

$$h_{C_{x1}} = \frac{q_{m,W} h_{W_x} + q_{m,N1} h_N}{q_{m,L}} = \frac{0.27 \times 83 + 0.71 \times 41.5}{0.98} \text{kJ/kg} = 52.93 \text{kJ/kg}$$

按 $h_{C_{x1}} = 52.93$ kJ/kg，在 $\overline{NW_x}$ 线上定出第一次混合点 C_{x1}，连接 C_{x1} 与 L 成直线。

4）空调系统喷水室所需冷量

$$Q_0 = q_{m,L}(h_{C_{x1}} - h_L) = 0.98 \times (52.93 - 26) \text{kW} = 26.39 \text{kW}$$

(2) 冬季处理方案　同例 5-1，先确定冬季的送风状态点 O_d，从机器露点 L 作 $h_L = 26$ kJ/kg 的等焓线，该线与 $\overline{W_d N}$ 线相交于 C_{d1} 点，该点为新风与一次回风的混合点。显然，冬季工况的新风百分比大于夏季工况。

$$q_{m,W} = \frac{\overline{C_{d1} N}}{\overline{W_d N}} q_{m,L} = \frac{(h_N - h_L)}{(h_N - h_{W_d})} q_{m,L} = \frac{(41.5 - 26)}{41.5 - (-4.5)} \times 0.98 \text{kg/s} = 0.33 \text{kg/s}$$

$$\frac{q_{m,W}}{q_m} = \frac{0.33}{1.79} = 18\% > 15\%$$

空调系统再热器的加热量

$$Q_2 = q_m(h_{O_d} - h_{O_x}) = 1.79 \times (44.5 - 33) \text{kW} = 20.59 \text{kW}$$

若将二次回风式系统与一次回风式系统加以比较，不难看出，夏季不用再热器的同时，喷水室的冷量减少 20%；冬季再热器的加热量减少了 25%。

5.2.3　直流式系统

直流式系统使用的空气全部来自室外，吸收余热、余湿后又全部排掉，因而室内空气得到100%的置换。一般全空气空调系统不宜采用冬夏季能耗较大的直流式（**全新风**）空调系统，宜采用有回风的混合式系统。《民用建筑供暖通风与空气调节设计规范》（GB 50736—2012）7.3.18 规定，下列情况应采用直流式（全空气）空调系统：

1）夏季空调系统的室内空气比焓大于室外空气比焓。

2）系统所服务的各空气调节区排风量大于按负荷计算出的送风量。

3)室内散发有毒有害物质,以及防火防爆等要求不允许空气循环使用。

4)卫生或工艺要求采用直流式(全新风)空调系统。

从设计角度来看,主要是第3)点。目前,对于放射性实验室、产生有毒有爆炸危险气体的车间,医院的烧伤病房和传染病房,是不允许采用回风的,应采用直流式系统。在公共建筑中,室内游泳馆(池)、宾馆的厨房等,也必须采用直流式系统。

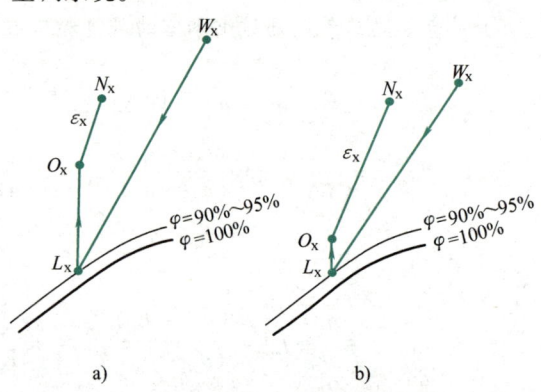

图 5-18 直流式系统夏季处理过程
a) 工艺性空调 b) 舒适性空调

1. 夏季空气处理过程

不论用喷水室处理空气还是用空气冷却器处理空气,其夏季的空气处理过程在 h-d 图上的表示都是一样的,如图 5-18 所示。

工艺性空调的空气处理过程为

$$W_x \xrightarrow[\text{喷水室}]{\text{冷却减湿}} L_x \xrightarrow[\text{再热器}]{\text{加热}} O_x \xrightarrow{\varepsilon_x} N_x \longrightarrow \text{排至室外}$$
$$(\text{空气冷却器})$$

喷水室(或空气冷却器)处理空气所需冷量 Q_0(kW)为

$$Q_0 = q_m(h_{W_x} - h_{L_x}) \tag{5-35}$$

式中 h_{W_x}、h_{L_x}——夏季室外空气状态点、机器露点状态的比焓(kJ/kg)。

再热器的加热量 Q_2(kW)为

$$Q_2 = q_m(h_{O_x} - h_{L_x}) \tag{5-36}$$

式中 h_{O_x}、h_{L_x}——夏季送风状态点、机器露点状态的比焓(kJ/kg)。

舒适性空调的空气处理过程为

$$W_x \xrightarrow[\text{喷水室}]{\text{冷却减湿}} L_x \xrightarrow{\text{风机温升}} O_x \xrightarrow{\varepsilon_x} N_x \longrightarrow \text{排至室外}$$
$$(\text{空气冷却器})$$

喷水室(或空气冷却器)处理空气所需要的冷量 Q_0(kW)为

$$Q_0 = q_m(h_{W_x} - h_{L_x}) \tag{5-37}$$

2. 冬季空气处理过程

(1)直流式喷水室系统 对喷水室系统,冬季喷淋循环水对空气进行等焓加湿处理,h-d 图如图 5-19 所示。

空气处理过程为

$$W_d \xrightarrow[\text{预热器}]{\text{加热}} W' \xrightarrow[\text{喷循环水}]{\text{绝热加湿}} L_d \xrightarrow[\text{再热器}]{\text{加热}} O_d \xrightarrow{\varepsilon_d} N_d \longrightarrow \text{排至室外}$$

喷水室的加湿量 W(kg/s)为

$$W = q_m(d_{L_d} - d_{W'}) \tag{5-38}$$

式中 d_{L_d}、$d_{W'}$——冬季机器露点、新风预热后的空气状态点的含湿量[kg/kg(干空气)]。

预热器、再热器的加热量分别为

$$Q_1 = q_m(h_{W'} - h_{W_d}) \tag{5-39}$$

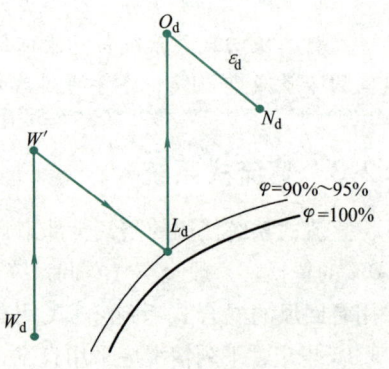

图 5-19 直流式喷水室系统冬季处理过程

$$Q_2 = q_m(h_{O_d} - h_{L_d}) \tag{5-40}$$

式中 h_{L_d}、$h_{W'}$——冬季机器露点、新风预热后的空气状态点的比焓（kJ/kg）；

h_{W_d}、h_{O_d}——冬季室外空气状态点、送风状态点的比焓（kJ/kg）。

（2）直流式空气冷却器系统　对空气冷却器系统，冬季除采用加热器外还用喷干蒸汽对空气进行等温加湿处理，h-d 图如图 5-20 所示。

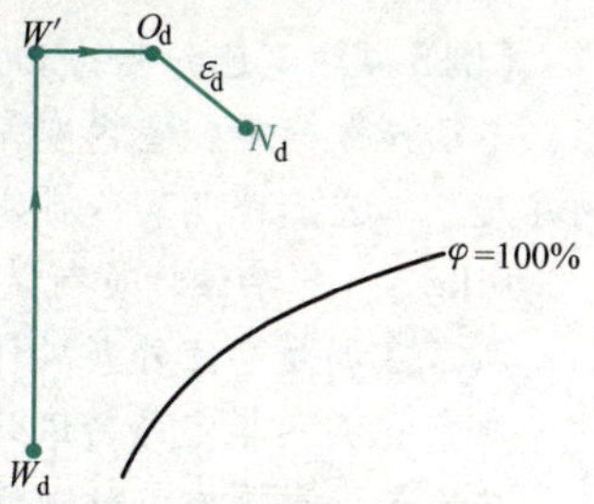

空气处理过程为

$$W_d \xrightarrow[\text{预热器}]{\text{加热}} W' \xrightarrow[\text{蒸汽加湿器}]{\text{等温加湿}} O_d \xrightarrow{\varepsilon_d} N_d \longrightarrow \text{排至室外}$$

蒸汽加湿器的加湿量 W（kg/s）为

$$W = q_m(d_{O_d} - d_{W'}) \tag{5-41}$$

图 5-20　直流式空气冷却器系统冬季处理过程

式中　d_{O_d}、$d_{W'}$——冬季送风状态点或喷蒸汽加湿后的终状态点、新风预热后的空气状态点的含湿量 [kg/kg（干空气）]。

预热器加热量为

$$Q_1 = q_m(h_{W'} - h_{W_d}) \tag{5-42}$$

式中　$h_{W'}$——冬季新风预热后的空气状态点的比焓（kJ/kg）；

h_{W_d}——冬季室外空气状态点的比焓（kJ/kg）。

3. 新型直流式（全新风）系统

在防止 SARS 疫情扩散过程中，之所以在很多场所严禁使用集中空调系统，其重要原因就是由于集中空调系统需要回风，如果没有十分可靠的措施，病毒或细菌很可能随回风进入其他房间，出现交叉感染，导致疾病蔓延。美国"9·11"事件后，连续出现多起恐怖主义分子投放炭疽病毒的事件，使得美国政府和科技界及工业界密切关注建筑环境的安全性问题，一系列的相关文件相继出台。与此同时，在世纪之交，美国宾夕法尼亚大学 S. A. Mumma 教授提出了一种新的空调系统——<u>独立新风系统</u>（Dedicated Outdoor Air Systems，DOAS），该系统已被美国能源部列为 21 世纪商业建筑最有前途、最先进的 15 项空调节能技术之一，受到了特别的关注。由于 DOAS 是一种全新风系统，没有回风，因而被称为"反恐空调"（Terrorist Resistant Air Conditioning），解决了当恐怖主义分子对建筑物进行生化武器袭击时，炭疽病孢子会随空调系统的回风扩散到建筑物的其他房间，整个建筑物的工作人员面临巨大的危险，不得不迅速疏散的问题。显然，DOAS 对于防止病毒、细菌和不良气味的扩散具有其他空调系统无法比拟的优越性。标准的 DOAS 是由新风机组、显热设备、诱导风口、热回收设备与管道系统组成。当新风机组采用低温送风空调机组时，很多情况下，室内显热换热设备可以取消，因为新风机组的冷量已经超过了空调总的冷负荷。这大大扩展了 DOAS 的应用范围。这种全新风运行模式有别于传统的全新风运行模式，其一次投资和运行费用都要低于传统的集中空调系统，因此令人刮目相看。

当室内存在潜热负荷，空调系统就需要除湿，冷凝水是必然的产物。如果冷凝水出现在室内，即使能排除，冷凝水盘也是一个滋生霉菌的场所。由于 DOAS 的独立新风机组承担了室内全部的潜热负荷，室内无冷凝水，因此大幅度减少了致病的可能性，室内空气品质也得到很大程度的改善，这是 DOAS 另一项引人注目的特点。

目前，在 DOAS 的基础上，又有了进一步的改进，提出了低温送风独立新风系统（Dedicated Outdoor Cold Air Systems，DOCAS），它具备以下特点：①新风机组采用独立的低温送风新风机组，机组出风温度低于 6℃，新风机组除了承担新风负荷外，还承担室内全部潜热负荷、部分或全部显热负荷；②室内剩余显热负荷由其他显冷设备承担，这些显冷设备，可以是辐射冷吊顶、风机盘管机组等，显冷设备均无回风系统；③由于采用独立新风系统时，室内温度和湿度明显低于室外，因此新风和排风之间采用热回收装置，进一步节约能耗。

【例 5-4】 已知要为北京地区某车间设计一直流式空调系统。通过调研得知，根据工艺要求，不论什么季节，室内空气状态都要求维持在 $t_N = 22℃ \pm 0.5℃$，$\varphi_N = 60\% \pm 10\%$。根据房间的建筑、工艺、照明、人员情况算出夏季设计负荷是：余热量 $Q_x = 11.63$kW，余湿量 $W_x = 0.0014$kg/s。冬季设计负荷是：余热量 $Q_d = -2.326$kW，余湿量 $W_d = 0.0014$kg/s。

北京空调夏季室外新风计算状态：$t_{W_{xg}} = 33.8℃$，$t_{W_{xs}} = 26.5℃$；

北京空调冬季室外新风计算状态：$t_{W_{dg}} = -12℃$，$\varphi_{W_d} = 41\%$；

确定冬、夏季空气处理方案。

【解】 一般先确定夏季的方案，因为夏季要求风量较大，是全年的主要矛盾。

(1) 夏季的送风状态及送风量

先定热湿比

$$\varepsilon_x = \frac{Q_x}{W_x} = \frac{11.63}{0.0014}\text{kJ/kg} = 8307\text{kJ/kg}$$

在大气压力为 101325Pa 的 h-d 图上，通过室内状态点 N_x [$t_{N_x} = 22℃$，$\varphi_{N_x} = 60\%$，$h_{N_x} = 47.29$kJ/kg，$d_{N_x} = 9.93$g/kg（干空气）]，画 $\varepsilon_x = 8307$kJ/kg 的过程线。

根据见本书 3.7 取送风温差 $\Delta t_0 = 6℃$，由此 $t_{O_x} = (22-6)℃ = 16℃$，那么在线上可定出送风状态 O_x [$h_{O_x} = 38.64$kJ/kg，$d_{O_x} = 8.9$g/kg（干空气）]。见图 5-21a。

送风量

$$q_m = \frac{Q_x}{h_{N_x} - h_{O_x}} = \frac{11.63}{47.29 - 38.64}\text{kg/s} = 1.36\text{kg/s}$$

$$q_m = \frac{W_x}{d_{N_x} - d_{O_x}} = \frac{1000 \times 0.0014}{9.93 - 8.9}\text{kg/s} = 1.36\text{kg/s}$$

故车间空调系统送风量为 1.36kg/s（4896kg/h）。

(2) 夏季处理方案

在 h-d 图上通过送风状态 O_x 画等含湿量线，在 $\varphi = 90\% \sim 95\%$ 处取 L_x 点（$t_{L_x} = 13℃$，$h_{L_x} = 35.7$kJ/kg），再和 W_x（$t_{W_{xg}} = 33.8℃$，$h_{W_x} = 82.74$kJ/kg）连成直线，则 $W_x \to L_x \to O_x$ 为夏季处理方案，其中：

$W_x \to L_x$ 为喷水室喷冷水过程。

$L_x \to O_x$ 为再热器的加热过程。

图 5-21a 是夏季送风状态及处理方案的确定过程。

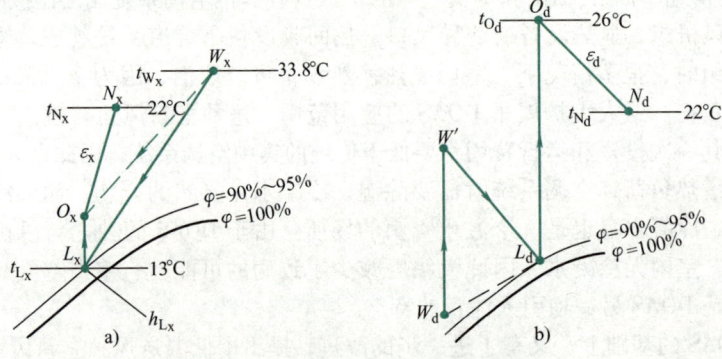

图 5-21 直流系统空气处理过程
a) 夏季 h-d 图分析　b) 冬季 h-d 图分析

喷水室所需的冷量 $Q_0 = q_m(h_{W_x} - h_{L_x}) = 1.36(82.74 - 35.7)\text{kW} = 63.97\text{kW}$

夏季也可用喷液体吸湿剂的 $W_x \to O_x$ 的过程（图5-21a的虚线）。这一方案虽然能一次完成，但由于液体吸湿剂的一套设备比较复杂而且投资和运行费用大，O_x 点也不容易控制，因此较少采用。

（3）冬季送风状态及送风量

设冬夏使用同一个风机，故冬夏送风量 q_m 一样。此外，已知冬夏季的余湿量也一样，室内状态 N_d 要求一样，从而 d_{N_d} 也一样。

由 $q_m = \dfrac{W_d}{d_{N_d} - d_{O_d}}$ 式可见，送风状态的 d_{O_d} 没有变。

但是冬季的热湿比 $\varepsilon_d = \dfrac{Q_d}{W} = \dfrac{-2.326}{0.0014}\text{kJ/kg} = -1661\text{kJ/kg}$

因此，冬季送风状态 O_d 又应该在通过 N_d 点的 ε_d 线上。这样通过 O_d 点画的等含湿量线与通过 N_d 点画的 ε_d 线相交的点即冬季送风状态 O_d [$t_{O_d} = 26℃$，$d_{O_d} = 8.9\text{g/kg}$（干空气）]。

（4）冬季处理过程

在 $h\text{-}d$ 图上通过送风状态 O_d 画等含湿量线与 $\varphi = 90\% \sim 95\%$ 交于 L_d 点，这一点和夏季完全一样。通过 L_d 点画等焓线与通过 W_d 点所画的等含湿量线相交于 W' 点。则 $W_d \to W' \to L_d \to O_d$ 为冬季处理方案，其中：

$W_d \to W'$ 为预热器预加热过程。$W' \to L_d$ 为喷水室喷循环水过程。$L_d \to O_d$ 为再热器再加热过程。

图5-21b是冬季送风状态及处理方案的确定过程。

如果冬季有15℃的井水可以利用，则可用井水直接喷淋把室内新风加热到露点的 $W_d \to L_d$ 过程（图5-21b的虚线）。

5.2.4 全空气系统的划分原则和分区处理

1. 全空气系统的划分原则

按照全空气系统所服务建筑物的不同使用要求和特点，可参照表5-1所示，原则划分为不同的系统。

《民用建筑供暖通风与空气调节设计规范》（GB 50736—2012）7.3.1规定：选择空气调节系统时，应根据建筑物的用途、规模、使用特点、负荷变化情况、参数要求、所在地区气象条件与能源状况，以及设备价格、能源预期价格等通过技术经济比较确定。《公共建筑节能设计标准》（GB 50189—2015）4.1.7节规定：使用时间不同的空气调节区不应划分在同一个定风量全空气系统中。温度、湿度等要求不同的空气调节区不宜划分在同一个空气调节风系统中。其目的是为了在满足使用要求的前提下，尽量做到一次投资省，系统运行经济，减少能耗。

《民用建筑供暖通风与空气调节设计规范》（GB 50736—2012）7.3.2规定：属于下列情况之一的空调区，宜分别设置空调风系统：①使用时间不同的空调区；②温湿度基数和允许波动范围不同的空调区；③对空气的洁净度要求不同的空调区；④噪声标准要求不同，以及有消声要求和产生噪声的空调区；⑤需要同时供热和供冷的空调区。

7.3.3规定：空气中含有易燃易爆或有毒有害物质的空调区，应独立设置空调风系统。

表 5-1 全空气系统的划分

项目	空调系统合并	空调系统分开
温湿度	1）各室邻近，且室内温湿度基数、房间热湿比、使用班次和运行时间接近时 2）空调区热湿比虽不同，但有室温调节加热器的再热系统 3）室内温湿度允许波动范围大的相邻房间	1）房间分散 2）室内温湿度基数、空调区热湿比、使用班次和运行时间差异较大时 3）室内温湿度精度差别大时
清洁度	1）产生同类有害物质的多个空调房间 2）个别房间产生有害物质，但可用局部排风较好地排除，而回风不致影响其他要求干净的房间时	1）个别产生有害物质的房间，不宜与其他要求干净的房间合一系统 2）有洁净室等级要求的房间，不宜和一般空调房间合一系统
噪声标准	1）各室噪声标准相近时 2）各室噪声标准不同，但可做局部消声处理时	各室噪声标准差异较大，难以做局部消声处理时
新风比	新风比相同的房间	新风比不同的房间
负荷特性	热湿负荷相差不大，经控制而不影响热舒适条件时	1）热湿负荷相差大，如进深大，可划分为内区和周边区的办公楼标准层、同一时间内须分别进行供热和供冷的房间 2）大空间建筑（如剧场、体育馆），为克服温度梯度时
防火要求	应与建筑防火分区相对应	

2. 全空气系统的分区处理

当空调系统为若干个室内参数相同（或相近）、热湿比各不相同的相邻房间服务时，也就是说将上述若干个房间合为一个空调系统时，就会遇到分区处理和如何确定送风量的问题。

如图 5-22a 所示的空调系统向甲、乙两个房间送风，这两个房间要求室内状态 N_x 点相同，但夏季的热湿比值均不同，它们分别为 ε_{x1} 和 ε_{x2}（若 $\varepsilon_{x1} > \varepsilon_{x2}$）。对此，主要有以下三种处理办法。

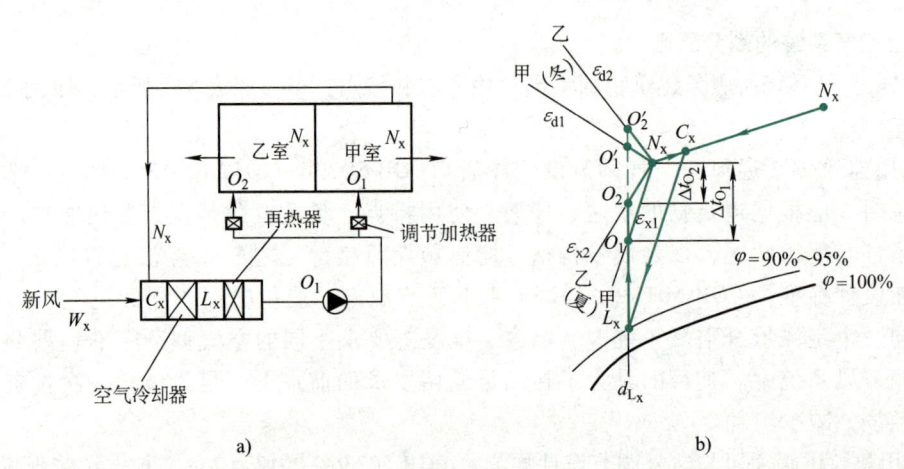

图 5-22 用分室加热方法满足两个房间送风要求
a) 分室加热空调系统　b) 分室加热空调系统 h-d 图

1）若甲、乙两个房间允许采用不同的送风温差时，可以用同一个机器露点分室加热的方法。

首先，画出甲室夏季空气处理过程的 h-d 图（图 5-22b）。根据 ε_{x1} 和送风温差 Δt_{O_1}，确定送风状态点 O_1，从而定出机器露点 L_x。于是

甲室的送风量
$$q_{m1} = \frac{\Sigma Q_1}{h_{N_x} - h_{O1}} \tag{5-43}$$

由于只能用同一个机器露点 L_x 送风，所以乙室的送风状态点 O_2 即为 d_{L_x} 与 ε_{x2} 之交点，此时送风温差为 Δt_{O2}。

乙室的送风量
$$q_{m2} = \frac{\Sigma Q_2}{h_{N_x} - h_{O2}} \tag{5-44}$$

系统的总送风量
$$q_m = q_{m1} + q_{m2} \tag{5-45}$$

从 L_x 点到 O_1、O_2 靠加热办法达到，结合冬季工况的要求，除组合式空气处理机组设有再热器之外，在送向甲、乙室的分支风管上可另设调节加热器。这样两个房间的空气处理流程为

甲室：$\begin{matrix} W_x \\ N_x \end{matrix} \rangle \longrightarrow C_x \longrightarrow L_x \longrightarrow O_1 \xrightarrow{\varepsilon_{x1}} N_x$

乙室：$\begin{matrix} W_x \\ N_x \end{matrix} \rangle \longrightarrow C_x \longrightarrow L_x \longrightarrow O_1 \longrightarrow O_2 \xrightarrow{\varepsilon_{x2}} N_x$

甲室夏季不用调节加热器，仅冬季用；乙室冬、夏都要用调节加热器，但夏季加热量相对小些，仅从 O_1 加热到 O_2。

这个方法的缺点是：由于用同一个机器露点，使得乙室的送风温差 Δt_{O2} 较小，从而加大了送风量。

2）若甲、乙两个房间室温 t_{N_x} 相同，但相对湿度 φ_{N_x} 允许有偏差，此时可以采用相同的送风温差 Δt_O 和相同的机器露点 L_x。

首先，判断一下甲、乙两个房间哪个是主要房间，比如甲室的重要性大于乙室，就针对甲室绘出夏季空气处理过程的 h-d 图（图 5-23），按 ε_{x1} 和 Δt_O 确定送风点 O_{x1} 及机器露点 L_{x1}，进而求得甲室的送风量 $q_{m,1}$。对于乙室，仍沿用同一个送风点 O_{x1}，过 O_{x1} 点画乙室的热湿比 ε_{x2} 线，该线与 t_{N_x} 线相交于 N'_{x2} 点，它是乙室室内空气状态点，其相对湿度 φ_{N_2} 的偏差处在允许范围之内即可。

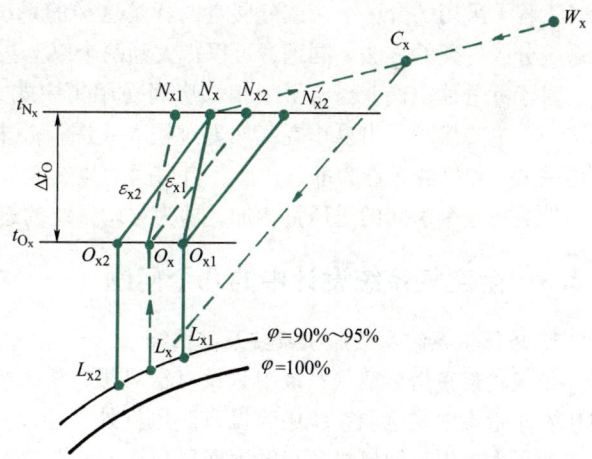

图 5-23 两个房间室内 φ_{N_x} 偏差在允许范围内可用相同送风温差

已知乙室的显热冷负荷为 $\Sigma Q_显$，则送风量 $q_{m,2}$（kg/s）为

$$q_{m,2} = \frac{\Sigma Q_显}{1.01(t_{N_x} - t_{O_x})} = \frac{\Sigma Q_显}{1.01 \times \Delta t_O}$$

如果甲、乙两个房间具有相同的重要性，则在 Δt_O 相同的情况下，分别定出甲室送风点为 O_{x1}、乙室送风点为 O_{x2}，以及相应的机器露点 L_{x1} 和 L_{x2}。此时可取 L_{x1}、L_{x2} 之中间值 L_x 作为机器露点（图 5-23）。这样使得甲、乙两室的相对湿度 $\varphi_{N_{x1}}$ 和 $\varphi_{N_{x2}}$ 都有较小的偏差，只要偏差在允许范围内即可。

3）各房间室内参数要求相同，ε_x 不同，但又要求送风温差 Δt_O 相同。

在这种情况下，必然要求送风状态点温度相同，但含湿量不同。为了用一个系统得到两个

不同的送风状态，必须采用分区处理的方法，图 5-24a 是这种空调系统的示意图。图中有集中处理新风的设备，又有两个分区处理设备。两个房间的空调过程为

甲室：$\begin{matrix}W_x \to L_x \\ N_x\end{matrix} \Big\rangle \longrightarrow C_{x1} \longrightarrow O_{x1} \xrightarrow{\varepsilon_{x1}} N_x$

乙室：$\begin{matrix}W_x \to L_x \\ N_x\end{matrix} \Big\rangle \longrightarrow C_{x2} \longrightarrow O_{x2} \xrightarrow{\varepsilon_{x2}} N_x$

图 5-24b 是这种空调过程在 h-d 图上的表示。

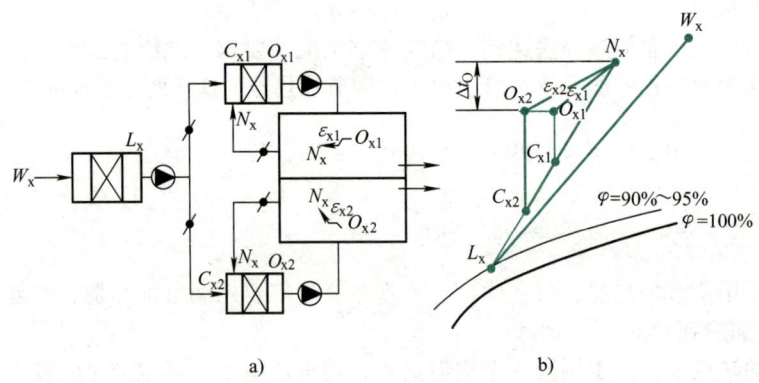

图 5-24　分区空调系统及其 h-d 图
a）分区空调系统　b）分区空调 h-d 图

工程上采用的分区空调或分层空调就是这样的系统。上面以两个房间为对象说明工艺性空调系统分区处理的方法。同理，可以扩大到两个以上甚至较多的房间。

对于舒适性空调，当若干个相邻房间采用集中式全空气系统时，也可以仿照第 2 种方法。选定一个主要房间画出夏季空气处理过程 h-d 图，并求得送风量。其他房间都以主要房间的送风温差 Δt_0 和机器露点为准，按照各自房间的显热冷负荷和相同的送风温差 Δt_0，求得所需送风量，然后将各个房间的送风量相加，即为空调系统的总送风量。

5.2.5　全空气系统设计中的几个问题

1. 单风机系统和双风机系统及其选择

单风机系统指全空气系统中只设有送风机，送风机负担整个空调系统的全部压力损失。**双风机系统**指集中式空调系统中除设有送风机外，还设有回风机，送风机负担由新风口至最远送风口的压力损失；回风机负担最远回风口至空气处理机组前的压力损失。单风机系统和双风机系统的适用条件及优缺点如表 5-2 所示。

必须指出，在双风机系统中，调节段的功能是在排出部分回风的同时，其余的大部分回风要通过一次风阀进入混合段，与新风进行混合。所以，在系统设计、运行时，应使送、回风机的压力零点置于一次风阀处，才能完成排出部分回风、吸入新风的功能。双风机空调系统的新风管不应接在回风机的吸入段上，以免造成排不出风。双风机空调系统的送风机和回风机的选型要注意回风机的风量为送风机风量的 80%～90%。如果回风机和送风机风量相同，则会造成空调系统的新风进不来。当按直流式系统运行时，则应关闭一次风阀，同时全部打开排风口及新风口风阀。

表 5-2 单风机系统和双风机系统的适用条件及优缺点

系统	单风机系统	双风机系统
适用条件	1）全年新风量不变的系统 2）当使用大量新风时，室内门窗可以排风，不会形成大于50Pa的过高正压 3）房间少，系统小，空调房间靠近空调机房，空调系统的排风口必须靠近空调房间	1）不同季节的新风量变化较大，其他排风出路不能适应风量变化的要求时会导致室内正压过高 2）房间须维持一定的正压，而门窗严密，空气不易渗透，室内又无排气装置 3）要求保证空调系统有恒定的回风量或恒定的排风量 4）仅有少量回风的系统 5）通过技术经济比较，装设回风机合理时
优点	1）投资省 2）耗电少 3）占地小	1）空调系统可以采用全年多工况调节，节省能量 2）可保证设计要求的室内正压和回风量 3）风机风压低，噪声小 4）使用于多房间的空调系统，易于调节
缺点	1）全年新风量调节困难 2）当过渡季使用大量新风，室内有无足够的排风面积，会使室内正压过大，人耳膜会有痛感，门也不易开启 3）风机风压高，噪声大 4）由于空调器内有较大负压，缝隙处易渗入空气，使冬、夏季回风比达不到设计要求，冷、热耗量增大 5）室内局部排风量大时，用单风机克服回风管的压力损失，不经济 6）排风口位置必须靠近空调器时，会使室内正压过高 7）空调系统供给多房间时，调节比较困难	1）投资高 2）经常耗电多 3）占地大 4）当回风机选用不当而使风压过大时，会使新风口处形成正压，导致新风进不来
风机压力	风机负担整个空调系统全部压力损失	送风机负担由新风口至最远送风口压力损失。回风机负担最远回风口至空调器前的压力损失。一般回风机的压力仅为送风机压力的1/3~1/4（必须注意，排风口一定要处于回风机的正压段，新风口一定要处于送风机的负压段）

2. 新风进风口面积、新风风管面积及新风口位置的确定

在空气处理过程中，大多数场合需要利用一部分回风。在夏、冬季节，混入的回风量越多，使用的新风量则越少，系统运行越经济。但实际上，不能无限制地减少新风量。空调系统的新风量不小于人员所需新风量，以及补偿排风和保持室内正压所需风量两项中的较大值。民用建筑人员所需最小新风量按国家现行有关卫生标准确定，工业建筑应保证每人不小于 $30m^3/h$ 的新风量。空调系统设计时，应取上述 3 项中最大者作为系统新风量的计算值。必须指出，上面提到的最小新风量，是针对夏、冬季工况而言的，对于除了冬、夏季以外的过渡季节，应尽可能多用新风，甚至全部用新风，充分利用室外空气的自然冷量满足房间空调要求，以达到节能的目的。因此，新风进风口面积和新风风管面积应适应新风量变化和最大新风量的需要，在过渡季大量使用新风时，可设置最小新风口和最大新风口，或按最大新风量设置新风进风口，并设调节装置，以分别适应冬、夏季和过渡季节新风量变化的需要。

新风进风口的位置，应直接设在室外空气较清洁的地点并应低于排风口，并尽量保持不小于10m的间距；进风口的下缘距室外地坪不宜小于2m；当设在绿化地带时不宜小于1m；应避免进风、排风短路；为减少夏季新风负荷，新风口尽量设置在北向外墙上。

新风进风口处应设有关闭严密的阀门（寒冷和严寒地区宜设保温阀），其作用是，当系统停止运行时，在夏季防止热湿空气侵入，以免造成金属表面和室内墙面结露；在冬季防止冷空气侵入，以免室温降低，以及加热盘管冻结。当采用手动风阀时，阀门位置的布置应考虑操纵方便。

3. 机器露点"L"的确定问题

有时，为了分析问题简化起见，将通过喷水室的空气状态画在 $\varphi=100\%$ 的饱和线上。

实际上，L点的相对湿度往往达不到完全饱和，大多处于 $\varphi=90\%\sim95\%$。这是由于空气通过喷水室时，热湿交换的不充分和不均匀造成的。但是，通过喷水室后的空气相对湿度变化幅度较小，换句话说，即 φ 的数值比较稳定。在进行空调方案比较时，可以近似地认为 $\varphi\geqslant90\%$ 的状态为"露点状态"。这一状态对于第9章的调节和控制问题是很有用的。

4. 挡水板过水问题

在空调机组中喷水室前后应设挡水板。如果使用空气冷却器处理空气，通过风速高时，空气冷却器后也应设挡水板。挡水板的作用是挡下通过处理设备的空气中可能携带的水滴。即使是构造良好的挡水板也不可能将悬浮在空气中的水滴完全挡下来。存留在挡水板后的空气中的水滴吸热蒸发会加大空气的含湿量，使送风状态点由 O_x 变到 O_{x1}（图5-25）。结果使室内空气状态点由 N_x 变为 N_{x1}，引起空调区相对湿度增大，这是不利的，因此过水量估计不足是有些空调系统夏季湿度情况不好的原因之一。要消除带水量的影响，则需额外降低喷水室内的机器露点温度，但这样，耗冷量会随之增加。实际运行经验表明，当带水

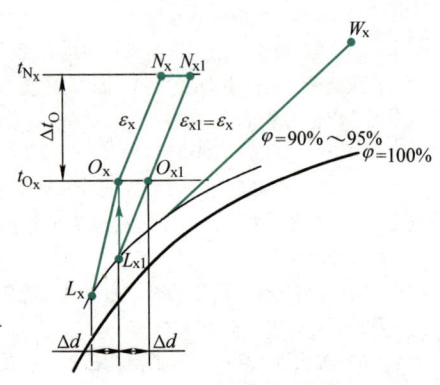

图5-25 未考虑与考虑挡水板过水量的情况

量为0.7g/kg（干空气）时，机器露点温度需相应降低1℃，这将导致耗冷量的显著增大。所以在设计空调工程时就应该考虑到这一点。

在实际工作中可以根据挡水板过水量的经验数据或实测数据 Δd，将机器露点由 L_{x1} 降到 L_x 点，以便过水量吸热蒸发之后，送风状态的含湿量 d_{O_x} 仍能得到保证，即 L_x 状态空气被加热加湿变到 O_x 点，其 h-d 图见图5-25。

应该指出，挡水板过水量并不是任何时候都是不利的。送风带入水雾在纺织车间里蒸发，不但可以起到提高车间空气相对湿度和降低空气温度的作用，而且能减少送风量和节约用电，车间要求相对湿度大于75%时，节能效果尤其明显。故空调车间要求较高的相对湿度时，从节约空调用电角度考虑，宜在不妨碍生产的前提下，让挡水板适量地过水。挡水板过水量与水滴雾化程度有关，雾点越细，过水量越大。一般情况常按送风带水0.5~1.0g/kg（干空气）设计。

5. 风机、风管温升问题

通风机输送空气时，其机械能将转化为热能并引起空气升温，这就是**风机温升** Δt_f（℃），它的大小与风机的风量和风压有关。需要时可按下式计算

$$\Delta t_f = \frac{0.96H\eta_3}{\eta_1\eta_2\rho} \tag{5-46}$$

式中　H——通风机全压（kPa）；
　　　ρ——空气密度（kg/m³）；
　　　η_1——风机效率；
　　　η_2——电动机效率；
　　　η_3——修正系数，当电动机在气流内时 $\eta_3=1$，当电动机在气流外时 $\eta_3=\eta_2$。

普通空调风机温升一般按 0.5~1.0℃ 计，高压空调按 1.0~1.5℃ 计。

此外，夏季风管周围的环境温度高于风管内空气温度时，周围热量传入风管内将引起空气升温，这是风管温升。冬季环境温度低时，风管温升为负值。风管温升大小与风管尺寸，保温情况以及风管内外温差有关，需要时可根据传热原理计算。

应该指出，风机风管温升并不是任何时候都是不利因素。当送风空气需要再热时，风机风管温升就能代替一部分再热量。只有当送风温差要求尽可能大时，它们才成了不利因素。

但是，无论如何，在分析空调过程时对它们的大小都应加以考虑，否则室内参数可能得不到保证。

既考虑风机、风管温升，又考虑挡水板过水，并使室内空气状态仍能满足设计要求的一次回风系统空调过程在 h-d 图上的表示见图 5-26。图中虚线表示的是不考虑风机、风管温升及挡水板过水的过程。实线是考虑了风机、风管温升及挡水板过水的过程。由于温升值及过水量估计的不一定准确，所以实际过程是接近此过程的。图 5-26 中 Δt_z 表示再热温升，Δt_s 表示送风温升，Δt_h 表示回风温升。

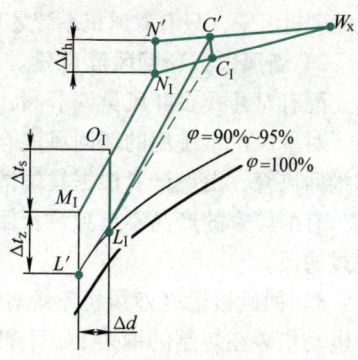

图 5-26　风机风管温升及挡水板过水的考虑

5.2.6　全空气系统的空气处理机组

当集中式全空气系统夏季、冬季的空气处理流程确定之后，根据总送风量、喷水室或空气冷却器所需冷量、预热器或再热器的加热量，若采用喷蒸汽加湿或离心喷水加湿，还需要加湿量以及对空气净化的要求等，就可选取与空气处理流程相适应的空气处理机组。

目前，工程上常用的空气处理机组有两类：组合式空气处理机组和整体式空气处理机组。

1. 组合式空气处理机组（Air Handling Unit，AHU）

组合式空气处理机组（也称组合式空调机组或装配式空调机组）　该机组是以冷、热水或蒸汽为媒质，完成对空气的过滤、加热、冷却、加湿、减湿、消声、热回收、新风处理和新、回风混合等功能的箱体组合而成。此外，还包括送风机段（单风机系统）和送风机、回风机段（双风机系统），以及中间段、排风回风调节段、二次回风段等。它是集中式空调系统的关键设备，由于空气处理过程的各功能段主要沿水平方向布置，组合式空气处理机组大多是卧式的。

（1）组合式空气处理机组的分类

1）按对空气进行热湿处理的方式分类：①具有喷水室的组合式空气处理机组；②具有空气冷却器和喷蒸汽（或喷高压水）加湿器的组合式空气处理机组；③具有直接式和间接式蒸发冷却器的组合式空气处理机组。

2）按空气处理机组外壳所用的材料分类：①金属空气处理机组，就结构形式看，有用型钢制作框架、板式结构和框板式结构三种，其中以框板式用得最多；面板有镀锌钢板、喷塑钢板、彩色钢板，特殊需要时也有采用不锈钢板的；②非金属空气处理机组，有砖砌、钢筋混凝土捣制和玻璃钢三种；前两种壳体材料除纺织厂等工业建筑空调采用外，已很少采用，玻璃钢空气处理机组具有耐腐蚀、质量轻的优点。

3）按用途分类：①恒温恒湿空气处理机组；②净化空气处理机组；③某些行业专用空气处理机组；④普通空气处理机组（指用于一般降温性工艺空调和民用建筑的舒适性空调）等。

4）按各功能段的排列顺序与被处理空气流动方向的相互关系分类：①左式（当人站在操作面一侧面对空气处理机组时，空气由右向左流动称为左式）；②右式（当人站在操作面一侧面对空气处理机组时，空气由左向右流动称为右式）。

为了更好地适应空调机房的建筑条件，当机房长度受到限制时，可将卧式组合式空气处理机组的某两个功能段，用90°的水平拐弯段相连接的，称为水平转弯式组合式空气处理机组；当机房有足够的空间但占地面积受到限制时，可将卧式组合式空气处理机组分为上、下两个部分，用90°的垂直拐弯段相连接的，称为垂直转弯式（或重叠式）组合式空气处理机组。

（2）组合式空气处理机组各功能段的特点

1）**回风段**。回风段是用于接回风风管的，在该段的顶部或侧部装有对开式多叶风量调节阀，该阀的控制有手动、电动和气动三种形式，凡有自动调节的，要与自控方式相适应。在组合式空气处理机组中，只有双风机系统才单独设回风段（若是单风机系统，则用新风、回风混合段）。

2）**新风段或新回风混合段**。新风段用来接新风风管。新风进口有顶进风和侧进风两种形式，配有对开式多叶风量调节阀，该阀同样有手动、电动和气动三种控制形式。

对单风机系统用的新回风混合段，顶部接回风管，侧部接新风管；或者顶部接新风管，侧部接回风管，由设计者根据具体情况而定。若是直流式系统，则封闭回风管口即可。

有的厂家的产品不单独设新回风混合段，而是将它与粗效过滤段结合在一起，成为混合粗效过滤段。

3）回风机段（双风机系统有回风机段）。配有双进风离心式风机，出风口水平安装。风机与电动机装在特制的钢架上，下部装有弹簧减振器，属于电动机内置式。有些厂家将电动机装在机组箱体的顶部，此为电动机外置式。当采用外置电动机结构时，整个回风机段做成整体减振，它与相邻功能段之间做柔性接口，以隔断振动的传递。

为便于进行风机性能调节，有的厂家可为用户配用风机变频器或双速电动机。

4）回风调节段。双风机系统有排风回风调节段。该段紧接回风机段，在顶部设有排风口，内部设有回风口，并分别装有对开式多叶风量调节阀，该阀可用手动、电动和气动方式进行控制。该段的功能是使排风和回风在此分流，故又称分流段。

当空调系统按夏季工况、冬季工况运行时，设计时采用最小新风百分比（当然，必须满足空调房间的卫生要求、保持房间正压要求及补偿局部排风等，并取其中的最大值作为新风风量），此时排风量大致略小于新风量，且大部分是回风。在过渡季节采用全新风时，该段的回风阀关闭，排风阀全开。

若将排风回风调节段与新风段结合在一起，就成为分流混合段，使新风与回风按一定比例进行混合后，进入下一段处理。

5）**粗效过滤段**。粗效过滤段内装有粗效无纺布为滤料的平板式过滤器或袋式过滤器，经清洗后仍可重复使用。也有装无纺布自动卷绕式过滤器的。

6）**加热段**。按照加热空气所用热媒的不同，加热段有蒸汽加热段、热水加热段和电加热段三种。通常将新风段或新回风混合段之后的加热段，称为预热段（或第一次加热段）；将喷水段或空气冷却器之后的加热段，称为再热段（或第二次加热段）。

以蒸汽或热水为热媒的加热段，通常设有钢管绕铝片、铜管套铝片等翅片管加热器。只有棉、麻、毛纺织工业的空调系统，才采用光管式加热器。为了能有效地控制加热后的空气温度，空气加热器应设置旁通风阀。它的作用是，随着室外空气温度的上升，可打开旁通风阀，让一部分空气不经过加热直接从旁通风门流过，从而达到调节加热后空气温度的目的。这样，也有利于降低非供暖季节空气侧的压力损失。

电加热段多半用于恒温恒湿空调机组，设在再热段之后。常采用绕片式电热管为加热元件的电加热器，可按需要分档配备加热量。

7）喷水段。喷水段的箱体可用玻璃钢或钢板内衬玻璃钢制作，并与水槽成为整体。也可用镀锌钢板或按用户需要改用不锈钢制作箱体。

按照热湿处理的功能不同分为单级两排（一顺一逆）喷水段、单级三排（一顺两逆）喷水段和双级四排喷水段三种。

该段内的前挡水板（分风板）和后挡水板，用 ABS 工程塑料或铝合金热挤轧一次成型，也有用玻璃钢制作。

8）**冷却段或冷却挡水段**。冷却段或冷却挡水段内设有铜管套铜片或铜管套铝片的空气冷却器，凝结水盘（滴水盘）下面设冷凝水排出管。

为防止被处理空气带走空气冷却器表面的冷凝水，保证空气的冷却减湿处理效果，可在空气冷却器后面装上特制的挡水板，成为冷却挡水段。

9）喷水式冷却段。喷水式冷却段因沿空气的流动方向，在空气冷却器的前面设一排喷水管，并有底槽和其他相应的接管。

10）**冷却加热段**。冷却加热段实为冷却段，冬季时兼加热段使用。需要注意的是，冬季热媒的供水温度为 55～60℃，回水温度为 45～50℃，这是由空气冷却器的材质和防止换热管内结水垢决定的。

11）蒸发冷却段。在我国的低湿度地区，可采用直接蒸发冷却段来代替空气冷却挡水段或间接加直接蒸发冷却组合段。

12）二次回风段。二次回风段在顶部设有第二次回风口，并装有对开式风量调节阀，分手动、电动和气动三种控制方式。二次回风系统有此段。

13）**加湿段**。当夏季用空气冷却器对空气进行冷却减湿处理时，冬季有时需要设加湿段对空气进行加湿处理。

该段内如果设有干蒸汽加湿器或电极式加湿器，称为喷蒸汽加湿段（属于等温加湿）；如果设有喷高压水的离心加湿器或高压喷雾加湿器，称为喷雾（水）加湿段（属于等焓加湿）。该段内应有排水措施，喷高压水的加湿器后面应设波形挡水板。

14）送风机段。送风机段设有双进风的离心风机，风机的出口有水平的垂直向上两种形式。风机的电动机可以是内置式，也可做成外置式。减振的做法与回风段相同。有的厂家可为用户配用风机变频器或双速电动机。

15）中效过滤段或亚高效过滤段。中效过滤段内设有中效无纺布为滤料的板式过滤器或袋式过滤器。亚高效过滤段内设有玻璃纤维滤纸为滤料的亚高效过滤器。

该段应设在送风机段之后，处于系统的正压段，以防止中效过滤器或亚高效过滤器被周围不洁空气污染。

16）消声段。消声段内设有片式消声器或微穿孔板消声器。按空气流动方向，处在回风机段前面的是回风消声段，设在送风机段后面的是送风消声段。

17）**送风段**。送风段设在送风机段之后，为调整送风出口方向（例如，顶部出风或侧面出风）并与送风风管相连接，接口处装对开式多叶送风阀。

18）中间段（或称空段）。中间段内部不装任何空气处理设备，仅为某些功能段（例如，粗、中效过滤段，空气冷却挡水段、加热段和喷水段等）提供内部检修空间而设置。在操作面一侧设有供人员出入的检修门。此外，在风机段和混合段操作面一侧，同样要设检修门。

19）均流段。有些厂家的产品中有均流段，其作用是使机组断面保持有均匀的风速。当风机处于空气过滤段、消声段前面时，建议在风机段之后、消声段（或过滤段）之前增设均流段。

目前，国内有些厂家生产的组合式空气处理机组，设有能量回收段。该段为双风机系统运行时，将新风与排风在交叉板式能量回收器中进行热交换，达到回收显热能量的目的。具体地说，冬季利用排风中的热量来预热新风；夏季利用排风中的冷量使新风得到预冷。由于新风、排风互不接触，所以尤其适用于回收直流式系统中排风的能量。

为有效地监测粗、中效过滤段的过滤器的积尘情况，在该段的段体外设有压差指示仪表，用户可根据压差读数，判断过滤器是否达到终阻力，以便及时更换过滤器。

为方便组合式空气处理机组的运行管理，在上述有关功能段内，例如过滤段、新回风混合段、风机段、喷水段、冷却挡水段、加热段、送风段等，装有低压防水灯，供检修时照明用。

(3) 工程中常见的组合式空气处理机组　组合式空气处理机组各功能段的组合，主要根据空调工程夏、冬季空气处理过程的焓湿图以及空气净化要求等确定。

1）一次回风式单风机系统。它主要有以下三种形式：

a. 具有空气冷却器和喷干蒸汽（或喷高压水雾）加湿的组合式空气处理机组（图5-27）。该组合式空气处理机组对应的夏季 $h\text{-}d$ 图见图 5-3b，冬季 $h\text{-}d$ 图见图 5-8。

图 5-27a 所示为采用夏、冬季兼用的冷却加热段和喷蒸汽加湿段处理空气（在我国南方地区，如果冬季空气处理过程不需要加湿，则可取消加湿段）。

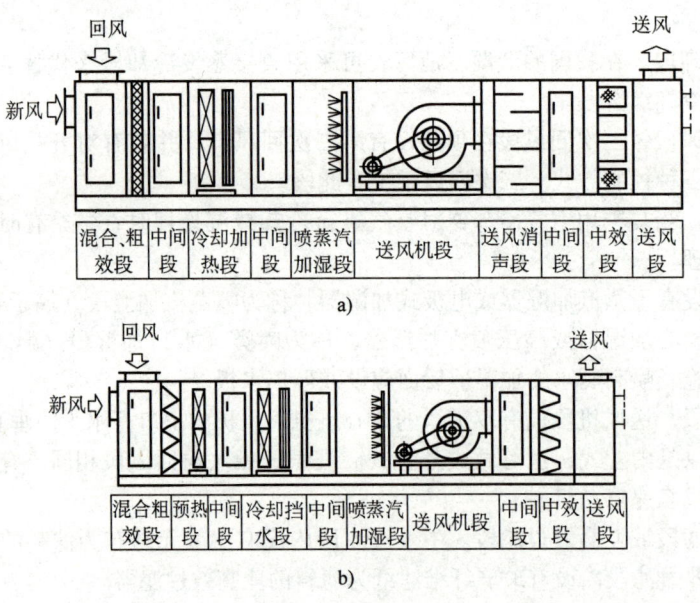

图 5-27　具有空气冷却器和喷干蒸汽（或喷高压水雾）加湿的组合式空气处理机组

a) 设置冷却加热段　b) 将预热器和空气冷却器分开设置

夏季空气处理流程为

新风 ⎱ 混合 → 粗效过滤器 → 空气冷却器（冷却减湿）→ 中效过滤器 → 送至空调房间
回风 ⎰

冬季空气处理流程为

新风、回风 →混合→粗效过滤器→空气冷却器当加热器用(等湿加热)→喷蒸汽加湿器(等温加湿)→中效过滤器→送至空调房间

当空调房间对空气净化要求高时，在送风机段之后应设中效过滤段（一般的净化要求时，可以不设）。为防止消声器在运行过程中产生尘埃，将送风消声段设在中效过滤段之前是合适的。如果受空调机房建筑尺寸的限制，送风消声段也可取消，改在送风风管上安装消声器或消声弯头。

如果冬季采用喷高压水雾加湿空气，则将图5-27a中的喷蒸汽加湿段取消，在冷却加热段前设高压喷雾段。这是因为喷高压水雾加湿属于等焓加湿过程。此时，空气处理流程为

新风、回风 →混合→粗效过滤器→高压喷雾型加湿器(等焓加湿)→空气冷却器当加热器用(等湿加热)

→中效过滤器→送至空调房间

对于北方寒冷地区，甚至温和地区，特别是按全新风运行的直流式系统，不应采用冷却加热器，应将预热器和空气冷却器分开设置，如图5-27b所示，否则冬季空气冷却器极易被冻裂，导致系统停止运行。冬季的空气处理流程为

新风、回风 →混合→粗效过滤器→预热器(等湿加热)→喷蒸汽加湿器(等温加湿)→中效过滤器→送至空调房间

对于北方严寒地区，应将新风先预热至5℃后，再与回风相混合，然后经由粗效过滤器过滤，进入后续的处理。因此，将预热段设在新风进入之后。

b. 具有预热器、喷水室和再热器的组合式空气处理机组（图5-28）。该组合式空气处理机组对应的夏季h-d图见图5-3a；冬季h-d图见图5-6a。

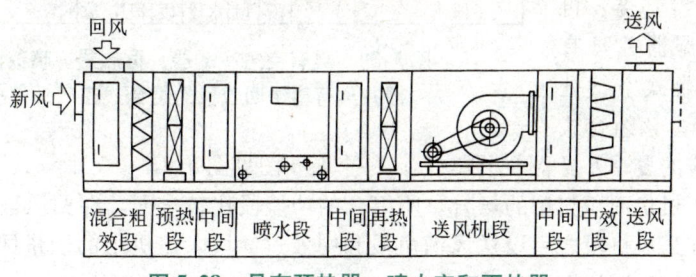

图5-28 具有预热器、喷水室和再热器的组合式空气处理机组

夏季空气处理流程为

新风、回风 →混合→粗效过滤器→喷水室(冷却减湿)→中效过滤器→送至空调房间

冬季空气处理流程为

新风、回风 → 混合 → 粗效过滤器 → 预热器(等湿加热) → 喷水室(喷循环水,等焓加湿) → 再热器(等湿加热) → 中效过滤器 → 送至空调房间

中效过滤器段设置原则与前面相同。对于南方地区可取消预热段。

2) 一次回风式双风机系统。它主要有以下两种形式：

a. 具有空气冷却器、再热器和喷蒸汽加湿的重叠式组合式空气处理机组（图 5-29）。该组合式空气处理机组对应的夏季 h-d 图见图 5-3a；冬季 h-d 图见图 5-8。

该机组适用于空调机房面积紧张但机房高度较高的场合。采用双风机

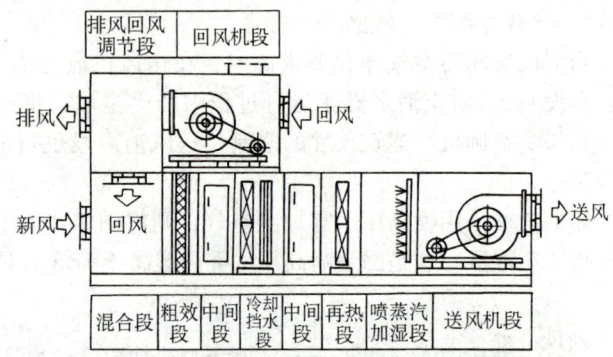

图 5-29　具有空气冷却器、再热器和喷蒸汽加湿的重叠式组合式空气处理机组

系统在过渡季节可最大限度地按全新风运行，充分利用室外空气的冷量，同时有助于降低风机的噪声水平。

对于双风机系统，在进行各功能段组合时，一定要使排风口处于回风机的压出段，而新风进风口处于送风机的吸入段。系统运行时，应使送风机、回风机的压力零点置于一次回风风阀处，才能完成排出部分回风、吸入新风的功能。回风机的压头不能过高，要通过风系统阻力计算后确定，否则新风吸不进来。

按全新风系统运行时，应关闭一次回风风阀，同时全部打开排风阀及新风风阀。

具有冷却挡水段、再热段和喷蒸汽加湿段的重叠式组合式空气处理机组的夏、冬季空气处理流程与图 5-27 基本相同。

b. 具有空气冷却器、再热器、喷蒸汽加湿器并具有能量回收段的组合式空气处理机组（图 5-30）。该组合式空气处理机组对应的夏季 h-d 图见图 5-3a；冬季 h-d 图见图 5-8。

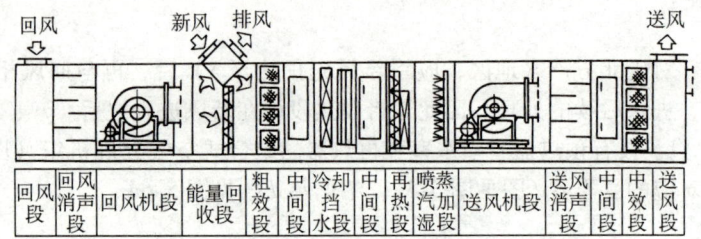

图 5-30　具有空气冷却器、再热器、喷蒸汽加湿器并具有能量回收段的组合式空气处理机组

该机组适用于机房面积充裕的场合。所组合的功能段比较全面。在回风段与回风机段之间设回风消声段；在送风机段之后设送风消声段和中效过滤段。该机组的能量回收段，将排风与回风的分流、新风的进入与回风混合有机地结合在一起。

3) 二次回风式单风机系统。本书只介绍具有预热器、空气冷却器、喷蒸汽加湿器和再热器的组合式空气处理机组（图 5-31）。该组合式空气处理机组对应的夏季 h-d 图见图 5-13a，

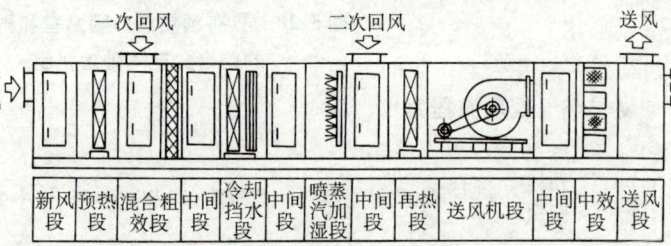

图 5-31　具有预热器、空气冷却器、喷蒸汽加湿器和再热器的组合式空气处理机组

冬季 h-d 图见图 5-16b。

对于北方严寒地区，冬季如果将新风和回风直接混合，混合空气中有可能出现结露现象，这对粗效过滤器的工作极其不利。此时，应将新风用预热器预热后再与一次回风相混合。这就是所谓的先预热后混合的系统。

夏季的空气处理流程为

新风，一次回风 →混合→ 粗效过滤器 → 空气冷却器(冷却减湿)，二次回风 →混合→ 中效过滤器 → 送至空调房间

冬季空气处理流程为

新风 → 预热器(等湿加热)，一次回风 →混合→ 粗效过滤器 → 喷蒸汽加湿器(等温加湿)，二次回风 →混合→ 再热器(等湿加热) → 中效过滤器 → 送至空调房间

该空调机组主要适用于北方寒冷地区有恒温净化要求的工艺性空调。

4）二次回风式双风机系统。图 5-32 所示为具有喷水室和再热器的组合式空气处理机组。该组合式空气处理机组对应的夏季 h-d 图见图 5-13a；冬季 h-d 图见图 5-15a，不需

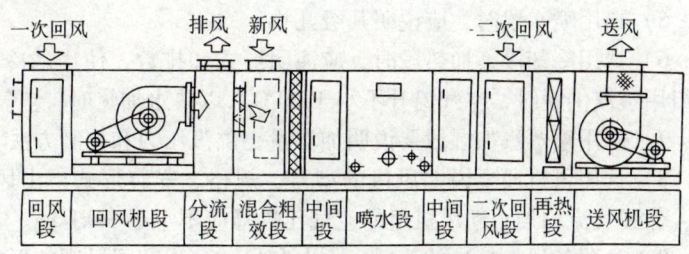

图 5-32　具有喷水室和再热器的组合式空气处理机组

要预热，可直接混合到 C_d 点后进喷水室处理。

夏季空气处理流程为

新风，一次回风 →混合→ 粗效过滤器 → 喷水室(冷却减湿)，二次回风 →混合→ 送至空调房间

冬季的空气处理流程

新风，一次回风 →混合→ 粗效过滤器 → 喷水室(喷循环水,等焓加湿)，二次回风 →混合→ 再热器(等湿加热) → 送至空调房间

该空调机组主要适用于南方地区的工艺性空调。至于采用冷却挡水段、喷蒸汽加湿段和再热段的组合式空气处理机组，可按夏、冬季空气处理过程的焓湿图进行组配。

以上介绍了工程上常用有的代表性的组合式空气处理机组。由于我国幅员辽阔，各地的气候条件千差万别，加之空调的对象不同，空气处理机组的组合方式也不一样。对于集中式全空气空调系统，机组采用何种组合方式，主要由空调设计人员根据空调方案和夏、冬季空气的处理过程，并结合空调机房的具体条件确定。

（4）组合式空气处理机组的选择　组合式空气处理机组的选择应注意以下几点：

1）给出制造厂家提供组合式空气处理机组所需功能段的组合示意图。示意图上应注明所选机组型号、规格、段号、功能段长度、排列次序及左右式方位等基本要求。

2）组合式空气处理机组的操作面规定为：①设有检修门的一面作为操作面；②袋式过滤器能装卸过滤袋的一侧；③自动卷绕式过滤器设有控制箱的一侧；④冷（热）媒进、出口的一侧，有排水管的一侧；⑤喷水室（段）喷水管接水管的一侧。

当人面对机组操作面时，气流向右吹为右式，反之则为左式，选型订货时需说明所需机组的左、右式。

3）空气冷却器、加热器和消声器前，必须设置过滤器（段），以保持换热器和消声器表面清洁，防止堵塞孔、缝，并应设置中间段以方便检修。

4）喷水段、冷却段等，除已有排水管接至空调机组之外，还应考虑排水需要的水封装置及应有的水封高度。这是因为当喷水段和冷却段处在送风机的吸入侧时，这些段内的空气压力低于大气压力（负压），排水或冷凝水直接排放是排不出去的，因此需接水封管方能排出。民用或多数工业建筑的组合式空气处理机组属于吸入式。对于纺织工业、化纤工业或烟草工业，采用的多是以加湿为主的工艺性空调，为获得良好的加湿效果，将喷水段设在送风机段之后，此时组合式空气处理机属于压出式。这种情况，喷水段内空气压力高于大气压力，排水管也需安装水封装置，这是为了防止空调机组漏风。

5）选用喷水段时，应说明几级几排。

6）选用冷却段、加热段时，应注明形式和排数，使用的冷（热）媒性质、温度和压力等。机组用蒸汽供暖时，空气温升不小于20℃；以热水加热时，空气温升不小于15℃。

7）选用喷蒸汽加湿段要说明加湿量、供汽压力和控制方法（手动、电动或气动）。

8）选用风机段要说明风机的型号、规格、安装形式、出风口位置。风机段前应设置中间段，保证气流均匀。新风机组的空气比焓降应不小于34kJ/kg。

9）注明各风口接口的位置、方向和尺寸，送、回风阀的形式、规格，采用的控制方式（手动、电动或气动）。风机出口应有柔性短管，风机底座应有减振装置。

10）需要留出的观察孔及仪表安装孔位置和个数，风机供电的引线位置、走向。

11）机组的基础应高出室内地坪足够高度，以便排除冷凝水和放空设备底部存水。基础四周应设有排水沟或地漏。

12）机组四周或布置多台机组时，应留出足够的操作和检修空间。

13）考虑机组防腐性能，箱体材料宜选用镀锌钢板、玻璃钢或其他合适的材料。对于黑色金属制作的构件表面应做防腐处理；对于玻璃钢箱体应采用氧指数不小于30的阻燃树脂制作。

14）机组漏风率标准：①机组内静压保持700Pa时，机组漏风率不大于3%；②净化空调系统的机组内静压保持1000Pa、洁净低于1000级时，机组漏风率不大于2%；③洁净度高于或等于1000级时，机组漏风率不大于1%。

2. 整体式空气处理机组

整体式空气处理机组也是集中式全空气空调系统的空气处理机，它将各种空气处理设备和风机集中设置在一个箱体内，只要从外部供应冷、热源和电源，就能够完成空气的混合、过滤、加热、冷却、加湿、减湿等处理过程。整体式空气处理机组，按布置方式分为立式和卧式两类；按处理空气的功能分为功能全面的机组和功能简单的机组。

（1）立式空气处理机组　**立式空调机组**为一次回风式系统的空气处理机，目前有单风机普通机组、单风机净化机组和双风机净化机组三种形式。每种类型的机组可分为左式和右式两种。当操作者面向空调机组的正面（即有检修门的一面）时，机组内气流由左侧进风，右侧出风者为右式，反之为左式。

1）单风机普通机组。如图5-33所示为单风机普通型立式空调机组的结构图。箱体内设有板式粗效过滤器、加热器、空气冷却器、喷蒸汽加湿器、挡水器和送风机（双进风离心风机）等。加热器所用的热媒可以是热水，也可以是蒸汽。挡水器是为防止经空气冷却器处理后的空气夹带水滴而设置的。

夏季空气处理流程为

$\left.\begin{array}{c}\text{新风}\\\text{回风}\end{array}\right\}$混合→粗效过滤器→空气冷却器(冷却减湿)→送至空调房间

冬季空气处理流程为

$\left.\begin{array}{c}\text{新风}\\\text{回风}\end{array}\right\}$混合→粗效过滤器→加热器(等湿加热)→喷蒸汽加湿器(等温加湿)→送至空调房间

对于单风机净化机组，只需要在送风机出口安装板式中效过滤器即可（见图5-33中的虚线部分）。

2）双风机净化机组。图5-34所示为双风机净化型立式空调机组的结构图。箱体内设有回风机（所配电动机为外置式，在箱体顶部）、板式粗效过滤器、加热器、空气冷却器、喷蒸汽加湿器、挡水器、送风机和板式中效过滤器等。来自空调房间的回风，由回风机吸入机组后，进入分流室，少部分经排风阀排出。大部分经新风回风调节阀进入混合室，再与新风进行混合。该机组夏季、冬季的空气处理流程与单风机普通机组的基本相同，此处不再重复。当关闭新风回风调节阀4，全开排风阀3时，即可将系统按直流式（全新风）运行。若将该机组的新回风调节阀、新风阀和排风阀各装上电动（或气动）执行器，即可实现新风、回风和排风按比例自动控制。

（2）卧式空气处理机组　**卧式空调机组**为单风机、一次回风式系统的空气处理机，如图5-35所示，它也有左式和右式之分，其处理空气的功能比较简单。其中图5-35a是由新、回风混合粗效过滤段、冷却挡水段和送风机段组成，在各功能段的操作面一侧均设有检修门。图5-35b则在图5-35a的基础上增加了一个加热段。就送风机的出风口位置而言，有风口水平安装和垂直向上安装两种形式，可根据工程需要来选取。

它可用于公共建筑全空气空调

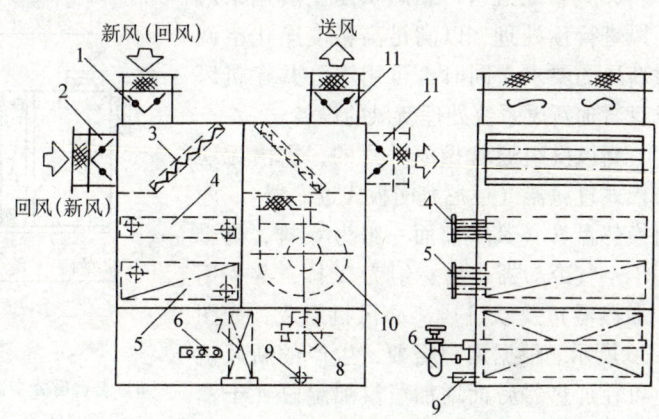

图5-33　单风机普通型立式空调机组

1—新风阀（回风阀）　2—回风阀（新风阀）　3—板式粗效过滤器　4—加热器　5—空气冷却器　6—喷蒸汽加湿器　7—挡水器　8—送风机配电动机　9—冷凝水排出管　10—送风机　11—送风阀

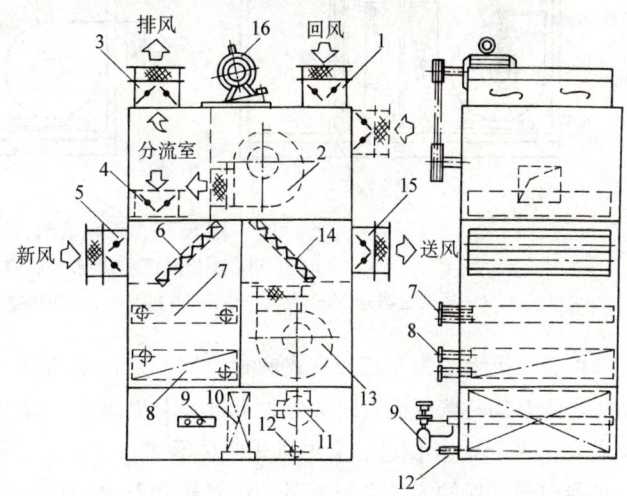

图5-34　双风机净化型立式空调机组

1—回风阀　2—回风机　3—排风阀　4—新风回风调节阀　5—新风阀　6—板式粗效过滤器　7—加热器　8—空气冷却器　9—喷蒸汽加湿器　10—挡水器　11—送风机配电动机　12—冷凝水排出管　13—送风机　14—板式中效过滤器　15—送风阀　16—回风机配电动机

系统的空调处理机,也可用于水—空气系统(即风机盘管加新风系统)的新风机组。当用于新风机组时,可将混合段中的一个风阀关闭,或者由厂家生产取消一个风阀即可。

(3)新风机组 **新风机组**主要用来对新风进行预处理,以满足高精度净化空调对新风的要求,同时也可用于公共建筑风机盘管加新风系统处理新风的设备。

新风机组通常做成卧式的,它由无纺布板式过滤器(或尼龙网板式过滤器)、两组换热盘管(其中前面一组为6排,夏季用于空气冷却器;后一组为2排,冬季用于加热器)及双进风离心风机组成,如图5-36所示。根据用户需要,生产的新风机组可在加热器后面增加蒸汽加湿段(干蒸

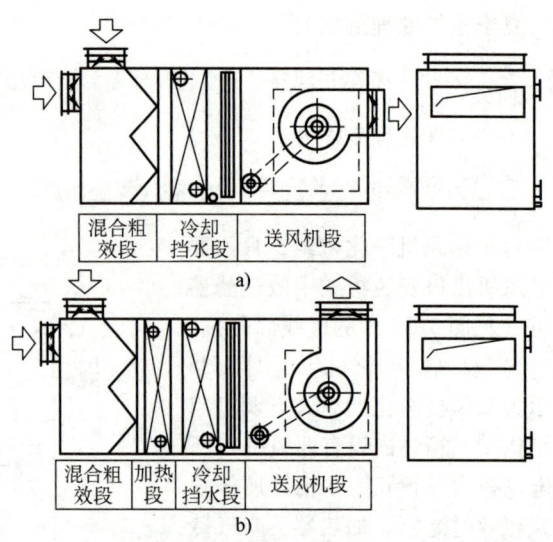

图 5-35 卧式空调机组
a)普通卧式空调机组 b)具有加热段的卧式空调机组

汽加湿器或电极式加湿器),以满足冬季对新风进行加湿的要求。如果在两组换热盘管的进出水管处装上电动三通调节阀,送入冷水,可作为夏季8排盘管使用。与该机组配套的电动机可以做成外置式,设在箱体上面,风机主轴加长穿过壁板,并采取可靠的密封措施。在相应各功能段的面板上均设有检查门。

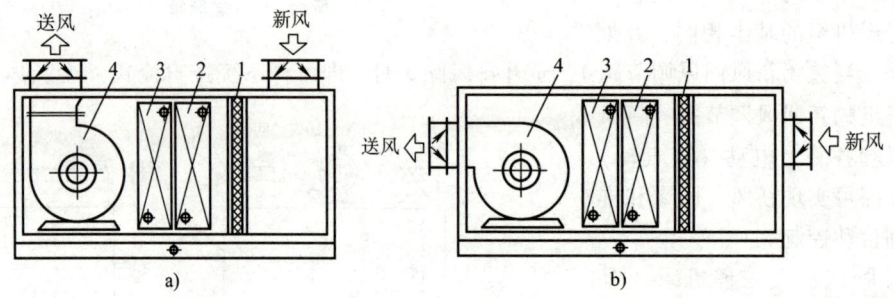

图 5-36 新风机组
a)上进、上出风式 b)侧进、侧出风式
1—板式过滤器 2—空气冷却器(6排) 3—加热器(2排) 4—离心通风机

每种新风机组分为左式和右式两种,即人面向检查门,新风从右面进入,左面送出的为左式,反之为右式。按气流走向又分为上进、上出风式(图5-36a);上进、侧出风式;侧进、侧出风式(图5-36b);侧进、上出风式四种形式。

我国空调工程的大量实践表明,在寒冷和严寒地区,新风机组加热器的防冻问题如果事先考虑不周,运行中会出现冬季加热器被冻裂,导致新风系统被迫停止使用的现象。对于密闭性好、标准又高的高级民用建筑来说,新风系统被关闭,意味着室内人员对新鲜空气的要求无法满足,降低了室内卫生标准,这是不允许的。所以,不论室外空气温度降低到何种程度,保证新风系统的正常运行显得格外重要。

就新风机组来说,采用四管制空调水系统时,寒冷和严寒地区千万要注意在布置加热器与

空气冷却器的排列位置时，要采取正确的做法（图 5-37b），否则将造成冻裂。加热器中热媒的流向应与空气的流向保持"顺流"，并非"逆流"有利于防冻（图 5-38）；寒冷地区用的新风机组，要将加热器（热盘管）和空气冷却器（冷盘管）分开设置，最好不用冬、夏两用的冷热换热器。如果有要求必须合用时，应将冷热换热器采取分排控制的办法，即根据室外气温的情况，划分为若干个阶段，利用自控手段，依次分排开启加热盘管。这样既可减少盘管中水结冻，又可防止室内过热，并保持送风温度稳定。加热器的表面积安全度不能太大，比计算值不应超过 10%。盘管中水的流速在任何情况下都不得小于 0.15m/s。如果采用变水量控制，设计时应对室外 0℃的情况进行复核计算。一些北方地区冬季使用的新风机组中只有加热设备，没有加湿手段，造成室内空气相对湿度很低，供暖期间大约在 20% 左右，因此应该在新风机组中增加加湿段（图 5-37），使室内湿度达到要求。

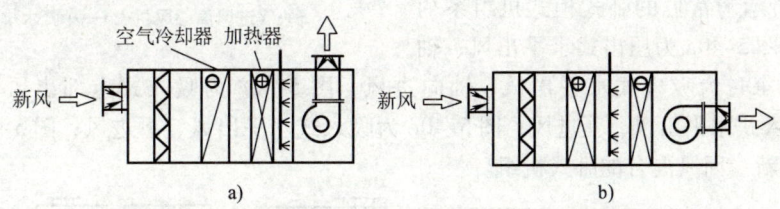

图 5-37　加热器与空气冷却器在机组内的排列
a）错误做法　b）正确做法

（4）柜式空调机组　**柜式空调机组**是将板式空气过滤器、冷热换热器（盘管）、双进风离心风机等组装在一个箱体内构成的空气处理机。有时根据需要，在冷热换热器之后设有干蒸汽加湿器或电极式加湿器，以满足冬季加湿空气的要求。

该机组的箱体采用型钢或高强度铝合金框架，双层面板中间为高性能阻燃保温材料，框架与面板间采取密封措施。

柜式空调机组按照布置方式不同分为吊挂式、卧式和立式三种；按照风量是否可变分为定风量机组和变风量机组；按照机组提供的机外余压大小可分为普通型和增压型两种。此外，空气先经冷热换热器再由风机送出的称为吸入式；空气先通过风机再经冷热换热器送出的称为压出式。

对于任何一种类型的柜式空调机组，按照接至冷热换热器的进出水管的位置分为左侧进出水（简称左式）和右侧进出水（简称右式）两种，向厂家订货时必须注明。当人面向机组的进风口一端顺着气流方向，进出水接管在左侧的为左式，反之为右式。通常冷凝水排出管、电源线方向与进出水管方向相同。

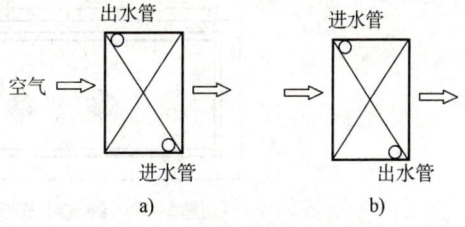

图 5-38　加热器热媒的流向
a）用于非寒冷地区　b）用于寒冷地区

柜式空调机组当新风机组使用时，进风口端接的是新风风管称为新风工况；当室内再循环机组使用时，进风口端接的是室内回风风管称为回风工况；当进风口端接新风和回风时称为新回风混合工况。

1) 吊挂（顶）式柜式机组。吊挂式柜式机组（图 5-39）通常做成卧式、薄型的，整体吊挂在房间的顶板下面，不占用地面面积。为有效利用吊顶空间，风机出口位置为 0°。风量小的设置一台风机，风量大的设置两台风机并联使用。

吊挂式柜式机组的可贵之处在于，它高度不高，通常在800mm以下，属于薄型或超薄型，这样可以将机组吊挂在两根梁之间的顶板下面，占用吊顶空间较小。若机组高度超过1000mm，作为吊挂式的优点就显示不出来了。

2) 卧式柜式机组。柜式机组落地安装在机房地面上，它有压出式和吸入式之分。就出风方向而言有水平出风和上部出风；就进风口位置不同有轴向进风、上进风和下进风。

图5-40所示为常见的卧式柜式机组系列简图，其中，图5-40a为压出式水平出风、轴向进风；图5-40b为吸入式水平出风、轴向进风；图5-40c为吸入式上部出风、轴向进风；图5-40d为吸入式水平出风、上进风；图5-40e为吸入式水平出风、下进风；图5-40f为吸入式水平出风，带新、回风混合的卧式机组。

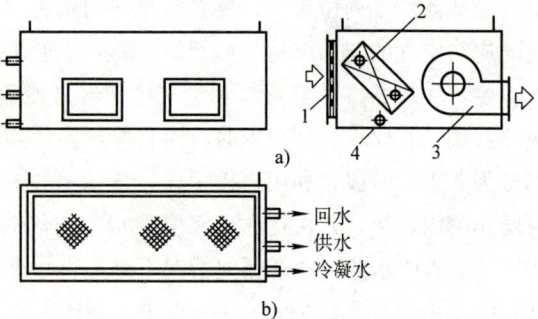

图5-39 吊挂（顶）式柜式机组
a) 单台风机 b) 两台风机
1—板式空气过滤器 2—冷热换热器（盘管）
3—双进风离心风机 4—冷凝水排出管

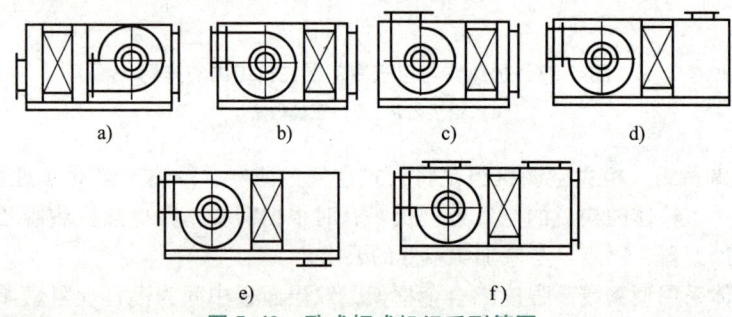

图5-40 卧式柜式机组系列简图
a) 压出式水平出风、轴向进风 b) 吸入式水平出风、轴向进风 c) 吸入式上部出风、轴向进风
d) 吸入式水平出风、上进风 e) 吸入式水平出风、下进风 f) 吸入式水平出风，带新、回风混合

根据风量大小，机组内可设置1台风机、2台风机和3台风机（图5-41），最多有设置4台风机的。

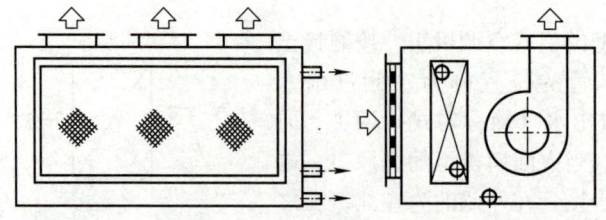

图5-41 卧式柜式机组（设置3台风机，上出风）

3) 立式柜式机组。立式柜式机组安装在机房地面上，有水平出风和上部出风两种形式；分为安装在空调机房和直接设在空调房间（称为明装）两类机型。

图5-42所示为常见的立式柜式机组系列简图，图5-42a为水平出风，图5-42b为上部出风，图5-42c为直接设在空调房间水平出风的柜式机组。

在机组下部冷热换热器之后设有干蒸汽加湿器或电极式加湿器，冬季时用来加湿空气。与卧式柜式机组类似，根据风量大小，机组内可设置1台风机、2台风机和3台风机（图5-43），

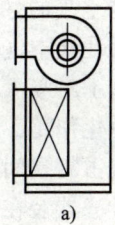 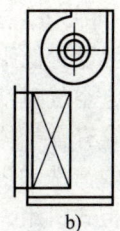 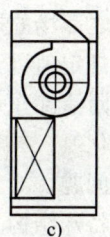

图 5-42 立式柜式机组系列简图

a) 水平出风　b) 上部出风　c) 直接设在空调房间（水平出风）

最多有设置 4 台风机的。若与两种不同出风位置相匹配，可以派生出更多的机型供用户选择。直接设在空调房间内的机组，机外余压很小。

4）卧式增压型柜式机组。普通型卧式柜式机组，它所能提供的机外余压一般为 200~400Pa，若空调系统的阻力较大，采用普通型就难以满足需要。在此基础

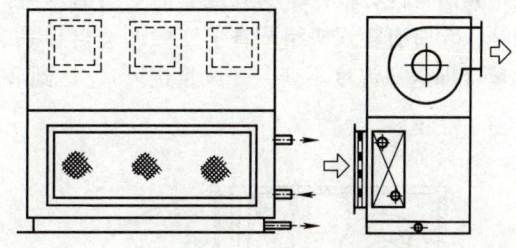

图 5-43 立式柜式机组（设置 3 台风机，水平出风）

上，在冷热换热器前后各设 1 组风机，就构成增压型，其机外余压一般为 400~700Pa。但是，随之而来的机组噪声也相应增大，选用时要慎重。

图 5-44 所示为卧式增压型柜式机组，图 5-44a 为水平出风，风机出口位置为 0°；图 5-44b 为水平出风，风机出口位置为 180°；图 5-44c 为上部出风，风机出口位置为 90°。

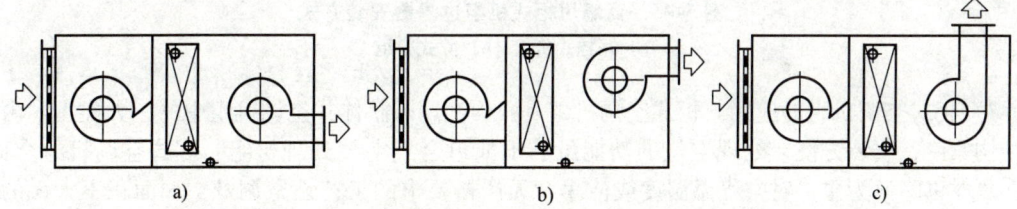

图 5-44 卧式增压型柜式机组

a) 水平出风，风机出口位置为 0°　b) 水平出风，风机出口位置为 180°
c) 上部出风，风机出口位置为 90°

根据风量的大小，机组配备的风机数量各不相同。有的在冷热换热器前后各设置 2 台风机，也有在冷热换热器前后各设置 3 台风机。

5）变风量柜式机组。不论是吊挂（顶）式、卧式、立式柜式机组还是卧式增压型机组，根据用户的需要，都可提供变风量的机型。当空调房间内冷（热）负荷发生变化时，就可手动或自动调整电动机的转速，从而调节风机的风量，达到节约电能的目的。

6）商场用柜式机组。商场用柜式机组也有吊挂式、卧式和立式三大系列，每种机组均可实现变风量运行。针对国产柜式机组存在的风量普遍偏小，机外余压较低，空气过滤器容尘量小、滤尘效果差及吊挂式机组容易漏水、安装维护管理较困难等问题，国内有关单位从机组的结构设计上采取了相应的措施，开发出了商场用柜式机组，其主要特点如下：

① 增大了机组的风量范围，吊挂式机组系列风量为 1000~12000m³/h，卧式和立式机组系列风量为 4000~60000m³/h。可保证商场空调系统的换气次数为 7~9 次/h，符合国家标准关于舒适性空调的房间换气次数每小时不宜小于 5 次的规定。② 采用粗效和高中效过滤器相结合的

两级空气过滤,加之商场的换气次数达 7~9 次/h,这样可使商场内空气的含尘浓度和细菌总数降到有关卫生标准规定值以下;机组内也可设置低阻力高吸附性活性炭空气过滤器,对氨气和异味具有特殊的吸附清净作用。若设置静电空气过滤器,不仅提高了对吸入灰尘、烟雾的净化效率,而且对二氧化氮、二氧化硫和甲醛等有害气体具有一定的净化作用,解决了多年来商场内空气品质不好的问题。③为方便过滤器的清洗和更换,减少机组占有空间,在机组空气过滤器的设计上采用了特殊结构。对于吊挂式柜式机组,将两级空气过滤器装在回风口上,回风口采用活页结构,拆卸过滤器十分方便,并在回风口与机组间加装消声器(图 5-45a)。对于卧式或立式机组,两级过滤器均设在回风口之外(图 5-45b),总厚度仅为 200mm。④根据机组风机的噪声频谱特性,设计了与其配套的专用消声器,用来解决由于机组外余压增高带来的噪声增加问题。⑤所有柜式机组配备了变频调速自控系统,可根据室内空调负荷变化,自动调节机组送风量(即送风温度不变,变风量送风),达到节能运行。

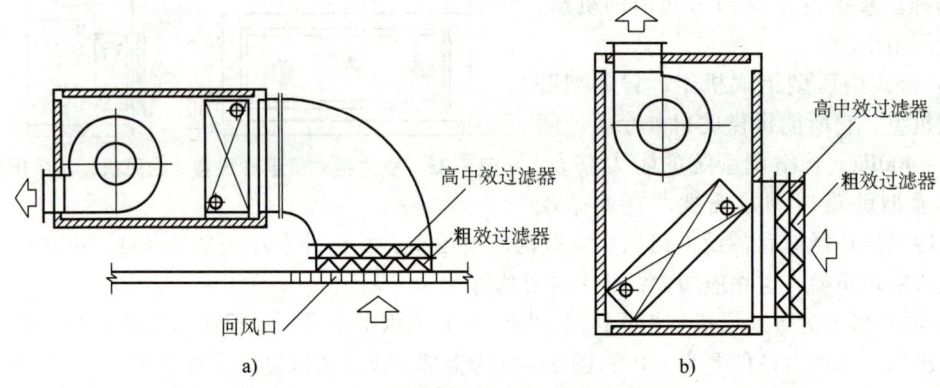

图 5-45 商场用柜式机组过滤器安装方式
a) 吊挂式机组 b) 立式机组

7) 柜式空调机组的应用。柜式空调机组是我国生产的整体式空调机组中的一大类型。由于它结构紧凑,安装方便,处理空气的功能虽然不如组合式空气处理机组、立式空调机组全面,但在夏季以降温为主,对空气温湿度或洁净度无严格要求的工艺性空调及空调面积不太大的公共建筑的舒适性空调工程中仍得到广泛应用。特别是商场用柜式空调机组的研制和开发,在一定程度上拓宽了柜式机组在公共建筑集中全空气空调系统中的应用。

此外,柜式空调机组常被作为风机盘管加新风系统的新风处理机,广泛应用于高层宾馆、饭店、办公楼和医院等公共建筑中。

5.3 水—空气系统(风机盘管加新风空调系统)

风机盘管加新风空调系统是水—空气系统中的一种主要形式,也是目前我国多层或高层民用建筑中采用最为普遍的一种空调方式。它以投资少、占用空间小和使用灵活等优点广泛应用于各类建筑中。

风机盘管加新风空调系统具有各空气调节区可单独调节,比全空气系统节省空间,比带冷源的分散设置的空气调节器和变风量系统造价低廉等优点。目前,仍在宾馆客房、办公室等建筑中大量采用。因此,《民用建筑供暖通风与空气调节设计规范》(GB 50736—2012)推荐使用。

然而,由于风机盘管加新风系统存在着不能严格控制室内温湿度,常年使用时,冷却盘管外表面因冷凝水而滋生微生物和病菌，恶化室内空气等缺点。因此，对温湿度和卫生等要求较高的空气调节区限制使用。另外，由于风机盘管对空气进行循环处理，一般不作特殊的过滤，所以不应安装在厨房等油烟较多的空气调节区，否则会增加盘管风阻力及影响传热。

风机盘管加新风空调系统应按直流式系统运行。风机盘管机组用于保证室内的温度、湿度，室内负荷的大部分由冷水（或热水）负担。向空调区送入新风的同时还要开启相应的排风系统，其目的是为了稀释室内的污染物，满足房间的卫生要求。

1. 风机盘管系统的新风供给方式

"加新风系统"是指新风需经过处理，达到一定的参数要求，有组织地直接送入室内。如果新风风管与风机盘管吸入口相接或只送到风机盘管的回风吊顶处，将减少室内的通风量，当风机盘管风机停止运行时，新风有可能从带有过滤器的回风口吹出，不利于室内卫生；新风和风机盘管的送风混合后再送入室内的情况，送风和新风的压力难以平衡，有可能影响新风量的送入。因此，推荐新风直接送入室内。

2. 风机盘管加新风空调系统的特点

1）与直流系统相比，节省能源。直流式系统要负担系统及空调区的冷热负荷，而此系统新风量只是以保证卫生标准为基础，不承担空调区负荷，因此新风量相对较小，处理新风所需的冷、热量也较小。实际上，这一系统对冷热源的消耗在设计上与新风量相同的一次回风系统是完全相同的。

2）与集中式空调系统相比，可进行局部区域的温度控制。各房间可通过风机盘管控制其供冷量和供热量，以满足其正常使用的需求，这产生两个优点：第一，各房间都能在各自不同的温度要求下使用，因而使用更为灵活；第二，当部分房间负荷变小时，其供冷（热）量可随自动控制而减少，如果房间不使用，房间温度标准可降低甚至可以停止风机盘管的运行，因此有利于全年运行的节能。

3）可部分节省整个大楼空调系统的电气安装容量。风机盘管系统属于全水系统范畴，冷、热水送至使用房间，由于水的比热容远大于空气，因此输送同样的冷、热量至同一地点时，通常用水管输送时的能耗小于用风管输送时的能耗。即使考虑新风机组及风机盘管本身的电耗，系统在设计状态下的输送能耗，风机盘管加新风空调系统也将小于全空气空调系统。

4）由于风机盘管体积较小，结构紧凑，因此布置较为灵活，对一些空间有限或较常见的框架（包括框—剪）结构类型的建筑，有较好的适用性。另外，只要水管干管的管径足够大，建筑的扩建或改建都较容易实现。

5）由于空调房间都设有风机盘管，因此风机盘管数量较多，导致检修和日常维护工作量增加。检修和日常维护工作包括：风机维护、过滤器清洁、控制阀的维护检修等。

6）水管进入室内，施工要求严格，特别是冷水管的保温施工要求较高，否则将导致水管漏水或产生凝结水滴至吊顶，严重影响房间的正常使用。

7）通常这一系统需要每个房间至少有一个送风口和一个回风口，这与室内装修有时可能会存在一定的矛盾，需要与装修设计一起协调解决。

8）室内空调噪声主要取决于风机盘管的质量。如果风机盘管本身噪声较大，则很难消除它对室内的影响。

9）每个风机盘管必须接凝结水管，其排水坡度的要求有时也会影响吊顶的布置及高度，或导致排水坡度不畅。

10）与全空气系统相比，除非新风系统采用双风量（或变风量）方式，否则在过渡季节很少能利用室外冷风直接降温，因此有可能延长冷水机组的运行时间而耗能。另外，全年若都按最小新风量运行,室内空气品质较差。

3. 风机盘管加新风空调系统的空气处理过程

在风机盘管加新风空调系统中,新风在夏季要经过冷却减湿处理,在冬季要经过加热或加热加湿处理。为了分析方便,可让风机盘管承担室内冷、热负荷,新风机组只承担新风本身的负荷。

(1) 新风处理到室内状态的等焓线

1) 夏季空气处理过程。夏季新风处理到室内状态的比焓值的 h-d 图见图 5-46。新风机组不负担室内冷负荷,该方式易于实现,但风机盘管为湿工况,有水患之虞。

a. 根据设计条件,确定室外状态点 W_x 和室内状态点 N_x。

b. 确定机器露点 L_x 和考虑温升后的状态点 K_x。

从 N_x 点引 h_{N_x} 线,取温升为 1.5℃ 的线段 $\overline{K_xL_x}$,使 $\overline{K_xL_x}$ 与等焓线 h_{N_x} 线和 $\varphi=90\%$ 线分别交于 K_x、L_x,连接 $\overline{W_xL_x}$,$W_x \to L_x$ 是新风在新风机组内实现的冷却减湿过程。

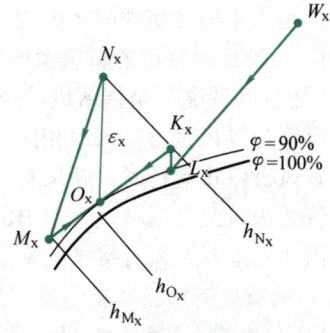

图 5-46 新风处理到室内状态的等焓线的夏季空气处理过程

c. 确定室内送风状态点 O_x。

从 N_x 点作 ε_x 线,该线与 $\varphi=90\%$ 的线相交于送风状态点 O_x,O_x 确定之后,即可计算出空调房间送风量 (kg/s) 为

$$q_m = \frac{\sum Q_x}{h_{N_x} - h_{O_x}} \tag{5-47}$$

d. 确定风机盘管处理后的状态点 M_x。

连接 $\overline{K_xO_x}$ 并延长到 M_x 点,M_x 点为经风机盘管处理后的空气状态,风机盘管处理的风量 $q_{m,F} = q_m - q_{m,W}$,由混合原理

$$\frac{q_{m,W}}{q_{m,F}} = \frac{h_{O_x} - h_{M_x}}{h_{N_x} - h_{O_x}}$$

可求出 h_{M_x},h_{M_x} 线与 $\overline{K_xO_x}$ 的延长线相交得 M_x 点。连接 $\overline{N_xM_x}$,$N_x \to M_x$ 是在风机盘管内实现的冷却减湿过程。

e. 确定新风机组负担的冷量和盘管负担的冷量。

新风机组负担的冷量 (kW) 为

$$Q_{0,W} = q_{m,W}(h_{W_x} - h_{L_x}) \tag{5-48}$$

盘管负担的冷量 (kW) 为

$$Q_{0,F} = q_{m,F}(h_{N_x} - h_{M_x}) \tag{5-49}$$

其空气处理过程为

$$W_x \xrightarrow{冷却减湿} L_x \xrightarrow{风机温升} K_x$$
$$N_x \xrightarrow{冷却减湿} M_x$$
$$\xrightarrow{混合} O_x \xrightarrow{\varepsilon_x} N_x$$

2) 冬季空气处理过程。冬季空气处理过程 h-d 图见图 5-47。

a. 根据设计条件,确定室外状态点 W_d 和室内状态点 N_d。

b. 确定室内送风状态点 O_d。

在冬季工况下,由于空调房间所需要的新风量和风机盘管机组处理的风量与夏季相同,因此空调房间送风量 (kg/s) 为

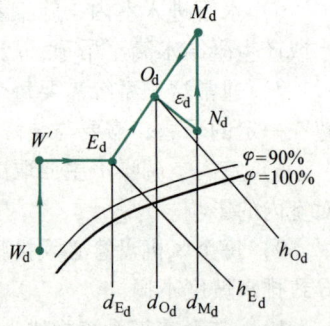

图 5-47 风机盘管系统冬季空气处理过程

$$q_m = q_{m,W} + q_{m,F} \tag{5-50}$$

由送风量的计算公式，空调房间冬季送风状态点的比焓 h_{O_d}（kJ/kg）和含湿量 d_{O_d}（kg/kg）为

$$h_{O_d} = h_{N_d} - \frac{\sum Q_d}{q_m} \tag{5-51}$$

$$d_{O_d} = d_{N_d} - \frac{\sum W_d}{q_m} \tag{5-52}$$

由 (h_{O_d}, d_{O_d}) 即可在 h-d 图上定出冬季的室内送风状态点 O_d。O_d 点与室内设计状态点 N_d 的连线也就是空调房间冬季的热湿比 ε_d 线。

c. 确定风机盘管处理后的空气状态点 M_d。

为了在冬季充分利用风机盘管的加热能力和减少新风系统在风机盘管停开时的能耗（如旅馆类建筑客房内无人时），并且考虑到冬季的送风温度不宜高于 40℃，建议取

$$t_{M_d} = t_{N_d} + (15 \sim 20)\text{℃} \tag{5-53}$$

式中　t_{M_d}——风机盘管处理后的空气状态点温度（℃）；
　　　t_{N_d}——室内设计状态点温度（℃）。

d. 确定新风加热后的状态点 W'。

冬季采用喷蒸汽加湿时，空气在 h-d 图上的状态变化是一等温过程。因此，新风加热后的状态点 W' 的温度应该等于状态点 E_d 的温度，由混合原理 $\frac{q_{m,W}}{q_{m,F}} = \frac{\overline{M_d O_d}}{\overline{O_d E_d}} = \frac{h_{M_d} - h_{O_d}}{h_{O_d} - h_{E_d}}$，计算出 h_{E_d}，等焓线 h_{E_d} 与 $\overline{M_d O_d}$ 的延长线交于点 E_d，可得 t_{E_d}。

用 $t_{W'} = t_{E_d}$ 可确定状态点 W'。

由于空气的加热是一个等含湿量过程，即

$$d_{W'} = d_{W_d}$$

则由 $(t_{W'}, d_{W_d})$ 即可确定新风加热后的状态点 W' 点。

冬季没有采用喷蒸汽加湿时，可通过作过状态点 W_d 的等湿线与 $\overline{M_d O_d}$ 的延长线交于点 W' 来确定新风加热后的状态点 W' 点。

e. 确定风机盘管机组的加热量

$$Q_F = q_{m,F} c_p (t_{M_d} - t_{N_d}) \tag{5-54}$$

f. 确定新风机组的加热量

$$Q_W = q_{m,W} c_p (t_{W'} - t_{W_d}) \tag{5-55}$$

g. 确定新风机组的加湿量

$$W = q_{m,W} (d_{E_d} - d_{W_d}) \tag{5-56}$$

其空气处理过程为

$$W_d \xrightarrow{\text{等湿加热}} W' \xrightarrow{\text{蒸汽加湿}} E_d$$
$$N_d \xrightarrow{\text{等湿加热}} M_d$$
$$\xrightarrow{\text{混合}} O_d \xrightarrow{\varepsilon_d} N_d$$

（2）新风处理到室内状态的等含湿量线（图5-48）　新风处理到室内状态的等含湿量线时，风机盘管仅负担一部分室内冷负荷，新风机组不仅负担新风冷负荷，还负担部分室内冷负荷，其量为 $q_{m,W}(h_{N_x} - h_{L_x})$。

a. 根据设计条件，确定室外状态点 W_x 和室内状态点 N_x。

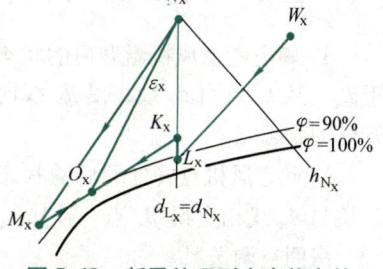

图 5-48　新风处理到室内状态的等含湿量线的夏季空气处理过程

b. 确定新风处理后的终状态点 L_x。从 N_x 点引 d_{N_x} 线,该线与 $\varphi = 90\%$ 的线相交于 L_x 点,连接 $\overline{W_xL_x}$,$W_x \rightarrow L_x$ 是新风在新风机组内实现的冷却减湿过程。

c. 确定考虑风机温升后的状态点 K_x。沿 d_{L_x} 线向上取温升为 1.5℃ 的线段,确定温升后的状态点 K_x。

d. 确定室内送风状态点 O_x。从 N_x 点作 ε_x 线,该线与 $\varphi = 90\%$ 的线相交于送风状态点 O_x。

e. 连接 $\overline{K_xO_x}$ 并延长到 M_x 点,使 $\dfrac{q_{m,W}}{q_{m,F}} = \dfrac{\overline{O_xM_x}}{\overline{K_xO_x}} = \dfrac{h_{O_x} - h_{M_x}}{h_{K_x} - h_{O_x}}$。

f. 确定风机盘管处理后的状态点 M_x。连接 $\overline{N_xM_x}$,$N_x \rightarrow M_x$ 是在风机盘管内实现的冷却减湿过程。

空调房间风量

$$q_m = \frac{\sum Q_x}{h_{N_x} - h_{O_x}} \tag{5-57}$$

风机盘管风量

$$q_{m,F} = q_m - q_{m,W} \tag{5-58}$$

$$\frac{q_{m,W}}{q_{m,F}} = \frac{h_{O_x} - h_{M_x}}{h_{K_x} - h_{O_x}} \tag{5-59}$$

$$h_{M_x} = h_{O_x} - \frac{q_{m,W}}{q_{m,F}}(h_{K_x} - h_{O_x}) \tag{5-60}$$

风机盘管负担的冷量

$$Q_{0,F} = \sum Q_x - q_{m,W}(h_{N_x} - h_{L_x}) \tag{5-61}$$

新风处理机组负担的冷量

$$Q_{0,W} = q_{m,W}(h_{W_x} - h_{L_x}) \tag{5-62}$$

(3) 新风处理到低于室内空气的含湿量线 ($d_{L_x} < d_{N_x}$) (图 5-49) 新风处理到 $d_{L_x} < d_{N_x}$ 时,新风机组不仅负担新风冷负荷,还负担部分室内显热冷负荷和全部潜热冷负荷,风机盘管仅负担一部分室内显热冷负荷(人、照明、日射),可实现等湿冷却,可改善室内卫生条件和防止水患。新风处理机组焓差大,水温要求在 5℃ 以下,要采用特制的新风机组。

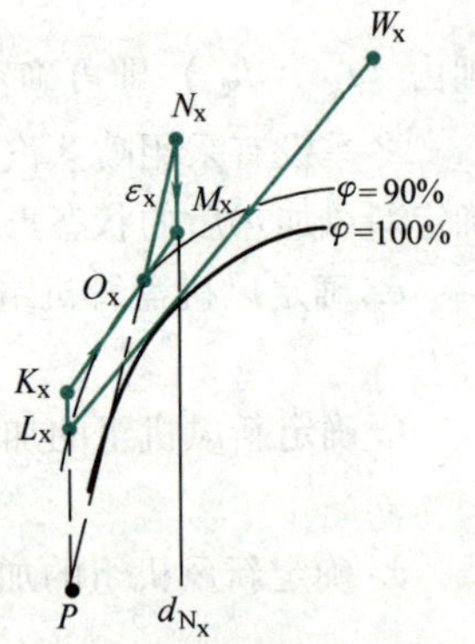

a. 根据设计条件,确定室外状态点 W_x 和室内状态点 N_x。

b. 确定室内送风状态点 O_x。从 N_x 点作 ε_x 线,该线与 $\varphi = 90\%$ 线相交于送风状态点 O_x。

c. 连接 $\overline{N_xO_x}$ 并延长到 P 点,使 $\dfrac{\overline{N_xO_x}}{\overline{O_xP}} = \dfrac{q_{m,W}}{q_{m,F}}$。

d. 确定考虑风机温升后的状态点 K_x。由 d_P 线与 $\varphi = 90\%$ 线交于 L_x,从 L_x 点引 d_{L_x} 线,沿 d_{L_x} 线向上取温升为 1.5℃ 的线段,确定温升后的状态点 K_x。

e. 确定风机盘管处理后的状态点 M_x。M_x 点为风机盘管处理后的空气状态,连接 $\overline{K_xO_x}$。并延长与 d_{N_x} 线相交得 M_x 点。连接 $\overline{N_xM_x}$。

房间空调送风量

图 5-49 新风处理到低于室内状态的等含湿量线的夏季空气处理过程

$$q_m = \frac{\sum Q_x}{h_{N_x} - h_{O_x}} \tag{5-63}$$

风机盘管风量

$$q_{m,F} = q_m - q_{m,W} \tag{5-64}$$

$$\frac{q_{m,W}}{q_{m,F}} = \frac{h_{M_x} - h_{O_x}}{h_{O_x} - h_{K_x}} \tag{5-65}$$

$$\begin{cases} h_{M_x} = h_{O_x} + \dfrac{q_{m,W}}{q_{m,F}}(h_{O_x} - h_{K_x}) \\ h_{M_x} = h_{O_x} - \dfrac{\sum Q_x}{q_{m,F}} \end{cases} \tag{5-66}$$

$$\begin{cases} h_{K_x} = h_{O_x} - \dfrac{q_{m,F}}{q_{m,W}}(h_{M_x} - h_{O_x}) \\ d_{L_x} = d_{N_x} - \dfrac{\sum W_x}{q_{m,W}} \end{cases} \tag{5-67}$$

4. 风机盘管加新风空调系统的新风、排风系统设计

1) 新风系统设计以旅馆类建筑为例，新风系统按系统有小系统和大系统之分。小系统一般管辖 30~50 间客房，大系统要管辖 150~250 间客房。对于大系统来说，一般是根据建筑高度、建筑面积进行分区，划分系统。

新风系统的管道垂直布置在建筑设计时留出的新风竖井中，在各层接出水平支管（接出处须装防火阀），分区控制较方便。管道井可纵向布置，沿建筑物长度方向有的稍凸出于走廊便于检修；管道井也可横向布置（这种布置较多，即沿建筑物宽度方向），这样布置可减少建筑面积的占用，但检修较困难。

2) 排风系统设计按其规模可分为小系统和大系统。排风系统不管其大小，一般都是利用竖风管（或竖井砖风道）从下往上排风，风管布置在相邻客房卫生间的竖井内，小系统的竖风管一直延伸到屋面与屋顶风机相接，一般可带动 40~60 间卫生间的排风；大系统一般利用中间某层或顶层吊顶空间（层高需特殊加高）布置水平排风干管，将竖风管的排风汇集起来，通过竖井与顶层排风机房的排风风机相接排出室外。

客房卫生间排风系统的设计风量是按换气次数 8~10 次/h 计算的。为防止室外空气的渗透，保持房间正压，送入室内的新风量应大于排风量的 20%。

5. 设计风机盘管加新风空调系统时应注意的主要问题

1) 如果吊顶的空间不能满足凝结水管坡度（$i \geqslant 0.01$）的要求，将会造成无坡甚至反坡。通常建议将凝结水管集中排水的接法改为直接排至卫生间地漏的接法。从每个风机盘管上引出的排水管的管径以 $\phi 20mm$ 为宜，排水立管和总管的管径则应大一些。

2) 在风机盘管与冷热水管接管上的手动与电动水阀下边应做集水盘。该集水盘可与风机盘管的集水盘连通，也可以要求生产厂家将原集水盘加长，以保证阀门等接头处的凝结水能沿集水盘排出。而且要做好机外保温，防止二次凝结水。要注意水阀的安装位置，以免接反。

3) 风机盘管选配不当，会导致房间噪声太大。因此，在设计选用风机盘管时，应按房间等级的高低考虑其安装位置。要求高的卧式安装时，可在风机盘管的出口至房间送风口之间的风管内做消声处理。立柱式风机盘管应在远离床和桌子的部位设置，其出风口上也加消声装置。要求一般的，可选用中等噪声级的卧式或立式风机盘管。

6. 风机盘管机组（Fan Coil Unit, FCU）

（1）风机盘管机组的分类

1）按空气流程形式分类。

a. 吸入式：吸入式的特点为风机位于盘管的下风侧，空气先经盘管处理后，由风机送入空调房间。这种形式的优点是盘管进风均匀，冷、热效率相对较高；缺点是盘管供热水的水温不能太高。

b. 压出式：即风机处于盘管的上风侧，风机把室内空气抽入，压送至盘管进行冷、热交换，然后送入空调房间。这种形式目前使用最为广泛。

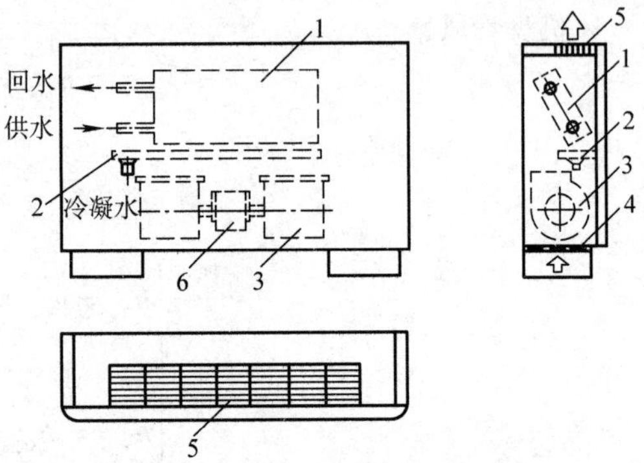

2）按其安装形式分类。

a. 立式明装（图5-50）：立式明装机组表面经过处理，美观大方，安装方便，可直接拆下面板进行检修。通常设置在楼板上，靠外窗台下。

b. 卧式明装（图5-51）：卧式明装机组结构美观大方，一般安装于靠近管道竖井隔墙的楼板或吊顶下。

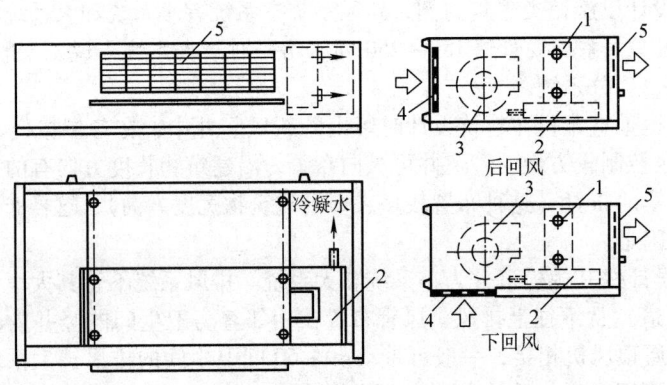

图 5-50　立式明装上出风机组
1—盘管　2—凝水盘　3—风机　4—空气过滤器
5—出风格栅　6—电动机

图 5-51　卧式明装机组
1—盘管　2—凝水盘　3—风机　4—空气过滤器　5—出风格栅

c. 立式暗装（图5-52）：立式暗装机组与立式明装相似，机组被装饰材料所遮掩，美观要求低，维修工作量较前两种形式大。装修设计时，应注意使气流通畅，减小阻力。

d. 卧式暗装（图5-53）：是应用最多的一种形式，它安装在吊顶内，通过送风管及风口把处理后的空气送入室内，但其检修困难，当机组风管接管不合理时，会产生风量不足，冷、热量下降的问题。

e. 吸顶式（嵌入式或顶棚式）（图5-54）：其特点是送、回风口均布置在板面上，吸顶式机组就其面板送、回风形式分为单侧送风单侧回风型，两侧送风中间回风型和四边送风中间回风型。

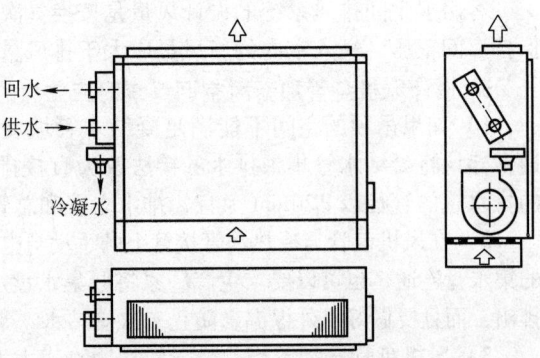

图 5-52　立式暗装上出风机组

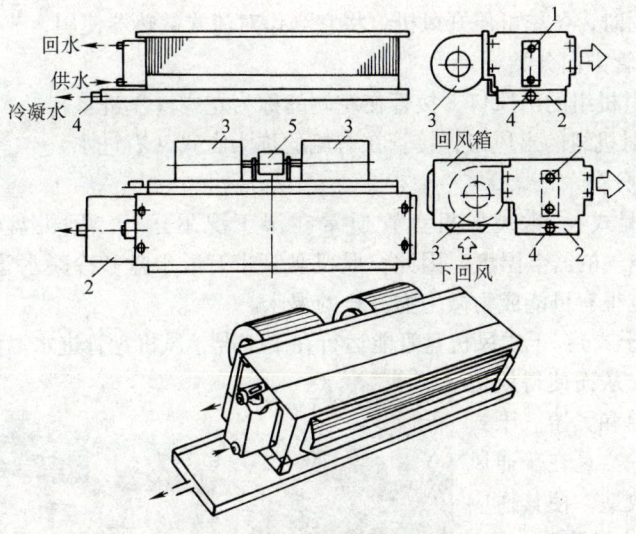

图 5-53 卧式暗装机组

1—盘管 2—凝水盘 3—风机 4—冷凝水排出管 5—电动机

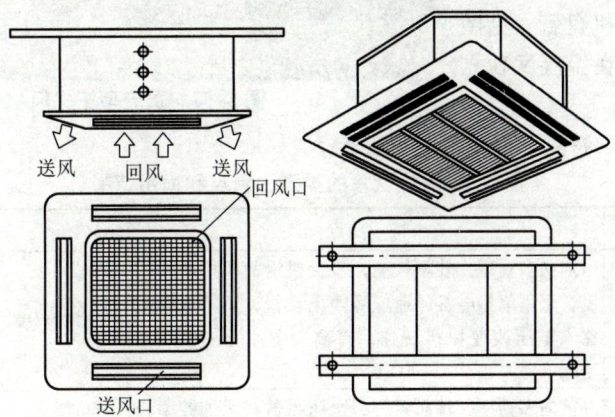

图 5-54 吸顶式机组（四面送风、中间回风）

f. 立柱式（明装或暗装）（图 5-55、图 5-56）：其特点是占地面积小，安装、维修、管理方

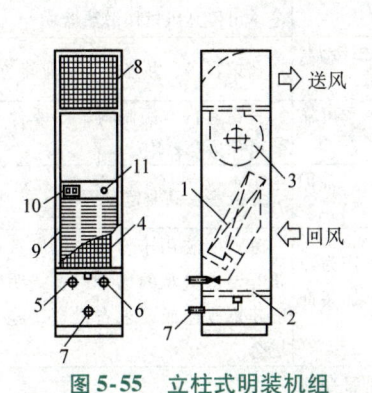

图 5-55 立柱式明装机组
1—盘管 2—凝水盘 3—风机 4—空气过滤器
5—进水管 6—出水管 7—凝水排出管
8—出风格栅 9—回风口 10—调速开关 11—指示灯

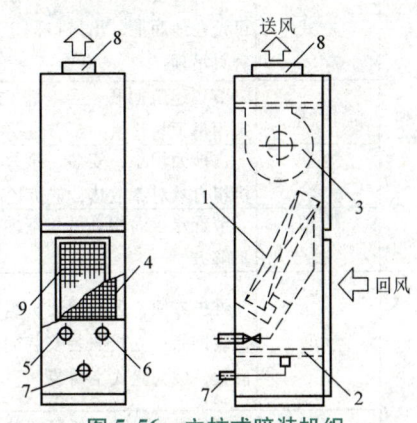

图 5-56 立柱式暗装机组
1—盘管 2—凝水盘 3—风机 4—空气过滤器
5—进水管 6—出水管 7—凝水排出管
8—出风口 9—回风口

便。在北方地区使用时，冬季可停开风机，将它当作对流式散热器使用，节省电能。

3）按水管的接管方向分类。

a. 左式：人面对机组的出风口，接管在左侧的称为左式（左进水）。

b. 右式：人面对机组的出风口，接管在右侧的称为右式（右进水）。

4）按运行工况分类。

a. 湿工况式（湿式）：常规风机盘管通常在湿工况下运行，风机盘管进水温度一般为 7~9℃，低于室内空气的露点温度。因此，风机盘管带有凝水盘和冷凝水管路，不仅使结构更复杂，而且凝水盘也很有可能成为微生物滋长的温床。

b. 干工况式（干式）：干式风机盘管能运行在干工况，风机盘管进水温度一般为 16~18℃，不再有冷凝水产生，从而使得风机盘管的结构更加简单和紧凑。干式风机盘管有两类，一类是在普通风机盘管基础上进行改造，使其适应干工况要求，且不装设冷凝水盘。另一类是由国外某公司推出的一种新型的贯流型干式风机盘管，见图5-57。干式风机盘管在温湿度独立控制系统中广泛应用。

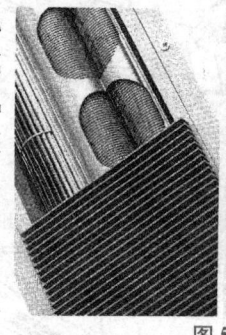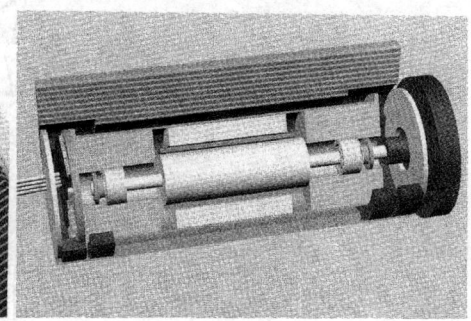

图 5-57　贯流型干式风机盘管

风机盘管的类型、特点和适用范围见表 5-3。

表 5-3　风机盘管的类型、特点和适用范围

分类	形式	特　　点	适用范围
风机类型	离心式风机	前向多翼型，效率较高，每台机组的风机单独控制，采用单相电容调速低噪声电动机，调节电动机输入电压改变风机转速，有高、中、低三档风量变化	宾馆客房、办公楼等
	贯流式风机	前向多翼型，端面封闭，全压系数较大，效率较低（$\eta = 30\% \sim 50\%$），进、出风口易与建筑装修相配合，调节方法同上	为配合建筑布置时用
结构形式	立式	暗装可安装在窗台下，出风口向上或向前；明装可设在地面上，出风口向上、向前或向斜上方，可省去吊顶	要求地面安装全玻璃结构的建筑物，一些公共场所及工业建筑。必要时，冬季可停开风机作散热器用
	卧式	节省建筑面积，可与室内建筑装修布置相协调，须用吊顶与管道间	宾馆客房、办公楼、商业建筑
	立柱式	占地面积小，安装、维修、管理方便，冬季可靠机组自然对流散热，造价较高	宾馆客房、医院等，冬季停开风机时可作散热器用
	吸顶式	节省建筑面积，可与室内建筑装饰相协调，维护不够方便	办公室、商业建筑等
安装形式	明装	维护方便；卧式明装机组吊在顶棚下，可作为建筑装饰品；立式明装安装简便，不美观，可加装面板，成为立式半明装	卧式明装用于客房、酒吧、商业建筑等要求美观的场合；立式明装用于旧建筑改造或要求省投资、施工快的场合
	暗装	维护麻烦，卧式机组暗装在顶棚内，送风口在前部，回风口在下部或后部；立式机组暗装在窗台下，较美观，占地小	要求整齐美观的房间

(2) 卧式暗装机组的布置方式　目前，卧式暗装机组在室内的布置有以下 4 种方式：

1) 将机组设在人行小通（过）道的吊顶内向房间送风，回风口设在吊顶的顶板上，如图 5-58 所示。此种方式大多用于高层宾（旅）馆、酒店的客房中。在人行小通道的一侧是大衣柜，另一侧是卫生间，宾客从小通道步入客房，这几乎成为客房典型的建筑布置形式。新风干管道通常设在走廊的吊顶内，进入客房的支风管从大衣柜顶上的吊顶内通过。新风出风口和风机盘管的出风口可以合用一个双层百叶送风口，向房间送风。设在通道吊顶顶板上的回风口必须加装空气过滤器或空气过滤网，否则空气中的灰尘遇上潮湿的盘管表面容易黏在上面，很难清理，从而造成风机盘管的冷量下降，导致室温降不下来。回风口应留出检查口

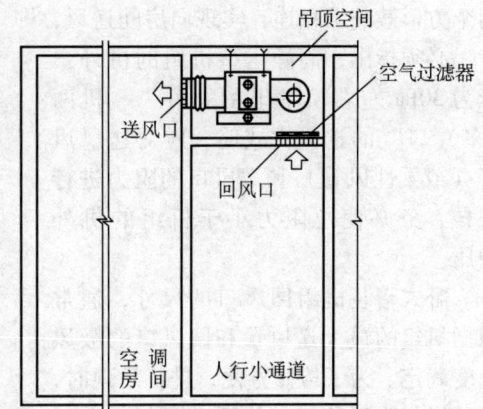

图 5-58　卧式暗装机组设在人行小通道的吊顶内

（通常在吊顶上设活动板），检查口的大小应考虑风机盘管拆换方便。冷（热）媒供、回水支管可在卫生间的吊顶内敷设，接至风机盘管机组。

2) 将机组设在沿内墙布置的局部吊顶内，风机盘管送风和新风合用的送风口将风吹向房间的外墙，回风口设在局部吊顶的顶板上，如图 5-59 所示。此种方式多半用于无意采用立式明装（或暗装）机组，而是采用卧式暗装机组且不做全室吊顶的场合，例如办公室、医院病房、设公共卫生间、档次不高的旅馆房间，以及餐饮娱乐行业的小包间等。

3) 将机组设在房间吊顶的中部，在机组前、后各接一个向下的弯管，形成一侧从顶部向下送风，另一侧从顶部回风的方式，如图 5-60 所示。此种方式适用于房间层高较高、全室进行吊顶的场合。

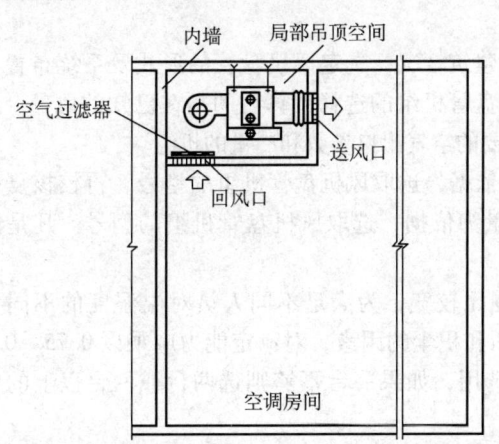

图 5-59　卧式暗装机组设在沿内墙布置的局部吊顶内

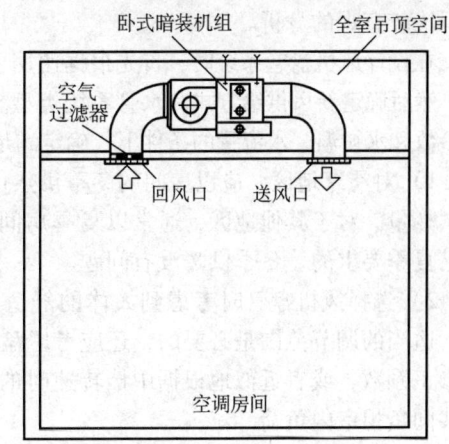

图 5-60　卧式暗装机组设在房间吊顶的中部

4) 高静压型卧式暗装机组的布置。为了节省投资，减少噪声源，应尽量采用"一机多口"的送风方式。所谓"一机多口"是指由一台高静压风机盘管机组，通过机组出口处附加的多接头静压箱，经软管与 2~4 个出风口相连的送风方式。这种机组的布置方式优点很多，具有推广价值。

图 5-61 所示为高静压型卧式暗装机组在房间吊顶内的布置。图 5-61a 为机组出口接送风风

管，风管底部设有两个方形散流器；图 5-61b 为机组出口处设有多接头静压箱，经柔性风管与两个方形散流器相连，实现向房间送风，即"一机两（多）口"的送风方式。

必须指出，高静压型机组的机外余压为 30Pa 左右，因此在采用"一机两（多）口"的送风方式时，应对送风风管（或柔性风管）和送风口的阻力进行校核，务必使总阻力小于机组的机外余压。

卧式暗装机组回风口的尺寸，通常根据机组的最大送风量和回风口的吸风速度确定。为了检修方便，进行吊顶时，在回风口附近留出一块活动顶板。在工程实践中，也有将回风口和检修孔相结合的，回风口尺寸一律取为 600mm × 400mm，卸去回风口面板就成为机组的检修孔，这不失为一种较好的解决办法。

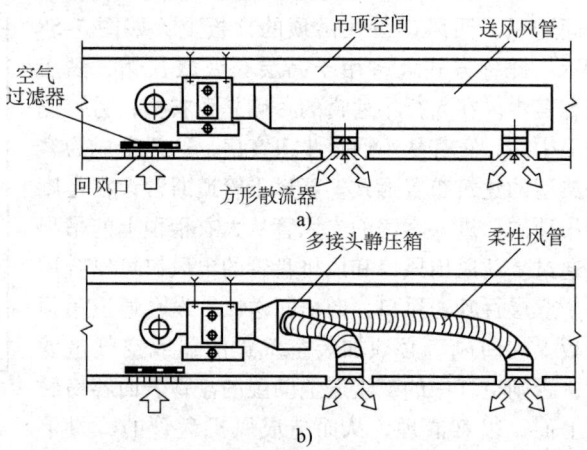

图 5-61 高静压型卧式暗装机组在房间吊顶内的布置
a) 机组出口接送风风管　b) 机组出口处设有多接头静压箱

(3) 风机盘管机组的选择　当确定新风处理方案，绘出新风 + 风机盘管系统在 h-d 图上的处理过程图后，求出房间送风量和风机盘管的夏季供冷量即为 $Q_{0,F} = q_{m,F}(h_{N_x} - h_{M_x})$。因此，风机盘管的选择即实现 $N_x \rightarrow M_x$ 的处理过程，检查所选定的风机盘管在要求风量、进风参数和水初温、水量（或水温差）等条件下，能否满足出风参数，即对盘管进行校核计算。国内外 FCU 产品样本资料完善者，都提供上述不同条件下，盘管的总冷量和显热冷量，实际上也可推知其出风参数。上述数据大多用表格形式列出，也可用线算图求解，如对某型号 FCU 各种参数（风量、水量、风温、水温等）改变后，对空气出口参数、总冷量和显热冷量等的变化和影响，可进行比较直观的分析。

在设计风机盘管系统时，首先根据使用要求及建筑情况，选定风机盘管的形式及系统布置方式。然后确定新风供给方式和水管系统类型。风机盘管机组的选择计算目的是在已知的风量、进风参数和水初温、水流量的条件下，确定满足所需要的空气出口参数和冷量的机组。

1) 对严寒地区，应以房间的冬季供热负荷为依据，选取风机盘管机组的型号，再校核夏季的供冷量。对于其他地区，通常以夏季房间供冷量为依据，选取风机盘管机组的型号。凡是能满足夏季要求的，冬季供暖没有问题。

2) 选择风机盘管时考虑到人体的舒适感范围比较宽，为满足不同人员对温湿度的不同要求，适当的调节范围是必要的，还应考虑盘管结垢和积尘的因素，对额定能力应乘以 0.75 ~ 0.9 的修正系数，或者近似地根据中档转速时的能力选用，如果一台不够则选两台或两台以上的机组共同负担室内负荷。

3) 选定机组后，应使机组的全冷量和显冷量均能满足空调区的要求。如果产品不能同时满足两个方面的要求，则应进行室内空气状态参数的校核。目前国内风机盘管机组生产厂家绝大多数均未提供全冷量和显冷量的特性曲线或选用表，有的甚至只有标准工况下的全冷量，这种产品样本不能满足设计计算的需要。

需要指出的是，不同的新风供给方式，不同的新风处理终参数，风机盘管机组负担的全冷量、显冷量也不同。当设立独立的新风系统时，若新风经新风机组处理后的比焓等于室内空气的比焓，则风机盘管机组提供的全冷量应等于室内全冷负荷，其显冷量应等于室内显冷负荷与新风提供的显冷量之差。

4) 除了机组冷量满足空调区的要求外，还应该校核机组的额定风量是否满足要求。如果机组不能同时满足冷量和风量的要求时，应以机组风量为主选机组，这是因为空气是冷量的输送载体。也就是说，在冷量满足要求的情况下，如果风量不够，则只能使机组附近的局部空气达到要求，不能将冷量输送到所需要的空调区，从而不能保证空调区的要求。

图 5-62 给出了某一型号风机盘管的选择用线算图，以此为例说明通常计算冷量的两种方法。

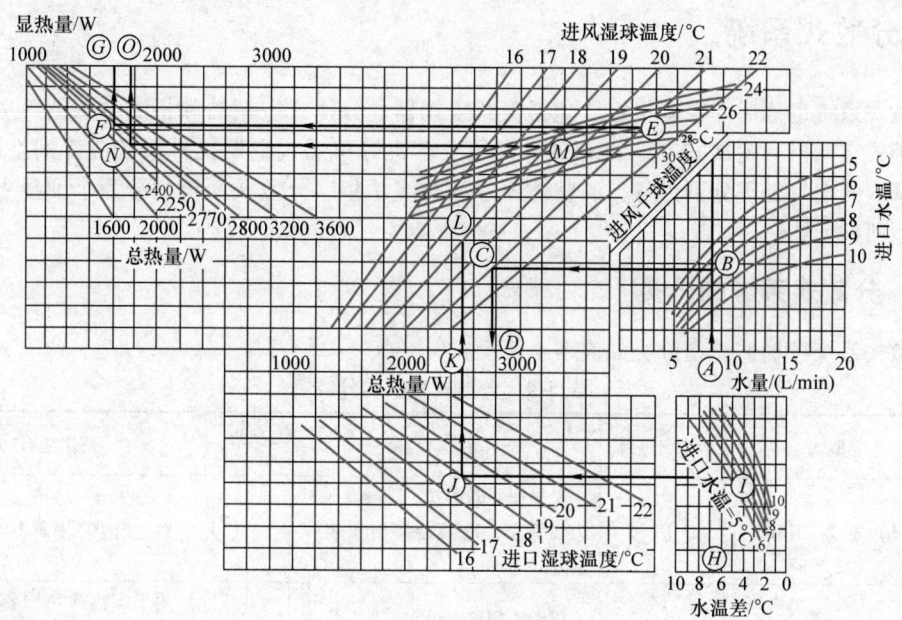

图 5-62　风机盘管选择用线算图

a. 已定水量，求空气进口 $t_{g1} = 27$℃、$t_{s1} = 21$℃，进水温度 $t_{w1} = 7$℃，水量为 8L/min（0.133L/s）时的冷量。

a) 从水量为 8L/min（点 A）与进口水温 $t_{w1} = 7$℃ 线相交于 B。

b) 从 B 向左引水平线，与进风湿球温度线 $t_{s1} = 21$℃ 相交于 C，从点 C 作垂直线，得 FCU 总冷量为 2770W（点 D）。

c) 按 $t_{s1} = 21$℃ 线与进风干球温度线 $t_{g1} = 27$℃ 相交于 E，即进入风机盘管的空气参数。

d) 从 E 引水平线与总热量 2770W 线相交，得交点 F，从点 F 作垂直向上引线，得 $Q_s = 1620$W（G 点），故水温升

$$\Delta t_w = \frac{总热量\, Q}{q_{V,C}} = \frac{2.77 \times 10^3}{0.133 \times 4.19 \times 10^3}℃ = 4.97℃$$

b. 已定水温升（温差），求空气进口 $t_{g1} = 26$℃、$t_{s1} = 19$℃，进口水温 $t_{w1} = 5$℃、$\Delta t_w = 5$℃ 时的冷量。

a) 从 $\Delta t_w = 5$℃（点 H）与 $t_{w1} = 5$℃ 相交于点 I。

b) 由 I 引水平线与进口湿球温度线 $t_{s1} = 19$℃ 相交于 J，过 J 向上引垂线，得总冷量为 2550W（点 K）。

c) 由点 K 向上与进口空气 $t_{s1} = 19$℃ 相交于 L，由点 L 沿 $t_{s1} = 19$℃ 线与 $t_{g1} = 26$℃ 相交于 M。

d) 由点 M 沿水平线交总冷量为 2550W 线于点 N，并向上垂直引线与横坐标交于 O 点，得

$Q_显 = 1750\text{W}$,故水的体积流量

$$q_V = \frac{总热量\ Q}{\Delta t_w c} = \frac{2.55 \times 10^3}{5 \times 4.19 \times 10^3}\text{L/s} = 0.12\text{L/s} = 7.3\text{L/min}$$

利用线算图选定风机盘管,有利于较直观地反映空气侧诸参数和水侧诸参数,以及显热量和总热量之间的关系。

(4) 风机盘管机组的水系统 详见本书第8章。

5.4 分散式系统

分散式系统也称局部空调机组(包括窗式空调器、分体式空调器和柜式空调器等房间空调器及立柜式空调机、屋顶式空调机和各种商用空调机等单元式空调机)系统或冷剂空调系统。每个空调区的空气处理分别由各自的整体式空调机组承担。分散式系统又分为个别独立型和构成系统型两种形式。

5.4.1 分散式系统的分类

分散式系统按构造类型分类如表5-4所示。

表5-4 分散式系统的分类

分类	型式		单冷/热泵	特点	容量		使用场合
					中	小	
按室内装置形式	1) 窗式 (RAC)		○/○	最早使用的形式,冷凝器风机为轴流型,冷凝器突出安装在室外		○	对室内噪声限制不严的房间
	2) 壁挂式		○/○	压缩冷凝机组设在室外,室内侧噪声低		○	用于室内噪声限制较严者,室内外机用冷剂管道连接,注意安装防泄漏
	3) 嵌墙式		/○	两侧均为离心风机,机组不突出墙外			附有换热器,可供新风,适用于办公楼之外区
	4) 柜式 (PAC)		○/○	风机可带余压,能接短风管	○		当餐厅等噪声要求不严时,可用直接出风式
	5) 吊顶式		/○	做成分体型		○	不占居室的空间,餐厅等可使用
按冷凝器冷却方式	水冷型		○/	一般要配置冷却塔,水冷柜机一般为整体型	○		制冷COP值高于风冷,有条件时可应用
	风冷型		○/○	因是风冷,大多构成热泵方式为分体型	○	○	因与热泵供暖相结合,故市场极大
按机组整体性	整体式		○/○	最早使用的形式,冷凝器风机为轴流型,冷凝器突出安装在室外;两侧均为离心风机,机组不突出墙外			无室内外侧机组冷剂管道相连的工作,冷剂不易渗漏
	分体式多匹配型	普通型	/○	室外一台压缩机匹配多台室内机(一拖多方式)			多居室使用空调时,压缩机按各室负荷累计的最大值匹配
		变制冷剂流量多联分体式空调型	/○	普通型可带动10多台,用变频器调节循环冷剂量	○		同上,因采用变频装置,提高了运行经济性

（续）

分类	型式	单冷/热泵	特点	容量 中	容量 小	使用场合
按系统热回收方式	三管制（冷剂）式	/○	利用压缩机高压排气管进行供热，高压液管经节流后供冷，能对建筑物同时供冷供热，故设有三管		○	建筑物同时有供冷供热要求者可使用。因是冷剂系统，只限于小规模场合应用
	冷却水闭环式热泵型（WLHP式）	/○	属水热源热泵的一种形式，通过水系统把机组相连在一起	○		对有一定规模的建筑，冬季有大量内区热量可回收者，有较高使用价值
按驱动能源	电驱动	○/○	使用和控制方便	○	○	绝大部分热泵使用
	燃气（油）驱动	/○	因可利用余热一次能利用效率高	○		国外有定型产品可选用
	电+燃气式	/○	冬季用燃气加热室外侧蒸发器，提高电热泵出力		○	寒冷地区家用热泵使用
按使用功能	冷风机组	○/○	风冷方式为主，控制要求一般	○	○	民用舒适性空调使用
	恒温恒湿机组	○/○	风冷、水冷式均可，控制要求高	○		精密加工工艺、程控机房、文物保存库等使用
	低温机组	○/	新风比小，低露点，处理焓差小	○		低温仓库使用（无人的场合）
	全新风机组	○/○	全新风，处理焓差大，有的与排风热回收相结合	○	○	要求全新风的场合
	净化空调机组	○/○	带有三级过滤系统，风机压头大	○	○	医院手术室等

5.4.2 常用的局部空调机组

图 5-63 所示是常用局部空调机组的几种形式。

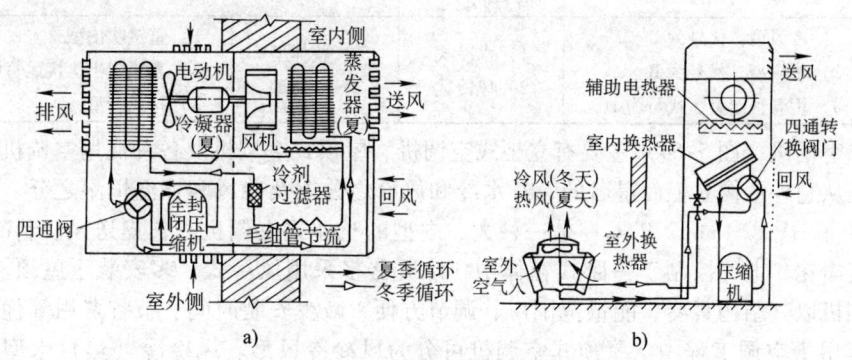

图 5-63 常用局部空调机组的几种形式
a) 风冷式空调机组（窗式、热泵式） b) 风冷式空调机组（冷凝器分开安装、热泵式）

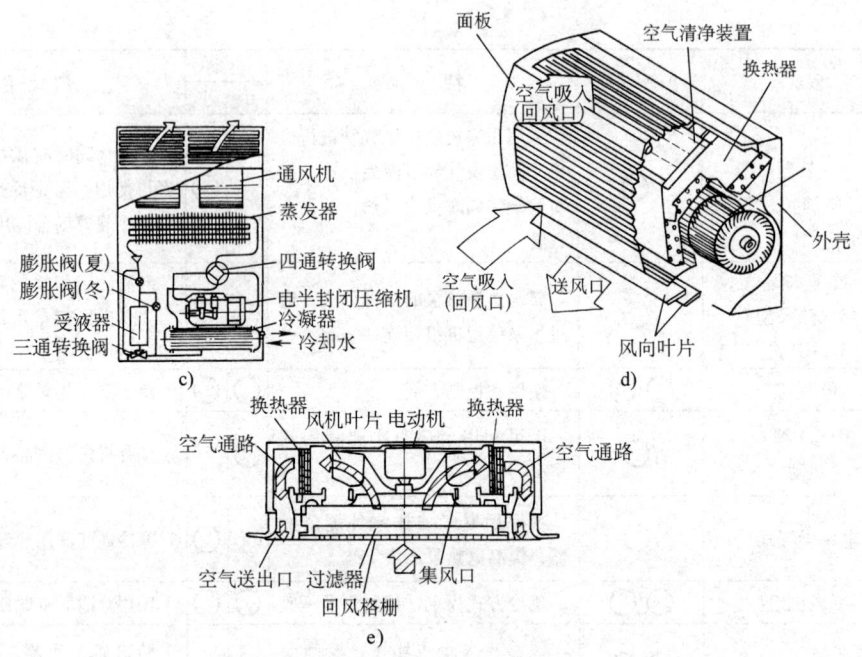

图 5-63 常用局部空调机组的几种形式（续）
c）水冷式热泵空调机组 d）壁挂式机组 e）吊顶式机组

5.4.3 单元式空调机

按照《单元式空气调节机》（GB/T 17758—1999）的规定，单元式空气调节机是指向封闭空间、房间或区域直接提供处理空气的设备。它主要包括制冷系统以及空气循环和净化装置，还可以包括加热、加湿和通风装置。近年来，单元式空调机以其结构紧凑、安装灵活和节约机房面积等优势在一些小、中型商用建筑中得到广泛应用。

单元式空调机的分类方法见表 5-5。

表 5-5 单元式空调机的分类

分类方法	按功能	按冷凝器的冷却方式	按结构	按送风方式
型式	1) 冷风型，代号为 L 2) 热泵型，代号为 R 3) 恒温恒湿型，代号为 H	1) 水冷式 2) 风冷式	1) 整体型 2) 分体型	1) 直接吹出型 2) 直接吹出、接风管两用型 3) 接风管型

单元式空调机（图 5-64）主要有立柜式空调机、屋顶式空调机及各种商用空调机等。立柜式空调机是从它外形像立柜而得名的，有水冷和风冷之分以及冷风和恒温恒湿之分。屋顶式空调机（Rooftop HVAC Units, RTU）是一种大、中型的整体式空调机，它集送风、制冷、加热、加湿、空气净化、电气控制于一卧式箱体中，冷凝器多采用风冷式，多安装于屋顶。近年来，屋顶式空调机以其结构紧凑、能量范围广、调节方便、减少安装时间、节省费用等优点，被越来越多地应用于空调工程中。屋顶式空调机可分为风冷冷风型、风冷冷（热）水型、水冷冷（热）水型。商用空调机主要包括风管送风式、壁挂式、嵌入式、吊顶式及落地式等形式。其中风管送风式空调机是由室外机和室内机构成，室内机接风管后采用多个出风口可以实现多房共享或大中型商用空间多点送风。

《公共建筑节能设计标准》（GB 50189—2015）规定：采用名义制冷量大于 7.1kW、电机驱

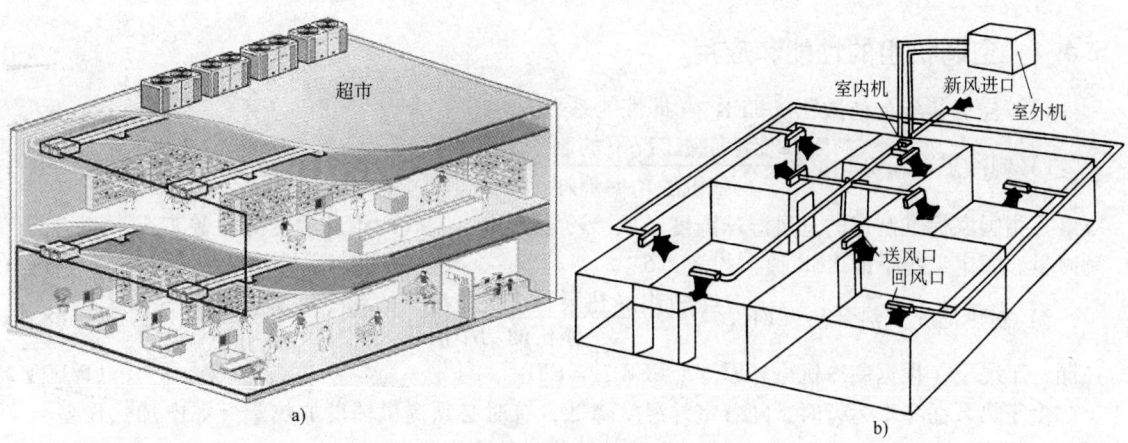

图 5-64 单元式空调机
a) 屋顶式空调机 b) 风管式空调机

动压缩机的单元式空气调节机、风管送风式和屋顶式空气调节机组时,其在名义制冷工况下和规定条件下的能效比(EER)不应低于表 5-6 所示的数值。

表 5-6 单元式机组能效比规定

类型		名义制冷量 CC/kW	能效比 EER/(W/W)					
			严寒A、B区	严寒C区	温和地区	寒冷地区	夏热冬冷地区	夏热冬暖地区
风冷	不接风管	7.1 < CC ≤ 14.0	2.70	2.70	2.70	2.75	2.80	2.85
		CC > 14.0	2.65	2.65	2.65	2.70	2.75	2.75
	接风管	7.1 < CC ≤ 14.0	2.50	2.50	2.50	2.55	2.60	2.60
		CC > 14.0	2.45	2.45	2.45	2.50	2.55	2.55
水冷	不接风管	7.1 < CC ≤ 14.0	3.40	3.45	3.45	3.50	3.55	3.55
		CC > 14.0	3.25	3.30	3.30	3.35	3.40	3.45
	接风管	7.1 < CC ≤ 14.0	3.10	3.10	3.15	3.20	3.25	3.25
		CC > 14.0	3.00	3.00	3.05	3.10	3.15	3.20

国外某公司推出一种新型的单元式空调机——远程射流空调机组。远程射流空调机组通过多功能组合,在同一设备上实现制冷、供暖、通风和热回收等功能,并且可进行模块化处理,使用更加灵活,设计更加简便。远程射流空调系统是分散式空调系统。

该空调机组通过强制射流实现远距离送风,取消了传统集中式空调的送风和回风管道,只保留水管,真正实现了无风管送风。同时,通过可调节的变流型风口,可实现冷热送风的不同流型,使制冷和供暖在同一设备中兼顾。远程射流空调机组比传统的集中式空调系统具有较大的节能优势,特别适用于高大空间和单独供暖的工业厂房,见图 5-65。

图 5-65 远程射流空调机组

5.4.4 空调机组的性能和应用

（1）**空调机组的能效比（EER）** 即性能系数。

1) 制冷工况：$\text{EER}_{(c)} = \dfrac{\text{机组名义工况下的制冷量（W）}}{\text{整机的功率消耗（W）}}$。机组的**名义工况（额定工况）制冷量**是指国家标准制定的进风湿球温度、风冷冷凝器进口空气的干球温度等检验工况下测得的制冷量。额定工况下的 EER 值大约为 2.5~3。

2) 制热工况（热泵）：$\text{EER}_{(h)} = \dfrac{\text{机组（热泵）名义工况下的制冷量（W）}}{\text{整机的功率消耗（W）}}$ （5-68）

在同一工况下，根据制冷机循环原理 $\text{EER}_{(h)} = \text{EER}_{(c)} + 1$ （5-69）

由于热泵在冬季运行时，随着室外温度降低，有时必须提供辅助加热量（如电加热设备），因此，用**制热季节性能系数（HSPF）** 评价其性能比较合理。即

$$\text{HSPF} = \dfrac{\text{供暖季节热泵总的制热量}}{\text{供暖季节热泵总的输入能量}} = \dfrac{\text{供暖季节热泵制热量 + 辅助电热量}}{\text{供暖季节热泵运行电耗 + 辅助电热量}}$$

（2）**空调机组的选定** 根据空调区的总冷负荷（包括新风负荷）和 h-d 图上处理过程的实际要求，查空调机组的特性曲线或性能表（不同进风湿球温度和不同冷凝器进水或进风温度下的制冷量），使冷量和出风温度符合工程设计的要求。

（3）**空调机组的工作特性** 空调机组是一个采用冷剂直接膨胀冷却处理空气的小型空调。虽然，它的容量有不同规格，但其空气处理过程具有通用性（适应一般地区的室内外设计参数、室内热湿比、送风温差、新风比等）。夏季机组的空气处理焓差——又称"冷、风比"（冷量 kW/风量 kg/s）是按 15~20 设计的，并相应地配备风机和制冷机的容量。

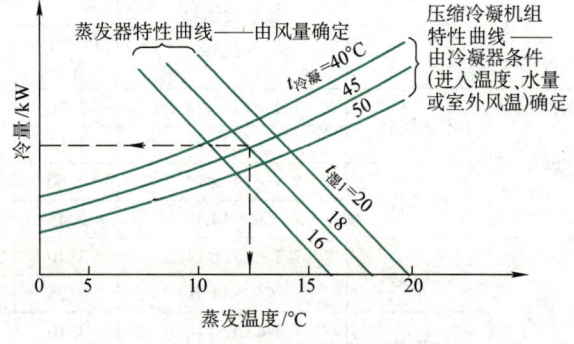

图 5-66 空调机组的工作点

某一形式、规格、容量已定的空调机组的基本特性曲线如图 5-66 所示。蒸发器特性曲线和压缩冷凝机组特性曲线的交点称为**空调机组的工作点**。

（4）**空调机组的应用** 空调机组的应用可有如表 5-7 所示的多种方式。

表 5-7 空调机组的应用方式

方式	示意图	适用性
个别方式		单台机组独立使用是局部空调机组常见的应用方式，一台机组服务一个房间
多台机组合用方式		对于较大空间，如餐厅、小型电影院、会堂、教室等可采用多台独立设置的空调机组，有利于调节容量，也可以将多台机组并联安装，连接总送风管后送风，回风分送到各机组，但风机应具备一定输送余压，要注意新风供给方式及噪声控制

（续）

方式	示意图	适用性
多台机组构成热回收方式	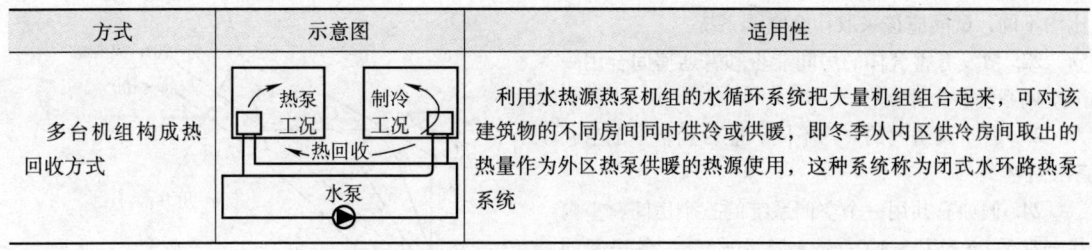	利用水热源热泵机组的水循环系统把大量机组组合起来，可对该建筑物的不同房间同时供冷或供暖，即冬季从内区供冷房间取出的热量作为外区热泵供暖的热源使用，这种系统称为闭式水环路热泵系统

思考题与习题

1. 试述空调系统的分类及其分类原则，并说明其系统特征及适用性。
2. 试述封闭式系统、直流式系统和混合式系统的优缺点，以及克服缺点的方法。
3. 什么叫机器露点？在空调工程中有何意义？
4. 试证明在具有再热器的一次回风系统中，空气处理室内消耗的冷量等于室内冷负荷、新风负荷和再热负荷之和（不考虑风机和风管温升）。
5. 试用热平衡概念来说明：在夏季，当限定送风温差时二次回风系统比一次回风系统节省再热量。
6. 在具有一、二次回风的空调系统中，冬季时采用新风先加热再混合的一次回风方案好，还是采用新风和一次回风先混合再加热混合空气的方案好？试说明理由。
7. 如果允许采用最大送风温差送风，这时用二次回风有无意义？
8. 为什么说个别房间有可能突然产生大量水气（即湿量）的空调系统不宜采用二次回风系统？除此之外，试述在哪些情况下用二次回风系统并不有利？
9. 试在 $h\text{-}d$ 图上画出有送、回风机的一次回风空调系统的空气状态变化过程（应考虑风机和风管的温升，挡水板过水量的影响）。
10. 试在 $h\text{-}d$ 图上表示用集中处理新风系统的风机盘管系统的冬、夏季处理过程。
11. 对于大、中型宾馆的客房采用何种空调系统比较合适？为什么？
12. 对于医院手术室、生物洁净室采用何种空调系统比较合适？为什么？
13. 对于大型体育馆比赛场地采用何种空调系统比较合适？为什么？
14. 为节约热量，是否可以把全部的一次回风系统改为二次回风系统？为什么？
15. 有一空调系统，其空气处理方案如图 5-67 所示，试在 $h\text{-}d$ 图上描述其空气调节过程。

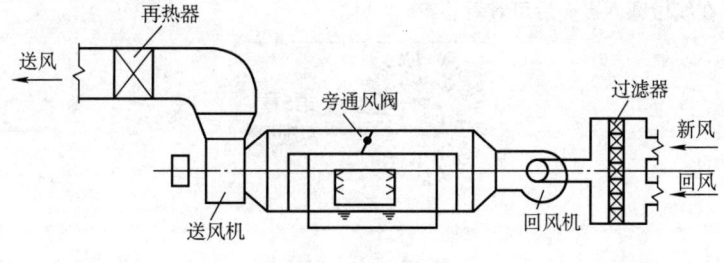

图 5-67 题 15 图

16. 某空调系统的空气调节过程在 $h\text{-}d$ 图上表示如图 5-68 所示，试画出其系统示意图，并指出这样做与一般二次回风系统相比有何利弊？
17. 直流式空调系统对室内空气品质的改善有何意义？在应用过程中应注意哪些问题？
18. 空调系统中什么场合才采用双风机？采用单风机要注意什么？
19. 是否当空调机组的额定风量和额定冷量符合所需风量和冷量时，该机组即能满足要求？为什么？
20. 组合式空调机组由哪些主要功能段组成？应如何选择？

21. 一个空调系统有多个空调房间，它们的新风比均不同，试问应该采取什么空调系统？

22. 散发有害气体的房间能否和普通房间合用一个空调系统？为什么？

23. 各空调房间的 ε 均不同，能否置于一个空调系统中？

24. 假如有共用一个空调系统的三个房间，室内状态都是 $t = 22℃ \pm 1℃$，$\varphi = 55\% \pm 5\%$，各房间的负荷情况如下：

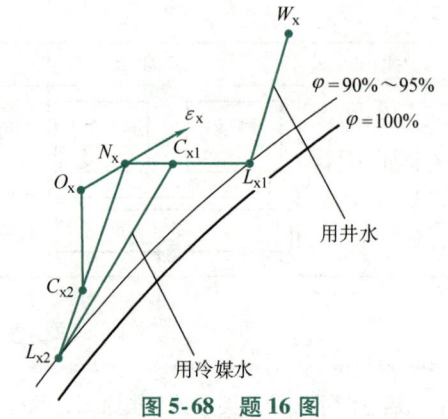

图 5-68　题 16 图

W_x—室外状态　N_x—室内状态　C_{x1}、C_{x2}—混合状态
O_x—送风状态　L_{x1}、L_{x2}—喷雾后的露点状态

房间号	1	2	3
余热量 $Q/$（W）	2600	3500	3400
余湿量 $W/$（kg/h）	2	2	3

根据送风温差不得大于7℃的原则，求各房间送风状态点及送风量（考虑送风状态点相同及不同两种方案）。

25. 如果每个空调房间的湿负荷波动都很大，而且室内相对湿度要求又都很高，那么这些房间能否合为一个系统？如果合为一个系统要采取什么措施，才能保证每个房间都能满足设计要求？

26. 你能举出一些风机盘管机组系统使用的实例吗？

27. 为什么《民用建筑供暖通风与空气调节设计规范》（GB 50736—2012）推荐在风机盘管加新风系统中将新风直接送入室内？

28. 空调机组中制冷机的制冷能力与哪些运行参数有关？蒸发器的换热量与哪些运行参数有关？空调机组的工作点是什么？

29. 已知上海某恒温恒湿空调系统，室内要求：$t_N = 20℃ \pm 1℃$，$\varphi_N = 60\% \pm 5\%$，夏季室内冷负荷 $Q_x = 17472W$，湿负荷为 $W_x = 5kg/h$；冬季室内热负荷 $Q_d = 3494W$，湿负荷为 $W_x = 5kg/h$，局部排风系统排风量为 $1500m^3/h$，要求采用二次回风方案，试设计空调系统的空气处理过程并计算设备容量。若采用一次回风方案又如何呢？再比较两者的冷量和热量。

二维码形式客观题

扫描二维码可在线做题，提交后可查看答案。

第5章 客观题

参考文献

[1] 韩宝琦，李树林. 制冷空调原理及应用 [M]. 2版. 北京：机械工业出版社. 2002.

[2] 尉迟斌. 实用制冷与空调工程手册 [M]. 北京：机械工业出版社. 2002.

[3] 赵荣义，范存养，薛殿华，等. 空气调节 [M]. 3版. 北京：中国建筑工业出版社，1994.

[4] 电子工业部第十设计研究院. 空气调节设计手册 [M]. 2版. 北京：中国建筑工业出版社，1995.

[5] 陆耀庆. 实用供热空调设计手册 [M]. 北京：中国建筑工业出版社，1993.
[6] 全国勘察设计注册工程师公用设备专业管理委员会秘书处. 全国勘察设计注册公用设备工程师暖通空调专业考试复习教材 [M]. 北京：中国建筑工业出版社，2004.
[7] 沈晋明. 全国勘察设计注册公用设备工程师执业资格考试复习教程（暖通空调专业）[M]. 北京：中国建筑工业出版社，2004.
[8] 赵荣义. 简明空调设计手册 [M]. 北京：中国建筑工业出版社，1998.
[9] 王天富，买宏金. 空调设备 [M]. 北京：科学出版社，2003.
[10] 潘云钢. 高层民用建筑空调设计 [M]. 北京：中国建筑工业出版社，1999.
[11] 清华大学暖通教研组. 空气调节基础 [M]. 北京：中国建筑工业出版社，1979.
[12] 马仁民. 空气调节 [M]. 北京：科学出版社，1980.
[13] 薛殿华. 空气调节 [M]. 北京：清华大学出版社，1991.
[14] 陆亚俊. 暖通空调 [M]. 北京：中国建筑工业出版社，2002.
[15] 建设部工程质量安全监督与行业发展司，中国建筑标准设计研究所. 全国民用建筑工程设计技术措施——暖通空调·动力 [M]. 北京：中国计划出版社，2003.
[16] 陆耀庆. HVAC暖通空调设计指南 [M]. 北京：中国建筑工业出版社，1996.
[17] 马最良，姚杨. 民用建筑空调设计 [M]. 北京：化学工业出版社，2003.
[18] 李娥飞. 暖通空调设计与通病分析 [M]. 2版. 北京：中国建筑工业出版社，2004.
[19] 编制组，民用建筑供暖通风与空气调节设计规范宣贯辅导材料 [M]. 北京：中国建筑工业出版社，2012.

暖通专家张永铨简介

第 6 章
空调系统（2）*

➡学习要点

重点：①各种空调系统的基本原理和特点；②各种空调系统的应用现状和发展方向。
难点：各种空调系统的基本原理。

6.1 变风量（VAV）空调系统

变风量系统（Variable Air Volume System，VAV）**也称 VAV 系统**，与定风量空调系统一样，变风量空调系统也是全空气系统的一种空调方式，它是通过改变送风量，而不是送风温度来控制和调节某一空调区域的温度，从而与空调区负荷的变化相适应。其工作原理是当空调区负荷发生变化时，系统末端装置自动调节送入房间的送风量，确保室内温度保持在设计范围内，从而使得空气处理机组在低负荷时的送风量下降，空气处理机组的送风机转速也随之降低，达到节能的目的。

变风量系统通常由空气处理设备、送（回）风系统、末端装置[**变风量箱（盒）VAV Box**]及送风口和自动控制仪表等组成。

《公共建筑节能设计标准》（GB 50189—2015）5.3.4 规定：

下列全空气空气调节系统宜采用变风量空气调节系统：

1）同一个空气调节风系统中，各空调区的冷、热负荷差异和变化大、低负荷运行时间较长，且需要分别控制各空调区温度。

2）建筑内区全年需要送冷风。

6.1.1 VAV 系统的分类

可以从不同角度对变风量空调系统进行分类，其分类方法主要有以下五种：

1）按照它所服务的区间分类，有单区系统和多区系统。当空调系统向负荷变化不同的区域送风时，采用多区变风量系统显示了它的优越性。除了空调机组的风量可以调节外，每个空调房间的送风口都装有变风量箱，并由室内温控器来控制送入房间的风量，达到有效控制房间温度的目的。

2）按照空调机组所采用的送风管道的数目分类，有单风管变风量系统和双风管变风量系统。前者只用一条送风风管通过变风量箱和送风口向室内送风；后者用双风管送风，一条风管送冷风，一条风管送热风，通过变风量箱按不同的比例混合后送入室内。双风管变风量系统，不符合节能原则，不应采用。

单风管变风量系统又可分为仅供冷、再热、诱导和旁通等形式。

3）按照风机风量是否可以变化分类，有"真"变风量系统（VAV）和"准"变风量系统

(BVV)，即旁通式系统。

旁通式变风量系统，当空调区负荷发生变化时，空调机组送入房间的空气通过风管、或变风量箱、或送风口，将部分处理过的空气在进入房间之前旁通到回风中，以改变送入房间的风量，达到变风量和控制室内温度的目的。

4）按照变风量箱的结构形式和调节原理分类，有节流型、风机动力型、旁通型和双风管型等四种。其中节流型是最基本的，其他都是在节流型的基础上变化发展起来的。

5）根据建筑物的内区和外区［根据不同区域的负荷特点，将建筑的室内部分划分为内区（又称内部区）和外区（又称周边区）］对空调的不同要求（内区不受室外负荷的影响，全年要求供冷，而外区受室外负荷的影响，冬季供暖，夏季供冷），内区采用仅供冷的变风量系统，对于外区根据具体情况可采取不同的空调方式与之相匹配。

按照外区所采取的供暖方式不同，变风量箱与周边供暖方式有下列四种组合类型：

1）散热器周边系统。将热水或电热散热器设置在外区的地板上，作为冬季供暖用。也有在顶棚上采用辐射散热板，以提供更为舒适的环境。夏季仍采用变风量系统供冷。

2）风机盘管机组周边系统。在外区夏、冬季采用单独的风机盘管系统，其供水制式可以是四管制，也可采用分区两管制或基本两管制。通常采用卧式暗装机组，可不占用地板面积。

3）变风量再热周边系统。在变风量末端装置中加设再热盘管，一般采用热水盘管，也可采用电加热盘管，作为冬季供暖用。

4）变温度定风量再热周边系统。采用风机动力型变风量箱（Fan Powered Box，FPB），箱内设有热水再热盘管。该系统的特点是，通过变风量箱来改变一次风（即新风）与二次风（即回风）的混合比例，调节送风温度，使送风量保持恒定。回风全部吸收灯光散热量再送出，节省部分能量。利用再热盘管，完全能满足冬季供暖要求。

6.1.2 VAV末端装置（变风量箱）

按VAV末端装置的功能划分，常用VAV末端装置的分类及适用范围见表6-1。

表6-1 常用变风量空调系统末端装置的分类和适用范围

常用类型		适用范围
单风道型	单冷型	一般用于负荷相对稳定的空调区域。 需全年供冷的空调内区一般宜采用单冷型，对冬季加热量较小的外区一般宜采用再热型
	再热型	
并联式风机动力型	单冷型	负荷变化范围较大且需全年供冷的空调内区可以采用单冷型，对冬季加热量较大的外区一般采用再热型
	再热型	
串联式风机动力型	单冷型	适用于下列情况： 1. 室内气流组织要求较高、要求送风量恒定。 2. 低负荷时气流组织不能满足设计要求（例如高大空间）。 3. 采用低温送风或一次风温度较低，送风散流器的扩散性能与混合性能不满足设计要求
	再热型	
双风道型		适用于采用独立送新风，一次风变风量、新风定风量送风，共用末端装置的系统

（1）风机动力型VAV末端装置（Fan Powered Box，FPB） FPB又称风机动力型变风量箱，如图6-1所示，它是在其箱体内设置一台离心式增压风机。根据增压风机与一次风风阀的排列位置的不同，FPB可以分为并联式（Parallel Fan Terminal）和串联式（Series Fan Terminal）两种形式。

并联式FPB是指增压风机与一次风风阀并排设置，经集中式空气处理机组处理后的一次风只通过一次风风阀，不通过增压风机。

并联式 FPB 增压风机仅在为了保持最小循环风量或加热时运行。因此，其风机能耗小于串联式 FPB。并联式 FPB 的增压风机是根据空调房间所需最小循环空气量或按并联式 FPB 设计风量的 50%～80% 选型。在大多数项目中，并联式 FPB 的增压风机每年运行 500～2500h。

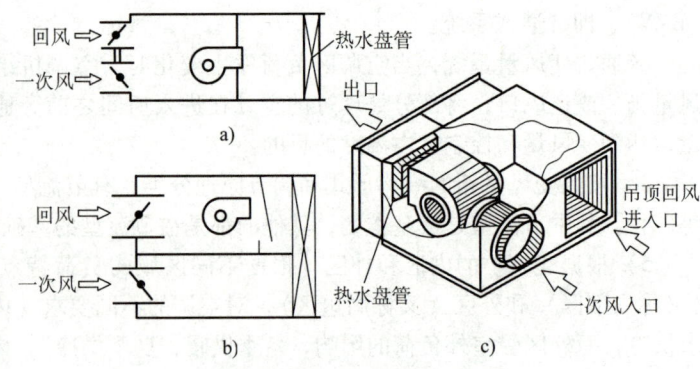

图 6-1 风机动力型变风量箱
a）串联式 b）并联式 c）串联式风机动力型变风量箱结构

串联式 FPB 是指在该变风量箱内一次风既通过一次风风阀，又通过增压风机。

串联式 FPB 一般用于一次送风低温送风空调系统或冰蓄冷空调系统，它将较低温度的一次风与同温度的顶棚内空气混合成所需温度的空气送到空调房间内。采用大温差、低温送风系统具有集中式空气处理机组体积较小，可减小送回风管及其配件的尺寸，节省设备初投资费用和降低吊顶空间等优点。

串联式 FPB 始终以恒定风量运行，因此该变风量箱还可用于需要一定换气次数的场所，如民用建筑中的大堂、休息室、会议室、商场及高大空间等场所。

国内外各种串联式 FPB 的静压值一般为 75～150Pa，设计风量为 160～5000m^3/h。正常情况下，串联式 FPB 的增压风机每年需运行 3000～6000h。

在风机动力型 VAV 空调系统中，送入空调房间的空气是由经过集中式空气处理机组处理后的一次风和 FPB 的回风口从顶棚内吸入的空气混合而成。输送到每个 FPB 的一次送风量不但要负担空调区冷负荷，而且要确保空调区域内气流组织良好并满足卫生要求。对于并联式 FPB，一次风最大送风量可以作为 FPB 的设计风量，一次风最小送风量则需满足空调房间所需新风量的要求。一次风最小送风量与增压风机风量之和须满足冬季空调区域内送热风时的风量要求。并联式 FPB 的最小新风量加上增压风机风量一般不大于装置设计风量。而对于串联式 FPB，在非低温送风系统中，一次送风量即为串联式 FPB 设计风量；在低温送风系统中，串联式 FPB 设计风量应大于一次风送风量。

（2）节流型 VAV 末端装置　又称节流型变风量箱，其基本构成比较简单，主要由箱体、控制器、风速传感器、室温控制器、电动风阀等组成（图 6-2）。

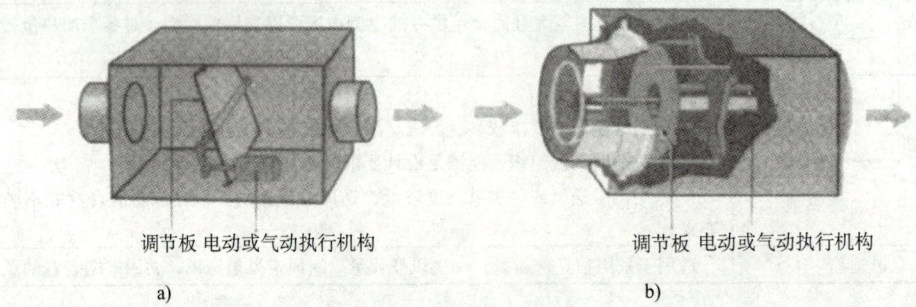

图 6-2 节流型变风量箱
a）单叶风阀变风量箱 b）空气阀变风量箱

箱体由 0.7～1.0mm 的镀锌薄钢板制成，内贴经特殊化学材料处理的离心玻璃棉或其他保温吸声材料。装置入口处设风速传感器用以检测经变风量箱的风量。有的在入口处设一多孔均流板，以使空气能够比较均匀地流经风速传感器，保证装置的风量控制精度。供调节风量的风阀的轴伸到箱体的侧壁外边，与传动机构或与执行器相连；电源电路、控制和执行机构装置在箱体外侧的控制箱内。

控制器一般由电源、变送器、逻辑控制电路等组成，有的把执行器同控制器等组合在一起，为变风量箱生产厂家组装控制器提供了方便。变风量装置控制器须配有与微型计算机和楼宇控制系统相连的接口电路，便于与楼宇控制系统进行数据通信或现场设置、修改变风量装置的参数。

电动风阀是变风量箱对送风进行节流的唯一部件，风阀流量特性的优劣直接影响变风量装置的控制效果。大多数生产厂家采用单片蝶阀作为变风量箱风阀，有的生产厂家采用自己研制的专利产品，如以两片阀片的位移来调节风量的 ZEBRA 型风阀和仿文丘里式风阀等。后两种风阀的流量特性和风量控制精度要优于前者。

节流型 VAV 末端装置按照外形及组合方式可以分成矩形单风管型、圆形与矩形双风管型三种类型。

对于各种机型的节流型变风量箱，各生产厂家都提供了公称风量、最大风量设定范围、最小风量设定范围等参数，有的厂家还提供了最大风量设定推荐值供空调设计工程师选用。实际使用时变风量装置的最小风量必须大于装置的最小风量设定界限；最大风量必须小于装置的最大风量设定界限，且变风量装置的实际使用最小风量和最大风量可以通过检测计算机在工厂调试时设定好，也可通过手提计算机在安装现场进行设定或修改。

节流型变风量箱也可作为定风量装置使用，只要把变风量装置的实际使用最大风量与最小风量设定为相同的值即可。因此，节流型变风量箱可以使用在定风量空调系统中，也可设置在新风系统或排风系统，以确保系统的新风送风量和排风量。

6.1.3 VAV 系统的组成与形式

1. VAV 系统的组成

VAV 系统由空气处理设备、送（回）风系统、末端装置（变风量箱）和自动控制仪表组成。

（1）空气处理设备（即空调机组） 它主要用来处理新风或者新风与回风的混合空气。空调机组一般由新风格栅、新风阀和回风阀、空气过滤器、加热器、加湿器、空气冷却器和送风机等设备和部件组成。至于要设置哪些设备、哪些设备可以不设置，主要根据空调机组的用途及所在地区的气象条件，由设计者确定。对大型空调机组还设有与送风机相配合的回风机，即所谓双风机系统，除新风阀、回风阀外，还配有排风阀。

空调机组的送风机、回风机应是变频风机，即在风机输入电源的线路上加装变频器。根据系统控制器的指令，改变风机的转速，达到改变风量、节约电能的目的。

空调机组一般都设置在单独的空调机房或安装在建筑物的屋顶机房内。

（2）送（回）风系统 变风量系统从空调机组内的送风机到各末端装置的送风系统，一般应是一个中速中压的系统。要求送风风管内具有一定的静压，并在运行过程中始终保持静压稳定，这样才有利于变风量箱有效且稳定地工作。为节省安装空间，送风主干管可采取较高的送风速度（甚至高达 20m/s）。为此，送风管应有足够的强度和较高的气密性。主干送风管必须用薄钢板制作。从节省风管能量消耗、确保风管的严密性和减少保温风管的冷量损失来看，采用圆形风管比矩形风管更符合变风量系统的要求。主干风管与末端装置之间可用气密性好的柔性风管连接。只有当吊顶空间有限，安装圆形主风管有困难时，方可采用宽高比大的矩形风管。

变风量送风主风管的水力计算，可按"静压复得法"进行，以保证每个变风量箱进口处静压值接近。风管中初速度宜取 7.5m/s（低速送风）或 12.5m/s（中速送风）。管内风速提高产生的噪声可用消声器解决。

（3）末端装置（变风量箱） 变风量箱是变风量系统的关键设备，通过它来调节送风量，适应室内负荷的变化，维持室内的温度。变风量箱通常由进风短管、箱体（消声腔）、风量调节器、控制阀等几个基本部分组成。有的变风量箱还与送风口结合在一起。

（4）自动控制仪表　变风量系统的控制方法，有定静压控制、变静压控制、直接数字式控制等。

2. VAV 系统的形式

（1）单风管变风量系统　图6-3所示为单风管变风量空调系统原理图，该系统是最基本的变风量系统，它由空调机组、送（回）风管道和变风量箱组成。其气流分布为上送上回，回风进入吊顶后被吸回空调机

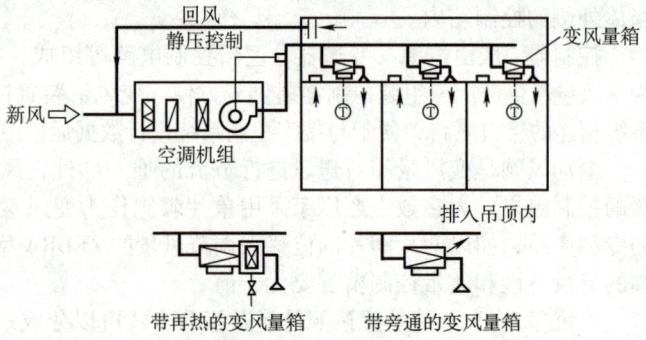

图 6-3　单风管变风量空调系统原理（仅设送风机）

组。这种系统只能对各房间同时供暖或者同时供冷，无法实现在同一时期对有的房间供暖、有的房间供冷的要求，因此适用于各空调区负荷变化幅度较小且比较稳定，同时对相对湿度无严格要求的场合。

1）用于高层建筑的内区，需要全年供冷时，采用单冷型的变风量系统（空调机组内仅设空气过滤器、空气冷却器和变频送风机）。设在空调房间内的变风量箱，受室内温度传感器的控制。对于节流型变风量箱，当空调负荷减少、室内温度下降时，室温传感器控制变风量箱调整出风口的风量，或者将箱内的阀板关小，或者调整其他风口的节流装置。一个变风量箱可带动一个或多个送风口。当送风口因变风量箱的节流而减少送风量时，风管内的静压升高。设在风管上的静压控制器能调低变频送风机的转速，从而使空调机组的送风量减少，达到节能的目的。节流型变风量箱 $h\text{-}d$ 图分析如图 6-4 所示。

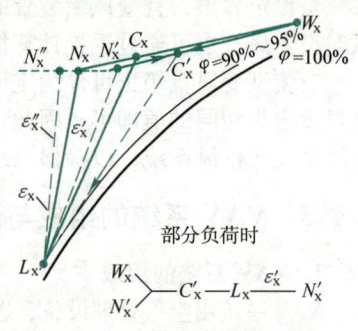

图 6-4　节流型变风量箱 $h\text{-}d$ 图分析

对于诱导型的变风量箱，经空调机组处理的空气称为一次风，送入变风量箱后能诱导室内回风（称为二次风）与之混合，二次风又可利用室内灯光散热作为再热热源。室内负荷减少时，变风量箱可相应减少一次风的送风量。采用诱导型变风量箱的系统，可以与低温送风方式相结合。诱导型变风量箱 $h\text{-}d$ 图分析如图 6-5 所示。

对于旁通型变风量箱，随着空调负荷的减少，会使部分空气直接从旁通口排入吊顶内，经回风风管返回空调机组。系统的压力和风量不变，但不节能。旁通型变风量箱 $h\text{-}d$ 图分析如图 6-6 所示。

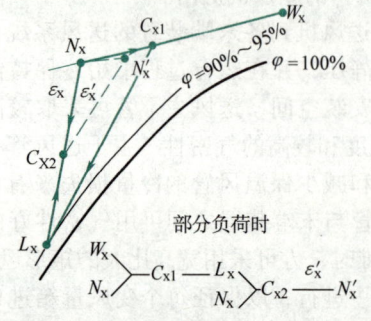

图 6-5　诱导型变风量箱 $h\text{-}d$ 图分析

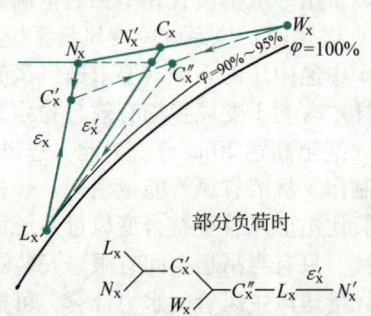

图 6-6　旁通型变风量箱 $h\text{-}d$ 图分析

2）用于高层建筑的外区，夏季供冷、冬季供暖。空调机组内除有单冷型的处理设备外，还应有加热器和加湿器。空调房间应设带再热盘管的变风量箱。

单风管变风量系统空调机组也可采用设有变频送风机和变频回风机的双风机系统（图6-7），有利于对空调房间的静压控制。

（2）具有风机动力型变风量箱的一次风变风量系统　该系统是由定风量的新风机组（通常是集中布置的）、可变风量的一次风处理机组（一般是分层设置的），以及按照高层建筑内区和外区不同要求分别设置的送风FPB和送风口等组成，如图6-8所示。该系统的夏季处理过程的h-d图见图6-9。

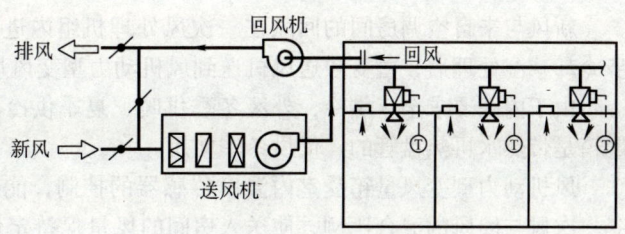

图6-7　单风管变风量空调系统的原理（设送、回风机）

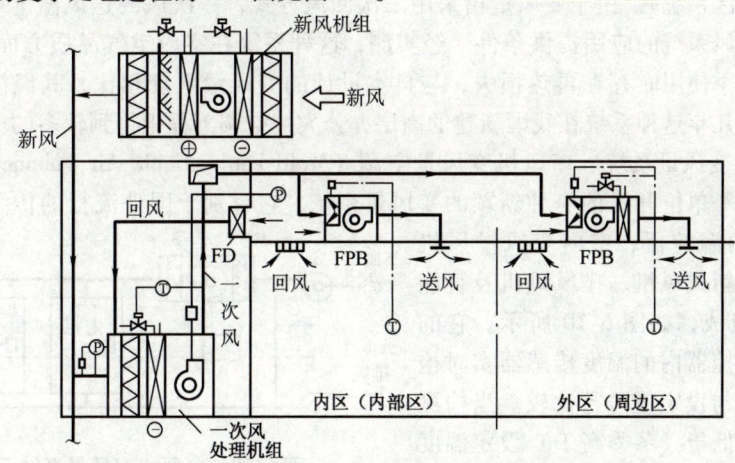

图6-8　具有风机动力型变风量箱的一次风变风量系统

新风机组内设有粗效和中效过滤器、空气冷却器、加热器、加湿器和送风机。它的任务是按照不同季节的要求，将新风处理到一定的状态（例如，夏季对新风进行冷却减湿处理，冬季对新风进行加热加湿处理，过渡季节可直接抽取新风），然后沿竖向新风风管将新风分别输送到设在各层的一次风处理机组。

此空气处理机组在h-d图上的夏季处理过程如图6-9所示。可知其一次风的送风温度较低（一般在10℃左右）。

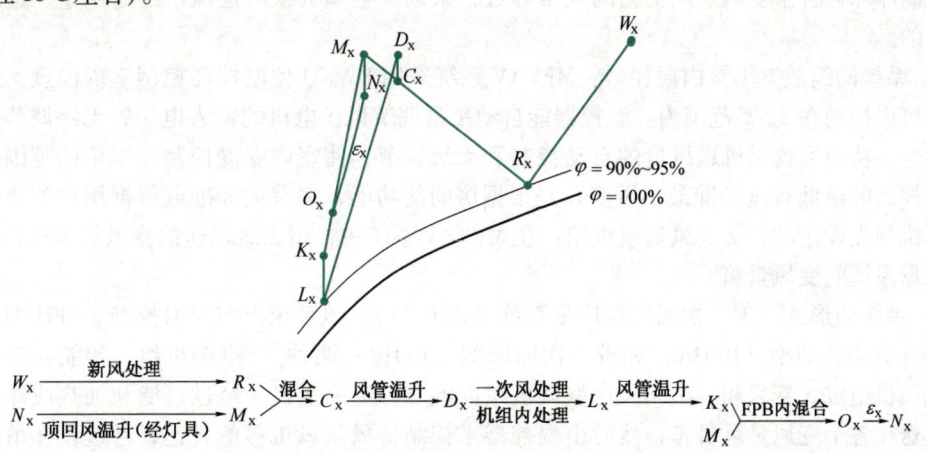

图6-9　具有风机动力型变风量箱的一次风变风量系统夏季处理过程
（h-d图和空气处理流程）

新风与来自空调房间的回风在一次风处理机组内进行混合,称为一次风。经过过滤和进一步冷却减湿处理后,由变频送风机送到风机动力型变风量箱。

由于内区要求全年供冷,外区冬季供暖、夏季供冷。外区空调房间使用的风机动力型变风量箱是带热水再热盘管的,仅供冬季使用。

风机动力型变风量箱受室内温度传感器的控制,能抽取室内回风与一次风进行混合,并改变一次风与回风的混合比例,使送入房间的风量保持定值(其目的是使空调房间具有良好的气流分布)。随着室内负荷的变化,一次风的送风量是可变的。当一次风的送风量减少时,风管中的静压增高,静压控制器能控制一次风处理机组内变频送风机,使其降低转速和风量。这种系统大多出自北美的设计方案,能较好地满足高层办公楼内区和外区对空调的不同要求(无须设置独立的内、外区系统)。由于变风量箱采用二次回风方式,一次风的送风温度可以取得较低,为冰蓄冷低温送风系统的应用提供条件。经实测,这种系统在室内空气品质方面易于保证。缺点是,外区在冬季使用时存在再热损失,与日本设计的变风量系统相比,其经济性考虑不足。尽管如此,近十几年这种系统在我国新建的高层办公大楼空调工程中得到较多的应用。

(3) 多风机变风量系统 多风机变风量空调(Multi-Fan Variable Air Volume,MFVAV)系统是由湖南大学等单位开发的一种新颖的变风量系统,它有别于国外流行的传统变风量系统。该系统是由室内温控器、室内变风量风机箱、空调机组、新风风机、排风风机及智能变频控制器等组成,如图 6-10 所示。它的工作原理是:温控器内的温度传感器实时检测室内温度,并与设定值进行比较。当检测到的温度在夏季低于(冬季高于)设定温度时,温控器在设定时间间隔内,开始降低变风量风机箱内风机的转速,即减少送入室内的送风量,直到室内温度等于设定温度;当

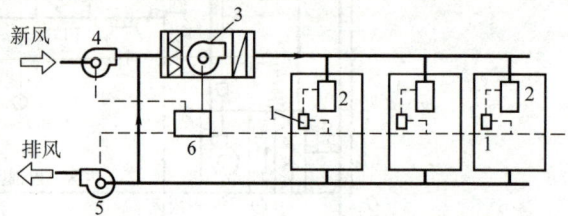

图 6-10 多风机变风量系统示意图
1—室内温控器 2—变风量风机箱 3—空调机组
4—新风风机 5—排风风机 6—智能变频控制器

室内温度上升,夏季高于(冬季低于)设定温度时,温控器同样在设定时间间隔内,开始提高变风量风机箱的转速,即增大送入室内的风量,直到室内温度等于设定温度。室内温控器在调节变风量风机箱内风机转速的同时,通过串行通信方式,将信号传入智能变频控制器,而智能变频控制器综合各个变风量风机箱的风量参数,来调节空调机组内送风机的送风量,达到变风量的目的。

1)系统的组成。①室内温控器:MFVAV 系统采用 BWKQ 型温控器控制室内温度。室内温度波动可以控制在 ±5℃ 范围内。温控器能自动平滑调节风机电机的输入电压,无级调节风机电机的转速,从而实现风机送风量的自动控制和无级调节,使室内温度控制在规定的范围内。温控器所控制的最低转速(即最小风量)是根据房间的功能,按有关标准或根据用户的要求,利用计算机预先设定的;②变风量风机箱:在 MFVAV 系统中,用无级调速的变风量风机箱取代传统变风量系统的变风量箱。

2)系统的形式。①一次回风变风量系统(图 6-11):该系统由室内温控器、BFH 型变风量风机箱[分为普通型(BFHA)和带二次回风型(BFHB)两种]、空调机组、智能变频控制器和新风风机组成。新风和一次回风在空调机组内混合称为一次风,经过过滤和加热或冷却处理后,被送往各个变风量风机箱,然后由温控器来控制变风量风机箱的转速,通过设在吊顶上的送风口向室内送入所需的风量。回风由设在吊顶上的回风口,经回风风管进入空调机组;②二次回风变风量系统(图 6-12):该系统与一次回风变风量空调系统不同之处在于,进入变风量

风机箱的空气除了新风和一次回风的混合空气外，还有直接由房间进入的二次回风，这两股空气混合后，再由变风量风机箱送入室内。可以采用 BFHB 型的高余压风机箱，按用户要求配套 PTC 发热元件（额定电压 220V），$0.01m^2$ 的迎风面积加热量可达到 1.5kW。对于 BFHB 型变风量风机箱，应有一次风进入短管和二次回风的入口。

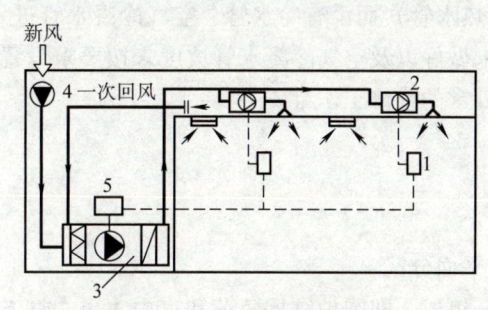

图 6-11　一次回风变风量系统
1—室内温控器　2—BFH 型变风量风机箱　3—空调机组
4—新风风机　5—智能变频控制器

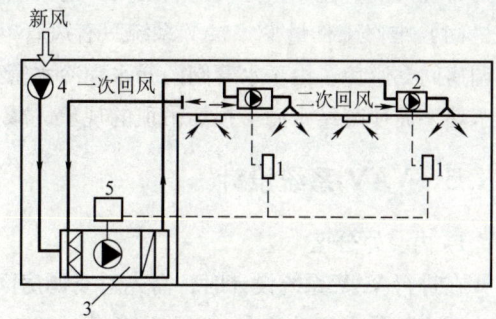

图 6-12　二次回风变风量系统
1—室内温控器　2—BFH 型变风量风机箱　3—空调机组
4—新风风机　5—智能变频控制器

3）新风量的控制。新风量控制是目前传统式变风量系统的一大难题，MFVAV 系统提供了两种新风量控制方法，即新风风机风量控制法和固定压差法。下面介绍前一种方法。

所谓新风风机风量控制法，是在新风风管内安装一台独立的变风量新风风机，如果空调系统过渡季节采用新风冷却运行模式，该风机的最大风量即为全新风冷却时所需的新风量，最小风量即为满足卫生要求的最小新风量。如果空调系统采用全年新风量不变的运行模式，该风机的风量就是为满足卫生要求的最小新风量，但要稍高于最小新风量。新风风机的压力应等于新风管段的阻力。

新风风机要与智能变频控制器配套使用，调节风机的转速，以满足新风量的要求。一般可根据风机制造厂提供的频率（转速）-风量-风压曲线，预先设定风机频率来实现。在 MFVAV 系统中采用了变风量新风风机取代新风调节阀控制新风量。

6.1.4　VAV 系统的特点

（1）分区温度控制　全空气定风量（CAV）系统只能控制某一特定区域的温度，对于一个风系统服务于多个房间时，定风量系统不可能满足每个房间的温度要求。若采用 VAV 系统，由于每个房间变风量末端装置可随该房间温度的变化自动控制送风量，使得空调房间过冷或过热现象得以消除，也使能量得以合理利用。

（2）设备容量减小，运行能耗节省　采用一个定风量系统担负多个房间的空调时，系统的总冷（热）量是各房间最大冷（热）量之和，总送风量也应是各房间最大送风量之和。采用 VAV 系统时，由于各房间变风量末端装置独立控制，系统的冷、热量或风量应为各房间逐时冷、热量和风量之和的最大值，而非各房间最大值之和。因此，在设计工况下，VAV 系统的总送风量及冷（热）量少于定风量系统的总送风量和冷（热）量，于是使系统的空调机组减小，冷水机组和锅炉安装容量减小，占用机房面积也因此而减小。

在空调系统全年运行中，只有极少时间处于设计工况，绝大多数时间均是在部分负荷下运行。当各空调区负荷减少时，各末端装置的风量将自动减少，系统对总风量的需求也会下降，通过变频等控制手段，降低空调机组送风机的转速，使其能耗降低，节省系统运行能量。

（3）房间分隔灵活　对于较大规模的高档写字楼来说，一般采用大开间设计，待其出租或出售后，用户通常会根据各自的使用要求对房间进行二次分隔及装修。VAV 系统由于其末端装置的布置灵活，能比较方便地满足用户的要求。

（4）维修工作量少　VAV 系统只有风管（或者热水管）而没有冷水管、空气冷凝水管进入空调房间，避免了由于水管阀门漏水和冷水管保温未做好以及空气冷凝水管坡度未按要求设置，排水堵塞而使凝结水滴下损坏吊顶的现象，减少了日常的维修工作量。

6.1.5　VAV 系统设计

1. 内、外分区

在进行 VAV 系统设计时，需先对空调房间进行平面分区。

无论是夏季还是冬季，空调区负荷一般由两部分组成，即围护结构负荷和室内人员、灯光、设备等构成的负荷。夏季室内总是需要供冷的，而冬季则不尽相同。当围护结构的热负荷大于由室内人员、灯光、设备等发热量时，则冬季室内需要供暖。一般来说，对于具有较大的外窗面积的空调房间，冬季热负荷值较大，但是由于空气热传导和空气对流作用有限，由外围护结构传热引起的热负荷以及围护结构壁面的冷辐射仅对靠近外围护结构一定范围内的区域产生影响。也就是说，这一冬季需要供暖的区域通常称之为外区，除外区之外的室内其他区域称之为内区。内区很少受外围护结构的负荷影响，而人员、灯光、设备等产生的热量使得内区常年都处于需要冷量的状态。如果要保持合理的内区温度，则要求对其进行常年供冷。是否存在内区以及如何划分内、外区，应依实际情况确定，设计人员需在认真计算围护结构冷、热负荷以及合理选择空调末端装置的冷却、加热能力后，合理地区分内、外区。以办公建筑为例，一般较为认可的分区范围是：靠近外围护结构 2 ~ 4.5m 以内的室内区域为外区，其余室内区域为内区。

2. 空气处理装置

变风量系统空气处理装置（又称空调机组）一般采用组合式空气处理机组，可实现各个功能段的优化组合。对于高档写字楼来说，可每层设有一台空调机组，也可以根据建筑朝向不同设置多台小型空调机组。

变风量空调器送风机的电动机由变频装置驱动，使得空调机组风量范围变化大，适用于大风量的空调系统。

变风量空调机组风机采用中、高压离心式风机，风机风压根据风管系统布置、末端装置类型、风口形式等确定。大多数空调机组风机的全压为 1000 ~ 1500Pa，机外静压一般为 450 ~ 700Pa，如按常规定风量空调系统概念配置空调机组的机外静压为 250 ~ 300Pa，在工程调试时常发现风量不够。

普通的空调系统空气过滤效率较低，常见风口附近出现黑渍，影响室内空气品质。变风量空调机组的过滤器大多采用比色效率 60% 的中效袋式过滤器。

对于进深较小，不设内、外区的空调系统，变风量空调机组均分别设置冷盘管和热盘管；对于进深较大，设置内、外区且外区采用再热盘管或独立冷热装置，进入空调机组的新风经过预处理的空调系统，其变风量空调机组一般只设冷盘管；对于采用送风温度在 11℃ 以下的低温送风及冷水大温差的系统，冷盘管的排数可能会在 6 排以上，有的甚至达到 12 排，这将增加空气冷却器的盘管风阻。

3. 系统风量的确定

变风量空调系统集中式空调机组送风量根据系统总冷负荷逐时最大值计算确定;区域送风量按区域逐时负荷最大值计算确定;房间送风量按房间逐时最大计算负荷确定。因此,各空调房间末端装置和支管尺寸按空调房间最大送风量设计;区域送风干管尺寸按区域最大送风量设计;系统总送风管尺寸按系统送风量设计。变风量系统送风管按中压风管要求制作。

4. 噪声控制

高级写字楼需满足 NC35 的噪声标准,故变风量装置的噪声问题值得关注。为了使系统运行时空调房间的噪声值控制在允许的噪声标准之内,需采取下列措施:首先选择变风量末端装置,尤其是选择串联式风机动力型变风量箱时,应选择高质量的产品。其次,末端装置风机余压要求应适度,如机外静压≤80Pa,加热盘管≤2 排。第三是对房间及吊顶材料等的要求,房间的面积宜在 50m² 以上;吊顶上部高于 1m;吊顶材料密度宜大于 560kg/m³;变风量末端装置到送风口之间接一段 2m 以上的消声软管;回风口位置尽可能避开变风量末端装置。对于 FPB,必要时在其回风口处设置消声器。

6.1.6 VAV 系统与其他常用集中冷热源舒适性空调系统比较

VAV 系统与其他常用的集中冷热源舒适性空调系统的比较详见表 6-2。

表 6-2 VAV 系统与其他常用集中冷热源舒适性空调系统比较

比较项目	全空气系统		水—空气系统
	变风量空调系统	定风量空调系统	风机盘管+新风系统
优点	1) 区域温度可控制 2) 空气过滤等级高,空气品质好 3) 部分负荷时风机可变频调速节能运行 4) 可变新风比,利用低温新风节能	1) 空气过滤等级高,空气品质好 2) 可变新风比,利用低温新风节能 3) 初投资较小	1) 区域温度可控制 2) 空气循环半径小,输送能耗低 3) 初投资小 4) 安装空间小
缺点	1) 初投资大 2) 设计、施工、管理复杂	1) 系统内各区域温度一般不可单独控制 2) 部分负荷时风机不可变频调速节能	1) 空气过滤等级低,空气品质差 2) 新风量一般不变,难以利用低温新风节能 3) 室内风机盘管有孳生细菌、霉菌与出现"水患"的可能性
适用范围	1) 区域温度控制要求高 2) 空气品质要求高 3) 高等级办公、商业场所 4) 大、中、小型各类空间	1) 区域温度控制要求不高 2) 大厅、商场、餐厅等场所 3) 大、中型空间	1) 室内空气品质要求不高 2) 有区域温度控制要求 3) 普通等级办公、商业场所 4) 中、小型空间

6.2 水—空气辐射板空调系统

水—空气辐射板空调系统是由辐射板作为末端装置与新风系统相结合的新型半集中式空调系统。

6.2.1 辐射板的分类

辐射板一般以水作为冷媒传递能量，其密度大、占空间小、效率高；冷水通过特殊结构的系统末端设备——辐射板，将能量传递到其表面，并通过对流和辐射的方式直接与室内空气环境进行换热，极大地简化了能量从冷源到终端用户——室内环境之间的传递过程，减少不可逆损失，提高低品质自然冷源的可利用性。水—空气辐射板空调系统的辐射板可以大致划分为两大类：一类是沿袭辐射供暖楼板的思路，将特制的塑料管直接埋在混凝土楼板中，形成冷辐射地板或顶板；另一类是以金属或塑料为材料，制成模板化的辐射板产品，安装在室内形成冷辐射吊顶或墙壁，这类辐射板的结构形式较多。另外，按辐射板结构划分，出现了"混凝土拉心"型、"三明治"型、"冷网格"型、"双层波状不锈钢"型、"多通道塑料板"型等不同辐射板形式；按冷辐射表面的位置划分，出现了辐射顶板供冷，辐射地板供冷和垂直墙壁供冷等不同系统形式。

1. "混凝土核心"结构（Concrete Core，简称 C 型）

"混凝土核心"结构是沿袭辐射供暖楼板思路设计的辐射板，它是将特制的塑料管（如高交联度的聚乙烯 PE 为材料）或不锈钢，在楼板浇筑前后将其排布并固定在钢筋网上，浇筑混凝土后，就形成"混凝土核心"结构，如图 6-13 所示。这种辐射板结构工艺较成熟，造价相对较低。由于混凝土楼板具有较大的蓄热能力，因此可以利用 C 型辐射板实现蓄能；但从另一方面看，系统惯性大、启动时间长、动态响应慢，有时不利于控制调节，需要很长的预冷或预热时间。

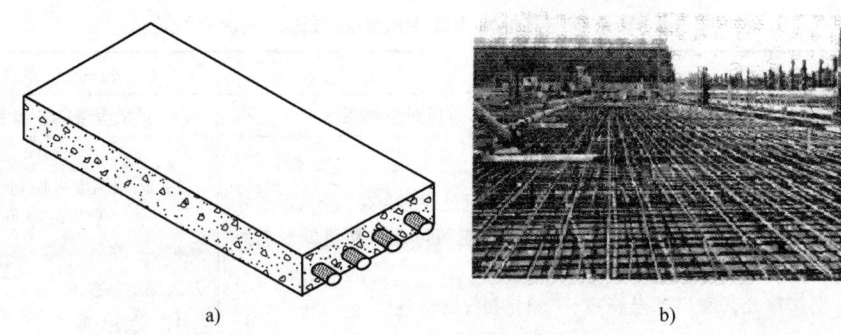

图 6-13 C 型辐射板
a) 结构示意 b) 应用现场照片

2. "三明治"结构（Sandwich，简称 S 型）

"三明治"结构是以金属，如铜、铝和钢为主要材料制成的模块化辐射板产品，主要用作吊顶板。从截面来看，中间是水管，上面是保温材料和盖板，管下面通过特别的衬垫结构与下表面板相连。S 型辐射板见图 6-14。由于这种结构的辐射吊顶板集装饰和环境调节功能于一体，是目前应用最广泛的辐射板结构。但由于 S 型辐射板质量大、耗费金属较多，价格偏高，并且由于辐射板厚度与小孔的影响，其肋片效率较低，用红外热成像仪对 S 型辐射板表面温度分布进行测量时发现，表面温度分布不均匀。

图 6-14 S 型辐射板实物照片

3. "冷网格"结构（Cooling Grid，简称 G 型）

"冷网格"结构一般以塑料为材料，制成直径小（外径 2~3mm、间距小 10~20mm）的密布细管，两端与分水、集水联箱相连，形成"冷网格"结构，见图 6-15。这一结构可与金属板结合形成模块化辐射板产品,也可以直接与楼板或吊顶板连接,因而在改造项目中得到较广泛应用。这一结构的突出特点是布置灵活。由于采用塑料原料,因此质量轻、价格便宜。但是对塑料之间、塑料与金属之间的连接件要求较高。

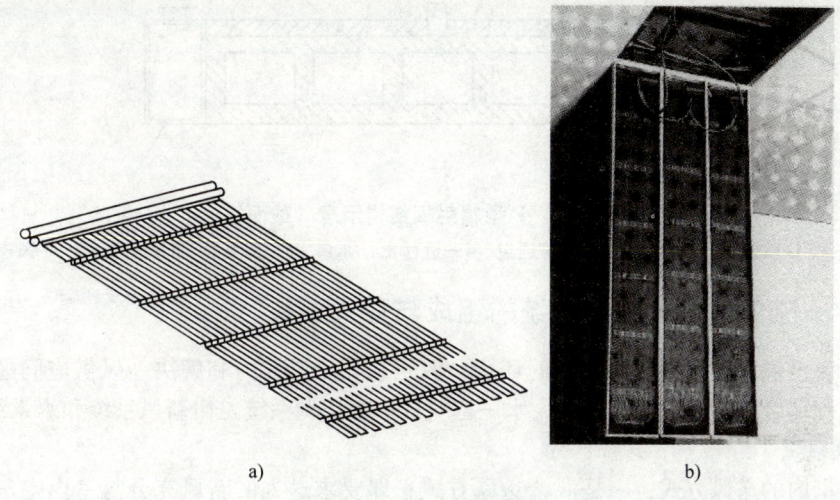

图 6-15 G 型辐射板
a) 结构示意 b) 应用现场照片

4. "双层波状不锈钢膜"结构(Two Corrugated Stainless Steel Foils,简称 F 型)

"双层波状不锈钢膜"结构是由两块分别压模成型的薄不锈钢板(约 0.6mm 厚)点焊在一起,由于两块板凹凸有序,因此在两块板间形成水流通道,见图 6-16。这种结构大大降低了从水到室内空气的传热热阻,可以作为吊顶板安装于室内,或固定在垂直墙壁上。这种结构对生产工艺,特别是金属板的加工工艺要求较高。水流可在板内通道均匀分布,系统性能很好。

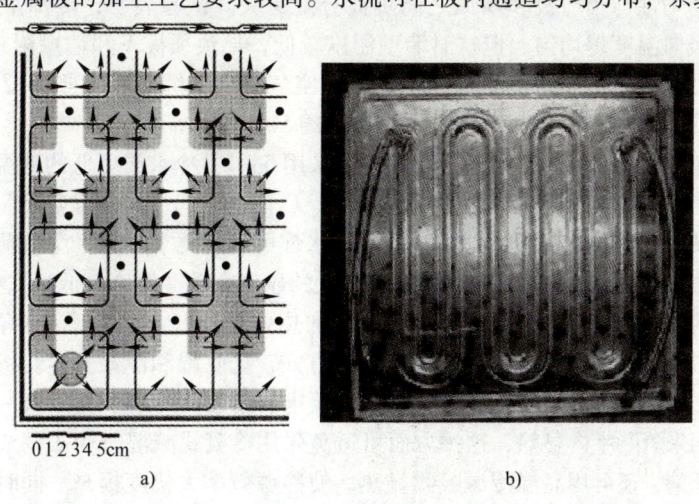

图 6-16 F 型辐射板
a) 结构示意 b) 实物照片

5. "多通道塑料板"结构(Multi-Channel Plastic Panel,简称 P 型)

"多通道塑料板"结构是清华大学研制开发的新型辐射板结构,它采用硬聚氯乙烯 PVC 或硬聚乙烯 PE 为材料,通过挤塑成型工艺制造多通道并联的塑料辐射板主体,再与端部密封件连接形成模块化的辐射板。这种结构同样大大降低了从水到室内空气的传热热阻,并使用价格相对低廉的塑料为材料,大大降低了成本、减轻了质量,成为极具竞争力的新型产品。辐射板的结构示意见图6-17。

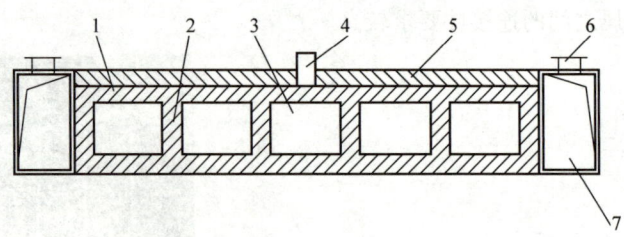

图6-17 P型辐射板结构示意(截面)
1—PVC板壁 2—导流板 3—水流通道 4—进(出)水口 5—保温层 6—进风口 7—风道

6.2.2 水—空气辐射板空调系统的组成与形式

利用辐射板供冷虽然可获得舒适的环境,但是它无除湿能力和解决新风供应问题。因此必须与新风系统结合在一起使用,因此,水—空气辐射板空调系统是由新风系统和水系统所组成。

1. 新风系统

新风在室内的送风方式:一是混合送风方式,即要求送入的新风充分与室内空气混合,以稀释室内的污染物和使室内温度均匀。冷却吊顶系统的新风量通常很小,用这种送风难以达到上述两个要求。二是置换通风方式,低于室内温度的新风靠近地面缓慢送出,并沿地面弥散开来,遇到热源(人体或发热设备)后,在热浮升力的作用下向上流动。人处于比较干净的新风中间,充分地利用新风。这种送风方式并不是靠送风速将新风送到房间各处,而是靠新风密度大,下沉在底部缓慢地蔓延到全室,在热源作用下上升的,很适宜小送风量的场合。因此普遍认为这种系统应优先采用置换通风方式(见本书7.1.2)。

房间温度的均匀性与辐射板和新风之间负荷分配有关。试验表明,冷却吊顶冷负荷占总负荷的比例越大,竖向温度越均匀,但这时墙壁温度较低,导致顶板下和墙壁附近的冷气流下降,使工作区产生强烈混合,污染物浓度高,影响室内空气品质。综合考虑竖向温度均匀性和工作区的空气品质,冷却吊顶的冷负荷宜占室内冷负荷的50%~60%。

通常采用冷却方法对新风进行除湿,目前空调采用5~7℃冷水或更低的低温水作为冷媒,对空气进行处理。经冷却减湿的新风不仅具有潜热冷量(除湿能力),还有显热冷量,而且两者同时增大或减小。如果仅为了降温,采用18~20℃的冷水都可满足要求。对于湿负荷较大的场所,为了使新风有较大的除湿能力,必然导致新风具有较大的显热冷量(温度较低),这将造成冷源效率低下。为了抵消这些多余的冷量,还需要对新风再加热处理,产生冷热抵消现象。近年来,该领域的一个重要方向就是采用温湿度独立控制的空调方式,把除湿和冷却分离。将室外新风除湿后送入室内,可用于消除室内散湿,并满足新鲜空气要求,用独立的水系统使18~20℃的冷水通过辐射或对流型末端消除室内显热,这一方面可避免采用冷凝式减湿时为了调节相对湿度进行再热而导致的冷热抵消,还可用高温冷源吸收显热,使冷源效率大幅度提高。同时这种方式还可有效地改善室内空气品质,因此被普遍认为是未来的主流空调方式(详见本书6.9)。

2. 冷却吊顶的水系统

由于冷却吊顶供冷通常与新风系统结合在一起应用,当新风系统也需由冷水机组提供冷量时,必须同时考虑冷却吊顶系统和新风系统对水系统的不同要求:①为了避免冷却吊顶表面结露,冷却吊顶要求的供水温度比较高,而新风系统的供水温度因除湿的要求要比冷却吊顶低得多。冷却吊顶的表面温度应比室内的露点温度高1~2℃,需根据冷却吊顶的结构形式与室内的设计参数确定供水温度。一般情况下，冷却吊顶的供水温度为14～18℃。实际设计中，多采用16℃。新风系统的供水温度一般为6～7℃；②一般来说，冷却吊顶供、回水温差为2℃，新风系统的供、回水温差为5℃。满足上述两条要求的系统形式有多种，下面介绍两种典型的水系统图。图6-18为冷水机组供冷和冷却塔供冷相结合的水系统。图中冷水机组（由2和3组成）制备6～7℃的冷水并直接供新风系统使用；6～7℃冷水再通过水—水板式换热器4加热到较高温度（如16℃）供冷却吊顶系统使用。当室外温度适宜时，可停止使用6～7℃的冷水，利用冷却塔8进行自然供冷（或称免费供冷，Free Cooling）。由于采用开式冷却塔，冷却水易被污染。因此，让冷却水通过板式换热器提供冷却吊顶1用的冷水。由图可见，冷却吊顶的

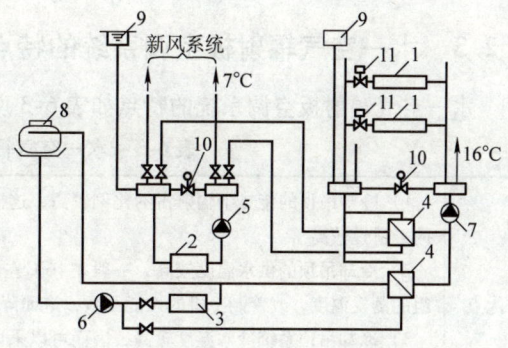

图6-18 冷水机组供冷和冷却塔供冷相结合的冷却吊顶水系统

1—冷却吊顶 2—冷水机组蒸发器 3—冷水机组冷凝器
4—水—水板式换热器 5—冷水循环水泵
6—冷却水循环水泵 7—冷却吊顶系统冷媒循环水泵
8—开式冷却塔 9—膨胀水箱
10—压差调节阀 11—电动阀

冷水系统实质上是独立系统。它的供水温度可通过控制流经板式换热器的冷水（或冷却水）的流量来调节。冷却吊顶的供冷量通过电动阀11控制（开或关）冷媒流量来调节。该系统的优点是可以利用冷却塔提供的冷却水的自然冷量。

图6-19所示为用混合法制备冷却吊顶冷水的水系统。新风系统和冷却吊顶水系统分别为两个回路，每个回路上设置各自的循环水泵4和5，以满足新风系统和冷却吊顶系统对供、回水温度的不同要求。由冷水机组2统一提供6～7℃的冷水。其中一部分直接供新风系统使用，即新风的水系统回路；另一回路为冷却吊顶1的水系统回路，其供水温度由电动三通调节阀8调节6～7℃的冷水与冷却吊顶的回水的混合比来达到。冷却吊顶的供冷量由水路上的电动阀7控制（开或关）。图6-18的水系统实质上是双级泵水系统。

上述两个水系统形式，新风系统（或其他系统，例如风机盘管系统）和冷却吊顶都采用了同一冷源（冷水机组），它只能按要求最低的冷水供水温度运行，而要求温度较高的冷却吊顶系统的冷媒只能靠二次换热或混合的办法来获得。无法用提高冷水机组的蒸发温度来实现节能运行。为此，可以把冷却吊顶系统和新风系统分设为两个独立的闭式水系统。利用两套独立的制冷系统

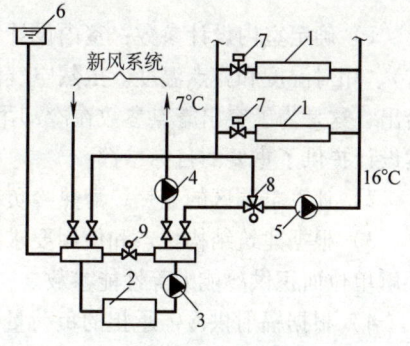

图6-19 用混合法制备冷却吊顶冷水的水系统

1—冷却吊顶 2—冷水机组 3—冷水机组循环水泵 4—新风系统循环水泵 5—冷却吊顶系统循环水泵 6—膨胀水箱 7—电动阀
8—电动三通调节阀 9—压差调节阀

分别向新风机组和冷却吊顶供冷水。这样，冷却吊顶水系统的冷水机组供水温度可提高，从而提高了该冷水机组的性能系数，耗电量减少。但是应注意，目前生产的冷水机组的冷水流量是按5℃温差设计得出的，而冷却吊顶的供、回水温差为2℃，因此，还应采取图6-19中的技术措施。不过，冷水机组可提供13℃左右的冷水，通过三通阀调节冷却吊顶的回水量可使供水温度达到16℃，冷却吊顶与新风分设两个独立的水系统的缺点是要增加冷源设备和初投资。

6.2.3 水—空气辐射板空调系统的特点

水—空气辐射板空调系统的特点如表6-3所示。

表6-3 水—空气辐射板空调系统的特点

优点	1）冷却吊顶的传热中辐射占的比例较高，这样可降低室内垂直温度梯度，提高人体舒适感，使室内环境的舒适性较高 2）冷却吊顶的供水温度较高，一般在16℃左右，采用合理的冷却吊顶水系统形式，可相应地提高制冷机组的蒸发温度，改善制冷机的性能系数，进而降低其能耗 3）冷却吊顶系统冷水温度较高，因而可以采用多种形式的冷源，可以采用自然冷源，如冷却水、地下水等，如辐射板的冷水采用独立的人工制冷装置制备时，它的COP值高，比常规系统高25%左右，比较节能 4）冷却吊顶设备体积较小，所以占用的建筑空间少
缺点	1）冷却吊顶的表面温度要高于室内空气的露点温度，否则吊顶表面就要结露 2）为避免结露，冷却吊顶的供水温度较高，使其单位面积供冷量受到限制 3）湿度较大地区应用冷却吊顶系统时，新风机组冷却盘管的冷冻除湿量较大，有时会受到冷却盘管结构尺寸的限制 4）这种系统的除湿能力供冷能力都比较弱，因此冷却吊顶系统不适合用于室内湿负荷较大的场所，只能用于单位面积冷负荷和湿负荷均比较小的场所
适用性	1）室内舒适度要求较高的场所 2）层高较低的建筑物

6.2.4 水—空气辐射板空调系统的设计

1）确定室内设计参数：室内设计参数有空气温度（可比传统空调系统的设计温度高2℃左右）、相对湿度和露点温度。虽然空气温度和相对湿度确定后露点温度已确定，但还是将它单独给出，这是为了突出露点参数在冷却吊顶系统中的重要性，也为冷媒参数的选定和调节控制方案设计提供了重要的目标参数。

2）计算空调区的显热、潜热冷负荷。

3）根据建筑结构特点和使用要求及技术经济比较确定辐射板形式。并从制造商或其他来源了解单位面积供冷能力等性能参数。

4）根据辐射供冷需承担的负荷量和辐射板单位面积供冷能力计算辐射板面积。注意，由于灯具等设备的存在，辐射板占顶板面积一般不大于70%，这个数据一般称为可用天花板百分数。

5）根据辐射板的设计供冷量、管径及室内空气露点温度确定冷媒参数：冷媒参数有进水温度、进出水温差、水流量、水流速。在此基础上进行水系统设计，包括水流压力损失确定、水泵选型、水系统形式选择等。辐射板中的管路如系多路并联，应注意阻力平衡和水温度均匀，保证任何时候在系统的任一路支路流量和水流速满足设计要求，否则会造成板面温度不均匀，或达不到冷却要求的温度。

6）根据风系统要承担的负荷及人体舒适条件确定送风量、送风温度、送风速度等参数，可在此基础上进行风系统设计，包括送风分布器形式确定，风机选择，风管设计布置。

7）冷源选用。在辐射供冷-置换通风复合系统中，水和风的冷源可以是同一个，也可以分开设置。由于室内潜热负荷或除湿量一般由风系统承担，所以要校核除湿量能否满足使用要求。

冷却吊顶空调系统的空气处理过程与计算方法见表6-4。

表 6-4 冷却吊顶空调系统的空气处理过程与计算方法

系统	冷却吊顶空调系统
新风系统空气处理过程在 h-d 图上的表示	(焓湿图：显示 W_x、N_x、L_x 点，ε_x 线，$\varphi=90\%$、$\varphi=100\%$ 曲线，h_{N_x})
h-d 图的绘制过程	1）在 h-d 图上找出室内状态点 N_x，室外状态点 W_x 2）若室内余湿量为 ΣW，新风量为 $q_{m,W}$，由 $d_{L_x} = d_{N_x} - \dfrac{\Sigma W}{q_{m,W}}$ 算出新风处理终状态点 L_x 点的含湿量，d_{L_x} 线与 $\varphi=90\%$ 线交于点 L
新风量 $q_{m,W}$ 的确定	一般按不低于卫生标准所规定的最小新风量确定
新风机组耗冷量计算/kW	$q_{m,W}(h_{W_x} - h_{L_x})$
冷却吊顶承担冷量/kW	$\Sigma Q - q_{m,W}(h_{W_x} - h_{L_x})$

注：ΣQ 为室内总冷负荷。

6.2.5 水—空气辐射板空调系统与常规变风量系统的能耗和运行费比较

不同的供冷方式和气流组织条件下水-空气辐射板空调系统与常规变风量系统的能耗和运行费比较见表 6-5。

表 6-5 不同空调系统耗电量和运行费比较

序号	空调系统形式	耗电量（%）			运行费（%）
		风机与泵	冷顶板及空气冷却器制冷	加热器制热	
1	变风量系统，顶送风	100	100	100	100
2	冷顶板，定风量置换通风，由制冷机供冷	64	547	135	78
3	同 2，但冷顶板用 Free Cooling 供冷	60	125	135	63
4	冷顶板，定风量顶送风，由制冷机供冷	64	425	67	70
5	同 4，但冷顶板用 Free Cooling 供冷	60	118	67	58
6	同 5，但带有冰蓄冷装置	60	118	67	50

6.3 变制冷剂流量多联分体式空调系统

变制冷剂流量多联分体式空调系统（简称多联机系统），是一台室外空气源制冷或热泵机组配置多台室内机，通过改变制冷剂流量适应各空调区负荷变化的直接膨胀式空气调节系统。它以制冷剂为输送介质，是由制冷压缩机、电子膨胀阀、其他阀件（附件）以及一系列管路构成的环状管网系统。该系统由制冷剂管路连接的室外机和室内机组成，室外机由室外侧换热器、压缩机和其他制冷附件组成；室内机由风机和直接蒸发器等组成。一台室外机通过管路能够向若干个室内机输送制冷剂液体，通过控制压缩机的制冷剂循环量和进入室内各个换热器的制冷剂流量，可以适时地满足室内冷热负荷要求。该系统是日本大金工业株式会社首先研制推出的，并将这种空调方式注册为 VRV（Variable Refrigerant Volume）系统。

多联机系统是一台室外机连接多台室内机，每台室内机可以自由运转/停止、或群组、或集中等控制。在单台室外机运行的基础上，同时发展出多台室外机并联系统，可以连接更多的室内机。

其主要工作原理是：室内温度传感器控制室内机制冷剂管道上的电子膨胀阀，通过制冷剂压力的变化，对室外机的制冷压缩机进行变频调速控制或改变压缩机的运行台数、工作气缸数、节流阀开度等，使系统的制冷剂流量变化，达到制冷或制热两种方式随负荷变化而改变供冷量或供热量的目的。多联机系统如图 6-20 所示。

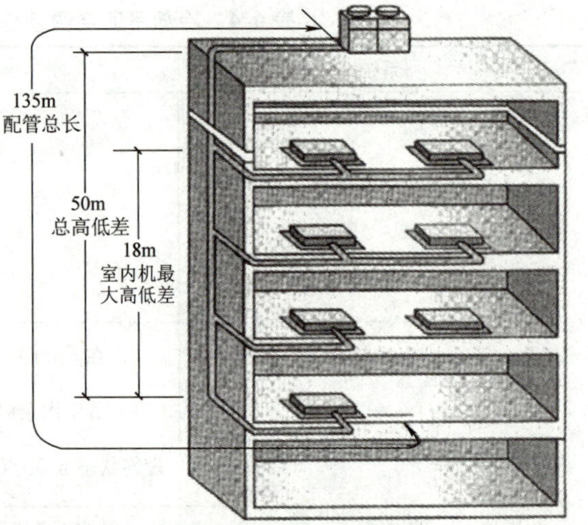

6.3.1 多联机系统的分类

图 6-20 多联机系统

多联机系统有不同的分类方式，表 6-6 所示为变制冷剂流量多联分体式空调系统的分类。

表 6-6 变制冷剂流量多联分体式空调系统的分类

分类内容	类型	特点说明
按压缩机类型	变频式	当室内负荷发生变化时，可以通过改变压缩机频率来调节制冷剂流量。在部分室内机开启的情况下，能效比要比满负荷时高。系统整体节能性要比定频式好 系统在 50%~80% 的使用率情况下，能效比比较高
	定频式（包括数码涡旋）	当室内负荷发生变化时，通过压缩机输出旁通来调节制冷剂流量。在部分室内机开启的情况下，能效比要比满负荷时低
按室外机冷却方式	风冷式	室外换热器换热介质是空气，与水冷式相比安装比较简单。但环境工况恶劣时，对系统性能影响比较大
	水冷式	室外换热器换热介质是水，与风冷式相比，多一套水系统，设计安装比较复杂。但系统性能比较高，环境工况对其影响没有风冷式大。目前国内还没有此类系统的应用
其他类型	热回收式	同一制冷系统中的不同室内机可以分别进行制冷和制热运转，系统性能好
	冰蓄冷式	多联机系统可以通过与小型冰蓄冷装置相连。在晚间低谷时，进行蓄冷，在白天高峰时释放冷量，达到转移用电高峰的效果

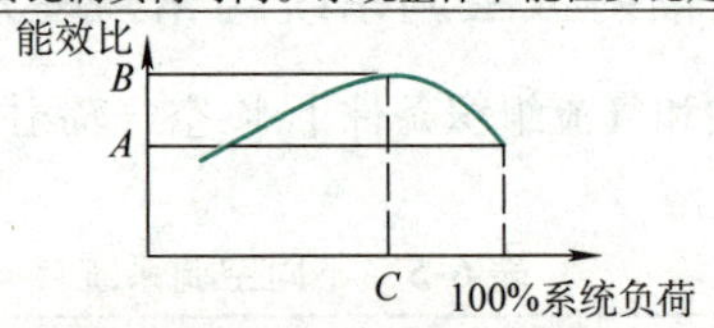

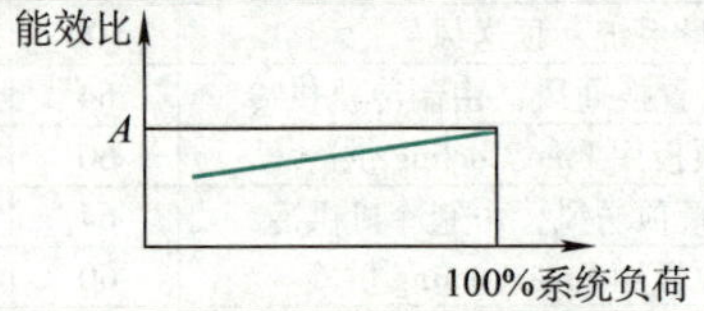

由于该系统空调方式没有空调水系统和冷却水系统，系统简单，不需机房面积，管理方便灵活，可以热回收，且自动化程度较高，近年已在国内一些工程中采用。《民用建筑供暖通风与空气调节设计规范》（GB 50736—2012）7.3.11 规定：空调区内振动较大、油污蒸汽较多、产生电磁波或高频波等场所，不宜采用多联机空调系统。多联机空调系统设计应符合下列要求：①空调区负荷特性相差较大时，宜分别设置多联机空调系统；需要同时供冷和供暖时，宜设置热回收型多联机空调系统；②室内外机组之间以及室内机之间的最大管长和最大高差，应符合产品技术要求；③系统冷媒管等效长度应满足对应制冷工况下满负荷的性能系数不低于 2.8；当产品技术资料无法

满足核算要求时，系统冷媒管等效长度不宜超过70m；④室外机变频设备，应与其他变频设备保持合理距离。条文中的中小型空调方式或较大型的建筑物由于管理等方面的要求，需要按建筑物用途分成若干中小型集中空调系统等情况。该系统一次投资较高，空气净化、加湿，以及大量使用新风等比较困难；因此，应经过经济技术比较后采用。制冷剂管道长度、室内外机位置有一定限制等，是采用该系统的限制条件。由于制冷剂直接进入空气调节区，且室内有电子控制设备，当用于有振动、有油污蒸汽、有产生电磁波或高频波设备的场所时，易引起制冷剂泄漏、设备损坏、控制器失灵等事故，故不宜采用该系统。

近年来，国外一些生产厂推出了能同时进行制冷和制热的热回收机组。室外机为双压缩机和双换热器，并增加了一根制冷剂连通管道；当同时需供冷和供暖时，需供冷区域蒸发器吸收的热量，通过制冷剂向需供暖区域的冷凝器传暖，达到了全热回收的目的；室外机的两个换热器，需供冷区域室内机和需供暖区域室内机换热器，根据负荷的变化，按不同的组合作为蒸发器或冷凝器使用，系统控制灵活，供暖供冷一体化，符合节能的原则，所以推荐采用这种热回收式机组。

6.3.2 多联机系统的特点

（1）节能 多联机系统可以根据系统负荷变化自动调节压缩机转速，改变制冷剂流量，保证机组以较高的效率运行。部分负荷运行时能耗下降，全年运行费用降低。

（2）节省建筑空间 多联机系统采用的风冷式室外机一般设置在屋顶，不像集中式空调系统中冷水机组、冷（热）水循环泵等设备需占用建筑面积。多联机系统的接管只有制冷剂管和凝结水管，且制冷剂管路布置灵活、施工方便，与集中空调水系统相比，在满足相同室内吊顶高度的情况下，采用多联机系统可以减小建筑层高，降低建筑造价。

（3）施工安装方便、运行可靠 与集中式空调系统比较，多联机系统施工工作量小得多，施工周期短，尤其适用于改造工程。系统环节少，所有设备及控制装置均由设备供应商提供，系统运行管理安全可靠。

（4）满足不同工况的房间使用要求 多联机系统组合方便、灵活，可以根据不同的使用要求组织系统，满足不同工况房间的使用要求。对于热回收多联机系统来说，一个系统内，部分室内机在制冷的同时，另一部分室内机可以供暖运行。在冬季该系统可以实现内区供冷，外区供暖，把内区的热量转移到外区，充分利用能源，降低能耗，满足不同区域空调要求。

6.3.3 多联机系统的设计

1. 系统的确定

多联机系统设计之前，应确定采用何种系统。对于只需供冷、不需要供暖的建筑，可采用单冷型多联机系统；对于既需要供冷又需要供暖且冷热使用要求相同的建筑，可采用热泵型多联机系统；对于分内外区且各房间空调工况不同的建筑，可采用热回收型多联机系统。

2. 选择室内机

室内机形式是依据空调房间的功能、使用和管理要求确定。室内机的容量须根据空调区冷、热负荷选择，当采用热回收装置或新风直接接入室内机时，室内机选型时应考虑新风负荷；当新风经过新风多联机系统或其他新风机组处理，则新风负荷不计入总负荷。

室内机组初选后应进行下列修正：

（1）根据连接率修正室内机容量 当连接率超过100%，室内机的实际制冷、制热能力会有所下降，应对室内机的制冷、制热容量进行校核。

（2）根据给定室内外空气计算温度进行修正 由给定的室内外空气计算温度，查找室外机的容量和功率输出，计算出独立的室内机实际容量及功率输入。

(3) 配管长度进行修正　根据室内外机之间的制冷剂配管等效长度、室内外机高度差，查找相应的室内机容量修正系数，计算出室内机实际制冷、制热量。

(4) 根据校核结果与计算冷、热负荷比较　如果修正值小于计算值，则增大室内机规格，再重新按相同步骤计算，直至所有室内机的实际容量大于室内负荷。

3. 选择室外机

选择室外机应按照下列要求：

1) 室外机应根据室内机安装的位置、区域和房间的用途考虑。

2) 室内机和室外机组合时，室内机总容量值应接近或略小于室外机的容量值。

3) 如果在一个系统中，因各房间朝向、功能不同而需考虑不同使用因素时，则可以适当增加连接率。多联机系统的连接率为50%～130%。

4. 多联机系统设置

当室外机高于室内机时，如单冷系统设有功能机，功能机与室外机最大高差为4m。室外机到最远一个室内机的垂直高度不超过50m；当室外机高于室内机时，室外机到最远一个室内机的垂直高度不超过40m；同一系统内各室内机之间的最大允许高差为15m，室外机与室内机的最大允许距离为100m。

5. 多联机系统新风问题

为了维持空调区域舒适的环境，同适当的室温控制一样重要的是，需要有必要的新风进入。多联机系统的新风供给一直是设计人员十分关注的问题。

(1) 采用热回收装置（HRV）　热回收装置是一种将排出空气中的热量回收用于将送入的新风进行加热或冷却的设备。热回收装置主要由热交换内芯、送排风机、过滤器、机箱及控制器等选配附件组成。热回收装置的全热回收效率大约为60%。

由于热回收效率有限，不能回收的部分能量仍需由室内机承担。选择室内机的热量时，还要考虑室外空气污染的状况。随着使用时间的延长，热回收装置上的积尘必然影响热回收效率。

经过热回收装置处理后的新风，可以直接通过风口送到空调房间内，也可以送到室内机的回风处。

(2) 采用变制冷剂流量多联分体式新风机或使用其他冷热源的新风机组　当整个工程中有其他冷热源时，可以利用其他冷热源的新风机组处理新风，也可以利用变制冷剂流量多联分体式新风机处理新风。室外新风被处理到室内空气状态点等焓线上的机器露点，室内机不承担新风负荷。

经过变制冷剂流量多联分体式新风机或使用其他冷热源的新风机组处理后的新风，可以直接送到空调房间内。

(3) 室外新风直接接入室内机的回风处　室外新风可以由送风机直接送入室内机的回风处，新风负荷全部由室内机承担。进入室内机之前的新风支管上须设置一个电动风阀，当室内机停止运行时，由室内机的遥控器发出信号关闭该新风阀，避免未经处理的空气进入空调房间。

6. 多联机系统的设计步骤

多联机系统的设计流程如图6-21所示。

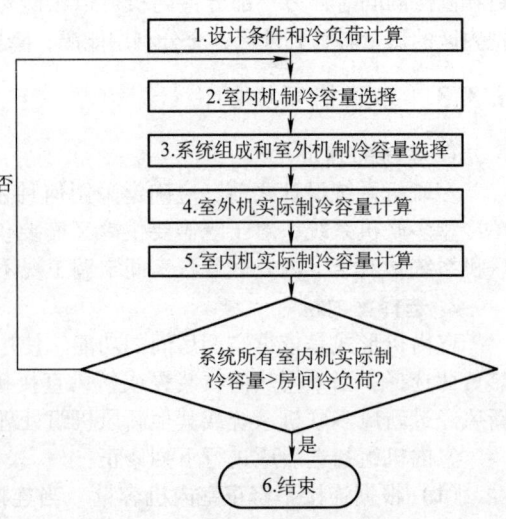

图6-21　多联机系统设计流程图

6.3.4 多联机系统与常规系统比较

多联机系统与集中式空调系统经济技术指标比较见表6-7。

表6-7 多联机系统与集中式空调系统经济技术指标比较

技术经济指标		多联机系统				集中式空调系统	
		费用（免税）	百分比（%）	费用（含税）	百分比（%）	费用	百分比（%）
初投资	设备费	561.96	153	1123.93	306	366.99	100
	管道及安装费	117.02	60	117.02	60	193.59	100
	总和	678.98	121	1240.95	221	560.58	100
装机容量/kW/%		404.81/69				588.35/100	
用电量百分比（%）		64				100	
操作人员费用		较低				较高	
运行操作费用		低				高	
室温控制		灵敏度高，室温波动小				室温易波动	
配管占用建筑物空间		可降低建筑物层高约0.1m/层				常规数值	

注：本表中的数据是针对某一工程而言，不具有普遍性，仅供参考。

6.4 户式集中空调系统

户式集中空调系统（亦称**户式中央空调系统**或**家用中央空调系统**）是介于传统集中式空调系统和家用房间空调器之间的一种新形式，是随着住房条件的改善和生活质量的提高而逐渐发展起来的一种空调新潮流。

6.4.1 户式集中空调系统的类型和特点

户式集中空调承担冷热负荷的输送介质主要有三种：空气、水及制冷剂，因此户式集中空调系统可以分为风管式系统、冷热水式系统、制冷剂系统。

1. 风管式系统（图6-22）

风管式系统是以空气为输送介质，利用主机直接产生的冷热量，将来自室内的回风或回风与新风的混合风进行处理，再送入室内。风管系统可分为：分体式风管系统和整体式风管系统。分体式风管系统也称风冷管道型空调机，空调容量在12~80kW，空气经室内机处理后直接由风管输送到各个空调房间。室外机有单冷型和热泵型两种。室内机是一个简单的空调箱，机外余

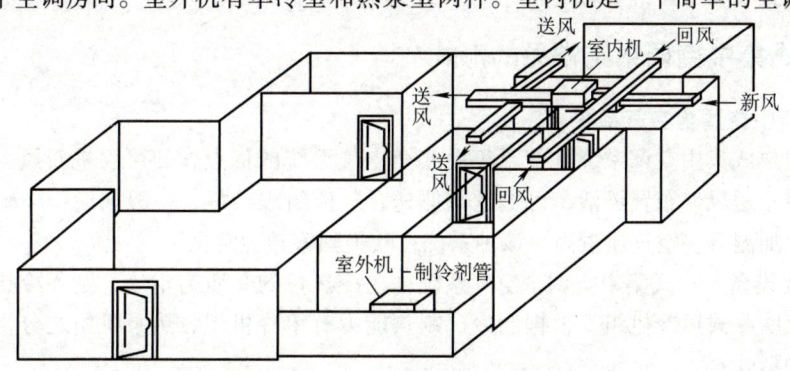

图6-22 户式集中空调的风管式系统

压为 80~250Pa。整体式风管系统，其室外机包括压缩机、冷凝器、蒸发器、风机等。室内部分只有风管和风口，安装时将室外机的出风口和回风口同室内风口相连即可。风管式系统的特点是初投资少，便于引入新风，但系统所需建筑空间较大，且用于多房间时室温难以控制。

2. 冷热水式系统（图 6-23）

系统所用介质通常为水，也用乙二醇溶液，机组容量在 7~40kW。它通过室外主机制备出空调冷水或热水，由管路系统输送到室内的各末端装置，在末端装置内冷水或热水与室内空气进行热交换，产生冷风或热风，以消除室内空调负荷。冷热水式系统的末端装置大多为风机盘管，风机盘管一般通过调节风机的转速来调节室内冷热量。系统可以对每个房间进行单独调节，满足各房间不同的空调需求，节能效果较好；此种系统较难引进新风，对密闭的房间而言，舒适性较差。

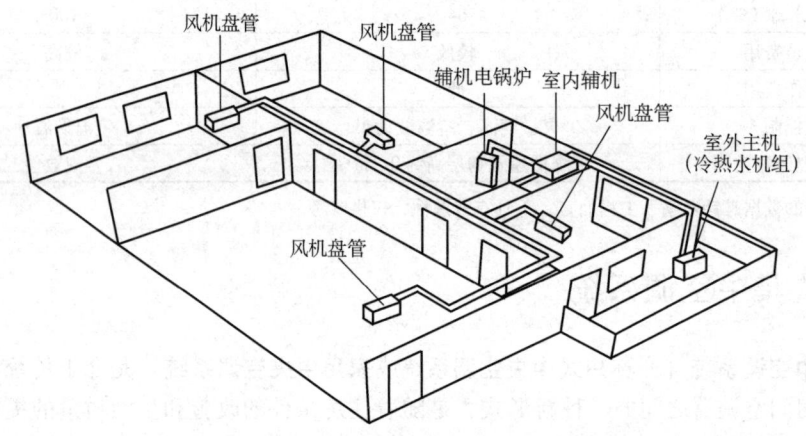

图 6-23 户式集中空调的冷热水式系统

3. 制冷剂系统（图 6-20）

制冷剂系统也称多联式空调系统，输送介质为制冷剂。室外主机由压缩机、冷凝器及其他制冷附件组成。室内机则由直接膨胀式换热器和风机组成。一台室外机通过制冷剂管道与若干台室内机相连，采用变频技术和电子膨胀阀控制系统的制冷剂循环量和进入各个室内机换热器的制冷剂流量，以满足室内冷、热负荷要求。制冷剂系统具有节能、舒适、运转平稳，各房间温度可独立控制，能够满足不同房间不同室温的要求。该系统控制功能强，对制冷剂管道选择、焊接和机组安装要求非常高，初投资较高。制冷剂系统可以引进新风，舒适性较好。制冷剂液体和气体管道直径较小，占用的空间少。

6.4.2 户式集中空调系统常见的形式

1. 户式集中空调全空气系统

全空气型户式集中空调系统具备了集中式全空气系统的优点，如可引进新风，过渡季节可利用新风供冷；送风口布置灵活，可上送或侧送，气流组织较好；一般来说噪声较低；易于实现送风过滤、加湿等，空气质量高。该种系统在欧美国家较为常见。

(1) 主要设备 户式集中空调全空气系统输送冷热量的介质为空气，制备冷热风的空气处理装置为直接膨胀式风冷机组，根据制冷、制热能力有单冷机组、热泵机组之分，根据机组结构有以下几种形式：

1) 穿墙式机组。为风冷整体机组（大多为热泵型），与普通窗机的区别为：冷凝器风机为离心式，故可将室外侧做成与外墙面齐平，容易与建筑立面协调；室内蒸发器风机带有较高余压，可接送风管道。

2) 风冷分体式风管机。根据室内机形式，又有水平吊装式、立柜式、卧式暗装式等。此类机组冷量范围较大，室内机余压较高，可配置辅助电加热器、热水或蒸汽加热盘管，制冷剂配管长度可达60m，安装灵活性好。

3) 屋顶机组。用于住宅的为整体机组，常设于屋面，冷热量较大，适用于别墅等较大型空调场所。风冷热泵机组的压缩机比较常用的为进口全封闭柔性涡旋式压缩机，冷量较大的型号为全封闭往复式压缩机。压缩机台数一般1台，较大型号两台，也有的产品采用2~3台压缩机，以提高能量调节余地，节约运行费用。已有采用变频压缩机的风冷热泵风机组产品。

风冷机组的电源有220V-1Φ/50Hz，380V-3Φ/50Hz两种。

(2) 规格及性能　参考《房间空气调节器》(GB/T 7725—2004)规定的风冷冷热机组的额定制冷工况为室外干/湿球温度35℃/24℃，室内干/湿球温度为27℃/19℃；额定制热工况为室外干/湿球温度7℃/6℃，室内干/湿球温度为20℃/15℃。当实际工作环境与额定环境不一致时，机组制冷、制热量、输入功率等具有与风冷冷热水机组相同的变化规律，应进行修正，具体可参考厂家的产品资料。风冷冷热风机组同样也有冬季除霜问题，可与风冷冷热水机组同样加以考虑。

2. 户式集中空调变风量 (rVAV) 系统

(1) 系统介绍　rVAV系统 (room Variable Air Volume System) 是专为家庭住宅、商住两用房等户式集中空调设计的一套变风量控制系统。它配合风冷空调机组、热水盘管或暖风炉，达到控制室温、节约能耗的目的。该系统可对新风进行调节，以保证室内空气品质。除制冷状态，还可以对热水盘管或暖风炉的供暖状态进行控制。另外，该系统还可以实现远程监控，可以通过小区物业管理中心的计算机对所有用户的空调系统运行状况进行集中监控，随时监测并判断故障情况等。

rVAV系统是采用风机取代风阀、总风量控制阀下的变风量控制系统，它运用现代计算机控制技术，多变量控制理论对户式集中空调进行集散控制。通过各房间的数字式温控器，采用模糊逻辑控制技术无级调节相应的变风量箱风机的转速，从而调节房间的送风量，以达到控制室内温度的目的。通过系统中央控制器实现两个控制功能：一方面采集各房间温度和风量参数，来控制空调机组室内机的送风量以及室外机的变频或启停；另一方面，与小区进行网络连接，实现远程集中管理。

rVAV系统的末端变风量箱采用带动力的风机箱，可使每个出风口的压力提高60~90Pa，明显提高送风能力，降低空调室内机对机外余压的需求。由于做到分室独立调节和控制，风机自动变风量以及机组的自动控制等控制手段，实现连续工况的调节，彻底杜绝普通户式空调系统一开全开的不合理状况，主机装机容量考虑同时使用系数可以明显降低，空调耗电量、噪声、空间占用等均可减少。

(2) 系统构成　rVAV系统由以下四个主要部分组成：

1) 空调机组。可选择任何型号的风冷单冷或热泵空调机组，定速机组或变频机组均可。资金许可时，尽量选用变频机组。

2) 末端数字控制器。采用微处理器及人工智能的模糊逻辑控制技术，瞬态响应时间快。末端数字控制器集温控器与执行器为一体，由置于温控器内的温度传感器实时检测室内温度，与用户预先设定的室内温度进行比较，实时自动平滑地调节风机转速，从而实现风机送风量的自动控制和无级调节，控制精度可达±0.75℃，能够准确地调整风量，并使其随负荷变化保持动态平衡。

3) 变风量终端箱。变风量终端箱是带有动力的风箱，风压60Pa（L系列 – 标准型） ~90Pa（H系列 – 高静压型）。由低噪声离心风机、电容式风机、吸声箱体、保温吸声板等组成。风机为大轮径、大风量、低转速、低能耗、低噪声离心风机，电机为高效、低噪声单相电容电机（也有产品采用无刷直流电机），箱体内贴保温吸声板，不但可以确保箱体表面不会结露，同时可以降低箱体噪声。

4) 中央控制器。用于实时采集所有末端控制器的控制信号，判断温度变化趋势，在加以总解耦计算后控制室内风机的送风量，同时对室外压缩机进行变频控制或启停控制。

中央控制器上带有通信接口，可以通过网络进行计算机远程监控，实现小区户式空调的集中管理。

3. 户式集中空调风机盘管系统

(1) 主要设备　户式集中空调风机盘管系统的室内空气处理装置采用风机盘管机组，输送冷热量的介质为水，制备冷、热水的中央处理器为风冷冷（热）水机组、水冷冷水机组（靠冷却塔产生冷却水）、蒸发冷凝冷水机组，后两者均为单冷型机组，室内供暖须提供另外的热源（如集中供暖的低温热水、家用电锅炉、燃油燃气锅炉等）。目前水冷及蒸发冷凝的冷水机组应用较少，一般均为风冷热泵型的冷热水机组。

户式集中空调使用的风冷热泵机组的压缩机常用的进口全封闭柔性涡旋式压缩机，冷量较大的型号为全封闭往复式压缩机。压缩机台数一般1台，较大型号2台，也有的产品采用2~3台压缩机，以提高能量调节余地，节约运行费用。也有采用变频压缩机的风冷热泵冷热机组，但总的来说，由于造价原因，采用变频压缩机的产品还较少。

作为水系统循环动力的循环水泵、小型的闭式膨胀水箱、补水装置等一般均内置于室外机组，这样，只要接上供回水管，空调系统就可使用，系统的布置大大简化。较大型的设备，水系统设备一般由用户另外配置。对于北方寒冷、严寒地区，为了防止冬季水系统冻结，有些设备将冷水机组的蒸发器连同水循环设备组装在一起，布置在室内；产生噪声的压缩机及风冷冷凝器组装在一起，作为室外机部分布置在室外，室内机、室外机和常规的家用空调类似，用制冷剂管联系在一起。此种布置方式，对于冬季采用其他低温热水作为辅助热源的系统尤其适合。风冷机组的电源有220V – 1Φ/50Hz，380V – 3Φ/50Hz两种，有的设备小型号者为单向电源，大型号者为三相电源。

(2) 规格及性能　我国目前小型风冷冷水（热泵）机组可参考国家标准《蒸气压缩循环冷水（热泵）机组》中第2部分：户用及类似用途的冷水（热泵）机组（GB/T 18430.2—2008）的规定，额定制冷工况为室外干球温度35℃，额定进水温度7℃/12℃，额定热工况为室外干/湿球温度7℃/6℃，额定进水温度40℃/45℃。目前大部分厂家也是按这个标准进行性能参数的标定。

当实际工作环境与额定环境不一致时，应对制冷量、输入功率等进行修正。图6-24所示为该系列YCAC – 15（H）机组制冷量、功耗随室外温度变化的曲线。可以看出，随着室外温度的升高，机组制冷量降低，功耗增加；随出水温度升高，制冷量增加，功耗增加。图6-25所示为该机组制热量、输入功率随室外温度变化的曲线。可以看出，随着室外温度的降低，机组的制热量降低，功耗降低；随着出水温度的升高，制热量减少，功耗增加。其他型号或其他产品相应的性能曲线图或全性能表，可向厂家索取。

上述风冷热泵机组变工况性能中的制热量均为瞬时制热量，未考虑结霜、除霜引起的制热量损失。当室外温度较低、相对湿度较大时，室外空气换热器发生结霜现象，使传热系数增大，空气阻力增加，换热恶化，供热量骤减，甚至发生停机现象。因此，必须对室外盘管进行除霜。除霜时采用四通阀换向，进入制冷工况，使压缩机排气直接进入空气换热器以除去翅片表面结霜。除霜时，机组不但不能供给热量，反而从室内吸收热量，严重影响供热效果，甚至产生吹冷风的感觉。因此，在选用空气源热泵机组时，必须进行结霜除霜修正。

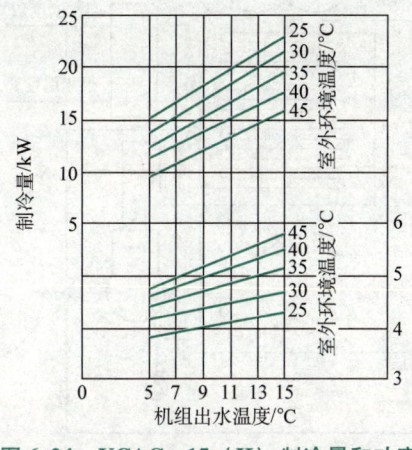
图 6-24　YCAC-15（H）制冷量和功率

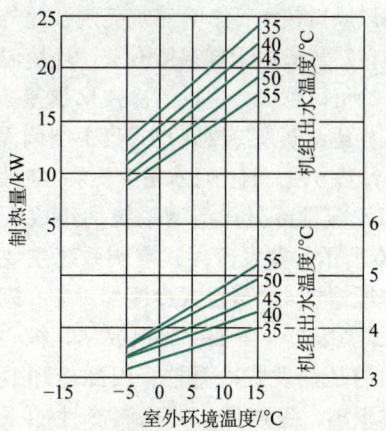
图 6-25　YCAC-15（H）制热量和功率

影响结霜的因素主要是室外相对湿度 φ 和干球温度 t，发生结霜的范围为 $-12.8℃ \leqslant t \leqslant 5.8℃$，当 $\varphi \geqslant 67\%$。当 $-5℃ \leqslant t \leqslant 5℃$，$\varphi \geqslant 85\%$ 时，结霜最为严重。《民用建筑供暖通风与空气调节设计规范》（GB 50736—2012）8.3.2 条文说明中指出，当每小时除霜一次时，除霜修正系数取 0.9，每小时除霜两次时，除霜修正系数取 0.8。由于我国各地气候状况差异很大，不同地区、不同的使用情况除霜修正值应有所区别。考虑冬季不同温度区间出现的权重，研究人员提出了结霜温度区间平均结霜损失系数的概念，表 6-8 所示为各主要城市相应结霜区间的平均结霜除霜损失系数。

表 6-8　各城市平均结霜除霜损失系数

城市	一班制	三班制	城市	一班制	三班制
北京	0.98	0.965	武汉	0.913	0.812
济南	0.976	0.96	宜昌	0.94	0.894
郑州	0.973	0.954	南昌	0.96	0.912
西安	0.97	0.955	长沙	0.878	0.703
兰州	0.998	0.994	成都	0.988	0.973
南京	0.944	0.907	重庆	0.994	0.99
上海	0.957	0.89	桂林	0.999	0.998
杭州	0.94	0.888			

4. 户式集中空调蒸发冷凝式空调系统

（1）蒸发冷凝式空调系统简介　蒸发冷凝式空调系统是利用水的汽化带走气态制冷剂冷凝过程放出的凝结热。来自制冷压缩机的气态制冷剂从上部被送入盘管内，冷凝后的液态制冷剂从盘管下部流出。冷却水由淋水器淋出，润湿盘管外表面；同时室外空气自下而上流经盘管，引起水分的蒸发，带走冷凝热。

蒸发冷凝式空调系统应用于大型氨制冷系统已有 50 多年的历史。知名企业有英国 Hall 公司，日本东洋制作所、昭和重机制作所、丹麦的阿特拉斯（ATLAS）公司及美国的益美高（EVAPCO）公司等。其产品容量由 100kW 到上万千瓦。按照风机设置方式不同，又分为压出式和吸入式两种。

户式集中空调主要有风冷机、水冷机等种类。蒸发式冷凝作为一种独特的冷凝方式，适合于户式集中空调发展的需求。同风冷机相比，蒸发冷凝式空调系统温度通常比名义工况进风湿球温度高 8~15℃，远低于风冷机冷凝温度，可节能 20%~40%；风冷机组冷却风量大，进、排风风口较大，影响建筑美观；此外风冷机组传热与进风干球温度有关，环境温度越高，冷负荷越大，主机制冷效果越差。同水冷机相比，蒸发冷凝式户式集中空调无冷却塔，计费方便，且循环水量少，泵功耗小。

（2）蒸发冷凝式空调系统的组成 如图 6-26 所示，蒸发冷凝式空调系统主要是由制冷压缩机 4、蒸发式冷凝器 1、节流阀 8 和板式蒸发器 7 等四部分组成，其核心部分采用的是蒸发式冷凝器，因此冷却效率高，体积小，噪声低，整机制冷性能系数高，高效节能。

（3）蒸发冷凝式空调系统的主要特点

1）体积小，约为一般风冷机的 60%。

2）运行费用低，较一般风冷机节电 40% 以上。

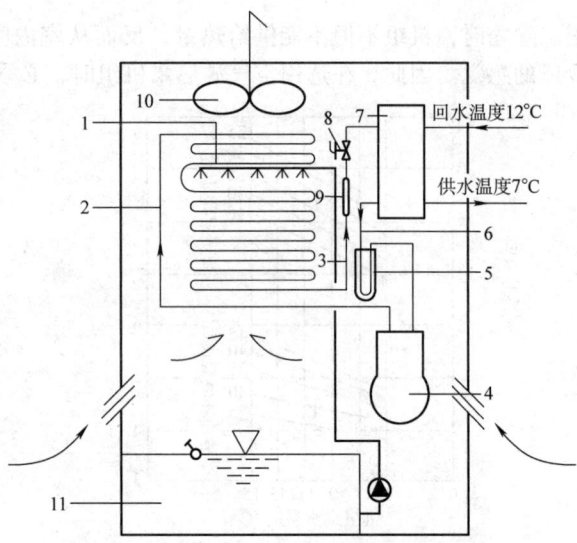

图 6-26 蒸发冷凝式空调系统的组成
1—蒸发式冷凝器 2—热的制冷剂蒸气 3—液体制冷剂
4—制冷压缩机 5—气液分离器 6—低温制冷剂蒸气
7—板式蒸发器 8—节流阀 9—干燥过滤器
10—风机 11—水箱

3）排风口小（约为 200mm×200mm），对建筑外观无破坏。

4）自动控制，单房间调节，使用方便。

5）可选配组合式热回收新风净化系统，一年四季可对室外空气进行过滤去除异味后送入房间，是真正意义的健康空调。

6.4.3 户式集中空调系统的设计

户式集中空调系统的设计主要包括：空调设备的选型、管道系统布置和自控方式确定等。

1. 风管式空调系统设计

整体式机组常常安装于屋顶，室内仅布置送回风风管，采用集中回风，无空气冷凝水管，不需专用空调机房，过渡季可采用全新风运行。分体式机组室外机可安装于屋顶、阳台、墙面或地面上，室内机可以水平安装，也可以垂直安装，室内外机制冷剂管长度一般为 30m，最长可达 70m。

风管式空调系统负荷调节能力较差，机组只能根据回风参数控制压缩机的起停。机组送风量不能随着空调区负荷的变化而改变。系统总冷、热量应为系统服务的所有空调房间最大负荷之和。

设备选型时，一般根据夏季总冷量及夏季室内外计算温湿度参数选择机组型号，确定机组的总制冷量、显冷量；根据风管系统布置，确定机组机外静压；计算机组实际制冷量，如小于夏季总冷量要重新选型；根据选定机组型号和冬季室内外计算温湿度参数，确定机组实际制热量，如小于总冬季负荷，则考虑重新选型或增加辅助加热设备。

整体式机组应尽量靠近服务区域，送回风风管尽量短，对于如住宅等层高较低的房间，主风管尽量布置在走廊、客厅周边，支风管上应设置风量调节阀，送风口以侧送双层百叶风口为主，也可采用顶送散流器或条缝型风口。

分体式机组室内机可立式落地安装，也可水平安装。立式机组一般置于专用机房内，在住宅内一般置于储藏室内，水平式室内机则吊装于卫生间吊顶内，机组噪声太高时，主风管需设消声器。

2. 冷热水式空调系统设计

冷热水式空调系统的冷热源形式很多，而室内末端装置一般为风机盘管机组。

末端装置一般按夏季冷负荷选择，风机盘管机组根据空调区冷负荷，按中档时的冷量选择型号，并校核冬季加热量是否能满足房间供暖要求。对于住宅建筑，所有末端装置同时使用的可能性较小，户式集中空调主机选择时，需考虑同时使用系数。

户式集中空调系统所用的热泵机组或单冷机组的压缩机大多为定速压缩机，系统能量调节一般通过开、停压缩机来实现。在部分负荷下，压缩机运行很短时间，系统水温就达到设定温度，压缩机停机；当水系统容量较小时，经过很短时间，系统水温就会超过设定温度范围，压缩机必须开机，从而造成压缩机开、停机频繁，影响主机的使用寿命。而且，在冬季机组除霜时，会造成系统水温降过大，影响供暖效果，造成吹冷风的感觉。系统的水容量越大，则系统的热稳定性越好。综合室内环境的舒适性、主机的使用寿命、系统造价等因素，户式集中空调系统热稳定性要求为：

夏季运行时，主机停机 10min，要求供水温度升高小于 5℃。

冬季运行时，主机除霜时间为 3min 时，要求系统供水温度下降小于 3℃。

当系统水容量不能满足要求时，应加大系统管道管径或增设储水箱。

户式集中空调冷热水系统的水系统为两管制，水管大多采用异程式布置；根据水路系统的阻力应校核主机所配水泵扬程是否满足需要。

新风一般采用无组织进风方式，要求较高的住宅建筑可采用新风机组提供新风，也可以采用全热换热器供应新风。

3. 制冷剂空调系统设计

制冷剂空调系统是直接以制冷剂作为输送冷热量介质的空气源热泵型空调系统。

室内机根据空调区冷负荷、室内干球温度、室内湿球温度和夏季空调室外计算干球温度进行选型，所选室内机的容量大于空调区冷负荷；室外机根据室内机的组合总容量选择；计算机组实际制冷量，确保室内机、室外机的制冷量均能满足实际需要；校核制热量，确保系统能满足冬季需热量。

制冷剂系统使用的制冷剂是 R22，常温常压下 R22 是无味、无毒、不燃的气体，但当室内 R22 浓度较大时，空气中含氧量将降低，影响室内人员的健康。

新风一般采用无组织进风，或者采用新风与室内空气混合后再处理，也可采用全热换热器处理新风。全热换热器可以设置在吊顶内，经换热后的空气可以直接送入室内或送入室内机的回风箱内。

6.4.4 几种常用户式集中空调机组的比较

几种常用户式集中空调机组的比较见表 6-9。

表 6-9 几种常用户式集中空调机组的比较

序号	空调系统	室内外连接管道	连接距离	初投资	新风处理	室温控制	室内噪声
1	空气源风管式热泵机组	风管	有限值	小	易（可直接接入机组回风口）	集中回风控制（可加房间风阀调节）	需消声
2	风冷风管式单冷机组+燃气热水（风）炉			中			
3	空气源冷热水机组	水管	可以较长	中	一般（设专用冷热水新风机组）	各房单独控制	低
4	空气源冷热水机组+辅助热源			较大			
5	蒸发冷凝式冷水机组+辅助热源						

（续）

序号	空调系统	室内外连接管道	连接距离	初投资	新风处理	室温控制	室内噪声
6	制冷剂直接膨胀式多联机组	制冷剂管道	受压缩机限制最长150m	中	稍难（设专用室内外机组或热回收装置）	各房单独控制	低
7	一拖多变频（或数码控制）机组			大			
8	水环单冷机组	水管	可以较长	中	稍难（设专用室内外机组或热回收装置）	各房单独控制	需消声
9	水环热泵机组+辅助热源			较大			
10	地源热泵冷热水机组			大	一般（设专用冷热水新风机组）		低
11	燃气型溴化锂冷热水一体化机组			大			

序号	空调系统	冬季采暖效果	占用室内空间	安装方便性	安全性破坏性	主机变负荷控制	维护管理	运行费用
1	空气源风管式热泵机组	一般	较大	方便	较好	一般	易	较大
2	风冷风管式单冷机组+燃气热水（风）炉	好					一般	
3	空气源冷热水机组	一般	中	方便	漏水时损失较大	一般（压缩机定速）；方便（压缩机变速）	一般	中
4	空气源冷热水机组+辅助热源	好						
5	蒸发冷凝式冷水机组+辅助热源	好						较小
6	制冷剂直接膨胀式多联机组	一般	较小	专业安装	泄漏时有一定的危险性	一般	易	较小
7	一拖多变频（或数码控制）机组					方便		小
8	水环单冷机组	—	中	一般	较好	一般	一般	较小
9	水环热泵机组+辅助热源	好						
10	地源热泵冷热水机组	好		专业安装	漏水时损失较大	一般（压缩机定速）；方便（压缩机变速）	易	小
11	燃气型溴化锂冷热水一体化机组			方便		有	中	中（视燃气价）

6.5 热泵空调系统

按热量的来源，把热泵空调系统分为空气源热泵（Air-Source Heat Pump, ASHP）空调系统和水源热泵（Water-Source Heat Pump, WSHP）空调系统两大类。

6.5.1 空气源热泵（ASHP）空调系统

空气源热泵机组自20世纪90年代初开始在我国推广使用，它特别适合我国的夏热冬冷地区。上海、浙江、江西、湖南、湖北全境，江苏、安徽、四川大部，陕西、河南南部，贵州东部、福建、广东、广西北部、甘肃南部的部分地区均属夏热冬冷的气候。在这些地区很适宜应用空气源热泵机组，解决建筑物集中空调冷热源的问题。目前空气源热泵机组的应用范围还有继续向北移动的趋势。空气源热源机组由于其具有节能、环保、冷热联供、无需冷却水系统和供暖锅炉等优点，在我国将发挥越来越重要的作用。

所谓空气源热泵，就是利用室外空气的能源从低位热源向高位热源转移的制冷、制热装置，通常讲就是以冷凝器放出的热量来供暖的制冷系统或用作供暖的制冷机组称为空气源热泵。

1. 空气源热泵机组的分类

（1）空气源热泵机组按其供冷（暖）的方式分类　可分为：①冷（热）水机组；②制冷剂直接膨胀式空调机组。

（2）按其采用的压缩机类型分类　可分为：①往复式制冷压缩机组；②螺杆式制冷压缩机组；③涡旋式制冷压缩机组。

（3）按其结构形式分类　可分为：①整体式；②组合式；③模块式热泵机组。

2. 空气源热泵机组的特点

空气源热泵机组主要特点如下：

1）安装在室外，如屋顶、阳台等处，不占有效建筑面积，节省土建投资。

2）夏季供冷、冬季供暖，省去了锅炉房对城市建设有利。

3）省去了冷却水系统和冷却塔、冷却水泵、管网及其水处理设备，节省了这部分投资和运行费用。

4）机组的安全保护和自动控制同时装于一个机体内，运行可靠，管理方便。

5）夏季运行 COP 值比水冷机组低，耗电较多，冬季运行节能。

6）造价较水冷机组高。

7）空气源热泵冷热水机组常年暴露在室外，运行条件比水冷机组差，其使用寿命也相应要比水冷式冷水机组短。

8）空气源热泵机组的噪声较大，对环境及相邻房间有一定的影响。

9）空气源热泵机组的性能随室外气候变化明显，制冷量随室外气温升高而降低，制热量随室外气温降低而减少。

10）空气源热泵机组是通过室外空气作为冷却介质（供冷时）与热源（供暖时），由于其比热容小以及室外侧蒸发器的传热温差小，故所需风量较大，机组的体积也较大。蒸发器从空气中每吸取 1kW 热量所需的风量约为 360m^3/h。

3. 热泵机组的设计

（1）热泵机组容量确定　建筑物的空调冷、热负荷可根据《民用建筑供暖通风与空气调节设计规范》（GB 50736—2012）要求，通过计算确定所需的冷负荷和热负荷。值得注意的是空气源热泵机组提供的机组制热量均为瞬时制热量，并未计入除霜所引起的热量损失，空气源热泵机组冬季的制热量应根据室外空调计算温度修正系数和除霜修正系数确定。

（2）热泵机组的布置　热泵机组是通过室外空气与其换热盘管进行热湿交换而获得冷量或热量的。因此环境空气是否流畅，不受阻碍，不形成回流必须予以重视，这是保证机组正常运行的关键。在实际使用中，有以下几种情况影响了机组的性能，应予以重视。

1）受机组放置面积的限制，机组与机组之间间距过小，或机组一面进风侧贴邻建筑物墙面，造成进风受阻。建议机组与机组之间的间距不宜小于 2m，与贴邻建筑物墙面的距离不宜小于 1.5m。

2）根据建筑工种要求，机组放置在周围以及顶部既有围挡又有开口的地方，造成进、排风面积不够,或排风气流受阻后有部分回流。

3) 机组放置在高差不大,平面距离很近的上、下平台上。供冷时,下面机组排出的热气流上升,易被位于上面的机组吸入;供暖时,上面机组排出的冷气流下降,易被下面的机组吸入影响机组的性能。

4) 多台机组先后设置在主导风向上,第一台机组在主导风向的上游,效果最佳,第二、三台机组在主导风向的下游。上游机组排出的冷、热气流易被下游机组吸入,影响机组的性能。

(3) **辅助加热方式** 空气源热泵机组随着室外空气温度的降低,机组的制热量也减少,但因此建筑物的热负荷却增大,此热量与热负荷之间的矛盾,应通过绘制热泵机组的供热特性曲线与建筑物热负荷特性曲线,以求得一个合理的平衡点来解决。如果选择机组时环境温度取得过低,虽然在较低温度时能满足供暖要求,但机组的容量将增加。因此,机组容量的选择依据除要满足夏季冷负荷外,冬季是要求在绝大部分时间内满足热量的供需平衡,当室外空气温度低到机组的供热量少于需求量时,可采用辅助加热器补充热量的不足。热源可以是电、蒸汽或热水等。

辅助加热最常用的为电加热,一般设在出水(风)侧。电加热器宜分档设置,按热负荷容量的需要,分档开启电加热器。按室外环境温度低于平衡点不同幅度,自动调节。当室外环境温度极低时,关闭热泵循环,全部采用电加热器供暖,以避免热泵机组可能损坏。

(4) **热泵机组的噪声与振动** 空气源热泵机组的噪声,如处理不好会影响室内外环境,机组的噪声来源于风机与压缩机。室外侧换热器要求的风量大,风机的转速是影响噪声的主要因素之一。压缩机目前采用的形式有全封闭往复式压缩机、半封闭往复式压缩机、涡旋型压缩机、螺杆型压缩机,其中半封闭往复式压缩机噪声较大。就机组整体的噪声而言,由低转速风机与全封闭型压缩机或带隔声箱的螺杆型压缩机配置而成的机组噪声最低。

机组的噪声还来源于机组的振动,这类噪声是通过建筑物的围护结构如墙、楼板等传递到室内的,设计时应予以注意。要消除固体传声应做好机组的隔振。若机组位于屋面,通常的做法是将机组支承于屋面上的钢筋混凝土柱子位置上,架空于屋面,在机组与支承梁之间设置减振橡胶垫或减振弹簧。同时应注意,在与机组水管连接处配以柔性接头,宜采用挠曲型橡胶接头或金属软管。此外,还需注意屋面上空调水管支承于支架处的隔振。

6.5.2 水源热泵(WSHP)空调系统

所谓水源热泵,是一种采用循环流动于共用管路中的水,从水井、湖泊或河流中抽取的水或在地下盘管中循环流动的水为冷(热)源,制取冷(热)风或冷(热)水的设备;包括一个使用侧换热设备、压缩机、热源侧换热设备,具有单制冷或制冷和制热功能。

根据《水(地)源热泵机组》(GB/T 19409—2013)规定,水源热泵机组按使用侧换热设备的形式分为:冷热风型水源热泵机组和冷热水型水源热泵机组;机组按冷(热)源类型分为:①水环式;②地下水式;③地埋管式;④地表水式。

1. 水环热泵(WLHP)空调系统

水环热泵(Water Loop Heat Pump, WLHP)空调系统是指水/空气热泵的一种应用方式,即通过水环路将众多的水/空气热泵机组并联成一个以回收建筑物余热为主要特征的空气调节系统。该系统于20世纪60年代首先在美国加利福尼亚州出现,故也称为加利福尼亚系统。国内从20世纪90年代开始,在一些工程中采用。

水环热泵系统是利用水源热泵机组进行供冷和供暖的系统形式之一。系统按负荷特性在各房间或区域分散布置水源热泵机组,根据房间各自的需要,控制机组制冷或制热,将房间余热传向水侧换热器(冷凝器)或从水侧吸收热量(蒸发器);以双管封闭式循环水系统将水侧换热器连接成并联环路,以辅助加热和排热设备供给系统热量的不足和排除多余热量。

《公共建筑节能设计标准》(GB 50189—2015) 4.2.1 规定:全年进行空气调节,且各房间或区域负荷特性相差较大,需要长时间地向建筑同时供暖和供冷,经技术经济比较,合理时宜采用水环热泵空调系统供冷、供暖。

(1) 水环热泵空调系统的组成 典型的水环热泵空调系统原理如图6-27所示。水环热泵空调系统由四部分组成:室内水源热泵机组(水/空气热泵机组)、水循环环路、辅助设备(冷却塔、加热设备、蓄热装置等)、新风与排风系统。水环热泵空调顾名思义有两个特点:首先,它是一个热泵型空调机组,因此能够实现一机多能——夏季供冷,冬季供暖;其次,其直接的冷、热源是水,而不是像常见的空气源热泵系统机组那样从空气中得到冷、热量。水环热泵中的"水环"含义是:构成一个循环水系统。

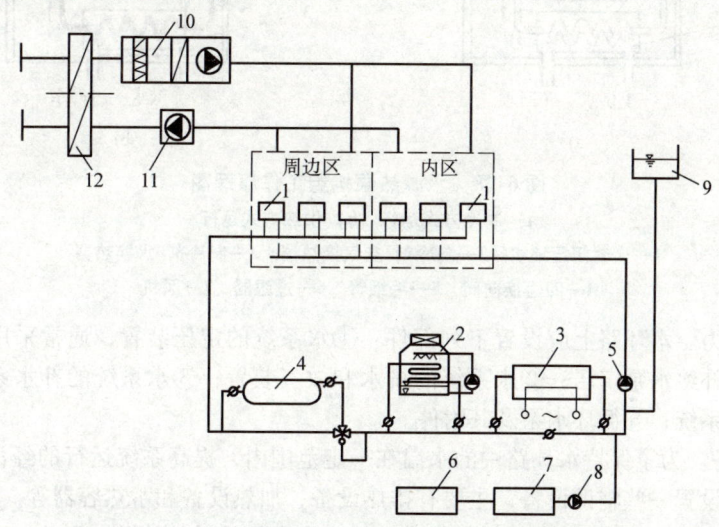

图6-27 典型的水环热泵空调系统原理图
1—水/空气热泵机组 2—闭式冷却塔 3—加热设备(如燃油、气、电锅炉) 4—蓄热容器
5—水环路的循环水泵 6—水处理装置 7—补给水水箱 8—补给水泵 9—定压装置
10—新风机组 11—排风机组 12—热回收装置

1) 室内水源热泵机组(水/空气热泵机组)。室内水源热泵机组是由全封闭压缩机、制冷剂/空气换热器、制冷剂/水换热器、四通换向阀、毛细管、风机和空气过滤器等部件组成,其工作原理如图6-28所示。

机组供冷时(图6-28a),制冷剂/空气换热器2为蒸发器,制冷剂/水换热器3为冷凝器。其制冷剂流程为:全封闭压缩机1→四通换向阀4→制冷剂/水换热器3→毛细管5→制冷剂/空气换热器2→四通换向阀4→全封闭压缩机1。

机组供暖时(图6-28b),制冷剂/空气换热器2为冷凝器,制冷剂/水换热器3为蒸发器。其制冷剂流程为:全封闭压缩机1→四通换向阀4→制冷剂/空气换热器2→毛细管5→制冷剂/水换热器3→四通换向阀4→全封闭压缩机1。

2) 水循环环路。所有室内水源热泵机组都并联在一个或几个水环路系统上。通过水循环环路使流过各台水源热泵空调机组的循环水量达到设计流量,以确保机组的正常运行。

管道的布置要尽可能选用同程式系统。虽然初投资略有增加,但易于保持环路的水力稳定性。若采用异程式系统时,设计中应注意各支管间的压力平衡问题。水环路要尽量采用闭式环路,系统内的水基本不与空气接触,对管道、设备的腐蚀较小;同时闭式系统中水泵只需要克

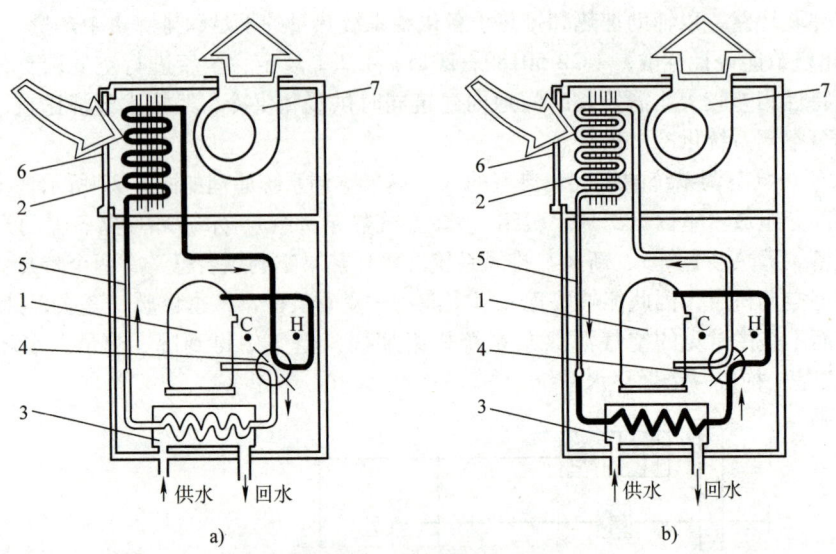

图 6-28 水源热泵机组工作原理图
a) 制冷方式运行　b) 供热方式运行
1—全封闭压缩机　2—制冷剂/空气换热器　3—制冷剂/水换热器
4—四通换向阀　5—毛细管　6—过滤器　7—风机

服系统的流动阻力。水环路上应设置下列部件：①水系统的定压装置，通常采用膨胀水箱定压或气体定压罐、补给水泵定压；②水系统的排水和放气装置；③水系统的补水系统；④水系统的水处理装置与系统；⑤循环水泵及其附件。

3) 辅助设备。为了保持水环路中的水温在一定范围内，提高系统运行的经济可靠性，水环热泵空调系统应设置一些辅助设备，主要有排热设备、加热设备和蓄热容器等。

4) 新风与排风。室外新鲜空气量是保障良好室内空气品质的关键。因此，水环热泵空调系统中一定要设置新风系统，向室内送入必要的室外新鲜空气（新风量）以满足稀释人群及活动所产生污染物的要求和人对室外新风的需求。水环热泵空调系统中通常采用独立新风系统（DOAS）。因此，水环热泵空调系统将会优于传统的全空气集中式空调系统。为了维持室内的空气平衡，还要设置必要的排风系统。在条件允许的情况下，应尽量考虑回收排风中的能量。

(2) 水环热泵空调系统的特点

1) 水环热泵系统的优点如表 6-10 所示。

表 6-10　水环热泵系统的优点

序号	特点	描　述
1	节能	①通过系统中水的循环及热泵机组的工作，可以实现建筑物内热量的转移，达到最大限度地减少外界供给能量；②水冷式热泵机组能效比高；③可以应用各种低品位能源作为辅助热源，如地热水、工业废水、太阳能等；④不使用的房间可以方便地关机；⑤部分负荷下仅开启冷却塔、辅助热源、循环泵等少数设备即可维持系统运行，当只有极少数用户短时间运行时，仅靠循环水的蓄热（冷）量，即可维持系统正常运行；⑥分户计量，易于使用户养成主动节约能源的习惯；⑦系统增加蓄水箱，可以利用夜间低谷电力，进一步节约运行费用，同时减少辅助热源的装机容量
2	舒适	水环热泵机组独立运行，用户可根据自己的需要任意设定房间温度，达到四管制风机盘管空调系统的效果

(续)

序号	特点	描 述
3	可靠	①水环热泵机组分散运行,某台机组发生故障,不影响其他用户正常使用;②机组自带控制装置,自动运行,简单可靠
4	灵活	①可先安装水环热泵的主管和支管,热泵机组则可在装修时按用户实际需要配置;②不需建造主机房;③容易满足用户房间二次分隔要求
5	节省投资	①免去了集中制冷、空调机房,降低了锅炉或加热设备的容量;②管内水温适中,不会产生冷凝水或散失大量热量,水管不必保温;③所需风管小,可降低楼层高度;④不需复杂的楼宇自控系统
6	设计简单	①全水系统设计,一般为定流量;②风系统小而独立;③分区容易;④控制系统简单
7	施工容易	①管道数量少,并不需保温;②无大型设备;③调试工作量小
8	管理方便	①操作人员数量少,技术要求低;②计费方便

2)水环热泵系统的缺点如表 6-11 所示。

表 6-11 水环热泵系统的缺点

序号	特点	描 述
1	噪声较大	水环热泵机组自带压缩机、风机,通常直接安装于室内,噪声较大
2	新风处理困难	水环热泵机组对进风温度有要求,夏季处理新风时负荷太大,除湿能力不足;冬季新风温度过低,可能造成机组停机
3	过渡季节无法利用室外新风"免费供冷"	
4	水质要求高	

(3)水环热泵空调系统设计

1)循环水系统设计。首先,在认真计算整个建筑物内各房间空调冷负荷的基础上,确定各台水环热泵机组的循环水量,根据对工程性质、管理方式的分析确定系统的同时使用系数,即可得到整个系统所需的夏季总冷却循环水量。对于同时使用系数,单一功能的建筑同时使用系数较高,综合性的建筑则可能较低;工程规模较大、水环热泵机组较多,同时使用系数可选择低些。一般来说,同时使用系数为 0.75~0.9。各水环热泵机组所需循环水量之和乘以系统同时使用系数即可得到实际所需的系统总循环水量,并作为循环水泵、冷却塔性能参数以及循环水管管径等确定的依据。

对于水环热泵空调系统,建筑热负荷计算很重要,计算中须考虑内部热源的散热,在冬季,如果建筑物内部热源散热能够等于或大于整个建筑物的热损失,则可不设锅炉等辅助热源。

水环热泵空调水系统通常采用一次泵,为了保证运行可靠,须设置备用水泵。水环热泵机组在额定工况下,其机组水阻力相差不大,采用同程式水系统更能保证系统水力平衡的要求。

2)水环热泵机组的选择。

a. 水环热泵机组一般有下列几种形式:坐地式、立式、卧式、大型机组。①坐地式机组是用于外区的理想机组,也适用于独立或多个固定内区的建筑空间,一般设置在靠外墙地板上,也可安装在任何靠内墙处;②立式机组普遍用于公寓或单元式住宅楼以及办公楼的核心区,空气经风管送入各房间;③水平卧式机组最适合顶棚上隐蔽安装,这类机组可以选用减振吊挂托架吊装;④大型机组供冷范围较大,安装在专用的空调机房内。

b. 水环热泵机组选型时应注意下列要求:①根据使用要求和平面布置选择适当的机型;②依据冷、热负荷计算结果,选择合适的机组型号;③结合实际使用工况,对机组标准工况下的制冷量和制热量进行修正,使所选机组的实际供冷、供热量大于或接近计算冷、热量;④注意机组工作压力;⑤注意机组机外余压值;⑥注意机组噪声值,合理选择消声措施。

3）水环热泵新风处理。水环热泵机组是制冷剂直接膨胀式空调机组，由于受到机组设计条件的限制，机组在处理新风时应与普通空调器的处理方式有所不同。

水环热泵机组通常按室内空气状态作为进风标准工况。在夏季，如果用来处理新风，负荷很大，难以将新风处理到室内状态点等焓线上的机器露点。在冬季，由于新风温度太低将造成机组冷凝压力过低会使机组停止运行。为了使机组正常运行，新风系统的设计可采用以下方法：①采用热回收方式：在新风和排风风管上设置全热或显热回收装置，回收部分排风能量，夏季预冷新风，冬季预热新风；②送风与进风混合方式：水环热泵机组送风管上设置混合支管，支管接至进风管道上，使部分送风与室外新风混合后送入水环热泵机组，机组安全运行；③循环水加热方式：利用20℃左右的循环水作为热源对冬季冷空气进行预热处理，然后把加热后的空气送到水环热泵机组内与室内回风混合，再经机组处理后送入房间，循环水加热方式适用于冬季室外空气计算温度不太低的区域；④利用辅助热源加热方式：在寒冷地区，新风进风温度很低，靠循环水加热后的空气温度达不到设计要求，甚至使循环水加热盘管冻坏。因此，新风需要用辅助热源的一次热媒进行预热，确保达到较高的新风送风温度，然后直接送入室内或送到水环热泵机组内与室内空气混合。

（4）水环热泵空调系统与其他空调系统的比较（表6-12）　水环热泵系统的主要优点是：机组分散布置，减少风管占据的空间，设计施工简便灵活，便于独立调节；能进行制冷工况和制热工况机组之间的热回收，节能效益明显；比空气源热泵机组效率高，受室外环境温度的影响小。因此，推荐（宜）在全年空气调节且同时需要供暖和供冷的建筑物内使用。

表6-12　空调方案比较结果

空调系统方案 评价项目	水环热泵空调系统	柜式空调机	变风量系统	四管风机盘管系统	两管风机盘管系统	诱导系统	双风管系统
运行费用	4	3	4	3	2	1	1
安装是否简便	3	4	3	2	3	2	2
是否便于单独计量用电	3	4	1	1	1	1	1
因部件故障停机时间是否短	5	5	2	2	2	2	2
维修费用是否低	3	3	2	2	2	3	2
维修是否容易	3	4	2	2	3	2	2
是否便于安装转轮式热回收装置	1	1	4	2	1	3	4
安装是否灵活	4	4	4	2	2	2	3
噪声是否低	3	2	3	4	4	2	4
安装费是否低	4	5	3	2	4	1	1
供给新风功能	2	2	4	2	2	4	4
使用寿命	3	2	4	4	4	4	4
安装后是否易于重新调整	4	4	4	2	2	1	2
控制制冷是否简单	5	5	2	2	3	2	2
设计费用是否低	4	4	3	3	3	2	2
设计是否简捷	3	4	2	2	2	2	2
占用房间面积是否小	4	2	4	4	4	2	4
空调机房面积是否小	4	4	3	2	2	1	1
启动与调试是否容易	3	4	1	2	2	1	1
能否快速安装	4	5	3	2	4	2	2
适应负荷变化的能力	5	2	4	4	2	2	3
容量调节性能	4	2	4	2	2	2	3
室内空气流通效果	3	2	4	3	3	4	3
冬季加湿器选择余地	2	2	3	2	2	3	3
下班后能否使用空调	4	4	2	2	2	1	1
小结	87	84	75	57	62	52	60

注：1为差；2为尚好；3为好；4为很好；5为极好。

水环热泵系统没有新风补给功能,需设单独的新风系统,且不易大量使用新风;压缩机分散布置在室内,维修、消除噪声、空气净化、加湿等也较集中式空调系统复杂。因此,应经过技术经济比较后确定是否采用。

水环热泵系统的节能潜力主要表现在冬季供暖时。有研究表明,由于水源热泵机组夏季制冷 COP 值比集中式空调系统的冷水机组低,我国冬暖夏热的南方地区(例如广东、福建等)使用水环热泵系统,比集中式空调系统反而不节能。因此,上述地区不宜采用。

2. 地下水式水源热泵(GWHP)空调系统

地下水式水源热泵(Ground Water Heat Pump,GWHP)机组是一种使用从水井、湖泊或河流中抽取的水为冷(热)源的机组。

(1)地下水式水源热泵的分类　地下水式水源热泵的分类见表 6-13。

表 6-13　地下水式水源热泵的分类

分类标准	类　别	概　况	适 用 范 围
水源类别	地下水型	以地下水为水源	便于利用地下水的场合
	地表水型	以湖泊、河流水、城市污水为水源	便于利用地表水的场合
	海水型	以海水为水源	便于利用海水的场合
热泵转换	内转换式	制冷、制热由内部四通阀切换	小型热泵机组
	外转换式	制冷、制热由外部水系统阀门切换	中大型热泵机组
冷凝热	冷凝热回收型	带有冷凝热回收装置	有热水需求
	冷凝热不回收	不带冷凝热回收装置	无热水需求
制热供水温度	高温机组	供暖时热水供水温度 60℃ 以上	末端设备供水温度要求高
	标准机组	供暖时热水供水温度 40～60℃	末端设备供水温度要求适中
压缩机形式	涡旋式机组	采用涡旋式压缩机	小型水源热泵机组
	活塞式机组	采用活塞式压缩机	中、小型或高温型热泵机组
	螺杆式机组	采用螺杆式压缩机	中、小型水源热泵机组
	离心式机组	采用离心式压缩机	大型水源热泵机组

(2)地下水式水源热泵机组的组成　地下水式水源热泵机组的基本组成有:压缩机、冷凝器、蒸发器、毛细管或膨胀阀,四通换向阀等。

地下水式水源热泵机组的工作原理为:制冷时,水源水进入机组冷凝器,吸热升温后排出;空调冷水进入机组蒸发器,放热降温后供到空调末端设备。制热时,水源水进入机组蒸发器,放热降温后排出;空调热水进入机组冷凝器,吸热升温后供到空调末端设备。

常见的地下水式水源热泵空调系统及其组成如图 6-29 所示。

(3)地下水式水源热泵的特点　地下水式水源热泵的特点见表 6-14。

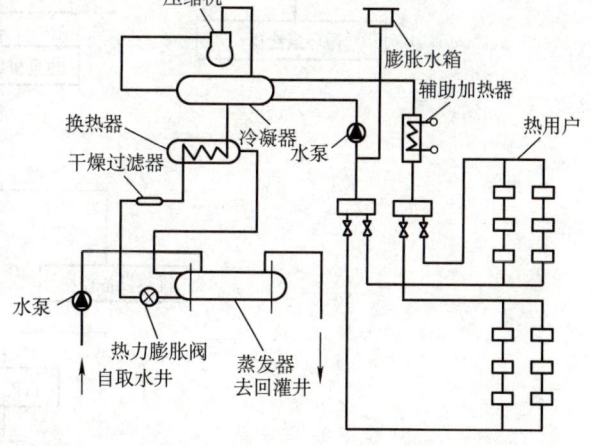

图 6-29　地下水式水源热泵空调系统

表 6-14 地下水式水源热泵的特点

特 点		说 明
优点	节能	地下水式水源热泵能效比高 可以充分利用地下水、地表水、海水、城市污水等低品位能源
	环保	地下水式水源热泵不向空气排放热量,缓解城市热岛效应 无污染物排放
	多功能	制冷、制热、制取生活热水
	运行费用低	地下水式水源热泵能效比高、耗电量低,运行费用可大大降低
	投资适中	在水源水容易获取、取水构筑物投资不大的情况下,地下水式水源热泵空调系统的初投资比较适中
缺点	水质处理复杂	水源水质差别较大致使水质处理比较复杂
	取水构筑物烦琐	地下水打井、地表水取水构筑物施工比较烦琐
	地下水回灌较难	地下水回灌要针对不同的地质情况采用相应的保证回灌措施

(4)地下水式水源热泵空调系统设计 地下水式水源热泵空调系统的设计程序如图 6-30 所示。

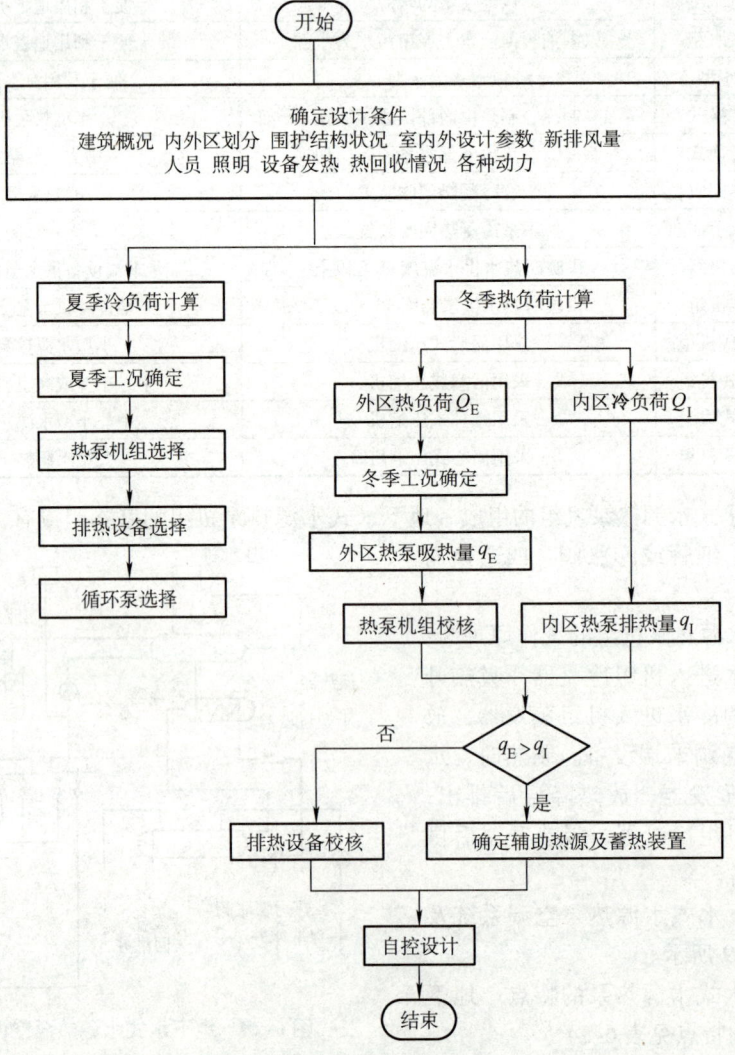

图 6-30 地下水式水源热泵空调系统设计程序框图

使用地下水式水源热泵这一技术的关键前提是当地是否有合适的水源供给,需要考虑水源满足一定的温度、水量和建设方能够承担的开采利用成本。另外,对于开式地下水式水源热泵系统,水源还需要满足更高的水质要求。除此之外,还需要考虑当地水文、地质、气象条件以及工程施工的影响,并对于以下问题做出相应的考虑。

1) 全国不同气候带、不同区域的地下水式水源热泵技术的适用性和经济的合理性。应利用技术经济学的分析方法以及区域分析和规划的方法,确定地下水式水源热泵在我国不同地区的适用性。涉及当地水文地质条件,包括水温、水量、水质以及地下水资源等。不同气候带、不同地区和不同建筑类型条件下,地下水式水源热泵的投资经济性比较涉及现有水源的探测开采技术的提高和成本的降低问题。

2) 地表蓄水体的传热过程分析,地下水的传热流动过程分析。涉及地下蓄热体(包括水、土壤和岩石等)的传热与流动研究,通过研究,对于抽水井及灌水井的运行调度、深井回灌式水源热泵机组可提供的最大出力,冬季和夏季冷热不平衡时的对策等问题做出具有理论依据的科学分析。对于深井回灌式水源热泵系统,井群的建造具有不可改动性,而井群的正常运行对于水源热泵系统来说是很重要的,因此井群的设计布局应当是慎之又慎的关键环节。

3) 取水构筑物对于邻近建筑的影响。涉及地面沉降问题、深水井对建筑基础的影响等。

4) 深井回灌式水源热泵的回灌问题。回灌能力受当地水文地质条件、回灌工艺的限制。另外,水源热泵设备系统的设计会对地下水的化学、物理性质造成不同程度的改变,也会影响回灌能力。需要解决深井回灌式水源热泵系统的钻井、回灌、保养、长期运行等方面的问题。

在地下水式水源热泵系统的设计中,建筑物当地的地质、水文、气象条件等基础资料是决定地下水式水源热泵系统能否成功的关键。在以往的工程实践过程中往往被忽略,由此造成系统失败或效率大打折扣的例子并非罕见。

3. 地下环路式水源热泵(GLHP)空调系统

地下环路式水源热泵(Ground Loop Heat Pump,GLHP)机组是以在地下盘管中循环流动的水为冷(热)源的机组(又称**埋管式地源热泵**)。

(1) 地下环路式水源热泵空调系统的组成 地源热泵空调系统主要包括3个回路:用户回路、制冷剂回路和地下换热器回路。根据需要也可以增加第4个回路——生活热水回路,如图6-31所示。

地下环路式水源热泵空调系统的工作原理:地下环路式水源热泵空调系统可工作在制冷工况和供暖工况。在制冷工况,空调区冷负荷连同压缩机的功所转化的热被排入大地。一般很少采用将热泵机组冷凝

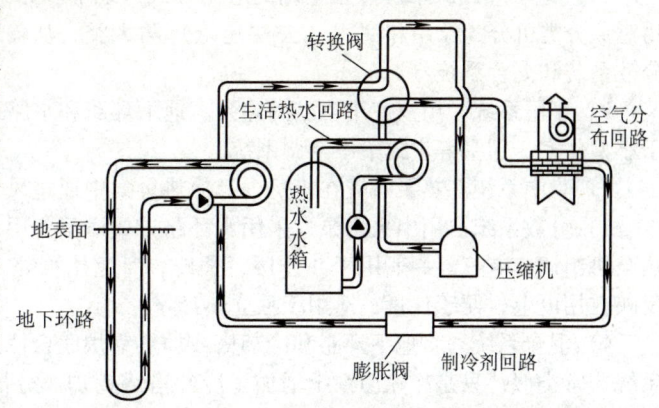

图6-31 地下环路式水源热泵空调系统工作原理图

器直接埋入大地的做法,而是通过一种中间的介质(例如水)的循环,达到热量转移的目的。

地下埋管换热器与冷凝器之间通过管道连接成一个封闭的回路,在水泵的作用下,水在回路中往复循环,在冷凝器中吸收制冷剂的热量,通过室外埋管换热器传入大地。在供暖工况下,转换阀换向,冷凝器将成为热泵机组的蒸发器,循环水流经埋管换热器时吸收大地的热量,在蒸发器中释放给制冷剂。在室内侧,同样既可以通过水的循环进行热量传递,也可以使用制冷

剂直接流经房间换热器与空气进行热交换。

（2）地下环路式水源热泵空调系统的特点　地下环路式水源热泵空调系统与其他空调系统的主要差别在于增加了埋管换热器。这种换热器与工程中通常遇到的换热器不同，它不是两种流体之间的换热，而是埋管中的流体与固体（地层）的换热。这种换热过程很特殊，它是非稳态的，涉及的时间跨度很长，条件也很复杂，没有现成的经验可以借鉴。而埋管换热器的设计是否合理又是决定埋管式地下环路式水源热泵系统运行的可靠性和经济性的关键。同时，现场土壤热物性的测试、对埋管换热器长期运行工况的模拟分析计算等，也是合理设计埋管换热器需要解决的问题。地下环路式水源热泵空调系统的经济性取决于多种因素。不同地区、不同地质条件、不同能源结构及价格等都将直接影响其经济性。根据国外的经验，由于地下环路式水源热泵运行费用低，增加的初投资可在 3~7 年内收回。地下环路式水源热泵空调系统在整个服务周期内的平均费用低于传统的空调系统。

地下环路式水源热泵技术是地下蓄能技术与高效能热泵技术的结合。地下岩土的温度场变化有如下两个主要特性：一是达到一定深度后温度基本上常年保持一个定值，这个值接近该地区的年平均气温；二是在地表以下一定范围内温度呈周期性变化，但波动幅度小于气温的波幅，并且存在时间上的延迟。随着深度的增加，波幅减小，延迟度增大。这两点都有利于热泵系统工作能效比的提高。

大地还是一个良好的蓄热体。夏季建筑物通过埋管换热器排入大地的热量被地下岩土所蓄存，在冬季又通过热泵的工作将其取出供给建筑物；同样，冬季从大地中吸热时相当于蓄存了一定的冷量供夏季使用，这样就实现了能量的季节转换。

正是由于地下环路式水源热泵系统采用了大地这一特殊的热源体，与广泛采用的空气源热泵系统相比，它的季节平均性能系数高，尤其在极端气候条件下仍能保持较高的性能系数；不向建筑外大气环境排放废冷或废热，有利于环保；室外换热器埋在地下，不存在冬季除霜的问题；不影响建筑外立面的美观。由于其节能和环保的双重效益，国际上将地下蓄能技术和高效热泵同时列入 21 世纪最有发展前途的 50 项新技术之一。

（3）地下环路式水源热泵空调的应用方式　地下环路式水源热泵的应用方式从应用的建筑物对象分类可分为家用和商用（公共建筑）两大类，从输送冷热量方式分类可分为集中系统、分散系统和混合系统。

1）家用系统。用户使用自己的热泵、地下环路和水路或风管输送系统进行冷热供应，多用于小型住宅、别墅等户式集中空调系统。

2）集中系统。热泵布置在机房内，冷热量集中通过风管或水路分配系统送到各房间。

3）分散系统。用中央水泵，采用水环路方式送至各用户作为冷热源，用户单独使用自己的热泵机组调节空气。一般用于办公楼、学校、商业建筑等，此系统可将用户使用的冷热量完全反映在用电上，便于计量，适用于独立热计量。

4）混合系统。将地下环路和冷却塔或加热锅炉联合使用作为冷热源系统，混合系统与分散系统非常类似，只是冷热源系统增加了冷却塔或锅炉。分散系统或混合系统实质上是一种水环路热泵空调系统。

（4）地下环路式水源热泵空调系统的设计　地下环路式水源热泵空调系统的设计主要包括两大部分，一是建筑物内的水环热泵空调系统（如前所述），二是地下环路式水源热泵空调系统的地下部分，即地下埋管换热器。同时，第一部分和第二部分又是互为关联的，如建筑物的供冷、供热负荷，水源热泵的选型、进水温度、能效比都与地下埋管换热器的结构、性能有着密切的关系。地下环路式水源热泵空调系统的地下部分设计步骤如下：①确定地下性质（钻试验孔洞）；②确定管道管径、尺寸、孔洞及回填；③计算所需孔洞长度及布置孔洞；④设计外部集管；⑤系统阻力计算及水泵选择；⑥设计清洁系统。

6.6 蓄冷（热）空调系统

蓄冷（热）空调系统（Thermal Energy Storage System）包含蓄冷系统和蓄热系统。其中在冷需求量很小期间，由蓄冷系统将热量从蓄冷介质中转移出来的过程称为**蓄冷**；**蓄热技术**是指采用适当的蓄热方式，利用特定的装置，将暂时不用或多余的热量通过一定的蓄热材料储藏起来，需要时再将储藏的热量释放出来加以利用的方法。

6.6.1 蓄冷系统的分类

1. 分类

目前，蓄冷系统种类很多，按蓄存冷量的方式可分为显热蓄冷和潜热蓄冷；按蓄冷介质分类，可以有**水蓄冷**、**冰蓄冷**和**共晶盐蓄冷**（图6-32）。显热蓄冷是通过降低介质的温度实现的，常用的介质有水和盐水；潜热蓄冷则是利用介质的物态变化进行的，常用介质为冰和共晶盐水化合物（也称优态盐）等相变物质。

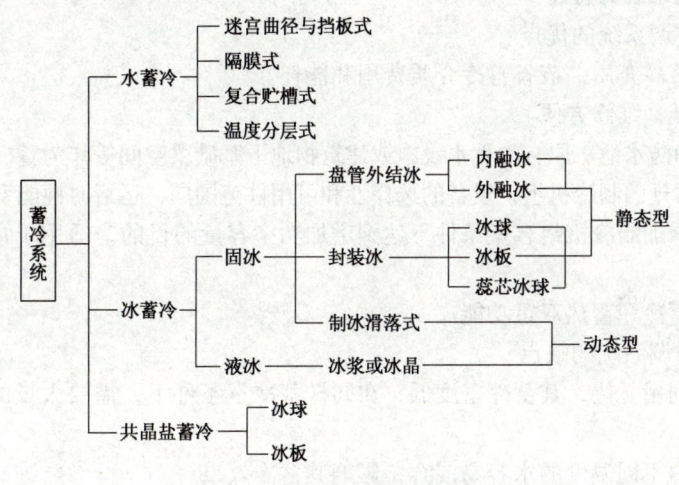

图6-32 蓄冷系统分类图

2. 蓄冷介质的选用

（1）水 利用水温变化储存的显热量[4.184kJ/(kg·K)]——显热式蓄冷。一般蓄冷温差为6~10℃，蓄冷温度为4~6℃，单位蓄冷能力小（7~11.6kW·h/m³），蓄冷体积大。适用于现有工程的改造、规模较小或有其他可资利用水池的工程。

（2）冰 利用冰的溶解热储存冷量（335kJ/kg）——潜热式蓄冷。单位蓄冷能力大（40~50kW·h/m³），蓄冷体积小，可提供较低的空调供水温度，制冷机制冰温度低（-4~-8℃），效率下降。适用于单位建筑面积造价高的工程。

（3）共晶盐 无机盐与水的混合物称为共晶盐。一般其相变温度5~8℃，单位蓄冷能力约为20.8kW·h/m³。制冷机可按空调运行工况运行，效率高，运行费用低，初投资高。

6.6.2 水蓄冷空调系统

水蓄冷空调系统是最简单的蓄冷空调系统，它是在常规空调系统中增设蓄冷水槽（或水池）作为蓄冷设备，以空调用的制冷机作为制冷设备。

1. 水蓄冷空调系统的分类

常用水蓄冷空调系统有两类：开式流程和开闭式混合流程。开式流程有串联完全混合型贮槽流程和温度分层型贮槽流程两种；开闭式混合流程有供冷回路与用户间接连接的流程、高层建筑分区的开闭式混合流程和闭式制冷回路与开式辅助蓄冷回路结合流程。

2. 水蓄冷空调系统的组成和形式

水蓄冷空调系统基本上可分为制冷机组、蓄冷水槽和控制仪表三部分，见图6-33。

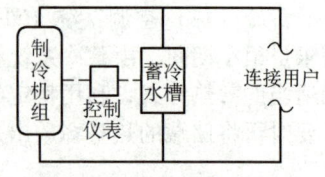

图 6-33 水蓄冷空调系统基本构成

为了提高水蓄冷空调系统的蓄冷效果和蓄冷能力，满足空调供冷时的冷负荷要求，维持尽可能大的蓄冷温差，并防止蓄存冷水和回水的混合，科技人员设计了多种行之有效的水蓄冷形式，主要有：自然分层水蓄冷系统、蓄冷槽组水蓄冷系统、空槽式水蓄冷系统、隔膜式水蓄冷系统和迷宫式水蓄冷系统等。

水蓄冷空调系统可以有四种运行工况，即蓄冷工况、制冷机供冷工况、蓄冷水槽供冷工况以及制冷机与蓄冷水槽同时供冷工况。

3. 水蓄冷空调系统的特点

（1）水蓄冷空调系统的优点

1）以水作为蓄冷介质，节省蓄冷介质费用和能耗。

2）技术要求低，维修方便。

3）可以利用消防水池、原有的蓄水设施或建筑物地下基础梁空间等作为蓄冷水槽，初投资低。

4）可以使用常规的制冷机组，设备的选择性和可用性范围广，运行时性能系数高，能耗低。

5）可以在不增加制冷机组容量条件下达到增加功率容量的目的，适用于常规空调系统的扩容和改造。

6）可以实现蓄冷和蓄热双重功能。

（2）水蓄冷空调系统的缺点

1）水蓄冷只利用显热，其蓄冷密度低，在同样蓄冷量条件下，需要大量的水，使用时受到空间条件的限制。

2）蓄冷水槽内不同温度的水容易混合，影响其蓄冷效果。

3）由于一般使用开启式蓄冷水槽，水和空气接触容易产生菌藻，管路也容易生锈，增加水处理费用。

4. 水蓄冷空调系统的设计

在水蓄冷空调系统的设计中，如何提高蓄冷水池的利用率，减少蓄冷水槽内温度较高的水和温度较低的水的混合而产生的能量损失，是一个十分重要的问题。解决这一问题的常用方法是对水蓄冷系统的贮槽和配管进行优化设计。

水蓄冷空调系统可以采用常规空调用制冷主机，能源利用效率较高，该系统适用于纬度适中的可采用热泵系统的地区，且对新建及改造建筑均适用。可设计成为冬季蓄热、夏季蓄冷的系统，这种情况可提高蓄冷水槽的利用率，经济性更好。但由于蓄冷水槽体积庞大，保温处理困难，冷损耗大等原因，使水蓄冷空调系统的推广应用受到一定限制。

6.6.3 冰蓄冷空调系统

1. 冰蓄冷空调系统的分类

1）按冷源分类：分为①冷媒（盐水等）循环式；②制冷剂直接膨胀式。

2) 按制冰形态分类：分为①静态型，在换热器上结冰与融冰；最常用的为浸水盘管式外制冰内融方式；②动态型，将生成的冰连续或间断地剥离；最常用的是在若干平行板内通以冷媒，在板面上喷水并使其结冰，待冰层达到适当厚度再加热板面，使冰片剥离，提高了蒸发温度和制冷机性能系数。

3) 按冷水输送方式分类：分为①二次侧冷水输送方式为冰蓄冷槽与二次侧热媒相通；②一次侧与二次侧相通的盐水输送方式。

4) 按装置组成分类：分为①现场安装型，适用于大型建筑物；②机组型，将制冷机与冰蓄冷槽等组合成机组，由工厂生产，适用于中小型建筑物。

5) 按制冰换热器分类：分为①螺旋管式；②蛇管式；③壳管式；④板式；⑤热管式。

2. 冰蓄冷空调系统的组成和形式

常用的冰蓄冷空调系统形式一般有三种：①串联系统——制冷机组位于贮槽的上游，见图 6-34a；②串联系统——制冷机组位于贮槽的下游，见图 6-34b；③并联系统——制冷机组和贮槽并联连接，见图 6-35。

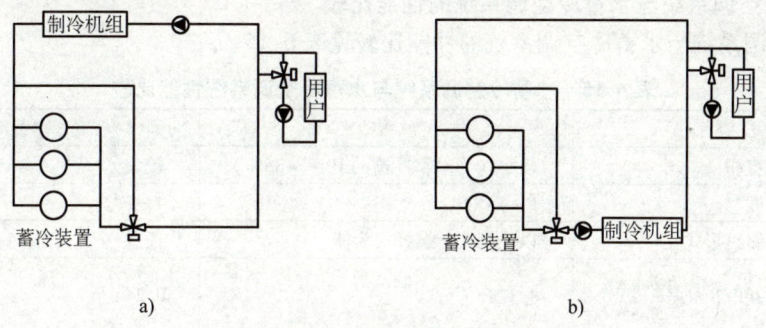

图 6-34　内融冰蓄冷系统串联流程配置
a) 制冷机组位于上游　b) 制冷机组位于下游

冰蓄冷空调系统形式应根据建筑物的负荷特点、规律和冰蓄冷装置的特性等确定。

一般来说，串联系统中多采用"制冷机上游"的方式，此时，制冷机的进水温度较高，有利于制冷机的高效率与节电运行；"制冷机下游"的方式，冰蓄冷贮槽可以按照较高的释冷温度确定容量，冰蓄冷贮槽的体积要小，制冷机的出水温度低，制冷机的效率相应较低，但制冷机与冰蓄冷贮槽的费用较"制冷机上游"要低。并联系统则是最常见的系统，系统操作运行简单方便。

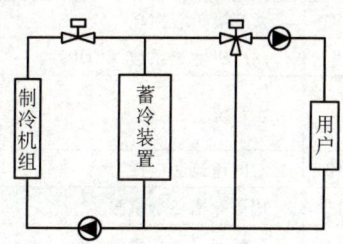

图 6-35　内融冰蓄冷系统并联流程配置

3. 冰蓄冷空调系统的特点

(1) 优点　与水蓄冷空调系统相比，冰蓄冷空调系统的优点有：①冰蓄冷的蓄冷密度大，故冰蓄冷贮槽小；②冷损耗小（约为蓄冷量的1%~3%）；③冰蓄冷贮槽的供水温度稳定，供水温度接近0℃，可采用低温送风系统，从而带来空调运行费用的降低。

(2) 缺点　①对制冷机有专门要求，当制冰时，因蒸发温度的降低会带来压缩机的 COP 值降低；②设备与管路系统较复杂。

封装冰系统因贮槽的阻力低，流量增大，阻力增幅小，故适于短时间内需要大量释冷的建筑，如体育馆、影剧院等。

4. 冰蓄冷空调系统的设计

（1）原则　①设计满足末端空调的要求；②系统运行安全、可靠；③系统维护管理简单、方便；④蓄冷系统的经济性好，即初投资合适，运行费用低。

（2）方法　①方案设计前期的经济、技术分析（评价）；②选择蓄冷系统合理的运行、控制策略；③确定成熟、合理的冰蓄冷装置；④蓄冷系统的整体优化。

（3）冰蓄冷空调系统的设计步骤　每一个具体的工程设计都有其特点，工程设计的整个过程也各有差异。特别对于本章所介绍的各类蓄冰装置，无论从"蓄冷—放冷"的原理还是外形尺寸均相差较大，所以完全统一冰蓄冷空调系统的设计步骤和方法将是困难的。以下推荐的设计步骤仅是几种通常形式的综合，在具体的工程设计上，设计步骤可能有细微的不同，如次序的变化和可能出现跳过某个环节的差异。冰蓄冷空调系统通常采用的简单设计步骤为：

掌握基本资料→计算空调冷负荷→初定蓄冷方式→确定系统运行策略和系统流程→计算制冷机、蓄冰装置容量→计算其他辅助设备容量→设计并计算管路系统→复核制冷机和蓄冰装置特性和容量→绘制系统运行冷负荷分配图表。

5. 冰蓄冷空调系统与水蓄冷空调系统的性能比较

冰蓄冷空调系统与水蓄冷空调系统的性能比较见表6-15。

表6-15　冰蓄冷空调系统与水蓄冷空调系统性能比较

序号	项目	冰蓄冷	水蓄冷
1	蓄冷槽容积	较小（为水蓄冷槽的10%~35%）	较大
2	冷水温度	1~4℃	4~7℃
3	制冷压缩机形式	以往复式、螺杆式为佳	任选
4	制冷机耗电$\left(\dfrac{电功率\ kW}{冷量\ kW}\right)$	0.37	0.24
5	蓄冷系统初投资	较高	较低
6	设计与运行	技术要求高，运行费较高	技术要求低，运行费较低
7	蓄冷槽热能损耗	小（为水蓄冷的20%左右）	大
8	制冷机性能系数（COP）	小（比水蓄冷降低10%~20%）	大
9	水系统	冷水温差大，可用闭式系统，输水能耗小	冷水温差小，输水能耗大
10	对旧建筑适应性	好	差
11	用蓄冷槽冬季供暖	有些蓄冷槽可以，大多数不可以	差
12	蓄冷槽制造	定型化、商品化工厂生产，采用水泥槽时现场施工	现场制造

6.6.4　蓄热空调系统

按蓄热热源划分，蓄热空调系统可分为：电能蓄热系统、太阳能蓄热系统和工业余热或废热蓄热系统等。按蓄热介质划分，蓄热空调系统可分为：水蓄热、相变材料蓄热和蒸汽蓄热等。按用热系统划分，蓄热空调系统可分为：蓄热供暖系统、蓄热空调系统和蓄热生活热水系统等。

有关蓄冷（热）技术方面的详细内容，参见本系列教材《空调冷热源工程》（参考文献 [21]）。

6.7　低温送风空调系统

低温送风空调系统（Cold Air Distribution System，CADS） 是送风温度低于常规数值的全空气空调系统。低温送风空调系统是相对于常规空调送风系统而言的，常规空调送风系统设计温度为14~18℃，而低温送风空调系统一般设计温度为4~12℃。低温送风系统的概念是由美国人于1947年提出的。1950年美国率先将此项技术应用于住宅和小型商业建筑的改造工程。在我国，低温送风系统刚刚起步。

6.7.1 低温送风空调系统的分类

以低于常规空调系统送风的空调通称为低温送风系统，低温送风系统按其送风温度的高低，一般可分为三类：

(1) 一类低温送风 送风温度范围为4~6℃，此类低温送风由于需要特殊的风口，初投资与年运行费用节省不多，一般不推荐使用。

(2) 二类低温送风 送风温度范围为6~8℃，标准送风温度为7℃，此类低温送风可以和冰蓄冷技术密切结合在一起，能够获得较好的空调效果及经济效益，因此是最优的选择，得到了广泛的应用。

(3) 三类低温送风 送风温度为9~12℃，标准送风温度为10℃，此类送风可与冰蓄冷结合，也可与常规空调结合，较为灵活，但经济效益较低，因此也较少采用。

6.7.2 低温送风空调系统的构成

低温送风系统主要由冷却盘管、风机、风管及末端空气扩散设备等组成。

1. 冷却盘管

正确地选择冷却盘管是实现低温送风系统的重要环节。由于低温送风系统的设计参数与常规空调不同，所以冷却盘管的选择也不同于常规的空调送风系统，这种不同主要体现在以下几个方面：

1) 冷却盘管要求有更多的盘管排数。常规空调系统的盘管一般采用4~6排，翅片间距一般在2.1~3.1mm，低温送风系统的盘管一般采用8~12排，翅片间距一般在1.8~2.1mm。

2) 采用更细的铜管和具有管内扰动强化传热措施的铜管。采用更多更密的盘管是为了使流经盘管的空气温度降得更低，更接近于进入盘管的冷水温度。但增加盘管排数，势必会使空气侧的阻力增加，同时采用更密的翅片必然会使空气带水的可能性增加。所以采用细一些的铜管可以改善上述两个弊端，同时使铜管的造价更低，但这会以增加水侧的阻力为代价。

3) 盘管迎面风速低。常规空调系统盘管的迎面风速一般为2.3~2.8m/s，而低温送风系统则采用1.5~2.3m/s的风速。采用较低的迎面风速可使空气在盘管内的换热更完全，同时也可减少凝结水被吹出盘管的可能性。

4) 盘管一般采用标准回路和分回路布置，不建议采用多回路布置。

2. 风机

在低温送风系统中，关于风机应从以下几方面考虑：

(1) 风机的选择 低温送风系统常与变风量系统结合用于空调系统。随着空调区负荷发生变化，送入房间的风量也随之变化，空调系统的阻力也会不断变化，这样风机的工作点就会跟着移动。在低温送风系统中，由于风量常常变化，因此会引起管路阻力很大的变化，造成风机较大地偏离设计最佳工作点。

因此变风量低温送风空调系统中，在选择风机时，应特别注意选择风机特性曲线平缓的风机，并在有条件的情况下选择可变频调速的风机。

(2) 风机的设置位置 风机的设置位置是指风机在空调机组内与冷却盘管的相对位置。冷却盘管位于风机的吸风侧称之为**吸入式**（也称抽吸式）；冷却盘管位于风机的出风侧称之为**压出式**（也称吹压式）。

在吸入式状态下，由于风机布置于冷却盘管下风侧，因此空气流经盘管时，气流较均匀，但空气流经风机时，风机的发热量会传递给空气，引起温升，当风机的风压较大时，会引起更大的温升。这样必然会增大原额定送风量，送风量增大会引起风管的尺寸以及风机风量的重新设定。吸入式系统不推荐使用在低温、高湿的空调系统中。风机工作在高湿的环境下，应采取外置电机保护风机。为防止积水，应特别注意水封的设置。

在压出式状态下，风机引起的空气温升在经过冷却盘管时，可首先被盘管冷却，因此送风温度不会发生变化，这样也不会引起送风量的增加。但压出式的风机布置形式会带来一系列的问题，例如会引起送风空气中带水，气流流经盘管时分布不均匀，从而会使盘管性能下降等。

此外，压出式机组的送风空气由于是饱和空气，所以当送风温度发生波动时，会引起空气在空调机组的金属部位二次凝结。如送风温度在10℃时，空调机组的金属部位也被冷却到10℃，当送风温度波动到12℃时，饱和空气中的水就会被凝结出来。长此以往，就会损坏设备并引起微生物在空调机组内滋生。

为防止此类事情的发生，保证风机气流充分扩散，这就要求风机与冷却盘管之间应有3~5倍风机直径的距离或设置气流整流栅。但这会增加空调机组的造价，同时也加大了空调机组的尺寸。在建筑空间紧张的时候，加大空调机组尺寸的方案有时是行不通的，所以采用吸入式风机的布置形式在低温送风系统中会有更大的优势。

(3) 风机温升　风机的电机发热量会随着送风空气带进空调系统中，一般会引起空气温升1~2℃，这是一项较大的冷负荷，故应计入冷却盘管的供冷负荷。

3. 风管

由于低温送风空调系统具有大温差小流量的特点，因此与常规空调系统相比，低温送风空调系统中的风管也具有不同的特点。

(1) 风管尺寸　低温送风系统由于采用了更大的送风温差，因此大大地减小了送风量，从而减小了送风管道的断面尺寸，使得空气输送能耗大幅度减小。同时节省了制作风管的金属材料。如对于送风量为20000m^3/h，送风温差8℃的常规空调系统，当送风透度为8m/s时，其风管断面面积为0.69m^2。当采用送风温差为16℃的低温送风空调系统时，其送风量为10000m^3/h，风管断面面积为常规空调的1/2。系统风量和风管断面面积与系统送风温差成反比关系。

由于低温送风系统降低了风管尺寸，因此对于原先需采用矩形风管的地方，可以采用圆形和扁圆形风管替代。圆形和扁圆形风管具有较好的强度与刚度，并且比矩形风管容易加工，密封性好，声学控制特性好。因此推荐使用于低温送风系统中。

(2) 风管温升　低温送风系统尽管使风管断面面积减小，但由于送风温差加大，送风量减小，因此并没有使风管的温升相对于常规空调系统降低。相反，如果低温送风系统风管保温做得不够好，会使风管温升远大于常规空调系统。

空调系统中，根据风管长度不同，风管温升一般会在1.6~2.7℃变化。由于风管温升导致系统冷负荷增加，因此在冷负荷计算中应予以考虑。

因此在低温送风系统中，在满足噪声控制条件下，应尽量采用高风速来减少这部分无用的热损耗。此外由于低温送风系统常与变风量（VAV）技术结合使用，在部分负荷的情况下，送风量减小，使得送风温升上升3~6℃，但这部分温升有助于抵消因送风量的减少，散流器扩散速度降低而引起的散流器性能下降。

(3) 送风保温　管道保温是空调系统良好运行的重要环节。空调系统的管道保温主要从以下四个方面考虑：

1）首先保温层厚度要求足以防止结露。因为一旦结露，冷损失会急剧增加，管道温升也会显著增高，保冷、节能皆无法保证。防结露的关键是保温层表面温度始终要高于露点温度。厚度计算按《设备及管道绝热技术通则》（GB/T 4272—2008）确定。

2）在避免结露的前提下，选用适当的保温层厚度以控制管道内介质的每百米温升在设计要求范围内。

3）根据设计条件确定经济厚度。经济厚度的概念是选定某种保温材料后，该材料投资的年分摊费用与保温后的年散热损失费用之和最低的保温层厚度。不同保温材料有不同的经济厚度。经济厚度可由《公共建筑节能设计标准》（GB 50189—2015）确定。

4）对于冷热两用或供热管路的保温，要按允许最大散热损失校核静态热损失量。可由《设备及管道绝热技术通则》（GB/T 4272—2008）确定。

对于低温送风系统来说，不仅要选择热导率小的保温材料，以减少保温层厚度，更重要的是解决好隔汽、防潮问题。

4. 末端空气扩散设备

气流组织直接影响室内空调效果，是关系着房间温湿度基数、温湿度允许波动范围及区域温差、工作区的气流速度及清洁程度和人们舒适感觉的重要因素。合理地组织室内空气流动，使室内空气的温度、相对湿度、流速等能更好地满足工艺要求和符合人们的舒适感觉，关键是正确地选择空调系统的末端扩散设备。由于冷热空气扩散不均匀或者由于空气流速过高等原因都会影响生产和对人们造成不舒适的感觉。对于大温差性质的低温送风空调系统来说，做好空气的扩散尤为重要。

目前，低温送风系统送风方式主要分为两类。第一类，采用诱导箱、混合箱等形式，将低温的一次送风与室内空气在箱内混合，再由常规的送风口送入室内；第二类，采用直接送入的方式将低温风由送风口送入室内。在第一类送风方式中，主要有三种形式，即带风机的串联式混合箱、带风机的并联式混合箱及无风机诱导型混合箱。第二类送风方式中可采用低温送风专用送风口或常规送风口。以下对这几种末端扩散设备做简单介绍。

（1）带风机的串联式混合箱　一次风与室内空气首先在箱内混合再由风机送入室内。其工作原理见图6-36。

此类设备有以下特点：

1）低温一次风与室内空气混合，再送入室内。其送风温度与常规空调相当。

2）在变风量系统中，即使一次风量发生变化，通过风机送入室内的空气量仍保持不变。

3）选型容易，控制简单。送入室内的风量稳定，因此不必担心射流分离及风口结露的问题。

4）由于风机连续运行，风机能耗大。

5）设备分散安装于室内吊顶内，不但有噪声，同时维修困难，维修费用高。

此外，在串联式混合箱上可加设加热换热管，以满足室内负荷的变化。一次风仅需克服入口的控制阀的阻力，因此需要进口压力很低（仅25Pa左右）。采用带风机的串联式混合箱后，室内送风口仍旧采用常规空调送风口。

（2）带风机的并联式混合箱　一次风不通过箱内风机，仅室内空气流经风机，再与一次风混合送入室内。其工作原理见图6-37。

从图6-37中可以看出，并联式混合箱仅处理室内空气，箱内风机的风量明显小于串联式混合箱内风机的风量。此外，一般情况下，并联式混合箱中的风机仅在一次风量较小的情况下开启，不像串联式混合箱的风机要一直连续不断地运行。因此，到达送风口要克服更多的阻力，一般并联式混合箱要求一次风提供约125Pa左右的入口静压。

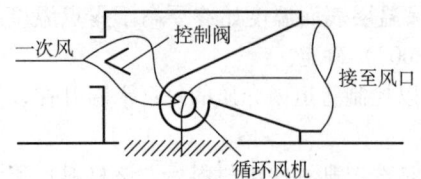
图6-36 带风机的串联式混合箱

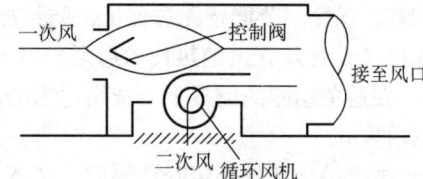
图6-37 带风机的并联式混合箱

建筑物外区并联式混合箱通过加热换热管，可以方便地对建筑物外区的负荷变化进行调节。例如，一个大体量建筑物，内区需常年供冷，而外区随季节变化，在冬季需供暖时，可启动风机同时启动加热换热管。

为防止一次风量的减少，送风速度下降，低温空气直接进入工作区，可根据需要起停风机，因此并联式混合箱比串联式混合箱调节灵活，但同时也带来了控制复杂的问题。此外，并联式混合箱仍需采用风机，因而增加了能耗和噪声，维护费用也较高。

(3) 无风机诱导型混合箱　一次诱导室内空气进入混合箱混合后再进入室内。其工作原理见图6-38。

无风机诱导型混合箱，不需风机等额外动力即可进行工作，但需要较高的一次风静压。因此一次风的风机耗电量会相应提高一些。但其结构简单，控制相对容易，可很方便地实现室内负荷的调节。例如，房间为最大冷负荷时，一次风的调节阀全开，室内空气诱导阀门关闭；随着空调区冷负荷减少，通过房间温控器控制关小一次风的调节阀门，同时开大诱导阀门。由于送风口的最小风量为"一次风+诱导风"，这样在小风量的情况下，提高了风温。因此，送风口的选型较容易，同时也能防止低速冷空气直接进入空调区。

(4) 送风口　为适应低温送风系统的发展，国内外相继研制和开发了多种形式的低温送风专用送风口。同时对常规空调送风口在低温送风状态下的性能及适用条件进行了一定的研究。如果选型合理，无论是采用低温送风专用风口，或是采用常规空调送风口，均可达到良好的空调效果。

常用的专用低温送风散流器如图6-39所示，该散流器通过内部喷射核产生高速一次气流诱导室内空气贴附顶棚送入室内。散流器有平板型、孔板型及条型三种形式。

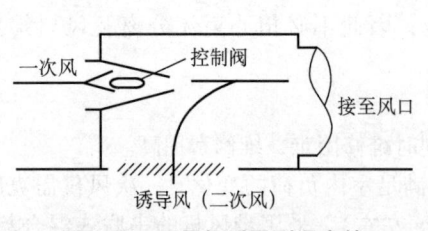
图6-38 无风机诱导型混合箱

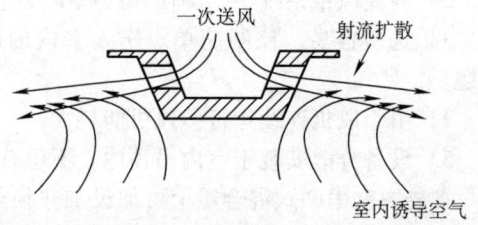
图6-39 喷嘴型散流器

为了防止低温送风口的表面结露，低温送风系统在投入运行时，应采取"软启动"的方式，即以较高的送风温度首先送入室内，使室内空气的露点温度低于散流器外表面温度，然后再逐步降低送风温度。

表6-16为几种常用低温送风空调系统方式。

表 6-16 几种常用低温送风空调系统方式

内区空调方式	外区空调方式	备 注
仅采用低温送风口	无外区	适用于无外区的区域空调，空调负荷稳定。大堂、门厅等易受室外空气渗透的房间或区域不适合采用
单风管 VAV 末端装置或并联 FPB 末端装置 + 低温送风口	风机盘管	风机盘管夏季供冷水，冬季供热水
	带电加热器或热水再热盘管的并联型 FPB 末端装置 + 低温送风口	外区并联型 FPB 内置风机只在冬季送热风时开起，其他季节同单风管 VAV 末端装置运行方式一致
	夏季（单风管 VAV 末端装置 + 低温送风口）+ 冬季风机盘管	风机盘管只在冬季运行，冬季当每米长度外围护结构热损耗大于 100W 时推荐采用风机盘管
	夏季（单风管 VAV 末端装置 + 低温送风口）+ 冬季散热器	冬季当每米长度外围护结构热损耗大于 100W 时推荐采用散热器
	夏季（单风管 VAV 末端装置 + 低温送风口）+ 冬季电加热器	冬季当每米长度外围护结构热损耗小于 100W 时推荐采用电加热器
串联型 FPB 末端装置 + 普通送风口	带电或热水再热盘管的串联型 FPB 末端装置 + 普通送风口	串联型 FPB 末端装置内置风机常年运行
	风机盘管	风机盘管夏季供冷水，冬季供热水
	夏季（串联型 FPB 末端装置 + 普通送风口）+ 冬季风机盘管	风机盘管只在冬季运行，冬季当每米长度外围护结构热损耗大于 100W 时推荐采用风机盘管
	夏季（串联型 FPB 末端装置 + 普通送风口）+ 冬季散热器	冬季当每米长度外围护结构热损耗大于 100W 时推荐采用散热器
	夏季（串联型 FPB 末端装置 + 普通送风口）+ 冬季电加热器	冬季当每米长度外围护结构热损耗小于 100W 时推荐采用电加热器
诱导型末端装置 + 低温送风口	带电加热器或热水再热盘管的诱导型末端装置 + 低温送风口	通过调节一次风阀和诱导风阀的开度，当房间需要充分供冷时，开大一次风阀，关闭诱导风阀

6.7.3 低温送风空调系统的特点及适用条件

采用低温送风空调系统时，应符合《民用建筑供暖通风与空气调节设计规范》（GB 50736—2012）中下列规定：

1）空气冷却器的出风温度与冷媒的进口温度之间的温差不宜小于3℃，出风温度宜采用 4~10℃，直接膨胀式蒸发器出风温度不应低于7℃。

2）空调区送风温度，应计算送风机、风管以及送风末端装置的温升。

3）空气处理机组的选型，应经技术经济比较确定。空气冷却器的迎风面风速宜采用 1.5~2.3m/s，冷媒通过空气冷却器的温升宜采用 9~13℃。

4）送风末端装置，应符合该规范第 7.4.2 条的规定。

5）空气处理机组、风管及附件、送风末端装置等应严密保冷，保冷层厚度应经计算确定，并符合该规范第 11.1.4 条的规定。

1. 低温送风空调系统的优点

低温送风具有送风温度低、送风温差大的特点，因此相对于常规空调系统具有表 6-17 所示的优点。

2. 低温送风空调系统的适用场所和不适用场所

对于一项新的工程项目，是采用常温送风空调系统，还是采用低温送风空调系统，需要对该建筑功能要求、冷源供应等各种因素进行全面的技术、经济论证后才能确定。

表 6-17 低温送风空调系统的优点

项目	内容	效果	原因
系统设备投资	空气处理设备	减小/减少	送风温差增大，送风量减少；水温降低，冷却能力提高同样风量下，输送冷量能力提高，服务区域扩大
	风管尺寸	减小	送风温差增大，送风量减少，风管尺寸减小
	循环水泵	减小/减少	供、回水温差增大，循环水量减少
	水管管径	减小	供、回水温差增大，循环水量减少，水管管径减小
建筑投资费用	建筑层高	降低	风管、水管和空气处理设备尺寸减小，风管甚至可以穿梁布置。建筑高度不变情况下，可增加建筑层数
	占用建筑面积	减小	风管、水管、水泵及空气处理设备的尺寸均减小
室内环境	室内空气相对湿度	降低	送风温度低，室内空气相对湿度可低达 40%
	室内环境舒适度	提高	室内空气相对湿度低，感觉空气新鲜。低温送风口空气分布性能指数（ADPI 值）高于 95%
	室内设计干球温度	提高	在不影响舒适性的条件下，室内设计干球温度可提高 1℃，节省能量
运行费用	风机和水泵的电耗	减少	风量和水量同时减少，输送能耗比常温送风空调系统的输送能耗可降低 30%~40%
已有建筑改建	保护建筑加设空调	合适	风管、水管尺寸小，对建筑影响小
	提高供冷能力	合适	利用常温送风空调系统风管、水管可提高系统供冷能力，解决老建筑供冷能力不够问题

表 6-18 列出了一些适合或不适合采用低温送风空调系统的条件，供设计人员在方案设计论证时参考。

表 6-18 适合或不适合采用低温送风空调系统的条件

适合采用低温送风系统的条件	不适合采用低温送风系统的条件
1）有≤4℃的低温水可供利用 2）要求显著降低建筑高度，降低投资 3）要求降低空调区内空气相对湿度至 40% 以下 4）冷负荷超过已有空调设备及管网供冷能力的改造工程	1）没有≤4℃的低温水可供利用 2）空调区内空气相对湿度要求保持高于 40% 3）要求保持较高循环风量（换气次数） 4）全年中有较长时间可以利用室外空气进行节能运行

《民用建筑供暖通风与空气调节设计规范》（GB 50736—2012）7.3.12 规定：有低温冷媒可利用时，宜采用低温送风空调系统；空气相对湿度或送风量较大的空调区，不宜采用低温送风空调系统。

6.7.4 低温送风空调系统的设计

低温送风空调系统设计流程，见图 6-40。

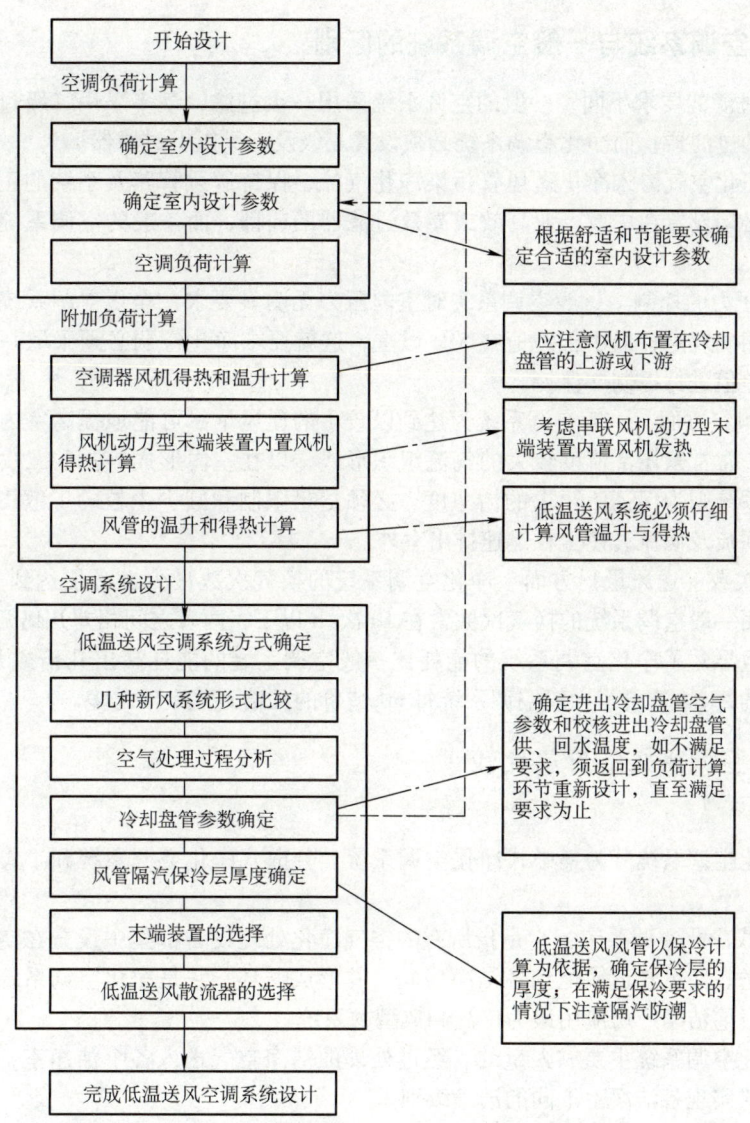

图 6-40 低温送风空调系统设计流程

6.8 净化空调系统

净化空调系统是在一般空调系统的基础上发展形成的,与一般空调系统基本一致,但又有特殊性。

为了使净化房间保持所需要的空气温度、相对湿度、气流速度、压力和洁净度等参数,最常用的方法是通过向室内不断输送一定量经过处理的洁净空气,以消除洁净室内的各种热、湿扰量及污染物质。而获取送入洁净室内的一定状态的空气则需要通过一整套设备对空气进行处理,并不断地送入室内和从室内排出,以实现室内温度、湿度调节和空气净化的目的。

6.8.1 净化空调系统与一般空调系统的区别

(1) 空气过滤的要求不同　一般的空调系统采用一级过滤，最多采用二级过滤，一般不设置亚高效以上的过滤器；而净化空调系统必须设置三级及三级以上过滤器。

为避免未净化空气渗入净化送风管污染净化气流，保持送风管路及系统的正压，净化空调系统中送风机必须设置在中效、亚高效或高效过滤器的前部，而一般的空调系统末端通常不设置过滤器装置。

(2) 室内压力的控制　一般空调系统对室内压力无明显要求，净化空调系统则对保持洁净室的压差具有明确规定，最小压差值在 5Pa 以上，这就要求净化空调必须采取一定的技术措施对洁净室的压差值进行控制并保持。

(3) 气流组织方面　一般空调系统为达到以较小的通风量尽可能地提高室内温度湿度场的均匀性之目的，常常采用乱流度较大的气流组织形式，以在室内形成较强的二次诱导气流或涡流；净化空调系统则为保证所要求的洁净度，必须尽量限制和减少尘粒的扩散飞扬，采取各种措施减小二次回流及涡流，使尘粒迅速排出室外。

(4) 换气次数（送风量）方面　净化空调系统的换气次数最少也必须达到 10 次/h，甚至高达数百次；而一般空调系统的换气次数常在 10 次/h 以下，两者之间相差几倍乃至几十倍。换气次数的差别也导致了净化空调系统的能耗比一般空调系统的能耗高出几倍或几十倍。并且，净化空调系统的每 m^2 造价为一般空调系统每 m^2 造价的几倍到几十倍之多。

6.8.2 净化空调系统的分类比较

1. 分类

一般将净化空调系统分为集中式净化空调系统、分散式净化空调系统和半集中式净化空调系统三种类型。

(1) 集中式净化空调系统　它是指所有的空气净化处理设备都集中设置在空调机房内，被处理空气通过送、回风管道输配到各洁净房间，并形成循环。它是净化空调系统中最基本的方式，也是我国目前洁净厂房应用最为广泛和典型的系统。

集中式净化空调系统主要靠大量的、经过处理的洁净空气送入各个洁净室，以不同的换气次数和气流形式实现各洁净室不同的洁净级别。

由于集中式净化空调系统处理设备集中设置于空调机房内，对噪声和振动处理相对容易；同时该系统的处理设备控制多个洁净房间，故要求各洁净室的同时使用系数高；因此它适用于生产工艺连续、洁净室面积较大、位置相对集中、噪声和振动控制要求严格的洁净厂房。

净化空调在要求空调的同时还要求净化，需要靠送入洁净空气来稀释，置换生产工艺对环境造成的污染，故全空气系统成为净化空调的主要形式。

对于大多数净化空调来说，由于满足空调区热、湿负荷所需要的通风量，往往远小于满足房间洁净度所需要的通风量，所以只需部分回风与新风混合后进入空调设备进行热、湿处理，剩余的回风仅需进行过滤，使之净化后再循环回到房间满足洁净级别所需的通风量。所以二次回风式系统是净化空调最常用的系统形式。

(2) 分散式净化空调系统　它是指把热湿处理设备和各级过滤器集中组合在一个箱体内，并将其分散设置在洁净室内或相邻的房间、走廊等处所形成的净化空调系统。

分散式净化空调系统具有造价低、布置改造灵活等特点，故常在改造项目中采用。

(3) 半集中式净化空调系统　主要由集中送风空气处理机和室内局部处理设备（又称末端

装置）组成。根据室内局部处理装置的不同，一般将它分为三大类型：具有热湿处理能力的末端装置系统，单纯具有净化作用的末端装置系统，风机过滤器单元（FFU）送风系统。

2. 比较

三种类型净化空调系统的比较见表6-19。

表6-19 净化空调系统的分类比较

项目	集中式净化空调系统	分散式净化空调系统	半集中式净化空调系统
生产工艺	生产工艺连续，各室无独立性，适用于大规模的生产工艺	生产工艺单一，各室独立，适用于改造工程	生产工艺可连续，各室具有一定的独立性，避免交叉污染
洁净室特点	洁净室面积大，间数多，位置较集中，但各室洁净度不宜相差太大	洁净室位置分散，洁净室单一	洁净室位置集中，可以将不同等级洁净室合为一个系统
气流组织	通过所选送回风口的形式及不同的布置，可实现多种气流组织形式，统一送、回风，管理集中	可实现多种气流组织形式，但噪声和振动需加以控制	气流组织的实现主要靠末端装置的类型及布置方式，可实现的气流组织形式不多，集中送风，就地回风
使用时间	同时使用系数高	使用时间单独	使用时间可以不一样
新风量	保证	难以保证	可保证，便于调节
辅助面积	机房占地面积大，设备及管道断面积大，占据的空间大	无单独机房或长管道	机房小，管道断面积小，所占空间小，但末端装置占一定的室内空间
噪声及振动	便于进行处理	较难处理	集中部分较易处理，室内末端装置较难
维修操作	系统管理复杂，各洁净室不可单独调节，维修量小	操作简单，维修量小，调节管理方便	介于前述两者之间，热湿处理装置可进行各室单独调节
施工周期	周期长，工作量大	周期短，易上马	介于前述两者之间
单位净化面积造价	较低	较高	介于前述两者之间

关于净化空调系统的详细内容参见本系列教材《空气洁净技术》第2版（见参考文献[23]）。

6.9 温湿度独立控制空调系统

空调系统承担着排除室内余热、余湿、CO_2 和异味的任务。目前，现有空调通常采用热湿联合方式实现上述任务，这种方式存在以下问题：热湿联合处理的能源消耗、难以适应热湿比的变化、室内空气品质问题和室内末端装置的问题。针对这些问题，清华大学江亿院士提出了温湿度独立控制空调系统。该系统是通过新风机组实现室内湿度和 CO_2 浓度的控制。由于通过干式末端对室内温度进行控制，无需承担除湿的任务，因此用较高温度的冷源即可实现排除余热的控制任务。**温湿度独立控制空调系统**中，采用温度与湿度两套独立的空调控制系统，分别控制、调节室内的温度与湿度，从而避免了常规空调系统中热湿联合处理所带来的损失。由于温度、湿度采用独立的控制系统，可以满足不同房间热湿比不断变化的要求，克服了常规空调系统中难以同时满足温湿度参数的要求，避免了室内湿度过高（或过低）的现象。

《民用建筑供暖通风与空气调节设计规范》（GB 50736—2012）7.3.14 规定：空调区散湿量较小且技术经济合理时，宜采用温湿度独立控制空调系统。这里空调区散湿量较小的情况，一般指空调区单位面积的散湿量不超过 30g/（m²·h）。

温湿度独立控制空调系统的基本组成为：处理显热的系统与处理潜热的系统，两个系统独立调节，分别控制室内的温度和湿度，参见图6-41。处理显热的系统包括高温冷源、余热消除末端装置。该系统采用水作为输送媒介。由于除湿的任务由处理潜热的系统承担，因而显热系统的冷水供水温度不再是常规冷凝除湿空调系统中的7℃，而是提高到18℃左右，从而为天然冷源的使用提供了条件，即使采用机械制冷方式，制冷机的性能系数也有大幅度的提高。余热消除末端装置可以采用辐射板、干式风机盘管等多种形式，由于供水的温度高于室内空气的露点温度，因而不存在结露的危险。处理潜热的系统，同时承担去除室内 CO_2、异味，以保证室内空气质量的任务。此系统由新风处理机组、送风末端装置组成，采用新风作为能量输送的媒介。在处理潜热的系统中，由于不需要处理温度，因而湿度的处理可能有新的节能高效方法。

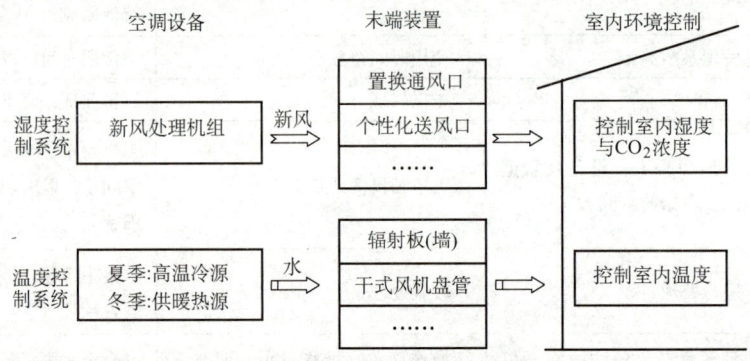

图 6-41 温湿度独立控制空调系统

温湿度独立控制空调系统设计，应符合下列规定：

在温湿度独立控制空调系统中，采用新风承担排除室内余湿、CO_2、异味，保证室内空气质量的任务。一般来说，这些排湿、排有害气体的负荷仅随室内人员数量而变化，因此可采用变风量方式，根据室内空气的湿度或 CO_2 含量调节风量。由于仅是为了满足新风和湿度的要求，如果人均风量 40m³/h，每人 5m² 面积，则换气次数只在 2~3 次/h，远小于变风量系统的风量。这部分空气可通过置换送风的方式从下侧或地面送出，也可采用个性化送风方式（详见 7.1 节）直接将新风送入人员活动区。

室内的显热则通过另外的系统排除（或补充）。由于这时只需要排除显热，就可以用较高温度的冷源通过辐射、对流等多种方式实现。当室内设定温度为 25℃ 时，采用屋顶或垂直表面辐射方式，即使平均冷水温度为 20℃，辐射表面仍可排除显热 40W/m²，已基本可以满足多数类型建筑排除围护结构和室内设备发热量的要求。由于水温一直高于室内露点温度，因此不存在结露的危险和排凝水的要求。此外，还可以采用干式风机盘管通入高温冷水排除显热。由于不存在凝水问题，干式风机盘管可采用完全不同的结构和安装方式，参见图5-57。这可使风机盘管成本和安装费用大幅度降低，并且不再占用吊顶空间。这种末端方式在冬季可完全不改变新风送风参数，仍由其承担室内湿度和 CO_2 的控制。辐射板或干式风机盘管则通入热水，变供冷为供暖，继续维持室温。与变风量系统相比，这种系统实现了室内温度和湿度的分别控制。

尤其实现了新风量随人员数量同步增减,从而避免了变风量系统冬季人员增加,热负荷降低,新风量也随之降低的问题。与目前的风机盘管加新风方式比较,免去了凝水盘和凝水排除系统,彻底消除了实际工程中经常出现问题的这一隐患。同时由于不再存在潮湿表面,根除了滋生霉菌的温床,可有效改善室内空气品质。由于室内相对湿度可一直维持在60%以下,较高的室温(26℃)就可以达到热舒适要求。这就避免了由于相对湿度太高,只得把室温降低(甚至到20℃),以维持舒适要求的问题。既降低了运行能耗,还减少了由于室内外温差过大造成的热冲击对健康的危害。

温湿度独立控制空调系统中,需要新风处理机组提供干燥的室外新风,以满足排湿、排CO_2、排异味和提供新鲜空气的需求。前面已阐述了现有的低温露点除湿的热湿联合处理方式所带来的问题,如何采用其他的处理方式排除室内的余湿,如何处理达到非露点的送风参数,如何实现对新风湿度有效的控制是新风处理机组所面临的关键问题。如4.4.5所述,目前溶液式除湿是一种新型节能的除湿方法。溶液式除湿与转轮式除湿机理相同,仅由吸湿溶液代替了固体转轮。由于可以改变溶液的浓度、温度和气液比,因此与转轮相比,这一方式可实现对空气的加热、加湿、降温、除湿等各种处理过程。同时,采用溶液吸湿,可以使空气溶液接触表面同时作为换热表面,在表面的另一侧接入冷水或热水,实现吸收或补充相变热的目的,从而实现接近等温的吸湿和再生过程。有关溶液除湿空调装置的详细内容,可参见本书4.4.5。

6.10 蒸发冷却空调系统

蒸发冷却空调技术是一种节能、环保、经济和可提高室内空气品质的空调方式。它既可以制取冷风,也可以制取冷水。蒸发冷却空调(Evaporative Air Conditioning)技术按照技术形式分为:直接蒸发冷却(Direct Evaporative Cooling,DEC)空调技术、间接蒸发冷却(Iindirect Evaporative Cooling,IEC)空调技术、间接—直接蒸发冷却(Indirect-Direct Evaporative Cooling,IDEC)复合空调技术,蒸发冷却—机械制冷(Evaporative Cooling-Mechanical Refrigeration)联合空调技术。按照产出介质(获得冷量)形式分为:风侧蒸发冷却(Evaporative Air Cooling)空调技术、水侧蒸发冷却(Evaporative Water Cooling)空调技术。风侧蒸发冷却空调技术相应的设备分为:直接蒸发冷却空调机组、间接蒸发冷却空调机组、间接—直接蒸发冷却复合空调机组、蒸发冷却—机械制冷联合空调机组。水侧蒸发冷却空调技术相应的设备分为:直接蒸发冷却冷水机组、间接蒸发冷却冷水机组、间接—直接蒸发冷却复合冷水机组、蒸发冷却—机械制冷联合冷水机组。

《公共建筑节能设计标准》(GB 50189—2015)4.4.2规定:夏季空气调节室外计算湿球温度较低、温度日差较大的地区,宜优先采用直接蒸发冷却、间接蒸发冷却或直接蒸发冷却与间接蒸发冷却相结合的二级或三级蒸发冷却的空气处理方式。

《民用建筑供暖通风与空气调节设计规范》(GB 50736—2012)7.3.16规定:夏季空调室外设计露点温度较低的地区,经技术经济比较合理时,宜采用蒸发冷却空调系统。

目前,蒸发冷却空调系统按照负担室内热湿负荷所用的介质分类,主要分为全空气蒸发冷却空调系统和水—空气蒸发冷却空调系统。

《工业建筑供暖通风与空气调节设计规范》(GB 50019—2015)8.3.9规定:符合下列条件之一时,宜采用蒸发冷却空调系统。

1)室外空气计算湿球温度小于23℃的干燥地区。
2)显热负荷大,但散湿量较小或无散湿量,且全年需要以降温为主的高温车间。

3)湿度要求较高的或湿度无严格限制的生产车间。8.5.1 规定空气的冷却应根据不同条件和要求,优先选择蒸发冷却和天然冷源,采用前两种方式达不到要求时才采用人工冷源冷却。

6.10.1 全空气蒸发冷却空调系统

全空气蒸发冷却空调系统(见图 6-42),即空调房间的热湿负荷全部由集中处理设备处理过的空气承担的蒸发冷却空调系统。其相比于传统的全空气系统:①空气处理设备增加了间接蒸发冷却器和直接蒸发冷却器,其中间接蒸发冷却器(段)的种类及基数视具体情况而定;②风系统多采用全新风的直流式空调系统,而传统的全空气系统多采用混合式系统;另外整个空调系统中既有一次空气系统,又有二次空气系统,而传统的全空气系统中没有一、二次空气系统之分。

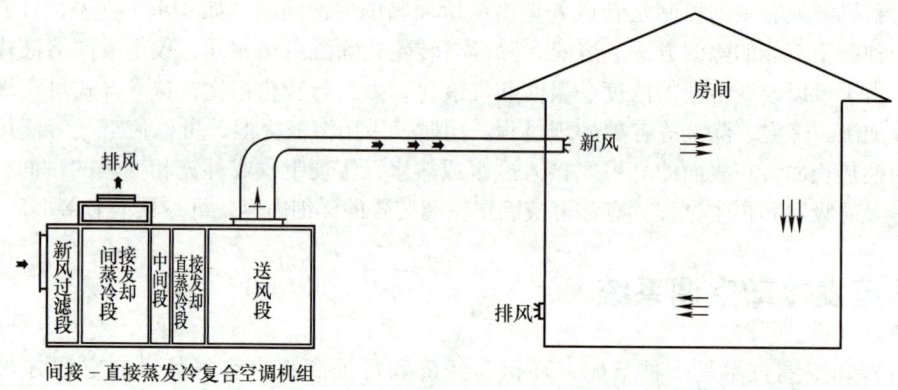

图 6-42 全空气蒸发冷却空调系统

蒸发冷却空调系统设计应符合《民用建筑供暖通风与空气调节设计规范》(GB 50736—2012)7.3.17 规定:

1)空调系统形式,应根据夏季室外计算湿球温度和露点温度以及空调区显热负荷、散湿量等确定。

2)全空气蒸发冷却空调系统,应根据夏季空调室外计算湿球温度、空调区散湿量和送风状态点等,经技术经济比较确定。

《工业建筑供暖通风与空气调节设计规范》(GB 50019—2015)8.3.10 还规定全空气蒸发冷却空调系统的送风量,宜根据夏季空调设计工况下消除显热负荷的风量确定。

1. 夏季空气处理过程

(1)一级(直接)蒸发冷却系统 蒸发冷却最常用的方式是由单元式空气蒸发冷却器或只有直接蒸发冷却段的组合式空气处理机组所组成的一级(直接)蒸发冷却系统。该系统制造技术和工艺都相对成熟,初投资和运行费用低,占用空间小,安装方便。在低湿球温度地区,一级(直接)蒸发冷却空调系统相对于机械制冷系统而言,能源消耗可减少 60% ~ 80%。直接蒸发冷却实际上是一个等焓(绝热)加湿过程。

首先,确定夏季室外空气状态点 W_x ($t_{W_{xg}}$, $t_{W_{xs}}$),然后从 W_x 作等焓线与 $\varphi = 90\% \sim 95\%$ 线相交于 L_x (O_x) 点(机器露点就是送风状态点),通过 L_x 点作空调房间的热湿比线 $\varepsilon_x = \dfrac{\sum Q_x}{\sum W_x}$,该线与室内设计温度 t_{N_x} 相交于 N_x,此为室内空气状态点。检查室内空气的相对湿度 φ_{N_x} 是否满足要求,$\Delta t_0 = t_{N_x} - t_{L_x}$ 是否符合规范要求。如果符合,则 h-d 图绘制完毕,见图 6-43。

空气处理过程为

$$W_x \xrightarrow[\text{直接蒸发冷却器}]{\text{绝热加湿}} L_x \xrightarrow{\varepsilon_x} N_x \rightarrow \text{排至室外}$$

空调房间的送风量 q_m (kg/s) 为

$$q_m = \frac{\sum Q_x}{h_{N_x} - h_{L_x}} \tag{6-1}$$

直接蒸发冷却器处理空气所需显热冷量 Q_0 (kW) 为

$$Q_0 = q_m c_p (t_{W_{xg}} - t_{L_x}) \tag{6-2}$$

式中 c_p——比定压热容，取 1.01 kJ/(kg·K)；

$t_{W_{xg}}$、t_{L_x}——夏季室外干球温度、夏季机器露点温度（℃）。

直接蒸发冷却器的加湿量 W(kg/s) 为

$$W = q_m (d_{L_x} - d_{W_x})$$

(2) 二级（间接+直接）蒸发冷却系统 一级（直接）蒸发冷却系统受气候和地域等条件的诸多限制，存在空气调节区湿度偏大，温降有限，不能满足要求较高的场合使用等问题。因此，提出了间接蒸发冷却与直接蒸发冷却复合的二级蒸发冷却系统。间接蒸发冷却是一个等湿冷却的过程，不会增加空调送风的含湿量，而间接+直接蒸发冷却两级的总温（焓）降大于单级直接蒸发冷却。目前，该系统在实际工程中应用最广。空气处理过程的 h-d 图如图 6-44 所示。

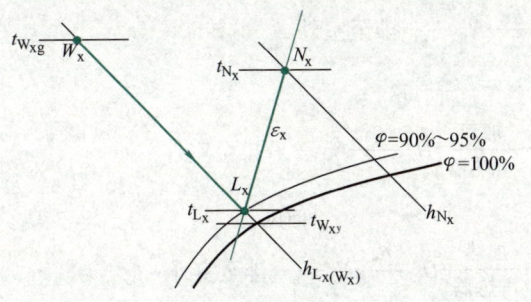

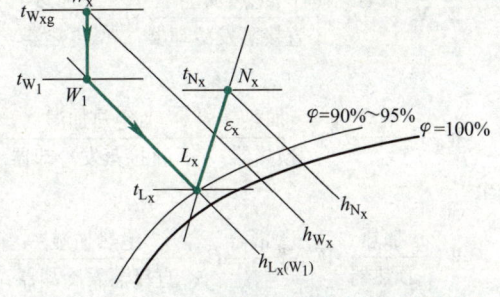

图 6-43 一级蒸发冷却系统夏季空气处理过程　　图 6-44 二级蒸发冷却系统夏季空气处理过程

首先，确定室内空气状态点 N_x (t_{N_x}, φ_{N_x}) 和夏季室外空气计算状态点 W_x ($t_{W_{xg}}$, $t_{W_{xs}}$)，过 N_x 点作空调房间的热湿比线 $\varepsilon_x = \frac{\sum Q_x}{\sum W_x}$，该线与 φ = 90%~95% 线相交于 L_x，该点为机器露点和送风状态点。从 W_x 向下作等含湿量线，从 L_x 点作等焓线，这两条线相交于 W_1 点，该点为室外新风经间接蒸发冷却器冷却后的状态点，也是进入直接蒸发冷却器的初状态点。空气处理过程为

$$W_x \xrightarrow[\text{间接蒸发冷却器}]{\text{等湿冷却}} W_1 \xrightarrow[\text{直接蒸发冷却器}]{\text{绝热加湿}} L_x \xrightarrow{\varepsilon_x} N_x \longrightarrow \text{排至室外}$$

空调房间的送风量 q_m (kg/s) 为

$$q_m = \frac{\sum Q_x}{h_{N_x} - h_{L_x}} \tag{6-3}$$

间接蒸发冷却器处理空气所需显热冷量 Q_{01} (kW) 为

$$Q_{01} = q_m (h_{W_x} - h_{L_x}) \tag{6-4}$$

直接蒸发冷却器处理空气所需显热冷量 Q_{02} (kW) 为

$$Q_{02} = q_m c_p (t_{W_1} - t_{L_x}) \tag{6-5}$$

式中，c_p = 1.01 kJ/(kg·K)

(3) 三级（二级间接+一级直接）蒸发冷却系统 其 h-d 图如图 6-45 所示。虽然二级蒸发

冷却系统在大部分应用场合得到广泛应用，取得了一定的效果，但在有些特定地区和场合，使用这种系统仍存在一些问题。主要表现在部分中湿度地区如果达到室内空气状态点，需要的送风量较大，从经济上来讲不合算，占用空间也较大，对于一些室内空气条件要求较高的场所（如星级宾馆、医院等）达不到送风要求。因此，又提出了两级间接蒸发冷却与一级直接蒸发冷却复合的三级蒸发冷却系统。典型的三级蒸发冷却系统有两种类型：第一种是一级和二级均为板翅式间接蒸发冷却器，第三级为直接蒸发冷却器；第二种是第一级为冷却塔+空气冷却器所构成的间接蒸发冷却器，第二级为板翅式间接蒸发冷却器，第三级为直接蒸发冷却器。目前，该系统正在推广应用。

空气处理过程为

$$W_x \xrightarrow[\text{第一级间接蒸发冷却器}]{\text{等湿冷却}} W_1 \xrightarrow[\text{第二级间接蒸发冷却器}]{\text{等湿冷却}} W_2 \xrightarrow[\text{直接蒸发冷却器}]{\text{绝热加湿}} L_x \xrightarrow{\varepsilon_x} N_x \longrightarrow 排至室外$$

2. 冬季空气处理过程

为了节约能源，蒸发冷却空调系统冬季一般不采用直流式（全新风）系统，而是要利用部分回风，即为一次回风式系统。另外，往往只开启直接蒸发冷却器（段），不使用间接蒸发冷却器（段），预热器和再热器全开。其 $h\text{-}d$ 图如图6-46所示。

空气处理过程为

$$W_d N_d \xrightarrow{\text{混合}} C_d \xrightarrow[\text{直接蒸发冷却器}]{\text{绝热加湿}} L_d \xrightarrow[\text{再热器}]{\text{加热}} O_d \xrightarrow{\varepsilon_d} N_d \longrightarrow 排至室外 \downarrow 回风$$

$$W_d N_d \xrightarrow{\text{混合}} C'_d \xrightarrow[\text{预热器}]{\text{加热}} C_L \xrightarrow[\text{直接蒸发冷却器}]{\text{绝热加湿}} L_d \xrightarrow[\text{再热器}]{\text{加热}} O_d \xrightarrow{\varepsilon_d} N_d \longrightarrow 排至室外 \downarrow 回风$$

$$W_d \xrightarrow[\text{预热器}]{\text{加热}} W'N_d \xrightarrow{\text{混合}} C_L \xrightarrow[\text{直接蒸发冷却器}]{\text{绝热加湿}} L_d \xrightarrow[\text{再热器}]{\text{加热}} O_d \xrightarrow{\varepsilon_d} N_d \longrightarrow 排至室外 \downarrow 回风$$

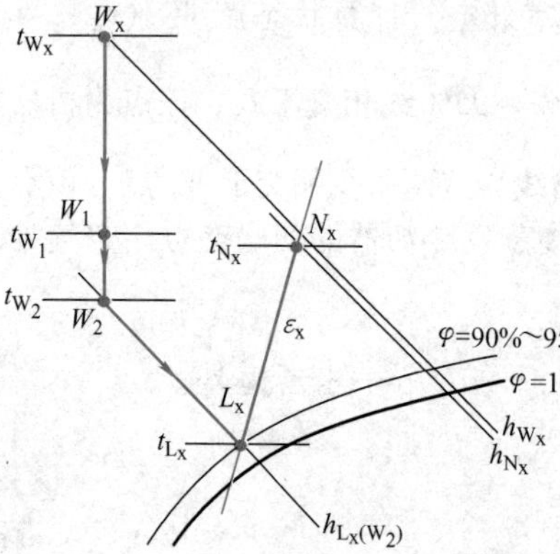

图6-45 三级蒸发冷却系统夏季空气处理过程

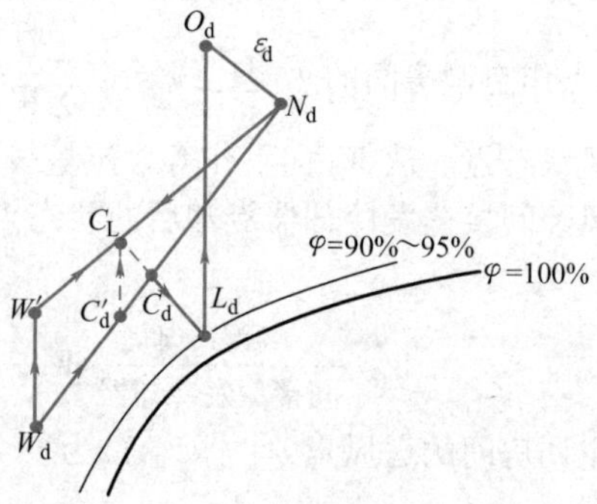

图6-46 蒸发冷却系统冬季空气处理过程

直接蒸发冷却器的加湿量 W（kg/s）为

$$W = q_m (d_{L_d} - d_{C_L}) \tag{6-6}$$

式中 d_{L_d}、d_{C_L}——冬季机器露点状态、混合状态点的含湿量 [kg/kg（干空气）]。

预热器、再热器的加热量分别为

$$Q_1 = q_m (h_{C_L} - h_{C'_d}) = q_{mW}(h_{W'} - h_{W_d}) \tag{6-7}$$

$$Q_2 = q_m (h_{O_d} - h_{L_d}) \tag{6-8}$$

式中 h_{L_d}、h_{C_L}——冬季机器露点状态、混合状态点的比焓（kJ/kg）；

$h_{C'_d}$、h_{O_d}——冬季混合状态点、送风状态点的比焓（kJ/kg）；

$h_{W'}$、h_{W_d}——冬季经预热后状态点、室外空气状态的比焓（kJ/kg）。

3. 除湿与蒸发冷却联合空调系统

对于潮湿地区，可以采用除湿与蒸发冷却联合系统，如图 6-47a 所示。空气处理过程 h-d 图见图 6-47b。室外空气（W_x 点）与部分回风（N_x 点）混合到 C_x 点，经转轮式除湿机除湿。这是一个增焓减湿过程，即过程 C_x—1。然后，利用室外空气经空气/空气换热器（板翅式换热器）将状态 1 的空气冷却到 2；这部分室外空气可利用作为转轮式除湿机的再生空气，但需在空气加热器继续进行加热。因此，通过空气/空气换热器回收了一部分热量。状态 2 的空气在两级蒸发冷却器进行冷却，即 $2-3-L_x$。间接蒸发冷却器的二次空气可直接应用室内的排风。由于排风的含湿量与比焓均小于室外空气的含湿量与比焓，因此可获得比较低的 IEC 出口空气（即 3 点）温度。这个系统除了泵、风机等消耗电能外，还需要消耗再生空气的加热量。如果再生能量采用废热和太阳能等可再生能源，这种联合系统具有节能意义。

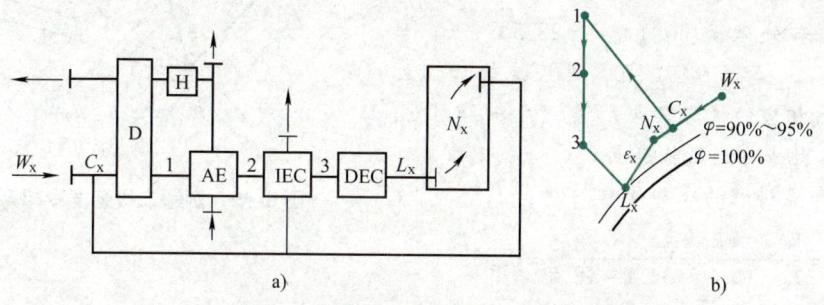

图 6-47 除湿与蒸发冷却联合空调系统
a）系统流程图　b）处理过程在 h-d 图上的表示
D—转轮式除湿机　AE—空气/空气换热器　IEC—间接蒸发冷却器　DEC—直接蒸发冷却器　H—空气加热器

【例 6-1】 西藏自治区昌都市一办公楼，室内设计状态参数为 $t_{N_x} = 24$℃，$\varphi_{N_x} = 60\%$，夏季室外空气设计状态参数为 $t_{W_{xg}} = 26$℃，$d_{W_x} = 11.22$g/kg（干空气），$t_{W_{xs}} = 14.8$℃。室内余热量为 $\sum Q_x = 100$kW，室内余湿量为 $\sum W_x = 36$kg/h（0.01kg/s）。

求：采用一级直接蒸发冷却空调的冷却效率、送风量与制冷量。

【解】 (1) 确定 W_x 点，过 W_x 点作等焓线与 $\varphi = 90\% \sim 95\%$ 线相交于 L_x 点，该点为机器露点，也是送风状态点。从 L_x 点作 $\varepsilon_x = \dfrac{\sum Q_x}{\sum W_x} = \dfrac{100}{0.01}$kJ/kg = 10000kJ/kg 线与室内设计温度 $t_{N_x} = 24$℃交于 N_x 点。经查大气压力为 68133Pa 的 h-d 图（图 6-48），得知：$t_{L_x} = 15.2$℃，$d_{L_x} = 15.72$g/kg（干空气）。

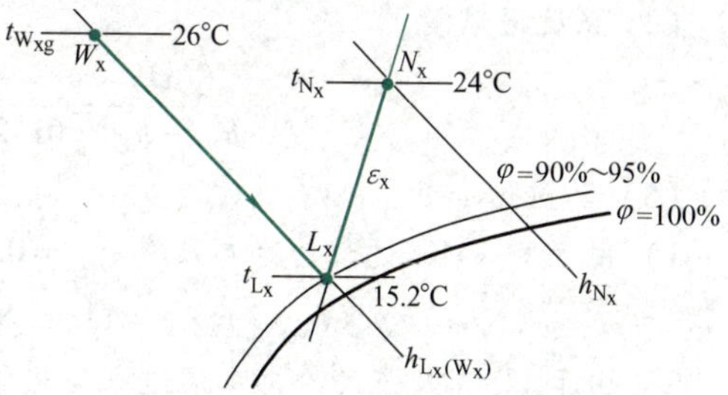

图 6-48 例题一级蒸发冷却 h-d 图

(2) 直接蒸发冷却空调的冷却效率

$$\eta_{DEC} = \frac{t_{W_{xg}} - t_{L_x}}{t_{W_{xg}} - t_{W_{xs}}} = \frac{26 - 15.2}{26 - 14.8} = 0.96$$

(3) 送风量

$$q_m = \frac{\sum Q}{h_{N_x} - h_{L_x}} \approx \frac{\sum Q_x}{c_p(t_{N_x} - t_{L_x})} = \frac{100}{1.01 \times (24 - 15.2)} \text{kg/s} = 11.3 \text{kg/s}$$

(4) 产冷量

$$Q = q_m c_p (t_{W_x} - t_{L_x}) = 11.3 \times 1.01 \times (26 - 15.2) \text{kW} = 123.3 \text{kW}$$

【例 6-2】 已知乌鲁木齐市某栋二层高级办公楼 1800m^2，其室内设计参数为 $t_{N_x} = 26℃$，$\varphi_{N_x} = 60\%$，$h_{N_x} = 61.2 \text{kJ/kg}$。乌鲁木齐市室外干球温度 $t_{W_{xg}} = 34.1℃$，湿球温度 $t_{W_{xs}} = 18.5℃$，室外空气焓值为 56.0kJ/kg，经计算夏季室内冷负荷 $\sum Q_x = 126 \text{kW}$，室内散湿量 $\sum W_x = 45 \text{kg/h}$ (0.0125kg/s)，热湿比 $\varepsilon_x = \sum Q_x / \sum W_x = 10080 \text{kJ/kg}$。

确定夏季机组功能段，并求系统送风量及设备总显热制冷量。

【解】 (1) 空气处理过程及 h-d 图（图 6-49）：根据已知条件，室外空气比焓值小于室内设计状态比焓值，故采用直流式系统。

室外状态 W_x ($t_{W_{xg}} = 34.1℃$, $t_{W_{xs}} = 18.5℃$) 等含湿量冷却处理至 W_1 ($t_{W_{1g}} = 28.5℃$, $h_{W_1} = 50.2 \text{kJ/kg}$, $t_{W_{1s}} = 16.9℃$) 点，再经绝热加湿处理至与 ε_x 线相应的机器露点 L_x 点 ($t_{L_x} = 18.1℃$, $t_{L_{xs}} = t_{W_{1s}}$)，此点即送风状态点 L_x。

$W_x \rightarrow W_1$ 点过程的冷却效率

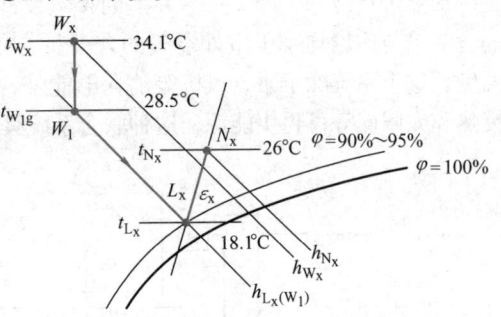

图 6-49 例题二级蒸发冷却 h-d 图

$$\eta_{IEC} = \frac{t_{W_{xg}} - t_{W_{1g}}}{t_{W_{xg}} - t_{W_{xs}}} = \frac{34.1 - 28.5}{34.1 - 18.5} = 0.36$$

所以选择间接蒸发冷却段或者冷却塔空气冷却器冷却段都可以。

$W_1 \rightarrow L_x$ 点，为绝热加湿过程，选用直接蒸发冷却段即可。相应加温冷却效率为

$$\eta_{DEC} = \frac{t_{W_{1g}} - t_{L_x}}{t_{W_{1g}} - t_{W_{1s}}} \times 100\% = \frac{28.5 - 18.1}{28.5 - 16.9} \times 100\% = 90\%$$

符合要求。机组功能段为：混合进风段—过滤段—空气冷却器段—中间段—间接蒸发冷却段—中间段—直接蒸发冷却段—中间段—风机段；或为：混合进风段—过滤段—冷却塔空气冷却器段—中间段—直接蒸发冷却段—中间段—风机段。

(2) 系统送风量

$$q_m = \frac{\sum Q_x}{h_{N_x} - h_{L_x}} = \frac{126}{61.2 - 50.2} \text{kg/s} = 11.45 \text{kg/s}$$

(3) 总显热冷量

1) 由于 $W_x \rightarrow W_1$ 过程的冷却效率 $\eta_{IEC} = 0.36$，其显热冷量按下式计算

$$Q_1 = q_m c_p (t_{W_{xg}} - t_{W_{1g}}) = 11.45 \times 1.01 \times (34.1 - 28.5) \text{kW} = 64.8 \text{kW}$$

2) 由于 $W_1 \rightarrow O_x$ 点的冷却加湿过程显热量应按公式计算

$$Q_2 = q_m c_p (t_{W_{1g}} - t_{L_x}) = 11.45 \times 1.01 \times (28.5 - 18.1) \text{kW} = 120.3 \text{kW}$$

机组提供的总显热量：$Q_0 = Q_1 + Q_2 = (64.8 + 120.3) \text{kW} = 185.1 \text{kW}$

【例 6-3】 其他条件同例 6-2，仅提高室内舒适标准：$t_{N_x} = 25℃$，$\varphi_{N_x} = 55\%$，$h_{N_x} = 55 \text{kJ/kg}$。确定夏季机组功能段，并求系统送风量及设备总显热制冷量。

【解】 (1) 空气处理过程及 $h\text{-}d$ 图（图 6-50）：根据已知条件，室外空气比焓值（$h_{W_x}=56.0\text{kJ/kg}$）与室内比焓值（$h_{N_x}=55.0\text{kJ/kg}$）几乎相等。可以使用 100% 新风。

假设机组提供的冷量能满足最大冷量要求，送风状态点 L_x 仍为机器露点 L_x（$t_{L_x}=15.5℃$，$h_{L_x}=43.0\text{kJ/kg}$，$t_{L_x}=14.6℃$）。室外状态 W_x（$t_{W_{xg}}=34.1℃$，$t_{W_{xs}}=18.5℃$）等含湿量冷却处理至 W_2（$t_{W_{2g}}=22.3℃$，$t_{W_{2s}}=t_{L_{xs}}$）点，经绝热加湿至送风状态 L_x。

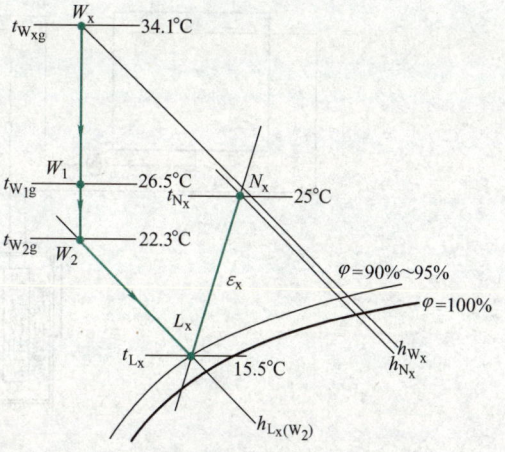

图 6-50 例题三级蒸发冷却 $h\text{-}d$ 图

$W_x \to W_2$ 点的冷却效率

$$\eta_{IEC}=\frac{t_{W_{xg}}-t_{W_{2g}}}{t_{W_{xg}}-t_{W_{xs}}}\times 100\%=\frac{34.1-22.3}{34.1-18.5}\times 100\%=76.1\%>60\%$$

所以仅靠间接蒸发冷却段处理空气，制冷能力难以达到。所以要靠三级蒸发冷却处理空气才能把室外空气处理至送风状态点 L_x（O_x）。根据冷却塔空气冷却器冷却段处理空气的终状态 W_1（$t_{W_{1g}}=26.5℃$，$t_{W_{1s}}=16.4℃$，$h_{W_1}=48.0\text{kJ/kg}$）

相应冷却效率

$$\eta_{IEC}=(t_{W_{1g}}-t_{W_{2g}})/(t_{W_{1g}}-t_{W_{1s}})=(26.5-22.3)/(26.5-16.4)=41.6\%<60\%$$

也满足要求。机组功能段为：混合进风段—过滤段—冷却塔空气冷却器段—中间段—间接蒸发冷却段—中间段—直接蒸发冷却段—中间段—风机段。

(2) 系统送风量

$$q_m=\frac{\sum Q_x}{h_{N_x}-h_{L_x}}=\frac{126}{55-43}\text{kg/s}=10.5\text{kg/s}$$

(3) 总显热冷量

1) $W_x \to W_1$ 的显热冷量
$Q_1=q_m c_p (t_{W_{xg}}-t_{W_{1g}})=10.5\times 1.01\times(34.1-26.5)\text{kW}=80.6\text{kW}$

2) $W_1 \to W_2$ 点的显热冷量
$Q_2=q_m c_p (t_{W_{1g}}-t_{W_{2g}})=10.5\times 1.01\times(26.5-22.3)\text{kW}=44.5\text{kW}$

3) $W_2 \to L_x$ 点的显热冷量
$Q_3=q_m c_p (t_{W_{2g}}-t_{L_x})=10.5\times 1.01\times(22.3-15.5)\text{kW}=72.1\text{kW}$

机组提供的总显热冷量：$Q_0=Q_1+Q_2+Q_3=(80.6+44.5+72.1)\text{kW}=197.2\text{kW}$

6.10.2 水—空气蒸发冷却空调系统

1. 运行模式

水—空气蒸发冷却空调系统，即空调房间的热湿负荷由集中处理设备处理过的水和空气共同承担的蒸发冷却空调系统。如图 6-51 所示，整个系统分为蒸发冷却空调水系统和风系统，与传统的水—空气系统相比不同之处在于，水系统循环的冷水是利用水侧蒸发冷却空调技术制取，比如间接—直接蒸发冷却复合冷水机组；风系统输送的冷风是利用风侧蒸发冷却空调技术制取，比如间接—直接蒸发冷却复合空调机组。

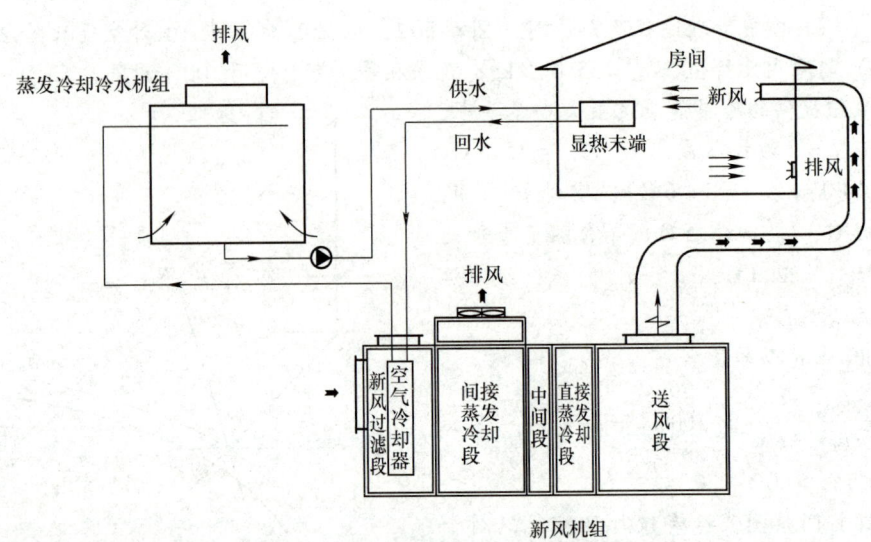

图 6-51 水—空气蒸发冷却空调系统

(1) 干燥地区夏季运行模式　根据干燥地区气候特点，对温湿度要求不高的建筑物，冷水机组可选用蒸发冷却冷水机组；新风机组可选用直接蒸发冷却空调机组或间接—直接蒸发冷却空调机组，在整个空调运行期即能满足室内要求。

蒸发冷却冷水机组制取的高温冷水输送到显热末端承担室内显热负荷，将室内状态 N_x 的回风处理到 M_x 点；室内的湿负荷和部分显热负荷由间接—直接蒸发冷却空调机组承担，新风被处理到机器露点 L_x，状态 L_x 的新风送入室内与状态 M_x 的回风混合达到室内送风状态 O_x。其空气处理焓湿过程如图 6-52 所示。

当新风机机组采用直接蒸发冷却空调机组［或只运行间接—直接蒸发冷却空调机组的直接蒸发冷却（DEC）段］时，空气处理过程如图 6-52a 所示：

$$W_x \xrightarrow{\text{等焓加湿}} L_x$$
$$N_x \xrightarrow{\text{等湿冷却}} M_x$$
$$\searrow \text{混合} \to O_x \xrightarrow{\varepsilon_x} N_x \to \text{排至室外}$$
$$\downarrow \text{回风}$$

当间接—直接蒸发冷却空调机组为间接蒸发冷却（IEC）+ 直接蒸发冷却（DEC）二级蒸发冷却空调机组时，空气处理过程如图 6-52b 所示：

$$W_x \xrightarrow{\text{等湿冷却}} W_{x1} \xrightarrow{\text{等焓加湿}} L_x$$
$$N_x \xrightarrow{\text{等湿冷却}} M_x$$
$$\searrow \text{混合} \to O_x \xrightarrow{\varepsilon_x} N_x \to \text{排至室外}$$
$$\downarrow \text{回风}$$

当间接—直接蒸发冷却空调机组为两级间接蒸发冷却（IEC）+ 直接蒸发冷却（DEC）三级蒸发冷却空调机组时，空气处理过程如图 6-52c 所示：

$$W_x \xrightarrow{\text{一级等湿冷却}} W_{x1} \xrightarrow{\text{二级等湿冷却}} W_{x2} \xrightarrow{\text{等焓加湿}} L_x$$
$$N_x \xrightarrow{\text{等湿冷却}} M_x$$
$$\searrow \text{混合} \to O_x \xrightarrow{\varepsilon_x} N_x \to \text{排至室外}$$
$$\downarrow \text{回风}$$

(2) 中等湿度地区夏季运行模式　根据中等湿度地区气候特点，其采用的新风机组和冷水机组单独依靠蒸发冷却技术在整个空调运行期不能完全满足要求，需要机械制冷的协同。

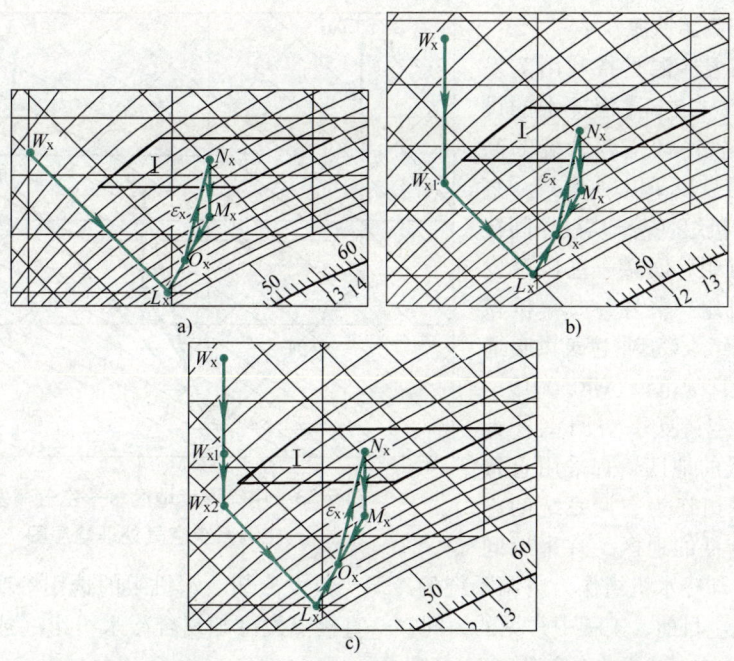

图 6-52 干燥地区水—空气蒸发冷却空调系统空气处理焓湿图
a) 新风机组为直接蒸发冷却空调机组时的空气处理过程焓湿图 b) 新风机组为间接蒸发冷却—直接蒸发冷却二级蒸发冷却空调机组时的空气处理过程焓湿图 c) 两级间接蒸发冷却—直接蒸发冷却三级蒸发冷却空调机组时的空气处理过程焓湿图

高温冷水机组采用蒸发冷却—机械制冷联合冷水机组，在整个空调运行期分两种工况运行：运行工况Ⅰ，在过度季节，室外湿球温度较低，只运行机组蒸发冷却段为显热末端制取高温冷水承担室内显热负荷；运行工况Ⅱ，在炎热夏季，室外湿球温度较高，单独运行蒸发冷却段制取高温冷水不能满足显热末端的进水要求，需要机械制冷协助，此时整机运行为显热末端取高温冷水承担室内显热负荷。

新风机组采用蒸发冷却—机械制冷联合空调机组，在整个空调运行期分两种工况运行：运行工况Ⅰ，在过度季节，室外空气状态点落在室内设计状态的左侧，只运行新风机组的间接蒸发冷却（IEC）和直接蒸发冷却（DEC）段处理新风；运行工况Ⅱ，在炎热夏季，室外空气状态点落在室内设计状态的右侧，此时需要机械制冷段协同除湿降温，此时新风先经过间接蒸发冷却（IEC）预冷，然后再经过机械制冷表冷器除湿降温。

如图 6-53 所示，运行工况Ⅰ的空气处理过程：

$$W_x' \xrightarrow{\text{等湿冷却}} W_{x1}' \xrightarrow{\text{等焓加湿}} L_x$$
$$N_x \xrightarrow{\text{等湿冷却}} M_x$$
$$\xrightarrow{\text{混合}} O_x \xrightarrow{\varepsilon_x} N_x \longrightarrow \text{排至室外}$$
$$\downarrow \text{回风}$$

运行工况Ⅱ的空气处理过程：

$$W_x \xrightarrow{\text{等湿冷却(预冷)}} W_{x1} \xrightarrow{\text{减湿冷却}} L_x$$
$$N_x \xrightarrow{\text{等湿冷却}} M_x$$
$$\xrightarrow{\text{混合}} O_x \xrightarrow{\varepsilon_x} N_x \longrightarrow \text{排至室外}$$
$$\downarrow \text{回风}$$

2. 蒸发冷却高温冷源

蒸发冷却高温冷源是指利用蒸发冷却技术制取 16~18℃ 高温冷水的设备。水—空气蒸发冷却空调系统的高温冷源目前主要有以下几种形式：直接蒸发冷却冷水机组（冷却塔）、间接蒸发冷却冷水机组、间接—直接蒸发冷却复合冷水机组、蒸发冷却—机械制冷联合冷水机组。《工业建筑供暖通风与空气调节设计规范》（GB 50019—2015）9.1.4 规定：夏季空调室外计算湿球温度较低的地区，宜采用直接蒸发冷却冷水机组作为空调系统的冷源；露点温度较低的地区，宜采用间

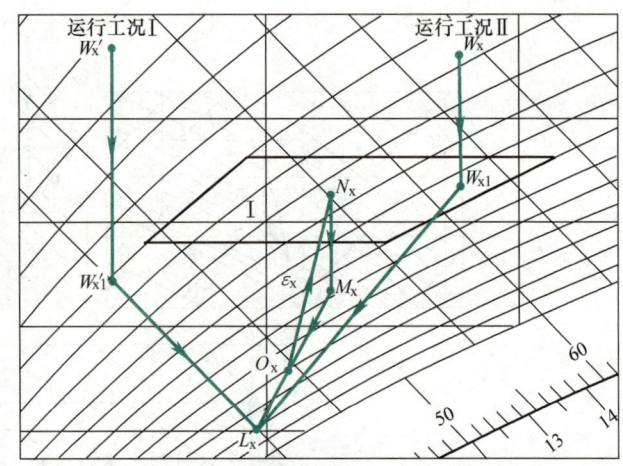

图 6-53 中等湿度地区水—空气蒸发冷却空调系统空气处理焓湿图

接—直接蒸发冷却冷水机组作为空调系统的冷源。蒸发冷却冷水机组的选用参照该规范 9.5 蒸发冷却冷水机组。目前，工程中常见的为间接—直接蒸发冷却复合冷水机组（或称为间接+冷却塔 IEC+CT），本节主要介绍该形式冷水机组。

间接—直接蒸发冷却复合冷水机组可简单地理解为间接蒸发冷却器与冷却塔的复合体，即室外空气先经过间接蒸发冷却器预冷后，再进入冷却塔塔体与喷淋水进行热湿交换制取冷水，其中间接蒸发冷却器可以是空气冷却器或管式间接蒸发冷却器等，其机组结构及实物图如图 6-54 所示。在理想情况下，制取的冷水温度可接近室外空气的露点温度，而不是室外空气的湿球温度；实际出水温度低于室外空气湿球温度（亚湿球温度），高于室外空气露点温度。

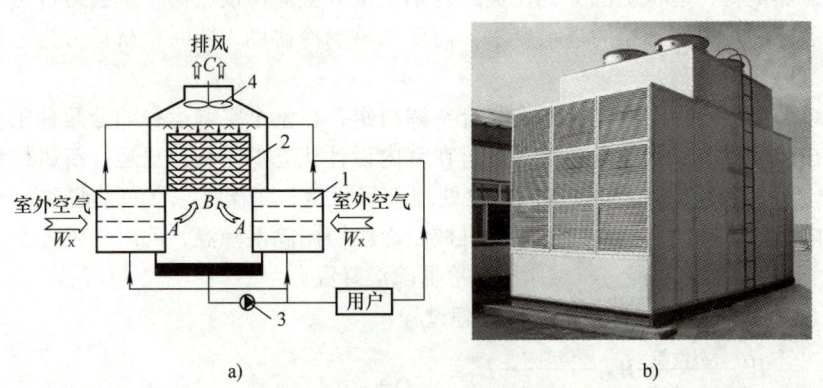

图 6-54 间接—直接蒸发冷却复合冷水机组
a) 结构图 b) 实物图
1—间接蒸发冷却器（空气冷却器或各种间接蒸发冷却器） 2—填料 3—水泵 4—风机

间接—直接蒸发冷却复合冷水机组制取冷水的工作原理可以借助焓湿图表示，如图 6-55 所示，状态为 W_x 的室外空气首先经过间接蒸发冷却器预冷，等湿冷却到状态点 A，预冷后的 A 点状态空气先与从填料淋下的水进行热湿交换处理到状态点 B，同时液态水温度降低到状态点 B，B 状态的液态水可全部作为输出冷源承担室内负荷，也可以一部分输送到间接蒸发冷却器预冷室外空气，最终回到冷水机组布水器继续喷淋。B 点状态的空气接着进入到填料与布水器淋下的水进行热湿交换，沿饱和线升至点 C 后排出。

蒸发冷却—机械制冷联合冷水机组如图 6-56 所示。

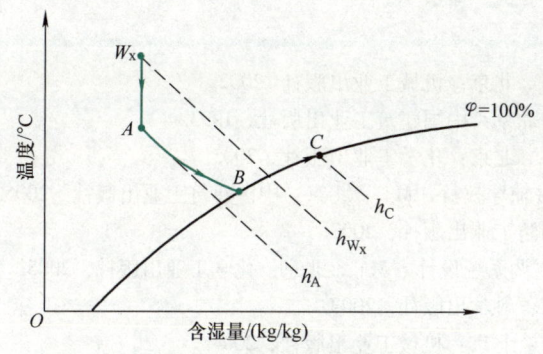

图 6-55　间接—直接蒸发冷却复合冷水机组内部空气处理过程焓湿图

图 6-56　蒸发冷却—机械制冷联合冷水机组

思考题与习题

1. 变风量系统有什么优点？适用于什么场合？
2. 变风量系统如何根据负荷变化调节风量？变风量系统的最小风量如何确定？
3. 变风量系统的风管内为什么要设静压控制器？变风量系统的末端装置中为什么要设定风量装置？
4. 为什么变风量系统的风管设计不需要精确计算？
5. 简述冷却吊顶空调系统的优缺点及其适用性。
6. 变制冷剂流量多联分体式空调系统的设计过程中应注意哪些问题？
7. 户式集中空调系统有哪几种形式？比较其优缺点。
8. 空气源热泵机组容量的选择除考虑夏季冷负荷外，还需考虑什么问题？
9. 简述水源热泵系统的特点。
10. 简述水环热泵系统的工作原理。它在什么情况下能体现最好的节能性？它能完全独立计费吗？
11. 水源热泵空调系统主要有哪些应用方式？
12. 简述蓄冷（热）空调系统的形式及特点。
13. 为什么说低温送风空调系统与冰蓄冷系统相结合才能获得较好的空调效果及经济效益？
14. 净化空调系统与一般空调系统的主要区别是什么？
15. 温湿度独立控制空调系统与常规空调系统对室内温度、湿度及 CO_2 浓度控制有何不同？
16. 全空气式蒸发冷却空调系统与传统的全空气系统有何不同之处？
17. 水—空气式蒸发冷却空调系统在不同气候地区夏季运行模式有哪些？

二维码形式客观题

扫描二维码可在线做题，提交后可查看答案。

参 考 文 献

[1] 尉迟斌. 实用制冷与空调工程手册 [M]. 北京：机械工业出版社. 2002.
[2] 陆耀庆. 实用供热空调设计手册 [M]. 北京：中国建筑工业出版社，1993.
[3] 俞炳丰. 中央空调新技术及其应用 [M]. 北京：化学工业出版社，2005.
[4] 本书编委会. 公共建筑节能设计标准宣贯辅导教材 [M]. 北京：中国建筑工业出版社，2005.
[5] 张吉光，等. 净化空调 [M]. 北京：国防工业出版社，2003.
[6] 马最良，姚杨，杨自强，等. 水环热泵空调系统设计 [M]. 北京：化学工业出版社，2005.
[7] 王天富，买宏金. 空调设备 [M]. 北京：科学出版社，2003.
[8] 王子介. 低温辐射供暖与辐射供冷 [M]. 北京：机械工业出版社，2004.
[9] 许钟麟. 空气洁净技术原理 [M]. 3版. 北京：科学出版社，2003.
[10] 蒋能照，张华. 家用中央空调实用技术 [M]. 北京：机械工业出版社，2002.
[11] 寿炜炜，姚国琦. 户式中央空调系统设计与工程实例 [M]. 北京：机械工业出版社，2005.
[12] 李向东. 现代住宅暖通空调设计 [M]. 北京：中国建筑工业出版社，2003.
[13] (美) Allan T. Kirkpatrick and James S. Ellenson. 低温送风系统设计指南 [M]. 汪训昌译. 北京：中国建筑工业出版社，1999.
[14] Caneta Research Inc. 地源热泵工程技术指南 [M]. 徐伟，等译. 北京：中国建筑工业出版社，2001.
[15] (美) ASHRAE. 医院空调设计手册 [M]. 方肇洪，周伟，等译. 北京：科学出版社，2004.
[16] 霍小平，贾捷燕，叶大法，等. 变风量空调系统设计与工程实践系列讲座 [J]. 暖通空调增刊，2004，(5)：2-10.
[17] 全国勘察设计注册工程师公用设备专业管理委员会秘书处. 全国勘察设计注册公用设备工程师暖通空调专业考试复习教材 [M]. 北京：中国建筑工业出版社，2004.
[18] 沈晋明. 全国勘察设计注册公用设备工程师执业资格考试复习教程（暖通空调专业）[M]. 北京：中国建筑工业出版社，2004.
[19] 殷平. 现代空调热泵设计方法专辑 [M]. 北京：中国建筑工业出版社，2001.
[20] 薛志峰，等. 超低能耗建筑技术及应用 [M]. 北京：中国建筑工业出版社，2005.
[21] 刘泽华，彭梦珑，周湘江. 空调冷热源工程 [M]. 北京：机械工业出版社，2005.
[22] 陆亚俊，暖通空调 [M]. 北京：中国建筑工业出版社，2002.
[23] 王海桥，李锐. 空气洁净技术 [M]. 2版. 北京：机械工业出版社，2017.
[24] 江亿. 温湿度独立控制空调系统 [M]. 北京：中国建筑工业出版社，2006.
[25] (美) 汪善国. 空调与制冷技术手册 [M]. 李德英，赵秀敏，等译. 北京：机械工业出版社，2006.
[26] (美) John R. Watt. Will K. Brown. 蒸发冷却空调技术手册 [M]. 黄翔，武俊梅，等译. 北京：机械工业出版社，2008.
[27] 黄翔. 蒸发冷却空调理论与应用 [M]. 北京：中国建筑工业出版社，2010.
[28] GB/T 25860—2010 蒸发式冷气机 [S]. 北京：中国标准出版社，2011.

暖通专家马最良简介

第 7 章
空调区的气流组织和空调风管系统

> **学习要点**
>
> **重点：**①送风气流运动的规律，室内气流分布形式和适用场合；②空气分布器的类型及特点；③房间气流分布的计算方法；④气流分布性能的评价指标。
> **难点：**①送风气流的运动规律，室内气流分布形式和适用场合；②空气分布器的类型及特点；③房间气流分布的计算方法。

空气调节区的**气流组织**（又称为**空气分布**），是指合理地布置送风口和回风口，使得经过净化、热湿处理后的空气，由送风口送入空调区后，在与空调区内空气混合、扩散或者进行置换的热湿交换过程中，均匀地消除空调区内的余热和余湿，使空调区（通常是指离地面高度为 2m 以下的空间）内形成比较均匀和稳定的温湿度、气流速度、洁净度，以满足生产工艺和人体舒适的要求。同时，还要由回风口抽走空调区内空气，或者将大部分回风返回空调机组、少部分排至室外，或者如果空调机组采用全新风运行则将绝大部分回风排至室外。

影响空气调节区内空气分布的因素有：送风口的形式和位置、送风射流的参数（例如，送风量、出口风速、送风温度等）、回风口的位置、房间的几何形状以及热源在室内的位置等，其中送风口的形式和位置、送风射流的参数是主要影响因素。

空气调节区的气流组织，应根据建筑物的用途对空气调节区内温湿度参数、允许风速、噪声标准、空气质量、室内温度梯度及空气分布特性指标（ADPI）的要求，结合建筑物特点、内部装修、工艺（含设备散热因素）或家具布置等进行设计计算。

7.1 空调区的气流分布方式

根据参考文献 [1, 2] 可知，目前空调区的气流分布方式有四种，即顶（上）部送风系统、置换通风系统、工位与环境相结合的调节系统和地板下送风系统。通常把后面三种称为下部送风系统。此外，还有单向流通风（Unidirectional Airflow Ventilation, UAV），主要用于洁净室。

7.1.1 顶（上）部送风系统

1. 顶（上）部送风系统的基本原理

顶部送风系统（Overhead Air Distribution System, OH 系统），又称传统的顶部混合系统，简称**混合式送（通）风**。它是将调节好的空气通常以高于室内人员舒适所能接受的速度从房间上部（顶棚或侧墙高处）送出。送风温度可以是低于或高于房间设定温度，这要视空调区供冷还是供暖而定。送入的高速紊动空气射流，与房间空气产生强烈的混合，送风射流的温度迅速地趋近于整个房间的温度。当射流进入房间时，它诱导房间（二次）空气进入主射流，引起射流尺寸的不断扩大,因此空气流速降低。设计和运行顶部送风系统时,要使顶棚上的送风射流在进入人员活动区(高达1.8m)之前,把气流速度减低至容许的速度(不高于0.25m/s)。图7-1所示为传统的顶棚送风、顶棚回风系统。

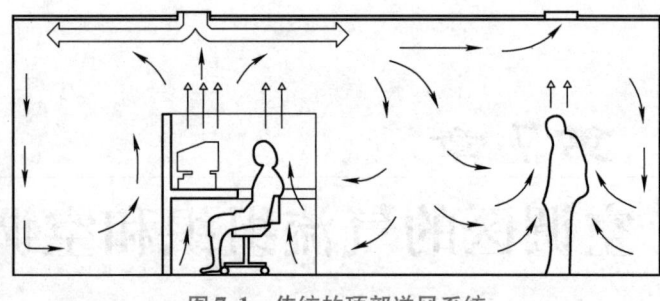

图7-1 传统的顶部送风系统

2. 顶(上)部送风系统的气流分布形式

根据送风口、回风口在室内布置的位置不同,气流分布形式有下列三种:

(1) 上送下回 上送下回是将送风口设在房间的上部(如顶棚或侧墙)、回风口设在下部(如地板或侧墙),气流从上部送出,由下部排出的一种方式。图7-2所示为上送下回的四种气流分布形式。其中图7-2a和图7-2b分别为百叶风口单侧或双侧送风,送风口和回风口处在同一侧;图7-2c为顶棚散流器送风、下部双侧回风;图7-2d为顶棚孔板送风、下部单侧回风。

这种气流分布形式,适用于有恒温要求和洁净度要求的工艺性空调及冬季以送热风为主且空调房间层高较高的舒适性空调系统。

(2) 上送上回 上送上回是指将送风口和回风口均设在房间上部(如顶棚或侧墙等处),气流从上部送出,进入空调区后再从上部回风口排

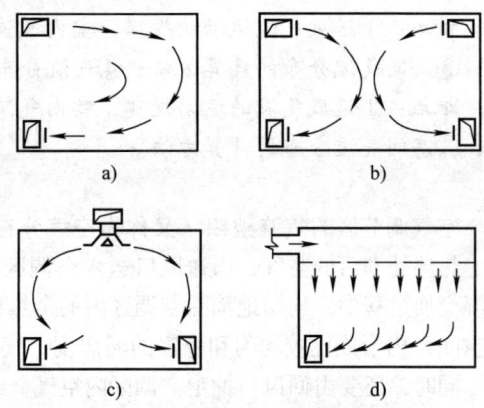

图7-2 上送下回的气流分布
a) 单侧送风、单侧回风 b) 双侧送风、双侧回风 c) 顶棚散流器送风、双侧回风
d) 顶棚孔板送风、单侧回风

出。图7-3所示为五种气流分布形式。其中,图7-3a、7-3b、7-3c所示属于侧送风,将送风、回风风管上下重叠布置,分别实现单侧送风、双侧由内向外送风和双侧由外向内送风;图7-3d所示是送风管与回风管不在同一侧的上送上回形式;图7-3e所示是利用布置在顶棚上的送回(吸)两用散流器来实现上送上回。

这种气流分布形式,主要适用于以夏季降温为主且房间层高较低的舒适性空调系统。对夏、冬季均要使用的空调系统,由于房间下部无法布置回风口(例如,车站的候车大厅、百货商场、层高较低的会议厅等),也采用这种形式。对有恒温要求的工艺性空调,精度不高时也可采用上送上回的气流分布形式。

(3) 中送风 对于某些高大空间,实际的空调区处在房间的下部,没有必要将整个空间作为控制调节的对象,因此可采用中送风的方式,如图7-4所示。

这种送风方式在满足室内温湿度要求的前提下,有明显的节能效果,但就竖向空间而言,存在着温度"分层"的现象。主要适用于高大空间,如需设空调的工业厂房等,通常称为"分层空调"。

3. 顶(上)部送风系统空调区的送风方式

顶部送风系统中,按照所采用送风口的类型和布置方式不同,空调区的送风方式主要有以下五种。

(1) 侧面送风 侧面送风简称侧送,是空调房间中最常用的一种送风方式。顾名思义,它

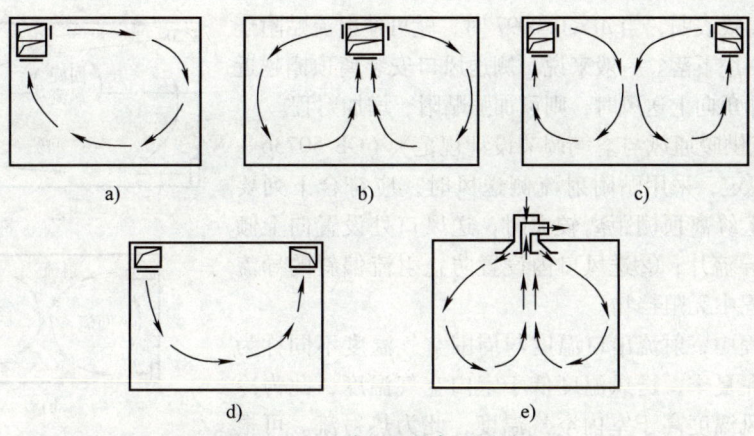

图 7-3 上送上回的气流分布
a) 单侧送风　b) 双侧由内向外送风　c) 双侧由外向内送风
d) 送风与回风不在同一侧　e) 顶棚送风与回风两用散流器

是指依靠侧面风口吹出的射流实现送风的方式。具体地说,是将设有送风口(如百叶风口等)的送风风管,布置在房间上部的侧墙处。设有回风口的回风风管,可以布置在房间下部或房间上部的侧墙处,但回风口通常与送风口处在同一侧。

1) 气流流型。对于一般层高的小面积空调房间宜采用单侧送风,正如前面所提到的,其气流分布形式有单侧上送下回(图7-2a)、单侧上送上回(图7-3a)等。当房间的长度较长,用单侧送风的气流射程不能满足要求时,可采用双侧送风,其气流分布形式有双侧向内送风下回风(图7-2b)、双侧向外送风上回风(图7-3b)和双侧向内送风上回风(图7-3c)等。对于高大生产厂房,宜采用中部双侧向内送风下部回风(图7-4a),若厂房上部有一定的余热量,还可采用顶部排风的方式(图7-4b)。

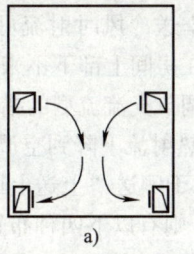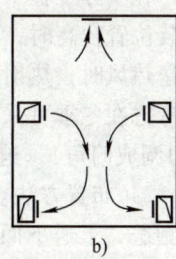

图 7-4 中送风下回风的气流分布
a) 中送风、下回风　b) 中送风、下回风加顶排风

对于温湿度控制有一定要求的工艺性空调,当室温允许波动范围≥±1℃时,侧送方式的气流宜设计为贴附射流。而对于其他空调,当室温允许波动范围为0.5℃时,侧送气流应设计为贴附射流。

所谓**贴附射流**是指侧送风口贴近顶棚布置时,由于附壁效应的作用,促使空气沿壁面流动的射流。贴附射流可看成自由射流的一半(图7-5)。

图 7-6a 所示为侧送贴附射流流型,气流在房间大部分空间内形成一个大的回旋涡流,只有在房角处有小股滞流区,射流有足够的射程送到对面墙上,这样使整个空调区处在回流之中,从而获得比较均匀而稳定的温度场和速度场。所以,侧送贴附射流必须要有足够的贴附长度才行,否则射流会中途下落到空调区,如图7-6b所示,要尽量避免此情况发生。

贴附射流的贴附长度主要取决于阿基米德数 Ar。我

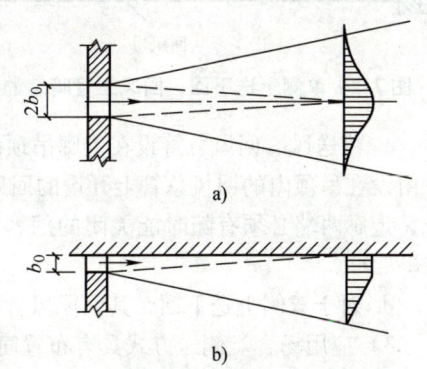

图 7-5 贴附射流与自由射流的对比
a) 自由射流　b) 贴附射流

国恒温工程的实践表明，当 $Ar \leq 0.0097$ 时，就可使射流贴附于顶棚上不至于中途下落。一般来说，侧送风口安装离顶棚越近且又以一定的仰角向上送风时，则可加强贴附、增加射程。

《民用建筑供暖通风与空气调节设计规范》（GB 50736—2012）7.4.3 规定，采用贴附射流侧送风时，应符合下列要求：①送风口上缘离顶棚距离较大时，送风口处设置向上倾斜 10°~20°的导流片；②送风口内设置防止射流偏斜的导流片；③射流流程中无阻挡物。

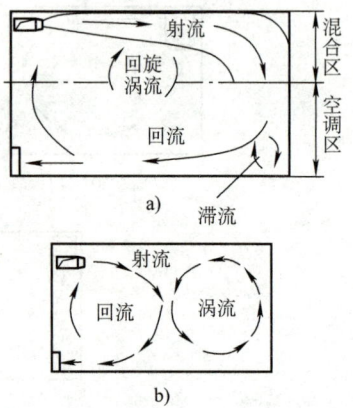

图 7-6 侧送贴附射流流型和射流中途下落现象
a) 侧送贴附射流流型 b) 贴附射流中途下落现象

在空调工程中，射流出口温度与周围空气温度不同称为非等温射流。在夏季，送风温度低于室内空气温度，此为冷射流；冬季送风温度高于室内空气温度，此为热射流。可根据阿基米德数 Ar 判断热射流和冷射流，当 $Ar > 0$ 时，为热射流；当 $Ar < 0$ 时，为冷射流。

在实际工程中，有时会遇到这样的情形：当侧送风口的安装位置较高时，夏季送冷风时射流可到达空调区，而在冬季送热风时，热射流在房间上部下不来，出现"上热下凉"的现象。为此，在选用侧送风口时应考虑在冬季可采取调节气流流型的措施，即将双层百叶风口的外层可调叶片向下扳一个角度（即调成俯角），迫使热射流下降到空调区，方可解决问题。

2）布置方法。由于侧送"上送上回"形式的布置比较简单，这里不做介绍。对于多房间的侧送"上送下回"，则有以下四种布置方法：

a. 对于单侧上送下回，将送风总管设在走廊的吊顶内，利用支管端部的风口向室内送风，回风口设在回风立管的端部，立管暗装在墙内，并利用走廊吊顶上部的空间做回风总风管（图 7-7）。

b. 将送风总管和回风总管都设在走廊吊顶内，回风立管紧靠内墙或走廊墙面敷设（图 7-8）。

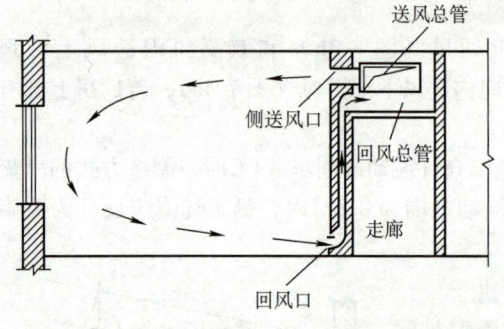

图 7-7 单侧上送下回，回风立管暗装的布置

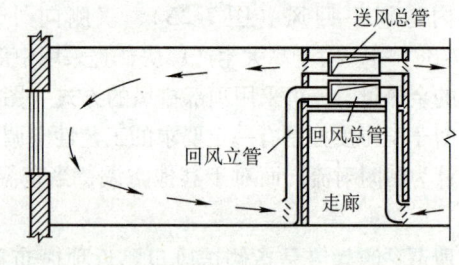

图 7-8 单侧上送下回，回风立管明装的布置

c. 将送风、回风总管设在走廊吊顶内，在房间内墙的下部设格栅回风口，回风进入走廊内，并由设在吊顶内的回风总管上开设的回风口被吸走。这样整个走廊变成了大的回风风道（需注意，走廊两端必须有随时能关闭的门）。目前，这种走廊回风在多房间的空调系统中用得较多（图 7-9）。

d. 对于双侧上送下回，其回风风管可以设在室内，也可在地坪下做总回风道（图 7-10）。

3）应用场合。侧送方式具有布置简单、施工方便、投资节省，能满足房间对射流扩散、温度和速度衰减的要求，广泛应用于一般舒适性空调房间的送风，其中侧送贴附送风方式具有射程长、射流衰减充分等优点，用于高精度的恒温空调工程。

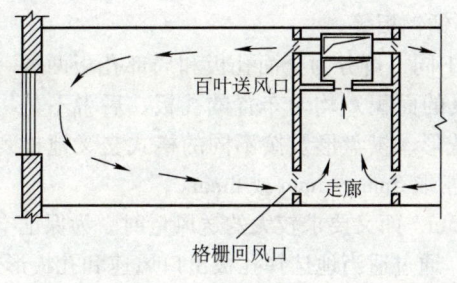

图 7-9 单侧上送下回的布置，走廊回风的布置　　图 7-10 双侧上送下回，回风道的布置

（2）**散流器送风**　散流器是一种安装在房间顶棚上由上向下送风的风口，可以与顶棚下表面平齐，也可以伸出顶棚下表面。依靠散流器吹出的气流实现送风的方式称为散流器送风，它的气流流型有平送和下送两种。

1）**散流器平送**。**散流器平送**是指气流从散流器吹出后，贴附着平顶以辐射状向四周扩散进入室内，使射流与室内空气很好混合后进入空调区，如图 7-11 所示。这样整个空调区处于回流区，可获得较为均匀的温度场和速度场。

散流器平送时，宜按对称均布或梅花形布置。散流器中心与侧墙间的距离不宜小于 1000mm；圆形或方形散流器布置时，其相应送风范围（面积）的长宽比不宜大于 1∶1.5，送风水平射程（也称扩散半径）与垂直射程（平顶至工作区上边界的距离）的比值，宜保持在 0.5～1.5。

散流器平送方式，一般用于对室温允许波动范围有一定要求、房间高度较低，但有高度足够的吊顶或技术夹层可利用时的工艺性空调，也可用于一般公用建筑的舒适性空调。

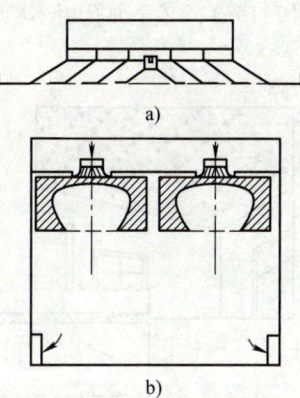

图 7-11 散流器平送，上送下回
a) 平送散流器　b) 平送流型

2）**散流器下送**。**散流器下送**是指气流从散流器吹出后，一直向下扩散进入室内空调区，形成稳定的下送直流气流，可以使空调区被笼罩在送风气流中（图 7-12）。这种在空调区内形成的单向直流的流线型散流器在顶棚上密集布置，并使送出射流的扩散角 θ（即射流边界线和散流器中心线的夹角）为 20°～30° 时，才能在散流器下面形成直流流型。

流线型散流器的下送方式，主要用于房间净空较高（如 3.5～4.0m）的净化空调工程。此外，还有一种圆形散流器可作为一般舒适性空调的下送方式。

采用散流器送风均需设置吊顶或技术夹层，风管暗装工作量大，投资比侧面送风要高。

（3）**孔板送风**　孔板送风（图 7-13）是利用顶棚上面的空间为稳压层，空气由送风管进入稳压层后，在静压作用下，通过在顶棚上开设的具有大量小孔的多孔板，均匀地进入空调房

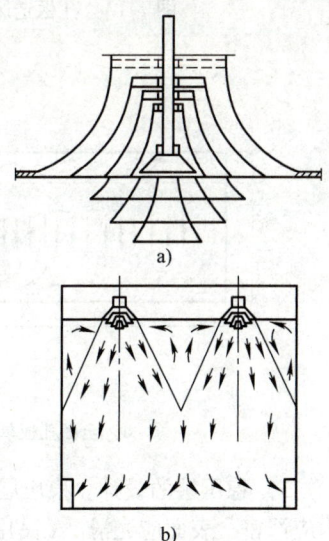

图 7-12 散流器下送，上送下回
a) 流线型散流器　b) 下送流型

间内的送风方式，回风口均匀地布置在房间的下部。

孔板的材料为镀锌钢板、硬质塑料板、铝板和不锈钢板等。

1) 类型和布置。根据孔板在顶棚上的布置形式不同，可分为全面孔板和局部孔板两类。前者是指在空调房间的整个顶棚上（扣除布置照明灯具的面积）均匀布置的孔板；后者不是均匀地布置，而是在顶棚的两侧或中间布置成带形、梅花形、棋盘形及按不同的格式交叉地排列的孔板，如图 7-14 所示。孔板的孔口（眼）直径，通常取 5mm、6mm 或 8mm。

2) 气流流型及应用场合。当空调房间高度在 3~5m，而又要求较大的送风量时，为保证空调区内具有较均匀的速度场和温度场，可采用孔板送风。通过适当地选择孔板出口风速和孔板形式，还能防止室内灰尘的飞扬，满足较高的洁净要求。

根据孔板的布置类型不同，孔板下送的气流流型可分为以下三种：①全面孔板单向流流型（图 7-15a）；②全面孔板不稳定流流型（图 7-15b）；③局部孔板的流型（图 7-15c）。

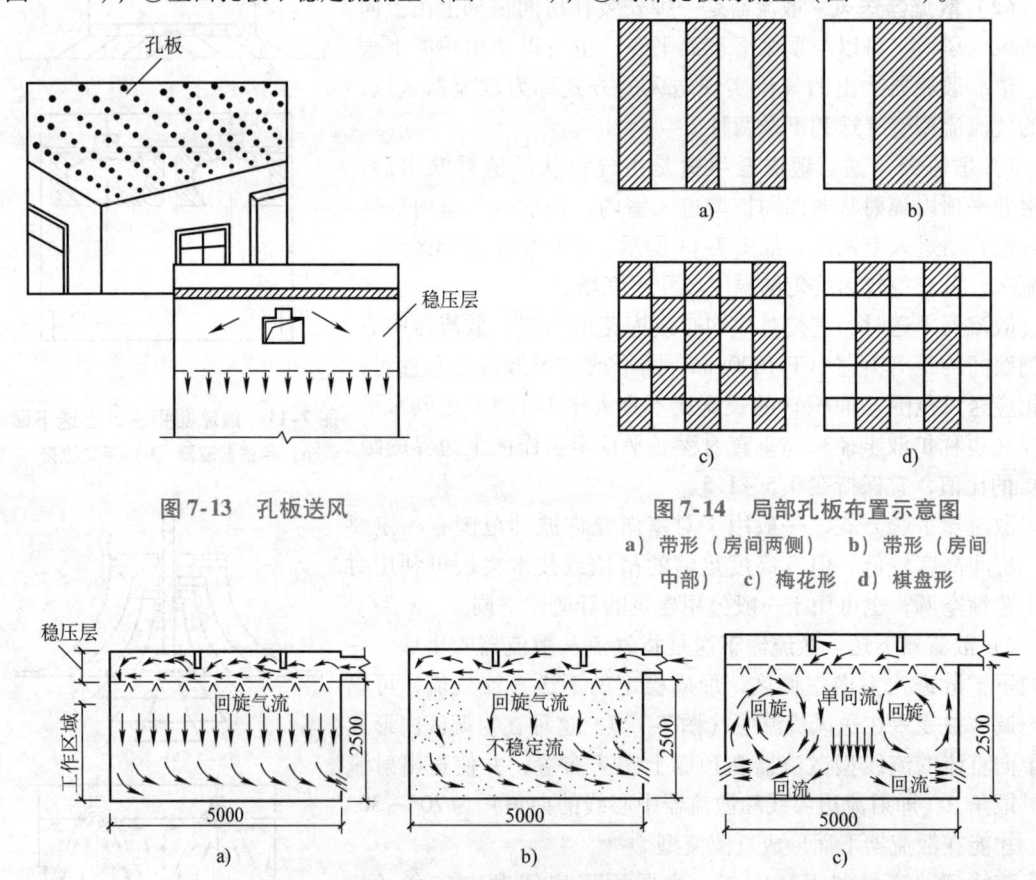

图 7-13　孔板送风

图 7-14　局部孔板布置示意图
a) 带形（房间两侧）　b) 带形（房间中部）　c) 梅花形　d) 棋盘形

图 7-15　孔板送风的气流流型
a) 全面孔板单向流流型　b) 全面孔板不稳定流流型　c) 局部孔板流型

3) 稳压层的设计。稳压层的作用是使孔板上部保持稳定且较高的静压。稳压层内的围护结构应严密，表面应光滑。《民用建筑供暖通风与空气调节设计规范》（GB 50736—2012）7.4.4 规定：①孔板上部稳压层的高度应按计算确定，且净高不得小于 0.2m。②向稳压层内送风的速度宜采用 3~5m/s。除送风射流较长的以外，稳压层内可不设送风分布支管。稳压层的送风口处，宜设防止送风气流直接吹向孔板的导流片或挡板。③孔板布置应与局部热源分布相适应。

(4) 喷口送风　喷口送风是依靠喷口吹出的高速射流实现送风的方式。具体地说，是将喷口（即送风口）和回风口布置在同侧，空气以较高的速度、较大的风量集中由少数几个喷口射出，射流行至一定路程后折回，使空调区处于回流区。它的特点是，送风速度高，射程远，射流带动室内空气进行强烈混合，使射流流量成倍增加，射流断面不断扩大，速度逐渐衰减，并在室内形成大的回旋气流，从而确保工作区获得均匀的温度场和速度场，其气流流型如图7-16所示。

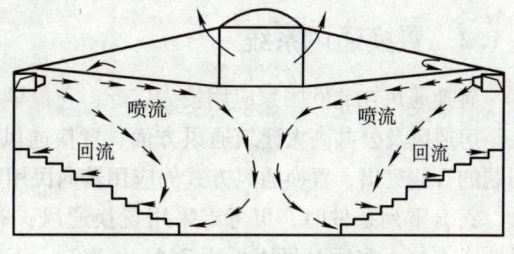

图7-16 喷口送风的气流流型

《民用建筑供暖与空气调节设计规范》(GB 50736—2012) 7.4.5规定：采用喷口送风时应符合下列要求：

1) 人员活动区宜处于回流区。
2) 喷口的安装高度，应根据空调区的高度和回流区分布等确定。
3) 兼做热风供暖时，宜具有改变射流出口角度的功能。

喷口送风主要用于大型体育馆、礼堂、影剧院及高大空间（例如工业厂房与其他公共建筑）的空调工程。喷口送风的风速要均匀，且每个喷口的风速要接近相等，因此安装喷口的送风风管应设计成变断面的均匀送风风管，或起静压箱作用的等断面风管。喷口的风量应能调节，喷口的倾角应设计成可任意调节的，对于冷射流其倾角一般为$0°\sim 12°$，对于热射流向下倾角以大于$15°$为宜。

(5) **条缝送风** 条缝送风是依靠装在送风风道（管）底面或侧面上的条形送风口送出的射流实现送风的方式。条缝送风属于扁平自由射流，上送下部回风，如图7-17所示。它的特点是，气流轴心速度衰减较快，适用于空调区允许风速为$0.25\sim 0.50$m/s，温度波动范围为$\pm(1\sim 2)$℃的场合。例如，散热量较大只要求降温的房间及民用建筑（办公室、会议室等）的舒适性空调工程。条缝风口的布置主要有两种，一是将条缝风口设在房间（或区域）的中央（图7-18a）；另一是将条缝风口设在房间的一端（图7-18b）。采用何种布置应由计算确定。条缝风口的结构示意如图7-18c所示。

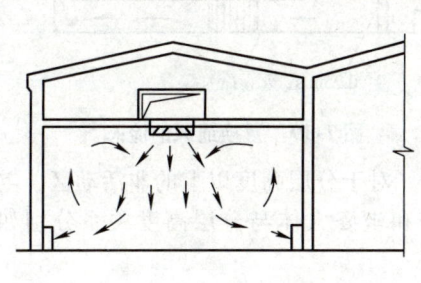

图7-17 条缝送风，下部回风

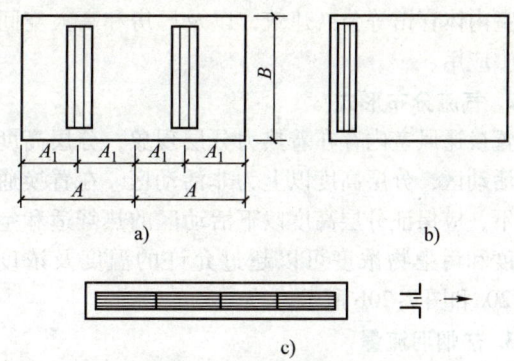

图7-18 条缝风口的布置
a) 条缝风口布置在房间（或区域）中央 b) 条缝风口布置在房间一端 c) 条缝风口结构示意

在纺织工厂，由于纺织机台大部分是狭长形的，因此工作区也是狭长的，采用条缝送风，将风口布置在狭长的工作带上部，可以使工作区处在送风气流范围内，从而可以更有效地控制室内的温湿度，适宜的气流速度（通常在$0.25\sim 1.5$m/s）可增加操作工人的舒适感，当空调区层高为$4\sim 6$m，人员活动区风速不大于0.5m/s时，出口风速宜为$2\sim 4$m/s，这就是目前在纺织工业中较多采用条缝送风方式的原因。其气流流型为条缝风口向下送风，下部集中回风。

7.1.2 置换通风系统

置换通风在北欧国家应用较为广泛，它最早是用在工业厂房用来解决室内的污染物控制问题，在厂房通风及公共高大建筑通风方面，置换通风是值得大力推广的。随着民用建筑室内空气品质问题的日益突出，置换通风方式的应用转向民用建筑，如办公室、会议室、剧院等。

符合下列条件时，可考虑采用置换通风：有热源或热源与污染源伴生，人员活动区空气质量要求严格，房间高度不低于2.4m，建筑、工艺及装修条件许可且技术经济比较合理。

1. 置换通风系统的基本原理

置换通风系统（Displacement Ventilation System，DV系统） 是将经过热湿处理的新鲜空气直接送入室内人员活动区，并在地板上形成一层较薄的空气湖。空气湖是由较冷的新鲜空气扩散而成。室内人员及设备等内部热源产生向上的对流气流。新鲜空气随对流气流向室内上部流动形成室内空气运动的主导气流。排风口设置在房间的顶部，将热浊的污染空气排出，属于"下送上排"的气流分布形式。

送风口送入室内的新鲜空气温度通常低于室内活动区温度。较冷的空气由于密度大而下沉到地表面。置换通风的送风速度约为0.25m/s左右。送风的动量很低，以致对室内主导气流无任何实际的影响。较冷的新鲜空气犹如倒水般扩散到整个室内地面，并形成空气湖。热源引起的热对流气流将污染物和热量带到房间上部并使室内产生垂直的温度梯度和浓度梯度。排风空气温度高于室内活动区温度。排风空气的污染物浓度高于室内活动区的污染物浓度。置换通风的主导气流由室内热源控制。

置换通风的目的是保持人员活动区的温度和浓度符合设计要求，允许活动区上方存在较高的温度和浓度。置换通风的流态如图7-19所示。与混合通风相比，设计良好的置换通风能改善室内空气品质，减少空调能耗。置换通风可在教室、会议室、剧院、超市、室内体育馆等公共建筑，以及厂房和高大空间等场合中应用。

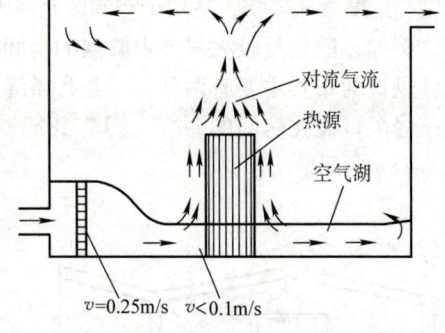

图7-19 置换通风的流态

2. 气流分布形式

置换通风室内存在着热力分层现象，分层高度以下为活动区，分层高度以上为非活动区。在置换通风条件下，应保证分层高度以下活动区的热舒适和空气品质。对于分层高度以上的非活动区，空气温度和污染物浓度可以超过允许的温度及浓度。站姿和坐姿人体与分层高度关系分别如图7-20a和图7-20b所示。

3. 热烟羽流量

热烟羽是置换通风系统中气流运动的原动力。热源形成的热烟羽的密度因低于周围空气密度而上升，沿程不断卷吸周围空气并流向顶部。在热源自然对流的上升初始阶段，热烟羽流量小于送入气流流量。在气流的上升过程中，热烟羽流量是上升高度的函数，它随着上升高度的增加而增加。如果热烟羽流量在近顶棚处大于送风量，则必将有一部分气流下降返回，因此必将在某个平面上热烟羽流量恰好等于送风量，在稳定状态时，这个界面将室内空气分成两个区，形成热力分层，即上部紊流混合区和下部单向流动清洁区。

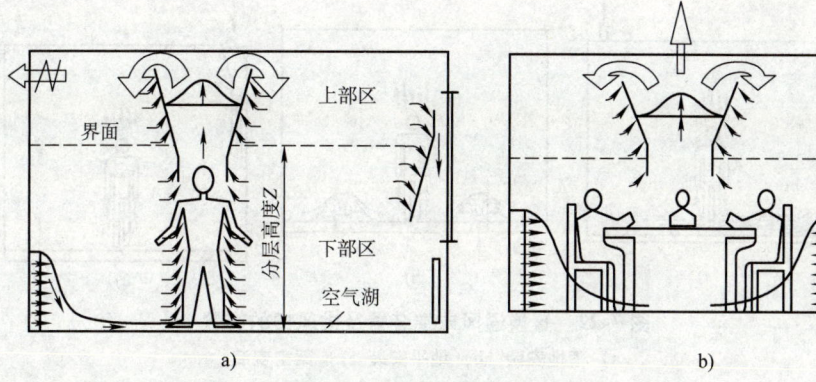

图 7-20 人员产生的上升气流
a) 站姿人员产生的上升气流　b) 坐姿人员产生的上升气流

4. 置换通风房间室内温度、速度与浓度的分布

由于热源引起的上升气流使热气流浮向房间的顶部，因此房间在垂直方向上形成温度梯度，即置换通风房间底部温度低而上部温度高，如图 7-21a 所示曲线 D。

图 7-21 中的水平虚线表示离地面 1.1m 的高度。该高度表示人坐姿时呼吸带高度。室内垂直温度梯度形成了脚寒头暖的局面，这种现象与人体的舒适性规律有悖。因此，应控制离地面 0.1m（脚踝高度）至 1.1m 之间温差不能超过人体所容许的程度。

图 7-21a 中曲线 M 表示混合通风时的温度曲线。混合通风出口温度较低，出口空气与周围空气充分混合后温度迅速提高并在垂直方向上保持几乎相等的温度即温度梯度极小。

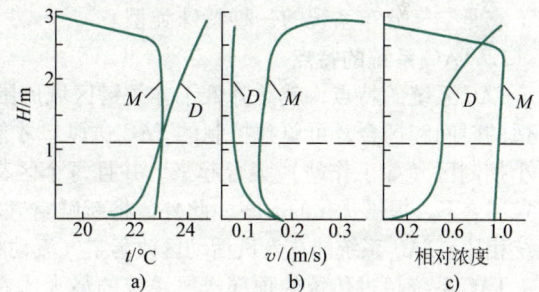

图 7-21 置换通风温度、速度、浓度分布
曲线 D 表示置换通风　曲线 M 表示混合通风

图 7-21b 中的曲线 D 表示置换通风室内速度分布。可见置换通风出口风速约为 0.25m/s，在 1.1m 高处的风速仅为 0.08m/s，而且在距地板 0.5m 以上的高度方向其风速均低于 0.08m/s。混合通风的速度分布如图 7-21b 所示曲线 M。该种方法的室内风速均高于置换通风。

图 7-21c 中的曲线 D 表示置换通风室内浓度分布。图中呈现浓度梯度的趋势与温度分布相似。即上部浓度高，低部浓度低，在 1.1m 以下的活动区其浓度远低于上部的浓度。当通风量相同时，混合通风室内浓度分布如图 7-21c 曲线 M 所示。两者相比在 1.1m 以下活动区的浓度，置换通风方式明显优于混合通风。

5. 末端装置的布置形式及风口的选择

在民用建筑中置换通风末端装置一般均为落地安装，如图 7-22a 所示。当某地高级办公大楼采用夹层地板时，置换通风末端装置可在地面上，如图 7-22b 所示。在工业厂房中由于地面上有机械设备及产品零件的运输，置换通风末端装置可架空布置，如图 7-22c 所示。地平安装时该末端装置的作用是将出口空气向地面扩散使其形成空气湖。架空安装时该末端装置的作用是引导出口空气下降到地面，然后再扩散到全室并形成空气湖。落地安装是使用最广泛的一种形式。

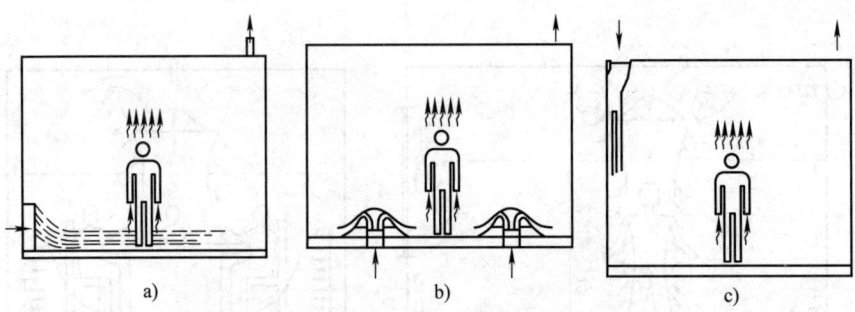

图 7-22 置换通风末端装置及排风口的布置
a) 落地安装 b) 地平安装 c) 架空安装

7.1.3 工位与环境相结合的调节系统

工位与环境相结合的调节系统（Task/Ambient Conditioning System，TAC 系统），该系统可由邻近室内人员单独控制较小的局部区域（即经常占用的工作位置）的热微气候，而在建筑物的环境空间（即走廊、经常占用的工作位置以外的其他区域），仍然自动维持可接受的环境状态，它是空气分布系统的一种特殊类型。

1. TAC 系统的特点

TAC 系统的特点，就是降低了非关键区域周围环境的空调要求，只有在需要维持室内人员舒适的时间和场合，可单独控制的 TAC 送风口才能提供工位空调。TAC 系统的理念，是要将许多小控制区（如工作站）集合起来，并且每个区都在按要求布置并经过标定的"人性化"恒温器控制之下，提供优化的方案。此外，将新鲜空气输送到室内人员的附近。与传统的混合式送风系统相比，TAC 系统能在人员活动区改善空气流动状况、提供良好的通风。

TAC 系统超过传统的顶部送风系统的最大潜在优点之一，就是使室内人员处于热舒适范围内，因为它能够满足个人的喜好。在每一种工作环境中，由于衣着、活动的程度（新陈代谢率）、人体的质量和身材以及个人的喜好各不相同，个人对舒适的认同感会存在着较大的差别。

2. TAC 系统的送风方式

TAC 空调系统的送风口装在家具、隔墙或地面上，因为这种送风口的构造形式为附近的室内人员提供更为有效的单独控制。大多数 TAC 系统的设计都使用了地板下送风，也就是说，TAC 系统的送风空气是由地板下静压室供给的，并通过柔性风管送到工作站室内人员附近的送风口处，在消除空调区余热、余湿后，再从顶棚排出，如图 7-23 所示，属于"下送上回"的气流分布形式。

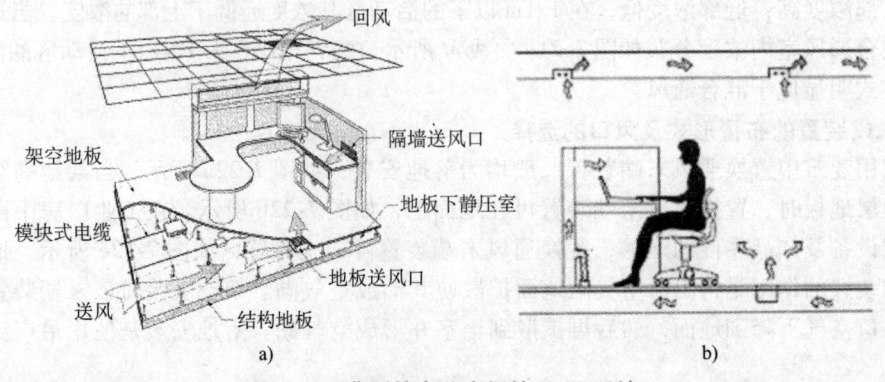

图 7-23 典型的办公空间的 TAC 系统

虽然大多数 TAC 系统的送风空气都来自于地板下的静压室，但是 TAC 系统有别于地板下送风（UFAD）系统之处在于，特定设置的送风口可进行较高程度的个人舒适控制。TAC 送风口利用直接快速供冷来达到这个要求。例如，设在部分家具和或隔墙中的由风机驱动（主动式）的射流型散流器和射流型（主动式）地面散流器。

TAC 散流器有三种主要布置形式：①桌面散流器，如图 7-24 所示 D；②桌子下面的散流器，如图 7-24 所示 U，安装在桌面下方直角拐弯空间，在桌子的前侧面；③地面射流散流器，如图 7-24 所示 F。除此之外，TAC 散流器还可布置在部分家具或隔墙上。

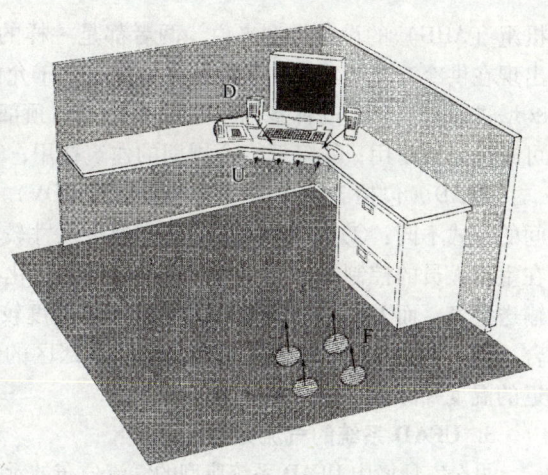

图 7-24　TAC 散流器布置形式

7.1.4　地板下送风系统

1. 地板下送风系统的发展简况

地板下送风系统（Underfloor Air Distribution System，UFAD 系统），早在 20 世纪 50 年代在余热量较高的空间（例如，计算机房、控制中心和实验室）曾采用过，证明它是将调节好的空气输送到建筑物人员活动区特定位置的送风口处的最有效的方法。在这些早期的装置中，采用架空地板铺设为计算机和其他设备服务的大量电缆。将冷风通过地面散流器送出并在顶棚处回风，由地面至顶棚的全面气流流型，是由浮力驱动的空气流动形成的，并有效地除去被调空间的余热量。当时该系统的着眼点主要放在冷却工艺设备上，而对向室内人员供冷、维持热舒适条件考虑不多，因此早先的地面散流器是不可调的。

20 世纪 70 年代，下部送风在联邦德国被引进办公建筑中作为一种解决方案，解决了在整个办公楼内由于电子设备增多而引起的电缆管理和除去余热量的问题。在这些建筑中，考虑到办公室工作人员的舒适性，把由室内人员控制的特定布置的送风散流器改进为工位空调。在欧洲有些系统，曾采用供个人舒适控制的桌面送风口（TAC）与供周围空间控制的地面散流器（UFAD）相结合的系统。到目前为止，UFAD 系统在欧洲、南非和日本已经获得极大的认可。然而，由于各种原因，直到 20 世纪 90 年代后期 UFAD 系统在北美的进展仍然相当缓慢。近年来的发展步伐已经在加快。

2. UFAD 系统的特点

UFAD 系统是利用结构地板和架空地板系统底面构成的无遮挡空间，即地板下的静压室，将调节好的空气输送到设在人员活动区（高度为 1.8m）内或人员活动区附近的地板平面上的送风口（地面散流器）处，在吸收了空调区的余热、余湿后，从顶棚上的回风口排出，如图 7-25 所示。

UFAD 系统与传统的顶部送风系统相比，就其用于供冷和提供新风的空气处理

图 7-25　地板下送风系统图

机组（AHU）的设备类型来说，两者都是一样的。UFAD 系统优于顶部送风系统最主要之处是出现在供冷工况时。这种系统的主要优点是①允许个别室内人员控制局部热环境，改善热舒适；②增进通风效率，改善室内空气品质；③与顶部送风相比，供冷时送风温度较高（16～18℃），可减少能量使用；④降低寿命周期的建筑费用；⑤提高生产率增进健康等。

UFAD（包括 TAC）系统与置换通风（DV）系统的区别之处，主要是将空气输送到被调空间的方式不同：①空气以较高的速度通过尺寸较小的送风口送出；②局部的送风状态通常是处在室内人员的控制之下，使得舒适条件得到优化。也就是说，DV 系统以很低的流速（低动量）输送空气，而 UFAD 系统和 TAC 系统利用速度较高的（动量较大）散流器送风，形成强烈的混合。与 DV 系统相比较，它改变了空间下部区的特性，即加大了混合的空气量，提高了地面附近的温度并降低了温度梯度。

3. UFAD 系统的气流分布

办公室环境中 UFAD 系统典型的气流分布的示意如图 7-26 所示，该图把房间划定为三个区域和两个特征高度。

（1）三个区域　三个区域包括上部混合区、中部分层区和下部混合区。

1）上部混合区。该区是由空间内部的上升热烟羽所沉积的热（污染的）空气组成的。虽然它的平均空气流速通常很低，但是该区内部的空气混合得相当好，这是由于热烟羽穿入下部边界的动量造成的结果。

2）中部的分层区。该区是房间下部区与上部区之间的一个过渡区。这个区的空气流动，完全是由对流空间热源周围的热烟羽上升所驱动的浮力作用。

3）下部混合区。下部混合区直接邻近地面，其深度按照所采用的（安装在地面上）送风口的垂直投影而变化。这个层面内部的空气，由于受送风口附近高速射流的影响，混合得相当好。

（2）两个特征高度　两个特征高度是指：地面散流器的射程高度（TH）和分层高度（SH），如图 7-26 所示。UFAD 系统的散流器在它的附近产生清洁的区域，由于过度的吹风和温度较低，不推荐

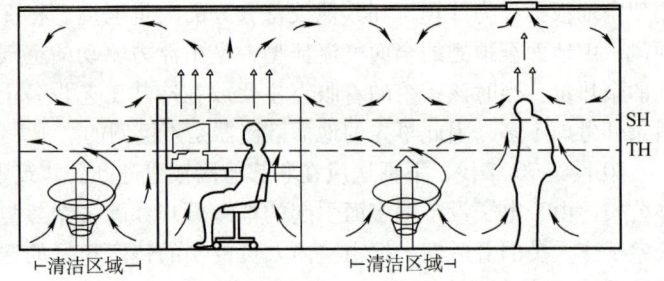

图 7-26　散流器射程低于分层高度的地板下送风系统

室内人员长期停留在该区域内。但是，当由室内人员单独直接控制时（UFAD 系统，特别是 TAC 系统），这些局部的热微气候是可以接受的。

为了使热舒适、通风和能量特性得到优化，一个良好的设计目标就是使分层高度保持在呼吸水平面（取决于主要的室内人员是坐姿还是站姿）上方靠近人员活动区（1.2～1.8m）的顶部。

地板下送风系统、置换通风和传统的顶部混合系统典型的竖向温度分布图及其对比，如图 7-27 所示。

4. 地板下送风静压室

在构建地板下送风静压室时，有以下三种基本的方法：

1）具有集中式空气处理机的有压静压室。通过有压静压室将空气经由被动式格栅或散流器，可调节散流器和风机动力型末端机组输送到空调空间，或者单独使用，或者一个和另一个结合起来使用。

2)零压静压室。空气通过局部的风机动力型（主动式）送风口与集中式空气处理机相结合送入空调空间。

3)在某些情况下，将空气经由静压室用风管输送到末端装置和送风口。尽管零压静压室不会出现难以控制的空气泄漏到被调空间、邻近区域或室外的问题，但有压的地板下静压室的使用显然是当前工程实践的焦点。

地板下静压室通常是由 0.6m × 0.6m 的钢筋混凝土预制板组合的架空地板系统组合而成，静压室高度一般为 0.3 ~ 0.46m。可将电力、语音和数据电缆设施布置在静压室内。

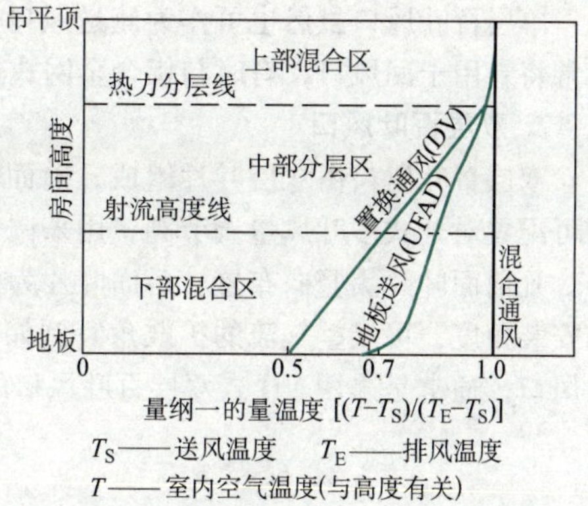

5. UFAD 系统的应用

图7-27 地板下送风系统、置换通风和混合系统典型的竖向温度分布图的对比

由于 UFAD 系统有改善热舒适、增进通风效率和改善室内空气品质、减少能量使用等优点，因此随着办公建筑自动化设备的增加，对空调送风和对建筑物内配线的灵活性要求更高。UFAD 系统在办公楼中已被逐步采用。另外，在空间高大的音乐厅、剧场、图书馆、博物馆等场所也有应用。但是不适用于产生液体泄漏物的场所。

总之，不论是置换通风系统、工位与环境相结合的调节系统和地板下送风系统，都是将冷风从地面散流器送出并在顶棚处回风，这样能有效地消除空调区的余热量。从这个意义上说，下部送风仅适用于空调区的供冷工况。在寒冷地区，冬季利用下部送风方式向空调区送热风时，该系统就变成混合式通风。所以对于冬季需要供暖的周边区，另有设计方案。在空气处理装置中设置空气过滤设备是不能忽视的，以确保送风空气的洁净度。

7.2 空调送风口、回风口的类型及应用场合

在空调工程中，通常将各种类型的送风口、回风口（或排风口）统称为**空气分布器**。

7.2.1 百叶风口

1. 单层百叶风口

单层百叶风口的叶片竖向布置为 V 式（图7-28a），横向布置为 H 式（图7-28b），通常均带有对开式多叶风量调节阀，用来调节风口风量。根据需要可改变叶片的安装角度。对于 H 式可调节竖向的仰角或俯角；对于 V 式则可调节水平扩散角。风口的规格用颈部尺寸 $W \times H$ 表示。

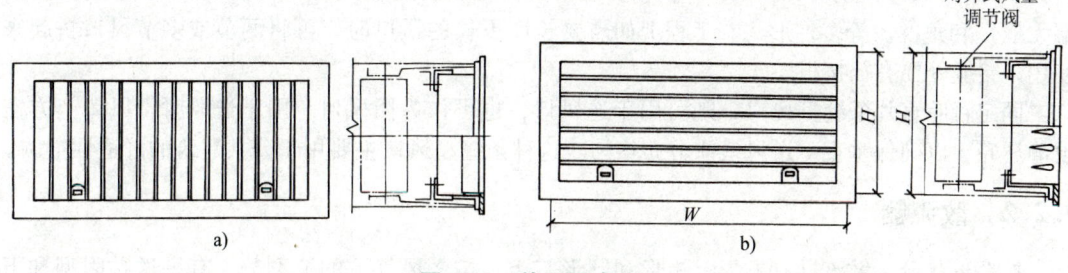

图7-28 单层百叶风口
a) V 式 b) H 式

单层百叶风口虽然也可作为侧送风口使用,但其空气动力性能比双层百叶风口差。工程上经常将它用于回风口,有时与铝合金网式过滤器或尼龙过滤网配套使用。

2. 双层百叶风口

双层百叶风口由双层叶片组成,前面一层叶片是可调的,后面一层叶片是固定的,根据需要可配置对开式多叶风量调节阀,用来调节风口风量。

凡前面叶片为竖向布置、后面叶片为横向布置的称为 VH 式(图 7-29a)。通过改变竖叶片的安装角度,可调整气流的扩散角。例如,设在宾馆客房小过道内的卧式暗装风机盘管机组的出风口,通常是采用 VH 式双层百叶风口的。

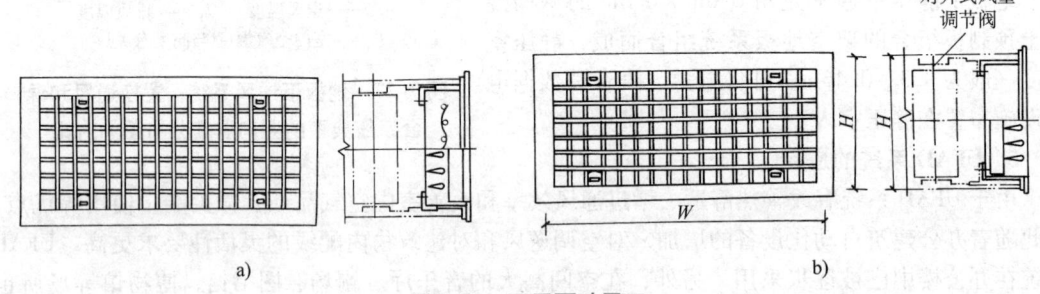

图 7-29 双层百叶风口
a) VH 式 b) HV 式

凡前面叶片为横向布置、后面叶片为竖向布置的称为 HV 式(图 7-29b)。根据供冷和供暖的不同要求,通过改变横向叶片的安装角度,可调整气流的仰角或俯角。例如,送冷风时若空调区风速太大,可将横叶片调成仰角。送热风时若热气流浮在房间上部下不来,可将横叶片调成俯角,把热气流"压"下来。

双层百叶风口用于全空气空调系统的侧送风口,既可用于公共建筑的舒适性空调,也可用于恒温精度较高的工艺性空调,此外,也可用于风机盘管机组(含新风)的出风口或独立新风系统的送风口。

3. 侧壁格栅风口

侧壁格栅风口为固定斜叶片的风口,如图 7-30 所示。常用于侧墙上回风口,储藏室、仓库等建筑物外墙上的通风口,也可用于通风空调系统中新风进风口。当用于新风进风口时,如有需要,也可加装单层(或双层)铝合金网或无纺布过滤层,对新风进行预过滤。

4. 条缝型格栅风口

条缝型格栅风口是由固定直叶片组成的条缝型风口,通常安装在顶棚上,可平行于侧墙断续布置,也可连续布置或布置成环状,其构造如图 7-31 所示。

该风口的最大连续长度为 3m,根据安装需要,可以制成单一段(两端有框)、中间段(两端无框)和角度段等多种形式。工程上如需要长度更长的风口时,可将两节或多节风口拼起来使用,接缝处要有插接板。

固定百叶直片条缝型风口,既可用于送风口,也可作为回风口。用于送风时,风口上方需设静压箱,以确保垂直下送风气流分布均匀。这种条缝型风口主要用于公共建筑的舒适性空调。

7.2.2 散流器

按照形状分,散流器有方形、矩形和圆形三类;按送风气流的流型分,有平送贴附型和下送扩散型;按功能分,有普通型和送回(吸)两用型。

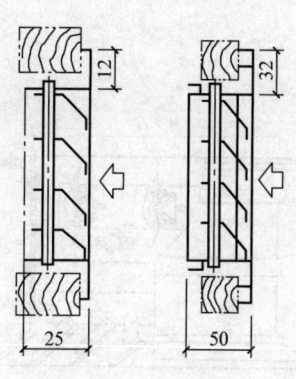

图 7-30　侧壁格栅风口

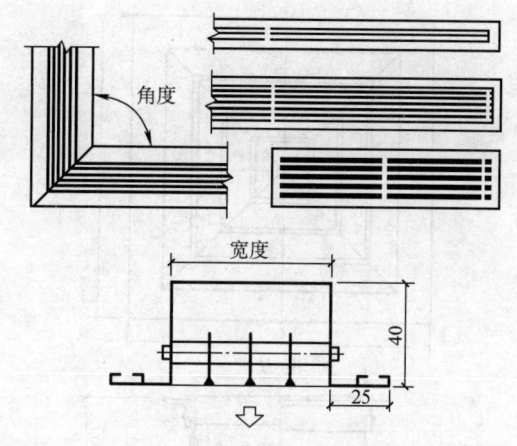

图 7-31　条缝型格栅风口

1. 方形散流器

方形散流器，安装在房间的顶棚上，送出气流呈平送贴附型，广泛应用于各类工业与民用建筑的空调工程中。

按照送风方向的多少，可分为单面送风、双（两）面送风、三面送风和四面送风等，如图 7-32 所示，其中以四面送风的散流器用得最多。

图 7-33 所示为四面送风方形散流器的结构图。该散流器的规格用颈部尺寸 $W \times H$ 表示，外沿尺寸 $A \times B = (W+106) \times (H+106)$；顶棚上预留洞尺寸 $C \times D = (W+50) \times (H+50)$。

需要调节风量时，可在散流器上加装对开式多叶风量调节阀，如图 7-34 所示。实验室测定表明：散流器装多叶风量调节阀，不仅能调节风量，而且有助于使进入散流器的气流分布均匀，保证了气流流型。与不带多叶调节阀的散流器相比，基本上不增加阻力。散流器与多叶调节阀之间采用承插连接，铆钉固定。只要将散流器的内扩散圈卸下后，可方便地调整调节阀阀片的开启度。

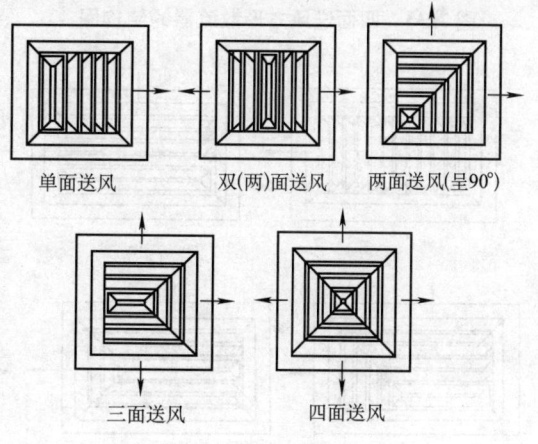

图 7-32　方形散流器的送风方向

2. 矩形散流器

矩形散流器的安装、气流流型和应用场合与方形散流器相同。图 7-35 所示为矩形散流器的送风方向。

由于散流片向各个方向倾斜，使散流器被分割部分面积所占比例不同，因而能按要求的比例向各个送风方向分配风量。

有关不同送风方向的方形或矩形散流器，在形状不同房间内的布置及送风气流的吹出方向如图 7-36 所示。

3. 圆形散流器

图 7-37 所示为圆形散流器的三种常见形式，它通常安装在顶棚上，多用于工业与民用建筑的空调工程中。

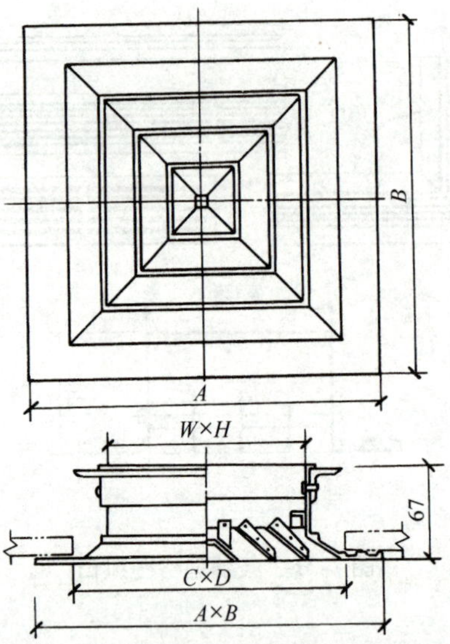

图 7-33 四面送风方形散流器的结构图 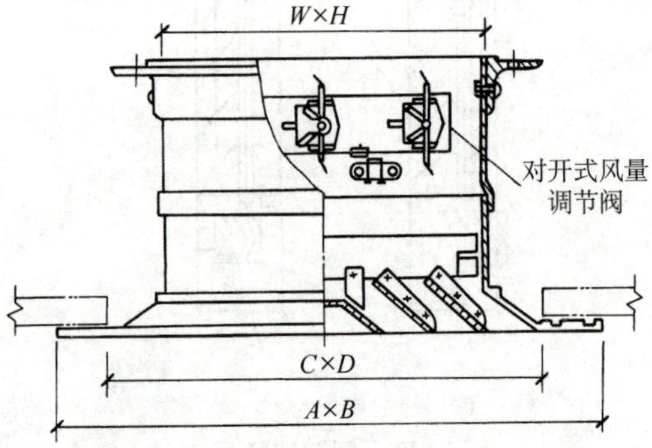 　　　　图 7-34 装调节阀的方形散流器

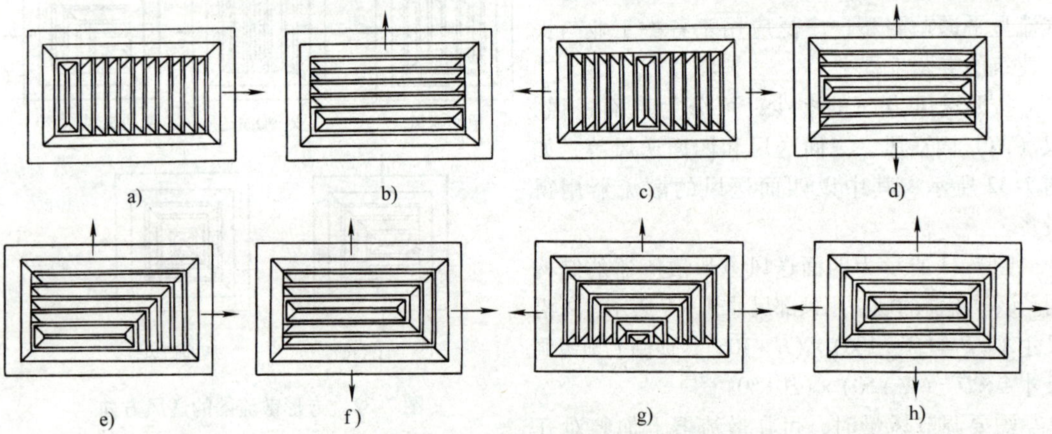

图 7-35 矩形散流器的送风方向

a) 沿长边方向单面送风　**b)** 沿短边方向单面送风　**c)** 沿长边方向两面送风　**d)** 沿短边方向两面送风
e) 呈 90°的两面送风　**f)** 不同方式的三面送风　**g)** 不同方式的三面送风　**h)** 矩形散流器的四面送风

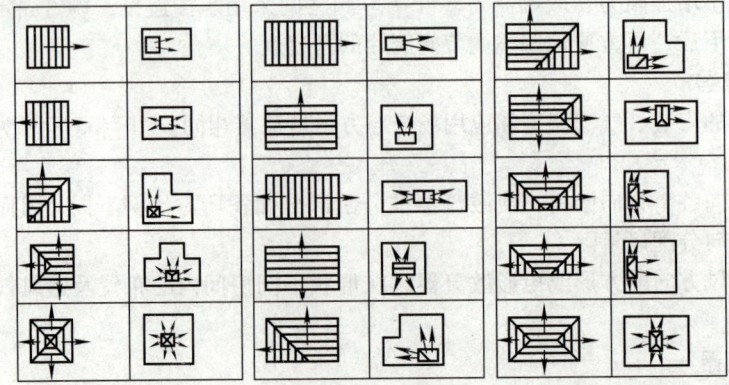

图 7-36 方形、矩形散流器在形状不同房间内的布置

图7-37a 所示的散流器，其扩散圈是由多层锥面组成，将它挂在"上一档"（即将扩散圈向上提）时，形成下送流型；挂在"下一档"（即将扩散圈向下降）时，形成平送流型。

图7-37b 为圆盘形散流器，圆盘装在丝杠上可以上下移动。将圆盘向上提，形成下送流型，向下降则形成平送流型。

图7-37c 为凸形散流器，其多层锥面扩散圈位置固定，并伸出顶棚表面，形成平送贴附流型。

圆形散流器的规格以颈部直径表示。圆形散流器可加装双开板式（或单开板式）风量调节阀，供调节风量用。只要卸下多层锥面扩散圈（或圆盘），用螺钉旋具调整阀板的开启度，就可达到调节风量的目的。

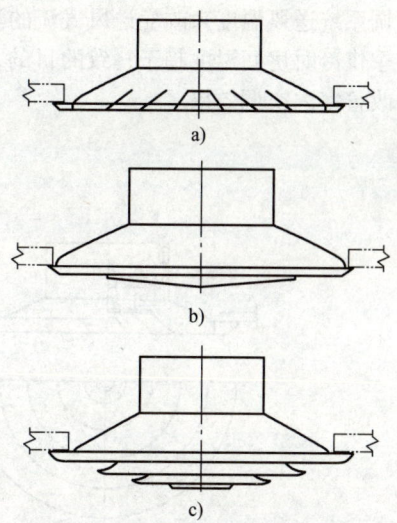

图7-37 圆形散流器的常见形式
a）普通圆形散流器 b）圆盘形散流器 c）凸形散流器

4. 送回（吸）两用型散流器

送回（吸）两用型散流器兼有送风和回风的双重功能，散流器的外圈为送风，中间为回风，送风气流为下送流型，其工作原理如图7-38所示，其结构示意图如图7-39所示。其规格用颈部直径表示。

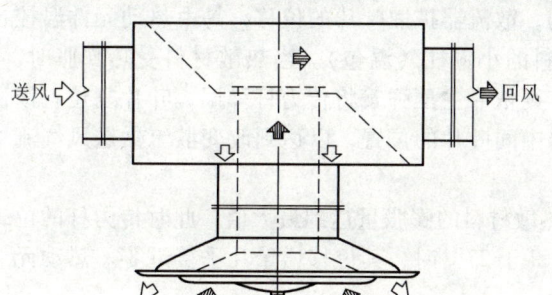

图7-38 送回（吸）两用型散流器原理

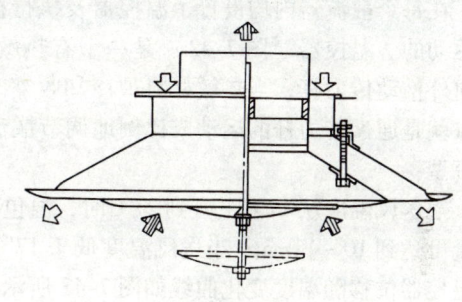

图7-39 送回（吸）两用型散流器的结构示意

这种散流器通常安装在层高较高的空调房间顶棚上，并分别布置送风风管和回风风管，然后用柔性风管将散流器与送、回风风管相连接即可，如图7-40所示。

5. 自力式温控变流型散流器

自力式温控变流型散流器是由中国建筑科学研究院空气调节研究所开发研制的新型送风口，并获得了国家专利。该风口有圆形散流器（FBYS）和方形散流器（FBFS）两个系列。

（1）工作原理 自力式温控变流型送风口是将内置式温控器安装在顶棚上的圆形或方形散流器（图7-41）内，通过感受

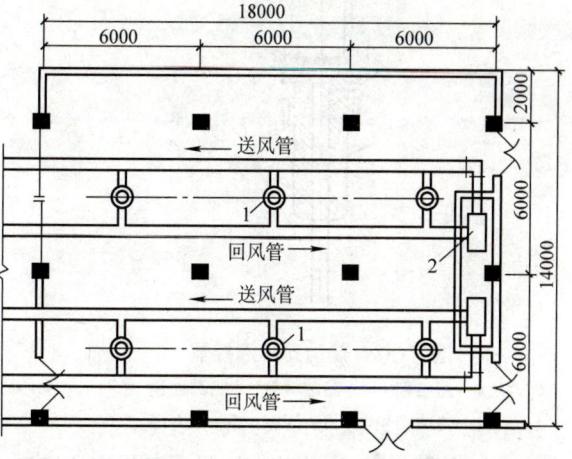

图7-40 送回（吸）两用型散流器在顶棚上的布置
1—送回（吸）两用型散流器 2—空调机组

空调系统送风温度来改变送风气流的流型，从而起到调节房间的气流分布状况，达到冬季供暖、夏季供冷时房间温度趋于一致的目的，特别是能消除高大空间冬季上部热下部凉的弊病，有助于改善室内空调效果。

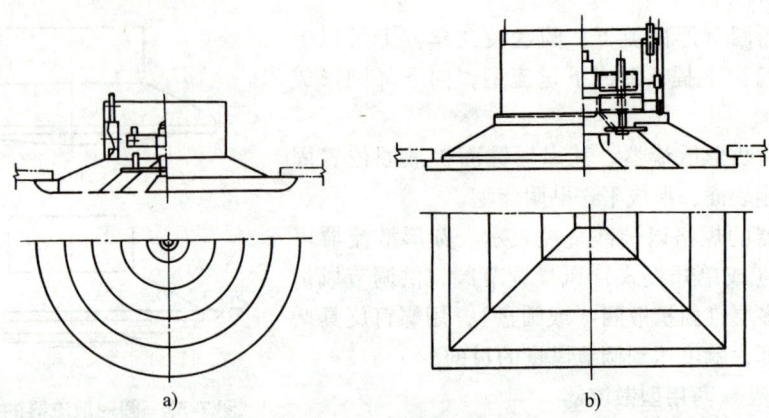

图 7-41　自力式温控变流型散流器
a）圆形散流器　b）方形散流器

在每个散流器内均设置了温控器及执行机构，散流器扩散叶片的位移，是由热动元件温控器驱动的。温控器（图 7-42）是一个有热敏材料的小铜柱（温包）。当热敏材料受热膨胀时，便向外推动传力杆；当热敏材料被冷却收缩时，则依靠主压弹簧将传力杆弹回，叶片复位。该风口就是通过传力杆的运动成比例地调节散流器中间叶片的位置，以达到改变散流器送风气流的流型。

当送风温度从 17℃ 上升到 27℃ 时，温包内热敏材料的膨胀量达到最大值，此时传力杆的位移量可达到 10～12mm；当送风温度低于 17℃ 或高于 27℃ 时，其位移增量几乎接近零。热动元件温控器位移随温度变化曲线如图 7-43 所示。

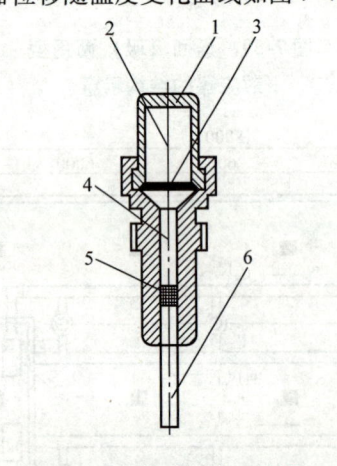

图 7-42　热动元件温控器
1—感温包　2—热敏材料　3—弹性膜
4—传力有机物　5—活塞　6—传力杆

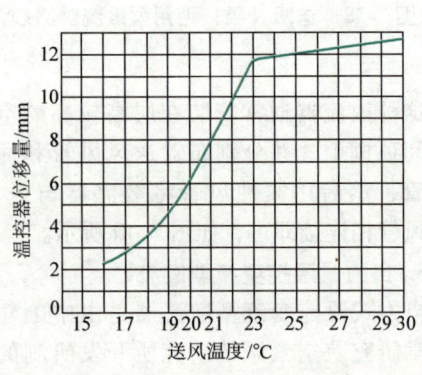

图 7-43　热动元件温控器
位移随温度变化曲线

（2）技术特点　①能独立控制送风气流的流型，夏季送风温度≤17℃ 时，水平送风；冬季送风温度≥27℃ 时，垂直下送。②送风流型的控制和切换无需消耗任何能量。③结构简单，易于加工制作，价格较低。④安装简便，无需或很少维护管理。⑤温控器使用寿命长，基本无需更换。

7.2.3 喷射式送风口

喷射式送风口简称**喷口**，其主要部件是射流喷嘴，通过它将气流喷射出去。在工程上也有将喷嘴安装在圆筒形、球形或半球形的壳体内，构成不同类型的喷射式送风口。该风口的喷嘴可以是固定的，也可以是上下或左右方向可调的。

最简单的射流喷嘴是直筒形圆形喷口，为获得较长的射程，要求在出风口前有较小的收缩角度。图 7-44 所示为常见射流喷口（嘴）的形式，其中，图 7-44a 为我国应用较多的直线收缩形圆形喷口；图 7-44b 为直接安装在风管壁面上的直筒形圆喷口，喷口的长度为直径的 2 倍以上；图 7-44c 为渐缩渐扩圆形喷口，其射程较长；图 7-44d 为沿轴向逐渐缩小的圆弧形圆喷口；图 7-44e 为两个圆筒形喷口同心套接在一起，内筒壳绕轴略微上下（或左右）转动；图 7-44f 为两个扁圆形喷口同心套接在一起，内筒可绕轴微微上下（或左右）转动。

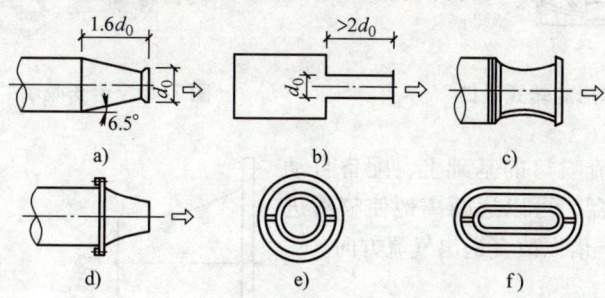

图 7-44 射流喷口（嘴）的形式
a) 直线收缩形圆形喷口 b) 直筒形圆喷口 c) 渐缩渐扩圆形喷口 d) 圆弧形圆喷口
e) 两个圆筒形喷口同心套接在一起 f) 两个扁形喷口同心套接在一起

除了上面介绍的各种类型的射流喷口直接用于空调房间的喷口送风外，还有以下两种喷射式送风口。

1. 球形旋转式风口

该风口在球形壳体上带有圆形短喷嘴，其构造如图 7-45 所示。转动风口的球形壳体，可使喷嘴位置呈上下左右变动，从而很方便地改变气流送出方向。同时，还可通过旋转风口上的小旋钮调节喷嘴处阀板的开启度，从而达到调整送风量的目的。

这种送风口大多用于热车间进行岗位送风，可单独安装在风管末端，也可密集地设置在静压箱下面作为下出风口用，适用于对噪声控制不很严格的场所。

图 7-46 所示为另一种形式的球形旋转风口，与前面不同的是，喷嘴长度较长（180～350mm），选择倾斜角可达 40°，其射程较远，也可调节送风口风量。

球形旋转式风口适用于高温车间的岗位送风，保龄球场、大厅和体育馆等的空调送风。

2. 球形射流喷口

国外某公司研制生产的球形射流喷口具有射程远、高效、低噪声、低阻力、安装调节简便、外形美观和结构轻巧等特点，适用于高大空间的空调送风，在国内的某些国际机场候机大厅、国际会展中心等大量公共建筑中都有应用。

该系列喷口的基本构件是沿轴向逐渐缩小的圆弧形喷嘴，将它直接安装在送风风管上，就成为固定式结构 DUK-F 型（图 7-47a）；将它安装在球形壳体内，就成为手动可调式结构 DUK-V 型（图 7-47b），其最大调节角度为 30°。

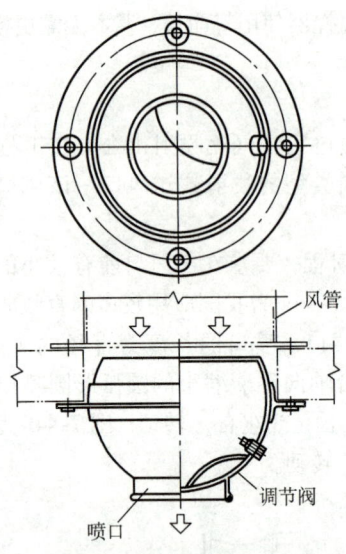

图 7-45 球形旋转式风口

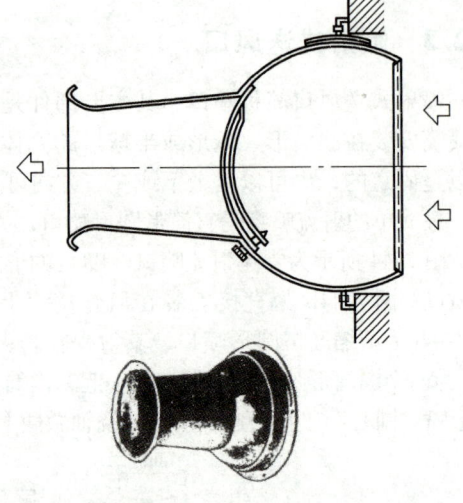

图 7-46 带长喷嘴的球形旋转风口

在手动可调式射流喷口的基础上,配备自动或手动的旋转式执行器,可以远距离地使喷嘴进行上下范围自动调节,借以改变送出气流方向。

7.2.4 旋流送风口

旋流送风口是依靠起旋器或旋流叶片等部件,使轴向气流起旋形成旋转射流,由于旋转射流的中心处于负压区,它能诱导周围大量空气与之相混合,然后送至工作区。

图 7-48 所示为一种装在计算机房活动地板面上的旋流送风口,它是由出风格栅、集尘箱和旋流叶片组成。来自地板下送风风道的空调送风,经旋流叶片从切线方向进入集尘箱,形成旋转气流,由出口格栅送出,在此过程中诱导卷吸周围空气,使送风气流与室内空气充分混合,送风速度得到较大的衰减。出风格栅和集尘箱可以随时取出进行清扫。

国外从 20 世纪 70 年代就有了旋流风口的研究与应用,例如,德国、苏联和日本等国曾推出多种形式的旋流风口。我国自 20 世纪 80 年代起也开展了此方面的研究,并进入工程应用阶段,其中以无芯管旋流风口和内部诱导型(DY型)旋流送风口这两项成果最为突出。

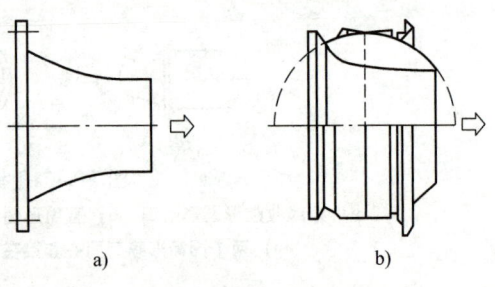

图 7-47 妥思射流喷口的两种基本形式
a) 固定式结构　b) 手动可调式结构

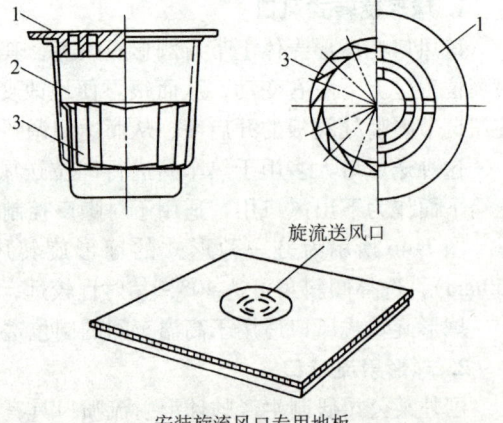

图 7-48 旋流送风口及安装用的地板
1—出口格栅　2—集尘箱　3—旋流叶片

1. 无芯管旋流送风口

无芯管旋流送风口是由中南建筑设计研究院研制开发的,在影剧院、体育馆、试验楼和各种工业厂房等工程中得到应用。

无芯管旋流送风口是按照不同的要求和功能由风口壳体和无芯管起旋器组装而成的。按风口壳体的形式不同可分为以下三类：①旋流凸缘散流器，其结构简图如图7-49a所示；②旋流吸顶散流器，其结构简图如图7-49b所示；③圆柱形旋流送风口，其结构简图如图7-49c所示。

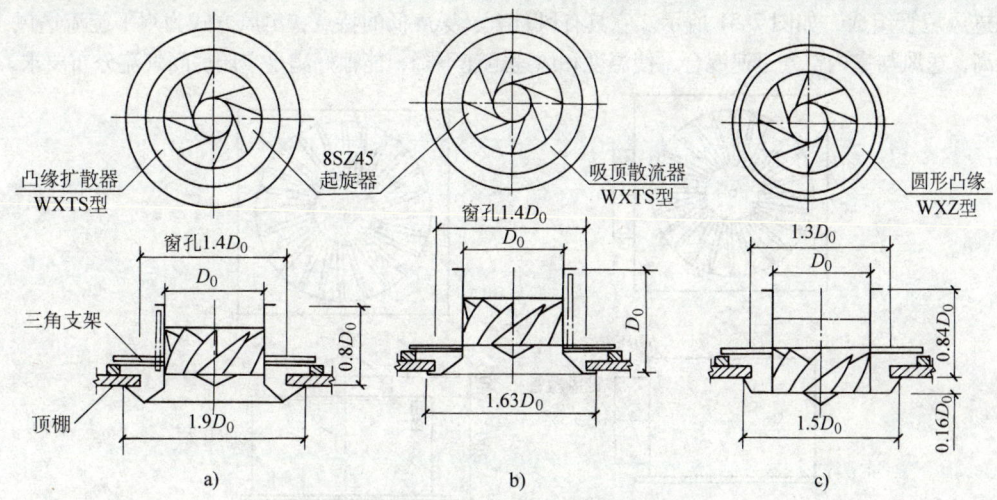

图 7-49　无芯管旋流送风口的结构简图
a）旋流凸缘散流器　b）旋流吸顶散流器　c）圆柱形旋流送风口

无芯管旋流送风口的特点是：
1）诱导比大，送风速度衰减快，空调区可获得比较均匀的速度场和温度场。
2）可采用大直径的送风口送风，因此可减少送风口数量30%～50%，简化了送风系统，节省初投资。
3）送风气流流型可以调节，以适应各种不同送风射程的要求。
4）调节送风流型时，风口的送风量基本不变，风口局部阻力系数变化仅在6%以内。

2. 内部诱导型（DY型）旋流送风口

前面介绍的旋流送风口，都是指风口送出的旋转射流在风口以外的空调区内卷吸、诱导室内空气而使送风速度衰减的，在送风口内部，风速衰减则非常缓慢。由西安建筑科技大学研制开发的内部诱导型旋流送风口，是利用风口内部形成的旋转气流（称为一次风）中心处产生的负压，将周围的二次空气诱入送风口内部，造成送风速度的初次衰减，而混合后的旋转气流离开送风口后，仍将继续诱导、卷吸周围空气，形成送风速度的再一次衰减。

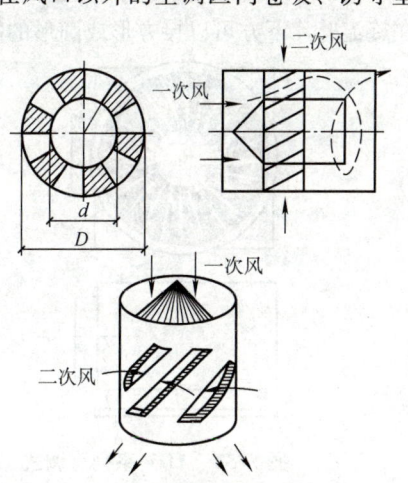

图 7-50　内部诱导型旋流送风口结构示意图

图7-50所示为内部诱导型旋流送风口的结构示意图。内部诱导型旋流送风口的特点是：
1）在向室内送风之前就混入了室内空气，预先提高了送风温度（指夏季）有助于提高舒适感，这对低温送风系统非常有利。
2）因在室内就地回风，可以减少系统总送风量，缩小风管尺寸。

3）适用于多房间各自的室内空气不许互相掺混，要求就地回风的场合。

3. 其他旋流送风口

国外某公司生产的旋流送风口还有以下四种其他类型：

（1）TDF 系列固定式导流叶片旋流送风口　该风口是由静压箱、固定式径向排列的导流片面板和进风短管组成，如图 7-51 所示。它具有风量大、噪声低的特点，出风方式为水平旋流送风，诱导比高，送风与室内空气迅速混合，使温度和风速迅速下降，能很好满足空调房间气流分布要求。

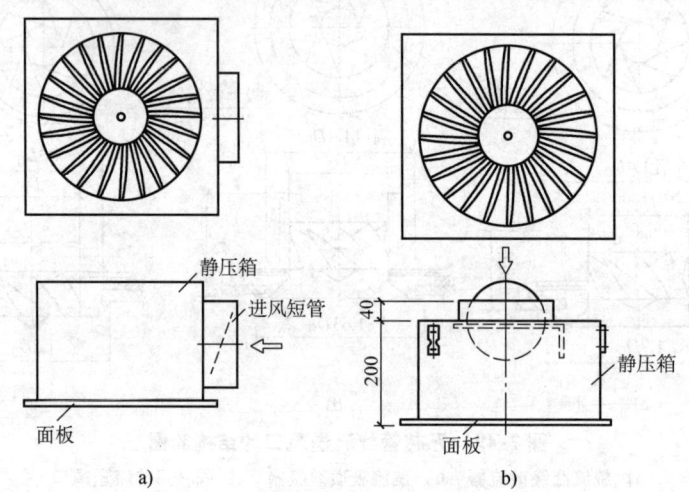

图 7-51　TDF 系列固定导流叶片旋流送风口
a）侧面送风　b）顶部送风

（2）TDV 系列可调式导流叶片旋流送风口　该系列风口除了与上面介绍的 TDF 系列有着类似的特点和结构形式外，主要是能手动调节旋流送风口的导流叶片，可以随时更改气流方向以适应建筑物布局的变化。该系列旋流风口的结构示意如图 7-52 所示，风口面板上的可调型导流叶片采用径向排列。风口面板有圆形和方形两种，并配有黑色和白色的导流叶片。

（3）RFD 系列旋流送风口　该系列旋流送风口的直径较小，工作时空气以螺旋状送出，保证以高诱导率使温度迅速下降且噪声极小。图 7-53 所示为 RFD 系列旋流送风口（侧面进风）。在旋流叶片下方可以接方形或圆形的散流圈，也可以不用散流圈。

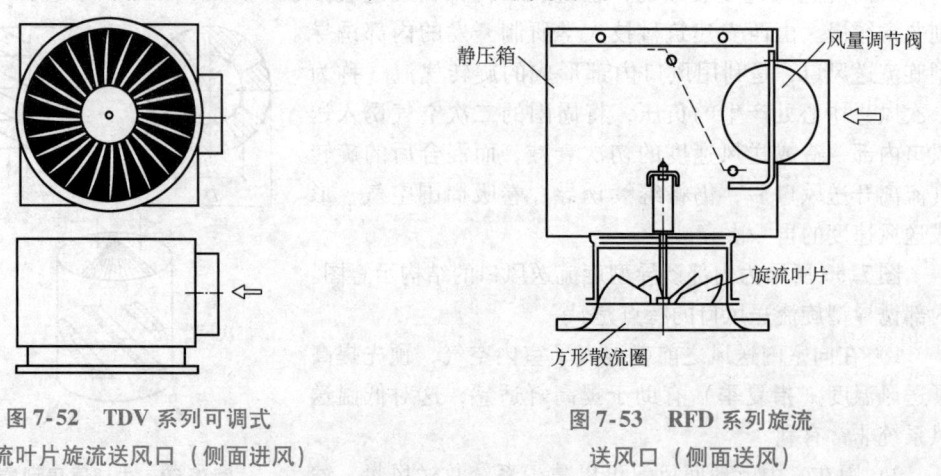

图 7-52　TDV 系列可调式
导流叶片旋流送风口（侧面进风）

图 7-53　RFD 系列旋流
送风口（侧面送风）

以上 TDF 系列、TDV 系列及 RFD 系列旋流送风口均适用于层高为 2.60~4.00m 的空调房间。

(4) VDL 系列风向可调旋流送风口　该系列风口根据室内空调负荷的变化,在需要送冷风、等温风或热风时,通过调节叶片的送风角度可达到最佳的送风效果。图 7-54a 所示为该系列旋流送风口的结构示意图,静压箱有侧面开孔或顶部开孔两种,接口为圆形;图 7-54b 所示为其供冷风时的叶片状态。对叶片的调整可通过手动、气动或电动装置来完成。该系列风口主要用于层高在 3.80m 以上的工业厂房和公共建筑。

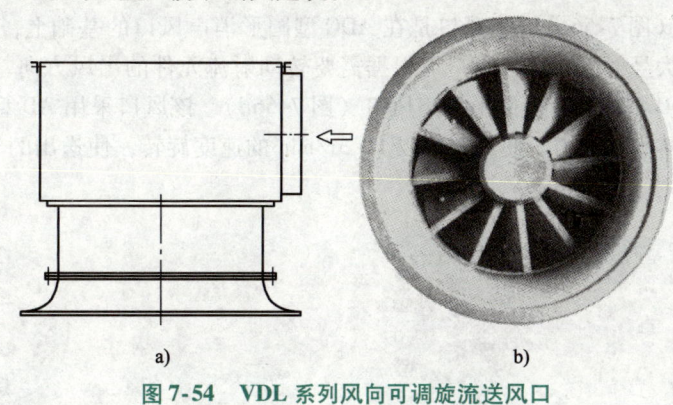

图 7-54　VDL 系列风向可调旋流送风口
a) 结构示意　b) 供冷风时叶片状态

7.2.5　射流消声风口

射流消声风口是指将具有消声功能的射流元件,即射流元件消声体,按照一定的间距和排数,安装在矩形（或条缝形）、圆形的壳体内,构成矩形、圆形消声风口;或者将射流元件消声体与照明灯具结合在一起,构成了集送风、消声和照明 3 种功能为一体的灯具式消声风口。它是中国兵器工业第 205 研究所开发研制的,并获得国家专利。

射流消声风口的关键部件是射流元件消声体,它运用了声波全反射临界角、90°角的相位延迟频率和喉部声阻抗的消声机理。当空气通过射流元件消声体时,构成了一种类似声闭塞状态的气流通道,使噪声波受到较大的损耗和过滤,而气流则以较小的阻力并以较高的速度送出,无二次噪声产生,其消声效果显著。

按断面形状不同,有矩形、圆形和 T 形（灯具形）消声风口;按送风方式不同可分为侧送和顶送两类。

1. 矩形消声风口

根据所采用的射流元件类型不同,有 AR 型矩形消声风口和 ADR 型矩形消声风口两种形式,分别如图 7-55a 和图 7-55b 所示。在 AR 型矩形消声风口的每个射流元件出口处,安装有小喷嘴,既改善了射流性能,又起到装饰作用。当 ADR 型矩形消声风口用于顶部送风时,可在每个射流元件的出口处设有锥形导流片,使部分气流水平送出,部分气流垂直下送。

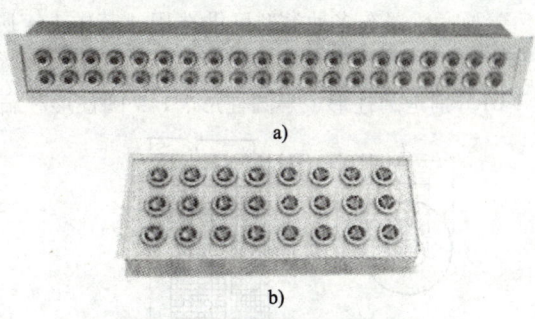

图 7-55　矩形消声风口
a) AR 型矩形消声风口　b) ADR 型矩形消声风口

矩形消声风口,主要用于大跨度的工业与公共建筑空调空间的上部侧面送风,可布置成单侧或双侧。其气流分布形式有单侧上送上回、单侧上送下回、双侧上送上回和双侧上送下回。对公共建筑来说,以"上侧送风上部回风"方式用得较多。

2. 圆形消声风口

根据所采用的射流元件类型不同，有以下四种形式：①ADC 型圆形消声风口（图7-56a），它主要布置在工业与公共建筑大跨度、高大空调空间的顶部，垂直向下送风，也可布置在上部侧墙处进行侧面送风；②ASC 型圆形扩散消声风口（图7-56b），该风口是由带扩散角的射流元件组装而成，其外形同 ADC 消声风口，其射程由扩散角控制，可作为顶部向下送风使用；③转向型圆形消声风口（图7-56c），该风口是在 ADC 型圆形消声风口的基础上，用可转动的 Ω 形射流元件取代原先大号射流元件，用户可根据需要转动射流元件的出风方向，该风口主要用于顶部下送风；④ADD 型旋转射流圆形消声风口（图 7-56d），该风口采用 AD 型射流元件构成送风旋转体，以气流本身为动力，使旋转体以 1～3r/min 的速度旋转，使送出的气流具有"动感"和均匀性，该风口用于顶部下送风。

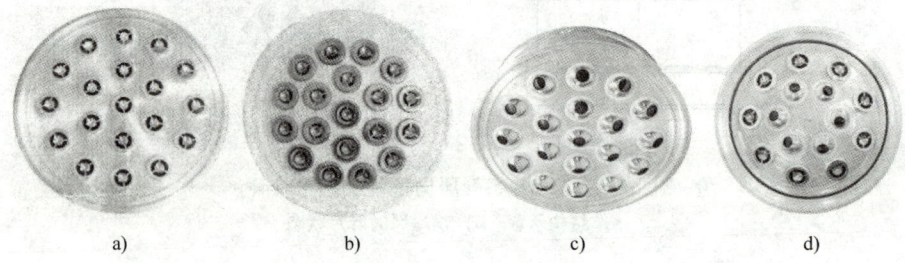

图 7-56　圆形消声风口
a）ADC 型　b）ASC 型　c）转向型　d）ADD 型旋转射流

3. TYZ 型灯具式消声风口

灯具式消声风口是由消声送风部分和灯具部分组合而成（图7-57），是一种集送风、消声和照明 3 种功能为一体的新型风口。

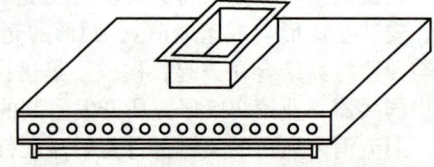

图 7-57　TYZ 型灯具式消声风口

7.2.6　置换通风器

置换通风的出口风速低、送风温差小的特点导致置换通风系统的送风量大，它的末端设备需要的出风面积相对也较大。置换通风器就是独立于地面上出风的柱式送风口，风口的出风面积较大，一般用作置换通风的下侧出风方式。

置换通风器有多种类型可供选用，其中 1/4 圆柱形可布置在墙角内，易与建筑配合；半圆柱形及扁平形用于靠墙安装；圆柱形用于大风量的场合并可布置在房间的中央。图 7-58～图 7-61 分别是圆柱形、半圆柱形、1/4 圆柱形和扁平形置换通风器的示意图。

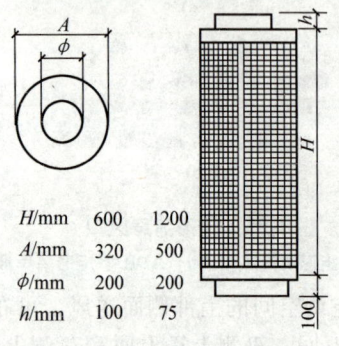

图 7-58　圆柱形置换通风器

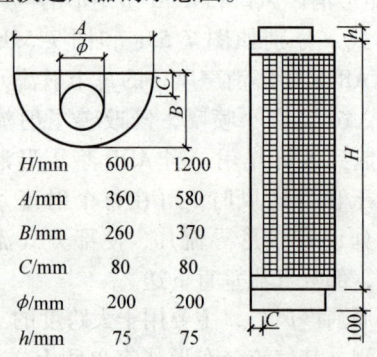

图 7-59　半圆柱形置换通风器

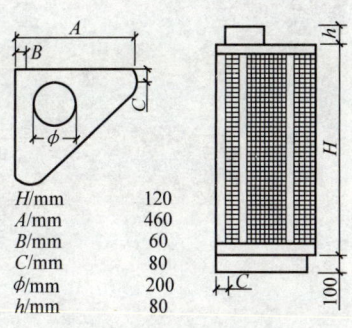

图 7-60　1/4 圆柱形置换通风器

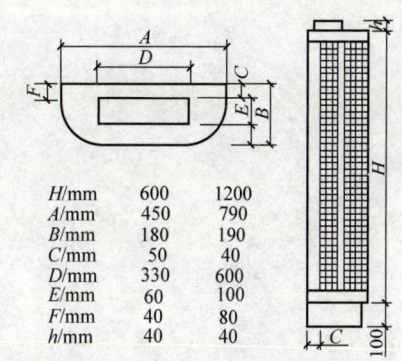

图 7-61　扁平形置换通风器

7.2.7　TAC 送风口

图 7-62 所示是在典型工作站内部布置的 TAC 送风口的 5 种可能位置和类型的示意图。图中，1 是矩形射流型地面 TAC 送风口，2 是圆形的旋流地面 TAC 送风口，3 是桌子上面的 TAC 送风口，4 是桌子下面的 TAC 送风口，5 是装在隔墙上的 TAC 送风口。

从图 7-62 可以看出，TAC 送风口分为桌子上面、桌子下面和地面送风口三类。桌子上面 TAC 送风口如图 7-63 所示；桌子下面 TAC 送风口如图 7-64 所示；地面送风口如图 7-65 所示。

7.2.8　UFAD 送风口

UFAD 送风口分为定风量送风口（图 7-66）和变风量送风口（图 7-67）。

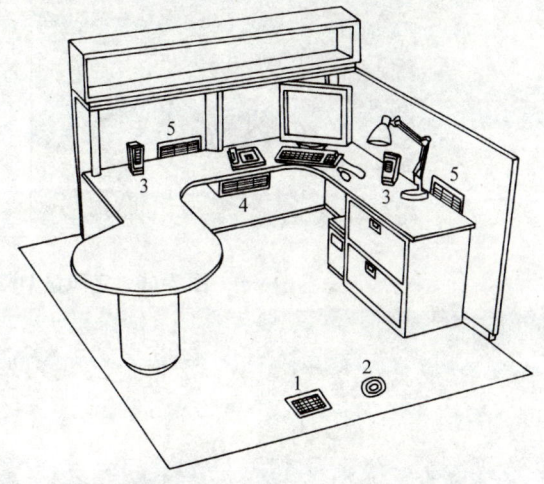

图 7-62　工作站内 TAC 散流器的布置

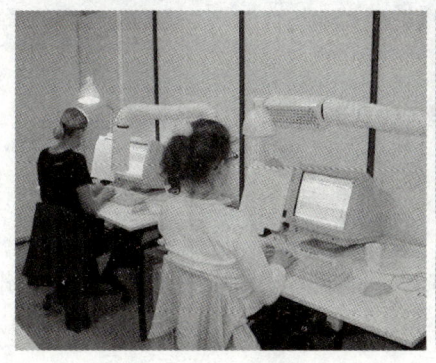
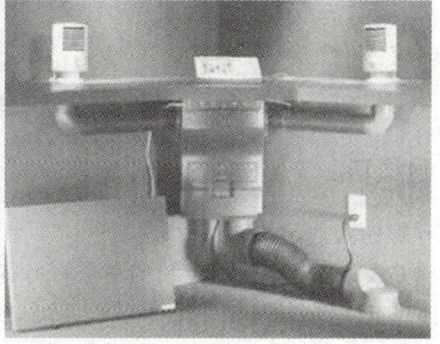

图 7-63　桌子上面 TAC 送风口

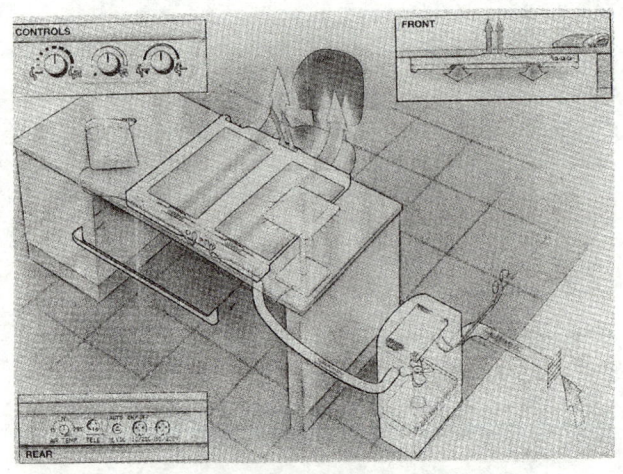

图 7-64 桌子下面 TAC 送风口

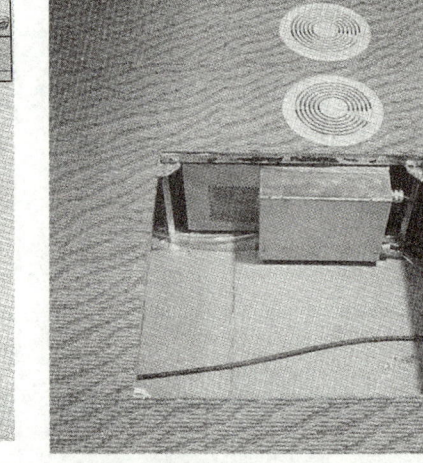

图 7-65 地面 TAC 送风口

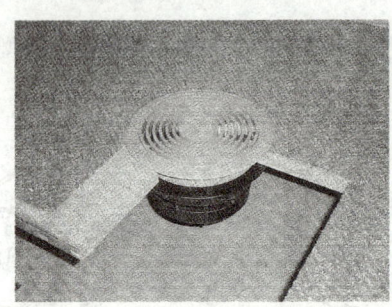

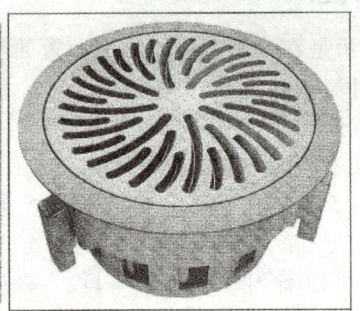

图 7-66 定风量 UFAD 送风口

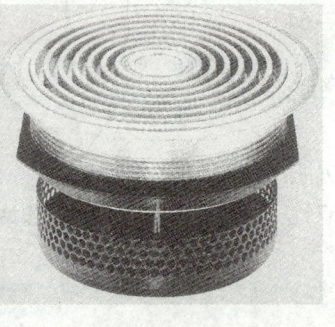

a)

b)

图 7-67 变风量 UFAD 送风口

7.2.9 回风口

1. 回风口的类型

在空调工程中，除了前面介绍的单层百叶风口、固定百叶直片条缝风口等可用作风口外，还有篦孔回风口（图 7-68），网板、孔板回风口（图 7-69）和蘑菇形回风口（图 7-70）等。

2. 回风口的布置方式

按照射流理论，送风射流引射着大量的室内空气与之混合，使射流流量随着射程的增加而不断增大。当回风量小于（最多等于）送风量，同时回风口的速度场分布呈半球状，其速度与作用半径的平方成反比,吸风气流速度的衰减很快。所以在空气调节区内的气流流型主要取决于送风射流,而回风口的位置对室内气流流型及温度、速度的均匀性影响不大。设计时,应考虑尽量避免射流短路和产生"死区"等现象。采用侧送风时,把回风口布置在送风口同侧,效果会更好些。关于走廊回风,其横断面风速不宜过大,以免引起扬尘和造成不舒适感。

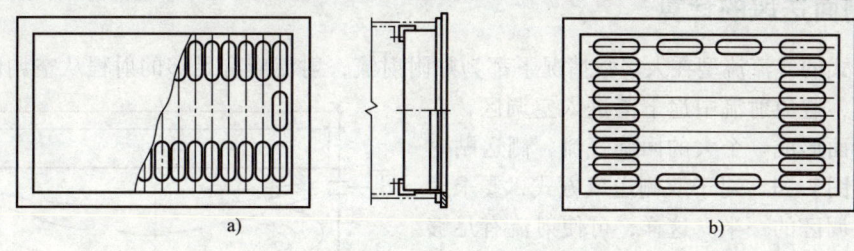

图 7-68 篦孔回风口
a) V 式 b) H 式

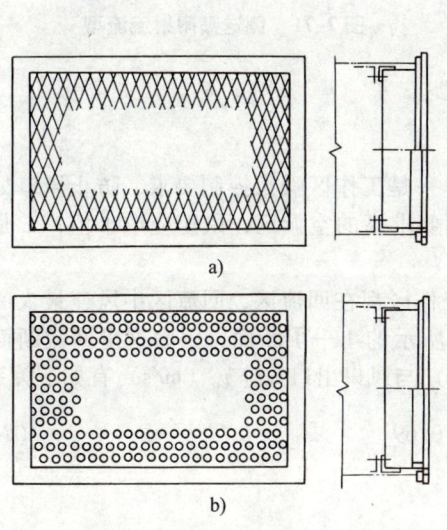

图 7-69 网板、孔板回风口
a) 菱形网板 b) 孔板

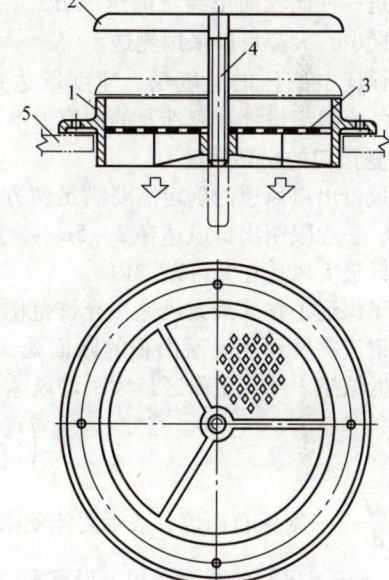

图 7-70 蘑菇形回风口
1—风口主体 2—钢制圆盘 3—铝合金网 4—可旋转螺杆 5—地面

3. 回风口的吸风速度

确定回风口的吸风速度(即迎面风速)时,主要考虑三个因素:一是避免靠近回风口处的风速过大,防止对回风口附近经常停留的人员造成不舒适的感觉;二是不要因为风速过大而扬起灰尘及增加噪声;三是尽可能缩小风口断面,以节省投资。关于回风口的吸风速度,宜按表 7-1 选用。

表 7-1 回风口的吸风速度

回风口的位置		最大吸风速度/(m/s)
房间上部		≤4.0
房间下部	不靠近人经常停留的地点时	≤3.0
	靠近人经常停留的地点时	≤1.5

7.3 空调区气流组织的计算及气流性能评价

7.3.1 侧面送风的计算

侧送方式的气流流型在大多数情况下都为贴附射流,射流应有足够的射程从空调区一侧到达对面一侧,避免射流中途下落进入空调区,在整个房间断面形成一个大的回旋气流,侧送贴附射流流型见图 7-71。对于双侧送风方式,要求射流能到达空调区的一半。这样,可使射流有足够的射程,在进入工作区前其风速和温差可以充分衰减,工作区达到较均匀的温度场和速度场。侧面送风是一种比较简单经济的送风方式,在一般的空调区中,大都可以采用侧送。

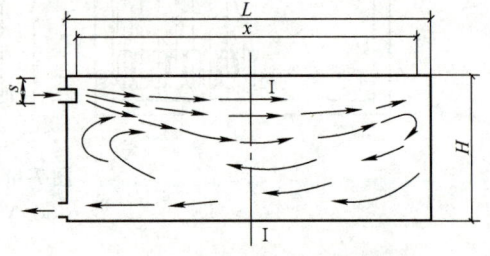

图 7-71 侧送贴附射流流型

为保证空调区的温度场、速度场达到要求,侧送风气流组织设计计算涉及的内容如下:

1. 送风口的出口风速

送风口出口风速的确定需要满足两方面的要求,一是工作区噪声控制要求,防止风口处产生噪声,一般限制出口风速在 2~5m/s,对噪声控制要求高的空调区,风速应取小值;二是保证空调区最大风速在允许范围内。

为了保证工作区最大风速在允许范围,房间的工作区都在回流区,回流区中风速最大的断面应是射流扩展到最大断面积的断面处,如图 7-71 所示的 I—I 断面,因为这里回流断面最小。实验结果表明,工作区最大平均风速 $v_{N,max}$(m/s)与风口出口风速 v_0(m/s)有如下关系

$$\left(\frac{v_{N,max}}{v_0}\right)\left(\frac{\sqrt{F}}{d_0}\right) = 0.69 \tag{7-1}$$

式中 $\dfrac{\sqrt{F}}{d_0}$——射流自由度,表示射流受限的程度;

F——房间的断面面积,当有多股射流时,F 为射流服务区域的断面面积(m^2);

d_0——送风口当量直径(m)。

舒适性空调冬季室内风速不应大于 0.2m/s,夏季不应大于 0.3m/s;工艺性空调冬季室内风速不宜大于 0.3m/s,夏季宜采用 0.2~0.5m/s。如果工作区最大允许风速为 0.2~0.3m/s,即可得到允许的最大的出口风速 $v_{0,max}$ 为

$$v_{0,max} = (0.29 \sim 0.43)\frac{\sqrt{F}}{d_0} \tag{7-2}$$

2. 贴附长度

射流的贴附长度主要取决于阿基米德数 Ar

$$Ar = \frac{g d_0 \Delta t_0}{v_0^2 T_N} \tag{7-3}$$

式中 Δt_0——送风温差(℃);

g——重力加速度,其值为 9.8m/s^2;

v_0——送风速度(m/s);

T_N——工作区的热力学温度(K)。

Ar 反映了射流浮升力与惯性力的比,Ar 越小,射流贴附长度越长;Ar 越大,贴附长度(射程)越短。相对射程与 Ar 的关系见图 7-72。设计时需选取适宜的 Δt_0、v_0、d_0,使 Ar 小于图 7-72 中对应相对射程 x/d_0 的数值,才能保证贴附长度满足要求。

侧送风口的安装位置离顶棚很近,且以 15°~20°仰角向上送风时,可加强贴附,借以增加射程。在布置风口时,风口应尽量靠近顶棚,为了不使射流直接到达工作区,侧送风的房间高度不得低于如下高度 H'

$$H' = h + 0.07x + s + 0.3 \tag{7-4}$$

式中　h——工作区高度,一般为 $1.8 \sim 2.0 \text{m}$;

　　　x——要求的射流贴附长度,在气流分布设计时,要求射流贴附长度达到距离对面墙 0.5m 处,如图 7-71 所示;

　　　s——出风口下边缘距顶棚的距离,如图 7-71 所示。

3. 射流温差衰减

侧送风气流组织设计要求使射流进入工作区时,其轴心温度与室内温度之差小于要求的室温允许波动范围。

空调送风温度与室内温度有一定温差,射流在流动过程中,不断掺混室内空气,射流温度逐渐接近室温。射流温度衰减与射流自由度 $\sqrt{F}/d_0$、射程和送风口紊流系数有关。对于室内温度允许波动范围 $\geq \pm 1℃$ 的情况,可认为只与射程有关。图 7-73 给出射流自由度 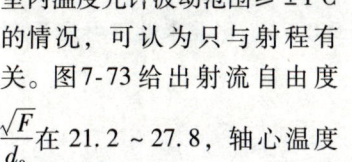 $\dfrac{\sqrt{F}}{d_0}$ 在 $21.2 \sim 27.8$,轴心温度

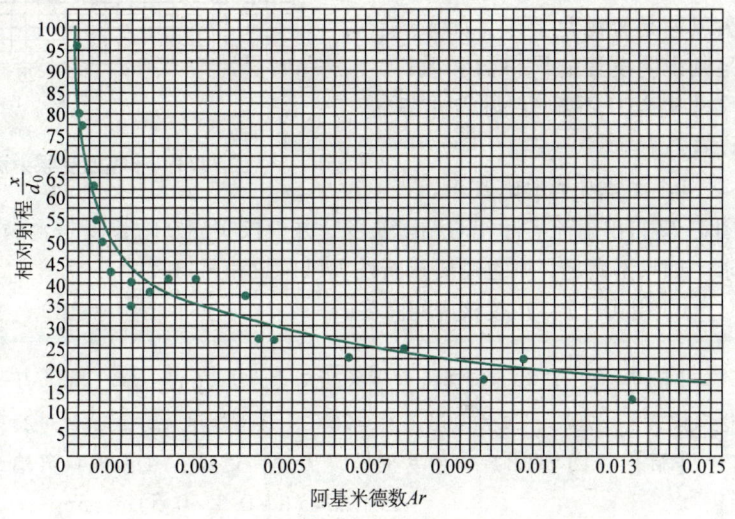

图 7-72　相对射程 $\dfrac{x}{d_0}$ 和阿基米德数 Ar 关系曲线

的衰减变化规律。图中 Δt_x 为射流在 x 处的温度与工作区温度之差,Δt_0 为送风温差。对于室内温度允许波动范围 $< \pm 1℃$ 的情况,轴心温度的衰减变化规律可查阅参考文献 [9]。

根据上述对出口风速、贴附长度和射流温差的分析,可得出侧送风气流组织设计的步骤如下:

1)已知条件包括:房间送风量 q_V(m^3/s),射流方向的房间长度 L(m),房间总宽度 B(m),送风温度 t_0(℃),工作区温度 t_N(℃)。

2)根据射流方向房间长度 L,确定要求的贴附射流长度 x,对于单侧送风 x 如图 7-71 所示,双侧送风贴附射流长度可取单侧送风的 1/2。

3)按允许的射流末端温度衰减值 Δt_x,查图 7-73 得出射流相对射程 $\dfrac{x}{d_0}$ 允许的最小值。对于舒适性空调,射流末端的 Δt_x 一般取 1℃。

4)由相对射程 $\dfrac{x}{d_0}$ 最小值和 x,可计算风口最大直径 $d_{0,\max}$,根据 $d_{0,\max}$ 选择风口规格尺寸,使实际风口当量直径 $d_0 \leq d_{0,\max}$。对于非圆形风口,当量直径的计算公式为:$d_0 = 1.128 \times \sqrt{F_0}$,$F_0$

为风口面积。

5) 由房间送风量 q_V 和风口面积 F_0，假定风口数量 n，计算风口的实际出风速度 v_0

$$v_0 = \frac{q_V}{\psi F_0 n} \quad (7\text{-}5)$$

式中　ψ——有效断面系数，可根据实际情况计算确定，或从风口样本上查找。

a. 计算射流自由度 $\sqrt{F}/d_0$，根据式（7-1）校核工作区最大风速是否满足要求，如果满足则说明设置的风口数和风口尺寸适当，不满足则需重新设置。

b. 计算阿基米德数 Ar，查

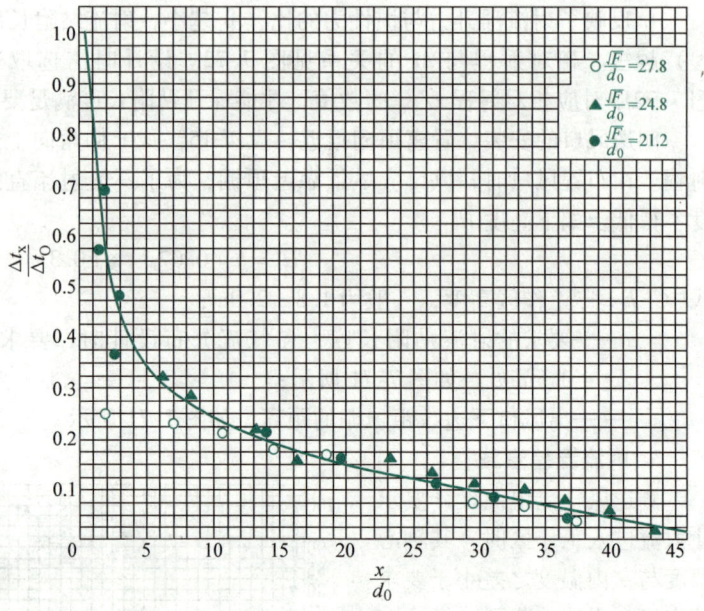

图 7-73　非等温受限射流轴心温差衰减曲线

图 7-72 得出射流实际相对贴附长度，并校核实际贴附长度是否满足大于或等于实际射程 x 的要求。如果不满足，则也需要重新设置风口数和风口尺寸。

c. 用式（7-4）校核房间高度。

【例 7-1】　已知某舒适性空调区的尺寸为 $L=6\text{m}$，$B=3.6\text{m}$，$H=3.2\text{m}$；总送风量 $q_V=0.15\text{m}^3/\text{s}$，送风温度 $t_0=20℃$，工作区温度 $t_N=26℃$；采用侧送风方式，试进行气流分布设计。

【解】　(1) 设出风口沿房间长度 L 方向送风，且出风口离墙面 0.5m，则要求贴附射流长度

$$x = (6 - 0.5 - 0.5)\text{m} = 5\text{m}$$

(2) 取 $\Delta t_x = 1℃$

则 $\Delta t_x/\Delta t_0 = 1/6 = 0.167$

由图 7-73 查得相对射程最小值 $\frac{x}{d_0} = 16.6$，

(3) 由 (1)、(2) 计算结果得　$d_{0,\max} = \frac{5}{16.6}\text{m} = 0.3\text{m}$

选用双层百叶风口 300mm × 200mm，其当量直径为

$$d_0 = 1.128\sqrt{F_0} = 1.128 \times \sqrt{0.3 \times 0.2}\text{m} = 0.276\text{m}$$

(4) 若只设一个送风口，查得双层百叶风口的有效断面系数 ψ 约为 0.8，则风口的实际出风速度 v_0

$$v_0 = \frac{q_V}{\psi F_0 n} = \frac{0.15}{0.8 \times 0.3 \times 0.2 \times 1}\text{m/s} = 3.13\text{m/s}$$

(5) 计算射流自由度

$$\frac{\sqrt{F}}{d_0} = \frac{\sqrt{3.6 \times 3.2}}{0.276} = 12.3$$

(6) 根据式（7-2）取下限计算允许的最大的出口风速

$$v_{0,\max} = (0.29 \sim 0.43)\frac{\sqrt{F}}{d_0} = 0.29 \times 12.3 \text{m/s} = 3.57 \text{m/s} > 3.13 \text{m/s}$$

可见满足 $v_0 \leqslant v_{0,\max}$ 的要求。

(7) 计算阿基米德数 Ar

$$Ar = \frac{gd_0\Delta t_0}{v_0^2 T_N} = \frac{9.8 \times 0.276 \times 6}{3.13^2 \times (273+26)} = 0.0055$$

查图 7-72，得射流实际相对贴附长度 $\frac{x}{d_0}$ 为 28，实际贴附长度为 $x = (28 \times 0.276)$ m = 7.7m，大于要求贴附长度 $x = 5$m，满足要求。

(8) 用式 (7-4) 校核房间高度，取 $s = 0.5$m
房间要求最小高度为

$$H' = h + 0.07x + s + 0.3 = (2.0 + 0.07 \times 5 + 0.5 + 0.3) \text{ m} = 3.15 \text{m}$$

房间实际高度为 3.2m > 3.15m，满足要求。

7.3.2 散流器送风的计算

散流器平送流型送风射流沿着顶棚径向流动形成贴附射流，使工作区容易具有稳定且均匀的温度和风速，当有吊顶可以利用或有设置吊顶的可能性时，采用散流器送风既能满足使用要求，又比较美观，是常见的送风形式。下面介绍散流器平送流型的气流组织设计方法，散流器下送流型的气流组织设计方法可参见文献 [9]。

1. 散流器送风气流组织设计计算内容

为保证空调区的温度场、速度场达到要求，散流器送风气流组织设计计算涉及的内容如下：

(1) 送风口的喉部风速　建议散流器喉部风速 v_d 取 $2 \sim 5$m/s，最大风速不得超过 6m/s，送热风时可取较大值。

(2) 射流速度衰减方程及室内平均风速　根据 P. J. 杰克曼对圆形多层锥面和盘式散流器的实验结果的综合公式，散流器射流的速度衰减方程为

$$\frac{v_x}{v_0} = \frac{K\sqrt{F}}{x + x_0} \tag{7-6}$$

式中　x——以散流器中心为起点的射流水平距离（m）；

v_x——在 x 处的最大风速（m/s）；

v_0——散流器出口风速（m/s）；

x_0——自散流器中心算起到射流外观原点的距离，对于多层锥面型为 0.07m；

F——散流器的有效流通面积（m²）；

K——系数，多层锥面散流器为 1.4，盘式散流器为 1.1。

若要求射流末端速度为 0.5m/s，则射程为散流器中心到风速 0.5m/s 处的距离，根据式 (7-6) 可计算出射程为

$$x = \frac{Kv_0\sqrt{F}}{v_x} - x_0 = \frac{Kv_0\sqrt{F}}{0.5} - x_0 \tag{7-7}$$

室内平均风速 v_m（m/s）与房间大小、射流的射程有关，可按下式计算

$$v_{\mathrm{m}} = \frac{0.381rL}{(L^2/4 + H^2)^{1/2}} \tag{7-8}$$

式中 L——散流器服务区边长（m）；

H——房间净高（m）；

r——射流射程与边长 L 之比，因此 rL 即为射程。

当送冷风时，室内平均风速取值增加 20%，送热风时减少 20%。

（3）轴心温差 对于散流器平送，其轴心温差衰减可近似地取

$$\frac{\Delta t_{\mathrm{x}}}{\Delta t_{\mathrm{O}}} \approx \frac{v_{\mathrm{x}}}{v_{\mathrm{d}}} \tag{7-9}$$

式中 v_{d}——散流器喉部风速（m/s）。

通过上式可计算气流达到工作区时的轴心温差，并与空调区室内温度波动范围比较，校核是否满足要求。

2. 散流器送风气流设计步骤

（1）布置散流器 布置散流器时，根据空调区的大小和室内所要求的参数，选择散流器个数，一般按对称位置或梅花形布置。圆形或方形散流器送风面积的长宽比不宜大于 1:1.5。散流器中心线和墙的距离，一般不小于 1m。

（2）预选散流器 由空调区的总送风量和散流器的个数，就可以计算出单个散流器的送风量。假定散流器喉部风速，计算出所需散流器喉部面积，根据所需散流器喉部面积，选择散流器规格。

（3）校核射流的射程 根据式（7-7）计算射程，校核射程是否满足要求。中心处设置的散流器的射程应为散流器中心到房间或区域边缘距离的 75%。

（4）校核室内平均风速 根据式（7-8）计算室内平均风速，校核是否满足要求。

（5）校核轴心温差衰减 根据式（7-9）计算轴心温差衰减，校核是否满足空调区温度波动范围要求。

【例 7-2】 已知某舒适性空调区的尺寸为 $L = 24\mathrm{m}$，$B = 18\mathrm{m}$，$H = 3.5\mathrm{m}$；总送风量 $q_V = 3.0\mathrm{m^3/s}$，送风温度 $t_0 = 20\mathrm{℃}$，工作区温度 $t_N = 26\mathrm{℃}$；拟采用散流器平送，试进行气流分布设计。

【解】（1）布置散流器。将空调区进行划分，沿长度 L 方向划分为 4 等份，沿宽度方向划分为 3 等份，则空调区被划分成 12 个小区域，每个区域为一个散流器的服务区，散流器数量 $n = 12$。

（2）选用圆形散流器，假定散流器喉部风速 v_{d} 为 3m/s，则单个散流器所需的喉部面积为 $\frac{q_V}{v_{\mathrm{d}} n}$，计算如下

$$\frac{q_V}{v_{\mathrm{d}} n} = \frac{3.0}{3.0 \times 12}\mathrm{m^2} = 0.083\mathrm{m^2}$$

选用喉部尺寸为 $\phi 300\mathrm{mm}$ 的圆形散流器，则喉部实际风速为

$$v_{\mathrm{d}} = \frac{3.0}{12 \times 3.14 \times \left(\frac{0.3}{2}\right)^2}\mathrm{m/s} = 3.54\mathrm{m/s}$$

散流器实际出口面积约为喉部面积的 90%，则散流器的有效流通面积

$$F = 90\% \times 3.14 \times \left(\frac{0.3}{2}\right)^2 \mathrm{m^2} = 0.064\mathrm{m^2}$$

散流器出口风速为

$$v_0 = \frac{v_d}{90\%} = \frac{3.54}{0.9} \text{m/s} = 3.93 \text{m/s}$$

(3) 计算射程

$$x = \frac{Kv_0\sqrt{F}}{v_x} - x_0 = \left[\frac{1.4 \times 3.93 \times \sqrt{0.064}}{0.5} - 0.07\right]\text{m} = 2.71\text{m}$$

散流器中心到区域边缘距离为3m，根据要求，散流器的射程应为散流器中心到房间或区域边缘距离的75%，所需最小射程为：3m×0.75=2.25m。2.71m>2.25m，因此射程满足要求。

(4) 计算室内平均风速

$$v_m = \frac{0.381rL}{(L^2/4 + H^2)^{1/2}} = \frac{0.381 \times 2.71}{(6^2/4 + 3.5^2)^{1/2}}\text{m/s} = 0.224\text{m/s}$$

夏季工况送冷风，则室内平均风速为 0.224m/s × 1.2 = 0.27m/s，满足舒适性空调夏季室内风速不应大于0.3m/s的要求。

(5) 校核轴心温差衰减

$$\frac{\Delta t_x}{\Delta t_0} \approx \frac{v_x}{v_d} \qquad \Delta t_x \approx \frac{v_x}{v_d}\Delta t_0 = \frac{0.5}{3.54} \times 6℃ = 0.85℃$$

满足舒适性空调温度波动范围±1℃的要求。

7.3.3 喷口送风的计算

对于空间较大的公共建筑和室温允许波动范围要求不太严格（波动范围≥1℃）的高大厂房，经常采用喷口送风方式。喷口送风时的送风温差宜取 8~12℃，送风口高度宜保持6~10m。由于喷口送风出口风速高，气流射程长，与室内空气强烈掺混，能在室内形成较大的回流区，达到布置少量风口即可满足气流均布的要求，同时具有风管布置简单，便于安装、经济等特点。

喷口送风喷流主要取决于喷口的位置和阿基米德数 Ar。喷口风速 v_0 的大小直接影响喷流的射程，也影响涡流区的大小。v_0 越大，射程就越远，涡流区越小。回流主要取决于喷流构造、建筑布置和回风口的位置。

喷口与水平方向有一倾角 α，向下为正，向上为负，如图 7-74 所示。通常送热风时下倾，α 大于 15°，送冷风时可取 α = 0，一般小于 15°。

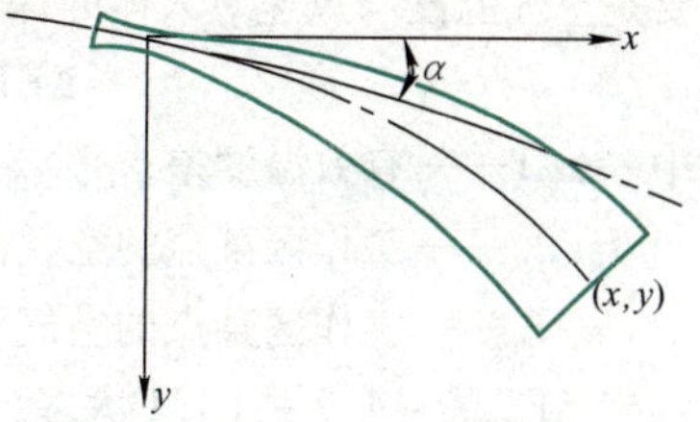

(1) 射流轨迹计算公式 由于喷口送风的射程较长，一般又不贴顶布置，故射流弯曲在喷口送风计算中是不能忽视的。非等温射流中心线轨迹计算公式为

$$y = x\tan\alpha \pm K_1 Ar\left(\frac{x}{\cos\alpha}\right)^3 \qquad (7\text{-}10)$$

图 7-74 喷口侧送射流轨迹

式中 K_1——系数，$K_1 = \frac{0.42}{K}$，K 为比例常数，即射流的相对等速核心长度，对于圆喷口，在 $v_0 > 5$m/s，$d_0 > 150$mm 时，$K = 6.0 \sim 6.5$。对于边长比 <40 的矩形风口，当 $v_0 > 5$m/s 时，$K = 5.3$ 左右。对于一般情况下，喷口送冷风时，$K_1 = 0.065$。

x——射流的射程 (m)；

y——射流轨迹中心距风口中心的垂直落差 (m)。

正负号在送冷风时取正，送热风时取负。

(2)射流轴心风速与平均风速

$$\frac{v_x}{v_0} = \frac{K}{\dfrac{x}{d_0}}$$

工作区的平均风速可认为等于射流末端处的轴心速度 v_x 的一半，即 $0.5v_x$，以此可校核工作区的最大允许风速是否满足要求。

设计步骤：

1）定喷口直径 d_0 和喷口角度 α，d_0 一般在 $0.2\sim0.8\mathrm{m}$，一般冷射流时 $\alpha=0°\sim15°$，热射流时，$\alpha>15°$。

2）根据房间尺寸，计算要求的射程及射流轨迹的落差，要求的射流轨迹落差应为喷口高度减去工作区高度。

3）根据式（7-10）求出 Ar。

4）由 Ar 的定义即 $Ar = \dfrac{gd_0\Delta t_0}{v_0^2 T_N}$，计算出 v_0。

5）由 d_0、v_0 单个风口送风量 q_V/n 确定喷口个数 n。

计算并校核工作区风速是否满足要求。

7.3.4 空调区气流性能的评价

空调房间的温度场和速度场的均匀性和稳定性与气流组织的优劣有密切的关系。气流组织的好坏直接影响空调区的温度和流速是否满足要求。此外，它还在很大程度上影响空调区的空气洁净度。

如何使经过处理的送风气流有效送入工作区，迅速排出余热及污染物，是气流组织的任务，也是评价气流组织的性能的标准。房间气流组织的评价方法有多种，现介绍常用的几种：

(1) 空气分布特性指标（ADPI） 空气分布特性指标（ADPI）是满足规定风速和温度要求的测点数与总测点数之比。对于舒适空调，相对湿度在较大范围内对人体舒适性影响较小，主要是空气温度与风速对人体的综合作用影响。有效温度差与室内风速的关系

$$\Delta ET = (t_i - t_N) - 7.66(u_i - 0.15) \tag{7-11}$$

式中　ΔET——有效温度差；
t_i、t_N——工作区某点的空气温度和给定室内温度（℃）；
u_i——工作区某点的空气流速（m/s）。

当 ΔET 为 $-1.7\sim+1.1$ 大多数人感到舒适。因此，空气分布特性指标（ADPI）为

$$ADPI = \frac{-1.7 < \Delta ET < +1.1 \text{ 的测点数}}{\text{总测点数}} \times 100\% \tag{7-12}$$

一般情况，应使 $ADPI \geqslant 80\%$。

(2) 不均匀系数 不均匀系数法是在工作区内选择 n 个测点，分别测得各点的温度和风速，求其算术平均值为

$$\begin{cases} \bar{t} = \dfrac{\sum t_i}{n} \\ \bar{u} = \dfrac{\sum u_i}{n} \end{cases} \tag{7-13}$$

均方根偏差为

$$\begin{cases} \sigma_t = \sqrt{\dfrac{\sum(t_i - \bar{t})^2}{n}} \\ \sigma_u = \sqrt{\dfrac{\sum(u_i - \bar{u})^2}{n}} \end{cases} \tag{7-14}$$

温度不均匀系数 k_t 和速度不均匀系数 k_u 分别为

$$\begin{cases} k_t = \dfrac{\sigma_t}{\bar{t}} \\ k_u = \dfrac{\sigma_u}{\bar{u}} \end{cases}$$

显然，k_t 和 k_u 越小，则气流分布的均匀性越好。

(3) **能量利用系数及通风效率** 余热被排出室外的迅速程度反映了气流分布的能量利用有效性，可用能量利用系数 η_N 表示。能量利用系数越大，空调就越节能。能量利用系数定义式为

$$\eta_N = \dfrac{t_p - t_0}{t_N - t_0} \tag{7-15}$$

式中 t_p、t_N、t_0——排风温度、工作区空气平均温度和送风温度（℃）。

η_N 的大小反映了不同气流组织情况下的能量利用有效性，当由于气流组织不良而造成工作区完全或部分处于空气流动的"死角"时，$t_p < t_N$，则 $\eta_N < 1$，此时表明余热未被迅速、有效地排出室外，能量利用有效性低。

与能量利用系数相类似，通风效率 η_T 物理意义是指移出室内污染物的迅速程度

$$\eta_T = \dfrac{C_p - C_0}{\bar{C} - C_0} \tag{7-16}$$

式中 C_p、$\bar{C}$、C_0——排风污染物浓度、工作区空气平均污染物浓度和送风污染物浓度（mg/m³）。在混合式通风条件下，$C_p \approx \bar{C}$，因此 $\eta_T \approx 1$。对于比较接近活塞流的置换通风来说 $C_p > \bar{C}$，因此通风效率较高，实验表明置换通风 $\eta_T \approx 1 \sim 4$。

7.4 空调风管系统的设计

空调工程中输送空气的风管包括：集中式全空气系统的送（回）风风管、空气—水式系统的新风风管、空调建筑及其附属设施的排风风管、机械加压送风风管和机械排烟风管等。

7.4.1 风管的分类

1. 按制作风管的材质分

（1）金属风管 包括普通钢板风管、镀锌钢板风管、彩色涂塑钢板风管、镀锌钢板螺旋圆风管、镀锌钢板螺旋扁圆形风管、不锈钢板风管和铝合金板风管等。

（2）非金属风管 包括酚醛铝箔复合板风管、聚氨酯铝箔复合板风管、玻璃纤维复合板风管、无机玻璃钢风管、硬聚氯乙烯风管、砖砌或钢筋混凝土板等土建风道等。

此外，还有聚酯纤维织物风管、金属圆形柔性风管和以高强度钢丝为骨架的铝箔聚酯膜复合柔性风管等。

2. 按风管系统的工作压力分

可分为低压系统、中压系统和高压系统。风管系统的工作压力与密封要求，见表7-2。

表 7-2 风管系统的工作压力与密封要求

系统类别	系统工作压力 p/Pa	密封要求
低压系统	$p \leqslant 500$	接缝和接管连接处严密
中压系统	$500 < p \leqslant 1500$	接缝和接管连接处增加密封措施
高压系统	$p > 1500$	所有的拼接缝和接管连接处，均应采取密封措施

3. 按风管的断面形状分

可分为圆形、矩形、扁圆形和配合建筑空间要求确定的其他形状。圆形断面从节省材料和降低流动阻力来看，最为有利。空调系统的风管宜采用圆形断面或长、短边之比不大于 4 的矩形断面，其最大长、短边之比不应超过 10。

有关圆形风管、矩形风管的统一规格，以及金属风管、非金属风管及其配件的板材厚度，参见本系列教材《通风工程》（见参考文献［15］）或参考文献［4］。

现行《建筑设计防火规范》（GB 50016—2014）9.3.14 指出下列情况外，通风、空气调节系统的风管应采用不燃材料：

1) 接触腐蚀性介质的风管和柔性接头可采用难燃材料。

2) 体育馆、展览馆、候机（车、船）建筑（厅）等大空间建筑，单、多层建筑和丙、丁、戊类厂房内通风、空气调节系统的风管，当不跨越防火分区且在穿越房间隔墙处设置防火阀时，可采用难燃材料。

另外，根据《公共建筑节能设计标准》（GB 50189—2015）的规定："空气调节风系统不应利用土建风道作为送风道和输送冷、热处理后的新风风道。当受条件限制利用土建风道时，应采取可靠的防漏风和绝热措施"。有时，也可将土建风道作为敷设钢板风管的通道来使用。

7.4.2 通风管道配件

通风与空调工程的风管系统是由直风管和各种异形配件（例如弯管、来回弯管、变径管、天圆地方、三通、四通）、各种风量调节阀以及空气分布器（送风口、回风口或排风口）等部件组成。

弯管用来改变空气的流动方向，使气流转 90°弯或其他角度；来回弯管用来改变风管的升降、躲让或绕过建筑物的梁、柱及其他管道；变径管用来连接断面尺寸不同的风管；天圆地方是用来连接圆形与矩形（或方形）两个断面的部件；三通和四通用于风管的分叉和汇合，即气流的分流和合流。

1. 钢板矩形风管的配件

（1）矩形弯管 工程上常见的有：①内外同心弧型弯管（图 7-75a），弯管曲率半径宜为一个平面边长；②内弧外直角型弯管（图 7-75b）；③内斜线外直角型弯管（图 7-75c）；④内外直角型弯管（图 7-75d）等四种。

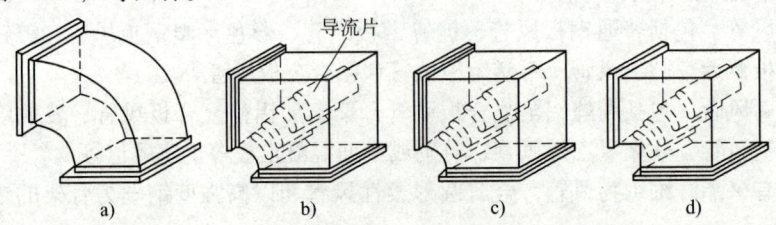

图 7-75 矩形弯管
a) 内外同心弧型弯管 b) 内弧外直角型弯管 c) 内斜线外直角型弯管 d) 内外直角型弯管

内外弧型矩形弯管，内弧的曲率半径 r 为 $0.5a$，外弧的曲率半径不宜小于 $(1.5\sim2.0)a$，该弯管气流阻力小，但占用空间较大。当内外弧型弯管的平面边长大于 500mm 时，且内弧半径 r 与弯管平面边长 d 之比小于或等于 0.25 时，应设置导流片（图 7-76），以减小气流阻力。导流片的弧度应与弯管弧度相等，迎风边缘应光滑。导流片的间隔是内侧密外侧疏，其片数及设置位置应符合表 7-3 所示的规定。

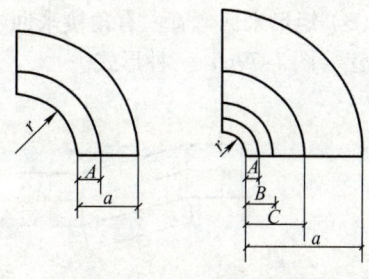

图 7-76 内外弧型矩形弯管导流片的设置

内弧外直角型（图 7-77a）、内斜线外直角型（图 7-77b）和内外直角型矩形弯管（图 7-77c），它们与内外弧型矩形弯管相比，占用空间小些，但阻力相对较大。对于边长大于 500mm 的内弧外直角型矩形弯管、内斜线外直角型矩形弯管及内外直角型矩形弯管，应设置导流片，以减少气流阻力。导流片有单弧形（图 7-77d）和双弧形（图 7-77e）两种，它们在弯管内是按等距离设置的。导流片的圆弧半径 R_1（或 R_1、R_2）及片距 P 宜按表 7-4 所示确定。

表 7-3 内外弧型矩形弯管导流片数及设置位置

弯管平面边长 a/mm	导流片数	导流片位置		
		A	B	C
$500 < a \leq 1000$	1	$0.33a$		
$1000 < a \leq 1500$	2	$0.25a$	$0.5a$	
$a > 1500$	3	$0.125a$	$0.33a$	$0.5a$

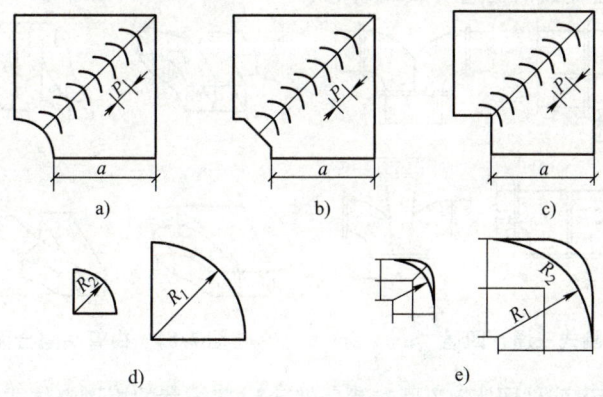

图 7-77 内弧、内斜线外直角型和内外直角型矩形弯管导流片的设置

（2）矩形变径管（大小头） 工程上常用的有双面偏（又称同心渐扩或渐缩管）和单面偏（又称偏心渐扩或渐缩管）两种形式，如图 7-78 所示。为减少气流阻力，对于双面偏的变径管，用于气流渐扩时，扩大角 $\theta \leq 45°$；用于气流渐缩时，收缩角 $\theta \leq 60°$。对于单面偏的变径管，其渐扩或渐缩角度 $\theta \leq 30°$ 为宜。

表 7-4 单弧形或双弧形导流片圆弧半径及片距
（单位：mm）

单弧形导流片		双弧形导流片	
$R_1 = 50$ $P = 38$	$R_1 = 115$ $P = 83$	$R_1 = 50$ $R_2 = 25$ $P = 54$	$R_1 = 115$ $R_2 = 51$ $P = 83$
镀锌板厚度宜为 0.8		镀锌板厚度宜为 0.6	

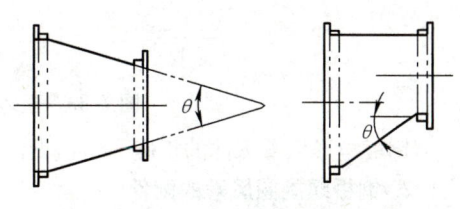

图 7-78 矩形变径管

(3) 矩形来回弯管 有角接来回弯管（图7-79a）、斜接来回弯管（图7-79b）和双弧形来回弯管（图7-79c）三种形式。

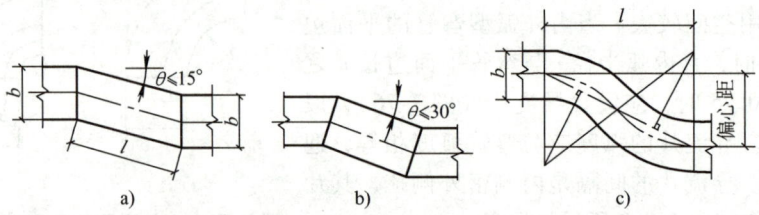

图 7-79 矩形来回弯管

a) 角接来回弯管 b) 斜接来回弯管 c) 双弧形来回弯管

(4) 矩形三通和四通 工程上有分叉式（图7-80）和分隔式（图7-81）两种形式。分隔式三通是由两个90°弯管或者由一个90°弯管和另一根直风管组合而成，分隔式四通是由两个90°弯管和一根变径管组合而成。气流的汇合或分离各行其道，彼此不发生互相牵制，风量分配均匀，加工制作工艺简单。因此，就被输送空气的分流或合流而言，分隔式的性能要优于分叉式，值得在工程中推广使用。图 7-82所示为常用的弯头组合而成的三通（或四通）。

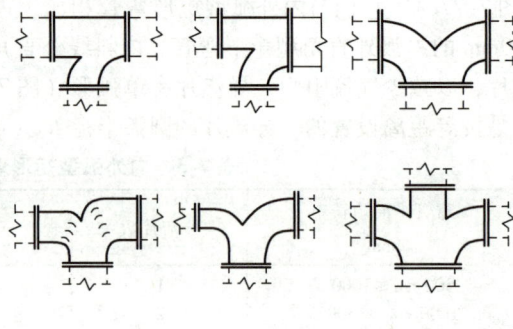

图 7-80 分叉式三通、四通

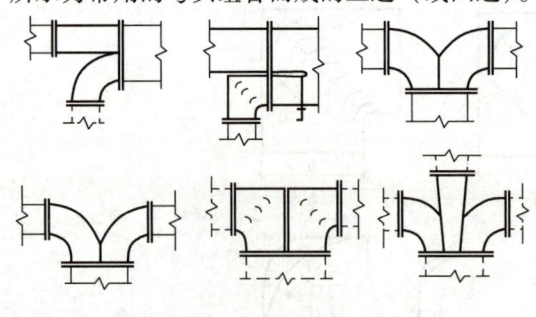

图 7-81 分隔式三通、四通

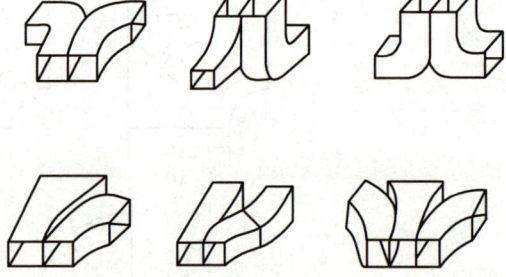

图 7-82 由弯头组合而成的三通、四通

《全国通用通风管道配件图表》（见参考文献 [5]）推荐的矩形整体式三通和矩形插管式三通或四通，参见图 7-83。

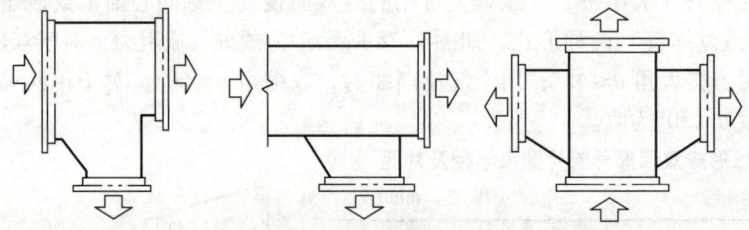

图 7-83 整体式三通和插管式三通或四通

钢板矩形风管配件的正确、错误做法，如图 7-84 所示。

2. 钢板螺旋圆风管的配件

螺旋圆风管的配件（例如，弯管、变径管、三通和四通）以及内、外接头和端盖等，如图 7-85 和图 7-86 所示，它们是由金属螺旋圆形风管生产流水线的专用机械加工制作的。

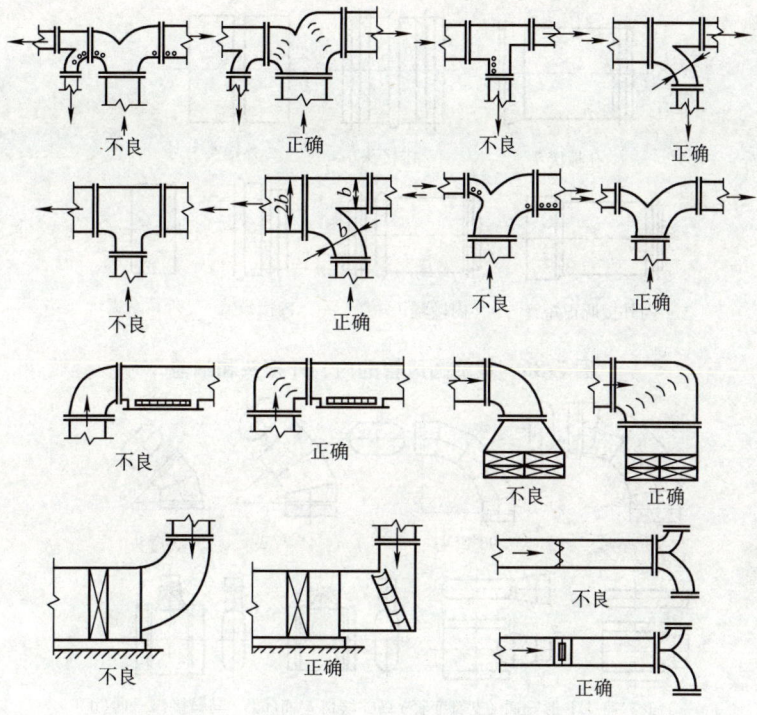

图 7-84 钢板矩形风管配件的正确、错误做法

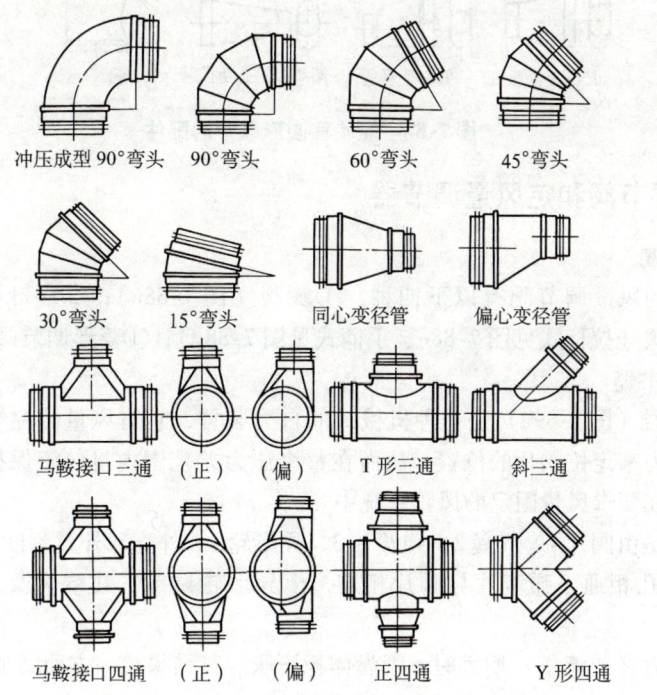

图 7-85 螺旋圆风管的配件

3. 螺旋扁圆形风管的配件

螺旋扁圆形风管的配件（图 7-87），也是由专用机械加工制作的。

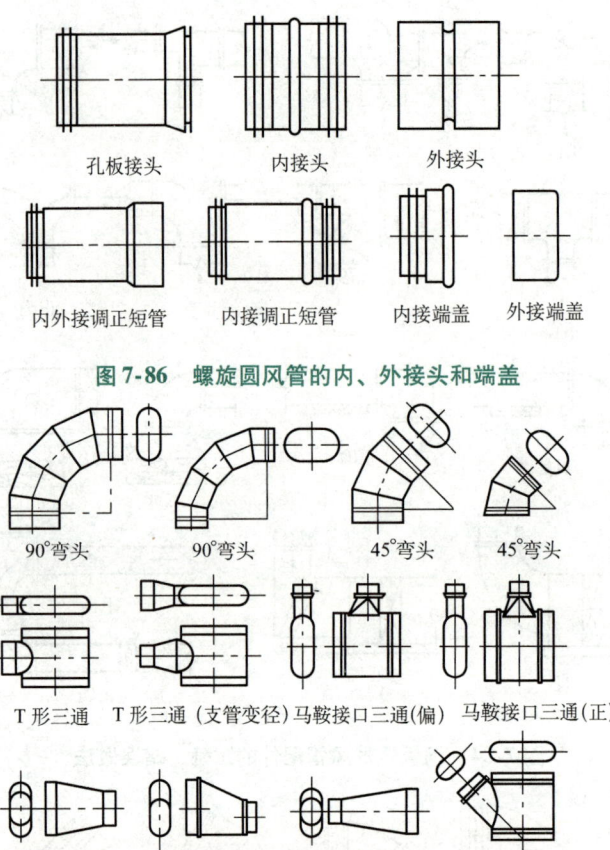

图 7-86 螺旋圆风管的内、外接头和端盖

图 7-87 螺旋扁圆形风管的配件

7.4.3 风量调节阀和定风量调节器

1. 风量调节阀

目前，常用的风量调节阀有以下四种：①蝶阀（图 7-88a）；②多叶调节阀（图7-88b）；③矩形三通调节阀（拉杆式见图 7-88c、手柄式见图 7-88d）；④菱形调节阀（图 7-88e）。

2. 定风量调节器

定风量调节器（图 7-89a）是一种机械式的自力装置，它对风量的控制无需外加动力，只依靠气流自身的力来定位阀片的位置，从而在整个压力差范围内将气流保持在预先设定的流量上。适用于安装在要求风量固定的风管系统中。

风量调节器是由阀片1、气囊2、弹簧片3、异形轮4、外壳和外置刻度盘等组成，气囊开有小孔与阀片上小孔相通，弹簧片与阀片相连，由异形轮调节，其结构及工作原理如图 7-89b 所示。

当风管内压力（或流量）增大时，气囊体积膨胀。其结果，一方面增加了阀片的关闭转矩，使关闭力（在图中沿逆时针方向）增大，阀片向关闭方向动作；另一方面也起着振荡阻尼作用。弹簧片被用来产生一个与关闭力相对应的反向力，增加阀门的阻力，从而达到保持风量恒定的作用。当风管内压力（或流量）减小时，气囊体积缩小，关闭转矩随之减弱，阀片向开启方向动作，使风量保持恒定。

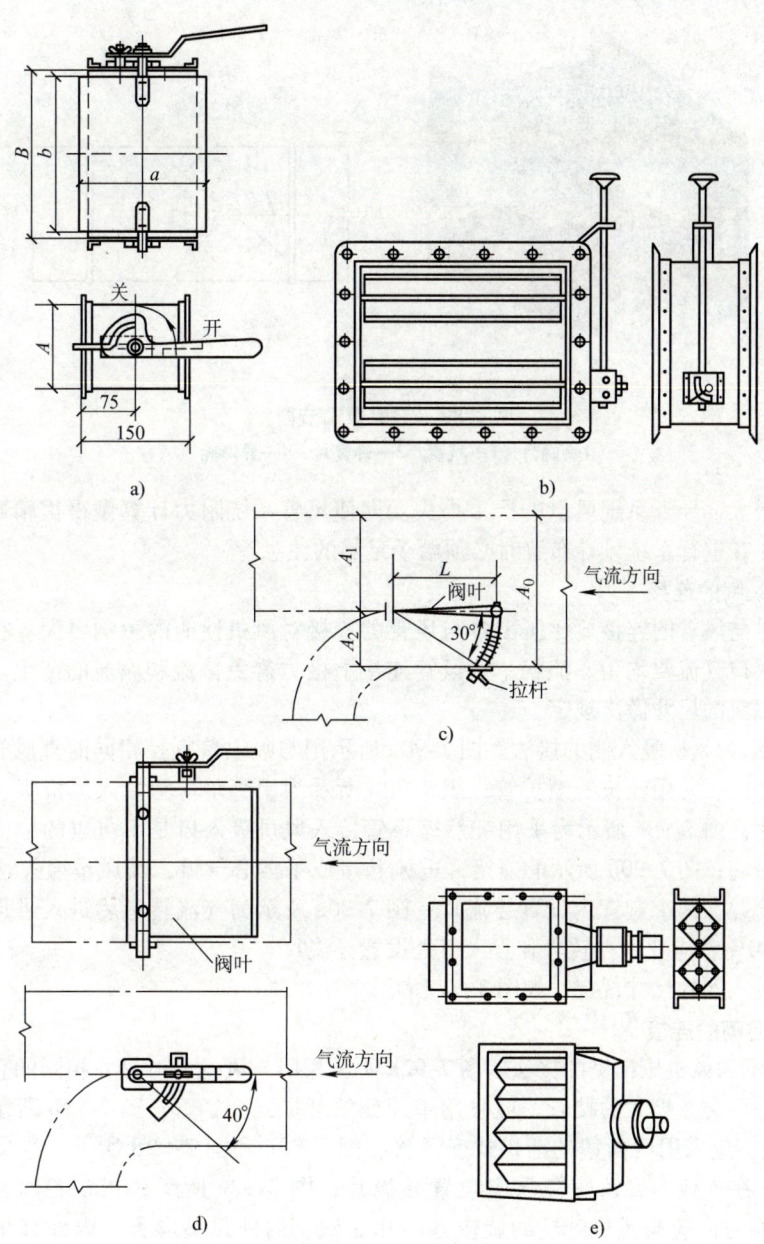

图 7-88 风量调节阀

a) 蝶阀 b) 多叶调节阀 c) 拉杆式矩形三通调节阀 d) 手柄式矩形三通调节阀 e) 菱形调节阀

应用时，可以利用带指针的外置刻度盘准确地设定所需的风量。它的工作温度为 10~50℃，压差范围为 50~1000Pa，风量调节器的断面形状有矩形和圆形两种，两端均带法兰，便于与被调试的风管相连接。安装时不受位置限制，但阀片的轴应保持水平。为保证正常工作，要求在气流进口前应有 1.5B（B 为风量调节器宽度）的直线入口长度和 0.5B 的直线出口长度即可。

7.4.4 风机与风管的连接

通风机进、出口与风管的正确连接，可保证达到风机的铭牌性能。如果处理不当，会造成

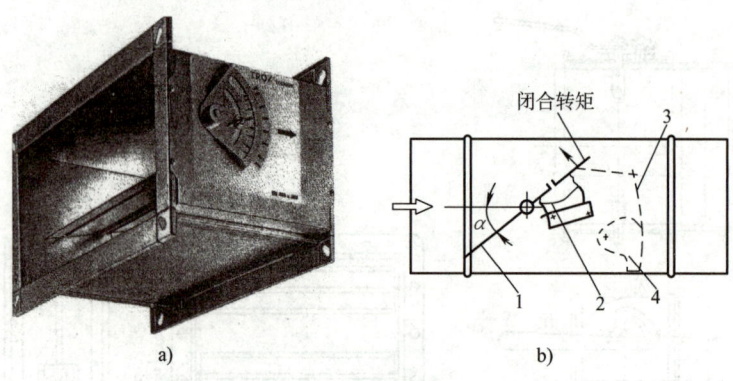

图 7-89 定风量调节器
1—阀片 2—气囊 3—弹簧片 4—异形轮

局部压力损失增大,导致系统风量的严重损失。即使风管系统阻力计算做得很精确,也无法得到弥补。为此,在进行系统设计布置时必须给予足够的注意。

1. 风机吸入侧的连接

风机吸入口与风管的连接要比压出口与风管的连接对风机性能的影响要大。在设计时应特别注意风机吸入口气流要均匀、流畅,从风管连接上极力避免偏流和涡流的产生。同时,对吸入侧防止产生偏流的尺寸做出规定。

图 7-90 所示为风机吸入侧的接法。图 7-90a 所示用与吸入口直径相同的直风管连接,是可以的,如果要变径,宜用较长的渐扩管;图 7-90b 所示为用直角弯管接入风机吸入口时,弯管内应设置导流片;图 7-90c 所示为采用突然缩小管接入风机吸入口是不可以的,应采取渐缩管或加弧形导流措施;图 7-90d 所示的连接,进风箱造成了偏心气流,其风量损失达 25%,应将入口处改成弯管并在两个弯管内设置导流片;图 7-90e 所示为气流转弯后进入进风箱,造成涡流,风量损失 40%,应分别在转弯和吸入口处设置导流片。

有关风机吸入侧的尺寸规定,如图 7-91 所示。

2. 风机压出侧的连接

图 7-92 所示为风机压出侧的接法。图 7-92a 所示为用与风机出口尺寸相同的直风管连接是可以的,不能采用突然扩大的接管,应采用单面偏的渐扩式变径管;图 7-92b 所示的情况与图 7-92a 所示类似,应采用两面偏的渐扩式变径管;图 7-92c 和图 7-92d 所示,当风机出口气流呈 90°转弯时,在连接的直角弯管内应设置导流片;图 7-92e 所示风机出口气流呈 90°转弯时,弯管的弯曲方向应与风机叶轮的旋转方向相一致,内外弧型弯管、内外直角弯管内应设置导流片;图 7-92f 所示风机出口如接丁字三通管向两边送风或接 90°弯管时,为改善管内气流状况,在加长三通立管或弯管长度的同时,应在分流处或转弯处设置导流片。

7.4.5 风管测定孔和检查孔

1. 风管测定孔

风管测定孔主要用于通风与空调系统的调试和测定。测定孔有测量空气温度用的(图 7-93a)和测量风量、风压用的(图 7-93b)两种。

风管测定孔的位置,应选择在气流较均匀且平稳的直管段上。按照气流的流动方向,测定孔设在弯管、三通等异形配件后面的距离应大于 (4~5)D 或 (4~5)a(D 为圆形风管的直径,a 为矩形风管的长边尺寸)处;设在上述异形配件前面的距离应大于 (1.5~2)D 或

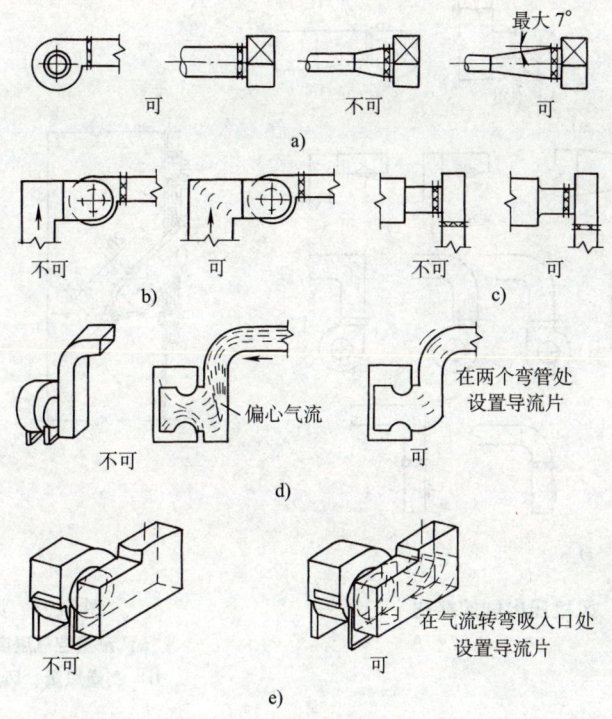

图 7-90　风机吸入侧的接法

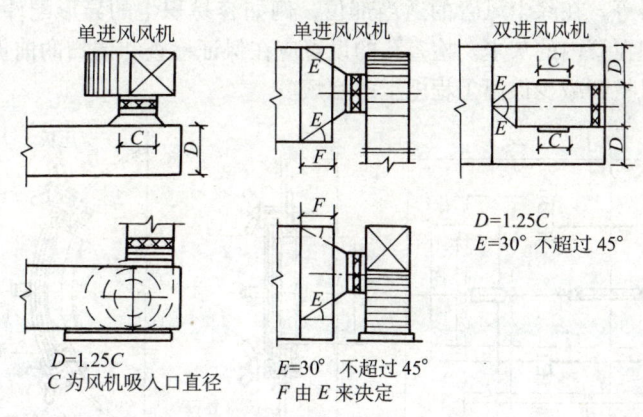

图 7-91　风机吸入侧的尺寸规定

(1.5~2) a 处。调节阀前后应避免布置测定孔。为了便于系统调试，在主干风管分支点前后必须留有测定孔。

设在通风机进口前的测定孔，应有不少于 1.5 倍风机进口直径的距离；设在通风机出口后的测定孔，应有 2 倍风机出口当量直径的距离。

对于净化空调系统，凡设在风管中的粗、中、高效过滤器的前、后，应设测压孔和测尘孔，并连接 U 形测压管，以便在系统运行过程中，根据 U 形测压管的读数来确定过滤器是否需要清洗或更换。在新风管、总送风管、回风管及支管上均应预留测定孔，测定孔应采取密封措施。

设置在吊顶内的风管测定孔部位，应留有活动吊顶板或检查门。

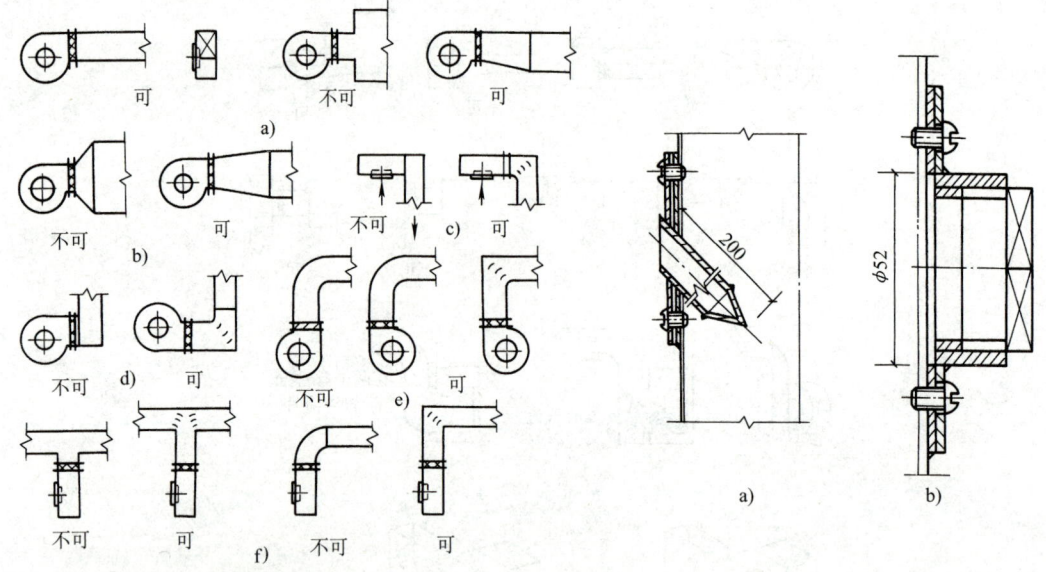

图 7-92 风机压出侧的接法

图 7-93 风管测定孔
a) 测量空气温度用的风管测定孔
b) 测量风量、风压用的风管测定孔

2. 风管检查孔

风管检查孔（图 7-94）主要用于通风与空调系统中需要经常检修的地方，例如风管内的电加热器、中效过滤器等。在除尘风管的适当部位，例如容易积尘的异形配件附近应设置密闭清扫孔，以便清除沉积在管内的灰尘。检查孔的设置应在保证检查和清扫的前提下数量尽量减少，以免增加风管的漏风量和减少保温工程施工的麻烦。

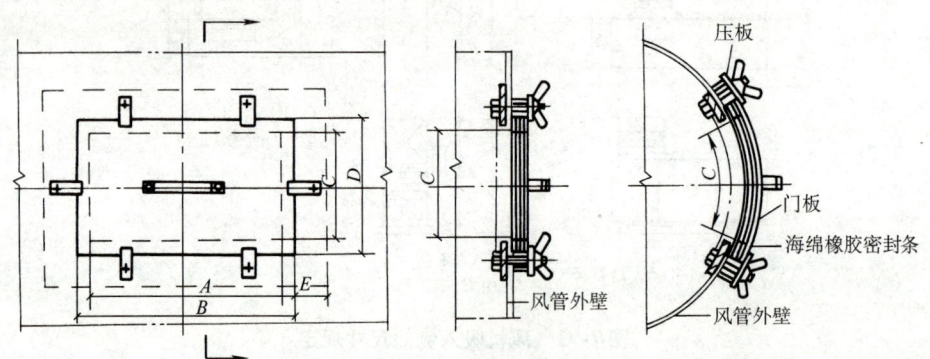

图 7-94 风管检查孔

7.4.6 空调系统风管内的压力分布

1. 单风机系统的压力分布

只设一台送风机的空调系统称为单风机系统。风机的作用压头要克服从新风进口至空气处理机组的整个吸入侧的全部阻力、送风风管系统的阻力和回风风管系统的阻力。为了维持房间内的正压，需要使送入的风量大于从房间抽回的风量。多余的送风量就是维持房间正压的风量，它通过门、窗缝隙渗透出去。

图 7-95a 所示为只设送风机的一次回风式空调系统的风管压力分布。图中 W 为新风进口，

其压力为大气压；M 为送风入口；N 为回风口，其压力是室内正压值。P 点是回风与排风的分流点，X 点是新风与回风的混合点。新风在风机吸力作用下，由 W 点吸入，其相对压力为零，混合点 X 的压力必定是负值。

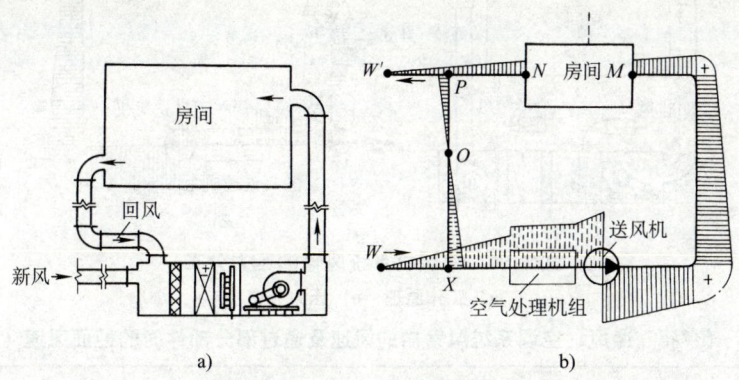

图 7-95 单风机系统风管的压力分布
a) 工作原理 b) 压力分布

由图 7-95b 可知，在回风管路上，从 N 点的正压演变到 X 点的负压的过程中，必然有个过渡点 O，该点的相对压力为零。此时，$\Delta p_{wx} = \Delta p_{ox}$。为保持房间正压，回风从 N 到混合点 X 的阻力，是由房间内正压 Δp 和风机吸力 Δp_{wx} 共同作用下克服的。从回风与排风的分流点 P 到排风口 W' 的压力差，就是排风的动力。

通过对压力分布图的分析，可以得出以下两点结论：
1）排风口必须设在回风风管的正压段，否则排风口就无法排出空气。
2）排风口应当设在靠近空调房间的地方，不要设在空气处理机附近，否则会使房间内的正压增大。

单风机空调系统简单、占地少、一次投资省、运转时耗电量少，因此常被采用。但是，在需要变换新风、回风和排风量时，单风机系统存在调节困难、空气处理机组容易漏风等缺点，特别是当系统阻力大时，风机风压高、耗电量大、噪声也较大。因此，宜采用双风机系统。

2. 双风机系统的压力分布

设有送风机和回风机的空调系统称为双风机系统。送风机的作用压头用来克服从新风进口至空气处理机组整个吸入侧的阻力和送风风管系统的阻力，并为房间提供正压值；回风机的作用压头用来克服回风风管系统的阻力并减去一个正压值。两台风机的风压之和应等于系统的总阻力。在双风机系统中，排风口应设在回风机的压出段上；新风进口应处在送风机的吸入段上。

图 7-96b 所示为设有送风机和回风机的一次回风式空调系统的风管压力分布。由图 7-96b 可知，它和单风机系统一样，在排风与回风的分流点 P 和新风与回风的混合点 X 之间的管路压力，必须使之从正压变化到负压，才能保证一方面排风和另一方面吸入新风。这通常可以通过调节风阀 1，使管段 PX 间的阻力 Δp_{PX} 与新风吸入管段 WX 的阻力 Δp_{wx} 和排风管段 $W'P$ 的阻力 $\Delta p_{W'P}$ 之和相等来满足，即 $\Delta p_{PX} = \Delta p_{wx} + \Delta p_{W'P}$。风阀 1 应是零位阀，通过该处的风压为零，这样才能保证在排风的同时吸入新风，否则，由于回风机选择不当，导致新风进不来。

7.4.7 空调系统风管内的空气流速

1. 空调系统风管内的风速及部分部件的迎面风速

空调系统风管内的风速及通过部分部件时的迎面风速如表 7-5 所示。

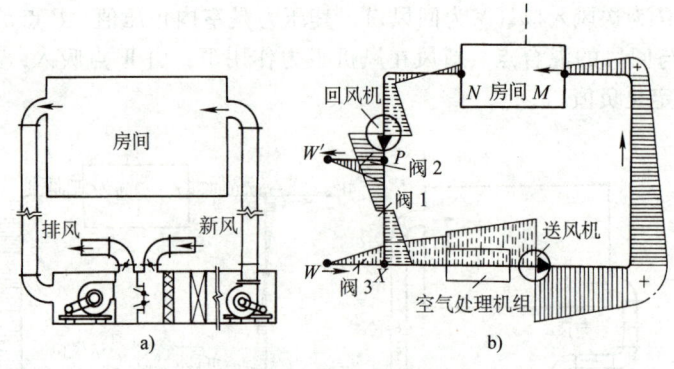

图 7-96 双风机系统风管的压力分布
a) 工作原理　b) 压力分布

表 7-5 通风、空调系统风管内的风速及通过部分部件时的迎面风速（单位：m/s）

部 位	推荐风速			最大风速		
	居住建筑	公共建筑	工业建筑	居住建筑	公共建筑	工业建筑
风机吸入口	3.5	4.0	5.0	4.5	5.0	7.0
风机出口	5.0~8.0	6.5~10.0	8.0~12.0	8.5	7.5~11.0	8.5~14.0
主风管	3.5~4.5	5.0~6.5	6.0~9.0	4.0~6.0	5.5~8.0	6.5~11.0
支风管	3.0	3.0~4.5	4.0~5.0	3.5~5.0	4.0~6.5	5.0~9.0
从支管上接出的风管	2.5	3.0~3.5	4.0	3.0~4.0	4.0~6.0	5.0~8.0
新风入口	3.5	4.0	4.5	4.0	4.5	5.0
空气过滤器	1.2	1.5	1.75	1.5	1.75	2.0
换热盘管	2.0	2.25	2.5	2.25	2.5	3.0
喷水室		2.5	2.5		3.0	3.0

2. 暖通空调部件的设计风速

暖通空调部件的典型设计风速如表 7-6 所示。

表 7-6 暖通空调部件的典型设计风速　　　　　　（单位：m/s）

部件名称	迎面风速	部件名称	迎面风速
进风百叶窗		3. 电子空气过滤器	
风量大于 10000m³/h	2.0~6.0	电离式	0.8~1.8
风量小于 10000m³/h	2.0	加热盘管(空气加热器)	
排风百叶窗		1. 蒸汽和热水	2.5~5.0
风量大于 8000m³/h	2.5~8.0		（最小1.0，最大8.0）
风量小于 8000m³/h	2.5	2. 电加热器	
空气过滤器		裸线式	参见生产厂家资料
1. 板式过滤器		管式	参见生产厂家资料
1）黏性滤料	1.0~4.0	冷却减湿盘管	2.0~3.0
2）干式带扩展表面,平板型(初效)	同风管风速	空气喷淋室	
3）折叠式(中效)	≤3.5	喷水型	参见生产厂家资料
4）高效过滤器(HEPA)	1.3	填料型	参见生产厂家资料
2. 可更换滤料的过滤器		高速喷水型	6.0~9.0
1）卷绕型黏性滤料	2.5		
2）卷绕型干式滤料	1.0		

3. 对消声有严格要求的空调系统，风管和出风口的最大允许风速

对消声有严格要求的空调系统，风管和出风口的最大允许风速如表 7-7 所示。

表 7-7 对消声有严格要求的空调系统，风管和出风口的最大允许风速 （单位：m/s）

室内允许噪声级/dB	干 管	支 管	风 口
25~35	3.0~4.0	≤2.0	≤0.8
35~50	4.0~7.0	2.0~3.0	0.8~1.5
50~65	6.0~9.0	3.0~5.0	1.5~2.5
65~85	8.0~12.0	5.0~8.0	2.5~3.5

注：1. 百叶风口叶片间的气流速度增加10%，噪声的声功率级将增加2dB；若流速增加一倍，噪声的声功率级约增加16dB。

2. 对于出口处无障碍物的敞开风口，表中的出风口速度可以提高1.5~2倍。

4. 高速送风系统中风管的最大允许风速

高速送风系统中风管的最大允许风速如表7-8所示。

表 7-8 高速送风系统风管内的最大允许风速

风量范围/(m³/h)	最大允许风速/(m/s)	风量范围/(m³/h)	最大允许风速/(m/s)
100000~68000	30	22500~17000	20.5
68000~42500	25	17000~10000	17.5
42500~22500	22.5	10000~5050	15

有关空调风管系统沿程（摩擦）压力损失和局部压力损失的计算，详见本系列教材《通风工程》（见参考文献［15］）和参考文献［4］。

思考题与习题

1. 空调房间中常见的送风、回风方式有哪几种？它们各适合于什么场合？
2. 空调房间中常见的送风口形式有哪几种？它们各适合于什么场合？
3. 气流组织的基本形式有哪些？其主要特点是什么？
4. 试述空调房间气流组织的重要性。
5. 影响室内空气分布的因素有哪些？其中主要因素是什么？
6. 送风温差大一些，可以使风量减少，省钱、节能，但为什么《民用建筑供暖通风与空气调节设计规范》（GB 50736—2012）对送风温差要加以限制呢？
7. 为什么根据热负荷和送风温差决定送风量之后还要根据不同的空调精度所要求的换气次数进行检验？
8. 阿基米德数 Ar 的含义是什么？其值的大小主要取决于哪些参数？
9. 为什么在空调房间中，气流流型主要取决于送风射流？
10. 在喷射式送风系统中，紊流系数与射程的关系如何？
11. 某空调房间的长、宽、高为 $7m \times 3.6m \times 3.5m$，夏季每 m^2 空调面积的显热冷负荷为 $Q=69.5W$，采用盘式散流器平送，试确定有关参数（室温要求 $20℃ \pm 1.0℃$）。
12. 某空调房间的长、宽、高为 $20m \times 12m \times 8m$，室温要求 $t_N = 28℃$，房间显热冷负荷 $Q = 6950W$，采用安装在5m高的圆喷口水平送风，喷口湍流系数 $a = 0.07$，试进行集中送风设计计算。
13. 某空调房间恒温精度为 $22℃ \pm 0.5℃$，房间的长、宽、高分别为 $6m$、$3.6m$、$3m$，室内显热负荷为 $Q=1668W$，试进行侧上送风的气流组织计算。

二维码形式客观题

扫描二维码可在线做题,提交后可查看答案。

第7章 客观题

参 考 文 献

[1] Bauman F. Underfloor Air Distribution (UFAD) Design Guide [M]. American Society of Heating, Refrigerating, and Air-conditioning Engineers, Inc, 2003.

[2] 2005 ASHRAE Handbook-Fundamentals, Chapter 33 Space Air Diffusion [M].

[3] 王天富,买宏金. 空调设备 [M]. 北京:科学出版社,2003.

[4] 陆耀庆. 实用供热空调设计手册 [M]. 北京:中国建筑工业出版社,1993.

[5] 上海市工业设备安装公司,等. 全国通用通风管道配件图表 [M]. 北京:中国建筑工业出版社,1979.

[6] 马仁民. 空气调节 [M]. 北京:科学出版社,1982.

[7] 陆亚俊,马最良,邹平华. 暖通空调 [M]. 北京:中国建筑工业出版社,2002.

[8] 赵荣义,范存养,薛殿华,等. 空气调节 [M]. 北京:中国建筑工业出版社,1994.

[9] 薛殿华. 空气调节 [M]. 北京:清华大学出版社,1991.

[10] 电子工业部第十设计研究院. 空气调节设计手册 [M]. 北京:中国建筑工业出版社,1995.

[11] 建设部工程质量安全监督与行业发展司,中国建筑标准设计研究所. 全国民用建筑工程设计技术措施 暖通空调·动力 [M]. 北京:中国计划出版社,2003.

[12] 尉迟斌. 实用制冷与空调工程手册 [M]. 北京:机械工业出版社,2003.

[13] 陆耀庆. HVAC 暖通空调设计指南 [M]. 北京:中国建筑工业出版社,1996.

[14] 李娥飞. 暖通空调设计与通病分析 [M]. 2 版. 北京:中国建筑工业出版社,2004.

[15] 王汉青. 通风工程 [M]. 北京:机械工业出版社,2007.

[16] 中华人民共和国行业标准. 通风管道技术规程(JGJ 141—2004,J 363—2004)[M]. 北京:中国建筑工业出版社,2004.

[17] 编制组. 民用建筑供暖通风与空气调节设计规范宣贯辅导教材 [M]. 北京:中国建筑工业出版社,2012.

暖通专家李娥飞简介

第 8 章

空调水系统

学习要点

重点：①空调冷热水系统的分类和形式；②空调水系统的分区和定压方式；③水系统的设计原则。

难点：①空调冷热水系统的分类和形式；②空调水系统的分区；③冷热水系统设计。

现代的高层建筑通常由塔楼、裙房、地下室和屋顶机房等组成。在高层旅馆、办公楼建筑中，常见的空调方式是，对于裙房的公用部分，例如商店、餐厅、宴会厅、会议厅、多功能厅及娱乐中心等，大多采用集中式全空气系统；对于塔楼部分，目前采用最多的是水-空气系统，即风机盘管加新风系统。所以空调水系统，特别是高层建筑的空调水系统，不仅要向裙房部分的组合式空气处理机组供应冷媒水（简称冷水）或热媒水（简称热水），而且还要向塔楼部分的空调末端设备——风机盘管机组和新风机组提供冷水和热水，其水系统比较复杂。

空调水系统的作用，就是以水为介质在空调建筑物之间和建筑物内部传递冷量或热量。正确合理地设计空调水系统是整个空调系统正常运行的重要保证，同时也能有效地节省电能。

就空调工程的整体而言，空调水系统包括冷热水系统、冷却水系统和冷凝水系统。

冷热水系统是指由冷水机组（或换热器）制备的冷水（或热水）的供水，由冷水（或热水）循环泵，通过供水管路输送至空调末端设备，释放出冷量（或热量）后的冷水（或热水）的回水，经回水管路返回冷水机组（或换热器）。对于高层建筑，该系统通常为闭式循环环路，除循环泵外，还设有膨胀水箱、分水器和集水器、自动排气阀、除污器和水过滤器、水量调节阀及控制仪表等。对于冷水水质要求较高的冷水机组，还应设软化水制备装置、补水水箱和补水泵等。

冷却水系统是指利用冷却塔向冷水机组的冷凝器供给循环冷却水的系统。

冷凝水系统是指空调末端装置在夏季工况时用来排出冷凝水的管路系统。

现行《民用建筑供暖通风与空气调节设计规范》（GB 50736—2012）8.5.1 规定，对空气调节冷、热水的参数做如下规定：

1）采用冷水机组直接供冷时，空调冷水供水温度不宜低于5℃，空调冷水供回水温差不应小于5℃；有条件时，宜适当增大供回水温差。

2）采用蓄冷空调系统时，空调冷水供水温度和供回水温差应根据蓄冷介质和蓄冷、取冷方式分别确定，并应符合本规范第8.7.6条和8.7.7条的规定。

3）采用温湿度独立控制空调系统时，负担显热的冷水机组的空调供水温度不宜低于16℃；当采用强制对流末端设备时，空调供回水温差不宜低于5℃。

4）采用蒸发冷却或天然冷源制取空调冷水时，空调冷水的供水温度应根据当地气候条件和末端设备的工作能力合理确定；采用强制对流末端设备时，供回水温差不宜小于4℃。

5）采用辐射供冷末端设备时，供水温度应以末端设备表面不结露为原则确定；供回水温差不应小于2℃。

6）采用市政热力或锅炉供应的一次热源通过换热器回热的二次空调热水时，其供水温度宜根据系统需求和末端能力确定。对于非预热盘管，供水温度宜采用50~60℃，用于严寒地区预热时，供水温度不宜低于70℃。空调热水的供回水温差，严寒和寒冷地区不宜小于15℃，夏热冬冷地区不宜小于10℃。

7）采用直燃或冷（温）水机组、空气源热泵、地源热泵等作为热源时，空调热水供水温度和温差应按设备要求和具体情况确定，并应使设备具有较高的供热性能系数。

8）采用区域供冷系统时，供回水温差应符合该规范地8.8.2条的要求。

8.1 空调冷热水系统的形式

空调冷热水系统，可按以下方式进行分类：①按循环方式，可分为开式循环系统和闭式循环系统；②按供、回水制式（管数），可分为两管制水系统、四管制水系统和分区两管制水系统；③按供、回水管路的布置方式，可分为同程式系统和异程式系统；④按运行调节的方法，可分为定流量系统和变流量系统；⑤按系统中循环泵的配置方式，可分为一级泵系统和二级泵系统。空调水系统按串联水泵的级数和输送系统是否变流量进行分类，如图8-1所示。

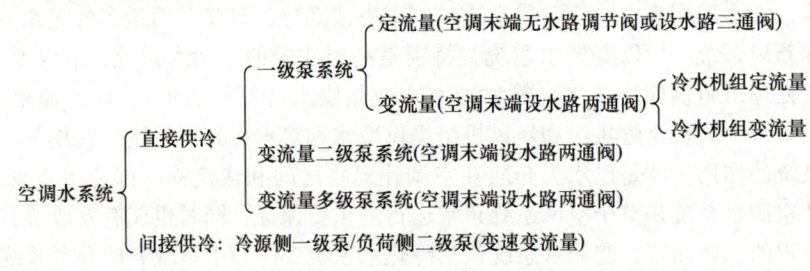

图8-1 空调水系统分类图

8.1.1 开式循环系统和闭式循环系统

1. 开式循环系统

开式循环系统（图8-2）的下部设有回水箱（或蓄冷水池），它的末端管路是与大气相通的。空调冷水流经末端设备（例如，风机盘管机组等）释放出冷量后，回水靠重力作用集中进入回水箱或蓄冷水池，再由循环泵将回水打入冷水机组的蒸发器，经重新冷却后的冷水被输送至整个系统。例如，采用蓄冷水池方案，或者空气处理机组采用喷水室处理空气的，其水系统是开式的。

开式循环系统的特点是：①水泵扬程高（除克服环路阻力外，还要提供几何提升高度和末端资用压头），输送耗电量大；②循环水易受污染，水中总含氧量高，管路和设备易受腐蚀；③管路容易引起水锤现象；④该系统与蓄冷水池连接比较简单（当然蓄冷水池本身存在无效耗冷量）。

2. 闭式循环系统

闭式循环系统（图8-3）的冷水在系统内进行密闭循环，不与大气接触，仅在系统的最高点设膨胀水箱（其功用是接纳水体积的膨胀，对系统进行定压和补水）。

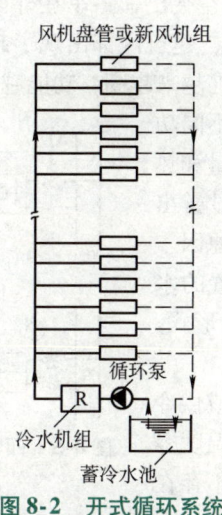

图8-2 开式循环系统 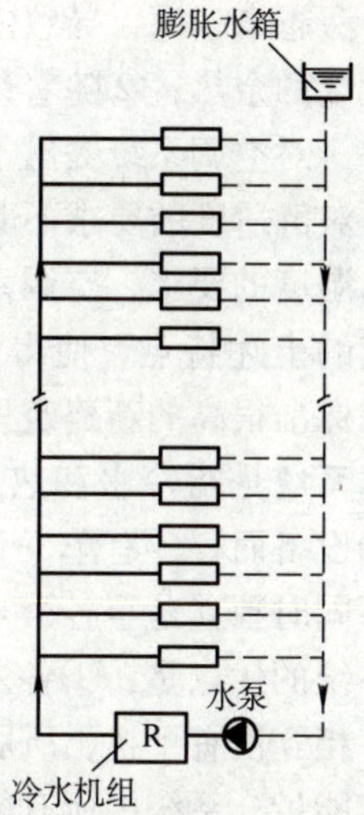 　　　图8-3 闭式循环系统

闭式循环系统的特点是：①水泵扬程低，仅需克服环路阻力，与建筑物总高度无关，故输送耗电量小；②循环水不易受污染，管路腐蚀程度轻；③不用设回水池，制冷机房占地面积减小，但需设膨胀水箱；④系统本身几乎不具备蓄冷能力，若与蓄冷水池连接，则系统比较复杂。

空调冷水系统有开式循环和闭式循环之分，热水系统只有闭式循环。

《民用建筑供暖通风与空气调节设计规范》（GB 50736—2012）8.5.2 指出"除采用直接蒸发冷却器的系统外，空调水系统应采用闭式循环系统"。当必须采用开式系统时，应设置蓄水箱，蓄水箱的蓄水量，宜按系统循环水量的 5%~10% 确定。

8.1.2 两管制、四管制及分区两管制水系统

1. 两管制水系统

两管制水系统是指仅有一套供水管路和一套回水管路的水系统，供水管路夏季供冷水，冬季供热水；回水管路是夏季和冬季合用的（图8-4），在机房内进行夏季供冷或冬季供暖的工况切换，过渡季节不使用。这种系统构造简单，布置方便，占用建筑面积及空间小，节省初投资。运行时冷、热水的水量相差较大。缺点是该系统不能实现同时供冷和供暖。

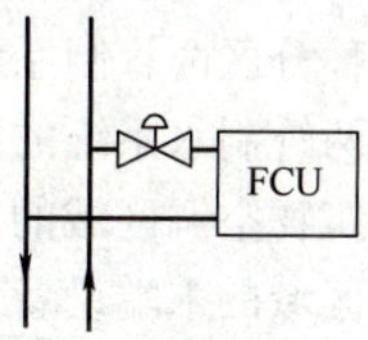

图8-4 两管制水系统

《民用建筑供暖通风与空气调节设计规范》（GB 50736—2012）8.5.3 指出"当建筑物所有区域只要求按季节同时进行供冷和供暖转换时，应采用两管制的空调水系统。"我国高层建筑特别是高层旅馆建筑大量建设的实践表明，从我国的国情出发，两管制系统能满足绝大部分旅馆的空调要求，同时也是多层或高层民用建筑广泛采用的空调水系统方式。

工程上也曾采用过三管制水系统，是指冷水和热水供水管路分开设置，回水管路共用的水系统。该系统在末端设备接管处进行冬、夏工况自动转换，实现末端设备独立供冷或供暖。这种系统存在的问题是：①系统冷、热量相互抵消的情况极为严重，能量损耗大；②末端控制和水量控制较为复杂；③较高的回水温度直接进入冷水机组，不利于冷水机组的正常运行。因此，目前在空调工程中几乎不予采用。

2. 四管制水系统

随着经济的发展和社会的进步，现代建筑日益呈现出一些不同于以前的特点：①建筑面积

不断加大，进深越来越深，导致内外区空调负荷不同的矛盾日益突出，冬季在外区供暖的同时内区却存在大量的余热；②随着计算机和信息产业的迅猛发展，建筑内部出现了越来越多的大型计算机站房，对空调系统提出了全年供冷的要求；③建筑标准越来越高，功能越来越全。一方面对舒适度的要求不断提高，另一方面为满足各种不同功能的区域对温湿度的要求，空调系统被更多地要求同时提供冷量和热量。现代建筑的上述特点，使得两管制空调水系统的局限性显露出来。这也是在标准很高的新建筑里采用四管制日渐增多的主要原因。

四管制水系统是指冷水和热水的供回水管路全部分开设置的水系统。就末端设备而言，有单一盘管和冷、热盘管分开的两种形式。冷水和热水可同时独立送至各个末端设备（图 8-5）。

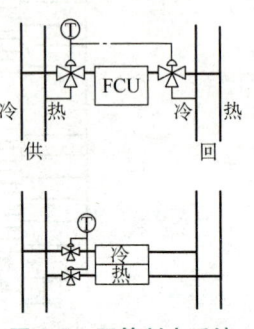

图 8-5　四管制水系统

四管制系统的优点是：①各末端设备可随时自由选择供暖或供冷的运行模式，相互没有干扰，所服务的空调区域均能独立控制温度等参数；②节省能量，系统中所有能耗均可按末端的要求提供，不存在三管制系统冷、热抵消的问题。

四管制系统的缺点是：①投资较大（投资的增加主要是由于各一套水管环路而带来的管道及附件、保温材料、末端设备、占用面积及空间等所增加的投资），运行管理相对复杂；②由于管路较多，系统设计变得较为复杂，管道占用空间较大。由于这些缺点，使该系统的使用受到一些限制。

《公共建筑节能设计标准》（GB 50189—2015）和《民用建筑供暖通风与空气调节设计规范》（GB 50736—2012）同时规定：全年运行过程中，供冷和供暖工况频繁交替转换或需同时使用的空气调节系统，宜采用四管制水系统。因此，它较适合于内区较大，或建筑空调使用标准较高且投资允许的建筑中。

3. 分区两管制水系统

为了克服两管制系统调节功能不足的缺点，同时不像四管制那样增加很多的投资，出现了一种分区两管制系统。《民用建筑供暖通风与空气调节设计规范》（GB 50736—2012）给出了分区两管制水系统的定义：**分区两管制空调水系统**（Zoning two—pipe chilled water system）是指按建筑物空调区域的负荷特性将空调水路分为冷水和冷热水合用的两种两管制系统。需全年供冷水区域的末端设备只供应冷水，其余区域末端设备根据季节转换，供应冷水或热水，如图 8-6 所示。

它的基本特点是根据建筑内负荷特点对水系统进行分区，当朝向对负荷影响较大时，可按照朝向进行分区；各朝向内的水系统仍为两管制，但每个朝向的主环路均应独立提供冷水和热水供、回水总管，这样可保证不同朝向的房间各自分别进行供冷或供暖（即建筑物内某些朝向供冷的同时，另一些朝向可供暖）。进深较大的空气调节区，由于内区和外区的负荷特点，往往

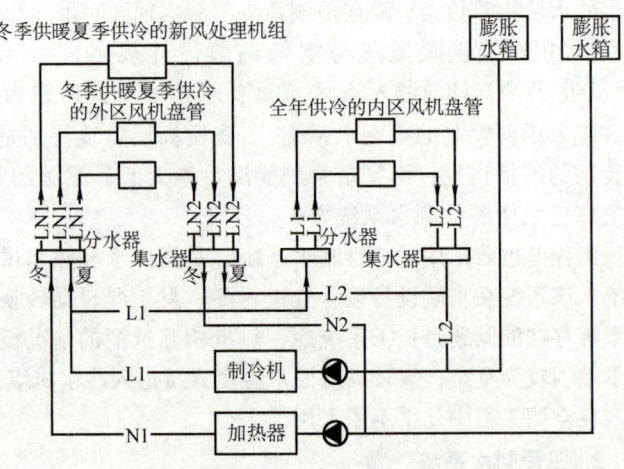

图 8-6　分区两管制水系统

存在同时需要分别供冷和供暖的情况，采用一般的两管制系统是无法解决的，采用分区两管制系统既可满足同时供冷供暖的要求，又比四管制系统节省投资和空间。

这种系统兼具了两管制和四管制的一些特点，其调节性能介于四管制和两管制之间。因为从调节范围来看，四管制系统是每台末端设备独立调节，两管制系统只能整个系统一起进行冷、热转换，而分区两管制系统则可实现不同区域的独立控制。分区两管制系统设计的关键在于合理分区，如果分区得当，可较好地满足不同区域的空调要求，其调节性能可接近四管制系统。关于分区数量，分区越多，可实现独立控制的区域的数量就越多，但管路系统也就越复杂，不仅投资相应增多，管理起来也复杂了，因此设计时要认真分析负荷变化特点，一般情况下分两个区就可以满足需要了。如果在一个建筑里，因内、外区和朝向引起的负荷差异都比较明显，也可以考虑分三个区。

分区两管制系统与现行两管制系统相比，其初投资和占用建筑空间与两管制系统相近，在分区合理的情况下调节性能与四管制系统相近，是一种既能有效提高空调标准，又不明显增加投资的方案，其设计与相关空调新技术相结合，可以使空调系统更加经济合理，详见参考文献[9]。

《公共建筑节能设计标准》（GB 50189—2015）规定：当建筑所有区域只要求按季节同时进行供冷和供暖转换时，应采用两管制空调水系统；当建筑内一些区域的空调系统需全年供冷、其他区域仅要求按季节进行供冷和供暖转换时，可采用分区两管制空调水系统。

8.1.3 同程式与异程式系统

1. 同程式系统

水流通过各末端设备时的路程都相同（或基本相等）的系统称为**同程式系统**。同程式系统各末端环路的水流阻力较为接近，有利于水力平衡，因此系统的水力稳定性好，流量分配均匀。但这种系统管路布置较复杂，管路长，初投资相对较大。

一般来说，当末端设备支环路的阻力较小，负荷侧干管环路较长，且阻力所占的比例较大时，应采用同程式。

同程式系统的管路布置形式有以下几种：

（1）垂直（竖向）同程的管路布置　图8-7所示为垂直（竖向）同程的管路布置方式。其中图8-7a所示为供水总立管从机房引出后向上走，直到最高层的顶部，然后再往下走，分别与各层的末端设备管路相连接；图8-7b所示为与各层末端设备相连接的回水总立管，从底层起向上走，直到最高层顶部，然后向下走，返回冷水机组。

这两种布置方式，使冷水流过每一层环路的管路总长度都相等，体现了同程式的特征，从便于达到环路水力平衡的效果来看，两者是相同的。但是，当水系统运行时，从底层末端设备（例如，两种方式中的 A 点）所承受的水压来看，图8-7a 中的 A 点所承受的压力要低于图8-7b 中的 A 点所承受的压力。从这个意义上来说，图8-7a 的布置优于图8-7b。

因为空调水系统承受压力最高的是在制冷机房水泵的出口处。当系统停止运转时，水泵出口处的压力等于水系统的静压

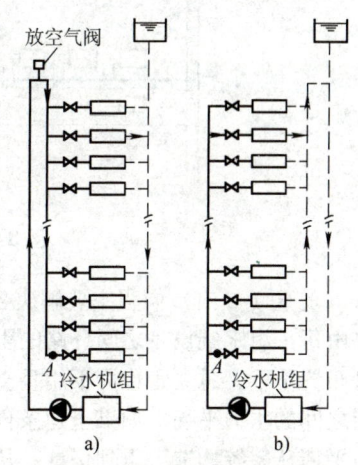

图8-7　垂直（竖向）同程的管路布置

力（两种方式的 A 点所受的静压均相同）。在系统刚启动的瞬间，水泵出口处的压力应等于水系统的静压加上水泵的全压。当系统运行平稳后，水泵出口处的压力应等于水系统的静压加上水泵的全压后，再减去与泵出口处管内流速相对应的动压值。对图 8-7a，水泵出口的压力要克服供水总立管上的沿程阻力和局部阻力之后，方可成为 A 点承受的压力；对图 8-7b，从水泵出口到 A 点的距离较近，所承受的压力高，也就不言而喻了。

（2）水平同程的管路布置　水平同程的管路布置有两种方式：一种是供水总立管和回水总立管在同一侧（图 8-8a），另一种是供水总立管和回水总立管分别在两侧，只需一根回程管（图 8-8b）；若水平管路较长，宜采用后一种方式。以上两种方式的供回水总立管都在竖井内敷设。

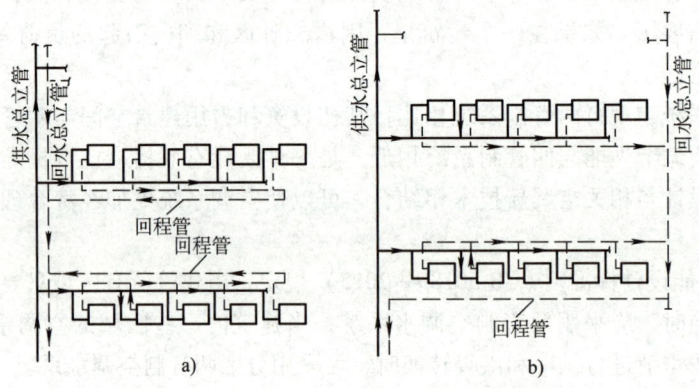

图 8-8　水平同程的管路布置

（3）垂直同程和水平同程的管路布置　图 8-9a 和图 8-9b 所示分别表示垂直同程和水平同程的两种管路布置方式，前者是通过供水总立管的布置达到垂直同程，后者是通过回水总立管的布置达到垂直同程的。当建筑物总高度高、水系统的静压大时，工程上优先采用图 8-9a 所示方案。

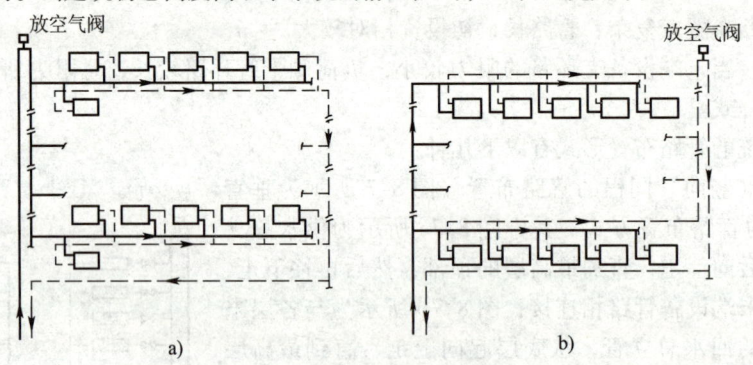

图 8-9　垂直同程与水平同程的管路布置

垂直（竖向）同程主要解决各个楼层之间的末端设备环路的阻力平衡问题；水平同程则解决由每一组末端设备之间环路的阻力平衡问题。如果受土建竖井尺寸的影响，按垂直同程总立管布置不下，总立管也可不用垂直同程，但必须人为地将总立管的管径型号放大，以求得各楼层之间的水力平衡。如果土建条件允许，应尽可能地将系统管路布置成同程式，使各环路的阻力平衡从系统构造上得到保证，从而确保该系统按设计要求进行流量分配。

2. 异程式系统

异程式系统中，水流经每个末端设备的路程是不相同的。采用这种系统的主要优点是管路配置简单，管路长度短，初投资低。由于各环路的管路总长度不相等，故各环路的阻力不平衡，从而导致了流量分配不均的可能性。在支管上安装流量调节装置，增大并联支管的阻力，可使流量分配不均匀的程度得以改善。异程式系统的管路布置见图8-10。

一般来说，当管路系统较小，支管环路上末端设备的阻力大，其阻力占负荷侧干管环路阻力的 2/3 ~ 4/5 时，可采用异程式系统。例如，在高层民用建筑中，裙房内由空调机组组成的环路通常采用异程式系统。另外，如果末端设备都设有自动控制水量的阀门，也可采用异程式系统。

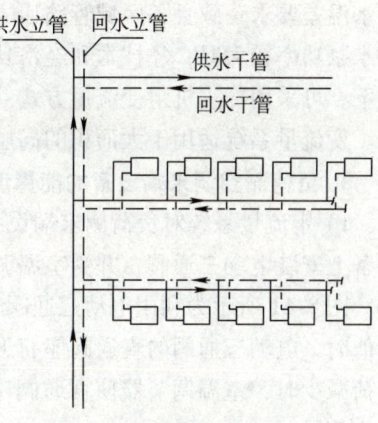

图 8-10　异程式系统的管路布置

开式水系统中，由于回水最终进入水箱，到达相同的大气压力，故不需要采用同程式布置。如果遇到管路的阻力先天就难以平衡，或者为了简化系统的管路布置，采用安装平衡阀进行环路水力平衡的，就可采用异程式。有资料表明，近年来随着平衡阀技术的不断成熟，现有的动态流量平衡阀已经能够满足水力平衡调节的要求，因此在系统中安装动态平衡阀时，应尽量采用异程式，以节约水系统的投资，减少占地空间及运行能耗。

8.1.4　定流量与变流量系统

整个冷水循环环路可分为冷源侧环路和负荷侧环路两部分。**冷源侧**环路是指从集水器（回水集管）经过冷水机组至分水器（供水集管），再由分水器经旁通管路（定流量系统可不设旁通管）进入集水器，该环路负责冷水的制备。**负荷侧**环路是指从分水器经空调末端设备（冷水在那里释放冷量）返回集水器这段管路，该环路负责冷水的输送。

冷源侧应保持定流量运行，其理由有：①保证冷水机组蒸发器的传热效率；②避免蒸发器因缺水而冻裂；③保持冷水机组工作稳定。因此，空调水系统是按定流量还是按变流量运行均指负荷侧环路而言。

1. 定流量系统

所谓**定流量系统**是指系统中循环水量保持不变，当空调负荷变化时，通过改变供、回水的温差来适应。

定流量系统简单、操作方便，不需要复杂的自控设备，但是输水量是按照最大空调冷负荷确定的，因此循环泵的输送能耗处于最大值，特别是空调系统处于部分负荷时运行费用高。

该系统一般适用于间歇性使用建筑（例如体育馆、展览馆、影剧院、大会议厅等）的空调系统，以及空调面积小，只有一台冷水机组和一台循环水泵的系统。高层民用建筑尽可能少采用这种系统。

2. 变流量系统

所谓**变流量系统**是指系统中供、回水温差保持不变，当空调负荷变化时，通过改变供水量来适应。变流量系统管路内流量随系统负荷变化而变化，因此输送能耗也随着负荷的减少而降低，水泵容量及电耗也相应减少。系统的最大输水量是按照综合最大冷负荷计算的，循环泵和管路的初投资降低。

《民用建筑供暖通风与空气调节设计规范》（GB 50736—2012）8.5.4 指出："冷水水温和供

回水温差要求一致且各区域管路压力损失相差不大的小型工程,宜采用变流量一级泵系统;单台水泵功率较大时,经技术和经济比较,在确保设备的适应性、控制方案和运行管理可靠的前提下,可采用冷水机组变流量方式。"

变流量系统适用于大面积的高层建筑空调全年运行的系统。

3. 负荷侧空调末端设备的能量调节方法

1)定流量系统对负荷侧末端设备(风机盘管机组、新风机组等)的能量调节方法,是在该设备上安装电动三通阀,并受室温调节器的控制。

图 8-11 所示为利用电动三通阀进行机组能量调节的原理图。在夏季,当房间的负荷等于设计值时,电动三通阀的直通阀座打开,旁通阀座关闭,冷水全部流经空调末端设备。当房间的负荷减少时,室温调节器使直通阀座关闭,旁通阀座开启,冷水旁通流过末端设备,直接进入回水管网。

必须指出,采用电动三通阀进行能量调节的方法,整个水系统循环泵的流量是不变的,它无助于水系统的节能。

2)变流量系统对风机盘管机组、新风机组等负荷侧末端设备的能量调节方法,是在该设备上安装电动两通调节阀,并受室温控制器的控制。

图 8-12 所示为利用电动两通阀进行机组能量调节的原理图。在夏季,当房间负荷等于设计值时,电动两通阀开启,冷水流经末端设备。当房间负荷低于设计值时,室温调节器使电动两通阀关闭,停止向末端设备供水。反之,当房间负荷高于设计值时,电动两通阀又重新开启,恢复向末端设备供水。

需要指出,冬季时,上述电动三通阀或电动两通阀的动作正好与夏季时相反。

目前,凡是变流量系统,总要在末端设备上安装电动两通阀。整个水系统的流量是变化的,这就意味着可以停开或起动某一台循环泵,以适应水流量变化的情况,达到节能的目的。

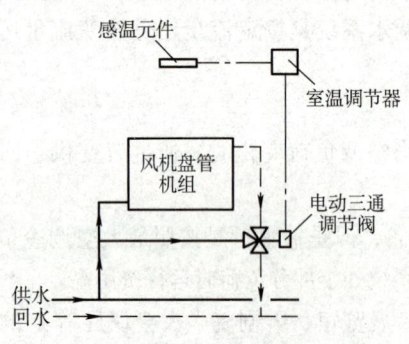

图 8-11 利用电动三通阀进行机组能量调节的原理图

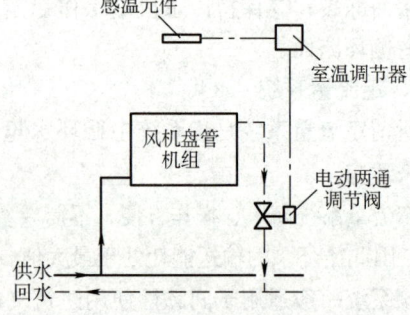

图 8-12 利用电动两通阀进行机组能量调节的原理图

8.1.5 一级泵系统与二级泵系统

在冷源侧和负荷侧合用一组循环泵的称为**一级泵(或称单式泵)**系统;在冷源侧和负荷侧分别配置循环泵的称为**二级泵(或称复式泵)**系统。

1. 一级泵系统

(1) 一级泵定流量系统　图8-13所示为只有一台冷水机组（或换热器）和循环泵的一级泵定流量系统的原理图，在空调末端设备上设置电动三通阀，通过冷水机组的水流量为定值。在机房内进行夏、冬季供冷或供暖工况的转换。

(2) 一级泵变流量系统

1) 一级泵变流量系统（图8-14）的工作原理。在负荷侧空调末端设备的回水支管上安装电动两通阀，按变流量运行。当负荷减小时，部分电动两通阀相继关闭，停止向末端设备供水。这样，通过集水器返回冷水机组的水量大幅减少，给冷水机组的正常工作带来危害。为了不让冷源侧水量减少，仍按定流量运行，必须在冷源侧的供、回水总管之间（或者分水器和集水器之间）设置旁通管路，在该管路上设置由压差控制器控制的电动两通阀。

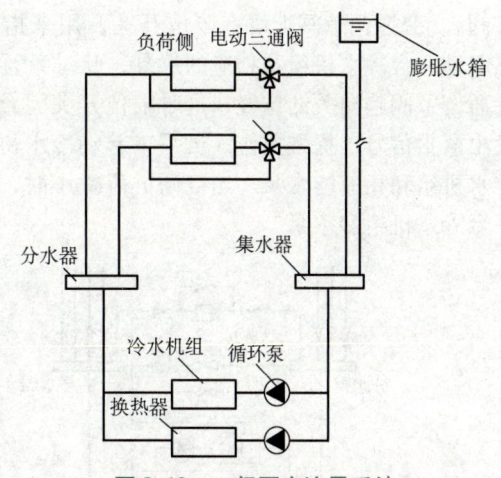

图8-13　一级泵定流量系统

随着负荷侧电动两通阀的陆续关闭，使得供、回水总管之间（或者分水器与集水器之间）的压差超过预先的设定值。此时，压差控制器让旁通管路上的电动两通阀打开，使一部分冷水从旁通管路流过，供、回水的压差也随之逐渐降低，直至系统达到稳定。从旁通管流入的水与系统回水合并后进入循环泵，从而使送入冷水机组的水流量保持不变。当负荷增大时，原先关闭的电动两通阀重新打开，继续向末端设备供水，于是供、回水总管之间的压差恢复到设定值，旁通管路上的电动两通阀也随之关闭。

从图8-14可以看出，冷水机组与循环泵一一对应布置，并将冷水机组设在循环泵的压出口，使得冷水机组和水泵的工作较为稳定。只要建筑高度不太高，这样布置是可行的，也是目前用得较多的一种方式。如果建筑高度高，系统静压大，则将循环泵设在冷水机组蒸发器出口，以降低蒸发器的工作压力。

当空调负荷减小到相当的程度，通过旁通管路的水量基本达到一台循环泵的流量时，就可停止一台冷水机组和循环泵的工作，从而达到节能的目的。旁通管上电动两通阀的最大设计水流量应是一台循环泵的流量，旁通管的管径按一台冷水机组的冷水量确定。

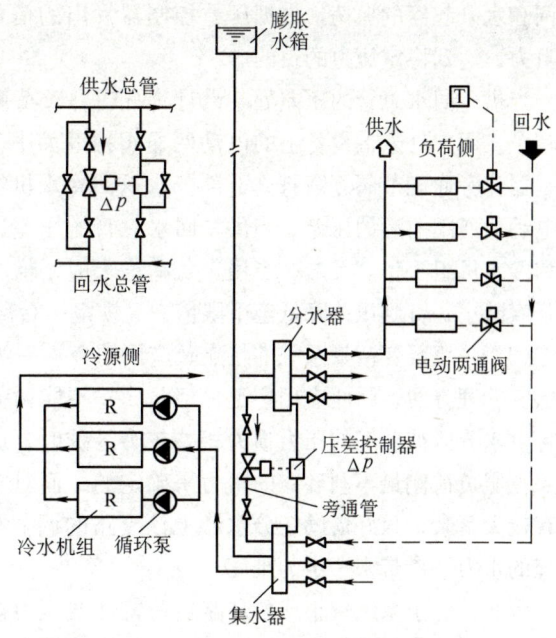

图8-14　一级泵变流量系统

2) 一级泵变流量系统的控制方法。目前有压差旁通控制法和恒定用户处两通阀前后压差的旁通控制法等。

a. 压差旁通控制法，如图8-15a所示。在负荷侧空调末端设备上的电动两通阀，受室温调节器控制。由供、回水总管上的压差控制器输出信号控制旁通管上的电动两通阀（或称旁通调节阀）。旁通调节阀上设有限位开关，用来指示10%和90%的开启度。当系统处于低负荷时，只起动一台冷水机组和相应的水泵，此时旁通调节阀处于某一调节位置。随着空调负荷的增大，旁通调节阀趋向关的位置，这时限位开关闭合，自动起动第二台水泵和相应的冷水机组，或者发出警报信号，提醒操作人员手工起动冷水机组和水泵。当负荷继续增加时，可以起动第三台冷水机组和相应的水泵。当空调负荷减小时，则按与上面相反的方向进行，逐步减掉（关闭）一台冷水机组和水泵。

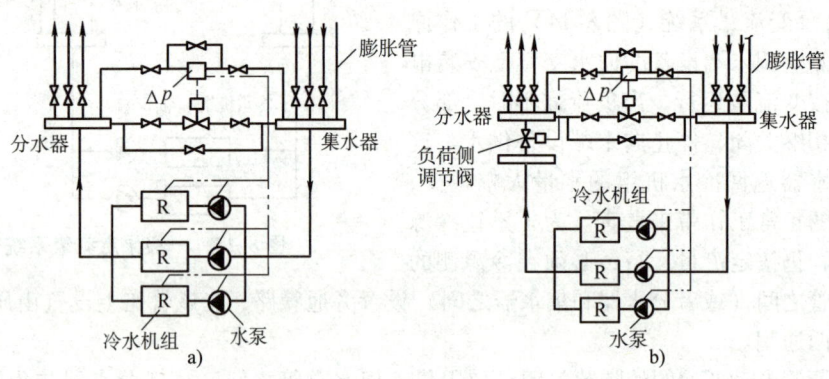

图 8-15　一级泵变流量水系统的控制原理

b. 恒定用户处两通阀前后压差的旁通控制法，如图8-15b所示。它与图8-15a所示的控制法的不同之处在于供、回水总管上的压差控制器，同时控制旁通调节阀和供水总管上增设的负荷侧调节阀。设置负荷侧调节阀是为了缓解在系统增加或减少水泵运行时，在末端产生的水力失调和水泵起停的振荡。根据压差控制器发出的信号，改变负荷侧调节阀的开度，从而改变系统阻力，达到稳定压力的目的。

当供、回水总管的压差处于设计工况时，负荷侧调节阀全开，旁通调节阀全关。随着负荷的减小，用户处末端设备上的电动两通阀相继关小，导致供、回水总管的压差增大，此时压差控制器让旁通调节阀逐渐打开，部分水返回冷水机组，同时使负荷侧调节阀动作，以恒定用户处电动两通阀前后的压差。当供、回水总管的压差达到规定的上限值时，可以同时停止一台水泵和冷水机组工作。反之，当用户负荷增大时，供、回水总管的压差也随之降低，旁通调节阀的开度减小，直到压差降低至下限值，又恢复一台冷水机组和一台水泵的工作。

（3）一级泵变流量系统的特点及应用场合　一级泵变流量系统简单、自控装置少、初投资较低、管理方便，因此应用广泛。但是，它不能调节水泵的流量，难以降低输送能耗，特别是当各供水分区彼此间的压力损失相差较为悬殊时，这种系统就无法适应。因为循环泵的扬程是按照克服负荷侧最不利环路的阻力来确定的，而对于分区中压力损失较小的环路，显然供水压力有较大富余，只好借助于分水器上该支路的调节阀将其消耗掉，造成能量的浪费，同时也给系统的水力平衡带来一定的难度。

因此，对于系统较小或各环路负荷特性或压力损失相差不大的中小型工程，宜采用一级泵系统。在经过包括设备的适应性、控制系统方案等技术论证后，在确保系统运行安全可靠且具有较大的节能潜力和经济性的前提下，一级泵可采用变速调节方式。一级泵系统适用范围、设备配置和运行方式见表8-1。

表 8-1　一级泵系统适用范围、设备配置和运行方式

系统形式		设备配置和运行方式	适用范围	
一级泵变流量系统	冷水机组定流量	水泵和冷水机组一对一配置，冷源设备定流量、负荷侧（输送管网和末端设备）变流量运行	水温和温差要求一致	各区域管路压力损失相差不大的中小型工程（供回水干管长度不超过500m）
	冷水机组变流量	冷水机组与冷水循环水泵配置可不一一对应，应采用共用集管连接方式；负荷侧变流量、冷源设备在一范围内变流量运行		单台水泵功率较大时，经技术和经济比较，在确保设备的适应性、控制方案和运行管理可靠的前提下采用

2. 二级泵变流量系统

（1）二级泵变流量系统（图 8-16）的工作原理　该系统用旁通管 AB 将冷水系统划分为冷水制备和冷水输送两个部分，形成一次环路和二次环路。一次环路由冷水机组、一级泵，供回水管路和旁通管组成，负责冷水制备，按定流量运行。二次环路由二级泵、空调末端设备、供回水管路和旁通管组成，负责冷水输送，按变流量运行。设置旁通管的作用是使一次环路保持定流量运行。旁通管上应设流量开关和流量计，前者用来检查水流方向和控制冷水机组、一级泵的起停；后者用来检测管内的流量。旁通管将一次环路和二次环路两者连接在一起。就整个水系统而言，其水路是

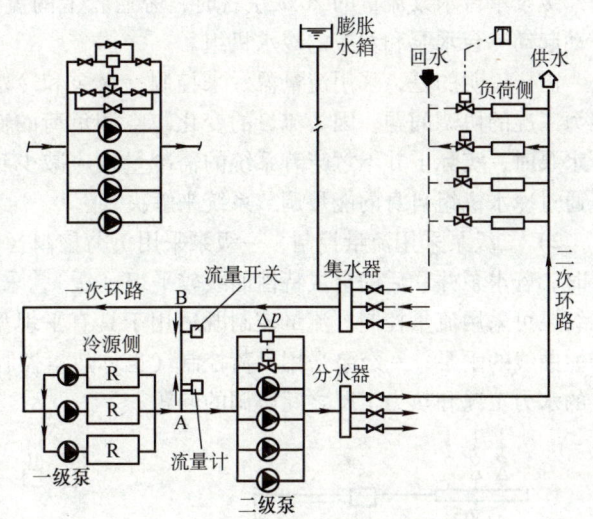

图 8-16　二级泵变流量系统

相通的，但两个环路的功能互相独立。从图 8-16 可知，一级泵与冷水机组采取"一泵对一机"的配置方式，而二级泵的配置不必与一级泵的配置相对应，它的台数可多于冷水机组数，有利于适应负荷的变化。

二次环路的变流量可采取以下两种方式来实现：一是多台并联水泵分别投入运行方式，即台数调节；二是采用变频调速水泵调节转速方式。

（2）二级泵变流量系统的控制方法　目前有二级泵采用压差控制、一级泵采用流量盈亏控制的方法，以及二级泵采用流量控制、一级泵采用负荷控制的方法等。

1）二级泵采用压差控制、一级泵采用流量盈亏控制（图 8-17）。

a. 多台二级泵并联分别投入运行时，若水泵并联后具有陡降型的合成特性曲线，常采用压差控制。当空调负荷变化时，负荷侧所需的水流量也要改变，供、回水管之间的压差随之发生变化。此时，压差控制器将压差信号传给负荷侧调节阀，驱动该阀动作，同时传给程序控制器来控制二级泵的运行台数。

通常利用水泵并联后的合成特性曲线，设定某个压力作为上限，另一个压力为下限。当负荷减小时，系统所需水量减少，使工作压力超过上限值，原先并联运行的水泵开始减少（关闭）一台泵；当负荷增大时，所需水量增多，其工作压力低于下限值，开始增加（开起）一台泵。

在二级泵进行台数控制过程中，负荷侧调节阀始终要参与系统压力的协调工作。

值得一提的是，二级并联水泵应尽量采用相同规格和类型的水泵。如采用不同型号或规格时，则设定压力值会有较大的不同。此时应采用分组开起或关闭泵的上、下限压力值的办法来解决，这样会使系统的控制变得更加复杂。

b. 当负荷侧二级泵系统的流量减少时，一级泵的流量过剩。盈余的水量经旁通管从 A 流向 B 返回一级泵的吸入端，这种状态称为"盈"。当流过旁通管的流量相当于一级泵单台流量 110%左右时，流量计触头动作，通过程序控制器自动关闭一台水泵和对应的冷水机组。

在一级泵仅部分台数运行的情况下，当要求二级泵系统的流量增大时，就会出现一级泵水量供不应求的情况。这时二级泵将使部分回水经旁通管从 B 流向 A，直接与一级泵输出的水相混合，以满足二级泵系统对水量增大的需要。这种状态称为"亏"。当出现的水量亏损达到相当于一级泵单台水泵流量的 20%左右时，旁通管上的流量开关将动作，将信号输入程序控制器，自动起动一台水泵和对应的冷水机组。

需要说明的是，采用流量盈亏来控制一级泵和冷水机组的运行台数，存在一个水力工况和热力工况的协调问题。因为流量的变化与空调负荷的变化不成线性关系。当流量减少到关闭一台水泵时，实际上并不意味着系统的需冷量也应减少到一台冷水机组的制冷量。这个问题也只有通过冷水机组自身的能量调节系统来解决。

2）二级泵采用流量控制、一级泵采用负荷控制（图 8-18）。当多台二级泵并联分别投入运行时，若水泵并联后的合成特性曲线较平坦（缓），采用前面提到的压差控制较为困难，此时，二级泵可采用流量控制。流量控制既适用于具有平坦型特性曲线的水泵，也适用于具有陡降型特性曲线的水泵；一级泵采用负荷控制（也称热量控制），它可以较好地解决流量盈亏控制中产生的水力工况和热力工况之间协调的问题。

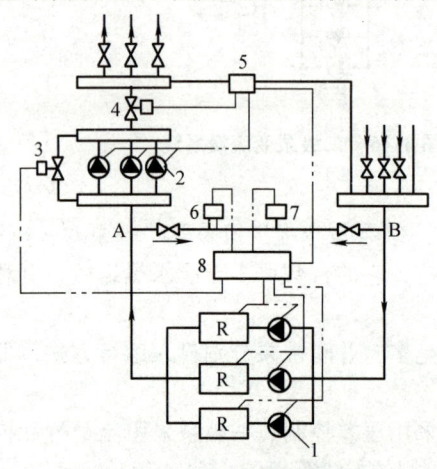

图 8-17 二级泵采用压差控制、
一级泵采用流量盈亏控制的原理图
1——一级泵 2——二级泵 3——旁通调节阀 4——负荷侧调节阀 5——压差控制器 6——流量计
7——流量开关 8——程序控制器

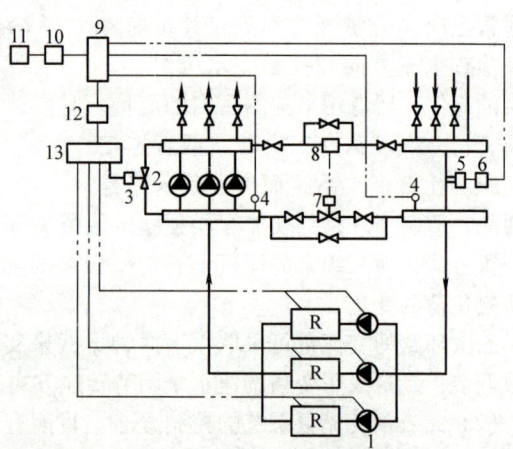

图 8-18 二级泵采用流量控制、
一级泵采用负荷控制的原理图
1——一级泵 2——二级泵 3——旁通调节阀 4——温度变送器
5——流量检测器 6——流量变送器 7——旁通调节阀 8——压差控制器 9——热量计算器 10——积算器 11——显示器
12——热量调节器 13——程序控制器

（3）二级泵变流量系统的特点及应用场合 二级泵变流量系统较复杂，自控程度较高，初投资大，在节能和灵活性方面具有优点。它可以实现变水量运行工况，降低水系统输送能耗；水系统总压力相对较低；能适应供水分区不同压降的需要。二级泵系统中，设备运行台数的控制是以系统实际运行情况为基础的,它必须通过一系列的检测和计算。因此,设计二级泵系统,必须以相应的自动控制系统来辅助才能发挥其节能的优势。

因此,凡系统作用半径较大、设计水流阻力较高、各环路负荷特性(例如,不同时使用或负荷高峰出现的时间不同)相差较大,或压力损失相差悬殊(阻力相差100kPa以上)时,或环路之间使用功能有重大区别以及区域供冷时,应采用二级泵变流量系统。当各环路的设计水温一致且设计水流阻力接近时,二级泵宜集中设置;各环路的设计水流阻力相差较大或各系统水温或温差要求不同时,宜按区域或系统分别设置二级泵。二级泵宜根据流量需求的变化采用变速变流量调节方式。

冷源设备集中设置且用户分散的区域供冷等大规模空调冷水系统,当二级泵的输送距离较远且各用户管路阻力相差较大,或者水温(温差)要求不同时,可采用多级泵系统。

8.2 空调水系统的分区及定压

8.2.1 空调水系统的分区

空调水系统的分区通常有两种方式,即按水系统承受的压力来分区和按承担空调负荷的特性来分区。

1. 按承压能力分区

水系统的竖向要不要分区应根据制冷、空调设备、管道及各种附件等的承压能力来确定。分区的目的是为了避免因压力过大造成系统泄漏,如果制冷、空调设备、管道及附件等的承压能力处在允许范围内就不应分区,以免造成浪费。

(1)竖向分区的原则 建筑总高度(包括地下室高度)$H \leqslant 100m$时,即冷水系统静压不大于1.0MPa时,冷水系统竖向可不分区(此时,冷水泵为吸入式,即冷水机组的蒸发器处在水泵的吸入侧),可"一泵到顶",这是因为标准型冷水机组蒸发器的工作压力为1.0MPa(换热器的工作压力也是1.0MPa),其他末端设备及附件的承压也在允许范围之内。

建筑总高度$H > 100m$即系统静压大于1.0MPa时,冷水系统应竖向分区。高区宜采用高压型冷水机组(其工作压力有1.7MPa和2.0MPa两种)。低区采用标准型冷水机组。

对于100m以上的超高层建筑,制冷机也可集中设置不分区,在制冷机承压范围内可直接供冷,超过制冷机承压允许范围部分的高区采用板式换热器,利用换热后的二次水降温。高区冷热源设备布置在中间设备层或顶层时,应妥善处理设备噪声及振动问题。

(2)冷水机组的可能布置方式

1)将冷水机组设置在塔楼以外的裙房顶层,设两个系统分别向塔楼和裙房供冷水,如图8-19所示。冷却塔(图中未画出)设在裙房的屋顶上。

2)将冷水机组设置在塔楼中部的技术设备层内,分别向高区和低区供冷水,如图8-20所示。高区的冷水机组设在水泵的吸入侧,低区的设在水泵的压出侧。采用这个方案,应处理好设备噪声和振动问题。

3)将冷水机组设置在塔楼的顶层,如图8-21所示。冷水机组处于水泵的压出侧,仅底部的末端设备承压大,对隔振和防止噪声问题必须进行专门的处理,且冷水机组整体吊装就位和日后维修更换都有一定的困难。所以采用时需要特别慎重。

4)将冷水机组设置在地下室设备层,对于冷水系统静压不大于1.0MPa的低区可直接供冷,超过1.0MPa的高区采用板式换热器换热供冷,也就是说,在塔楼中部的技术设备层内布置水—

水板式换热器，使静水压力分段承受。板式换热器将整个水系统分隔成上、下两个独立的系统，并耦合传递冷量，如图 8-22 所示。

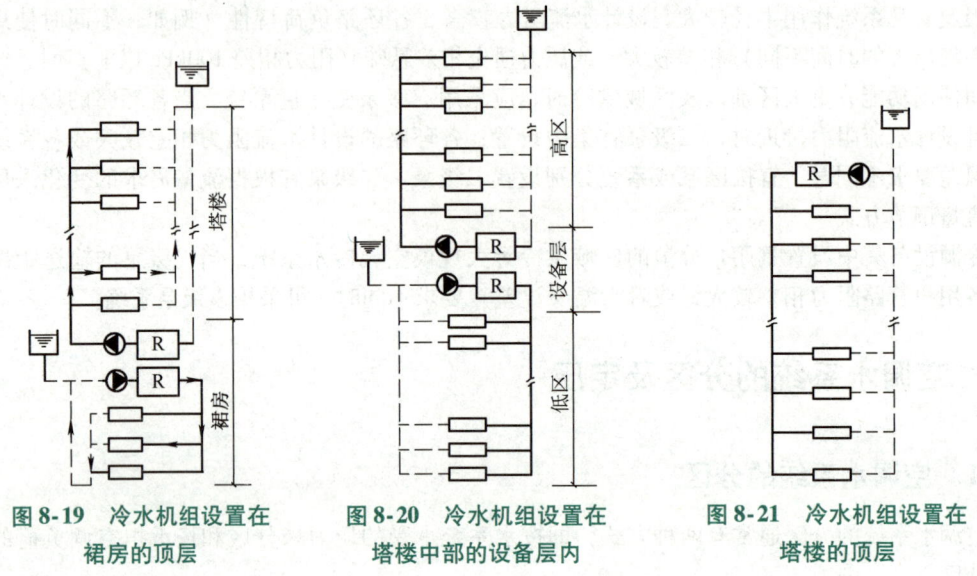

图 8-19　冷水机组设置在裙房的顶层

图 8-20　冷水机组设置在塔楼中部的设备层内

图 8-21　冷水机组设置在塔楼的顶层

采用这种方案时，冷水换热温差取 0.5~1.5℃（热水换热温差取 2~3℃）。例如，夏季，将来自冷水机组的供水为 7℃、回水为 12℃ 的冷水（称为一次冷水）送到板式换热器中，热交换成供水为 8.5℃、回水为 13.5℃ 的二次冷水，供高区空调使用。高区空调末端设备的供冷量应按二次冷水的水温进行校核。

5) 将第 4) 种布置方式中用于高区的水—水换热器和循环水泵一起移到地下设备层的冷（热）水供应站集中布置，如图 8-23 所示。这样布置的优点是，有利于消除技术设备层内水泵运行产生的振动和噪声，减少楼板的荷载，也便于设备的施工安装和运行维护管理。但是要解决好高区水—水换热器和循环水泵移到地下设备层后的承压问题。

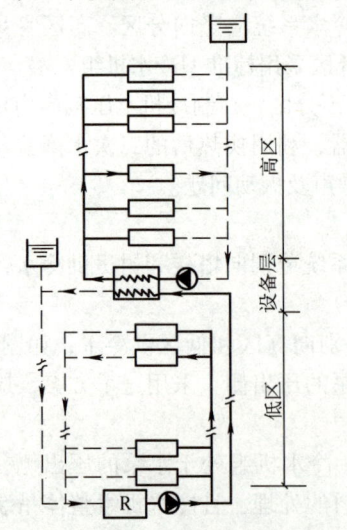 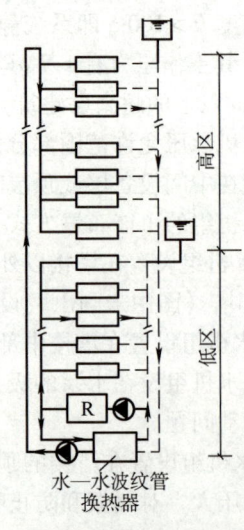

图 8-22　冷水机组设在地下设备层，在塔楼的技术设备层设水—水板式换热器

图 8-23　将高区用的水—水换热器和循环水泵移到地下设备层集中布置的方式

6）当高区部分负荷量不大或与低区的使用性质和时间不同，可单独设置冷（热）源设备，例如采用自带冷热源的空调机组或风冷式热泵等。

至于采用哪一种办法进行分区，设计时应根据工程具体情况通过技术经济比较后确定。

2. 按负荷特性分区

按负荷特性分区仅仅是针对两管制风机盘管水系统而言的，也就是说，按建筑物的朝向和内外区进行管路布置。负荷特性本身包括了两个主要方面，即使用特性和固有特性。

（1）按负荷使用特性分区　从使用性质上看，主要是各区域在使用时间、使用方式上的区别。由于现代综合性建筑的功能越来越复杂，建筑物各区域在使用时间、使用方式上的差异也越来越大，如酒店建筑中的客房与公共部分，办公建筑中的办公与公共部分等。

按使用性质分区可以各区独立管理，不用时可以最大限度地节省能源，灵活方便。对于高层建筑，通常在公共部分与标准层之间都有明显的建筑形式转换，以此转换处分区既对竖向分区有利，也对使用方式上的分区有利，是一种较好的方式。但这一分区通常要求设一个设备层，这将影响建筑形式以及增加初投资。

（2）按负荷固有特性分区　负荷的固有特性是指朝向及内、外分区方面。南北朝向的房间由于日照不同，在过渡季节时的要求有可能不一致，东西朝向的房间由于出现负荷最大值的时间不一致，在同一时刻也会有不同的要求。从内、外区上看，外区负荷随室外气候的变化较为明显；而内区负荷相对比较稳定，全年以供冷的时间较多。因此，考虑到上述不同的要求，可以对水系统进行合理的分区或分环路设置，同时，水系统的分区也应和空调风系统的划分结合起来考虑。

8.2.2　空调水系统的定压

在闭式循环的空调水系统中，为使水系统在确定的压力水平下运行，系统中应设置定压设备。对水系统进行定压的作用在于，一是防止系统内的水"倒空"，二是防止系统内的水汽化。具体地说，就是必须保证系统的管道和所有设备内均充满水，且管道中任何一点的压力都应高于大气压力，否则会有空气被吸入系统中。同时，在冬季运行时在确定的压力作用下，防止管道内热水汽化。

目前空调水系统定压的方式有三种，即高位开式膨胀水箱定压、隔膜式气压罐定压和补给水泵定压等。

1. 高位开式膨胀水箱定压

（1）膨胀水箱定压原理　如前所述，膨胀水箱的功用是对系统定压、容纳水体积膨胀和向系统补水。

空调水系统的定压点（即膨胀水箱的膨胀管与系统的连接点），宜设在循环水泵吸入口前的回水管路上，这是因为该点是压力最低的地方，使得系统运行时各点的压力均高于静止时的压力。在空调工程设计中，常将膨胀水箱的膨胀管接到集水器上，因为集水器就处在循环泵的吸入侧，便于管理。膨胀水箱通常设置在系统的最高处，其安装高度应比系统的最高点至少高出 0.5m（5kPa）为宜。

当系统中水温升高时，系统中的水容积增加，如果不容纳水的这部分膨胀量，势必造成系统内的水压增高，将影响正常运行。利用开式膨胀水箱来容纳系统的水膨胀量，可减小系统因水的膨胀而造成的水压波动，提高了系统运行的安全可靠性。

当系统由于某种原因漏水或降温时，开式膨胀水箱的水位下降，此时，可利用膨胀管（兼作补水管）自动向系统补水。

总之，由于高位开式膨胀水箱具有定压简单、可靠、稳定和省电等优点，是目前工程上最常用的定压方式，也是推荐优先采用的方式。

(2) 膨胀水箱及其配管要求　膨胀水箱按构造分为圆形和方形两种，当计算出水系统的有效膨胀容积时，就可按《国家采暖通风标准图集 T905—2》选取型号，查得外形尺寸，以及各种配管的管径，并按国标图集制作。

方形膨胀水箱的外形如图 8-24 所示。它是由箱体、箱上的各种配管、玻璃管水位计、人孔和内外人梯等部分组成。

膨胀水箱上各种配管（图 8-25）的作用及安置要求如下：

1) 膨胀管。主要用来接至系统的定压点并向水系统补水。膨胀管上严禁安装阀门，否则因误操作会引起系统超压事故。

2) 信号管。主要用来检查膨胀水箱内是否有水，一般将它接到制冷机房工人容易观察的地方（例如洗手池），信号管上应安装阀门。当水系统安装、清洗完毕，需要向系统注水时，可打开阀门查看，如信号管有水流出，说明水已注到膨胀水箱的正常水位，即可停止注水。若水箱设置了远程水位显示控制仪表，建议还是设信号管，以防万一水位显示控制仪表失灵时使用。

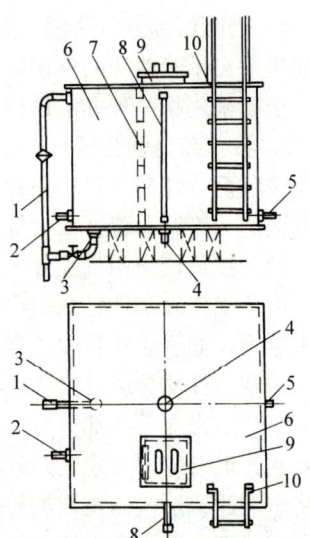

图 8-24　方形膨胀水箱外形图
1—溢水管　2—信号管　3—排水管
4—膨胀管　5—循环管　6—箱体
7—内人梯　8—玻璃管水位计
9—人孔　10—外人梯

3) 溢水管。当系统内水体积的膨胀超过溢水管的管口时，水会自动溢出，该管不许安装阀门。从节能节水的目的出发，膨胀水应予回收（例如对于使用软化水的系统，尽可能将膨胀水引至补水箱等）。从图 8-25 可知，膨胀水箱内从信号管口至溢水管口之间的容积，称为有效膨胀容积。

4) 排水管。用来清洗水箱和放空箱内的脏水，管上应安装阀门。

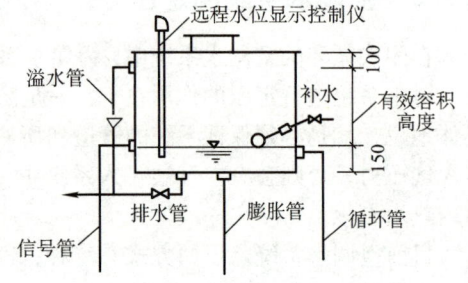

图 8-25　膨胀水箱配管示意图

5) 循环管。设置循环管的目的是防止冬季水箱里的水结冰。将该管接至定压点前水平回水干管上，该点与定压点之间应保持 1.5~3.0m 的距离。当膨胀水箱内的水在冬季无结冰可能时，也可不设循环管。循环管上应严禁安装阀门。

(3) 膨胀水箱的容积计算　膨胀水箱的容积是由系统中的水容量和最大的水温变化幅度决定的，膨胀水量 V_p（L）可按下式计算

$$V_p = \alpha V_c \Delta t \tag{8-1}$$

式中　α——水的膨胀系数（1/℃），取 0.0006/℃；

V_c——系统的水容量（L），可按表 8-2 确定；当空调水系统采用双管制系统时，膨胀水箱有效容积应按冬季工况来确定；

Δt——水的平均温差，冷水取 15℃，热水取 45℃。

估算时膨胀量 V_p：冷水约 0.1L/kW，热水约 0.3L/kW，膨胀水箱的容积宜取 $1.5V_p$。从以上计算得到膨胀水量 V_p 的单位为 L，还应除以 1000，换算成 m^3 后，方可从采暖通风标准图集上选定相应的规格型号。

表 8-2　系统的单位水容量　　　　　　［单位：L/m² （建筑面积）］

项目	全空气系统	水—空气空调系统
供冷时	0.40～0.55	0.70～1.30
供暖时	1.25～2.00	1.20～1.90

按式（8-1）计算系统的膨胀水量时，是将水的膨胀系数 α 视为常数，但实际上水的膨胀系数随温度的变化而变化，而且变化幅度不可忽视。同时，表 8-2 中给出的是每 m² 建筑面积对应的系统水容量的经验值，这些经验值是国外 15 个办公楼的统计值，用于国内非办公楼时可能会造成误差。为了克服上述计算方法的不确定性，使计算工作简便、迅速，建议按照参考文献 [18] 给出的公式进行计算

$$V_p = \left(\frac{1}{\rho_2} - 1\right)V_c = \beta V_c \tag{8-2}$$

式中　β——水箱系数，系统内单位体积（L）水从 4℃ 升温到 t_2 时的膨胀量（L），见表 8-3。

工程上由于受建筑条件的限制或其他原因，设置高位开式膨胀水箱定压有困难时，也可采用隔膜式气压罐定压或补给水泵变频定压方式。

2. 气压罐定压

气压罐定压俗称低位闭式膨胀水箱定压。气压罐不但能解决系统中水体积的膨胀问题，而且可实现对系统进行稳压、自动补水、自动排气、自动泄水和自动过压保护等功能。与高位开式膨胀水箱相比，它要消耗一定的电能。

表 8-3　水的密度 ρ，比体积 v，水箱系数 β

水温/℃	密度 ρ/(kg/m³)	比体积 v/(L/kg)	水箱系数 β
4	1000.00	1.000 00	—
7	999.87	1.000 14	—
10	999.73	1.000 34	—
20	998.83	1.001 85	—
30	995.67	1.004 42	0.004
35	993.95	1.006 09	0.006
40	992.24	1.007 89	0.008
45	990.16	1.009 94	0.010
50	988.07	1.012 16	0.012
55	985.73	1.014 48	0.014
60	983.24	1.017 13	0.017
65	980.59	1.019 79	0.020
70	977.81	1.022 76	0.023
75	974.89	1.025 76	0.026
80	971.83	1.029 03	0.029
85	968.65	1.032 37	0.032
90	965.34	1.035 93	0.036
95	961.92	1.039 54	0.040
100	—	1.043 44	—
120	—	1.060 31	—
140	—	1.079 72	—

工程上用来定压的气压罐是隔膜式的，罐内空气和水完全分开，对冷水的水质有保证。气压罐的布置比较灵活方便，不受位置高度的限制，可安装在制冷机房、热交换站和水泵房内，也不存在防冻的问题。

图 8-26 所示为采用气压罐方式定压的空调水系统工作原理。气压罐装置主要由补给水泵、补气罐、气压罐、软水箱和各种阀门、控制仪表所组成。它的工作原理是利用气压罐内的压力来控制空调水系统的压力状况，从而实现下述各种功能。

（1）自动补水 按空调水系统的稳压要求，通过压力控制器 10 设定气压罐 6 的上限压力 p_2（即补水泵停止压力）和下限压力 p_1（即补水泵起动压力）。补水泵起动压头 H_1 与建筑高度有关，它要大于系统最高点 0.5m，而补水泵的停止压头 $H_2 = (H_1 + 10)/\beta - 10$，单位是 m[$p_2 = H_2\gamma$，式中 γ 为水的重度（N/m³）]。其

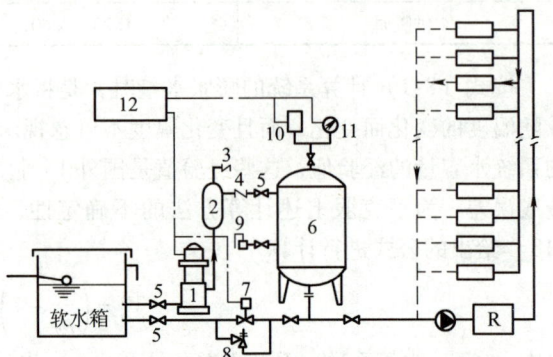

图 8-26　气压罐方式定压的空调水系统工作原理
1—补给水泵　2—补气罐　3—吸气阀　4—止回阀　5—闸阀
6—气压罐　7—泄水电磁阀　8—安全阀　9—自动排气阀
10—压力控制器　11—电接点压力表　12—电控箱

中 β 为 0.65~0.85，当 H_2 允许时，尽可能取小值。H_2 的取值应保证系统设备不超压。

当需要向系统补水时，气压罐内的气枕压力 p 随水位下降。当 p 下降到下限压力 p_1 时，接通电动机，起动补给水泵 1，将软水箱内的水压入补气罐 2，推动罐内的空气一同进入气压罐 6，从而使罐内的水位和压力上升，水就被补入系统中。

当压力上升到上限压力 p_2 时，切断水泵的电源，停止补水。此时，补气罐 2 内的水位下降，吸气阀 3 自动开启，使外界空气经过滤后进入补气罐 2。在如此循环工作过程中，不断地向水系统补充所需的水量。

（2）自动排气 由于补给水泵每工作一次，就给气压罐补一次气，罐内的气枕容积逐步扩大，下限水位也逐步下降。当下降到自动排气阀 9 的限定水位时，排出多余的气体，使水位恢复正常。

（3）自动泄水 泄水压力 p_3，也就是电磁阀开启的压力，$p_3 = p_2 + (2~4)\gamma$［γ 为水的重度（N/m³）］。当空调水系统体积膨胀时，热水倒流入气压罐 6 内，使水位上升，罐内压力也随之上升。当罐内压力超过泄水压力 p_3 时，已达到电接点压力表 11 所设定的上限压力，接通并打开泄水电磁阀 7，把气压罐内多余的水泄回到软水箱。一直泄水到电接点压力表 11 所设定的下限压力 p_3 为止。

（4）自动过压保护 安全阀开启压力，即气压罐的最大工作压力 $p_4 = p_3 + (1~2)\gamma$。这个压力不应超过系统中设备的允许工作压力。当气压罐内的压力超过电接点压力表所设定的上限压力 p_4 时，自动打开安全阀 8 和泄水电磁阀 7，一起快速泄水，并迅速降低气压罐内压力，达到保护系统的目的。

当用气压罐代替高位膨胀水箱时，应按水系统的总补水量或膨胀水量作为主要参数，由生产厂家的产品样本选取相应的型号。

当用气压罐装置代替高位膨胀水箱时，应按生产厂家提供的产品样本的参数来选取所需的型号，有按系统的有效膨胀容积选取的，也有按系统所需补水量选取的。

3. 补给水泵定压

补给水泵的定压方式如图 8-27 所示，适用于大中型空调冷热水系统。氮气加压落地膨胀水箱的容积一般为系统每小时泄漏量的 1~2 倍。补水定压点安全阀的开启压力宜为连接点的工作压力加上 50kPa 的富余量。补水泵的起停，宜由装在定压点附近的电接点压力表或其他形式的压力控制器来控制。电接点压力表上下触点的压力应根据定压点的压力确定，通常要求补水点压力波动范围为 30~50Pa，波动范围太小，则触点开关动作频繁，易损坏，对水泵寿命也不利。补水泵的选择方法同开式膨胀水箱（详见参考文献［15］）。

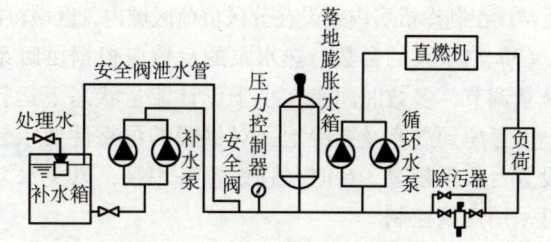

图 8-27 补给水泵的定压方式

8.3 空调冷热水系统的设计

8.3.1 冷热水循环泵的配置

1. 冷热水循环泵是否分开设置的问题

由于冬、夏两季空调水系统的流量及系统阻力相差很大，因此对于大中型工程的两管制空调水系统，按照现行《民用建筑供暖通风与空气调节设计规范》（GB 50736—2012）8.5.11 的规定，宜分别设置冷水循环泵和热水循环泵。这是因为对于多层或高层民用建筑，一般夏季供、回水温差为 5℃，冬季的供、回水温差为 10℃（冬季供回水温差约为夏季的 2 倍）。通常在南方地区冬季空调供热负荷要比夏季空调供冷负荷小（在北方寒冷地区冬季热负荷比夏季冷负荷大一些），所以冬季工况系统所需的水流量要比夏季工况的水流量大约减少一半。冬季常用的汽—水换热器或水—水换热器的阻力远比冷水机组蒸发器的阻力小。这样使得两管制水系统冬季工况的运行阻力比夏季工况小得多。

如果冬夏两季合用循环泵，工程上一般是按系统的供冷运行工况选择循环泵，供热运行时系统和水泵工况不相吻合，往往使得水泵不在高效率区运行，或者系统的运行成为小温差大流量，造成电能的浪费，因此，不宜合用。对于小型工程的两管制系统，可用冷水泵兼作冬季的热水泵使用，此时需校核供热工况时水泵的工作特性是否在高效率区，并确定水泵合适的运行台数。必要时，可调节水泵转速以适应冬季供热工况对流量和扬程的要求。至于分区两管制和四管制系统的冷热水均为独立系统，所以循环泵必然是分别设置的。

2. 循环泵的台数

（1）一级冷水泵的台数　冷源侧一级冷水泵的配置，宜与冷水机组相对应，采取"一泵对一机"的方式，一般不要求设备用泵。这样，就可保证流经冷水机组蒸发器的水量恒定，并随冷水机组运行台数的调整，向用户提供适应负荷变化的空调冷水流量。但对于全年连续运行等特殊性质的工程，要不要设备用泵，设计规范未作硬性规定。

（2）二级冷水泵的台数　负荷侧二级冷水泵的配置，不必与一级冷水泵的配备相对应。二级冷水泵的台数应按系统的分区和每个分区的流量调节方式确定。

二级冷水泵的流量调节，可通过台数调节或水泵变速调节来实现；即使是流量较小的系统，也不宜少于 2 台水泵，是考虑到在小流量运行时，水泵可以轮流检修，一般工程可不设备用泵。二级冷水泵通常设在制冷机房内或设在分区负荷区域内，区域供冷时设在每栋建筑物内。

（3）热水泵的台数　热水泵的台数应根据供暖系统规模和运行调节方式确定。热水泵一般为流量调节，多数时间是在小于设计流量状态下运行，只要水泵不少于2台，即可做到轮流检修。但考虑到严寒及寒冷地区对供暖的可靠性要求较高，而且设备管道等有冻结的危险，当水泵设置台数不超过3台时，宜设置备用泵，以免水泵检修时流量减少过多。有条件时，热水泵也可采用变频控制。

8.3.2　循环泵的流量、扬程及水泵的选型

1. 循环泵的流量

一级冷水泵的流量，应为所对应冷水机组的冷水流量；二级冷水泵的流量，应为按该区冷负荷综合最大值计算出的流量。选择冷水泵时所用的计算流量，应将上述流量乘以1.05~1.1的安全系数。

2. 循环泵的扬程

1）闭式循环一级泵系统，冷水泵扬程为管路、管件阻力、冷水机组的蒸发器阻力和末端设备的空气冷却器（或冷却盘管）的阻力之和。

2）闭式循环二级泵系统，一级冷水泵扬程为一次管路、管件阻力和冷水机组的蒸发器阻力之和；二级冷水泵扬程为二次管路、管件阻力及末端设备的空气冷却器（或冷却盘管）阻力之和。

3）设有蓄冷水池的开式循环一级泵系统，冷水泵的扬程除按第1）条计算外，还应包括从蓄冷水池最低水位到末端设备空气冷却器之间的高差。

4）闭式循环热水系统，热水泵的扬程为管路、管件阻力、换热器阻力和末端设备的空气加热器（或加热盘管）阻力之和。

5）所有上述系统的水泵扬程，应分别乘以1.05~1.1的安全系数后，作为选择水泵用的计算扬程。

3. 循环泵的选型要求

对于大多数多层和高层建筑来说，空调冷（热）水系统主要为闭式循环系统，冷水泵的流量较大，但扬程不会太高。据统计，一般情况下，20层以下的建筑物，空调冷水系统的冷水泵扬程大多在16~28mH$_2$O（157~274kPa），乘上1.1的安全系数后最大也就是30mH$_2$O（294kPa）。所以，在选择冷水泵时，一定要选择水泵制造厂专为空调、制冷行业设计制造的单级离心泵。一般选用单吸泵，当流量大于500m³/h时宜选用双吸泵。同时，在设计高层建筑空调水系统时，应明确提出对水泵的承压要求。为了降低噪声，一般选用转速为1450r/min的水泵。

8.3.3　冷水机组与冷水泵之间的连接

1. 冷水机组和水泵通过管道一对一连接

如图8-28a所示，这种方式机组与水泵之间的水流量一一对应，系统控制及运行管理简捷方便，各台冷水机组相互干扰少，水量变化小，水力稳定性好。某台冷水机组不运行时，由于水泵出口止回阀的作用，水不会通过停运的冷水机组及水泵回流到正常运行的水泵中。但在实际工程中，由于接管相对较多，施工安装难度较大，这种一对一的配置方式往往难以实现。

2. 冷水机组和水泵通过共用集管连接

如图8-28b所示，这种方式是将多台冷水泵并联后通过集管与冷水机组连接，能做到机组和水泵检修时的交叉组合互为备用。由于接管相对较为方便，机房布置简洁、有序，因此目前

采用较多。这种方式要求每台冷水机组入口或出口管道上宜设电动阀，电动阀宜与对应运行的冷水机组和冷水泵连锁。

这是因为当只有一台机组投入使用、另外几台停运时，如果不关闭通向冷水机组的水路阀门，水流将会均分流经各台冷水机组，无法保证蒸发器的水流量。当空调水系统设置自控设施时，应设电动阀随着冷水机组的使用或停运而开启或关闭。对应运行的冷水机组和冷水泵之间存在着连锁关系，而且冷水泵应提前起动和延迟关闭，因此电动阀开启或关闭应与对应水泵连锁。

在图 8-28 中，冷水机组处在冷水泵的压出侧，它的优点是冷水机组和冷水

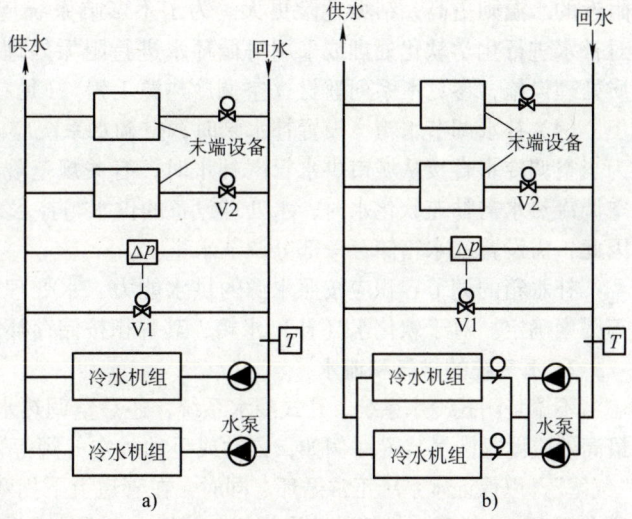

图 8-28　一级泵变流量系统冷水机组和水泵的连接

泵的工作较为稳定，这种方式仅适用于建筑高度不高的多层建筑。对于高层建筑，空调水系统的静压大，为了减少冷水机组蒸发器的承压，应将冷水机组设在冷水泵的吸入侧（详见参考文献[16]）。

8.3.4　空调水系统的补水、排气、泄水及除污

1. 水系统的补水

空调冷热水系统在运行过程中，由于各种原因漏水通常是难以避免的。为保证系统的正常运行，需要及时向系统补充一定的水量。

（1）系统补水量　要确定系统补水量，首先要知道系统的泄漏量。泄漏量应按空调系统的规模和不同系统形式计算水容量后确定。必须注意，系统水容量与循环水量无关，两者相差很大。系统的小时泄漏量，宜按系统水容量的1%计算；空调水系统的单位水容量，可参照表 8-2 估算（室外管线较长时，取较大值）；系统补水量则按系统水容量的2%取值。

（2）补水点及补水泵的选择　空调水系统的补水点，宜设置在循环水泵的吸入段，当补水压力低于补水点压力时，应设置补水泵。之所以将补水点设在循环水泵的吸入段，是为了减小补水点的压力及补水泵的扬程。

补水泵的流量取补水量的 2.5~5 倍；补水泵的扬程应保证补水压力比系统静止时补水点的压力高 30~50kPa，还要加上补水泵至补水点的管道阻力。

通常补水泵间歇运行，有检修时间，一般可不设备用泵；但考虑到严寒及寒冷地区冬季运行应有更高的可靠性，对于空调热水用补水泵及冷热水合用的补水泵，宜设置备用泵。

（3）补水的水质要求　空调水系统的补水应经软化处理，仅在夏季供冷时使用的空调水系统，也可采用静电除垢的水处理设施。对于给水水质较软地区的多层或高层民用建筑，工程上也可利用设在屋顶水箱间的生活水箱，通过浮球阀向膨胀水箱进行自动补水，此时膨胀水箱要比生活水箱低一定的高度。

当所在地区的给水硬度较高时，空调热水系统的补水宜进行化学软化处理。这是因为热水的供水平均温度一般为60℃左右，已达到结垢水温，且直接与高温一次热媒接触的换热器表面

附近的水温则更高，结垢危险更大。为了不影响系统传热、延长设备的检修时间和使用寿命，对补水进行化学软化处理或采用对循环水进行阻垢处理，是十分必要的。有关水系统补水的水质处理设施，参见本系列教材《空调冷热源工程》（见参考文献 [19]）。

（4）补水调节水箱　设置补水泵时，空调水系统应设补水调节水箱（简称补水箱）。这是因为当空调冷水直接从城市供水管网补水时，有关规范规定不允许补水泵直接抽取管网的水；当空调冷热水需补充软化水时，水处理设备的供水与补水泵并不同步，且软化设备经常间断运行。因此，需设置补水箱储存一部分调节水量。

补水箱的调节容积应按照水源的供水能力、水处理设备的间断运行时间及补水泵稳定运行等因素确定。对于软化水（补）水箱，其容积按储存补水泵 $0.5\sim1.0\mathrm{h}$ 的水量考虑。

2. 水系统的排气和泄水

不论是闭式冷水系统、开式冷水系统，还是空调热水系统，在水系统管路中可能积聚空气的最高处应设置排气装置（例如，自动或手动放空气阀等），用来排放水系统内积存的空气，消除"气塞"，以保证水系统正常循环。同时，在管道上下拐弯处和立管下部的最低处，以及管路中的所有低点，应设置泄水管并装设阀门，以便在水系统或设备检修时，把水放掉。

3. 水系统设备入口的除污

冷水机组或换热器、循环水泵、补水泵等设备的入口管道上，应根据需要设置过滤器或除污器。考虑设备入口的除污时，应根据系统大小和实际需要，确定除污装置的设置位置。例如，系统较大、产生污垢的管道较长时，除系统冷热源、水泵等设备的入口需设置外，各分环路或末端设备、自控阀门前也应根据需要设置，但距离较近的设备可不重复串联设置除污装置。

8.3.5　空调水管的坡度和伸缩

在两管制空调水系统中，供水管夏季供冷水、冬季供热水，管道敷设应有一定的坡度，干管尽量抬头走。这是因为冬季按供暖运行时，有利于使水中分离出来的空气泡（或者少量补水带入系统的空气）与水同向流动，以便在系统的最高处将空气放出。但是，在多层或高层民用建筑中，空调供回水管道通常布置在吊顶内，受吊顶空间高度的限制，设置坡度有困难。因此，供水管道可无坡度敷设，但管内的水流速度不得小于 $0.25\mathrm{m/s}$。因为只有当水流速度达到 $0.25\mathrm{m/s}$ 时，方能把管内的空气泡携带走，使之不能浮升，同时在供水干管的末端设自动放气阀排气。

空调水管应考虑热膨胀，对于水平管道一般利用其自然弯曲部分进行补偿即可。对于垂直管道，当长度超过 $40\mathrm{m}$ 时，应设置补偿器。由于管道竖井内距离狭小，常用波纹管伸缩器。

8.3.6　空调水系统的附属设备

1. 分水器和集水器

在空调水系统中，为了便于连接通向各个空调分区的供水管和回水管，设置**分水器**和**集水器**，它不仅有利于各空调分区的流量分配，而且便于调节和运行管理，同时在一定程度上也起到均压的作用。分水器用于冷（热）水的供水管路上，集水器用于回水管路上。

分水器和集水器的筒身直径，可按各并联接管的总流量通过筒身时的断面流速为 $1.0\sim1.5\mathrm{m/s}$ 确定。或按经验公式估算：即 $D=(1.5\sim3.0)d_{max}$，其中 d_{max} 为各支管中的最大管径。

图 8-29a 所示为某工程的分水器和集水器与各空调分区的供、回水管连接示意图，该工程的空调冷（热）源采用直燃型溴化锂吸收式冷热水机组，夏季提供冷水，冬季提供热水。空调水系统为一级泵变流量系统，在分水器与集水器之间设置由压差控制器控制的电动两通阀。

图8-29b所示为冷水来自冷水机组,热水来自换热器的分水器和集水器与各空调分区供回水管的连接示意图。

分水器和集水器为受压容器,应按压力容器进行加工制作,其两端应采用椭圆形的封头。各配管的间距,应根据阀门的手轮或扳手之间便于操作来确定(其尺寸详见国标图集)。图8-30a和b分别为分水器和集水器的结构示意图。

2. 平衡阀

工程中常用设置平衡阀来解决空调水系统的水力平衡问题,特别是对于阻力先天不平衡的支管环路。为了确保系统中各个分区能分配到设计规定的水流量,对于规模较大的水系统,有条件时,宜在各个分支管路处安装平衡阀。

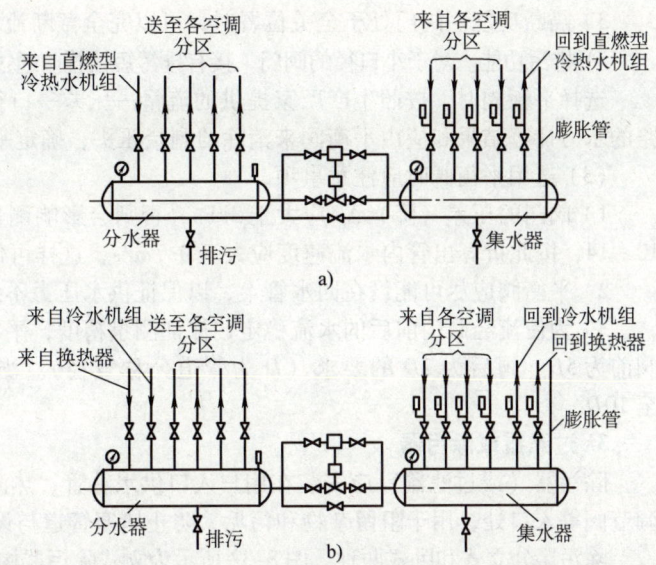

图8-29 分水器和集水器与各空调分区的供、回水管连接示意图

(1)平衡阀的构造 图8-31所示为平衡阀及测量仪表示意图。平衡阀主要由阀体、阀杆、阀芯、阀座、手轮和测压孔等组成。根据阀门口径大小可分为小口径($\phi15 \sim \phi50mm$)及大口径($\phi65 \sim \phi150mm$)两类。

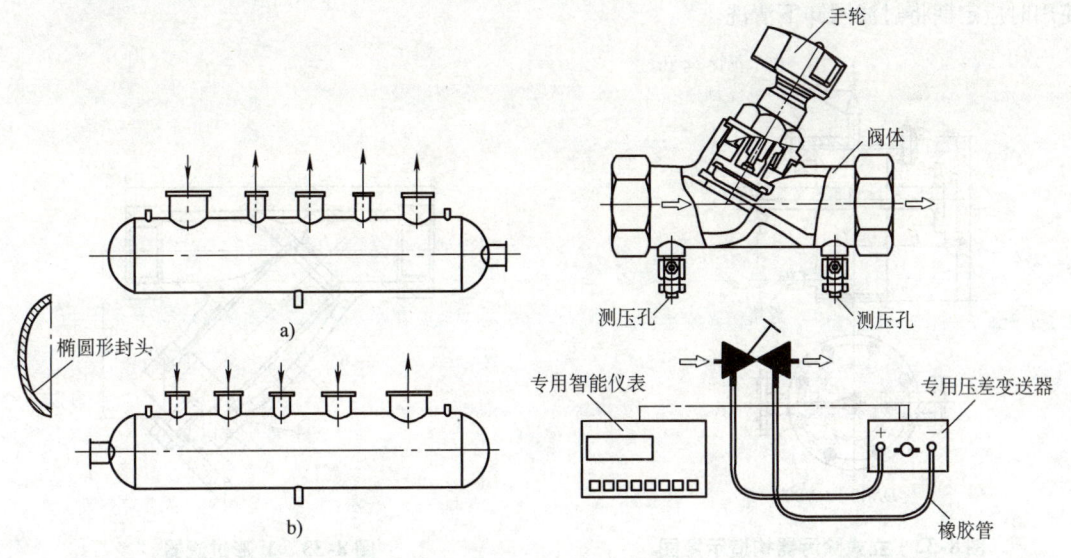

图8-30 分水器和集水器的结构
a)分水器 b)集水器

图8-31 平衡阀及测量仪表示意图

(2)平衡阀的功能 其功能主要有以下四种:

1)测量流量。通过测压孔测得水流经平衡阀时的压力差,将压差信号通过专用的压差变送器,传递给专用智能仪表,可读出被测的流量值。

2)调节流量。通过旋转手轮,读出阀门的开度值。一旦设定阀门的开度后可以加以锁定。

3) 隔断功能。阀门处于全关位置时，可以完全截断流量，相当于一个截止阀。

4) 排污功能。对于小口径的阀门，接有排污短接管。通过排污口，可以排除管段中的积水。

选择平衡阀时，按照生产厂家提供的流量—压差—口径的选择线算图进行。根据水系统管路的水力计算结果和应由平衡阀来消除的剩余压头，确定平衡阀的口径。

（3）选用平衡阀时应注意事项

1) 阀门的压差（降）Δp 应大于 3kPa，否则会影响测量的准确性，阀门的局部阻力系数为 10～14，按此折算出管内水流速度应大于 0.7m/s，这样可使阀门口径与管径相同，不作变径。

2) 平衡阀应尽可能设在回水管上，以保证供水压力不致降低。

3) 为使流经阀门前后的水流稳定，保证测量精度，平衡阀应尽可能安装在直管段上，满足阀前为 $5D$、阀后为 $2D$ 的要求（D 为管道公称直径）。当阀前为水泵时，直管段长度应加大至 $10D$。

3. 过滤器或除污器

除污器（或过滤器）应安装在用户入口供水总管、热源（冷源）、用热（冷）设备、水泵、调节阀等入口处，用于阻留杂物和污垢，防止堵塞管道与设备。

除污器分立式和卧式两种。图 8-32 所示为立式除污器构造示意图，它是一个钢制圆筒形容器，水进入除污器，流速降低，大块污物沉积于底部，经出水花管将较小污物截留，除污后的水流向下面的管道。其顶部有放气阀，底部有排污用的丝堵或手孔。除污器应定期清通。

图 8-33 所示是 Y 形过滤器的构造示意图，它是利用过滤网阻留杂物和污垢。过滤网为不锈钢金属网，过滤面积约为进口管面积的 2～4 倍。Y 形过滤器有螺纹连接和法兰连接两种，小口径过滤器为螺纹连接。Y 形过滤器有多种规格（$DN15～DN450$mm）。它与立式或卧式除污器相比有体积小、质量轻，可在多种方位的管路上安装，阻力小（约为上述除污器的一半）等优点。使用时应定期将过滤网卸下清洗。

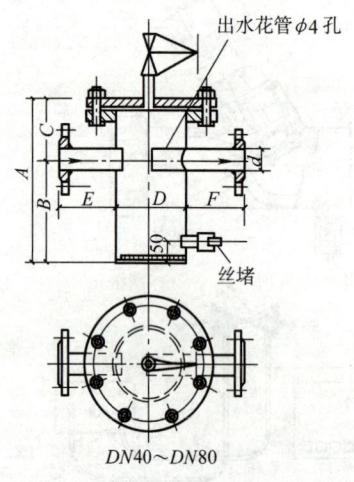

图 8-32 立式除污器构造示意图

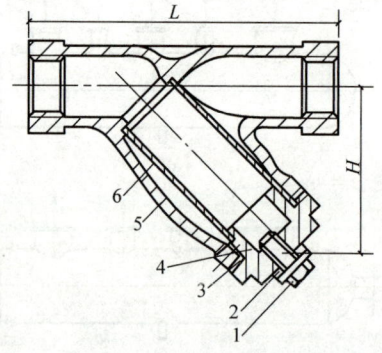

图 8-33 Y 形过滤器
1—螺栓　2、3—垫片　4—封盖　5—阀体　6—网片

4. 压力表和温度计

分水器和集水器一般应安装压力表和温度计，并进行保温。压力表应设置在分水器、集水器、冷水机组的进出水管、水泵进出口，及分水器和集水器各分路阀门以外的管道上。温度计应设置在冷水机组和换热器的进出水管、分水器、集水器各支路阀门后，空调机组和新风机组供回水支管上。

8.4 空调冷却水系统

空调冷却水系统是指利用冷却塔向冷水机组的冷凝器供给循环冷却水的系统。该系统是由冷却塔、冷却水箱(池)、冷却水泵和冷水机组冷凝器等设备及其连接管路组成。

8.4.1 冷却塔的设置

1. 冷却塔的类型

目前,工程上常见的冷却塔有逆流式、横流式、喷射式和蒸发式等四种类型。

(1)逆流式冷却塔 根据结构不同,可分为通用型、节能低噪声型和节能超低噪声型。按照集水池(盘)的深度不同有普通型和集水型。图8-34所示是逆流式冷却塔的构造示意图。

(2)横流式冷却塔 根据水量大小,设置多组风机。塔体的高度低,配水比较均匀。热交换效率不如逆流式。相对来说,噪声较低。

(3)喷射式冷却塔 它的工作原理与前面两种不同,不用风机而是利用循环泵提供的扬程,让水以较高的速度通过喷水口射出,从而引射一定量的空气进入塔内与雾化的水进行热交换,使水得到冷却。与其他类型冷却塔相比,其噪声低,但设备尺寸偏大,造价较高。

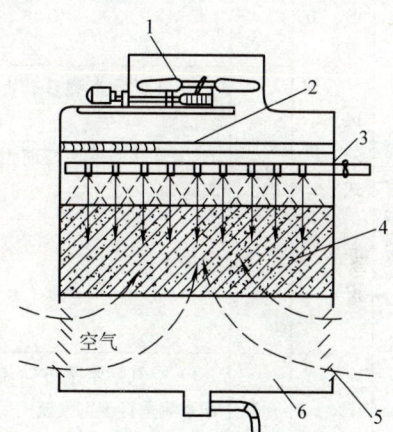

图8-34 逆流式冷却塔构造示意图
1—风机 2—收水器 3—配水系统
4—填料 5—百叶窗式进风口 6—冷水贮槽

(4)蒸发式冷却塔 也称**闭式冷却塔**,类似于蒸发式冷凝器。冷却水系统是全封闭系统,不与大气相接触,不易被污染。在室外气温较低时,利用制备好的冷却水作为冷水使用,直接送入空调系统中的末端设备,以减少冷水机组的运行时间。在低湿球温度地区的过渡季节里,可利用它制备的冷却水向空调系统供冷,收到节能的效果。

冷却塔宜采用相同的型号,其台数宜与冷水机组的台数相同,即"一塔对一机"的方式。不设置备用冷却塔。在多台冷水机组并联运行的系统里,冷却塔和冷却水泵宜与冷水机组一一对应,即"一机对一塔和一泵"。

关于冷却塔的结构特点、性能特点及适用范围如表8-4所示。

表8-4 冷却塔的特点及适用范围

分类	形式	结构特点	性能特点	适用范围
湿式机械通风型	逆流式(圆形、方形)(抽风式、鼓风式) 普通型	1)空气与水逆向流动,进出风口高差较大 2)圆形塔比方形塔气流分布好;适合单独布置、整体吊装,大塔可现场拆装;塔稍高,湿热空气回流影响小 3)方形塔占地较小,适合多台组合,可现场组装 4)当循环水对风机的侵蚀性较强时,可采用鼓风式	1)逆流式冷效优于其他形式 2)噪声较大 3)空气阻力较大 4)检修空间小,维护困难 5)喷嘴阻力大,水泵扬程大 6)造价较低	工矿企业和对环境噪声要求不太高的场所

(续)

分类	形式	结构特点	性能特点	适用范围
湿式机械通风型	逆流式（圆形、方形）（抽风式、鼓风式）	低噪声型阻燃型	1）冷却塔采用降低噪声的结构措施 2）阻燃型系在玻璃钢中掺加阻燃剂	1）噪声值比普通型低4~8dB(A) 2）空气阻力较大 3）检修空间小，维护困难 4）喷嘴阻力大，水泵扬程大 5）阻燃型有自熄作用，氧指数不低于28，造价比普通型高10%左右	1）对环境噪声有一定要求的场所 2）阻燃型对防火有一定要求的建筑
		超低噪声型阻燃型	1）在低噪声型基础上增加减噪措施 2）阻燃型系在玻璃钢中掺加阻燃剂	1）噪声比低噪声型低3~5dB(A) 2）空气阻力较大 3）检修空间小，维护困难 4）喷嘴阻力大，水泵扬程大 5）阻燃型自熄作用氧指数不低于28，造价比低噪声型高30%左右	1）对环境噪声有较严格要求的场所 2）阻燃型对防火有一定要求的建筑
	横流式（抽风式）	普通型低噪声型	1）空气沿水平方向流动，冷却水流垂直于空气流向 2）与逆流式相比，进出风口高差小，塔稍矮 3）维修方便 4）长方形，可多台组装，运输方便 5）占地面积较大	1）冷效比逆流式差，回流空气影响稍大 2）有检修通道，日常检查、清理、维修更便利 3）布水阻力小，水泵所需扬程小，能耗小 4）进风风速低、阻力小、塔高小、噪声低	建筑立面和布置有要求的场所
引射式	横流式	无风机型	1）高速喷水引射空气进行换热 2）取消风机，设备尺寸较大	1）噪声、振动较低，省水，故障少 2）水泵扬程高，能耗大 3）喷嘴易堵，对水质要求高 4）造价高	对环境噪声要求较严的场所
干式机械通风型	密闭式	蒸发型	冷却水在密闭盘管中进行冷却，循环水蒸发冷却对盘管间接换热	1）冷却水全封闭，不易被污染 2）盘管水阻大，冷却水泵扬程高，电耗大，为逆流塔的4.5~5.5倍 3）质量重，占地大	要求冷却水很干净的场所，如小型水环热泵

2. 冷却塔的设置位置

冷却塔的设置位置应通风良好，远离高温或有害气体，避免气流短路以及建筑物高温高湿排气或非洁净气体对冷却塔的影响。同时，也应避免所产生的飘逸水影响周围环境。防止产生冷却塔失火事故。工程上常见的冷却塔设置位置大体上有以下三种：

1）制冷站设在建筑物的地下室，冷却塔设在通风良好的室外绿化地带或室外地面上。

2）制冷站为单独建造的单层建筑时，冷却塔可设置在制冷站的屋顶上或室外地面上。

3）制冷站设在多层建筑或高层建筑的底层或地下室时，冷却塔设在高层建筑裙房的屋顶上。如果没有条件这样设置时，只好将冷却塔设在高层建筑主（塔）楼的屋顶上，应考虑冷水机组冷凝器的承压在允许范围内。

有关逆流式、横流式冷却塔的工作原理及冷却塔冷却水量的计算、冷却塔的选择，详见本系列教材《空调冷热源工程》（见参考文献［19］）和《制冷技术》（见参考文献［20］），本书不再赘述。

8.4.2 冷却水系统的形式

1. 下水箱（池）式冷却水系统

制冷站为单层建筑，冷却塔设置在屋面上。当冷却水水量较大时，为便于补水，制冷机房内应设置冷却水箱（池）。此时，冷却水的循环流程为：来自冷却塔的冷却供水→机房冷却水箱（加药装置向水箱加药）→除污器→冷却水泵→冷水机组的冷凝器→冷却回水返回冷却塔，如图 8-35 所示，这是开式冷却水系统，这种系统也适用于制冷站设在地下室，冷却塔设在室外地面上或室外绿化地带的场合。这种系统的好处就是冷却水泵从冷却水箱（池）吸水后，将冷却供水压入冷凝器，水泵总是充满水，可避免水泵吸入空气而产生水锤。

冷却水泵的扬程相应的压力，应是冷却水供、回水管道和部件（控制阀、过滤器等）的阻力、冷凝器的阻力、冷却水箱（池）最低水位至冷却塔布水器的高差相应的压力，以及冷却塔布水器所需的喷射压力［大约为 5mH₂O（49kPa）］之和，再乘以 1.05～1.10 的安全系数。

由于制冷站建筑的高度不高，这种开式系统所增加的水泵扬程不大。如果制冷站的建筑高度较高时，可将冷却水箱设在屋面上（就成了上水箱式冷却水系统），这样可减少冷却水泵的扬程，节省运行费用。

2. 上水箱式冷却水系统

制冷站设在地下室，冷却塔设在高层建筑主楼裙房的屋面上（或者设在主楼的屋面上）。冷却水箱也设在屋面上冷却塔的近旁。此时，冷却水的循环流程仍为：

来自冷却塔的冷却供水→屋面冷却水箱（加药装置向水箱加药）→除污器→冷却水泵→冷水机组的冷凝器→冷却回水返回冷却塔，如图 8-36 所示。

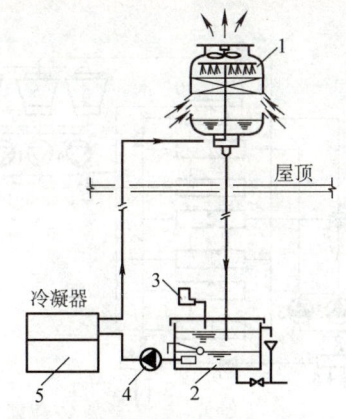

图 8-35 在室内设冷却水箱（池）的冷却水循环流程

1—冷却塔 2—冷却水箱（池） 3—加药装置 4—冷却水泵 5—冷水机组

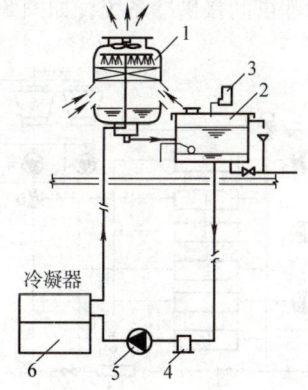

图 8-36 在屋顶上设冷却水箱的冷却水循环流程

1—冷却塔 2—冷却水箱 3—加药装置 4—水过滤器 5—冷却水泵 6—冷水机组

冷却水泵的扬程相应的压力，应是冷却水供、回水管道和部件（控制阀、过滤器等）的阻力、冷凝器的阻力、冷却塔集水盘水位至冷却塔布水器的高差相应的压力，以及冷却塔布水器所需的喷射压力［大约为 $5mH_2O$（49kPa）］之和，再乘以 1.05~1.10 的安全系数。

显然，这种系统冷却塔的供水自流入屋面冷却水箱后，靠重力作用进入冷却水泵，然后将冷却供水压入冷凝器，有效地利用了从水箱至水泵进口的位能，减小水泵扬程，节省了电能消耗。同时，保证了冷却水泵内始终充满水。

3. 多台冷却塔并联运行时的冷却水系统

对于大中型空调工程来说，经常遇到多台冷却塔并联配置的情况。当多台冷却塔并联运行时，应使各台冷却塔和冷却水泵之间管段的阻力大致达到平衡。如果没有注意并解决好阻力平衡问题，在实际工程中就会出现各台冷却塔水量分配不均匀，有的冷却塔在溢水而有的冷却塔在补水的情况。究其原因，首先是由于连接管道及阀门的阻力不平衡造成的，导致冷却塔的进水量和出水量不平衡，进水量大、出水量小的塔就会溢流；出水量大、进水量小的塔要补水。其次是只在冷却塔的进水管道上设置自动阀门（例如，电动两通阀），而未能在出水管道上设置。这样，对于不运行的冷却塔来说，由于进水阀关闭，没有进水，但出水管连通，照样出水，致使不运行冷却塔的集水盘水位下降，需要补水。

为了解决上述问题，一是在冷却塔的进水支管和出水支管上都要设置电动两通阀，两组阀门要成对地动作，与冷却塔的起动和关闭进行电气联锁；二是在各台冷却塔的集水盘之间采用平衡管连接，而平衡管的管径与进水干管的管径相同；三是为使冷却塔的出水量均衡、集水盘水位一致，出水干管应采取比进水干管大两号的集合管，如图 8-37 所示。

在多台冷却塔并联运行的系统中，这根集合管在一定程度上起到增加进入水泵的冷却水水容量的作用。

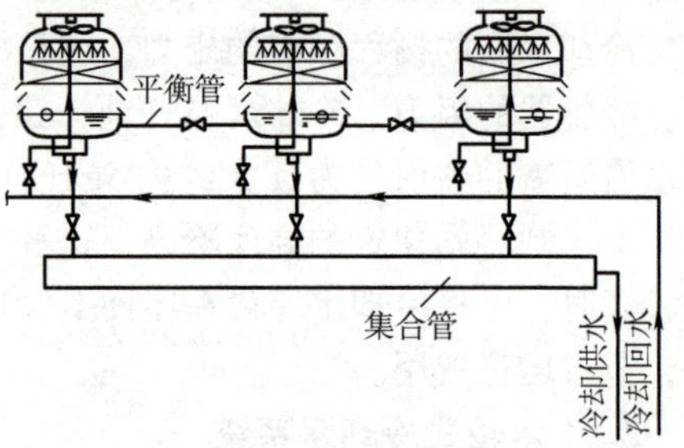

图 8-37 多台冷却塔并联运行时的连接

4. 冷却塔供冷系统

目前，常见的冷却塔供冷系统形式主要有：
1）冷却塔直接供冷系统，如图 8-38 所示。
2）冷却塔间接供冷系统，如图 8-39 所示。

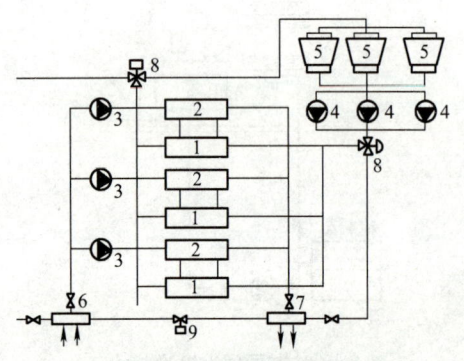

图 8-38 冷却塔直接供冷系统
1—冷凝器 2—蒸发器 3—冷水水泵 4—冷却水水泵
5—冷却塔 6—集水器 7—分水器
8—电动三通阀 9—压差调节阀

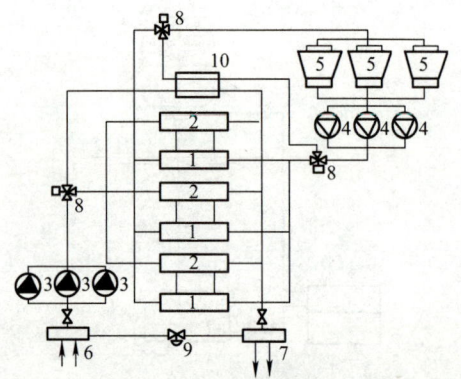

图 8-39 冷却塔间接供冷系统
1—冷凝器 2—蒸发器 3—冷水水泵 4—冷却水水泵
5—冷却塔 6—集水器 7—分水器 8—电动三通阀
9—压差调节阀 10—板式换热器

冷却塔供冷系统适用于低湿球温度地区（在夏季或过渡季利用冷却塔制备的冷却水，供给空调系统使用，以节省部分能量）和现代办公楼的内区（全年要求供冷）。当室外空气的比焓值低于室内空气的设计比焓值，又无法利用加大新风量进行免费供冷时，可利用冷却塔供冷系统。但是对冬季使用的冷却塔，应选用防冻型，并采用在冷却塔集水盘和室外管道设电加热设施等防冻措施。

8.4.3 冷却水系统设计中的几个问题

1. 冷却水泵的选择

冷却水泵宜按冷水机组台数，以"一机对一泵"的方式配置，不设备用泵。冷却水泵的流量，应按冷水机组的技术资料确定，并乘以 1.05～1.10 的安全系数。冷却水泵的扬程，应按照上水箱冷却水系统和下水箱冷却水系统分别进行计算，然后再乘以 1.05～1.10 的安全系数即可。

关于冷却水泵的选型和承压等要求与空调冷水泵相同。

2. 冷却水箱

（1）冷却水箱功能　冷却水箱的功能是增加系统的水容量，使冷却水泵能稳定地工作，保证水泵吸入口充满水不发生空蚀现象。这是由于冷却塔在间断运行时，塔内的填料基本上是干燥的，为了使冷却塔的填料表面首先润湿，并使水层保持正常运行时的水层厚度，然后才能流向冷却塔的集水盘，达到动态平衡。刚起动水泵时，集水盘内的水尚未达到正常水位的短时间内，引起水泵进口缺水，导致制冷机无法正常运行。为此，冷却塔集水盘及冷却水箱的有效容积，应能满足冷却塔部件由基本干燥到润湿成正常运行状态所附着的全部水量。

（2）冷却水箱容量　对于一般逆流式斜波纹填料玻璃钢冷却塔，在短期内使填料层由干燥状态变为正常运行状态所需附着水量约为标称小时循环水量的 1.2%。因此，冷却水箱的容积应不小于冷却塔小时循环水量的 1.2%。即如所选冷却水循环水量为 200t/h，则冷却水箱容积应不小于 $200m^3 \times 1.2\% = 2.4m^3$。

（3）冷却水箱配管　冷却水箱的配管主要有冷却水进水管和出水管、溢水管和排污管及补水管。冷却水箱内如设浮球阀进行自动补水，则补水水位应是系统的最低水位，而不是最高水位，否则，将导致冷却水系统每次停止运行时会有大量溢流以至浪费。其配管尺寸形式可参见图 8-40。

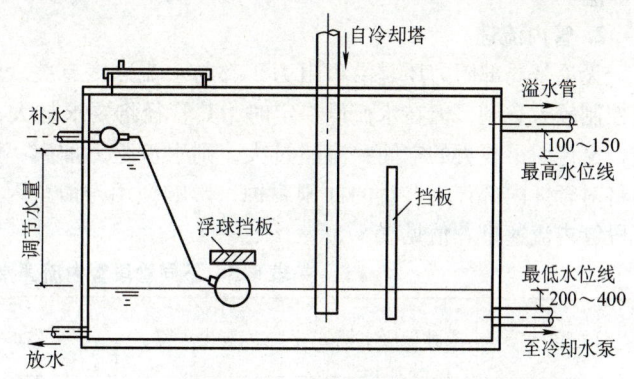

3. 冷却水补充水量

图 8-40　冷却水箱的配管形式

在开式机械通风冷却塔冷却水循环系统中，各种水量损失的总和即是系统必需的补水量。

（1）蒸发损失　冷却水的蒸发损失与冷却水的温降有关，一般当温降为 5℃ 时，蒸发损失为循环水量的 0.93%；当温降为 8℃ 时，则蒸发损失为循环水量的 1.48%。

（2）飘逸损失　由于机械通风的冷却塔出口风速较大，会带走部分水量，国外有关设备其飘逸损失约为循环水量的 0.15%～0.3%；国产质量较好冷却塔的飘逸损失约为循环水量的 0.3%～0.35%。

（3）排污损失　由于循环水中矿物成分、杂质等浓度不断增加，为此需要对冷却水进行排污和补水，使系统内水的浓缩倍数不超过3~3.5。通常排污损失量为循环水量的0.3%~1%。

（4）其他损失 包括在正常情况下循环泵的轴封漏水，个别阀门、设备密封不严引起渗漏，以及前面提到当设备停止运行时，冷却水外溢损失等。

综上所述，一般采用低噪声的逆流式冷却塔，用于离心式冷水机组的补水率约为1.53%，对溴化锂吸收式制冷机的补水率约为2.08%。如果概略估算，制冷系统补水率为2%~3%。

4. 冷却水的水质要求

循环冷却水系统对水质有一定的要求，既要阻止结垢，又要定期加药，并在冷却塔上配合一定量的溢流来控制pH值和藻类生长。关于冷却水水质要求的详细内容，请参见本系列教材《空调冷热源工程》（见参考文献［19］）。

8.5 空调水系统的水力计算

空调水系统阻力一般由三大部分组成，即设备阻力、附件阻力和管道阻力。设备阻力通常由设备生产厂商提供，因此，进行水力计算的主要内容是附件和管件（如阀门、三通、弯头等）的阻力以及直管段的阻力。通常前者也称局部阻力，后者称为沿程阻力。空调水系统的水力计算包括冷、热水系统和冷却水系统两部分的水力计算。

1. 空调水系统的管材

空调水系统中，常用管材有焊接钢管、无缝钢管、镀锌钢管及PVC塑料管几种。空调冷、热水管道一般采用焊接钢管和无缝钢管，当公称直径 $DN<50$mm 时，采用普通焊接钢管［《低压流体输送用焊接钢管》（GB/T 3091—2015）］；$DN\geqslant50$mm 者，采用无缝钢管［《输送流体用无缝钢管》（GB 8163—2008）］；$DN\geqslant250$mm 者，采用螺旋焊接钢管［《普通流体输送管道用埋弧焊钢管》（SY/T 5037—2012）］。管道在使用之前，应进行除锈及刷防锈漆处理，然后必须进行保温。

2. 管内流速

无论是局部阻力还是沿程阻力，都与水流速度有关。流速过小，尽管水阻力较小，对运行及控制较为有利，但在水流量一定时，其管径将要求加大，既带来投资（管道及保温等）的增加，又占用了较大的空间；流速过大，则水流阻力加大，运行能耗增加。当流速超过3m/s时，还将对管件内部产生严重的冲刷腐蚀，影响使用寿命。因此，必须合理地选用管内流速。不同管段管内流速推荐值见表8-5。

表8-5 不同管段管内流速推荐值

管段	水泵吸水管	水泵出水管	一般供水干管	室内供水立管	集管（分水器和集水器）
流速/(m/s)	1.2~2.1	2.4~3.6	1.5~3.0	0.9~3.0	1.2~4.5

注：室内要求安静时，宜取下限；直径大的管道，宜取上限。

不同管径冷水和冷却水管内流速推荐值见表8-6。

表8-6 不同管径冷水和冷却水管内流速推荐值　　　　　　（单位：m/s）

管径/mm	<32	32~70	70~100	125~250	250~400	>400
冷水	0.5~0.8	0.6~0.9	0.8~1.2	1.0~1.5	1.4~2.0	1.8~2.5
冷却水			1.0~1.2	1.2~1.6	1.5~2.0	1.8~2.5

不同管径闭式系统和开式系统管内流速推荐值见表8-7。

表8-7 不同管径闭式系统和开式系统管内流速推荐值 （单位：m/s）

管径/mm	15	20	25	32	40	50	65	80
闭式系统	0.4~0.5	0.5~0.6	0.6~0.7	0.7~0.9	0.8~1.0	0.9~1.2	1.1~1.4	1.2~1.6
开式系统	0.3~0.4	0.4~0.5	0.5~0.6	0.6~0.8	0.7~0.9	0.8~1.0	0.9~1.2	1.1~1.4

管径/mm	100	125	150	200	250	300	350	400
闭式系统	1.3~1.8	1.5~2.0	1.6~2.2	1.8~2.5	1.8~2.6	1.9~2.9	1.6~2.5	1.8~2.6
开式系统	1.2~1.6	1.4~1.8	1.5~2.0	1.6~2.3	1.7~2.4	1.7~2.4	1.6~2.1	1.8~2.3

3. 单位管长的摩擦阻力（比摩阻）

冷水管路比摩阻宜控制在100~300Pa/m。当量绝对粗糙度，闭式系统$K=0.2$mm，开式系统$K=0.5$mm。

当$K=0.5$mm时，不同流速及管径时的比摩阻R值见表8-8。

表8-8 不同流速及管径时的比摩阻 R 值

管径/mm v/(m/s)		DN 15	DN 20	DN 25	DN 32	DN 40	DN 50	DN 70	DN 80	DN 100	DN 125	DN 150	DN 200	DN 250	DN 300	DN 350	DN 400
0.5	W	0.35	0.64	1.03	1.81	2.38	3.97	6.54	9.16	15.88	22.09	31.81	60.58	94.83	135	180.2	230.7
0.5	R	511	335	241	164	136	96	69	55	39	31	25	16	12	10	82	7
0.6	W	0.42	0.77	1.24	2.17	2.85	4.77	7.84	10.99	19.06	26.51	38.17	72.69	113.8	162	216.2	276.9
0.6	R	728	477	342	233	194	137	99	79	55	44	35	23	18	14	12	10
0.7	W	0.49	0.89	1.44	2.53	3.33	5.56	9.15	12.83	22.24	30.93	44.53	84.81	132.8	189	252.3	323
0.7	R	982	644	462	315	261	185	133	106	74	60	47	31	24	19	16	14
0.8	W	0.56	1.02	1.65	2.89	3.8	6.35	10.46	14.66	25.42	35.34	50.89	96.92	151.7	216	288.3	369.2
0.8	R	1273	83.5	59.9	408	339	240	172	138	96	78	62	41	31	25	21	18
0.9	W	0.63	1.15	1.86	3.25	4.28	7.14	11.77	16.49	28.59	39.76	57.26	109	170.7	243	324.3	415.3
0.9	R	1603	1052	754	514	427	302	217	174	121	98	78	51	38	31	26	22
1.0	W	0.7	1.28	2.06	3.61	4.75	7.94	13.07	18.32	31.77	44.18	63.62	121.2	189.7	270	360.4	461.5
1.0	R	1971	1293	927	632	525	372	267	214	149	121	95	631	48	32	32	27
1.1	W	0.77	1.4	2.27	3.98	5.23	8.74	14.38	20.15	34.95	48.6	70	133.3	208.6	297	396.4	507.6
1.1	R	2376	1559	1118	762	633	448	322	258	180	145	115	76.1	57	46	38.2	33
1.2	W	0.84	1.53	2.47	4.34	5.7	9.53	15.69	21.99	38.12	53.01	76.34	145.4	227.6	324	432.4	553.8
1.2	R	2819	1849	1327	904	751	532	382	306	214	172	136	90	68	54	45	39
1.3	W	0.91	1.66	2.68	4.7	6.18	10.32	17.0	23.82	41.3	57.43	82.7	157.5	246.6	351	468.5	599.9
1.3	R	3300	2165	1553	1058	879	623	447	358	250	202	160	106	80	53	46	
1.4	W	0.98	1.79	2.89	5.06	6.65	11.12	18.3	25.65	44.48	61.85	89.06	169.6	265.5	378	504.5	646.1
1.4	R	3819	2506	1798	1224	1017	721	518	414	289	234	185	122	92	74	61	53
1.5	W	1.05	1.92	3.09	5.42	7.13	11.91	19.61	27.48	47.65	66.27	95.43	181.7	284.5	405	540.5	692.2
1.5	R	4376	2871	2060	1403	1165	826	593	475	331	268	212	140	106	84	70	60
1.6	W	1.12	2.04	3.3	5.78	7.6	12.71	20.92	29.32	50.83	70.69	101.8	193.8	303.5	432	576.6	738.4
1.6	R	4971	3261	2340	1594	1324	938	674	539	377	304	240	159	120	96	80	69

（续）

管径/mm v/(m/s)		DN 15	DN 20	DN 25	DN 32	DN 40	DN 50	DN 70	DN 80	DN 100	DN 125	DN 150	DN 200	DN 250	DN 300	DN 350	DN 400
1.7	W	1.19	2.17	3.5	6.14	8.08	13.5	22.23	31.15	54.01	75.1	108.2	206	322.4	458.9	612.6	784.5
	R	5603	3676	2637	1797	1492	1057	759	608	424	343	271	180	135	108	90	77
1.8	W	1.26	2.3	3.71	6.5	8.56	14.3	23.53	32.98	57.18	79.5	114.6	218.1	341.4	485.9	648.6	830.7
	R	6274	4116	2953	2011	1671	1184	850	681	475	384	303	201	151	121	101	87
1.9	W	1.33	2.43	3.92	6.87	9.03	15.09	24.84	34.81	60.36	83.94	120.9	230.2	360.4	512.9	684.7	876.8
	R	6982	4580	3286	2239	1859	1317	946	758	529	427	338	224	168	135	112	96
2.0	W	1.4	2.25	4.12	7.23	9.51	15.88	26.15	36.65	63.54	88.36	127.2	242.3	379.3	539.9	720.7	923
	R	7728	5070	3638	2478	2058	1458	1047	839	585	473	374	248	186	149	124	107
2.1	W	1.47	2.68	4.33	7.59	9.98	16.68	27.46	38.48	66.72	92.78	133.6	254.4	398.3	566.9	756.7	969.1
	R	8512	5584	4007	2729	2267	1606	1154	924	645	521	412	273	205	164	137	1173
2.2	W	1.54	2.81	4.53	7.95	10.46	17.47	28.76	40.31	69.89	97.19	140	266.5	417.3	593.9	792.8	1015
	R	9334	6123	4393	2993	2486	1761	1265	1013	707	571	451	299	225	180	150	129
2.3	W	1.61	2.94	4.74	8.31	10.93	18.27	30.07	42.14	73.07	101.6	146.3	278.7	436.2	620.9	828.8	1061
	R	10190	6687	4798	3268	2715	1923	1382	1106	772	624	493	327	246	197	164	141
2.4	W	1.68	3.06	4.95	8.67	11.41	19.06	31.38	43.97	76.25	106.0	152.7	290.8	455.2	647.9	864.9	1108
	R	11090	7276	5220	3556	2954	2093	1503	1204	840	678	536	355	267	214	179	153
2.5	W	1.75	3.19	5.15	9.03	11.88	19.86	32.69	45.81	79.42	110.5	159.0	302.9	474.2	674.9	900.9	1154
	R	12030	7889	5661	3856	3203	2269	1630	1305	911	736	582	385	290	232	193.5	137

注：W—水流量（m^3/h），R—比摩阻（Pa/m）。

4. 局部阻力系数

阀门及管件的局部阻力系数 ξ 见表8-9，三通的局部阻力系数 ξ 见表8-10。

表8-9 阀门及管件的局部阻力系数 ξ

序号	名 称		局部阻力系数 ξ						
1	截止阀	普通型	4.3～6.1						
		斜柄型	2.5						
		直通型	0.6						
2	止回阀	升降型	7.5						
		旋启式	DN/mm	150	200	250	300		
			ξ	6.5	5.5	4.5	3.5		
3	蝶阀		0.1～0.3						
4	闸阀	DN	15	20～50	80	100	150	200～250	300～450
		ξ	1.5	0.5	0.4	0.2	0.1	0.08	0.07
5	旋塞阀		0.05						
6	变径管	缩小	0.10						
		扩大	0.30						
7	普通弯头	90°	0.30						
		45°	0.15						

(续)

序号	名称		局部阻力系数 ξ						
8	焊接弯头	90°	DN/mm	80	100	150	200	250	300
			ξ	0.51	0.63	0.72	0.72	0.87	0.78
		45°	ξ	0.26	0.32	0.36	0.36	0.44	0.39
9	弯管（揻弯）90°（R 为曲率半径；d 为管径）		d/R	0.5	1.0	1.5	2.0	3.0	4.0	5.0
			ξ	1.2	0.8	0.6	0.48	0.36	0.30	0.29
10	水箱接管	进水口	1.0						
		出水口	0.5						
11	滤水器		DN/mm	40	50	80	100	150	200	250	300
		有底阀	ξ	12	10	8.5	7	6	5.2	4.4	3.7
		无底阀	2~3						
12	水泵入口		1.0						

表8-10 三通的局部阻力系数 ξ

图示	流向	局部阻力系数 ξ	图示	流向	局部阻力系数 ξ
	2→3	1.5		1→3	0.1
	1→3	0.1		1→2	3.0
	1→2	1.5		2→1	1.5
	2→3	0.5		2→1	3.0
	3→2	1.0		3→1	0.1

进行空调水系统水力计算时各并联环路压力损失相对差额不应大于15%，当超过15%时，应设置调节装置。目前调节系统管路平衡的阀门有静态的调节阀、平衡阀，动态的流量平衡阀、压差控制阀，具有流量平衡功能的自控调节阀等，应根据系统特性（定流量或变流量系统）正确选用，并在适当的位置正确设置。

本书仅提供了水力计算的有关参数和实用计算表，关于水力计算的具体方法，详见本系列教材《流体输配管网》（见参考文献 [21]）。

8.6 空调冷凝水系统

1. 水封的设置

不论空调末端设备的冷凝水盘是位于机组的正压段还是负压段，冷凝水盘出水口处均需设置水封，水封高度应大于冷凝水盘处正压或负压值。在正压段设置水封是为了防止漏风，在负压段设置水封是为了顺利排出冷凝水。

2. 泄水支管

冷凝水盘的泄水支管沿水流方向坡度不宜小于0.01，冷凝水水平干管不宜过长，其坡度不应小于0.003，且不允许有积水部位。当冷凝水管道坡度设置有困难时，应减少水平干管长度或中途加设提升泵。

3. 冷凝水管材

冷凝水管处于非满流状态，内壁接触水和空气，不应采用无防锈功能的焊接钢管；冷凝水为无压自流排放，若采用软塑料管会形成中间下垂，影响排放。因此，空调冷凝水管材应采用强度较大和不易生锈的镀锌钢管或排水 PVC 塑料管，管道应采取防结露措施。

4. 冷凝水水管管径

冷凝水管管径应按冷凝水的流量和管道坡度确定。一般情况下，1kW 冷负荷每小时约产生 0.4~0.8kg 的冷凝水，在此范围内管道最小坡度为 0.003 时的冷凝水管管径可按表8-11进行估算。

表 8-11　冷凝水管管径选择

冷负荷/kW	≤42	42~230	231~400	401~1100	1101~2000	2001~3500	3501~15000	>15000
管道公称直径 DN/mm	25	32	40	50	80	100	125	150

5. 冷凝水的排放

冷凝水排入污水系统时，应有空气隔断措施，冷凝水管不得与室内密闭雨水系统直接连接。以防臭味和雨水从空气处理机组冷凝水盘外溢。为便于定期冲洗、检修，冷凝水水平干管始端应设扫除口。

6. 冷凝水排水系统常遇到的问题及解决办法

（1）问题　1）由于冷凝水排水管的坡度小，或根本没有坡度而造成的漏水，或由于风机盘管的集水盘安装不平，或盘内排水口堵塞而盘水外溢。

2）由于冷水管及阀门的保温质量差，保温层未贴紧冷水管壁，造成管道外壁冷凝水的滴水。还有的集水盘下表面的二次凝结水滴水。

（2）解决办法　尽可能多地设置垂直冷凝水排水立管，这样可缩短水平排水管的长度。水平排水管的坡度不得小于 1/100。从每个风机盘管引出的排水管尺寸，应不小于 $DN20mm$。空气处理机组的凝结水管至少应与设备的管口相同。在控制阀和关断阀的下边均应加附加集水盘，并且集水盘下要保温。

思考题与习题

1. 开式循环和闭式循环水系统各有什么优缺点？
2. 两管制、四管制及分区两管制水系统的特点各是什么？
3. 什么是定流量和变流量系统？
4. 一级泵系统、二级泵系统的区别是什么？它们分别适用于何种场合？
5. 复式泵变流量水系统的特点是什么？
6. 单式泵变流量水系统常用什么方法控制？
7. 高层建筑空调水系统需要分区的原因何在？系统中承压最薄弱的环节是什么？
8. 常用的空调水系统定压方式有哪几种？带有开式膨胀水箱的水系统是开式系统还是闭式系统？为什么？
9. 空调水系统的定压点如何确定？
10. 膨胀水箱有哪些配管？
11. 空调冷热水与冷却水不经水处理的危害性是什么？
12. 空调水系统的设计原则是什么？
13. 为什么要对空调水系统进行补水？
14. 平衡阀有哪些功能？选用平衡阀时应注意什么？
15. 分水器和集水器的作用是什么？
16. 简述冷却塔的工作原理及如何选择冷却塔。
17. 冷凝水系统设计时应注意什么？

二维码形式客观题

扫描二维码可在线做题，提交后可查看答案。

第8章 客观题

参 考 文 献

- [1] 潘云钢. 高层民用建筑空调设计 [M]. 北京：中国建筑工业出版社, 1999.
- [2] 马最良, 姚杨. 民用建筑空调设计 [M]. 北京：化学工业出版社, 2003.
- [3] 陆亚俊, 马最良, 邹平华. 暖通空调 [M]. 北京：中国建筑工业出版社, 2002.
- [4] 尉迟斌. 实用制冷与空调工程手册 [M]. 北京：机械工业出版社出版, 2003.
- [5] 电子工业部第十设计研究院. 空气调节设计手册 [M]. 2版. 北京：中国建筑工业出版社, 1995.
- [6] 赵荣义. 简明空调设计手册 [M]. 北京：中国建筑工业出版社, 1998.
- [7] 赵荣义, 范存养, 薛殿华, 钱以明. 空气调节 [M]. 3版. 北京：中国建筑工业出版社, 1994.
- [8] 陆耀庆. 实用供热空调设计手册 [M]. 北京：中国建筑工业出版社, 1993.
- [9] 范洪生, 贾洪民. 集中空调水系统两管制和四管制形式及其演变 [J]. 暖通空调, 2002, 32 (3)：114-117.
- [10] 李娥飞. 暖通空调设计与通病分析 [M]. 2版. 北京：中国建筑工业出版社, 2004.
- [11] 中国建筑科学研究院, 建筑设计研究院, 建筑标准设计研究所. 民用建筑采暖通风设计技术措施 [M]. 2版. 北京：中国建筑工业出版社, 1996.
- [12] 王天富, 买宏金. 空调设备 [M]. 北京：科学出版社, 2003.
- [13] 陆耀庆. HVAC暖通空调设计指南 [M]. 2版. 北京：中国建筑工业出版社, 1996.
- [14] 中国建筑标准设计研究所. 全国民用建筑工程设计技术措施——暖通空调·动力 [M]. 北京：中国计划出版社, 2003.
- [15] 于晓明, 牟灵泉, 牟冬. 溴化锂直燃机机房水系统设计探讨 [J]. 暖通空调, 1997, 27 (6)：55-58.
- [16] 陈焰华, 武笃福. 冷水机组水系统的配置及设计 [J]. 暖通空调, 2003, 33 (6)：67-69.
- [17] 何耀东. 空调用溴化锂吸收式制冷机 [M]. 北京：中国建筑工业出版社, 1993.
- [18] 刘传聚, 腾英武. 膨胀水箱容积计算方法 [J]. 暖通空调, 2002, 32 (4)：73-74.
- [19] 刘泽华, 彭梦珑, 周湘江. 空调冷热源工程 [M]. 北京：机械工业出版社, 2005.
- [20] 解国珍, 姜守忠, 罗勇. 制冷技术 [M]. 北京：机械工业出版社, 2006.
- [21] 龚光彩. 流体输配管网 [M]. 2版. 北京：机械工业出版社, 2013.
- [22] 编制组. 民用建筑供暖通风与空气调节设计规范宣贯辅导教材 [M]. 北京：中国建筑工业出版社, 2012.

暖通专家伍小亭简介

第 9 章
空调系统的运行调节与测试调整

▶ **学习要点**

重点：①室内热湿负荷变化时的运行调节方法；②室外空气状态变化时一次回风系统的运行调节方法；③空调系统的测定与调整方法。

难点：①室内热湿负荷变化时的运行调节方法在焓湿图上的表示；②室外空气状态变化时一次回风系统的运行调节方法在焓湿图上的表示；③空调系统的测定与调整方法。

空调系统的空气处理方案和设备容量都是根据冬、夏季室外设计计算参数，以及最不利室内热、湿散发情况计算所得的空调热、冷负荷来确定的。然而，实际运行中室外气象参数随季节交替变换，且时时变化，以致绝大多数时间偏离设计计算参数。室内冷（热）、湿散发量也经常改变。并且往往室外气象条件的变化以及空调房间人员的出入、照明的启闭、发热设备工作状况的变化会同时发生，引起空调负荷的变化。因此，必须通过空调系统的运行调节来保证室内空气参数处于其允许波动范围，并且避免不必要的能量浪费。

一般情况下，根据空调建筑的功能不同，允许室内空气的温湿度参数在一定的范围内波动，通常这一区域被称为"**室内空气温、湿度允许波动区**"，也称为"空调温湿度精度"。图 9-1 所示阴影面积为工业生产、科学实验等环境服务的空调系统，室内允许温湿度波动范围根据工艺要求确定。其中要求比较严格的，限定温度波动范围为 ±1℃ 或 ±0.5℃，甚至为 ±0.1℃；湿度波动范围为 ±10% 或 ±5%，甚至 ±2%。也有很多工艺要求不严格的，或只对温度和湿度中的一个参数要求严格，对另一个参数要求不严格。一般舒适性空调，温湿度的允许波动范围比较宽，温度上、下限可差 3℃ 左右，湿度上、下限可差 40% 左右。

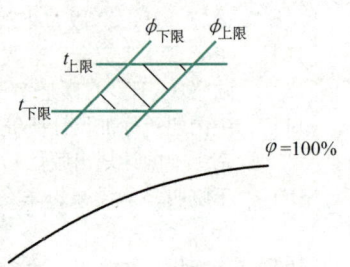

图 9-1　空调室内空气温、湿度允许波动区

另外，室外空气状态在一年中的变化范围很大，当空调系统确定后可根据当地的气象变化情况，将 $h-d$ 图分成若干个气象区，对应于每一个区域采用不同的空气处理方式和运行调节方法，因此气象区也称**空调工况区**。这样，全年就按工况区对空调系统进行调节。空调工况区的划分原则是：在保证室内温湿度要求的前提下，力求系统运行经济、调节设备简单可靠；同时还应考虑室外空气参数在各个区域出现的累计小时数。如果室外空气状态参数在某一分区出现的频率很少时，则可将该区合并到其他相邻区，以减少空调系统的调节设备。

为了分析问题方便起见，本章把室内热湿负荷变化和室外空气状态变化两个方面的运行调节分开加以分析。即空调系统的运行调节包括以下两个方面：一是如何根据室内热湿负荷的变化对系统进行调节，使室内温湿度处在允许的范围内；二是如何根据季节的变化，充分利用室外空气的自然冷量、变换空气处理过程的模式。

9.1 室内热湿负荷变化时的运行调节

室外气象参数、室内人员、照明及工艺设备散热和散湿量的变化都会引起室内冷负荷（余热量为正值）或热负荷（余热量为负值）以及湿负荷（余湿量）的随时变化。通常，室内热、湿负荷的变化可分为如下两种情况。

1. 室内余热量变化、余湿量不变

实际工程中，空调建筑内部的余热量往往随室外气象参数和室内热状况的变化而变化，但室内人员及工艺设备的散湿量一般较稳定，即室内的余热量 Q 变化，而余湿量 W 不变。对于露点送风空调系统，如图9-2所示，夏季设计工况下，将 q_m （kg/h）的风量从机器露点 L 送入室内，则送风沿热湿比线 ε 变化到室内空气状态点 N。为简明起见，以下分析均未考虑风机和风管的温升。当室内余热量减小为 Q'，而余湿量不变时，室内热湿比 ε 将逐渐减小至 ε'。若不进行调节，仍以原送风量 q_m 和机器露点 L 送风，则室内空气状态点就变为过 L 点的 ε' 线与等 d_N 线的交点 N'。这是

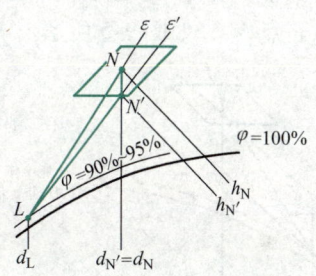

图 9-2 室内状态点的变化
（余热量变化、余湿量不变时）

由于室内的余湿量不变，送风量也不变，而 $d_{N'} - d_L = \dfrac{1000W}{q_m} = d_N - d_L$，因此 $d_{N'} = d_N$；但 $h_{N'} = h_L + \dfrac{Q'}{q_m}$，且 $Q' < Q$，因此 $h_{N'} < h_N$，即室内温度将降低。

如 N' 点仍处在室内温湿度的允许波动范围内，则不必进行调节。当空调室内要求精度很高或室内显热负荷减少很多时，N' 点超出了 N 点的允许波动范围，则必须进行运行调节，改变送风状态或送风量，以满足空调温湿度精度要求。

2. 室内余热量、余湿量均变化

很多情况下，空调建筑的余热量、余湿量会同时发生变化。这时，室内热湿比 ε 也随之变化。如果余热量或余湿量均减少，那么根据两者的变化程度不同，热湿比可能减小，也可能增大。如图9-3所示，$\varepsilon' < \varepsilon$，$\varepsilon'' > \varepsilon$。如果不改变送风状态，根据变化后的热湿比 ε' 和 ε''，就会达到新的室内状态点 N' 和 N''。若余热量 Q，余湿量 W 均减小，则必然 $h_{N'} < h_N$，$d_{N'} < d_N$，$h_{N''} < h_N$，$d_{N''} < d_N$。当 N' 和 N'' 仍落在允许波动范围内，可以不进行调节，若落在允许波动范围之外，则必须进行调节。

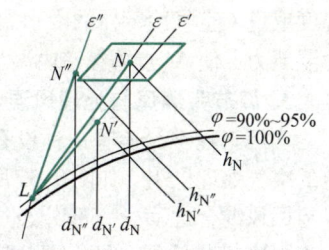

图 9-3 室内状态点的变化

下面分别介绍这两种情况下空调系统的运行调节方法。

9.1.1 室内余热量变化、余湿量不变时的运行调节

1. 定露点调节再热量法

当室内余热量变化，余湿量不变时，在不改变露点的情况下调节再热量，可将送风状态 L 加热达到所需的送风状态点 O，原理如图9-4所示。

对于单风管定风量再热空调系统，空调处理设备以同一参数（机器露点）送风，送风经设在每一个区域或房间前的再热器，再热盘管的加热量可由温控器根据各个房间或区域的设定温度或

负荷变化来调节,达到所需的送风状态 O、O'、…实现各个房间的温度控制。

2. 调节一、二次回风比法

对于带有二次回风的空调系统,由于二次回风阀门的调节范围较宽,因此在整个夏季和过渡季节大部分时间,可以采取调节一、二次回风比的方法,不同程度地利用回风的热量来调节室温,省去再热量,较为经济。

当室内余热量减少,余湿量不变时,则室内热湿比 ε_x 变为 ε'_x。这时可调节一、二次回风联动阀门,开大二次风门,关小一次风门,增大二次风量,减少一次风量。在保持总风量不变的情况下,改变一、二次回风比,将送风状态点从 O_x 点提高到 O'_x 点,然后送入室内,达到室内状态点 N'_x,如图 9-5 所示。

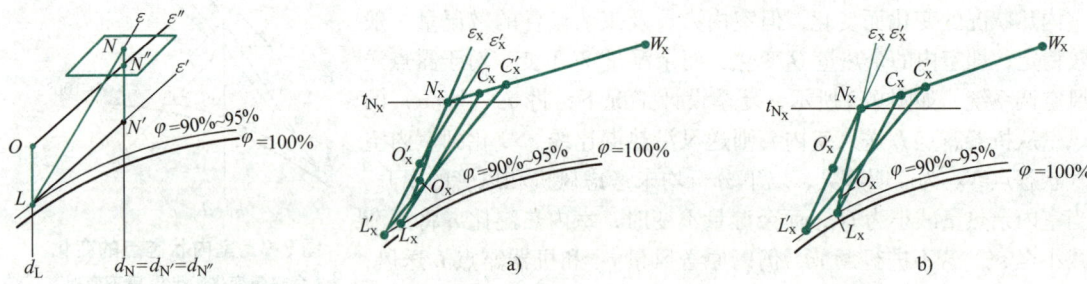

图 9-4　定露点调节再热量

图 9-5　调节一、二次回风比
a) 不改变机器露点　b) 改变机器露点

由于二次回风不经喷水室或空气冷却器,因此流经空气处理设备的风量减少,空气流动速度下降,冷却效率有所提高。在不调节进入空气处理设备冷水温度和水量的情况下,机器露点稍有下降。这时与一定比例的二次回风混合达到送风状态点 O'_x,一、二次回风比要保证 O'_x 的含湿量与原送风状态的含湿量相同或十分接近,才能消除室内的余湿,满足空调精度要求,如图 9-5a 所示。

若室内余湿量较大时,因二次风不经喷水室或空气冷却器的处理,有可能使室内的相对湿度升高,当 N'_x 点超出室内相对湿度的允许范围时,可以在调节二次回风量的同时,调节喷水室喷水温度或进入空气冷却器的冷水温度,以降低机器露点,使送风状态空气含湿量降低,提高送风的除湿能力,使 N'_x 点落在室内温湿度允许的范围内或恒定在 N_x 点。空气处理过程如图 9-5b 所示。

3. 调节旁通风与处理风混合比

实际工程中,还有一种设有旁通风道的空气处理机组,如图 9-6a 所示。新风与回风混合之后,一部分经过喷淋室或表面冷却器处理,另一部分流经旁通风门,然后这两部分空气混合后送入室内,根据室内负荷的变化,可调节旁通风道与处理风道的联动风门,以改变旁通风与处理风的混合比来改变送风状态,达到室内要求的空气参数。

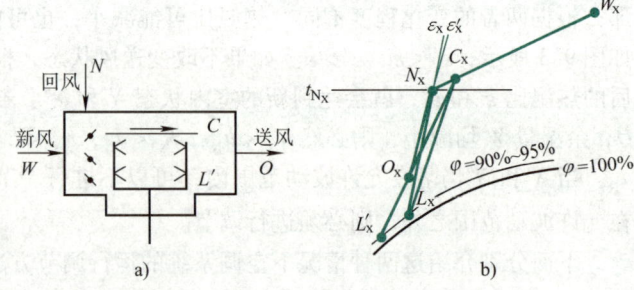

图 9-6　调节旁通风和回风混合比
a) 带旁通风道的空气处理机组　b) 旁通风与回风混合比调节原理

设计工况下,旁通风门完全关闭,新回风混合后经完全处理后送入室内。当室内冷负荷减少,而余湿量不变时,室内热湿比由 ε_x 变成 ε'_x,室内温度下降。这时,旁通风道与处理风道的联动电动调节阀门动作,开启旁通风道风门,并调节旁通风与处理风的混合比,使送风温度升高,送风含湿量不变,以适应室内冷负荷的变化,达到室内空气参数的要求。空气处理过程如图 9-6b 所示。

由于部分室外空气未经降温减湿处理就经旁通风门进入室内,因此,室外空气参数对室内状态的影响较大。但该调节方法也可避免或减少冷热量的抵消,可以节省能量。尤其是过渡季,效果更加显著。

4. 调节送风量

变风量空调系统,可通过在送风支管上安装变风量末端装置来改变房间的送风量。使用变风量风机时,可节省风机运行费用,且可避免再热。当室内负荷发生变化时,可保持原送风状态不变,通过调节送风量达到室内空气参数的要求。如图9-7所示,设计

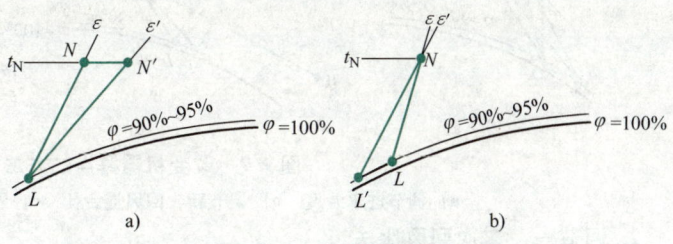

图9-7 调节送风量
a) 不调节冷水温度　b) 调节冷水温度

工况下,室内冷负荷为Q,送风状态为O,送风量为q_m,当室内冷负荷减少,余湿量不变时,可仍按原送风温差送风,可减小送风量至$q'_m = \dfrac{Q'}{h_N - h_O}$。由于$Q' < Q$,因此$q'_m < q_m$。即减少送风量使室温不变,但送入室内的总风量吸收余湿的能力也有所下降,室内相对湿度将有所增加,室内状态点由N变为N',如图9-7a所示。如果室内温湿度精度要求严格,则可以调节喷水温度或空气冷却器进水温度,降低机器露点,减少送风含湿量,以满足室内参数的要求,如图9-7b所示。但在调节风量时,应避免风量过小而导致室内空气品质恶化和正压降低,影响空调效果。

9.1.2 室内余热量、余湿量均变化时的运行调节

1. 定露点和变露点调节再热量法

当室内余热、余湿量均变化时,对于室内余湿量变化不大或室内相对湿度允许波动范围较大的场合,也可采用简单的定露点调节再热量的方法。当室内余湿量变化较大且室内空气温湿度精度要求很高时,须采用变露点调节再热量的方法进行控制。

例如,当热湿比由ε变成ε'后,若仍按原送风状态L送风,则室内状态将变为N',如图9-8所示。要想使室内状态仍保持在N,就必须使送风状态点由L变为L'。显然,$h_{O'} > h_L$,$d_{O'} > d_L$。可见,要达到这一送风状态,不仅需要改变再热量,而且还须改变机器露点至L'。

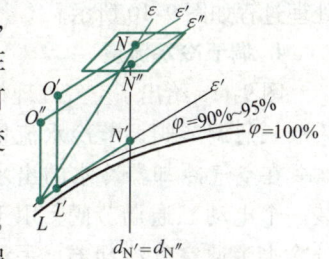

图9-8 调节再热量

对一次回风空调系统而言,可采用以下几种方法改变机器露点。

(1)调节喷水室或空气冷却器的进水温度　在空气处理过程中,可调节喷水温度或空气冷却器进水温度,将空气处理到所要求的新的露点温度L',如图9-9a所示。

(2)调节新、回风混合比　在冬季或过渡季,当室外温度比较高时,可调节新、回风混合比,使混合点的位置由原来的C点改变到过新机器露点L'的等焓线上,然后绝热加湿到新机器露点L',如图9-9b所示。

(3)调节预热器加热量　冬季,当室外温度较低采用最小新、回风比时,可调节预热器加热量,将新、回风混合点C的空气由原来加热到M点改变为加热到M'点,即加热到过新机器露点L'的等焓线上,然后绝热加湿到L',如图9-9c所示。

尽管再热式调节的调节性能好,可以实现对温湿度较严格的控制,也可对各个房间进行分别控制,但由于冷、热量抵消,因此能耗较高。

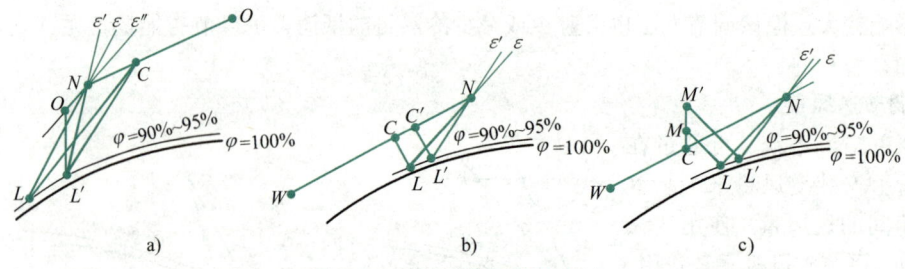

图 9-9 改变机器露点的方法
a) 调节进水温度　b) 调节新、回风混合比　c) 调节预热器加热量

2. 调节一、二次回风比法

对于带有二次回风的空调系统,由于二次回风阀门的调节范围较宽,因此在整个夏季和过渡季节大部分时间,可以采取调节一、二次回风比的方法,不同程度地利用回风的热量来调节室温,省去再热量,较为经济。

当室内余热量和余湿量均变化时,同样可以调节二次回风量和机器露点以保证所需的室内空气参数。由于调节一、二次回风比的方法可省去再热量。因此,该方法得到广泛的应用。

3. 调节旁通风与处理风混合比

对于设有旁通风门的空气处理机组,设计工况下,旁通风门完全关闭,新回风混合后完全经处理后送入室内。当室内冷负荷减少,余湿量也减少时,室内热湿比由 ε_x 变成 ε'_x 或 ε''_x,室内温度下降。这时,旁通风道与处理风道的联动电动调节阀门动作,开启旁通风道风门,并调节旁通风与处理风的混合比,使送风温度升高,送风的含湿量适当减少,以消除室内余热余湿,达到室内状态参数的要求。空气处理过程如图 9-10 所示。

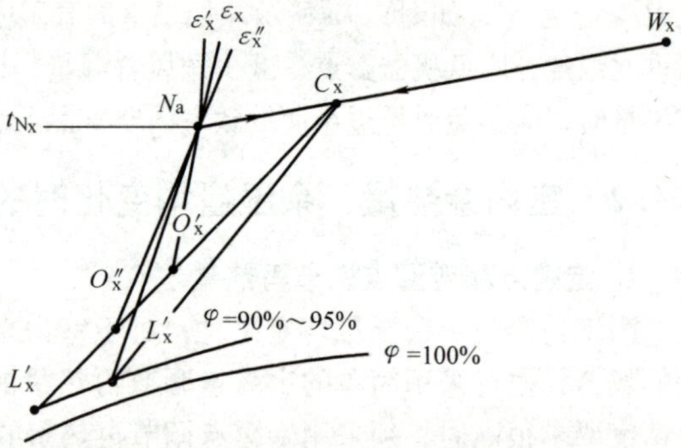

图 9-10 调节旁通风与处理风混合比

4. 调节冷水流量

图 9-11a 给出了空气处理机组中采取三通调节阀调节冷水流量的方案。在空气冷却器冷水的出水管上装一个电动三通调节阀,用于使部分冷水旁通空气冷却器;手动调节阀用于平衡空气冷却器水路阻力。设计工况下,通过空气冷却器的水量为额定水流量,空气冷却器对空气的处理过程如图 9-11c 所示中的线段 $C_x O_x$。

当室内余热、余湿量均发生变化时,也可采用调节水量来实现室内温湿度的调节。例如,当室内显热冷负荷减少,室内温度下降时,自动控制系统根据室内温度的变化,

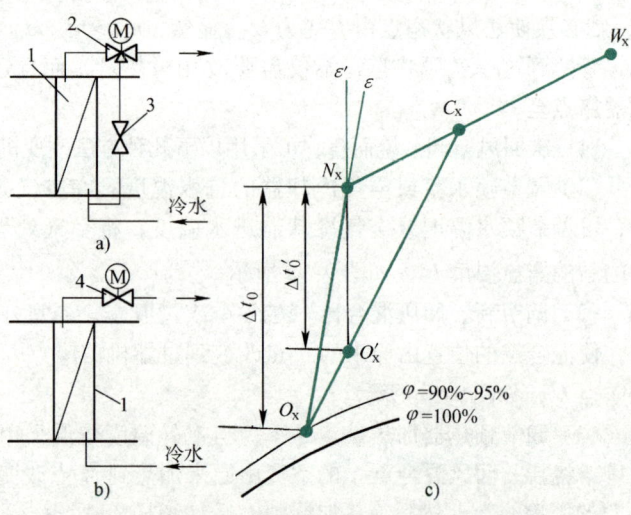

图 9-11 调节通过空气冷却器的冷水流量
a) 三通调节阀调节冷水流量　b) 两通调节阀调节冷水流量
c) 空气冷却器对空气的处理过程

控制电动三通调节阀动作，使旁通水量增加，通过空气冷却器的水量减少，经空气冷却器冷却去湿处理的空气温度升高，送风温差减少，达到满足室内空气参数要求的送风温度。由于进入空气冷却器的冷水初温不变，当通过空气冷却器的冷水流量改变时，经空气冷却器冷却的空气状态点基本上在 C_xO_x 线段上移动，严格地说 $C_xO'_x$ 的方向也是变化的。可见，送风状态点不仅温度变化了，而且含湿量也变化了，因此可以适应室内余热、余湿变化，满足室内温湿度的要求。图 9-11b 所示为电动两通调节阀调节冷水流量的调节方案，其工作原理与上述类似。

9.2 室外空气状态变化时的运行调节

室外空气状态的变化一方面会引起空调处理系统送风参数的变化，造成室内空气状态的波动；另一方面也会引起建筑外围护结构传热量以至室内负荷的变化，进而导致室内空气状态变化。下面在假定室内负荷不变的前提下，单独讨论室外空气参数变化时，如何进行全年运行调节的问题。

室外空气状态在一年中的变化范围很大，空调系统的全年运行调节应按照空调工况划分为几个阶段来进行。空调系统在运行过程中应能够实现工况在各个相邻分区之间的自动转换。在每个阶段内，只对某一种空气处理设备进行调节，从一个阶段转换到另一个阶段时，调节对象也从一种设备转换到另一种设备。

9.2.1 一次回风空调系统的全年运行调节

空调系统运行调节中"露点控制"调节法最为常用，即通过控制喷水室或空气冷却器后的露点状态调节送风状态。下面分别介绍带有喷水室或空气冷却器的一次回风式空调系统的全年运行调节。

1. 一次回风喷水室空调系统的全年运行调节

除了某些工艺性空调外，冬、夏季室内温湿度要求是不同的，例如夏季 $t_{N_x}=26℃$，冬季 $t_{N_d}=22℃$，相对湿度允许在 40%~60% 变化，因此全年的允许室内状态点形成一小区域。冬夏季热湿比分别为 ε_d 和 ε_x。图 9-12 表明了设计工况下一次回风空调系统采用喷水室为空气处理设备时的冬、夏季处理工况及全年空调工况分区。图中的室外气象包络线是对全年各时刻出现的干、湿球温度状态点在 h-d 图上的分布进行统计得到的。室外气象包络线与相对湿度 $\varphi=100\%$ 的饱和曲线所围之区域为**室外气象区**。

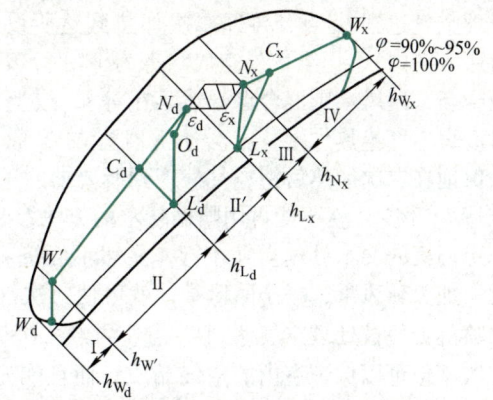

图 9-12 一次回风喷水室空调系统全年空调工况分区

由于空气的比焓是衡量冷、热量的依据，且可以用干、湿球温度测得，因此用比焓作为室外空气状态变化的指标来进行空调工况的分区。一般全年可由 h_{W_d}、$h_{W'}$、h_{L_d}、h_{L_x}、h_{N_x} 及 h_{W_x} 等焓线划分为 5 个空调工况区进行运行调节。

（1）第Ⅰ区域—— 一次加热器加热量调节阶段 这一区域对应于冬季的寒冷时段，室外空气比焓值小于 $h_{W'}$。在该区域内采用最小新风比 m(%) 来满足室内空气品质要求。冬季室外设计参数下空气的比焓值计算如式（9-1）。

$$h_{W'} = h_{N_d} - \frac{h_{N_d} - h_{L_d}}{m} \tag{9-1}$$

当室外空气比焓值小于 $h_{W'}$ 时，采取改变预热器（一次加热器）加热量的调节方法，如图 9-13 所示。把新风预热到等 $h_{W'}$ 线上。然后，按最小新风比 m 与回风 N_d 混合，则混合点必然落在机器露点的等焓线 h_{L_d} 上（C_d），经绝热加湿到 L_d，再加热（二次加热）到冬季设计工况的送风状态点 O_d 入室内。

从图 9-13 可以看出，随着室外空气比焓值的变化，调节一次加热器的加热量，即可保证达到所要求的机器露点；当室外空气比焓值等于 $h_{W'}$ 时，室外新风和一次回风的混合点也就自然落在等 h_{L_d} 线上，此时，关闭一次加热器，采用最小新风比的一次加热量调节阶段结束。

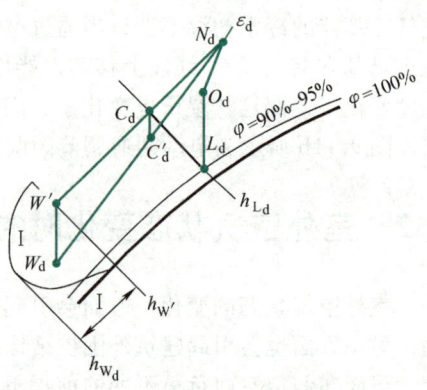

图 9-13　一次加热器加热量调节阶段

一次加热器的加热量可采取以下两种方法调节：以热水为热媒时，一般通过调节供、回水阀以改变热媒流量来控制一次加热器的加热量，但这种调节方法温度波动大，稳定性差；以蒸汽为热媒时，控制一次加热器处的旁通联动风阀以调节通过一次加热器的风量和旁通风量的比例来进行调节，这种调节方法温度波动小，稳定性好，调节质量高。由于露点接近饱和状态，干球温度一个参数就可确定它的状态。因此，一般通过观察机器露点的干球温度即可判断调节是否达到了要求。

如图 9-13 中 $\overline{C'_d C_d}$ 所示，一次加热过程也可以在室外空气和室内空气混合到达 C'_d 以后进行。

(2) 第 Ⅱ 区域——新、回风混合比调节阶段　　从图 9-14 看出，当室外空气比焓值在 $h_{W'} \sim h_{L_d}$ 之间的区段时（如 W'_d 点，若与回风 N_d 混合至等 h_{L_d} 线上的 C'_d 点，则可用喷淋循环水的方法使被处理空气达到 L_d 点，再经二次加热到达所设计的送风状态点 O_d 后送入室内），但当室外空气状态为 W''_d 时，若仍按最小新风比 m 混合新、回风，则混合点必然落在等 h_{L_d} 线上方 C''_d 点。如果直接对混合空气绝热加湿，就会使机器露点 L_d 向上偏移至 L''_d，而无法保证在二次加热后把空气处理到所要求的送风状态点 O_d。要想维持 L_d 不变，就不能再用喷循环水的方法，要启动制冷设备，用一定温度的冷水处理空气才行，显然不经济。如果改变新、回风比，加大新风量，减小回风量，就可使一次混合状态点 C''_d 仍然落在等 h_{L_d} 线上，然后再用循环水喷淋，使被处理空气达到 L_d 点，再经二次加热达到所设计的送风状态后送入室内。显然，此方法不但可以保证室内的空气品质，而且能充分利用新风冷量，推迟启动制冷设备的时间，有利于节省运行费用，达到节能的目的。

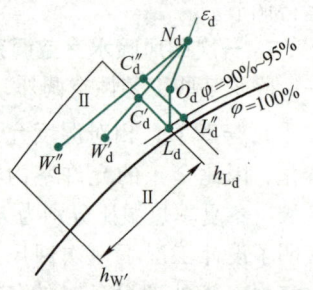

图 9-14　新、回风混合比调节阶段

随着室外空气温度的升高，可以采用新风联动调节阀调节新、回风混合比。在开大新风阀的同时，关小回风阀。同第 Ⅰ 阶段一样，也可以根据机器露点的温度判断新风和一次回风混合比的调节是否合适。

当室外空气比焓值恰好等于 h_{L_d} 时，可全部采用室外新风，即新风阀全开，回风阀全关，新、回风混合比调节阶段结束，将开始进入第 Ⅱ′区域。

在整个调节过程中，为了不使空调房间的正压过高，随回风阀的关小，通过风阀联动装置逐渐开大排风阀。当系统较大时，可设回风机来解决过渡季取用新风问题，同时回风系统应具有把全部回风排至室外的能力。

(3) 第Ⅱ′区域——由冬季工况转为夏季工况，新、回风混合比调节阶段　第Ⅱ′区域是冬季和夏季室内参数要求不同时才存在的工况区，即室外空气比焓值在冬、夏季送风机器露点 $h_{L_d} \sim h_{L_x}$ 的区域。如果室内参数在允许的范围内波动，则不必调节新回风风门，这时室内状态随新风状态而变化。为了推迟使用制冷设备，则可将室内控制点给定值调整到夏季的参数。如图 9-15 所示，可以采用与Ⅱ区同样的调节方案，即调节新、回风混合比，使混合点 C_d 处理到夏季送风机器露点的等 h_{L_x} 线上，然后经绝热加湿，再经过二次加热达到送风状态送入室内。直到当室外空气状态正好落在 h_{L_x} 线上时，关闭一次回风阀门，采用 100% 的新风，第Ⅱ′区域结束，之后进入第Ⅲ个空调工况区。

(4) 第Ⅲ区域——全新风，喷水温度调节阶段　从图中 9-16 看出，进入了夏季，室外空气比焓值在 $h_{L_x} \sim h_{N_x}$ 时，h_{N_x} 总是大于 h_{L_x}，如果利用室内回风将会使混合点 C'_x 的比焓值比原室外空气的比焓值更高，把混合空气处理到机器露点 L_x 所需要的冷量比把室外新风处理到机器露点 L_x 的冷量还要大，显然不经济。为了节约冷量，在这一阶段里，应该全部关掉一次回风，采用 100% 新风，开始使用冷水，喷水室的空气处理过程将从降温加湿（$W'_x \to L_x$）到降温减湿（$W''_x \to L_x$）。随着室外参数的升高，应逐渐降低喷水温度，以保证达到所要求的机器露点 L_x。一般通过调节电动三通阀改变冷水和喷水室底池回水的比例来实现。当喷水温度越低，或要求的喷水量越大时，冷源的制冷量越大。这一阶段也称为采用全新风的喷水温度调节阶段。

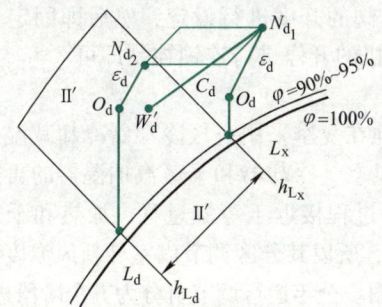

图 9-15　新、回风混合比调节阶段（Ⅱ′区）

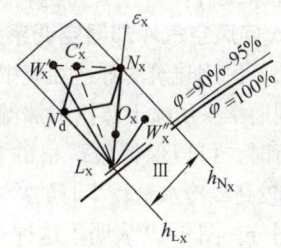

图 9-16　全新风，喷水温度调节阶段

(5) 第Ⅳ区域——最小新风比，喷水温度调节阶段　进入盛夏时节，这时室外空气比焓值 $h_{W_x} > h_{N_x}$。

h_{W_x} 是夏季室外设计参数时的比焓值。从图 9-17 可以看出，这一阶段内，由于室外空气比焓值高于室内比焓值，如继续使用 100% 的室外新风运行，把室外空气减焓降湿处理到机器露点 L_x 所需要的冷量，比采用回风时需要的冷量大。可见，采用回风较采用全新风经济。而且使用的回风越多，所需的冷量就越少。为了节约冷量，这一阶段应采用最小新风比 m。因喷水室的空气处理过程是冷却降焓减湿，可改变喷水温度。随着室外空气温度的升高，可通过调节喷水三通阀，使喷水温度逐渐降低，以保证将空气处理到其设计工况机器露点 L_x。这一阶段也称为采用最小新风比的喷水温度调节阶段。

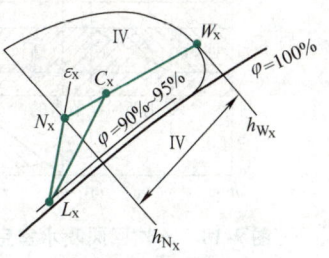

图 9-17　第Ⅳ区域

采用上述空调工况分区法，过渡季可调节新、回风混合比，节省运行费用，因此这种调节方法得到了广泛采用。

一次回风喷水室空调系统的全年运行调节方法见表 9-1。

表 9-1 一次回风喷水室空调系统的全年运行调节方法

气象区	室外空气参数范围	房间相对湿度控制	房间温度控制	调节内容				
				一次加热	二次加热	新风	回风	喷水过程
I	$h_W < h_{W'}$	一次加热	二次加热	$\varphi_N \uparrow$ 量 $\downarrow$	$t_N \uparrow$ 量 $\downarrow$	最小	最大	喷循环水
II	$h_{W'} < h_W < h_{L_d}$	新回风比例	二次加热	停	$t_N \uparrow$ 量 $\downarrow$	$\varphi_N \uparrow$ 量 $\downarrow$	$\varphi_N \uparrow$ 量 $\downarrow$	喷循环水
II′	$h_{L_d} < h_W < h_{L_x}$	新回风比例	二次加热	停	$t_N \uparrow$ 量 $\downarrow$	$\varphi_N \uparrow$ 量 $\uparrow$	$\varphi_N \uparrow$ 量 $\downarrow$	喷循环水
III	$h_{L_x} < h_W < h_{N_x}$	喷水温度	二次加热	停	$t_N \uparrow$ 量 $\downarrow$	全开	全关	$\varphi_N \uparrow$ 喷水温度 $\downarrow$
IV	$h_W > h_{N_x}$	喷水温度	二次加热	停	$t_N \uparrow$ 量 $\downarrow$	最小	最大	$\varphi_N \uparrow$ 喷水温度 $\downarrow$

注: 1. 新风"最小"指最小新风比 $m\%$ 时的新风量,即 mq_m(q_m 为送风量);回风"最大"指最小新风比 m 时的回风量,即 $(1-m)q_m$。
2. "↑"表示升高或增加,"↓"表示降低或减少;例如"$t_N \uparrow$ 量 $\downarrow$"表示当室温高于设定值时,加热量(或风量)要减少。

一次回风喷水室空调系统全年运行中热量、风量和冷量的变化运行调节如图 9-18 所示。

如果系统不大,所需空气量不多时,一般全年采用固定不变的新风量,则系统简单,其控制和设定更加容易,只需在系统的调试过程中,对新风阀的开度进行设定,然后即固定于该阀位。此后在系统开停时,只需把新风阀的执行机构与风机的开停进行连锁控制即可。

2. 一次回风空气冷却器空调系统的全年运行调节

近年来,民用建筑的舒适性集中空调系统越来越多地在夏季采用空气冷却器冷却减湿处理空气,冬季则通常采用喷干蒸汽来加湿空气。采用一次回风空气冷却器和干蒸汽加湿器的再热式空调系统运行时,可以保持较严格的参数。由于蒸汽加湿过程接近于等温过程,加热和干式冷却(冷水水温较高或冷水量较少时的冷却)为等含湿量过程,所以其分区调节以室外新风温度和含湿量大小来划分。图 9-19 表明了这种空调系统的工况分区图。全年运行调节可分为五个阶段进行。

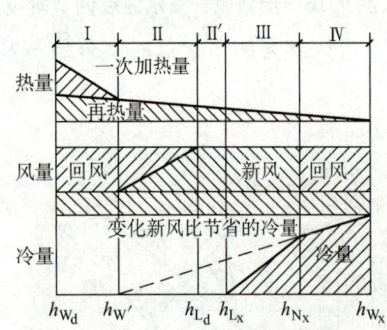

图 9-18 一次回风喷水室空调系统的全年运行调节图

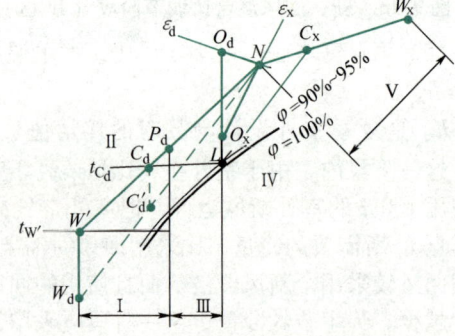

图 9-19 一次回风空气冷却器空调系统全年空调工况分区

(1) 第 I 区域——最小新风量、一次加热量调节阶段 冬季用蒸汽加湿空气时,一般来说新风可以不用预加热,与回风混合后就可以喷蒸汽了。但是,在寒冷地区,且空调系统的新风量大,回风量较少的场合,尤其是当室内有较大的相对湿度时,新、回风混合点的温度就有可能低于送风状态空气 O_d 的露点温度 t_{L_d},如图 9-20 所示。这时,从一次回风混合点 C'_d 喷蒸汽就无法把空气加湿处理到送风状态的等含湿量 d_{L_d} 线上。因此，当一次回风混合点的温度 $t_{C'_d} < t_{L_d}$ 时，就需要设一次加热器预热空气，室外新风预热后的温度由式 (9-2) 确定

$$t_{W'} = (h_{W'} - 2500 d_{W'})/(1.01 + 1.84 d_{W'}) \quad (9-2)$$

在这一阶段，室外空气的温度 $t_W < t_{W'}$，采取最小新风量，即新风量为 $m q_m$（q_m 为送风量），只需调节预热量把新风预热到 $t_{W'}$，与回风混合后就可喷蒸汽把空气加湿到送风状态的等含湿量 d_{L_d} 线上，然后调节再热量保证所要求的送风状态点 O_d 或 O_x。预热器的加热量可由式 (9-3) 确定

$$Q_1 = m q_m c_p (t_{W'} - t_{W_d}) \quad (9-3)$$

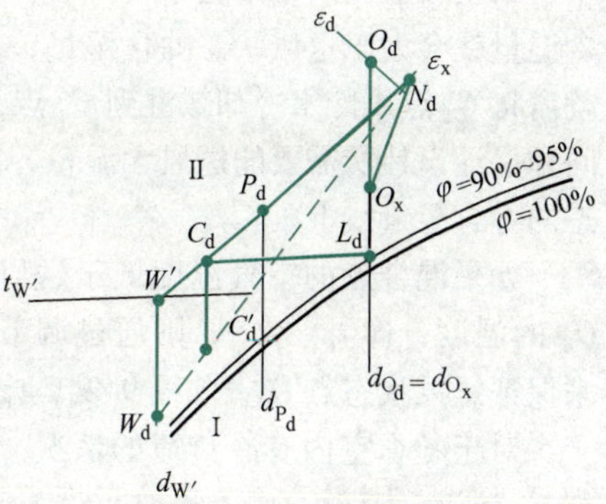

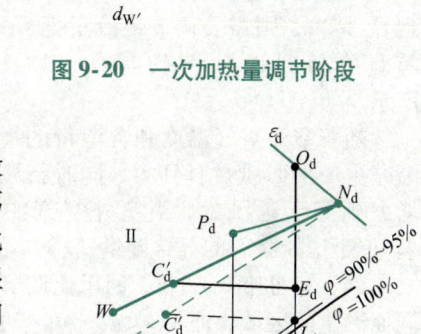

图 9-20　一次加热量调节阶段

当室外温度等于 $t_{W'}$ 时，一次加热量调节阶段结束。

(2) 第Ⅱ区域——采用最小新风量的加湿量调节阶段

当室外空气的温度 $t_W > t_{W'}$，含湿量 $d_W < d_{P_d}$ 时，进入第Ⅱ个调节阶段，如图 9-21 所示。其中 d_{P_d} 是按最小新风比 m 与一次回风混合后，混合点正好落在送风状态的等含湿量 d_{L_d} 线上时室外空气的含湿量，这时，混合后的空气不用加湿，只需再热（或再冷）处理后即可达到送风状态点 O_d。d_{P_d} 可由式 (9-4) 确定

$$d_{P_d} = d_{N_d} - \frac{(d_{N_d} - d_{O_d})}{m} \quad (9-4)$$

图 9-21　加湿量调节阶段

在这一阶段采用最小新风比 m，随着室外空气含湿量的增加，逐渐减小喷蒸汽的量。加湿器的加湿量可由式 (9-5) 计算

$$W = q_m (d_{O_d} - d_{C_d}) \quad (9-5)$$

当室外空气的含湿量 $d_W = d_{P_d}$ 时，混合点正好落在送风状态点的等含湿量线上，这时的加湿量为零，该调节阶段结束。

如果加湿后的空气温度低于送风状态点的温度，即 $t_{E_d} < t_{O_d}$，则需要调节再热量来保证送风状态点 O_d，如图 9-22a 所示。

对于冬季室内有冷负荷的情况，很可能出现加湿后的空气温度高于送风状态点的温度，即 $t_{E_d} > t_{O_d}$，如图 9-22b 所示，此时就需要调节再冷量把 E_d 空气等湿冷却到送风状态点 O_d。由于所需要的冷水温度较高，可采用天然冷源。

(3) 第Ⅲ区域——新、回风比调节阶段　这一阶段室外空气的含湿量在 $d_{P_d} \sim d_{O_d}$，如图 9-23 所示。

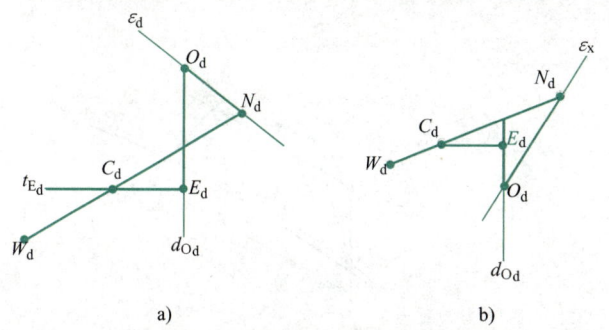

图 9-22　第Ⅱ区域再热量及再冷量的调节
a) 再热　b) 再冷

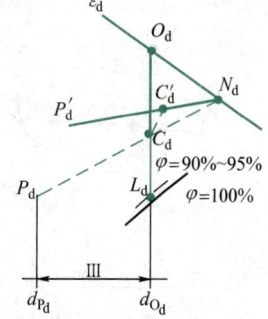

图 9-23　新、回风比调节阶段

当室外空气的含湿量 $d_w > d_{P_d}$ 时,如果再按最小新风比 m 与一次回风进行混合,混合点的含湿量就会大于送风状态的含湿量,如图中的 C'_d 点。这时若要保证设计所需要的送风含湿量,就需将 C'_d 点用冷水冷却减湿到 C_d 点,再加热到 O_d 点送风。但是,为了推迟制冷系统的运行时间和保证设计所需要的送风含湿量,需要逐渐增大新风量,减少回风量,使混合点位于送风状态的等含湿量线上。

如果混合点的空气温度低于送风状态点 O_d 的温度,即 $t_{C_d} < t_{O_d}$,则通过调节再热量来保证送风状态点 O_d,如图 9-24a 所示。

对于冬季室内有冷负荷的情况,也会出现 $t_{C_d} > t_{O_d}$,则需要调节再冷量把 C_d 的空气等湿冷却到送风状态点 O_d,如图 9-24b 所示。

随着室外空气温度和含湿量的增加,逐渐减少一次回风量直到零,同时新风量逐渐增大到等于送风量。当室外空气的含湿量 d_{w_d} 位于送风状态的等含湿量 d_{O_d} 时,该调节阶段结束。

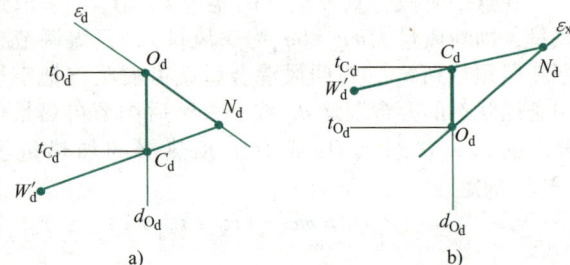

图 9-24 第Ⅲ区域再热量及再冷量的调节
a)再热 b)再冷

(4) 第Ⅲ'区——新、回风比调节阶段 这一区域是空调系统冬、夏季工况室内设定参数不同而产生的区域,即 $d_{O_d} < d_w < d_{O_x}$,如图 9-25 所示。

当 $d_w = d_{O_d}$ 时,为了继续利用室外新风的冷量,推迟使用制冷设备的时间,节省运行费用,可把室内参数设定值转入夏季工况,这样,当室外空气含湿量 $d_{O_d} < d_w < d_{O_x}$,仍采用改变新风和一次回风混合比的方法调节。这样一直可推迟到室内空气的含湿量等于夏季工况送风状态含湿量,即 $d_w = d_{O_x}$ 时,才转入下一个调节阶段。从而可推迟制冷机运行时间,节省运行费用。

实际运行中,也可以不把设定值从 N_d 直接一次转到 N_x,可取 N_d 与 N_x 之间的任何需要值,此时可采用全新风。

(5) 第Ⅳ区域——全新风、冷水量或冷水温度调节阶段 当室外空气的含湿量大于夏季工况送风状态的含湿量,即 $d_w > d_{O_x}$ 时,就需要启动制冷设备对空气进行减焓减湿处理。这时,室内参数的设定值转入夏季工况。室外空气状态的比焓值和含湿量值在 $h_w < h_{N_x}$,$d_w > d_{O_x}$ 的范围内。如图 9-26 所示,可以看到,这一阶段中,如果使用回风,则会使混合空气的比焓值高于新风的比焓值,这样空气从混合状态点 C'_x 处理到机器露点 L_x 所需要的冷量就要比把室外新风从 W'_x 点处理到机器露点 L_x 所需要的冷量还大,显然不经济。因此,在这个调节阶段,采用全新风运行。随着室外空气比焓值的升高,逐渐增加空气冷却器的冷水量或降低冷水温度来控制所要求的机器露点 L_x,调节再热量来保证送风状态点 O_x。当室外空气的比焓值等于室内空气的比焓值,即 $h_w = h_{N_x}$ 时,该调节阶段结束。

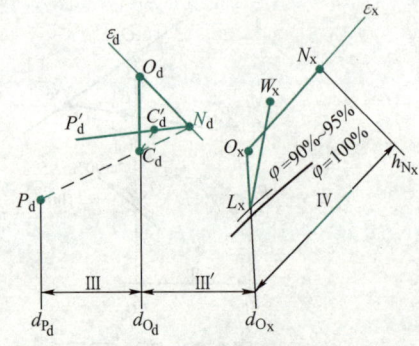

图 9-25 新、回风比调节阶段(Ⅲ'区)

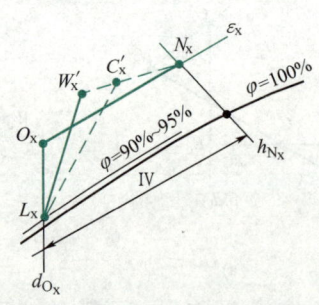

图 9-26 冷水量或冷水温度调节阶段(全新风)

(6) 第V阶段——最小新风量、冷水量或冷水温度调节阶段 当室外空气的比焓值大于室内空气的比焓值，即 $h_W > h_{N_x}$ 时，由图 9-27 可以看出，如果再使用全新风运行就不经济了。这一阶段，室外空气的比焓值和含湿量值在 $h_W > h_{N_x}$，$d_W > d_{O_x}$ 的范围内变化，新、回风比恢复到设计值，即采用最小新风比，以节省空气处理所需要的冷量。随着室外空气比焓值的升高，逐渐增加空气冷却器的冷水量或降低冷水温度来保证所要求的机器露点 L_x，同时调节再热量来保证送风状态点 O_x。

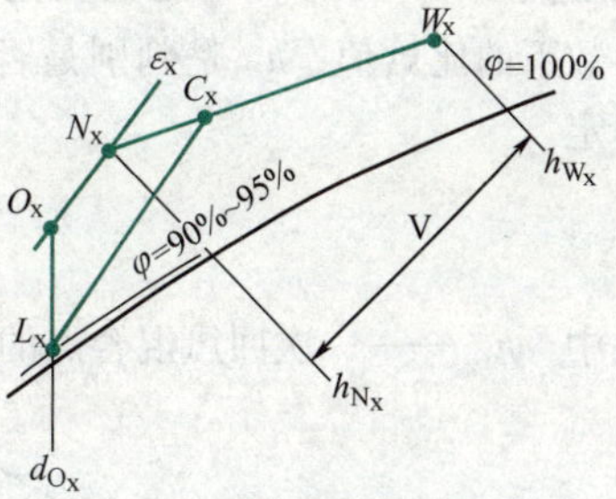

图 9-27 冷水量或冷水温度调节阶段（最小新风量）

对于冬季用喷蒸汽加湿，夏季采用空气冷却器冷却去湿的一次回风空调系统的全年运行调节方法见表 9-2。

一次回风空气冷却器系统全年运行调节图，如图 9-28 所示。

表 9-2 一次回风空气冷却器空调系统的全年运行调节方法

气象区	室外参数范围		各可调对象的工作状态					
	含湿量、温度（比焓）		一次加热	二次加热	加湿	新风	回风	冷水
I	$d_W < d_{P_d}$	$t_W < t_{W'}$	$Q_{1,\max} \to 0$	$t_{N_d} \uparrow$ 量 $\downarrow$	$\varphi_{N_d} \uparrow$ 量 $\downarrow$	最小	最大	停
II	$d_W < d_{P_d}$	$t_W > t_{W'}$	停	—	最小	最大	$t_W \uparrow$ 冷量 $\uparrow$	
III	$d_{P_d} < d_W < d_{O_d}$	—	停	$t_{N_d} \uparrow$ 量 $\downarrow$	停	$mq_m \to q_m$	$(1-m)q_m \to 0$	$t_W \uparrow$ 冷量 $\uparrow$
III′	$d_{O_d} < d_W < d_{O_x}$	—	停	t_{N_x} 量 $\downarrow$	停	$mq_m \to q_m$	$(1-m)q_m \to 0$	$t_W \uparrow$ 冷量 $\uparrow$
IV	$d_W > d_{O_x}$	$h_W < h_{N_x}$	停	t_{N_x} 量 $\downarrow$	停	全开	全关	$\varphi_{N_x} \uparrow$ 量 $\uparrow$
V	$d_W > d_{O_x}$	$h_W > h_{N_x}$	停	t_{N_x} 量 $\downarrow$	停	最小	最大	$\varphi_{N_x} \uparrow$ 量 $\uparrow$

9.2.2 二次回风空调系统的全年运行调节

从上节的讨论可知，一次回风系统由于使用再热而多耗费了冷量和热量。如果采用二次回风系统，特别是在回风量较大的场合，则可利用部分回风的热量，节省运行能耗。

1. 二次回风喷水室空调系统的全年运行调节

对于一、二次新回风混合比可变的系统，可采用如图 9-29 所示的分区方法来实现系统的全年运行调节。

(1) 第 I 区域——一次加热量的调节阶段（预热量调节阶段） 这一区域，室外空气的

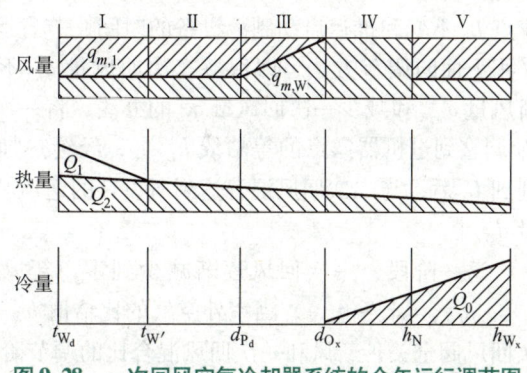

图 9-28 一次回风空气冷却器系统的全年运行调节图

比焓值在 $h_{W_d} < h_W < h_{W'}$ 之间变化，空气的处理过程如图 9-30 所示。其中，h_{W_d} 是冬季室外设计参数下的比焓值，$h_{W'}$ 是判别是否设一次加热器的临界室外空气状态的比焓值，可由式（9-6）确定

$$h_{W'} = h_{N_d} - \frac{h_{N_d} - h_{L_d}}{m\%} \tag{9-6}$$

式中　　h_{L_d}——一次回风混合点的比焓值（kJ/kg）；

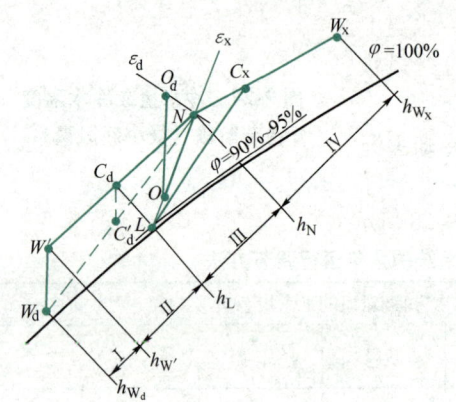

图 9-29　新风可变的一、二次回风的喷水系统分区

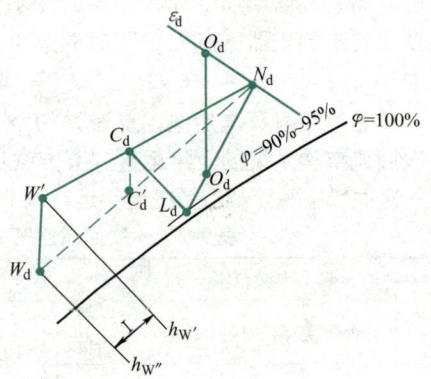

图 9-30　预热量调节阶段

当室外空气比焓值 $h_W < h_{W'}$ 时，需要用一次加热器把新风加热到等焓线 $h_{W'}$ 上，这样与一次风混合后，混合点就可落在过机器露点 L_d 的等焓线上，经绝热加湿到 L_d 点，就可保证与二次回风混合后达到所设计的送风状态点。

在这个阶段，随着室外新风状态的变化，只需调节一次加热器的加热量即可。一次加热器的加热量由式（9-7）确定

$$Q_1 = m q_m (h_{W'} - h_{W_d}) \tag{9-7}$$

当室外空气的比焓值 $h_W = h_{W'}$ 时，停止预加热，这时预热器调节阶段结束。

（2）第Ⅱ区域——新风、一次回风混合比的调节阶段

这一区域，室外空气的比焓值在 $h_{W'} < h_W < h_{L_d}$ 之间变化，空气的处理过程如图 9-31 所示。这时，如果室外新风和一次回风仍然按照最小新风比进行混合，一次回风混合点就会落在过机器露点 L_d 的等焓线上方的 C'_d 点，绝热加湿后的机器露点将偏离到 L'_d，使室内空气的相对湿度增大。为了保证机器露点 L_d 不变和推迟启动制冷设备的时间，节省运行费用，可采用下面的调节方法，即保持二次回风量 q_{m2} 不变，用增加新风量 $q_{m,W}$ 和减少一次回风量 q_{m1} 的办法，将一次回风混合点 C_d 调整到过机器露点的等焓线 h_{L_d} 上，经绝热加湿把空气处理到 L_d 后，与二次回风混合达到所设计的送风状态的等含湿量 d_{O_d} 上。

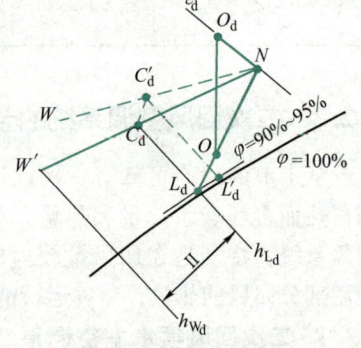

图 9-31　新风、一次回风混合比的调节阶段

这一阶段，一次回风逐渐减少到零，新风逐渐增加到 $q_{m,W}$（$q_{m,W} = q_m - q_{m2}$），当室外空气的比焓值 h_W 等于机器露点的比焓值 h_{L_d} 时，新风阀全开，一次回风阀全关，新风和一次回风混合比的调节阶段结束。

(3) 第Ⅱ′区域——新风、一次回风混合比的调节阶段 这一区域是空调系统冬、夏季工况室内设定参数不同而产生的区域。为了继续利用室外新风的冷量，推迟使用制冷设备的时间，节省运行费用，可把室内参数设定值转入夏季工况。即当室外空气的比焓值在冬、夏季设计工况的机器露点的比焓值时 $h_{L_d} < h_{W_d} < h_{L_x}$ 时，就可以继续采用改变新风和一次回风混合比的方法把混合状态点调整到过夏季工况的机器露点的等焓线 h_{L_x} 上，再与二次回风混合到所要求的送风状态点 O_x。

(4) 第Ⅲ区域——喷水温度调节阶段（最大新风量） 当室外空气的比焓值 $h_W > h_{L_x}$ 时，室内参数转入夏季工况，这时，室外空气的比焓值在 $h_{L_x} < h_W < h_{N_x}$ 之间变化，空气的处理过程如图9-32所示。

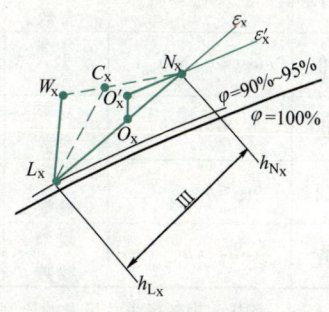

图9-32 喷水温度调节阶段

由于新风的比焓值 $h_W > h_{L_x}$，开始启动制冷设备，把空气处理到所要求的机器露点 h_{L_x}。从图9-31可以看出，在这个阶段，如果使用回风，所需要的冷量比把室外空气直接处理到机器露点所需要的冷量大，显然不经济。为了节省空气处理所需要的冷量，应尽可能多地采用新风，即关闭一次回风，保持二次回风量 q_{m2} 不变，其余完全为新风量 $q_{m,W} = q_m - q_{m2}$。随着室外空气比焓值的升高，逐渐降低喷水温度来保证所要求的机器露点 h_{L_x}，二次回风混合后调节再热量保证送风状态点。

(5) 第Ⅳ区域——喷水温度调节阶段（最小新风量） 当室外空气的比焓值 $h_W > h_{N_x}$ 时，空气的处理过程如图9-33所示。

这时，如果继续采用最大新风量运行，把空气减焓去湿处理到机器露点 h_{L_x} 所需要的冷量就要比采用一次回风时需要的冷量大，而且，从图9-33中可以看出，如果使用的回风越多，则需要的冷量就越少。因此，这一阶段应采用最小新风量运行，即新风量、一次回风量和二次回风量都为设计值。仍然是通过调节喷水温度来控制机器露点 L_x，调节补充再热量保证送风状态点 O_x。喷水温度调节的合适与否，可根据机器露点 L_x 的温度进行判断。

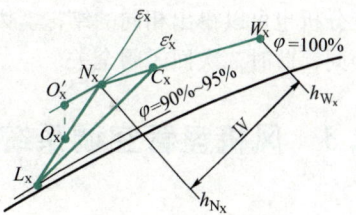

图9-33 喷水温度调节阶段（最小新风量）

以上所分析的采用喷水室处理空气时，二次回风空调系统的全年运行调节的分区，以及全年运行中的热量、风量和冷量的变化情况可用图9-34和表9-3来反映。

可见，采用喷水室处理空气时，二次回风空调系统的全年运行调节与一次回风空调系统的全年运行调节相类似，但又有以下主要区别：

一次回风系统可以是从露点开始调节再热量以保证送风状态点；而二次回风系统是从二次混合状态点调节再热量来保证送风状态点。由于利用了二次回风的热量，节省了部分冷量和再热量，但也付出了降低机器露点的代价，即二次回风系统的机器露点比一次回风系统的机器露点低，从而会使开启制冷装置的时间

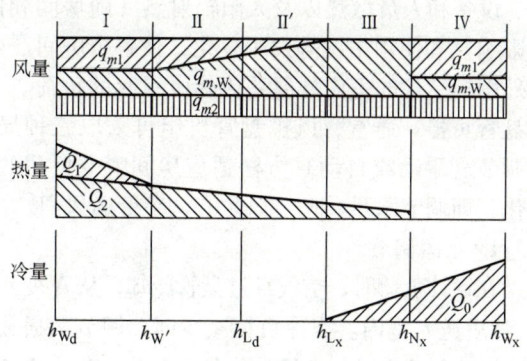

图9-34 二次回风喷水室空调系统的全年运行调节图

提前。

表 9-3 二次回风喷水室空调系统的全年运行调节方法

气象区	室外参数范围	室内温湿度设定值	各可调对象的工作状态					
			一次加热	二次加热	新风	一次回风	二次回风	冷水
I	$h_{W_d} \leq h_W \leq h_{W'}$	冬季参数	$Q_{1,max}$ →0	$t_N \uparrow$ 量↓	mq_m	$q_{m1,max}$	$q_{m2,max}$	喷循环水
II	$h_{W'} \leq h_W \leq h_{L_d}$	冬季参数	停	$t_N \uparrow$ 量↓	$mq_m \to q_m - q_{m2}$	$q_{m1,max} \to 0$	$q_{m2,max}$	喷循环水
II'	$h_{L_d} \leq h_W \leq h_{L_x}$	夏季参数	停	停	$mq_m \to q_m - q_{m2}$	$q_{m1,max} \to 0$	$q_{m2,max}$	喷循环水
III	$h_{L_x} \leq h_W \leq h_{N_x}$	夏季参数	停	停	$q_m - q_{m2}$	0	$q_{m2,max}$	
IV	$h_W > h_{N_x}$	夏季参数	停	停	mq_m	0	$q_{m2,max}$	$t_N \uparrow$ 量↑

注：表中 m 为新风占总风量的比例。

2. 二次回风空气冷却器空调系统的全年运行调节

二次回风空气冷却器空调系统的分区和一次回风空气冷却器系统（图 9-19）相同。当处理空气不能直接达到送风状态点，只能达到机器露点，经冷却以后，还要经过加热才能达到送风状态点时，就增加了无作用的冷、热损耗。采用二次回风是为了节约这部分损耗。对于采用一次回风没出现冷却再加热、减湿再加湿的情况，采用二次回风并无经济意义。对于各区的冷热量分析也可以得出相同的结论。因此当仅采用一次回风时，其调节方法与一次回风的冷却系统相同，此时二次回风阀全关。

9.3 风机盘管空调系统的运行调节*

9.3.1 风机盘管机组的调节

室内冷、热负荷一般分为瞬变负荷和渐变负荷两部分。瞬变负荷是指由瞬时变化的室内照明、设备和人员散热以及太阳辐射热（随房间朝向、是否受邻室阴影遮挡、天空有无云的遮挡等影响）和使用情况等发生变化，使各个房间产生大小不一的瞬变负荷。渐变负荷是指通过房间外围护结构的室内外温差传热所引起的负荷。一般情况下，瞬变负荷可以靠风机盘管系统中的盘管负担。通常，风机盘管机组可采取三种局部调节（手动或自动）方法适应房间瞬变负荷的变化，即调节水量、调节风量和调节旁通风门。

1. 水量调节

在设计负荷时，空气经过盘管冷却，从 N 变到 L，然后送入室内。当冷负荷减少时，调节两通或三通调节阀减少进入盘管的水量，盘管中冷水平均温度随之上升，L 点位置上移（图 9-35a），空气经过盘管冷却过程为 $N_1 \to L_1$。由于送风含湿量增大，房间相对湿度将增加。这种调节方法负荷调节范围

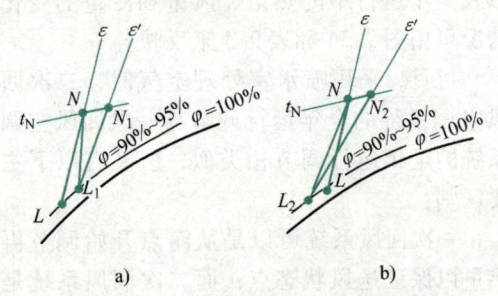

图 9-35 风机盘管机组不同调节方式的调节质量（以全水系统为例）
a) 水量调节 b) 风量调节

小，为75%～100%。

2. 风量调节

风量调节应用较为广泛。目前生产的风机盘管机组都设有高、中、低三档风量调节，配上三速开关，用户可根据要求手动选择风量档次，改变风机转速以调节通过盘管的风量，或采用风量无级调节。随风速的降低，盘管内冷水平均温度下降，L 点下移（图 9-35b），室内相对湿度不易偏高，但要注意防止水温过低时盘管表面结露。另外，风量的减小会不利于室内气流分布。这种调节方法，负荷调节范围小，为 70%～100%。

9.3.2 风机盘管加新风系统的全年运行调节

风机盘管机组空调系统取用新风的方式，有就地取用新风（如墙洞引入新风）和独立新风两种形式。就地取用新风系统，其冷、热负荷全部由通入盘管的冷、热水来承担；独立新风系统，根据负担室内负荷的方式一般分为三种做法：

1）新风处理到室内空气比焓值，不承担室内负荷。
2）处理后新风的比焓值低于室内比焓值，承担部分室内负荷。
3）新风系统只承担围护结构传热负荷，盘管承担其他瞬时变化的负荷。

这里讨论新风和盘管共同负担室内空调冷负荷的情形。当负荷变化时，可以改变新风的状态或改变盘管的冷热量进行调节，或者两者同时改变。

一般情况下，风机盘管加新风系统中瞬变负荷由盘管负担，可以根据室内恒温器通过两通或三通调节阀调节通过盘管的水温或水量，或者调节盘管旁通风门的开启程度，以适应瞬变负荷的变化。旁通风门的调节质量较高，且可使盘管水系统的水力工况稳定。

通过房间外围护结构的室内外温差传热所引起的房间渐变负荷则靠新风负担。这种渐变负荷的变化对所有房间来说都是大致相同的。虽然室外空气温度在几天内也有不规律变化，但对室内状况影响较小，该负荷主要随季节发生较大变化。这种对所有房间都比较一致的、缓慢的传热负荷变化，可以靠集中调节新风的温度来适应。也就是说，由新风负担稳定的渐变负荷，有如式（9-8）的热平衡式

$$q_{V,\mathrm{w}}\rho c_p(t_\mathrm{N}-t_\mathrm{x}) = T(t_\mathrm{w}-t_\mathrm{N}) \tag{9-8}$$

式中　$q_{V,\mathrm{w}}$——新风量（m^3/s）；

　　　ρ——空气密度（$\mathrm{kg/m}^3$）；

　　　c_p——空气比定压热容 [$\mathrm{kJ/(kg \cdot ℃)}$]；

t_w、t_N、t_x——室外空气、室内空气和新风的温度（℃）；

　　　T——所有外围护结构每 1℃ 室内外温差的传热量（W/℃）。

根据传热公式

$$T = \Sigma KF$$

式中　K——围护结构的传热系数 [$\mathrm{W/(m^2 \cdot ℃)}$]；

　　　F——围护结构的传热面积（m^2）。

对于每一个房间，$q_{V,\mathrm{w}}$ 和 T 是可以算出的一定值，故随着 t_w 的降低，必须提高 t_x；也就是可以根据室外温度的变化按式（9-8）的规律来调节新风的加热量。

1. 新风温度 t_x 与室外空气温度 t_w 的关系

实际工程中，瞬变显热冷负荷总是存在的（例如，室内总是有人存在，这样保持所需的温度才有意义），所以所有房间总是至少存在一个平均的最小显热冷负荷。当室外温度低于室内温度时，温差传热由里向外，这个不变的负荷是减少新风升温程度和节约热能的一个有利因素。

如果让盘管负担这个负荷,那就既消耗了盘管的冷量,又需要提高新风的温度,从而多耗热量,假使这部分负荷相当于某一温差 m(一般取 5℃)的传热量(即 mT),并且由新风来负担,也就推迟了新风升温的时间,则上式可改变为

$$q_{V,w}\rho c_p(t_N - t_x) = T(t_w - t_N) + mT$$

即

$$t_x = t_N - \frac{1}{\frac{q_{V,w}}{T}\rho c_p}(t_w - t_N + m) \tag{9-9}$$

上式反映了新风温度 t_x 与室外空气温度 t_w 的关系。对于一定的 t_N,可作线图,如图9-36所示。可见,对不同的 $q_{V,w}/T$ 值,可以用不同斜率的直线来反映 t_x 随 t_w 变化的关系。运行调节时,就可根据该调节规律,随 t_w 的下降(或上升),用再热器集中升高(或降低)新风的温度 t_x。

2. $q_{V,w}/T$ 和系统分区的关系

显然,对于同一个系统,进行集中的新风再热量调节,必须建立在每个房间都有相同 $q_{V,w}/T$ 的基础上。$q_{V,w}/T$ 是新风量与通过该房间外围护结构(内外温差为1℃)的传热量之比。对于一个建筑物的所有房间来说,$q_{V,w}/T$ 不一定都是一样的,那么不同 A/T 的房间随室外温度的变化要求新风升温的规律也就不一样。为了解决这个问题,可以采用两种方法:一是把 $q_{V,w}/T$ 不同的房间统一在它们中的最大 $q_{V,w}/T$ 上,也就是要加大 A/T 比较小的房间的新风量 $q_{V,w}$。对于这些房间来说,加大新风量会使室内温度偏低即偏安全;另一方法是把 $q_{V,w}/T$ 相近的房间(例如同一朝向)划为一个区,每一区采用一个分区再热器,一个系统就可以按几个分区调节不同的新风温度,这对节省一次风量和冷量是有利的。

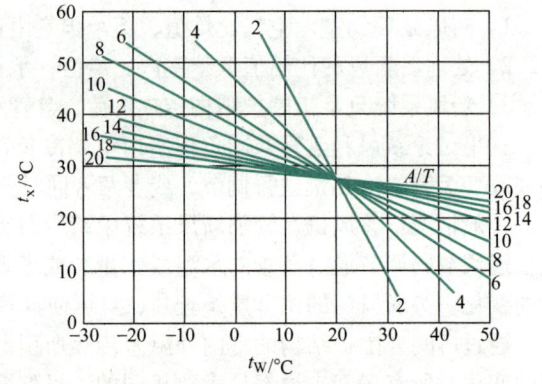

图 9-36 新风温度 t_x 与室外空气温度 t_w 关系图
($t_N = 25℃$, $m = 5℃$)

3. 双水管系统的运行调节

双管系统在同一时间只能向所有的盘管供应同一温度的水(冷水或热水),随着室内负荷的减少,盘管的全年运行调节又有两种情况。

(1)不转换的运行调节 对于夏季运行,不转换系统采用冷的新风和冷水。随着室外温度的降低,只集中调节再热量来逐渐提高新风温度,全年始终供应一定温度的水(图9-36)。新风温度按照相应的 $q_{V,w}/T$ 随室外温度的变化进行调节,以抵消围护结构的传热负荷($L \to R_1$)。随着瞬变显热冷负荷(太阳、照明、人等)变化,需要调节送风状态($O_2 \to O_3$)时,则可以局部调节盘管的容量($2 \to N$)加以补偿。

在冬季和室外空气温度较低时,为了不使用制冷系统获得冷水,可以利用室外冷风的自然冷却能力,给盘管提供低温水。

不转换系统的投资比较低,运行较方便,但全年都需要采用冷水,冬季会有冷热抵消现象。当冬季很冷、时间很长时,新风要负担全部冬季供暖负荷,集中加热设备的容量就要很大。

(2)转换的运行调节 对于夏季运行,转换系统仍采用冷的新风和冷水。随着室外空气温度的降低,集中调节新风再热量,逐渐升高新风温度,以抵消传热负荷的变化。仍然保持盘管

水温不变，靠水量调节消除瞬变负荷的影响（图 9-37），空气处理过程为

$$\begin{matrix} L \\ N \to 2 \end{matrix} \to O_1 \overset{\varepsilon_1}{\rightleftarrows} N \text{ 逐渐变为 } \begin{matrix} L \to R_1 \\ N \to 2 \end{matrix} \to O_2 \overset{\varepsilon_2}{\rightleftarrows} N$$

当到达某一室外温度时，不再利用盘管，只利用原来冷的新风单独就能吸收这时室内剩余的显热冷负荷，即使得新风转换为原来的最低状态 L，此时空气处理过程为 $\begin{matrix} L \\ N \end{matrix} \to O_2 \overset{\varepsilon_2}{\rightleftarrows} N$。转换之后，新风温度不变，盘管内则改为送热水。随着显热冷负荷的减少，只需调节盘管的加热量，以保持一定室温（图 9-38），空气处理过程为 $\begin{matrix} L \\ 2' \end{matrix} \to O_3 \overset{\varepsilon_3}{\rightleftarrows} N$。

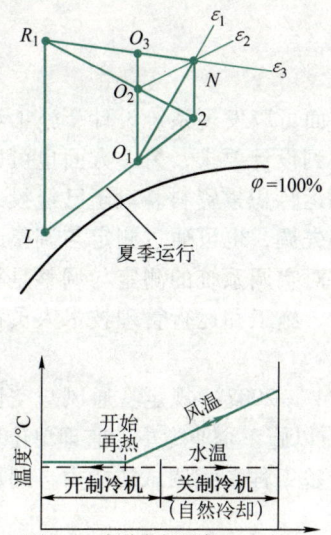

图 9-37　不转换系统

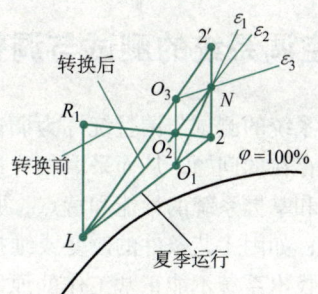

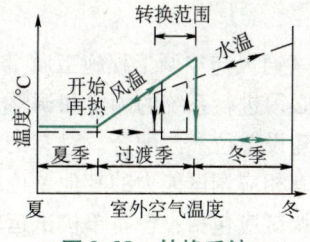

图 9-38　转换系统

转换时的室外空气温度称为**转换温度**。只有当全部显热冷负荷已能完全由新风承担时，方可进行转换。因此，转换时的热平衡方程式见式（9-11）

$$q_{V,\text{w}}\rho c_p(t_\text{N} - t_\text{x}) = T(t'_\text{w} - t_\text{N}) + Q_\text{L} + Q_\text{p} + Q_\text{S} \tag{9-10}$$

即转换时温度为

$$t'_\text{w} = t_\text{N} - \frac{Q_\text{S} + Q_\text{L} + Q_\text{p} - q_{V,\text{w}}\rho c_p(t_\text{N} - t_\text{x})}{T} \tag{9-11}$$

式中　t_N——转换时室内空气温度；

Q_S——由太阳辐射引起的室内显热冷负荷；

Q_L——由照明引起的室内显热冷负荷；

Q_p——由人员引起的室内显热冷负荷；

t_x——新风的最低温度，可以充分利用室外的冷风，不利用制冷系统。

由于室外空气温度的波动，一年中有可能发生几次温度转换，为了避免在短期内出现反复转换的现象，所以常把转换点扩大成一个转换范围（大约 ±5℃），即可减少过渡季的转换次数。

那么究竟采用转换还是不转换系统呢？这应经过技术经济比较来确定。主要须考虑的是节省运行调节费用与否，在冬季或较冷的季节里，能否尽量少的使用或不使用制冷系统。

例如，当室外空气温度降低，新风转换到最低温度时，这时可以不用制冷系统，只需把室外冷空气进行适当处理就可以保持室内空气状态；如果不进行转换，冷水可能需要由制冷系统取得。相比起来，为节约运行费用，采用转换系统比较有利。

但是，若新风量较小，则要求的转换温度就很低。因此需要使用冷源的时间可能较长，这时转换就不太经济。如提高转换温度，则需要加大新风量，结果使新风系统的投资和运行费用增加。这种情况下，采用不转换系统为好。

可见，如果冬季气温很低，房间的供暖负荷较大，若采用不转换系统时，则冬季的全部热负荷都得靠新风的再热器负担；若采用转换系统时，则可以利用现有的盘管给房间送热风，新风的再热器只需满足转换前的需要，而不必增加再热器容量。这种情况比较适宜使用转换系统。

9.4 空调系统的测试与调整

空调系统的测试与调整统称为**调试**，通过调试，一方面可以发现系统设计、施工和设备性能等方面存在的问题，从而采取相应的措施，保证系统达到设计要求；另一方面也可以使运行人员熟悉和掌握系统的性能和特点，并为系统的经济合理运行积累资料。对于已经投入使用的空调系统，如因工艺条件的改变或维护管理不当出现系统失调，也可通过测定与调整改进运行状况，或找出系统不能正常工作的原因加以改进。因此，对空调系统的测定与调整是检查空调系统设计是否达到预期效果的重要途径。这项工作对设计、施工和运行管理技术人员都是非常重要的。

我国《通风与空调工程施工质量验收规范》（GB 50243—2002）规定：通风与空调工程安装完毕，必须进行系统的测定和调整（简称调试），调试应以施工企业为主，监理单位监督，设计单位、建设单位参与配合。对有的施工企业，本身不具备工程系统调试的能力，则可以采用委托给具有相应调试能力的其他单位或施工企业。

系统调试应包括：设备单机试运转及调试、系统无生产负荷下的联合试运转及调试。

空调系统测定与调整的主要内容包括：空调系统风量的测定与调整，空气处理设备性能指标的测定与调整，空调房间空气状态参数、气流组织以及消声效果等方面的测定，自控系统的调整和检验等。

以上测定与调整工作要在施工安装结束后进行，有的可在交付使用前（如风量测定与调整），有的要在交付使用过程中或以后进行。在国际上，通常把空调系统的测定与调整只作为整个工程交工验收的一个组成部分。因为空调系统不仅与建筑物本身有关，而且与给排水、供电、防火、安全系统等有关。在逐步与国际接轨的环境下，我国暖通空调工程师不仅需要熟知各种系统的测定调整技术和步骤，而且要掌握交工验收的内容和要求。

9.4.1 空调系统的调试程序

1. 调试前的准备工作

调试工作应在土建工程验收、空调工程竣工后，各系统的单机试运转、测试系统联合运转、外观检查、清洁工作合格情况下进行。

1）熟悉系统的设计图样、技术指标及工艺要求。
2）编制调试和运转的实施方案、组织工作、技术措施等。

3）检查整个通风系统的构件、部件、设备的安装是否符合使用和设计要求，检查阀门安装是否正确、开关是否灵活，通风机转向是否正确，电源绝缘性能是否良好，自控设备运转是否符合设计要求等。

4）清扫空调机房、风管、水泵、水管、水池和水箱等。

5）测量仪表应准备校对就绪，检查各单机试运转是否正常，并符合设计和出厂技术要求。

2. 调试的项目和程序

（1）空调设备单机的空载试运转　根据《通风与空调工程施工及验收规范》（GB 50243—2002），设备单机试运转及调试应符合下列规定：

1）通风机、空调机组中的风机，叶轮旋转方向正确、运转平稳、无异常振动与声响，其电动机运行功率应符合设备技术文件的规定，产生的噪声不宜超过产品性能说明书的规定值；在额定转速下连续运转2h后，滑动轴承外壳最高温度不得超过70℃；滚动轴承不得超过80℃。检查数量：按风机数量抽查10%，且不得少于1台。

2）水泵叶轮旋转方向正确，无异常振动和声响，壳体密封处不得渗漏，紧固连接部位无松动，其电动机运行功率值符合设备技术文件的规定。水泵连续运转2h后，滑动轴承外壳最高温度不得超过70℃，滚动轴承不得超过75℃。检查数量：全数检查。

3）冷却塔本体应稳固、无异常振动，其噪声应符合设备技术文件的规定。风机试运转按第1条的规定；冷却塔风机与冷却水系统循环试运行不少于2h，运行应无异常情况。检查数量：全数检查。

4）制冷机组、单元式空调机组的试运转，应符合设备技术文件和现行国家标准《制冷设备、空气分离设备安装工程施工及验收规范》（GB 50274—2010）的有关规定，正常运转不应少于8h。检查数量：全数检查。

5）电控防火、防排烟风阀（口）的手动、电动操作应灵活、可靠，信号输出正确。检查数量：按系统中风阀的数量抽查20%，且不得少于5件。

6）空调机组内的表冷器和喷淋装置的通水试运转。检查供水管压力是否正常，有无漏水，表冷器凝水排放是否通畅，喷淋装置的喷嘴是否齐全，挡水板过水量是否正常。

7）空气过滤装置试运转。

（2）系统无生产负荷的联合试运转及调试　联合试运转包括风系统、水系统（冷媒水系统和冷却水系统）以及制冷系统，在无生产负荷的情况下，同时启动运转，《通风与空调工程施工质量验收规范》（GB 50243—2002）规定：

1）系统总风量调试结果与设计风量的偏差不应大于10%。

2）空调冷热水、冷却水总流量测试结果与设计流量的偏差不应大于10%。

3）舒适性空调的温度、相对湿度应符合设计的要求。恒温、恒湿房间室内空气温度、相对湿度及波动范围应符合设计规定。

4）以上检查数量：按风管系统数量抽查10%，且不得少于1个系统。

5）防排烟系统联合试运行与调试的结果（风量及正压），必须符合设计与消防的规定。检查数量：按总数抽查10%，且不得少于2个楼层。

6）单向流洁净室系统的总风量调试结果与设计风量的允许偏差为0%～20%，室内各风口风量与设计风量的允许偏差为15%；新风量与设计新风量的允许偏差为10%。

7）单向流洁净室系统的室内截面平均风速的允许偏差为0%～20%，且截面风速不均匀度不应大于0.25；新风量和设计新风量的允许偏差为10%。

8）相邻不同级别洁净室之间和洁净室与非洁净室之间的静压不应小于5Pa，洁净室与室外的静压差不应小于10Pa。

9）室内空气洁净度等级必须符合设计规定的等级或在商定验收状态下的等级要求。

10）空调工程水系统应冲洗干净、不含杂物，并排除管道系统中的空气；系统连续运行应达到正常、平稳；水泵的压力和水泵电机的电流不应出现大幅波动。系统平衡调整后，各空调机组的水流量应符合设计要求，允许偏差为20%。

11）各种自动计量检测元件和执行机构的工作应正常，满足建筑设备自动化系统对被测定参数进行检测和控制的要求。

12）多台冷却塔并联运行时，各冷却塔的进、出水量应达到均衡一致。

13）空调室内噪声应符合设计规定要求。

14）有压差要求的房间、厅堂与其他相邻房间之间的压差，舒适性空调正压为0~25Pa；工艺性的空调应符合设计的规定。

15）有环境噪声要求的场所，制冷、空调机组应按现行国家标准《采暖通风与空气调节设备噪声声功率级的测定 工程法》（GB 9068—1988）的规定进行测定。洁净室内的噪声应符合设计的规定。

（3）带生产负荷的综合效能测定与调整　通风与空调工程交工前，应进行系统生产负荷的综合效能试验的测定与调整。

通风与空调工程带生产负荷的综合效能试验与调整，应在已具备生产试运行的条件下进行，由建设单位负责，设计、施工单位配合。通风、空调系统带生产负荷的综合效能试验测定与调整的项目，应由建设单位根据工程性质、工艺和设计的要求进行确定。

空调系统综合效能试验可包括下列项目：

1）送回风口空气状态参数的测定与调整。

2）空气调节机组性能参数的测定与调整。

3）室内噪声的测定。

4）室内空气温度和相对湿度的测定与调整。

5）对气流有特殊要求的空调区域做气流速度的测定。

恒温恒湿空调系统除应包括空调系统综合效能试验项目外，还可增加下列项目：

1）室内静压的测定和调整。

2）空调机组各功能段性能的测定和调整。

3）室内温度、相对湿度场的测定和调整。

4）室内气流组织的测定。

净化空调系统除应包括恒温恒湿空调系统综合效能试验项目外，还可增加下列项目：

1）生产负荷状态下室内空气洁净度等级的测定。

2）室内浮游菌和沉降菌的测定。

3）室内自净时间的测定。

4）空气洁净度高于5级的洁净室，除应进行净化空调系统综合效能试验项目外，还应增加设备泄漏、防止污染扩散等特定项目的测定。

5）洁净度等级高于等于5级的洁净室，可进行单向气流流线平行度的检测，在工作区内气流流向偏离规定方向的角度不大于15°。

防排烟系统综合效能试验的测定项目,为模拟状态下安全区正压变化测定及烟雾扩散试验等。净化空调系统的综合效能检测单位和检测状态,宜由建设、设计和施工单位三方协商确定。

9.4.2 风量的测量与调整

空调系统风量测量的目的是检查系统和各个房间的风量是否符合设计要求。测量内容包括系统送风量、回风量、排风量、新风量及房间正压风量的测量。根据测试位置的不同,风量的测量分为风管内风量的测量和风口风量的测量。

1. 测量风速的仪表

(1) 叶轮风速计 叶轮风速计由叶轮和记数机构组成。当把风速计放在气流中时,叶轮便旋转起来,并通过机械传动机构带动记数机构的指针随着转动,记录气流速度。所以常用于测量风口的出风速度、换热器等设备的迎面风速。

叶轮风速计的测量范围一般分为 0.5~10.0m/s 和 0.3~5.0m/s 两种,超风速使用会造成损坏,而且应定期在风洞中进行校正。

(2) 热电风速计 热电风速计是一种测量小风速的仪表,最小可测出0.05m/s的风速,它是由测头和指示仪表两部分组成。因测头结构不同,又有几种形式,常见的有热线式和热球式两种。这两种风速计的原理均与热电偶测风速相似。

热电风速计的主要优点是使用方便,反应快,对微风速感应灵敏,既能测风管内风速,又能测室内风速;缺点是因测头的电热丝和热电偶太细,极易损坏,价格较贵。

当气流中含有灰尘、热辐射表面及温度变化时,对热电风速计的读数均有影响。所以,热电风速计适合用在清洁的等温气流或温度梯度较小、没有辐射热影响的环境。

(3) 皮托管和微压计 皮托管是一次仪表,将它插入被测量的风管内,可将气流的全压、静压或动压传递出来,并通过二次仪表——液柱式压力计(例如,U 形压力计,倾斜式微压计等)来显示被测压力的大小。皮托管可间接用来测量空气的流速,用它和微压计配套,测定气流动压的大小,然后通过计算求出气流速度。与皮托管相连接共同测量气流速度的微压计,一般是倾斜式微压计。

(4) 便携式多用途通风及室内气流专用仪表 该仪表可以对供暖通风及室内气流的多种参数进行高精度测量。采用的是手持式液晶显示仪。可以选择不同的探头,以测量温度、湿度、风速、风压、风量、二氧化碳浓度、露点温度及水蒸气含量等。风速风量探头是可伸缩的热线风速探头。它在测量风速时,具有温度补偿功能。最大数据储存量为近千个测量报告,成千对数据或上万个单独数据。微处理机拥有多种不同的程序,每个程序都是为其特定参数的测量而特别设计的。并可用来计算平均值、最大值、最小值和标准偏差。电子记录本有几百个测量报告的容量,如图9-39所示。

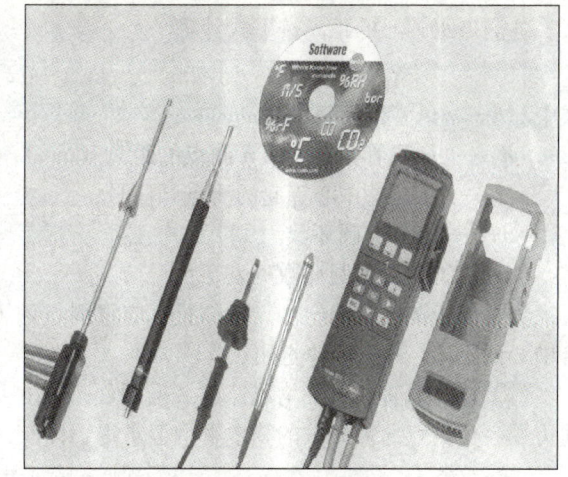

图 9-39 便携式多用途通风及室内气流专用仪表

2. 风管内及风口风量的测量

风管中测定风量的步骤是：选择测定断面、测量断面尺寸、确定测点、测定各点风速，求出各点平均风速并计算断面平均风速和风量。

（1）选择测量断面　测量断面一般应考虑在气流均匀、稳定的直管段上，离弯头、三通等产生涡流的局部配件要有一定的距离。一般按气流方向，要求在局部配件之后 4～5 倍管径 D（或长边 a），在局部配件之前 1.5～2 倍管径 D（或长边 a）的直管段上选定测定断面，如图 9-40 所示。

当条件不允许时，此距离可缩短，但应增加测定位置，或常用多种测量方法进行比较，力求使测定结果准确。

（2）确定测点　在测量断面上，各点的风速不完全相等，因此一般不能只以一个点的数值代表整个断面。测量断面上测点的位置与数目，主要取决于断面的形状和尺寸。显然测点越多，测得的平均风速值越接近实际，但测点又不能太多，一般采取等面积布点法。

矩形风管测点布置如图 9-41 所示。一般要求划分的小块面积不大于 0.05m^2（即边长 220mm 左右的小面积），并尽量为正方形，测点位于小面积的中心。

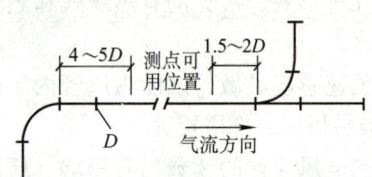

图 9-40　测量断面位置的确定

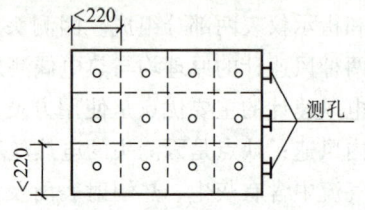

图 9-41　矩形风管测点布置

圆形风管测点布置如图 9-42 所示，应将测定断面划分为若干面积相等的同心圆环，测点位于各圆环面积的等分线上，圆环数由直径大小决定。每一个圆环测 4 个点，并且 4 个点应在相互垂直的两个直径上。

各测点距圆心的距离按下式计算

$$R_n = R\sqrt{(2n-1)/2m} \tag{9-12}$$

式中　R——风管断面直径（mm）；

R_n——从风管中心到第 n 测点的距离（mm）；

n——从风管中心算起的测点顺序号；

m——划分的圆环数。

圆形风管划分的圆环数见表 9-4。

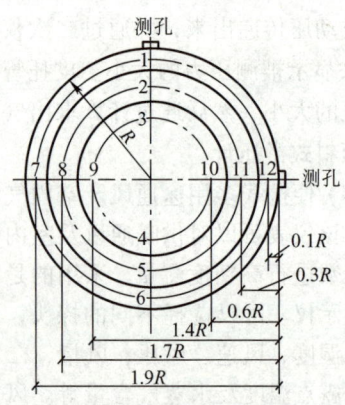

图 9-42　圆形风管的测点布置

为了便于测定时确定测点的位置，应将测点到风管中心的距离，按表 9-4 选用。

（3）计算风管断面平均风速 v_p　当用便携式多用途仪表直接测量风速时，风管断面平均风速可用各个测点所测参数的算术平均值求得，即

$$v_p = (v_1 + v_2 + \cdots + v_n)/n \tag{9-13}$$

式中　v_p——断面平均风速（m/s）；

v_1、v_2、v_n——各个测点风速（m/s）；

n——测点数。

表 9-4 圆形风管划分的圆环数与各测点到管壁的距离

圆形风管直径/mm		200 以下	200～400	400～700	700 以上
圆环个数/个		3	4	5	5～6
测点号	1	0.1R	0.1R	0.05R	0.05R
	2	0.3R	0.2R	0.2R	0.15R
	3	0.6R	0.4R	0.3R	0.25R
	4	1.4R	0.7R	0.5R	0.35R
	5	1.7R	1.3R	0.7R	0.5R
	6	1.9R	1.6R	1.3R	0.7R
	7		1.8R	1.5R	1.3R
	8		1.9R	1.7R	1.5R
	9			1.8R	1.65R
	10			1.95R	1.75R
	11				1.85R
	12				1.95R

在风量测定中,如果是用皮托管测出的空气动压值,也可求出断面空气平均流速,即

$$\overline{p}_\mathrm{d} = \left(\frac{\sqrt{p_{\mathrm{d}1}} + \sqrt{p_{\mathrm{d}2}} + \cdots + \sqrt{p_{\mathrm{d}n}}}{n} \right)^2$$

$$\overline{v}_\mathrm{p} = \sqrt{\frac{2\overline{p}_\mathrm{d}}{\rho}} \tag{9-14}$$

式中 $p_{\mathrm{d}1}$、$p_{\mathrm{d}2}$、$\cdots$、$p_{\mathrm{d}n}$——各测点的动压值(Pa);

n——测点数;

ρ——空气的密度,一般可取 1.2kg/m³。

在现场测定中,测定断面的选择受到条件的限制,个别点测得的动压可能出现负值或零值,计算平均动压时,要将负值当零值处理,而测点的数量应包括零值和负值在内的全部测点。

(4) 风量计算 如果已知平均风速,便可计算出通过测量断面的风量。风管内风量的计算公式为

$$q_V = v_\mathrm{p} F \tag{9-15}$$

式中 q_V——风管内风量(m³/s);

v_p——断面平均风速(m/s);

F——风管测定断面的面积(m²)。

(5) 风口风量的测量 对于空调房间的风量或各个风口的风量,如果无法在各分支管上测定,可以在送、回风口处直接测定风量,一般可采用热球式风速仪或叶轮式风速仪。

当在送风口处测定风量时,由于该处气流比较复杂,通常采用加罩法测定,即在风口外加一罩子,罩子与风口的接缝处不得漏风。这样使得气流稳定,便于准确测量。在风口外加

罩子会使气流阻力增加，造成所测风量小于实际风量。但对于风管系统阻力较大的场合影响较小。如果风管系统阻力不大，则应采用如图 9-43 所示的罩子。因为这种罩子对风量影响较小，使用简单又能保证足够的准确性，故在风口风量的测量中常用此法。

回风口处由于气流均匀，所以可以直接在贴近回风口格栅或网格处用测量仪器测定风量。

3. 空调系统风量的调整

（1）空调系统风量调整的程序　调整空调系统的风量，目的是使经处理后的空气能按设计要求沿着干管、支干管及支管和送风口输送到各空调房间，为空调房间所需要的温度和湿度环境提供保证。

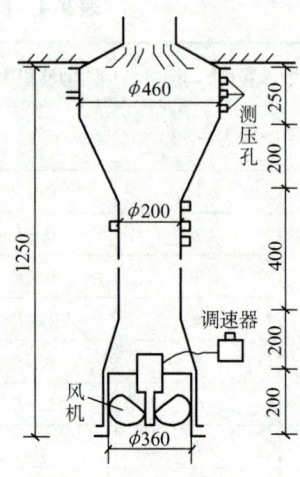

图 9-43　风口风量测定装置

空调系统风量调整的程序，一般按下列步骤进行：

1）初测各干管、支干管、支管及送风口和回风口的风量。

2）按设计要求调整送风、回风干管，支干管及各送风口和回风口的风量。

3）在进行送风、回风系统的风量调整时，应同时测定与调整新风量，检查系统新风比是否满足要求。

4）设计要求调整送风机的总风量。

5）在系统风量达到平衡后，进一步调整送风机的总风量，使其满足空调系统的设计要求。

6）调整后，在空调系统各部分调节阀不变动的情况下，重新测定各处的风量，以此作为最后的实测风量。

7）空调系统风量测定和调整完毕后，用红漆在所有阀门手柄上做好标记，并将阀门位置固定，不要随意变动。

（2）空调系统风量调整的原理　调整空调系统风量是通过改变调节阀门开启度实现的。改变调节阀门开启度实质上是改变阀门在管网中的阻力特性，进而改变管网中管段的阻力，阻力改变后，风量也随之相应地发生变化。

由流体力学可知，任一管段的阻力 Δp 与风量 q_V 之间存在如下关系

$$\Delta p = S q_V^2 \tag{9-16}$$

式中　Δp——风管系统的阻力（Pa）；

　　　q_V——风管内的风量（m³/s）；

　　　S——风管系统的阻力特性系数 [Pa/(m³/s)]。

S 是同空气性质、风管长度、尺寸、局部管件阻力系数和摩擦阻力系数有关的比例常数。在给定的管网中，如果只改变风量，其他（包括阀门）都不变，则 S 值基本不变。

对于图 9-44 所示的风管系统，管段 1 的风量为 q_{V1}，阻力特性系数为 S_1，风管阻力 p_1；管段 2 的风量为 q_{V2}，阻力特性系数 S_2，风管阻力为 p_2。

则　　　$\Delta p_1 = S_1 q_{V1}^2$　　$\Delta p_2 = S_2 q_{V2}^2$

由于管段 1 和管段 2 为并联管段，所以

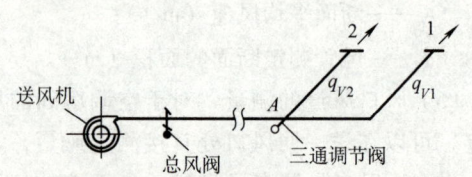

图 9-44　风量分配示意图

$\Delta p_1 = \Delta p_2$，即有

$$S_1 q_{V1}^2 = S_2 q_{V2}^2$$
$$S_1/S_2 = q_{V2}^2/q_{V1}^2$$

若图中 A 点的三通调节阀的位置不变，即 S_1、S_2 不变，仅改变送风机出口处的总调节阀，使总风量改变，则管段 1 和管段 2 的风量相应地变化为 q'_{V1} 和 q'_{V2} 应符合

$$S_1/S_2 = q'^2_{V2}/q'^2_{V1}$$

由以上公式可知

$$q_{V2}^2/q_{V1}^2 = q'^2_{V2}/q'^2_{V1}$$
$$q_{V2}/q_{V1} = q'_{V2}/q'_{V1}$$

上式表明，只要三通调节阀的位置不变，即系统阻力特性系数 S 不变，无论总风量如何变化，管段 1 和管段 2 的风量总是按固定比例进行分配的。也就是说，若已知各风口的设计风量的比值，就可以不管此时总风量是否满足设计要求，只要调整好各风口的实际风量，使它们的比值与设计风量的比值相等，然后调整总风量达到要求值，则各风口的送风量必然会按设计比值分配，并等于各风口的设计风量。

（3）空调系统风量的调整方法　空调系统风量的调整方法分为流量等比分配法、基准风口调整法和逐段分支调整法。下面介绍流量等比分配法。

这种调整方法一般要从系统的最远管段，即最不利的风口开始，逐步调整到风机。

图 9-45 所示的系统中，风量的调整步骤是：

1）首先调整 q_{V1} 与 q_{V2}、q_{V3} 与 q_{V4}、q_{V7} 与 q_{V8}，使它们分别等于对应的设计风量之比。为了便于调整，一般使用两套仪器分别测定支管 1 和 2 的风量，并不断调整，使两支管的实测风量 (q_{V1C}，q_{V2C}) 比值与设计风量 (q_{V1S}，q_{V2S}) 比值相等，即 $q_{V2C}/q_{V1C} = q_{V2S}/q_{V1S}$。用同样方法测定和调整其他支管的风量，依此类推。

2）调整 q_{V5} 与 q_{V6}，使之等于对应的设计风量之比。

3）调整 q_{V9} 与 q_{V10}，使之等于对应的设计风量之比。

4）调整 q_{V11}，使其等于设计的总风量。

（4）风量测试后存在的问题及改进

1）实测送风量大于设计风量，主要原因有两个：①系统风管的实际阻力小于设计阻力，造成送风机在比设计风压低的情况下运行，使送风量增加。解决方法：改变风机转速，降低送风量；②设计时风机选择不合适，造成风量或风压偏大，使实际送风量偏大。解决方法：无条件改变风机转速时，可用风机入口调节阀调节，即用增加系统阻力的方法降低送风量，这样做简单，但运行不经济。

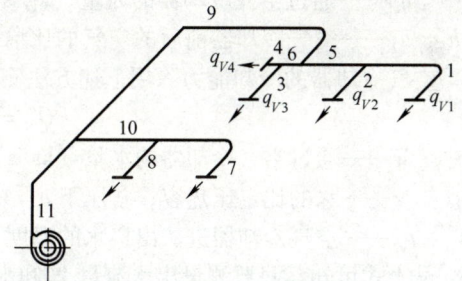

图 9-45　多支分管

2）实测风量小于设计风量，主要原因有三个：①系统的实际送风阻力大于设计阻力，造成风机在比设计风压高的情况下运行，风量减小；解决方法：在条件允许的情况下，应对系统中管道的局部配件（如弯头、三通、调节阀等）进行改进，减小送风阻力。②风机本身质量不好或安装及运行问题造成风机转向不对、转速未达到设计要求等；解决方法：若风机质量不好，造成风量和风压与铭牌不符，应调换风机；若转速不符，应检查风机与电机的连接传动带是否松动，并采取相应措施使转速达到要求；另外，应检查风机的转向是否正确，必要时还应测定电机的输入功率，检查电机的运行是否正常。③送风系统向外漏风，解决方法是对送风管道及

空调空气处理装置进行认真检漏；对于高速送风系统应做检漏试验；对于低速送风系统应重点检查法兰盘和垫圈质量，观察是否有泄漏现象；对于空气处理室的检测门、检测孔的密封性做严格检漏。

9.4.3 空气处理设备的测试

1. 空气冷却器性能的测试

（1）测试条件　空气冷却器性能的测试主要是测试它的冷却能力，一般要求应在设计工况条件下进行，但实际上往往难以做到。测量可在下列两种条件下进行：

1）测试时，室外被测空气状态接近设计的室外空气状态，并且室内空气的热湿负荷参数也基本达到了设计值。在这种情况下，可将新风与回风一次混合比调整到设计工况下的混合点状态；将风量、冷水量、进口水温调整到与设计工况相同的条件。若空气终了状态的比焓值接近设计工况的比焓值，则说明空气冷却器的冷却能力达到了设计要求。

2）当室外被测空气状态与设计的室外空气状态相差较大时，冷却装置的测试仍可用上述方法进行。调节一次混合状态，使测试工况下一次混合点空气的比焓值与设计工况下一次混合点空气状态的比焓值相等；将风量、冷水量、进口水温调整到与设计工况相同的条件。若被处理空气的比焓差接近设计工况，则说明制冷装置的冷却能力达到了设计要求。

（2）空气冷却器冷却能力的测试与计算　待空调系统工况稳定以后，即可开始空气状态参数的测定。用通风干湿球温度计，分别测量空气冷却器前后空气的干球温度和湿球温度，用气压计测量大气压力，进而求得空气冷却器前后空气的比焓值，同时测出空气冷却器的风量，就可算出空气冷却器的冷却能力 Q'_0（kW），即

$$Q'_0 = q_m (h_1 - h_2) \tag{9-17}$$

式中　q_m——通过空气冷却器的风量（kg/s）；

h_1、h_2——空气冷却器前后的空气的比焓值（kJ/kg）。

空气冷却器的冷却能力除用上述方法测试外，还可利用冷媒水得到的热量来测试

$$Q''_0 = W_c (t_{w2} - t_{w1}) \tag{9-18}$$

式中　W——通过空气冷却器的水量（kg/s）；

　　　　c——水的比定压热容，常压下 $c = 4.19$ kJ/(kg·℃)；

　　　　t_{w1}、t_{w2}——空气冷却器进、出口水的温度（℃）。

从上式可知，只要测量出水流量 W 和水温 t_{w1}、t_{w2} 即可知道空气冷却器的冷却能力。水流量可采用流量计进行测量。

2. 喷水室性能的测试

喷水室性能的测试主要包括喷水量、冷却能力、喷水室的过水量。在测试过程中，各设备按最大容量启动。

（1）喷水量的测试　首先计算出喷水室贮水池的容积，再准备一只秒表。然后在设计的喷嘴压力下进行喷水，同时启动秒表记录时间。根据喷水时间及水池积水容积，即可算出喷水量 W，单位为 m^3/h。

（2）冷却能力的测试　用校正过的普通干湿球温度计两支，分别放于前后挡水板处，以确定喷水室前、后的空气的干球温度和湿球温度（后挡水板处要防止水滴溅落到温度计的感温包上）。按设计的风量及喷水压力启动喷水室工作（此时制冷系统也应按设计要求供给冷水），根据测出经喷水室前后的空气的干、湿球温度和大气压力，在相应于当地大气压的 h-d 图上，查出空气经喷水室的比焓差，也可用计算法求得空气的比焓。每小时空气所失去的总热量 Q'_0 可按下

式进行计算

$$Q'_0 = q_m (h_1 - h_2) \tag{9-19}$$

式中　q_m——通过喷水室的风量（kg/s）；

　　　h_1、h_2——空气初、终状态的比焓（kJ/kg）。

除上述测定外，还应测出喷水初温 t_{w1} 及终温 t_{w2}，以求出水和空气热湿交换后获得的热量 Q''_0

$$Q''_0 = Wc(t_{w2} - t_{w1}) \tag{9-20}$$

在测量中，如果 Q'_0 和 Q''_0 相差不大于 10%，就可认为测量数据可靠。

（3）挡水板过水量的测试　挡水板过水量是指后挡水板挡水效果不好，不能将空气中所含的小水滴分离出来，因而产生喷水室过水量。测量时，分别测出离开挡水板后空气的干、湿球温度及送风机后的空气干、湿球温度，并在 h-d 图上查出挡水板前后空气的含湿量 d，计算出含湿量差值 Δd，即为喷水室过水量。

3. 空气加热器的测试

空气加热器的测试主要是它的加热能力的测试。测试工作一般应在设计工况下进行。当实测条件无法与设计工况一致时，可在实测条件下测定加热能力，再通过下列关系推算出设计工况条件下的加热能力。

设计工况下的加热能力为

$$Q = KF[(t_c + t_z)/2 - (t_1 + t_2)/2] \tag{9-21}$$

实测条件下的加热能力为

$$Q' = KF[(t'_c + t'_z)/2 - (t'_1 + t'_2)/2] \tag{9-22}$$

测量时，使风量与热媒流量和设计工况相等。将两式进行比较，可得

$$Q' = Q[(t'_c + t'_z) - (t'_1 + t'_2)]/[(t_c + t_z) - (t_1 + t_2)] \tag{9-23}$$

式中　K——加热器的传热系数 [W/(m²·℃)]；

　　　F——加热器的传热面积（m²）；

　　　t_c、t_z——设计工况的热媒初、终温度（以蒸汽为热媒时，$t_c = t_z$）（℃）；

　　　t_1、t_2——设计工况的空气初、终温度（℃）；

　　　t'_c、t'_z——实测条件下的热媒初、终温度（以蒸汽为热媒时，$t'_c = t'_z$）（℃）；

　　　t'_1、t'_2——实测条件下的空气初、终温度（℃）。

加热能力的测定内容，包括通过加热装置的风量、空气和热媒进出温度（当热媒为蒸汽时应测定蒸汽的压力）。当热媒为热水时，可以在进、出水管道上的测温套内插入量程相同的温度计测量，也可以用热电偶紧贴管道外表面，测水管表面温度，然后按传热公式计算热媒温度。当热媒为蒸汽时，可在加热器进口处设一高精度的压力表，测定进入加热器的蒸汽压力，相应的饱和蒸汽温度即为热媒的平均温度。蒸汽量可以通过加热器后的疏水器的凝结水量来测定，为了防止由疏水器排出的凝结水汽化，应在疏水器的后面设置一个冷却装置。

9.4.4　房间内空气参数的测量

空调房间内空气参数测量的内容主要有室内空气的温度、相对湿度、气流组织分布、洁净度和噪声等。空气参数应在系统风量和空气处理设备都调整完毕，且送风状态参数符合设计要求，以及室内热湿负荷和室外气象条件接近设计工况的条件下进行测量。

1. 室内温度和相对湿度的测量

室内温度和相对湿度，可以用水银玻璃温度计、热电偶温度计、通风干湿球温度计、便携

式温湿度计等测温测湿仪器测量。

测点的选择原则是：要求精度高的空调房间，要沿房间高度选择几个有代表性的横断面测点和沿房间宽度选择几个纵断面测点。

例如，对于恒温恒湿房间，测点应布置在离房间围护结构0.5m，离地高度0.5~1.5m的范围内，纵断面上的测点间隔一般为0.5m，横断面上的测点按等面积分格（每一分格常为$1m^2$）。

在系统运行达到稳定后，分别测定纵、横断面上的温度和相对湿度值，并按断面绘制温度和相对湿度分布图。

对于一般空调房间，测点要选择在工作区和工作面及人员经常活动的范围。

当无条件测定室内温度和相对湿度的分布时，可以在回风口处测定温度和相对湿度。一般空调区域均为回流区，所以可认为回风口的空气参数为室内空气的平均参数。

测量时系统必须连续稳定运行，每半小时至1小时测定一次，一般应连续一个白天或者一昼夜。

2. 室内气流组织的测量

室内气流组织的测定仅对有下列要求的空调房间进行：

1) 温度精度等级高于±0.5℃的房间。
2) 洁净房间。
3) 有气流组织要求的房间。

室内气流组织的测量包括室内气流速度和气流流型（气流方向）的测量。气流速度一般采用热球式风速仪测量。气流流型的测量一般是用轻细的纤维丝或烟雾来观察气流的方向，然后人工描绘下来（测定时人要远离气流流动方向）。测量完毕后，应将测量结果绘制成速度分布图和气流流型图。

3. 超净空调系统中空气含尘浓度的测量

超净空调系统中空气含尘浓度的测量，应包括系统中各级空气过滤器效率和室内外空气含尘浓度的测量。

测量应在系统清扫干净和调整完毕并经渗漏检验和堵漏后，再经过连续运行一段时间（自净）后进行，一般采用尘埃粒子计数器测量粒子浓度。

送风含尘浓度应在送风口高效过滤器后测量；新风含尘浓度应在调试期间，选择最佳（雨后含尘量最少时）和最差（风沙天）的天气进行昼夜测量，记录下数据，绘出变化曲线。

室内空气含尘浓度的测量应在各种静态（测量时室内无生产并且无人员）和动态（测量时室内已处在实际生产）条件下进行多点测量，结果按下列条件乘以不同的系数，才是实际工作条件的含尘浓度。静态条件下，对于平行流净化系统，系数为3；对于乱流高效过滤器空气净化系统，系数为5；动态条件下，系数为1。

4. 室内正压的测量与调整

室内正压值是指室内的压力应高于室外压力的数值，宜采用微压计测量。一般空调房间应有5~10Pa的正压值。

测量应在系统送、回风量调整完毕后进行。测量时把被测房间的门窗关闭，将微压计的正、负压接口用橡皮管接至室内和室外（应避免管口迎风），此时通过微压计的压差值即为室内外压差值。

若正压值不满足要求，一般就通过调整房间回风口的风门（调整回风量）来调整室内正压值。

室内正压值的调整应在室内空气含尘浓度测量之前进行，以保证室内空气含尘浓度的测量。

5. 空调系统测试后的调整

（1）送风状态参数与设计工况不符　送风状态参数与设计工况不符主要有以下几种原因：

1）因热工计算有误造成所选择的空气处理设备的能力过大或过小。解决方法：空气处理设备的能力过大或过小可通过调节冷、热媒的进口参数和流量来改善空气处理设备的能力，满足送风状态参数。但对于能力过小的设备，若调节冷、热媒的进口参数和流量也不能解决问题，则应更换设备或增加设备。

2）空气处理设备的质量不好或安装质量不良。

3）冷、热媒参数与流量不符合设计要求。解决方法：当冷、热媒的参数和流量不符合设计要求时，应检查制冷系统或热源系统（锅炉或换热器）的能力是否满足要求。另外，还应检查水泵的流量和扬程，冷、热媒管道的保温措施及管道系统有无堵塞，并应采取相应的改进措施。

4）空气冷却设备出口带水，如挡水板的过水量超过设计值，造成水分再蒸发影响空气参数。解决方法：空气冷却设备出口处带水，若为表面冷却器可在其后面增加挡水板，若已装挡水板，则应提高挡水板的挡水效果。对于喷水室，除了挡水板要有良好的挡水效果外，还应检查挡水板是否插入池底，挡水板与空气处理机内壁间是否漏风等。

5）送风机和管道的温升或温降超过设计值，影响送风温度。解决方法：风机温升过大可能是由于风机的运行风压超过设计要求造成的，可通过降低风管的阻力等措施来降低风机风压。管道的温升或温降过大时应检查管道的保温措施是否满足设计要求，并进一步改进。

6）处于负压下的空气处理装置和回风管道漏风。解决方法：采取措施避免系统的漏风。

（2）室内空气参数不符合设计要求　室内空气参数不符合设计要求可能有以下几种情况：

1）实际的热、湿负荷与设计负荷有出入或送风参数不满足设计要求。解决方法：若送风参数不满足设计要求，则首先解决送风参数方面存在的问题。若送风参数满足设计要求，则可根据通风机及空气处理设备的能力来改变送风量和送风参数，以满足要求。若条件允许，就可采取措施减少建筑围护结构的传热量及室内产生的热量。可对建筑围护结构加设保温层，对玻璃窗设遮阳措施等，还应尽量减少室内设备的散热，排除室内局部热源产生的热量。

2）室内气流速度超过允许值。解决方法：室内气流速度超过允许值一般是由于送风口速度过大或系统总风量过大，可通过增大送风口面积、改变风口形式（增加风口的湍流系数）的方法加以解决。对于总风量过大的情况应在满足室内换气次数的前提下减少送风量。

3）室内空气的清洁度和洁净度不符合设计要求。解决方法：清洁度不符合设计要求的主要原因是新风量不足或室内人员超过设计人数，可通过增加新风量的方法解决。

洁净度不符合设计要求的主要原因为：过滤器效率不高，施工安装质量不好以及运行管理不善和室内生产工艺流程与设计不符。解决方法：首先应提高过滤器效率，若过滤器本身质量不好应予以更换；对于施工安装质量不好的地方应采取措施加以改进；还可增加室内换气次数和增加室内正压值；要完善运行管理，使生产工艺流程满足设计要求。

有关空调系统的测试内容详见本系列教材《建筑环境测量》第 2 版（见参考文献 [18]）。

思考题与习题

1. 什么是定露点调节？什么是变露点调节？它们各有什么优点？

2. 已知某空调系统的室内实际参数为 $t = 24℃ \pm 1℃$，$\varphi = 55\% \pm 10\%$，设计条件下余热量为 3kW，余湿量为 2kg/h，送风温差为 6℃。在运行中若余热量为 4kW，余湿量不变，或余热量变为 4.5kW，余湿量变为 2.5kg/h，试问能否采用定风量、定露点调节再热量的方法进行运行调节？能否采用变风量、变露点的方法调节？

3. 在空调系统全年运行时,有没有不需要对空气进行冷、热处理和加湿、除湿处理的时期?这时应该怎样运行?
4. 在集中处理室内设集中再热器的方案和各送风支管上设局部加热器的方案各有什么优缺点?什么情况下最好采用既有集中再热器,又有局部加热器的方案?
5. 变喷水量的调节方法有什么优缺点?
6. 室温由冬到夏允许逐渐升高的情况下,应该怎样运行空调系统比较经济?
7. 当室内冷负荷变化,湿负荷不变时,如何进行调节才能保证室内的温湿度要求?
8. 在过渡季节,系统如何运行最为经济?
9. 对于带有喷水室的一次回风空调系统,如何进行全年运行调节?
10. 风机盘管的局部调节方法有几种?各有何特点?
11. 为什么要对空调系统进行测定和调整?对空调系统进行测定和调整的主要内容有哪些?
12. 测量风速的仪表有哪些?它们各适用于什么场合?
13. 测定风管内风量时,如何选择测定断面?测点如何布置?为什么?
14. 如果空调系统送风机前后没有合适的直管段,试问在什么地方测系统的总风量比较好?
15. 利用动压方法测定风管内风量时,应注意一些什么问题?
16. 如何准确地测量送风口的风量?
17. 为什么当两支管压力一旦经三通调节阀调整好,风门位置调定不变后,不管总管内风量如何变化,两支管中的风量比总是常数?
18. 在非设计工况下,能否进行空气冷却装置的性能测定?为什么?
19. 如果测定时喷水室前空气状态的比焓比设计状态低很多,这样进行测定有无问题?
20. 空调房间内空气环境的测定包括哪些内容?应用什么仪表测定?
21. 在非设计工况下如何进行加热器容量的测定?

二维码形式客观题

扫描二维码可在线做题,提交后可查看答案。

第9章 客观题

参 考 文 献

[1] 清华大学等四院校. 空气调节 [M]. 2版. 北京:中国建筑工业出版社,1986.
[2] 赵荣义,范存养,薛殿华,钱以明. 空气调节 [M]. 3版. 北京:中国建筑工业出版社,1994.
[3] 全国勘察设计注册公用设备工程师执业资格考试复习教程 [M]. 北京:中国建筑工业出版社,2004.
[4] 李岱森. 空气调节 [M]. 北京:中国建筑工业出版社,2000.
[5] 田忠保. 空气调节 [M]. 西安交通大学出版社,1993.
[6] 陆亚俊,马最良,邹平华. 暖通空调 [M]. 北京:中国建筑工业出版社,2002.
[7] 电子工业部第十设计研究院. 空气调节设计手册 [M], 2版. 北京:中国建筑工业出版

社，1995.

[8] 韩宝琦，李树林．制冷空调原理及应用［M］．2版．北京：机械工业出版社，2002.
[9] 方修睦．建筑环境测试技术［M］．北京：中国建筑工业出版社，2002.
[10] 张林华，曲云霞．中央空调维护保养实用技术［M］．北京：中国建筑工业出版社，2003.
[11] 付小平，杨洪兴，安大伟．中央空调系统运行管理［M］．北京：清华大学出版社，2001.
[12] 戈兴中．制冷与空调装置安装、维修及管理［M］．北京：化学工业出版社，2002.
[13] 王福珍．空调系统的调试与运行［M］．哈尔滨：哈尔滨工业大学出版社，2002.
[14] 李援瑛．中央空调运行管理与维修［M］．北京：中国电力出版社，2001.
[15] 何耀东．中央空调工程预算与施工管理［M］．北京：中国建筑工业出版社，2001.
[16] 金练等．暖卫、通风、空调技术手册［M］．北京：中国建筑工业出版社，2000.
[17] 李先瑞．供热空调系统运行管理、节能、诊断技术指南［M］．北京：中国电力出版社，2003.
[18] 陈刚．建筑环境测量［M］．2版．北京：机械工业出版社，2012.
[19] 张学助，张竞霜．通风与空调工程禁忌手册［M］．北京：机械工业出版社，2006.
[20] 陕西省第一设备安装工程公司，等．空调试调［M］．北京：中国建筑工业出版社，1977.
[21] 编制组．民用建筑供暖通风与空气调节设计规范宣贯辅导材料［M］．北京：中国建筑工业出版社，2012.

暖通专家张家平简介

第 10 章
空调系统的节能、检测与监控

▶学习要点

重点：①空调能耗的评价标准和确定方法；②空调检测与监控的内容、应用原则及基本方法。
难点：①空调能耗的评价标准和确定方法；②空调检测与监控的内容、应用原则及基本方法。

10.1 空调系统的节能

在讲述空调系统节能之前，有必要先介绍建筑能耗和空调能耗的概念。**建筑能耗**又称民生能耗，指的是建筑物日常运行所消耗的能量，它包含供暖、通风、空调、热水供应、照明、电梯、烹饪等设备所消耗的能量。**空调能耗**则指的是建筑物内空调系统所采用的一切设备日常运行所消耗的能量。对于一般的空调系统而言，空调能耗主要分成两类，一类是为了消除建筑物内热、湿负荷而提供给空气处理设备的冷量和热量的冷热源能耗，如电制冷设备运行所消耗的电能和锅炉所消耗的煤、油、燃气或电等；另一类是流体输送设备运行时所消耗的电能，如风机和水泵为克服流动阻力消耗的电能等，称动力能耗。

空调是建筑耗能的大户。依据有关的统计资料，我国的建筑用能已超过全国能源消费总量的 1/4，并将随着人民生活水平的提高逐步增加到 1/3 以上。在建筑能耗中，供暖和空调的能耗所占比例均在 60% 以上。在公共建筑（特别是大型商场、高档旅馆酒店、高档办公楼等）的全年能耗中，大约 50%~60% 消耗于空调制冷与供暖系统。而在空调供暖这部分能耗中，大约 20%~50% 由外围护结构传热所消耗（夏热冬暖地区大约 20%，夏热冬冷地区大约 35%，寒冷地区大约 40%，严寒地区大约 50%）。从目前情况分析，这些建筑在围护结构、供暖空调系统以及照明方面有 50% 的节能潜力。近年来，随着我国社会经济的快速发展，建筑能耗的增长速度加快。然而，与世界上发达国家相比，在相同的气候条件和保持同样的室内热环境条件下，我国的单位建筑面积供暖和空调的耗能指标却高得多，究其原因主要是建筑围护结构热工性能较差，供暖空调设备效率较低。由此可见，我国空调系统的节能有着十分重要的现实意义。

10.1.1 空调能耗的评价标准

1. 空调系统能耗的构成及主要影响因素

一般的空调系统，其耗能可以分成两大部分，一是为了消除建筑物内热、湿负荷而提供的冷量和热量的冷热源设备的耗能，如制冷机耗电、锅炉耗煤、油或电等；另一部分是输送空气和水的风机和水泵克服流体流动压力消耗的电能，称动力耗能。

从热平衡角度看，空调系统中冷热源的耗能应等于建筑物冷、热负荷。它的主要影响因素有室外气象参数、室内设计参数、建筑物围护结构的特性以及室内人员、设备、照明等的热、湿负荷和新回风比等。空调系统中风机和水泵的耗电将直接受流体的流量和压力损失大小的影响，其影响因素包括系统形式、温差、流速和设备效率，风、水管道长度等。据测算，空调系统的能耗中作为流体输送设备的风机与水泵的能耗约占30%,其中风机的能耗占70%~80%。

2. 建筑物空调能耗的评价标准简介

(1) 周边全年负荷系数法 (Perimeter Annual Load, PAL) 周边全年负荷系数法是通过计算建筑物周边全年负荷系数来衡量建筑物外围护结构能量损失的状况。**建筑物周边**是指从外墙中心线往里6m的区域;**全年负荷**是指建筑物一年内累计的空调负荷,它与空调设备的实际运行时间无关,是计算出来的外区负荷。**周边全年负荷系数**的定义为使外区夏季降温时保持26℃,冬季供暖时保持23℃,随着室外空气状态和太阳辐射的变化,由每1m²外区域流出或流入热量的全年累计平均数。可以用下式表示

$$PAL = \frac{Q_L + Q_n}{S_b} \tag{10-1}$$

式中 Q_L——供冷能耗 (kJ/a);
Q_n——供暖能耗 (kJ/a);
S_b——外区面积之和 (m²)。

我国目前尚未有明确的PAL指标体系,按照日本建筑省能法规定,办公楼建筑物的PAL值需小于335MJ/m²(参考文献 [6])。

(2) 空调能耗系数 (Coefficient of Energy Consumption for Air Conditioning, CEC) **空调能耗系数**是一个用来评价空调设备能量利用率的指标,它可以对整个空调系统的节能状况进行考核。空调能耗系数定义为

$$CEC = Q/Q_0 \tag{10-2}$$

式中, Q_0 表示假想空调负荷全年累计值。假想空调负荷包括围护结构的传热、太阳辐射、照明和人体等内部散发的热量以及其他热和新风负荷等之和,实质上就是空调冷负荷、热负荷和新风负荷的全年总和,是计算出的量,没有考虑任何节能措施的因素在内。空调设备全年总能耗 Q 则是空调设备实际消耗的能量。按若干假定条件计算出的全年假设空调负荷 Q_0 并不等于空调系统的实际消耗的能量。CEC数值越小,表明空调设备的能量利用率越高。日本的有关部门节能标准规定的CEC标准值为1.6,即建筑物空调系统的CEC只有低于1.6时才算符合要求(参考文献 [6])。空调冷热源设备一年实际消耗的一次能源量为 Q。

(3) 空气输送系数 (Air Transferring Factor, ATF) 空调系统用于输送空气所消耗的能量占有相当大的比例。特别是因为它在全年内的运行时间很长,所以全年能耗量很大。为了对风机系统的能耗也能有一个评价的标准,美国提出采用**空气输送系数ATF**作为风机系统的设计标准

$$ATF = Q_x/P_f \tag{10-3}$$

式中 Q_x——空调区的显热负荷 (kJ);
P_f——空调系统风机消耗的能量 (kJ)。

按照美国的有关节能标准,空气输送系数数值应该等于或大于4(参考文献 [6])。

(4) 水输送系数 (Water Transferring Factor, WTF) 空调水系统的节能特性可以用水输送系数WTF作为判据,其定义为

$$WTF = Q_w/P_p \tag{10-4}$$

式中 Q_w——水系统传输的用于室内的冷量和热量 (kJ);
P_p——水泵消耗的功 (kJ)。

日本对建筑与设备节能的有关要求:对于一个节能的空调开式水系统,WTF应大于20,闭式系统则应大于35(参考文献 [6])。

(5) 其他参数 对于集中供暖系统热水循环水泵,采用耗电输热比(EHR)进行评价,其

定义式为

$$EHR = N/(Q\eta) \tag{10-5}$$

式中　N——水泵在设计工况点的轴功率（kW）；

　　　Q——建筑供暖负荷（kW）；

　　　η——电动机和传动部分的效率（%），当采用直联方式时，$\eta = 0.85$；采用联轴器连接方式时，$\eta = 0.83$。

我国《公共建筑节能设计标准》（GB 50189—2015）要求，$EHR \leq 0.0056(14 + \alpha\Sigma L)/\Delta t$，其中 Δt 为设计供回水温差，当管道全部采用钢管连接时，$\Delta t = 25℃$；系统中管道部分有塑料管材连接时，$\Delta t = 20℃$。当室外主干线总长度 $\Sigma L \leq 500m$ 时，α 取 0.0115；当总长度 $\Sigma L = 500 \sim 1000m$ 时，α 取 0.0092；总长度 $\Sigma L > 1000m$，α 取 0.0069。

空气调节冷热水系统的输送能效比 ER，按下式定义

$$ER = 0.002342H/(\Delta T\eta) \tag{10-6}$$

式中　H——水泵的设计扬程（m）；

　　　ΔT——供回水温差（℃）；

　　　η——水泵在设计工作点的效率（%）。

空气调节冷热水系统的最大输送能效比（ER）参见表 10-1。

表 10-1　空气调节冷热水系统的最大输送能效比

管道类型	两管制热水管道			四管制热水管道	空调冷水管道
	严寒地区	寒冷地区/夏热冬冷地区	夏热冬暖地区		
ER	0.00577	0.00433	0.00865	0.00673	0.0241

注：两管制热水管道系统中的最大输送能效比值，不适用于直燃式冷热水机组作为热源的空气调节热水系统。

空气调节风系统风机的单位风量耗功率 W_s 按式（10-7）计算，并要求满足表 10-2 所示的限定要求。

$$W_s = p/(3600\eta_t) \tag{10-7}$$

式中　p——风机的全压（Pa）；

　　　η_t——包含风机、电动机及传动效率在内的总效率（%）。

表 10-2　风机的单位风量耗功率限值

系统形式	办公建筑		商业、旅馆建筑	
	粗效过滤	粗、中效过滤	粗效过滤	粗、中效过滤
两管制定风量系统	0.42	0.48	0.46	0.52
四管制定风量系统	0.47	0.53	0.51	0.58
两管制变风量系统	0.58	0.64	0.62	0.68
四管制变风量系统	0.63	0.69	0.67	0.74
普通机械通风系统	0.32			

注：1. 普通机械通风系统不包括厨房等需要特定过滤装置的房间的通风系统。

　　2. 严寒地区增设预热盘管时，单位风量耗功率可增加 0.035W/(m³/h)。

　　3. 当空气调节机组内采用湿膜加湿方法时，单位风量耗功率可增加 0.053W/(m³/h)。

10.1.2　空调系统全年（或季节）能耗的确定

为了全面地衡量和评价空调系统是否节能，必须对空调系统的能量消耗情况进行计算和分析，从而为空调系统的优化设计提供重要依据。空调系统全年耗能量的计算主要有以下几种方法：度日法、当量满负荷运行时间法、负荷频率表法和计算机模拟法等。

1. 度日法

度日法是用来计算供暖期总的累计供暖耗能的一种方法。**度日**是指每日平均温度与规定的

标准参考温度（或称温度基准）的差值。**度日数**是该日平均温度与标准参考温度的实际差值。用公式表示为

$$HDD = T_B - T \tag{10-8}$$

$$T = \frac{T_{(2h)} + T_{(8h)} + T_{(14h)} + T_{(20h)}}{4} \tag{10-9}$$

式中　　　　　HDD——某日度日数（℃·d），当 $T > T_B$ 时，HDD = 0；

T_B——标准参考温度（℃），一般取 18℃；

T——某日平均温度（℃）；

$T_{(2h)}$、$T_{(8h)}$、$T_{(14h)}$、$T_{(20h)}$——某日在 2、8、14、20 时刻测得的室外空气温度（℃）。

将供暖期每日的度日数相加求和可以得到供暖期的总度日数。为了使统计的度日数具有足够的代表性，一般应统计所在地区 10 年以上的气象资料。

供暖期总的耗能量可以用下式计算

$$Q_s = \frac{24q \Sigma (HDD) C_D}{\Delta t_{N-W}} \tag{10-10}$$

式中　q——建筑物总的设计耗热量（kJ/h）；

C_D——修正系数，考虑间歇供暖对连续供暖的修正，可按表 10-3 选取；

Δt_{N-W}——室内外设计温差（℃）。

表 10-3　修正系数 C_D

Σ（HDD）	1000	2000	3000	4000
C_D	0.76 ± 0.3	0.67 ± 0.26	0.60 ± 0.25	0.65 ± 0.26

2. 当量满负荷运行时间法

这种方法是先计算出全年空调冷负荷（或热负荷）的总和，并将其与制冷机（或锅炉）的最大出力进行比较，从而判定空调系统的节能状况。

（1）当量满负荷运行时间　由于空调系统当量满负荷运行时间根据夏、冬季的不同可分为夏、冬季当量满负荷运行时间，分别用数学表达式（10-11a）和式（10-11b）表示。

$$\tau_r = \frac{q_1}{q_n} \tag{10-11a}$$

$$\tau_b = \frac{q_h}{q_b} \tag{10-11b}$$

式中　τ_r、τ_b——夏、冬季当量满负荷运行时间（h）；

q_1、q_n——全年空调冷、热负荷（kJ/a）；

q_h、q_b——制冷机、锅炉的最大出力（kJ/h）。

负荷率 ε 是全年平均空调冷负荷或热负荷与制冷机或锅炉的最大出力的比值，可以用下式表示

$$\varepsilon_r = \frac{q_1}{q_r T_r} \tag{10-12a}$$

$$\varepsilon_b = \frac{q_n}{q_b T_b} \tag{10-12b}$$

式中　T_r、T_b——每年夏、冬季制冷机、锅炉设备的累计运行时间（h/a）。

由式（10-11）和式（10-12），可以导出下面的公式

$$\varepsilon_r = \frac{\tau_r}{T_r} \tag{10-13a}$$

$$\varepsilon_b = \frac{\tau_b}{T_b} \tag{10-13b}$$

或

$$\tau_r = \frac{\varepsilon_r}{T_r} \tag{10-14a}$$

$$\tau_b = \frac{\varepsilon_b}{T_b} \tag{10-14b}$$

需要指出的是，当量满负荷运行时间 τ_r、τ_b 与建筑物的功能、性质、空调系统采用的节能方式等有关。

(2) 空调全年耗能的计算

1) 耗电量

a. 制冷机耗电量

$$P_r = (\Sigma P_{r,n}) T_r \varepsilon_r = (\Sigma P_{r,n}) \tau_r \tag{10-15}$$

b. 冷水泵耗电量

定流量时
$$P_p = (\Sigma P_{p,n}) T_p \tag{10-16a}$$

变流量时
$$P_p = (\Sigma P_{p,n}) T_p \left(\varepsilon_r + \frac{1-\varepsilon_r}{n}\right) \tag{10-16b}$$

c. 冷却塔耗电量

全部运行
$$P_{ct} = (\Sigma P_{ct,n}) T_{ct} \tag{10-17}$$

台数控制
$$P_{ct} = (\Sigma P_{ct,n}) T_{ct} \left(\varepsilon_r + \frac{1-\varepsilon_r}{n}\right) \tag{10-18}$$

d. 风机耗电量

定风量
$$P_f = (\Sigma P_{f,n}) T_f \tag{10-19a}$$

变风量
$$P_f = (\Sigma P_{f,n}) T_f \left(\varepsilon' + \frac{1-\varepsilon'}{n}\right) \tag{10-19b}$$

$$\varepsilon' = \frac{(\varepsilon_r T_r + \varepsilon_b T_b)}{T_r + T_b}$$

e. 锅炉附属设备的耗电量

一台锅炉
$$P_b = (\Sigma P_{b,n}) T_b \varepsilon_b = (\Sigma P_{b,n}) \tau_b \tag{10-20a}$$

两台以上锅炉
$$P_b = (\Sigma P_{b,n}) T_b \left(\varepsilon_b + \frac{1-\varepsilon_b}{n}\right) \tag{10-20b}$$

f. 锅炉给水泵耗电量

$$P_{bp} = (\Sigma P_{bp,n}) \frac{V_{b,n} T_b \left(\varepsilon_b + \frac{1-\varepsilon_b}{n}\right)}{q_{bp,n}} \tag{10-21}$$

2) 燃料耗量

一台
$$Q_{fb} = q_{fb,n} T_b \varepsilon_b = q_{fb,n} \tau_b \tag{10-22a}$$

两台以上
$$Q_{fb} = \Sigma q_{fb,n} T_b \left(\varepsilon_b + \frac{1-\varepsilon_b}{n}\right) \tag{10-22b}$$

3) 耗水量（补水量）

冷却塔全年总循环水量　　　$W_{ct,a} = W_{ct,n} T_r n \left(\varepsilon_r + \dfrac{1-\varepsilon_r}{n} \right)$ 　　　　　（10-23）

冷却塔补水量　　　　　　　$Q_{w,ct} = W_{ct,a} \times 2\%$ 　　　　　　　　　　（10-24）

锅炉补水量　　　　　　　　$Q_{w,ct} = 0.01 V_{bq,n} T_b \left(\varepsilon_b + \dfrac{1-\varepsilon_b}{n} \right)$ 　　　（10-25）

式中　　　$P_{r,n}$——制冷机额定功率（kW）；

　　　　　$P_{p,n}$——冷水泵或冷却水泵额定功率（kW）；

　　　　　$P_{ct,n}$——冷却塔额定功率（kW）；

　　　　　$P_{f,n}$——风机额定功率（kW）；

　　　　　$P_{b,n}$——锅炉附属设备额定功率（kW）；

　　　　　$P_{bp,n}$——锅炉给水泵额定功率（kW）；

T_r、T_p、T_{ct}、T_f、T_b——制冷机、冷水泵（或冷却水泵）、冷却塔、风机、锅炉设备累计运行时间（h）；

　　　　　n——设备台数

　　　　　$q_{bp,n}$——锅炉给水泵额定流量（m³/h）；

　　　　　$V_{b,n}$——锅炉额定蒸发量（m³/h）；

　　　　　$q_{fb,n}$——锅炉额定出力时的燃料耗量（m³/h 或 t/h）；

　　　　　$W_{ct,a}$——冷却塔全年总耗循环水量（m³/a）；

　　　　　$W_{ct,n}$——冷却塔额定循环水量（m³/h）；

　　　　　$V_{bq,n}$——锅炉全年蒸发量（t/a）。

4）一次能源热量换算。以上计算出的耗电量和燃料消耗量均可换算成一次能源的热能单位以便于比较，表10-4 列出了彼此之间的换算关系。

表10-4　一次能源热量换算

标准煤（kJ/kg）	重油（kJ/L）	煤油（kJ/L）	石油液化气（kJ/kg）	电能［kJ/(kW·h)］
29307.6	41449.3	37262.5	50241.6	10256.4①

① 电能的换算中输配电效率按90%，电厂效率按39%。

3. 负荷频率法

根据当地室外空气干球温度、湿球温度、比焓、含湿量等参数出现的年频率数（适用于全年运行的空调系统）或季节频率数（用于季节性空调系统）和空调系统的全年或季节运行工况计算出不同室外空气状态参数下的加热量、冷却量和加湿量，进而累计计算出全年耗能量或季节耗能量。

（1）**频率数**　一般根据当地10~15年气象站观测记录的数据统计求出。考虑到气象参数数据具有很大的随机性，为了使统计计算出来的计算频率数更符合当地实际，采用标准年（平均年）的实测气象参数统计频率数。

（2）空调能耗的计算　全年或季节空调能耗量、湿耗量的计算均以每小时 1kg 的风量为基准，公式如下

全热量 q（kJ/kg）

$$q = \sum_x \left[(h_{w,x} - h_N) N f_x \% \right] \quad (10\text{-}26)$$

显热量 q_x（kJ/kg）

$$q_x = \sum_x [(t_{w,x} - t_N) N f_x\%] \tag{10-27}$$

加湿量 w（g/kg）

$$w = \sum_x [(d_{w,x} - d_N) N f_x\%] \tag{10-28}$$

式中 $h_{w,x}$、$t_{w,x}$、$d_{w,x}$——某一时刻室外空气的比焓（kJ/kg）、干球温度（K 或℃）和含湿量（kg/kg）；

h_N、t_N、d_N——室内设计状态下空气的比焓（kJ/kg）、干球温度（K 或℃）和含湿量（kg/kg）；

f_x——某一室外空气的比焓、干球温度和含湿量值时的年或季节小时频率数（%）；

N——全年或季节空调运行小时数（h）。

空调系统的全年总耗能量 Q（kJ/a）和耗湿量 W（g/a）为

$$Q = Gq \tag{10-29}$$
$$Q_x = Gq_x \tag{10-30}$$
$$W = Gw \tag{10-31}$$

当室外空气是先经过与室内空气混合后，再经加热器、冷却器或加湿器处理，则上述公式中的 $h_{w,x}$、$t_{w,x}$、$d_{w,x}$ 要用混合以后的状态点代入。比如说，夏季当室外空气比焓值高于室内空气的比焓值时，则混合空气的比焓值为

$$h_c = h_N + m(h_{w,x} - h_N) \tag{10-32}$$

式中 m——新风比（%）。

4. 计算机模拟

随着计算机软硬件技术的发展，利用计算机直接模拟建筑热过程在国外已经取得了许多成果，并逐步推广应用到实际工程中。在 20 世纪 60 年代末，基于反应系数法建立的动态负荷计算法，建立比较精确的数学模型进行建筑热过程的计算机模拟，可以实现对任意变动的气象条件，计算其逐时的负荷值，然后进行全年叠加，得到全年负荷，从而预测空调全年的能耗。当前开发的软件主要有日本的 HASP 和美国的 DOE-2、ESP-r、BLAST、EnergyPlus、NBSLD 及中国的 DeST 等（参考文献 [2]）。

10.1.3 空调设备及系统的节能

1. 建筑物节能措施

（1）建筑朝向和平面形状 空调冷、热负荷的大小与建筑物的朝向和平面形状有着密切关系。合理地设计将有利于空调系统的节能。建筑总平面的布置和设计，宜利用冬季日照并避开冬季的主导风向，利用夏季自然通风。建筑的主朝向宜选择本地区最佳朝向或接近最佳朝向。对建筑物规划时，首先在建筑物的选址上要尽可能考虑周边的绿化环境条件。研究表明，同样平面形状的建筑物，南北向比东西向负荷少，特别是在相同面积的情况下，主朝向面积越大，这种倾向越明显。从降低建筑物最大建筑负荷考虑，建筑物方位应尽可能取南北朝向设计。《公共建筑节能设计标准》（GB 50189—2015）中要求，严寒、寒冷地区建筑物的体形系数应小于或等于 0.40。当严寒、寒冷地区所设计的建筑的体形系数大于 0.4 时，参照建筑的每面外墙均应按比例缩小。

建筑物的外形以圆形或方形为好，在建筑物体积相同的情况下，圆形、方形的外表面积最小。建筑物的外表颜色也应与充分考虑对阳光辐射的吸收和反射。对于供暖负荷小而供冷负荷

较大的建筑物,应选择浅色为好;对于供暖负荷大、供冷负荷较小的建筑物则应选用深色作为外表面的颜色为好。

(2) 建筑物围护结构的保温性能　改善建筑围护结构的保温性能是建筑节能的重要任务之一。有实例证明,重视建筑保温,建筑耗能有时可降低 30%～40%,而造价只增加大约 5% 左右。许多国家从 20 世纪 70 年代开始,就修订或制订了新的围护结构热工设计标准,以改善建筑物的保温性能,限制建筑物的能耗。表 10-5 列出了《民用建筑供暖通风与空气调节设计规范》(GB 50736—2012) 中对工艺性空调区围护结构最大传热系数的要求。

表 10-5　工艺性空调区围护结构最大传热系数 K 值　　[单位：$W/(m^2 \cdot ℃)$]

围护结构名称	室温允许波动范围/℃		
	±0.1～0.2	±0.5	≥±1.0
屋顶	—	—	0.8
顶棚	0.5	0.8	0.9
外墙	—	0.8	1.0
内墙和楼板	0.7	0.9	1.2

注：表中内墙和楼板的有关数值,仅适用于相邻空调区的温差大于 3℃ 时。

(3) 窗户隔热和建筑遮阳　通常认为窗户的主要作用是采光、通风、观景和火灾时避难排烟。实际上,窗户使夏季进入室内的热量增多,增加了空调冷负荷;冬季经窗户进入室内的日射却可以减少供热负荷。相对于墙壁,玻璃的热阻要小得多,因此从玻璃窗损失的热量要多。统计表明,夏季由于玻璃窗得热占制冷机最大负荷的 20%～30%。冬季单层玻璃的热损失约占锅炉负荷的 10%～20%。对一般的空调建筑物,应该采用双层玻璃窗构造形式甚至三层玻璃,并可以根据需要采用吸热玻璃或反射玻璃。《公共建筑节能设计标准》(GB 50189—2005) 中要求,建筑每个朝向的窗墙面积比均不应大于 0.7。当窗墙面积比小于 0.40 时,玻璃的可见光透射比不应小于 0.4。

夏热冬暖地区、夏热冬冷地区的建筑以及寒冷地区制冷负荷大的建筑,外窗应设置外部遮阳。建筑遮阳有内遮阳和外遮阳之分。建筑外遮阳可以遮挡直接日射,窗户外的凸出物,如窗户侧壁、屋檐、阳台以及周围的建筑物等均可以起到外遮阳的作用。内遮阳可以采用窗帘。实践证明,窗户的外遮阳比内遮阳对减少日射得热更为有效。

2. 空调设计参数的合理设定

室内空气环境主要涉及的参数有温度、相对湿度、CO_2 含量和含尘量等。经济合理地设定这些参数,对于系统的节能运行具有较大的影响。

(1) 室内空气温度的合理设定　空调房间内空气温度设定值与空调负荷和能耗之间有着密切关系。供暖时室内温度设定得越低或供冷时温度设定得越高,可以减小室内、外温差,降低空调负荷,空调系统的运行越节能。《民用建筑供暖通风与空气调节设计规范》(GB 50736—2012) 中规定了舒适性空气调节室内计算参数,参见本教材第 3 章表 3-2。《公共建筑节能设计标准》(GB 50189—2015) 规定了建议的室内设计参数值,见本书第 3 章表 3-3。实际运行中可以根据季节的不同,冬季取低值、夏季取高值以实现节能目的。也可以根据具体情况,通过监测与控制系统,适时合理地改变室内温度设定值,可取得更好的节能效果。典型的一种是室内温度设定值按照使用要求和使用时间,在一昼夜内所作的周期性再调。比如,在住宅、公寓和宾馆客房内,在冬季入夜睡眠时,室内温度可自动地适当降低。再如,按一定作息制度运行的办公大楼，午餐和午休时，或下班后无人时，均可根据需要，按事先安排的规律，对温度设定值作定时的周期性变化。

（2）室内相对湿度的设定　室内相对湿度的设定值主要取决于房间的使用功能要求。除一些工业性生产厂房、实验室等因生产工艺上的需要，要求室内保持一定的相对湿度外，一般的办公楼、宾馆客房、会场、商场、影剧院等大多数公共建筑，都是以舒适性空调为目的。在这类情况下，室内相对湿度设定值一般按本书第3章表3-2或表3-3选取。为了不把能量无谓地消耗掉，实际运行中可以在冬季适当提高相对湿度，超过30%；在夏季降低相对湿度，低于65%。

（3）新鲜空气量的确定　新鲜空气取用量的多少，是影响空调负荷的一个重要方面。新风量用少了，会恶化室内卫生条件；用多了，又会加大负荷，造成能量消耗过大。它与能耗、初投资和运行费用密切相关，并且关系到人体健康。建筑物室内所需最小新风量，应按国家有关民用建筑人员所需新风量标准要求确定，如办公场所应保证每人不小于$30m^3/h$。在一般情况下，如果室内人数比较稳定，则在系统设计时，最小新风量可按室内人数和规定的标准计算确定，或者按总比例中的一定百分比，比如10%～15%取用。冬、夏季选用最小新风量，过渡季采用全新风，取用新风冷量。最好采用CO_2浓度控制器，在满足卫生、稀释有害气体、保持正压等要求的基础上，不盲目增大新风量，减少新风的加热和冷却负荷。

从节能角度考虑，在空调系统中，还可考虑在室内无人的预冷、预热期间停用新风的措施。在夏季夜间和早晨，可开足新风，以利用相对凉爽的空气进行通风排热。当然，这需要采用监测与控制手段，按照预先安排的操作程序，才能可靠地实现。

3. 空调系统节能

（1）空调空间的合理分区

1）平面分区。①内区和外区的划分在空间进深比较大的情况下，宜按照与外围护结构的关系，分成内区和外区。内区是指进深大于5m，无外围护结构的区域。显然，内区因没有与室外空气相接触的外墙、外窗，冬季没有围护结构的传热损失，因而其冬季与夏季的负荷特性近于相同，不受外界气候变化的影响，比较稳定，只有内部设备、照明和人体的散热量，没有供暖负荷。外区则是指离外墙5m范围内，或顶层、底层部分的空间。外区由于紧邻室外空气，负荷受全年室外气象条件变化的影响，波动大、波动快，冬季需供暖。②按朝向不同分区作为外区，各部分的朝向可能不同。有的是邻东墙、东窗，朝东方向；有的则是邻西墙、西窗，朝西方向。夏季朝东的外区在早晨7～8时，便会出现强烈的日照负荷；朝西的外区出现最大日照负荷的时间，却可能是15～17时。这种最大负荷出现时间的差异，也是空调分区的合理根据。③按一定的面积分区即使是同属一个内区或外区，但如果一个分区面积很大，由于各局部地段设备散热强度不等，人员密度大小不同，若送风参数等同，则其区域温差会加大，局部地段过热、过冷的现象会增多。适当控制各分区空间的面积是避免这一现象的有效措施。

2）按使用时间的不同分区。有些房间虽然面积并不很大，但它们的功能不同，使用时间不同，如果不作分区处理，势必引起能量的浪费。

3）按空调室内空气参数要求的不同分区。相邻的若干空调房间，要求保持的温度和相对湿度可能各不相同。相邻的若干洁净室，要求保持的洁净度级别也可能各有差异。这些生产工艺要求不同的空调空间，应按参数相同为原则，进行分区或划分系统。

4）按室内散发有害物质的性质不同分区。在各类空调房间内，可能产生各种不同的有害物质，如粉尘、有毒、有味或腐蚀性气体等。对于这类房间，应按有害物质种类和性质，以限制有害物危害程度为原则分区和划分系统。

（2）空调方式的合理确定　空调方式按承担负荷的介质分为：全空气方式、水—空气方式和空气—制冷剂方式等；按系统的规模和集散程度分为：集中空调方式和分散空调方式。这些空调方式都各有不同的适用对象。在实际运行中的能耗性能也各不相同。设计时除初次投资费用外，还应着重对其运行能耗状况和运行费用进行对比，根据工程实际情况，选用运行能耗最低的空调方式。

（3）空气处理过程的正确选择　在工业上的恒温、恒湿类空调工程以及凡是对相对湿度有高度控制要求的空调工程中，为了控制室内相对湿度，总不得不采用露点温度控制加再热的方式。这几乎已成了机械、仪表、电子、医药、印刷、化纤、纺织等工业有关空调工程设计数十年不变的模式。可是，这种空气处理方式形成的冷热抵消现象所引起的大量能源的浪费却是十分惊人的。要消除这种冷热抵消现象，应采取新风预先单独处理（即采取简易的解耦手段，把温度和相对湿度的控制分开进行），除去多余的含湿量，使之一直处理到相应于室内要求参数的露点温度，然后再与回风相混合，经干冷，降温到所需的送风温度即可。近年来，不少新建集成电路洁净厂房的恒温恒湿空气调节系统采用了这种新的空气处理方式，成功地取消了再热，相对湿度控制允许波动范围可达±5%。同时也限制采用一般二次回风或旁通方式，因为采用一般二次回风或旁通，尽管理论上可起到减轻由于再热引起的冷热抵消的效应，但经实践证明，其控制难以实现，很少有成功的实例。

（4）改善气流组织

1）分层空调技术的应用。对于高度超过10m的高大空间的空调，基于节能的考虑，一般可采用分层空调的技术处理。所谓分层空调，即采用密集射流，把一个高大的空间分隔成上下两个区域：下部约3~5m以下的空调区和3~5m以上的非空调区。由于密集射流的分隔作用，可有效地阻止上下两区之间的对流传热，从而使下部空调区内保持合理的垂直温度梯度。

2）置换通风方式的应用。这是针对传统的上送下回混合式空调气流组织的一种改进。在置换式通风空调情况下，送风空气可以比常规空调稍高的温度和较低的风速，由下部送出，直接进入工作区，随后逐步吸收室内的余热，携带着受污染的气体，缓缓上升，通过上部回风口或排风口，排出房间。显然，这样的气流组织，除可提高室内工作区的空气品质外，还可取得显著的节能效果。其节能效果主要来自两个方面：①供冷时可采用较常规空调稍高的送风温度，这样可允许提高冷水供水温度，从而提高冷水机组的运行COP值；另外，在利用新风空气降温时，可延长春秋季新风空气降温的利用时间，进一步缩短制冷机组的必要运行时间；②由于置换通风所形成的室内活塞运动状气流，避免了送风空气与整个室内空气的掺混，故其回风（或排风）温度比常规空调，因空气的掺混而形成的室内平均温度或回风温度高。这样，系统的实际送风温差可大于常规空调，因此，其送风量及相应的输送能耗也可小得多。

3）地板送风、工作点送风、工作台送风和座椅送风等送风方式的应用。对于室内人员分布密度小、面积大的空调房间和厂房，采用工作区岗位空调或局部空调是十分节能的一种方式。这种送风方式只考虑对有人的局部区域进行空调，对无人的区域不送风，不作空调处理，或只考虑降低要求的背景空调。

采用地板送风也具有类似置换式通风的特点，将经处理过的送风空气，在进入室内与污染空气混合之前，先送至人的活动区，既节能，又可提高工作区的空气品质。在一些大型公共建筑，如剧院观众厅的应用可取得良好的效果。此外，在采用地板送风空调情况下，还可利用夏季夜间温度相对较低的室外空气，通过自然通风或机械通风途径，对室内进行换气，同时对房间的建筑构件进行预冷却蓄冷，以便在第二天白天，靠构件的热容量徐徐放冷，从而减小白天的冷负荷。

4. 冷热源设备的节能

（1）冷源和热源设备的优选及优化配置　由于冷热源设备运行能耗在空调系统中所占比例较大，降低其能耗量是空调节能的重要内容之一。降低冷热源设备运行能耗的主要途径，在于对冷源和热源设备的优选及其优化配置。所谓设备的优选和优化配置，是指相对于工程所在地区能源结构、系统负荷特性等具体条件下，最适宜机组的选型和配置。设备选型的优化，离不开对两个指数的考核：一个是冷水机组或热泵机组的性能系数 COP；另一个则是它的部分负荷综合平均性能系数 IPLV。工程设计选用的机组，必须是通过各项安全和技术性能试验认证，并且上述两项指数大于允许低限的设备。有关电动驱动压缩机的蒸汽压缩循环冷水（热泵）机组的 COP 值、综合部分负荷性能系数、单元式机组能效比、溴化锂吸收式冷水机组及直燃型溴化锂吸收式冷（温）水机组在名义工况下的性能系数分别参见本系列教材《空调冷热源工程》。

（2）利用室外空气进行降温的经济节能运行

1）直接利用室外空气作自然冷源的节能运行。在全年运行的舒适性空气调节系统中，春秋季利用新风进行降温，是全空气式系统的一项重要节能措施。新风空气在冬季和夏季会成为供暖和降温的负荷，所以有必要把新风空气的摄入量限制于必不可少的最小限度内。但在春、秋季，室外空气的温度或比焓往往低于室内空气，故可作为自然冷源，用于室内降温，以代替制冷机供冷。由此可见，利用新风空气进行降温的实际节能效果，主要体现在春季推迟和秋季提前结束制冷机组的运行，从而大大缩短制冷机全年的运行时间。

2）间接利用室外空气作自然冷源的节能运行。较为普遍的情况是采用水冷式冷水机组并配备有循环冷却塔，机组必须全年运行供冷。这时，夏季冷水机组按常规的水冷式制冷模式运行。当室外空气温度低至一定程度时，可完全停止制冷机组的运行，将冷凝器冷却水回路切换，连通冷水回路，利用冷却塔的运行为空调房间提供必要温度的冷水，以代替冷水机组的供冷。

（3）自然能源与废热的利用

1）太阳能的利用。在太阳能利用技术中，总离不开集热器和蓄热槽。集热器用于直接接受太阳辐射，把光能转换成热能，并用水作为热媒，连续不断地把热传送出去。蓄热槽的作用在于把白天从太阳能集热器吸收、传送过来的热积蓄起来，以供需要时使用。太阳能在空调工程中的应用途径，目前比较现实的主要有：①提供 85℃ 的热水，作为单效溴化锂吸收式制冷机的热源，这时的集热效率为 0.2，单效溴化锂吸收式制冷机的 COP 为 0.5～0.7，故其总效率为 0.1～0.14。②提供 85℃ 的热水，作为转轮式去湿机的再生能源。后者的运行 COP 约为 0.5，故其总效率约 0.1。③通过太阳能电池，再转换成交流电，驱动电动式制冷机。光电转换及直流—交流转换的综合效率约为 0.18，制冷机的运行 COP 若取 3.5，则总效率可高达 0.63。

2）海水、湖水、河水等的利用。由于大海、大湖、大河在一定的深度下，其全年水温受大气温度变化的影响较小，几乎总是保持在一个相对较低的温度水平。所以把它作为制冷机的热汇或水源热泵的热源，可是最好不过的自然能源了。

3）地热的利用。属于地热的有深井水、地下汽井、地下热水泉、土壤热等。地下汽井、地下热水泉只是在一些具有特殊地质构造的地方，才能从离地表不深的地层里开采出来，多数地方没有这一资源。而深井水、土壤，却是平原地带、高原地区都不缺的能源资源。由于在地表以下一定深度的土壤温度基本上等于该地区全年的大气平均温度，所以，深井水和土壤可以说是空调和制冷装置的优良热源和热汇。深井水只要温度合适，经适当的水处理后，即可直接用作夏季空调的冷源或水源热泵的热源。

4）大气资源的利用。由于大气作为热机的热源和热汇的应用，比起水来更为方便，所以，使用也更普遍。但由于其在一年中的温度随季节的转换，变化幅度大，夏季作为热汇，冬季作为热源的品质,远不如地下水和地表水。

如今广泛利用大气作为热汇的主要有风冷式冷水机组、冷却塔等。利用大气同时作为热源和热汇的,有各种空气热源热泵式冷热水机组和空气热源热泵式冷热风机组。此外,在春秋季,新风作为全空气式空调系统的自然冷源,可直接用于向房间供冷,以代替制冷机的运行。这应该成为所有公共建筑和生产厂房舒适性空调系统节能设计和运行优先考虑的一项措施。

5) 废热的利用。废热的种类很多,有生产工艺设备的散热(如电炉、电气设备的废热)、照明灯具的散热、地铁散热、制冷设备的冷凝热、空调房间的排气废热等。但它们的温度以及发生的时间、数量各不相同,因此在空调工程中的利用价值也不同。比如在夏季,只有具备足够高的废热,才可用于热力制冷或转轮去湿机的再生,低温废热几乎难以找到合适的用途。冬季情况完全不同,这时需要用热的地方多,视废热温度的高低,可直接用于房间供暖,或作为热泵机组的热源,提高温度后用于供热和供冷。

制冷机组的运行是产生冷凝废热的一大源泉。但是,大多数制冷机组只是在夏季运行,其冷凝废热很难找到可用之处。但是,那些必须全年运行的制冷机组,如需全年供冷的空调用制冷机、生产工艺用制冷机、低温空调和冷冻、冷藏用制冷机等,其在冬季运行过程中产生的大量废热,是十分宝贵的资源,理应得到充分的利用。

冷凝废热的利用途径,可视其全年废热利用的可能性,既可采用各种热回收型的派生型冷水机组,也可采用常规的水冷式制冷机组。在后一种情况下,只需根据冬夏季节进行简单的转换,夏季冷却水进入冷却塔排热;冬季不上塔,而是向需要用热的对象提供废热,如用作水源热泵的热源等。

冬季和夏季空调房间的集中排风,相对于未经处理的室外空气而言、含有一定量的废能。这一废能量的大小,取决于室内外空气的温差、排风量的大小、空调系统运行、使用时间的长短等。比如,一个直流式的空调系统,或一个低温的空调系统,其排风能量的回收效益绝非一个常规空调系统所可比拟。空调房间排气废能的利用途径,主要是通过显热回收器或全热回收器回收其中大部分能量,用于预冷或预热新风,从而大大减小空调的新风热负荷。

5. 空调系统中冷、热媒输送中能耗的降低

(1) 风系统输送能耗的降低　①在选用风机时,应优选运行效率高的产品;②在一切可能和允许的情况下,尽可能加大送风温差,以减小送风量,降低风机的功耗;③降低风机全压,为此应减小系统的阻力,即适当控制空气的流速,减小系统的输送半径和适当控制系统规模等。

(2) 变风量系统和高效转速调节技术的应用　在系统供冷(暖)运行过程中,随着外界气象条件和室内热、湿负荷的变化,送入房间的冷(热)量必须作相应的调节。这种输入能量的调节,可以是对热媒—空气进行质调,也可以是对它进行量调。前者即为定风量、变温度(送风)式系统;后者即为变风量、定温度式系统。由于空调系统在其运行的大部分时间都是处于部分负荷的运行状态,故采用变风量系统可在大部分时间以减小的送风量运行,从而为降低全年输送能耗提供相当大的潜力。

调节风机风量的方法有多种,如入口导叶调节法、蜗壳出口挡板调节法等。但这些方法的应用,并不能实现变风量方式所具备的全部节能潜力。风机转速的调节,特别是变频式的转速调节,才是变风量系统节能效果最好的一种风量调节方式。

(3) 降低水系统输送能耗　①优选水泵,提高水泵的运行效率;②加大供回水温差,无论是对冷水系统,或是对冷却水系统,一般都是取5℃,但如今为了减小系统流量,降低水泵能耗,有逐步加大供、回水温差,由5℃增大到8~10℃的趋向;③降低水泵扬程,水流流速不宜太高,应采用经济流速,以控制系统的阻力;应控制系统的传输距离,将用户高差很大,或者用户水平距离相差悬殊的大型水系统，按高程或距离分设不同的水系统，既有利于系统的水力平衡，又可因各系统水泵扬程的适配，而降低输送能耗；避免静压损失，水系统的设计应优先考虑采用闭式系统，因为开式系统的水泵扬程，除需克服管道和设备的水流阻力外，还需克服由水池液面至系统最高点的位差，因此，所需扬程比闭式系统大得多。

（4）变流量方式和转速调节与运行台数控制　随着控制技术的进步，对水系统的节能要求也越来越高。对于一定容量规模以上的空调冷水系统，理应优先采用变流量系统。在水系统的运行过程中，应采用调节流量方法，以适应负荷的变化。这一措施的实质在于为系统循环泵在95%以上的部分负荷运行时间里，节省输送能耗。

为充分利用变流量系统所提供的节能潜力，作为水系统循环的动力设备水泵的流量，也理应能有高效的控制手段与之相匹配。在这方面，目前较普遍采用的有两种方法：①变频式转速控制；②多台并联泵系统的运行台数控制。

6. 空调系统的保冷、保温

（1）保冷、保温材料　绝热工程效果好坏，与绝热材料的性能有直接关系，绝热材料的基本性能包括：

1）密度。密度是绝热材料的重要性能指标之一。密度小的材料必定有较多气孔，由于气体的热导率比固体的热导率小得多，故绝热材料密度越小，热导率就越小。但纤维类材料，当密度小到一定值时，热导率随密度减少反而增大，因为在材料的气孔中，辐射、对流传热方式有所增强。

2）气孔率。这是衡量材料体积被气体充实程度的指标。气孔分开口与闭口。气孔率与材料的密度、机械强度和热导率有关。

3）吸水率、吸湿率、含水率。吸水率表示材料对水的吸收能力；吸湿率表示材料吸收环境空气中水蒸气的能力；含水率表示材料吸收外来水分和湿汽的程度。由于常温下水的热导率为空气的25倍，所以材料的含水率对热导率影响很大。

4）透气性。透气性为材料在各种条件下让空气或水蒸气以及其他气体透过的性能。透气性大的材料不但易被空气入侵，也会被其他有害气体侵入，从而加速材料的破坏。为保护绝热材料，一般在其外表面涂以低透气性的憎水保护层或密封良好的金属保护层。

5）热导率。这是绝热材料最重要的性能之一，它反映了一定条件下材料传递热量大小的特性，该特性与材料的其他物理性能如密度、含水率、温度等有关。

绝热材料的性能还有力学性能、化学性能、高温性能等，但在通风空调工程中，以上性能是最基本的。

为了达到预期效果，设备和管道的保冷、保温材料，应按下列要求选择：

1）保温材料制品的允许使用温度应高于正常操作时的介质最高温度。

2）相同温度范围内有不同材料可供选择时，应优先采用热导率小、湿阻因子大、吸水率低、密度小、造价低、易于施工的材料制品，同时应进行综合比较，其经济效益高者应优先选用。

3）在高温条件下经综合经济比较后可选用复合材料。

4）用于冰蓄冷系统的保冷材料，除满足上述要求外，应采用闭孔型材料和对异形部位保冷简便的材料。

5）保冷、保温材料应为不燃或难燃材料。

绝热工程计算分为保冷计算和保温计算两部分，目的是为了计算所选绝热材料的绝热厚度。保冷的目的除了要节能外，还必须防结露。由于保冷的热流方向与保温的热流方向相反，保冷层外侧的水蒸气分压力大于内侧，水蒸气易于渗入保冷层，在其内部或外表面产生凝结水，使保冷材料的热导率增大甚至结构被破坏,因此保冷材料应为闭孔材料,材料的吸水率和吸湿率低、透气率小,其主要技术指标要求如下:

1) 25℃时的热导率 $\lambda \leq 0.064 \text{W}/(\text{m}\cdot\text{K})$。
2) 密度 $\leq 180 \text{kg}/\text{m}^3$。
3) 含水率(质量)$\leq 0.2\%$。
4) 应为不燃性或难燃性,氧指数不小于30。

对保冷厚度计算,国家标准《工业设备及管道绝热工程设计规范》(GB 50264—2013)中规定,一般情况下应以控制绝热层表面温度为露点温度加1~3℃的方法进行。但是,由于我国幅员辽阔,气象差异很大,仅用"防结露"这一条件确定绝热层厚度有时不太合理。例如,在管内介质为零下180℃时,对新疆克拉玛依计算出的厚度只需33mm,而在潮湿地区如腾冲,最小厚度也需836mm,如果采用露点温度加1.7℃时,厚度还会出现无穷大的情况,这显然离经济合理目标太远。在这种情况下,正确的方法应该是采用不会结露的"允许冷损失量"下的厚度,并用经济厚度进行校核和调整。

保温厚度计算应根据工艺要求和技术经济分析选择保温计算公式,确定计算参数。当无特殊工艺要求时,保温的厚度应采用"经济厚度"法计算,但若经济厚度偏小以致散热损失量超过最大允许散热损失量标准时,应采用最大允许热损失量下的厚度。在计算防止人身遭受烫伤部位的保温层厚度时,应按表面温度法计算,使得保温层外表面的温度不大于60℃。另外,由于工艺需要延迟冻结、凝固和结晶的时间及控制物料温降时,其保温厚度,应按热平衡方法计算。

(2) 空调冷热水管和风管的保冷、保温要求 《公共建筑节能设计标准》(GB 50189—2015)5.3.7规定:集中热水供应系统的管网及设备应采取保温措施,保温层厚度应按现行国家标准《设备及管道绝热设计导则》(GB/T 8175—2008)中经济厚度计算方法确定,建筑物内空气调节冷、热水管也可按表10-6的规定选用。

表10-6 建筑物内空气调节冷、热水管的经济绝热厚度

管道类型	绝热材料	离心玻璃棉		柔性泡沫橡塑	
		公称管径/mm	厚度/mm	公称管径/mm	厚度/mm
单冷管道 (管内介质温度7℃~常温)		$\leq DN32$	25	按防结露要求计算	
		$DN40 \sim DN100$	30		
		$\geq DN125$	35		
热或冷热合用管道 (管内介质温度5~60℃)		$\leq DN40$	35	$\leq DN50$	25
		$DN50 \sim DN100$	40	$DN70 \sim DN150$	28
		$DN125 \sim DN250$	45	$\geq DN200$	32
		$\geq DN300$	50		
热或冷热合用管道 (管内介质温度0~95℃)		$\leq DN50$	50	不适宜使用	
		$DN70 \sim DN150$	60		
		$\geq DN200$	70		

注:1. 绝热材料的热导率 λ:

离心玻璃棉:$\lambda = 0.033 + 0.00023 t_m$ [W/(m·K)]

柔性泡沫橡塑:$\lambda = 0.03375 + 0.0001375 t_m$ [W/(m·K)]

式中 t_m 为绝热层的平均温度(℃)。

2. 单冷管道和柔性泡沫橡塑保冷的管道均应进行防结露要求验算。

《公共建筑节能设计标准》（GB 50189—2005）5.3.29 规定：空气调节风管绝热层的最小热阻应符合表 10-7 的规定。

7. 建筑中的热回收

（1）排风热回收 在建筑物空调负荷中，新风负荷一般占有较高比例，而空调系统排风中又含有一定量的"冷"或"热"，通过一些专门的换热器可以有效地将排风中的能量传递给新风，节约新风负荷。图 10-1 表示的是安装排风能量回收设备的系统。换热器为全热式，称为全热换热器，详见本书第 4 章 4.4.7。在夏季，当室内排风的比焓值低于室外空气的比焓值时就可以回收利用排风中的"冷"能降低新风的温度；在冬季，室内排风的比焓值高于室外空气的比焓值时，就可以回收利用排风中的"热"能预热新风。显然，全热换热器只在空调系统取用最小新风量时才启用，而不是全年运行。当全热换热器不使用时，新风通过旁通风道 4 直接进入系统。

表 10-7 空气调节风管绝热层的最小热阻

风管类型	最小热阻/（m²·K/W）
一般空调风管	0.74
低温空调风管	1.08

（2）内区热量回收 建筑内区无外墙和外窗，四季无围护结构冷、热负荷，只有人员、灯光、设备冷负荷。可以通过水环热泵系统把内区热量转移到周边区域。这种热量回收方式适用于建筑物内需要同时供暖、供冷的情况。双管束冷凝器的冷水机组的蒸发器提供的冷水可以为内区盘管使用，提取内区的热量。冷凝器中的一部分管束加热的水输送给外区的盘管，用于外区供暖；如有多余的热量可以

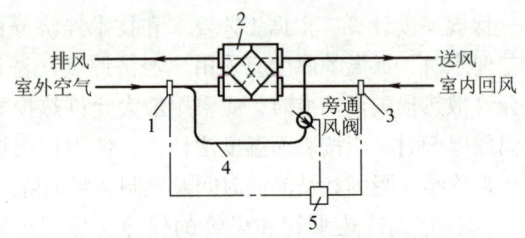

图 10-1 全热换热器用于热回收系统
1、3—温湿度传感器 2—全热换热器
4—旁通风道 5—旁通控制装置

通过另一部分管束及冷却塔排至大气中。反之，当内区需要供暖，外区需要供冷时可以通过阀门切换实现。

（3）建筑内其他热量回收方式 随着经济技术的发展，国内的公共建筑或高级民用建筑多数设有空调系统，在夏季会有大量的热量排至周围环境，造成能源浪费和热污染。已经开始尝试将这些热量用于预热生活热水或游泳池内水的加热等。

另外，可以通过热泵将建筑物内的排水中富含的热量提取出来用作生活热水或供暖。在欧洲一些国家已经建成以城市排水为低位热源的区域供热站。

8. 其他节能技术

（1）蒸发冷却 蒸发冷却就是利用一部分水蒸发吸热冷却其余部分水或空气的一项技术。空调系统中的冷却塔就是利用这一技术的典型设备。这里所说的蒸发冷却主要指的是通过对空气喷淋循环水冷却空气用于空调。由于蒸发冷却过程会导致空气在温度降低的同时湿度增加，从而限制了它的使用范围。不过，现代蒸发冷却技术的发展已经扩展了它的应用范围。详见本书第 4 章 4.4.6。

（2）除湿与蒸发冷却联合系统 对于潮湿地区，可以采用除湿与蒸发冷却联合系统，有关内容参见本书第 4 章 4.4.5。

（3）冷却塔供冷 利用冷却塔直接供冷的系统模式有直接供冷和间接供冷。直接供冷是将冷却水直接加入到冷水中，其优点是可利用的水温低于间接供冷模式，不足是需要对冷却水进行必要的过滤、净化处理，以及冷却水泵的扬程、流量需要重新匹配。冷却水的间接供冷是将冷却塔的冷却水通过板式换热器冷却原系统中的冷水，其优点之一是冷水泵、冷却水泵的扬程

和流量基本能满足变化后的要求,优点之二是冷水不与冷却水直接接触而不会受到污染;但不足的是存在的换热温差使冷水的温度有所增高。

人工制冷的空调系统中,许多制冷装置采用冷却塔向室外排放热量。冷却塔是利用蒸发冷却原理进行冷却,冷却所能达到的温度比当地室外湿球温度高 3.5~5℃。随着室外干球温度和湿球温度的下降,冷却塔出水温度也将下降。当冷却水的温度降低到一定数值时,就有可能直接利用冷却塔的冷却水取代空调系统的冷水。

(4) 夜间通风　夜间空气的温度低于白天的温度,利用通风的手段,用夜间空气的自然冷量对室内降温,房间蓄存一些冷量,可以减少白天空调的能耗。尤其在北方地区,日夜温差大,夏季夜间的空气温度经常在 20℃ 左右,是非常好的天然冷源。当室外的气温日差越大或墙体越厚,获得的降温幅度越大。

(5) 蓄能技术　空调建筑物的冷热负荷是随季节、时刻、室内条件和使用要求变化而变化的。一般高峰和低谷时的负荷有较大差异,尤其对于间歇运行的空调系统。如果按峰值负荷选择设备必然造成初投资大、设备利用率不高的情况,而且运行期间峰谷用电量极不平衡。在空调系统中应用蓄能技术是解决上述问题的极其重要的措施之一。

10.2　空调检测与监控

受季节变化和室内外热、湿负荷变化的影响,空调系统必须通过必要的调节以确保室内温度、湿度和风速等参数在所要求的范围内。空调系统应设置检测与监控系统,包括参数检测、参数与设备状态显示、自动调节与控制、工况自动转换、设备连锁与自动保护、能量计量以及中央监控与管理等。空调检测与监控系统的设置目的是提高能源有效利用率,保证能源按需分配,降低不必要能耗的一个重要措施之一。根据国外的统计,采用较为完善的检测与监控系统后,全年可节省大约 20% 的能耗。随着我国国民经济的快速发展,能源紧缺问题日益严重,作为建筑耗能的主要组成部分,对空调系统实施检测与监控技术越来越受到重视。

10.2.1　空调检测与监控的内容、应用原则及分类

1. 空调检测与监控的内容

空调检测与监控的主要内容包括检测部分、调节部分、信号报警和自动连锁等三个方面。需检测的部分主要有:空调对象的温度和相对湿度,室外空气的温度和相对湿度,送风和回风的温度,一、二次混合风的温度,喷水室或空气冷却器出口空气温度,喷水室或空气冷却器用水泵出口温度和压力,喷水室或空气冷却器出口冷水温度,空气过滤器进出口静压差,变送风流量,变送风量系统静压管静压。需要调节的部分有:空调对象的温度和相对湿度的调节,送风温、湿度的调节,喷水室露点温度的调节,喷水室或空气冷却器用冷水泵的转速调节,工况转换检测与监控,变送风流量调节等。需信号报警和自动保护的有:新风干湿球温度报警,空调设备工作的自动连锁与保护等。具体内容应根据建筑物的功能、相关标准、系统类型等通过技术比较确定。

2. 空调检测与监控的应用原则

《民用建筑供暖通风与空气调节设计规范》(GB 50736—2012) 9.1.1 规定,供暖、通风与空调系统应设置检测与监控设备或系统,并应符合下列规定:

1) 检测与监控内容可包括参数检测、参数与设备状态显示、自动调节与控制、工况自动转换、设备连锁与自动保护、能量计量以及中央监控与管理等。具体内容和方式应根据建筑物的

功能与要求、系统类型、设备运行时间以及工艺对管理的要求等因素,通过技术经济比较确定。

2)系统规模大,制冷空调设备台数多且相关联部分相距较远时,应采用集中监控系统。

3)不具备采用集中监控系统的供暖、通风与空调系统,宜采用就地控制设备或系统。

9.1.2 规定:供暖、通风与空调系统的参数检测应符合下列规定:

1)反映设备和管道系统在启停、运行及事故处理过程中的安全和经济运行的参数,应进行检测。

2)用于设备和系统主要性能计算和经济分析所需要的参数,宜进行检测。

3)检测仪表的选择和设置应与报警、自动控制和计算机监视等内容综合考虑,不宜重复设置,就地检测仪表应设在便于观察的地点。

3. 空调检测与监控系统的分类

空调检测与监控系统的分类可按不同的方式分为如下几种:

1)被调参数的不同,可分为温度、湿度、压力、流量、液位等控制系统。

2)被调参数的给定值的情况分为定值调节系统、程序调节系统以及随动调节系统。

3)按自动调节装置实现调节动作与时间关系的系统,可分为连续调节和断续调节系统。

4)按结构特点可分为简单调节系统和复杂调节系统。

10.2.2 空调系统的检测与监控

对于全年运行的空调系统,需要充分考虑季节变化对系统运行的影响,根据室内外不同的热湿条件,确定不同的运行工况,以多工况的方式运行。其主要目的是为了充分利用新风和回风,尽量减少制冷机、加热器和加湿器的运行时间,达到节能的目的。要对这样一个多工况系统进行检测和监控,不仅需要根据相关参数确定工况转换的时机,在转换时切换运行设备,还要相应改变控制参数的数值,以及执行机构的动作方向。

集中空调系统的检测与监控的内容主要包括:参数检测、参数与设备状态显示、自动调节与控制、工况自动转换、能量计量以及中央监控与管理等,具体内容应根据建筑功能、相关标准、系统类型等通过技术经济比较确定。

《公共建筑节能设计标准》(GB 50189—2015)规定空气调节风系统(包括空气调节机组)应满足下列基本控制要求:

1)空气温、湿度的检测和监控。

2)采用定风量全空气调节系统时,宜采用变新风比焓值控制方式。

3)采用变风量系统时,风机宜采用变速控制方式。

4)设备运行状态的监测及故障报警。

5)需要时,设置盘管防冻保护。

6)过滤器超压报警或显示。

1. 组合式空气处理机组

组合式空气处理机组是空调系统中常用的空气处理设备。在空调机组中,一般由多个功能段组成,可以对空气进行过滤、冷却、加热、减湿、加湿处理。因此,对空调机组的控制包括空气处理过程的控制、空气流量的控制、各处理设备的运行状态检测及保护以及各设备之间的动作连锁。在全空气空调系统(包括变风量系统)中,对组合式空气处理机组进行控制的主要目的就是为了将室内温度和相对湿度保持在设定值附近,同时检测组合式空气处理机组的运行情况。在变风量系统中,还要根据室内负荷的大小和既定的控制策略调节风机转速。

在组合式空气处理机组运行过程中,需要检测的参数主要有室内外空气的温湿度、送、回风风量、送、回风的温湿度，冷热水盘管的进出水压力和温度，过滤器两侧的压差，各调节阀（包括调节风阀）的阀位，风机的运行状态和电流，以及变频器的输出频率（变风量系统）等。图10-2 所示为组合式空气处理机组的监控原理图，表10-8 所示为空调机组监控的输入输出参数表。

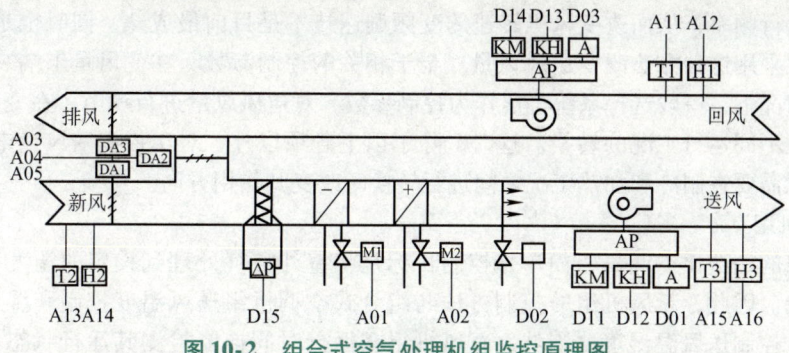

图10-2 组合式空气处理机组监控原理图

表10-8 空调机组监控的输入输出参数表

信号类型	监控点	监控功能	信号类型	监控点	监控功能
模拟量输入	A11	回风温度	数字量输入	D11	送风机运行状态
	A12	回风湿度		D12	送风机过载报警
	A13	新风温度		D13	回风机运行状态
	A14	新风湿度		D14	回风机过载报警
	A15	送风温度		D15	过滤器压差报警
	A16	送风湿度			
模拟量输出	A01	冷却盘管水量控制	数字量输出	D01	送风机启/停控制
	A02	加热盘管水量控制		D02	加湿器启/闭控制
	A03 A04 A05	送风、回风、排风风阀联动控制		D03	回风机启/停控制

如果组合式空气处理机组中装有电加热器，则电加热器应当与送风机实现电气连锁，只有送风机运行后，电加热器方可通电，以避免系统中因无风电加热器单独运行造成火灾。为了进一步加强安全性，还可以在风管中设置监视风机运行的风压差开关，以及在电加热器的下风侧安装超温断电接点，并将它们与电加热器进行电气连锁。另外，设置电加热器的金属风管应当接地，以确保安全。

对于夏季工况，当空调机组需要实现湿度控制时，由于温度和湿度这两个参数之间具有关联性，单一地通过调节冷却盘管的水量不可能同时满足这两个参数的调节要求。因此，需要首先通过高（低）值信号选择器对来自温度控制器和湿度控制器的输出信号进行选择后，取最不利值调节冷却盘管的水量，使之满足温度或湿度中一个参数的要求。这时，另一个参数必然超标，或者湿度过低，或者温度过低。从而，再利用温度控制器和湿度控制器的输出信号对加热器和加湿器进行分程控制，调节另一个参数，使之满足要求。

位于冬季寒冷地区的组合式空调机组，必须采取必要的措施防止因某种原因使得盘管中水流中断造成冻结的可能。通常可以在盘管的下风侧安装防冻报警测温探头，当温度下降到可能发生冻结时，与探头相连的防冻开关将发出报警信号，并采取进一步措施，防止和限制冻结情况的发生。

当被调对象的时间常数较大，或者滞后时间较长，或者热湿负荷变动剧烈，使得单回路调节不能满足要求时，应当根据系统的实际情况，采用串级调节或前馈调节。

用于变风量系统中空调机组，需要经常改变送风风量。尽管有各种改变风量的方法，但是以改变电机运行频率，从而改变风机转速的变频调速技术是目前最成熟、同时也是最节能的方法，因此通常采用这种方法改变送风风量。至于相关的控制参数，在变风量末端装置由室内温控器控制的情况下，一般选择系统静压作为控制参数，对送风风量进行调节。在变风量系统中，同样需要考虑不同运行工况的转换。这时，除了以上各项以外，对于控制变风量末端装置的室内温控器，也需要在制冷和加热工况之间进行转换时改变其作用方向。

2. 新风机组

新风机组的构造比空调机组简单，控制目标是将室外空气处理到设定的温度和相对湿度，直接送入室内。因此，新风机组的控制方法与组合式空调机组送风温度控制和湿度控制相仿。所不同的是，控制送风温湿度。当然，新风机组在运行时同样要检测其运行状态和相关参数。新风机组的监控原理如图10-3所示，表10-9所示为新风机组的监控表。

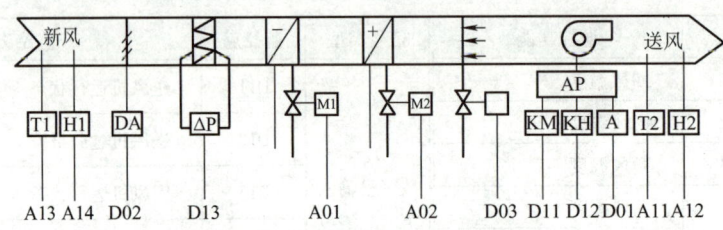

图10-3 新风机组的监控原理图

表10-9 新风机组的监控表

信号类型	监控点	监控功能	信号类型	监控点	监控功能
模拟量输入	A11	送风温度	数字量输入	D11	送风机运行状态
	A12	送风湿度		D12	送风机过载报警
	A13	新风温度		D13	过滤器压差报警
	A14	新风湿度	数字量输出	D01	送风机启/停控制
模拟量输出	A01	冷却盘管水量控制		D02	风阀开/关控制
	A01	冷却盘管水量控制		D03	加湿器启/闭控制

假如新风机组中装设有电加热器，与组合式空调机组装有电加热器时的要求相同，必须实现电加热器与送风机电气连锁，以确保安全。

无论是组合式空调机组还是新风机组，其中的送、回风机，电动水阀，蒸汽阀（包括加湿器），电动风阀等都应当进行电气连锁。当机组停止运行时，新风风阀和排风风阀应当处于全关位置。

对于冬季寒冷地区，也需要采取必要的控制措施防止因某种原因使得盘管中水流中断而造成冻结的可能。通过在盘管的下风侧安装防冻报警测温探头，当温度下降到可能发生冻结温度时，与探头相连的防冻开关将发出报警信号，提醒管理人员采取进一步措施防止和限制冻结情况的发生。

3. 变风量末端

变风量末端装置是变风量空调系统中的关键设备。通过它来控制送风量以补偿室内负荷的变化，保持室温不变。一个变风量系统运行成功与否，在很大程度上取决于末端装置性能的好坏,以及末端装置与整个系统之间的协调。在这两个方面,变风量末端的控制部分都起着重要的作用。

根据末端风量是否受风管静压影响,变风量末端可分为压力相关型和压力无关型。

(1) 压力相关型变风量末端　压力相关型变风量末端是变风量末端中最简单的一种。

压力相关型变风量末端控制示意如图 10-4 所示。温度控制器根据温度传感器的信号,随着室内温度的变化不断发送指令到控制风阀驱动电动机,改变控制风阀的开度,从而改变送风量以保持室内温度不变。在冬季,由于建筑物内区供冷的需要,空气处理机组仍然送出低温空气。这

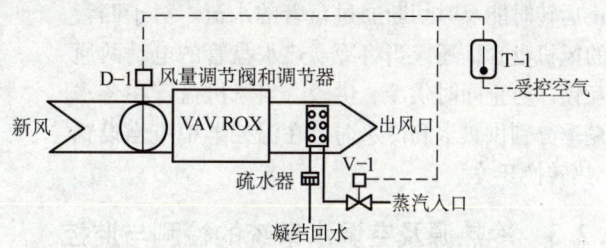

图 10-4　压力相关型变风量末端控制(带二次加热即再热)

时,位于建筑物的外区的变风量末端由于室内温度低于设定温度,控制风阀将不断关小。当控制风阀关至最小而室内温度仍然低于设定温度时,则控制器会向二次再热装置发出指令,将其打开并调节再热量,使室内温度达到设定值。二次再热装置可以是蒸汽盘管、热水盘管或者是电加热器。

显然,压力相关型变风量末端的送风量不但取决于控制风阀的开度,同时也取决于一次风送风管道内的静压。如果管道静压发生变化,则送风量也会发生变化,进而造成室内温度的变化,因此它只能用于定静压系统中。

(2) 压力无关型变风量末端　压力无关型变风量末端的结构与压力相关型相差不大,只是增加了一个风量传感器,但是控制方式却完全不同。

压力无关型变风量末端控制示意如图 10-5 所示,其中冬季送风二次再热控制与压力无关型相同,但是风量控制部分却大不一样。温度控制器发出的控制指令并不是直接送往控制风阀,而是送往风量控制器

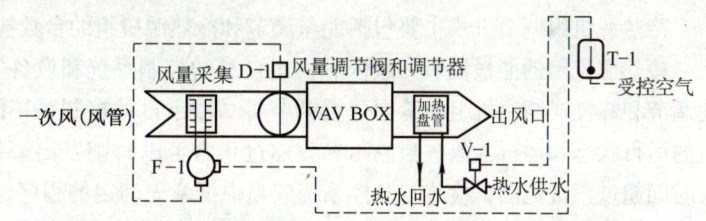

图 10-5　压力无关型变风量末端控制(带二次加热即再热)

作为它的设定信号;风量控制器将温度控制器送来的信号与风量传感器监测到的信号进行比较、运算,然后得到控制信号送往控制风阀,改变其开度。显然,这是一个典型的串级控制系统,其中温度控制是主环,风量控制是副环。

由于系统中增加了一个风量控制回路,因此当一次风送风管的静压发生变化时,变风量末端送风量的变化将立即被风量传感器感知,并在尚未影响室内温度前被风量控制回路纠正,这样送风管静压的变化将不会影响送风量。

由于压力无关型变风量末端的送风量与一次风送风管道的静压无关,因此它既可以用于定静压系统中,也可以在增加一个控制风阀开度传感器后用于变静压系统中。

4. 风机盘管

风机盘管是半集中式的空气处理设备,广泛应用于空调系统中。它由加热/冷却盘管和风机组成,通过温度控制器控制盘管的截止阀或三通阀的开闭,从而控制冷、热盘管水流的通、断,风机速度的控制通常由人工完成。目前,市场上常见的风机盘管的控制主要有三种:手动三速

开关控制、温控电动阀控制和温控电动阀加三速开关控制。图10-6所示的是比较简单的手动三速开关控制。无论采用哪种控制方法，风机盘管的电动两通阀或三通阀都要求与风机开关连锁，风机停止运转时能及时切断通过盘管的水流。对于四管制的风机盘管，还应当将冷、热水盘管的电动两通阀互锁，防止同时供冷、供暖。当风机盘管在冬季和夏季分别供热水和冷水时，在温控器中应当设置冷/热转换开关。

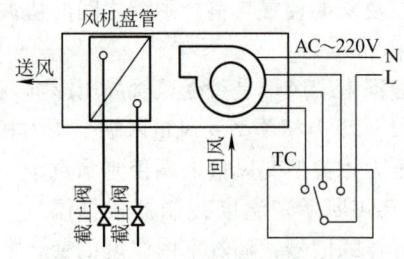

图10-6　手动三速开关控制风机盘管控制

10.2.3　冷热源及空调水系统的检测与监控

1. 空调冷热源的检测与监控

空调系统必须依靠冷热源提供的冷量或热量来消除建筑物室内和工艺生产过程产生的冷、热负荷。随着室外气象条件或室内负荷的变化，必然要对冷热源机组输出的冷、热量进行调节。

《公共建筑节能设计标准》（GB 50189—2015）规定，冷热源系统的控制应满足下列基本要求：

1）对系统冷、热量的瞬时值和累计值进行检测，冷水机组优先采用由冷量优化控制运行台数的方式。

2）冷水机组或换热器、水泵、冷却塔等设备连锁启停。

3）对供、回水温度及压差进行控制或检测。

4）对设备运行状态进行检测及故障报警。

5）技术可靠时，宜对冷水机组出水温度进行优化设定。

冷热源机组调节方式主要包括能量调节和冷热源机组的台数控制。

冷热源机组的能量调节一般依靠机组自身的控制系统和设备完成，如离心式制冷机的导叶开度调节和螺杆式制冷机组的滑阀位置调节等。楼宇自动控制系统的任务只是接收、显示和检测机组的运行状态和运行参数，当控制参数超过正常范围时则发出警告信号。如果某些关键性的参数长时间超过正常范围，检测与监控系统应当根据事先确定的程序停止机组的运行，做好故障记录，同时启动备份机组。

当冷热源机组超过一台时，除了要对每台机组要进行能量调节外，还要对运行机组的台数进行控制，同时对其附属的水泵、冷却塔等进行联动控制，避免所有的冷热源机组都同时运行在部分负荷状态下，以提高整体效率，实现节能的目的。

空调系统中的冷热源机组在运行中，需要对一些主要参数进行连续检测。这些参数包括冷水机组的冷凝器、蒸发器的水侧进、出口压力和温度，换热器的进、出口水温度和压力，分水器、集水器的温度和压力或压差（有条件时还应当测量各支管的温度），各台水泵的进、出口压力，过滤器两端的压差，系统的总流量（一般在回水处测量）以及冷水机组、主要阀门、水泵、冷却塔风机的运行状态等。通过监测，能够及时掌握系统的运行情况，及早排除可能发生的故障。

当空调系统中包含蓄冷（热）装置，则还应当对其中的蓄冷（热）设备的进、出口水温与流量、液位、运行状态、调节阀阀位等主要参数进行检测。在有条件的时候，还应当对冷（热）量进行计量。

当冷水机组以自动方式运行时，为了保证制冷机的安全运行，整个系统中的其他设备，包括冷水泵、冷却水泵、冷却塔风机等都要与制冷机实现电气连锁，顺序启停。具体来说，当冷水机组启动时,这些设备应当先于制冷机开机运行;停机时则按相反顺序进行。除了启、停顺序以外,在启动制冷机时还应当确认冷水泵和冷却水泵已经正常工作,相关阀门也已经打开。这通常利用设置在制冷机相关管路上的水流开关与制冷机的启动电路实行电气连锁来实现。

2. 空调水系统的检测与监控

空调水系统的控制主要应用在变水量系统中。随着负荷的变化,空调末端装置所需要的冷、热水量也随之发生变化,这就要求供水侧的水量能够跟踪末端需水量的变化。一般认为,在需水量发生变化时,如果能够将空调供、回水干管的压差保持恒定,就表明供水量已经跟随需水量的变化而变化。这也就是控制目标。因此,空调水系统的控制一般选择供、回水干管的压差作为控制参数,但有时也可以将供水干管压力作为控制参数。首先根据压差变化改变水泵的运行台数,然后通过压差旁通阀控制和水泵变频控制等方法改变供水量。压差旁通控制示意如图10-7所示。

当采用压差旁通控制时,如果供、回水干管之间的压差升高,说明需水量下降,则控制器发出指令加大旁通阀的开度,使得通过旁通管流回的水量增加,从而减少了供水量。反之,如果供、回水干管之间的压差降低,则减小旁通阀的开度,减少通过旁通管流回的水量,增加供水量。

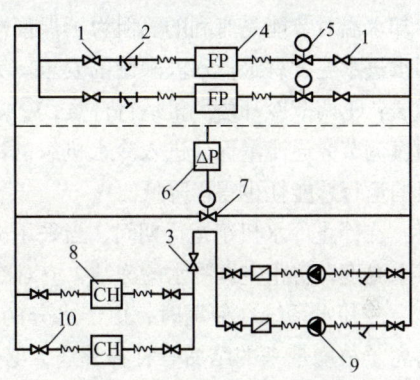

图10-7 压差旁通控制示意图
1—调节阀 2—过滤器 3—总阀
4—末端设备 5—电动两通阀
6—压差控制器 7—旁通调节阀 8—冷水机组 9—冷水泵
10—闸阀

水泵变频控制同样利用供、回水干管之间的压差作为信号。当压差升高时,控制器发出指令降低变频器的输出频率,从而降低水泵转速,也就减少了供水量。反之,则提高变频器输出频率,增加供水量。水泵变频流量控制示意如图10-8所示。

这两种控制方法相比较,压差旁通控制相对比较简单,但是水泵变频控制更加节能。

无论采用哪种水量控制方法,都需要与水泵台数控制相结合,而且以台数控制为优先。这就是说,首先通过台数控制关闭一部分不需要的水泵,然后再通过压差旁通控制或者水泵变频控制准确跟踪需水量的变化。

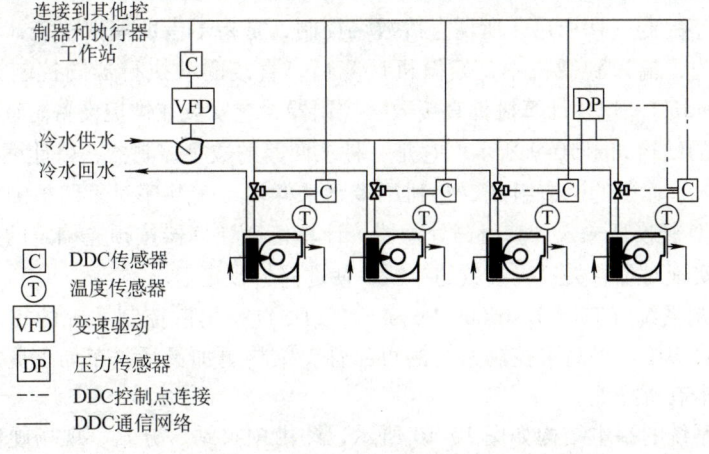

图10-8 水泵变频流量控制示意图

《公共建筑节能设计标准》(GB 50189—2015) 规定,空气调节冷却水系统应满足系列基本控制要求:

1) 冷水机组运行时,冷却水最低回水温度的控制。
2) 冷却塔风机的运行台数控制或风机调速控制。
3) 采用冷却塔供应空气调节冷水时的供水温度控制。
4) 排污控制。

从节能的观点来看,较低的冷却水进水温度有利于提高冷水机组的能效比,因此尽可能降低冷却水温对节能是有利的。但为了保证冷水机组能够正常运行,提高系统运行的可靠性,通常冷却水进水温度有最低水温限制的要求。为此,必须采取一定的冷却水水温控制措施。通常有三种做法:①调节冷却塔风机运行台数;②调节冷却塔风机转速;③供、回水总管上设置旁通电动阀,通过调节旁通流量保证进入冷水机组的冷却水温高于最低限值。在①、②两种方式中,冷却塔风机的运行总能耗也得以降低。

在停止冷水机组运行期间,当采用冷却塔供应空调冷水时,为了保证空调末端所必要的冷水供水温度,防止空调冷水的冻结,应对冷却塔出水温度和空调冷水的供水温度进行控制。

冷却水系统在使用时,由于水分的不断蒸发,水中的离子浓度会越来越大。为了防止由于高离子浓度带来的结垢等种种弊病,必须及时排污。排污方法通常有定期排污和控制离子浓度排污。这两种方法都可以采用检测与监控方法,其中控制离子浓度排污方法在使用效果与节能方面具有明显优点。

10.2.4 集中空调的集散控制系统*

由于计算机技术、控制技术、通信技术及图像技术的发展,使计算机控制技术在空调检测与监控的应用越来越普遍。计算机的控制过程可归纳为实时数据采集、实时决策和实时控制三个步骤。这三个步骤不断地重复进行,就会使整个系统按照给定的规律进行控制、调节;同时,也对被控变量及设备运行状态、故障进行监测、超限报警和保护、记录历史数据等。

1. 微型计算机监控的应用方式

(1) 数据采集和数据处理 主要是对大量的工艺过程参数进行巡回监测、数据记录存储、数据计算、数据统计和整理、数据超限报警,以及对大量数据进行积累和分析。这种应用方式微机不直接参与控制,而是作为生产指导。

(2) 直接数字控制 (DDC) 所谓直接数字控制,是指不借助模拟仪表,将系统中的传感器或变送器的输出,输入到微机中,经微机计算后,直接驱动执行器的控制方式,简称 DDC (Direct Digital Control)。这种计算机称直接数字控制器,它安装在被控设备附近。

DDC 控制器的结构如图 10-9 所示。它是一种多回路的数字控制器,以计算机微处理器为核心,加上过程输入、输出的通道组成。它利用多路采样,按顺序对多路被测、被控参数进行采样,然后经 A/D 转换器输入计算机微处理器,计算机微处理器按预先确定的控制顺序送至相应的执行机构,实现对各有关过程参数的控制,使之保持预定值。

(3) 集散控制系统 (Total Distributed System,TDS) 集散控制系统的控制功能尽可能分散,管理功能相对集中,提高了控制系统的可靠性,结构更加灵活,布局也更加合理,组态方便,因而系统成本有所降低。

集散型控制系统的基本结构如图 10-10 所示,即由中央站、分站、现场硬件(传感器、执行器)三个基本层次组成。中央站和分站之间,各分站之间,通过数据通信通道直接连接起来。

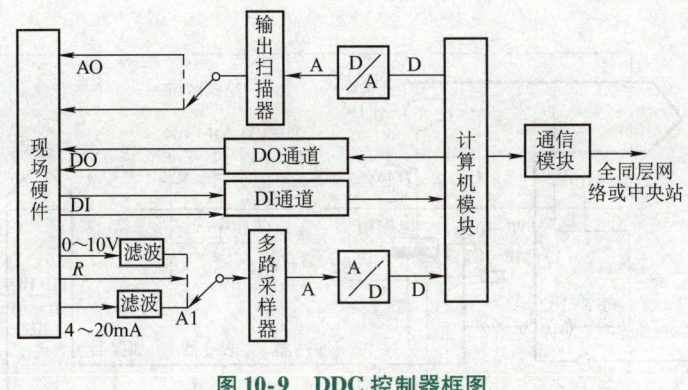

图 10-9　DDC 控制器框图

分站就是 DDC 控制器,它分散于整个建筑物各个局部设备附近。

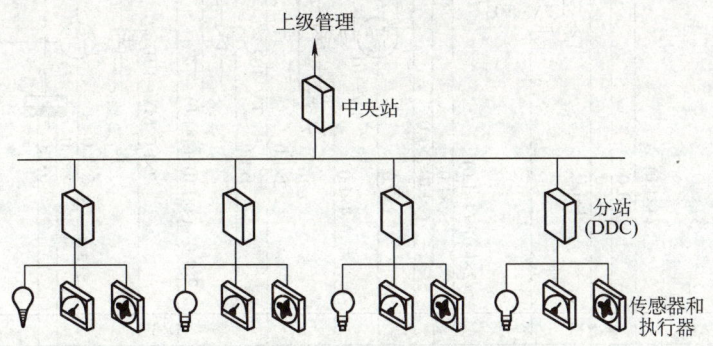

图 10-10　集散型控制系统的基本结构

2. 空调机组 DDC 控制系统

空调机组 DDC 控制系统原理如图 10-11 所示。与空调机组模拟仪表控制系统相同,可以利用房间温湿度,也可以利用回风温湿度通过控制器控制相应的执行机构,维持温湿度恒定。新、回、排风门均采用电动调节风门,便于进行节能调节控制,例如,进行比焓差控制,即按新、回风比焓值比较,控制新、回、排风量的比例,可以充分、合理地回收回风能量和新风能量,尽量减少空调冷、热能量的消耗。

由于风门采用电动调节,便于实现夜间新风净化,即在凉爽季节,用夜间新风充满建筑物,以冷却建筑物围护结构及室内设备,减少次日的空调冷负荷。在过渡季节可采用全新风或新、回风混合,满足室温要求,并节约能耗。另外,在室内设置 CO_2 传感器,测量室内 CO_2 含量,当超过允许标准时,可增大新风量,相应减少回风量,满足室内对空气品质的要求。

DDC 控制系统从 20 世纪 80 年代进入我国之后,经过 30 多年的实践,证明其在设备及系统控制、运行管理等方面具有较大的优越性且能够较大幅度地节约能源,大多数工程项目的实际应用过程中都取得了较好的效果。就目前来看,多数大、中型工程也是以此为基本的控制系统形式的。在整个科技向数字化发展的今天,这一系统被认为是目前最适合于大、中型建筑的空调检测与监控系统之一,其投资也有了明显的下降。对于小型工程来说,由于控制点少、控制功能相对简单等原因,采用这一系统并不能(或这也不需要)充分发挥其计算机控制在运行速度、控制逻辑、运行管理等方面的强大优势,不易体现投资的合理性。同时,考虑到全国不同地区经济发展的不平衡等原因,因此,《公共建筑节能设计标准》(GB 50189—2015)规定,对于建筑面积 20000m² 以上的全空气调节建筑,在条件许可的情况下,空气调节系统、通风系统,以及冷热源系统宜采用直接数字控制系统。总装机容量较大、数量较多的大型冷热源机房,宜

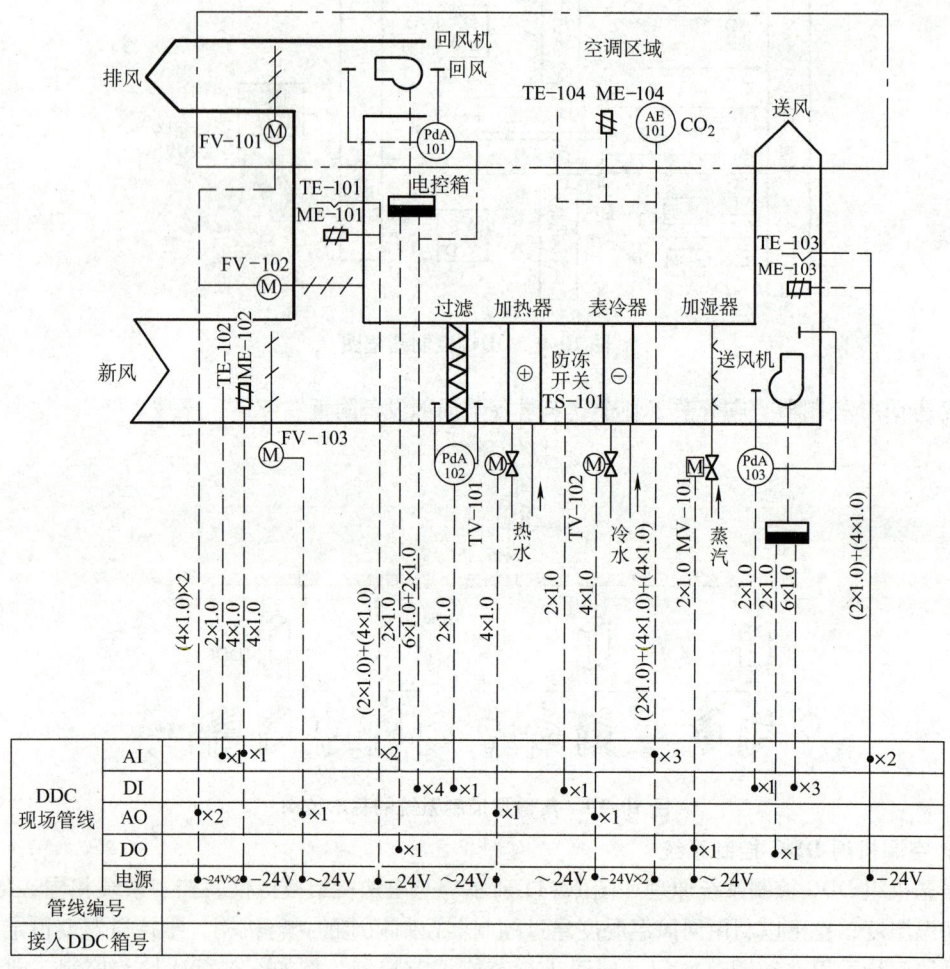

图 10-11 空调机组 DDC 控制系统原理图

采用机组群控方式。

关于空调系统监测与控制的详细内容参见本系列教材《建筑设备自动化》第 2 版（见参考文献 [8]）。

思考题与习题

1. 说明空调系统能耗的评价标准及各标准的优缺点。
2. 简述空调系统节能的主要技术措施有哪些？
3. 简述组合空调机组和新风机组进行监控时的异同点。
4. 对空调机组进行监控的目的是什么？
5. 简述变水量系统控制水量的方法及优缺点。
6. 简述压力无关型变风量末端的工作原理。

二维码形式客观题

扫描二维码可在线做题,提交后可查看答案。

参 考 文 献

[1] 全国勘察设计注册公用设备专业管理委员会. 全国勘察设计注册公用设备工程师暖通空调专业考试标准规范汇编 [M]. 北京:中国计划出版社,2004.

[2] 沈晋明. 全国勘察设计注册公用设备工程师执业资格考试复习教程 [M]. 北京:中国建筑工业出版社,2004.

[3] 全国勘察设计注册公用设备专业管理委员会秘书处. 全国勘察设计注册公用设备工程师暖通空调专业考试复习教材 [M]. 北京:中国建筑工业出版社,2004.

[4] 陈在康,丁力行. 空调过程设计与建筑节能 [M]. 北京:中国电力出版社,2004.

[5] 陆耀庆. 实用供热空调设计手册 [M]. 北京:中国建筑工业出版社,1993.

[6] 赵荣义. 简明空气调节设计手册 [M]. 北京:中国建筑工业出版社,1998.

[7] 韩宝琦,李树林. 制冷空调原理及应用 [M]. 2版. 北京:机械工业出版社. 2002.

[8] 李玉云. 建筑设备自动化 [M]. 2版. 北京:机械工业出版社,2016.

[9] 编制组. 民用建筑供暖通风与空气调节设计规范宣贯辅导教材 [M]. 北京:中国建筑工业出版社,2012.

暖通专家彦启森简介

第 11 章
空调工程应用实例*

➡ **学习要点**

重点：不同类型建筑物负荷特点和常用空调方式。
难点：不同类型建筑物负荷特点和常用空调方式。

11.1 高层建筑的空调工程

11.1.1 高层旅馆建筑空调

1. 高层旅馆建筑及其空调特点

高层旅馆建筑普遍内外装饰华丽，使用功能齐全，并普遍装有全年性舒适空调。高层旅馆齐全的使用功能，对空调系统也提出了更为复杂的要求。此外，旅馆的空调能耗非常大，约占旅馆建筑总能耗的 60%，旅馆空调系统的节能将直接关系到旅馆的经营成本。总之空调系统的优劣对旅馆经营的重要性是不言而喻的。

功能齐全的高层旅馆建筑，主要包括客房、公共用房（餐厅、宴会厅、商务中心、会议室等）、康乐中心（健身房、美容室、娱乐室、歌舞厅等）及管理服务用房（机电设备机房、监控室、洗衣房、汽车库等）四大部分。

客房是旅馆建筑的重要组成部分，是旅馆经营的主体。客房面积一般约占旅馆建筑总面积的 30%~45%。客房通常布置在主楼的标准层。为了创造良好的眺望条件并使客房获取尽可能多的自然采光，主楼部分的平面形式通常采用长条形或多方向向外延伸的发射形，且将客房布置在外区。各客房要求相对独立，客房的空气不能相互串通。各房间的空调必须能够单独控制管理，互不影响。同时必须有一个适当灵活的调节范围，能够满足不同客人对温湿度的不同要求。

公共用房和康乐中心是对旅馆功能的补充和完善。旅馆级别越高，它所要求的功能也就越齐全。旅馆的公共用房和康乐中心通常布置在大楼的底部几层（部分旅馆将宴会厅布置在大楼的最顶层）。公共用房和康乐中心人员密度大，建筑内部散热量大，其装设空调的容量比客房大。

管理服务用房一般不直接面向顾客，却是保证旅馆良好运行的基础。一般布置在旅馆的地下层或其他人流相对较少的位置。管理服务用房主要根据工艺要求进行不同程度的空调或通风。

在旅馆的建设过程中，业主将根据自身的经营方针及投资能力，确定旅馆的级别。旅馆的级别反映了旅馆在建筑、装饰、设备及服务等各方面的标准和要求。旅馆的空调系统，必须达到相应旅馆级别对空调的要求。

2. 旅馆建筑空调方式

（1）客房常用空调方式 客房是旅馆建筑的主体。目前，客房空调使用最为普遍、公认最为适宜的是风机盘管加独立新风方式。

在旅馆的标准客房中，房门内通常布置有小走廊、走廊一侧为卫生间，另一侧为壁橱。通常在小走廊的吊顶内设置卧式暗装风机盘管。出风口从小走廊的吊顶内伸入客房，在门洞上部设双层百叶风口，回风口布置在小走廊的吊顶上。这种布置方式的气流组织属于上侧送上回方式，气流组织比较理想。图 11-1 所示为典型的标准客房卧式暗装风机盘管布置图。

一种方式是新风支管伸入至室内送风口处（图 11-1b），新风与风机盘管送风平行送出（送风口适当加宽）。这种送风方式在一定程度上改善了上一种方式带来的缺点，但仍存在新风实际供给量随风机盘管内风机转速的高低而变化的弊病，且实际工程中有可能造成安装困难。

另一种方式是新风支管从卫生间上方吊顶内直接到达房间（图 11-1c），新风口安装在墙上，新风与风机盘管送风通过各自风口平行送出。此方法完全避免了上述缺点，安装方便，但对客房美观有一定影响。

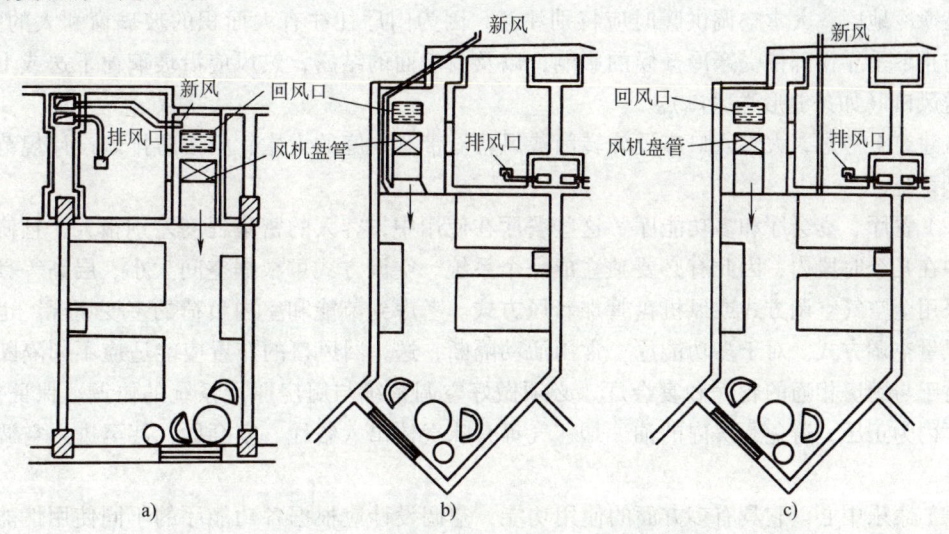

图 11-1 典型的客房风机盘管布置图
a）新风口在风机盘管后部 b）新风口与风机盘管送风口平行送出（同一风口）
c）新风口与风机盘管送风口平行送出（两个风口）

需要指出的是，把新风口设置在风机盘管的后部，与室内回风混合后，再经风机盘管送入客房（图 11-1a）。这种安装方式，施工安装简单方便，但其缺点是：室内新风实际供给量随风机盘管内风机转速的高低而变化，新风口离风机盘管越近，这种变化越明显；当风机盘管关闭时，新风有可能经回风格栅进入小走廊，其中部分新风短路，经卫生间排气风扇排向室外；新风量占据风机盘管的一部分送风量，削弱了风机盘管处理室内回风的能力。因此这种方式是不应使用的。

（2）风机盘管水系统　从我国的国情出发，两管制系统能满足绝大部分旅馆的空调要求，只有全年性空调要求标准高的建筑方可采用分区两管制系统或四管制系统。而分区两管制系统比四管制系统节省投资和空间尺寸，应优先采用。

（3）客房卫生间排风　常用的卫生间排风方式如表 11-1 所示。

表 11-1 卫生间排风方式及特点

序号	方式	特点	适用对象
1	卫生间装排气风扇和防火阀（70℃），屋顶装排风机（排气风扇和屋顶风机连锁）	通风效果好，能满足防火要求。竖井始终保持负压，各楼层间不会发生交叉污染	卫生标准要求较高的高层住宅、宾馆客房卫生间
2	屋顶装排风机，各卫生间排风口装防火阀	屋顶风机风量、风压较大，否则不易保证竖向各卫生间的排风效果	层数不宜太高，适用于高层建筑公共卫生间
3	各卫生间装设普通排气风扇，竖井依靠热压自然排风	通风效果较好，但排风竖井受气候影响较大，有时会倒灌	适用于卫生标准不太高的四级宾馆

3. 其他公用部分空调方式

（1）大堂　大堂是旅馆的门面和旅客活动的公共场所，一般装修豪华且净空较高，大型旅馆常与中庭结合起来。大堂的规模代表着旅馆的大小和标准。

旅馆大堂空调属大空间空调，通常采用全空气空调方式。较小的中小型旅馆，也有采用风机盘管加新风系统，或立柜空调机组方式。全空气空调系统根据空间大小与建筑装修配合，可以设计成喷口送风、顶送、侧送或周边低区的吊顶条缝送风等形式。大堂空调系统比较大时，一般设计成一个独立的系统。

在寒冷地区，大堂空调供暖时应特别注意，因为门厅往往有大面积的玻璃窗和大的空间，为了防止冬季靠窗部位受寒冷气候的影响，以及内表面的结露，热风应沿玻璃窗下送或上送来设计送风口（如条缝形送风口）。

从建筑上考虑，大堂入口应设旋转门或风幕。带有中庭的大堂，应按防排烟设计规范考虑防排烟系统。

（2）餐厅、宴会厅和多功能厅　这些餐厅在使用中，客人的密集程度差别很大，且使用时间集中在几个时段内，因此有必要独立成一个系统。空调方式可根据空间大小、层高等具体情况，采用全空气空调方式或风机盘管加新风方式。考虑到节能和室内负荷的多变情况，也可采用变风量空调方式。对于多功能厅，常用活动隔断，送、回风口的布置应能适应不同隔断的需要；对于与厨房相通的餐厅和宴会厅，必须做好空调系统与厨房通风系统的协调，保证餐厅、宴会厅内为正压，避免厨房内的油、烟、气等有味气体窜入餐厅、宴会厅，甚至进入空调循环系统。

（3）康乐中心　它具有多方面的使用功能，空调设计应根据各功能厅的不同使用性能及其对空气环境的不同要求，采取适当的空调方式。在康乐中心的空调设计中有两点应给予足够重视：

1）康乐中心的空调设计应特别重视风速及气流组织。空调送、回风风速不宜过高，并避免将气流直接吹向客人的身体部位。对气流速度有特殊要求的康乐运动，需特别控制空调区的风速。

2）对于有异味产生的房间，如桑拿浴室、美容美发室等，宜单独设立系统，并保证排风量大于送风量，以确保室内的负压，防止房间内的废气和异味窜入其他房间。

4. 空调工程应用实例

西安某宾馆位于西安市曲江风景区内，是一座仿唐建筑风格的庭院式涉外四星级豪华宾馆。总建筑面积为27800m²，空调面积为11425m²。整个建筑群由客房、舞厅、餐厅、艺术陈列馆三部分组成。该宾馆最高建筑4层，拥有客房301间，床位602张。

空调方式采用风机盘管加新风系统。根据建筑群划分的10个段分别设置10个新风系统和9个排风系统。采用风机盘管为卧式暗装两管制，冷热水共用。冬夏由制冷机房切换。客房盘管侧送风下回风，大厅、餐厅及商场盘管均为顶部下送风上回风。

7个客房段分别设置7台整体式新风处理机组，新风由屋顶新风口经一级过滤进入新风处理机组，经二次过滤，再经冷却或加热处理后（冬季加湿），经设于竖井内的送风管道分别送到各个房间。

客房排风系统共有7个，排风机分别安装在7个客房段的空调机房内。客房排风通过浴厕吊顶的排风口经排风管道由屋顶排风机排出室外。

厨房排风分两个系统。二层西餐厨房为一个系统，炉灶的烟气由设于上方的抽风罩经风管由机房内的排风机排出室外。一层中餐厨房、职工食堂、日本厨房为一个系统，炉灶的烟气由设于上方的抽风罩经风管由一层机房内的排风机排出室外。中餐厅、宴会厅、西餐厅、酒吧、咖啡厅及会议室等公用部分的排风由安装在顶棚上的排风扇经风管排出室外。

客房空气的加湿，是由安装在新风机组内的自来水喷淋实现的。自来水经微型水泵加压后，经加热器后面安装的一组喷嘴呈雾状加湿新风。

厨房及公用场所空气的加湿，是由安装在机房送新风管道上风管加热器后面的蒸汽加湿器完成的。

空调冷水及热水采用两管制水系统，冷水系统管路采用同程式布置。冷水经冷水机组、水泵、地沟内的环状管网分别送到新风处理机组和各个风机盘管。新风处理机组的水流量通过设于送风管道上的温度控制器和电动两通调节阀调节控制。

该宾馆共设离心式冷水机组两台。每台制冷量为756kW。

冷却塔采用两台，每台循环水量为165m³/h。单吸离心冷水泵和冷却水泵各两台。冷水和冷却水均为软化水，是由一台逆流式软水装置处理的。冷却塔风机由装在回水管道上的温控器自动控制。当回水温度低于28℃时，冷却塔风机自动停止，从而节约能源。

供暖热源为热水，由锅炉房内两台浮动盘管式换热器供给的。

11.1.2 高层办公楼空调

1. 现代办公楼建筑及其空调特点

现代办公楼建筑是现代高层建筑中的一个主要类型。随着计算机技术、自动化技术、网络技术及建造技术突飞猛进的发展和应用，以及经济环境的转变，现代化办公楼建筑在使用和功能等方面，与传统办公楼建筑相比表现出许多新的特点和要求。

由于计算机技术和通信技术的高速发展，无纸贸易、电子商务等新概念的不断推出，现代办公一改过去的笔纸方式，逐步转变为以计算机为主要办公工具。办公方式的改变，一方面提高了工作效率，在一定程度上降低了办公人员的劳动强度；但在另一方面，由于长时间面对计算机屏幕等办公机器，会使办公人员产生紧张情绪。故对办公空间的环境质量提出了更高的要求，希望办公环境更加接近自然界的环境，保持室内空气的清新。办公楼建筑的空调设计也就要求达到这样的目标，从而保证办公人员的工作效率。

传统的办公楼建筑大多为单位自用的小型专用办公楼，大楼的运行管理较为简单。随着市场经济的高速发展，我国的办公楼建筑出现了多元化的发展趋势。新兴的综合型办公楼除其主要功能办公业务外，还融入餐饮、购物、娱乐、休闲等多项功能；出租办公楼内用户为众多的中小客户，因此在现代化办公楼建筑内，出现了一个由众多利益主体组成的小社会。各利益主体在大楼建筑空间、设备资源、能源消耗等方面的分配，构成了其相互之间关系的主要内容。根据功能、使用时间等因素，合理地分配各种资源、分摊各项费用，就成为协调办公楼内部关系、维持办公楼健康有序运行的关键。

2. 办公楼建筑室内负荷特点

现代高层办公楼建筑的外围护普遍采用大窗、玻璃幕墙结构。由于轻质围护结构热容量小，室外环境温度的变化会较快地影响室内，使外区的温度波动比较明显。因此外区的空调负荷变化幅度较大，且不同朝向的负荷差别非常大。外区一般夏季需要供冷、冬季需要供暖；内区则基本不受室外空气和日射的直接影响，空调负荷主要来源于室内负荷，如人体、照明、设备等，因此变化较小。随着办公信息处理量的加大及对办公效率要求的提高，现代办公所使用的自动化办公设备的种类和数量均越来越多，计算机、复印机、打印机、碎纸机等现代化办公设备普遍被使用。这些办公设备所消耗电能的大多数将最终以热的形式散发至室内。此外，现代化办公室室内照明的照度也远高于一般常规建筑，大功率照明器具的大量散热将是室内全年稳定的散热源。因此对于内区，夏季需要供冷，冬季可能不但不需要供暖，而且需要供冷。

随着办公自动化设备的进一步普及，现代办公楼空调负荷中，内部发热量将是主要负荷。在设备使用高峰期，内部发热量可达到 $80W/m^2$。其中人体 $16W/m^2$（约 $7.1m^2$/人），照明 $20 \sim 30W/m^2$（照度为 $300 \sim 800\ lx$），设备 $40W/m^2$。

智能化办公楼夏季冷负荷为一般办公楼的 1.3~1.4 倍，而冬季热负荷仅为一般办公楼的 50% 左右。

3. 现代办公楼的常用空调方式

基于内、外两部分区域的两种截然不同的空调负荷要求，较为科学的做法是在平面上进行分区，划分为内区和外区。内区夏季供冷，冬季根据需要供冷、供暖或仅送新风；外区夏季供冷，冬季供暖。内区与外区的具体划分，一般以周边外围护结构内沿 5~6m 为界，界线以外为外区，界线以内所包括的区域为内区。根据内区和外区不同的空调要求，在进行空调设计时，必须注意满足不同的要求。

大开间布局的建筑平面，可能将由业主根据出租情况自由进行分隔，或由承租人根据自身要求和爱好进行自由分隔。在这种情况下，空调系统也必须能够反映出足够的灵活性，能够适应各种可能出现的平面分隔，或者能够根据分隔情况，做出必要而又简单的更改，从而保证在整个建筑平面均有良好的空调效果。

对于中、小型或平面形状呈长条形或房间进深较小的办公楼建筑，通常可不分内区和外区。一般用全空气低速单风管系统（各层机组）或用风机盘管加新风系统的空调方式，也可用分散式的水源热泵系统或变制冷剂流量多联机系统（造价较高）。

大型办公楼标准层空调常用的几种不同组合方式如表 11-2 所示。

表 11-2　大型办公楼标准层空调方式

序号	内　区	外　区
1		风机盘管 + 新风系统
2	风机盘管（冷）+ 新风系统	风机盘管（冷、热）+ 新风系统
3	定风量全空气系统	定风量全空气系统
4	定风量全空气系统	风机盘管（冷、热）
5	变风量全空气系统（单冷） 变风量箱有： 1）节流型变风量箱 2）风机动力型变风量箱 3）双风管变风量箱	1）散热器（热） 2）风机盘管（冷、热） 3）VAV 再热（热） 4）定风量（CAV）变温 5）双风管变风量（VAV）
6	水源热泵系统	
7	变制冷剂流量多联机系统	

4. 空调工程应用实例

图 11-2 所示为上海某办公大厦标准层空调平面图。空调系统采用风机盘管加新风机方式。盘管采用具有 50Pa 余压的暗装卧式风机盘管，在顶棚上按一定间距布置回风口与送风口，每台风机盘管用风管与两个送风口相接，回风口直通吊顶。新风经处理后通过新风管直接送入各办公室。

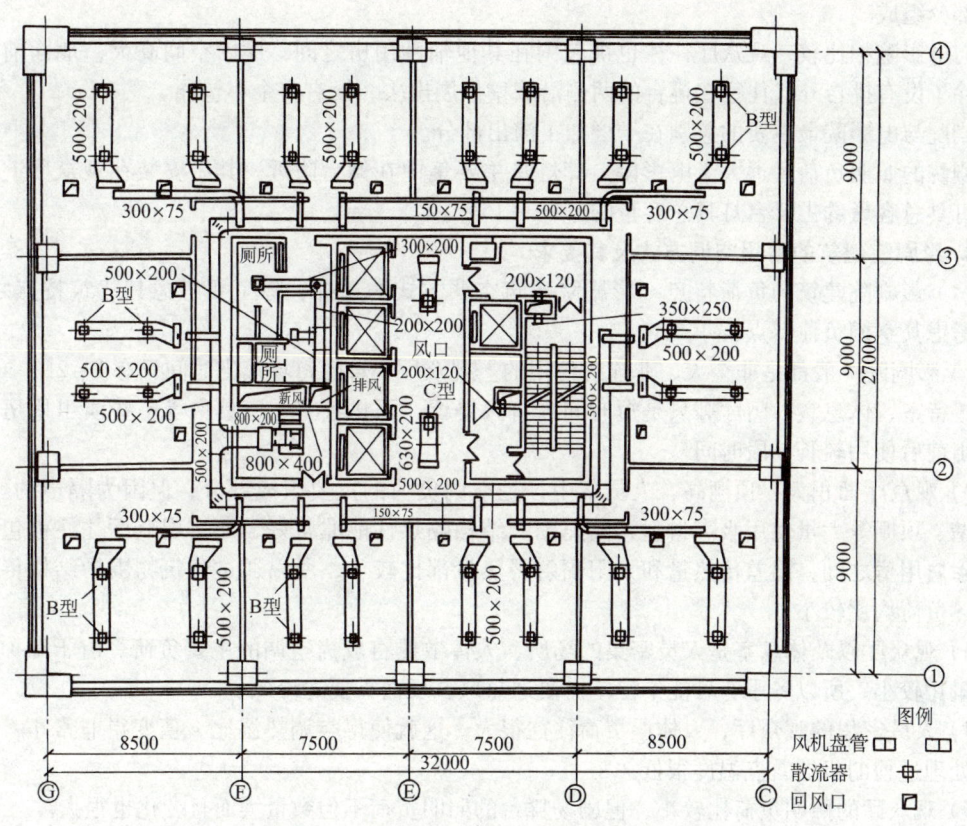

图 11-2　上海某办公大厦标准层空调平面图

11.2　大空间民用建筑空调工程

大空间建筑一般指具有高度大于 5m、体积大于 10000m³ 空间的建筑。在公用民用建筑方面，主要是影剧院、音乐厅、大会堂、体育馆、展览馆、候机厅、建筑中庭等建筑。此外，工业建筑中不乏这类大型体积的车间。

11.2.1　影剧院空调

1. 影剧院建筑的特点

电影院建筑一般由观众厅、休息厅、贵宾接待室、小卖部、门厅、售票厅、放映间、美工室、值班室、办公室、设备间（水、电、空调、制冷机房等）以及卫生间等组成。其建筑特点主要为：①观众厅空间高大，地面前低后高；②放映间一般与观众厅后壁相邻，设置在二层楼上；③休息厅、贵宾接待室、小卖部、售票厅、办公室等辅助用房，往往附设在观众厅周围；④电影院照明负荷一般比较小，约 5～10W/m²，而且只在电影开映前或散场时才开灯照明，放映时间则全部关闭。

剧院是戏剧、舞蹈等演员的主要演出场地，具有与观众共享空间的突出特点。剧院建筑主要由观众厅、休息厅等观众使用部分，舞台、乐池、化妆室、演员休息室等演出部分，灯光控制、电声控制以及空调机房、制冷机房、锅炉房、水泵房等设备部分，售票室、办公室等行政管理部分组成。

与电影院相比较,观众厅往往也被包围在其他辅助用房之间;厅内空间高大,地面前低后高;除了设有挑台外,往往在挑台的两侧沿墙壁伸展出去,设有多个小包厢。

剧院与电影院最主要的差别在于增加了演出部分。

剧院的照明负荷远远大于电影院,其灯具主要集中在舞台附近。其中安装在观众厅上空的面光灯具总容量约占舞台灯具总容量的 10%~15%。

2. 影剧院建筑的常用空调方式及其要求

(1) 影剧院建筑的负荷特点 影剧院建筑空调方式的选择,除了要考虑其建筑特点之外,必须考虑其空调负荷特点:

1) 影剧院一般都是非全天、非连续使用的。观众厅、舞台每场演出时间只有 1~2h,或 2~3h,接待室、休息室、门厅等只是短时间内有人停留,而化妆室、道具室等一些演出用房则需在演出前后使用较长一段时间。

2) 观众厅面积大、顶棚高、人员集中,是空调负荷的主要组成部分,但因为隔声的要求,其墙壁、顶棚等大量使用吸声材料,因此围护结构隔热性能非常好,加之观众厅往往被包围在其他附属用房之间,温差传热量和太阳辐射得热量都比较小,所以通过建筑物围护结构传热的冷、热负荷均比较小。

3) 观众厅以及休息室是人员密集的场所,人体散热将成为空调的主要负荷。由于围护结构耗热量比较小,所以冬季有可能不但不需要送热风,反而需要送冷风。

4) 人员密集的观众厅,人体湿负荷往往很大,这就使得空调热湿比 ε 值变得非常小,以至空气处理过程的机器露点温度很低。

5) 观众厅的照明负荷比较小,但剧场舞台的照明负荷不但数量大而且变化也很大。

6) 高大空间的观众厅,地面前低后高,室内温度分布也呈前低后高趋势,且在垂直方向上形成上高下低的温度梯度,于顶棚附近形成稳定的高温空气层,出现明显的温度分层现象,这一现象在一定程度上减轻了夏季冷负荷,但对冬季空调气流组织方式提出了更严格的要求。

7) 影剧院观众密集,演员活动量比较大,为了满足卫生要求所需新风量也比较大,因此新风负荷往往占空调总冷负荷的 30% 左右。

(2) 影剧院建筑的空调方式 根据影剧院的建筑特点和负荷特点,常见的空调方式有以下几种:

1) 全空气集中式低速单风管空调方式。适用于大型影剧院或室内空调参数要求比较高的影剧院。

2) 局部式空调方式。通常用于中小型影剧院的增设空调设施的新增、改建工程。为了满足观众厅气流组织的需要,使室内产生比较均匀的温度场,可在观众厅内分区敷设带有送、回风管道的柜式分体式空调器。为了提高室内空气品质,可在空调器的回风口上加装带风机的回风箱,回风箱上设有回风口、通向室外的新风口和排风口。

(3) 影剧院建筑对空调设计的要求

1) 影剧院是人员密集的场所,人体散热散湿量较大,一般要求采用低速单风管全空气集中式空调系统。对于增设空调设施的中小型影剧院,也可采用局部式空调方式,但必须有通风换气设施,以保证健康的室内空气品质。

2) 影剧院是一座具有多种功能空间的组合,各个空间对空调系统运行时间和要求不尽相同,所以应根据影剧院各个组成空间的功能要求进行系统分区。观众厅可设一个或两个独立的空调系统;舞台应设单独的空调系统;休息厅、接待室、门厅等观众用房可作为观众厅的一个辅助空调系统；乐池、化妆室、演员休息室、舞台电器、照明、音响等控制室可作为舞台空调系统的一部分；影剧院管理室、售票厅以及设备管理用房等设为独立的空调系统。

3）影剧院观众厅和舞台等的气流组织对空调效果的优劣起着决定性的作用。观众厅的气流组织形式主要有顶棚上送风下回风、上部喷口送风下回风、下送风上回风、侧送风下回风、前侧送风后墙回风、分区送风下回风、舞台台唇下送风后部上回风等。舞台的气流组织形式主要有舞台两侧天桥下安装送风管，向下、向侧台送风；前天桥下设送风管，向下送风，可直接向表演区送风；采用球形旋转风口从舞台两侧向舞台中央送风；将风管设置在二、三道沿幕之间的上空或舞台之外耳光室之下端，以及表演区前部的上空等位置送风。

4）舞台后侧墙面一般因高度大，多与室外空气接触，冬季易造成下降气流侵入观众席，影响前座舒适度，故宜在墙面上设置送风口或散热器，来抵挡这一下降气流。

5）舞台灯光照明散热量极大，设计时必须考虑灯具附近的排风和防火处理。

3. 空调工程应用实例

上海某剧院总建筑面积65000m^2，其中空调总面积35000m^2，总高度40m，地下2层，主体6层，拱顶2层。内设三个剧场：大剧场1800座，中剧场550座，小剧场250座。

除一般辅助用房外，厅堂大空间一律采用全空气低风速集中式空调方式。观众厅的气流组织采用地板下静压室送风的下送风方式，用与座椅结合的多孔圆柱椅脚送风，每座送风量50~55m^3/h，夏季送风温度为19~20℃，足踝处风速为0.10~0.15m/s。观众厅两侧包厢采用上送下回的气流组织方式。

主舞台和侧舞台共用一套空调系统。侧舞台为散流器下送风方式，主舞台根据剧场需要既可下送风也可侧送风。一小部分回风自舞台缝隙下部排出，大部分回风在上部高处进入回风管道（图11-3）。

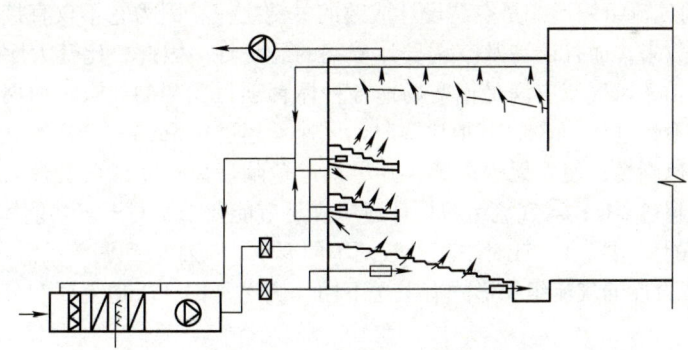

图11-3　上海某剧院空调送回风方式

空调冷热源：大剧院夏季总冷负荷为8523kW；冬季总热负荷为4628kW。冷源选用三台600RT型离心式冷水机组，每台制冷量为2110kW，一台300RT型离心式冷水机组，制冷量为1055kW。热源选用一台产热量3488kW的热水锅炉，冬季为空调系统提供60℃/50℃热水。

制冷机房、锅炉房、冷却塔均位于拱顶33.9m处，水泵房位于拱顶29.9m处。

11.2.2　体育馆空调

1. 体育馆建筑及其空调特点

体育馆是城市主要公共建筑之一，是开展各种体育运动和体育竞赛的活动中心。从空调的角度分析，体育馆建筑有下列一些特点：

1) 体育馆的容积一般在 10000m³ 以上，顶棚高度均在 10m 以上，属于高大空间建筑。室内观众和照明灯产生的热量向上升，在顶棚下形成热空气层，至少要有 10%～20% 的空调风量排向室外，因此空调所需的风量较大。

2) 室内冷负荷较大，且主要是照明和人体负荷。如比赛大厅比赛时的照明负荷，中小型体育馆约 50～70W/m²，大型体育馆为 100～200W/m²。比赛大厅总冷负荷可达 230～580W/m²。

3) 体育馆建筑一般为轻型结构，窗墙比较大，因此应特别注意围护结构尤其是屋顶和窗的结露问题，室内游泳池和冰球馆更应注意，必须采取保温措施。

4) 体育馆内人员密度高，为了满足卫生要求，所需新风量和送风量均比一般建筑物多。从节能角度出发，春秋过渡季节应考虑利用全新风。

5) 观众区与比赛区由于功能不同，对周围环境的温度、相对湿度、气流速度要求各不相同，所以必须分别加以考虑。

2. 体育馆建筑的常用空调方式及其要求

（1）体育馆建筑的空调方式　由于体育馆比赛大厅的特点是容积大、净空高、人员密度高、热湿负荷和送风量以及新风量都大，且间歇使用，因此，一般采用全空气低速定风量集中式空调方式。其中多功能体育馆，一般采用一次回风的集中式空调系统，在春秋季可以全新风运行，充分利用室外空气冷量；对于室内游泳馆，一般要求采用直流式空调系统。体育馆中其余房间如贵宾室、训练室、休息室、办公室等，可采用风机盘管加新风的空调方式。

（2）体育馆建筑对空调设计的要求

1) 由于体育馆比赛大厅面积和容积大，空调送风既要满足观众的舒适要求，又要符合各种体育项目比赛时所要求的环境条件，所以应根据空调系统的划分原则，在观众区和比赛区分别划分若干个空调系统，以保证各区所要求的空调参数。

2) 体育馆内的气流组织形式是空调设计成败的关键之一，因为它不仅直接影响建筑物内能否达到预期的空调效果，而且还涉及空调设计方案的经济性。因此，比赛大厅的气流组织设计应符合以下要求：①送风气流应满足比赛场地各种体育项目比赛的要求，如羽毛球、乒乓球等小球比赛时，风速不超过 0.2m/s，其他比赛时，风速不超过 0.5m/s；②送风气流能在观众区形成均匀的温度场和速度场，使人无吹风感，并尽量避免脑后风；③观众看台上部和下部的温差不能太大，建议不超过 2℃；④气流组织设计还应满足节能要求，对于多功能体育馆还应考虑比赛大厅在各种不同的使用场合，针对空气参数的不同要求，应能做到调节灵活。

3) 体育馆比赛大厅的气流组织形式有上送下回、侧送下回、下送上回和分区送下回等几种方式。

4) 由于比赛大厅灯光照明和人体散热量较大，一般应在比赛大厅上部设置排风口，比赛大厅回风口的位置，对室内气流组织的影响较大。如上送下回方式，回风口应均匀布置在观众席台阶侧壁和比赛场周围；对于侧送下回方式，其回风口应分设在观众区后部、前部和中部以及比赛场周围，夏季送冷风时，应能加大后部回风量，以便充分排除室内余热量；冬季送热风时，应加大前部回风量，保证热风能送到人逗留区。

5) 体育馆比赛大厅虽然容积大、净空高，但一般只对人们活动的范围，即距地面约 2m 的高度内有舒适的温度和相对湿度要求，因此为上部空间利用高速喷射送风与下部分层空调创造了条件。

6) 体育馆场休时，观众休息厅烟雾浓度很大，如不及时排走，将会从入口处逸入比赛大厅，不仅污染大厅环境，还会使厅内空气透明度降低，影响运动员和观众的视线，必须有良好的排风措施。

3. 空调工程应用实例

西安某体育馆总建筑面积24000m²，总高度34.5m，中心比赛场地62m×37m，一层为比赛场区和设备辅助用房，二层为门厅、休息厅，三层为观众休息厅，四层为音响、灯光控制室等。

比赛大厅、二、三层门厅、观众休息厅采用集中式全空气空调方式；四层音响、灯控室及记者用房采用局部式空调器；其他空调室内均采用风机盘管加新风的空调方式。

比赛大厅划分为4个空调系统，每个空调系统设有两台风量为40000m³/h的组合式空调机组。比赛大厅总送风量为305360m³/h，总回送风量为256200m³/h。

比赛大厅采用上送下回的气流组织方式，其中东、西看台观众区及比赛场采用多股平行射流的送风方式；南、北看台则采用旋流风口向下送风。回风由看台侧壁及场区周边双层百叶回风口回风。

体育馆空调面积12800m²，夏季总冷负荷3063kW，冬季总热负荷1514kW。空调系统冷、热水均由区域动力中心集中供给，冷水温度为7℃/12℃，热水温度为60℃/50℃。空调水系统为两管制，除风机盘管水系统为同程式外，其余均为异程式。

比赛大厅上部屋面网架内设有四个机械排风系统，每个排风系统排风量为8400m³/h，总排风量为33600m³/h，变配电室、库房、设备间、卫生间等均设机械通风系统。

一层走廊按防火分区设三个排烟系统；比赛大厅排烟与排风合用一个系统，采用高温排烟风机，排烟量为33600m³/h，火灾时风机电源由消防控制中心自动切换到消防电源，风机与大厅的烟感器连锁。

11.3 商业建筑和娱乐设施的空调工程

11.3.1 商场空调

1. 商场建筑及其空调特点

商场建筑安装空调系统的主要目的是保持室内适宜的温湿度，创造吸引顾客入内的舒适冷、暖环境，增进顾客的购物欲望；防止室内商品（衣服、家具等）质量变劣；同时为商场职工提供舒适的工作环境。商场建筑的功能不同于旅馆和办公楼建筑，室内空调一般有以下特点：

1) 商场建筑空间大，室内人员多，照明设备多，故空调冷负荷和新风负荷大。
2) 商品种类多，营业厅布局常有变动，要求空调设备具有一定的灵活性。
3) 大商场内有些营业厅人员密度大，有些密度小，在确定空调机组容量和空调分区时，应加以区别。
4) 有些商业建筑趋向多功能化，除了商业空间外，还设有会场、剧场、餐厅等，其空调系统应考虑分区。
5) 百货大楼的出入口人流频繁，在寒冷地区的冬季，为防止或减少室外冷风的侵入，往往要设置前室并使用热风幕，在建筑上应考虑合适的入口方位，并设避风用的挡风壁。
6) 在过渡季，为了推迟或少开制冷机，应充分利用新风供冷。
7) 根据建筑防火规范的要求，设置防排烟装置。

2. 商场空调负荷特点

1) 商场内人员密度（包括顾客和营业员）在一天内变化悬殊，它取决于商场客流量，商场客流量与时间、平常日、节假日、季节、所在地区（闹市区或郊区），以及商场特色和层次等因素有关。

2) 商场建筑的空调冷负荷中，除建筑传热和日射等外部负荷以外，还有人体、照明、自动扶梯和陈列橱窗等负荷。

3) 商场建筑总冷负荷中，人体负荷和新风负荷是主要的。所以合理确定人体负荷是很重要的。

4) 商场的建筑传热负荷远小于人体、新风、照明负荷，一般占总负荷的1%~7%。

5) 空调系统的最小新风量是根据人的卫生标准确定的。它与人们在空调环境中所处的状态、停留时间的长短，以及是否允许吸烟等条件有关。

3. 商场常用的空调方式

1) 空调系统的分区。百货商店各层楼面几乎都是没有间隔的通间，没有必要按朝向的差别进行分区，应按房间用途进行分区。例如按一般商场、特种商场、地下商场、商品展示场、办公室等进行空调系统的分区。有的大型百货商店还附设有美容室、餐馆、影剧场等设施，由于这些房间的服务时间不同，以及为避免气味的相互串通，应单独设立空调系统。

2) 集中式低速单风管系统。该方式的优点如下：①保证有足够的新鲜空气；②可集中进行空气过滤和空调机组的消声处理；③在过渡季可采用全新风供冷，可推迟或少开制冷机；④由于空气集中处理，系统本身简单，维护管理方便。缺点是风管断面较大，占用建筑空间多。

当营业厅内无特殊臭气发生，且大厅布局变更不大时，集中式低速单风管系统方式是最经济的。

3) 新风空调机组加各层机组方式。新风由新风空气处理机组集中处理，由送风立管（或新风竖井）送至各层，与室内回风混合后，经各层空调机组进行热湿处理后由风管送入室内。这种系统机动灵活，用得较为普遍。

4) 集中式低速单风管和各层机组结合方式。在多层商场中，用得较多的是集中单风管和各层机组结合的空调系统。商场的回风经回风立管集中至屋顶或室内空调机组，经集中空气净化后，与新风混合，热湿处理后送入主风管。其优点是在过渡季可全部采用新风供冷及全部排风等。

5) 为了节省机房面积，在层高允许的条件下，可采用卧式吊顶机组的空调方式。如大型商场沿长度方向设置多台吊顶式中、小型卧式变风量空调机组。此时新风进口面积按商场过渡季节送全新风考虑。但必须处理好冷凝水排放问题。

6) 中、小型商场或与商店营业时间不同的其他一些房间（例如值班室、电视监视室、配电室和食堂等），采用单元式的空调机组（制冷剂直接膨胀式）比较合适。

7) 在寒冷地区底层主要出入口，建议安装热空气幕，以减少或防止非调节空气渗入，这在供暖时特别需要。

8) 百货商场的办公室大多设在建筑物的外区，可以采用侧送风、风机盘管或者热泵机组等周边系统方式。

9) 商场内，由于人体负荷大，从人体散发的湿量多，因此外墙的玻璃窗面容易结露，在局部地区，可能会出现湿度过高现象，从而导致商品质量下降，所以在空调系统中，不设加湿装置。但出售家具、木工制品的商场除外。

10) 空调冷热源较多使用往复式和离心式冷水机组，如受到供电容量的限制，也有使用溴化锂吸收式冷水机组的。在机房面积紧张或不允许采用锅炉供暖的地方，空气热源热泵是常选择的一种方式，机组可直接置于屋顶等室外。

4. 空调工程应用实例

某商场建筑面积为 $31562m^2$，建筑总高为 22.6m，地下二层、地上五层（局部六层为水箱间）。

商场西半部为Ⅰ段,东半部为Ⅱ段。地下室为制冷机房、空调机房、通风机房、水泵房及冷库等;一至四层主要功能为食品、百货商场、餐厅等;Ⅰ段五层为多功能厅、会议室。

Ⅰ、Ⅱ段空调均采用集中式单风管全空气系统。一、二层的空调机组设在地下室,三~五层空调机组在本层布置。空调机为组合式,冬、夏两用,室外新风与房间回风混合后经过滤、冷却(加热),送入各空调空间,并由室内温度调节器控制空调机水路三通阀,进行水路调节。

空调用冷水由设于Ⅱ段地下室的3台冷水机组供给。冷水机组为离心式,每台制冷量为1163kW。冷水、冷却水循环泵各4台(其中1台备用),冷水供回水温度为7~12℃,冷水补水由设在地下室的软水设备供给,六层膨胀水箱信号控制补水泵工作。3台冷却塔安设在Ⅰ段五层屋顶上。

商场空调为上送下侧回风的气流组织。送、回风口均为铝合金风口,送风口为双层百叶,回风口为单层百叶。根据建筑装饰的要求,采用了一部分条缝形送风口。

热源为城市热网供应的高温热水,经过换热器转换成集中供暖系统用水95~70℃,空调系统用水60~50℃。供暖水系统为下行上给双管异程式。

商场建筑Ⅰ段一层空调风管平面图如图11-4所示。

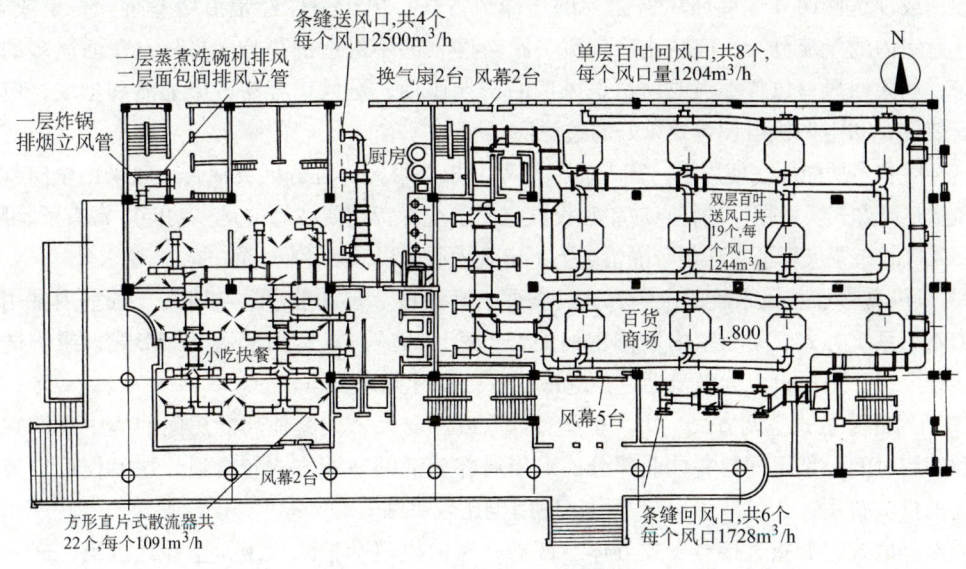

图11-4 Ⅰ段一层空调风管平面图

11.3.2 餐饮设施空调

餐饮业的范围很广,有各种中、高档的大小餐馆、餐厅、宴会厅、大小包间、多功能厅、四季厅、咖啡厅、茶室等。按其使用功能或建筑物的性质,可以是独立设施,也可以是作为各种功能性建筑物(例如办公楼、旅馆、商住楼等)的主要附属设施之一。餐饮设施是人们的主要休闲场所,故其中的空气调节效果直接影响人体的舒适程度和这些设施所带来的经济效益。

1. 餐饮业空调的特点

1) 空调负荷变化大是餐饮业的主要特点。在非就餐时间、非开放时间或者不举行宴会和各种庆典、婚礼活动时,室内的空调负荷很低。当餐厅、宴会厅或多功能厅使用时,由于人员密度的剧增，以及室内热菜、热汤等的散热，夏季空调冷负荷达到峰值。

2）餐饮为主的餐馆人流峰值，日夜出现二次。以饮酒、饮茶为主的酒吧和茶楼，人流峰值一般在晚上。故在冷负荷计算时应考虑人流峰值的影响。

3）人多时汗味、烟味等各种异味增加，室内空气较易污染，新风和排风系统应设计合理。

4）食物中的热菜、热汤散热散湿量大，其中包括显热和潜热。

2. 餐饮业常用的空调方式和排风方式

餐饮业空调方式大多采用集中空调和局部分散式空调两种方式。

(1) 集中空调方式　集中空调方式有全空气低风速风管系统和风机盘管加新风系统两种：

1）全空气低速风管方式。空调面积较大的厅堂、采用全空气低速风管系统比较合适。这种方式的优点是可充分进行通风换气；过渡季可采用全新风运行；由于空气处理设备集中设置，系统简单，维护管理方便。这种方式的缺点，除了风管断面积大，占用建筑空间多外，还由于通常是定风量送风，在负荷较小时，风机消耗的能量不能减小，造成浪费。

针对餐饮业负荷变化大的特点，国外以及国内有些餐厅、宴会厅等也有采用 VAV 方式，可节约空调运行费用。系统可以根据房间的不同使用功能和使用时间进行分区。这种方式常采用顶送顶回或顶送侧回（侧墙回风格栅）的送回风方式。由于餐厅经常沿墙壁布置餐桌或席位，故应注意室内的气流分布，应防止冷气流下跌对客人的不舒适的影响。另外，在油渍多的餐厅和饭馆，如果回风口位置不当或顶送送风口的诱导作用，送风口容易沾染油渍和尘埃，应注意风口安装位置和空调机组设置效果好的过滤器。

宴会厅和多功能厅在使用中，客人的密集程度相差很大，且分区灵活，一般采用全空气方式或变风量空调方式。根据使用特点应单独设置空调系统。特别要注意的是多功能厅常有活动隔断，送、回风口的布置应保证在任何分隔情况下不出现矛盾，以满足不同分隔的空调要求。

2）风机盘管加新风系统的空调方式。餐厅、宴会厅、多功能厅、咖啡厅、茶室内常用风机盘管加新风系统方式，易与室内装修密切配合；送、回风方式常用上送上回形式，或侧送上回形式。送风口、回风口多为散流器，条缝形或双层百叶侧送风口。

(2) 局部分散式空调方式　中、小型餐饮业或者与大楼内其他功能房间的集中空调在使用频率和使用时间上都不同的餐饮业部分，采用局部分散的空调方式较合适。这不仅可以节约设备管道的投资费用，还可节约运行费用，使用也比较灵活。

局部分散式空调指直接蒸发式分体空调器，室内机包括柜式机组、壁挂式机组、嵌入式机组和风管式机组等。机组的冷凝方式有水冷和风冷之分。

(3) 排风系统设计　餐厅、宴会厅、多功能厅由于人员密度高，室内吸烟量大，从而人体散发出的汗味、烟臭，以及各种异味比一般民用建筑要多。为了迅速排除这些污染物，必须考虑室内的排风。

小型厅室（包括 KTV 包房）如用风机盘管加新风系统方式，或用柜式空调机组时，可专设排风扇或集中的排风系统，排风量可按新风量的 80% 考虑。中大型厅室可以用集中的排风系统排风。

(4) 厨房通风和空调　厨房通风和空调系统设计的一般原则如下：①厨房内有各种灶具和设备，产生热气、烟气、臭气、蒸汽和油雾等，通常用脱排油烟机排除，故厨房内需要补风；②为了防止厨房内的油烟和气味窜入餐厅，厨房内应保持负压（一般大于 5Pa），餐厅内保持一定的微正压，通常考虑厨房新风量占排风量的 85%~90%，其余部分通过压差作用，来自餐厅、走廊和门窗缝隙的自然渗透。

11.3.3　健身、娱乐设施空调

健身、娱乐设施范围较广，主要指健身房、保龄球馆、台球、桌球、壁球、网球、麻将、游戏机房、室内游泳池、美容美发、桑拿浴、蒸汽浴、按摩室、咖啡/茶室、休息、更衣等房间。

1. 保龄球馆空调

（1）保龄球馆空调负荷特点　保龄球是一项有一定运动量的康乐活动，其空调方式和常规空调既有相同之处，又有它特有的特点：①运动员和观众有不少人吸烟，要求一定的新风量；新风量过少，难以稀释室内气味，过大时则增加空调新风冷负荷；②空调区内人数往往相差较大，特别是在平时的白天和节假日的晚上，人数相差数倍之多，从而导致空调负荷变化较大；③保龄球设备在工作时产生热量。

（2）保龄球馆空调设计特点及常用空调方式　根据保龄球馆的负荷特点，仅需对观众席和运动员区域进行空调，在犯规线以后的球道，球瓶放置区因无人停留，故无需空调。位于犯规线吊顶下的挡板，可以帮助维持该区域内的空调环境。

检瓶机室内的排瓶机，在工作时产生热量，为使机械不易发生故障，故应在检瓶机室设机械通风，以排除显热量，减少该区的热聚集，并利于维修。

保龄球馆由于活动量较大，比赛时人员较多，采用全空气空调方式较为合适，只在观众区和运动员区送风，球道区不送风。可以采用顶部散流器送风方式。在过渡季可以考虑全新风运行，以节约空调能耗。

对于大型保龄球馆，考虑到平时和双休日或大型比赛时活动人数的差异，空调系统可以按球道分区，以节约空调运行费用。

较大型的专门的保龄球比赛场，观众区面积较大，有时内设酒吧、休息、更衣室等辅助设施。这些辅助设施可以合用空调系统或单独用柜式机组或风机盘管方式。

2. 室内游泳馆空调

室内游泳馆一般包括游泳池、观众席和附属用房等几部分。

（1）室内游泳馆空调设计特点

1）热湿负荷大，由于游泳馆空间高大，水池池面有大量水蒸气蒸发，因此排除室内余湿量大，故所需的排风量比一般的建筑物大。

2）由于游泳馆在冬季室内有较高的温度，室内外的温差大；另外由于池水蒸发会产生大量的水蒸气，在高温高湿的条件下，墙面、窗玻璃和顶棚处极易结露和滴水，所以，必须对围护结构进行防结露的设计计算，以及采取必要的防结露措施。

3）为了防止池水中的液氯所产生的氯气对人体健康形成的危害，以及氯气与水蒸气相遇形成的酸性气体对金属的腐蚀作用，必须通过通风换气方法，使游泳馆内空气中的氯气体积分数控制在 $10^{-4}\%$ 以下。

4）运动员活动的池区与观众区域要求的空气参数不同。

5）由于游泳馆通风量大，池水需加热、淋浴废水要耗热，故游泳馆耗热量很大，设计时尽量考虑废热回收利用。

6）空气处理设备、通风机和风管，应采用防腐涂层或材料（如玻璃钢风管和风机）。

（2）供暖通风和空调系统设计　室内游泳馆的供暖通风和空调设计，是为游泳者和观众提供舒适的室内空气环境。主要分游泳池区、观众席和其他附属服务性房间（如更衣室、浴室、厕所等）等三部分。各部分对空气参数要求不同，应分别设置多种供暖通风空调系统。

通常游泳池区夏季仅设机械通风，冬季考虑供暖系统设计；观众席考虑空调系统设计。更衣室，浴室，厕所等设置供暖和排风系统。

池区通风系统空气不能循环使用。且排风量应大于送风量，以保持池区空间处于负压状态，以防止水蒸气和含氯气味影响其他区域和房间。

供暖系统设计为了确保游泳者所需要保持的室内环境温度和相对湿度，在游泳池区和周围活动地区，更衣室、休息室和通道处，均要设置供暖系统。

3. 其他康乐中心空调

康乐中心是人们工作之后的休闲娱乐场所，通过各种现代化的康乐设施，使人们达到健体强身、娱乐休闲的目的。

康乐中心空调设计特点：

1）对于面积较大的健身房、网球馆、壁球馆、台球房等，常用全空气空调方式，气流组织和通风换气效果较好；面积中等的房间也可设置分散的柜式空调器。

2）小型的健身房、麻将室、按摩房、休息室、更衣室、美容美发室等，可以采用风机盘管加独立新风系统。

3）应特别注意室内的气流组织，防止送回风风速过大、气流直接吹向人体以及台球和桌球台面。

4）桑拿浴室、蒸汽浴室、更衣室和公共卫生室，均应设置排风系统，排风量应大于送至室内的送风量，使室内保持负压。

4. 空调工程应用实例

图 11-5 所示为上海某游泳馆通风和空调设计。该游泳馆包括一个 10 泳道 50m×25m 的标准游泳池，可供游泳、水球、花样游泳比赛；一个 25m×11m 的训练池和戏水池及按摩池；1500 座位的单面观众席和各种辅助用房。

池区和观众区分别设置通风、供暖系统和空调系统。

（1）池区的通风供暖系统　游泳池区域夏季仅设机械通风，冬季采用送热风和池区四周散热器供暖相结合的供暖方式。

冬季运行时，散热器仅承担围护结构的热负荷；加热室外新风的新风负荷由送风空调机组承担。热风供暖和散热器供暖的供回水温度为 90℃/70℃。按游泳池轴线东西对称位置设置两个热风供暖系统，每个系统的送风量为 55000m³/h，加热量为 639.7kW（60% 新风时）。空调器采用双风机组合式空调机组，夏季和过渡季可以全新风方式运行。空调机房设在地下室，送风管沿东西侧墙内空间通到网架内，由 32 个喷口垂直向下送风，风量的大部分送往池区与池岸上部，另有一小部分射向南面外窗，以提高玻璃窗的内表面温度。回风口设在池岸四周侧墙上，以便有效地将潮湿空气带走，并排至室外。

（2）观众区空调系统　沿单面观众席设置两个空调送、回风系统，每个系统的送风量为 36000m³/h，采用观众席上部均匀送风风管喷口侧送风，共设置 26 个喷口，喷口下倾 25°。回风口设在观众座位台阶侧壁上，共 180 个回风口，夏季送冷风，冬季送热风，过渡季全新风。

（3）池厅建筑围护结构防结露措施　为防止外墙内表面结露，采用的围护结构传热系数均小于允许的最大传热系数。为防止玻璃窗内表面结露，在窗下地板沟内设置一排踢脚板式风机盘管，沿玻璃向上送热风，以提高玻璃窗内表面温度。

另外，在网架内设有 8 台热风供暖空调器，对网架送热风，以维持网架温度，防止结露。

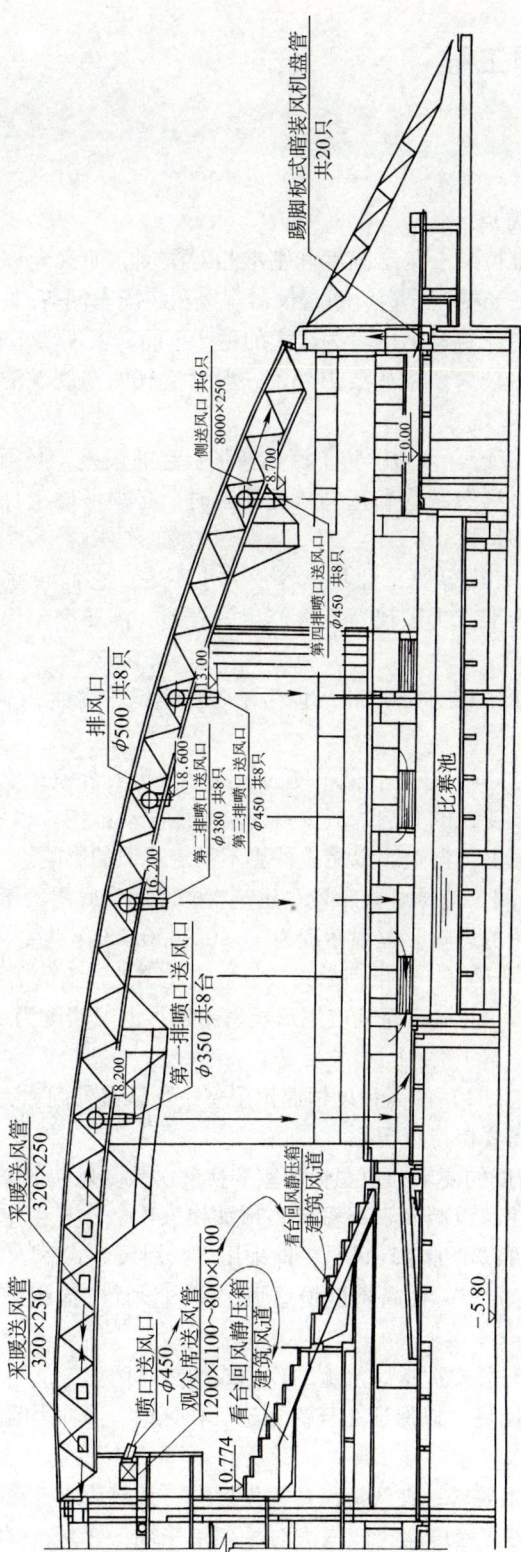

图 11-5 上海某游泳馆通风空调剖面图

11.4 工业建筑的空调工程

11.4.1 恒温恒湿室空调

1. 恒温恒湿室建筑及空调特点

恒温恒湿室是指在室内要维持某一基准温度和基准相对湿度,而又允许温湿度有一定波动范围的空气环境,例如计量室、光栅刻线室、精密仪器制造和装配车间等。前两者都为小房间,空调精度(这里主要指温度)要求高;后两者为较大的生产车间,精度要求较低。

恒温恒湿室除了对温度提出较为严格的要求外,一般对空气的湿度、洁净度、设备的消声防振等也有一定的要求。

1)在精密机械加工和计量等场合,为了防止因热膨胀引起的误差,必须使工件所处环境保持一定的温度。因此,在确定恒温室参数和选择自动控制时,必须考虑工件、围护结构、空气处理设备和自控系统之间的动态特性。

2)由于工件或测试设备都有热容量,且其热容量大小不一,它们与室温变化速度并不相同。如果测试精度要求较高,为了减少因仪器变形产生的误差,需要全年保持室温恒定,不能采取间歇空调的办法。

3)一般机械加工时,对湿度的要求不严格,但为了防止生锈、腐蚀、不发生结露等,相对湿度不应过高。

4)在高精度恒温恒湿室的外围,最好有低精度的恒温室作为其外室或套间。这样,就能使高精度恒温恒湿室不受外界气候变化的影响,减少室内温湿度波动范围。也可做一个回风夹层,利用恒温恒湿室本身回风包围恒温恒湿室,以减少外界不稳定热源的影响。

5)恒温恒湿室不论有无套间,应尽可能布置在建筑物的北面和底层,不宜有朝东或朝西的外墙及门窗,以减少太阳辐射热的影响。恒温精度为±(0.1~0.2℃)时,不宜有外墙。

6)高精度恒温恒湿室最好不开窗。如果因采光、卫生或建筑处理上的需要而不得不开窗时,则外窗应该开在太阳辐射热最弱的北墙,而且应用双层密封窗。恒温精度为±(0.1~0.2℃)时,不应有外窗。

7)恒温精度为±(0.1~0.2℃)的高精度恒温恒湿室,严禁有外门。为了防止室外空气通过门、窗渗入室内,室内空气需要保持正压。

8)为了满足室内温湿度精度的要求,恒温恒湿室的换气次数要比一般空调房间大得多。在高精度恒温恒湿室,常使用再热,以减少送风温差,增加换气次数。当由室内负荷计算出的风量小于规定的换气次数时,则可以增加循环风量,即采用二次回风方式。

9)为了使室内气流能均匀分布,在高精度恒温恒湿室内设计气流组织,应考虑以下几个原则:

a. 合理地组织气流流程,充分发挥送风气流的冷却或加热作用。

b. 建立一个稳定均匀的温度场,以保证在气流到达工作区时,其平均温度与工作区的温度差不超过允许的温度波动值。

c. 根据室内工作人员的卫生要求,在气流到达工作区时,其流动速度在0.25m/s左右。

10)对于热源分布很不均匀,或房间比较高大时,如果采用一个统一的空气参数,同时又均匀地分配风量,就会在室内产生相差悬殊的温度场,将影响恒温精度。这时,如工艺允许,应尽量将发热量较大的设备部件,移至恒温恒湿室外面或套间里;或者采用分区空调,对不同区域根据其负荷情况或工艺要求，采取不同的送风参数和送风量。

2. 恒温恒湿室常用空调方式

（1）一般空调方式　可以采用直接膨胀式恒温恒湿机组、喷水式空气处理和空气冷却器无露点温度控制等方式。大多采用固定露点和再热控制系统。

（2）新风冷却除湿后混合方式　由于恒温恒湿空调区以显热负荷为主，可由新风负担系统的全部湿负荷，再与回风混合，取消再热过程，对于换气次数较大的恒温车间经济性特别显著。

3. 空调工程应用实例

某工程恒温恒湿房间尺寸为 $14m \times 14m \times 2.6m$，位于建筑物的中间层（西南方向），顶棚、壁面及地面均有保温隔热措施。室内温湿度条件为：室温 $23℃ \pm 0.5℃$，相对湿度 $50\% \pm 2\%$。内部发热负荷有试验机器发热量 10kW，人员 3 名，照度为 800lx（相当于 $25W/m^2$），室内无局部排风设备。

由于所处方位对高精度恒温恒湿要求不利，故在布置上采用设备套间方式，主室的周围为套间（缓冲空间）并兼作空调机房，保持 $23℃ \pm 2℃$ 的空调要求。此外，为了防止进出门时的启闭对主室的干扰，进主室先通过前室。前室要求达到温度 $23℃ \pm 1℃$、相对湿度 $50\% \pm 5\%$。

空调系统方式采用新风单独处理的定露点方式，在主空调机内经处理到室内空气露点状态的空气，与室内回风相混合，并经冷却后送入室内，在新风空调机组和主空调机组内均设有冷却器、加热器和加湿器，供温湿度控制使用。

系统布置如图 11-6 所示。分别设置 AC-1（新风 AHU）、AC-2（主 AHU）及 A（前室用 AHU）三套组合式空调处理机组。

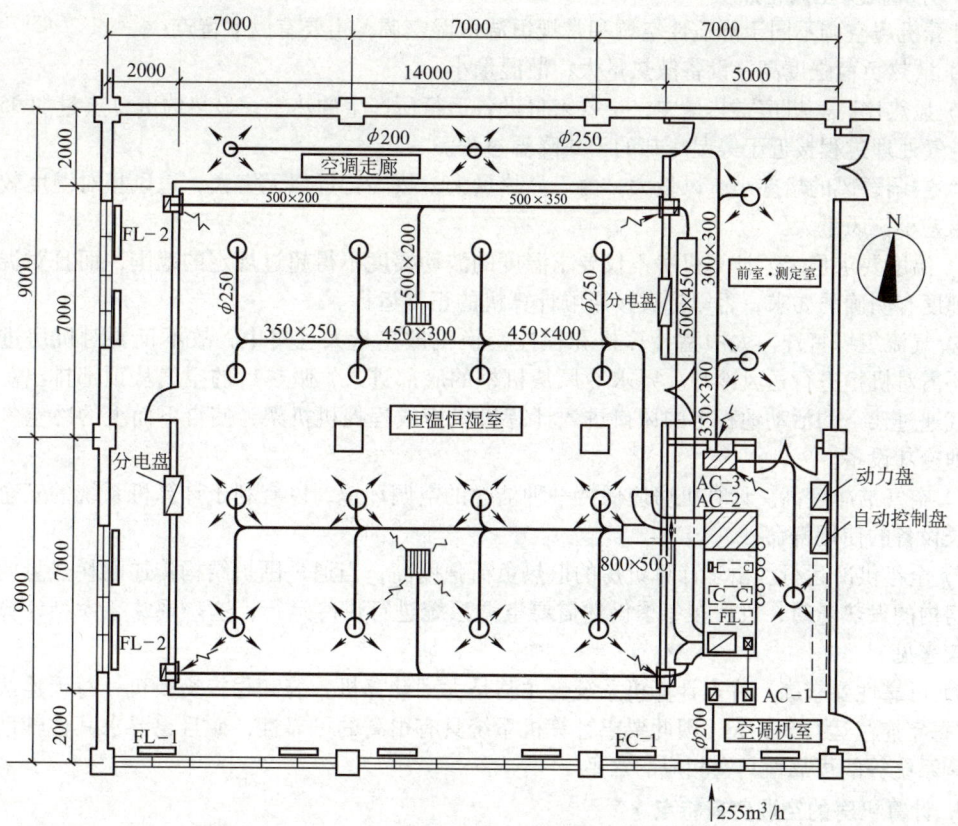

图 11-6　恒温恒湿室空调示意图

AC-1 系统以湿度控制为主体，以保证送风含湿量一定；AC-2、AC-3 系统则以温度控制为主体，除了在系统启动时有一定的热、湿调节负荷外，正常运行时是比较稳定的。

11.4.2 计算机房空调

计算机（包括程控交换机）是由许多电子及机电设备组成的。这些设备中，使用了大量的集成电路和电子元件，对使用环境条件有各自的特定要求，否则会影响其使用寿命和运行可靠性。机房空调的目的是保证一定要求的温度、湿度、洁净度等环境条件；同时，兼顾人体的舒适要求。它包括机房环境空调和机器空调两部分。机房环境空调和机器空调可以合二为一，也可以各自独立。在实际工程上，应根据具体条件而定。

1. 计算机房的环境设计条件

（1）温湿度的影响　计算机系统的主机在运行过程中需要大量散热，如果不能及时排除将导致机柜或机房内温度迅速提高；过低的环境温度也将直接影响计算机的稳定工作。

机房内过高的空气湿度，将影响电路系统的电学性能，使金属材料易于氧化腐蚀；过低的空气湿度会使纸带、磁带等记录介质卷曲变形，还容易产生静电，轻则会出现数据误差，重则损坏磁头。

（2）机房内尘埃的影响　机房内空气洁净度不良，将导致一些记录设备如磁盘机、磁带机等的磁头、磁盘、磁带的损坏，影响计算机允许的精度，以及造成短路或元器件接触不良等问题。

（3）噪声的影响　机房内环境噪声过大，将使机房工作人员注意力不能集中、头晕发胀、产生厌烦心理和容易疲倦，影响身心健康和降低工作效率。

2. 计算机房空调特点

计算机房空调不同于舒适性空调和常规恒温恒湿空调，主要有以下特点：

1) 散热负荷强度高，设备散热量大，散湿量小。

2) 显热比高。机房得热量中，主要来自设备运行所产生的热量，显热约占总热量的 95% 左右，空气处理过程接近于等湿冷却的干式降温过程。

3) 空调送风的焓差小、风量大。由于显热量大，热湿比近似无穷大，送风相对湿度较小故送风焓差小，风量大。

4) 温度要求稳定。计算机房不仅要求温度的波动幅度不得超过规定的范围，而且对温度变化的梯度有明确的要求，否则将直接影响计算机的正常运行。

5) 气流组织特殊。大中型计算机和程控交换机散热量大且集中，故不仅要对机房进行空调，还需对机柜进行送风冷却。要求冷风从机柜的底部进入，吸热后的空气从顶部排出。通常冷空气通过架空的活动地板上的风口进入计算机机柜或程控机机架，使自下而上的冷空气迅速有效地冷却设备。

6) 空气洁净度高。计算机房应保持一种洁净的空调环境，以有利于计算机系统的安全运行和延长设备的使用寿命。

7) 全年供冷运行。由于计算机房的散热负荷强度高，当通过围护结构传递的耗热量明显低于机房内的发热量时，机房在冬季仍然需要空调系统进行供冷运行，这一现象在大型计算机系统比较多见。

8) 可靠性要求高。许多计算机系统，尤其是大型计算机系统和程控交换机，每天连续运行 24h，每年连续运行 365 天，因此要求计算机系统具有很高的可靠性，而且也要求其他辅助设备如空调系统等的可靠性具有相应的水平。

3. 计算机房的空调负荷特点

计算机房的空调负荷来源：

1) 围护结构传热负荷和太阳辐射热负荷。
2) 计算机房内主机和外部设备或程控交换机设备的散热量。
3) 照明、人体和新风负荷。其中机房内设备散热量是主要的。

4. 计算机房空调的气流组织

机房空调常采用上送下回或下送上回的送、回风方式。

(1) 上送下回　送风口设在房间顶棚上或房间侧墙上,向室内垂直向下送风或横向送风方式,称为上送下回气流组织形式。此种方式在舒适性空调中应用极为普遍,但在计算机房特别是大中型计算机房用得不多。上送下回的气流组织方式,一般仅适用在小型计算机房或微型计算机机房。

(2) 下送上回　空调冷风送入计算机房架空地板,以此作为送风静压箱,然后经过设置在架空地板上的风口,分别送入室内和机柜,被加热后的热空气,从机柜上部排出,再经顶棚回风口排出。这种气流组织的送、回风方式,常用在中大型的计算机房和程控交换机房。

5. 工程应用实例

某大学计算机房是利用原有一幢二层建筑改建而成,从计算机设备防潮及机房空气的洁净考虑,将计算机机房设在二楼楼层。计算机房平面图如图11-7所示。

计算机机房内设顶棚,下铺活动地板,净空高度为3m,活动地板离楼板架空高度为300mm。机房设主机房及终端室,主机房面积约55m², 终端室面积约63m²。

该建筑的主机房与终端室分别设立两个独立系统。空调机布置在与机房及终端室相邻的隔壁房间。新风通过外墙上设置的粗过滤器进入空调机室,再由机房专用空调机通过活动地板下的空间,经过地板送风口送至

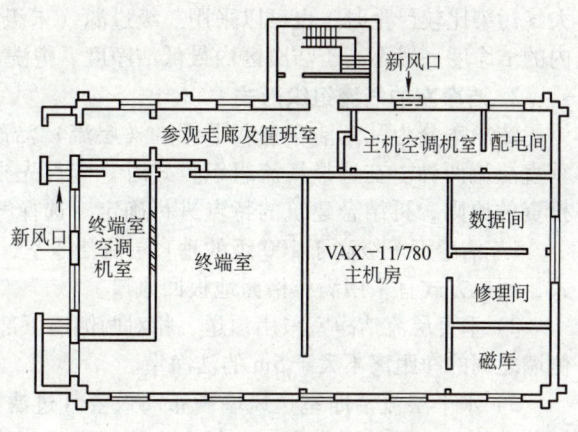

图11-7　某大学计算机房平面图

房间;回风口分别设在两间房间的顶棚下的机房墙上。送回风方式为下送上回气流流型。

主机房得热量约31.4kW,终端室得热量约27.9kW。空调设备选用水冷式机房专用空调机,风量为15000m³/h, 产冷量为39.54kW,同时设一台备用机房专用空调机。

11.5　净化空调工程

11.5.1　工业洁净室

1. 净化空调系统设计综合要求

1) 在确定改建、扩建和新建的洁净工程洁净室级别时,在满足生产要求的前提下,能够采用低洁净度级别的就不要采用高洁净度级别;在同一洁净室内的不同区域,能够采用不同洁净度级别的就不要采用同一个高洁净度级别。

2) 根据洁净室面积、净高、位置和消声、减振等要求,经综合技术经济比较后,确定采用集中式净化系统或分散式净化系统。一般面积较大、净高较高、位置集中和消声减振要求严格的洁净室,采用集中式净化系统;反之,可采用分散式净化系统。

3) 当工艺无特殊要求时,在保证新鲜空气量和洁净室正压条件下,净化系统要尽量利用回风。

4) 当洁净室使用剧毒溶液或易燃、易爆物品时,要根据具体情况采取事故排风措施或防火措施(例如设风管防火阀门)。

5) 净化空调系统一般不宜设置消声器;当必须采用消声器时,宜选用不产尘和不易积尘的消声器。消声器的位置一般设在净化空调机组中效过滤段之前和回风总管上。

6) 设置值班风机。一般情况下,洁净室可不设值班风机。当工艺要求在非生产时间维持一定的洁净度时,可设值班风机,其送风量按维持洁净室正压所需的风量考虑。

7) 供暖方式。中等洁净度级别以上的洁净室,不要采用散热器供暖;其值班供暖:当有技术走廊时,可在技术走廊内布置散热器;当设有值班风机时,可利用值班风机送热风。低洁净度级别的洁净室可以采用散热器供暖,但散热器要采用表面光滑、不易积尘和便于擦拭的形式。

8) 辅助房间的送、回风,一般都采取一定的净化空调设施。实际工程中多数采用经粗效过滤器,温湿度处理和中效过滤器过滤的送、回风方式;或利用洁净室的回风;当洁净车间周围大气污染比较严重时,也可以采用三级过滤(末级为亚高效或高效过滤器)的送风。辅助房间内的洁净度一般不高于洁净区内最低洁净度。盥洗室、淋浴室、厕所等,一般要设排风装置。

2. 洁净室的气流组织形式

洁净室分为乱流洁净室和平行流(层流)洁净室两大类。层流洁净室又分为水平层流和垂直层流两种。在选择气流组织方式时,应首先根据工艺要求的洁净度等级,另外本着节约投资的原则,再结合建筑的特点进行确定。选择气流组织形式应注意以下几个方面:

1) 洁净度等级高于100级的垂直层流洁净室,只宜采用顶棚满布高效空气过滤器的送风方式,回风方式宜采用满布格栅地板回风口。

2) 垂直层流洁净室采用顶送、相对两侧墙下部均匀布置回风口的送、回风方式仅适用于两侧墙之间的净距离不大于5m的洁净室。

3) 水平层流洁净室送风墙满布高效空气过滤器的送风方式,只在靠近送风墙的第一工作区能达到100级的洁净度,空气含尘浓度沿气流流动方向逐渐增高,洁净度则逐渐降低。

4) 垂直层流洁净室中当需要在满布高效空气过滤器的顶棚布置照明灯具时,灯具的形式及布置方式均以不影响送风气流分布为原则。

5) 洁净度为1000级或10000级、室内净高大于或等于3.5m的高大洁净室,其送风方式还可采用密集流线型散流器的送风方式。

11.5.2 医院洁净手术室

1. 生物洁净室与工业洁净室的主要区别(表11-3)

表11-3 生物洁净室与工业洁净室的主要区别

比较项目	工业洁净室	生物洁净室
粒子去除方法	主要是过滤方法。采用粗、中、高效过滤器三级过滤	除了过滤的方法之外,还必须用高温、药物、紫外线方法灭菌
室内装修材料	室内装修材料以不产尘为原则。清扫时只需经常擦拭以免积尘	室内需定期用药物消毒灭菌,故装修材料和家具均应有一定的耐水、耐蚀性
入室的人和物的处理	入室的人员、材料、器皿、设备等均应经过吹淋或纯水擦拭	入室的人员、材料、器皿、设备等应经消毒灭菌处理
检测方法	室内的含尘浓度可瞬时测得,还可以连续测试和自动记录	室内的含菌浓度不能瞬时测得,必须经过一定时间的培养后才能得到

注:生物洁净室是指医疗、制药、食品和动物试验等洁净室。

2. 医院洁净手术室的各种空调净化方式

医院洁净手术室的各种空调净化方式见表 11-4。我国医院手术室净化空调装置的建设，目前正值推广阶段。不同地区、不同等级的医院采用何种方式为合理，尚待总结实践经验。

表 11-4 医院洁净手术室的各种空调净化方式

序号	形 式		特 点
1	固定式垂直流	手术区部分	手术区送风、出风面积与手术区面积相当。有的在出风面设短挡板，以造成局部垂直气流
2	单元式垂直层流（手术室）		在空调房间内把手术操作区限定在较小的范围内，单元有围挡，下部回风，形成循环的净化气流。投资和运行费小，限定空间内易保证洁净度。但要注意风机质量及降噪措施
3	固定水平层流		送风墙满布高效过滤器，与土建施工相结合，换气次数可达 200 次/h 左右，施工安装比垂直型方便，但沿程洁净度有变化，要注意手术中人员站位。防止洁净空气被人员污染
4	单元式水平层流		同 2，但ици对送风面无围挡面，送风单元两侧的围挡一般为透明板，并可在不需使用层流气流时，把可动围挡收纳起来，灵活性大
			投资和运行费用低，但应注意噪声问题，适用于区级医院或加设洁净设备的医院
5	垂直或水平层流（可转换）		系统可按需要（手术内容和部位）实现垂直型或水平型气流。与土建施工相结合。由于运行管理较复杂，较少采用
6	乱流型（非单向流）	顶送	风口末端设 HEPA 过滤器，按不同换气次数（>15 次/h）可实现 10000 级和 10 万级，要设吊平顶
		正侧送	在出风口前设高效过滤器，侧送风口面积有限，用于 10 万级手术室。适合层高低的场合
		斜侧送	出风口斜侧送风，风口末端设高效过滤器，风量比顶送和正侧送大，可达 1000 级，适合于层高低的场合

11.5.3 净化空调工程实例

西安某制药厂无菌粉针车间为四层框架结构建筑；一层为辅助车间、空调机房、空压机房、仓库等部门，二层为无菌洁净空调区，三层为技术夹层，四层为人身净化、洗补工衣、办公室等。总建筑面积 3072m²，其中洁净空调区面积 1058m²，机房等辅助面积约占洁净生产面积的 85%。

二层无菌洁净 10000 级空调区采用了双层密闭钢窗，参观外走廊设有人身净化、洗浴、无菌楼梯、二次无菌更衣、风淋室，组成 JK—1 系统。

二层 100000 级空调区由洗瓶、隧道烘箱、烘房、烘瓶、压盖、压盖更衣等工段组成。三层洗补工衣、男女一次淋浴、洗烘工衣、办公室降温净化空调混合组成 JK—2 系统。

无菌洁净车间采用三级过滤，高效空气过滤器终端带不锈钢扩散孔板顶送风，回风经带滤网的铝合金格栅至回风竖管，上通过技术夹层返回空调机房。

位于底层的空调机房设有卧式空调机组两套，其中有主风机、值班风机、排毒风机、循环水泵、蒸汽供暖进口装置等。另外，还有独立设置的甲醛蒸气消毒管道系统，以及温湿度遥测显示屏值班室。

技术夹层主要用于敷设送、回风管和安排微穿孔板消声弯头、高效空气过滤装置、调节阀以及暗装式照明灯具、排热风机、蒸汽干管等，满足了洁净车间管线全部暗装的特殊要求。净化空调空气处理原理如图 11-8 所示。

JK—1 净化空调系统（10000 级）设计风量为 31200m³/h；JK—2 净化空调系统（100000 级）设计风量为 48000m³/h。总设计冷量为 593kW。

高效空气过滤器送风口装置采用定位板、压盖检测接头、整体密封现浇顶装卸方式。实践表明，这样检测高效空气过滤器的阻力变化非常直观，更换新品时对中密封良好。

制药行业对无菌洁净度的要求具有连续性特征。在一般情况下，当下班后，送风机停止运行，室内正压便会消失，室外含尘菌空气便可能侵入，污染药品、器械、工具及陈设物，因此设置值班风机是必要的。

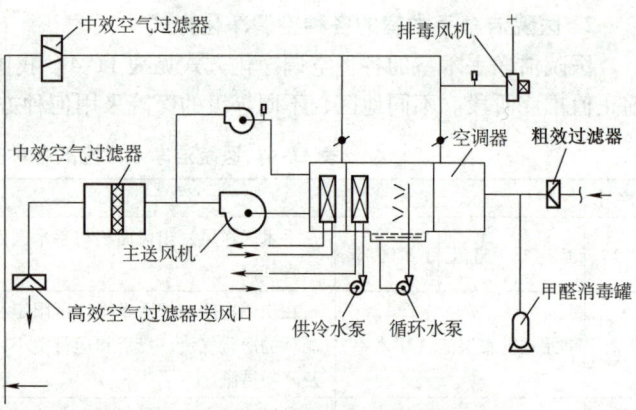

图 11-8 净化空调空气处理原理图

二维码形式客观题

扫描二维码可在线做题，提交后可查看答案。

参考文献

[1] 尉迟斌. 实用制冷与空调工程手册 [M]. 北京：机械工业出版社，2002.
[2] 黄翔，连之伟，哈文. 空调工程应用 [M]. 北京：科学出版社，1999.
[3] 钱以明. 高层建筑空调和节能 [M]. 上海：同济大学出版社，1990.
[4] 柴慧娟. 高层建筑空调设计 [M]. 北京：中国工业建筑出版社，1995.
[5] 潘云钢. 高层民用建筑空调设计 [M]. 北京：中国建筑工业出版社，1999.
[6] 何耀东，何青. 旅馆建筑空调设计 [M]. 北京：中国建筑工业出版社，1995.
[7] 李惠风，王鸿章. 影剧院空调设计 [M]. 北京：中国建筑工业出版社，1991.
[8] 邹月琴，贺绮华. 体育建筑空调设计 [M]. 北京：中国建筑工业出版社，1991.
[9] 黄绪镜. 百货商场空调设计 [M]. 北京：中国建筑工业出版社，1992.
[10] 陈重文，倪友刚. 计算机房空调设计 [M]. 北京：中国建筑工业出版社，1995.
[11] 梅自力. 医疗建筑空调设计 [M]. 北京：中国建筑工业出版社，1991.
[12] 张吉光，等. 净化空调 [M]. 北京：国防工业出版社，2003.
[13] 马最良，姚杨. 民用建筑空调设计 [M]. 北京：化学工业出版社，2003.
[14] 编制组. 民用建筑供暖通风与空气调节设计规范宣贯辅导教材 [M]. 北京：中国建筑工业出版社，2012.

暖通专家徐伟简介

附　录

附录1　湿空气的密度、水蒸气压力、含湿量和比焓

（大气压力 $p_a = 1013 \times 10^2 \text{Pa}$）

空气温度 t /℃	干空气密度 ρ /(kg/m³)	饱和空气密度 ρ_b /(kg/m³)	饱和空气的水 蒸气分压力 $p_{q,b}$ /$\times 10^2$ Pa	饱和空气含湿量 d_b /[g/kg（干空气）]	饱和空气比焓 h_b /[kJ/kg（干空气）]
−20	1.308	1.395	1.02	0.63	−18.55
−19	1.394	1.393	1.13	0.70	−17.39
−18	1.385	1.384	1.25	0.77	−16.20
−17	1.379	1.378	1.37	0.85	−14.99
−16	1.374	1.373	1.50	0.93	−13.77
−15	1.368	1.367	1.65	1.01	−12.60
−14	1.363	1.362	1.81	1.11	−11.35
−13	1.358	1.357	1.98	1.22	−10.05
−12	1.353	1.352	2.17	1.34	−8.75
−11	1.348	1.347	2.37	1.46	−7.45
−10	1.342	1.341	2.59	1.60	−6.07
−9	1.337	1.336	2.83	1.75	−4.73
−8	1.332	1.331	3.09	1.91	−3.31
−7	1.327	1.325	3.36	2.08	−1.88
−6	1.322	1.320	3.67	2.27	−0.42
−5	1.317	1.315	4.00	2.47	1.09
−4	1.312	1.310	4.36	2.69	2.68
−3	1.308	1.306	4.75	2.94	4.31
−2	1.303	1.301	5.16	3.19	5.90
−1	1.298	1.295	5.61	3.47	7.62
0	1.293	1.290	6.09	3.78	9.42
1	1.288	1.285	6.56	4.07	11.14
2	1.284	1.281	7.04	4.37	12.89
3	1.279	1.275	7.57	4.70	14.74
4	1.275	1.271	8.11	5.03	16.58
5	1.270	1.266	8.70	5.40	18.51
6	1.265	1.261	9.32	5.79	20.51
7	1.261	1.256	9.99	6.21	22.61
8	1.256	1.251	10.70	6.65	24.70
9	1.252	1.247	11.46	7.13	26.92
10	1.248	1.242	12.25	7.63	29.18
11	1.243	1.237	13.09	8.15	31.52
12	1.239	1.232	13.99	8.75	34.08
13	1.235	1.228	14.94	9.35	36.59
14	1.230	1.223	15.95	9.97	39.19
15	1.226	1.218	17.01	10.6	41.78
16	1.222	1.214	18.13	11.4	44.80

(续)

空气温度 t /℃	干空气密度 ρ /(kg/m³)	饱和空气密度 ρ_b /(kg/m³)	饱和空气的水蒸气分压力 $p_{q,b}$ /×10²Pa	饱和空气含湿量 d_b /[g/kg（干空气）]	饱和空气比焓 h_b /[kJ/kg（干空气）]
17	1.217	1.208	19.32	12.1	47.73
18	1.213	1.204	20.59	12.9	50.66
19	1.209	1.200	21.92	13.8	54.01
20	1.205	1.195	23.31	14.7	57.78
21	1.201	1.190	24.80	15.6	61.13
22	1.197	1.185	26.37	16.6	64.06
23	1.193	1.181	28.02	17.7	67.83
24	1.189	1.176	29.77	18.8	72.01
25	1.185	1.171	31.60	20.0	75.78
26	1.181	1.166	33.53	21.4	80.39
27	1.177	1.161	35.56	22.6	84.57
28	1.173	1.156	37.71	24.0	89.18
29	1.169	1.151	39.95	25.6	94.20
30	1.165	1.146	42.32	27.2	99.65
31	1.161	1.141	44.82	28.8	104.67
32	1.157	1.136	47.43	30.6	110.11
33	1.154	1.131	50.18	32.5	115.97
34	1.150	1.126	53.07	34.4	122.25
35	1.146	1.121	56.10	36.6	128.95
36	1.142	1.116	59.26	38.8	135.65
37	1.139	1.111	62.60	41.1	142.35
38	1.135	1.107	66.09	43.5	149.47
39	1.132	1.102	69.75	46.0	157.42
40	1.128	1.097	73.58	48.8	165.80
41	1.124	1.091	77.59	51.7	174.17
42	1.121	1.086	81.80	54.8	182.96
43	1.117	1.081	86.18	58.0	192.17
44	1.114	1.076	90.79	61.3	202.22
45	1.110	1.070	95.60	65.0	212.69
46	1.107	1.065	100.61	68.9	223.57
47	1.103	1.059	105.87	72.8	235.30
48	1.100	1.054	111.33	77.0	247.02
49	1.096	1.048	117.07	81.5	260.00
50	1.093	1.043	123.04	86.2	273.40
55	1.076	1.013	156.94	114	352.11
60	1.060	0.981	198.70	152	456.36
65	1.044	0.946	249.38	204	598.71
70	1.029	0.909	310.82	276	795.50
75	1.014	0.868	384.50	382	1080.19
80	1.000	0.823	472.28	545	1519.81
85	0.986	0.773	576.69	828	2281.81
90	0.973	0.718	699.31	1400	3818.36
95	0.959	0.656	843.09	3120	8436.40
100	0.947	0.589	1013.00	—	—

附录 4 设计用室外计算参数

省份	北京	天津	河北	河北	河北	河北	山西	山西	内蒙古	内蒙古	辽宁	辽宁
站名	北京	天津	石家庄	承德	邢台	饶阳	太原	大同	呼和浩特	满洲里	沈阳	大连
供暖室外计算温度/℃	-7.5	-7.0	-6.0	-13.3	-5.4	-7.9	-9.9	-16.3	-16.8	-28.6	-16.8	-9.5
冬季通风室外计算温度/℃	-7.6	-6.5	-5.9	-12.3	-5.2	-7.4	-8.8	-15.4	-16.1	-27.7	-16.2	-8.0
夏季通风室外计算温度/℃	29.9	29.9	30.8	28.8	31.0	30.5	27.8	26.5	26.6	24.3	28.2	26.3
夏季通风室外计算相对湿度	58	62	56	53	55	59	57	47	47	50	64	71
冬季空气调节室外计算温度/℃	-9.8	-9.4	-8.6	-15.8	-7.7	-10.6	-12.7	-19.1	-20.3	-31.9	-20.6	-12.9
冬季空气调节室外计算相对湿度 (%)	37	73	54	64	60	52	46	52	60	76	69	55
夏季空气调节室外计算干球温度/℃	33.6	33.9	35.2	32.8	35.2	34.8	31.6	31.0	30.7	29.3	31.4	29.0
夏季空气调节室外计算湿球温度/℃	26.3	26.9	26.8	24.0	26.9	26.9	23.8	21.1	21.0	19.9	25.2	24.8
夏季空气调节室外计算日平均温度/℃	29.1	29.3	30.1	27.2	30.2	29.6	26.0	25.3	25.8	23.7	27.3	26.4
冬季室外平均风速/(m/s)	2.7	2.1	1.4	1.0	1.5	1.8	1.8	2.4	1.1	3.5	2.0	5.0
夏季室外平均风速/(m/s)	4.5	5.6	1.8	3.5	2.1	2.5	2.9	3.1	3.8	3.9	1.9	5.9
冬季室外最多风向的平均风速/(m/s)	2.2	1.7	1.5	1.0	1.9	2.4	2.1	2.3	1.5	2.9	2.8	4.0
冬季最多风向	NNW	NNW	N	NW	NNE	NNE	NNW	NNW	NW	SW	ENE	N
冬季最多风向的频率 (%)	14	15	12	8	16	10	16	27	8	22	18	26
夏季最多风向	SE	S	SSE	S	S	SSW	NW	N	E	ENE	SSW	S
夏季最多风向的频率 (%)	12	11	16	8	15	14	16	15	8	9	23	28
年最多风向	SSW	SSW	SSE	WNW	S	SSW	NNW	N	NW	SW	SSW	N
年最多风向的频率 (%)	10	9	12	6	13	11	10	16	7	13	13	14
冬季室外大气压力/Pa	102573	102960	102020	98270	102057	102803	93467	90153	90307	94407	102333	101727
夏季室外大气压力/Pa	99987	100287	99390	96180	99463	100053	91847	88797	88837	92913	99850	99453
冬季日照百分率 (%)	57	48	52	64	42	61	51	61	48	76	42	67
设计计算用供暖期日数/日	122	121	111	148	105	121	141	161	164	218	151	132
设计计算用供暖期初日	11/14	11/15	11/17	11/02	11/21	11/14	11/08	10/27	10/23	10/01	11/02	11/18
设计计算用供暖期终日	03/15	03/15	03/07	03/29	03/05	03/14	03/28	04/05	04/04	05/06	04/01	03/29
极端最低温度/℃	-18.3	-17.8	-19.3	-24.9	-20.2	-22.6	-23.3	-28.1	-30.5	-42.5	-32.9	-18.8
极端最高温度/℃	41.9	40.5	42.9	43.3	41.1	42.1	37.4	37.2	38.5	38.0	36.1	35.3

(续)

省 份	辽宁	吉林	吉林	黑龙江	黑龙江	黑龙江	上海	江苏	江苏	浙江	浙江	安徽
站 名	锦州	长春	吉林	哈尔滨	齐齐哈尔	佳木斯	上海	南京	徐州	杭州	温州	合肥
供暖室外计算温度/℃	-13.0	-20.9	-18.3	-24.1	-23.7	-23.8	1.2	-1.6	-3.4	0.1	3.5	-1.4
冬季通风室外计算温度/℃	-12.5	-20.1	-17.6	-24.7	-24.0	-23.0	3.5	-1.1	-2.3	0.0	4.9	-0.9
夏季通风室外计算温度/℃	28.0	26.6	26.7	26.8	26.8	26.6	30.8	30.6	30.5	32.4	31.4	31.5
夏季通风室外计算相对湿度（%）	64	64	61	61	57	60	69	65	65	62	71	65
冬季空气调节室外计算温度/℃	-15.7	-24.3	-21.3	-27.2	-27.2	-27.2	-1.2	-4.0	-5.6	-2.2	1.5	-4.0
冬季空气调节室外计算相对湿度（%）	64	77	60	75	71	63	74	79	54	82	81	78
夏季空气调节室外计算干球温度/℃	31.4	30.4	31.2	30.6	31.2	30.8	34.6	34.8	34.4	35.7	34.1	35.1
夏季空气调节室外计算湿球温度/℃	25.1	24.0	23.6	23.8	23.5	23.5	28.2	28.1	27.6	27.9	28.4	28.1
夏季空气调节室外计算日平均温度/℃	26.9	26.1	25.4	26.1	26.5	25.9	31.3	31.2	30.4	31.6	29.8	31.7
夏季室外平均风速/（m/s）	2.1	3.1	2.2	3.2	1.8	2.5	3.3	2.7	2.1	2.6	2.2	2.6
冬季室外最多风向的平均风速/（m/s）	2.5	3.9	5.0	3.5	1.9	3.9	3.0	3.2	3.6	3.8	3.0	3.5
夏季室外最多风向的平均风速/（m/s）	3.0	3.5	1.9	2.8	2.8	2.9	3.4	2.4	2.2	2.7	1.9	3.2
冬季最多风向	NE	SW	WNW	SSW	W	SW	N	ENE	ENE	NNW	NW	NNE
冬季最多风向的频率（%）	17	23	22	17	11	23	13	13	11	23	27	12
夏季最多风向	S	SW	ENE	SW	SE	SW	S	SSE	SSE	SSW	ESE	S
夏季最多风向的频率（%）	25	20	17	22	16	17	14	11	9	19	21	23
年最多风向	SSW	SW	W	S	NW	SW	ESE	NE	ENE	NNW	ESE	E
年最多风向的频率（%）	12	17	13	12	10	16	9	9	11	10	13	9
冬季室外大气压力/Pa	102113	99653	100383	100413	100830	101260	102647	102790	102510	102180	102540	102360
夏季室外大气压力/Pa	99623	97680	98550	98677	98653	99407	100573	100250	99853	99980	100450	99907
冬季日照百分率（%）	62	63	56	59	72	53	38	35	43	23	21	28
设计计算用供暖日数/日	144	168	170	175	180	179	40	79	97	43	0	72
设计计算用供暖期初日	11/07	10/23	10/22	10/20	10/18	10/19	12/31	12/11	11/29	12/31	—	12/14
设计计算用供暖期终日	03/30	04/08	04/09	04/12	04/15	04/15	02/08	02/27	03/05	02/11	—	02/23
极端最低温度/℃	-24.8	-33.7	-32.7	-37.7	-36.7	-39.5	-7.7	-13.1	-15.8	-8.6	-3.9	-13.5
极端最高温度/℃	41.8	36.7	37.7	39.2	40.8	38.1	39.6	40.0	40.6	40.3	39.6	40.3

（续）

省份	安徽	福建	福建	江西	江西	山东	山东	河南	河南	湖北	湖北	湖南
站名	安庆	福州	厦门	南昌	景德镇	济南	潍坊	郑州	安阳	武汉	宜昌	长沙
供暖室外计算温度/℃	-0.1	6.5	8.5	0.8	1.2	-5.2	-6.7	-3.8	-4.7	0.1	1.1	0.9
冬季通风室外计算温度/℃	-0.1	8.4	10.4	0.9	1.3	-3.6	-5.7	-3.2	-4.0	0.1	1.5	3.5
夏季通风室外计算温度/℃	31.9	33.2	31.4	32.8	33.1	30.9	30.1	30.9	30.9	32.0	31.8	32.2
夏季通风室外计算相对湿度（%）	64	60	69	61	59	56	63	59	58	63	62	63
冬季空气调节室外计算温度/℃	-2.6	4.6	6.8	-1.3	-1.2	-7.7	-9.1	-5.7	-7.1	-2.4	-0.8	-0.8
冬季空气调节室外计算相对湿度（%）	79	72	77	80	82	45	53	56	59	72	69	90
夏季空气调节室外计算干球温度/℃	35.3	36.0	33.6	35.6	36.0	34.8	34.2	35.0	34.8	35.3	35.6	36.5
夏季空气调节室外计算湿球温度/℃	28.1	28.1	27.6	28.3	27.8	27.0	27.1	27.5	27.4	28.4	27.8	29.0
夏季空气调节室外计算日平均温度/℃	32.2	30.7	29.6	32.2	31.5	31.2	28.8	30.1	30.0	32.2	31.0	32.1
冬季室外平均风速/(m/s)	3.8	2.2	4.2	3.4	1.9	2.7	3.6	2.4	2.0	2.6	1.4	2.4
夏季室外平均风速/(m/s)	4.4	3.6	4.8	4.8	2.9	3.5	5.5	4.3	4.0	3.9	2.3	3.4
冬季室外最多风向的平均风速/(m/s)	3.4	3.4	2.5	2.3	1.7	2.8	3.5	2.2	2.4	2.0	1.9	2.4
冬季最多风向	NE	NW	E	N	NNE	ENE	NNW	NE	N	NNE	SE	NNW
冬季最多风向的频率（%）	35	10	33	30	23	18	14	16	12	20	17	25
夏季最多风向	SW	SE	SE	S	SW	SSW	SE	S	S	SE	SE	S
夏季最多风向的频率（%）	28	28	16	18	11	19	20	17	24	9	12	22
年最多风向	NE	SE	E	NNE	NNE	SSW	S	NE	S	NE	SE	NW
年最多风向的频率（%）	29	14	15	19	15	15	14	10	16	10	11	16
冬季室外大气压力/Pa	102357	101290	100450	101977	101863	101853	102473	101553	102080	102447	101133	101830
夏季室外大气压力/Pa	100127	99743	99667	99867	99853	99727	100210	98907	99487	99967	98830	99563
冬季日照百分率（%）	28	14	26	25	25	53	57	32	42	31	25	9
设计计算用供暖期日数/日	47	0	0	38	38	100	118	96	102	49	38	31
设计计算用供暖期初日	12/27	—	—	12/31	12/31	11/26	11/18	11/28	11/24	12/24	12/31	12/31
设计计算用供暖期终日	02/11	—	—	02/06	02/06	03/05	03/15	03/03	03/05	02/10	02/06	01/30
极端最低温度/℃	-9.0	-1.7	1.5	-9.7	-9.6	-14.9	-17.9	-17.9	-17.3	-18.1	-9.8	-10.3
极端最高温度/℃	40.9	41.7	38.5	40.1	40.8	42.0	40.7	42.3	41.8	39.6	40.4	40.6

(续)

省 份	湖南	湖南	广东	广东	广东	广西	海南	四川	四川	四川	重庆	重庆
站 名	常德	株洲	广州	汕头	韶关	桂林	海口	成都	绵阳	西昌	重庆沙坪坝	酉阳
供暖室外计算温度/℃	0.7	1.3	8.2	9.6	5.1	3.3	12.9	2.8	2.6	5.0	5.1	0.2
冬季通风室外计算温度/℃	1.6	3.9	10.3	11.1	6.5	3.5	14.5	3.0	2.9	6.9	5.2	0.2
夏季通风室外计算温度/℃	31.9	32.7	31.9	31.0	32.9	31.8	32.2	28.6	29.3	26.3	32.4	29.2
夏季通风室外计算相对湿度（%）	65	60	66	71	59	62	67	70	65	57	58	62
冬季空气调节室外计算温度/℃	-1.3	-0.4	5.3	7.3	2.9	1.1	10.5	1.2	0.8	2.2	3.5	-1.8
冬季空气调节室外计算相对湿度（%）	73	89	74	77	76	78	85	84	82	63	82	72
夏季空气调节室外计算干球温度/℃	35.5	35.9	34.2	33.4	35.3	34.2	35.1	31.9	32.8	30.6	36.3	32.2
夏季空气调节室外计算湿球温度/℃	28.6	28.0	27.8	27.7	27.4	27.3	28.1	26.4	26.3	21.8	27.3	25.0
夏季空气调节室外计算日平均温度/℃	31.9	32.2	30.6	30.1	31.1	30.3	30.4	27.9	28.5	26.3	32.2	27.4
冬季室外平均风速（m/s）	1.9	2.0	2.4	2.8	1.5	3.7	2.6	1.0	0.8	1.4	0.8	0.9
夏季室外平均风速（m/s）	3.2	2.9	3.4	4.1	2.8	4.4	3.2	1.9	2.5	1.7	2.0	1.7
冬季室外最多风向的平均风速（m/s）	2.2	2.6	1.5	2.7	2.3	1.8	2.6	1.4	1.3	2.2	2.1	0.9
冬季最多风向	NNE	NNW	N	ENE	NW	NNE	NE	NNE	ENE	NNW	N	N
冬季最多风向的频率（%）	22	26	35	23	13	66	28	19	9	9	8	17
夏季最多风向	S	S	SE	WSW	S	NNE	SSE	NNW	WNW	S	NW	SE
夏季最多风向的频率（%）	13	17	14	17	32	15	30	10	7	7	20	8
年最多风向	NNE	NNW	N	ENE	S	NNE	NE	NNE	ENE	N	NW	N
年最多风向的频率（%）	12	17	11	19	8	34	13	10	6	9	10	9
冬季室外大气压力/Pa	102323	101763	102073	102040	101597	100323	101773	96513	96880	84067	99360	94567
夏季室外大气压力/Pa	99877	99500	100287	100743	99843	98613	100340	94770	95057	83423	97310	93090
冬季日照百分率（%）	24	13	41	40	23	19	25	14	23	55	14	13
年最大风日数/日	39	30	0	0	0	0	0	0	0	0	0	48
设计计算用供暖期初日	12/31	12/31	—	—	—	—	—	—	—	—	—	12/27
设计计算用供暖期终日	02/07	01/29	—	—	—	—	—	—	—	—	—	02/12
极端最低温度/℃	-13.2	-11.5	0.0	0.3	-4.3	-3.6	4.9	-5.9	-7.3	-3.8	-1.7	-7.0
极端最高温度/℃	40.1	40.3	38.1	38.6	39.5	39.5	39.6	37.3	38.8	36.6	41.9	37.5

(续)

省份	贵州	贵州	云南	云南	西藏	西藏	陕西	陕西	陕西	陕西	甘肃	甘肃
站名	贵阳	遵义	昆明	丽江	拉萨	昌都	西安	延安	榆林	安康	兰州	敦煌
供暖室外计算温度/℃	-0.2	0.4	3.9	3.3	-4.9	-5.7	-3.2	-10.1	-14.9	1.0	-8.8	-12.6
冬季通风室外计算温度/℃	0.7	1.0	4.9	4.2	-5.1	-4.3	-4.0	-8.4	-14.4	0.9	-8.5	-12.2
夏季通风室外计算温度/℃	27.0	28.9	23.1	22.3	19.8	21.6	30.7	28.2	28.0	31.0	26.6	29.9
夏季通风室外计算相对湿度（%）	62	60	65	58	41	44	54	51	44	59	43	30
冬季空气调节室外计算温度/℃	-2.5	-1.6	1.1	1.4	-7.2	-7.4	-5.6	-13.3	-19.2	-0.7	-11.4	-16.3
冬季空气调节室外计算相对湿度（%）	83	80	72	51	50	38	66	56	69	66	70	62
夏季空气调节室外计算干球温度/℃	30.1	31.8	26.3	25.5	24.0	26.2	35.1	32.5	32.3	34.9	31.3	34.1
夏季空气调节室外计算湿球温度/℃	23.0	24.3	19.9	18.1	13.5	15.1	25.8	22.8	21.6	26.8	20.1	21.1
夏季空气调节室外计算日平均温度/℃	26.3	27.8	22.3	21.1	19.0	19.3	30.7	26.1	26.5	30.5	26.0	27.5
冬季室外平均风速/(m/s)	2.3	1.0	2.0	4.0	1.9	0.7	0.9	1.8	1.5	1.3	0.3	2.5
夏季室外平均风速/(m/s)	2.6	2.0	3.8	5.9	2.5	2.5	1.7	2.8	2.3	3.3	2.2	4.1
冬季室外最多风向的平均风速/(m/s)	2.1	1.3	1.8	4.0	2.2	1.5	1.6	1.6	2.3	1.6	1.3	1.9
冬季最多风向	NE	E	SW	WSW	E	SSW	ENE	WSW	NNW	ENE	ENE	WSW
冬季最多风向的频率（%）	29	12	14	15	24	6	6	19	20	14	5	19
夏季最多风向	S	S	SW	W	E	WNW	NE	SW	SSE	E	E	NE
夏季最多风向的频率（%）	22	11	13	17	14	13	18	19	21	10	12	13
年最多风向	NE	SE	SW	W	E	WNW	NE	SW	SSE	ENE	E	WSW
年最多风向的频率（%）	15	6	16	15	12	6	11	18	11	10	7	9
冬季室外大气压力/Pa	89657	92320	81350	76350	65277	68113	98097	91497	90330	99090	85283	89533
夏季室外大气压力/Pa	88817	91093	80733	75987	65200	67997	95707	89893	88890	96923	84150	87797
冬季日照百分率（%）	9	6	54	68	77	64	18	64	67	29	40	62
设计计算用供暖期日数/日	40	41	0	0	136	147	99	133	151	58	130	140
设计计算用供暖期初日	12/31	12/31	—	—	11/04	10/31	11/25	11/08	10/31	12/15	11/07	11/02
设计计算用供暖期终日	02/08	02/09	—	—	03/19	03/26	03/03	03/20	03/30	02/10	03/16	03/21
极端最低温度/℃	-7.3	-7.1	-7.8	-10.3	-16.5	-20.7	-16.0	-23.0	-30.0	-9.7	-19.7	-30.5
极端最高温度/℃	35.1	37.4	30.4	32.3	29.9	33.4	41.8	38.5	38.6	41.3	39.8	41.7

(续)

省份	甘肃	甘肃	青海	青海	宁夏	宁夏	宁夏	新疆	新疆	新疆
站名	天水	酒泉	西宁	格尔木	银川	固原	盐池	乌鲁木齐	克拉玛依	吐鲁番
供暖室外计算温度/℃	-5.5	-14.3	-11.4	-12.6	-12.9	-12.9	-13.7	-19.5	-21.9	-12.5
冬季通风室外计算温度/℃	-4.7	-12.9	-10.0	-12.3	-11.9	-11.5	-12.0	-19.2	-22.7	-14.7
夏季通风室外计算温度/℃	27.0	26.4	21.9	21.8	27.7	23.3	27.4	27.4	30.5	36.2
冬季空调室外计算相对湿度（%）	53	37	47	28	47	52	38	32	25	25
冬季空调节室外计算温度/℃	-8.2	-18.4	-13.5	-15.5	-17.1	-17.1	-17.7	-23.4	-26.1	-16.8
夏季空调室外计算相对湿度（%）	75	65	57	47	66	72	68	78	77	74
夏季空调室外计算干球温度/℃	30.9	30.4	26.4	27.0	31.3	27.7	31.8	33.4	36.4	40.3
夏季空调室外计算湿球温度/℃	21.8	19.5	16.6	13.5	22.2	19.0	20.2	18.3	19.8	24.2
夏季空调室外计算日平均温度/℃	25.9	24.8	20.7	21.3	26.2	22.2	26.1	28.3	32.1	35.1
冬季室外平均风速/(m/s)	1.2	2.1	0.7	2.2	1.4	2.2	1.9	1.4	1.1	0.5
夏季室外平均风速/(m/s)	2.7	2.8	1.9	1.5	2.5	3.4	3.4	2.2	1.5	1.8
冬季室外平均风向的平均风速/(m/s)	1.3	2.2	1.5	2.0	2.4	2.8	3.4	3.1	4.7	1.3
冬季室外最多风向	E	SW	SE	SW	NNE	NW	WNW	S	NNE	E
冬季最多风向的频率（%）	16	10	6	12	12	11	15	15	8	6
夏季室外最多风向	E	E	SE	W	S	SE	SSE	S	NW	W
夏季最多风向的频率（%）	13	10	14	17	12	17	12	13	32	8
年最多风向	E	SW	SE	W	N	ESE	W	NW	NW	E
年最多风向的频率（%）	14	10	18	15	9	11	11	11	19	7
冬季室外大气压力/Pa	89343	85700	77340	72300	89733	82767	87063	93333	98380	103597
夏季室外大气压力/Pa	87973	84553	77057	72297	88137	81910	85810	93213	95573	99597
夏季日照百分率（%）	37	69	62	72	69	66	65	28	48	49
设计计算用供暖期日数/日	118	155	164	174	144	163	146	153	147	118
设计计算用供暖期初日	11/14	10/27	10/22	10/18	11/05	10/24	11/05	10/30	11/2	11/9
设计计算用供暖期终日	03/11	03/30	04/03	04/09	03/28	04/04	03/30	3/31	3/28	3/6
极端最低温度/℃	-17.4	-29.8	-24.9	-26.9	-27.7	-30.9	-28.5	-32.8	-34.3	-25.2
极端最高温度/℃	38.2	36.6	36.5	35.5	38.7	34.6	37.5	42.1	42.7	47.7

附录5 外墙的构造类型

序号	构造	壁厚δ/mm	保温厚/mm	导热热阻/(m²·K/W)	传热系数/[W/(m²·K)]	质量/(kg/m²)	热容量/[kJ/(m²·K)]	类型
1	外 内 1 2 1. 砖墙 2. 白灰粉刷	240 370 490		0.32 0.48 0.63	2.05 1.55 1.26	464 698 914	406 612 804	Ⅲ Ⅱ Ⅰ
2	外 内 1 2 3 1. 水泥砂浆 2. 砖墙 3. 白灰粉刷	240 370 490		0.34 0.50 0.65	1.97 1.50 1.22	500 734 950	436 645 834	Ⅲ Ⅱ Ⅰ
3	外 内 1234 1. 砖墙 2. 泡沫混凝土 3. 木丝板 4. 白灰粉刷	240 370 490		0.95 1.11 1.26	0.90 0.78 0.70	534 768 984	478 683 876	Ⅱ Ⅰ 0
4	外 内 1 2 3 1. 水泥砂浆 2. 砖墙 3. 木丝板	240 370		0.47 0.63	1.57 1.26	478 712	432 608	Ⅲ Ⅱ

附录6　屋顶的构造类型

序号	构　造	壁厚δ/mm	保温层 材料	保温层 厚度 l	导热热阻/(m²·K/W)	传热系数/[W/(m²·K)]	质量/(kg/m²)	热容量/[kJ/(m²·K)]	类型
1	1. 预制细石混凝土板25mm，表面喷白色水泥浆 2. 通风层≥200mm 3. 卷材防水层 4. 水泥砂浆找平层20mm 5. 保温层 6. 隔汽层 7. 找平层20mm 8. 预制钢筋混凝土板 9. 内粉刷	35	水泥膨胀珍珠岩	25	0.77	1.07	292	247	Ⅳ
				50	0.98	0.87	301	251	Ⅳ
				75	1.20	0.73	310	260	Ⅲ
				100	1.41	0.64	318	264	Ⅲ
				125	1.63	0.56	327	272	Ⅲ
				150	1.84	0.50	336	277	Ⅲ
				175	2.06	0.45	345	281	Ⅱ
				200	2.27	0.41	353	289	Ⅱ
			沥青膨胀珍珠岩	25	0.82	1.01	292	247	Ⅳ
				50	1.09	0.79	301	251	Ⅳ
				75	1.36	0.65	310	260	Ⅲ
				100	1.63	0.56	318	264	Ⅲ
				125	1.89	0.49	327	272	Ⅲ
				150	2.17	0.43	336	277	Ⅲ
				175	2.43	0.38	345	281	Ⅱ
				200	2.70	0.35	353	289	Ⅱ
			加气混凝土泡沫混凝土	25	0.67	1.20	298	256	Ⅳ
				50	0.79	1.05	313	268	Ⅳ
				75	0.90	0.93	328	281	Ⅲ
				100	1.02	0.84	343	293	Ⅲ
				125	1.14	0.76	358	306	Ⅲ
				150	1.26	0.70	373	318	Ⅲ
				175	1.38	0.64	388	331	Ⅲ
				200	1.50	0.59	403	344	Ⅱ
2	1. 预制细石混凝土板25mm，表面喷白色水泥浆 2. 通风层≥200mm 3. 卷材防水层 4. 水泥砂浆找平层20mm 5. 保温层 6. 隔汽层 7. 现浇钢筋混凝土板 8. 内粉刷	70	水泥膨胀珍珠岩	25	0.78	1.05	376	318	Ⅲ
				50	1.00	0.86	385	323	Ⅲ
				75	1.21	0.72	394	331	Ⅲ
				100	1.43	0.63	402	335	Ⅱ
				125	1.64	0.55	411	339	Ⅱ
				150	1.86	0.49	420	348	Ⅱ
				175	2.07	0.44	429	352	Ⅱ
				200	2.29	0.41	437	360	Ⅰ
			沥青膨胀珍珠岩	25	0.83	1.00	376	318	Ⅲ
				50	1.11	0.78	385	323	Ⅲ
				75	1.38	0.65	394	331	Ⅲ
				100	1.64	0.55	402	335	Ⅱ
				125	1.91	0.48	411	339	Ⅱ
				150	2.18	0.43	420	348	Ⅱ
				175	2.45	0.38	429	352	Ⅱ
				200	2.72	0.35	437	360	Ⅰ
			加气混凝土泡沫混凝土	25	0.69	1.16	382	323	Ⅲ
				50	0.81	1.02	397	335	Ⅲ
				75	0.93	0.91	412	348	Ⅲ
				100	1.05	0.83	427	360	Ⅲ
				125	1.17	0.74	442	373	Ⅱ
				150	1.29	0.69	457	385	Ⅰ
				175	1.41	0.64	472	398	Ⅰ
				200	1.53	0.59	487	411	

附录7 北京地区气象条件为依据的外墙逐时冷负荷计算温度 t_{wl}

(单位:℃)

时间 \ 朝向	Ⅰ型外墙				Ⅱ型外墙			
	S	W	N	E	S	W	N	E
0	34.7	36.6	32.2	37.5	36.1	38.5	33.1	38.5
1	34.9	36.9	32.3	37.6	36.2	38.9	33.2	38.4
2	35.1	37.2	32.4	37.7	36.2	39.1	33.2	38.2
3	35.2	37.4	32.5	37.7	36.1	39.2	33.2	38.0
4	35.3	37.6	32.6	37.7	35.9	39.1	33.1	37.6
5	35.3	37.8	32.6	37.6	35.6	38.9	33.0	37.3
6	35.3	37.9	32.7	37.5	35.3	38.6	32.8	36.9
7	35.3	37.9	32.6	37.4	35.0	38.2	32.6	36.4
8	35.2	37.9	32.6	37.3	34.6	37.8	32.3	36.0
9	35.1	37.8	32.5	37.1	34.2	37.3	32.1	35.5
10	34.9	37.7	32.5	36.8	33.9	36.8	31.8	35.2
11	34.8	37.5	32.4	36.6	33.5	36.3	31.6	35.0
12	34.6	37.3	32.2	36.4	33.2	35.9	31.4	35.0
13	34.4	37.1	32.1	36.2	32.9	35.5	31.3	35.2
14	34.2	36.9	32.0	36.1	32.8	35.2	31.2	35.6
15	34.0	36.6	31.9	36.1	32.9	34.9	31.2	36.1
16	33.9	36.4	31.8	36.2	33.1	34.8	31.3	36.6
17	33.8	36.2	31.8	36.3	33.4	34.8	31.4	37.1
18	33.8	36.1	31.8	36.4	33.9	34.9	31.6	37.5
19	33.9	36.0	31.8	36.6	34.4	35.3	31.8	37.9
20	34.0	35.9	31.8	36.8	34.9	35.8	32.1	38.2
21	34.1	36.0	31.9	37.0	35.3	36.5	32.4	38.4
22	34.3	36.1	32.0	37.2	35.7	37.3	32.6	38.5
23	34.5	36.3	32.1	37.3	36.0	38.0	32.9	38.6
最大值	35.3	37.9	32.7	37.7	36.2	39.2	33.2	38.6
最小值	33.8	35.9	31.8	36.1	32.8	34.8	31.2	35.0

附录8 北京地区气象条件为依据的屋顶逐时冷负荷计算温度 t_{wl}

(单位:℃)

时间 \ 屋面类型	Ⅰ	Ⅱ	Ⅲ	Ⅳ	Ⅴ	Ⅵ
0	43.7	47.2	47.7	46.1	41.6	38.1
1	44.3	46.4	46.0	43.7	39.0	35.5
2	44.8	45.4	44.2	41.4	36.7	33.2
3	45.0	44.3	42.4	39.3	34.6	31.4
4	45.0	43.1	40.6	37.3	32.8	29.8
5	44.9	41.8	38.8	35.5	31.2	28.4
6	44.5	40.6	37.1	33.9	29.8	27.2
7	44.0	39.3	35.5	32.4	28.7	26.5
8	43.4	38.1	34.1	31.2	28.4	26.8
9	42.7	37.0	33.1	30.7	29.2	28.6
10	41.9	36.1	32.7	31.0	31.4	32.0
11	41.1	35.6	33.0	32.3	34.7	36.7

(续)

时间 \ 屋面类型	I	II	III	IV	V	VI
12	40.2	35.6	34.0	34.5	38.9	42.2
13	39.5	36.0	35.8	37.5	43.4	47.8
14	38.9	37.0	38.1	41.0	47.9	52.9
15	38.5	38.4	40.7	44.6	51.9	57.1
16	38.3	40.1	43.5	47.9	54.9	59.8
17	38.4	41.9	46.1	50.7	56.8	60.9
18	38.8	43.7	48.3	52.7	57.2	60.2
19	39.4	45.4	49.9	53.7	56.3	57.8
20	40.2	46.7	50.8	53.6	54.0	54.0
21	41.1	47.5	50.9	52.5	51.0	49.5
22	42.0	47.8	50.3	50.7	47.7	45.1
23	42.9	47.7	49.2	48.4	44.5	41.3
最大值	45.0	47.8	50.9	53.7	57.2	60.9
最小值	38.3	35.6	32.7	30.7	28.4	26.5

附录9　I~IV型构造的地点修正值 t_d

（单位：℃）

编号	城市	S	SW	W	NW	N	NE	E	SE	水平
1	北京	0.0	0.0	0.0	0.0	0.0	0.0	0.0	0.0	0.0
2	天津	-0.4	-0.3	-0.1	-0.1	-0.2	-0.3	-0.1	-0.3	-0.5
3	沈阳	-1.4	-1.7	-1.9	-1.9	-1.6	-2.0	-1.9	-1.7	-2.7
4	哈尔滨	-2.2	-2.8	-3.4	-3.7	-3.4	-3.8	-3.4	-2.8	-4.1
5	上海	-0.8	-0.2	0.5	1.2	1.2	1.0	0.5	-0.2	0.1
6	南京	1.0	1.5	2.1	2.7	2.7	2.5	2.1	1.5	2.0
7	武汉	0.4	1.0	1.7	2.4	2.2	2.3	1.7	1.0	1.3
8	广州	-1.9	-1.2	0.0	1.3	1.7	1.2	0.0	-1.2	-0.5
9	昆明	-8.5	-7.8	-6.7	-5.5	-5.2	-5.7	-6.7	-7.8	-7.2
10	西安	0.5	0.5	0.9	1.5	1.8	1.4	0.9	0.5	0.4
11	兰州	-4.8	-4.4	-4.0	-3.8	-3.9	-4.0	-4.0	-4.4	-4.0
12	乌鲁木齐	0.7	0.5	0.2	-0.3	-0.4	-0.4	0.2	0.5	0.1
13	重庆	0.4	1.1	2.0	2.7	2.8	2.6	2.0	1.1	1.7

附录10　单层窗玻璃的传热系数值 K_w

[单位：W/(m²·K)]

α_W \ α_N	5.3	6.4	7.0	7.6	8.1	8.7	9.3	9.9	10.5	11
11.6	3.87	4.13	4.36	4.58	4.79	4.99	5.16	5.34	5.51	5.66
12.8	4.00	4.27	4.51	4.76	4.98	5.19	5.38	5.57	5.76	5.93
14.0	4.11	4.38	4.65	4.91	5.14	5.37	5.58	5.79	5.81	6.16
15.1	4.20	4.49	4.78	5.04	5.29	5.54	5.76	5.98	6.19	6.38

（续）

α_W \ α_N	5.3	6.4	7.0	7.6	8.1	8.7	9.3	9.9	10.5	11
16.3	4.28	4.60	4.88	5.16	5.43	5.68	5.92	6.15	6.37	6.58
17.5	4.37	4.68	4.99	5.27	5.55	5.82	6.07	6.32	6.55	6.77
18.6	4.43	4.76	5.07	5.61	5.66	5.94	6.20	6.45	6.70	6.93
19.8	4.49	4.84	5.15	5.47	5.77	6.05	6.33	6.59	6.34	7.08
20.9	4.55	4.90	5.23	5.59	5.86	6.15	6.44	6.71	6.98	7.23
22.1	4.61	4.97	5.30	5.63	5.95	6.26	6.55	6.83	7.11	7.36
23.3	4.65	5.01	5.37	5.71	6.04	6.34	6.64	6.93	7.22	7.49
24.4	4.70	5.07	5.43	5.77	6.11	6.43	6.73	7.04	7.33	7.61
25.6	4.73	5.12	5.48	5.84	6.18	6.50	6.83	7.13	7.43	7.69
26.7	4.78	5.16	5.54	5.90	6.25	6.58	6.91	7.22	7.52	7.82
27.9	4.81	5.20	5.58	5.94	6.30	6.64	6.98	7.30	7.62	7.92
29.1	4.85	5.25	5.63	6.00	6.36	6.71	7.05	7.37	7.70	8.00

附录11　双层窗玻璃的传热系数值 K_w

[单位：$W/(m^2 \cdot K)$]

α_W \ α_N	5.8	6.4	7.0	7.6	8.1	8.7	9.3	9.9	10.5	11
11.6	2.37	2.47	2.55	2.62	2.69	2.74	2.80	2.85	2.90	2.73
12.8	2.42	2.51	2.59	2.67	2.74	2.80	2.86	2.92	2.97	3.01
14.0	2.45	2.56	2.64	2.72	2.79	2.86	2.92	2.98	3.02	3.07
15.1	2.49	2.59	2.69	2.77	2.84	2.91	2.97	3.02	3.08	3.13
16.3	2.52	2.63	2.72	2.80	2.87	2.94	3.01	3.07	3.12	3.17
17.5	2.55	2.65	2.74	2.84	2.91	2.98	3.05	3.11	3.16	3.21
18.6	2.57	2.67	2.78	2.86	2.94	3.01	3.08	3.14	3.20	3.25
19.8	2.59	2.70	2.80	2.88	2.97	3.05	3.12	3.17	3.23	3.28
20.9	2.61	2.72	2.83	2.91	2.99	3.07	3.14	3.20	3.26	3.31
22.1	2.63	2.74	2.84	2.93	3.01	3.09	3.16	3.23	3.29	3.34
23.3	2.64	2.76	2.86	2.95	3.04	3.12	3.19	3.25	3.31	3.37
24.4	2.66	2.77	2.87	2.97	3.06	3.14	3.21	3.27	3.34	3.40
25.6	2.67	2.79	2.90	2.99	3.07	3.15	3.20	3.29	3.36	3.41
26.7	2.69	2.80	2.91	3.00	3.09	3.17	3.24	3.31	3.37	3.43
27.9	2.70	2.81	2.92	3.01	3.11	3.19	3.25	3.33	3.40	3.45
29.1	2.71	2.83	2.93	3.04	3.12	3.20	3.28	3.35	3.41	3.47

附录12　玻璃窗的传热系数修正值 C_w

窗框类型	单层窗	双层窗	窗框类型	单层窗	双层窗
全部玻璃	1.00	1.00	木窗框，60%玻璃	0.80	0.85
木窗框，80%玻璃	0.90	0.95	金属窗框，80%玻璃	1.00	1.20

附录13　玻璃窗逐时冷负荷计算温度 t_{wl}

（单位：℃）

时间/h	0	1	2	3	4	5	6	7	8	9	10	11
t_{wl}	27.2	26.7	26.2	25.8	25.5	25.3	25.4	26.0	26.9	27.9	29.0	29.9
时间/h	12	13	14	15	16	17	18	19	20	21	22	23
t_{wl}	30.8	31.5	31.9	32.2	32.2	32.0	31.6	30.8	29.9	29.1	28.4	27.8

附录14　不同结构玻璃窗的传热系数值 K_w

玻璃		间隔层厚/mm	间隔层充气体	窗玻璃的传热系数 K_w/[W/(m²·℃)]	窗框修正系数 a							
					塑料		铝合金		PA断热桥铝合金		木框	
普通玻璃	玻璃厚度3mm	—	—	5.8	0.72	0.79	1.07	1.13	0.84	0.90	0.72	0.82
		12	空气	3.3	0.84	0.88	1.20	1.29	1.05	1.07	0.89	0.93
	玻璃厚度6mm	—	—	5.7	0.72	0.79	1.07	1.13	0.84	0.90	0.72	0.82
		12	空气	3.3	0.84	0.88	1.20	1.29	1.05	1.07	0.89	0.93
Low-E玻璃		—	—	3.5	0.82	0.86	1.16	1.24	1.02	1.03	0.86	0.90
中空玻璃		6	空气	3.0	0.86	0.93	1.23	1.46	1.06	1.11		
		12		2.6	0.90	0.95	1.30	1.59	1.10	1.19		
辐射率≤0.25 Low-E中空玻璃（在线）		6	空气	2.8	0.87	0.94	1.24	1.49	1.06	1.13		
		9		2.2	0.95	0.97	1.36	1.73	1.14	1.27		
		12		1.9	1.03	1.04	1.45	1.91	1.19	1.38		
		6	氩气	2.4	0.92	0.96	1.32	1.63	1.11	1.22		
		9		1.8	1.01	1.02	1.49	1.98	1.21	1.42		
		12		1.7	1.02	1.05	1.53	2.06	1.24	1.47		
辐射率≤0.15 Low-E中空玻璃（离线）		12	空气	1.8	1.01	1.02	1.49	1.98	1.21	1.42		
			氩气	1.5	1.05	1.11	1.63	2.25	1.29	1.59		
双银Low-E中空玻璃		12	空气	1.7	1.02	1.05	1.53	2.06	1.24	1.47		
			氩气	1.4	1.07	1.14	1.69	2.37	1.33	1.66		
窗框比（窗框面积与整窗面积之比）					30%	40%	20%	30%	25%	40%	30%	45%

附录15　玻璃窗的地点修正值 t_d

（单位：℃）

编号	城市	t_d	编号	城市	t_d	编号	城市	t_d	编号	城市	t_d
1	北京	0	11	杭州	3	21	成都	−1	31	二连	−2
2	天津	0	12	合肥	3	22	贵阳	−3	32	汕头	1
3	石家庄	1	13	福州	2	23	昆明	−6	33	海口	1
4	太原	−2	14	南昌	3	24	拉萨	−11	34	桂林	1
5	呼和浩特	−4	15	济南	3	25	西安	2	35	重庆	3
6	沈阳	−1	16	郑州	2	26	兰州	−3	36	敦煌	−1
7	长春	−3	17	武汉	3	27	西宁	−8	37	格尔木	−9
8	哈尔滨	−3	18	长沙	3	28	银川	−3	38	和田	−1
9	上海	1	19	广州	1	29	乌鲁木齐	1	39	喀什	0
10	南京	3	20	南宁	1	30	台北	1	40	库车	0

附录16　夏季各纬度带的日射得热因数最大值 $D_{J,max}$

（单位：W/m²）

纬度带 \ 朝向	S	SE	E	NE	N	NW	W	SW	水平
20°	130	311	541	465	130	465	541	311	876
25°	146	332	509	421	134	421	509	332	834
30°	174	374	539	415	115	415	539	374	833
35°	251	436	575	430	122	430	575	436	844
40°	302	477	599	442	114	442	599	477	842
45°	368	508	598	432	109	432	598	508	811
拉萨	174	462	727	592	133	593	727	462	991

注：每一纬度带包括的宽度为 ±2°30′纬度。

附录17　窗玻璃的遮阳系数值 C_s

玻璃类型	C_s 值	玻璃类型	C_s 值
标准玻璃	1.00	6mm 厚吸热玻璃	0.83
5mm 厚普通玻璃	0.93	双层 3mm 厚普通玻璃	0.86
6mm 厚普通玻璃	0.89	双层 5mm 厚普通玻璃	0.78
3mm 厚吸热玻璃	0.96	双层 6mm 厚普通玻璃	0.74
5mm 厚吸热玻璃	0.88		

注：1. 标准玻璃是指 3mm 的单层普通玻璃。
　　2. 吸热玻璃系指上海耀华玻璃厂生产的浅蓝色吸热玻璃。
　　3. 表中 C_s 对应的内、外表放热系数 $\alpha_N = 8.7 \mathrm{W/(m^2 \cdot K)}$ 和 $\alpha_W = 18.6 \mathrm{W/(m^2 \cdot K)}$。
　　4. 这里的双层玻璃内、外层玻璃是相同的。

附录18　窗内遮阳设施的遮阳系数值 C_i

内遮阳类型	颜色	C_i
白布帘	浅色	0.50
浅蓝布帘	中间色	0.60
深黄、紫红、深绿布帘	深色	0.65
活动百叶帘	中间色	0.60

附录19　窗的有效面积系数值 C_a

窗的类别 系　数	单层钢窗	单层木窗	双层钢窗	双层木窗
有效面积系数 C_a	0.85	0.70	0.75	0.60

附录 20　北区（北纬 27°30′以北）无内遮阳窗玻璃冷负荷系数

时间 朝向	0	1	2	3	4	5	6	7	8	9	10	11	12	13	14	15	16	17	18	19	20	21	22	23
S	0.16	0.15	0.14	0.13	0.12	0.11	0.13	0.17	0.21	0.28	0.39	0.49	0.54	0.65	0.60	0.42	0.36	0.32	0.27	0.23	0.21	0.20	0.18	0.17
SE	0.14	0.13	0.12	0.11	0.10	0.09	0.22	0.34	0.45	0.51	0.62	0.58	0.41	0.34	0.32	0.31	0.28	0.26	0.22	0.19	0.18	0.17	0.16	0.15
E	0.12	0.11	0.10	0.09	0.09	0.08	0.29	0.41	0.49	0.60	0.56	0.37	0.29	0.29	0.28	0.26	0.24	0.22	0.19	0.17	0.16	0.15	0.14	0.13
NE	0.12	0.11	0.10	0.09	0.09	0.08	0.35	0.45	0.53	0.54	0.38	0.30	0.30	0.30	0.29	0.27	0.26	0.23	0.20	0.17	0.16	0.15	0.14	0.13
N	0.26	0.24	0.23	0.21	0.19	0.18	0.44	0.42	0.43	0.49	0.56	0.61	0.64	0.66	0.66	0.63	0.59	0.64	0.64	0.38	0.35	0.32	0.30	0.28
NW	0.17	0.15	0.14	0.13	0.12	0.12	0.13	0.15	0.17	0.18	0.20	0.21	0.22	0.22	0.28	0.39	0.50	0.56	0.59	0.31	0.22	0.21	0.19	0.18
W	0.17	0.16	0.15	0.14	0.13	0.12	0.12	0.14	0.15	0.16	0.17	0.17	0.18	0.25	0.37	0.47	0.52	0.62	0.55	0.24	0.23	0.21	0.20	0.18
SW	0.18	0.16	0.15	0.14	0.13	0.12	0.13	0.15	0.17	0.18	0.20	0.21	0.29	0.40	0.49	0.54	0.64	0.59	0.39	0.25	0.24	0.22	0.20	0.19
水平	0.20	0.18	0.17	0.16	0.15	0.14	0.16	0.22	0.31	0.39	0.47	0.53	0.57	0.69	0.68	0.55	0.49	0.41	0.33	0.28	0.26	0.25	0.23	0.21

附录 21　北区有内遮阳窗玻璃冷负荷系数

时间 朝向	0	1	2	3	4	5	6	7	8	9	10	11	12	13	14	15	16	17	18	19	20	21	22	23
S	0.07	0.07	0.06	0.06	0.06	0.05	0.11	0.18	0.26	0.40	0.58	0.72	0.84	0.80	0.62	0.45	0.32	0.24	0.16	0.10	0.09	0.09	0.08	0.08
SE	0.06	0.06	0.06	0.05	0.05	0.05	0.30	0.54	0.71	0.83	0.80	0.62	0.43	0.30	0.28	0.25	0.22	0.17	0.13	0.09	0.08	0.08	0.07	0.07
E	0.06	0.05	0.05	0.05	0.04	0.04	0.47	0.68	0.82	0.79	0.59	0.38	0.24	0.24	0.23	0.21	0.18	0.15	0.11	0.08	0.07	0.07	0.06	0.06
NE	0.06	0.05	0.05	0.05	0.04	0.04	0.54	0.79	0.79	0.60	0.38	0.29	0.29	0.29	0.27	0.25	0.21	0.16	0.12	0.08	0.07	0.07	0.06	0.06
N	0.12	0.11	0.11	0.10	0.09	0.09	0.59	0.54	0.54	0.65	0.75	0.81	0.83	0.83	0.79	0.71	0.60	0.61	0.68	0.17	0.16	0.15	0.14	0.13
NW	0.08	0.07	0.07	0.06	0.06	0.06	0.09	0.13	0.17	0.21	0.23	0.25	0.26	0.26	0.35	0.57	0.76	0.83	0.67	0.13	0.10	0.09	0.09	0.08
W	0.08	0.07	0.07	0.07	0.06	0.06	0.08	0.11	0.14	0.17	0.18	0.19	0.20	0.34	0.56	0.72	0.83	0.77	0.53	0.11	0.10	0.10	0.09	0.08
SW	0.08	0.08	0.07	0.07	0.06	0.06	0.09	0.13	0.17	0.20	0.23	0.23	0.38	0.58	0.73	0.63	0.79	0.59	0.37	0.11	0.10	0.10	0.09	0.09
水平	0.09	0.09	0.08	0.08	0.07	0.07	0.13	0.26	0.42	0.57	0.69	0.77	0.58	0.84	0.73	0.84	0.49	0.33	0.19	0.13	0.12	0.11	0.10	0.09

附录22 南区（北纬27°30'以南）无内遮阳窗玻璃冷负荷系数

时间\朝向	0	1	2	3	4	5	6	7	8	9	10	11	12	13	14	15	16	17	18	19	20	21	22	23
S	0.21	0.19	0.18	0.17	0.16	0.14	0.17	0.25	0.33	0.42	0.48	0.54	0.59	0.70	0.70	0.57	0.52	0.44	0.35	0.30	0.28	0.26	0.24	0.22
SE	0.14	0.13	0.12	0.11	0.11	0.10	0.20	0.36	0.47	0.52	0.61	0.54	0.39	0.37	0.36	0.35	0.32	0.28	0.23	0.20	0.19	0.18	0.16	0.15
E	0.13	0.11	0.10	0.09	0.09	0.08	0.24	0.39	0.48	0.61	0.57	0.38	0.31	0.30	0.29	0.28	0.27	0.23	0.21	0.18	0.17	0.15	0.14	0.13
NE	0.12	0.12	0.11	0.10	0.09	0.09	0.26	0.41	0.49	0.59	0.54	0.36	0.32	0.32	0.31	0.29	0.27	0.24	0.20	0.18	0.17	0.16	0.14	0.13
N	0.28	0.25	0.24	0.22	0.21	0.19	0.38	0.49	0.52	0.55	0.59	0.63	0.66	0.68	0.68	0.68	0.69	0.69	0.60	0.40	0.37	0.35	0.32	0.30
NW	0.17	0.16	0.15	0.14	0.13	0.12	0.12	0.15	0.17	0.19	0.20	0.21	0.22	0.27	0.38	0.48	0.54	0.63	0.52	0.25	0.23	0.21	0.20	0.18
W	0.17	0.16	0.15	0.14	0.13	0.12	0.12	0.14	0.16	0.17	0.18	0.19	0.20	0.28	0.40	0.50	0.54	0.61	0.50	0.24	0.23	0.21	0.20	0.18
SW	0.18	0.17	0.15	0.14	0.14	0.12	0.13	0.16	0.19	0.23	0.25	0.27	0.29	0.37	0.48	0.55	0.67	0.60	0.38	0.26	0.24	0.22	0.21	0.19
水平	0.19	0.17	0.16	0.15	0.14	0.13	0.14	0.19	0.28	0.37	0.45	0.52	0.56	0.68	0.67	0.53	0.46	0.38	0.30	0.27	0.25	0.23	0.22	0.20

附录23 南区有内遮阳窗玻璃冷负荷系数

时间\朝向	0	1	2	3	4	5	6	7	8	9	10	11	12	13	14	15	16	17	18	19	20	21	22	23
S	0.10	0.09	0.09	0.08	0.08	0.07	0.14	0.31	0.47	0.60	0.69	0.77	0.87	0.84	0.74	0.66	0.54	0.38	0.20	0.13	0.12	0.12	0.11	0.10
SE	0.07	0.06	0.06	0.05	0.05	0.05	0.27	0.55	0.74	0.83	0.75	0.52	0.40	0.39	0.36	0.33	0.27	0.20	0.13	0.09	0.09	0.08	0.08	0.07
E	0.06	0.05	0.05	0.05	0.04	0.04	0.36	0.63	0.81	0.81	0.63	0.41	0.27	0.27	0.25	0.23	0.20	0.15	0.10	0.08	0.07	0.07	0.07	0.06
NE	0.06	0.06	0.05	0.05	0.05	0.04	0.40	0.67	0.82	0.76	0.56	0.38	0.31	0.30	0.28	0.25	0.21	0.17	0.11	0.08	0.08	0.07	0.07	0.06
N	0.13	0.12	0.12	0.11	0.10	0.10	0.47	0.67	0.70	0.72	0.77	0.82	0.85	0.84	0.81	0.78	0.77	0.75	0.56	0.18	0.17	0.16	0.15	0.14
NW	0.08	0.07	0.07	0.06	0.06	0.06	0.08	0.13	0.17	0.21	0.24	0.26	0.27	0.34	0.54	0.71	0.84	0.77	0.46	0.11	0.10	0.09	0.09	0.08
W	0.08	0.07	0.07	0.06	0.06	0.06	0.07	0.12	0.16	0.19	0.21	0.22	0.23	0.37	0.60	0.75	0.84	0.73	0.42	0.10	0.10	0.09	0.09	0.08
SW	0.08	0.08	0.07	0.07	0.06	0.06	0.09	0.16	0.22	0.28	0.32	0.35	0.36	0.50	0.69	0.84	0.83	0.61	0.34	0.11	0.11	0.10	0.10	0.09
水平	0.09	0.08	0.08	0.07	0.07	0.06	0.09	0.21	0.38	0.54	0.67	0.76	0.85	0.83	0.72	0.61	0.45	0.28	0.16	0.12	0.11	0.10	0.10	0.09

附录24 有罩设备和用具显散热冷负荷系数

连续使用小时数	开始使用后的小时数																							
	1	2	3	4	5	6	7	8	9	10	11	12	13	14	15	16	17	18	19	20	21	22	23	24
2	0.27	0.40	0.25	0.18	0.14	0.11	0.09	0.08	0.07	0.06	0.05	0.04	0.04	0.03	0.03	0.30	0.02	0.02	0.02	0.02	0.01	0.01	0.01	0.01
4	0.28	0.41	0.51	0.59	0.39	0.30	0.24	0.19	0.16	0.14	0.12	0.10	0.09	0.08	0.07	0.06	0.05	0.05	0.04	0.04	0.03	0.03	0.02	0.02
6	0.29	0.42	0.52	0.59	0.65	0.70	0.48	0.37	0.30	0.25	0.21	0.18	0.16	0.14	0.12	0.11	0.09	0.08	0.07	0.06	0.05	0.05	0.04	0.04
8	0.31	0.44	0.54	0.61	0.66	0.71	0.75	0.78	0.55	0.43	0.35	0.30	0.25	0.22	0.19	0.16	0.14	0.13	0.11	0.10	0.08	0.07	0.06	0.06
10	0.33	0.46	0.55	0.62	0.68	0.72	0.76	0.79	0.81	0.84	0.60	0.48	0.39	0.33	0.28	0.24	0.21	0.18	0.16	0.14	0.12	0.11	0.09	0.08
12	0.36	0.49	0.58	0.64	0.69	0.74	0.77	0.80	0.82	0.85	0.87	0.88	0.64	0.51	0.42	0.36	0.31	0.26	0.23	0.20	0.18	0.15	0.13	0.12
14	0.40	0.52	0.61	0.67	0.72	0.76	0.79	0.82	0.84	0.86	0.88	0.89	0.91	0.92	0.67	0.54	0.45	0.38	0.32	0.28	0.24	0.21	0.19	0.16
16	0.45	0.57	0.65	0.70	0.75	0.78	0.81	0.84	0.86	0.87	0.89	0.90	0.92	0.93	0.94	0.94	0.69	0.56	0.46	0.39	0.34	0.29	0.25	0.22
18	0.52	0.63	0.70	0.75	0.79	0.82	0.84	0.86	0.88	0.89	0.91	0.92	0.93	0.94	0.95	0.95	0.96	0.96	0.71	0.58	0.48	0.41	0.35	0.30

附录25 无罩设备和用具显热散热冷负荷系数

连续使用小时数	开始使用后的小时数																							
	1	2	3	4	5	6	7	8	9	10	11	12	13	14	15	16	17	18	19	20	21	22	23	24
2	0.56	0.64	0.15	0.11	0.08	0.07	0.06	0.05	0.04	0.04	0.03	0.03	0.02	0.02	0.02	0.02	0.01	0.01	0.01	0.01	0.01	0.01	0.01	0.01
4	0.57	0.65	0.71	0.75	0.23	0.18	0.14	0.12	0.10	0.08	0.07	0.06	0.05	0.05	0.04	0.04	0.03	0.03	0.02	0.02	0.02	0.02	0.01	0.01
6	0.57	0.65	0.71	0.76	0.79	0.82	0.29	0.22	0.18	0.15	0.13	0.11	0.10	0.08	0.07	0.06	0.06	0.05	0.04	0.04	0.03	0.03	0.03	0.02
8	0.58	0.66	0.72	0.76	0.80	0.82	0.85	0.87	0.33	0.26	0.21	0.18	0.15	0.13	0.11	0.10	0.09	0.08	0.07	0.06	0.05	0.04	0.04	0.03
10	0.60	0.68	0.73	0.77	0.81	0.83	0.85	0.87	0.89	0.90	0.36	0.29	0.24	0.20	0.17	0.15	0.13	0.11	0.10	0.08	0.07	0.07	0.06	0.05
12	0.62	0.69	0.75	0.79	0.82	0.84	0.86	0.88	0.89	0.91	0.92	0.93	0.38	0.31	0.25	0.21	0.18	0.16	0.14	0.12	0.11	0.09	0.08	0.07
14	0.64	0.71	0.76	0.80	0.83	0.85	0.87	0.89	0.90	0.92	0.93	0.93	0.94	0.95	0.40	0.32	0.27	0.23	0.19	0.17	0.15	0.13	0.11	0.10
16	0.67	0.74	0.79	0.82	0.85	0.87	0.89	0.90	0.91	0.92	0.93	0.94	0.95	0.96	0.96	0.97	0.42	0.34	0.28	0.24	0.20	0.18	0.15	0.13
18	0.71	0.78	0.82	0.85	0.87	0.99	0.90	0.92	0.93	0.94	0.94	0.95	0.96	0.96	0.97	0.97	0.97	0.98	0.43	0.35	0.29	0.24	0.21	0.18

附录26 照明散热冷负荷系数

灯具类型	空调设备运行时数/h	开灯时数/h	0	1	2	3	4	5	6	7	8	9	10	11	12	13	14	15	16	17	18	19	20	21	22	23
明装荧光灯	24	13	0.37	0.67	0.71	0.74	0.76	0.79	0.81	0.83	0.84	0.86	0.87	0.89	0.90	0.92	0.29	0.26	0.23	0.20	0.19	0.17	0.15	0.14	0.12	0.11
	24	10	0.37	0.67	0.71	0.74	0.76	0.79	0.81	0.83	0.84	0.86	0.87	0.29	0.26	0.23	0.20	0.19	0.17	0.15	0.14	0.12	0.11	0.10	0.09	0.08
	24	8	0.37	0.67	0.71	0.74	0.76	0.79	0.81	0.83	0.84	0.29	0.26	0.23	0.20	0.19	0.17	0.15	0.14	0.12	0.11	0.10	0.09	0.08	0.07	0.06
	16	13	0.60	0.87	0.90	0.91	0.91	0.93	0.93	0.94	0.94	0.95	0.95	0.96	0.96	0.97	0.29	0.26								
	16	10	0.60	0.82	0.83	0.84	0.84	0.84	0.85	0.85	0.86	0.88	0.90	0.32	0.28	0.25	0.23	0.19								
	16	8	0.51	0.79	0.82	0.84	0.85	0.87	0.88	0.89	0.90	0.29	0.26	0.23	0.20	0.19	0.17	0.15								
	12	10	0.63	0.90	0.91	0.93	0.93	0.94	0.95	0.95	0.95	0.96	0.96	0.37												
暗装荧光灯或白炽灯	24	10	0.34	0.55	0.61	0.65	0.68	0.71	0.74	0.77	0.79	0.81	0.83	0.39	0.35	0.31	0.28	0.25	0.23	0.20	0.18	0.16	0.15	0.14	0.12	0.11
	16	10	0.58	0.75	0.79	0.80	0.80	0.81	0.82	0.83	0.84	0.86	0.87	0.39	0.35	0.31	0.28	0.25								
明装白炽灯	12	10	0.69	0.86	0.89	0.90	0.91	0.91	0.92	0.93	0.94	0.95	0.95	0.50												

附录27 人体显热散热冷负荷系数

在室内的总小时数	每个人进入室内后的小时数																							
	1	2	3	4	5	6	7	8	9	10	11	12	13	14	15	16	17	18	19	20	21	22	23	24
2	0.49	0.58	0.17	0.13	0.10	0.08	0.07	0.06	0.05	0.04	0.04	0.03	0.03	0.02	0.02	0.02	0.02	0.01	0.01	0.01	0.01	0.01	0.01	0.01
4	0.49	0.59	0.66	0.71	0.27	0.21	0.16	0.14	0.11	0.10	0.08	0.07	0.06	0.06	0.05	0.04	0.04	0.03	0.03	0.03	0.02	0.02	0.02	0.01
6	0.50	0.60	0.67	0.72	0.76	0.79	0.34	0.26	0.21	0.18	0.15	0.13	0.11	0.10	0.08	0.07	0.06	0.05	0.05	0.04	0.04	0.03	0.03	0.03
8	0.51	0.61	0.67	0.72	0.76	0.80	0.82	0.84	0.38	0.30	0.25	0.21	0.18	0.15	0.13	0.12	0.10	0.09	0.08	0.07	0.06	0.05	0.05	0.04
10	0.53	0.62	0.69	0.74	0.77	0.80	0.83	0.85	0.87	0.89	0.42	0.34	0.28	0.23	0.20	0.17	0.15	0.13	0.11	0.10	0.09	0.08	0.07	0.06
12	0.55	0.64	0.70	0.75	0.79	0.81	0.84	0.86	0.88	0.89	0.91	0.92	0.45	0.36	0.30	0.25	0.21	0.19	0.16	0.14	0.12	0.11	0.09	0.08
14	0.58	0.66	0.72	0.77	0.80	0.83	0.85	0.87	0.88	0.90	0.91	0.92	0.93	0.94	0.47	0.38	0.31	0.26	0.23	0.20	0.17	0.15	0.13	0.11
16	0.62	0.70	0.75	0.79	0.82	0.85	0.87	0.88	0.90	0.91	0.92	0.93	0.94	0.95	0.95	0.96	0.49	0.39	0.33	0.28	0.24	0.20	0.18	0.16
18	0.66	0.74	0.79	0.82	0.85	0.87	0.89	0.90	0.92	0.93	0.94	0.94	0.95	0.96	0.96	0.97	0.97	0.50	0.40	0.33	0.28	0.24	0.21